国家科学技术学术著作出版基金资助出版

中国松毛虫寄生蜂志

何俊华 唐璞 编著

科学出版社

北京

内 容 简 介

寄生蜂是自然界中一类重要的寄生性天敌，在害虫自然控制和生物防治中占有重要地位。松毛虫是我国森林最重要的害虫之一。本志汇集和整理了国内书刊中报道过的松毛虫寄生蜂文献，整理和鉴定了浙江大学寄生蜂标本室90年来收藏的松毛虫寄生蜂，共记述寄生于卵期、幼虫期、蛹期的原寄生蜂和重寄生蜂233种（部分未定名至种），隶属于6总科15科87属。对已知其属名无种名的，添加了属征；现有种名等存疑的，在备注中有讨论。本志附图332幅，书末附有主要参考文献，以及寄生蜂和寄主的中名、拉丁学名索引。为了使读者对松毛虫寄生蜂有更多了解，本志添加了两个附录。附录1记述在国外记录寄生于松毛虫、我国虽未在松毛虫上发现但有分布的寄生蜂，共38种；附录2是世界松毛虫寄生蜂名录。

本志是我国松毛虫寄生蜂调查研究在现阶段的系统总结，可供农林等生产部门的技术人员，生物学、昆虫学方面的研究人员，以及大专院校师生查阅和参考。

图书在版编目（CIP）数据

中国松毛虫寄生蜂志 /何俊华，唐璞编著.—北京：科学出版社，2024.1
ISBN 978-7-03-076537-6

Ⅰ.①中… Ⅱ.①何… ②唐… Ⅲ.①松毛虫-寄生蜂-昆虫志-中国
Ⅳ.①Q969.54

中国国家版本馆CIP数据核字(2023)第189431号

责任编辑：韩学哲　付丽娜 / 责任校对：郑金红
责任印制：赵　博 / 封面设计：刘新新

科学出版社 出版
北京东黄城根北街16号
邮政编码：100717
http://www.sciencep.com

北京市金木堂数码科技有限公司印刷
科学出版社发行　各地新华书店经销

*

2024年1月第 一 版　开本：889×1194　1/16
2024年10月第二次印刷　印张：27 3/4
字数：897 000

定价：428.00元

（如有印装质量问题，我社负责调换）

前　　言

　　松毛虫是我国森林危害最大的食叶害虫，发生面积广，造成的损害大。据林业专家报道，危害每年发生的面积有 2000 万～4000 万亩[①]，其中木材一项损失计 500 万～1000 万 m^3，严重影响林业生产的发展，重者造成大面积松林死亡，被称为"不冒烟的森林火灾"，至今尚未能完全控制。此外，人体接触松毛虫毒毛，会引起"松毛虫病"，其还会污染水源致使水不能饮用。

　　我国对松毛虫的严重危害，早在明朝嘉靖九年（1530 年），广东《龙川县志》中就有记载。现代的研究开始于 20 世纪 20 年代，在 30 年代浙江省昆虫局做了不少工作。30 年代至 40 年代因战争不断，对松毛虫的研究几乎停顿。新中国成立后，中央研究单位曾两次组织有关力量对松毛虫进行较系统的研究，浙江大学祝汝佐教授曾应邀到湖南东安试点帮助鉴定寄生蜂，笔者有幸陪同前往，这是笔者第一次见到松毛虫，对其为害之重印象极深。直至 1980 年，许多有关单位自行安排力量从事松毛虫的研究，并取得了一些进展。在"六五""七五"期间（1981～1990 年），国家将"松毛虫综合管理技术研究"列入了科学技术研究和发展计划，在林业部科技司主持下，成立了专家组来协助开展这一项目的研究工作，组织了科研、教学、生产单位数百名科技人员对此项课题进行了实施，历时 8 年，取得了一批有价值的研究成果。笔者有幸参加了浙江衢州试点的天敌调查研究工作，实干了两年多。因当时未注意松毛虫的毛会刺激皮肤，夏天仍穿短袖上衣和短裤，到现在已过 30 多年背膀和膝盖仍留有许多红疹状疤痕。

　　松毛虫的防治必须综合治理，要用生态学观点、辩证观点、经济学观点来理解，在营林技术的基础上重视自然控制因素。自然控制中，起作用的主要是气候和天敌。天敌是活的生物，为了自己的生存和繁衍，会主动寻找取食对象（其弱点也在于是活的生物，会受气候、寄主数量和寄主发生虫期的影响），我们如辜负"老天恩赐"，忽视这些自然控制的巨大作用，会"弄巧成拙"或"得不偿失"。就松毛虫的成灾规律看，从事过实际工作的人员都有体会，天敌的自然控制作用有时在有些林区是很大的。

　　笔者曾在衢州上方和岭头南北两个生态好的松毛虫潜发区先后做过 4 次投放松毛虫幼虫试验，一般每次在 5 株不高的树上放 50 条或 100 条，通过管道让一条一条刚孵化的幼虫自己爬到树上，共接虫 8000 条，经结茧期检查，只有一次得到 2 只空茧，约占 0.03%（茧侧见有撕裂开的孔，估计松毛虫幼虫在结茧过程中被鸟类啄食）。

　　害虫天敌的主要类群是寄生性天敌、捕食性天敌和病原微生物。害虫的寄生性天敌中，主要为寄生昆虫和螨类。寄生性天敌昆虫（寄生昆虫）属于膜翅目的称为寄生蜂，属于双翅目的称为寄生蝇；此外，还有全部捻翅目昆虫及少数鳞翅目和鞘翅目昆虫有寄生习性（与松毛虫无关）。

　　松毛虫寄生蜂是寄生于松毛虫卵、幼虫和蛹期的天敌，种类多、世代周期短、繁殖快，有时寄生率不低，颇受调查研究人员注意，在全国书刊上报道的很多，但是也存在一些问题：①资料分散，散布在许多书刊和研究生学位论文中，不易收集整理；②有名无实，论文很多，多为种名重复，有形态描述和图的极少，有些只有属名，难以识别，需加补充；③张冠李戴，种名订错、插图拿错、属名用错、学名拼错、描述不符、同物异名、异物同名、寄主存疑等在文献中也有存在，需加澄清。这也是笔者在 2015 年底把承担研编的《中国动物志　膜翅目　姬蜂科（一）　瘤姬蜂亚科》书稿完成后带病研编此书的原因之一。

　　此外，浙江大学寄生蜂标本室存有一些未定过名的寄生松毛虫标本，有一些为 20 世纪 30 年代收集的，大部分是 50 年代以后全国各地寄给祝汝佐教授和笔者期望帮助鉴定的以及后来我们饲养及收集的，为了总结全国各地松毛虫寄生蜂种类调查成果，对过去寄来的标本做一交代（也算是"还账"），笔者早在 1985 年参加浙江衢州试点的天敌调查研究工作后就开始整理，并有编写《中国松毛虫寄生蜂志》的打算，期望在我国松毛虫寄生蜂研究的普及和提高，以及在综合治理中发挥一点作用，但后来因为主要精力投入培养

[①] 1 亩≈666.7m^2

研究生并主持《中国经济昆虫志 第五十一册 膜翅目 姬蜂科》《中国动物志 昆虫纲 第十八卷 膜翅目 茧蜂科（一）》《中国动物志 昆虫纲 第三十七卷 膜翅目 茧蜂科（二）》《中国动物志 昆虫纲 第二十九卷 膜翅目 螯蜂科》《中国动物志 昆虫纲 第五十六卷 膜翅目 细蜂总科（一）》《中国动物志 膜翅目 姬蜂科（一） 瘤姬蜂亚科》（待出版）的研编，以及《浙江蜂类志》《中国林木害虫天敌昆虫》的编写及参加编写《昆虫分类》等，无法分身。直至2016年1月笔者将《中国动物志 膜翅目 姬蜂科（一） 瘤姬蜂亚科》交稿后，从责任与使命、道义与情怀出发才决定在健康不佳的情况下，仍"冒一下险"，期望对我国松毛虫的防治和国家生物资源调查有些帮助。

本志今后在"真"和"全"上还有许多工作有待后人来做，如：①我国有松毛虫寄生蜂记录的18属18种（1个种内，包含多地不同寄主，也可能不止1种），无属征和种征描述，也未见标本，原无属征的现已补上，手头无标本的种征描述无法代劳。②有10属54种是浙江大学寄生蜂标本室过去收藏的各地与松毛虫有关的小蜂标本，或只知其属不知其种，金小蜂科内有10种其属不敢贸然鉴定，深以为憾，其原因一是笔者业务水平有限；二是不掌握小蜂类群国内外分类资料；三是年已90岁，"心有余而力不足"了，但对标本做了简要描述且拍了照片，并暂拟了中名，有待后人进一步研究定种。③对我国有分布记录、虽未在松毛虫上发现但在国外寄生于松毛虫的寄生蜂，需要多加注意，已在附录1中记述。④在现有松毛虫寄生蜂种类名录中只有属名无种名也无属种描述的，其实际种类可能不同，有待后人研究。⑤有些省（自治区、直辖市）松毛虫寄生蜂标本很少，经过调查肯定会有新的发现。

在本志完成之际，深切怀念业师祝汝佐教授（1900～1981年），他早在20世纪30年代在浙江省昆虫局工作时（后一直在浙江大学任职）就已开始进行我国寄生蜂的分类研究，是我国寄生蜂研究的先驱，同时精心收藏国外寄生蜂专家的著作。1937年他发表了《中国松毛虫寄生蜂志》这一期刊论文。1937年抗日战争全面爆发，他从杭州辗转内迁，经江西、四川、贵州诸省，至1945年抗战胜利，1946年重返杭州。由于祝教授醉心科学，热爱专业，在那将近十年颠沛流离的艰难岁月里，虽行囊洗尽，但仍把寄生蜂标本和文献视为珍宝，随身携带，不忍遗弃，这些标本和文献未遭毫损。标本一直存于浙江大学寄生蜂标本室，书刊经家属赠送学校图书馆，标本和书刊在本志中亦有应用。

我的老师、一级教授、浙江大学植物病理学家陈鸿逵博士（1900～2008年），91岁时仍每天由保姆陪同从家中走到实验室孜孜不倦地在显微镜下进行镰刀菌分类鉴定的研究工作。他的工作态度和奉献精神，令我难忘。如果健康允许，笔者也要向老师学习，希望能为我国动物资源调查添砖加瓦。

本志是笔者能完成的最后一本专著，愿将此书献给共渡患难、情深似海、相依为命和全心全意帮助工作、不幸因车祸过世的妻子顾振芳女士（浙江农业大学植物保护系讲师）。

在本志完成之际，衷心感谢各省（自治区、直辖市）有关科研、教学及生产单位的诸多科技人员、教师的大力支持，在提供标本、资料和采集标本时给予了许多帮助，才使得这一工作得以顺利完成。承校友、前辈、中国林业科学院萧刚柔（1908～2003年）、杨忠岐，中国科学院动物研究所杨星科、陶冶，北京农林科学院吴钜文、魏书军，湖南林业科学院童新旺和倪乐湘夫妇，以及浙江大学陈学新、马云等研究员、教授的关心和多方面的帮助，近几届浙江大学昆虫学研究生曾洁、闫成进、王漫漫、刘珍、涂彬彬、毛娟、李杨、熊燕红、盛颖意、朱佳晨、田红伟等帮助拍照和借阅图书资料，浙江大学华家池校区图书馆王丽丽、李文波帮助到其他单位借用资料，博士研究生叶熹骞及我的外孙余也奇在电脑使用方面的帮助等，在此一并致以衷心的感谢。

本志在编写时，虽然力求正确和完整，并尽可能给予描述和插图，但限于笔者业务水平、资料条件和健康状况，肯定会存在许多不足之处，恳切期望读者提出宝贵意见。

何俊华
2017年8月于杭州，浙江大学华家池校区

目 录

概述 ··· 1
  一、我国松毛虫发生和研究历史概况 ··· 1
  二、新中国成立后我国松毛虫研究概况 ·· 2
分类 ··· 10
  钩腹蜂总科 Trigonalyoidea ·· 11
    一、钩腹蜂科 Trigonalyidae ··· 11
      1. 纹钩腹蜂属 *Taeniogonalos* Schulz, 1906 ··· 12
  姬蜂总科 Ichneumonoidea ·· 13
    二、姬蜂科 Ichneumonidae ·· 16
      瘤姬蜂亚科 Pimplinae Wesmael ·· 18
        长尾姬蜂族 Ephialtini Hellén, 1915 ··· 19
          2. 顶姬蜂属 *Acropimpla* Townes, 1960 ··· 19
          3. 聚瘤姬蜂属 *Gregopimpla* Momoi, 1965 ·· 20
          4. 群瘤姬蜂属 *Iseropus* Foerster, 1868 ··· 25
          5. 曲姬蜂属 *Scambus* Hartig, 1838 ·· 26
        瘤姬蜂族 Pimplini Wesmael, 1845 ··· 28
          6. 钩尾姬蜂属 *Apechthis* Foerster, 1869 ··· 28
          7. 恶姬蜂属 *Echthromorpha* Holmgren, 1868 ·· 32
          8. 埃姬蜂属 *Itoplectis* Foerster, 1869 ··· 34
          9. 瘤姬蜂属 *Pimpla* Fabricius, 1804 ··· 38
          10. 囊爪姬蜂属 *Theronia* Holmgren, 1859 ·· 52
          11. 黑点瘤姬蜂属 *Xanthopimpla* Saussure, 1892 ··· 57
      柄卵姬蜂亚科 Tryphoninae ··· 63
        12. 拟瘦姬蜂属 *Netelia* Gray, 1860 ·· 63
      栉足姬蜂亚科 Ctenopelmatinae ··· 66
        13. 欧姬蜂属 *Opheltes* Holmgren, 1859 ·· 66
      缝姬蜂亚科 Campopleginae ·· 68
        14. 凹眼姬蜂属 *Casinaria* Holmgren, 1859 ·· 69
        15. 镶颚姬蜂属 *Hyposoter* Foerster, 1869 ··· 72
      分距姬蜂亚科 Cremastinae ··· 74
        16. 齿腿姬蜂属 *Pristomerus* Curtis, 1836 ·· 74
        17. 离缘姬蜂属 *Trathala* Cameron, 1899 ·· 76
      瘦姬蜂亚科 Ophioninae ·· 77
        18. 嵌翅姬蜂属 *Dicamptus* Szépligeti, 1905 ··· 78
        19. 窄痣姬蜂属 *Dictyonotus* Kriechbaumer, 1894 ······································· 79
        20. 细颚姬蜂属 *Enicospilus* Stephens, 1835 ·· 80
      菱室姬蜂亚科 Mesochorinae ·· 86
        21. 菱室姬蜂属 *Mesochorus* Gravenhorst, 1829 ·· 87

肿跗姬蜂亚科 Anomaloninae（=格姬蜂亚科 Gravenhorstinae）……88
    22. 软姬蜂属 *Habronyx* Foerster, 1860……89
    23. 异足姬蜂属 *Heteropelma* Wesmael, 1849……90
    24. 棘领姬蜂属 *Therion* Curtis, 1829……92
秘姬蜂亚科 Cryptinae……93
  秘姬蜂族 Cryptini……96
    25. 巢姬蜂属 *Acroricnus* Ratzeburg, 1852……96
    26. 驼姬蜂属 *Goryphus* Holmgren, 1868……97
    27. 脊额姬蜂属 *Gotra* Cameron, 1902……99
  粗角姬蜂族 Phyadeuentini……101
    28. 泥甲姬蜂属 *Bathythrix* Foerster, 1869……101
    29. 短瘤姬蜂属 *Brachypimpla* Strobl, 1902……102
    30. 沟姬蜂属 *Gelis* Thunberg, 1827……103
    31. 折唇姬蜂属 *Lysibia* Foerster, 1869……107
姬蜂亚科 Ichneumoninae……108
  杂姬蜂族 Joppini……110
    32. 大铗姬蜂属 *Eutanyacra* Cameron, 1903……110
    33. 丽姬蜂属 *Lissosculpta* Heinrich, 1934……111
    34. 俗姬蜂属 *Vulgichneumon* Heinrich, 1962……112

三、茧蜂科 Braconidae……113
  茧蜂亚科 Braconinae……115
    35. 深沟茧蜂属 *Iphiaulax* Foerster, 1862……116
    36. 窄茧蜂属 *Stenobracon* Szépligeti, 1901……117
  甲腹茧蜂亚科 Cheloninae……119
    37. 甲腹茧蜂属 *Chelonus* Panzer, 1806……119
    38. 愈腹茧蜂属 *Phanerotoma* Wesmael, 1838……120
  滑茧蜂亚科 Homolobinae van Achterberg……124
    39. 滑茧蜂属 *Homolobus* Foerster, 1862……124
  长体茧蜂亚科 Macrocentrinae……126
    40. 长体茧蜂属 *Macrocentrus* Curtis, 1833……126
  小腹茧蜂亚科 Microgastrinae Foerster……128
    绒茧蜂族 Apantelini Viereck, 1918……129
      41. 绒茧蜂属 *Apanteles* Foerster, 1862 *s. str.*……129
      42. 长颊茧蜂属 *Dolichogenidea* Viereck, 1911……133
    盘绒茧蜂族 Cotesiini Mason, 1981……135
      43. 盘绒茧蜂属 *Cotesia* Cameron, 1891……135
      44. 原绒茧蜂属 *Protapanteles* Ashmead, 1898……138
  内茧蜂亚科 Rogadinae……142
    45. 脊茧蜂属 *Aleiodes* Wesmael, 1838……143

小蜂总科 Chalcidoidea……148
  四、小蜂科 Chalcididae……150
    小蜂亚科 Chalcidinae……151
      46. 大腿小蜂属 *Brachymeria* Westwood, 1829……151
    角头小蜂亚科 Dirhininae……168

47. 角头小蜂属 *Dirhinus* Dalman, 1818 ·· 168
脊柄小蜂亚科 Epitraninae ··· 170
　　48. 脊柄小蜂属 *Epitranus* Walker, 1834 ··· 170
截胫小蜂亚科 Haltichellinae ·· 171
　　49. 凹头小蜂属 *Antrocephalus* Kirby, 1883 ··· 171
　　50. 霍克小蜂属 *Hockeria* Walker, 1834 ·· 175
　　51. 凸腿小蜂属 *Kriechbaumerella* Dalla Torre, 1897 ·· 177
五、扁股小蜂科 Elasmidae ·· 181
　　52. 扁股小蜂属 *Elasmus* Westwood, 1833 ·· 182
六、跳小蜂科 Encyrtidae ··· 185
　　53. 突唇跳小蜂属 *Coelopencyrtus* Timberlake, 1919 ·· 186
　　54. 点缘跳小蜂属 *Copidosoma* Ratzeburg, 1844 ··· 187
　　55. 卵跳小蜂属 *Ooencyrtus* Ashmead, 1900 ·· 188
七、姬小蜂科 Eulophidae ·· 193
　狭面姬小蜂亚科 Elachertinae ··· 195
　　56. 稀网姬小蜂属 *Euplectrus* Westwood, 1832 ··· 195
　灿姬小蜂亚科 Entedontinae ·· 196
　　57. 恩特姬小蜂属 *Entedon* Dalman, 1820 ··· 196
　　58. 柄腹姬小蜂属 *Pediobius* Walker, 1846 ··· 197
　姬小蜂亚科 Eulophinae ··· 200
　　59. 兔唇姬小蜂属 *Dimmokia* Ashmead, 1904 ·· 200
　　60. 长柄姬小蜂属 *Hemiptarsenus* Westwood, 1833 ··· 201
　　61. 羽角姬小蜂属 *Sympiesis* Foerster, 1856 ·· 203
　啮小蜂亚科（无后缘姬小蜂亚科）Tetrastichinae ·· 203
　　62. 长尾啮小蜂属 *Aprostocetus* Westwood, 1833 ··· 203
　　63. 瘿蚊姬小蜂属 *Hyperteles* Foerster, 1856 ·· 207
　　64. 内索姬小蜂属 *Nesolynx* Ashmead, 1905 ··· 207
　　65. 大角啮小蜂属 *Ootetrastichus* Perkins, 1906 ·· 209
　　66. 蝇姬小蜂属 *Syntomosphyrum* Foerster, 1878 ··· 209
　　67. 啮小蜂属 *Tetrastichus* Haliday, 1844 ··· 210
八、旋小蜂科 Eupelmidae ··· 222
　　68. 平腹小蜂属 *Anastatus* Motschulsky, 1859 ·· 224
　　69. 旋小蜂属 *Eupelmus* Dalman, 1820 ·· 263
　　70. 短角平腹小蜂属 *Mesocomys* Cameron, 1905 ·· 266
九、广肩小蜂科 Eurytomidae ·· 281
　　71. 广肩小蜂属 *Eurytoma* Illiger, 1807 ·· 281
十、金小蜂科 Pteromalidae ·· 285
　　72. 偏眼金小蜂属 *Agiommatus* Crawford, 1911 ·· 287
　　73. 钝领金小蜂属 *Amblyharma* Huang et Tong, 1993 ······································· 289
　　74. 巨颅金小蜂属 *Catolaccus* Thomson, 1878 ··· 290
　　75. 黑青小蜂属 *Dibrachys* Foerster, 1856 ·· 291
　　76. 红腹金小蜂属 *Erythromalus* Graham, 1956 ·· 296
　　77. 迈金小蜂属 *Mesopolobus* Westwood, 1833 ·· 297
　　78. 长角金小蜂属 *Norbanus* Walker, 1843 ··· 298

79. 宽缘金小蜂属 *Pachyneuron* Walker, 1833 ··· 299
80. 金小蜂属 *Pteromalus* Swederus, 1795 ··· 302
81. 灿金小蜂属 *Trichomalopsis* Crawford, 1913 ······································· 303
十一、长尾小蜂科 Torymidae ··· 315
82. 齿腿长尾小蜂属 *Monodontomerus* Westwood, 1833 ····························· 315
83. 长尾小蜂属 *Torymus* Dalman, 1820 ··· 327
十二、赤眼蜂科 Trichogrammatidae ·· 328
84. 赤眼蜂属 *Trichogramma* Westwood, 1833 ·· 328
广腹细蜂总科 Platygastroidea（=缘腹细蜂总科 Scelionoidea） ····························· 337
十三、缘腹细蜂科 Scelionidae ·· 337
85. 黑卵蜂属 *Telenomus* Haliday, 1833 ··· 338
分盾细蜂总科 Ceraphronoidea ·· 346
十四、分盾细蜂科 Ceraphronidae ·· 346
86. 分盾细蜂属 *Ceraphron* Jurine, 1807 ·· 346
青蜂总科 Chrysidoidea ·· 347
十五、肿腿蜂科 Bethylidae ··· 347
87. 棱角肿腿蜂属 *Goniozus* Foerster, 1856 ·· 348

附录 1 在国外记录寄生于松毛虫、我国虽未在松毛虫上发现但有分布的寄生蜂 ·········· 349
一、姬蜂科 Ichneumonidae ·· 349
1. 德姬蜂属 *Delomerista* Foerster, 1869 ··· 349
2. 白眶姬蜂属 *Perithous* Holmgren, 1859 ·· 351
3. 顶姬蜂属 *Acropimpla* Townes, 1960 ··· 352
4. 钩尾姬蜂属 *Apechthis* Foerster, 1869 ··· 353
5. 拟瘦姬蜂属 *Netelia* Gray, 1860 ·· 355
6. 细颚姬蜂属 *Enicospilus* Stephens, 1835 ·· 357
7. 瘦姬蜂属 *Ophion* Fabricius, 1798 ··· 358
8. 菱室姬蜂属 *Mesochorus* Gravenhorst, 1829 ··· 360
9. 卡姬蜂属 *Callajoppa* Cameron, 1903 ··· 361
10. 钝姬蜂属 *Amblyteles* Wesmael, 1845 ·· 362
11. 腹脊姬蜂属 *Diphyus* Kriechbaumer, 1890 ··· 363
二、茧蜂科 Braconidae ··· 365
12. 悬茧蜂属 *Meteorus* Haliday, 1835 ··· 365
13. 绒茧蜂属 *Apanteles* Foerster, 1862 ·· 369
14. 盘绒茧蜂属 *Cotesia* Cameron, 1891 ·· 371
15. 原绒茧蜂属 *Protapanteles* Ashmead, 1898 ·· 377
16. 小腹茧蜂属 *Microgaster* Latreille, 1804 ··· 378
17. 侧沟茧蜂属 *Microplitis* Foerster, 1862 ·· 380
18. 怒茧蜂属 *Orgilus* Haliday, 1833 ··· 381
三、小蜂科 Chalcididae ··· 382
19. 大腿小蜂属 *Brachymeria* Westwood, 1829 ··· 382
四、跳小蜂科 Encyrtidae ··· 384
20. 角缘跳小蜂属 *Tyndarichus* Howard, 1910 ·· 384
五、姬小蜂科 Eulophidae ·· 385
21. 瑟姬小蜂属 *Cirrospilus* Westwood, 1832 ··· 385

22. 腹柄姬小蜂属 *Pediobius* Walker, 1846 ……………………………………………… 386
六、旋小蜂科 Eupelmidae …………………………………………………………………… 387
    23. 平腹小蜂属 *Anastatus* Motschulsky, 1859 …………………………………… 387
    24. 旋小蜂属 *Eupelmus* Dalman, 1820 …………………………………………… 388
七、金小蜂科 Pteromalidae ………………………………………………………………… 389
    25. 莫克金小蜂属 *Mokrzeckia* Mokrzecki, 1934 ………………………………… 389
八、长尾小蜂科 Torymidae ………………………………………………………………… 390
    26. 齿腿长尾小蜂属 *Monodontomerus* Westwood, 1833 ……………………… 390

附录2 世界松毛虫寄生蜂名录 …………………………………………………………………… 393
参考文献 ………………………………………………………………………………………… 405
本志新种英文简述 ……………………………………………………………………………… 422
中名索引 ………………………………………………………………………………………… 423
拉丁学名索引 …………………………………………………………………………………… 429

概 述

一、我国松毛虫发生和研究历史概况

松毛虫是我国从古至今危害森林最重的食叶害虫之一，发生面积广，猖獗时会将针叶全部食尽，轻者使松林成片枯黄，似火烧一般，影响松林生长，重者造成大面积松林死亡，故人们称为"不冒烟的森林火灾"，至今尚未能完全控制其猖獗危害。此外，人体接触松毛虫毒毛，轻的引起皮肤红肿刺痒，重的出现全身不适、四肢关节肿疼、不能参加劳动，统称"松毛虫病"。松毛虫毒毛还会污染水源，致使其不能饮用。由此可见，松毛虫不仅影响林业生产发展，还会危及人们的身体健康。

据彭建文（1983）记述，史书中称松叶为"松毛"，顾名思义，将吃"松毛"的虫称为"松毛虫"是恰当的，而至清乾隆元年，始有"松毛虫"的名字出现。我国早在明朝嘉靖九年（1530年），广东《龙川县志》中即有松毛虫发生的记载，嗣后至清光绪二十六年（1900年），到彭建文（1983）记述为止，至少有450年之久，江苏、浙江、湖南、福建不断有松毛虫成灾的记载，与水灾、火灾、蝗灾等列为同等重要地位，详载于各有关县志的"大事纪"中和"灾祥""祥异"等部分内。还有类似"松毛虫病""有鸟食之""大旱，时连年发生"的记载，而未见有防治的记载，说明当时人们对待这些自然灾害没有能力克服，只能听之任之。

20世纪20年代我国现代科学刚开始时，对松毛虫危害即已引起注意，但由于当时国内战事频发，未重视科学研究，至1937年完全停顿。这段时期有如下研究报道：

林刚. 1926. 松毛虫侵害森林的情形及其防除法. 农林新报, (58): 3-4.

姜苏民. 1928. 松毛虫. 农学特刊, (2): 1-16.

傅定堃. 1929. 松蛄蟖的研究. 南京中央大学农学院旬刊, (17): 2-5; (18): 8-11.

楼人杰. 1930. 松毛虫初步研究报告. 浙江昆虫局丛刊7号(专门报告5号). 单31页.

邹静漪. 1931. 江西省立彭湖林场防除松毛虫计划书. 中华农学会报, 94(5): 143-146.

黄希周. 1931. 松毛虫之驱除问题. 江苏农矿, (8): 1-2.

徐围栋. 1932. 松毛虫防除法. 浙江昆虫局丛刊, (5): 1-2.

楼人杰. 1932. 松毛虫. 浙江建设, 5(6): 110-115.

祝汝佐. 1933. 关于松毛虫寄生率之考查. 昆虫与植病, 1(29): 625-626.

蒋惠荪. 1934. 松毛虫与造林树种问题. 中华农学会报, (129, 130): 72-76.

江志道. 1935. 松毛虫之观察及其防除法. 四川农业, 2(4): 5-10.

江涛钧. 1935. 长兴香山松毛虫发生之调查及其实施防治之我见. 昆虫与植病, 3(10): 200-203.

岳宗. 1935. 松毛虫初冬调查. 农报, 2(34): 1218-1219.

湖南第一农事试验场虫害系. 1935. 松毛虫浅说. 单8页.

祝汝佐. 1937. 中国松毛虫寄生蜂志. 昆虫与植病, 5(4-6): 56-103.

刘鹤昌. 1937. 丽水林场松毛虫调查纪要. 昆虫与植病, 5(13): 240-246.

Miao C P(苗久棚). 1937. Study of some forest insects of Nanking and its vicinity, part 1, Contrib. Biol. Lab. Sci. Soc. China, Zool., 12(8): 131-181.

Miao C P(苗久棚). 1938. Study of some forest insects of Nanking and its vicinity, part 2, Contrib. Biol. Lab. Sci. Soc. China, Zool., 13(2): 9-22.

苗久棚. 1938. 南京及其附近数种森林昆虫之研究. 科学, 22(5-6): 183-218.

二、新中国成立后我国松毛虫研究概况

新中国成立后，松毛虫仍是我国危害森林最重的食叶害虫之一，发生面积广。据林业专家报道，每年发生危害面积 2000 万~4000 万亩，其中木材一项损失计 500 万~1000 万 m^3，严重影响林业生产的发展，因此国家十分重视松毛虫的防治和基础研究。

（一）我国松毛虫种类和危害成灾区

松毛虫隶属于鳞翅目 Lepidoptera 枯叶蛾科 Lasiocampidae。

在我国松毛虫有广义的松毛虫和狭义的松毛虫之分。凡是危害松、柏、杉等针叶树或兼害阔叶树的枯叶蛾科毛虫类，即广义的松毛虫。我国已知的有 7 属 81 种（包括亚种），分别为：

小毛虫属 *Cosmotriche* Hubner, 1820，有 11 种
杂毛虫属 *Cyclophragama* Turber, 1911，有 24 种
松毛虫属 *Dendrolimus* Germar, 1813，有 28 种
云毛虫属 *Hoenimnema* Lajonquiere, 1973，有 12 种
大毛虫属 *Lebeda* Walker, 1855，有 2 种
丫毛虫属 *Metanastria* Hubner, 1816，有 2 种
栎毛虫属 *Paralebeda* Aurivillius, 1894，有 2 种

这些属的种类成虫的体形、翅展大小、体色、翅面斑纹色彩极相似，容易与松毛虫属相混淆，因此，以前不少研究者将这些种类列入松毛虫属。

狭义的松毛虫是指真正的松毛虫属 *Dendrolimus* Germar, 1813。我国松毛虫属中危害较严重的有 6 种，按其危害成灾的情况，由重到轻顺序为：

马尾松毛虫 *Dendrolimus punctatus* (Walker, 1855)
落叶松毛虫 *Dendrolimus superans* (Batler, 1877)
油松毛虫 *Dendrolimus tabulaeformis* Tsai *et* Liu, 1962
赤松毛虫 *Dendrolimus spectabilis* (Butler, 1877)
云南松毛虫 *Dendrolimus houi* Lajonquiere, 1979
思茅松毛虫 *Dendrolimus kukuchii* Matsumura, 1927

前 5 种分别划为 5 个松毛虫危害成灾区（思茅松毛虫无独特的危害成灾区）。各松毛虫危害成灾区的地理范围、经纬度、气候、树种、发生代次和其他松毛虫种基本上不相同。我国主要对这几种松毛虫上的寄生蜂进行调查和研究。

（二）松毛虫的综合治理

新中国成立后，中央研究单位曾两次组织有关力量，对松毛虫进行研究。"六五""七五"期间（1981~1990 年），国家又进行"松毛虫综合管理技术研究"攻关，对松毛虫进行较系统的研究后认为对松毛虫的治理必须是综合治理。

松毛虫的综合治理，就是要用生态学观点、辩证观点、经济学观点来理解，在营林技术的基础上重视自然控制的作用。

自然控制中，起作用的主要是气候和天敌。天敌是活的生物，为了自己的生存和繁衍，会主动寻找取食对象（其弱点也在于是活的生物，会受气候、寄主数量和发生虫期的影响），在松毛虫各个虫期天

天在消灭害虫。

就松毛虫的成灾规律看，天敌的自然控制作用很大。例如，在针叶树和阔叶树混交、地下植被丰盛、地广人稀的山区，虽然不远处松毛虫暴发，或可见到成虫飞入，但最后很少见到虫茧，也少见严重危害；笔者曾在衢州上方和岭头南北两个生态好的松毛虫潜发区先后做过 4 次投放松毛虫幼虫试验，一般每次在 5 株不高的树上放 50 条或 100 条，通过管道让一条一条刚孵化的幼虫自己爬到树上，接虫共 8000 条，经结茧期检查，只有一次得到 2 只空茧，不到 0.03%（茧侧见有撕裂开的孔，估计松毛虫幼虫在结茧过程中被鸟类啄食）。又如，总的来说，松毛虫的雌蛾产卵量是相当高的，按 300~400 粒计，若无天敌等在整个松毛虫发育过程中消灭了绝大部分松毛虫，即使最后仅留下 1 对成虫存活，即 1 只雌蛾，其所产之卵也要比上一代多 3~4 倍。根据衢州 1981~1985 年幼虫虫口密度调查资料，在"常发区"平均增长 5.25 倍，只是 1.31~1.75 只雌蛾的后代，即使最高的一次 26.2 倍，也只是 6.55~8.73 只雌蛾所产的卵的后代。

如何运用生态系统中的天敌因素及掌握当地当时天敌发生发展趋势，使其充分发挥自然控制效能，是制定和实施综合治理方案的关键之一。

要了解天敌作用以评估害虫发生趋势或开展生物防治，首先要开展对天敌资源的调查，准确识别天敌种类，正确评价其作用。在此基础上，才有可能在生产上（包括测报上）充分发挥作用或选出其中有利用前途的种类，进行生物学、生态学、行为学和营养学等特性的研究，提出天敌保护与助长措施。

（三）昆虫寄生性天敌的特征

害虫天敌的主要类群是寄生性天敌、捕食性天敌和病原微生物。害虫的寄生性天敌中，主要为寄生昆虫和螨类。寄生性天敌昆虫（寄生昆虫）属于膜翅目的称为寄生蜂，属于双翅目的称为寄生蝇；此外，寄生性天敌昆虫中还有全部捻翅目昆虫及少数鳞翅目和鞘翅目昆虫有寄生习性（与松毛虫无关）。

寄生昆虫 [寄生性昆虫或寄生虫（parasite）] 是指一个时期或终身附着在其他动物（寄主）的体内或体外，并摄食寄主的营养物质来维持生存的昆虫种类。但是，寄生于昆虫上的寄生昆虫，与一般寄生于脊椎动物体上的寄生昆虫，又有许多不同之处，如：①个体发育的结果，会使其寄主死亡，对于一个种群的制约作用，更类似于捕食性动物；②在分类上，通常与寄主同属于昆虫纲，仅少数寄生于蛛形纲等节肢动物；③仅在幼虫期附着于寄主上营寄生生活，而成虫期一般营独立生活，可自由活动；④个体大小，相对地说与寄主比较接近；⑤不是转主寄生（heteroecism），即此类寄生物在单一的某个寄主上即可顺利地完成生活周期。因为这类寄生昆虫能将寄主昆虫杀死，是其在自然界的敌对物，所以人们常将这类寄生昆虫称为"寄生性天敌昆虫"或"拟寄生虫"（parasitoid）、"捕食性寄生虫"，把天敌昆虫的寄生现象用"拟寄生"（parasitoidism）这一术语来与通常的寄生现象加以区别。理论上虽然如此，但习惯上，目前许多人仍把寄生性天敌昆虫称为寄生昆虫；属于膜翅目的称为寄生蜂，属于双翅目的称为寄生蝇。

（四）松毛虫寄生蜂的研究历史

松毛虫寄生蜂是寄生松毛虫卵、幼虫和蛹期的天敌，种类多，有时寄生率不低，颇受调查研究人员注意，在国内外书刊上的报道很多。

1. 国外研究记录

关于松毛虫天敌的研究历史早在 18 世纪起就已陆续有所记录。国外较为系统、有寄生蜂名录的如下。

Vassiliev（1913）记录俄国松毛虫的寄生性昆虫 39 种。

Matsumura（1926a）On the five species of *Dendrolimus* injurious to conifers in Japan with their parasitic and predaceous insects 记述松毛虫寄生蜂 29 种。

Kamiya（1932）Hymenopterous parasites of *Dendrolimus spectabilis* Butl. and the interelation of its economics 记述日本寄生蜂 23 种。

Meyer（1937）记录苏联松毛虫寄生蜂 23 种，并明确 10 种是重寄生蜂。

Ishii（1938）Chalcidoid and proctotrypoid-wasps reared from *Dendrolimus spectabilis* Butler and *D. albolineatus* Matsumura and their insect parasites, with descriptions of three new species 记述日本松毛虫寄生蜂和重寄生蜂 19 种。

田畑司門治和玉贯光一（1939）记述西伯利亚松毛虫 *Dendrolimus sibiricus albolineatus* 寄生蜂 26 种。

Kamiya（1939）Studies on the Parasitic Hymenoptera of the Pine-caterpillar, *Dendrolimus spectabilis* Butler. I. Taxonomy and biology 记述日本赤松毛虫寄生蜂 28 种。

Thompson（1944，1953，1957）记录欧洲松毛虫寄生性昆虫 79 种，落叶松毛虫寄生性昆虫 35 种，赤松毛虫寄生性昆虫 38 种。

Ryvkin（1952）记录苏联松毛虫初寄生天敌 22 种，重寄生天敌 3 种。

Townes 等（1961）A catalogue and reclassification of the Indo-Australian Ichneumonidae 记录印澳区寄生于松毛虫属 *Dendrolimus* 的姬蜂科 15 种，重寄生蜂 5 种。

Kolomiets（1962）*Parasites and Predators of Dendrolimus sibiricus* 记录西伯利亚松毛虫天敌昆虫 58 种，其中寄生蜂 41 种。

Townes 等（1965）A catalogue and reclassification of the Eastern Palearctic Ichneumonidae 记录古北区东部寄生于松毛虫属 *Dendrolimus* 的姬蜂科 57 种，其中有中国分布的 25 种。

安松京三和渡边千尚（1964）记录日本赤松毛虫天敌昆虫 38 种，铁杉毛虫（即落叶松毛虫）天敌昆虫 21 种。

山田房男和小山良之助（1965）报道日本赤松毛虫天敌寄生性昆虫 13 种以上。

Kim 和 Pak（1965）Studies on the control of pine moth, *Dendrolimus spectabilis* Butler 记述韩国赤松毛虫寄生蜂 26 种。

Herting（1976）记录欧洲松毛虫寄生性昆虫 83 种，落叶松毛虫寄生性昆虫 82 种，赤松毛虫寄生性昆虫 45 种。

Kamijo（1977）报道在日本铁杉毛虫寄生性昆虫茧蛹中发现 20 多种重寄生蜂。

Gupta（1987）Catalogue of the Indo-Australian Ichneumonidae 记录寄生于松毛虫的姬蜂 24 种，重寄生小蜂 4 种。

Yu 等（2012）记录全世界寄生于松毛虫属 *Dendrolimus* 的姬蜂总科和小蜂总科寄生蜂共 105 属 210 种，其中按蜂分类：姬蜂科 64 属 112 种，茧蜂科 13 属 29 种，小蜂科 2 属 10 种，跳小蜂科 3 属 8 种，姬小蜂科 5 属 6 种，旋小蜂科 3 属 14 种，广肩小蜂科 1 属 1 种，巨胸小蜂科 1 属 1 种，金小蜂科 10 属 17 种，长尾小蜂科 2 属 6 种，赤眼蜂科 1 属 6 种；按主要寄主分：寄生于马尾松毛虫的姬蜂总科 28 属 47 种，小蜂总科 13 属 27 种；寄生于赤松毛虫的姬蜂总科 23 属 32 种，小蜂总科 15 属 29 种；寄生于油松毛虫的姬蜂总科 13 属 17 种，小蜂总科 2 属 2 种；寄生于落叶松毛虫的姬蜂总科 33 属 51 种，小蜂总科 19 属 30 种；寄生于欧洲松毛虫的姬蜂总科 44 属 67 种，小蜂总科 13 属 26 种（书中有中国的松毛虫寄生蜂，也混有仅在中国有分布而只在国外寄生于松毛虫的寄生蜂，需一一细加甄别）。

2. 国内研究概况

此节作者文献后注明内容"记录"者仅有学名，注明内容"记述"者有形态描述等。

关于松毛虫天敌的研究工作，浙江省昆虫局祝汝佐先生最早注意到，1933 年报道了《关于松毛虫寄生率之考查》（昆虫与植病，1(29): 625-626）；1937 年发表了《中国松毛虫寄生蜂志》（昆虫与植病，5(4-6): 56-103），文中记述寄生蜂 24 种，并在附录中列出全世界已知名录共 83 种，包含我国台湾省 6 种。抗日战争全面爆发后，浙江省昆虫局解散，他从杭州辗转内迁，经江西、四川、贵州诸省，主要从事教学和桑虫研究。

Sonan（1944）(A list of host known hymenopterous parasites of Formosa[①]) 记录我国台湾省松毛虫寄生蜂 8 种。

[①] 台湾是中国领土的一部分。Formosa（早期西方人对台湾岛的称呼）一般指台湾，具有殖民色彩。本书因引用历史文献不便改动，仍使用 Formosa 一词，但并不代表作者及科学出版社的政治立场。

1949 年新中国成立后，松毛虫作为全国最重要的森林害虫之一，国家将"松毛虫综合管理技术研究"列入了科学技术研究和发展计划，许多有关单位自行安排力量从事松毛虫的研究，在重视防治研究工作的同时，作为自然控制的重要因素，天敌调查研究工作也有很大进展。我国松毛虫寄生蜂种类研究的主要成果如下。

邱式邦（1955）《南京地区马尾松毛虫寄生天敌的初步观察》记录寄生蜂 16 种。

祝汝佐（1955a）《松毛虫卵寄生蜂的生物学考查及其利用》记述寄生蜂 3 种。

祝汝佐（1955b）《中国松毛虫寄生蜂的种类和分布》（全国松毛虫技术座谈会参考资料，未正式发表但影响很大）记录寄生蜂 45 种（内有未正式发表的 2 新种学名和几种学名误定），并帮助各地鉴定过一些标本。

华东农业科学研究所（1955）《松毛虫生物防治研究》记录寄生蜂 13 种。

中国科学院昆虫研究所和林业部林业科学研究所湖南东安松毛虫工作组（1956）《1954 年湖南东安马尾松毛虫初步研究》记录马尾松毛虫的寄生蜂 10 种。

孙锡麟和刘元福（1958）《寄生天敌对东安马尾松毛虫(Dendrolimus punctatus Walk.)数量消长作用的初步考查》记录湖南马尾松毛虫的寄生蜂 16 种，其中卵寄生蜂 6 种，幼虫寄生蜂 5 种，蛹寄生蜂 5 种。

李必华（1959）《山东省油松毛虫发生规律的初步调查研究》记录油松毛虫的寄生蜂 6 种。

李经纯等（1959）《崂山松毛虫卵寄生蜂的初步调查》记录山东油松毛虫卵的寄生蜂 7 种。

龙承德等（1957）《两种松毛虫黑卵蜂的初步研究》记录马尾松毛虫卵的寄生蜂 2 种。

彭建文（1959）《湖南松毛虫研究初步报告》记录马尾松毛虫的寄生蜂 16 种。

蒋雪邨和李运帷（1962）《福建省马尾松毛虫的消长规律》记录马尾松毛虫的寄生蜂 10 种。

彭超贤（1962）《利用寄生蜂防治松毛虫》记录江苏马尾松毛虫的寄生蜂 2 种。

广东省农林学院林学系森保教研组（1974）《广东省马尾松毛虫寄生天敌调查》记录马尾松毛虫的寄生蜂 22 种。

福建林学院森林保护教研组（1976）《福建省马尾松毛虫寄生天敌的初步调查》记录马尾松毛虫的寄生蜂 13 种。

赵修复（1976）《中国姬蜂分类纲要》记录寄生于马尾松毛虫的姬蜂 20 种。

何俊华和匡海源（1977）《江西省马尾松毛虫几种寄生蜂的记述》记述寄生蜂 8 种。

中国科学院动物研究所等（1978）《天敌昆虫图册》记述松毛虫的寄生蜂 30 种。

吴钜文（1979a）《马尾松毛虫天敌的种类》记录各虫期天敌 202 种（亚种和变种），其中寄生蜂 69 种。

吴钜文（1979b）《赭色松毛虫的初步研究》记录浙江赭色松毛虫的寄生蜂 7 种。

陈泰鲁和吴燕如（1981）《松毛虫的黑卵蜂记述(膜翅目：缘腹细蜂科)》记述黑卵蜂 1 属 4 种。

何俊华（1981a）《我国长尾姬蜂属 Ephialtes Schrank 及二种新记录(膜翅目：姬蜂科)》首次记述四齿长尾姬蜂在黑龙江寄生于西伯利亚松毛虫。

何俊华（1981b）《中国姬蜂科寄主新记录(I)》首次记录桑螨聚瘤姬蜂在黑龙江寄生于西伯利亚松毛虫和在河北寄生于油松毛虫。

杨秀元和吴坚（1981）《中国森林昆虫名录》记录马尾松毛虫的寄生蜂 65 种。

何俊华和马云（1982）《中国姬蜂科寄主新记录(II)》首次记录舞毒蛾瘤姬蜂在河北寄生于油松毛虫和横带沟姬蜂，在福建重寄生于马尾松毛虫的松毛虫黑胸姬蜂。

赵修复（1982）《福建省昆虫名录》记录马尾松毛虫的寄生蜂 16 种。

盛金坤（1982）《江西五种小蜂记述(膜翅目：小蜂科)》记述石氏脊腹小蜂 Nipponohokeria ishiii 寄生于马尾松毛虫。

党心德和金步先（1982）《陕西省林虫寄生蜂记录》记录寄生于松毛虫的寄生蜂 14 属 15 种。

陈泰鲁（1983）《寄生松毛虫卵的赤眼蜂》记述赤眼蜂属 4 种。

何俊华（1983）《中国姬蜂科新记录(一)阿苏山沟姬蜂和三色田猎姬蜂》首次报道阿苏山沟姬蜂在辽宁发现。

何俊华（1983）《中国姬蜂科新记录(二)全北群瘤姬蜂》首次报道在新疆寄生于落叶松毛虫的寄生蜂种类。

何俊华（1983）《中国姬蜂科新记录(三)松毛虫软姬蜂》首次报道在黑龙江寄生于落叶松毛虫的寄生蜂种类。

金华地区森防站（1983）《马尾松毛虫卵蛹期寄生天敌初步考查》记录浙江马尾松毛虫卵蛹期寄生蜂14种。

彭建文（1983）《中国松毛虫历史记述查考》记述中国松毛虫查考历史。

赵明晨（1983）《辽源市落叶松毛虫寄生性天敌昆虫调查》记录吉林落叶松毛虫寄生蜂7种。

中国林业科学院（1983）《中国森林昆虫》记录9种广义松毛虫的寄生蜂37种，其中10种有记述。

陈泰鲁（1984）《寄生松毛虫的黑卵蜂》记述松毛虫上的黑卵蜂属6种。

陕西省林业科学研究所（1984）《陕西林木病虫图志(第二辑)》记述陕西松毛虫的寄生蜂10种。

王金言（1984）《我国寄生松毛虫的几种茧蜂》记述松毛虫上的茧蜂4属6种。

王淑芳（1984）《寄生松毛虫的姬蜂种类鉴别》记述松毛虫上的姬蜂14属21种。

贵州动物志编委会（1984）《贵州农林昆虫分布名录》记录贵州松毛虫上的寄生蜂9种。

张务民等（1987）《四川马尾松毛虫寄生昆虫的初步调查》记录四川马尾松毛虫寄生性昆虫共9科19属27种，其中卵寄生蜂8种，3龄、4龄幼虫寄生昆虫5种，幼虫—蛹寄生昆虫14种。

Chiu等（邱瑞珍等）（1984）A checklist of Ichneumonidae (Hymenoptera) of Taiwan 记录我国台湾省寄生于松毛虫的姬蜂6属6种。

何俊华（1985）《浙江省马尾松毛虫寄生蜂名录》记录浙江省马尾松毛虫寄生蜂49种，并记述马尾松毛虫受自然控制情况。

李克政等（1985）《落叶松毛虫卵期寄生蜂天敌调查研究》记录黑龙江落叶松毛虫卵寄生蜂7种。

何俊华（1986a）报道松毛虫蛹寄生率的考查方法。

何俊华（1986b）报道松毛虫卵寄生率的考查方法。

何俊华（1986c）《我国松毛虫姬蜂已知种类校正名录(膜翅目：姬蜂科)》将我国用过的79个姬蜂种名（或只有属名），因异名或误定而校正为37种。

何俊华和庞雄飞（1986）《水稻害虫天敌图说》记述寄生于松毛虫的寄生蜂14种。

孙明雅等（1986）《马尾松毛虫天敌图志》记述寄生于马尾松毛虫的天敌129种，其中寄生蜂22种。

何俊华和王金言（1987）《中国农业昆虫》（下册）记述寄生于松毛虫的茧蜂3属4种。

何俊华和王淑芳（1987）《中国农业昆虫》（下册）记述寄生于松毛虫的姬蜂17属23种。

何俊华和徐志宏（1987）《与松毛虫有关的大腿小蜂》记述寄生或重寄生于松毛虫的大腿小蜂10种。

柴希民等（1987）《浙江省马尾松毛虫天敌考查》记录浙江省马尾松毛虫天敌116种，其中寄生蜂64种，按寄生虫期划分：卵寄生蜂13种，幼虫寄生蜂19种，蛹寄生蜂16种，重寄生蜂16种；按分类系统来划分：姬蜂26种，茧蜂6种，小蜂28种，黑卵蜂3种，肿腿蜂1种。

侯陶谦（1987）《中国松毛虫》记录我国松毛虫天敌昆虫193种，其中寄生蜂99种。

李伯谦等（1987）《思茅松毛虫生物学研究初报》记录寄生蜂8种，其中卵寄生蜂4种，幼虫寄生蜂2种，蛹寄生蜂2种。

廖定熹等（1987）《中国经济昆虫志 第三十四册 膜翅目 小蜂总科(一)》记述寄生于松毛虫的小蜂7属9种。

张务民等（1987）《四川马尾松毛虫寄生昆虫的初步调查》记录寄生蜂19种，其中卵寄生蜂8种，幼虫寄生蜂3种，蛹寄生蜂8种。

盛金坤和钟玲（1987）《中国凸腿小蜂属两新种记述(膜翅目：小蜂科 截胫小蜂亚科)》记述寄生于思茅松毛虫的1种。

钱范俊（1987）《黑足凹眼姬蜂生物学特性的研究》记录江苏黑足凹眼姬蜂的（重）寄生蜂8种。

何允恒等（1988）《北京地区油松毛虫寄生天敌考察》记录寄生蜂24种，其中卵寄生蜂8种，幼虫寄生蜂3种，蛹寄生蜂11种，专性重寄生蜂2种。

田淑贞（1988）《赤松毛虫寄生性天敌昆虫调查》记录山东寄生蜂19种。

张贵有（1988）《松毛虫红头茧蜂初步观察与保护利用简报》记录松毛虫脊茧蜂的（重）寄生蜂9种。

王问学和宋运堂（1988）《松毛虫凹眼姬蜂的重寄生蜂》记录黑足凹眼姬蜂的（重）寄生蜂8种。

马万炎等（1989）《黑侧沟姬蜂的生物学及种群消长规律研究》记录湖南重寄生蜂4种。

钱范俊（1989）《松毛虫脊茧蜂生物学特性的研究》记录江苏松毛虫脊茧蜂的（重）寄生蜂5种。

盛金坤（1989）《江西小蜂类(一)》记述寄生于松毛虫的小蜂15种。

谈迎春等（1989）《龙山林区天敌对马尾松毛虫抑制作用的研究》记录浙江寄生蜂15种。

王问学等（1989）《马尾松毛虫寄生天敌与寄主数量关系的研究》记录湖南省寄生蜂34种，其中卵寄生蜂8种，幼虫寄生蜂1种，幼虫至蛹、蛹寄生蜂12种，专性重寄生蜂13种。

严静君等（1989）《林木害虫天敌昆虫》记录松毛虫寄生蜂77种，其中有记述的19种。

陕西省林业科学研究所和湖南省林业科学研究所（1990）《林虫寄生蜂图志》记述松毛虫的寄生蜂40种。

陈昌洁（1990）《松毛虫综合管理》记录我国松毛虫天敌种类总数达到530种，包括天敌昆虫314种，其中寄生蜂类115种（何俊华参加寄生蜂类编写）。

何俊华和汤玉清（1990）《我国松毛虫细颚姬蜂种类识别》记述寄生的细颚姬蜂属5种。

童新旺等（1990）《影响松毛虫天敌变动原因的研究》记录湖南重寄生蜂13种。

吴钜文和侯陶谦（1990）《古北区松毛虫天敌研究进展》记录古北区松毛虫天敌527种，其中寄生蜂182种（占总数的34.5%），其中我国寄生蜂48种。

赵仁友等（1990）《柳杉毛虫寄生天敌初步考查》记录浙江寄生蜂7种。

杜增庆等（1991）《浙江省马尾松毛虫寄生性天敌研究》记录浙江省天敌48种，其中寄生蜂39种。

童新旺等（1991）《天敌对松毛虫控制作用及其在湖南的分布》记录湖南天敌154种，其中寄生蜂类51种。

吴猛耐等（1991）《寄生天敌对柏木松毛虫控制作用的研究》记录寄生蜂5种。

湖南省林业厅（1992）《湖南森林昆虫图鉴》记述马尾松毛虫寄生蜂50种，其中何俊华等记述钩腹蜂科1种和姬蜂总科25种，童新旺等记述小蜂总科和细蜂总科24种。

江土玲等（1992）《浙南柳杉毛虫发生规律及防治技术》记录浙南柳杉毛虫寄生蜂7种。

夏育陆等（1992）《天敌昆虫对马尾松毛虫控制作用及其群落的研究》记录安徽寄生蜂6种。

萧刚柔（1992）《中国森林昆虫》（第2版，增订本）记录8种广义松毛虫的寄生蜂51种，其中记述17种。

严静君等（1992）《黑足凹眼姬蜂在松毛虫低密度下的种群动态和控制作用》记录北京重寄生蜂4种。

刘岩和张旭东（1993）《大兴安岭林区落叶松毛虫天敌初报》记录寄生蜂7种。

申效诚（1993）《河南昆虫名录》记录寄生于松毛虫的寄生蜂29种。

宋运堂和王问学（1994）《马尾松毛虫寄生性天敌寄生行为空间模式研究》记录湖南寄生蜂6种。

周至宏等（1994）《广西姬蜂科已知种类名录》记述寄生于马尾松毛虫的姬蜂6种。

张永强等（1994）《广西昆虫名录》记录马尾松毛虫的寄生蜂26种。

章士美和林毓鉴（1994）《江西昆虫名录》记录马尾松毛虫的寄生蜂33种。

盛金坤等（1995）《思茅松毛虫卵寄生蜂调查简报》记录寄生于松毛虫的小蜂6种。

杨忠岐和谷亚琴（1995）《大兴安岭落叶松毛虫的卵寄生蜂(膜翅目：细蜂总科 小蜂总科)》记述黑龙江省卵寄生蜂5种。

何俊华等（1996）《中国经济昆虫志 第五十一册 膜翅目 姬蜂科》记述寄生于松毛虫的姬蜂37种，并记重寄生小蜂10种。

刘长明（1996）《中国小蜂科系统分类研究(膜翅目：小蜂总科)》记述寄生于松毛虫的小蜂10种。

王志英等（1996）《落叶松毛虫天敌复合体》记录黑龙江松毛虫天敌25种，其中寄生蜂12种。

俞云祥（1996）《松毛虫卵寄生蜂调查初报》记录江西2种松毛虫卵的寄生蜂9种。

岳书奎等（1996）《落叶松毛虫生物学特性及天敌》记录黑龙江天敌23种，其中寄生蜂11种。

盛金坤和王国红（1996）《短角平腹小蜂属一新种记述(膜翅目：旋小蜂科)》记述寄生于油松毛虫的小蜂 1 种。

盛金坤等（1997）《平腹小蜂属四新种记述(膜翅目：旋小蜂科)》记述寄生于松毛虫的小蜂 2 种。

Sheng（1998）A new species of *Mesocomys* (Hymenoptera: Eupelmidae) from China 记述寄生于油松毛虫的小蜂 1 种。

盛金坤和俞云祥（1998）《平腹小蜂属 *Anastatus* 两新种记述(膜翅目：旋小蜂科)》记录寄生于松毛虫的小蜂 2 种。

陈尔厚（1999）《松毛虫和褐点粉灯蛾寄生蜂名录及疑难种描述》记录云南省松毛虫寄生蜂 24 种。

柴希民等（2000）《浙江省马尾松毛虫天敌研究》记述松毛虫天敌 154 种，其中寄生蜂 70 种。

倪乐湘等（2000）《湖南省高山地区马尾松毛虫寄生性天敌的调查》记录寄生蜂 9 种。

俞云祥和黄素红（2000）《赣东北地区的松毛虫卵寄生蜂综述》记录江西松毛虫卵寄生蜂 15 种。

钟武洪等（2000）《高山地区马尾松毛虫天敌调查及其作用的初步评价》记录寄生蜂 9 种。

梁秋霞等（2002）《马尾松毛虫蛹、卵期寄生性天敌调查初报》记录寄生蜂 7 科 25 种。

黄邦侃（2003）《福建昆虫志 第 7 卷》记述寄生于马尾松毛虫的茧蜂 7 种、姬蜂 14 种。

王淑芳（2003）记述寄生于马尾松毛虫的寄生蜂。

孙明荣等（2003）《沂山林场赤松毛虫天敌昆虫调查研究》记录山东寄生蜂 11 种。

何俊华（2004）《浙江蜂类志》记述松毛虫的寄生蜂 67 种。

何俊华和陈学新（2006）《中国林木害虫天敌昆虫》记述松毛虫的寄生蜂 26 种。

Chen 和 He（2006）*Parasitoids and Predators of Forest Pests in China* 记述我国松毛虫的寄生蜂 26 种。

施再喜（2006）《马尾松毛虫寄生性天敌调查初报》记录安徽寄生蜂 17 种。

徐延熙等（2006）《我国马尾松毛虫寄生性天敌的研究进展》记录寄生蜂 58 种。

卢宗荣（2008）《恩施市云南松毛虫发生规律的初步研究》记录湖北寄生蜂 5 种。

刘经贤（2009）《中国瘤姬蜂亚科分类研究(膜翅目：姬蜂科)》记述寄生于松毛虫的瘤姬蜂亚科姬蜂 17 种。

骆晖（2009）《遵义县马尾松松毛虫天敌资源调查与分析》记录贵州省寄生蜂 7 种。

盛茂领和孙淑萍（2009）《河南昆虫志 膜翅目 姬蜂科》记述寄生于松毛虫的姬蜂 4 属 6 种。

姚艳霞等（2009）《中国寄生于林木食叶害虫的短角平腹小蜂属(膜翅目：旋小蜂科)四新种记述》记述寄生于松毛虫的寄生蜂 3 种。

盛茂领等（2013）《江西姬蜂志》记述寄生于松毛虫的姬蜂 6 属 9 种。

盛茂领和孙淑萍（2014）《辽宁姬蜂志》记述寄生于松毛虫的姬蜂 6 属 7 种。

杨忠岐等（2015）《寄生林木食叶害虫的小蜂》记述寄生于松毛虫的小蜂 18 属 36 种，其中新种 5 种，中国新记录 1 属 6 种。

何俊华和曾洁（2018）《我国寄生松毛虫的姬蜂(膜翅目：姬蜂科)种类再次校正名录》将我国实际存在的 64 种（包括个别属名、订名或寄主为松毛虫的存疑种）和曾用过的 141 个种名（个别属名）列出，以便核对。

此外，在国内书籍和刊物中还有许多零星种类的分布、生活习性和重寄生蜂的报道，不再一一列出，也可能还会有些重要遗漏。总而言之，从前面所列出的文献来看，在国内松毛虫发生比较严重的省份，很多学者对松毛虫天敌（包括寄生蜂）相当重视，做了不少调查研究，取得了很大成绩，但是目前我国松毛虫寄生蜂研究中还存在以下几点问题。

1）资料分散：文献资料散布在许多刊物、书籍和研究生学位论文中，刊于地方蜂类志或蜂类分类专著上的松毛虫寄生蜂，在基层工作的林业技术人员往往难以找到，如 21 世纪一篇综述文章中的寄生蜂名录种数甚至不及过去已记述种数的 1/3。

2）有名无实：发表的松毛虫寄生蜂文章很多，但有形态描述、有图的不多，有些只有属名或中名，一般技术人员难以识别实际标本种类。在新中国成立后发表的上述论著中有形态描述或有检索表及图的仅 41

部，而且在林业部门工作的作者很少，又多登载在非林业著作中。

3）张冠李戴：种名订错、插图拿错、属名用错、种名拼错、描述不符、同物异名、异物同名、寄主存疑等在文献中也存在，需加澄清。

再进一步，在"真"和"全"上还有许多工作要做。

a）现有姬蜂和茧蜂种中，按该属习性有些是不大可能寄生于松毛虫的，是否鉴定有误或标本混杂需进一步研究，也可能是新的种类。

b）尚有记录的 16 属 16 种未见标本（现已补属征），无法描述种征，有 14 属 41 种小蜂标本只知其属不知其种，金小蜂科中有 10 种其属名也不敢鉴定，有待后人研究。

c）在现有松毛虫寄生蜂种类名录中有一些只有属名无种名，放在属的描述最后备录，或列入种名录中作为 1 种的，实际上可能含有多种，如灿金小蜂 Trichomalopsis sp.（= Eupteromalus sp.）算 1 种，但包括了王平远等（1956: 272）、孙锡麟和刘元福（1958: 235）、吴钜文（1979a: 34）、侯陶谦（1987: 172）报道的在湖南寄生于马尾松毛虫；彭建文（1959: 201）报道的在湖南寄生于马尾松毛虫卵，蒋雪邨和李运帷（1962: 244）报道的在福建寄生于马尾松毛虫，杜增庆等（1991: 17）报道的在浙江寄生于马尾松毛虫的红尾追寄蝇（*Exorista xanthaspis*），是否真的隶属于该属、是否就此 1 种，我们无标本，有待后人研究。

d）在国外有 38 种寄生于松毛虫的寄生蜂，在我国有该蜂分布而未在松毛虫上发现寄生，需要多加注意。

e）有些省（自治区、直辖市）有些松毛虫寄生蜂标本很少，经过进一步调查肯定会有新的发现。

这些也是笔者 2016 年 1 月将承担研编的《中国动物志 膜翅目 姬蜂科（一） 瘤姬蜂亚科》书稿交稿后带病研编此书的原因之一。

本志包含我国现有松毛虫寄生蜂和重寄生蜂（包括部分未订种名的）共 6 总科 15 科 87 属 233 种，其中钩腹蜂科 1 属 1 种、姬蜂科 33 属 58 种、茧蜂科 11 属 19 种、小蜂科 6 属 24 种、扁股小蜂科 1 属 3 种、跳小蜂科 3 属 7 种、姬小蜂科 12 属 29 种、旋小蜂科 3 属 44 种、广肩小蜂科 1 属 3 种、金小蜂科 10 属 24 种、长尾小蜂科 2 属 6 种、赤眼蜂科 1 属 7 种、缘腹细蜂科 1 属 6 种、分盾细蜂科 1 属 1 种、肿腿蜂科 1 属 1 种。

分 类

蜂类是膜翅目 Hymenoptera 的通称。膜翅目昆虫的生物学特性在昆虫纲中最为多样。最原始的膜翅目幼虫为植食性，隐蔽性生活，进而亲代为幼虫贮备食料把卵产在寄主动物的食料源旁边或体内外，以摄取寄主的营养，导致寄主在某一发育阶段死亡，这类膜翅目即称为寄生蜂，膜翅目中的大部分种类（总科）表现出这种行为。

膜翅目传统上分为两个亚目，即广腰亚目 Symphyta 和细腰亚目 Apocrita。由于细腰亚目群和广腰亚目群的生物学在分类上极为实用，因此，目前多数学者仍用此传统意义的分类系统。

根据传统的限定，广腰亚目由长节蜂总科、广背蜂总科、树蜂总科、叶蜂总科、尾蜂总科和茎蜂总科组成。其中尾蜂总科是唯一的寄生性蜂类，寄生于天牛和吉丁虫等幼虫及树蜂幼虫，与松毛虫没有关系。其余都是植食性昆虫。

细腰亚目是一个很庞大的类群，包括了膜翅目的大部分种类。本亚目传统上分为寄生部 Parasitica 和针尾部 Aculeata。分类见解颇不一致，时有变化，本书寄生部现分有 12 总科：钩腹蜂总科 Trigonalyoidea、巨蜂总科 Megalyroidea、细蜂总科 Proctotrupoidea、旗腹蜂总科 Evanioidea、冠蜂总科 Stephanoidea、瘿蜂总科 Cynipoidea、小蜂总科 Chalcidoidea、锤角细蜂总科 Diaprioidea、柄翅柄腹小蜂总科 Mymarommatoidea、广腹细蜂总科 Platygastroidea、分盾细蜂总科 Ceraphronoidea 和姬蜂总科 Ichneumonoidea，这 12 总科在我国均已发现。除姬蜂总科、小蜂总科和细蜂总科的种类相当丰富外，其余总科所含种类不多，也不易采到或被注意。关于针尾部，总科的分类存在广泛的不同意见。许多研究者将针尾部分为 7 总科：青蜂总科 Chrysidoidea(=肿腿蜂总科 Bethyloidea)、钩土蜂总科 Tiphioidea(=土蜂总科 Scolioidea)、蚁总科 Formicoidea、蛛蜂总科 Pompiloidea、胡蜂总科 Vespoidea、泥蜂总科 Sphecoidea 及蜜蜂总科 Apoidea。但这个传统分类系统愈来愈被认为有问题，Brothers（1975）仅分为 3 总科：青蜂总科、胡蜂总科和蜜蜂总科。其中仅胡蜂总科有捕获松毛虫作为猎物的，但非寄生性，本志不予介绍。

在我国已发现直接寄生于松毛虫或间接寄生于松毛虫（即寄生于松毛虫的寄生蜂或寄生蝇）的寄生蜂有钩腹蜂总科 Trigonalyoidea、小蜂总科 Chalcidoidea、广腹细蜂总科 Platygastroidea、分盾细蜂总科 Ceraphronoidea、青蜂总科 Chrysidoidea 和姬蜂总科 Ichneumonoidea 等 6 总科。

在国外记载寄生于松毛虫的寄生蜂，而我国尚无该蜂记录的，将在各科概述或各属属征后介绍，并汇总于附录 2；如我国已有该蜂记录的，为引起注意，将在附录 1 中记述。

膜翅目 Hymenoptera 分总科检索表（寄生于松毛虫的）

1. 后足转节 2 节；前翅有翅痣，后翅有闭室；雌蜂腹部末端多数属种稍呈钩状弯曲；产卵管针状很少外露；上颚大，齿左 3 右 4 ·· 钩腹蜂总科 **Trigonalyoidea**
- 上述特征不同时具备 ·· 2
2. 雌蜂最后腹节的腹板纵裂，产卵管从腹部末端的前面伸出，并具有 1 对与产卵管伸出腹端部分等长的鞘；前翅无前缘室或存在；后翅往往无臀叶；转节 1 或 2 节 ··· 3
- 雌蜂最后腹节的腹板不纵裂，产卵管从腹部末端伸出，常为 1 针刺而无 1 对突出的鞘；前翅前缘室常存在；后翅常有臀叶；转节 1 节（或为极不明显的 2 节） ··· 4
3. 前后翅翅脉发达；前翅有 1 翅痣，通常三角形或少数细长或线形；前缘脉发达，与亚前缘脉会合而无缘室，或分开而有前缘室；腹部腹板多为膜质，死后常有 1 中褶；触角丝状，多在 16 节以上；前胸背板不达翅基片 ··· 姬蜂总科 **Ichneumonoidea**
- 前后翅翅脉退化；前翅有 1 个线形的痣脉而无翅痣；前缘脉远细于亚前缘脉，有前缘室；腹部腹板坚硬骨质化，无褶；触角丝状或膝状，常少于14节；前胸背板不达翅基片·· 小蜂总科 **Chalcidoidea**
4. 后翅有臀叶；前足腿节常显著膨大且末端呈棍棒状；前胸两腹侧部不在前足基节前相接或不明显··············
·· 青蜂总科 **Chrysidoidea**
- 后翅无臀叶；前足腿节正常或端部膨大；前胸左右两腹侧部细，伸向前足基节前方而相接···················· 5
5. 前足胫节1距；无小盾片横沟（frenum）；如有三角片，则与小盾片主要表面不在同一水平上···················
··· 广腹细蜂总科 **Platygastroidea**
- 前足胫节2距；小盾片通常有1横沟（frenum）；有三角片，与小盾片主要表面在同一水平上·····················
··· 分盾细蜂总科 **Ceraphronoidea**

钩腹蜂总科 Trigonalyoidea

钩腹蜂总科Trigonalyoidea仅包括钩腹蜂科Trigonalyidae一科。这是一类形态和习性比较奇特的蜂类。该蜂跗节上有趾叶（planter lobe）；前翅翅脉组成10个闭室，具与叶蜂很相似的下颚、下唇等某些奇特的原始特性。

一、钩腹蜂科 Trigonalyidae

体小型或中型，3～15mm。体坚固，腹部略扁，多有色彩，看起来像胡蜂，但触角长显然可以区别。触角13～32节，丝状，着生于颜面中部。颜面上方紧靠触角内侧，有1对叶突。上颚发达，一般不对称，左上颚具3齿，右上颚具4齿。下颚须6节。翅脉特殊，前翅有10个闭室，包括亚前缘室和第2、3亚缘室；后翅有2个闭室。跗节具趾叶。腹部腹板骨化。第1腹节圆锥形，其背板和腹板没有愈合。第2节背板和腹板最大。仅在第7节背板上有1对气门，通常被第6节背板后缘所遮盖。多数属雌蜂腹端向前下方稍呈钩状弯曲，适于产卵于叶缘内面。蜂休息时产卵管隐蔽，稍露出腹部末端（图1）。

钩腹蜂寄生习性颇为特殊。该蜂产卵极多，有些种可达3000粒（Clausen，1940），卵很小，产于叶片背面（内面）边缘。产下的卵暂不孵化，待叶蜂幼虫或鳞翅目幼虫

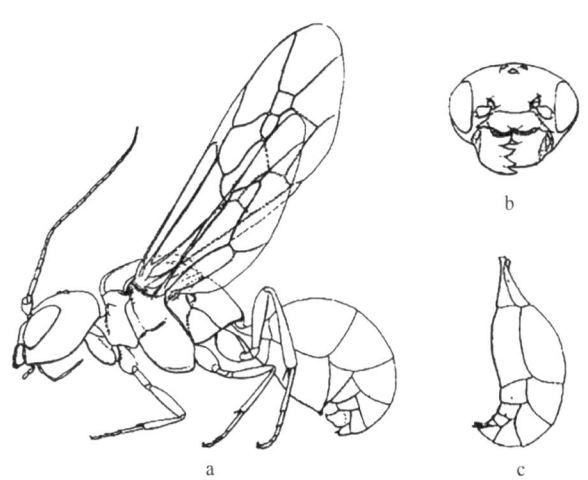

图1 钩腹蜂科 Trigonalyidae（Townes *et al.*，1965）
a. 雌蜂，侧面观；b. 头部，前面观；c. 雄蜂腹部，侧面观

取食叶片把这些蜂卵吃进体内时，才孵化为幼虫。刚孵化的小幼虫，能穿透寄主肠壁，进入体腔。如果体内已有寄生蜂或寄生蝇幼虫寄生，则转移到这些寄生昆虫上作为重寄生者寄生而完成发育。钩腹蜂幼虫前3龄为内寄生，如果有两头以上存在就互相残杀，仅一头能存活。钩腹蜂幼虫最初不杀死初寄生者（它的直接寄主），直至初寄生者杀死原寄主，并结茧之后才将自己寄主杀死。在初寄生虫茧内做简单的茧化蛹。它杀死了害虫的天敌，其实际上对人类有害。不少钩腹蜂寄生于胡蜂幼虫，过程可能是其被胡蜂捕获以用来喂饲它自己幼虫吃的叶蜂幼虫或鳞翅目幼虫体内已有的钩腹蜂卵。在澳大利亚曾报道钩腹蜂卵被筒腹叶蜂幼虫取食后，能正常地直接在体内完成发育，成为内寄生性初寄生昆虫。

本科是一个小的类群，至2012年全世界已知22属93种，分布相当广泛，世界各大动物区系均有出现，但主要分布在热带和亚热带地区，通常难以采得，只有植被良好、昆虫丰富的林区有时发现。我国南北均

有分布，据Chen等（2014）报道，现已知8属40种（其中新种20种），与松毛虫有关的仅发现1种。

1. 纹钩腹蜂属 *Taeniogonalos* Schulz, 1906

Taeniogonalos Schulz, 1906: 212.
Labidogonalos Schulz, 1906: 207.
Nanogonalos Schulz, 1906: 211.
Poecilogonalos Schulz, 1906: 212.
Taiwannogonaloslos Tsuneki, 1991: 35.

属征简述：体长4.3～13.0mm。常中等粗壮。头顶平，背中央无凹陷。唇须端节宽而钝，多少三角形。上颚前面观宽，亚侧方与头部相接。触角21～26节，中央细，无浅色带，雄蜂在第11～16节有浅角下瘤（纵隆区域）。触角内侧叶突光滑或具刻点，在背表面不凹入，在触角基部之间无水平状突起。上颊通常具刻点或夹点网皱且中等光亮。后头脊在上颚基部水平处止于口后脊。中胸盾片和小盾片具明显刻点或皱。后胸背板背侧方至少部分隆起且常有刻纹。并胸腹节的腹部连结孔背方多少拱形且常有叶状脊。前翅1-SR脉中等大至长；亚端部常有暗斑或大部分暗褐色。前足转节两侧平行且明显大于后足转节；后足转节端部背方三角形部位常被一斜沟分出。腹部第2节腹板侧面观拱隆（雄蜂较少如此），强度骨化，常密生刻点，有时中央后方升高，但无1对小齿。第3节腹板长至多为第2节腹板的0.7倍。第3节腹板平，前方无明显的突起。

生物学：为鳞翅目寄生蜂（姬蜂科和茧蜂科）和寄生蝇（寄蝇科）的重寄生蜂，但有一些种在澳大利亚初寄生于筒腹叶蜂幼虫。

分布：东洋区、古北区、新北区、新热带区。我国记录19种。

（1）大纹钩腹蜂 *Taeniogonalos fasciata* (Strand, 1913) （图2）

Poecilogonalos fasciata Strand, 1913: 97；何俊华，2004: 75.
Taeniogonalos fasciata: Chen *et al.*, 2014: 117.
Poecilogonalos fasciata var. *interrupta* Chen, 1949: 12.
Poecilogonalos manifica Teranishi, 1929: 147; Chen, 1949: 11; Tsuneki, 1991: 50；何俊华和陈汉林，1992: 1291；何俊华，2004: 75.

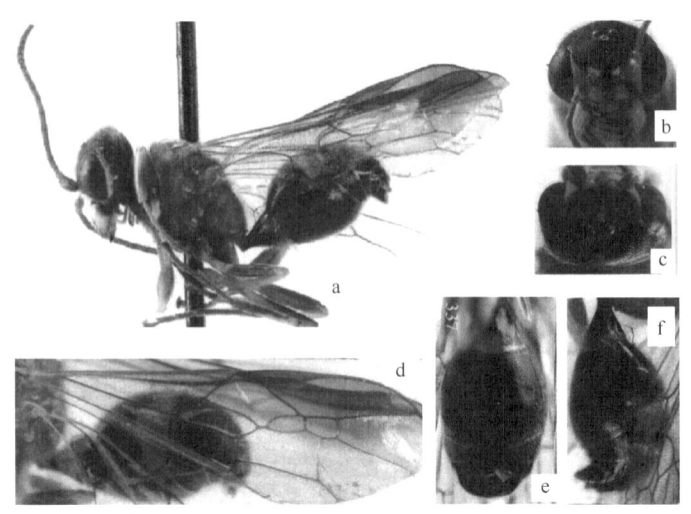

图2 大纹钩腹蜂 *Taeniogonalos fasciata* (Strand)（引自 Chen *et al.*，2014）
a. 整体，侧面观；b. 头部，前面观；c. 头部，背面观；d. 前翅；e. 腹部，背面观；f. 腹部，侧面观

体长 6.0～12.5mm。头部黑色；上颚中央大部、唇基（除中央淡褐色外）及端缘、触角窝内侧三角形小斑、颊、脸眶、上颊眶、头顶后方横形斑黄色；须、触角黑褐色，柄节部分黄褐色。胸部火红色，下半部黑色；前胸背板颈部和背缘、后小盾片、翅基片黄色；并胸腹节侧方及后方中央黑色。翅带烟黄色，端部上方为烟褐色斑。足黄色，有黑斑，在前足色浅；基节前方基部、腿节上方大斑、胫节（除基部外）、距及跗节黑褐色至黑色。腹部黑色；第1、2节端部各有一黄色横带围绕背腹板，而在第2节背板中央有V形缺刻，且至腹板中央亦渐狭。

体密布刻点和细毛，胸部带细皱。唇基近光滑，端缘中央凹入。上颚齿左3右4。触角雌蜂22～26节，雄蜂22～24节，第11～14节或第12～15节有线形角下瘤。小盾片近方形。回脉稍前叉式，第3亚缘室长于其高，稍短于第2亚缘室；小脉稍后叉式。雄蜂第2腹板端部中央有一卵圆形平坦区域。

生物学：从寄生于马尾松毛虫 *Dendrolimus punctatus* 幼虫的黑足凹眼姬蜂 *Casinaria nigripes* 茧内育出，单寄生。

标本记录：1♀，湖南长沙，1984.X.8，马万炎，寄主：马尾松毛虫幼虫上的黑足凹眼姬蜂，No. 846510（浙江大学标本室钩腹蜂标本很多，仅此种与松毛虫有关）。

分布：吉林、辽宁、河南、陕西、浙江、安徽、湖南、台湾、福建、广东、海南、广西、贵州；朝鲜，日本，俄罗斯。

姬蜂总科 Ichneumonoidea

姬蜂总科大多体细。触角多在16节以上，不呈膝状。转节2节。翅脉相对比较发达；前翅翅痣明显，通常三角形；前缘脉发达，止于翅痣；前缘脉和亚前缘脉会合，因而无（亚）前缘室。腹部腹板通常膜质柔软，干标本多有一中褶。雌蜂末节腹板纵裂，产卵管从腹末端前方伸出，并具有一对与产卵管伸出部分等长的鞘。

本志中所用的姬蜂总科等成虫外部形态名称，以分类上习惯名称为主，对于少数不符合形态学原则的沿用名称，不作更改，以免在实际运用中或阅读资料时产生混乱。例如，本志所指的胸部（mesosoma），不仅是昆虫形态学上3个胸节的总称，还包括并胸腹节，即原始腹部第1节与真正胸部合并的复合体。同样这里所说的腹部第1节，是指看到的第1节，其实是原始的腹部第2节。下面仅就分类学要用到的形态特征列图表示（图3～图9，前、后翅翅脉英文缩写字母不一致，是不同分类学家对前、后翅翅脉的划分及写法有差异），以便于准确识别鉴定。

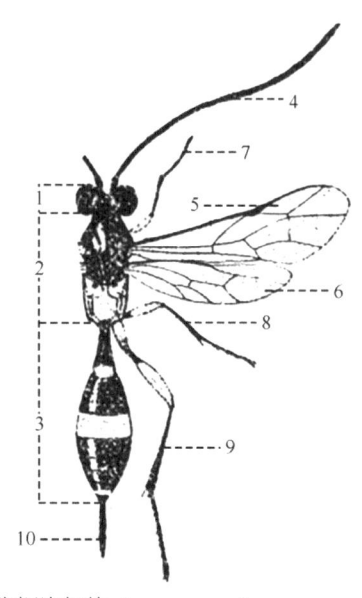

图3 三化螟沟姬蜂 *Amauromorpha accepta schoenolobii* (Viereck)（姬蜂科 Ichneumonidae）背面观（引自 何俊华等，1996）
1. 头部; 2. 胸部; 3. 腹部; 4. 触角; 5. 前翅; 6. 后翅; 7. 前足; 8. 中足; 9. 后足; 10. 产卵器

姬蜂总科成员过去曾多达8科，根据 Sharkey 和 Wahl（1992）的系统发育研究，姬蜂总科具有下述共同衍征：①成虫上颚具2齿；②胸腹侧片与前胸背板侧缘垂直方向愈合，中胸气门位于胸腹侧片正上前方；③腹部第1腹板分成两部分，前半部分骨化程度高，后半部分骨化程度低；④腹部第1节和第2节通过位于第1背板端缘和第2背板基缘的背侧关节相连接；⑤前翅前缘脉和亚前缘脉接近，前缘室（亚前缘室）比前缘脉宽度还要小，通常情况下前缘室完全缺；⑥幼虫具口后骨腹支。根据这些共同衍征，目前姬蜂总科仅含有2个现存的科，即姬蜂科 Ichneumonidae 和茧蜂科 Braconidae。以前隶属于姬蜂总科的冠蜂科 Stephanidae 和巨蜂科 Megalyridae 已移出，并立为总科级；其余则降为亚科，分别隶属于姬蜂科和茧蜂科。

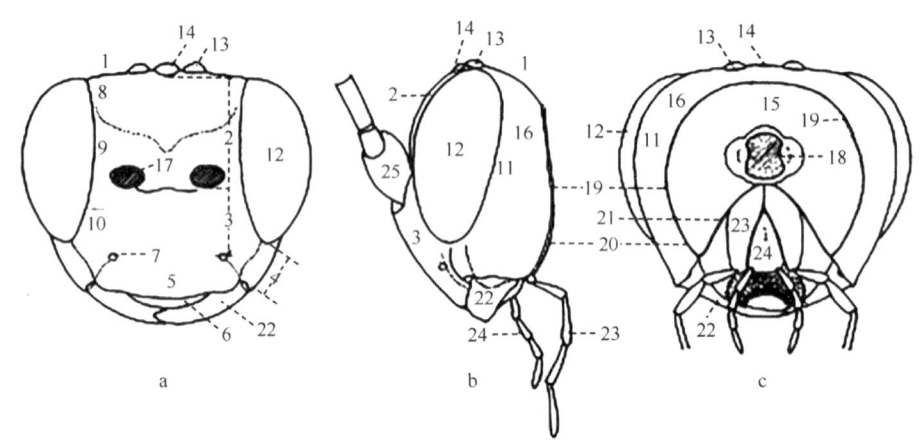

图4 姬蜂头部（引自 何俊华等，1996）
a. 前面观；b. 侧面观；c. 后面观

1. 头顶；2. 额；3. 颜面（脸）；4. 颊；5. 唇基；6. 上唇；7. 唇基凹；8. 头顶眼眶；9. 额眼眶；10. 脸眼眶；11. 上颊眼眶；12. 复眼；13. 侧单眼；14. 中单眼；15. 后头；16. 上颊；17. 触角窝；18. 后头孔；19. 后头脊；20. 颊脊（后头脊的下段）；21. 口后脊；22. 上颚；23. 下颚；24. 下唇；25. 触角

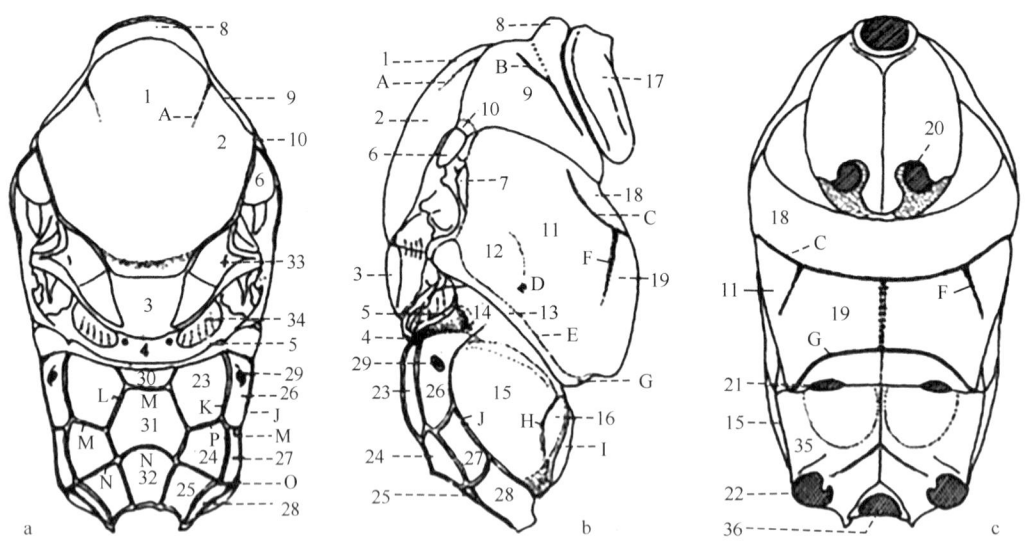

图5 姬蜂胸部（引自 何俊华等，1996）
a. 背面观；b. 侧面观；c. 腹面观

1. 中胸盾片中叶；2. 中胸盾片侧叶；3. 小盾片；4. 后小盾片；5. 后胸背板后缘；6. 翅基片；7. 翅基下脊；8. 颈；9. 前胸背板；10. 前胸背板后上角（肩角）；11. 中胸侧板（中胸前侧片）；12. 镜面区；13. 中胸后侧片；14. 后胸侧板上方部分；15. 后胸侧板下方部分；16. 基间区；17. 前胸侧板；18. 胸腹侧片；19. 中胸腹板；20. 前足基节窝；21. 中足基节窝；22. 后足基节窝；23. 第1侧区；24. 第2侧区；25. 第3侧区；26. 第1外侧区；27. 第2外侧区；28. 第3外侧区；29. 并胸腹节气门；30. 基区；31. 中区；32. 端区；33. 中胸背板腋下槽；34. 后胸背板腋下槽；35. 后胸腹板；36. 腹部连接处

A. 盾纵沟；B. 前沟缘脊；C. 胸腹侧脊；D. 中胸；E. 中胸侧缝；F. 腹板侧沟；G. 中胸板后横脊；H. 基间脊；I. 后胸侧板下缘脊；J. 外侧脊；K. 侧纵脊；L. 中纵脊；M. 基横脊；N. 端横脊；O. 并胸腹节侧突；P. 分脊

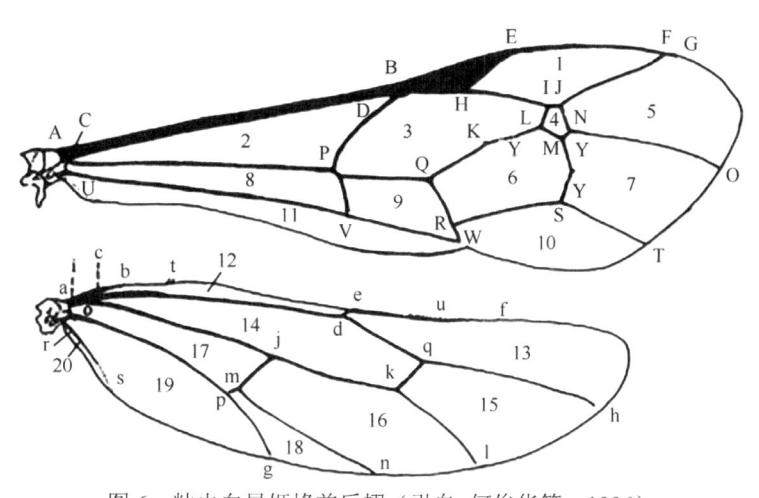

图 6　粘虫白星姬蜂前后翅（引自 何俊华等，1996）
英文字母代表翅脉，数字代表翅室（不同的翅脉系统，命名可能不一致）

前翅： AB. 前缘脉（c）；BEH. 翅痣（pt）；CD. 亚前缘脉（SC+R）；CP. 中脉（M+CU1）；DP. 基脉（1-M）；EFG. 痣外脉（1-R1）；HIJF. 径脉（3-SR+SR1，r）；IL. 第 1 肘间横脉（2rs-m）；JN. 第 2 肘间横脉（3rs-m）；K. 残脉；KLMNO. 肘脉（1-SR+M, 2-SR+M, 2-M, 3-M）；KQ. 第 1 回脉（1m-cu）；MS. 第 2 回脉（2m-cu）；PQRW. 盘脉（1-CU1, 2-CU1, 3-CU1）；PV. 小脉（cu-a）；QL. 盘肘脉（m-cu+2SR+M）；QRW. 外小脉（3-CU1）；RST. 亚盘脉（CU1a）；UV. 亚中脉（1A+2A, 1-1A）；Y. 弱点；YW. 臂脉（2-1A）

后翅： ab. 前缘脉（C+Sc+R）；cde. 后亚前缘脉（1-Sc+R）；dgh. 后径脉（SR）；ef. 后痣外脉（SC+R1）；gk. 后肘间脉（1r-m）；ij. 后中脉（M+CU）；jkl. 后肘脉（2-M）；jmp. 后小脉（cu-a）；mn. 后盘脉；op. 后亚中脉（1-1A）；mp. 后臂脉（2-1A）；rs. 腋脉（3A）；t. 基翅钩；u. 端翅钩

翅室： 1. 径室（缘室）；2. 中室（基室）；3. 盘亚缘室（第 1 盘室与第 1 肘室合并）（亚缘室+盘室）；4. 小翅室（第 2 肘室）（第 2 亚缘室）；5. 第 3 肘室（第 3 亚缘室）；6. 第 2 盘室（盘室）；7. 第 3 盘室（亚盘室）；8. 亚中室（亚基室）；9. 第 1 臀室（第 1 亚盘室）；10. 第 2 臀室（第 1 亚盘室）；11. 臀室；12. 后缘室（褶室或褶叶）；13. 后径室（后缘室）；14. 后中室（后亚基室）；15. 后肘室（后亚缘室）；16. 后盘室；17. 后亚中室（后亚基室）；18. 后臀室（后亚臀室）；19. 后臀室（后褶室或褶叶）；20. 后腋室

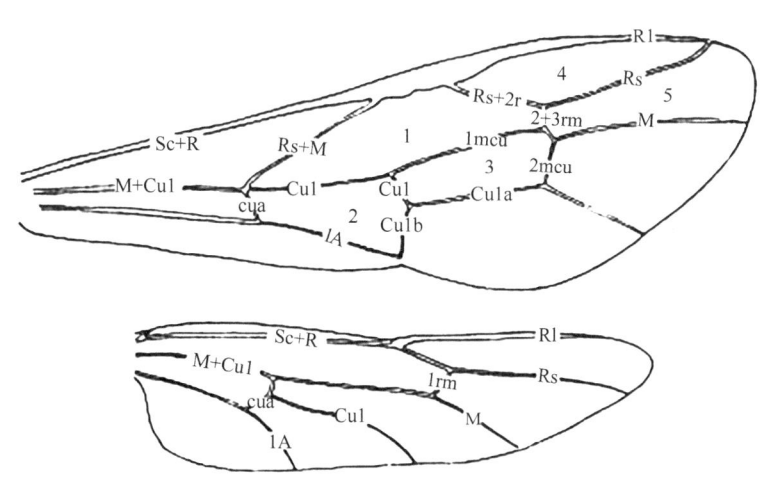

图 7　松毛虫软姬蜂 *Habronyx heros* (Wesmael) 前后翅翅脉及翅室名称（引自 Gauld & Huddleston，1976）
翅室：1. 盘亚缘室（DS）；2. 第 1 亚盘室（D1）；3. 第 2 亚盘室（D2）；4. 缘室（M1）；5. 第 3 亚缘室

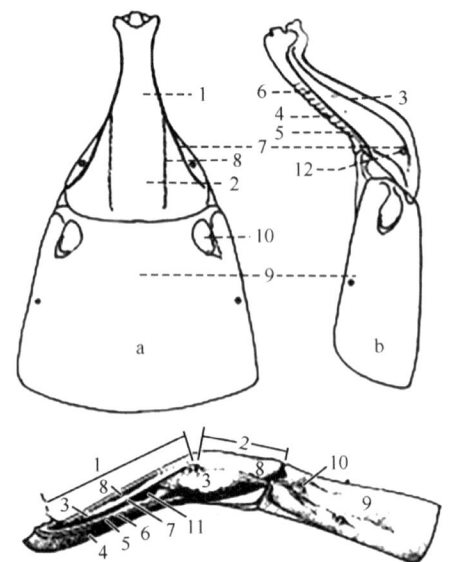

图 8 粘虫白星姬蜂第 1、2 腹节背面观和侧面观及腹柄节模式构造图（腹柄节模式构造图引自 Townes，1969；其余引自 何俊华等，1996）

a. 第 1、2 腹节背面观；b. 第 1、2 腹节侧面观；c. 腹柄节
1. 腹柄；2. 后柄部；3. 第 1 节背板；4. 第 1 节腹板；5. 背腹缝；6. 腹侧脊；7. 背侧脊；8. 背中脊；9. 第 2 节腹板；10. 窗疤；11. 基侧凹；12. 气门

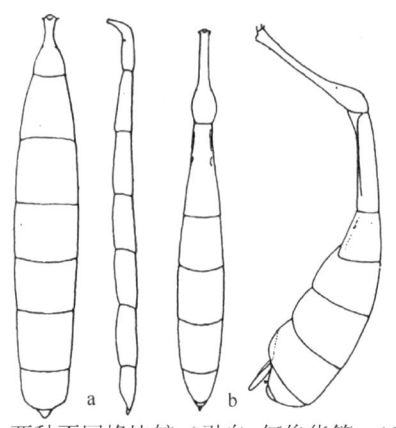

图 9 两种不同蜂比较（引自 何俊华等，1996）

a. 蝙蛾角突姬蜂 *Megalomya hepialivora* He 腹部背面和侧面，示腹部扁平
b. 螟蛉悬茧姬蜂 *Charops bicolor* Szépligeti 腹部背面和侧面，示腹部侧扁

姬蜂总科分科检索表

1. 前翅有 2 条回脉；第 1 亚缘室（肘室）与第 1 盘室不分开而合并成为 1 个盘亚缘室，其他翅脉很少退化；腹部各节均可自由活动；体长多在 7mm 以上；多为单寄生·· **姬蜂科 Ichneumonidae**
- 前翅有 1 条回脉，或无；第 1 亚缘室（肘室）与第 1 盘室有时由肘脉第 1 段（r1 或 1-SR+M）分开为 2 个室，或肘脉或肘间横脉消失；腹部第 2、3 背板愈合不能自由活动；体长多在 7mm 以下；单寄生或聚寄生·················· **茧蜂科 Braconidae**

二、姬蜂科 Ichneumonidae

姬蜂科种类众多，形态变化甚大。成虫微小至大型，2～35mm（不包括产卵管）；体多细弱。触角长，丝状，多节。足转节 2 节，胫节距显著，爪强大，有 1 个爪间突。翅一般大型，偶有无翅或短翅型；有翅型前翅前缘脉与亚前缘脉愈合而前缘室消失，具翅痣；第 1 亚缘室和第 1 盘室因肘脉第 1 段（1-SR+M）消失而合并成一盘亚缘室，有第 2 回脉（2m-cu）；常具小翅室。并胸腹节大型，常有刻纹、隆脊或由隆脊形成的分区。腹部多细长，圆筒形、侧扁或扁平；产卵管长度不等，有从腹部末端伸出的 1 对鞘。

姬蜂科全世界分布。该科的亚科分类系统，历来变化很大。目前，总的趋势是多数亚科已经统一，尚有个别亚科名称、范围仍有分歧。《中国经济昆虫志 第五十一册 膜翅目 姬蜂科》对此做了介绍，本志涉及范围较窄，基本上亦以此为主，仅据国际上最新动态，做少数调整。姬蜂科种类十分丰富，Townes（1969）报道，已知 14 816 种。近来，每年都有许多新种发表，Yu 等（2004）整理为 23 331 种，Yu 等（2012）整理为 24 821 种，估计实际存在总数可达 6 万种。我国的姬蜂种类也相当丰富，赵修复（1976）整理时约 320 属 1250 种，我国实存可能达 10 000 种（何俊华等，1996）。

姬蜂科寄生于鳞翅目 Lepidoptera、鞘翅目 Coleoptera、双翅目 Diptera、膜翅目 Hymenoptera、脉翅目 Neuroptera 和毛翅目 Trichoptera 等全变态昆虫的幼虫、蛹，绝不寄生于不完全变态的昆虫；也寄生于成蛛，或在蜘蛛和伪蝎卵囊内营生。姬蜂科现有 42 亚科。我国与松毛虫寄生蜂有关的仅有 10 亚科，而全世界记录的有以下 13 亚科：

肿跗姬蜂亚科 Anomaloninae Viereck, 1918（=格姬蜂亚科 Gravenhorstinae Enderlein, 1912）
缝姬蜂亚科 Campopleginae Foerster, 1869
分距姬蜂亚科 Cremastinae Foerster, 1869
秘姬蜂亚科 Cryptinae Kirby, 1837
栉足姬蜂亚科 Ctenopelmatinae Foerster, 1869
姬蜂亚科 Ichneumoninae Latreille, 1802
菱室姬蜂亚科 Mesochorinae Foerster, 1889
盾脸姬蜂亚科 Metopiinae Panzer, 1806
瘦姬蜂亚科 Ophioninae Shuckard, 1840
拱脸姬蜂亚科 Orthocentrinae Gravenhorst, 1829
瘤姬蜂亚科 Pimplinae Wesmael, 1845
柄卵姬蜂亚科 Tryphoninae Shuckard, 1840
凿姬蜂亚科 Xoridinae Latreille, 1809

据国外记载，寄生于松毛虫而我国尚无该蜂亚科和种记录的有 3 种，这 3 种的生物学特性似乎都与松毛虫无关，在最近古北区东部姬蜂文献（Lelej, 2012）中已无这 3 种松毛虫寄生蜂的记录，分别如下。

拱脸姬蜂亚科 Orthocentrinae 的松毛虫狭姬蜂 *Stenomacrus dendrolimi* (Matsumura)（=*Chorinaeus dendrolimi*）在日本、俄罗斯寄生于落叶松毛虫。

盾脸姬蜂亚科 Metopiinae 的 *Metopius vespoides* Scopoli 在欧洲寄生于欧洲松毛虫。

凿姬蜂亚科 Xoridinae 的 *Odontocolon* sp.（=*Odontomerus* sp.）在俄罗斯寄生于西伯利亚松毛虫。

童新旺等（1990: 28）报道寄生于黑足凹眼姬蜂 *Casinaria nigripes* 的姬蜂（学名待查），不知隶属于何亚科。

姬蜂科分亚科检索表

1. 翅无 ·· 秘姬蜂亚科 Cryptinae 沟姬蜂属 *Gelis*
- 翅正常 ·· 2
2. 唇基与脸之间没有一条明显的缝把它们分隔，这两个区域合并，形成 1 个稍拱起的较宽的表面；小翅室菱形，通常大型；中胸腹板后横脊不完整；爪栉状；腹部第 1 节背板有甚大的基侧凹，气门生在该节中部附近或稍后些；第 4 节及以后各节的背板表面基本都很光滑；雄性抱握器末端形成长棒状突；雌性下生殖板大型，在侧面观呈三角形 ··
··· 菱室姬蜂亚科 **Mesochorinae**
- 与上述各特征不完全一致，唇基与脸之间通常有一条明显的缝把它们分隔，这两个区域不宽，表面不如上述；小翅室形状不一定，有时缺如，甚少呈菱形；中胸腹板后横脊完整或不完整；爪栉状，或不呈栉状；腹部第 1 节背板有基侧凹或无，气门在该节的位置不定；第 2 节及以后各节的背板表面光滑，或不光滑，或具刻点；雄性抱握器末端无长棒状突；雌性下生殖板形状各种各样，在侧面观通常很小，不明显 ··· 3
3. 腹部第 1 节背板的气门生在该节中央后方 ··· 4
- 腹部第 1 节背板的气门生在该节中央，或在中央前方 ··· 8
4. 腹部扁或圆筒形，第 3 节和第 4 节的宽度大于厚度；中胸侧板的腹板侧沟几乎伸抵后缘，该沟的末端位于侧板下后角稍上方处 ··· 秘姬蜂亚科 **Cryptinae**
- 腹部侧扁，第 3 节和第 4 节的厚度大于宽度；中胸侧板几乎无腹板侧沟 ··· 5
5. 前翅第 2 臂室的伪脉很长，与翅的后缘平行；第 1 肘间横脉与肘脉连接处在第 2 回脉的外侧，由该连接点至第 2 回脉之间的距离大于第 1 肘间横脉长度之半；前翅盘亚缘室常有无毛区，其内有骨片；无前沟缘脊；前足胫节外侧端缘没有 1 根刺或齿；身体中型至大型，通常浅褐色，单眼甚大，侧单眼紧靠复眼 ··· 瘦姬蜂亚科 **Ophioninae**
- 前翅第 2 臂室无伪脉，或伪脉甚短；第 1 肘间横脉与肘脉连接处在第 2 回脉的内侧，或者与第 2 回脉相连，如果在第 2 回脉的外侧，则由该连接点至第 2 回脉之间的距离小于第 1 肘间横脉长度之半；前翅盘亚缘室没有无毛区，其内无骨片；前足胫节侧端缘常有 1 根小刺或齿 ··· 6
6. 并胸腹节无分区，至多有 1 条基横脊，表面纹理通常很粗，并呈网状；无小翅室；头部背面观侧单眼至后头脊距离小于侧单眼长径且后头脊近于单眼水平；后头脊通常生在上颊的后方外侧，因而头部在这条脊处的宽度几乎与在复眼处的宽度相等；腹部向侧面收窄，背面观几乎平；后足跗节常肿大，尤其是雄性 ·· 肿跗姬蜂亚科 Anomaloninae（=格姬蜂亚科 Gravenhorstinae）

- 并胸腹节通常分区，或者除1条基横脊外，还有其他的脊，它的表面通常很细致，不呈粗糙网状；头部背面观侧单眼至后头脊距离大于侧单眼长径且（或者）后头脊低于单眼水平；后头脊通常生在正常的位置上，因而头部在这条脊处的宽度比在复眼处的宽度窄得多；腹部向侧面稍收窄，背面观几乎不平；后足跗节不肿大；中胸腹板后横脊完整；唇基与脸愈合 ·· 7

7. 胫距与跗节同生在胫节末端的薄膜上，两者之间没有骨片把它们分隔；唇基通常与脸愈合；脸常黑色；前翅翅痣细 ······ 缝姬蜂亚科 Campopleginae

- 胫距与跗节生在胫节末端两片不同的薄膜上，两者之间有一条骨质的"桥"把它们分隔；唇基通常与脸之间有一条沟；脸通常多少浅色；前翅翅痣通常相当短，呈宽三角形 ································· 分距姬蜂亚科 Cremastinae

8. 前足胫节外侧端缘有1小齿；腹部第3节背板折缘不特别大，有时仅余残迹，它与背板间由一缝分隔；产卵器比腹部短得多，产卵器亚端部背方有缺刻 ································· 栉足姬蜂亚科 Ctenopelmatinae

- 前足胫节外侧端缘圆，无小齿 ··· 9

9. 爪通常栉状，绝无1个大型基齿；唇基通常很宽，端缘有一排缨毛，端缘中央无缺刻；腹部第1节腹板基本与背板游离；卵有柄或柄的变形，用以附着在寄主身上 ································· 柄卵姬蜂亚科 Tryphoninae

- 爪非栉状，雌性爪常有1个大型基齿；唇基形状各种各样，有时端缘中央有一个缺刻，但无一排缨毛；腹部第1节腹板有时与背板愈合；卵不以柄附着在寄主身上 ··· 10

10. 腹部第1节腹板多少与背板游离，第1节背板有基侧凹，并且（或者）并胸腹节完全没有基横脊；爪常具1齿或基齿，尤其是雌性 ··· 瘤姬蜂亚科 Pimplinae

- 腹部第1节腹板与背板完全愈合，第1节背板无基侧凹，并胸腹节至少有基横脊的痕迹；爪简单 ··················· 11

11. 产卵器不露出腹末；中胸侧板无腹板侧沟；有第2肘间横脉 ··· 姬蜂亚科 Ichneumoninae

- 产卵器露出腹末很长；中胸侧板的腹板侧沟通常明显，其长度大于中胸侧板长度之半；第2肘间横脉或有或无；雄性触角鞭节通常有角下瘤 ································· 秘姬蜂亚科 Cryptinae

瘤姬蜂亚科 Pimplinae Wesmael, 1844

前翅长 2.5～30.0mm。体中等至大型，少数种类的个体较小。唇基端缘薄，中央具一缺刻，从而呈双叶状，但也有其他形状的。上颚粗壮，扭曲或不扭曲。前翅小翅室三角形，或无。中胸侧板无腹板侧沟，或甚微弱。并胸腹节区域甚小，多无由隆脊围成的区域，但有些类群如黑点瘤姬蜂属 *Xanthopimpla* 通常有明显的分区。爪粗大，雌蜂的爪基部通常有基齿，有的种类爪基部有一端部膨大的鬃，如囊爪姬蜂属团 *Theronia* Genus Group 种类。腹部第1节通常短而宽，气门位于该节中央或中央前方；腹板通常与背板游离，如果愈合，则背板有基侧凹。雌蜂下生殖板常呈方形，微弱骨化，中央常有一膜质区域。产卵器通常较长，兜姬蜂属 *Dolichomitus*（不寄生于松毛虫）有的种类甚至长于体长，产卵管背瓣端部无缺刻。

生物学：寄生于鳞翅目、鞘翅目、膜翅目、双翅目、蛇蛉目以及蛛形纲的蜘蛛目，大多数为幼虫-蛹寄生。寄生于松毛虫幼虫体外或体内，也有幼虫-蛹期寄生，少数重寄生于姬蜂或茧蜂幼虫，从茧内羽化。

分布：世界分布，已知1500余种。在我国寄生于松毛虫的经厘订有11属27种。

德姬蜂族 Delomeristini Hellén 德姬蜂属 *Delomerista* Foerster 的颚德姬蜂 *D. mandibularis* (Gravenhorst, 1829)据国外记载寄生于松毛虫，在我国有该蜂的记录但尚未在松毛虫上发现，将在附录1中介绍。

一些存疑学名或属名将在介绍属征时说明。据国外记载寄生于松毛虫而我国尚无该蜂记录的属名、种名、寄主和分布将在各亚科或属和附录2中介绍。

瘤姬蜂亚科 Pimplinae 分族分属检索表

1. 中胸侧板缝中央处曲折成不明显角度，如果形成一角度则唇基有一横缝，且上颚明显扭曲（瘤姬蜂族 Pimplini） ········ 2

- 中胸侧板缝中央呈微弱的角度，唇基无横缝，上颚不扭曲 ··· 7
2. 中胸侧板缝在中央处不曲折成角度 ·· 3
- 中胸侧板缝在中央处曲折成一明显的角度；唇基有一横缝，且上颚明显扭曲 ·· 6
3. 唇基被一条横缝分为基部和端部两部分；上颚不扭曲，下端齿远小于上端齿；后翅CU1脉端段几乎从cu-a脉与M脉交接处伸出 ··· 恶姬蜂属 *Echthromorpha*
- 唇基无横缝；上颚末端阔，下端齿不比上端齿小 ·· 4
4. 复眼内缘在触角窝上方微弱内陷，雌性跗爪无基齿；产卵管长，伸出腹部末端 ························ 瘤姬蜂属 *Pimpla*
- 复眼内缘在触角窝上方强度内陷；雌性前足跗爪通常有一大的基齿 ·· 5
5. 产卵管末端向下弯曲 ·· 钩尾姬蜂属 *Apechthis*
- 产卵管直，末端不下弯 ·· 埃姬蜂属 *Itoplectis*
6. 唇基无横缝；上颚不扭曲；上颚两端齿等长 ·· 囊爪姬蜂属 *Theronia*
- 唇基被一横缝分为基部和端部两部分；上颚末端呈90°扭曲 ·· 黑点瘤姬蜂属 *Xanthopimpla*
7. 雌性跗爪无基齿；并胸腹节端区周围隆脊强；雄性下生殖板长常大于宽；腹部强度粗糙或具刻点；跗爪不扩大，基部无末端扩大的匙状的毛；体多黑色（德姬蜂族 Delomeristini） ··· 德姬蜂属 *Delomerista*
- 雌性跗爪有基齿；并胸腹节端区周围隆脊不明显；雄性下生殖板通常宽大于长（长尾姬蜂族 Ephialtini） ··············· 8
8. 后翅cu-a脉在中央下方曲折；产卵管稍侧扁至强烈侧扁 ·· 9
- 后翅cu-a脉在中央或中央上方曲折；产卵管稍侧扁或圆筒形；唇基基半或更多强度拱起；后足胫节黑白相间 ······· 10
9. 腹部第2节背板基部侧方有明显的浅斜沟；前翅小翅室收纳2m-cu脉于端部外角；产卵管腹瓣末端基部的脊与纵轴之间呈15°角 ··· 顶姬蜂属 *Acropimpla*
- 腹部第2节背板基部侧方无斜沟；前翅小翅室收纳2m-cu脉于顶角前方；产卵管腹瓣末端基部的脊与纵轴之间呈40°角，大多数的脊背方呈朝向前方的齿 ·· 曲姬蜂属 *Scambus*
10. 后翅cu-a脉在中央与中央上方0.4之间曲折；并胸腹节侧面观强度隆突；前翅小翅室长大于高，收纳2m-cu脉于端部稍前方；腹部第2节背板基侧斜沟弱 ·· 聚瘤姬蜂属 *Gregopimpla*
- 后翅cu-a脉在上方0.3处曲折；并胸腹节侧面观中等隆起；前翅小翅室长约等于高，收纳2m-cu脉于中央或中央稍外方；腹部第2节背板基侧斜沟强 ·· 群瘤姬蜂属 *Iseropus*

长尾姬蜂族 Ephialtini Hellén, 1915

Pimplidae Shuckard, 1840: 186.
Ephialtini Hellén, 1915: 16.

前翅长2.5～28.0mm。唇基端缘中央有一缺刻，基部0.5或更多隆凸；颊无白色斑；触角端部鞭节端缘表面无向外的突起。前胸背板背方不变短，背方颈部与中胸盾片有明显的距离。中胸盾片无横刻条；盾纵沟中等强，或弱，或不明显。胸腹侧脊存在；中胸侧板缝中央有一明显的角度。并胸腹节外侧脊完整，气门圆形。雌蜂跗爪具大的基齿。后翅cu-a脉通常在中央上方曲折。腹部第2～6节背板具刻点，第2～5节背板通常有一对背瘤。雄性下生殖板宽大于长。

生物学：寄生于鳞翅目、鞘翅目以及蛛形纲的蜘蛛目。
分布：世界分布，已知48属600余种（Yu *et al.*，2012）。我国已知38属。
注：本志长尾姬蜂族即赵修复（1976）、何俊华等（1996）的瘤姬蜂族Ephialtini。

2. 顶姬蜂属 *Acropimpla* Townes, 1960（图10）

Selenaspis Roman, 1910: 191.
Acropimpla Townes, 1960: 159.

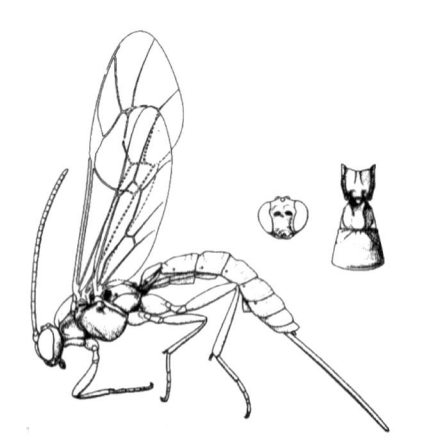

图 10 *Acropimpla alboricta* Cresson（顶姬蜂属 *Acropimpla* Townes）（引自 Townes，1969）

属征简述：体中等细长，前翅长 3.5～11.5mm。唇基、雄性颜面白色或黄色。唇基基部隆起，端部中央深凹，呈两叶。颚眼距非常短，一般为上颚基部宽的 0.2～0.3 倍。上颚端齿约等长。颜面上缘凸起或具深缺刻。额黑色或与头部其他部位颜色一致。后头脊完整，于背方中央下凹。胸腹侧脊强。后胸侧板下缘脊完整。并胸腹节相当短且隆起，有或无中纵脊。前翅小翅室通常完整，三角形，通常具有短柄，收纳 2m-cu 脉于端部外角。后翅 cu-a 脉在中央下方曲折。腹部第 1 节短而宽，背中脊和背侧脊发达。第 2 节背板基侧具一短而明显的斜沟。第 3、4 节背瘤明显突起；端部无刻点横带，占背板长的 0.15～0.2 倍。下生殖板通常完全骨化，少数种类基部中央具一膜质区。产卵管鞘长为前翅长的 0.4～1.0 倍。产卵管直，侧扁，在背结外方稍凹；腹瓣末端基部的脊较斜，与纵轴之间约呈 15°角。

生物学：寄主主要为鳞翅目类群。

分布：大部分种类布于东洋区和古北区东部；非洲区、新热带区、新北区和古北区西部也有分布。全世界已知 37 种，我国已知 15 种，其中双斑顶姬蜂 *Acropimpla didyma* 在国外有寄生于欧洲松毛虫 *Dendrolimus pini* 的记录，我国已见此蜂，将在附录 1 中介绍。

此外，顶姬蜂 *Acropimpla jezoensis* 有在日本寄生于松毛虫 *Dendrolimus jezoensis* 的记录（Townes et al., 1965: 23），我国未见此蜂。

（2）顶姬蜂 *Acropimpla* sp.

Acropimpla sp.: 陈昌洁，1990: 192；何俊华和曾洁，2018: 47(报道在黑龙江寄生于落叶松毛虫).
Acropimpla sp.: 童新旺等，1991: 8(报道在湖南寄生于马尾松毛虫).

分布：黑龙江、湖南。

注：黑龙江、湖南报道的顶姬蜂 *Acropimpla* sp. 很可能不是同一种，也可能是同一种。

3. 聚瘤姬蜂属 *Gregopimpla* Momoi, 1965 （图 11）

Gregopimpla Momoi, 1965, *in* Townes et al., 1965: 26.

属征简述：体中等长。雌雄蜂均黑色。唇基亚基部强烈隆凸，端部平。后头脊完整，背方中央下弯。中胸盾片具中等密、均匀分布的细毛。后胸侧板下缘脊完整。并胸腹节强烈拱隆，中纵脊存在。前翅小翅室长大于高，近端部收纳 2m-cu。后翅 cu-a 脉在上方 0.4 和中央之间曲折。腹部第 2 节背板基侧沟弱。产卵管鞘长为前翅长的 0.6～0.8 倍。

生物学：寄生于鳞翅目幼虫体外，聚寄生。

分布：东洋区、全北区。全世界已知 6 种，我国已知 2 种均可寄生于松毛虫。中国林业科学研究院（1983）报道聚瘤姬蜂属 *Gregopimpla* sp. 寄生于落叶松毛虫 *Dendrolimus superans*，种名不详。

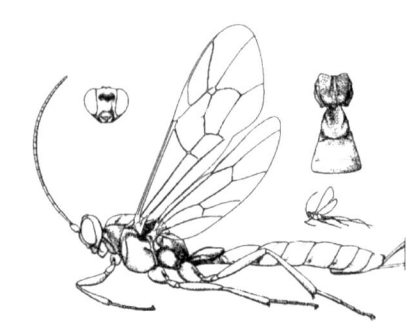

图 11 *Gregopimpla inquisitor* Scopoli（聚瘤姬蜂属 *Gregopimpla* Momoi）（引自 Townes，1969）

据国外记载，寄生于松毛虫而我国尚无该蜂记录的有 2 种，其种名、分布和寄主如下。

Gregopimpla bernuthii Hartig（=*Pimpla bernuthii*、*Iseropus bernuthii*）在德国寄生于欧洲松毛虫 *Dendrolimus pini*。

Gregopimpla inquisitor (Scopoli)（=*Epiurus inquisitor*、*Pimpla inquisitor*、*Iseropus inquisitor*）在俄罗斯、北欧、西欧寄生于欧洲松毛虫 *Dendrolimus pini*。

聚瘤姬蜂属 *Gregopimpla* 分种检索表

1. 颜面和后胸侧板具稀疏的粗刻点；触角♀31～32 节，♂29 节；前翅小翅室长为高的 1.5～2.0 倍，后翅 cu-a 脉在中央上方 0.4 处曲折···喜马拉雅聚瘤姬蜂 ***G. himalayensis***
- 颜面和后胸侧板近光滑，散生稀而细的刻点；触角♀25 节，♂23 节；前翅小翅室长为高的 1.1～1.3 倍，后翅 cu-a 脉在中央至下方 0.4 处曲折···桑蟥聚瘤姬蜂 ***G. kuwanae***

（3）喜马拉雅聚瘤姬蜂 *Gregopimpla himalayensis* (Cameron, 1899)（图 12）

Pimpla himalayensis Cameron, 1899: 178.

Epiurus hakonensis Ashmead, 1906: 79.

Epiurus satanas Morley, 1913: 173.

Iseropus heichinus Sonan, 1930: 138.

Isoropus satanas (Morley): 祝汝佐, 1937: 80; 祝汝佐, 1955b: 5; 华东农业科学研究所, 1955: 106; 孙锡麟和刘元福, 1958: 243.

Iseropus himalayensis: Townes *et al.*, 1961: 19; 何俊华, 1979: 132; 何俊华, 1985: 108; 严静君等, 1989: 266; 陈昌洁, 1990: 194; 萧刚柔, 1992: 1208; 梁秋霞等, 2002: 29; 何俊华和陈学新, 2006: 96; Chen *et* He(陈学新和何俊华), 2006: 96.

Gregopimpla himalayensis: Townes *et al.*, 1965: 26; 赵修复, 1976: 221; 中国科学院动物研究所和浙江农业大学, 1978: 32; 吴钜文, 1979a: 34; 党心德和金步先, 1982: 139; 金华地区森防站, 1983: 33; 陕西省林业科学研究所, 1984: 200; 王淑芳, 1984: 45; 贵州动物志编委会, 1984: 230; 湖北省林业厅, 1984: 165; 何俊华, 1985: 108; 何俊华, 1986c: 338; 何俊华, 1986d: 17; 孙明雅等, 1986: 29; 张贵有, 1986: 129; 何俊华和王淑芳, 1987: 368; 柴希等, 1987: 5; 侯陶谦, 1987: 172; 何允恒等, 1988: 22; 田淑贞, 1988: 36; 严静君等, 1989: 266; 王问学等, 1989: 186; 谈迎春等, 1989: 134; 吴钜文和侯陶谦, 1990: 284; 陕西省林业科学研究所和湖南省林业科学研究所, 1990: 5; 陈昌洁, 1990: 194; 童新旺等, 1991: 8; 杜增庆等, 1991: 16; 张贵有和高航, 1992: 34; 申效诚, 1993: 162; 于思勤和孙元峰, 1993: 463; 张永强等, 1994: 227; 柴希民等, 2000: 5; Lelej, 2012: 212; 何俊华和曾洁, 2018: 47.

Iseropus (*Gregopimpla*) *himalayensis*: Gupta, 1987: 32; He, 1992: 277; 湖南省林业厅, 1992: 1211; 章士美和林毓鉴, 1994: 156; 何俊华等, 1996: 87; 施再喜, 2006: 28; 徐延熙等, 2006: 768.

雌：体长 11～13mm，前翅长 9～12mm。

头：颜面宽稍大于长，中央稍纵隆，在触角窝下方具稀疏刻点，沿内眼眶和唇基附近较光滑。唇基有些光泽，端缘中央有缺口。颚眼距为上颚基部宽度的 0.2 倍。侧单眼间距和单复眼间距相近，为侧单眼长径的 1.2 倍，侧单眼之间有浅中沟。额和头顶光亮。触角长为前翅的 0.95 倍，31～32 节，第 1 鞭节长为第 2 鞭节长的 1.5 倍，端节稍长于前一节。

胸：前胸背板除边缘有刻点外光滑，前沟缘脊明显。中胸盾片长，具浅的点状刻纹；盾纵沟在前方 2/5 处明显；小盾片刻点稀而浅。中后胸侧板光亮有分散的浅刻点，后胸侧板刻点较强。并胸腹节拱形隆起，中纵脊伸至基部 0.5 处，后端分开，止于皱状横带区；基侧区刻点分散但明显。

翅：小翅室稍长，长为高的 1.5～2.0 倍，收纳第 2 回脉于中央外方；小脉对叉式。后翅 cu-a 脉在中央上方 0.4 处曲折。

足：短，不细；后足腿节长为宽的 4.5 倍。

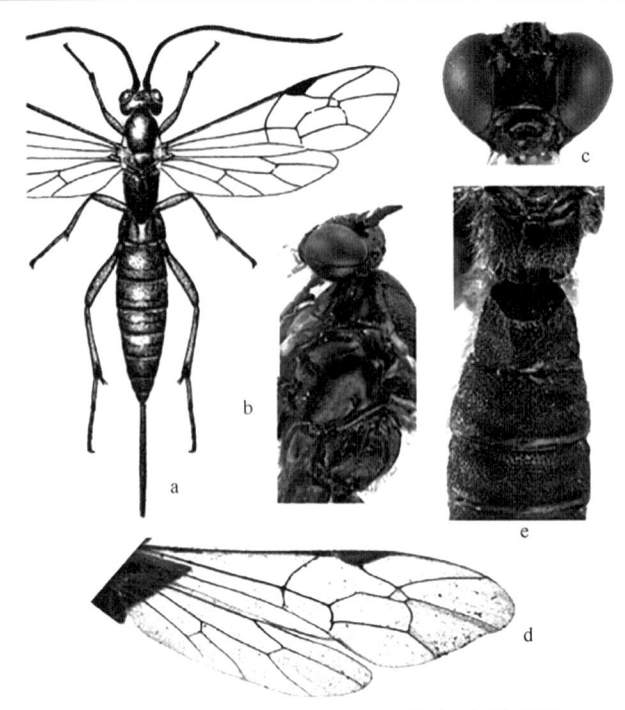

图 12　喜马拉雅聚瘤姬蜂 Gregopimpla himalayensis (Cameron)（a. 引自 何俊华等，1996；其余引自 刘经贤，2009）
a. 整体，背面观；b. 头部和胸部，侧面观；c. 头部，前面观；d. 翅；e. 并胸腹节和腹部第 1～3 节背板，背面观

腹：整个腹部背板密布刻点，仅各背板端部较光滑。第 1 节背板后缘宽度与长度约相等，后方中央隆起，有锋锐的弧形的中纵脊，至端部渐消失，此脊在中央稍有角度。第 2 节背板无明显的基侧沟。产卵管鞘长为后足胫节的 1.8 倍。

体色：黑色，个别标本腹部第 2～4 节背板黑色至略带暗褐色。触角大体黑褐色，鞭节基部数节下面带黄色。颚须、翅基片和前胸背板后角黄色。翅透明，略带黄色；翅脉褐色，前缘脉及翅痣深褐色；翅痣基角及痣外脉色稍浅，也有少数翅痣色浅（黄褐色）。足黄褐色；前中足基节、腿节和胫节有淡黄色斑；后足转节黄色，胫节亚基部和端部有明显的黑褐色带，被鲜明的宽的黄色区域分开；后足跗节淡黑色，基跗节基部 0.4～0.6 及其余跗节基部黄色。

雄：与雌蜂相似。体长 9.0～12.0mm，前翅长 8.0～9.0mm；触角 29 节。

生物学：主要寄主有马尾松毛虫 Dendrolimus punctatus、赤松毛虫 Dendrolimus spectabilis、落叶松毛虫 Dendrolimus superans（=西伯利亚松毛虫 Dendrolimus sibiricus）、油松毛虫 Dendrolimus tabulaeformis 及绿尾大蚕蛾 Actias selene ningpoana、柞蚕 Antheraea pernyi、印巴桦栎大蚕蛾 Antheraea roylei、冬青大蚕蛾 Archaeoattacus edwardsii、分月扇舟蛾 Clostera anastomosis、茶蓑蛾 Cryptothelea minuscula、桑螟 Diaphania pyloalis、梨云翅斑螟 Eurhodope pirivorella、李枯叶蛾 Gastropacha quercifolia、褐带长卷蛾（柑橘长卷蛾）Homona coffearia、大豆食心虫 Leguminivora glycinivorella、舞毒蛾 Lymantria dispar、黄褐天幕毛虫（黄褐幕枯叶蛾）Malacosoma neustria testacea、棉红铃虫 Pectinophora gossypiella、眉纹天蚕蛾 Samia cynthia 等。也可被广肩小蜂 Eurytoma sp.、金小蜂寄生。

此蜂为聚寄生，蜂卵产于寄主老熟幼虫节间膜上，蜂幼虫在寄主体外吸取汁液，寄主松毛虫老熟幼虫仍可结茧但不能化蛹，成熟后的蜂幼虫即吐丝作茧于寄主茧内。数个或 20 余个茧集聚成一块紧贴松毛虫茧的内壁。蜂茧灰黄色，长 10～12mm。此蜂在黑龙江、吉林东部山区落叶松人工林内通常 1 年发生 2 代。以老熟幼虫在寄主茧内越冬。越冬代于 5 月中下旬羽化，寻找黄褐天幕毛虫、舞毒蛾等的幼虫寄生。第 1 代蜂于 6 月中下旬出现，寄生于落叶松毛虫幼虫。7 月下旬以后，蜂老龄幼虫于寄主幼虫茧内作红褐色越冬茧。1 年发生 1 代的越冬代幼虫，于 5 月中旬羽化，再寄生于松毛虫幼虫，以蛹在茧内越冬。成虫多在中午羽化，羽化后 15～40min 即可交尾。交尾后如遇晴天，便寻找寄主产卵。产卵于寄主幼虫的背部前端，产卵前注入毒液使寄主幼虫暂时处于麻痹状态。雌性比例约为 61%。每只雌蜂产卵 16～46 粒；1 头落叶松毛虫幼虫出蜂多的达 39 头。成虫喜欢取食椴、榛、蒲公英、苦菜等植物的花蜜和花粉。因此下木、杂草稀少的落叶松纯林内蜂种群密度小，寄生率只有混交林的一半。林分立地条件对蜂产卵与活动影响很大。寄生于该蜂的寄生蜂有广肩小蜂、金小蜂，其寄生率分别为 11.3%和 7.1%，对喜马拉雅聚瘤姬蜂种群有一定的抑制作用。

标本记录：1♀，黑龙江牡丹江，1979.VII.20，郝元杰，寄主：落叶松毛虫，No. 830017；2♀1♂，辽宁清原，1954.IX.15，刘友樵，寄主：落叶松毛虫蛹，No. 5429.14；2♂，山东新泰，1987.VII.15，范迪，寄主：赤松毛虫，No. 872026；10♀2♂，山西长治，1987.VI，常保山，寄主：油松毛虫，No. 872012；1♀1♂，陕西宜川，1975.VIII.10，党心德，寄主：松毛虫，No. 780888；2♀，陕西蓝田，1978.VII.2，党心德，寄主：油松毛虫，No. 780894；1♀，陕西蓝田，1981，寄主：油松毛虫，No. 816458；2♀，浙江汤溪，1934.V.19～23，祝汝佐，寄主：马尾松毛虫；1♀1♂，浙江汤溪，1934.V.19，祝汝佐，寄主：马尾松毛虫；3♀♂，浙江长兴，1935.XII.3～7、1936.IV.20，祝汝佐，寄主：马尾松毛虫；4♀1♂，浙江常山，1954.VIII，邱益三，寄主：马尾松毛虫蛹，No. 5514.61；1♀，浙江常山，1954.VIII，华东农科所，寄主：松毛虫，No. 740096；3♂，浙江金华，1982，陈忠泽，寄主：马尾松毛虫蛹，No. 825047；1♂，浙江衢州，1982，甘中南，寄主：马尾松毛虫，No. 826987；1♂，浙江富阳，1966.VI.8，胡萃，寄主：马尾松毛虫，No. 740374。

分布：黑龙江、吉林、辽宁、内蒙古、河北、山东、山西、河南、陕西、江苏、浙江、安徽、江西、湖北、湖南、广西、贵州、云南；朝鲜，日本，印度。

（4）桑螵聚瘤姬蜂 *Gregopimpla kuwanae* (Viereck, 1912)（图 13）

Pimpla (*Epiurus*) *kuwanae* Viereck, 1912: 589.

Iseropus heiehinus Sonan, 1930: 138.

Epiurus nankingensis Uchida, 1931: 157; 祝汝佐, 1933: 625; 祝汝佐, 1935: 11.

Epiurus mencianae Uchida, 1935a: 141; 祝汝佐, 1937: 81; 祝汝佐, 1955: 4.

Epiurus annulitarsis: 祝汝佐, 1935: 11; 华东农业科学研究所, 1955: 106-107; 吴钜文, 1979a: 34; 侯陶谦, 1987: 172.

Gregopimpla kuwanae: Townes *et al*., 1965: 28, 29; 赵修复, 1976: 221; 中国科学院动物研究所和浙江农业大学, 1978: 33; 吴钜文, 1979a: 34; 何俊华, 1981b: 90; 杨秀元和吴坚, 1981: 306; 章宗江, 1981: 146; 王淑芳, 1984: 44; 何俊华, 1985: 108; 何俊华, 1986c: 339; 何俊华和庞雄飞, 1986: 21; 何俊华和王淑芳, 1987: 368; 柴希民等, 1987: 5; 侯陶谦, 1987: 172; 严静君等, 1989: 266; 吴钜文和侯陶谦, 1990: 285; 陕西省林业科学研究所和湖南省林业科学研究所, 1990: 5; 童新旺等, 1991: 8; 申效诚, 1993: 162; 柴希民等, 2000: 5(*Gresopimpla*!); 孙明荣等, 2003: 20; Lelej, 2012: 212; 何俊华和曾洁, 2018: 47.

Iseropus kuwanae: 何俊华等, 1979: 33; 何俊华, 1981b: 90; 何俊华, 1985: 108; 何俊华和王淑芳, 1987: 368; 陈昌洁, 1990: 194; 湖南省林业厅, 1992: 1211; 章士美和林毓鉴, 1994: 325; 何俊华, 2004: 365; 何俊华和陈学新, 2006: 97; Chen *et* He, 2006: 97.

Iseropus (*Gregopimpla*) *kuwanae*: Gupta, 1987: 33; He, 1992: 277; 湖南省林业厅, 1992: 1211; 章士美和林毓鉴, 1994: 156; 何俊华等, 1996: 88; 王淑芳, 2003: 216; 徐延熙等, 2006: 768.

雌：体长 9～10mm，前翅长 7～9mm。

头：颜面宽为中长的 1.3 倍，中央稍隆起，表面光滑，仅在隆起部有稀疏小刻点。唇基基部光滑，端缘中央有缺口。颚眼距为上颚基部宽度的 0.3 倍。额和头顶光滑，触角洼浅。侧单眼之间有浅中沟，侧单眼间距和单复眼间距分别为侧单眼长径的 1.5 倍和 1.3 倍。触角长为前翅的 0.7～0.8 倍，25 节；第 1 鞭节长约为第 2 鞭节的 1.55 倍，端节长为前一节的 1.6 倍。

胸：前胸背板除背缘和后缘有少数刻点外完全光滑。中胸盾片和小盾片刻点极细而稀，近光滑；盾纵沟弱。小盾片前凹内光滑。中胸侧板和后胸侧板均近光滑，散生稀且细的刻点。并胸腹节基部 0.6 处有向后稍外伸的中纵脊，止于横皱状区；基侧区有粗刻点散生。

翅：小翅室非正四边形，长稍大于高，收纳第 2 回脉约于外方 0.25 处。后翅 cu-a 脉在中央至下方 0.4 处曲折。

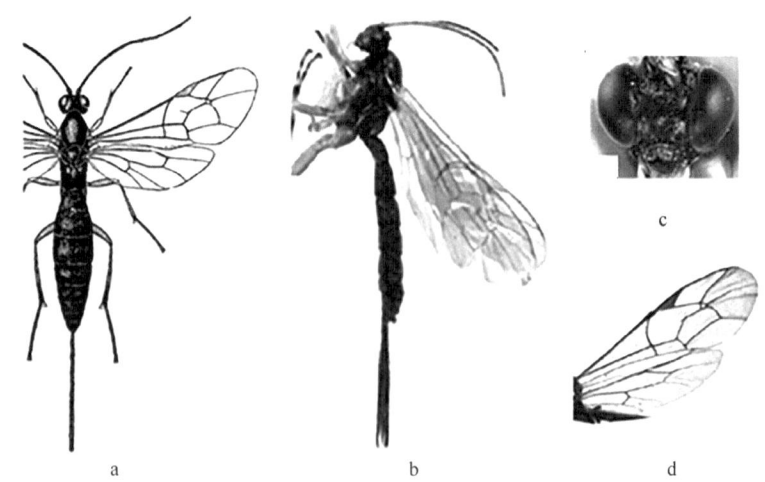

图 13 桑蟥聚瘤姬蜂 *Gregopimpla kuwanae* (Viereck)（a. 引自 何俊华等，1996；其余引自 刘经贤，2009）
a. 整体，背面观；b. 整体，侧面观；c. 头部，前面观；d. 翅

腹：腹部密布粗刻点，各节缘近光滑。第 1 节背板后缘宽大于长，背中脊伸至后方水平部的中央，脊之间不特别隆起。产卵管鞘长为后足胫节的 2.0 倍。

体色：头部和胸部黑色；触角柄节、鞭节基部各节背面黑褐色，腹面黄色，端半各节黄褐色。前胸背板肩角及翅基片黄色。翅透明，略带烟黄色；翅痣浅黄色；翅脉黄褐色。足红黄色；后足胫节亚基部和端部、各跗节端部及爪黑褐色。

雄：与雌性相似。体长 5～8mm，前翅长 3.5～7.5mm；触角 23 节。

生物学：寄主有马尾松毛虫 *Dendrolimus punctatus*、赤松毛虫 *Dendrolimus spectabilis*、落叶松毛虫 *Dendrolimus superans*、油松毛虫 *Dendrolimus tabulaeformis*、松小毛虫 *Cosmotriche inexperta* 及杏黄卷蛾 *Archips fuscocupreanus*、丫纹夜蛾 *Autographa gamma*、杨二尾舟蛾 *Cerura menciana*、二化螟 *Chilo suppressalis*、稻金翅夜蛾 *Chrysaspidia festucae*、杨扇舟蛾 *Clostera anachoreta*、稻纵卷叶螟 *Cnaphalocrocis medinalis*、茶蓑蛾 *Cryptothelea minuscula*、桑螟 *Diaphania pyloalis*、褐带长卷蛾 *Homona coffearia*、舞毒蛾 *Lymantria dispar*、稻负泥虫 *Oulema oryzae*、苹褐卷蛾 *Pandemis heparana*、直纹弄蝶（稻苞虫）*Parnara guttata*、棉红铃虫 *Pectinophora gossypiella*、松实小卷蛾 *Petrova cristata*、普氏夜蛾 *Plusia putnami*、夏梢小卷蛾 *Rhyacionia duplana simulata*、桑蟥 *Rondotia menciana*、辉刀夜蛾 *Simyra albovenosa* 等。此蜂在寄主幼虫体外寄生，为聚寄生蜂，蜂茧数个或 20 余个聚在寄主茧内。在马尾松毛虫上寄生于幼虫体外的蜂幼虫上，在寄主松毛虫幼虫结茧后，即在寄主茧的内壁分别结茧，多是 20 余个平铺在内壁。

标本记录：6♀，黑龙江牡丹江，1980.VII.15，张润生，寄主：落叶松毛虫蛹，No. 810370；8♀2♂，黑龙江带岭，1977.VIII，林科所，寄主：松毛虫幼虫，No. 772127；1♀2♂，黑龙江海林，1975.VII，张贵有，寄主：松毛虫蛹，No. 750530；2♀2♂，辽宁建平，1983.VIII.7，代德纯，寄主：油松毛虫，No. 834889；5♀5♂，河北赤城，1980.VII.15，河北省林科所，寄主：油松毛虫，No. 803989；2♀，山东沂山林场，1978.VI，范迪，寄主：松毛虫幼虫，No. 790810；2♀1♂，陕西蓝田，1978.VII.2～15，党心德、金步先，寄主：油松毛虫，No. 780894、791119；1♂，江苏南京，19xx（采集年份未知，下同），林学院，寄主：松毛虫，No. 73038.4；1♀，江苏南京，1954.V，华东农科所，寄主：松毛虫，No. 740089；江苏南京，1954.V，邱益三，寄主：马尾松毛虫，No. 5514.15；5♀，浙江余杭，1962.VI.5，浙江林科所，寄主：松毛虫，No. 62010.15；7♀1♂，浙江余杭，1981，袁荣兰，寄主：松毛虫，No. 816278；1♀，浙江余姚，1979，张明仁，寄主：松小毛虫，No. 791085；1♀，浙江嘉兴，1982.V.25，钱范俊，寄主：松毛虫幼虫，No. 840028；4♀，四川，19xx，四川省林科所，寄主：松毛虫，No. 801912、802662。

分布：黑龙江、吉林、辽宁、内蒙古、北京、河北、山东、河南、陕西、新疆、江苏、上海、浙江、安徽、江西、湖北、湖南、四川、台湾、福建、贵州、云南；日本。

4. 群瘤姬蜂属 *Iseropus* Foerster, 1868（图 14）

Iseropus Foerster, 1868: 164.
Cnemopimpla Cameron, 1903a: 159.

属征简述：前翅长 4.5~8.5mm。体中等细长。雄性唇基、颜面白色，雌性唇基黑色至黄褐色。额黑色。唇基基部隆起，端部扁平，端缘中央具缺刻。后头脊完整，在背方中央下弯。中胸盾片具中等密毛，均匀分布。后胸侧板下缘脊完整。并胸腹节中等长，相当平，中纵脊存在。前翅小翅室近三角形，宽约等于高，收纳 2m-cu 脉于中央或中央稍外方。后翅 cu-a 脉在上方 0.3 处曲折。腹部第 1 节背板相当短而宽，背中脊和背侧脊强。第 2 节背板基侧斜沟中等强。第 3、4 节背板具明显的瘤状隆起，端缘光滑横带约为背板长的 0.2 倍。雌性下生殖板完全骨化。产卵管直，侧扁，上方凹，腹瓣端末基部的脊很斜；产卵管鞘长为前翅的 0.5~0.8 倍。

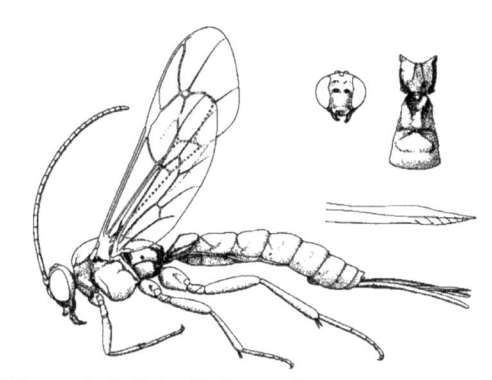

图 14 全北群瘤姬蜂指名亚种 *Iseropus stercorator stercorator* (Fabricius)（群瘤姬蜂属 *Iseropus* Foerster）（引自 Townes，1969）

生物学：外寄生于鳞翅目幼虫，聚寄生。
分布：全北区、新热带区、东洋区。全世界已知 6 种，我国已知 1 种。
注：中国林业科学研究院（1983: 724）记录瘤姬蜂（*Isoropus* sp.!）寄生于落叶松毛虫，无种名。
据国外记载，寄生于松毛虫而我国尚无该蜂记录的有 1 种，其种名、寄主和分布是：*Iseropus orientalis* Uchida（=*Iseropus epiccnapterus*）在日本寄生于赤松毛虫。

（5）全北群瘤姬蜂指名亚种 *Iseropus stercorator stercorator* (Fabricius, 1793)（图 15）

Ichneumon stercorator Fabricius, 1793: 172.
Iseropus stercorator stercorator: Townes *et al.*, 1965: 29; 何俊华和王淑芳, 1987: 369; 何俊华和曾洁, 2018: 47.
Iseropus stercorator: 何俊华, 1986c: 339; 严静君等, 1989: 269; 陈昌洁, 1990: 194; 萧刚柔, 1992: 960.
Iseropus (*Iseropus*) *stercorator*: He, 1992: 278.
Iseropus (*Iseropus*) *stercorator stercorator*: 何俊华等, 1996: 86.

雌：体长 7.0mm，前翅长 5.0~7.5mm。
头：颜面宽稍大于长，具较粗刻点，沿眼眶及近唇基基部较光滑。唇基近于光滑，基半隆起。颚眼距短，为上颚基部宽度的 0.2~0.25 倍。额和头顶平滑，近于有光泽。侧单眼之间有纵沟，侧单眼间距稍小于单复眼间距（8:10），比侧单眼长径稍长。触角长为前翅的 0.9 倍，26 节，第 1 鞭节长为第 2 鞭节的 1.7 倍。上颊侧面观长为复眼宽的 0.64 倍。
胸：前胸背板有一光滑的中区，背缘具模糊刻点，后缘及下方有短刻条。中胸盾片近于光滑，有浅而不明显带毛刻点；小盾片隆起，近于光滑。中胸侧板隆起，有光泽，胸腹侧片具小刻点。后胸侧板有光泽，具细而分散的刻点。并胸腹节中脊强，在基半明显，从中央之后折向两侧而模糊；侧区上方具大而浅刻点；外侧区刻点较密，近于网状；端区中央具细皱，后侧角凹陷。
翅：前翅小翅室近长三角形，收纳第 2 回脉于中央外方；第 1 肘间横脉稍长于第 2 肘间横脉；小脉对叉式。后小脉在上方 0.3 处曲折。
腹：腹部背板密布粗刻点，点间区发亮，后缘为光滑带。第 1 节背板较薄，近方形，后方中央隆起甚高，背中脊外方中央有一光滑区域。第 2~5 节背板上的隆瘤明显，其上刻点较少。第 2 节背板侧沟明显。

产卵管侧扁，产卵管鞘长为后足胫节的 1.35 倍。

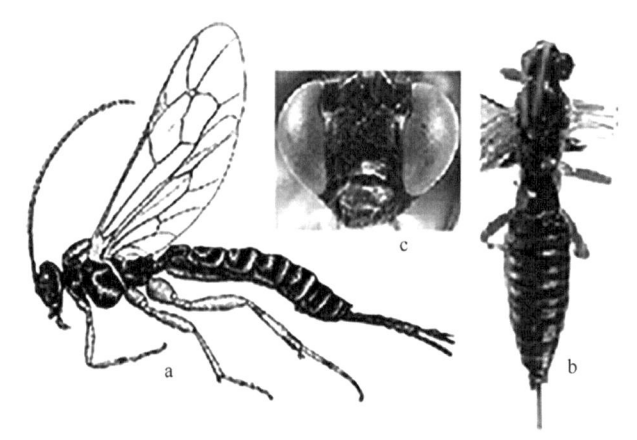

图 15　全北群瘤姬蜂指名亚种 *Iseropus stercorator stercorator* (Fabricius)（a. 引自 何俊华，1983b；b，c. 引自 刘经贤，2009）
a. 雌蜂，侧面观；b. 雌蜂，背面观；c. 头部，前面观

体色：体黑色。雌蜂唇基赤褐色，触角鞭节下面黄褐色，前胸背板后上方和翅基片藁黄色。足赤黄色，前足基节除端部外、后足胫节亚基部和端部 0.4 处、后足各跗节端部和端跗节黑色（第 2 跗节黑色部分占 50%），后足胫节基部、中央及第 1~4 跗节基部苍白色。

雄：与雌蜂相似。颜面和唇基白色，触角柄节下面和鞭节下面藁黄色，前胸背板后上角和翅基片黄白色。前中足基节、转节、胫节和跗节黄白色。

生物学：我国已知其寄主是落叶松毛虫 *Dendrolimus superans*；国外报道有欧洲松毛虫 *Dendrolimus pini*、蔷薇黄卷蛾 *Archips rosanus*、丫纹夜蛾 *Autographa gamma*、黄褐天幕毛虫 *Malacosoma neustria testacea*、古毒蛾 *Orgyia antiqua*、苹果巢蛾 *Yponomeuta padella*（*Hyponomeuta padella*）、珍珠梅斑蛾 *Zygaena filipendulae* 等。据在落叶松毛虫上的观察，此蜂是在幼虫体外寄生的，不影响寄主结茧，蜂幼虫成熟后在寄主茧内结茧，聚寄生。此蜂会被脊腿囊爪姬蜂 *Theronia atalantae* 和沟姬蜂 *Gelis* sp.寄生。

标本记录：4♀2♂，新疆富蕴，1977.VII.下旬，新疆林科所，寄主：落叶松毛虫，No. 772266。

分布：吉林、新疆、四川；俄罗斯（西伯利亚、乌拉尔等），德国等全北区。

5. 曲姬蜂属 *Scambus* Hartig, 1838　（图 16）

Scambus Hartig, 1838: 267.

属征简述：前翅长 2.0~9.0mm。体细小至中等大。头部通常较细。颚眼距约为上颚基部宽的 0.5 倍。复眼内缘在触角窝对过处微弱凹入。后头脊完整，通常较弱，背方中央下弯。触角长约为前翅的 0.66 倍。胸腹侧脊存在。中胸盾片具中等密毛。后胸侧板下缘脊存在。并胸腹节短，隆起，中纵脊有或无。前翅小翅室存在，通常无柄，收纳 2m-cu 脉于外角前方。后翅 cu-a 脉在中央下方 0.2~0.4 处曲折，极少在中央曲折。雄性前足腿节正常或腹缘具阔的凹陷；前足胫节直或强烈弧形。雌性跗爪具大的基齿。腹部第 1 节背板长为端宽的 1.0~1.5 倍；背中脊和背侧脊存在。第 2 节背板无基侧斜沟。各节背瘤弱。产卵管鞘具密毛。产卵管微弱侧扁至强烈侧扁，

图 16　*Scambus tecumseh* Viereck（曲姬蜂属 *Scambus* Hartig）（引自 Townes，1969）

背结存在；腹瓣端末基部的脊斜。

生物学：寄生于鞘翅目、膜翅目、鳞翅目。

分布：全北区、东洋区、新热带区。全世界已知142种，我国已知9种，其中寄生于松毛虫 *Dendrolimus* spp.的已知1种。

（6）印度曲姬蜂 *Scambus indicus* Gupta *et* Tikar, 1968 （图17）

Scambus indicus Gupta *et* Tikar, 1968: 226; Liu *et al*., 2010: 26; 何俊华和曾洁, 2018: 48.
Scambus sp.: 陕西省林业科学研究所和湖南省林业科学研究所, 1990: 6; 童新旺等, 1991: 8(红胸瘤姬蜂).

雌：体长4.0～9.0mm，前翅长3.0～8.0mm，产卵管长3.4～7.0mm。

头：颜面高为宽的0.8倍，中央隆起，近于光滑。唇基平，端缘内陷呈两叶。颚眼距为上颚基部宽的0.2倍。上颚光滑，端齿等长。复眼内缘近平行。后单眼间距：后单眼直径：单复眼间距（POL：OD：OOL）=1.25：1.0：1.25。上颊背面观均匀弧形收窄，长为复眼的0.67倍。后头脊完整，背方中央下弯。触角鞭节23节，短于前翅长；第1节长为第2节的1.43倍，为其端宽的4.0倍。

胸：前胸背板光滑，背缘具稀疏带毛刻点；前沟缘脊强，但较短。中胸盾片近于光滑，被细毛；盾纵沟浅，仅在前方0.4处存在。小盾片均匀隆起，近于光滑。中胸侧板前方0.4处具稀疏带毛细刻点，后方0.6处光滑

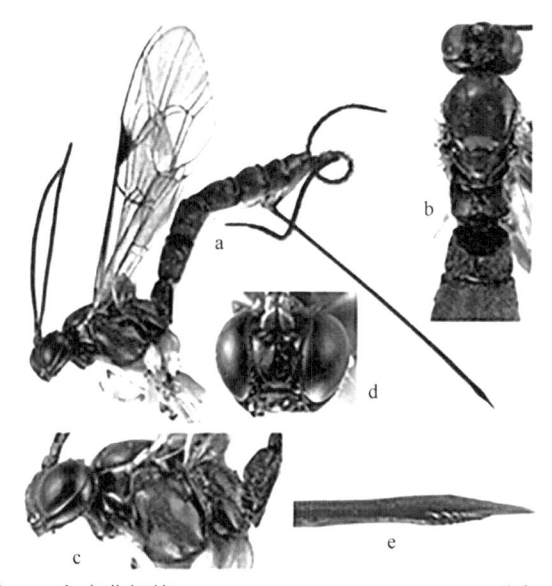

图17 印度曲姬蜂 *Scambus indicus* Gupta *et* Tikar（引自 刘经贤，2009）
a. 整体，侧面观；b. 头部、胸部和腹部第1、2节背板，背面观；c. 头部、胸部和腹部第1节背板，侧面观；d. 头部，前面观；e. 产卵管端部，侧面观

无毛；胸腹侧脊强，伸至中胸侧板上方0.6处，其前端不达中胸侧板前缘。后胸侧板上方0.7处具非常稀疏带毛细刻点，下方0.3处光滑；后胸侧板下缘脊完整。并胸腹节中等长；中纵脊弱至发达，发达的基部0.6处平行，端部向外扩展，脊之间光滑；侧区具稀疏的粗刻点，近基部0.2处光滑；外侧脊完整且强，外侧区具细点皱，被细毛。并胸腹节气门圆形，与外侧脊几乎相接触。

翅：前翅cu-a脉与Rs+M (=1-M)脉对叉；小翅室斜四边形，柄不明显；2rs-m：3rs-m = 1.0：2.0；小翅室收纳2m-cu脉于端部0.2处；Rs脉从翅痣中央伸出；翅痣长为宽的4.0倍。后翅cu-a脉在中央下方0.3处曲折，CU1脉端段有透明的弱痕状。

足：后足腿节长为最大宽的4.0倍；跗爪不明显膨大。

腹：第1节背板长为端宽的0.6倍，密布刻点；背中脊伸至斜面顶部；背侧脊完整，在气门处分叉。第2节背板长为端宽的0.63倍，无明显基侧沟，密布粗刻点。第3～5节背板密布粗刻点，背瘤弱。第6节背板具稀疏细刻点。第7、8节背板近于光滑。产卵管侧扁，腹瓣末端的基部脊与轴向呈30°；产卵管鞘长为后足胫节的2.8倍、为腹部长的1.1倍，具密毛。

体色：黑色。触角黑色，柄节、梗节和第1～4节鞭节腹缘带褐色。上颚黑色。下颚须、前胸背板肩角末端和翅基片黄褐色。前胸背板黑色，背缘端段具黄色窄条。中胸背板和中胸侧板暗红色。腹部暗红褐色，端缘光滑带黑色，也有全部黑色的。足红褐色；前中足基节和转节黄白色；后足基节、腿节红褐色，胫节端部带黑褐色。产卵管鞘黑色，产卵管红褐色。翅透明，翅脉和翅痣黑褐色。

雄：不明。

生物学：寄生于马尾松毛虫 *Dendrolimus punctatus*（寄主新记录）和赤松毛虫 *Dendrolimus spectabilis*。

标本记录：1♀，山东昆嵛山，1963.V，邱守思，寄主：赤松毛虫，No. 65027.2；1♀，湖南浏阳，1950.V.下旬，马万炎，寄主：马尾松毛虫，No. 850087；1♀，广西罗城，1981.XI.10，采集人不详，寄主：松毛虫蛹，No. 841335。

分布：山东、浙江、江西、湖南、广西、贵州；印度。

鉴别特征：并胸腹节中纵脊长，基部平行，端部向外扩张；侧区具稀疏刻点；中胸背板和中胸侧板暗红色。

瘤姬蜂族 Pimplini Wesmael, 1845

Pimplae Wesmael, 1845: 6.

前翅长 2.5～25.0mm。唇基端缘中央缺刻不明显，基半隆起。颚眼距无白色斑。触角端节表面有明显的突起。前胸背板短，颈部（如果存在）通常与中胸盾片靠近。胸腹侧脊完整；中胸侧板缝中央无明显的角度（囊爪姬蜂属团 Theronia Genus Group 在中央处曲折成一明显的角度）。并胸腹节气门长形，长约为宽的 2.0 倍或以上。跗爪简单（钩尾姬蜂属 Apechthis 除外）。后翅 CU1 脉端段通常从 cu-a 脉上方伸出。腹部第 2～6 节背板具粗刻点（囊爪姬蜂属团 Theronia Genus Group 除外）。雄性下生殖板长大于宽（囊爪姬蜂属团 Theronia Genus Group 除外）。

生物学：寄生于鳞翅目 Lepidoptera 和膜翅目 Hymenoptera 幼虫-蛹体内。单寄生。

分布：世界分布，已知 14 属 650 余种（Yu et al., 2005）。

注：Gauld（1991）、Gauld 和 Bolton（1998）利用形态特征进行系统发育分析，认为囊爪姬蜂不属于单系类群，因此把囊爪姬蜂族 Theroniini 作为一个属团，即囊爪姬蜂属团 Theronia Genus Group 归入瘤姬蜂族的分支内，位于分支基部。

6. 钩尾姬蜂属 *Apechthis* Foerster, 1869（图 18）

Apechthis Foerster, 1869, 25: 164.
Apechtis Thomson, 1889: 1410. Emendation.
Ephialtes Schrank, 1802: 316.
Taiwatheronia Sonan, 1936: 256.

属征简述：前翅长 5～13mm。体粗壮。唇基基部隆起，端部平，端缘微凹。上颚宽，2 端齿约等长。颚眼距短。颜面中等隆起，复眼内缘在触角窝对过处强度凹入。后头脊完整。盾纵沟弱或无。中胸侧板缝在中央附近无明显角度。并胸腹节中纵脊仅在基部存在，无其他隆脊。雌性在前中足跗爪一般具大的基齿；后足跗爪基齿有或无。前翅有小翅室，四边形；后翅 cu-a 脉在中央上方曲折，CU1 脉端段明显。腹部密布刻点。产卵管末端明显向下呈钩状弯曲。

生物学：寄生于鳞翅目蛹内羽化，单寄生。

分布：世界分布，已知 17 种。我国已知 7 种，其中寄生于松毛虫 *Dendrolimus* spp.的已知 3 种。

注：1）属名中名根据产卵管特征拟订。本属曾用长尾姬蜂属 *Ephialtes* 名称。

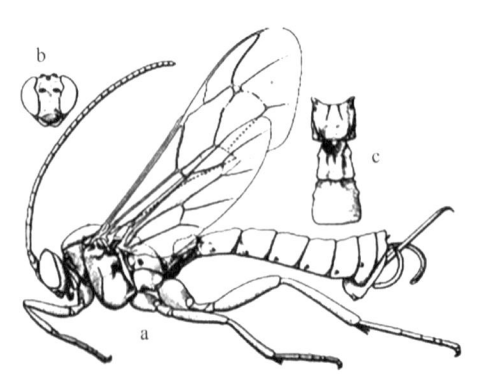

图 18 隆钩尾姬蜂 *Apechthis compunctor* Linnaeus（钩尾姬蜂属 *Apechthis* Foerster）（引自 Townes, 1969）
a. 雌蜂，侧面观；b. 头部，前面观；c. 并胸腹节和腹部第 1、2 节背板

2）据国外记载黄条钩尾姬蜂 *Apechthis rufata* (Gmelin, 1790)寄生于欧洲松毛虫 *Dendrolimus pini*，此蜂我国有发现，但尚无寄生于松毛虫的记录，将在附录 1 中介绍。

3）在日本和俄罗斯（萨哈林岛）[①]有松毛虫钩尾姬蜂 *Apechthis dendrolimi* Matsumura, 1926，寄生于松毛虫，我国尚未发现该蜂。

钩尾姬蜂属 *Apechthis* 分种检索表

1. 体赤黄色，胸部和腹部均具黑斑；侧单眼间距与单复眼间距约等长 ··· 台湾钩尾姬蜂 *A. taiwana*
- 胸部和腹部黑色或中胸盾片带黄斑；侧单眼间距为单复眼间距的 1.3~1.8 倍 ·· 2
2. 中胸盾片黑色，前侧方斑纹及中央后方纵条黄色 ·· 黄条钩尾姬蜂 *A. rufata*
- 中胸盾片完全黑色，无黄色斑 ··· 3
3. 雌性 ·· 4
- 雄性 ·· 5
4. 腹部第 1 节背板在中央之后有 2 个明显的隆丘；各足跗爪均有基齿；足赤褐色，基节和腿节红褐色，各跗节端部稍褐色 ·· 隆钩尾姬蜂 *A. compunctor*
- 腹部第 1 节背板在中央之后无 2 个明显的隆丘；仅前中足跗爪有基齿，后足跗爪无基齿；足赤褐色，前足基节端部黑色、后足胫节基部和端部（0.1~0.55 处具白环）及跗节（基跗节基半黄色）黑褐色 ············ 四齿钩尾姬蜂 *A. quadridentata*
5. 后足胫节黑褐色，无白色环斑；颜面黑色，仅眼眶黄色；前胸背板肩角、翅基片和中胸侧板翅基下脊黑色 ·· 隆钩尾姬蜂 *A. compunctor*
- 后足胫节亚基部 0.15~0.40 段为白色环斑；颜面黄色；前胸背板肩角、翅基片和中胸侧板翅基下脊黄色 ··· 四齿钩尾姬蜂 *A. quadridentata*

（7）隆钩尾姬蜂东方亚种 *Apechthis compunctor orientalis* Kasparyan, 1973（图 19）

Apechthis compunctor orientalis Kasparyan, 1973: 679; 何俊华, 1981a: 83; 何俊华等, 1996: 141; 何俊华和曾洁, 2018: 47.

雌：体长 15mm，前翅长 11.3mm。颜面具粗而稀刻点，上方中央呈纵隆起，上角具放射状刻皱。并胸腹节中纵脊伸至基部 0.4 处，脊外侧密布网状刻点。各跗爪均具基齿。腹部第 1 节背板的背中脊在中央后方明显隆起成 2 个小丘，以致脊间呈凹槽，脊外陡斜。产卵管鞘约为后足胫节长的 0.86 倍。

体黑色，触角梗节及鞭节（除背面及各节间褐色外）、眼眶内缘狭条及顶眶一小点、小盾片端缘黄色；颚须末 3 节及翅基片褐色。足赤褐色；前足基节（除末端外）、中足基节下半黑色；中足胫节和跗节浅赤褐色；后足胫节、距、跗节褐色；胫节亚基部具污黄色环斑。翅透明，稍带烟黄色；翅脉（除基部黄色外）和翅痣（除基部淡黄褐色外）黑褐色。

图 19 隆钩尾姬蜂东方亚种 *Apechthis compunctor orientalis* Kasparyan（引自 何俊华等, 1996）
雌蜂，侧面观

生物学：在我国已知寄生于落叶松卷蛾 *Ptycholomoides aeriferanus* 和落叶松毛虫（西伯利亚松毛虫）*Dendrolimus superans*；据国外记载，寄主还有丫纹夜蛾 *Autographa gamma*、褐条毛尺蠖 *Lycia hirtaria*、舞毒蛾 *Lymantria dispar*、模毒蛾 *Lymantria monacha*、黄褐天幕毛虫 *Malacosoma neustria testacea*、大菜粉蝶（欧洲粉蝶）*Pieris brassicae*、盗毒蛾 *Porthesia similis* 等。均为单寄生，从蛹内羽化。此外还有寄生于鞘翅目 Coleoptera 的记录（Aubert, 1969）。

---

① 在中国称库页岛

分布：黑龙江、辽宁；朝鲜，日本，俄罗斯（西伯利亚东部）。

注：我国已发现隆钩尾姬蜂指名亚种 *Apechthis compunctor compunctor* (Linnaeus, 1758)，但未发现其寄生于松毛虫，将在附录 1 中介绍。2 亚种区别如下。

1. 后足胫节浅红色一色，无环斑 ·· 隆钩尾姬蜂指名亚种 *A. compunctor compunctor*
- 后足胫节褐色，亚基部具污黄色环斑 ·· 隆钩尾姬蜂东方亚种 *A. compunctor orientalis*

（8）四齿钩尾姬蜂 *Apechthis quadridentata* (Thomson, 1877)（图 20）

Pimpla quadridentata Thomson, 1877: 749.
Pimpla dendrolimi Matsumura, 1926b: 41.
Pimpla (*Apechthis*) *dendrolimi* Matsumura, 1926a: 29.
Ephialtes quadridentatus: Townes et al., 1965: 45; 何俊华, 1986c: 338; 严静君等, 1989: 262; 陈昌洁, 1990: 193; He, 1992: 281; 何俊华等, 1996: 142; 何俊华和曾洁, 2018: 47.
Ephialtes dendrolimi: 吴钜文和侯陶谦, 1990: 283.
Apechthis quadridentata: Lelej, 2012: 217.

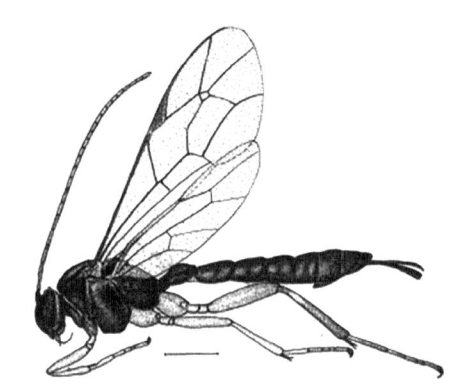

图 20 四齿钩尾姬蜂 *Apechthis quadridentata* (Thomson)（引自 何俊华等，1996）
雌蜂，侧面观

雌：体长 8.0～10.0mm，前翅长 6.5～8.0mm，产卵管鞘长 1.4～1.7mm。

头：颜面长为宽的 1.0 倍，中央稍拱隆处具夹点纵刻条；侧方近于光滑。唇基近基部散生细刻点，其余光滑，端缘平截。额光滑。颚眼距为上颚基部宽度的 0.28 倍。单眼 POL：OD：OOL=1.0：1.0：0.7。触角 26 节，与前翅约等长，第 1 鞭节长为端宽的 5.3 倍、为第 2 鞭节长的 1.3 倍。

胸：前胸背板近于光滑，前沟缘脊细，不伸至背缘。中胸盾片拱隆，具相当细而密刻点；盾纵沟不明显。小盾片馒头形隆起，无侧脊。中胸侧板除镜面区外具细刻点，胸腹侧脊弧形，不达侧板前缘。后胸侧板几乎完全光滑；后胸侧板下缘脊完整且强。并胸腹节中纵脊向后稍扩，伸至 0.45 处，中区和端区光滑；侧区和外侧区满布夹皱带毛粗刻点；外侧脊完整；气门短卵圆形，近于外侧脊。

翅：前翅小脉稍后叉；小翅室 2rs-m：3rs-m=1.0：1.1，在上方相接，收纳第 2 回脉于后方 0.63 处。后翅 cu-a 脉在上方 0.28 处曲折。

足：前中足跗爪具有基齿，后足跗爪简单。前足腿节腹面相当内凹。后足腿节长为最宽处的 3.7 倍。

腹：腹部背板密布较粗带毛刻点。第 1 节背板长为端宽的 1.2 倍，背中脊伸至中央；背板前半光滑，后半中央平台状拱隆；背侧脊在气门后强。第 2 节背板端宽为长的 1.1 倍。产卵管鞘长为后足胫节的 0.8～0.9 倍。产卵管端部稍钩形弯曲，背瓣端部有 8 条弱脊，腹瓣端部有 10 条竖脊。

体色：体黑色。须褐黄色；唇基褐色；触角柄节和梗节黑褐色，鞭节黄褐色至褐黄色，节间黑色；脸眶连同额眶、顶眶（或有间断）窄条、气门片、翅基片、小盾片后半和后小盾片均黄色。足黑色；前中足（前足基节除端部黑色外）、后足基节至腿节赤褐色；后足胫节基部、端部约 0.4 处及跗节（基跗节基半黄色）黑褐色；胫节亚基部（0.1～0.55 处）、距黄白色；黄色与黑褐色分界不清。翅带烟黄色透明；翅脉及翅痣（基部均污黄色）浅黑褐色。

雄：与雌蜂相似，不同之处在于颜面（纵中线黑褐色）、唇基、上唇、上颚（除下缘及端齿外）、须、前胸背板肩角、翅基片和翅基下脊全为鲜黄色，小盾片后方 4/5 为黄斑；距黄色，分界明显。足黄色至浅红褐色，后足胫节亚基部 0.15～0.4 处白色和基跗节基半污白色。

生物学：寄主有赤松毛虫 *Dendrolimus spectabilis*、落叶松毛虫 *Dendrolimus superans*；据国外记载，寄主有醋栗金星尺蛾 *Abraxas grossulariata*、山楂黄卷蛾 *Archips crataegana*、蔷薇黄卷蛾 *Archips rosanus*、桦黄卷蛾 *Archips xylosteanus*、绿豹蛱蝶 *Argynnis paphia*、云杉扁叶蜂 *Cephalcia abietis*、紫色卷蛾 *Choristoneura murinana*、三纹尺蛾 *Cyclophora trilinearia*、普通锯角叶蜂 *Diprion pini*、钩粉蝶 *Gonepteryx rhamni*、模毒蛾 *Lymantria monacha*、灰袋枯叶蛾（树莓毛虫）*Macrothylacia rubi*、黄褐天幕毛虫 *Malacosoma neustria testacea*、黄斑眼蝶 *Pararge aegeria*、绿脉菜粉蝶（暗脉粉蝶）*Pieris napi*、落叶松卷蛾 *Ptycholomoides aeriferanus*、黄星雪灯蛾 *Spilosoma lubricipedum*、黑带尺蛾 *Thera variata* 等。

标本记录：1♂，黑龙江牡丹江，1978.VI.24，郝元杰，寄主：落叶松毛虫，No. 780813。

分布：黑龙江、吉林、河北、河南；古北区。

（9）台湾钩尾姬蜂 *Apechthis taiwana* Uchida, 1928 （图 21）

Apechthis taiwana Uchida, 1928a: 49; 何俊华和曾洁, 2018: 47.
Taiwatheronia mahasenae Sonan, 1936: 256.
Ephialtes taiwanus: Gupta, 1987: 78; 何俊华等, 1996: 144; 何俊华, 2004: 380.

雌：体长 10.0～15.0mm，前翅长 9.0～11.8mm，产卵管鞘长 2.0～3.0mm。

头：颜面高为宽的 1.0 倍，上半稍呈屋脊状隆起，内有或无纵脊，具稀而浅带毛刻点。唇基光滑，中央屋脊状横隆，端缘平截。几乎无颚眼距。额光滑；背面观上颊强度收窄，长为复眼的 0.42 倍。上颚基半具带毛刻点，上端齿稍长于下端齿。单眼 POL：OD：OOL=1.0：1.0：0.7。触角 30 节，第 1 节鞭长为端宽的 6.5 倍、为第 2 鞭节长的 1.4 倍；端节长为亚端节长的 1.5 倍。

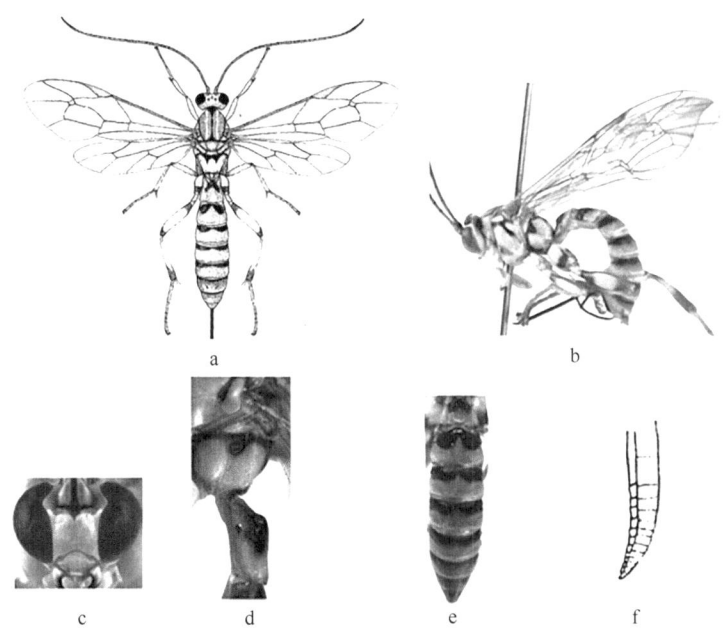

图 21 台湾钩尾姬蜂 *Apechthis taiwana* Uchida（a，f. 引自 何俊华等，1996；其余引自 刘经贤，2009）
a. 整体，背面观；b. 整体，侧面观；c. 头部，前面观；d. 并胸腹节和腹部第 1 节，侧面观；e. 腹部，背面观；f. 产卵管端部

胸：前胸背板光滑；前沟缘脊细。中胸盾片和小盾片具细而浅刻点；盾纵沟不明显，伸至 0.25 处；小盾片侧脊伸至 0.4 处。中胸侧板光滑，前半及下方具稀疏的极细带毛刻点；胸腹侧脊前端伸至近翅基下凹处，不折向中胸侧板前缘。后胸侧板光滑，后上方具点皱；后胸侧板下缘脊完整且强。并胸腹节中纵脊后扩，伸至 0.4～0.5 处；中区光滑，内具很细皱纹，无端横脊；端区光滑；其余除外侧区端部光滑外密布粗带毛刻点；侧纵脊仅端部甚短存在；外侧脊完整；气门卵圆形，近于外侧脊。

翅：前翅 cu-a 脉后叉；小翅室四边形，2rs-m：3rs-m=1.0：1.2，上方相近，收纳 2m-cu 脉于 0.62 处；

Rs 脉从翅痣中央稍内方伸出。后翅 cu-a 脉在上方 0.32 处曲折。

足：后足腿节长为最宽处的 3.1 倍、为胫节长的 0.8 倍；后足第 2 跗节长为第 5 跗节的 1.0 倍。

腹：腹部背板密布带毛刻点，后缘光滑带明显。第 1 节背板长为端宽的 1.12 倍；背中脊强伸至中央；背侧脊明显；侧面观背板稍前方中央隆起成有一角度的 2 个小丘，两丘之间有凹槽，丘外陡斜。第 2 节背板端宽为长的 1.2 倍。第 2～5 节背板背瘤几乎看不出。产卵管鞘长为后足胫节的 0.86 倍。产卵管端部下弯明显；背瓣端部有 11 条弱脊，腹瓣端部有 13 条竖脊。

体色：体赤黄色，腹部第 5 背板以后带赤褐色；触角赤褐色，端部及各节间黑褐色；中胸盾片中央断续的纵条与小盾片前沟和中胸背板腋下槽内的斑共同形成的"⊥"形斑、胸腹侧片前下方、中胸侧板翅基下脊下方并伸至中胸侧板凹的条状斑及前下角近胸腹侧脊处的圆斑、后胸侧板下缘的条状斑及基部 2 短纵线、并胸腹节基部并伸至气门的斑、腹部第 1 节背板中央隆起的部分斑、第 2～5 节背板中间相接的近椭圆形 2 个大横点、第 6～7 节背板前缘、产卵管鞘均黑色；额的触角洼部位、中胸盾片 3 条宽纵条（中条内有断续黑条）、腹部背板黑斑周围深赤褐色。翅透明，带烟黄色；翅脉黑褐色，前缘和翅痣黄褐色。足褐色，前足基节、转节色稍浅；中足腿节基部及胫节外方红褐色；后足基节端部黑褐色，腿节两端、胫节基部及端半棕色，跗节红褐色；各跗爪端部红褐色。

雄：与雌性相似，不同之处有：体长 9.3～10.0mm，前翅长 8.0～8.7mm。单眼 POL：OD：OOL=1.0：1.3：0.8。背面观上颊向后收窄，长为复眼的 0.54 倍。触角鞭节 25 节，第 1 节长为端宽的 4.9 倍、为第 2 节的 1.33 倍。并胸腹节中纵脊平行，伸至中央。后足第 2 跗节长为第 5 跗节的 0.77 倍。腹部第 1 节背板长为端宽的 1.27 倍。

体黄色至黄褐色，腹部色稍深。触角黑褐色，至基部黄褐色。后头、单眼周围、中胸盾片中央后方纵条连小盾片、后翅腋槽内下方、中胸侧板前缘下半至翅基下凹（稍中断）连镜面区下方至中胸侧板凹的斜纹、后胸侧板前缘下半连至下缘、并胸腹节中区大方斑连至外侧区前方（包围气门）、腹部第 1 节背板中央大斑，以及第 2 节背板 Λ 形斑黑褐色。第 3～5 节各节背板 2 点相连的横条、第 6 节背板的宽横条、第 7 节背板的 T 形斑均黑色。中胸盾片侧方及中央前方宽纵条浅酱褐色。足黄色至浅黄褐色；后足腿节基部 1/4 和端部 1/3、胫节基部 1/10 和端半及基跗节端半浅褐色；后足跗节第 2 节端半及第 3～5 节黑褐色。

生物学：寄主有马尾松毛虫 *Dendrolimus punctatus* 及茶蓑蛾 *Cryptothelea minuscula*、柳叶卷蛾。

标本记录：寄生于马尾松毛虫 *Dendrolimus punctatus*，是根据 Sonan（楚南仁博，1936）在我国台湾省的报道。浙江大学保存有许多此种标本（35♀♂），尚无从马尾松毛虫体上育出者。

分布：浙江、江西、台湾、四川、重庆、福建、广东、广西、贵州、西藏。

7. 恶姬蜂属 *Echthromorpha* Holmgren, 1868 （图 22）

Echthromorpha Holmgren, 1868: 406.

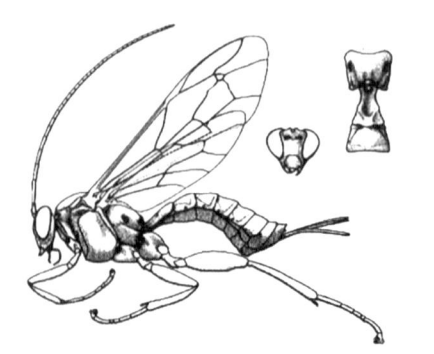

图 22 斑翅恶姬蜂 *Echthromorpha agrestoria* Swederus（恶姬蜂属 *Echthromorpha* Holmgren）（引自 Townes，1969）

属征简述：前翅长 6～25mm。复眼内缘在触角窝上方处呈宽而深的凹入。唇基被一横沟分成两部分。上颚短，末端不扭曲或仅稍扭曲，下齿比上齿小得多。并胸腹节无隆脊，具粗刻点或横皱，端部中央无刻点，亚侧方中后部位常有一突出的瘤。跗爪大，无基齿，有 1 端部强度扁平的大毛。小脉在基脉端方。后小脉在上方或更高处曲折，有时后盘脉从近后小脉与后肘脉的相接处伸出。腹部有粗刻点或无光泽。产卵管鞘长为前翅长的 0.3～0.6 倍；产卵管稍下弯，端部扁。

生物学：寄主为各种鳞翅目蛹和预蛹。单寄生。

分布：东洋区、澳洲区和非洲区。全世界已知 15 种，我国仅知从松毛虫 Dendrolimus 上育出 1 种。

（10）斑翅恶姬蜂显斑亚种 Echthromorpha agrestoria notulatoria (Fabricius, 1804)（图 23）

Cryptus notulatorius Fabricius, 1804: 77.

Echthromorpha laeva Cameron, 1903b: 135.

Echthromorpha notulatoria var. insulana Krieger, 1909: 313.

Echthromorpha notulatoria: Krieger, 1909: 311; Sonan, 1944: 2, 49.

Echthromorpha agrestoria notulatoria: Townes et al., 1961: 40, 41; Townes et al., 1965: 60; 赵修复, 1976: 229; 吴钜文, 1979a: 33; 杨秀元和吴坚, 1981: 304; Chiu et al., 1984: 5; 王淑芳, 1984: 43; 何俊华, 1986c: 337; Gupta, 1987: 100; 何俊华和王淑芳, 1987: 372; 侯陶谦, 1987: 172; 柴希民等, 1987: 7; 严静君等, 1989: 260; 陈昌洁, 1990: 193; 陕西省林业科学研究所和湖南省林业科学研究所, 1990: 10; 陈昌洁, 1990: 193; 童新旺等, 1991: 8; He, 1992: 284; 湖南省林业厅, 1992: 1218; 张永强等, 1994: 225; 章士美和林毓鉴, 1994: 155; 洪菊生, 1995: 258; 何俊华等, 1996: 164; 柴希民等, 2000: 8; 徐延熙等, 2006: 768; 何俊华和曾洁, 2018: 47.

雌：体长 10.5～18.5mm，前翅长 10～16mm。

头：颜面向下收窄，上宽大于中长，表面光滑。唇基向下延长，长与宽相等，可分为上、下两部，上部占 2/3。颚眼距为上颚基部宽度的 1.3 倍。上颚下端齿甚小，不扭曲。额光滑。头顶光滑，在单眼后陡斜。侧单眼间距为单眼直径的 1.2 倍、为单复眼间距的 1.5 倍。触角 33 节，与前翅约等长。

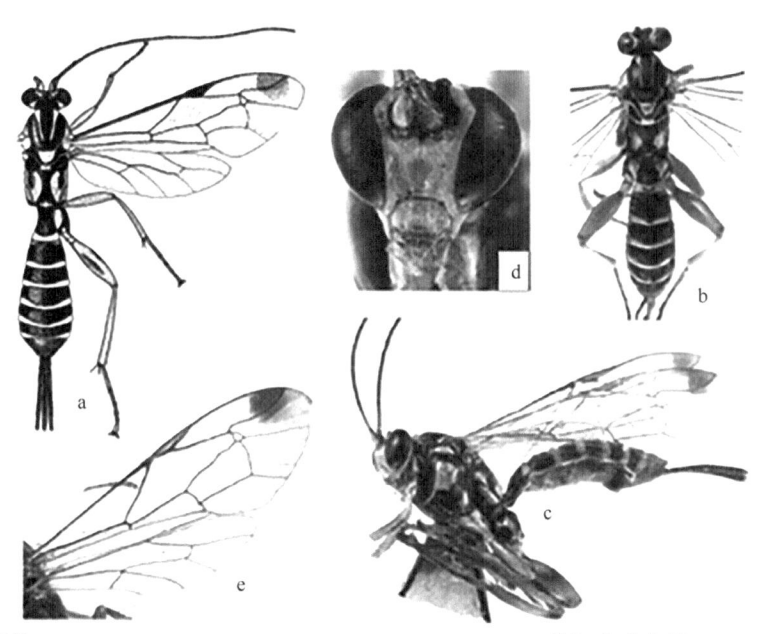

图 23 斑翅恶姬蜂显斑亚种 Echthromorpha agrestoria notulatoria (Fabricius)（a. 引自 何俊华等, 1996; 其余引自 刘经贤, 2009）
a, b. 整体，背面观；c. 整体，侧面观；d. 头部，前面观；e. 翅

胸：前胸背板光滑，在中央有几条横刻条。中胸盾片具稀疏细刻点；小盾片的刻点更细，毛亦多而长。中胸侧板和后胸侧板近于光滑，刻点稀而细。后小盾片近于光滑。并胸腹节基部有细横皱，但其中央及并胸腹节后方光滑；侧区及外侧区有细刻点；无中纵脊及外侧脊；气门大，长为宽的 2 倍，气门边缘高出。

翅：小翅室四边形，上有短柄，第 1 肘间横脉稍短于第 2 肘间横脉，收纳第 2 回脉于其中央；径脉外段弯曲；径室狭长；小脉在基脉外方，其距约为小脉长度的 0.45 倍。后盘脉在后小脉顶部即与后肘脉交接处发出。

腹：腹部第 1 节背板光滑，以后各节背板黄色端带部位光滑，黑色部分密布刻点。产卵管鞘为后足胫节长的 0.8 倍。

体色：体黄色至赤褐色，有黑色斑纹。单眼区前连于额中央和触角洼、后连于头顶中央至后头、前胸背板侧面后方竖条、中胸盾片上的 3 条纵带（后方相连）、中后胸腋槽、中胸侧板（除翅基下脊、中央大斑和后下角圆斑黄色外）和腹板、后胸侧板前缘及下缘、后胸腹板、并胸腹节中央宽纵带、腹部第 1~5 节各节背板基部 2/3（除第 1、2 节基角外）有时第 6 节背板基部、后足基节外侧的长三角形斑和腹方大部分、后足腿节内侧眉状条斑均黑色。触角黑褐色，基部赤褐色，柄节腹面黄色。中足跗节、后足胫节和跗节暗赤褐色，后足端跗节黑褐色。翅透明，稍带淡黄色；翅脉、翅痣及前翅翅尖大斑黑褐色。

雄：与雌蜂基本相似。体较小，体长约 10mm，前翅长 9.5mm。触角 31 节，各节较粗，中央稍细，颇似竹鞭状。侧单眼间距和单复眼间距约相等，比侧单眼直径稍大。前胸背板中央无横皱条。腹部刻点较细。

生物学：寄主有马尾松毛虫 Dendrolimus punctatus 及茶白毒蛾 Arctornis alba、茶蓑蛾 Cryptothelea minuscula、窠蓑蛾 Clania sp.、茶茸毒蛾 Dasychira baibarana、柚木驼蛾 Hyblaea puera、茶白纹螟 Nosophora semitrialis、双点白蚕蛾 Ocinara signifera、天鹅毒蛾 Stilpnotia cygna、杨毒蛾 Leucoma salicis、蚕蛾 Ocinara sp. 等。

标本记录：1♀，197?（表示时间不详，下同），四川省林科所，寄主：马尾松毛虫蛹，No. 802675；1♀，广西全州，1974.V，广西林科所，寄主：马尾松毛虫蛹，No. 750067。

分布：浙江、江西、湖南、四川、台湾、广东、海南、广西；东洋区。

8. 埃姬蜂属 *Itoplectis* Foerster, 1869（图 24）

Itoplectis Foerster, 1869: 164.
Nesopimpla Ashmead, 1906: 180.
Exeristesoides Uchida, 1928: 51.

属征简述：前翅长 2.5~12.5mm。颜面和眼眶完全黑色。上颚 2 端齿等长。唇基基部微横隆，端缘微凹。颜面均匀隆起，具密刻点。额凹入；后头脊完整。复眼内缘在触角窝处强度凹入。前沟缘脊存在。盾纵沟不明显。胸腹侧脊发达；中胸侧板缝在中央处不明显曲折成角度。并胸腹节短，具中纵脊。雌性前足跗爪通常具基齿，中后足跗爪简单；雄性所有跗爪简单。前翅有小翅室，收纳 2m-cu 脉于中央外方；后翅 cu-a 脉在中央上方曲折；CU1 脉端段明显。腹部粗壮，具密刻点。产卵管直。

生物学：寄生于鳞翅目蛹。少数种类有时成为重寄生蜂。产卵于老熟幼虫，均在蛹期羽化。

分布：世界分布，已知 73 种。我国已知 10 种，其中与寄生于松毛虫 *Dendrolimus* spp. 有关的已知 3 种，其区别见检索表。

图 24 *Itoplectis maculator* Fabricius（埃姬蜂属 *Itoplectis* Foerster）雌蜂（引自 Townes, 1969）
a. 整体，侧面观；b. 头部，前面观；c. 并胸腹节和腹部第 1、2 节背板，背面观

据国外记载 *Itoplectis maculator* (Fabricius) 在欧洲寄生于欧洲松毛虫；*Itoplectis tabatai* Uchida（=*Pimpla tabatai*）在日本、俄罗斯（萨哈林岛）寄生于落叶松毛虫，但我国尚无该蜂记录。

埃姬蜂属 *Itoplectis* 分种检索表

1. 后足胫节浅红黄色（偶尔在中央有不明显的色泽更浅的环斑），无黑斑；产卵管鞘长为后足胫节的 1.5~1.7 倍；侧单眼间距约为单眼直径的 1.7 倍 ·· 寡埃姬蜂 *I. viduata*
- 后足胫节基部和端部黑色或基半有白色环斑；产卵管鞘长为后足胫节的 0.9~1.2 倍；侧单眼间距为单眼直径的 1.1~1.5 倍 ··· 2

2. 基节红黄色；翅痣黄褐色；前足跗爪基齿顶角约 60°，齿长短于齿基部宽度；颚眼距为上颚宽的 0.25 倍；触角鞭节第 1 节长为端宽的 8.4 倍 ·· **松毛虫埃姬蜂 *I. alternans epinotiae***
- 基节黑色；翅痣黑褐色；前足跗爪基齿顶角约 30°，齿长于齿基部宽度；颚眼距为上颚宽的 0.4～0.5 倍；触角鞭节第 1 节长为端宽的 5.2 倍 ··· **喜马拉雅埃姬蜂 *I. himalayensis***

（11）松毛虫埃姬蜂 *Itoplectis alternans epinotiae* Uchida, 1928 （图 25）

Pimpla spectabilis Matsumura, 1926a: 30(Preoccupied by *Pimpla spectabilis* Szépligeti, 1908).

Itoplectis epinotiae Uchida, 1928a: 55.

Itoplectis triannulatus Uchida, 1928a: 56.

Itoplectis alternans epinotiae: Roman, 1936: 21; 盛茂领和孙淑萍, 2009: 207; 盛茂领等, 2013: 390; 盛茂领和孙淑萍, 2014: 292; 何俊华和曾洁, 2018: 47.

Itoplectis nigribasalis Uchida, 1937: 131; 邱式邦, 1955: 181; 杨秀元和吴坚, 1981: 307.

Itoplectis alternans spectabilis: Uchida, 1942: 122; Townes *et al.*, 1965: 38; 赵修复, 1976: 224; 吴钜文, 1979a: 35; 杨秀元和吴坚, 1981: 307; 何俊华, 1985: 108; 何俊华, 1986c: 339; 何俊华, 1986d: 17; 何俊华和王淑芳, 1987: 369; 侯陶谦, 1987: 172; 王问学和宋运堂, 1988: 28; 严静君等, 1989: 270; 王问学等, 1989: 186; 陈昌洁, 1990: 194; 陕西省林业科学研究所和湖南省林业科学研究所, 1990: 7; 吴钜文和侯陶谦, 1990: 286; 童新旺等, 1991: 8; He, 1992: 280; 湖南省林业厅, 1992: 1214; 萧刚柔, 1992: 960; 于思勤和孙元峰, 1993: 463; 王问学和刘伟钦, 1993: 28; 申效诚, 1993: 163; 何俊华等, 1996: 132; 何俊华, 2004: 379; 何俊华和陈学新, 2006: 99; Chen et He, 2006: 99; 徐延熙等, 2006: 768.

Itoplectis nigribasis(！): 杨秀元和吴坚, 1981: 307.

Itoplectis alternans: 柴希民等, 1987: 12.

Itoplectis spectabilis: Lelej, 2012: 217.

雌：体长 5.0～8.7mm，前翅长 4.0～7.0mm。寄生于小虫的体长仅 3.0mm。

头：颜面近于方形，上方稍宽，均匀隆起，密布刻点，在侧缘稀。唇基与颜面分开，近基部隆起有细刻点，其余部分光滑而凹入，端缘稍弧形。颚眼距为上颚基部宽度的 0.25 倍。额光滑，凹入。单眼区稍隆起，单复眼间距和侧单眼间距分别为侧单眼长径的 0.5 倍、1.5 倍。头顶光滑，在单眼后陡斜，头部在复眼后明显收窄；上颊侧面观长为复眼最宽处的 0.48 倍。触角长为前翅的 0.96 倍，25 节，至端部渐粗；第 1 鞭节长为宽的 8.4 倍、为第 2 鞭节长的 1.6 倍；端节长为前一节的 2.0 倍。

胸：前胸背板除背缘有极细刻点外光滑。中胸盾片和小盾片具细刻点，无盾纵沟，小盾片前凹浅而光滑。中胸侧板镜面区及附近光滑，其余有极细刻点。后胸侧板除近后足处有细皱外几乎全部光滑，近中足基节处呈片状突出。并胸腹节短，侧上角及外侧区具刻点，基部、中区及端部光滑；中纵脊稍向侧方分开，伸至基部 0.3 处。

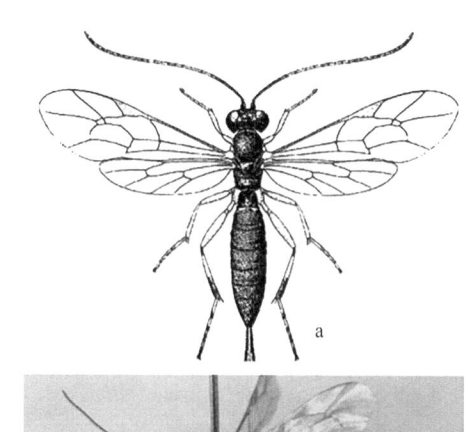

图 25 松毛虫埃姬蜂 *Itoplectis alternans epinotiae* Uchida
（a. 引自 何俊华等, 1996；b. 引自 刘经贤, 2009）
a. 雌蜂，背面观；b. 雌蜂，侧面观

翅：小翅室四边形，长稍大于高，收纳第 2 回脉于外方 1/3 处；小脉稍后叉式。后小脉在上方 1/4 处曲折。

足：前足跗爪有基齿，不很尖锐，基齿顶角约 60°，齿长短于齿基部宽度。

腹：腹部刻点粗而相连，近于网状，至端部渐弱而光滑。产卵管鞘直，长为后足胫节的 1.1～1.2 倍。

体色：体黑色；须、翅基片、前后翅腋槽之间和脊、翅基部、腹部第 2～7 节背板后缘狭条（有时黄褐色）均黄色。触角鞭节暗红色，节间黑色；前足黄色，基节基部黑色，腿节背面、胫节背面和各跗小节端部多少红黄色；中足红黄色，腿节端部、胫节全部或仅基半、跗节各小节基部黄色；后足红黄色，转节、胫节和跗节黄色，但后足胫节基部和端半、各跗小节端部黑褐色。翅透明，翅脉淡褐色；翅痣黄褐色或淡褐色。

雄：触角鞭节基部背面黑褐色、腹面黄色、端部暗红色。前中足几乎完全黄色，后足基节黑色；其余与雌蜂同。

生物学：寄生于马尾松毛虫 *Dendrolimus punctatus*、赤松毛虫 *Dendrolimus spectabilis*、落叶松毛虫 *Dendrolimus superans*、油松毛虫 *Dendrolimus tabulaeformis* 及重寄生于松毛虫脊茧蜂 *Aleiodes esenbeckii*、黑足凹眼姬蜂 *Casinaria nigripes*、松毛虫镶颚姬蜂（=黑胸姬蜂）*Hyposoter takagii*；据报道还有拟小黄卷叶蛾 *Adoxophyes cyrtosema*、苹小卷蛾 *Adoxophyes orana*、茶小卷叶蛾 *Adoxophyes privatana*、杏黄卷蛾 *Archips fuscocupreanus*、丫纹夜蛾 *Autographa gamma*、茶细蛾 *Caloptilia theivora*、亚洲袋蛾 *Canephora asiatica*、异色卷蛾 *Choristoneura diversana*、梧桐球象 *Cionus helleri*、落叶松鞘蛾 *Coleophora laricella*、茶蓑蛾 *Cryptothelea minuscula*、大袋蛾 *Cryptothelea variegata*、蜻蜓尺蛾 *Cystidia stratonice*、松梢斑螟 *Dioryctria splendidella*、玫斑钻夜蛾 *Earias roseifera*、杨梅圆点小卷蛾 *Eudemis gyrotis*、梨云翅斑螟 *Eurhodope pirivorella*、三角广翅小卷蛾 *Hedya ignara*、后黄卷蛾（茶长卷蛾）*Homona magnanima*、苜蓿象甲 *Hypera postica*、亮灰蝶 *Lampides boeticus*、舞毒蛾 *Lymantria dispar*、新渡蓑蛾 *Mahasena nitobei*、黄褐天幕毛虫 *Malacosoma neustria testacea*、桑小卷蛾 *Exartema mori*、稻负泥虫 *Oulema oryzae*、苹褐卷蛾 *Pandemis heparana*、松实小卷蛾 *Petrova cristata*、*Phyllonorycter yakushimensis*、小菜蛾 *Plutella xylostella*、水曲柳巢蛾 *Prays alpha*、环铅卷蛾 *Ptycholoma lecheana*、落叶松卷蛾 *Ptycholomoides aeriferanus*、夏梢小卷蛾 *Rhyacionia duplana simulata*、*Samaria ardentella*、幽洒灰蝶 *Satyrium iyonis* 等寄主。

标本记录：2♀，黑龙江海林，1975.VI，张贵有，寄主：落叶松毛虫，No. 750531；1♀，黑龙江牡丹江，1978.VI.24，郝元杰，寄主：落叶松毛虫，No. 780811；2♀1♂，辽宁清原，1954.VII.16，刘友樵，寄主：落叶松毛虫，No. 5429.14；1♀，陕西牙儿沟，19xx，寄主：油松毛虫，No. 660058；2♀，浙江长兴，1936.IV.13，祝汝佐，寄主：黑足凹眼姬蜂；1♀，福建福州，1953.VI.16，林伯欣，寄主：松毛虫镶颚姬蜂，No. 5302.1；1♂，采地、采期、采集人不详，寄主：黑足凹眼姬蜂，No. 840819。

分布：黑龙江、吉林、辽宁、内蒙古、北京、河北、山东、山西、河南、陕西、宁夏、甘肃、江苏、浙江、湖北、湖南、四川、贵州、云南；蒙古国、朝鲜、日本、俄罗斯（远东）。

（12）喜马拉雅埃姬蜂 *Itoplectis himalayensis* Gupta, 1968 （图 26）

Itoplectis himalayensis: Gupta, 1968: 52; Gupta, 1987: 72; 何俊华等, 1996: 134; 陈尔厚, 1999: 49; 何俊华和曾洁, 2018: 47.
Itoplectis alternans: Morley, 1913: 169.
Itoplectis alternans alternans: Townes *et al.*, 1961: 26.

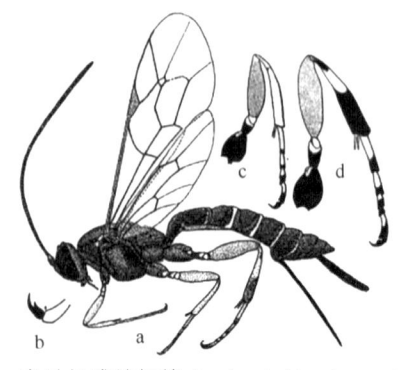

图 26 喜马拉雅埃姬蜂 *Itoplectis himalayensis* Gupta
（a. 引自 何俊华等, 1996；其余引自 Gupta, 1968）
a. 雌蜂，侧面观；b. 前足跗爪；c. 中足；d. 后足

雌：体长 4.7~8.5mm，前翅长 3.9~7.4mm，产卵管鞘长 1.2~2.0mm。

头：颜面高为宽的 1.1 倍，中央稍拱隆，密布刻点，但下方和侧方较稀。颚眼距为上颚基部宽的 0.4~0.5 倍。上颚上齿略长于下齿。额光滑。上颊背面观长为复眼的 0.36 倍。单眼 POL：OD：OOL=1.0：（0.67~0.73）：（0.3~0.4）。触角 26 节，第 1 鞭节长为端宽的 5.2 倍、为第 2 鞭节长的 1.35 倍；端节长为亚端节的 1.7 倍。

胸：前胸背板光滑，肩角具稀疏刻点。中胸盾片和小盾片稍拱，密布细刻点；盾纵沟不明显。中胸侧板除镜面区和后侧片光滑外密布带毛细刻点。后胸侧板近于光滑。

并胸腹节中纵脊近于平行，伸至基部 0.3 处；中区及大部分端区光滑；背面基侧方密布带毛粗刻点；外侧脊完整且强，外侧区密布带毛粗刻点，前内方有深凹窝；气门卵圆形，紧贴外侧脊。

翅：前翅 cu-a 脉后叉；小翅室 2rs-m：3rs-m=1.0：1.3，收纳 2m-cu 脉于 0.62 处；Rs 脉从翅痣中央伸出。后翅 cu-a 脉在上方 0.19 处曲折。

足：前足跗爪有相当尖锐的基齿，其尖角约 30°，齿长大于齿基宽度。后足腿节长为最宽处的 3.0 倍、为胫节长的 0.81 倍；后足第 2 跗节长为第 5 节的 0.7 倍。

腹：腹部背板密布带毛粗刻点，或有些细皱，第 6~8 节背板刻点细而稀。第 1 节背板长为端宽的 1.05 倍；背中脊伸至中央稍后方；背侧脊仅在气门后方存在。第 2 节背板端宽为长的 1.5 倍。第 2~5 节背板背瘤很弱。产卵管鞘长为后足胫节的 1.0 倍、为第 1 节背板长的 2.0 倍。产卵管矛形，背瓣光滑，腹瓣端部有 7 条竖或斜细脊。

体色：体黑色。触角背面黑褐色，腹面红褐色；须黄白色；前胸背板后角、气门片和翅基片黄色[Gupta（1968）记述端半黑褐色]。腹部各节背板狭窄而光滑，端缘黄色；腹部腹板黑褐色，两端及侧缘白色。前足白色，仅基节黑色；中后足基节、第 1 转节除端部外和腹面、后足胫节端半、第 1~3 节和第 5 节端半及第 4 节黑色，转节（除第 1 转节黑色部位外）和胫节基半、跗节第 1~3 节和第 5 节基部白色，腿节（或除端部外）红褐色，中足胫节端半（或浅红色）、亚基部背方小斑和端跗节端半浅褐色；其色斑深浅不定。翅透明；翅痣及翅脉黑褐色。

雄：体长 6.0~9.0mm，前翅长 4.5~6.5mm。与雌蜂相似，跗爪无基齿；触角 25 节；并胸腹节中纵脊弱；前中足除基节黑色外淡黄色，后足胫节亚基部无褐斑或弱。

生物学：寄生于黑足凹眼姬蜂 *Casinaria nigripes*、松毛虫镶颚姬蜂（=黑胸姬蜂）*Hyposoter takagii*、花胸姬蜂 *Gotra octocincta*、舞毒蛾瘤姬蜂 *Pimpla disparis* 和天蛾瘤姬蜂 *Pimpla laothoe* 等松毛虫的寄生蜂及其他寄主，如螟蛉悬茧姬蜂 *Charops bicolor*、柳杉小卷蛾 *Cydia cryptomeriae*、梢斑螟 *Dioryctria* sp.、柳叶小卷蛾 *Epinotia cruciana*。

标本记录：1♀，湖南洞口，1987.IV.30，陈远堂，寄主：松毛虫上的黑足凹眼姬蜂，No. 878881；1♀，福建福州，1953.VI.18，林伯欣，寄主：松毛虫上的黑胸姬蜂，No. 5302.1。

分布：浙江、湖北、湖南、四川、福建、云南、西藏；印度。

（13）寡埃姬蜂 *Itoplectis viduata* Gravenhorst, 1829 （图 27）

Itoplectis viduata Gravenhorst, 1829: 214; 何俊华等, 1996: 137; 陈尔厚, 1999: 49; 何俊华和曾洁, 2018: 47.

雌：体长 9~12mm，前翅长 7.5~11.0mm。

头：颜面近方形，密布刻点，侧缘稍弱，中央稍呈屋脊状隆起。唇基基部隆起，具刻点，端部中央凹陷，端缘钝圆。颚眼距为上颚基部宽度的 0.36 倍。额具刻点，触角洼光滑。侧单眼之间有刻点，单复眼间距和侧单眼间距分别为侧单眼长径的 0.8 倍、1.8 倍。头顶在单眼后陡斜，具刻点；头部在复眼后收窄。触角长为前翅的 0.82 倍，24 节，鞭节至端部稍粗，第 1 鞭节长为第 2 鞭节的 1.55 倍，其余各鞭节均长大于宽，端节长约为前一节的 2 倍。

胸：前胸背板光滑，肩部具细刻点。中胸盾片和小盾片具中等刻点；无盾纵沟；小盾片前凹光滑。中胸侧板满布中等刻点，镜面侧区及后侧片光滑。后胸侧板除近后足基节处具粗刻点外其余光滑。并胸腹节基侧方具粗刻点；中纵脊约伸至中央；气门长卵圆形，长约为宽的 2 倍。前

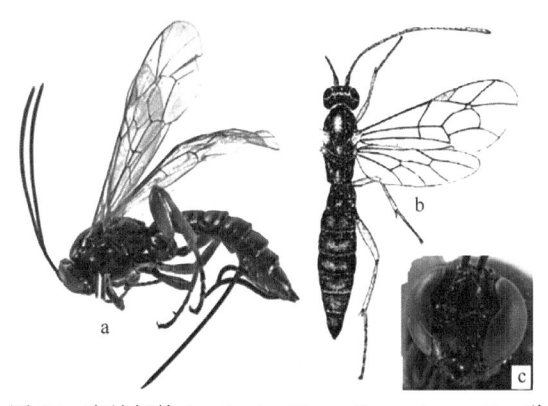

图 27 寡埃姬蜂 *Itoplectis viduata* Gravenhorst（b. 引自 何俊华等, 1996；其余引自 刘经贤, 2009）
a. 雄蜂, 侧面观；b. 雄蜂, 背面观；c. 头部, 前面观

足跗爪有基齿。

腹：腹部刻点发达，各节端缘多少光滑。产卵管鞘长为第 1 节背板的 2.5 倍或为后足胫节的 1.5～1.7 倍。

体色：体黑色；须及触角鞭节暗红褐色；翅基片黄色。翅透明，翅痣黄褐色；翅脉大多淡褐色，至基部黄色。足基节和转节黑色（据记述欧洲种中后足基节不黑）；其余红黄色，后足胫节中央有时有更淡色的环。

生物学：陈尔厚（1999）报道了在云南寄生于德昌松毛虫 *Dendrolimus punctatus tehchangensis* 和文山松毛虫 *Dendrolimus punctatus wenshanensis* 的松毛虫镶颚姬蜂 *Hyposoter takagii*。国内已知灰斑古毒蛾 *Orgyia ericae* 和水曲柳巢蛾 *Prays alpha*。据国外记载，寄主还有：蓑蛾 *Acanthopsyche ecksteini*、爪哇茶蓑蛾 *Acanthopsyche snelleni*、珍珠梅斑蛾 *Zygaena filipendulae*、泥蜂形透翅蛾 *Aegeria spheciformis*、痣光卷蛾 *Aphelia stimatana*、蔷薇黄卷蛾 *Archips rosanus*、玫瑰色卷蛾 *Choristoneura rosaceana*、草莓镰翅小卷蛾 *Ancylis comptana*、欧洲松梢小卷蛾 *Rhyacionia buoliana*、一种麦蛾 *Aristotelia brizella*、松芽麦蛾 *Exoteleia dodecella*、薄翅野螟 *Everestis limbata*、麻枯叶蛾 *Taraama repanda*、加州天幕毛虫 *Malacosoma californicum*、森林天幕毛虫 *Malacosoma disstria*、黄褐天幕毛虫 *Malacosoma neustria testacea*、泡桐茸毒蛾 *Dasychira pudibunda*、舞毒蛾 *Lymantria dispar*、黄古毒蛾 *Orgyia dubia*、花旗松毒蛾 *Orgyia pseudotsuata*、盗毒蛾 *Porthesia similis*、剑纹夜蛾 *Acronycta* sp.、苜蓿丫纹夜蛾 *Autographa californica*、丫纹夜蛾 *Autographa gamma*、行列半白大蚕蛾 *Hemileuca oliviae*、加州蛱蝶 *Nymphalis californica* 和美洲苜蓿粉蝶 *Colias eurytheme* 等，均从蛹内羽化，单寄生。

标本记录：浙江大学所藏此种标本中，尚无从马尾松毛虫体上育出者，也未见到陈尔厚（1999:49）标本。

分布：黑龙江、内蒙古、宁夏、云南；俄罗斯，奥地利，德国，北美洲。

9. 瘤姬蜂属 *Pimpla* Fabricius, 1804　（图 28）

Pimpla Fabricius, 1804: 112.
Coccygomimus Saussure, 1892: 14.
Pimplidea Viereck, 1914: 117.

属征简述：前翅长 3.2～17.5mm。体小至粗壮。颜面中等隆起，宽大于高，具刻点；背缘中央稍凹。复眼内缘在触角窝上方弱凹入。唇基基部略隆起，具细刻点，端部平，端缘中央通常平截或稍凹入。颚眼距长为上颚基部宽的 0.33～1.50 倍，颊具细的颗粒状刻点。上颚基部通常具刻点，端齿等长或上端齿稍长。额凹入，光滑或具刻点或具并列横刻条。后头脊完整。前胸背板前沟缘脊存在。中胸盾片盾纵沟微弱存在或无；小盾片均匀隆起。中胸侧板胸腹侧脊明显，上端不伸达侧板前缘。并胸腹节中纵脊有或无；侧纵脊仅端部存在；外侧脊通常完整；并胸腹节气门圆形至线形。足粗壮，后足腹缘无齿；各节跗爪大而简单，无

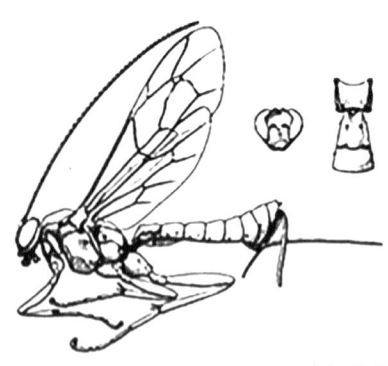

图 28　*Pimpla madcassa* (Saussure)（瘤姬蜂属 *Pimpla* Fabricius）（引自 Townes，1969）

基齿或端部有扩大的鬃。前翅有小翅室，四边形，2 条肘间横脉（2r-m 和 3r-m 脉）上方通常相接。后翅 cu-a 脉在中央上方曲折，外斜；CU1 脉明显。腹部第 1 背板与腹板分离，基侧凹明显；除第 1 节背板基部和端节背板光滑外，其余背板多密生刻点，或偶有刻点稀细夹有细横皱。产卵管端部直，近圆柱形，末端有时稍扁平或稍下弯；产卵管鞘长为后足胫节长的 0.7～1.2 倍。

生物学：寄生于鳞翅目昆虫，从蛹内羽化，单寄生。

分布：世界分布，已知 200 多种。我国已知 80 种，其中寄生于松毛虫的 8 种。

注：瘤姬蜂属是一个大属，为数众多颇为常见。根据腹部第 2~5 节背板折缘的长宽比例不同及雄性触角瘤等特征分为 6 个不同种团，我国寄生于松毛虫的有 7 种属于红足瘤姬蜂种团 rufipes Group，1 种属于卷蛾瘤姬蜂种团 turionellae Group。

瘤姬蜂属中文属名过去一直用黑瘤姬蜂属。

徐延熙等（2006: 768）曾记录黄足黑瘤姬蜂 *Coccygomimus flavipalpis*（中名为黄须黑瘤姬蜂）寄生于马尾松毛虫，而无黄足黑瘤姬蜂 *Coccygomimus flavipes* 学名。黄须黑瘤姬蜂 *C. flavipalpis* 在我国南方有分布，浙江大学所藏标本中尚未从马尾松毛虫寄主中育出的，世界上也无松毛虫寄主记录。估计 *flavipalpis* 可能是 *flavipes* 误定，故未进一步介绍。

中国林业科学研究院（1983: 715）记录黑瘤姬蜂寄生于德昌松毛虫和落叶松毛虫；严静君等（1989: 257）曾记录瘤姬蜂 *Coccygomimus* sp.（=现在的 *Pimpla* sp.）寄生于油松毛虫、油茶枯叶蛾、云南松梢小卷蛾；萧刚柔（1992: 954）记录黑瘤姬蜂寄生于德昌松毛虫，因未见标本，无法确定种类。

据国外记载瘤姬蜂属 *Pimpla* 寄生于松毛虫而我国尚无该蜂记录的有 3 种，其种名、寄主和分布如下。

Pimpla aquilonia (Cresson)（=*Coccygomimus aquilonius*）在日本、俄罗斯（萨哈林岛）寄生于落叶松毛虫 *Dendrolimus superans*（=*D. albolineatus*）。

Pimpla jezoensis Matsumura（=*Acropimpla jezoensis*）在日本寄生于落叶松毛虫。

Pimpla turionellae (Linnaeus)（=*Pimpla examinator*、*Coccygomimus turionellae*）在德国、俄罗斯、日本寄生于欧洲松毛虫 *Dendrolimus pini*、落叶松毛虫 *Dendrolimus superans*、赤松毛虫 *Dendrolimus spectabilis*，重寄生于寄生于松毛虫的凹眼姬蜂 *Casinaria* sp. 和寄生于落叶松毛虫的高缝姬蜂 *Campoplex* sp.。

我国祝汝佐（1937: 90）报道的 *Pimpla turionellae* (Linnaeus)，经检视标本，种名是误定，且不隶属于该种团（turionellae Group），已另定新名。

瘤姬蜂属 *Pimpla* 分种检索表

1. 腹部第 4、5 节背板折缘近梯形，宽于第 2、3 节折缘，其长宽比约为 2.2（卷蛾瘤姬蜂种团 turionellae Group）；所有基节黑色；后足腿节在端部 0.2~0.25 处黑色；后足胫节完全黑色；前胸背板后角无黄斑（仅气门片黄色）；腹部刻点较小；后胸侧板具条状点刻；并胸腹节有明显的亚侧脊突，外侧区具刻点；雄性触角第 6、7 鞭节上具近半圆形角形角下瘤 ··· 舞毒蛾瘤姬蜂 *P. disparis*
- 腹部第 2~5 节背板折缘很窄，各节折缘几乎等宽（红足瘤姬蜂种团 rufipes Group） ································ 2
2. 雌性 ·· 3
- 雄性 ·· 9
3. 后足完全黑色，至多转节和腿节相连处有红褐色小斑 ··· 4
- 后足非完全黑色 ··· 6
4. 腹部各节背板满布密刻点，端缘无光滑横带；腹部第 1 背板中央无小隆丘；中、后胸侧板刻点互相密切接触呈小窝状 ··· 满点瘤姬蜂 *P. aethiops*
- 腹部各节背板端缘有一狭的光滑横带；腹部第 1 背板中央有或无小隆丘；全体在不同部位刻点不同 ······ 5
5. 体表柔毛金色或白色；翅基部腋片黄色；腹部第 2~5 节背板具密刻点；后足基节具清晰的刻点 ·············· ··· 野蚕瘤姬蜂 *P. luctuosa*
- 体表柔毛褐色；翅基部腋片黑色；腹部第 2、3 节背板具刻点，第 5 节背板具细而密浅横皱，无明显的刻点；后足基节具浅而模糊刻点 ··· 暗瘤姬蜂 *P. pluto*
6. 后足胫节红褐色 ··· 7
- 后足胫节基部和后半黑色亚基部具白色环斑 ·· 8
7. 中胸侧板刻点粗且相互接触；额具明显并列横刻条；腹部第 1 背板中央小隆丘不明显；并胸腹节无外侧脊，外侧区具不规则网皱；柔毛黄色或白色 ··· 天蛾瘤姬蜂 *P. laothoe*
- 中胸侧板刻点不密切接触，点距为点径的 0.6~1.0 倍；额光亮，并列横刻条很弱且不明显；腹部第 1 背板小隆丘较明显；并胸腹节有弱外侧脊，外侧区不规则夹网横皱；柔毛黑色 ················ 红足瘤姬蜂 *P. rufipes*

8. 前足胫节中央稍膨大或呈疱状隆起；后足腿节黑色；并胸腹节无中纵脊；小盾片全部或部分有黄色脊 ··· 额瘤姬蜂 *P. carinifrons*
- 前足胫节正常，中央无疱状隆起；后足腿节红褐色，其端部黑色；并胸腹节中纵脊明显，中区长为宽的 1.8 倍；小盾片黑色 ··· 祝氏瘤姬蜂，新种 *P. chui* sp. nov.
9. 后足胫节基部和端半黑色，亚基部有分界明显的白色环斑；触角第 6、7 鞭节上有角下瘤；腹部腹板基本上黄白色；额具中纵脊 ··· 脊额瘤姬蜂 *P. carinifrons*
- 后足胫节黑色，或基半浅色，端半或端部黑色，亚基部无白色环斑 ·· 10
10. 后足胫节全部黑色，或亚基部有分界明显的白色环斑，或基半浅色，端半或端部黑色 ····································· 11
- 后足胫节黄褐色或红褐色，无黑色斑纹 ·· 13
11. 触角仅在第 6、7 鞭节有角下瘤，少数在第 5 鞭节端部有角下瘤 ··· 暗瘤姬蜂 *P. pluto*
- 触角至少在第 6～9 鞭节有角下瘤 ·· 12
12. 腹部背板刻点密直至后缘，后缘无光滑带；腹部无光泽；颚眼距为上颚基宽的 0.85 倍；小盾片黑色 ··· 满点瘤姬蜂 *P. aethiops*
- 腹部背板刻点不达后缘，后缘有光滑带；腹部有些光泽；颚眼距为上颚基宽的 0.67 倍；小盾片黄色或黑色 ··· 野蚕瘤姬蜂 *P. luctuosa*
13. 中胸侧板刻点较密而规则，点径为点距的 4～5 倍；前中足转节黑色 ·· 天蛾瘤姬蜂 *P. laothoe*
- 中胸侧板刻点较稀而不很规则，点距为点径的 0.6～1.0 倍；前中足第 1 转节黑色，第 2 转节红褐色 ··· 红足瘤姬蜂 *P. rufipes*

（14）满点瘤姬蜂 *Pimpla aethiops* Curtis, 1828 （图 29）

Pimpla aethiops Curtis, 1828: 214; Yu *et* Horsmann, 1997: 835; 盛茂领和孙淑萍, 2009: 209; 盛茂领等, 2013: 392; Lelej, 2012: 218; 何俊华和曾洁, 2018: 47.

Pimpla aterrima Gravenhorst, 1829: 719; 杨秀元和吴坚, 1981: 309 [误写为 *oterima*]; 侯陶谦, 1987: 173 [误写为 *oterima*].

Pimpla (*Pimpla*) *parnarae* Viereck, 1912: 593.

Pimpla pluto: 祝汝佐, 1955b(误定); 华东农业科学研究所, 1955: 106(误定).

Coccygomimus aethiops: Townes *et al.*, 1960: 312; Townes *et al.*, 1961: 32; Townes *et al.*, 1965: 46; 赵修复, 1976: 226; 何俊华, 1979: 132; 何俊华等, 1979: 28; 赵修复, 1982: 290; 王淑芳, 1984: 42; 何俊华和庞雄飞, 1986: 22; 何俊华, 1986c: 336; Gupta, 1987: 80; 何俊华和王淑芳, 1987: 370; 严静君等, 1989: 256; 陕西省林业科学研究所和湖南省林业科学研究所, 1990: 8; 陈昌洁, 1990: 192; 童新旺等, 1991: 8; 杜增庆等, 1991: 16; He, 1992: 281; 湖南省林业厅, 1992: 1216; 张永强等, 1994: 224; 章士美和林毓鉴, 1994: 155; 何俊华等, 1996: 149; 柴希民等, 2000: 8; 梁秋霞等, 2002: 29; 王淑芳, 2003: 221; 何俊华, 2004: 381; 徐延熙等, 2006: 768; 何俊华和陈学新, 2006: 100; Chen *et* He, 2006: 100.

Coccygomimus parnarae: Townes *et al.*, 1965: 56; 何俊华和匡海源, 1977: 3; 中国科学院动物研究所和浙江农业大学, 1978: 35; 吴钜文, 1979a: 33; Chiu *et al.*, 1984: 5; 杨秀元和吴坚, 1981: 304; 金华地区森防站, 1983: 33; 王淑芳, 1984: 42; 王淑芳, 1987: 334; 侯陶谦, 1987: 172; 王问学等, 1989: 186; He, 1992: 1216.

Coccygomimus pluto(部分): 赵修复, 1976: 228; 杨秀元和吴坚, 1981: 304(误定).

雌：体长 11～17mm，前翅长 9～12mm。

头：颜面宽为长的 1.3 倍，具粗刻点，中央纵隆且其上刻点更密。颚眼距与上颚基部宽度约等长。额凹，触角洼光滑，内有微弱刻条，有中纵沟并包围中单眼，纵沟两侧具夹点横皱。侧单眼之间具细斜皱，POL∶OD∶OOL=1.0∶1.3∶1.5。上颊收窄，近于光滑，背面观长为复眼的 0.69～0.73 倍。触角稍长于前翅，32 节，至端部稍细，第 1 鞭节长为宽的 6.3 倍、为第 2 鞭节长的 1.3 倍。

胸：满布刻点和棕色毛，刻点比头部更细密。前胸背板凹槽内具细皱。中胸盾片和小盾片稍拱隆，无盾纵沟。中胸侧板镜面区无刻点，但也无光泽。后胸侧板具斜行夹皱刻点，近下缘脊处为平行细刻条。并胸腹节无中纵脊，但最基部有 2 个小隆丘；满布细皱，端区近于光滑；外侧脊很弱。

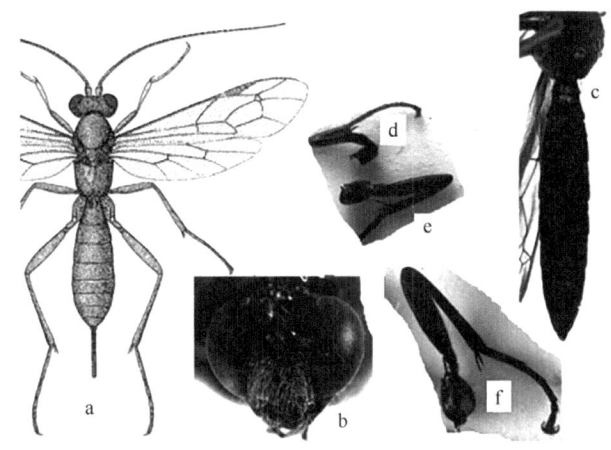

图 29　满点瘤姬蜂 Pimpla aethiops Curtis（a. 引自 何俊华等，1979；其余引自 刘经贤，2009）
a. 雌蜂，背面观；b. 头部，前面观；c. 并胸腹节和腹部，背面观；d. 前足；e. 中足；f. 后足

翅：小翅室近于三角形，2rs-m 脉明显短于 3rs-m 脉，收纳第 2 回脉于外端 1/3 处。后小脉在上方 0.23～0.27 处曲折。

足：前足第 4 跗节端缘缺刻深。

腹：密布细刻点并有棕色毛，背板后缘也有刻点但无光滑带。第 1 节背板基部 1/3 光滑，背中脊不明显。第 2～5 节背板的折缘长宽比分别为 11.0、5.4、2.8 和 3.0。产卵管鞘长为后足胫节的 0.8～1.05 倍。

体色：黑色，毛棕色。唇基及触角端部黑褐色或暗赤褐色。翅基片外缘黄色至黄褐色。足黑色至黑褐色；前足腿节外侧和胫节，有时中足腿节末端和胫节及距暗赤褐色。翅半透明，前翅稍带烟褐色；翅痣和翅脉黑褐色。

雄：与雌蜂基本相似。体长 7.0～15.0mm，前翅长 5.5～10.5mm。单复眼间距、侧单眼间距和侧单眼直径约等长。触角较粗，第 1 鞭节长为侧宽的 2.8 倍，第 6～9 鞭节有条状角下瘤。雌蜂足的暗赤褐色部位常被黄色至黄褐色代替。

生物学：寄主有马尾松毛虫 Dendrolimus punctatus、赤松毛虫 Dendrolimus spectabilis、油松毛虫 Dendrolimus tabulaeformis、德昌松毛虫 Dendrolimus punctatus tehchangensis 及后黄卷蛾 Archips asiaticus、亚洲袋蛾 Canephora asiatica、杨扇舟蛾 Clostera anachoreta、稻纵卷叶螟 Cnaphalocrocis medinalis、桃蛀野螟 Dichocrocis punctiferalis、茶蓑蛾 Cryptothelea (=Eumeta) minuscula、大袋蛾 Cryptothelea variegata、松茸毒蛾 Dasychira axutha、杉茸毒蛾 Dasychira abietis、桑绢野螟（桑螟）Diaphania (=Mararonia) pyloalis、褐带长卷蛾 Homona coffearia、美国白灯蛾（美国白蛾）Hyphantria cunea、美眼蛱蝶 Junonia almana、孔雀眼蛱蝶 Precis almana、素毒蛾 Laelia coenosa、亮灰蝶 Lampides boeticus、劳氏粘虫 Leucania loreyi、竹缕舟蛾 Loudonta dispar、舞毒蛾 Lymantria dispar、土夜蛾 Macrochthonia fervens、黄褐天幕毛虫 Malacosoma neustria testacea、拟稻眉眼蝶（稻眼蝶）Mycalesis gotama、旋古毒蛾 Orgyia thyellina、金凤蝶 Papilio machaon、稻苞虫 Parnara guttata、樗蚕 Philosamia cynthia、菜粉蝶东方亚种 Pieris rapae crucivora、银纹弧翅夜蛾 Plusia agnata、粘虫 Pseudaletia separata、樗蚕 Samia (=Philosamia) cynthia、大螟 Sesamia inferens、斜纹夜蛾 Spodoptera litura、棉大卷叶螟 Syllepta derogata、野蚕蛾 Theophila mandarina、后夜蛾 Trisuloides sericea 及茶黑毒蛾、竹节虫等。

蜂产卵于寄主的老熟幼虫或初蛹体内，一般只产 1 粒卵，如产于老熟幼虫，仍可发育成蛹。蜂卵孵化后即在蛹内取食内含物，成熟后仍在寄主蛹内化蛹，头朝前，羽化孔在蛹前端，近圆形，有不规则缺刻。

标本记录：2♀，江苏南京，1954.V，华东农科所，寄主：马尾松毛虫，No. 5415.5、740091；1♂，江苏南京，1973，南京林学院，寄主：马尾松毛虫，No. 73038.3；2♀，广东广州，1954.IX，陈守坚，寄主：马尾松毛虫，No. 5428.4。

分布：黑龙江、吉林、辽宁、内蒙古、河北、山东、山西、河南、甘肃、江苏、上海、浙江、安徽、江西、湖北、湖南、重庆、四川、台湾、福建、广东、海南、广西、贵州、云南；英国，日本，朝鲜。

注：中名曾用稻苞虫黑瘤姬蜂。

（15）脊额瘤姬蜂 *Pimpla carinifrons* Cameron, 1899 （图 30）

Pimpla carinifrons Cameron, 1899: 172; 盛茂领等, 2013: 396; 何俊华和曾洁, 2018: 47.

Exeristes carinifrons: Morley, 1913: 202.

Ephialtes formosana Cushman, 1922: 590; 楚南仁博, 1925: 154; Cushman, 1933: 43.

Pimpla formosana: Uchida, 1928a: 43.

Coccygomimus carinifrons: Townes *et al.*, 1961: 31; Gupta, 1987: 82; 陈昌洁, 1990: 193; 陈学新和何俊华, 1992: 281; 湖南省林业厅, 1992: 1216; 何俊华等, 1996: 150; 柴希民等, 2000: 8; 何俊华, 2004: 383; 徐延熙等, 2006: 768.

Coccygomimus formosana: Townes *et al.*, 1961: 310; 赵修复, 1976: 227; 吴钜文, 1979a: 33; 杨秀元和吴坚, 1981: 303; Chiu *et al.*, 1984: 4; 何俊华, 1986c: 337; 侯陶谦, 1987: 171; 严静君等, 1989: 256; 陈昌洁, 1990: 193.

雌：体长 9.7～13.6mm，前翅长 9.0～12.4mm，产卵管鞘长 2.6～4.8mm。

头：颜面横形，高为宽的 0.74 倍，中央稍拱隆，满布细刻点。颚眼距长为上颚基宽的 0.7 倍。额光滑，有 1 细中纵脊。单眼 POL：OD：OOL=1.0：1.5：0.8。上颊背面观长为复眼的 0.5 倍。触角细长，36～38 节，第 1 鞭节长为中宽的 9.0～10.5 倍、为第 2 鞭节长的 1.7 倍。

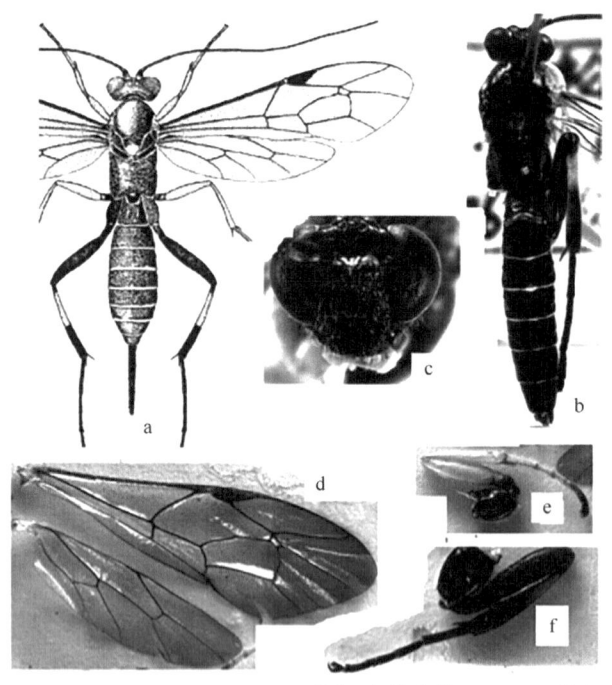

图 30　脊额瘤姬蜂 *Pimpla carinifrons* Cameron（a. 引自 何俊华等，1979；其余引自 刘经贤，2009）
a. 雌蜂，背面观；b. 雄蜂，背面观；c. 头部，前面观；d. 翅；e. 中足；f. 后足

胸：前胸背板具较弱刻皱。中胸盾片拱隆，密布细刻点；盾纵沟不明显。小盾片前半平，散生粗刻点，后半陡斜密布点皱；侧脊弱伸至中央。中胸侧板除镜面区和后侧片光滑外满布细刻点，在后下角为皱横刻条。后胸侧板上半具稍斜刻条，下半光滑无任何刻点或刻纹。并胸腹节无中纵脊；背面除端区 0.2 光滑外满布平行横刻条，其基侧角刻条较细密且内夹网皱；外侧区与侧区几乎呈直角相交，端部光滑，气门前具夹点横皱，中段具平行横刻条；气门长卵圆形，近于外侧脊。

翅：小脉稍后叉；小翅室 2rs-m：3rs-m=1.0：1.7，收纳 2m-cu 脉于 0.63 处。后翅小脉在 0.21 处曲折。

足：前足胫节基部收窄，中央膨大粗于后端；前足第4跗节缺刻深。后足腿节长为宽的4.0倍，下方光滑。

腹：腹部背板密布刻点，各节后缘多少光滑。第1节背板长为后缘宽的1.1倍，前半斜而光滑，后半中央隆起，刻点较粗而稀，交界处有1对小而弱的隆丘。第2～5节背板在中线及亚端部刻点较细而密；第6～8节背板刻点极浅而稀，近于光滑。第2～5节背板折缘狭。产卵管鞘长为后足胫节的0.85～0.9倍。

体色：黑色，被黄色柔毛。须、气门片、翅基片（或除端部外）、小盾片中央大斑、腹部各节背板狭的后缘黄色或黄白色；前中足黄褐色至浅红褐色，前足基节最基部及后方、中足基节及第1转节黑色，端跗节或淡褐色；后足黑色，胫节基部（0.1～0.65处）的环黄白色。翅带烟黄色透明；翅痣及大部分翅脉黑褐色，翅痣基部和前缘脉大部黄褐色。

雄：体长6.0～10.0mm；与雌蜂基本相似。触角细长，约等粗，32节；第1鞭节长为宽的5.5～6.0倍、为第2鞭节长的1.36倍；第6、7节有角下瘤，第7节基半角下瘤处稍凹。腹部较细瘦，背板刻点较稀细，第1节背板长为后缘宽的1.4倍。

生物学：寄主有马尾松毛虫 *Dendrolimus punctatus* 及茶蓑蛾 *Cryptothelea minuscula*、茶须野螟 *Nosophora semitritalis*。

标本记录：1♀，云南，1954，章士美，寄主：松毛虫，No. 5512b.5；1♀1♂，云南文山，1981.III.22，马光高，No. 811264。我国台湾省多次报道此蜂寄生于马尾松毛虫。

分布：浙江、湖南、四川、台湾、福建、广东、海南、广西、贵州、云南、西藏；广泛分布于古北区东部和东洋区。

（16）祝氏瘤姬蜂，新种 *Pimpla chui* He, sp. nov. （图31）

Pimpla turionellae(误定): 祝汝佐, 1935: 10; 祝汝佐, 1937: 90; 祝汝佐, 1955b: 5(黄痣瘤姬蜂).
Coccygomimus turionellae(误定): 赵修复, 1976: 228; 吴钜文和侯陶谦, 1990: 281; 陈昌洁, 1990: 193; 柴希民等, 2000: 8.
Coccygomimus sp.: 侯陶谦, 1987: 171; 吴钜文, 1979a: 33.

雌：体长7.5mm，前翅长6.0mm，产卵管鞘长1.8mm。

头：颜面高为宽的0.89倍，中央稍屋脊状拱隆，侧方平行，密布刻点。颚眼距为上颚基宽的0.78倍。额满布并列横刻条。单眼POL：OD：OOL=1.0：0.8：0.6。上颊具刻点，背面观长为复眼的0.57倍。触角线状，29节；第1鞭节长为端宽的6.0倍、为第2鞭节长的1.3倍，端节长约为亚端节的2.0倍。

胸：前胸背板侧面背缘和肩角密生刻点，中段及后缘具并列横刻纹。中胸盾片和小盾片稍拱，密布细刻点，无盾纵沟也无小盾片侧脊。中胸侧板除镜面区和后侧片光滑外满布刻点，后半下方刻点较稀。后胸侧板光亮，满布较大而稀刻点。并胸腹节中纵脊伸至0.35处，中区矩形，长为端宽的1.8倍，背面基侧方具斜网皱，在中区外侧近于光滑；背面中段及端区中央具并列横刻条或网皱，端区侧方光滑；侧区与外侧区交界处呈钝角；外侧脊完整，外侧区具不规则的刻皱；气门卵椭圆形，长约为宽的1.3倍，紧靠外侧脊。

图31 祝氏瘤姬蜂，新种 *Pimpla chui* He, sp. nov.
a. 雌蜂，侧面观；b. 雌蜂腹部，腹面观

翅：前翅小脉对叉；小翅室2rs-m：3rs-m=1.0：1.8，收纳2m-cu脉于端部0.28处；Rs脉从翅痣中央稍外方伸出。后翅cu-a脉在上方0.23处曲折。

足：前足第4跗节端缘有明显缺刻。后足腿节长为高的3.4倍，后足第2跗节长为第5跗节的1.1倍。

腹：腹部各节背板除后缘光滑外均密布刻点，第8节背板刻点稀，近于光滑。第1节背板长为端宽的1.0倍，中部无小钝瘤。第2节背板端宽为长的1.7倍。第2～5节背板折缘较狭窄，长分别为最宽处的5.8

倍、4.3 倍、3.8 倍和 2.2 倍；第 4 节背板折缘宽为第 3 节背板的 1.07 倍。产卵管鞘长为后足胫节的 1.03 倍；产卵管腹瓣端部具竖脊 9 条。

体色：体黑色。前胸背板侧面背缘、气门片和翅基片黄色。腹板背板端缘光滑带暗红褐色。足基节、转节、后足腿节端部、后足胫节基部和端部 0.35 处及跗节黑色；前中足腿节浅红褐色，胫节和跗节污黄色，其背方或带浅褐色；后足腿节除端部外红褐色，胫节黑色，其中央基方无明显白环而是在 0.2~0.6 中段有分界不明显的暗红色斑。翅透明；翅痣黄褐色，基角黄白色；翅脉黑褐色。

雄：未知。

生物学：寄主为马尾松毛虫 *Dendrolimus punctatus*。

标本记录：正模♀：浙江金华汤溪，1934.V.12，祝汝佐，寄主：马尾松毛虫。

分布：浙江。

鉴别特征：见检索表。

注：①本种标本祝汝佐（1937）定名为黄痣瘤姬蜂 *Pimpla turionellae* (Linne)，但从腹部第 2~6 节背板折缘较狭窄特征来看，隶属于红足瘤姬蜂种团 *rufipes* Group，并非 *Pimpla turionellae* 所隶属于的卷蛾瘤姬蜂种团 *turionellae* Group（该种团第 2、3 节背板折缘窄，第 4、5 节背板折缘宽于第 2、3 节背板折缘），且其前胸背板侧面背缘黑色而无 *Pimpla turionellae* 的黄色。现根据形态特征认为其为一新种，重新命名为祝氏瘤姬蜂，以表示尊重原定名人和纪念已故祝汝佐教授（1900~1981 年）之意；②对寄主马尾松毛虫存疑，马尾松毛虫蛹个体甚大，此蜂较小，一般情况下无法消耗完蛹内营养，因而难以成活。据作者对几千只松毛虫蛹和茧（单个放入玻璃管）的考查，林区结茧的老熟幼虫和蛹因病或其他原因死亡后，常被许多种小蛾附生，从这些小蛾幼虫或蛹的体内外也常育出不少蜂类；此外，如从田间采回的松毛虫蛹和茧常连枝带叶，不单个放入玻璃管内观察，经常会混入其他昆虫或其体内的寄生蜂。

（17）舞毒蛾瘤姬蜂 *Pimpla disparis* Viereck, 1911 （图 32）

Pimpla (*Pimpla*) *disparis* Viereck, 1911a: 480.

Pimpla (*Pimpla*) *porthetriae* Viereck, 1911a: 480.

Pimpla disparis: Uchida, 1930: 86; Kamiya, 1934: 64; Uchida, 1935a: 143; 祝汝佐，1935: 10; 祝汝佐，1937: 59; 赵修复和林朝明，1948: 89; 祝汝佐，1955: 5; 华东农业科学研究所，1955: 106; 邱式邦，1955: 182; 中国科学院昆虫研究所和林业部林业科学研究所湖南东安松毛虫工作组，1956: 312; 孙锡麟和刘元福，1958: 243; 彭建文，1959: 202; 蔡邦华等，1961: 360; 金华地区森防站，1983: 33; 盛茂领和孙淑萍，2009: 211; Lelej, 2012: 218; 盛茂领等，2013: 398; 盛茂领和孙淑萍，2014: 296; 何俊华和曾洁，2018: 48.

Pimpla aterrima: 杨秀元和吴坚，1981: 309 [误写为 *oterima*].

Coccygomimus disparis: Townes et al., 1960: 323; Townes et al., 1961: 30; Townes et al., 1965: 48-50; 赵修复，1976: 226; 何俊华和匡海源，1977: 1; 中国科学院动物研究所和浙江农业大学，1978: 34; 侯陶谦和吴钜文，1979: 171; 吴钜文，1979a: 32(*bisparis*！); 杨秀元和吴坚，1981: 303; 章宗江，1981: 148; 何俊华和马云，1982: 26; 党心德和金步先，1982: 139; 中国林业科学研究院，1983: 704, 715, 724; 何俊华，1984: 80; 王淑芳，1984: 42; 陕西省林业科学研究所，1984: 199; 湖北省林业厅，1984: 164; 何俊华，1985: 108; 何俊华，1986d: 17; 何俊华，1986c: 336; Gupta, 1987: 83; 何俊华和王淑芳，1987: 370; 张务民等，1987: 32; 何允恒等，1988: 22; 田淑贞，1988: 36; 严静君等，1989: 81, 256; 王问学等，1989: 186; 谈迎春等，1989: 134; 陕西省林业科学研究所和湖南省林业科学研究所，1990: 8; 陈昌洁，1990: 193; 吴钜文和侯陶谦，1990: 281; 杜增庆等，1991: 16; 童新旺等，1991: 8; He, 1992: 281; 萧刚柔，1992: 952, 963, 1207; 湖南省林业厅，1992: 1217; 王问学和刘伟钦，1993: 143; 申效诚，1993: 161; 王书欣等，1993: 20; 章士美和林毓鉴，1994: 155; 何俊华等，1996: 157; 柴希民等，2000: 8; 梁秋霞等，2002: 29; 王淑芳，2003: 223; 孙明荣等，2003: 20; 何俊华，2004: 383; 何俊华和陈学新，2006: 101; Chen et He, 2006: 101; 徐延熙等，2006: 768; 张治良等，2009: 341; 骆晖，2009: 48.

雌：体长 6.5~18.0mm，前翅长 5.5~12.0mm，产卵管鞘长 2.2~5.5mm。

头：颜面高为宽的 0.72 倍，中央稍拱隆，满布刻点，在上方夹皱。颚眼距为上颚基宽的 0.7～0.8 倍。额中央具并列横刻条，两侧具细刻点，下方具纵刻条。单眼 POL：OD：OOL=1.0：0.64：0.56。上颊具细刻点，背面观长为复眼的 0.58 倍。触角线状，31～32 节；第 1 鞭节长为中宽的 7.5 倍、为第 2 鞭节长的 1.3 倍。

胸：前胸背板侧面背缘和肩角密生刻点或夹皱粗刻点，下段及后缘具并列横刻纹或不规则刻皱。中胸盾片和小盾片密布细刻点，无盾纵沟，无小盾片侧脊。中胸侧板除镜面区和后侧片（包括翅基下脊）光滑外满布刻点，大部分刻点分开不夹刻皱。后胸侧板满布并列夹网刻皱或斜皱。并胸腹节中纵脊伸至 0.1 处，平行，中区长为中宽的 0.9 倍，其内光滑；背面满布斜向或横向刻皱，但在中区后方刻皱细密；端区中央刻皱稀疏，端区侧方光滑；侧区与外侧区交界处有角度；外侧脊完整，外侧区具不规则网皱；气门长椭圆形，长为宽的 2.5 倍，紧贴外侧脊。

翅：前翅小脉对叉或稍前叉；小翅室 2rs-m：3rs-m=1.0：1.4，收纳 2m-cu 脉在端部 0.35～0.38 处；Rs 脉从翅痣中央伸出。后翅 cu-a 脉在上方 0.20 处曲折。

足：前足第 4 跗节端部缺刻深。后足腿节长为高的 4.1 倍，后足第 2 跗节长为第 5 跗节的 1.0 倍。

腹：腹部各节背板除后缘光滑外均具密而浅刻点，第 8 节背板刻点较稀细，近于光滑。第 1 节背板长为端宽的 0.94～1.0 倍，中部无小瘤突。第 2 节背板端宽为长的 1.45～1.8 倍。第 2、3 节背板折缘较狭窄，长分别为最宽处的 5.3 倍和 4.4 倍，第 4、5 节折缘较宽，长均为宽的 2.5 倍，第 4 节背板折缘宽为第 3 节背板的 1.67 倍。产卵管鞘长为后足胫节的 1.1 倍；产卵管腹瓣端部具弱竖脊 11 条。

体色：体黑色，柔毛白色。唇基除基部外褐色；腹部背板端缘光滑带暗红褐色。足红褐色；所有基节、第 1 转节、第 2 转节基部、后足腿节端部和胫节及跗节黑色。翅带黄褐色透明；翅脉黑褐色；翅痣黑褐色，基角黄色。

雄：与雌蜂基本相似。体较小且腹部较窄；触角鞭节第 6 节后半和第 7 节前半具半圆形的角下瘤，此两节之间稍凹陷；腹部背板折缘第 2、3 节均狭，第 4、5 节长均较宽。

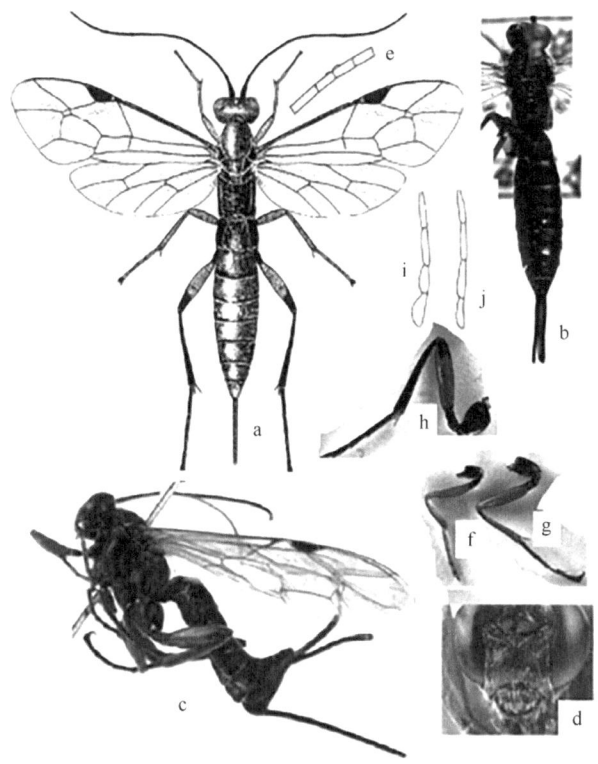

图 32　舞毒蛾瘤姬蜂 *Pimpla disparis* Viereck（a, e, i, j. 引自　何俊华等，1996；其余引自　刘经贤，2009）
a, b. 雌蜂，背面观；c. 雌蜂，侧面观；d. 头部，前面观；e. 雄蜂触角第 5～8 节；f. 前足；g. 中足；h. 后足；i. 雌蜂腹部背板折缘；j. 雄蜂腹部背板折缘

生物学：寄主有思茅松毛虫 *Dendrolimus kikuchii*、马尾松毛虫 *Dendrolimus punctatus*、德昌松毛虫 *Dendrolimus punctatus tehchangensis*、赤松毛虫 *Dendrolimus spectabilis*、侧柏松毛虫 *Dendrolimus suffuscus*、落叶松毛虫 *Dendrolimus superans*、油松毛虫 *Dendrolimus tabulaeformis* 及丝棉木金星尺蛾 *Abraxas suspecta*、苹小卷蛾 *Adoxophyes orana*、枣镰翅小卷蛾 *Ancylis sativa*、绢粉蝶（山楂粉蝶）*Aporia crataegi*、欧洲赤松黄卷蛾 *Archips piceanus*、冷杉银卷蛾 *Ariola pulchra*、精灰蝶 *Artopoetes pryeri*、黄翅缀叶野螟 *Botyodes diniasalis*、亚洲袋蛾 *Canephora asiatica*、苹大卷叶蛾 *Choristoneura longicellana*、水杉色卷蛾 *Choristoneura metasequoiacola*、杨扇舟蛾 *Clostera anachoreta*、珂尺蛾 *Coenotephria consanuinea*、苹果透翅蛾 *Conopia hector*、台湾袋蛾 *Cryptothelea formosicola*、茶蓑蛾 *Cryptothelea minuscula*、大袋蛾 *Cryptothelea* (=*Eumeta*) *variegata*、蜻蜓尺蛾 *Cystidia stratonice*、桃蛀野螟 *Dichocrocis punctiferalis*、松梢斑螟 *Dioryctria splendidella*、鼎点金刚钻 *Earias cupreoviridis*、一点金刚钻 *Earias pudieana*、臭椿皮蛾 *Eligma narcissus*、阿纹枯叶蛾 *Euthrix albomaculata*、梨小食心虫 *Grapholitha molesta*、黄斑草原毛虫（黄斑草毒蛾）*Gynaephora alpherakii*、美国白蛾 *Hyphantria cunea*、梨叶斑蛾（梨星毛虫）*Illiberis pruni*、松枝小卷蛾 *Cydia coniferana*、杨毒蛾 *Leucoma* salicis、栎毒蛾 *Lymantria mathura aurora*、舞毒蛾 *Lymantria dispar*、黄褐天幕毛虫 *Malacosoma neustria testacea*、楸蠹野螟 *Omphisa plagialis*、古毒蛾 *Orgyia antiqua*、花棒毒蛾（灰斑古毒蛾）*Orgyia ericae leechi*、亚洲玉米螟 *Ostrinia furnacalis*、欧洲玉米螟 *Ostrinia nubilalis*、春尺蠖 *Paleacrita vernata*、褐卷蛾 *Pandemis* sp.、柑橘凤蝶（金凤蝶）*Papilio xuthus*、桑透翅蛾 *Paradoxecia pieli*、稻苞虫 *Parnara guttata*、冰清绢蝶 *Parnassius glacialis*、眉纹天蚕蛾 *Philosamia cynthia*（=*Samia cynthia*）、多点菜粉蝶（东方菜粉蝶）*Pieris canidia*、菜粉蝶 *Pieris rapae*、落叶松卷蛾 *Ptycholomoides aeriferanus*、杨卷叶野螟 *Pyrausta diniasalis*、细皮夜蛾（=枇杷黄毛虫）*Selepa celtis*、苹白小卷蛾 *Spilonota ocellana*、黄斑卷蛾 *Terthreutis xanthocycla*、后夜蛾 *Trisuloides sericea*、巢蛾 *Hyponomeuta* (=*Yponomeuta*) *mayumivolla*、丝绵巢蛾 *Hyponomeuta* (=*Yponomeuta*) *minuellus*、苹果巢蛾 *Hyponomeuta* (=*Yponomeuta*) *padella*、卫矛巢蛾 *Hyponomeuta* (=*Yponomeuta*) *polystinellus* 及食心虫等，松毛虫的重寄生蜂有：黑足凹眼姬蜂 *Casinaria nigripes*、脊腿囊爪姬蜂 *Theronia atalantae*、广大腿小蜂 *Brachymeria lasus* (=*obscurata*)。

以幼虫在寄主蛹内越冬。在山东烟台的调查发现，一年可完成 4～5 个世代。4 月下旬成虫开始出现，5 月底到 6 月上中旬羽化出第 1 代成虫，此后在 7 月中下旬、8 月中下旬及 9～10 月均可见到成虫。在长江流域 3 月化蛹，4～5 月羽化出越冬代成虫。夏天 1 代需 30 多天。在室内 25℃ 条件下，蛹期为 8 天；成虫寿命长达半月以上；雌雄性比约 5：1。成虫多在林内低空飞翔，易于网捕。1973～1974 年冬作者在江苏镇江调查，在臭椿皮蛾越冬蛹中，75% 被此蜂寄生，雌性比例为 83.3%。寄主蛹内的蜂越冬幼虫，3 月上旬变预蛹，1～4 天后化蛹，蛹期 24～30 天，平均 26.5 天，于 4 月上旬羽化。产卵时拱起腹部，将产卵管刺入寄主预蛹或初蛹内。通常蛹内只产 1 粒卵，单寄生。在杭州，6 月下旬接种于菜粉蝶，完成一代历期 34 天。

标本记录：3♀1♂，河北丰宁，1980.VII.20，河北林科所，寄主：油松毛虫，No. 803990；2♀4♂，江苏南京，1954.V，邱益三，寄主：马尾松毛虫，No. 5514.13；1♀2♂，江苏南京，1973，南京林学院，寄主：马尾松毛虫，No. 73038.5；5♀3♂，江苏宜兴，1955.VI.20，采集人不详，寄主：马尾松毛虫，No. 740211（8）；1♀1♂，江苏溧水，1983.V.9，钱范俊，寄主：马尾松毛虫，No. 840021、840026；2♀，浙江杭州，1987.V.22，何俊华，寄主：马尾松毛虫，No. 870601、870658；1♀，浙江汤溪，1934.V.29，祝汝佐，寄主：马尾松毛虫；3♀7♂，浙江长兴，1935.V.17～30，祝汝佐，寄主：马尾松毛虫；1♀，浙江，1935.V.14，吴福桢，寄主：马尾松毛虫；1♂，浙江长兴，1935.V.17，祝汝佐，寄主：马尾松毛虫；1♀，浙江余杭，1962.VI.5，浙江林科所，寄主：马尾松毛虫，No. 62010.14；12♀♂，浙江富阳，1964.V.30 至 VII.21，胡萃，寄主：马尾松毛虫，No. 740233、740272、740581；3♀3♂，浙江金华，1982.V，陈忠泽，寄主：马尾松毛虫，No. 822256；1♂，浙江富阳，1986.VI.2，何俊华，寄主：马尾松毛虫，No. 864450；1♀，浙江长兴，1984.VI，吕文柳，寄主：马尾松毛虫，No. 841526；1♀，浙江衢州，1982，甘中南，寄主：马尾松毛虫，No. 826940；9♀1♂，浙江衢州，1984.V.24 至 VI，1985.V.9，1987.IV～VI，何俊华，寄主：马尾松毛虫，No. 841554、841555、846918、850781、850793、853875、870601、871015、871058、871071；1♀，浙江永嘉，1984.IV.7，蔡震彬，寄主：马尾松毛虫，No. 841675；9♀1♂，江西弋阳，1977.V.26，匡海源，寄主：马尾松毛虫，No. 770333；1♀1♂，湖南长沙，1963，王向华，寄主：马尾松毛虫，No. 64002.4、64002.11；2♂，湖南东安，1954.III.1、VIII.20，孙锡麟，寄主：马尾松毛虫，No. 5506.8；1♂，湖南东安，1954.V.4，祝汝佐、何俊华，寄主：黑足凹眼姬蜂，No. 5635.10；1♀1♂，湖南衡阳，1954.V.19，陈守坚，寄主：马尾松毛虫，No. 5428.3；1♂，湖南东安，1957，彭建文，寄主：马尾松毛虫，No. 5730.18；1♀1♂，湖南浏阳，1974.V.19，童新旺，寄主：马尾松毛虫，No. 201008046、201008047；3♀，湖南安仁，1977.V.14，童新旺，寄主：马尾松毛虫，No. 201008036～8038；1♂，湖南澧县，1981.V.10，童新旺，寄主：马尾松毛虫，No. 201008039；2♀，湖南平江，1985.V.27～VI.12，童新旺，寄主：马尾松毛虫，No. 201008044～8045；3♀1♂，湖南宁乡，1986.V.21，1987.V.30，童新旺，寄主：马尾松毛虫，No. 201008040～8043；1♂，湖南，1963，王向华，寄主：马尾松毛虫，No. 64002.4；1♀4♂，四川，1979，四川林科所，寄主：松毛虫，No. 802673；6♀4♂，福建福州魁岐，1947.IV.19，1948.IV.下旬，赵修复，寄主：马尾松毛虫，No. 4801.5、201008181～8183、201008201、201008206、201008207、201008212～8214、201008217；1♀，云南，1954.V.5，章士美，寄主：松毛虫，No. 5512b.5；1♂，云南昆明温泉，1983.V～VII，游有林，寄主：思茅松毛虫，No. 841687。

分布：黑龙江、吉林、辽宁、内蒙古、北京、天津、河北、山东、山西、河南、陕西、宁夏、甘肃、青海、新疆、江苏、浙江、安徽、江西、湖北、湖南、四川、福建、贵州、云南、西藏；蒙古国，朝鲜，日本，俄罗斯等。

（18）天蛾瘤姬蜂 *Pimpla laothoe* Cameron, 1897 （图33）

Pimpla laothoe Cameron, 1897: 22; 何俊华和曾洁, 2018: 48.

Coccygomimus laothoe: 何俊华和马云, 1984: 300(寮黑瘤姬蜂); 何俊华和庞雄飞, 1986: 24; 何俊华, 1986c: 337; Gupta, 1987: 85; 柴希民等, 1987: 4; 严静君等, 1989: 257; 陈昌洁, 1990: 193; 陕西省林业科学研究所和湖南省林业科学研究所, 1990: 9; 童新旺等, 1991: 8; 杜增庆等, 1991: 16; He, 1992: 282; 湖南省林业厅, 1992: 1217; 张永强等, 1994: 224; 章士美和林毓鉴, 1994: 155; 何俊华等, 1996: 152; 陈尔厚, 1999: 48; 柴希民等, 2000: 8; 王淑芳, 2003: 222; 徐延熙等, 2006: 768.

Coccygomimus flavipes(误定): 何俊华和匡海源, 1977: 2; 何俊华, 1979: 133; 吴钜文, 1979a: 33; 杨秀元和吴坚, 1981: 303; 王淑芳, 1984: 42; 王淑芳, 1987: 334; 侯陶谦, 1987: 171; 王问学等, 1989: 186; He, 1992: 282; 王问学和刘伟钦, 1993: 143; 章士美和林毓鉴, 1994: 155.

雌：体长11.2～17.8mm，前翅长8.5～13.5mm，产卵管鞘长3.7～5.8mm。

头：颜面高为宽的0.72倍，密布刻点，上方中央稍隆起处刻点夹皱。颚眼距等于或稍短于上颚基部宽度。额具细刻点，在中单眼侧下方及触角窝上方具并列细横刻条，在中单眼下方具中纵脊，并向上伸至侧单眼外侧。上颚基部0.4处具细皱，上端齿稍长。头顶光亮，散生细刻点。上颊明显收窄，背面观长为复眼的0.8倍。单眼POL：OD：OOL=1.0：1.3：0.7。触角稍长于前翅，36～39节，第1鞭节长为端宽的6.0倍、为第2鞭节长的1.5倍，末节顶端钝圆。

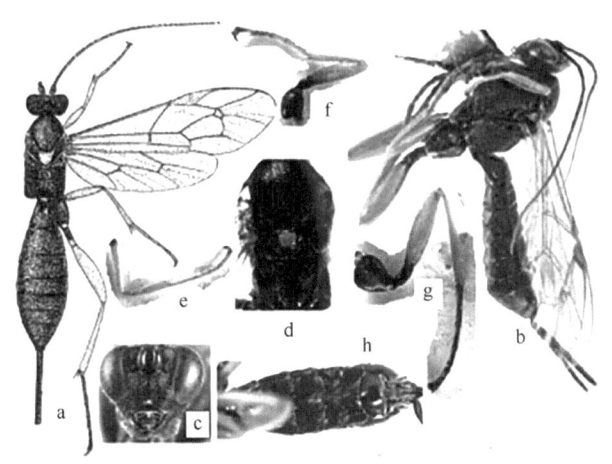

图33　天蛾瘤姬蜂 *Pimpla laothoe* Cameron（a. 引自 何俊华等，1996；其余引自 刘经贤，2009）
a. 雌蜂，背面观；b. 雌蜂，侧面观；c. 头部，前面观；d. 胸部，背面观；e. 前足；f. 中足；g. 后足；h. 腹部，腹面观

胸：前胸背板侧面背缘及肩角具刻点，后缘及凹陷处具并列短横刻条。中胸盾片稍拱，满布夹皱刻点，被细毛；盾纵沟不明显。小盾片大部分平，具稀疏刻点。中胸侧板除后侧片和镜面区（甚小）光滑外满布相接的刻点，后下角具夹点刻皱。后胸侧板密布并列夹点横刻条。并胸腹节中纵脊短而不明显；背面基部多具细网皱，中段多具并列横向刻条并夹有网皱；无侧纵脊和外侧脊；外侧区具不规则网皱，被细毛。气门长卵圆形，近于外侧脊。

翅：前翅cu-a脉稍后叉；小翅室2rs-m：3rs-m=1.0：1.5，收纳2m-cu脉于端部0.25处；Rs脉从翅痣中央稍内方伸出。后翅cu-a脉在上方0.21处曲折。

足：前足第4跗节缺口深；后足腿节长为宽的3.6～4.0倍，后足第2、5跗节等长。

腹：第1节背板长为端宽的1.2～1.3倍；基部背中脊弱；中央隆起部位有1对小隆丘。腹部第1～5节各节背板除后缘光滑外满布刻点；第6、7节背板刻点更细夹革状纹；第8节背板近于光滑。第2～5节背板折缘窄，第2、3节的长约为宽的5倍，第4、5节的长约为宽的3倍。产卵管鞘长为后足胫节的1.0倍；产卵管端部腹瓣上有8～9条脊。

体色：体黑色，柔毛黄色或白色。上唇及须（第1节褐色）黄色；小盾片全部或仅中段或仅后方黄白色或黄褐色；翅基片黄褐色。腹部背板后缘光滑横带有时红褐色。足黄褐色，但基节、转节（前中足转节偶尔暗红色）黑色；后足跗节黑褐色；爪端半暗红褐色。翅带烟黄色透明，翅脉及翅痣黄褐色。

雄：与雌蜂基本相似。体长9.0～15.0mm，前翅长6.6～11.6mm。触角鞭节第6～10节及第11节基半具纵条状角下瘤；腹部折缘亦狭。

生物学：寄主有马尾松毛虫 *Dendrolimus punctatus*、德昌松毛虫 *Dendrolimus punctatus tehchangensis* 及棉小造桥虫 *Anomis flava*、乌桕大蚕蛾 *Attacus atlas*、鼎点金刚钻 *Earias cupreoviridis*、翠纹金刚钻 *Earias vittella*、稻苞虫 *Parnara guttata*、粘虫 *Pseudaletia* (=*Pseudaletia*) *separata*、大螟 *Sesamia inferens* 及红麻小造桥虫等。从蛹内羽化，单寄生。

标本记录：1♀，江苏南京，1956.V，华东农科所，寄主：马尾松毛虫，No. 740092；1♂，湖南长沙，1963，王问学，寄主：马尾松毛虫，No. 64002.11；1♀，湖南湘潭，1957，彭建文，寄主：马尾松毛虫，No. 5730.17；1♀1♂，湖南东安，1954.VIII.20，孙锡麟，寄主：马尾松毛虫，No. 5506.6、5506.9；2♀1♂，湖南安仁，1977.V.14，童新旺，寄主：马尾松毛虫，No. 201008060～8062；2♀，四川，1980，四川林科所，寄主：松毛虫，No. 802668；3♀5♂，广东广州，1977.IV，卢川川，寄主：马尾松毛虫，No. 896509；1♂，广东佛山，1960.IV.20，谢秉章，寄主：马尾松毛虫，No. 740219；2♂1♀，广西全州，1974，广西林科所，寄主：马尾松毛虫，No. 750676；1♀，云南，1954，章士美，寄主：松毛虫，No. 5512b.4；2♀，云南昆明，1963.XI.9，1964.IV.23，祁景良，寄主：松毛虫，No. 803132、803133。

分布：河南、江苏、江西、湖南、四川、台湾、福建、广东、广西、贵州、云南、西藏；越南，印度，巴基斯坦，斯里兰卡。

（19）野蚕瘤姬蜂 *Pimpla luctuosa* Smith, 1874 （图34）

Pimpla luctuosa Smith, 1874: 394; 祝汝佐, 1935: 10; 盛茂领和孙淑萍, 2009: 213; 盛茂领等, 2013: 403; Lelej, 2012: 218; 盛茂领和孙淑萍, 2014: 298; 何俊华和曾洁, 2018: 48.

Apechthis (*Pimpla*) *bombyces* Matsumura, 1912: 132.

Pimpla aterrima neustriae Uchida, 1928a: 44.

Pimplidea aethiops Roman, 1936: 20.

Coccygomimus luctuosus: Townes *et al.*, 1960: 315; Townes *et al.*, 1961: 31; Townes *et al.*, 1965: 52; 赵修复, 1976: 227; 中国科学院动物研究所和浙江农业大学, 1978: 35; 杨秀元和吴坚, 1981: 303; 党心德和金步先, 1982: 139; 王淑芳, 1984: 42; 何俊华, 1985: 108; 何俊华, 1986c: 337; 何俊华和庞雄飞, 1986: 23; Gupta, 1987: 86; 柴希民等, 1987: 4; 侯陶谦, 1987: 172; 张务民等, 1987: 32; 严静君等, 1989: 256; 王问学等, 1989: 186; 谈迎春等, 1989: 134; 陈吕洁, 1990: 193; 吴钜文和侯陶谦, 1990: 281; 陕西省林业科学研究所和湖南省林业科学研究所, 1990: 9; 童新旺等, 1991: 8; 杜增庆等, 1991: 16; He, 1992: 283; 湖南省林业厅, 1992: 1217; 申效诚, 1993: 161; 王书欣等, 1993: 20; 张永强等, 1994: 224; 章士美和林毓鉴, 1994: 155; 何俊华等, 1996: 154; 柴希民等, 2000: 8; 王淑芳, 2003: 222; 孙明荣等, 2003: 20; 何俊华, 2004: 384; 徐延熙等, 2006: 768.

雌：体长11.8～18.0mm，前翅长11.0～15.2mm，产卵管鞘长2.7～4.2mm。

头：颜面高为宽的0.73倍，中央稍隆起，密布夹网刻点，正中有2条不明显纵脊。颚眼距为上颚基宽的0.8～0.9倍。额凹陷，上方具刻点，触角洼内具并列弧形刻条，有中纵沟并包围中单眼，下方中央有几条纵脊。单眼POL∶OD∶OOL=1.0∶1.1∶0.9。上颊背面观长为复眼的0.64倍。触角36～38节，第1鞭节长为宽的8.0倍、为第2鞭节长的1.55倍，端节顶端钝圆，长约为亚端节的2.0倍。

胸：前胸背板侧面背方密布刻点，其余大部分具并列横刻条。中胸盾片稍拱，满布细密刻点；盾纵沟不明显。小盾片平，光亮，具较大而稀带毛刻点。中胸侧板除后侧片下方和镜面区光滑外，前半满布夹皱刻点，后半具并列横刻条。后胸侧板满布横或斜并列刻条。并胸腹节满布刻皱，在中央的刻皱横向且较大而粗，侧前方的为较细密网皱；中纵脊弱；无侧纵脊，但侧区与外侧区交界处呈锐边；外侧脊曲折，外侧区除端部光滑外具并列横刻条。气门椭圆形，紧贴外侧脊。

翅：前翅 cu-a 脉稍后叉；小翅室 2rs-m：3rs-m=1.0：1.5，收纳 2m-cu 脉于端部 0.3 处；Rs 脉从翅痣中央伸出。后翅 cu-a 脉在上方 0.2 处曲折。

足：前足第 4 跗节缺刻深。后足腿节长为宽的 3.8～3.9 倍，跗节第 2 节长为第 5 节的 0.80～0.83 倍。

腹：腹部背板密布粗刻点，各节端缘光滑带窄；第 8 节背板具细革状纹，近于光滑。第 1 节背板长为端宽的 1.2 倍，中央隆起部无或有 1 对弱小隆丘。第 2～5 节背板折缘窄，第 2、3 节的长均约为宽的 5.0 倍，第 4、5 节的长均约为宽的 3.0 倍。产卵管鞘长为后足胫节的 0.9～1.1 倍。产卵管腹瓣端部有 9 条细脊。

体色：黑色；体光亮，柔毛多色或金黄色，少数淡茶色。腹部背板各节端缘光滑带暗红色。触角黑褐色。足黑色；前足腿节外侧及端部、胫节外侧暗黄色。翅带烟黄色透明；翅脉黑褐色；翅痣黑褐色，基端黄白色。

雄：体长 13.5mm，前翅长 11.0mm。基本上与雌蜂相似。触角鞭节第 6～10 节有角下瘤，偶尔第 11 节上也有；触角 33 节，第 1 鞭节长为端宽的 4.2 倍、为第 2 鞭节的 1.45 倍，端节长约为亚端节的 1.4 倍。颚眼距为上颚基部宽度的 0.67 倍。翅基片、少数个体唇基和颚须黄褐色；足黑色，前中足除基节和转节外红褐色。

生物学：寄主有马尾松毛虫 Dendrolimus punctatus、赤松毛虫 Dendrolimus spectabilis 及棉小造桥虫 Anomis flava、黄麻桥夜蛾 Anomis sabulifera、绢粉蝶 Aporia crataegi、百娆灰蝶 Arhopala bazalus、麝香凤蝶 Atrophaneura alcinous mansonensis、大避债蛾 Clania preyeri、杨扇舟蛾 Clostera anachoreta、苹果透翅蛾 Conopia hector、竹绒野螟 Crocidophora evenoralis、茶蓑蛾 Cryptothelea minuscula、大袋蛾 Cryptothelea variegata、松茸毒蛾 Dasychira axutha、臭椿皮蛾 Eligma narcissus、茶毛虫（茶黄毒蛾）Euproctis pseudoconspersa、褐带长卷蛾 Homona coffearia、后黄卷蛾 Homona magnanima、美国白蛾 Hyphantria cunea、黄足毒蛾 Ivela auripes、素毒蛾 Laelia coenosa、亮灰蝶 Lampides boeticus、竹缕舟蛾 Loudonta dispar、舞毒蛾 Lymantria dispar、黄褐天幕毛虫 Malacosoma neustria testacea、华竹毒蛾 Pantana sinica、竹毒蛾 Pantana visum、土夜蛾 Macrochthonia fervens、柑橘凤蝶 Papilio xuthus、直纹弄蝶 Parnara guttata、白绢蝶 Parnassius stubbendorfii、栎掌舟蛾 Phalera assimilis、菜粉蝶 Pieris rapae、菜粉蝶东方亚种 Pieris rapae crucivora、樗蚕 Samia (=Philosamia) cynthia、野蚕蛾 Theophila mandarina、条纹天蛾 Theretra pinastrina 和食心虫、竹叶虫、槐羽舟蛾、栎褐天社蛾、桑白毛虫等。

标本记录：2♀，河北易县，1981.VII.14，付书铭，寄主：松毛虫，No. 820135（2）；1♀，陕西兰田（标签记录，下同），1978.VII.15，党心德，寄主：油松毛虫，No. 780891；1♀，江苏南京，1930.X.11，祝汝佐；1♀，江苏溧水，1983.V.20，钱范俊，寄主：松毛虫蛹，No. 840025；1♀，江苏南京，19xx，南京林学院，寄主：松毛虫，No. 73038.3；1♂，江苏溧水，1983.IV.20，钱范俊，寄主：松毛虫蛹，No. 840031；1♀，浙江余杭，1962.VI.5，浙江林科所，寄主：松毛虫，No. 62010.4；1♀，四川，采集年份未知，四川林科院，寄主：松毛虫，No. 802667。

分布：黑龙江、吉林、辽宁、内蒙古、北京、河北、山东、山西、河南、陕西、宁夏、甘肃、新疆、江苏、上海、浙江、安徽、江西、湖北、湖南、重庆、四川、台湾、福建、广东、广西、贵州、云南；朝鲜，日本，俄罗斯。

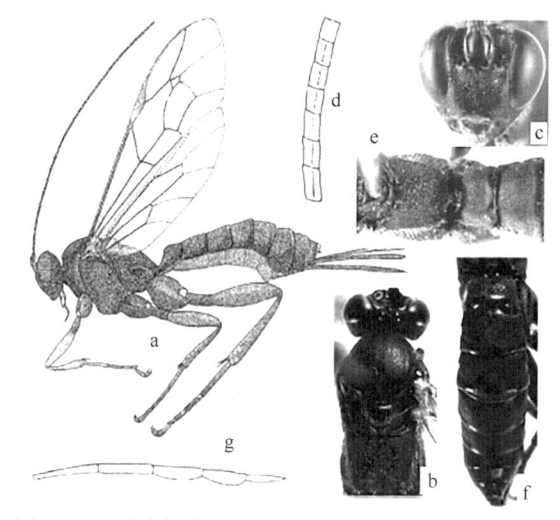

图 34 野蚕瘤姬蜂 Pimpla luctuosa Smith（a. 引自 何俊华，1986c；d, g. 引自 何俊华等，1996；其余引自 刘经贤，2009）

a. 雌蜂，侧面观；b. 头部和胸部，背面观；c. 头部，前面观；d. 雄蜂触角第 5～11 节；e. 并胸腹节和腹部第 1～2 节背板，背面观；f. 腹部，背面观；g. 雌蜂腹部背板折缘

(20) 暗瘤姬蜂 *Pimpla pluto* Ashmead, 1906 （图 35）

Pimpla pluto Ashmead, 1906: 176; 祝汝佐, 1955: 5; 杨秀元和吴坚, 1981: 309; 贵州动物志编委会, 1984: 231; 侯陶谦, 1987: 173; 何俊华和曾洁, 2018: 48.

Coccygomimus pluto: Townes *et al.*, 1960: 311; Townes *et al.*, 1965: 56; 杨秀元和吴坚, 1981: 304; 侯陶谦, 1987: 172; 何俊华等, 1996: 155; 何俊华, 2004: 386; 徐延熙等, 2006: 768.

雌：体长 12.0～17.2mm，前翅长 10.5～13.4mm，产卵管鞘长 2.7～5.0mm。

头：颜面高为宽的 0.74 倍，中央稍隆起，密布夹网刻点，正中有 1 纵脊。颚眼距为上颚基宽的 0.8～0.9 倍。额侧方具刻点，触角洼内具并列弧形刻条，有中纵沟并包围中单眼，下方中央有 2 条纵脊。单眼 POL：OD：OOL=1.0：0.9：0.6。上颊背面观长为复眼的 0.8 倍。触角 35～36 节，第 1 鞭节长为宽的 7.6 倍，为第 2 鞭节长的 1.7 倍，端节顶端钝圆，长约为亚端节的 1.5 倍。

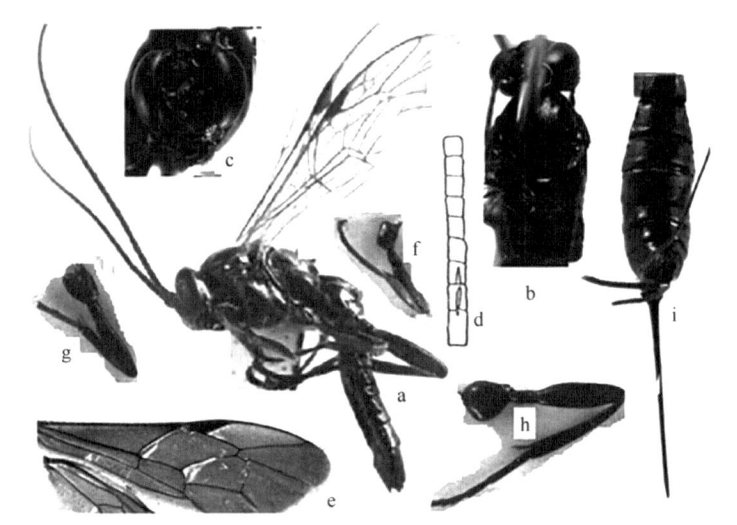

图 35 暗瘤姬蜂 *Pimpla pluto* Ashmead（d. 引自 Kasparyan，1981；其余引自 刘经贤，2009）
a. 雄蜂，侧面观；b. 头部和胸部，背面观；c. 头部，前面观；d. 雄蜂触角第 5～13 节；e. 前翅；f. 前足；g. 中足；h. 后足；i. 腹部，背面观

胸：前胸背板背方密布刻点，其余大部分具并列横刻条。中胸盾片稍拱，满布刻点；盾纵沟不明显。小盾片前半平，光亮，具较稀大刻点。中胸侧板除后侧片和镜面区光滑外满布刻点，后半具并列横刻条。后胸侧板满布并列斜刻条。并胸腹节背面中央稍拱，满布较细密网皱；中纵脊弱；无侧纵脊和外侧脊，但侧区与外侧区交界处呈锐边；外侧区除端部光滑外具网皱。气门短椭圆形，紧贴外侧脊。

翅：前翅 cu-a 脉稍后叉或对叉；小翅室 2rs-m：3rs-m=1.0：1.6，收纳 2m-cu 脉于端部 0.25 处；Rs 脉从翅痣中央稍基方伸出。后翅 cu-a 脉在上方 0.2 处曲折。

足：前足第 4 跗节缺刻深。后足腿节长为宽的 3.4～3.8 倍，跗节第 2 节长为第 5 节的 1.0 倍。

腹：腹部背板密布粗刻点，各节端缘光滑带窄；第 8 节背板具细革状纹，近于光滑。第 1 节背板长为端宽的 1.1 倍；后柄部中央有 1 对小隆丘。第 2～5 节背板折缘窄，第 2、3 节的长约为宽的 5.0 倍，第 4、5 节的长约为宽的 2.5 倍。产卵管鞘长为后足胫节的 0.78～0.88 倍。产卵管腹瓣端部有 8 条细脊。

体色：黑色，体上柔毛多茶褐色或黑褐色。腹部各节背板端缘光滑带暗红色。触角黑褐色。足黑色；前足腿节（或除基部腹方外）、胫节和跗节暗黄色，中足胫节基部和距或污黄色。翅带烟黄色透明；翅脉黑褐色；翅痣黑褐色，基端黄白色。

雄：体长 13.5mm，前翅长 11mm。基本上与雌蜂相似。触角鞭节第 6、7 节有角下瘤；触角 33 节，第 1 鞭节长为端宽的 4.2 倍，为第 2 鞭节长的 1.45 倍，端节长约为亚端节的 1.4 倍。翅基片、少数唇基和颚须黄褐色；前中足基节和转节及后足黑色，其余红褐色。

生物学：我国寄主有马尾松毛虫 *Dendrolimus punctatus*、油松毛虫 *Dendrolimus tabulaeformis*。国外寄

主有赤松毛虫 Dendrolimus spectabilis 及丫纹夜蛾 Autographa gamma、家蚕 Bombyx mori、亚洲袋蛾 Canephora asiatica、大袋蛾 Cryptothelea variegata、琉璃蛱蝶 Kaniska canace、黄褐天幕毛虫 Malacosoma neustria testacea、柑橘凤蝶 Papilio xuthus、圆掌舟蛾 Phalera bucephala、菜粉蝶东方亚种 Pieris rapae crucivora、丁香天蛾 Psilogramma increta、大螟 Sesamia inferens、野蚕蛾 Theophila mandarina。

标本记录：1♀，陕西兰田，1978.VII.15，党心德，寄主：油松毛虫，No. 780891；江苏南京，1954.V，邱益三，寄主：马尾松毛虫，No. 5514.21；湖南东安，1954.VIII.20，孙锡麟，寄主：马尾松毛虫，No. 5506.7。

分布：黑龙江、辽宁、内蒙古、陕西、宁夏、甘肃、江苏、浙江、湖北、湖南、福建、广东、贵州、云南；朝鲜，日本，俄罗斯。

（21）红足瘤姬蜂 *Pimpla rufipes* (Miller, 1759)（图 36）

Ichneumon rufipes Miller, 1759: 8; Horstmann, 1999: 50; 盛茂领和孙淑萍，2014: 298; 何俊华和曾洁，2018: 48.
Ichneumon instigator Fabricius, 1793: 164.
Pimpla instigator: Gravenhosrt, 1829: 216.
Coccygomimus instigator: Townes *et al.*, 1965: 52; 赵修复，1976: 227; 王淑芳，1984: 43; 何俊华，1986c: 337; 何俊华和王淑芳，1987: 371; 严静君等，1989: 256, 陈昌洁，1990: 193; 吴钜文和侯陶谦，1990: 281; He, 1992: 282; 申效诚，1993: 161; 岳书奎等，1996: 6; 王志英等，1996: 88; 何俊华，1996: 150.

雌：体长 9.0～18.0mm，前翅长 6.9～15.2mm，产卵管鞘长 2.7～5.4mm。

头：颜面高为宽的 0.75 倍，上方中央稍拱隆，密布刻点及黑毛，正中有纵脊。颚眼距等于或稍短于上颚基部宽度。额光亮，背侧方具稀刻点，触角洼上方并列很弱横刻条，在中单眼下方具中纵沟，并向上包围中单眼外侧。上颊背面观长为复眼的 0.8 倍。单眼 POL : OD : OOL=1.0 : 0.9 : 0.7，但有变化。触角稍长于前翅，35～36 节，第 1 鞭节长为端宽的 6.0 倍，为第 2 鞭节长的 1.4～1.5 倍，末节顶端钝圆，长为前一节的 1.6 倍。

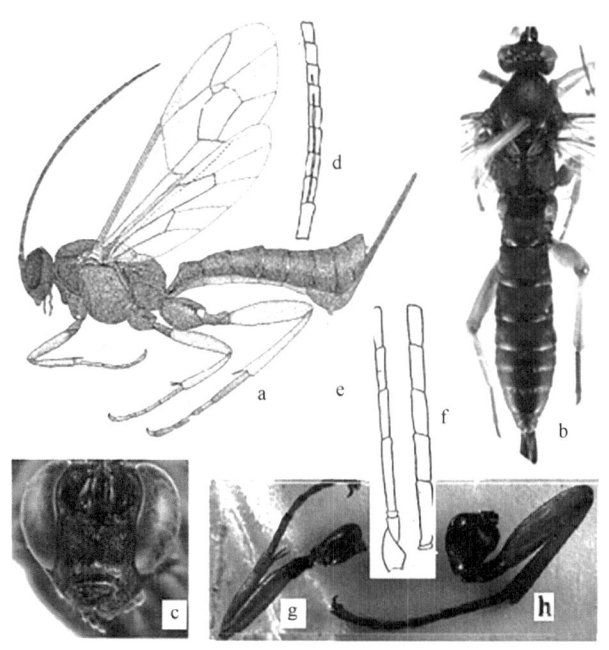

图 36 红足瘤姬蜂 *Pimpla rufipes* (Miller)（a. 引自 何俊华等，1996; d～f. 引自 Kasparyan, 1981; 其余引自 刘经贤，2009）
a. 雌蜂，侧面观; b. 雌蜂，背面观; c. 头部，前面观; d. 雄蜂触角第 6～14 节; e. 雌蜂触角至第 4 鞭节; f. 雄蜂触角第 1～5 鞭节; g. 中足; h. 后足

胸：密布黑毛。前胸背板大部分密布刻点，凹陷处并列短横刻条。中胸盾片稍拱，满布细而密刻点；盾纵沟不明显。小盾片前半平，光亮，具浅而稀刻点。中胸侧板除镜面区和后侧片光滑外满布稀刻点，点距为点径的 0.6～1.0 倍，后下角具并列夹点刻皱。后胸侧板密布并列强夹点横刻条。并胸腹节中纵脊短而不明显，中区内具弱刻皱；背面基部 1/3 满布刻皱，在侧方多网点，中段多并列弧形横刻条；端部（区）

中央为夹网横皱，侧方光滑；侧区与外侧区交界处呈锐角；外侧脊弱，外侧区具不规则夹网横皱。气门长卵圆形，近于外侧脊。

翅：前翅 cu-a 脉对叉；小翅室 2rs-m：3rs-m=1.0：1.7，收纳 2m-cu 脉于端部 0.34 处；Rs 脉从翅痣中央伸出。后翅 cu-a 脉在上方 0.18～0.24 处曲折。

足：前足第 4 跗节缺口深。后足腿节长为宽的 3.6～3.7 倍，后足第 2、5 跗节等长。

腹：第 1 节背板长为端宽的 1.1～1.2 倍，背中脊弱，中央隆起部位有 1 对弱小瘤突。腹部各节除后缘光滑外满布刻点，第 6、7 节背板刻点细夹革状纹；第 8 节背板近于光滑。第 2～5 节背板折缘窄，长分别约为宽的 5.7 倍、4.0 倍、2.9 倍和 2.5 倍。产卵管鞘长为后足胫节的 1.0～1.3 倍；产卵管端部腹瓣上有弱脊。

体色：体黑色；柔毛黑色。腹部背板后缘光滑横带有时暗红色。足黄褐色；基节、转节（前足第 1 转节腹方部分暗红色）和后足跗节黑色；爪端半暗红褐色。翅带烟黄色透明，翅痣红褐色，翅脉红褐色至黑褐色（据记载台湾雌雄标本小盾片均黄色）。

雄：体长 14mm，翅展 11.0mm。与雌蜂基本相似。触角第 6～11 鞭节上有条状角下瘤。腹部背板折缘亦狭窄。

生物学：国内寄主有赤松毛虫 Dendrolimus spectabilis、油松毛虫 Dendrolimus tabulaeformis、绢粉蝶 Aporia crataegi、针茸毒蛾 Dasychira acerosa、青海草原毛虫（青海草毒蛾）Gynaephora qinghaiensis、美国白蛾 Hyphantria cunea、舞毒蛾 Lymantria dispar、花棒毒蛾 Orgyia ericae leechi、大菜粉蝶 Pieris brassicae；据国外记载，有欧洲松毛虫 Dendrolimus pini、落叶松毛虫 Dendrolimus superans（=Dendrolimus albolineatus）、醋栗金星尺蛾 Abraxas grossulariata、豹灯蛾 Arctia caja、丫纹夜蛾 Autographa gamma、锤角叶蜂 Cimbex femorata、旋库夜蛾 Cornutiplusia circumflexa、杏美冬夜蛾 Cosmia subtilis、松茸毒蛾 Dasychira axutha、霜茸毒蛾 Dasychira fascelina、泡桐茸毒蛾 Dasychira pudibunda、棕尾毒蛾 Euproctis chrysorrhoea、模毒蛾 Lymantria monacha、黄褐天幕毛虫 Malacosoma neustria testacea、大龟壳红蛱蝶 Nymphalis polychloros、古毒蛾 Orgyia antiqua、黄古毒蛾 Orgyia dubia、角斑古毒蛾 Orgyia gonostigma、杨白剑舟蛾 Pheosia tremula、绿脉菜粉蝶 Pieris napi、菜粉蝶 Pieris rapae、盗毒蛾 Porthesia similis、杨毒蛾 Leucoma salicis、染雪毒蛾 Stilpnotia sartus、栎异舟蛾 Thaumetopoea processionea、栎绿卷蛾 Tortrix viridana 等 126 种寄主。从蛹内羽化，单寄生。

标本记录：1♀，辽宁建平，1983.VIII.27，戴德纯，寄主：油松毛虫，No. 834890；河北丰宁，1980.VIII.下旬，河北省林科所，寄主：油松毛虫，No. 803991；1♀，山西太谷，1987.VI，常保山，寄主：油松毛虫，No. 872011。

分布：黑龙江、吉林、辽宁、内蒙古、北京、河北、山西、河南、陕西、宁夏、甘肃、青海、新疆、江西、湖南、台湾、西藏；印度，捷克，斯洛伐克，德国，匈牙利，意大利，俄罗斯等。

10. 囊爪姬蜂属 *Theronia* Holmgren, 1859（图 37）

Theronia Holmgren, 1859a: 123.

属征简述：前翅 5.0～19.0mm。体较粗壮。颜面隆肿，具刻点。复眼内缘在触角窝对过处凹入。唇基端缘平截，或具缺刻或具瘤凸，基部横隆，端部平。颚眼距很短。上颚端齿等长。头顶在单眼后方陡斜；后头脊完整。触角粗短。前胸背板短；前沟缘脊存在。中胸盾片中等隆起；盾纵沟前方明显。胸腹侧脊存在。后胸侧板下缘脊发达，通常在中足基节后方呈三角形凸起。并胸腹节短，具中纵脊和侧纵脊，少数种类分脊和端横脊完整。足粗壮，跗爪简单无基齿，但基部具一端部膨大的鬃，爪间垫大。前翅具小翅室，四边形，收纳 2m-cu 脉于端部 0.7 处。后翅 cu-a 脉在中央上方曲折，CU1 脉端段明显。腹部光滑，无明显刻点。第 1 节背板背中脊弱，侧纵脊不明显，端侧斜沟明显。第 2～4 节背板具弱横瘤凸。产卵管鞘长约为前翅的 0.45 倍；产卵管圆柱形。

生物学：寄生于鳞翅目蛹或幼虫和膜翅目姬蜂科一些种类。

分布：世界分布，已知66种和亚种。我国已知18种，其中与寄生于松毛虫 *Dendrolimus* spp.有关的已知3种。

脊腿囊爪姬蜂指名亚种 *Theronia (Theronia) atalantae atalantae* Poda 在日本、俄罗斯（西伯利亚、乌拉尔）、捷克、斯洛伐克、德国寄生于赤松毛虫 *Dendrolimus spectabilis*、落叶松毛虫 *Dendrolimus superans* 并重寄生于松毛虫脊茧蜂 *Aleiodes esenbeckii*、黑足凹眼姬蜂 *Casinaria nigripes*。

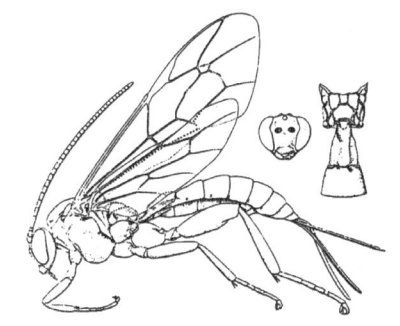

图37 *Theronia atalantae* Poda（囊爪姬蜂属 *Theronia* Holmgren）（引自 Townes，1969）

囊爪姬蜂属 *Theronia* 分种检索表

1. 唇基非性二型：雄性和雌性唇基端部均无瘤凸或横脊；胸腹侧脊发达，在上方弯曲处不变弱；并胸腹节中区平行，后方封闭；端横脊完整；后足腿节腹缘有齿状脊；中胸侧板基本上黑色 ·············· **脊腿囊爪姬蜂腹斑亚种 *T. atalantae gestator***
- 唇基性二型：雄性唇基近端部有1~2个瘤凸，通常基侧有一横脊，雌性唇基一般在中央横隆，有时端部也有弱的瘤凸；胸腹侧脊在上方弯曲处不明显；并胸腹节中区后方较宽，端横脊中央段不明显；后足腿节腹缘无齿状脊；中胸侧板沿前缘的黑斑与沿上缘的黑斑形成"T"形斑纹 ·· 2
2. 并胸腹节端横脊侧段缺失 ································· **缺脊囊爪姬蜂指名亚种 *T. pseudozebra pseudozebra***
- 并胸腹节端横脊侧段存在，有时在中央较弱 ··············· **黑纹囊爪姬蜂黄瘤亚种 *T. zebra diluta***

（22）脊腿囊爪姬蜂腹斑亚种 *Theronia atalantae gestator* (Thunberg, 1824)（图38）

Ichneumon gestator Thunberg, 1824: 262.

Theronia atalantae: 祝汝佐, 1935: 9; 祝汝佐, 1937: 85; Kamiya, 1939: 19; 祝汝佐, 1955: 5; 华东农业科学研究所, 1955: 106.

Theronia atalantae gestator: Townes et al., 1961: 72; 杨秀元和吴坚, 1981: 309; 章宗江, 1981: 150; 王淑芳, 1984: 43; 湖北省林业厅, 1984: 165; Gupta, 1987: 178; 柴希民等, 1987: 12; 童新旺等, 1991: 8; 湖南省林业厅, 1992: 1220; He, 1992: 288; 萧刚柔, 1992: 963; 申效诚, 1993: 164; 于思勤和孙元峰, 1993: 466; 王书欣等, 1993: 20; 章士美和林毓鉴, 1994: 157; 何俊华等, 1996: 191; 柴希民等, 2000: 8; 何俊华, 2004: 393; 徐延熙等, 2006: 768; 何俊华和曾洁, 2018: 48.

Theronia (Theronia) atalantae gestator: Townes et al., 1965: 64; 赵修复, 1976: 239; 中国科学院动物研究所和浙江农业大学, 1978: 37; 吴钜文, 1979a: 37; 党心德和金步先, 1982: 139; 何俊华, 1984: 84; 何俊华, 1985: 108; 何俊华, 1986c: 341; 何俊华, 1986d: 17; 何俊华和王淑芳, 1987: 374; 严静君等, 1989: 295; 吴钜文和侯陶谦, 1990: 290; 陕西省林业科学研究所和湖南省林业科学研究所, 1990: 11.

Therion(!误写) *atalantae*: 吴钜文和侯陶谦, 1990: 290.

Therion(!误写) *atalantae gestator*: 侯陶谦, 1987: 174; 陈昌洁, 1990: 194.

体长7.7~12.5mm，前翅长6.8~12.2mm。雄蜂个体通常较小。

头：颜面向下收窄，下宽为中长的1.5倍，中央隆起，密布刻点，上方中央有缺口。唇基光滑，基部稍隆起，端缘有卷边，稍呈2叶。颚眼距甚短。额光滑；单眼中央及外侧均有沟。头顶具细刻点。头部在复眼之后收窄；上颊侧面观长为复眼宽的0.8倍，密布细刻点。单复眼间距和侧单眼间距等长，为侧单眼长径的1.5倍。触角长为前翅的0.7倍，36节，较粗壮；第1鞭节长为第2鞭节的1.75倍，第10鞭节方形，以后各节长短于宽。

胸：前胸背板光滑。中胸盾片和中胸侧板均散生极细刻点。盾纵沟仅在前方0.2~0.3处明显；小盾片相当隆起，刻点较密，毛亦长，在基角有侧脊。中胸侧板近于光滑，散生极细刻点；胸腹侧脊圆弧形达于前缘。后小盾片光滑。后胸侧板光滑具极细刻点，下缘脊向中足的一端逐渐变高，但未形成叶状突。并胸

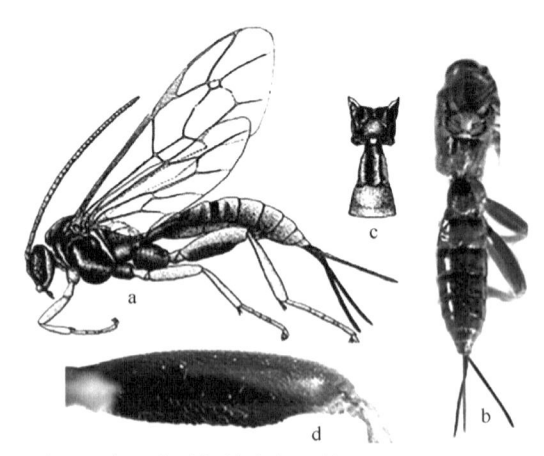

图 38 脊腿囊爪姬蜂腹斑亚种 Theronia atalantae gestator (Thunberg)（a，c. 引自 何俊华等，1996；其余引自 刘经贤，2009）
a. 雌蜂，侧面观；b. 雌蜂，背面观；c. 并胸腹节和腹部第 1、2 节，背面观；d. 后足腿节

腹节光滑，脊发达；中区长方形，长约为宽的 1.3 倍，后方的脊通常完整。

翅：后小脉在中央很上方处曲折。

足：爪扩大，各爪都有一根与爪等长的扩大的鬃，鬃的末端呈匙状；腿节端半下方有脊，并生有钝齿。

腹：腹部近于光滑，有细毛，向后方渐密。第 1 节背板长约为端宽的 1.5 倍，背中脊几达到后缘，在前半强。第 2 节背板腹陷大而深。产卵管鞘长为后足胫节的 1.0～1.2 倍。

体色：体黄赤色，有光泽。复眼、单眼区、后头黑色；上颚末端黑褐色；触角赤褐色，近基部各节下面黄赤色。前胸背板侧面中央、中胸盾片中央纵带及后缘、中胸侧板及腹板大部分、后小盾片两侧、并胸腹节基部均黑色，但范围因虫而异；有时中胸盾片两侧亦有褐色纵纹。足黄赤色，中足及后足腿节下面有黑褐色斑纹，后足基节外侧有黑纹。翅透明带黄色，翅痣及前缘脉黄色，其余脉黑褐色。腹部第 1 背板中央大部分、第 2～5 背板基部两侧的一横纹或相连成的横带黑色；产卵管黄赤色，鞘黑色。

生物学：寄主有油杉松毛虫 *Dendrolimus evelyniana*、马尾松毛虫 *Dendrolimus punctatus*、赤松毛虫 *Dendrolimus spectabilis*、落叶松毛虫 *Dendrolimus superans*（=西伯利亚松毛虫 *Dendrolimus sibiricus*）、油松毛虫 *Dendrolimus tabulaeformis*、松毛虫脊茧蜂 *Aleiodes esenbeckii*、隆钩尾姬蜂指名亚种 *Apechthis compunctor compunctor*、黑足凹眼姬蜂 *Casinaria nigripes*、松毛虫镶颚姬蜂（=黑胸姬蜂）*Hyposoter takagii*、粘虫棘领姬蜂 *Therion circumflexum* 及苹小卷蛾 *Adoxophyes orana*、绢粉蝶 *Aporia crataegi*、精灰蝶 *Artopoetes pryeri*、异色卷蛾 *Choristoneura diversana*、茶蓑蛾 *Cryptothelea minuscula*、大袋蛾 *Cryptothelea variegata*、盗毒蛾 *Porthesia similis*、美国白蛾 *Hyphantria cunea*、黄足毒蛾 *Ivela auripes*、杨毒蛾 *Leucoma salicis*、舞毒蛾 *Lymantria dispar*、黄褐天幕毛虫 *Malacosoma neustria testacea*、链环蛱蝶 *Neptis pryeri*、白尾尺蠖 *Ourapteryx maculicaudaria*、稻苞虫 *Parnara guttata*、菜粉蝶 *Pieris rapae*、落叶松卷蛾 *Ptycholomoides aeriferanus*、大红蛱蝶 *Vanessa indica* 等。

标本记录：1♂，黑龙江一面坡，1963.V.25，方三阳，寄主：落叶松毛虫，No. 772128；1♂，黑龙江海林，1975.VI，张贵有，寄主：松毛虫幼虫，No. 750545；2♂，黑龙江岱岭，1977.VII.8，林科所，寄主：松毛虫，No. 772128；2♀3♂，黑龙江牡丹江，1980.VII，张润生，寄主：落叶松毛虫，No. 810369（3）、810373、810374；1♀，浙江汤溪，1934.VI.2，祝汝佐，寄主：马尾松毛虫；1♀，浙江嘉兴，1935.V.26，祝汝佐，寄主：马尾松毛虫；1♀，浙江常山，1954.V，邱益三，寄主：马尾松毛虫，No. 5414.17；5♂，四川，1957，四川林科所，寄主：松毛虫，No. 801910、802671；1♀，四川石棉，1956.VII.18，农业厅，寄主：油杉松毛虫，No. 5632.1。

分布：黑龙江、辽宁、北京、陕西、江苏、浙江、江西、湖北、湖南、四川、贵州；古北区东部。

（23）缺脊囊爪姬蜂指名亚种 *Theronia pseudozebra pseudozebra* Gupta, 1962（图 39）

Theronia (*Theronia*) *pseudozebra pseudozebra* Gupta, 1962: 21; Townes *et al.*, 1965: 67; Gupta, 1987: 187; 何俊华和曾洁, 2018: 48.
Theronia pseudozebra pseudozebra: 何俊华等, 1996: 189; 徐延熙等, 2006: 768.
Therion(!误写) *pseudozebra pseudozebra*: 陈昌洁, 1990: 194.

雌：体长 7.0～13.0mm，前翅长 6.0～12.0mm，产卵管长 3.0～6.0mm。

头：颜面高为宽的 1.0 倍，下方稍收窄，中央稍隆起，具稀疏刻点，近脸眶光滑。复眼内缘在触角窝对过弧形凹入。唇基亚端部有 2 个弱瘤状凸起，端缘微凹。额光滑，在触角窝之间有一短纵脊。颚眼距几乎消失。上颚2端齿等长。上颊背面观向后强烈收窄，长为复眼的0.4倍。单眼POL：OD：OOL=1.0：1.4：1.7。触角鞭节39节，短于前翅长，第1节长为其端宽的3.0倍、为第2节长的1.5倍。

胸：前胸背板光滑，背缘具稀疏柔毛；前沟缘脊强。中胸盾片光滑，被细毛；盾纵沟不明显；小盾片侧脊弱，但明显，伸至中央。中胸侧板光滑；胸腹侧脊上段曲折处缺。后胸侧板光滑无毛；后胸侧板下缘脊强，在中足基节背方呈发达的叶突，其上有细纵脊。并胸腹节中纵脊端部向外扩展与端横脊相连，后方较宽；无分脊；侧纵脊发达；分开第2～3外侧区的端横脊侧段缺失，但大型个体在两端或模糊存在；中区后方开放。气门线形。

翅：前翅cu-a脉后叉式；小翅室四边形，无柄，2rs-m：3rs-m=1.0：2.0；小翅室收纳2m-cu脉于端部0.3处；Rs脉从翅痣中央伸出。后翅cu-a脉在中央上方0.3处曲折，CU1脉端段明显。

足：后足腿节长为最大宽的2.7倍。跗爪简单，无基齿，但基部有一端部膨大的鬃。

腹：第1节背板长为端宽的1.7倍，光滑。第2～5节背板近光滑，被密毛，背瘤较弱，横形。产卵管圆筒形，均匀粗细；产卵管鞘长为后足胫节的1.42倍。

体色：黄褐色。触角黑褐色。上颚端齿、单眼区、后头、中胸盾片3个纵斑、小盾片前凹和小盾片端部、中胸侧板沿前缘及翅基下脊下方"T"形斑、后缘下半、并胸腹节侧区均黑色；腹部各节背板具2个几乎相连的大黑斑。足黄褐色，前足腿节背面、中足腿节腹面、后足腿节内侧和外侧纵斑（两斑相连）、后足跗节均黑褐色。产卵管鞘黑色，产卵管红褐色。翅透明，带烟黄色，翅脉黑褐色，翅痣黄褐色。

雄：与雌蜂相似。唇基亚端部具2个强的瘤状凸起；体上黑斑色稍浅。

生物学：从马尾松毛虫 *Dendrolimus punctatus*、稻苞虫 *Parnara guttata* 蛹育出。

标本记录：2♂，广东肇庆，1978.VII.1，何俊华，寄主：马尾松毛虫，No. 780376、780616；1♂，广西全州，1974，广西林科所，寄主：马尾松毛虫，No. 75067.5。

分布：浙江、广东、海南、广西、贵州、云南；东洋区。

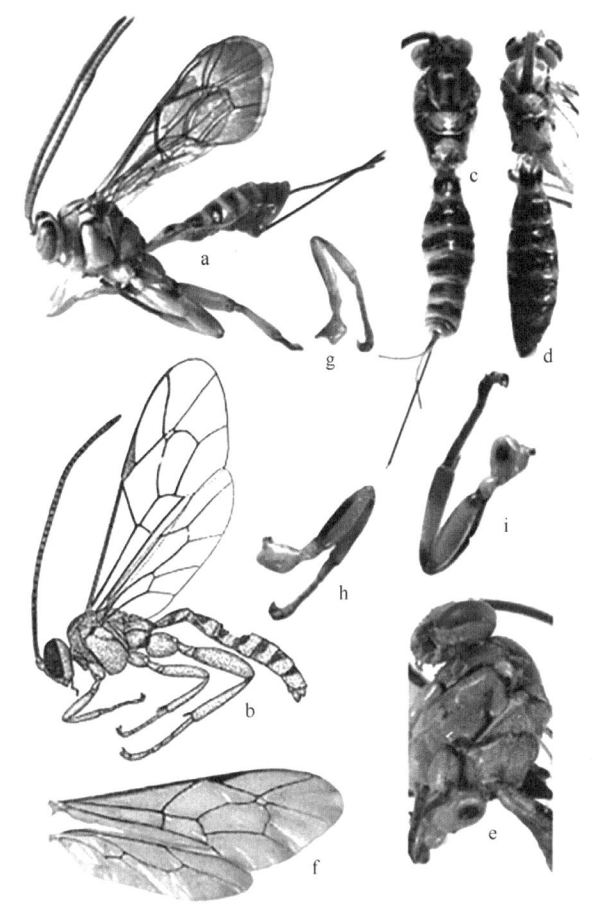

图39 缺脊囊爪姬蜂指名亚种 *Theronia pseudozebra pseudozebra* Gupta（b. 引自 何俊华等，1996；其余引自 刘经贤，2009）
a. 雌蜂，侧面观；b. 雄蜂，侧面观；c. 雌蜂，背面观；d. 雄蜂，侧面观；e. 头部、胸部和腹部第1节，侧面观；f. 翅；g. 前足；h. 中足；i. 后足

(24) 黑纹囊爪姬蜂黄瘤亚种 *Theronia zebra diluta* Gupta, 1962（图40）

Theronia iridipennis Cameron, 1907: 99.

Orientotheronia rufescens Morley, 1913: 146.

Theronia zebroides: Morley, 1914: 44；祝汝佐，1935: 9.

Theronia (*Theronia*) *zebra diluta* Gupta, 1962: 18; Townes *et al*., 1965: 67.

Theronia rufescens: 祝汝佐，1937: 87；祝汝佐，1955: 5；华东农业科学研究所，1955: 106.

Theronia zebra diluta: Townes *et al*., 1961: 77；杨秀元和吴坚，1981: 310；赵修复，1982: 291；Chiu *et al*., 1984: 8；王淑芳，1984: 43；湖北省林业厅，1984: 164；何俊华，1985: 108；孙明雅等，1986: 28；Gupta, 1987: 188；柴希民等，1987: 7；王问学等，

1989: 186; 谈迎春等, 1989: 134; 陈昌洁, 1990: 194; 童新旺等, 1991: 8; 湖南省林业厅, 1992: 1221; 申效诚, 1993: 164; 王书欣等, 1993: 20; 张永强等, 1994: 231; 洪菊生, 1995: 258(松毛虫束爪姬蜂); 何俊华等, 1996: 190; 陈尔厚, 1999: 48; 柴希民等, 2000: 8; 倪乐湘等, 2000: 43; 钟武洪等, 2000: 56; 梁秋霞等, 2002: 29; 王淑芳, 2003: 233; 何俊华, 2004: 394; 施再喜, 2006: 28; 徐延熙等, 2006: 768; 何俊华和曾洁, 2018: 48.

Theronia (*Poecilopimpla*) *zebre diluta*: Townes *et al*., 1965: 67; 赵修复, 1976: 239; 何俊华和匡海源, 1977: 4; 中国科学院动物研究所和浙江农业大学, 1978: 37; 吴钜文, 1979a: 36; 何俊华, 1986c: 341; 何俊华和庞雄飞, 1986: 28; 四川省农科院植保所等, 1986: 71; Gupta, 1987: 187; 何俊华和王淑芳, 1987: 374; 侯陶谦, 1987: 174; 何志华和柴希民, 1988: 4; 严静君等, 1989: 295; 于思勤和孙元峰, 1993: 466; 何俊华, 2004: 393.

Therion(!误写) *zebra diluta*: 陈昌洁, 1990: 194.

Theronia zebra: 王问学和刘伟钦, 1993: 143.

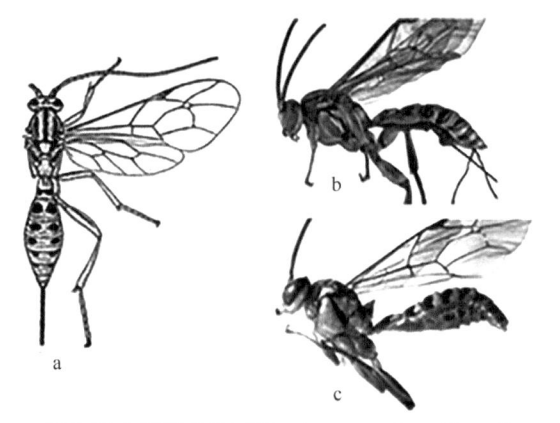

图 40 黑纹囊爪姬蜂黄瘤亚种 *Theronia zebra diluta* Gupta (a. 引自 何俊华, 1986c; 其余引自 刘经贤, 2009)
a. 雌蜂, 背面观; b. 雌蜂, 侧面观; c. 雄蜂, 侧面观

雌: 体长 6.8～12.6mm, 前翅长 7.0～11.6mm。

头: 颜面向下稍收窄, 下宽为中长的 1.3 倍, 中央均匀隆起, 具中等刻点。唇基光滑, 在侧角有时有横脊伸至中央, 有时有 2 个圆形弱中瘤。额光滑, 在触角窝之间有短中纵脊。颚眼距甚短。头顶具细刻点; 头部在复眼后收窄。单眼区周围有细沟, 单复眼间距和侧单眼间距分别为侧单眼长径的 1.4 倍、1.2 倍。触角长为前翅的 0.95 倍, 40～41 节, 鞭节至端部稍细; 第 1 鞭节长为第 2 鞭节的 1.78 倍, 端节为端前节的 2.2 倍。

胸: 前胸背板光滑, 仅背缘散生刻点。中胸盾片具细刻点, 无盾纵沟; 小盾片刻点更稀, 侧脊明显, 稍超过长度之半。中胸侧板光滑, 胸腹侧脊在侧板下半明显, 远离侧板前缘, 具细长毛。后小盾片光滑。后胸侧板光滑, 仅近后足基节处有细皱, 下缘脊在靠近中足基节处突然高起, 形成一个明显的叶状突。并胸腹节中区梯形, 后方向外扩张, 长约为后缘宽的 0.7 倍, 其后方的脊中央部分多消失; 第 2 外侧区多长毛, 与第 3 外侧区之间的端横脊存在; 气门长裂口形。

翅: 小翅室斜四边形, 第 2 肘间横脉长, 收纳第 2 回脉于端部 1/3 处。

足: 足正常, 腿节下方无脊和齿。

腹: 腹部背板光滑, 除第 1 节外其余均具带毛细刻点, 至腹端愈强。第 1 节背板长约为端宽的 1.3 倍, 背中脊伸至气门。产卵管鞘长约为后足胫节的 1.52 倍。

体色: 体黄至黄褐色, 有黑色或褐色斑纹。复眼、单眼区、后头脊前方、上颚齿黑色; 触角暗红色, 柄节和梗节背面黑色, 腹面黄色。中胸盾片的 3 条纵纹及小盾片前凹、中胸侧板前缘并连上缘、翅基下脊下方的 T 形纹、后缘下半、并胸腹节第 1 侧区 1 纹或整个基部、腹部第 1～6 背板的 1 对横纹 (第 1、2 节的有时相连呈横带) 均黑色或褐色。翅透明, 带烟黄色; 前缘脉及翅痣黄褐色, 其他脉黑褐色。后足基节基部外侧斑、转节末端、腿节下面及上面两侧 2 纹 (有时无) 均黑色或黑褐色。产卵管黄赤色, 鞘黑色。

雄: 与雌蜂相似。但唇基端缘中央有 2 个明显的小瘤凸。单复眼间距和侧单眼间距分别为侧单眼长径的 1.2 倍、0.8 倍。触角端节为端前节的 1.7 倍。

生物学: 寄主有马尾松毛虫 *Dendrolimus punctatus*、舞毒蛾瘤姬蜂 *Pimpla disparis*、松毛虫镶颚姬蜂 *Hyposoter takagii*、花胸姬蜂 *Gotra octocinctus* 及麝香凤蝶 *Atrophaneura alcinous mansonensis*、大红纹凤蝶 *Atrophaneura polyeuctes termessus*、双黑目大蚕蛾 *Caligula japonica*、茶蓑蛾 *Cryptothelea minuscula*、樟蚕 *Eriogyna pyretorum*、侧条紫斑蝶 *Euploea leucostictos leucogonis*、柚木驼蛾 *Hyblaea puera*、虹毒蛾 *Lymantria* *obsoleta*、榕舞毒蛾 *Lymantria serva*、沁茸毒蛾 *Dasychira mendosa*、竹毒蛾 *Pantana visum*、稻苞虫 *Parnara guttata*。日本记载还有银杏大蚕蛾等。单寄生，从蛹内羽化。

标本记录：1♀，江苏南京，1954.V，华东农科所，寄主：马尾松毛虫，No. 740094；1♂，浙江汤溪，1934.VI.7，祝汝佐，寄主：马尾松毛虫；1♀，浙江常山，1954.V，邱益三，寄主：马尾松毛虫，No. 5514.18；3♀，浙江常山，1954.V，邱益三，寄主：马尾松毛虫，No. 5414.17、5514.25；1♀，浙江常山，1954.IX.17，浙江林科所，寄主：马尾松毛虫，No. 5427.2；1♂，浙江建德，1986.V.18，何俊华，寄主：花胸姬蜂，No. 864448；3♂1♀，浙江衢州，1987.VI，何俊华，寄主：马尾松毛虫，No. 871016、871057、871059、871060；1♀5♂，江西弋阳，1977.V.26，匡海源，寄主：马尾松毛虫，No. 770336；湖南东安，1954.VIII.20，孙锡麟，寄主：马尾松毛虫，No. 5506.9；1♀，湖南东安，1954.V，祝汝佐、何俊华，寄主：黑胸姬蜂，No. 5635.31；1♂，湖南道县，1957，彭建文，寄主：马尾松毛虫蛹，No. 5730.15；1♀，四川成都，1942.IV.10，祝汝佐，寄主：枯叶蛾，No. 65018.18；1♀1♂，四川，19xx，四川林科所，寄主：松毛虫，No. 801910；7♀6♂，广东广州，1977，卢川川，寄主：马尾松毛虫，No. 780183；5♀2♂，广东肇庆，1978.VII.1，何俊华，寄主：马尾松毛虫，No. 780376；2♂，广西全州，1974.IV，广西林科所，寄主：马尾松毛虫，No. 750675；2♂，云南开远，1974.XI.15，李伟华，寄主：松毛虫，No. 772085。

分布：江苏、浙江、江西、湖北、湖南、四川、台湾、福建、广东、海南、广西、贵州、云南、香港；日本，缅甸，印度。

注：Gupta（1962）报道我国台湾、香港有分布。

11. 黑点瘤姬蜂属 *Xanthopimpla* Saussure, 1892（图 41）

Xanthopimpla Saussure, 1892: 13.

属征简述：前翅长 4.0~18.0mm。体粗壮。体黄色，通常有黑斑。复眼内缘在触角窝对过明显凹入。唇基被一横沟分成两部分。上颚短，上颚末端尖并扭曲成 90°，致使下端齿位于内方，下端齿小于上端齿。盾纵沟强，在其前端有一短横褶。并胸腹节光滑，通常有横脊和纵脊，有时脊少而无闭合的分区。跗爪大而明显，无基齿，通常有一端部平的扩大的毛。翅透明或半透明，偶尔烟褐色，前翅外缘色常暗。小翅室大多数种闭合。腹部光滑，有强横沟和一些粗刻点。产卵管鞘通常为腹长的 0.4 倍，但等长的或不伸出腹端的也有；产卵管下弯，有时直，偶有端部下弯。

生物学：寄生于裸露的或半裸露的鳞翅目，从蛹内羽化，单寄生。

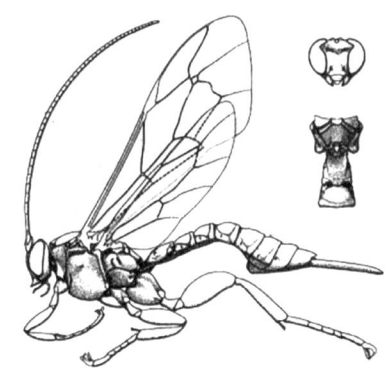

图 41 *Xanthopimpla hova* Saussure（黑点瘤姬蜂属 *Xanthopimpla* Saussure）（引自 Townes, 1969）

分布：东洋区、澳洲区、非洲区、新热带区，但主要在南亚和东南亚，日本也有一些。我国种类甚丰富，已知 80 种，其中寄生于松毛虫 *Dendrolimus* spp.的有 4 种。

此外，袁家铭和潘中林（1964: 363）报道 *Xanthopimpla* sp.在四川寄生于西昌杂毛虫；中国林业科学研究院（1983: 687）报道 *Xanthopimpla* sp.寄生于西昌杂毛虫 *Cyclophragma xichangensis*。现知西昌杂毛虫有被松毛虫黑点瘤姬蜂 *Xanthopimpla pedator* 寄生的记录。

黑点瘤姬蜂属 *Xanthopimpla* 分种检索表

1. 并胸腹节气门前方有一丘形或瘤形的隆肿（女王黑点瘤姬蜂种团 *regin* Group） ·· 2
- 并胸腹节气门前方无丘形或瘤形的隆肿 ··· 3

2. 小盾片中央强度隆起，但不呈锥形；第 3～5 节背板上的刻点较稀，第 3 节在黑斑之间的刻点仅 5～20 个；中胸盾片中间 1 纹与后端 1 纹相距甚远；并胸腹节中区六角形，高稍大于宽；腹部第 1～7 节背板均有 1 对黑斑，第 8、9 节背板黑斑明显 ·· 樗蚕黑点瘤姬蜂 *X. konowi*

- 小盾片中央强度隆起呈锥形；第 3～5 节背板上的刻点相当密，第 4 节亚侧方黑斑上刻点的距离平均为点径的 1.3 倍，第 3 节在黑斑之间的刻点至少有 40 个；中胸盾片中间 1 纹与后端 1 纹几乎相连；并胸腹节中区六角形，宽稍大于高；腹部第 6、8 节背板黑斑常不明显 ··· 松毛虫黑点瘤姬蜂 *X. pedator*

3. 中后足跗爪最大鬃的近端部不变宽，或偶尔稍变宽，向端部渐尖，但端部色浅不变黑；中胸盾片在翅基片之间部位的毛非常稀疏或无毛；产卵管鞘长为后足胫节的 1.4～2.4 倍，下弯；并胸腹节中区通常完整（广黑点瘤姬蜂种团 punctata Group）；并胸腹节分脊甚近于中区的后侧角；腹部第 1、3、5、7 节背板上有 1 对黑点（有时雄蜂第 4、6 节背板上也有，但较小或褐色） ··· 广黑点瘤姬蜂 *X. punctata*

- 中后足跗爪最大鬃的近端部明显变宽，弯曲，黑化；中胸盾片在前方具中等密的带毛刻点，后方中央毛常稀，后部无毛，或全部具中等密的毛；产卵管鞘长为后足胫节的 0.9～1.8 倍，产卵管中等壮；并胸腹节中区完整（螟黑点瘤姬蜂种团 stemmator Group）；头顶后方倾斜的部位和中胸盾片上各有 2 个黑色斑点；腹部各节背板都有 1 对黑色斑点，但雌性第 6 节的黑斑有时甚小或消失 ··· 螟黑点瘤姬蜂 *X. stemmator*

（25）樗蚕黑点瘤姬蜂 *Xanthopimpla konowi* Krieger, 1899（图 42）

Xanthopimpla konowi Krieger, 1899: 87; Townes et Chiu, 1970: 48; 赵修复, 1976: 232; Gupta, 1987: 139; 侯陶谦, 1987: 17; 何俊华等, 1996: 173; 陈尔厚, 1999: 48; 何俊华和曾洁, 2018: 48.
Xanthopimpla iaponica Krieger, 1899: 81; Townes et al., 1965: 61.
Xantbopimpla formosensis Krieger, 1914: 43, 51; Sonan, 1929: 422; 吴钜文, 1979a: 37; 杨秀元和吴坚, 1981: 311; 侯陶谦, 1987: 174.
Xanthopimpla grandis Cushman, 1925: 43.

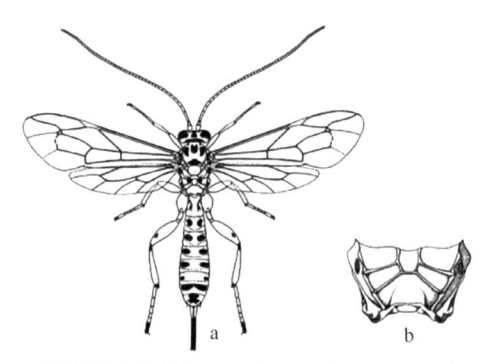

图 42 樗蚕黑点瘤姬蜂 *Xanthopimpla konowi* Krieger（a. 引自 何俊华等，1996；b. 引自 Townes & Chiu, 1970）
a. 雌蜂，背面观；b. 并胸腹节，背面观

雌：体长 13.0～20.0mm，前翅长 12.0～18.5mm。颜面宽为高的 1.3 倍，两侧近眼眶处有边缘圆的竖脊，之间具浅刻点，点距为点径的 0.3 倍。中胸盾片前端横脊短而低；盾纵沟短；小盾片强烈隆凸，但不呈锥形，盾片侧脊低。并胸腹节中区完整，长为宽的 1.2 倍；气门前方有一丘形隆突。后足胫节具 1～4 根端前鬃。腹部第 3 节背板中央有 5～20 个刻点。产卵管鞘长为后足胫节的 1.1～1.5 倍。中胸盾片前方具 3 个黑斑，中央黑斑不向后延伸；并胸腹节基部、腹部第 1～7 节背板均有 1 对黑斑；第 8、9 节背板黑斑明显。

生物学：寄主有马尾松毛虫 *Dendrolimus punctatus*、赤松毛虫 *Dendrolimus spectabilis*、德昌松毛虫 *Dendrolimus punctatus tehchangensis* 及弗氏柞蚕 *Antheraea frithi*、柞蚕 *Antheraea pernyi*、多音天蚕蛾 *Antheraea polyphemus*、乌桕大蚕蛾 *Attacus atlas*、都山蚕蛾 *Attacus dohertyi*、小字大蚕蛾 *Cricula trifenestrata*、黄褐天幕毛虫 *Malacosoma neustria testacea*、樗蚕 *Philosamia cynthia*、樟蚕 *Eriogyna pyretorum* 等。

分布：陕西、江苏、浙江、江西、湖南、四川、台湾、福建、广东、广西、贵州、云南；日本，越南，缅甸，泰国，马来西亚，印度尼西亚，印度。

注：寄生于松毛虫的记录最早见于 Sonan（1929）以 *Xanthopimpla formosensis* 学名的报道，之后祝汝佐（1933，1935，1937）又以 *Xanthopimpla japonica* 学名报道，现在此 2 个学名都归入 *Xanthopimpla konowi*，寄生于松毛虫的记录亦跟随并入。笔者手头有许多樗蚕黑点瘤姬蜂标本，未见寄生于松毛虫者，当时鉴定特征就可能比较笼统；也有许多寄生于松毛虫的黑点瘤姬蜂，都不是樗蚕黑点瘤姬蜂。陈尔厚（1999：49）

比较从澄江圆柏上的云南松毛虫蛹与从澄江樟树上的樗蚕茧中育出的 10 余头樗蚕黑点瘤姬蜂，发现完全相似，基本上符合樗蚕黑点瘤姬蜂描述的特征，所不同者为该雌蜂小盾片呈锥状隆起，与育出的松毛虫黑点瘤姬蜂相似。

（26）松毛虫黑点瘤姬蜂 *Xanthopimpla pedator* (Fabricius, 1775)（图 43）

Ichneumon puntator Linnaeus, 1767: 935.

Ichneumon pedator Fabricius, 1775: 28.

Pimpla punctator Vollenhoven, 1879: 143.

Xanthopimpla iaponica Krieger, 1899: 81; 祝汝佐, 1933: 625; 祝汝佐, 1935: 8; 祝汝佐, 1937: 83; 华东农业科学研究所, 1955: 106; Townes *et al.*, 1961: 57.

Xanthopimpla pedator: Morley, 1913: 116; Townes et Chiu, 1970: 39; 赵修复, 1976: 234; 福建林学院森林保护教研组, 1976: 21; 何俊华和匡海源, 1977: 3; 中国科学院动物研究所和浙江农业大学, 1978: 35; 侯陶谦和吴钜文, 1979: 174; 吴钜文, 1979a: 37; 吴钜文, 1979b: 11; 杨秀元和吴坚, 1981: 311; 党心德和金步先, 1982: 139; 朱文炳等, 1982: 48; 中国林业科学研究院, 1983: 687, 693, 704, 715; 金华地区森防站, 1983: 33; Chiu *et al.*, 1984: 7; 王淑芳, 1984: 43; 贵州动物志编委会, 1984: 232; 陕西省林业科学研究所, 1984: 203; 湖北省林业厅, 1984: 164; 何俊华, 1985: 108; 何俊华, 1986c: 341; 何俊华和庞雄飞, 1986: 26; 孙明雅等, 1986: 22; 四川省农科院植保所等, 1986: 71; Gupta, 1987: 155; 何俊华和王淑芳, 1987: 372; 柴希民等, 1987: 6; 侯陶谦, 1987: 174; 张务民等, 1987: 32; 何志华和柴希民, 1988: 4; 田淑贞, 1988: 36; 严静君等, 1989: 299; 王问学等, 1989: 186; 谈迎春等, 1989: 134; 吴钜文和侯陶谦, 1990: 290; 陈昌洁, 1990: 194; 陕西省林业科学研究所和湖南省林业科学研究所, 1990: 10; 童新旺等, 1991: 8; 杜增庆等, 1991: 16; 吴猛耐等, 1991: 56; 陈学新和何俊华, 1992: 286; 湖南省林业厅, 1992: 1220; 萧刚柔, 1992: 942, 944, 947, 952, 954, 1209; 王问学和刘伟钦, 1993: 143; 申效诚, 1993: 165; 王书欣等, 1993: 20; 章士美和林毓鉴, 1994: 157; 张永强等, 1994: 231; 洪菊生, 1995: 258; 何俊华等, 1996: 171; 陈尔厚, 1999: 48; 倪乐湘等, 2000: 43; 钟武洪等, 2000: 56; 柴希民等, 2000: 8; 梁秋霞等, 2002: 29; 王淑芳, 2003: 228; 何俊华, 2004: 390; 何俊华和陈学新, 2006: 102; Chen et He, 2006: 102; 施再喜, 2006: 28; 徐延熙等, 2006: 768; 骆晖, 2009: 48; 何俊华和曾洁, 2018: 48.

Xanthopimpla formosensis Krieger, 1914: 43, 51; Sonan, 1929: 422; 吴钜文, 1979a: 37.

Xanthopimpla grandis: Cushman, 1925: 43.

Xanthopimpla japonica(!): Chu, 1933: 625; 邱式邦, 1955: 182; 中国科学院昆虫研究所和林业部林业科学研究所湖南东安松毛虫工作组, 1956: 312; 刘友樵等, 1957: 48; 孙锡麟和刘元福, 1958: 243; 祝汝佐, 1955: 5; 彭建文, 1959: 201; 蔡邦华等, 1961: 361; 蒋雪邨和李运帷, 1962: 244; 袁家铭和潘中林, 1964: 363; 广东省农林学院林学系森保教研组, 1974: 104, 105.

Xanthopimpla punctator: Wu, 1941: 56.

体长 10～18mm，前翅长 8～15mm。

头：颜面宽约为高的 1.1 倍，在触角窝下方有向下的弧形脊，两边似将颜面围成圆形中区，此区内具模糊不规则网纹。额光滑，中单眼下方稍纵隆。侧单眼中央及外侧均有沟，侧单眼直径、侧单眼间距和单复眼间距约相等。触角 44～45 节。

胸：盾纵沟前端横褶锋锐，长为盾纵沟的 2/3；小盾片明显锥形隆起，锥端钝圆，小盾片镶边颇高。中胸侧板翅基下脊屋脊形隆起。并胸腹节中区六角形，宽稍大于高；分脊在中区中央之后伸出；侧纵脊与基横脊相连处有角状突起，比与端横脊相连处的高；在气门前方有一个近似圆锥形的隆起。

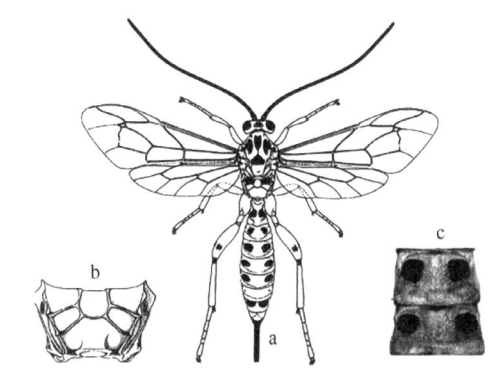

图 43 松毛虫黑点瘤姬蜂 *Xanthopimpla pedator* (Fabricius)（a. 引自 何俊华等, 1996; b. 引自 Townes & Chiu, 1970; c. 引自 刘经贤, 2009）

a. 雌蜂, 背面观; b. 并胸腹节, 背面观; c. 腹部第 2、3 节背板

翅：小翅室封闭，上有短柄，收纳第2回脉在中央稍外方。

足：后足胫节在近端部有1~2个端前刚毛；中后足跗爪最大的刚毛在端部明显宽而弯曲。

腹：腹部第1节背板长为端宽的1.1倍，背中脊伸至亚端沟。第2节背板中区光滑，仅在近黑斑处有几个大刻点。第3、4节背板刻点通常小而密，第3节两黑斑之间至少有40个刻点。产卵管鞘较直，其长度为后足胫节的0.82~1.20倍。

体色：体黄色；单眼区并前连额的中央、后连头顶后方和后头上方、中胸盾片前方3个斑纹及后端1个斑纹（与前方中央的1个有时相接）、并胸腹节第1侧区1个斑纹、腹部第1~8节各节背板的1对大斑（雌蜂第6、8节的常不明显，雄蜂第7节的常相接近）均黑色。触角柄节、梗节背方黑色，腹面黄色，鞭节几乎黑色。中足胫节基部有时黑褐色；后足转节腹面基方、腿节近端部背方内侧2斑和外侧1斑（有时消失或退化）、胫节基端和基跗节的基端黑色；后足端跗节色有变化，多为淡褐色。翅透明，稍带烟褐色，翅痣及翅脉黑褐色。产卵管鞘黑色，基方0.3处的背面黄色。

生物学：寄主有思茅松毛虫 *Dendrolimus kikuchii*、赭色松毛虫 *Dendrolimus kikuchii ochraceus*、马尾松毛虫 *Dendrolimus punctatus*、德昌松毛虫 *Dendrolimus punctatus tehchangensis*、赤松毛虫 *Dendrolimus spectabilis* 及黄斑波纹杂毛虫 *Cyclophragma undans fasciatella*、西昌杂毛虫 *Cyclophragma xichangensis*、弗氏柞蚕 *Antheraea frithi*、印度柞蚕 *Antheraea mylitta*、柳枯叶蛾 *Bhima undulosa*、二化螟 *Chilo suppressalis*、小字大蚕蛾 *Cricula trifenestrata*、茶茸毒蛾 *Dasychira baibarana*、稻苞虫 *Parnara guttata*、玉带凤蝶 *Princeps memnon*、眉纹天蚕蛾 *Samia cynthia*、白螟 *Scirpophaga excerptalis*、辉刀夜蛾 *Simyra albovenosa*、直线野蚕蛾 *Theophila religiosa*。

该蜂1年发生2~3代，以老熟幼在寄主蛹内越冬。在浙江4月化蛹，5~6月为羽化盛期，在广东、广西则更早。蜂产卵于松毛虫老熟幼虫或预蛹内，在蛹期羽化。羽化孔在蛹前端。单寄主。夏天完成一代要30多天，成虫寿命一般6~10天，最长17天。据在浙江衢州、龙游两年的系统调查，该蜂寄生率最高的为26.76%，占蛹期天敌第2位，仅次于寄蝇。浙江长兴第2代蛹上有高达32.34%的记录。该蜂可被单齿长尾小蜂 *Monodontomerus* sp.聚寄生。

标本记录：1♂，江苏南京，1935.IX.14，祝汝佐，寄主：松毛虫；1♀，江苏南京，1954.V~VIII，邱益三，寄主：松毛虫，No. 5514.14；1♀，江苏宜兴，1935.VI.5，祝汝佐，寄主：松毛虫；1♀1♂，浙江汤溪，1933.VI.10、VIII.3，祝汝佐，寄主：马尾松毛虫；1♀，浙江，1935.V.16，吴福桢，寄主：马尾松毛虫；2♀1♂，浙江长兴，1935.VIII.3~10，祝汝佐，寄主：马尾松毛虫；1♂，浙江长兴，1936.VII.31，祝汝佐，寄主：马尾松毛虫；1♀，浙江金华，1935.V.25，祝汝佐，寄主：马尾松毛虫；5♀1♂，浙江常山，1956.VIII.3至中旬，何俊华，寄主：马尾松毛虫，No. 5540.3、65012.24（5）；1♀，浙江余杭，1962.VI.5，浙江省林科所，寄主：马尾松毛虫，No. 62010.7；1♂，浙江富阳，1966.VI.3，胡萃，寄主：马尾松毛虫，No. 740373；4♀，浙江江山，1983.V.25，吴鸿，寄主：马尾松毛虫，No. 840209~212；1♂，浙江天台，1983，县林业局，寄主：马尾松毛虫，No. 840229；1♀1♂，浙江遂昌，1984.VIII.15，陈汉林，寄主：马尾松毛虫，No. 845572；1♀，浙江衢州，1982，甘中南，寄主：马尾松毛虫，No. 826938；23♀21♂，浙江衢州，1984.V.24、1984.IX.、1984.X.1、1984.X.6，何俊华，寄主：马尾松毛虫，No. 841539、845602（10）、844892（10）、844895（11）、844884（8）、845936（2）、846031、846032；11♀16♂，浙江衢州，1985.V.12，沈立荣，寄主：马尾松毛虫，No. 852024（6）、853862（3）、853867（10）、8853869（8）；1♀1♂，浙江，1983.V.23，毛日修，寄主：马尾松毛虫，No. 840207~208；4♀，浙江，1983.V.25，吴鸿，寄主：马尾松毛虫，No. 840209~212；23♀2♂，江西弋阳，1977.V.21~26，匡海源，寄主：马尾松毛虫，No. 770337；3♀1♂，湖南东安，1954.VI.6，祝汝佐、何俊华，寄主：马尾松毛虫，No. 5635.19；2♀，湖南东安，1954.VIII.20，孙锡麟，寄主：马尾松毛虫，No. 5506.5；4♂1♀，四川，197?，四川林科所，寄主：松毛虫，No. 802665（3）、802666、802672；1♀2♂，广东广州，1954.VIII，陈守坚，寄主：马尾松毛虫，No. 5428.1；3♀1♂，广东佛山，1960.IV.20，谢秉章，寄主：马尾松毛虫，No. 740218；1♀11♂，广东广州，1977，卢川川，寄主：马尾松毛虫，No. 780374；2♂，广西临桂，1953.XII.5，金孟肖，寄主：马尾松毛虫，No. 5314.14；2♀，云南温泉（按照标本标签所记录），1983.VI~VIII，游有林，寄主：思茅松毛虫，No. 841689、841690。

分布：北京、山东、陕西、江苏、浙江、江西、湖北、湖南、四川、台湾、福建、广东、海南、广西、贵州、云南；日本，印度，巴基斯坦，缅甸，越南，马来西亚，菲律宾，印度尼西亚等。

注：李必华（1959: 322）记录的日本黑点瘤姬蜂可能即为本种。

（27）广黑点瘤姬蜂 *Xanthopimpla punctata* (Fabricius, 1781)（图 44）

Ichneumon punctatus Fabricius, 1781: 437.

Pimpla punctator Smith, 1858: 119.

Xanthopimpla punctata Morley, 1913: 124; Townes *et al.*, 1961: 64; Townes *et* Chiu, 1970: 222; 赵修复, 1976: 235; 中国科学院动物研究所和浙江农业大学, 1978: 36; 何俊华, 1979: 36; 何俊华等, 1979: 29; 吴钜文, 1979a: 37; 杨秀元和吴坚, 1981: 311; 赵修复, 1982: 292; 何俊华, 1984: 85; Chiu *et al.*, 1984: 7; 王淑芳, 1984: 43; 林思樵和舒启仁, 1984: 38; 湖北省林业厅, 1984: 164; 何俊华, 1986c: 342; 何俊华和庞雄飞, 1986: 26; 孙明雅等, 1986: 23; Gupta, 1987: 160, 162; 柴希民等, 1987: 7; 何俊华和王淑芳, 1987: 373; 田淑贞, 1988: 36; 严静君等, 1989: 299; 陈昌洁, 1990: 194; 陕西省林业科学研究所和湖南省林业科学研究所, 1990: 11; 童新旺等, 1991: 8; 湖南省林业厅, 1992: 1220; 申效诚, 1993: 165; 张永强等, 1994: 232; 章士美和林毓鉴, 1994: 157; 何俊华等, 1996: 180; 柴希民等, 2000: 8; 王淑芳, 2003: 231; 何俊华新等, 2004: 391; 何俊华和陈学新, 2006: 103; Chen *et* He, 2006: 103; 何俊华和曾洁, 2018: 48.

Xanthopimpla punctator: 侯陶谦, 1987: 174.

Xanthopimpla punctator(！): 徐延熙等, 2006: 768.

体长 10～14mm，前翅长 9～12mm。

头：颜面宽约为长的 1.06 倍，满布粗刻点，在触角窝下方隆起，中央上方有不明显的宽缺口。侧单眼直径为单复眼间距的 1.1 倍，为侧单眼间距的 1.2 倍。触角 40 节。

胸：中胸盾片前端横脊强，盾纵沟伸达翅基片前缘连线水平；小盾片强度隆起，其中央稍高耸，侧叶薄而高，伸至后端。并胸腹节中区长约为宽的 0.56 倍，分脊在其后角或后角附近。

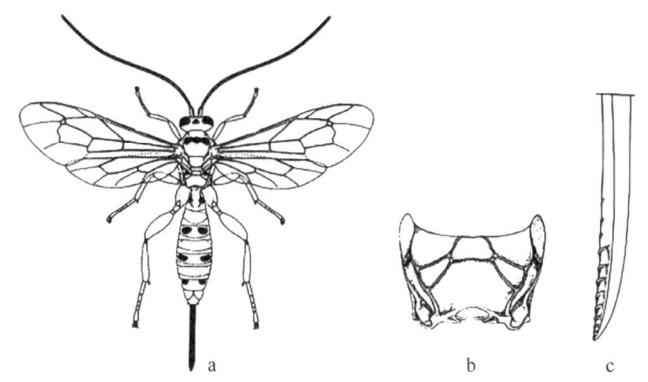

图 44 广黑点瘤姬蜂 *Xanthopimpla punctata* (Fabricius)（a. 引自 中国科学院动物研究所和浙江农业大学，1978；b、c. 引自 Townes & Chiu，1970）
a. 雌蜂，背面观；b. 并胸腹节，背面观；c. 产卵管端部

翅：小翅室封闭，上方明显有柄，收纳第 2 回脉在端部 1/3 处。

足：中后足爪的最粗一根刚毛末端不扩大；后足胫节端部 0.3 左右有 4～8 根分散的粗刚毛。

腹：腹部第 1 节背板无背侧脊。第 2 节背板中区光滑，仅有 10 多个小刻点。产卵管鞘长度约为后足胫节的 1.8 倍，向下微弯。

体色：体黄色，有黑斑。触角一般背面暗褐色，腹面赤褐色。单眼区及周围、中胸盾片中央横列 3 纹（或相连）、翅基下方、并胸腹节第 1 侧区小圆斑，以及腹部第 1、3、5、7 节背板上的一对斑点（雄蜂有时第 4、6 节或第 2、6 节上，雌蜂或第 4 节上也有，但较小或褐色）、后足胫节基部和产卵管鞘均黑色。翅透明，翅痣及大部分翅脉黑褐色；翅痣基部及前缘脉黄褐色。

生物学：寄生于马尾松毛虫 *Dendrolimus punctatus*、文山松毛虫 *Dendrolimus punctatus wenshanensis* 及棉小造桥虫 *Anomis flava*、脆囊袋蛾 *Chalioides vitreus*、甘蔗二点螟 *Chilo infuscatellus*、斑禾草螟 *Chilo partellus*、二化螟 *Chilo suppressalis*、杨扇舟蛾 *Clostera anachoreta*、稻显纹纵卷叶螟 *Cnaphalocrocis exigua*、稻纵卷叶螟 *Cnaphalocrocis medinalis*、瓜螟 *Diaphania indica*、桑螟 *Diaphania pyloalis*、鼎点金刚钻 *Earias cupreoviridis*、棉卷叶野螟（棉褐环野螟）*Haritalodes derogata*、棉铃虫 *Helicoverpa armigera*、双斑野螟 *Herpetogramma bipunctale*、粟穗螟 *Mampava bipunctella*、稻螟蛉 *Naranga aenescens*、茉莉花叶夜螟 *Nausinoe geometralis*、椰蛀蛾 *Nephantis serinopa*、基斑毒蛾 *Olene mendosa*、花生蚀叶野螟 *Omiodes diemenalis*、豆齿叶野螟 *Omiodes indicate*、甘薯茎螟 *Omphisa anastomosalis*、棉古毒蛾 *Orgyia australis*、亚洲玉米螟 *Ostrinia furnacalis*、欧洲玉米螟 *Ostrinia nubilalis*、稻苞虫 *Parnara guttata*、棉红铃虫 *Pectinophora gossypiella*、隐纹谷弄蝶 *Pelopidas mathias*、玉带凤蝶 *Princeps memnon*、大凤蝶 *Papilio memnon heronus*、甘蔗条螟 *Chilo sacchariphagus*、高粱条螟 *Proceras venosata*、*Pyrausta celatalis*、大螟 *Sesamia inferens*、甘蔗黄螟 *Tetramoera schistaceana*、大豆的一种卷叶螟蛹等。

蜂产卵于老熟幼虫体内，寄主仍能正常化蛹。蜂的幼虫在寄主蛹内取食、化蛹，羽化时咬破寄主蛹的前端外出。单寄生。寄生于马尾松毛虫的记录最早见于楚南仁博1944年在我国台湾省的报道，此蜂寄主和分布均广，在稻苞虫中被此蜂寄生的很多，寄生率常在20%以上，浙江丽水1965年7月达42.86%。有时此蜂与寄蝇或与稻苞虫腹柄姬小蜂 *Pediobius mitsukurii* 共寄生于一蛹内。此蜂也有被次生兔唇姬小蜂 *Dimmockia secunda*（=稻苞虫羽角姬小蜂 *Sympiesis parnarae*）或横带驼姬蜂 *Goryphus basilaris* 寄生的。

标本记录：作者手头标本很多（573♀♂），但尚无从马尾松毛虫体上育出的。

分布：台湾、北京、河北、河南、陕西、山东、江苏、浙江、安徽、江西、湖北、湖南、重庆、四川、福建、广东、海南、广西、贵州、云南、西藏、香港；东洋区。

（28）螟黑点瘤姬蜂 *Xanthopimpla stemmator* (Thunberg, 1822) （图45）

Ichneumon stemmator Thunberg, 1822: 262.
Xanthopimpla stemmator: Sonan, 1944: 4; Townes *et al.*, 1961: 69; Townes *et al.*, 1965: 64; Townes et Chiu, 1970: 108; 赵修复，1976: 237; 中国科学院动物研究所和浙江农业大学，1978: 36; 何俊华，1979: 36; 吴钜文，1979a: 37; 杨秀元和吴坚，1981: 311; Chiu *et al.*, 1984: 7; 何俊华和庞雄飞，1986: 27; 何俊华，1986c: 342; 孙明雅等，1986: 24; Gupta, 1987: 168; 何俊华和王淑芳，1987: 374; 柴希民等，1987: 7; 侯陶谦，1987: 174; 严静君等，1989: 299; 陈昌洁，1990: 194; He, 1992: 287; 申效诚，1993: 165; 张永强等，1994: 232; 何俊华等，1996: 174; 柴希民等，2000: 8; 王淑芳，2003: 225; 徐延熙等，2006: 768; 何俊华和曾洁，2018: 48.

体长：8.0～12.5mm，前翅长6.0～11.5mm。

头：颜面宽约为高的1.2倍，密布刻点。额中央有一瘤状隆起，此隆起上方即中单眼下方有一凹陷。单复眼间距为侧单眼直径的0.9倍、为侧单眼间距的1.0～1.1倍。触角37节。

胸：中胸盾片较长，具稀而细带毛刻点，前端的稍密；盾纵沟明显，但不达翅基片前缘连线水平；小盾片均匀隆起，侧脊伸至端部，前高后低。翅基下脊圆，隆起较低。并胸腹节中区长约等于宽，少数比之稍短。

翅：小翅室封闭，上方具柄；第2回脉强度曲折，伸至小翅室中央稍外方。

足：中后足爪的一根最粗的刚毛末端扩大；后足胫节有9～16个端前粗刚毛。

腹：腹部第1节背板长为端宽的1.15倍，背侧脊在基部至气门一段和后端明显，背中脊伸至亚端横沟处。第2节背板中区侧方刻点粗大，中央仅前方有10多个长形大刻点。第3～6节背板刻点粗密。产卵管鞘长约为后足胫节的1.1倍。

体色：体黑色。单眼区连额的中央、头顶后方倾斜部位的2个斑点、中胸盾片的1对大斑（有时色淡）、小盾片前凹三角形斑、并胸腹节第1侧区大斑、腹部第1～8节背板上的1对大斑（雌蜂第6、8节的斑有时甚小或消失）、产卵管鞘均黑色。触角褐色至黑褐色，通常背面色更黑些，柄节和梗节的腹面黄色。翅透明，带烟黄色；翅脉黑褐色；翅痣黑褐色，基部及前缘脉顶端黄褐色。

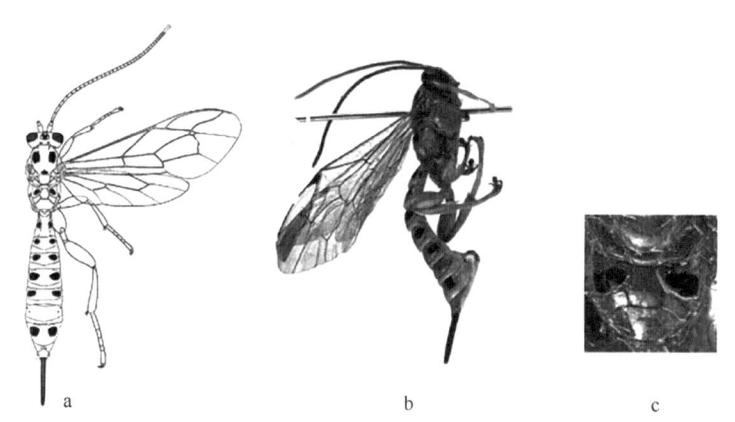

图 45 螟黑点瘤姬蜂 *Xanthopimpla stemmator* (Thunberg)（a. 引自 中国科学院动物研究所和浙江农业大学，1978；其余引自 刘经贤，2009）
a. 雌蜂，背面观；b. 雌蜂，侧面观；c. 并胸腹节，背面观

雄：与雌蜂相似。

生物学：寄主有马尾松毛虫 *Dendrolimus punctatus* 及台湾稻螟 *Chilo auricilius*、甘蔗二点螟 *Chilo infuscatellus*、斑禾草螟 *Chilo partellus*、二化螟 *Chilo suppressalis*、桃蛀野螟 *Dichocrocis punctiferalis*、小卷蛾 *Cryptophlebia rhynchias*、新热带玉米螟 *Diatraea lineolata*、小蔗螟 *Diatraea saccharalis*、棉卷叶野螟 *Haritalodes derogata*、棉铃虫 *Helicoverpa armigera*、甘薯蠹野螟 *Omphisa anastomosalis*、亚洲玉米螟 *Ostrinia furnacalis*、欧洲玉米螟 *Ostrinia nubilalis*、三化螟 *Scirpophaga incertulas*、稻白螟 *Scirpophaga innotata*、甘蔗白禾螟蛾（蔗白螟）*Scirpophaga nivella*、大螟 *Sesamia inferens*、甘蔗黄螟（甘蔗小卷蛾）*Tetramoera schistaceana*、金翅粉夜蛾 *Trichoplusia orichalcea* 等。单寄生，从寄主蛹的前端羽化外出。

标本记录：作者手头的标本中尚无从马尾松毛虫体上育出的。寄生于马尾松毛虫的记录，最早见于 Sonan（楚南仁博）1944 年在我国台湾省的报道。

分布：台湾、福建、广东、广西、云南；东洋区。

柄卵姬蜂亚科 Tryphoninae

前翅 2.5~23mm。体通常壮实，有时细长。唇基端缘通常宽，有一列长而平行毛缨。上颚通常 2 齿。雄性触角无角下瘤。无腹板侧沟或短。中胸腹板后横脊绝不完整。并胸腹节通常部分或完全分区，有时脊退化或无。跗爪多少有栉齿，有时简单。小翅通常存在，上方几乎总是尖或具柄。第 2 回脉几乎都有 2 个气泡。第 1 腹节气门在中央或中央之前，除个别属种外，多具基侧凹；背中脊通常强。腹部扁平，而拟瘦姬蜂属 *Netelia* 侧扁。产卵管通常不长于腹端厚度，但有的属种有若干倍长，其端部无端前背缺刻，其下瓣端部通常有一些齿。

外寄生。卵大型，常具一柄，卵柄端埋于寄主体壁内。大多数寄生于老熟的鳞翅目幼虫和叶蜂幼虫。寄生蜂幼虫并不立即侵害寄主，而是等到寄主幼虫结茧或进入蛹室时。

柄卵姬蜂亚科广布世界。已知 7 族，在我国发现 5 族。国内寄生于松毛虫的仅有短梳姬蜂族 Phytodietini 的拟瘦姬蜂属 *Netelia* Gravenhorst。国外记录 *Thymaris tener* (Gravenhorst) 在欧洲寄生于欧洲松毛虫。

12. 拟瘦姬蜂属 *Netelia* Gray, 1860 （图 46）

Paniscus of authors, not of Schrank.

Netelia Gray, 1860: 341.

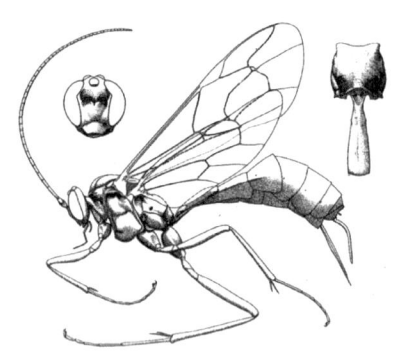

图 46 *Netelia leo* Cushman（拟瘦姬蜂属 *Netelia* Gray）
（引自 Townes，1969）

属征简述：前翅长 5~23mm。底色藁黄至铁锈色，偶有褐色或黑色。上颚扭曲，下齿稍小。单复眼大；复眼内缘在触角窝对过凹入，与侧单眼相接或几乎相接。并胸腹节基部约 0.65 处有横刻条，通常有一对横行侧突，其余光滑。后小脉在中央上方曲折。雄性抱握器内表面通常有一斜行骨片，在此骨片端部是一可活动的瓣状物。产卵管端部细，长为腹部端部厚度的 1~2 倍。

本属寄主是身体裸露、作土室化蛹的中等大小的鳞翅目幼虫。本属成蜂身体大小、色泽、形状、腹部侧扁以及夜晚活动、有趋光性等与瘦姬蜂亚科 Ophioninae 的一些种类很相似。

分布：世界分布。本属现分为 11 亚属，已知 327 种；我国已知 7 亚属 37 种。本属各种大部分外表相似，最好以雄性抱握器内表面的特征进行鉴定。但由于多为单寄生，因此除非经过饲养，雌性很难配对和订名。

国内发现寄生于松毛虫的有 2 种。

国外记载二尾舟蛾拟瘦姬蜂 *Netelia* (*Netelia*) *vinulae* (Scopoli, 1763)寄生于欧洲松毛虫 *Dendrolimus pini*，此蜂我国有发现，但尚无寄生于松毛虫的记录，将在附录 1 中介绍。

拟瘦姬蜂属 *Netelia* 分种检索表

1. 上颊强度凸出，与复眼背方等宽或更宽；唇基从端部向基部均匀倾斜；中胸侧板及并胸腹节密布有规则刻条；小脉后义，距离为小脉的 0.3~0.4 倍，垂直，在上部 0.4 处弯曲；小翅室斜；第 2 回脉多少直；阳茎基腹铗背端无刺；背带中等长，端部支持一个"U"形的大垫褶 ·· 二尾舟蛾拟瘦姬蜂 *N.* (*N.*) *vinulae*
- 上颊中等凸出，很少与复眼等阔，通常背方很收窄 ··· 2
2. 复眼前面观瘦而窄，长为宽的 3.0 倍；头通常稍长于宽，上颊中等隆起；亚中室端部几乎总是无毛；中胸侧板密布中等刻点，近于光滑；后胸侧板无刻条或皱褶；下生殖板后端中央平截；体黄褐色 ············ 甘蓝夜蛾拟瘦姬蜂 *N.* (*N.*) *ocellaris*
- 复眼前面观中等至强度宽，长为宽的 2.7 倍或更宽；头长宽几乎相等；上颊在后方收窄；亚中室端部有少许毛；中胸侧板具稍粗刻点；后胸侧板密布细横刻条；下生殖板端部中央圆形；体淡褐色至暗褐色 ········ 东方拟瘦姬蜂 *N.* (*N.*) *orientalis*

（29）甘蓝夜蛾拟瘦姬蜂 *Netelia* (*Netelia*) *ocellaris* (Thomson, 1888) （图 47）

Paniscus ocellaris Thomson, 1888: 1199.

Netelia (*Netelia*) *ocellaris*: Townes *et al*., 1961: 100; Townes *et al*., 1965: 90; 中国科学院动物研究所和浙江农业大学, 1978: 37; 何俊华和马云, 1982: 26; 王淑芳, 1984: 42; 何俊华, 1986c: 340; 何俊华和王淑芳, 1987: 376; Gupta, 1987: 267; 柴希民等, 1987: 7(*Netelig ocellaris* !); 侯陶谦, 1987: 173; 严静君等, 1989: 275; 陈昌洁, 1990: 194; 吴钜文和侯陶谦, 1990: 288; 陕西省林业科学研究所和湖南省林业科学研究所, 1990: 13; He, 1992: 290; 章士美和林毓鉴, 1994: 326; 洪菊生, 1995: 258; 何俊华等, 1996: 239; 徐延熙等, 2006: 768; 何俊华和曾洁, 2018: 48.

Netelia ocellaris: 杨秀元和吴坚, 1981: 308; 施再喜, 2006: 28.

雌：体长 14mm。

头：头前面观长宽相等；颜面稍宽，具微细刻点；唇基宽，具相当稀疏刻点；颚眼距短或无；额侧方粗糙，触角窝上方有微细横刻痕；侧单眼不与复眼接触；上颊中等宽，弧形收窄，而雄蜂相当狭。

胸：胸部具微细刻点；前胸背板凹中央微皱；盾纵沟伸至基部 0.33 处；小盾片侧脊伸至 0.7 处，相当强；中胸侧板密布中等刻点，近于光滑；后胸侧板中央具微细斜行横刻条。并胸腹节密布细刻条，侧突弱。

翅：前翅亚中室几乎无毛；小脉在基脉外方；小翅室无柄。后小脉在上方 0.3 处曲折。

足：后足胫节内距长为其基跗节的 0.6 倍；跗爪在顶端中等弯曲，约有 14 根栉齿和 3 根鬃毛。

体色：体黄褐色。单眼区黑色。

雄：与雌蜂基本相似。头前面观稍宽；体上刻条较粗；抱握器上有一与背缘平行的骨化片；内表面端部骨化，背带长、宽且斜，垫褶中等大；下生殖板后端中央平。

生物学：寄主有马尾松毛虫 Dendrolimus punctatus、赤松毛虫 Dendrolimus spectabilis（辽宁）及小地老虎 Agrotis ypsilon、甘蓝夜蛾 Mamestra brassicae（Barathra brassicae）、棉铃虫 Helicoverpa armigera、粘虫 Pseudaletia separata，国外有寄生于欧洲松毛虫 Dendrolimus pini 的记录。

分布：辽宁、内蒙古、甘肃、山西、河南、陕西、江苏、浙江、江西、台湾、福建、广东、海南、云南；埃及，欧亚大陆。

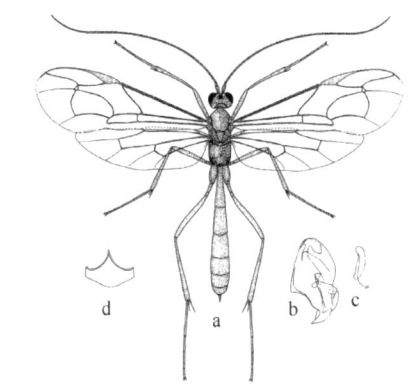

图 47 甘蓝夜蛾拟瘦姬蜂 Netelia (Netelia) ocellaris (Thomson)（引自 何俊华等，1996）
a. 雌蜂；b. 雄蜂抱握器；c. 阳茎；d. 雄蜂下生殖板

（30）东方拟瘦姬蜂 *Netelia* (*Netelia*) *orientalis* (Cameron, 1905)（图 48）

Paniscus orientalis Cameron, 1905b: 126; 祝汝佐, 1935: 13; 何俊华等, 1996: 241.
Paniscus testaceus Gravenhorst, 1829: 626; Morley, 1913: 352(in part); Hoffmann, 1938: 452; Kamiya, 1939: 17; 严静君等, 1989: 276(天蛾拟瘦姬蜂); 陈昌洁, 1990: 194.
Paniscus (testaceus) testaceus: Townes et al., 1965: 94.
Netelia (Netelia) orientalis: 何俊华等, 1996: 241.
Netelia (Netelia) testaceus: Townes et al., 1965: 94; 吴钜文和侯陶谦, 1990: 288; 陈昌洁, 1990: 194.
Netelia orientalis: 赵修复, 1976: 246.
Netelia testaceus: 赵修复, 1976: 247.

雌：体长 13.0～21.0mm，前翅长 10.0～17.0mm。

头：头部长宽几乎等长。复眼长约为宽的 2.66 倍。颜面长为宽的 0.75 倍，均匀隆起，具中等刻点。唇基宽为长的 2 倍，端缘中央平截，稍有稀疏刻点。颚眼距为上颚基宽的 0.25 倍。额平滑。侧单眼触及复眼。上颊中等宽，在后方收窄。后头脊下方几乎伸达口后脊。

胸：胸部通常密布细刻点。前胸背板颈部密布细刻条。盾纵沟长而强，其基部有细皱。小盾片侧脊强，直至端部。中胸侧板具稍粗刻点。后胸侧板密布细横刻条。并胸腹节侧面观相当长，密布细刻条，侧突非常弱，侧突后方具刻皱，外侧脊正常。

翅：小脉在基脉外方，其距为其长的 0.2～0.5 倍，几乎直竖；亚中室端部有少许毛；第 1 臂室下方无毛；盘肘脉明显弯曲；小翅室近于无柄；第 2 回脉在其下端明显弯曲，但有时弯曲弱。后小脉在其上方 0.3 处曲折。

足：前足第 5 跗节长为宽的 3 倍、与第 3 跗节约等长；后足腿节长为宽的 8.5 倍；后足内距长为基跗节的 0.5 倍，第 5 跗节长为第 3 跗节的 0.8 倍，跗爪端部中等弯曲，有 3 根鬃和约 13 个栉齿。

体色：体浅褐色至暗褐色。单眼区黑色。

雄：与雌蜂基本相似。但体更细和刻纹弱；复眼稍宽；前足和后足第 5 跗节分别为其第 3 跗节的 0.8 倍、0.66 倍；所有跗爪密布细栉齿，而中央的稍粗。抱握器的背带长而宽，斜行，连结一位置近于背端缘的垫褶；垫褶下端游离，宽而尖。

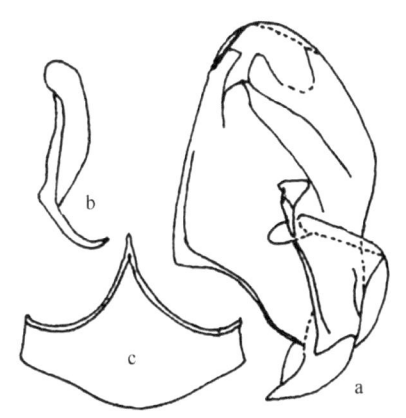

图 48 东方拟瘦姬蜂 Netelia (Netelia) orientalis (Cameron)（引自 何俊华等，1996）
a. 雄蜂抱握器；b. 雄蜂阳茎；c. 雄蜂下生殖板

本种形态变化很大，但雄蜂外生殖器特征颇为稳定一致。

生物学：陈昌洁（1990：194）报道在我国寄生于赤松毛虫 *Dendrolimus spectabilis*、落叶松毛虫 *Dendrolimus superans* 及粘虫 *Pseudaletia separata*、斜纹夜蛾 *Spodoptera litura*。据国外记载，寄生于欧洲松毛虫 *Dendrolimus pini* 和赤松毛虫 *Dendrolimus spectabilis*、黄脉天蛾 *Amorpha amurensis*、赛剑纹夜蛾 *Acronicta psi*、黑纹冬夜蛾 *Cucullia asteris*、腿棒锤角叶蜂 *Clavellarius femoratus*、黄胸壮锤角叶蜂 *Palaeocimbex carinulata*。

分布：Uchida（1928b：191）报道 *Netelia orientalis* 在我国台湾省有分布并寄生于赤松毛虫 *Dendrolimus spectabilis*；赵修复（1976：246）报道 *Netelia orientalis* 在山东、浙江、湖南、台湾有分布；赵修复（1976：247）报道 *Netelia testaceus* 产地福建（福州）、广东（广州）、海南岛有分布。据文献记载，亚洲、欧洲、非洲许多国家都有，并认为种名尚需核实。

栉足姬蜂亚科 Ctenopelmatinae

本亚科即过去的齿胫姬蜂亚科 Scolobatinae。

前翅长 2.9～22.0mm。唇基通常短宽，与颜面有沟分开（偶有不分开）。上唇裸露。上颚 2 齿，上齿宽且稍分开。触角至端部渐尖，通常长，雄性绝无角下瘤。无胸腹侧脊或短。中胸腹板后横脊绝不完整。并胸腹节分区变化甚大，完整至全无，通常有一端中区和端亚侧区。前足胫节端缘在其外边有一小齿突。跗爪简单或具栉齿。小翅室有或无，存在时亚三角形，上方尖或具柄。第 2 回脉气泡 1 个，有时 2 个。第 1 节背板气门在中央或其前方，仅损背姬蜂属 *Chrionota* 在中央之后。雌性下生殖板方形，常部分膜质。产卵管通常不长于腹部厚度，有时稍长于，或致死姬蜂族 Olethrodotini 与腹部约等长。产卵管端部非常细，均有端前缺刻；下瓣无齿，有时有些小齿。

本亚科为叶蜂总科的内寄生蜂，产卵于叶蜂幼虫体内，有时产在卵内，在成长幼虫结茧后羽化。但也有少数属种从鳞翅目尺蛾科、舟蛾科、毛顶蛾科和枯叶蛾科中育出的。

本亚科分布于全世界，但大部分种类在全北区。

本亚科是一个大的类群，有 8 族，我国已发现 7 族，与松毛虫有关的仅欧姬蜂属 *Opheltes* Holmgren。

在捷克，本亚科的 *Hyperbatus sternoxathus* Gravenhorst（黄胸基凹姬蜂 *Mesoleius sternoxathus*）寄生于欧洲松毛虫。

13. 欧姬蜂属 *Opheltes* Holmgren, 1859 （图 49）

Opheltes Holmgren, 1859b: 323.

属征简述：体长 14～22mm。唇基与颜面稍分开，侧面观平，端缘厚，弧形或在中央有角度。上颚短，上齿稍宽于下齿，至少等长于下齿。颊脊和口后脊相接处在上颚基部上方约为上颚宽的 0.3 处。上颊肿胀。颜面在近复眼处有一垂直的脊。盾纵沟长但弱。中胸侧板有一横向的中纵沟，沟上方肿胀。并胸腹节大部分分区，表面不规则。跗爪具栉齿。有小翅室。后小脉强度外斜，在中央上方曲折。腹部第 1 节背板背面观隆起；气门位于中央；在基部无背窝；基侧凹非常长，两边仅有透明部分隔开。第 2、3 节背板光滑，有窗疤，刻点细而弱；折缘宽，第 2 节背板整个具折缘，第 3 节背板仅在气门之前被一弱脊分开。雄性下生殖

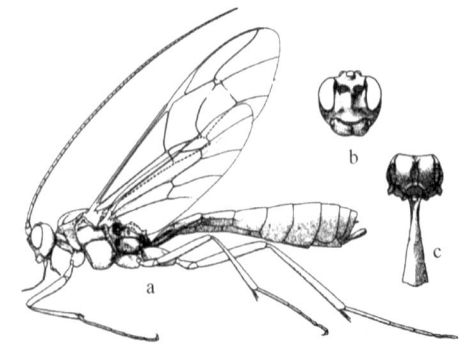

图 49 银翅欧姬蜂 *Opheltes glaucopterus* (Linnaeus)（欧姬蜂属 *Opheltes* Holmgren）（引自 Townes, 1969）
a. 雌蜂，侧面观；b. 头部，前面观；c. 并胸腹节和腹部第 1 节背板，背面观

板端缘简单；阳具端部强度偏斜，且中等扩大，端部圆。产卵管鞘长约为腹端厚度的 0.6 倍；产卵管相当厚、直，有一大的端前背缺刻。

生物学：寄主主要为锤角叶蜂科，但在枯叶蛾科的落叶松毛虫上亦有育出的。

分布：欧洲及古北区东部。在我国已知 2 种，其中 1 种的 2 亚种在落叶松毛虫上均有育出。

(31a) 银翅欧姬蜂指名亚种 *Opheltes glaucopterus glaucopterus* (Linnaeus, 1758)

Ichneumon glaucopterus Linnaeus, 1758: 566.

Opheltes glaucopterus Holmgren, 1858: 323; Uchida, 1942: 132; 侯陶谦, 1987: 173; 严静君等, 1989: 277.

Opheltes glaucopterus glaucopterus: 杨秀元和吴坚, 1981: 308(叶蜂欧姬蜂); 中国林业科学研究院, 1983: 724; 何俊华, 1986c: 340; 何俊华和王淑芳, 1987: 382; He, 1992: 293; 何俊华和曾洁, 2018: 46.

雌：体大型，前翅长 18mm。

头：额部侧近复眼眶处具 1 条弱的纵脊，颜面中央隆起具细的刻点，唇基较宽，中部稍隆起，端缘较厚，上颚宽，2 端齿近等长，后头脊完全，下端与口后脊连接处位于上颚基部的上方，触角与前翅近等长。

胸：前胸背板大部分光滑，前缘及后上角具弱的细刻点。中胸盾片具有和前胸背板一样的刻点；盾纵沟前部较明显。中胸侧板具较稀的大刻点，中部具 1 条明显的横沟，其长与侧板的宽相同。并胸腹节具强壮的端横脊和外侧脊，在亚端部两侧突出呈角状；侧纵脊基部明显，中纵脊较弱，两条脊较接近，且在近基部中央两条脊明显突出。

翅：小翅室四边形。

足：前足胫节外侧端缘具 1 个小齿；爪栉状。

腹：腹部第 1 节气门位于该节的中部，基部具明显的基侧凹。第 1、2 节的背板与折缘之间具 1 条明显的褶缝。第 3~7 节明显侧扁。下生殖板较大，产卵管鞘长约为腹部第 2 节的 1/2。

体色：体赤黄色，具黑斑。单眼区至额部、后头、前胸背板前半部及腹板、中胸盾片前端、中胸侧板除翅基下脊外、后胸侧板、并胸腹节、中后足基节基部、腹部第 5 节背板端半部及第 6、7 节背板黑色。翅黄褐色透明，翅脉黄褐色。

生物学：寄主主要为锤角叶蜂科，但亦有在落叶松毛虫上育出的记录。

分布：黑龙江、辽宁、新疆；日本，朝鲜，苏联，欧洲。

(31b) 银翅欧姬蜂端宽亚种 *Opheltes glaucopterus apicalis* (Matsumura, 1912) （图 50）

Astiphroma (!) *apicalis* Matsumura, 1912: 111.

Opheltes apicalis Matsumura, 1925: 36.

Opheltes glaucopterus apicalis Matsumura, 1930: 118; Townes *et al.*, 1965: 250; 何俊华和王淑芳, 1987: 382; 陈昌洁, 1990: 194; He(何俊华), 1992: 293; 何俊华等, 1996: 298; 何俊华和曾洁, 2018: 46.

体长 21~23mm，前翅长 18~20mm。

头：颜面下面稍扩张，下宽为中长的 2.2 倍，表面具细刻点，中央隆起部分刻点较细而密，上方中央有一奶头状小瘤。唇基与颜面分开，长约为颜面长的 0.85 倍，宽为长的 2.0 倍，稀布小刻点，端缘光滑弧形。颊近于平滑，无光泽，长为上颚基部宽度的 0.6 倍。上颚宽大，2 端齿约等大。额下凹，近于光滑，有 1 中沟，近额眶处有强脊。单眼区除后方中央外四周有深沟，侧单眼长径约等于单复眼间距，

图 50 银翅欧姬蜂端宽亚种 *Opheltes glaucopterus apicalis* (Matsumura)雌蜂（引自 何俊华等, 1996）

为侧单眼间距的 0.8 倍。头顶近于平滑，无光泽。头部在复眼之后明显膨出，上颊侧面观为复眼宽的 1.48 倍。触角长为前翅的 1.17 倍，50～53 节，第 1 鞭节长为第 2 鞭节的 2.0 倍。

胸：前胸背板、中胸侧板和后胸侧板满布稀刻点，但后胸侧板的较粗而大。前沟缘脊明显。中胸盾片稀布小而浅的刻点，盾纵沟浅，伸至前方 0.33 处；小盾片从中央向两侧陡斜，刻点更稀。中胸侧板有一横向的中纵凹，此凹上方侧板隆肿。并胸腹节稀布小刻点；中央纵隆；中区不达基部（此部陡斜）；气门长卵圆形。

翅：前翅径脉的两端均稍弯曲；小翅室非正五角形，收纳第 2 回脉在端部 0.28 处；第 2 回脉近于直线；小脉稍后叉式或明显后叉式。后小脉在中央上方曲折，后叉式。

足：跗爪具栉齿。

腹：腹部后端侧扁，刻点极浅而稀，近于光滑。第 1 节背板长为端宽的 3.1 倍，气门在中央稍前方；第 2 节背板长为端宽的 1.25 倍，端缘稍宽于前缘。产卵管鞘稍伸出，长为后足基跗节的 0.63 倍。

体色：体火红色。额及单眼区或连单眼后方、后头脊、上颚端齿、前胸侧板、前胸背板（除背缘火红或仅凹陷处黑色外）、中后胸侧板和腹板、并胸腹节（或有少许火红色斑）、腹部第 5 节及以后各节、足基节基部均黑色；触角至端部黑褐色；腹部第 1 节背板黄色。翅透明，带烟黄色，在外缘色稍暗，翅痣及翅脉赤黄色。

生物学：在我国已知寄主有落叶松毛虫 *Dendrolimus superans* 和杨锤角叶蜂 *Cimbex taukushi*。据国外记载，寄主还有畸腿棒锤角叶蜂 *Clavellarius femoratus* var. *japonicus* 和黄胸壮锤角叶蜂 *Palaeocimbex carinulata*。

分布：黑龙江、吉林、辽宁、内蒙古；朝鲜，日本，俄罗斯（远东）。

缝姬蜂亚科 Campopleginae

前翅长 2.5～14mm。体中等健壮至很细。唇基通常横形；与颜面不分开。上颚 2 齿，仅短颚姬蜂属 *Skiapus* 1 齿。雄性触角无角下瘤。中腹腹板后横脊通常完整，仅少数属例外。并胸腹节通常部分或完全分区。跗爪通常具栉齿，有时除基部外简单。通常有小翅室，少数无小翅室；除棒角姬蜂族 Hellwiigiini 外，肘间横脉在第 2 回脉内方。第 2 回脉仅 1 个气泡。腹部第 1 节背板中等细或很细；气门位于中央以后；无中纵脊。腹部多少侧扁，但有时不明显。第 2、3 节背板折缘除都姬蜂属 *Dusona* 外均被褶所分开并折于下方。下生殖板横形，不扩大。雄性抱握器端部或在少数属有时呈棒状。产卵管鞘与腹端部厚度等长或更长；产卵管端部有一端前背缺刻，下瓣无端齿。

本亚科大部分寄生于鳞翅目幼虫，少数寄生于树生甲虫和象甲、叶甲，也可寄生于蛇蛉。本亚科学名曾用 Porizontinae。

本亚科世界分布。现有 70 属，我国已知 25 属。其中寄生于松毛虫的有 2 属（凹眼姬蜂属 *Casinaria* 和镶颚姬蜂属 *Hyposoter*）2 种。施再喜（2006: 28）报道钝唇姬蜂 *Eriborus* sp. 在安徽寄生于马尾松毛虫，但未见过此标本。

此外，侯陶谦（1987: 171-172）报道螟蛉悬茧姬蜂 *Charops bicolor* (Szépligeti)寄生于松毛虫，根据该蜂习性似不可能，是否是 *Campoplex bicolor*（=*Casinaria nigripes*）的笔误，仍需进一步研究。

据国外记载，我国尚无该蜂记录的有 6 属 8 种，种名、分布和寄主如下。

Anilasta valida (Pfankuch) （=*Hyposoter validus*、*Campoletis valida*）在俄罗斯及欧洲其他国家寄生于西伯利亚松毛虫。

Campoplex faunus Gravenhorst 在波兰寄生于欧洲松毛虫。

Casinaria atrata Morley 在朝鲜寄生于赤松毛虫。

Diadegma chrysostictos (Gmelin) （=*Angitia chrysosticta*）在捷克寄生于欧洲松毛虫。

Dusona angustata Thomson （=*Diadegma angustata*、*Campoplex angustata*）在俄罗斯寄生于欧洲松毛虫幼龄幼虫。

Dusona leptogaster (Holmgren)（=*Campoplex leptogaster*）在俄罗斯寄生于西伯利亚松毛虫。

Dusona tenuis Foerster 在蒙古国寄生于西伯利亚松毛虫、赤松毛虫（国内曾将黑足凹眼姬蜂 *Casinaria nigripes* 误定名为此种）。

Pyracmon sp. 在俄罗斯寄生于西伯利亚松毛虫。

缝姬蜂亚科 Campopleginae 分属检索表

1. 腹部第 1 节在基方 0.3 处横切面圆形或横扁椭圆形；侧面观该节背板与腹板之间的缝在位于该处厚度的中部或稍高处，该节气门前方无凹陷；并胸腹节通常有 1 中纵槽，通常分区不完整 ·· 凹眼姬蜂属 *Casinaria*
- 腹部第 1 节在基方 0.3 处横切面通常为方形、梯形或三角形；侧面观该节背板与腹板之间的缝位于该处厚度的中部以下，常消失，或仅余痕迹，该节背板在气门前方基侧凹通常存在；并胸腹节中区六角形或五角形，长宽约相等，周围脊强 ·· 镶颚姬蜂属 *Hyposoter*

14. 凹眼姬蜂属 *Casinaria* Holmgren, 1859（图 51）

Casinaria Holmgren, 1859b: 325.

属征简述：前翅长 3.7～9.0mm。体健壮至很细。复眼内缘在触角窝对面强度凹入。颊短。上颊短且平。中胸侧板缝至少在中央 0.3，凹痕如一明显的沟。并胸腹节中等长至非常长，其端部伸至后足基节基部 0.3 至端部之间，有时超过后足基节。并胸腹节通常有 1 中纵槽，通常分区不完整，但有时中纵脊包围一个长形中区。小翅室均存在。第 2 回脉通常内斜。后小脉不曲折。腹部第 1 节背板基部圆柱形或稍扁平，该部分中等长至非常长，分开背板和腹板之间的缝在其高度的中央或稍上方。雄性抱握器端部圆，有时长形。产卵管长为腹端节厚度的 0.8～1.4 倍，无端前背缺刻。

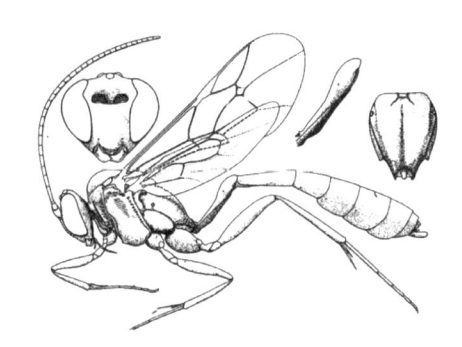

图 51 *Casinaria tenuiventris* Gravenhorst（凹眼姬蜂属 *Casinaria* Holmgren）（引自 Townes，1969）

生物学：寄主为裸露取食的鳞翅目幼虫。

分布：世界分布，本属是一个大属，种数甚多。在我国已知 13 种或亚种，寄生在松毛虫幼虫上的有 1 种。

（32）黑足凹眼姬蜂 *Casinaria nigripes* (Gravenhorst, 1829)（图 52）

Campoplex nigripes Gravenhorst, 1829: 598.

Casinaria nigripes Thomson, 1887: 1102; 祝汝佐, 1937: 77; 华东农业科学研究所, 1955: 106; 孙锡麟和刘元福, 1958: 241; 彭建文, 1959: 201; 蔡邦华等, 1961: 360; 蒋雪邨和李运帷, 1962: 244; Townes *et al.*, 1965: 279; 中国科学院动物研究所和浙江农业大学, 1978: 43; 杨秀元和吴坚, 1981: 303; 中国林业科学研究院, 1983: 687, 704, 715, 718, 724, 727; 赵明晨, 1983: 22; 王淑芳, 1984: 41; 贵州动物志编委会, 1984: 235; 何俊华, 1985: 108; 何俊华, 1986c: 336; 孙明雅等, 1986: 26; 何俊华和王淑芳, 1987: 383; 钱范俊, 1987: 32; 柴希民等, 1987: 4; 侯陶谦, 1987: 171; 李伯谦等, 1987: 32; 张务民等, 1987: 32; 宋立清, 1987: 30; 何允恒等, 1988: 22; 王问学和宋运堂, 1988: 28; 王问学和宋运堂, 1988: 28; 严静君等, 1989: 85, 277; 王问学等, 1989: 186; 马万炎等, 1989: 27; 谈迎春等, 1989: 134; 陈昌洁, 1990: 192; 吴钜文和侯陶谦, 1990: 280; 陕西省林业科学研究所和湖南省林业科学研究所, 1990: 16; 童新旺等, 1991: 8; 杜增庆等, 1991: 16; He, 1992: 294; 湖南省林业厅, 1992: 1231; 萧刚柔, 1992: 944, 954, 956, 963, 1204; 严静君等, 1992: 405; 申效诚, 1993: 161; 王书欣等, 1993: 20; 章士美和林毓鉴, 1994: 155; 宋运堂和王问学, 1994: 64; 何俊华等, 1996: 314; 岳书奎等, 1996: 6; 王志英等, 1996: 88; 能乃扎布, 1999: 351; 陈尔厚, 1999: 49; 柴希民等, 2000: 5; 王淑芳, 2003: 245; 何俊华, 2004: 422; 徐延熙等, 2006: 768; 何俊华和陈学新, 2006: 105; Chen et He, 2006: 105; 盛茂领和孙淑萍, 2014: 82; 何俊华和曾洁, 2018: 46.

Campoplex bicolor(均误定): 孙锡麟和刘元福, 1958: 241; 彭建文, 1959: 202; 蔡邦华等, 1961: 360; 蒋雪邨和李运帷, 1962: 244; 广东省农林学院林学系森保教研组, 1974: 104; 吴钜文, 1979a: 32; 杨秀元和吴坚, 1981: 302; 金华地区森防站, 1983: 33; 湖北省林业厅, 1984: 164; 施再喜, 2006: 28.

Campoplex proximus(均误定): 祝汝佐, 1955b: 3; 华东农业科学研究所, 1955: 106; 中国科学院昆虫研究所和林业部林业科学研究所湖南东安松毛虫工作组, 1956: 311; 袁家铭和潘中林, 1964: 363; 侯陶谦, 1987: 171; 王书欣等, 1993: 20.

Casinaria dendrolimi(裸名): 祝汝佐, 1955b: 3; 邱式邦, 1955: 181; 吴钜文, 1979a: 32; 侯陶谦, 1987: 171.

Dusona tenuis(均误定): 赵修复, 1976: 293; 吴钜文, 1979a: 33; 杨秀元和吴坚, 1981: 304; Gupta, 1987: 418; 吴钜文和侯陶谦, 1990: 282.

Casinaria sp.: 何俊华, 1986c: 336; 陈昌洁, 1990: 192.

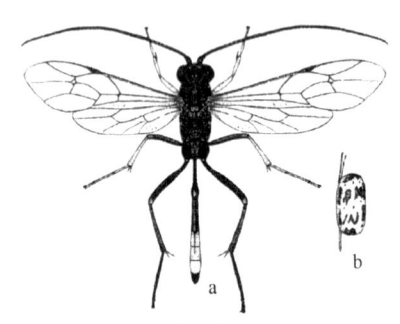

图 52 黑足凹眼姬蜂 *Casinaria nigripes* (Gravenhorst)（引自 何俊华等, 1996）
a. 雌蜂; b. 茧

体长 8~10mm, 前翅长 5~7mm。

头: 头部具细刻点和白毛, 刻点有时近于细皱, 在颜面尤为明显。上颚下缘镶边宽。颚眼距为上颚基部宽度的 0.5~0.7 倍。额和头顶具极细刻点, 额在触角之间有细纵脊。后头脊上方平。单复眼间距为侧单眼直径的 0.6~0.7 倍, 为侧单眼间距的 0.55 倍（雌）或 0.5 倍（雄）。上颊在复眼之后立即收窄。触角与前翅约等长, 39 节。

胸: 胸部具细刻点和白毛, 刻点有时近于细皱。前胸背板后上角具细皱, 下方为横刻条。中胸盾片呈球面隆起, 小盾片稍隆起, 均密布细皱; 中胸侧板和后胸侧板密布细皱, 镜面区具极细刻条, 基间区有网皱。并胸腹节背面皱纹较粗糙, 雄蜂尤甚; 中纵槽浅而宽, 内有不发达横脊, 无基横脊; 侧区具网皱。

翅: 前翅小翅室大, 上方具短柄; 第 1 肘间横脉短于第 2 肘间横脉, 收纳第 2 回脉在其中央稍外方; 小脉在基脉外方, 其距离约为小脉长的 0.4 倍。后小脉不曲折。

腹: 腹部向末端呈棒形, 但稍侧扁。第 1 节背板长为第 2 节背板的 1.2 倍、为并胸腹节的 1.3 倍、与后足腿节约等长; 气门位于端部 0.33 处, 柄部膨大。第 2 节背板长为后缘宽的 2 倍, 窗疤呈陀螺形, 约在前方 0.3 处。第 3、4 节背板等长。产卵管短, 不伸出腹端。

体色: 体黑色。上颚齿红褐色; 下唇须黄色。腹部第 2 节背板窗疤及近后缘和第 3、4 节背板（据记载偶尔还有第 5 节背板）赤褐色; 腹部腹面黄色, 有黄褐色至褐色斑块。足黑色; 前足腿节、胫节及跗节, 以及中足腿节末端、胫节（除末端外）及跗节黄褐色; 后足胫节基部及中段黄白色或黄褐色。翅透明, 翅痣及翅脉黑褐色。

茧: 圆筒形, 两端钝圆, 长 8~9mm, 径 3.5~4.0mm; 灰白色, 近两端 0.25 处各有一圈黑斑形成的环, 但在连接松针处无黑色, 松毛虫幼虫尸体往往在茧旁。

生物学: 国内已知寄主有思茅松毛虫 *Dendrolimus kikuchii*、马尾松毛虫 *Dendrolimus punctatus*、德昌松毛虫 *Dendrolimus punctatus tehchangensis*、文山松毛虫 *Dendrolimus punctatus wenshanensis*、赤松毛虫 *Dendrolimus spectabilis*、落叶松毛虫 *Dendrolimus superans*、油松毛虫 *Dendrolimus tabulaeformis*、西昌杂毛虫 *Cyclophragma xichangensis*、油茶枯叶蛾 *Lebeda nobilis*、栎毒蛾 *Lymantria mathura*、古毒蛾 *Orgyia antiqua* 和栎黄枯叶蛾 *Trabala vishnou* 等。据国外记载还有欧洲松毛虫 *Dendrolimus pini* 及分月扇舟蛾 *Clostera anastomosis*、泡桐茸毒蛾 *Dasychira pudibunda*、角斑古毒蛾 *Orgyia gonostigma*、旋古毒蛾 *Orgyia thyellina*。寄生于松毛虫的, 在寄主幼虫体内越冬。此蜂的茧在松树枝干上颇为常见。

该蜂重寄生蜂种类很多, 主要有: 脊腿囊爪姬蜂 *Theronia atalantae gestator*、松毛虫埃姬蜂 *Itoplectis allernans epinotiae*、菱室姬蜂 *Mesochorus* sp.、松毛虫窄柄姬蜂 *Brachypimpla latipetiolar*、广沟姬蜂 *Gelis areator*、沟姬蜂 *Gelis* sp.、横带驼姬蜂 *Goryphus basilaris*、广大腿小蜂 *Brachymeria lasus*、次生大腿小蜂

Brachymeria secundaria、广肩小蜂 *Eurytoma* sp.、黄柄齿腿长尾小蜂 *Monodontomerus dentipes*、金小蜂 *Pteromalus* sp.、扁股小蜂 *Elasmus* sp.、啮小蜂 *Tetrastichus* sp.和旋小蜂等。

该蜂在江苏1年发生5代，以幼虫在3~4龄寄主松毛虫幼虫体内越冬。翌年3月下旬蜂幼虫老熟，从松毛虫幼虫体内钻出，吐丝作茧化蛹。4月上旬成虫羽化，4月中旬为羽化盛期。第1代老熟幼虫5月上旬结茧化蛹，5月中旬成虫出现。7月上旬至8月上旬为第2代成虫期。8月中旬至9月中旬为第3代成虫期。10月中旬至11月上旬为第4代成虫期。11月下旬第5代幼虫即在越冬代松毛虫幼虫体内越冬。在湖南1年发生6~7代，3月上旬越冬代老熟幼虫开始钻出寄主结茧化蛹，3月下旬成虫羽化。成虫主要在白天羽化，以12时前后为多。雌雄性比1∶1.5。羽化初期以雄蜂为主，而羽化末期几乎全为雌蜂。成虫在白天活动、交尾和产卵，晚间及阴雨天栖息在松针丛中或下木等处。无趋光性。成虫交尾时间以中午前后为多，历时5~6min。交尾后1天，雌蜂即可进行产卵寄生。产卵寄生以13~15时最为频繁，在酷夏的晴天则在5~10时和17~20时进行。在林间雌蜂在飞行中搜索寄主，一旦发现寄主松毛虫幼虫即迅速飞向寄主体背行寄生活动，此时寄主往往不断转动头胸部，甚至吐丝下垂或翻滚落地。为避免寄主反抗，该蜂常常绕寄主爬行数圈，伺机迅速将卵产于松毛虫幼虫胸部至第6腹节之间（以中胸至第1腹节最多）的体背或体侧。产卵历时不超过3s。雌蜂能寄生于1~5龄松毛虫幼虫，寄主虫龄越大产卵成功率越低，对5龄幼虫寄生的成功率仅2.4%。越冬代雌成虫平均寿命6.7天，雄成虫5.5天，适当补充营养能延长寿命1倍左右。而7月羽化的第2代或第3代成虫寿命仅3~5天。

该蜂从卵至幼虫期、蛹期和全世代的发育起点温度分别为（8.5±1.1）℃、（10.0±2.1）℃、（9.0±0.6）℃；有效积温分别为315℃·d、133℃·d、447℃·d。松毛虫幼虫被寄生后，初期一般不出现明显异常，能继续取食，但食量减少，发育期延长，仅在该蜂老熟幼虫钻出寄主前1~2天，寄主才停止取食。该蜂一般从松毛虫幼虫第1胸节至第6腹节之间的腹面咬1个近圆形、边缘具缺刻的孔钻出。幼虫脱出后即在寄主的皮下或在附近的针叶、小枝、松芽等部位吐丝作茧，从该蜂幼虫咬孔到完全钻出寄主约需2h。当日平均温度14℃时，越冬代蛹期（包括预蛹）平均发育历期18.5天；23℃时，第1代卵和幼虫发育历期28天，蛹期（包括预蛹）平均10天。该蜂各世代茧（幼虫-蛹期）内有多种重寄生蜂寄生，全年平均重寄生率达27.9%，其中以越冬代重寄生率最高，其次为第2代及第3代。黑足凹眼姬蜂对松毛虫的自然寄生率与林分类型有密切关系，在植被茂密的松阔混交林中，对松毛虫3代的平均寄生率达36.6%；在植被茂密的松纯林中，寄生率为19.6%；在植被稀疏的疏残松林中寄生率最低，仅11.7%。该蜂在林间种群数量的波动与气象因子有关，第1代松毛虫历年寄生率的波动与全年霜冻日数呈负相关，与当年6月平均气温呈正相关。第3代松毛虫历年寄生率的波动与当年7月降雨量和10月平均气温呈正相关。

标本记录：1♂，黑龙江牡丹江，1978.VI.24，郝元杰，No. 780812；2♂，吉林清源（标本标签名为此），1954.V.30、VIII.15，刘友樵，寄主：落叶松毛虫，No. 5429.11、5429.12；1♀，江苏南京，1936.V.4，祝汝佐；1♀，江苏南京，1954.V，邱益三，No. 5414.8；1♂，浙江杭州，1936.IV.17，祝汝佐；1♀，浙江杭州，1955.VII.30，何俊华；1♂，浙江杭州，1957.IX.16，陈其瑚，No. 5782.3；1♀，浙江长兴，1934.V.2、1935.VIII.7、1935.XII.5，祝汝佐；2♀1♂，浙江常山，1957.VI，浙江林业试验站，No. 5708.14；2♀2♂，浙江衢州，1984.VII.12，何俊华，寄主：马尾松毛虫，No. 846080；1♀3♂，浙江衢州，1984.IX.15，何俊华，寄主：马尾松毛虫，No. 846097；4♀2♂，浙江龙游，1984.VII.13至X.上旬，何俊华，寄主：马尾松毛虫，No. 846058、846076；3♀4♂，湖南长沙，1977，彭建文，寄主：马尾松毛虫，No. 780183；1♀，湖南长沙，1973.VI.10，陈常铭，寄主：马尾松毛虫，No. 73023.3；8♀5♂，湖南东安，1954.IV.18至V.16，祝汝佐、何俊华，寄主：马尾松毛虫，No. 5711.4、771118、772316；2♀1♂，四川，1957，四川林科所，寄主：马尾松毛虫，No. 801907、801911、801986；2♀3♂，重庆缙云山，1980.VII.24，何俊华，寄主：马尾松毛虫，No. 801965、801970、801971、801984、801985；1♀1♂，福建福州，1953.III，张学诚，寄主：马尾松毛虫，No. 5302.3、772317；1♂，福建福州，1953.VI.16，林伯欣，寄主：马尾松毛虫，No. 5302.2；1♂，云南昆明，1960.III.10，祁景良，寄主：松毛虫，No. 750267。

分布：黑龙江、吉林、辽宁、内蒙古、北京、河北、山东、山西、河南、陕西、江苏、浙江、安徽、江西、湖北、湖南、重庆、四川、福建、广东、广西、贵州、云南；日本，俄罗斯，蒙古国，捷克，斯洛伐克，波兰等。

注：中名有"两色瘦姬蜂""黑侧沟姬蜂"。

15. 镶颚姬蜂属 *Hyposoter* Foerster, 1869 （图53）

Hyposoter Foerster, 1869: 152.

图53 *Hyposoter synchlorae* Ashmead（镶颚姬蜂属 *Hyposoter* Foerster）（引自 Townes，1969）

属征简述：前翅 3.2～9.0mm。体中等粗至中等细。复眼内缘稍微至强度凹入。唇基小，强度隆起。上颚短，基部约 0.65 下缘有薄片状的镶边，至中部明显变窄；下齿比上齿弱小。上颊短或很短。颊脊与口后脊会合。中胸侧板无光泽，通常具刻点。中胸腹板后横脉完整。并胸腹节中区短，与端区愈合或被一条不完整的不规则的脊所分开；气门圆形或短椭圆形。通常有小翅室，具柄，收纳第 2 回脉于端部。后盘脉不与后小脉相接；后小脉垂直或稍外斜。腹部中等至强度侧扁。腹部第 1 背板有基侧凹，通常小，偶不明显；窗疤通常大。产卵管鞘长为腹末端厚度的 1.0～1.5 倍，直或稍下弯。

生物学：寄主为裸露的大蛾类幼虫等。蜂幼虫在寄主体内取食，成长后钻出体外在寄主尸体下部结茧或结茧于寄主体内。

分布：世界分布，我国已知 6 种，寄生在松毛虫幼虫上的有 1 种。此外，在俄罗斯（西伯利亚）*Hyposoter validus* (Pfankuch)寄生于西伯利亚松毛虫 *Dendrolimus sibiricus*。

（33）松毛虫镶颚姬蜂 *Hyposoter takagii* (Matsumura, 1926) （图54）

Casinaria takagii Matsumura, 1926a: 28.

Rhythmonotus takagii: 祝汝佐, 1955b: 3; 中国科学院昆虫研究所和林业部林业科学研究所湖南东安松毛虫工作组, 1956: 311; 孙锡麟和刘元福, 1958: 241; 蒋雪邨和李运帷, 1962: 245; 施再喜, 2006: 28(*lakagii*！).

Casinaria nigripes(误定): 祝汝佐, 1937: 77.

Hyposoter takagii: Townes *et al.*, 1961: 242; Townes *et al.*, 1965: 300; 赵修复, 1976: 296; 中国科学院动物研究所和浙江农业大学, 1978: 42; 何俊华, 1979: 42; 吴钜文, 1979a: 34; 吴钜文, 1979b: 11; 杨秀元和吴坚, 1981: 306; 何俊华和马云, 1982: 26; 赵修复, 1982: 297; 中国林业科学研究院, 1983: 693, 704, 715; 贵州动物志编委会, 1984: 236; 王淑芳, 1984: 41; 张永强等, 1994: 228; 何俊华, 1985: 108; 何俊华, 1986c: 339; 孙明雅等, 1986: 27; Gupta, 1987: 436; 何俊华和王淑芳, 1987: 386; 柴希民等, 1987: 4; 侯陶谦, 1987: 172; 严静君等, 1989: 84, 277; 吴钜文和侯陶谦, 1990: 286; 陈昌洁, 1990: 193; 陕西省林业科学研究所和湖南省林业科学研究所, 1990: 19; 童新旺等, 1991: 8; He, 1992: 296; 湖南省林业厅, 1992: 1232; 萧刚柔, 1992: 942, 947, 952, 954, 960; 申效诚, 1993: 162; 王书欣等, 1993: 20; 章士美和林毓鉴, 1994: 156; 何俊华等, 1996: 336; 王志英等, 1996: 88; 岳书奎等, 1996: 6(中名误为松毛虫大蛾姬蜂); 能乃扎布, 1999: 351; 陈尔厚, 1999: 48; 柴希民等, 2000: 5; 王淑芳, 2003: 247; 梁秋霞等, 2002: 29; 孙明荣等, 2003: 20; 何俊华, 2004: 431; 何俊华和陈学新, 2006: 107; Chen et He, 2006: 107; 徐延熙等, 2006: 768; 何俊华和曾洁, 2018: 46.

体长 8～12mm，前翅长 6～8mm。

头：颜面向下稍收窄，下宽约为长的 1.6 倍，具细皱和长毛。唇基中央稍隆起，端缘有窄的卷边。颚眼距为上颚基部宽度的 0.8 倍。上颚下缘有宽的镶边，端部 2 齿相等。侧单眼之间有一浅纵沟，侧单眼间距为单复眼间距或侧单眼直径的 1.7～1.8 倍。头顶具细颗粒状刻点；触角长为前翅的 0.93 倍，44～46 节。

胸：前胸背板具横行皱状刻条，后角处为细颗粒状刻点。中胸盾片具颗粒状细皱；小盾片具细皱；小盾片前凹光滑。中胸侧板具细皱，从翅基下脊前下方至中侧板凹有横行细刻条。后胸侧板具细皱。并胸腹节大部分具细皱，基区和第1侧区为细皱状刻点；中区六角形或五角形，长宽约相等，周围脊强；端区与第3侧区由中纵脊分开，端区后半向后收窄。

翅：小翅室四边形，具柄，收纳第2回脉在中央稍外方。

腹：腹部在端部稍侧扁；背板具极细的鲨鱼皮状刻点，近于光滑，第2节背板窗疤大，横形，至背板基部距离约为宽度的一半。

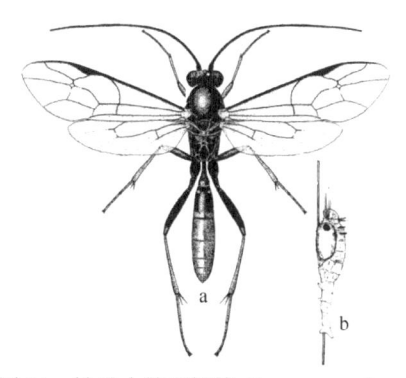

图 54 松毛虫镶颚姬蜂 *Hyposoter takagii* (Matsumura) （引自 何俊华等，1996）
a. 雌蜂；b. 被寄生的寄主幼虫和有羽化孔的茧

体色：头、胸部黑色，有白色细毛。触角黑褐色；上颚大部或全部、须、翅基片黄色。腹部第1、2节背板大部分黑色；第1节背板后缘、第2节背板后方0.3处和窗疤及以后各节背板赤褐色；部分雌蜂第3节以后各节背板后缘和下缘带黑褐色。各足基节、转节、前足腿节基部、中后足腿节大部（末端赤褐色）或全部黑色；前足腿节除基部外、前中足胫节及跗节黄赤色；后足胫节赤褐色。翅透明；翅脉及翅痣褐色。

茧：长椭圆形，长约10mm，直径约7mm。茧暗褐色，位于松毛虫幼虫胸部下方，松毛虫幼虫体壁仍盖于茧上，但易于脱落。

生物学：国内已知寄主有思茅松毛虫 *Dendrolimus kikuchii*、赭色松毛虫 *Dendrolimus kikuchii ochraceus*、马尾松毛虫 *Dendrolimus punctatus*、德昌松毛虫 *Dendrolimus punctatus tehchangensis*、文山松毛虫 *Dendrolimus punctatus wenshanensis*、赤松毛虫 *Dendrolimus spectabilis*、落叶松毛虫 *Dendrolimus superans*、油松毛虫 *Dendrolimus tabulaeformis* 和黄斑波纹杂毛虫 *Cyclophragma undans fasciatella*。据国外记载，寄主还有黄褐天幕毛虫 *Malacosoma neustria testacea* 和舞毒蛾 *Lymantria dispar*（存疑）。

常被其他寄生蜂寄生，重寄生蜂有：脊腿囊爪姬蜂斑腹亚种 *Theronia atalantae gestator*、黑纹囊爪姬蜂黄瘤亚种 *Theronia zebra diluta*、松毛虫埃姬蜂 *Itoplectis allernans epinotiae*、横带驼姬蜂 *Goryphus basilaris*、菱室姬蜂 *Mesochorus* sp.、广大腿小蜂 *Brachymeria lasus*、费氏大腿小蜂 *Brachymeria fiskei*、广肩小蜂 *Eurytoma* sp.、黄柄齿腿长尾小蜂 *Monodontomerus dentipes* 和桑山金小蜂 *Mesopolobus kuwayamae*。

松毛虫镶颚姬蜂（黑胸姬蜂）寄生于幼虫体内，单寄生。在寄主幼虫体内越冬。翌年3月中旬到4月上旬幼虫老熟，在5龄松毛虫幼虫的胸部至第4腹节之间的下方作一暗褐色的椭圆形茧，致使松毛虫幼虫胸腹部膨大，表皮开裂，但整个幼虫体壁仍覆盖在茧上，颇为明显，容易识别。蛹期10～15天，4月上中旬成虫羽化。羽化时多在茧的前侧方咬孔外出，羽化孔呈圆形。成虫交配多在天气晴朗的中午，寿命长达16～40天。从4月中旬到5月上旬，可以再次寄生于松毛虫的老龄幼虫，约在寄主体内生活一个月后，于5月下旬到6月中旬才把松毛虫杀死。在这段时间羽化出来的成虫，由于野外缺乏适于寄生的松毛虫幼虫，经过整个夏季，数量更为凋落，总的来说，在我国寄生率不高。9月前后，在南方可能还会产卵并寄生于越冬前的松毛虫幼虫，在其体内越冬。在云南，曾见被寄生已作茧的松毛虫幼虫群集于树干下部。在野外，该蜂常被多种寄生蜂寄生，从而影响其利用。

标本记录：内蒙古大兴安岭，1958.VII，林业科学院，寄主：落叶松毛虫，No. 5904.1；陕西韩城，1965.VI.22羽化，雷寺庄林场，寄主：油松毛虫，No. 66005.7；新疆，1976，新疆林科所，寄主：松毛虫，No. 772283；3♀，浙江常山，1954，华东农科所，No. 5438.1；4♀，湖南东安，1954.V.15～20，祝汝佐、何俊华，寄主：马尾松毛虫，No. 5441.3、5635.8、5635.9；福建福州，1953.II.26，林伯欣，寄主：马尾松毛虫，No. 5302.6；3♀，广东广州，1955.XII.13，广东省农科院植保所，寄主：马尾松毛虫，No. 5552.1、5552.2；广西桂林，1953，金孟肖，寄主：马尾松毛虫，No. 5314.18。

分布：黑龙江、内蒙古、河北、河南、陕西、新疆、江苏、浙江、湖北、湖南、福建、广东、广西、贵州、云南；朝鲜，日本。

注：曾用名"松毛虫黑胸姬蜂""黑胸姬蜂"。

分距姬蜂亚科 Cremastinae

前翅长 2.5～14mm。体形中等至非常细长，腹部中等程度至强度侧扁。复眼裸露。雄性单眼有时很大。唇基小至中等，与脸之间有一条沟；端缘凸出，简单。触角无角下瘤。无腹板侧沟或弱，不达中胸侧板之半；有胸腹侧脊。后胸侧板后横脊完整。并胸腹节各脊完整或几乎完整，有时中纵脊和侧纵脊部分或完全缺。所有胫节距与基跗节所着生的膜质区由一条骨片将它们分开（其他姬蜂无此特征，亚科名"分距"即由此而拟）。前足胫节端部外方无齿。小翅室有或无，若有则具柄。第 2 回脉具 1 气泡。后小脉在下方 0.2～0.4 处曲折。后盘脉通常存在，但仅为一条不着色的痕迹。第 1 背板延长，常有一个长而浅的基侧凹；气门在中部之后，偶有在中部。腹部通常强侧扁。第 2 背板折缘，由一褶分出，折在背板下方或有时下垂，通常无毛。第 3 背板折缘仅在基部被褶分开或不分开，常常有毛。雌蜂下生殖板不特化，通常看不出。产卵管外露，背瓣在亚端部有缺刻，腹瓣无横刻条。

本亚科寄生于在卷叶、植物组织和果实内等处所生活的鳞翅目幼虫，体内寄生。有些寄生于鞘翅目幼虫。本亚科世界分布，有 26 属。其中寄生于松毛虫的有齿腿姬蜂属 Pristomerus 和离缘姬蜂属 Trathala 各 1 种。

分距姬蜂亚科 Cremastinae 分属检索表

1. 腹部第 2 节背板近基端处有 1 对明显的窗疤；后足腿节腹面通常有 1 大齿；产卵器末端波状 ······ **齿腿姬蜂属 Pristomerus**
- 腹部第 2 节背板无窗疤；后足腿节腹面无齿；产卵器末端直 ·· **离缘姬蜂属 Trathala**

16. 齿腿姬蜂属 Pristomerus Curtis, 1836（图 55）

Pristomerus Curtis, 1836: 624.

属征简述：前翅长 2.5～8.5mm。体中等细，腹部中等至强度侧扁。后头脊通常完整，且上方中央均匀弧状，有时中部消失或中央横直或稍下弯。后足腿节常常肿胀（雄性尤其显著），几乎总是在中部或中部稍后的下方有 1 大齿，在这个大齿与腿节端部之间常常有一列小齿（雄性尤其显著）。翅痣通常宽；径室短；无小翅室；肘间横脉在第 2 回脉的很内方。后小脉在下方 0.35 处曲折；后盘脉明显但不着色。第 1 节背板中等细瘦，在气门之前有一长而稍斜的沟（有可能会被误认为是基侧凹）；第 1 节背板下缘明显，约平行。第 2 节背板窗疤横形或近圆形，近基部；第 2 节背板折缘窄，被一褶分出，内折。雄性抱握器端部钝圆。产卵管鞘长为后足胫节的 1.2～3.2 倍。产卵管端部除一非洲种外波曲状。

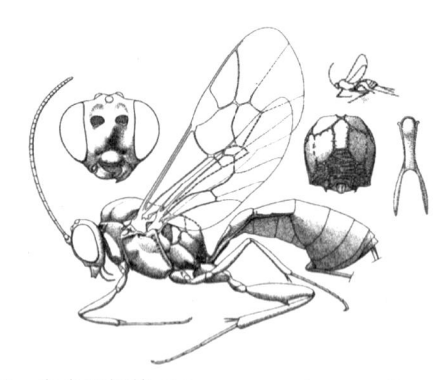

图 55 广齿腿姬蜂 *Pristomerus vulnerator* (Panzer)（齿腿姬蜂属 *Pristomerus* Curtis）（引自 Townes，1971）

生物学：寄生于在荫蔽处生活的小蛾类幼虫，但也有作为重寄生蜂从蜂茧中育出的。

分布：世界分布。中国已记录 6 种，其中与松毛虫有关的 1 种。

据国外记载寄生于松毛虫而我国尚无该蜂记录的 *Pristomerus orbitalis* Holmgren 在欧洲寄生于欧洲松毛虫。

（34）广齿腿姬蜂 *Pristomerus vulnerator* (Panzer, 1799) （图 56）

Ichneumon vulnerator Panzer, 1799: 70-72.
Pristomerus vulnerator: 祝汝佐, 1935: 15; 祝汝佐, 1937: 75; 祝汝佐, 1955: 3; Townes *et al.*, 1961: 252; Townes *et al.*, 1965: 307; 赵修复, 1976: 300; 吴钜文, 1979a: 36; 杨秀元和吴坚, 1981: 309; 何俊华, 1985: 108; 何俊华, 1986c: 340; Gupta, 1987: 460; 柴希民等, 1987: 4; 侯陶谦, 1987: 173; 严静君等, 1989: 284; 吴钜文和侯陶谦, 1990: 289; 陈昌洁, 1990: 194; He, 1992: 298; 何俊华等, 1996: 350; 何俊华, 2004: 437; 何俊华和陈学新, 2006: 108; Chen *et* He, 2006: 108; 徐延熙等, 2006: 768; 何俊华和曾洁, 2018: 46.

雌：体长 6.0~7.0mm，前翅长 5.5~6.0mm。

头：颜面宽约为长的 1.4 倍，密布刻点，中央稍隆起。唇基稍隆起，宽约为长的 2 倍。颚眼距为上颚基部宽度的 0.5 倍。额、头顶具颗粒状细刻纹，夹有少数刻点。上颊明显收窄，具颗粒状刻纹。单眼排列呈三角形，侧单眼间距和单复眼间距分别为侧单眼长径的 1.0 倍、1.2 倍。后头脊上方弧形。触角长为前翅的 0.84 倍；鞭节 27 节，至端部稍粗。

胸：前胸背板具分开的刻点。中胸盾片满布刻点，点间夹有颗粒状刻纹；小盾片密布刻点。中后胸侧板密布刻点，镜面区也具刻点。并胸腹节密布刻点，分区完整；中区近长六角形或五角形，长约为分脊处宽的 2 倍，中区宽度明显短于第 2 侧区基缘；端区内具横刻条，常长于中区。

图 56 广齿腿姬蜂 *Pristomerus vulnerator* (Panzer)雌蜂（引自 何俊华等，1996）

翅：前翅肘脉第 2 段长为肘间横脉的 1.5~1.8 倍；小脉后叉式；后小脉在下方 0.2 处曲折。

足：后足基节具颗粒状刻纹，内夹刻点。后足腿节长为宽的 4.0 倍，腹缘端部 0.4 处有一大齿，其后还有若干小齿。

腹：腹部第 1 节背板长于第 2 节背板。第 1 节背板后柄部、第 2 节背板、第 3 节背板基部具细而弱的纵刻条。产卵管鞘长为后足胫节的 1.75 倍。产卵管约与腹部等长，端部扭曲。

体色：黑色。柄节黑褐色，柄节端部及基半各鞭节端部黄色；上颚（除端齿外）、须、翅基片、第 2 节背板后缘及腹部腹板黄色；腹部第 3~7 节背板后缘黄白色（模糊）。足赤黄色；前中足胫节和跗节及后足腿节端部黄褐色；后足基节和第 1 转节基部及各足端跗节，有时前中足基节基部有时后足胫节端部黑褐色；后足腿节红褐色，有时除两端外带黑褐色。翅透明，翅痣及翅脉黑褐色。

雄：与雌蜂基本相似，但颜面向上方强度收窄；复眼大，单眼大，几乎触及复眼；后头脊正中稍向下凹，并与后头中央一低的中脊相连；肘脉第 2 段长为肘间横脉的 2 倍；有时第 3、4 节背板暗红色。

标本记录：标本很多，与松毛虫有关的仅 1♀，浙江长兴，1935.V.27，祝汝佐，寄主：马尾松毛虫茧。

生物学：国内已知马尾松毛虫 *Dendrolimus punctatus*（可能寄生于在松毛虫死蛹或死幼虫上生活的小蛾类幼虫体上，按该蜂习性、大小，似不可能直接寄生于松毛虫幼虫）、棉红铃虫 *Pectinophora gossypiella* 和梨瘿华蛾 *Sinitinea pyrigalla*。据国外记载，寄主还有并角峰斑螟 *Acrobasis consociella*、防风草织蛾 *Depressaria heracliana*、水芹织蛾 *Depressaria nervosa*、豆荚螟 *Etiella zinckenella*、桑小卷蛾 *Exartema mori*、梨小食心虫 *Grapholita molesta*、杨柳小卷蛾 *Gypsonoma minutana*、绿小卷蛾 *Hedya nubferana*、苹果蠹蛾 *Cydia pomonella*、舞毒蛾 *Lymantria dispar*、欧洲玉米螟 *Ostrinia nubilalis*、葡萄小卷蛾 *Polychrosis botrana*、苹果巢蛾 *Yponomeuta padella* 等。该蜂产卵于幼虫体内，幼虫老熟后钻出寄主结茧，单寄生。国内还有寄生于赤松毛虫、油松毛虫的记录，存疑。

分布：黑龙江、河北、山东、陕西、江苏、上海、浙江；朝鲜，俄罗斯，英国等。

17. 离缘姬蜂属 *Trathala* Cameron, 1899（图 57）

Trathala Cameron, 1899: 122.

属征简述：前翅长 2.3～13.6mm。体中等细至很细，腹部强度侧扁。后头脊上部完整，稍弧状，有时中央消失。小盾片通常具部分至完整的侧脊。并胸腹节分区完整或几乎完整。后足腿节下方无齿。翅痣宽。径脉几乎直。无小翅室。肘间横脉中等长，长为肘脉第 2 段的 2.5 倍。小脉与基脉对叉或几乎如此。后小脉在中部和下方 0.2 之间曲折，后盘脉很弱。腹部第 1 节背板中等长至长，有一长而浅的基侧凹，腹柄部分的背板下缘明显，平行。第 2 节背板窗疤缺；折缘折入，被一折痕分出。产卵管鞘为后足胫节的 1.0～2.5 倍。产卵管端部直、下弯或有时波状。雄性抱握器形状简单，端部钝圆。

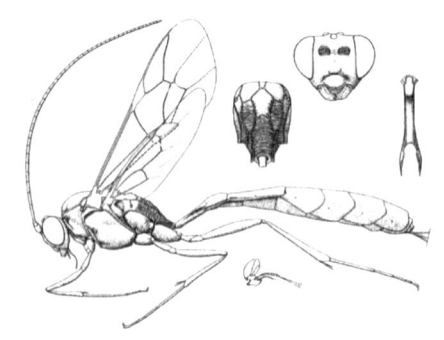

图 57 *Trathala striata* Cameron（离缘姬蜂属 *Trathala* Cameron）（引自 Townes, 1971）

生物学：通常寄生于螟蛾科幼虫，但亦有寄生于鞘翅目和膜翅目的记录。

分布：世界分布。我国已记录 5 种，其中与松毛虫有关的 1 种。

（35）松村离缘姬蜂 *Trathala matsumuraenus* (Uchida, 1932)（图 58）

Epicremastus matsumuraeanus Uchida, 1932a: 76.

Trathala matsumuraenus: Townes *et al.*, 1961: 255; Gupta, 1987: 464; 湖南省林业厅, 1992: 1234; 章士美和林毓鉴, 1994: 157; 何俊华等, 1996: 353; 何俊华, 2004: 439; 徐延熙等, 2006: 768; 何俊华和曾洁, 2018: 46.

雌：体长 11.0mm，前翅长 7.0mm。

头：颜面下方稍宽，下宽为中长的 2.6 倍，满布刻点，中央纵隆处及侧方刻点稍稀，纵隆上方还有一小瘤。唇基宽，宽约为长的 4 倍，刻点稍稀，端缘钝圆。颚眼距与上颚部宽度约等长。上颚端部 0.67 处明显曲折且狭窄，2 齿甚短。额具细刻点，侧方隆起，中央凹陷。侧单眼外方有凹痕，痕外为颗粒状细刻点；单复眼间距与侧单眼间距约等长，约为侧单眼长径的 1.5 倍。头顶具细刻点，上颊在复眼之后收窄。后头脊上方完整，中央稍向下弯。

触角比前翅稍长，43 节，鞭节几乎等粗，第 1 鞭节长为第 2 鞭节的 1.45 倍，端节长为端前节的 2.6 倍。

胸：胸部具中等刻点，一般点距稍大于点径。前胸背板背缘刻点稍密。中胸盾片中叶稍隆起，但盾纵沟看不出；小盾片梯形，前方刻点稀，后方具纵刻条，无侧脊；小盾片前凹内具并列纵脊。中胸侧板刻点较密，镜面区及侧凹光滑，胸腹侧脊达于前缘。后小盾片四边有脊，中央具放射状刻条。并胸腹节基区正三角形；中区正五角形，具细皱；分脊与中区前侧方的脊（即基横脊）呈直线；第 1 侧区大，具中等刻点；第 2 侧区宽与中区相等，同具细皱；端横脊之后具横皱；中纵脊只在端部明显，故端区与第 3 侧区大部分合并；气门长椭圆形，长约为宽的 2 倍，与侧纵脊或外侧脊距离均约等于气门开口长度。

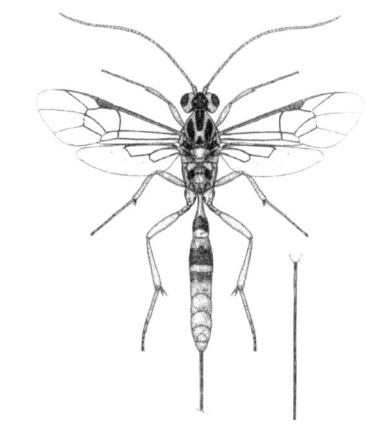

图 58 松村离缘姬蜂 *Trathala matsumuraenus* (Uchida)雌蜂（引自 何俊华等, 1996）

翅：前翅无小翅室，肘间横脉与第 2 回脉相交并为其长的 0.5 倍；第 2 盘室外下角钝角；小脉稍后叉式。后小脉约在中央曲折。

腹：腹部第 1 节背板长为端宽的 2.9 倍，至后柄部逐渐扩大，气门位于基部 0.57 处，气门之间背方中央平坦；后柄部具纵刻线，端缘近于光滑。第 2 节背板长为端宽的 1.4 倍，除端部几乎光滑外具细纵刻线，外侧夹有刻点。从第 3 节起侧扁，第 3 节背板中央具细刻线，其余部位及以后各节近于光滑。产卵管端部稍波曲，即先在其背瓣向内凹，后又在其腹瓣向内凹；鞘长为后足胫节的 2.7 倍。

体色：体黄色，上有黑斑；颜面上方的瘤、上颚端部、单眼区及周围并前连至触角窝之间、后连至头顶中央、后头上方、中胸盾片 3 纵条和后方中央并连小盾片前凹（侧方纵条亦相连），小盾片后缘、前后翅腋槽、中胸侧板翅基下脊下方并连镜面区的 1 纹、侧板下方前半 1 短而粗的斑和腹板侧方 1 长条（云南标本前胸背板中央有黑色纵条和后胸侧板大部分黑色）、并胸腹节中区和第 2 侧区的马蹄形斑、腹部第 1 背板端部（除后缘黄或黄黑之间为暗红褐色，黑斑前端中央常向前伸外）、第 2 节背板基部 0.75（有时基部中央有 2 个暗红色三角形斑）、第 3 节背板基部 0.3 均黑色；第 4 节及各节背板背方大部分（有时端部亚侧方为黄色斑）红褐色；触角柄节、梗节背方黑褐色，其余浅褐色，第 1～6 鞭节端部黄白色。翅带烟黄色，翅脉及翅痣黑褐色。足基节和转节黄色；前中足其余黄褐色，各跗节端部浅褐色；后足基节内外侧和转节外侧均有黑斑，腿节黄褐色，其端部多少黄色，胫节暗黄褐色，两端带黑，跗节浅黄褐色，第 1～4 跗节端部和端跗节红褐色。

生物学：仅知马尾松毛虫 Dendrolimus punctatus，从茧内育出，单寄生。

标本记录：2♀，湖南东安，1954.V.下旬，刘永福，寄主：马尾松毛虫，No. 5410.10。

分布：浙江、江西、湖南、台湾、贵州、云南。

瘦姬蜂亚科 Ophioninae

前翅长 6.5～29.0mm。复眼裸露，通常大，内缘凹入。单眼通常大。唇基与脸之间几乎都有一条明显的沟。雄性触角鞭节无角下瘤。无前沟缘脊。腹板侧沟缺或浅而短。后胸侧板后横脊常完整。并胸腹节分区有时完全或不完全，但常见的是并胸腹节仅有基横脊，有时无任何脊。跗爪通常全部栉状。无小翅室，肘间横脉总是在第 2 回脉的很外方。第 2 臂室总是有一条与翅后缘平行的伪脉（独特的特征）。第 1 腹节长，背板与腹板完全愈合，无基侧凹，气门在中部之后。腹部通常强度侧扁。第 2 背板折缘窄，由褶分出，下折；有的折缘较宽，不由褶分出，下垂，满布细毛。雌性下生殖板侧面观三角形，中等大小。产卵管几乎总比腹末端高度稍短一些，背瓣亚端部有凹缺，腹端无明显的脊。

本亚科为鳞翅目 Lepidoptera 幼虫的内寄生蜂，寄生蜂从寄主幼虫或蛹内羽化，单寄生。

本亚科世界分布，有 32 属，我国已记录 7 属 121 种，其中与松毛虫有关的有 3 属 8 种。

瘦姬蜂属 *Ophion* Fabricius, 1798 的夜蛾瘦姬蜂 *Ophion luteus* (Linnaeus, 1758) 据国外报道寄主有欧洲松毛虫 *Dendrolimus pini*。陕西省林业科学研究所和湖南省林业科学研究所（1990: 20）报道在我国有分布但尚无寄生于松毛虫的，将在附录 2 中介绍。

瘦姬蜂亚科 Ophioninae 分属检索表

1. 中胸腹板后横脊不完全，中央有一段很长的间断；前足胫距内侧具一膜质"垂叶"；前翅径脉第 1 段基部匀称细直；盘亚缘室无任何骨片 ·· 瘦姬蜂属 *Ophion*
- 中胸腹板后横脊完整；前足胫距内侧无膜质"垂叶" ··· 2
2. 前翅盘亚缘室被毛均匀，无透明斑；单眼小，后单眼与后头脊的距离约为本身最大直径的 2.0 倍；后胸背板后缘有 1 显著的尖突，指向并胸腹节的气门 ·· 窄痣姬蜂属 *Dictyonotus*
- 前翅盘亚缘室在径脉第 1 段下方有 1 无毛的透明斑；单眼大，后单眼与后头脊的距离一般小于本身最大直径；后胸背板后缘简单；前翅盘亚缘室具 1～3 块骨片，或无 ·· 3
3. 上颚末端不特别变细，也不扭曲，它的中部的宽度约为基部的 0.65 倍；径脉基部与翅痣基部之间的距离通常为翅痣宽度的 2.0 倍 ·· 嵌翅姬蜂属 *Dicamptus*
- 上颚末端微弱至强度变细，并且扭曲，它的中部的宽度约为基部的 0.35 倍；径脉基部与翅痣基部之间的距离通常为翅痣宽度的 1.5 倍 ·· 细颚姬蜂属 *Enicospilus*

18. 嵌翅姬蜂属 *Dicamptus* Szépligeti, 1905（图 59）

Dicamptus Szépligeti, 1905: 21, 28.

属征简述：前翅长 7～29mm。体细。胸部毛中等短密。上颊短，倾斜。后头脊完整。单眼和复眼大至很大，侧单眼接近或接触复眼。颊长为上颚基宽的 0.07～0.45 倍。唇基端部凸出或平截。上颚很短，中等宽，不弯曲，下齿与上齿相等或稍短。前胸背板后角缺刻窄，其上叶覆盖气门的 0.5～0.7 面积。胸腹侧脊上端折向中胸侧板前缘，有时达于前缘。后胸侧板后横脊完整。小盾片长，侧脊完整。并胸腹节仅具基横脊。翅痣长而窄；径脉伸出处离翅痣基部的距离为痣宽的 2.0 倍；径脉基部变粗且弯曲；盘亚缘室具 1 块或更多的骨化片，径脉下方具一无毛区（其他具骨片和无毛区的属是细颚姬蜂属 *Enicospilus*）。小脉与基脉对叉或在中部稍下方至很上方曲折。后小脉在中央下方曲折。腹部窗疤窄至阔卵圆形，为背板基部至气门之间距离的 0.6～0.7 倍。第 2 背板折缘下折。

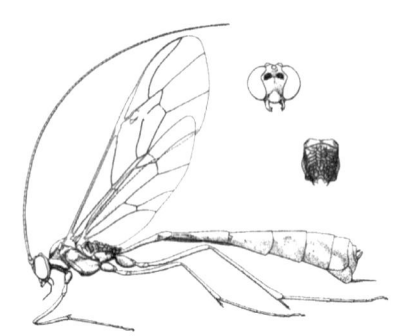

图 59 *Dicamptus giganteus* Szépligeti（嵌翅姬蜂属 *Dicamptus* Szépligeti）（引自 Townes, 1971）

生物学：本属已知一种从枯叶蛾科（Lasiocampidae）马尾松毛虫 *Dendrolimus punctatus* 育出。

分布：东洋区、澳洲区和非洲热带区。世界已知近 30 种，我国已知 4 种，其中 1 种寄生于马尾松毛虫。

（36）黑斑嵌翅姬蜂 *Dicamptus nigropictus* (Matsumura, 1912)（图 60）

Ophion nigropictus Matsumura, 1912: 113.

Dicamptus nigropictus: Townes *et al.*, 1961: 267; Townes *et al.*, 1965: 326; 广东省农林学院林学系森保教研组, 1974: 104, 105; 赵修复, 1976: 306; 福建林学院森林保护教研组, 1976: 21; 中国科学院动物研究所和浙江农业大学, 1978: 45; 吴钜文, 1979a: 33; 杨秀元和吴坚, 1981: 304; 赵修复, 1982: 298; 党心德和金步先, 1982: 139; 王淑芳, 1984: 40; 贵州动物志编委会, 1984: 237; 何俊华, 1986c: 337; 孙明雅等, 1986: 29; 四川省农科院植保所等, 1986: 67; Gupta, 1987: 503; 何俊华和王淑芳, 1987: 388; 柴希民等, 1987: 5; 侯陶谦, 1987: 172; 严静君等, 1989: 277; 汤玉清, 1990: 208; 陈昌洁, 1990: 193(*Dieamptus*!); 陕西省林业科学研究所和湖南省林业科学研究所, 1990: 21; He, 1992: 302; 湖南省林业厅, 1992: 1235; 申效诚, 1993: 161; 于思勤和孙元峰, 1993: 462; 章士美和林毓鉴, 1994: 155; 洪菊生, 1995: 258; 何俊华等, 1996: 373; 柴希民等, 2000: 8; 何俊华, 2004: 447; 徐延熙等, 2006: 768; 盛茂领和孙淑萍, 2009: 178; 盛茂领等, 2013: 348; 盛茂领和孙淑萍, 2014: 246; 何俊华和曾洁, 2018: 47.

雌：体长 25～28mm，前翅长 21～25mm。

头：颜面向下稍收窄，中央渐隆起，近触角方向高，上方中央的额瘤不明显，表面具细刻点，在触角窝下方与眼眶之间有一凹陷。唇基鼻状隆起，宽约为长的 1.5 倍，端部陡斜，刻点稀。颚眼距为上颚基部宽度的 0.25 倍，为上唇宽度的 1.4 倍。上颚 2 齿相等，下齿不向内扭曲，基凹新月形，短而浅。额短，光滑，具细刻条。头顶在单复眼后收窄。单眼直径为单复眼间距的 10 倍、为侧单眼间距的 3.5 倍。上颊长为复眼横径的 0.4 倍。触角细长，长为前翅的 1.45 倍，60～62 节。

胸：胸部具微细刻点。小盾片刻点较粗，侧脊直至后端，但后方的模糊。并胸腹节基横脊强，中央向前方突出；基区短，仅为端区的 0.1 倍或更少，几乎光滑；端区满布粗网皱；外侧脊明显。

翅：前翅玻璃状斑小，从径脉第 1 段基部 0.3 伸至端部 0.5 处；基骨片大，近三角形，上下两面均无毛；径脉第 1 段两次强度弯曲，在基部 0.3 处最粗，长约为第 2 段的 0.57 倍；肘间横脉、肘脉第 2 段、第 2 回脉之比一般为 2∶2.5∶2；盘肘脉明显曲折，第 2 盘室最宽处约在端部 0.33 处；亚盘脉基段一般 3 倍长于

第 2 回脉，其夹角为一钝角；小脉前叉式。后小脉约在下方 0.38 处曲折，与后亚盘脉形成一钝角。

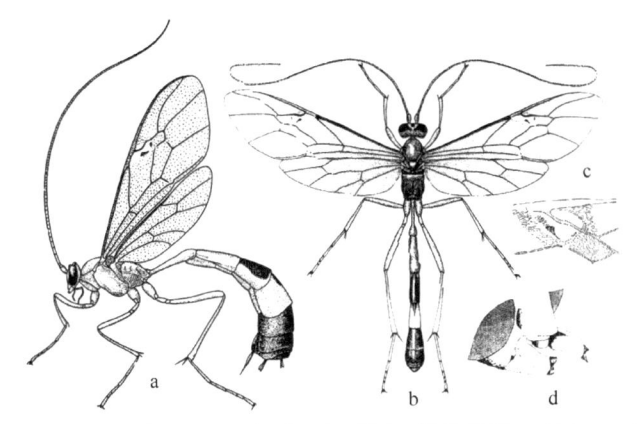

图 60　黑斑嵌翅姬蜂 *Dicamptus nigropictus* (Matsumura)（a，b. 引自 何俊华等，1996；c，d. 引自 Gauld & Mitchell，1981）
a. 雌蜂，侧面观；b. 雌蜂，背面观；c. 头部，下方部分；d. 盘亚缘室背表面毛

足：后足跗爪具栉齿。
腹：腹部第 1 节背板与第 2 节背板约等长，侧面观近于直，端宽稍大于气门间距。第 2 节背板气门位于端部 0.3 处，窗疤在中央稍前方。
体色：体黄褐色，中胸盾片 3 纵条黑褐色（体色浅者为赤褐色）；腹部第 3 节背板背半、第 4 节背板基半背中线黑褐色，其余黄色；第 5 节及以后背板黑褐色（体色浅者为赤褐色）。翅半透明，带烟褐色，翅痣暗黄褐色，大部分翅脉黑褐色。
雄：与雌蜂基本相似。单眼大，侧单眼几乎触及复眼，侧单眼直径为侧单眼间距的 5～6 倍；并胸腹节的脊更宽而强；中胸盾片 3 纵条黑褐色，有时除外缘外几乎合并。
生物学：国内已知寄生于马尾松毛虫 *Dendrolimus punctatus*、赤松毛虫 *Dendrolimus spectabilis*、华山松毛虫 *Dendrolimus huashanensis* 及一种大蚕蛾。单寄生，从蛹内羽化。其寄生蜂有黄柄齿腿长尾小蜂 *Monodontomerus dentipes*。
标本记录：1？（性别不明），广东广州，1955.IX.8，广东省农科院，寄主：马尾松毛虫，No. 5552.3；1？（性别不明），四川，采集时间未知，四川省林科所，寄主：松毛虫，No. 802669。
分布：辽宁、河南、陕西、浙江、江西、湖南、四川、台湾、福建、广东、海南、广西、贵州、云南；朝鲜、日本、老挝、马来西亚、文莱、印度。

19. 窄痣姬蜂属 *Dictyonotus* Kriechbaumer, 1894（图 61）

Dictyonotus Kriechbaumer, 1894: 198.

属征简述：前翅长 18.5～23mm。体中等粗壮。胸部有中等密集的带毛小刻点。上颊中等长，隆起，中等斜。后头脊完整，或颊脊缺。颊长约为上颚基宽的 0.73 倍。唇基端缘中央呈钝角，稍反卷。单眼小。上颚宽短，不弯曲，下齿稍短。前胸背板后角的缺凹宽，它的上叶仅覆盖气门开口上部的 0.3 区域。小盾片宽，具强烈的皱状刻点，有时基部具侧脊。中胸侧板有一中横凹，其上侧板鼓起，无毛；胸腹侧脊上端折向中胸前缘。后胸侧板亚中部有时有一水平方向的长瘤；后胸侧板后横脊完整。并胸腹节无脊，有稀疏的网状皱。后小脉在中央或上方

图 61　紫窄痣姬蜂 *Dictyonotus purpurascens* (Smith)（窄痣姬蜂属 *Dictyonotus* Kriechbaumer）（引自 Townes，1971）

曲折。盘亚缘室缺无毛区。窗疤卵圆形，长为背板基部到气门之间距离的 0.6 倍。第 2 节背板折缘很窄，下垂。

生物学：寄主为天蛾科幼虫，但我国陕西有从枯叶蛾科油松毛虫中育出的记录。

分布：古北区东部、东洋区和非洲区。世界仅知 4 种，我国记录如下 1 种。

（37）紫窄痣姬蜂 Dictyonotus purpurascens (Smith, 1874) （图 62）

Thyresdon purpurascens Smith, 1874: 395.

Dictyonotus purpurascens: Towmes *et al.*, 1961: 265; 中国科学院动物研究所和浙江农业大学, 1978: 45; 朱文炳等, 1982: 51; 党心德和金步先, 1982: 139; 陕西省林业科学研究所, 1984: 200; 何俊华, 1986c: 337; 何俊华和王淑芳, 1987: 388; 严静君等, 1989: 260; 汤玉清, 1990: 207; 陈昌洁, 1990: 193; 陕西省林业科学研究所和湖南省林业科学研究所, 1990: 21; He, 1992: 301; 何俊华等, 1996: 367; 柴希民等, 2000: 8(*Dictyonotus*！); 何俊华等, 2004: 445; 徐延熙等, 2006: 768; 盛茂领, 2013: 348; 盛茂领和孙淑萍, 2014: 246; 何俊华和曾洁, 2018: 47.

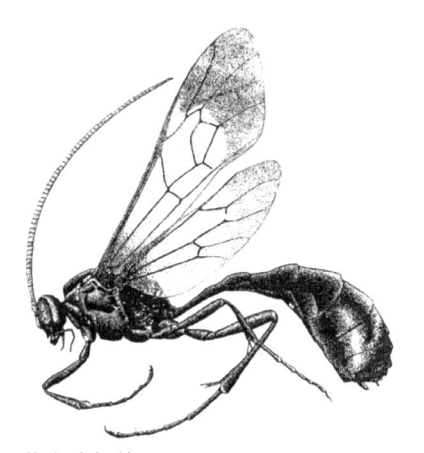

图 62　紫窄痣姬蜂 *Dictyonotus purpurascens* (Smith) 雌蜂（引自 何俊华等, 1996）

雌：体长 25～31mm。

头：颜面宽约为长的 2 倍，密布刻点，中央稍隆起，上侧角有 1 深凹陷。唇基近于菱形，端缘有向上的镶边。颚眼距为上颚基部宽度的 0.65 倍。上颚粗，2 齿约相等。额具刻条，有 1 中纵脊。头顶具细刻点。点径小于点距；单眼约正三角形排列，侧单眼外侧有凹陷，单复眼间距为侧单眼直径或侧单眼间距的 2.2 倍。上颊侧面观长与复眼最宽处相等。触角长为前翅的 1.05 倍，70 节，至端部渐细。

胸：前胸背板刻点极细，近于光滑。中胸盾片具稀疏细刻点；小盾片近于方形，馒形隆起，具粗网皱，侧脊完整。中胸侧板上半隆高，至侧缝处有并列短脊；下半较低，具细刻点。后胸侧板具粗刻点，中央有一甚高的隆瘤。并胸腹节满布粗网状皱纹，中央纵隆，基半有一中脊。前翅肘间横脉（稍粗）、肘脉第 2 段、第 2 回脉、亚盘脉基段之比为 15：9：19：14；第 2 盘室长为宽的 2.1 倍，外下角稍钝角；小脉近对叉式；后小脉在上方 0.38 处曲折。

腹：腹部第 1 节背板长为第 2 节背板的 1.5 倍，侧面观稍弧形；后柄部长为端宽的 1.55 倍。第 2 节背板气门在后方 0.4 处，窗疤卵圆形，位于中央稍前方。

体色：体黑色，有紫光。触角黑褐色或暗赤褐色；翅烟黄色，基部及外缘紫黑色，翅痣及翅脉黑褐色。

生物学：在国内已知寄主有马尾松毛虫 *Dendrolimus punctatus*、油松毛虫 *Dendrolimus tabulaeformis*（陕西）。据国外记载，寄主为葡萄天蛾 *Ampelophaa rubiinosa* 和天蛾 *Smerinthus* sp. 等。

标本记录：2♂，陕西蓝田，1978.VII.15，党心德，寄主：油松毛虫，No. 780890。

分布：陕西、吉林、辽宁、内蒙古、北京、山东、陕西、浙江、江西、湖北、湖南、四川、台湾；朝鲜、俄罗斯（西伯利亚）等。

20. 细颚姬蜂属 *Enicospilus* Stephens, 1835（图 63）

Enicospilus Stephens, 1835: 126.
Henicospilus Agassiz, 1846: 138, 178.
Allocamptus Foerster, 1868: 150.

属征简述：一般为大型种类，前翅长 7～25mm，体通常细瘦。体黄褐色。上颊短而收窄。单复眼大，两者几乎相接。触角细长。上颚端部甚细，且扭曲，它的中部宽度约为基部的 0.35 倍。并胸腹节常有基横脊，中部和亚端部有横行细皱。翅痣很窄；径脉基部到翅痣基部距离约为痣宽的 1.5 倍；第 1 肘间横脉在第 2 回脉外侧，其间距大于前者长度之半；盘亚缘室在径室基部下方有一无毛的透明斑，其内通常具 1～3 个骨化片。腹部强度侧扁，第 1 节气门位于该节后方。产卵管通常不长于腹末高度。

生物学：本属姬蜂产卵于寄主幼虫体内，蜂幼虫孵化后亦在寄主体内取食，起初并不影响寄主发育，老熟后从寄主幼虫体壁钻出，在寄主茧内结茧。蜂茧质地紧密较硬，长椭圆形，通常淡黄褐色。寄生蜂幼虫钻出之后的寄主幼虫则仅剩头壳和萎缩的体壁，残留在寄主茧和蜂茧之间。

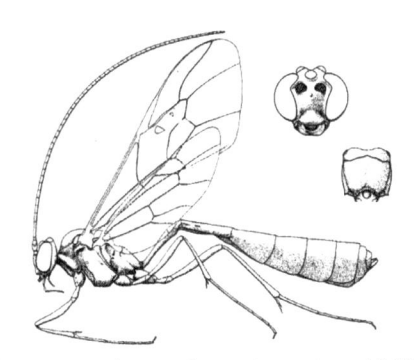

图 63 *Enicospilus merdarius* Gravenhorst（细颚姬蜂属 *Enicospilus* Stephens）（引自 Townes, 1971）

单寄生。常在灯下诱获，有时数量甚多。寄主为中型或大型鳞翅目幼虫，以夜蛾科、毒蛾科和枯叶蛾科为主，灯蛾科、尺蛾科、蚕蛾科、舟蛾科等也有被寄生的记录。本属世界分布，我国亦很普遍。在我国寄生于松毛虫的细颚姬蜂过去曾报道过 2 种但均无种名，即华东农业科学研究所（1955）等记录的 *Allocamptus* sp.（=*Enicospilus* sp.），在江苏、浙江寄生于松毛虫；袁家铭和潘中林（1964）记录的 *Henicospilus* sp.（=*Enicospilus* sp.），在四川寄生于西昌杂毛虫，均因无描述，亦未见标本，目前仍不知何种。本志介绍寄生于松毛虫的 6 种。

此外，小枝细颚姬蜂 *Enicospilus ramidulus* (Linnaeus, 1758) 和波脉细颚姬蜂 *Enicospilus undulatus* (Gravenhorst, 1829) 据国外报道寄主有欧洲松毛虫 *Dendrolimus pini*。这 2 种蜂我国有发现但尚无寄生于松毛虫的记录，将在附录 1 中介绍。

细颚姬蜂属 *Enicospilus* 分种检索表

1. 前翅透明斑内无骨片；前翅 Rs+2r 脉波状弯曲 ··· 2
- 前翅透明斑内至少有 1 块明显的骨片，有时骨片细弱 ··· 3
2. 颊在复眼后方强度收缩，头部侧面观复眼最宽处与颊宽之比为 1.60～2.50；后单眼接近复眼；前翅翅痣暗褐色至淡黑色 ··· 褶皱细颚姬蜂 *E. plicatus*（部分）
- 颊在复眼后方强度隆肿，头部侧面观复眼最宽处与颊宽之比为 1.10；后单眼远离复眼；前翅翅痣黄色 ··· 波脉细颚姬蜂 *E. undulatus*
3. 前翅透明斑无中骨片，或者最多具明显的厚膜片 ·· 4
- 前翅透明斑有中骨片，通常强度骨化 ··· 7
4. 前翅透明斑基骨片甚阔，强度骨化；透明斑端缘与 Rs 脉基部间的距离，等于 3rm 脉长的 0.5～0.9 倍；端骨片缺如，或者很弱，并与基骨片相接 ··· 新馆细颚姬蜂 *E. shinkanus*
- 前翅透明斑基骨片和端骨片都窄细，呈线状，两者一般相连，包围在透明斑的边缘，有时若其中一块骨片稍宽，那么另一块骨片则完全消失，前翅透明斑无中骨片，或者最多具明显的厚膜片 ··· 5
5. 前翅透明斑无基骨片，仅有端骨片，通常线形，但有时稍宽，中后胸侧板具刻点；翅痣黄褐色 ··· 细线细颚姬蜂 *E. lineolatus*
- 前翅透明斑有明显的基骨片 ··· 6
6. 前翅 1m-cu 脉强度波曲，中央通常角状弯曲；透明斑上无骨片；头部侧面观复眼最宽处为颊宽的 1.6～2.5 倍 ·· 褶皱细颚姬蜂 *E. plicatus*
- 前翅 1m-cu 脉弧曲至微弱波曲，中央绝不呈角状弯曲；透明斑上有弱线状的基骨片；头部侧面观复眼最宽处为颊宽的 2.5～3.2 倍 ··· 苹毒蛾细颚姬蜂 *E. pudibundae*
7. 后胸侧板甚粗糙，具粗密刻点，刻点之间几乎连在一起 ··· 开普细颚姬蜂 *E. capensis*
- 后胸侧板稍光滑，刻点稀细，点距为点径的 0.50～1.00 倍 ··· 8

8. 前翅中骨片位于透明斑端角处；透明斑长为宽的 2.10～2.50 倍；端骨片强；肘间横脉与肘间横脉至第 2 回脉的一段下段肘脉之比（ICI）=0.35～0.45 ·· 高氏细颚姬蜂 *E. gauldi*
- 前翅中骨片位于透明斑端部中央，卵圆形但靠近基骨片的一半通常不明显，与 Rs+2r 脉间的距离约等于与端骨片间的距离；透明斑长不及宽的 2.00 倍；ICI=0.45～0.65 ·· 小枝细颚姬蜂 *E. ramidulus*

（38）开普细颚姬蜂 *Enicospilus capensis* (Thunberg, 1822)（图 64）

Ichneumon capensis Thunberg, 1822: 262.
Enicospilus capensis: 汤玉清, 1990: 115; 何俊华和汤玉清, 1990: 40; 陈昌洁, 1990: 193; He, 1992: 303; 柴希民等, 2000: 5(*capencis*！); 徐延熙等, 2006: 768; 何俊华和曾洁, 2018: 47.
Enicospilus fossatus Chiu, 1954: 63.

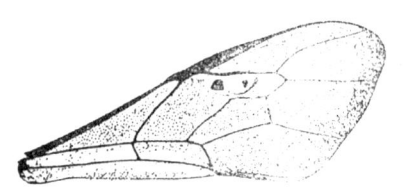

图 64 开普细颚姬蜂 *Enicospilus capensis* (Thunberg)前翅（引自 汤玉清, 1990）

头：上颚甚长，基部渐细，端部两侧缘几乎平行，5°～15° 扭曲；上端齿圆筒形，长为下端齿的 2.4～3.0 倍，外表面扁平，具斜沟，斜沟上被稀毛。上唇高为宽的 0.3 倍。颚眼距为上颚基宽的 0.2～0.3 倍。唇基侧面观中拱，端缘尖，具刻痕；宽为高的 2.0～2.1 倍。下脸宽为高的 0.9～1.1 倍，具密致细刻点。颊在复眼后方微弱收缩，头部侧面观时复眼的最大宽度与颊在同一条线上的宽度之比（GOI）=1.7～1.9；后单眼远离复眼；中单眼的最大直径与该直径处两个复眼之间宽度之比（FI）=0.5～0.55。后头脊完整。触角略粗短，鞭节 44～51 节，第 1 鞭节长为第 2 鞭节的 1.5～1.7 倍；第 20 节长为宽的 1.6～1.8 倍。

胸：中胸盾片侧面观中度拱弧，具盾纵沟痕迹。中胸侧板甚粗糙，具密致粗刻点；胸腹侧脊向侧板前缘倾斜，上方消失。小盾片中拱，长为宽的 1.5～1.6 倍，具细弱刻点，侧脊完整。后胸侧板粗糙，具密致粗刻点；后胸侧板下缘脊窄，前方匀称加宽。并胸腹节侧面观高度倾斜；基横脊完整；前区具刻条；气门区具细弱刻点，端区具不规则皱纹；气门边缘与侧纵脊间没有脊相连。

翅：前翅长 9.0～11.0mm。盘肘脉气泡后的一段长度与肘间横脉之比（AI）=0.5～1.0；外小脉上段与下段之比（CI）=0.5～0.6；肘间横脉与肘间横脉至第 2 回脉的一段下段肘脉之比（ICI）=0.35～0.5；亚盘脉第 1 段与盘脉第 1 段之比（SDI）=1.3～1.35；第 2 盘室高与亚盘脉第 1 段之比（DI）=0.42～0.48；盘亚缘室端骨片强，但不与基骨片相连，中骨片强，但边缘界限不明显；cu-a 脉前叉，与 Rs+M 脉的距离为本身长的 0.1～0.2 倍；Rs+M 脉大致直，第 1 亚盘室前区 1/2 具稀毛。后翅具 5～7 根端翅钩；Rs 脉第 1、2 段均直。

足：前足胫节亚筒形，外侧面的胫刺较密。中足 2 胫距的长度比为 1.6～1.7。后足基节侧面观长为宽的 1.65～1.75 倍，第 2 转节背面观长为宽的 0.1 倍，端缘简单；第 4 跗节长为宽的 2.7～3.0 倍。爪对称。

腹：腹部细长。窗疤卵形，与背板前缘间的距离为本身长的 2.5～3.0 倍。产卵器直，长为第 2 腹节背板长的 0.6 倍。雄性第 6～8 节腹板被半卧状细毛，阳茎基侧突端部钝圆。

体色：体黄褐色。眼眶浅黄色。翅透明，翅痣黄褐色。

标本记录：1♀，四川，采期不明（四川省林业厅 1979 年 7 月赠），育自松毛虫，No. 802664。

生物学：寄主有松毛虫 *Dendrolimus* sp.及国外记录的黄地老虎 *Agrotis segetum*、黄毒蛾 *Euproctis scintillans*、棉铃虫 *Helicoverpa armigera*、*Panolis riseovarieata*、条草螟 *Proceras sachariphaus*、灰翅贪夜蛾 *Spodoptera mauritia*、非洲贪夜蛾 *Spodoptera exempta* 等。

分布：四川、台湾、广东、海南、广西、云南；菲律宾，印度，也门，斯里兰卡，印度尼西亚，琉球群岛，马来半岛，非洲。

（39）高氏细颚姬蜂 *Enicospilus gauldi* Nikam, 1980（图 65）

Enicospilus gauldi Nikam, 1980: 174; 汤玉清, 1990: 119; 何俊华和汤玉清, 1990: 40; 陈昌洁, 1990: 193; He, 1992: 305; 湖南省林业厅, 1992: 1240; 何俊华, 2004: 451; 何俊华和曾洁, 2018: 46.

头：上颚中长，匀称渐细，25°扭曲，上端齿侧扁，长为下端齿的 1.5～2.0 倍；外表面扁平，具斜沟，斜沟上被稀毛。上唇宽为高的 0.2 倍。颚眼距为上颚基宽的 0.2 倍。唇基侧面观中拱，端缘尖，具刻痕，宽为高的 1.7～1.8 倍。下脸宽为高的 0.8～0.9 倍，具细弱刻点。颊在复眼后方收缩，GOI=1.90～2.60。后单眼接近复眼；FI=0.60～0.70。后头脊完整。触角细长，鞭节 58～63 节，第 1 鞭节长为第 2 节的 1.6～1.8 倍，第 20 节长为宽的 2.0～2.2 倍。

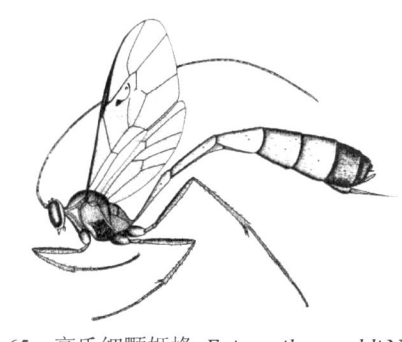

图 65 高氏细颚姬蜂 *Enicospilus gauldi* Nikam
（引自 湖南省林业厅，1992）
雌成虫，侧面观

胸：中胸盾片侧面观中拱，盾纵沟缺如。中胸侧板上方具刻点，下方渐夹点条纹，胸腹侧脊向侧板前缘倾斜，上方不明显。小盾片中拱，长为宽的 1.5～1.7 倍，无明显刻纹，侧脊完整。后胸侧板具刻点，后胸侧板下缘脊窄，前方匀称加宽。并胸腹节侧面观高度倾斜；基横脊完整，前区具刻条；气门区光滑；后区具不规则皱纹；气门边缘与侧纵脊间没有一条脊相连。

翅：前翅长 13.5～15.5mm。AI=0.3～0.60；CI=0.25～0.40；ICI=0.35～0.45，SDI=1.2～1.0；DI=0.35～0.40；盘亚缘室端骨片强，但不与基骨片相连，中骨片强但边缘有时不明显，cu-a 脉交叉式，Rs+M 脉直；第 1 亚盘室被稀毛。后翅具 7～8 根端翅钩，Rs 脉第 1、2 段均直。

足：前足胫节亚筒形，外侧面的胫刺较密。中足 2 胫距的长度比为 1.6～1.7。后足基节侧面观长为宽的 1.65～1.75 倍，第 2 转节背面观长为宽的 0.1 倍，端缘简单；第 4 跗节长为宽的 2.7～3.0 倍。爪对称。

腹：腹部细长。窗疤卵形，与背板前缘间的距离为本身长的 2.5～3.0 倍。产卵器直，长为第 2 腹节背板长的 0.6 倍。雄性第 6～8 节腹板被半卧状细毛，阳茎基侧突端部钝圆。

体色：体黄褐色。眼眶浅黄色。翅透明，翅痣黄褐色。

标本记录：1♀，四川，采期不明（四川省林业厅 1979 年 7 月赠），育自松毛虫，No. 802664。

生物学：寄主有松毛虫 *Dendrolimus* sp.及国外记录的黄地老虎 *Agrotis segetum*、黄毒蛾 *Euproctis scintillans*、棉铃虫 *Helicoverpa armigera*、*Panolis riseovarieata*、条草螟 *Proceras sachariphaus*、灰翅贪夜蛾 *Spodoptera mauritia*、非洲贪夜蛾 *S. exempta* 等。

分布：四川、台湾、广东、海南、广西、云南；菲律宾，印度，也门，斯里兰卡，印度尼西亚，琉球群岛，马来半岛，非洲。

（40）细线细颚姬蜂 *Enicospilus lineolatus* (Roman, 1913)（图 66）

Henicospilus lineolatus Roman, 1913: 30.
Enicospilus striatus: Sonan, 1927: 14.
Henicospilus striatus: Uchida, 1928b: 218.
Enicospilus uniformis Chiu, 1954: 25.
Enicospilus lineolatus: Townes *et al.*, 1961: 280; 汤玉清, 1990: 54; 何俊华和汤玉清, 1990: 40; 陈昌洁, 1990: 193; 童新旺等, 1991: 8; He, 1992: 307; 柴希民等, 2000: 8; 何俊华, 2004: 452; 徐延熙等, 2006: 768; 何俊华和曾洁, 2018: 46.

头：上颚中长，基部匀称渐细，端部两侧缘几乎平行，10°～20°扭曲，上端齿亚筒形至稍侧扁，长为下端齿的 1.3～1.5 倍。外表面被稀疏细毛，基凹微弱，无斜沟。上唇高为宽的 0.2～0.3 倍。唇基侧面观微拱，端缘

图66 细线细颚姬蜂 *Enicospilus lineolatus* (Roman)（引自 湖南省林业厅，1992）
雌成虫，侧面观

稍尖，无刻痕；宽为高的1.5～1.6倍。下脸宽为高的0.70～0.75倍，具细弱刻点。颊在复眼后方收缩，GOI=2.5～2.7。后单眼很接近复眼，FI=0.65～0.75。后头脊完整。触角细长，鞭节54～62节，第1节长为第2节的1.7～1.9倍，第20节长为宽的1.8～2.1倍。

胸：中胸盾片侧面观微凸；无盾纵沟痕迹。中胸侧板具刻点或点条刻纹；胸腹侧脊向侧板前缘倾斜。小盾片微拱至中拱，长为宽的1.5～1.7倍，无明显刻纹，侧脊伸达小盾片的4/5处或完整。后胸侧板具密致刻点，后胸侧板下缘脊窄，前方略宽至显著加宽。并胸腹节侧面观高度倾斜；基横脊完整，前区具刻条，气门区光滑或具细弱刻点；后区具不规则皱纹至网状刻纹，气门边缘与侧纵脊间没有一条脊相连。

翅：前翅长13.0～19.0mm。AI=0.5～0.8；CI=0.55～08；ICI=0.65～0.85；SDI=1.25～1.45；DI=0.40～0.48；盘亚缘室仅具端骨片，通常线状，但有时较宽，cu-a脉内叉式，与Rs+M脉间的距离为本身长的0.2倍，或对叉式；Rs+M脉直；第1亚盘室前区具稀毛，有时毛甚密。后翅具6～10根端翅钩，Rs脉第1、2段均直。

足：前足胫节亚筒形，外表面具稀刺。中足2胫距长度比为1.2～1.4。后足基节侧面观长为宽的1.6～1.9倍，第2转节背面观长为宽的0.1～0.2倍，端缘简单；第4跗节长为宽的2.1～2.5倍；爪对称。

腹：腹部细长；窗疤卵形至椭圆形，与背板前缘间的距离为本身长的3.0～4.5倍。产卵器直，长为第2腹节背板长的0.65倍。雄性第6～8节腹板具直立粗长毛和卧状细毛；阳茎基侧突端部钝圆。

体色：体黄褐色。脸、眼眶浅黄色。有时腹末几节弱烟色。翅透明，翅痣红褐色或黄褐色。

标本记录：1♀，湖南浏阳，1984.VII，童新旺，育自马尾松毛虫。

生物学：寄主有马尾松毛虫 *Dendrolimus punctatus* 及沁茸毒蛾 *Dasychira mendosa*、棉铃虫 *Helicoverpa armigera*、竹缕舟蛾 *Loudonta dispar*、棉古毒蛾 *Orgyia postica*、橘黑毒蛾 *Pseudodura dasychiroides*、人纹污灯蛾 *Spilarctia subcarnea* 和黄毒蛾 *Euproctis* sp.。

分布：吉林、北京、河北、山西、陕西、江苏、上海、浙江、安徽、湖北、湖南、重庆、四川、台湾、福建、广东、海南、广西、贵州、云南；日本，菲律宾，印度，尼泊尔，斯里兰卡，马来西亚，印度尼西亚，所罗门群岛，苏联，澳大利亚。

（41）褶皱细颚姬蜂 *Enicospilus plicatus* (Brulle, 1846)（图67）

Ophion plicatus Brulle, 1846: 145.
Enicospilus plicatus: Gauld *et* Mitchell, 1981: 179; 汤玉清, 1990: 44; He, 1992: 309; 湖南省林业厅, 1992: 1235; 何俊华, 2004: 453; 何俊华和曾洁, 2018: 47.

头：上颚中长，匀称渐细，25°～35°扭曲，上端齿稍侧扁，长为下端齿的1.10～1.25倍，外表面扁平，被稀疏细毛，无斜沟。上唇高为宽的0.2倍，颚眼距为上颚基宽的0.3倍。唇基侧面观微拱，端缘钝，无刻痕；宽为高的1.5～1.6倍。下脸宽为高的0.63～0.70倍，具稀疏细刻点。颊在复眼后方收缩，GOI=2.2～2.5，后单眼与复眼相接触，FI=0.75～0.80。后头脊完整。触角63～68节，第1节长为第2节的1.8～2.3倍，第20节长为宽的1.7～2.0倍。

胸：中胸盾片侧面观微拱凸，盾纵沟缺如。中胸侧板具点条刻纹，上方较细，下方逐渐变粗；胸腹侧脊强，向侧板前缘倾斜。小盾片中拱，长为宽的1.3～1.5倍，后方常具细刻条；侧脊伸达小盾片长的4/5处至完整。后胸侧板具点条刻纹，有时呈不规则粗网状纹；后胸侧板下缘脊甚窄至中宽，前方略宽。并胸腹节侧面观微斜，基横脊完整；前区具刻条，气门区光滑；后区具不规则网状刻纹；气门边缘与侧纵脊间没有一条脊相连。

翅：前翅长 16.0~20.0mm。AI=0.85~1.40；CI=0.45~0.60；ICI=0.75~1.10；SDI=1.4~1.6；DI=0.32~0.43；盘亚缘室或具微弱线状的基骨片，cu-a 脉前叉或对叉；Rs+M 脉大致直，第 1 亚盘室前区被稀毛。后翅具 7~10 根端翅钩；Rs 脉第 1 段和第 2 段均直。

足：前足胫节亚筒形，外表面具稀刺。中足 2 胫距的长度比为 1.2~1.3。后足基节侧面观长为宽的 1.7~1.8 倍，转节背面观长为宽的 0.1~0.2 倍，端缘简单；第 4 跗节长为宽的 2.6~3.0 倍。爪对称。

腹：腹部细长；窗疤卵形，小，与背板前缘间的距离为本身长的 3.0~6.0 倍。产卵器直，长为第 2 腹节背板长的 0.60~0.65 倍。雄性第 6~8 节腹板具直立的长粗毛和半卧状细毛；阳茎基侧突长，端部稍尖。

体色：黄褐色。中胸盾片中央具暗色斑；眼眶、头顶淡黄色；第 3 腹节以后弱烟色。翅弱烟色，翅痣浅黑色。

标本记录：1♀，四川西充，1939.VII.20，祝汝佐，养自杉小毛虫幼虫。

生物学：寄主有杉小毛虫 *Cosmotriche lunigera*（四川）和栎黄枯叶蛾 *Trabala vishnou*（湖南）。

分布：陕西、浙江、安徽、江西、湖北、湖南、重庆、四川、台湾、福建、广东、广西、贵州、云南、西藏；越南，泰国，马来西亚，菲律宾，印度尼西亚等。

图 67 褶皱细颚姬蜂 *Enicospilus plicatus* (Brulle)（引自 湖南省林业厅，1992）
雌成虫，侧面观

（42）苹毒蛾细颚姬蜂 *Enicospilus pudibundae* (Uchida, 1928) （图 68）

Henicospilus pudibundae Uchida, 1928b: 219.

Enicospilus pudibundae: Chiu, 1954: 30; 汤玉清，1990: 67; 何俊华和汤玉清，1990: 40; 陈昌洁，1990: 193; He, 1992: 310; 湖南省林业厅，1992: 1237; 何俊华等，2004: 456; 徐延熙等，2006: 768; 何俊华和曾洁，2018: 47.

头：上颚中长，匀称渐细，10°~15°扭曲；上端齿亚筒形，长为下端齿的 1.2~1.4 倍，外表面被稀毛，基凹微弱，无斜沟。上唇高为宽的 0.2 倍。颚眼距为上颚基宽的 0.2~0.3 倍。唇基侧面观几乎扁平，端缘稍尖，无刻痕；宽为高的 1.4~1.6 倍。下脸宽为高的 0.65~0.7 倍，具细弱刻点。颊在复眼后方收缩，GOI=2.5~2.9；后单眼与复眼几乎相接触；FI=0.7~0.8。后头脊完整。触角细长，鞭节 56~62 节，第 1 节长为第 2 节的 1.7~1.8 倍，第 20 节长为宽的 1.8~2.0 倍。

胸：中胸盾片侧面观中度拱凸；无盾纵沟痕迹。中胸侧板具点条刻纹；胸腹侧脊向侧板前缘倾斜。小盾片中拱，长为宽的 1.5~1.6 倍，无明显刻纹；侧脊完整。后胸侧板具刻点，后胸侧板下缘脊中宽，前方略宽。并胸腹节侧面观倾斜；基横脊完整，前区具刻条；气门区光滑或具细弱刻点，后区具不规则皱纹；气门边缘与侧纵脊间没有一条脊相连。

翅：前翅长 12.0~19.5mm。AI=0.3~0.8；CI=0.6~0.65；ICI=0.65~0.75；SDI=1.35~1.60；DI=0.28~0.35；盘亚缘室具微弱线状的基骨片；cu-a 脉前叉，与 Rs+M 脉间的距离为本身长的 0.1~0.2 倍；Rs+M 脉直，第 1 亚盘室仅前区具稀毛。后翅具 6~8 根端翅钩，Rs 脉第 1、2 段均直。

足：前足胫节亚筒形，外表面具稀刺。中足 2 胫距的长度比为 1.2~1.5。后足基节侧面观长为宽的 1.8~1.9 倍，第 2 转节背面观长为宽的 0.1 倍，端缘简单，第 4 跗节长为宽的 2.1~2.5 倍；爪对称。

腹：腹部细长；窗疤卵形，与背板前缘间的距离为本身长

图 68 苹毒蛾细颚姬蜂 *Enicospilus pudibundae* (Uchida)（引自 湖南省林业厅，1992）
雌成虫整体图，侧面观

的 3.0～4.0 倍。产卵器直，长为第 2 腹节背板长的 0.65 倍。雌性第 6～8 节腹板具稀疏直立粗长毛，阳茎基侧突端部稍尖。

体色：黄褐色，有时腹末弱烟色。翅透明或弱烟色，翅痣黄褐色。

标本记录：1♂，广东郁南，1981.VIII.23，刘良，育自马尾松毛虫。

生物学：马尾松毛虫 *Dendrolimus punctatus* 及泡桐茸毒蛾 *Dasychira pudibunda* 寄生于幼虫，单寄生。

分布：陕西、江苏、浙江、安徽、江西、湖北、湖南、重庆、四川、福建、广东、广西、贵州、云南；朝鲜，日本，越南，老挝，印度，斯里兰卡，加里曼丹岛。

（43）新馆细颚姬蜂 *Enicospilus shinkanus* (Uchida, 1928) （图 69）

Henicospilus shinkanus Uchida, 1928b: 217.
Enicospilus shinkanus: Cushman, 1937: 304; Chiu, 1954: 20; Townes *et al.*, 1961: 289; Gauld et Mitchell, 1981: 361; Chiu *et al.*, 1984: 34; Gupta, 1987: 574; 汤玉清，1990: 96；陈昌洁，1990: 193；何俊华和汤玉清，1990: 40；He, 1992: 311；徐延熙等，2006: 768；何俊华和曾洁，2018: 47.

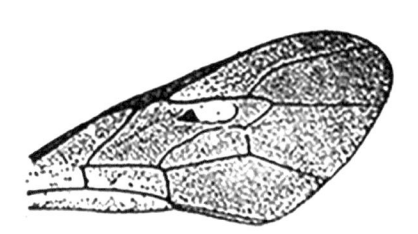

图 69 新馆细颚姬蜂 *Enicospilus shinkanus* (Uchida) 前翅（引自 汤玉清，1990）

头：上颚中长，强烈变细，20°～30°扭曲；上端齿亚筒形，长为下端齿的 1.6～2.0 倍；外表面具微弱基凹，被稀毛，无斜沟。上唇高为宽的 0.2～0.3 倍；颚眼距为上颚基宽的 0.2 倍。唇基侧面观扁平，端缘尖，无刻痕，宽为高的 1.6～1.7 倍。下脸宽为高的 0.65～0.75 倍，具细弱刻点。颊在复眼后方收缩，GOI=2.0～2.5。后单眼接近复眼；FI=0.65～0.70。后头脊完整。触角细长，鞭节 46～50 节，第 1 鞭节长为第 2 鞭节的 1.7～1.8 倍，第 20 鞭节长为宽的 2.0～2.2 倍。

胸：中胸盾片侧面观高度拱弧，盾纵沟缺如。中胸侧板具刻点，下方有时具细弱刻条；胸腹侧脊向侧板前缘倾斜。小盾片中拱，长为宽的 1.5～1.6 倍，无明显刻纹，侧脊完整。后胸侧板具刻点，后胸侧板下缘脊甚窄，前方匀称加宽。并胸腹节侧面观倾斜；基横脊完整；前区具刻条；气门具细弱刻点，后区具细网状纹；气门边缘与侧纵脊间没有一条脊相连。

翅：前翅长 12.0～14.5mm。AI=0.4～0.8；CI=0.2～0.25；ICI=0.5～0.7；SDI=1.20～1.25；DI=0.39～0.33；盘亚缘室基骨片呈三角形，端骨片多数明显，有时甚弱，无中骨片；cu-a 脉内叉，与 Rs+M 脉间的距离为本身长的 0.2～0.3 倍；Rs+M 脉微波曲，第 1 亚盘室前区 1/3 被稀毛。后翅具 6～8 根端翅钩，Rs 脉第 1、2 段均直。

足：前足胫节亚筒形，外侧面被稀疏短刺。中足 2 胫距的长度比为 1.4～1.5。后足基节侧面观长为宽的 1.6～1.7 倍，第 2 转节背面观长为宽的 0.1 倍，端缘简单；第 4 跗节长为宽的 2.5～3.0 倍；爪对称。

腹：腹部细长。窗疤略大，卵形，为背板前缘间距离长的 2.5～3.5 倍。产卵器直，长为第 2 腹节背板长的 0.6 倍。雄性第 6～8 节腹板具甚密的半卧状细毛，阳茎基侧突端部钝圆。

体色：体黄褐色。翅痣橘黄色，翅透明。

标本记录：1♀，广东郁南，1981.VII.8，陈新阳，寄主：马尾松毛虫幼虫。

生物学：寄主有马尾松毛虫 *Dendrolimus punctatus*。

分布：广东、黑龙江、辽宁、安徽、江西、湖北、四川、福建、台湾、广西；朝鲜，菲律宾，越南，印度，巴布亚新几内亚，澳大利亚，琉球群岛，加里曼丹岛，新喀里多尼亚，所罗门群岛等。

菱室姬蜂亚科 Mesochorinae

前翅长 1.9～14mm。体中等粗壮至细瘦，腹部有时延长。唇基与脸不分开，端缘很薄，通常稍凸出。

上颚 2 齿。雄性触角鞭节无角下瘤。后胸腹板后横脊绝不完整。并胸腹节通常具完整的脊，有时脊减少。跗爪通常栉状。通常有小翅室，大而菱形，前面尖。第 2 回脉具 1 气泡。后小脉在中下方曲折或不曲折。腹部第 1 节背板长是宽的 1.3~6.7 倍，向基部收窄，无基侧角，基侧凹大，气门在中部或明显中部以后。腹部通常稍侧扁，至少端半侧扁。雄性抱握器长细竿状。雌性下生殖板大，中央纵褶，侧面观大而呈三角形。产卵管鞘硬而甚宽，长是宽的 2.5~13.5 倍。产卵管很细，端部无明显的缺刻和脊。

本亚科为重寄生蜂，内寄生于寄主体内的姬蜂科 Ichneumonidae 和茧蜂科 Braconidae 幼虫，被寄生寄主的原寄生蜂幼虫仍可结茧，菱室姬蜂后从原寄生蜂茧中育出。

世界分布，已知 13 属，我国已知 5 属，其中作为重寄生蜂寄生于马尾松毛虫姬蜂或茧蜂的仅菱室姬蜂属 1 属。

在国外还有 1 属 2 种：*Astiphromma splenium* (Curtis) 在欧洲寄生于落叶松毛虫；*Astiphromma strenuum* (Holmgren)（=*Mesochorus strenuus*）在俄罗斯（西伯利亚）重寄生于寄生于西伯利亚松毛虫 *Dendrolimus sibiricus* 的脊茧蜂 *Aleiodes*（=*Rhogas*）。

21. 菱室姬蜂属 *Mesochorus* Gravenhorst, 1829（图 70）

Mesochorus Gravenhorst, 1829: 960.

属征简述：前翅长 1.9~10.5mm。体粗壮至很细，腹部端半多少侧扁。颜面背缘通常具一横脊，中部下弯。颊在复眼与上颚之间有一条颊沟。复眼有时很大，单眼通常小，但有时很大。上颚齿通常等长。胸腹侧脊上端远离中胸侧板前缘。小翅室通常大，2 条肘间横脉约等长，近于菱形。后翅前缘脉端部有 1~3 个小钩。后小脉不曲折，后盘脉完全不存在。腹部第 1 节背板长约为宽的 4.2 倍，背板无侧纵脊，表面光滑或具稀疏刻点，极少有纵脊或纵皱。产卵管长为宽的 2.2~13.5 倍。

世界已知近 697 种，我国已知 25 种，其中作为重寄生蜂寄生于马尾松毛虫姬蜂或茧蜂的有 1 种。

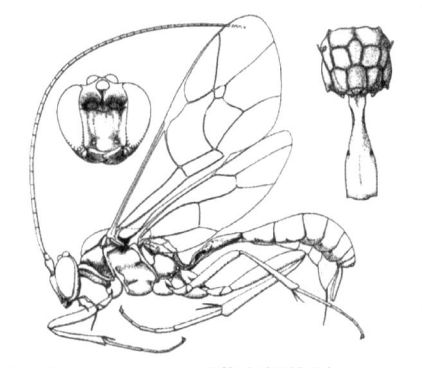

图 70 *Mesochorus* sp.（菱室姬蜂属 *Mesochorus* Gravenhorst）（引自 Townes，1971）

钱范俊（1987: 36）报道 *Mesochorus* sp. 在江苏寄生于黑足凹眼姬蜂 *Casinaria nigripes*。

据报道，桑山菱室姬蜂 *Mesochorus kuwayamae* Matsumura, 1926 在日本寄生于赤松毛虫 *Dendrolimus spectabilis*、落叶松毛虫 *Dendrolimus superans* 和松毛虫盘绒茧蜂 *Cotesia ordinarius*。盛茂领和孙淑萍（2009: 169）报道在河南（嵩县）发现，但尚未见寄生于松毛虫的，将在附录 1 中介绍。

据国外记载寄生于松毛虫而我国尚无该蜂记录的有 2 种，其种名、寄主和分布是：*Mesochorus ater* Ratzeburg，在德国寄生于欧洲松毛虫；*Mesochorus* sp.，在俄罗斯（西伯利亚）寄生于西伯利亚松毛虫上的绒茧蜂 *Apanteles*。

菱室姬蜂属 *Mesochorus* 分种检索表

1. 第 2 回脉在小翅室的中部与其相接；中胸腹板褐色 ·················· 盘背菱室姬蜂 *M. discitergus*
- 第 2 回脉在小翅室的中部外侧与其相接；中胸腹板黑色 ·············· 桑山菱室姬蜂 *M. kuwayamae*

（44）盘背菱室姬蜂 *Mesochorus discitergus* (Say, 1836)（图 71）

Cryptus discitergus Say, 1836: 231.

Mesochorus fascialis(!) *nigristemmaticus*: 祝汝佐, 1933: 37; 祝汝佐, 1935: 16.
Mesochorus fascialis(!): 祝汝佐, 1935: 16; Wu, 1941: 38; 祝汝佐, 1955: 3.
Mesochorus discitergus: Townes *et al*., 1965: 342; 赵修复, 1976: 314; 中国科学院动物研究所和浙江农业大学, 1978: 46; 何俊华, 1979: 34; 吴钜文, 1979a: 35; 何俊华, 1986c: 340; 何俊华, 1986a: 44; 何俊华和王淑芳, 1987: 389; Gupta, 1987: 592; 侯陶谦, 1987: 173; 柴希民等, 1987: 12; 严静君等, 1989: 273; 吴钜文和侯陶谦, 1990: 287; 陈昌洁, 1990: 194; He, 1992: 314; 何俊华等, 1996: 376; 何俊华和曾洁, 2018: 46.

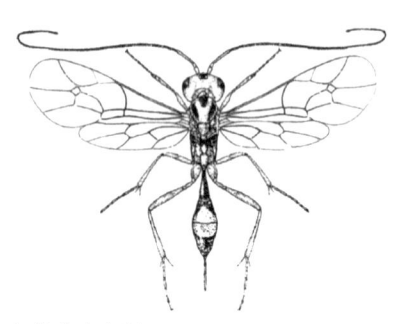

图 71　盘背菱室姬蜂 *Mesochorus discitergus* (Say)（引自 何俊华等，1979）
雌成虫整体图，背面观

体长 4.0~4.5mm。

头：颜面和唇基间无沟，形成 1 宽而微凸的表面，其侧下方及颊具细刻条。触角窝下方横脊中央突然下凹。

胸：并胸腹节分区明显，中区五角形，分脊在中央稍前方。前翅小翅室菱形且大；后小脉不曲折，无后盘脉。爪具栉齿。

腹：腹部第 1~3 节背板稍平；背面除第 1 节后柄部有细纵刻纹外其余均光滑。第 1 节基侧凹大；第 2 背板长稍大于宽，基角有窗疤。雌蜂产卵管鞘比第 2 腹节稍长；下生殖板极大，侧面观呈三角形。雄蜂抱握器呈长棒状，与腹末 2 节之和等长。

体色：头、胸部黄褐色。复眼、单眼区黑色；触角稍带暗褐色。中胸盾片有 2 或 3 条黑色纵纹。并胸腹节基方大部黑色。某些个体后头、中胸和并胸腹节完全黑色。腹部背面黑至黑褐色，但第 2 节背板后半和第 3 节背板前半形成 1 盘状黄褐色大斑。雄蜂抱握器黄褐色。足黄褐色，后足胫节两端、各跗节末端及爪黑褐色。翅透明，翅痣黄褐色。

生物学：本种为重寄生蜂，单寄生。寄生于松毛虫上的黑足凹眼姬蜂 *Casinaria nigripes*、松毛虫脊茧蜂 *Aleiodes esenbeckii*、松毛虫盘绒茧蜂 *Cotesia ordinarius*、枯叶蛾雕绒茧蜂 *Glyptapanteles liparidis* 等，从蜂茧内羽化。

标本记录：吉林抚松，1954.IX.15，刘友樵，寄主：落叶松毛虫，No. 5429.6。

分布：我国除西北及西藏外，大部分省份均有发现；广布世界。

肿跗姬蜂亚科 Anomaloninae（=格姬蜂亚科 Gravenhorstinae）

前翅长 3~24mm。体和附肢通常细长，腹部侧扁，产卵管通常短。唇基与脸之间往往不被沟分开，其端部中央常有 1 个偶有 2 或 3 个尖突，有时简单弧形、凹入或平截。后头脊通常位于头的后外缘，以致头在后头脊处宽度与复眼处宽度几乎一样。上颚常有 2 齿，有时单齿。雄性触角无角下瘤。前沟缘脊通常长而强，有时无。盾纵沟常缺，有时长但不深凹。无腹板侧沟。中胸腹板后横脊大部分完整或偶不完整。并胸腹节多具网状刻皱，有时除基横脊外无其他脊，其端部常突出成柄。中后足胫节通常各有 2 距，但个别属单距。后足跗节常扩大或肿胀，特别是雄性。无小翅室，肘间横脉通常在第 2 回脉基方，有时在对过或端方（*Ophionellus* 翅脉退化）。第 2 回脉有 1 个弱点。后小脉曲折位置不定，或不曲折。腹部第 1 节背板长，通常细，无基侧凹，腹板和背板愈合而无分隔的缝；气门通常在很后方。无窗疤。产卵管有端前背缺刻，在缺刻后方常相当细。

本亚科寄主为鳞翅目 Lepidoptera，产卵在幼虫体内，而从蛹期羽化，单寄生。

世界分布，有 41 属。我国已知 11 属，其中寄生于松毛虫的有 3 属。

据国外报道尚有本亚科 2 属 3 种寄生于松毛虫上的姬蜂，在我国尚未发现，不予介绍，它们是：

前凹姬蜂 *Aphanistes jozankeanus* Matsumura 在日本寄生于落叶松毛虫

前凹姬蜂 *Aphanistes ruficornis* (Gravenhorst) 在德国寄生于欧洲松毛虫

Habrocampulum biguttatum (Gravenhorst)在欧洲寄生于欧洲松毛虫

肿跗姬蜂亚科 Anomaloninae 分属检索表

1. 前胸背板前下角处无齿状突；第 1 回脉与盘肘脉连接处通常位于该室中部基方；唇基端缘中部通常尖或圆，有中等至大的中齿 ·· 软姬蜂属 *Habronyx*
- 前胸背板前下角处有 1 尖齿状突；第 1 回脉与盘肘脉连接处通常位于该室中部；唇基端缘中部平截，或凹陷，或两侧稍突出，无中齿 ··· 2
2. 额在两个触角窝之间有 1 个很高的侧扁的齿或薄片；雄性后足跗节第 2 节腹面有一个长形的凹陷区域；后足跗节第 1 节比其余各节之和长 ··· 异足姬蜂属 *Heteropelma*
- 额在两个触角窝之间有 1 粗脊，此脊不呈很高的侧扁的齿或薄片；雄性后足跗节第 2 节腹面没有一个稍凹陷的区域；后足跗节第 1 节常比其余各节之和短 ··· 棘领姬蜂属 *Therion*

22. 软姬蜂属 *Habronyx* Foerster, 1860（图 72，图 73）

Habronyx Foerster, 1860: 145.

属征简述：前翅长 4.7～24.0mm。复眼内缘近于平行或稍向下收窄。复眼表面裸或有短而稀的毛。额有或无中竖脊。唇基端缘有中等至大的中齿。上颊中等长至长。后头脊完整，颊脊在上颚基部相连。上颚下齿稍短于上齿。通常无前沟缘脊。盾纵沟长，强至很弱。小盾片稍微隆起至强度隆起，通常有侧脊。胸腹侧脊通常完整。中胸腹板后横脊在每一中足基节前方中断。并胸腹节端部突出达于后足基节约 0.35 处。中足胫节 2 距。后足胫节和跗节不特化。跗爪部分或完全具栉齿。肘间横脉通常在第 2 回脉内方，有时在对过或稍外方。外小脉在上方 0.45 至下方 0.37 处曲折。无后盘脉。第 2 节背板明显长于第 3 节背板，折缘通常被褶分开。

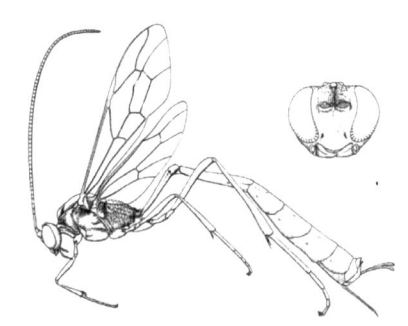

图 72　松毛虫软姬蜂 *Habronyx heros* (Wesmael)（软姬蜂属 *Habronyx* Foerster）（引自 Townes，1971）

生物学：寄主主要为鳞翅目幼虫。

分布：本属几乎分布于全世界，我国已知 9 种，其中寄生于马尾松毛虫的 1 种。

（45）松毛虫软姬蜂 *Habronyx heros* (Wesmael, 1849)（图 72，图 73）

Anomalon heros Wesmael, 1849: 125.

Habronyx heros: Townes *et al*., 1965: 365；何俊华，1983c: 338；王淑芳，1984: 40；何俊华，1985: 108；何俊华，1986c: 339；何俊华和王淑芳，1987: 391；侯陶谦，1987: 172；柴希民等，1987: 7(herot !)；张务民等，1987: 32；严静君等，1989: 266；陈昌洁，1990: 193；湖南省林业厅，1992: 1243；He，1992: 315；王志英等，1996: 88；岳书奎等，1996: 6；何俊华等，1996: 413；能乃扎布，1999: 351；柴希民等，2000: 5；何俊华，2004: 476；徐延熙等，2006: 768；Lelej，2012: 270；何俊华和曾洁，2018: 45.

Habronyx (*Habronyx*) *heros*: Gupta, 1987: 629.

Habronyx gigas: 吴钜文和侯陶谦，1990: 285；Yu *et* Horstmann, 1997: 46.

体长 26～28mm，前翅长 14～16mm。

头：头狭于胸。颜面向下方收窄，下宽为长的 1.3 倍，满布细刻点，中央有一小纵凹。唇基凹深；唇基刻点稀，端缘光滑，端缘中央有一尖齿。颚眼距为上颚基部宽度的 0.2 倍。额中央有一细纵脊，脊两侧为横皱状刻条。单眼区具网状刻点，侧单眼外侧有凹痕，长径分别为单复眼间距和侧单眼间距的 1.6 倍、1.4 倍，侧单眼与中单眼的距离和与后头脊的距离相等，约为侧单眼长径的 0.5 倍。上颊多褐毛；在复眼后

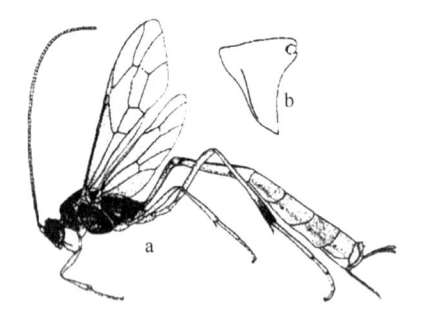

图 73 松毛虫软姬蜂 Habronyx heros (Wesmael)
(a. 引自 何俊华等, 1996; b. 引自 Gauld, 1976)
a. 雌成虫整体, 侧面观; b. 前胸背板, 侧面观

稍收窄, 侧面观长为复眼的 0.52 倍。触角长为前翅的 1.2 倍, 雌蜂 62 节, 雄蜂 59 节; 鞭节至端部渐细, 第 1 鞭节长为第 2 鞭节的 2.0 倍。

胸: 前胸背板前沟缘脊强, 下方具不规则网皱, 上方为网状刻点, 沿亚背缘有凹沟, 沟内有短纵脊。中胸盾片具细刻点, 中叶中央有浅纵沟, 盾纵沟长, 后方之间具网状皱纹; 小盾片稍隆起, 前方 2/5 中央隆起较高, 而基侧角低, 后方中央有浅纵沟, 满布不规则网皱, 有微弱的侧脊。小盾片前凹深, 内无纵脊。中胸侧板满布刻点, 但翅基下脊下方为短刻条, 镜面区光滑; 胸腹侧脊伸至前缘中央。后胸侧板与并胸腹节分界不清, 具网状皱纹, 在近前方有一齿状隆起。并胸腹节长约为宽的 1.1 倍, 满布网皱, 中央有纵凹槽。

翅: 前翅第 2 回脉在肘间横脉稍外方; 盘脉基段长为盘肘脉的 0.7 倍, 即外小脉与盘肘脉的连接处位于该室中央基方。后小脉在上方 0.4 处曲折。

足: 后足第 1 转节腹长约为第 2 转节腹长的 2.0 倍; 雄性跗节不肿大; 爪有栉齿, 但不伸至末端。

腹: 腹部细长而明显侧扁; 第 1 节气门位于 0.82 处。产卵管鞘长约为后足胫节的 0.28 倍。

体色: 头、胸部黑色; 额眶、上颊下部（除后缘外）、颜面、颊、上颚（除端部外）、须黄色。翅基片黄褐色。触角赤褐色, 鞭节基半背面及端部黑褐色, 柄节腹面黄褐色。腹部赤褐色, 第 2 节背板中央黑色（有的记载为各节背面黑色）。足赤黄色至赤褐色; 前足基节、转节、胫节和跗节背面, 中足胫节、跗节, 以及后足跗节污黄色; 后足基节基部或大部、胫节端部约 1/3 黑色。翅带烟黄色, 但外缘稍烟褐色; 翅脉黑褐色; 翅痣赤褐色。

生物学: 在我国已知寄主种类有马尾松毛虫 *Dendrolimus punctatus*、赤松毛虫 *Dendrolimus spectabilis*、落叶松毛虫 *Dendrolimus superans*、铁杉毛虫及一种不知名的松毛虫。从蛹内羽化, 单寄生。在国外寄主还有欧洲松毛虫 *Dendrolimus pini*、奥特斯枯叶蛾 *Pachypasa otus*、深色白眉天蛾 *Hyles gallii* 等。

标本记录: 1♂, 浙江温岭, 1954.V, 华东农科所, 寄主: 马尾松毛虫, No. 5415.4; 1♀1♂, 四川綦江, 1963.VI.20, 四川省林科所, 寄主: 松毛虫, No. 802661、803479。

分布: 黑龙江、内蒙古、北京、山东、浙江、四川; 朝鲜, 日本, 俄罗斯, 德国, 比利时等。

23. 异足姬蜂属 Heteropelma Wesmael, 1849 （图 74）

Heteropelma Wesmael, 1849: 119.

属征简述: 前翅长 6.5～17mm。唇基端缘中央中等平截, 或有宽的缺刻, 其缺刻两侧通常隆起。上颚端缘中等宽, 下齿约为上齿的 0.3 倍。颊脊在上颚基部相接。额下部在触角窝之间有高竖的片状叶突。小盾片平或中央微凹; 在基角常有侧脊或伸至 0.4 处。中胸腹板后横脊完整。并胸腹节长形或相当长; 与后胸侧板通常由一弱凹痕分开, 无外侧脊。后足基跗节长为第 2～5 跗节之和的 0.75～2.3 倍。雄性后足第 2 跗节多有一卵圆形至长形的凹陷区。跗爪简单, 中等长, 前中足跗爪强度弯曲, 后足跗爪在中央明显弯成 100°, 并有一基叶。肘间横脉在第 2 回脉基方, 其距为其长的 0.7～1.0 倍。后小脉约在上方 0.35 处曲折。

生物学: 寄主为各种大型鳞翅目。

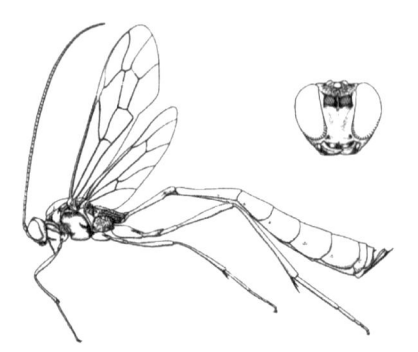

图 74 松毛虫异足姬蜂 *Heteropelma amictum* (Fabricirs) （异足姬蜂属 *Heteropelma* Wesmael） （引自 Townes, 1971）

分布：全北区、东洋区及澳洲区。世界已知 28 种，我国已知 11 种，其中寄生于马尾松毛虫的 1 种。

（46）松毛虫异足姬蜂 *Heteropelma amictum* (Fabricius, 1775) （图 75）

Ichneumon amictus Fabricius, 1775: 341.
Exochilum acheron: 祝汝佐, 1955: 6.
Heteropelma amictum: Townes, 1971: 157; 王淑芳, 1984: 41; 何俊华, 1986c: 339; Gupta, 1987: 639; 何俊华和王淑芳, 1987: 393; 侯陶谦, 1987: 172; 吴钜文和侯陶谦, 1990: 286; 陈昌洁, 1990: 193; 湖南省林业厅, 1992: 1244; He, 1992: 317; 章士美和林毓鉴, 1994: 156; 何俊华等, 1996: 421; 王淑芳, 2003: 259; 何俊华等, 2004: 479; 徐延熙等, 2006: 768; 何俊华和曾洁, 2018: 46.
Schizoloma amictum: Townes *et al.*, 1961: 323; Townes *et al.*, 1965: 383.
Heteropelma acheron: 吴钜文(黑盾瘦姬蜂), 1979a: 34; 侯陶谦, 1987: 172.

雌：体长 19～33mm，前翅长 10.5～17mm。

头：颜面向下方收窄，下宽约为长的 0.7 倍或更小，密布网纹，在中央稍纵隆。唇基平，端缘两侧强度突出或端部反卷，偶尔弱。颚眼距为上颚基部宽度的 0.1 倍。上颚上齿长为下齿的 2 倍。额上方具皱纹；触角洼内为横刻条，有一中纵脊，在触角间的叶状突侧面观呈正方形。侧单眼中央及外侧均有沟，侧单眼间距为单复眼间距的 0.8 倍（有的记载为 0.65～1.05 倍），为侧单眼长径的 1.4 倍。头顶密布粗刻点；头部在复眼后稍弧形收窄；上颊侧面观为复眼宽的 0.7 倍。触角长约为前翅的 1.2 倍，鞭节 54～67 节；第 1 鞭节长为第 2 鞭节的 2.2～2.5 倍。

胸：前胸背板背方隆起处具刻点，四周及下方为刻条，前下方钩强。中胸盾片前方不是拱圆形隆起，密布网状刻点，端部有横刻条；盾纵沟一般均明显；小盾片具网状刻点，中央纵凹；小盾片前凹，近于光滑。中胸侧板上方具粗皱，下方为网状刻点，镜面区及附近光滑。后胸侧板中央稍隆起，具粗皱，近下缘多少光滑。并胸腹节长稍短于宽，具粗网脊。

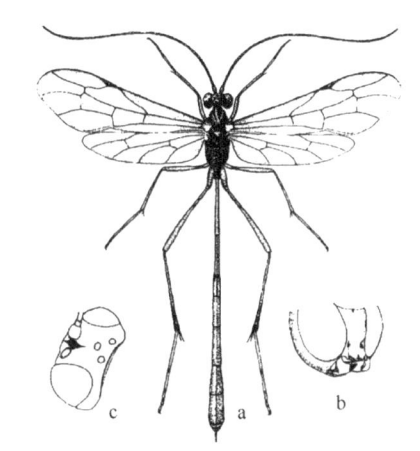

图 75 松毛虫异足姬蜂 *Heteropelma amictum* (Fabricius) （a. 引自 何俊华等，1996；b, c. 引自 Gauld，1976）
a. 雌成虫整体，背面观；b. 头部，前侧面观；c. 头部，背面观

翅：肘间横脉长为肘脉第 2 段的 0.5～0.8 倍（据记载为 0.2～0.9 倍）。

足：第 1 转节长为第 2 转节的 0.7～0.9 倍；中足胫节距约等长；后足基跗节长为胫节的 0.44～0.54 倍，长为第 2 跗节的 1.6～2.3 倍；后爪膝状弯曲，有基齿。

腹：腹部第 2 节背板长为第 3 节背板的 2.2～2.3 倍。产卵管鞘长为第 2 节背板的 0.5～0.6 倍。

体色：头、胸部黑色，颜面、唇基、上颚（除端齿外）、须、额眶下段、顶眶一小斑有时上颊眶上方一小斑黄色；颈部、翅基片黄褐色；触角基半红褐色，端半渐黄色。腹部红褐色；第 2 节背板背方黑色；端部侧方色稍深。足赤褐色；后足基节基部、胫节端部黑色；后足跗节黄色；中后足端跗节褐色。翅带烟黄色；翅脉黄褐色至黑褐色，翅痣黄褐色。

雄：体长 17～32mm，前翅长 10～18mm。头较大而宽，阔于胸，在复眼之后强度膨肿；前面观单个复眼宽大于颜面；颜面下宽为长的 0.7 倍以下。单眼区比头顶侧方低凹，单复眼间距、侧单眼间距分别为侧单眼长径的 1.5 倍、1.1 倍；中胸盾片和并胸腹节均比雌性稍短宽；后足第 2 跗节较扁，宽于第 1 跗节，腹面有一深凹的区域。

生物学：国内已知寄主有油松毛虫 *Dendrolimus tabulaeformis*、马尾松毛虫 *Dendrolimus punctatus*，从蛹内羽化，单寄生。据国外记载，其寄主还有赤松毛虫 *Dendrolimus spectabilis*、落叶松毛虫 *Dendrolimus* *superans*、欧洲松毛虫 *Dendrolimus pini* 及葱绿碧夜蛾 *Bena prasinara*、丽灯蛾 *Callimorpha dominula*、茸毒蛾 *Dasychira pudibunda*、小花尺蛾 *Eupithecia linariata*、松尺蛾 *Hyloicus pinastri*、杨天蛾 *Laothoe populi*、果冬夜蛾 *Lithophane ornitopus*、树莓毛虫 *Macrothylacia rubi*、圆掌舟蛾 *Phalera bucephala*、灰夜蛾 *Polia nebulosa*、松天蛾 *Sphinx pinastri*、栎异舟蛾 *Thaumetopoea processionea*。

标本记录：1♀1♂，陕西韩城，1965.VIII.12，雷寺庄林场，寄主：油松毛虫，No. 66005.9。

分布：吉林、辽宁、陕西、上海、江苏、浙江、台湾、广东（沿海岛屿）、贵州、云南；朝鲜，日本，菲律宾，尼泊尔，缅甸，印度，印度尼西亚，伊朗，俄罗斯，英国，德国，瑞典等。

24. 棘领姬蜂属 *Therion* Curtis, 1829（图76，图77）

Therion Curtis, 1829: 101.

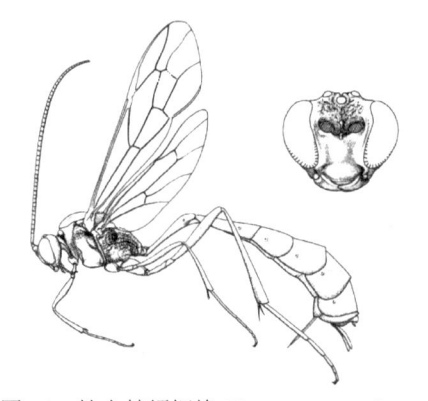

图76 粘虫棘领姬蜂 *Therion circumflexum* (Linnaeus)（棘领姬蜂属 *Therion* Curtis）（引自 Townes，1971）

属征简述：前翅长 6～13mm。唇基端缘中央平截或稍微凸出。上颚下齿比上齿小。颊脊与上颚基部相接。额有1中坚脊或1中褶，或侧扁的角突，其褶或角突均不下伸达触角窝之间。小盾片强度隆起，无侧脊，但有时在基角存在。中胸腹板后横脊在各中足基节前方缺断。并胸腹节长形。并胸腹节与后胸侧板之间在外侧脊处被一弱凹痕分开，外侧脊弱，不明显或消失。后足基跗节长为第2～5跗节的0.6～1.2倍。后足跗节第2～4节上边有一弱中脊。跗爪全部或部分具栉齿，或简单，所有跗爪中等长，相当直，近端部强度弯曲。肘间横脉在第2回脉基方，为肘间横脉长的0.4～1.2倍。后小脉在下方0.3至上方0.42处曲折。

生物学：寄生于大型鳞翅目幼虫，某些种只寄生于多毛的鳞翅目幼虫，如灯蛾科。

分布：全北区、新热带区和非洲区，在我国及印度也有一些种。我国已知寄生于马尾松毛虫的1种。

（47）粘虫棘领姬蜂 *Therion circumflexum* (Linnaeus, 1758)（图76，图77）

Ichneumon circumflexum Linnaeus, 1758: 1-566.

Therion circumflexum: Townes *et al.*, 1965: 381; 中国科学院动物研究所和浙江农业大学，1978: 47(松毛虫棘领姬蜂); 何俊华, 1979: 47; 杨秀元和吴坚, 1981: 310; 王淑芳, 1984: 41; 何俊华, 1986c: 340; 何俊华和庞雄飞, 1986: 47; 何俊华和王淑芳, 1987: 393(粘虫大蛾姬蜂); 侯陶谦, 1987: 174; 严静君等, 1989: 295; 吴钜文和侯陶谦, 1990: 290; 陈昌洁, 1990: 194; He, 1992: 316; 萧刚柔, 1992: 960(粘虫棘须姬蜂); 何俊华等, 1996: 417; 能乃扎布, 1999: 351; 盛茂领和孙淑萍, 2014: 27; 何俊华和曾洁, 2018: 46.

Therion giganteum: Townes *et al.*, 1965: 381; 赵修复, 1976: 325; 申效诚, 1993: 164.

体长 17～26mm，前翅长 10～16mm。

头：颜面稍向下收窄，上宽为中长的 1.8 倍，满布网状刻点，近眼眶和唇基处稍隆起，背缘平，中央有小突起。唇基宽约为长的 2.0 倍，满布网状刻点，中央稍凹，端缘几乎直。颊隆起，颚眼距约为上颚基部宽度的 0.6 倍。上颚短，上齿明显长于下齿。额侧方隆起，中央凹入，密布细网皱，正中有一片状的脊，此脊不伸到触角窝之间，上端稍粗呈一瘤状突起；触角洼小而光滑。单眼区相当隆起，侧单眼外侧有弧形刻条，之间有纵沟，单复眼间距和侧单眼间距均约为侧单眼长径的 1.8 倍。头部在复眼之后稍弧形收窄；上颊侧面观与复眼宽约等长。触角与前翅约等长，62～63 节，鞭节至端部渐细，第 1 鞭节长为第 2 鞭节的 2.2 倍。

胸：前胸背板背缘光滑，具粗而稀刻点，下方为细皱，后缘为细刻条，前下角有尖齿状突起。中胸盾片长，具网状刻点；盾纵沟处为浅凹痕，在近后端相接。小盾片锥形隆起，顶钝，具中等刻点和长毛。中胸侧板密布网状刻点。后小盾片有侧脊，后方稍凹，具细皱。后胸侧板在中央隆起，前方为网状刻点，后方为粗网皱。并胸腹节满布网皱，并有长毛，中央稍纵凹；气门区凹，气门卵圆形。

翅：前翅无小翅室；肘间横脉与肘脉第2段约等长；径室长为宽的 4.5～4.8 倍，径脉第2段基部弯曲；盘室狭长，外小脉位于下缘中央；亚盘脉位于外小脉下方 0.45 处；小脉后叉式。后小脉在上方 0.4 处曲折。

足：足细长。

腹：腹部侧扁，第1节背板长为第2节背板的 0.83 倍，气门位于后方 0.25 处。产卵管鞘长为后足基跗节长的 0.55 倍。

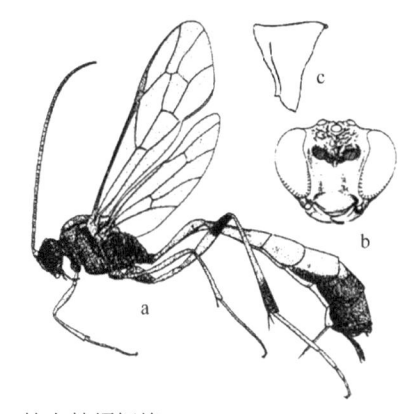

图 77 粘虫棘领姬蜂 *Therion circumflexum* (Linnaeus)
（a. 引自 何俊华等, 1996; b. 引自 Townes, 1971; c. 引自 Gauld, 1976）
a. 雌蜂，侧面观；b. 头部，前面观；c. 前胸背板，侧面观

体色：头、胸部黑色。触角鞭节及翅基片赤褐色；颜面中央宽条、脸眶和额眶、唇基除端缘外、上唇、上颚中段、须、顶眶一小点、上颊眶中段及小盾片黄色。腹部赤褐色；第2节背面纵条、第3～4节侧面纵条、第5节背板背方、后方和侧缘的"]"形纹、第6节及以后背板黑色。翅带烟黄色；翅脉及翅痣黄褐色。前中足黄褐色，基节黑色，腿节带赤褐色；后足赤褐色，基节、腿节端部、胫节端部黑色。

生物学：国内已知寄主有赤松毛虫 *Dendrolimus spectabilis*、落叶松毛虫 *Dendrolimus superans* 和粘虫 *Pseudaletia seperata*。从蛹内羽化，单寄生。据俄罗斯记载，寄主还有：欧洲松毛虫 *Dendrolimus pini* 和锦夜蛾 *Euplexia lucipara*、白肾灰夜蛾 *Melanchra persicariae*、*Panolis riseovarieata*、菜园灰夜蛾 *Polia oleracea*、豌豆灰夜蛾 *Polia pisi*、小舞毒蛾 *Ocneria detrita*、黄白舟蛾 *Notodonta ziczac*、三叶枯叶蛾 *Lasiocampa trifolii*、牧草枯叶蛾 *Philudoria potatoria*、红节天蛾 *Sphinx ligustri* 及松天蛾 *Sphinx pinastri* 等。重寄生蜂有脊腿囊爪姬蜂 *Theronia atalantae* 和苹褐卷蛾齿腿长尾小蜂 *Monodontomerus obscurus*。

标本记录：1♂，黑龙江岱岭，1959.VII.14，方三阳，寄主：落叶松毛虫，No. 750117；1♂，黑龙江海林，1975.VII，张贵有，寄主：落叶松毛虫，No. 750534；1♂，辽宁清原，1954.VII.20，采集人不详，寄主：落叶松毛虫，No. 750116；1♀1♂，新疆青河，1978.VII.下旬，马文梁，寄主：松毛虫，No. 780948；2♀，新疆石河子，1981.V.19，贺福德，寄主：松毛虫，No. 816511。

分布：黑龙江、吉林、辽宁、内蒙古、北京、河北、河南、甘肃、新疆、浙江、江西、台湾等；朝鲜，蒙古国，日本，俄罗斯，波兰，捷克，斯洛伐克，匈牙利，芬兰，比利时，英国，以色列，北美洲等。

秘姬蜂亚科 Cryptinae

本亚科曾称为沟姬蜂亚科 Gelinae、亨姬蜂亚科 Hemitelinae 或粗角姬蜂亚科 Phygadeuontinae。

种类众多，身体小型至大型，少数种类无翅或翅退化。雌蜂触角甚为柔软，鞭节中段通常白色，中段或亚端部下方有感觉器；雄性触角比雌性长，末端更细，但不那么柔软，没有一段白色，中段几节下方有隆起的感觉器（角下瘤）。

中胸侧板的腹板侧沟通常明显，其长度超过中胸侧板长度之半。小翅室通常五边形或四边形，有时外方开放；少数种类翅退化或无翅。腹部常扁，第3节及第4节宽度大于厚度（蝇蛹姬蜂属 *Atractodes* 雌性腹部侧扁）。腹部第1节气门位于该节后方，甚少位于中部或稍前方；气门前方无基侧凹，该节背板与腹板愈合。产卵器长，通常超出腹末甚多，背瓣亚端部无缺刻，如果有，则该缺刻生在亚端部隆起的构造上。上述这些特征，有例外，必须综合考虑。

秘姬蜂亚科在寄主的茧中营寄生生活，特别是在鳞翅目 Lepidoptera 茧中，但也会在叶蜂、茧蜂、姬蜂和其他膜翅目 Hymenoptera 的茧中，豉甲科 Gyrinidae 茧中，蜘蛛卵囊中，蝇类围蛹中，以及胡蜂和泥蜂巢中，甚至毛翅目 Trichoptera 幼虫囊中。

通常用产卵器刺入寄主茧中，将寄主蛹或预蛹杀死，或使其麻痹，然后产一粒卵在寄主体外，营外寄生。一般是 1 个寄主育出 1 头蜂，但少数种类为聚寄生。由于产卵方式很一致，因而产卵器长短都差不多，一般种类产卵器长度比腹部长度之半稍长，但寄生蛀虫者，产卵器常更长，而寄生裸露寄主者，产卵器常较短。

据国内研究，秘姬蜂亚科种类与松毛虫有关的已知 7 属 9 种，将在本志中介绍。

此外，国内还有祝汝佐（1955b: 4）在学会论文提要中列入的黑纹癞姬蜂 *Cryptus suzukii* Matsumura[现名 *Nippocryptus vittatorius* (Jurine, 1807)]一直未正式发表（浙江大学寄生蜂标本室中尚未见此标本），后被彭建文（1959: 201）、吴钜文（1979a: 33）、何俊华（1986c: 337）、侯陶谦（1987: 172）收录过；童新旺等（1990: 28）报道黑痣沟姬蜂（学名待查）寄生于黑足凹眼姬蜂 *Casinaria nigripes*；侯陶谦（1987: 172）报道瘤姬蜂 *Isotima* sp.（实为双脊姬蜂）在黑龙江、新疆寄生于落叶松毛虫（幼虫、蛹），根据该蜂习性、地理分布，存疑。

在国外，特别是在朝鲜、日本和俄罗斯（远东）也报道过一些属种，在我国进一步调查研究均有可能发现，特记录如下供参考，如学名已有变动，提供新变动的学名。

Acrolyta dendrolimi Matsumura（=*Hemiteles dendrolimi*）在俄罗斯（萨哈林岛）、日本寄生于落叶松毛虫（可能为重寄生蜂）。

Caenocryptus sexannulatus Thomson 在俄罗斯（西伯利亚）重寄生于西伯利亚松毛虫上的脊茧蜂 *Rhogas*。

Chirotica matsukemushii Matsumura（=*Hemiteles matsukemushii*、*Mesostenus matsukemushii*）在日本北海道寄生于落叶松毛虫。

Costifrons testaceus (Morley)在南非寄生于松毛虫。

Cryptus sp.在俄罗斯（萨哈林岛）寄生于落叶松毛虫。

Cryptus brunniventris (Ratzeburg)在德国寄生于欧洲松毛虫。

Cryptus suzukii (Matsumura)在俄罗斯（萨哈林岛）重寄生于落叶松毛虫上的脊茧蜂 *Rhogas*。

Gelis aqilis Fabricius（=*Gelis instabilis* Foerster）在捷克重寄生于欧洲松毛虫上的寄生蜂。

Gelis cursitans Fabricius 在俄罗斯、德国、瑞典寄生于欧洲松毛虫。

Gelis dendrolimi Matsumura（=*Pezomachus dendrolimi*）在日本、俄罗斯寄生于落叶松毛虫、赤松毛虫。

Gelis formicarius (Linnaeus)在欧洲寄生于欧洲松毛虫。

Gelis hortensis (Christ)在欧洲寄生于欧洲松毛虫。

Gelis sp.在德国重寄生于欧洲松毛虫上的寄生蜂，在俄罗斯重寄生于西伯利亚松毛虫上的寄生蜂。

Glyphicnemis profligator Fabricius（=*Stylocryptus profligator*、*Endasys profligator*）在苏联寄生于落叶松毛虫。

Hemiteles similis Gmelin 在捷克、斯洛伐克重寄生于欧洲松毛虫。

Hemiteles sp.在俄罗斯（萨哈林岛）重寄生于落叶松毛虫上的麻蝇 *Pseudosarcophaga* sp.。

Javra opaca (Thomson)[=*Cratocryptus opacus* (Thoms.)]在俄罗斯（西伯利亚）重寄生于西伯利亚松毛虫上的麻蝇。

Meringopus attentorius (Panzer)在欧洲寄生于欧洲松毛虫。

Mesoleptus transversor Thunberg（=*Mesoleptussplendens* Gravenhorst）在欧洲寄生于欧洲松毛虫、在俄罗斯（西伯利亚）重寄生于松毛虫上的麻蝇。

Nippocryptus vittatorius Jurine（=*Caenocryptus sexannulatus* Gravenhorst）在俄罗斯（西伯利亚）、波兰、意大利寄生于西伯利亚松毛虫。

Phygadeuon canaliculatus (Thomson)在俄罗斯（西伯利亚）重寄生于西伯利亚松毛虫上的寄生蜂和麻蝇。

Phygadeuon sp.在俄罗斯（萨哈林岛）重寄生于落叶松毛虫。

Phygadeuon subspinosus Grav.（=*P. grandiccps* Thom.）在俄罗斯重寄生于西伯利亚松毛虫上的寄生蜂或麻蝇。

Phygadeuon vexator (Thunberg) 在捷克、斯洛伐克重寄生于欧洲松毛虫上的寄生蜂。
Stilpnus gagates Gravenhorst 在捷克、斯洛伐克重寄生于欧洲松毛虫上的寄生蜂。
Theroscopus pedestris (Fabricius) 在欧洲寄生于欧洲松毛虫。

秘姬蜂亚科 Cryptinae 分族分属检索表

1. 完全无翅（粗角姬蜂族 Phyadeuentini）；上颚外面亚基部具一强大隆肿，基端具一横沟，使该隆肿特别显著 ··· 沟姬蜂属 *Gelis*（特殊）
- 翅完全，前翅比胸部长 ··· 2
2. 第 2 回脉只有 1 弱点，脉的后端通常不外斜，而是与亚盘脉垂直；如果腹板侧沟伸抵中胸侧板后缘，则该沟的末端位于侧板后下角下方；触角柄节末端截面甚斜；雄性颜面常为白色或黄色；并胸腹节除小的基区两侧的纵脊外无其他纵脊；如果并胸腹节只有一条横脊，那是基横脊，而不是端横脊（秘姬蜂族 Cryptini）··· 3
- 第 2 回脉有 2 弱点，脉的后端通常外斜，因而第 2 盘室的后端角比前端角较长，也较尖（少数种类只有 1 弱点，第 2 回脉竖直，在这种情况下，腹板侧沟几乎伸抵中胸侧板后缘，该沟的末端位于侧板后下角稍上方处，并且/或者触角柄节末端截面只是稍呈斜面，并且/或者腹部第 2 节背板折缘折向中间）；雄性颜面甚少白色或黄色；并胸腹节通常具网状脊，有纵脊，也有横脊（粗角姬蜂族 Phyadeuentini）··· 5
3. 上颚长度约为中部宽度的 4.5 倍，上端齿比下端齿长得多，有时下端齿不明显；唇基阔；腹部第 1 节背板细长，后端仅比前方稍阔（长足姬蜂亚族 Osprynchotina）；小翅室大型，其高度为第 2 回脉长度的 0.6~0.8 倍；后足跗节第 5 节腹面中央通常有 4 根粗的刚毛 ··· 巢姬蜂属 *Acroricnus*
- 上颚长度为其中部宽度的 1.2~3.5 倍，上端齿不比下端齿长，或仅稍长；腹部第 1 节背板各种各样，通常后端甚宽；腹部第 1 节背板基部有三角形侧齿，在雌性中则较强 ·· 4
4. 小翅室宽度不及高度的 1.4 倍；窗疤通常长大于宽；径脉与肘脉不接近，第 1 时间横脉明显，与第 2 回脉不相连；后足基节前面基部无短横沟；在镜面区下方的中胸侧板呈一凹坑，在凹坑与中胸侧缝之间有 1 短横沟相连，或无（驼姬蜂族 Goryphini）；额有 1 条窄的竖脊；唇基端缘稍凸，通常中央无特化；并胸腹节在基横脊后方的部分粗糙，侧突通常脊突状；腹部第 1 节背板有腹侧脊、背侧脊和背中脊，通常强而完整，背中脊伸过气门；产卵管不强度侧扁，具明显的齿 ··· 驼姬蜂属 *Goryphus*
- 小翅室宽度通常为高度的 1.5 倍，有时小翅室缺如；窗疤差不多都是宽大于长；径脉与肘脉甚为接近，第 1 肘间横脉几乎消失与第 2 回脉相连；后足基节前面基部有短横沟；盾纵沟较长，超过中胸盾片中央（裂跗姬蜂亚族 Mesostenina）；额的中央具 1 条纵脊，脊的中央突起呈一个侧扁小齿，或一个侧扁低角状突；并胸腹节较短，端横脊仅见侧突或瘤状突；腹部第 1 节腹板末端至多抵达气门处 ··· 脊额姬蜂属 *Gotra*
5. 前胸背板背方紧接颈的后方，具 1 粗短中纵脊，与横槽相交叉；并胸腹节侧纵脊基段（即气门前方一段）通常缺如；唇基端缘中央无 1 齿或 1 对齿（脊颈姬蜂亚族 Acrolytina）；唇基末端约 0.3 处强度曲折；第 2 间横脉完全没有，或者甚不完全；后小脉不曲折；中胸背板表面粗糙，盾纵沟通常不超过中胸盾片中央；并胸腹节气门与外侧脊甚为接近，之间的距离不及气门自身直径之半 ··· 折唇姬蜂属 *Lysibia*
- 前胸背板背方无粗短中纵脊，但有时有细纵脊，它不比附近的脊或皱纹更粗；并胸腹节通常有侧纵脊基段；唇基端缘中央通常有 1 齿或 1 对齿；前翅第 2 回脉发达；后小脉通常曲折 ··· 6
6. 上颚外面亚基部很隆肿，基端具横沟，使该隆肿特别显著（沟姬蜂亚族 Gelina）；唇基较小，相当隆起，端缘中央常有 1 对弱突起；中胸腹板后横脊不完整；前沟缘脊缺如，或短而弱 ··· 沟姬蜂属 *Gelis*
- 上颚外面亚基部无隆肿或微弱隆肿；唇基端缘通常厚，并且（或者）中央具 1 齿或 1 对齿，或一角度；触角柄节末端几乎平截至甚斜 ·· 7
7. 后小脉直竖，或稍内斜，或稍外斜；触角柄节末端截面与横轴呈 10°~45°；唇基端缘通常薄而锐，常有 1 对中齿突；腹部第 1 节背板细长，该节腹板稍超出气门后方或超出甚远，气门位于该节中央附近或前方（泥甲姬蜂亚族 Bathytrichina）；盾纵沟长，超过中胸背板中央；腹部第 1 节背板背中脊弱到无；中盘室外后角呈锐角，第 2 回脉甚微弱内斜；并胸腹节无侧突 ··· 泥甲姬蜂属 *Bathythrix*
- 后小脉显然内斜；触角柄节末端截面甚斜，呈 50°~70°；唇基端缘中央通常具一齿，或一对齿，或一角度；盾纵沟中等强，几乎伸至中胸盾片中央；唇基亚端部横沟状凹；腹部第 1 节背板背中脊甚强，伸抵后柄部中央；中盘室外后角呈直角，第 2 回脉甚微弱内斜；有第 2 肘间横脉；腹部第 2 节背板光滑，具大刻点；产卵器末端甚短，通常有一背结（搜姬蜂亚族 Mastrina） ························· **短瘤姬蜂属** *Brachypimpla*

秘姬蜂族 Cryptini

25. 巢姬蜂属 *Acroricnus* Ratzeburg, 1852（图 78）

Acroricnus Ratzeburg, 1852: 92.

属征简述：前翅长 6.5~14mm。颊长约为上颚基宽的 0.8 倍。后头脊完整，或下端不达口后脊。并胸腹节端横脊完整或几乎如此，但有时弱，无侧突。后足端跗节腹面中央有 1 组大鬃毛，通常 4 根一组。小翅室大，有点斜；小脉稍后叉。后小脉在中部上方曲折；腋脉长，离臀区边缘很远。腹部第 1 节腹板端部位于气门后方，基部从下面看向上斜。第 1 节背板气门位于端部 0.46 处。产卵管鞘长是后足胫节长的 1.3 倍；产卵管上弯，端部扁平，下瓣包围上瓣，下瓣端部有竖脊，但上瓣几乎光滑。

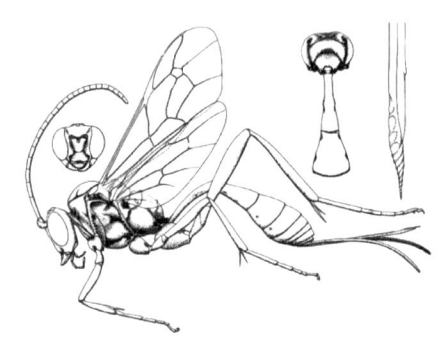

图 78 *Acroricnus stylator* Thunberg（巢姬蜂属 *Acroricnus* Ratzeburg）（引自 Townes，1969）

本属是一小属，世界已知 8 种；广布于北半球，寄生于巢内的蜾蠃蜂，特别是蜾蠃蜂属 *Eumenes*。我国已知 4 种及亚种。陈尔厚（1999：48）报道在云南文山从寄生于文山松毛虫 *Dendrolimus punctatus wenshanensis* 的花胸姬蜂 *Gotra octocincta* 上育出游走巢姬蜂指名亚种 *Acroricnus ambulator ambulator*，笔者未见标本并对定名存疑。

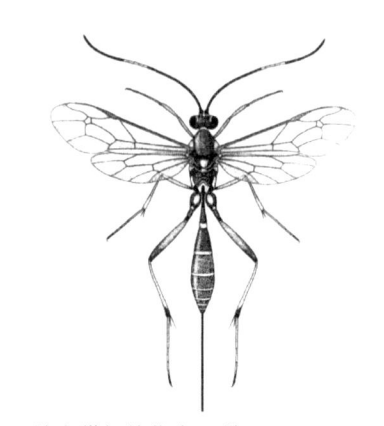

（48）游走巢姬蜂指名亚种 *Acroricnus ambulator ambulator* (Smith, 1874)（图 79）

Cryptus ambulator Smith, 1874: 392.
Acroricnus ambulator Morley, 1914a: 172.
Acroricnus ambulator ambulator Townes *et al.*, 1965: 198; 何俊华等, 1996: 543; 陈尔厚, 1999: 48; 何俊华和曾洁, 2018: 46.

雌：体长 14~16mm，前翅长 9~11mm，产卵管鞘长 5~6.5mm。

头：头向下收窄，在前面观近三角形。颜面宽大于长，满布刻点，在中央上方稍隆起。唇基稍隆起，长比颜面稍短，端缘平直，也满布刻点。上唇突出。颚眼距约与上颚基部宽度相等。额密布刻点。上颊收窄，侧面观为复眼最宽处的 0.35 倍。侧单眼间距稍大于单复眼间距，约为侧单眼直径的 2.0 倍。头顶刻点较细而稀。触角长为前翅的 0.9 倍，27~29 节，丝形，至端部稍粗；第 1 鞭节长为第 2 鞭节的 1.5 倍。

胸：胸部密布皱状刻点。前胸背板前沟缘脊后方上部光滑，下部多横皱刻条。盾纵沟浅，可由短皱纹显出，伸至中央后方。并胸腹节满布皱状刻点和长白毛；基横脊中央前伸；端横脊中央模糊。

图 79 游走巢姬蜂指名亚种 *Acroricnus ambulator ambulator* (Smith)（引自 何俊华等，1996）

翅：小翅室大，五角形；小脉稍后叉式。后小脉在中央稍上方曲折。

腹：腹部细长，仅见极细带毛刻点，近于光滑。产卵管鞘长为后足胫节的 1.3 倍。

体色：黑色。额眶、脸眶上部、唇基中央（大小不等）、上唇、须、翅基片、小盾片后半、后小盾片、后胸侧板上方部分和后角（部分标本后胸侧板全黑）、并胸腹节端部两侧大斑黄色。触角柄节和梗节黑色；鞭节中段4~6节呈黄色环，黄环之前赤褐色，黄环之后黑褐色。腹部各节后缘黄色或黄褐色；部分标本第2节或第2~3节背板后半稍呈砖红色。翅透明，稍带烟褐色，外缘色稍深；翅痣及翅脉黑褐色。足砖红色；基节、转节、后足腿节端部、胫节端部黑色；后足基节内侧有黄色大斑；前、中足胫节和各跗节污黄色。

雄：与雌蜂基本相似。触角长于体和前翅，33节，鞭节分节及角下瘤明显。颜面（除中央上方外）和唇基（除侧缘和下缘外）、额眶、颊眶、上颊眶下部、柄节前方、前胸背板中央前方和前沟缘脊上方斑点、前足基节前方和转节前方黄色。

生物学：有从山东的蜾蠃蜂 *Eumenes* 泥巢中育出的标本。据记载有日本蜾蠃 *Eumenes japonicus*、李蜾蠃 *Eumenes fraterculus*、*Rhynchium flavomarginatum*。陈尔厚（1999: 48）报道在云南文山从寄生于文山松毛虫 *Dendrolimus punctatus wenshanensis* 的花胸姬蜂 *Gotra octocincta* 上育出（笔者对种名鉴定存疑，陈尔厚本人对寄生于花胸姬蜂也存疑）。

分布：黑龙江、辽宁、北京、山东、山西、河南、江苏、浙江、江西、湖南、四川、台湾、福建、广西、贵州、云南；朝鲜，日本，俄罗斯（萨哈林岛）。

26. 驼姬蜂属 *Goryphus* Holmgren, 1868（图80）

Goryphus Holmgren, 1868: 398.

属征简述：前翅长 3.2~9.5mm。体中等比例至很粗短。额有1条窄的竖脊。唇基端缘稍凸，通常中央无特化，但有时稍呈叶状，或稍2叶状，或偶有1中齿。上颚短，下齿等于或短于上齿。前沟缘脊强而长，延伸到腹方，包围颈片后缘。腹板侧沟达中足基节，仅稍弯曲。小盾片通常无侧脊。并胸腹节基横脊完整；端横脊完整或弱或缺（♂），有或无侧突或瘤突。小翅室高约为第2回脉弱点上段长度的0.5倍。小翅室通常方形或稍五边形，第2肘间横脉有但常弱。第2回脉直或近于直。后小脉在下方0.3处曲折。腹部第1节背板中等宽至很宽，基部有侧齿；腹侧脊、背侧脊和背中脊通常强而完整；背中脊伸达或超过气门。产卵管鞘长约为前翅的0.9倍。产卵管粗壮，端部较短，结节通常明显，下瓣有斜或近垂直的齿。

图80 *Goryphus basilaris* Holmgren（驼姬蜂属 *Goryphus* Holmgren）（引自 Townes，1969）

本属是一个大属，分布于热带和亚热带。寄主为各种各样小至中等大小的茧，有时是寄主的裸蛹。本属已知114种；中国已知15种，其中寄生于松毛虫的有1种。

（49）横带驼姬蜂 *Goryphus basilaris* Holmgren, 1868 （图81）

Goryphus basilaris Holmgren, 1868: 398; 赵修复, 1976: 270; 祝汝佐等, 1976: 174; 何俊华和匡海源, 1977: 5; 中国科学院动物研究所和浙江农业大学, 1978: 38; 何俊华, 1979: 9; 吴钜文, 1979a: 34; 杨秀元和吴坚, 1981: 306; 何俊华和马云, 1982: 26; 王淑芳, 1984: 41; 何俊华, 1986c: 338; 何俊华和庞雄飞, 1986, 32; 孙明雅等, 1986: 24; Gupta, 1987: 831; 何俊华和王淑芳, 1987: 380; 柴希民等, 1987: 7; 侯陶谦, 1987: 172; 严静君等, 1989: 266; 陈昌洁, 1990: 193; 陕西省林业科学研究所和湖南省林业科学研究所, 1990: 14; 童新旺等, 1991: 8; 杜增庆等, 1991: 16; He, 1992: 327; 湖南省林业厅, 1992: 1225; 申效诚, 1993: 162; 王书欣等, 1993: 20; 张永强等, 1994: 227; 章士美和林毓鉴, 1994: 156; 洪菊生, 1995: 258; 何俊华等, 1996: 529; 王淑芳, 2003: 276; 何俊华, 2004: 519; 徐延熙等, 2006: 768; 何俊华和陈学新, 2006: 113; Chen *et* He, 2006: 113; 盛

茂领等, 2013: 181; 何俊华和曾洁, 2018: 46.
Goryphus longicornis: 祝汝佐, 1935: 17; 祝汝佐, 1955: 4; 华东农业科学研究所, 1955: 106.

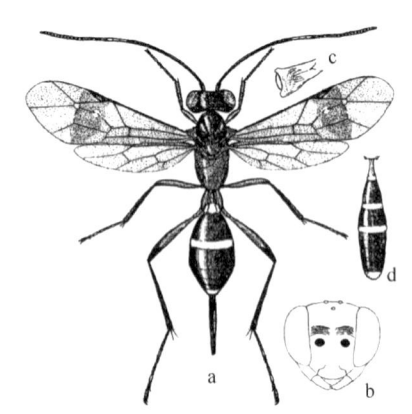

图 81　横带驼姬蜂 *Goryphus basilaris* Holmgren
（引自 何俊华, 1986c）
a. 雌蜂; b. 头部，前面观; c. 上颚; d. 雄蜂腹部

雌：体长约 10mm，前翅长约 6.5mm。

头：颜面宽约为中长的 1.9 倍，具强而密的不规则皱状刻点，在两侧为细革状纹。唇基基半具刻点，端缘凹入且光滑。上颚在基部具皱状刻条，在端部光滑，2 齿相等。颚眼距具细颗粒状刻点，为上颚基部宽度的 0.7~0.8 倍。额在单眼区下方有斜行的不规则皱纹，有一中纵脊，侧方散生一些浅刻点；触角洼光滑，具细横刻条。头顶大部分具极细刻纹，在单复眼后很斜。单复眼间距为侧单眼间距或侧单眼直径的 1.6 倍；上颊近于平滑，具小而稀的刻点。触角 28 节，长为前翅的 1.2 倍，鞭节基部稍细。

胸：前胸背板中央具粗糙横刻条，上方为不规则褶皱，前沟缘脊强，伸向上端后再转向中央。中胸盾片中叶中央和侧叶中央具细刻点，各叶边缘有细横皱，中叶后端为网状皱纹；小盾片具细皱，侧脊完整。后小盾片光滑。中胸侧板和后胸侧板满布粗糙皱纹，胸腹侧脊两侧均有短刻条，镜面区和腹板侧沟下方近于光滑，具细而浅的刻点。并胸腹节基横脊完整，中央向前稍弯曲；中央有短纵脊；无端横脊；侧突片状，明显；气门卵圆形。

翅：小翅室五角形，高为周围翅脉粗的 5 倍，2 条肘间横脉一般近于平行，第 2 肘间横脉弱。

腹：腹部第 1 节背板光滑，仅有少许刻点，侧面观背面弧形；第 2 和第 3 节背板密布刻点；第 4 节背板刻点模糊；以下各节背板平滑并近于有光泽。产卵管鞘长为后足胫节的 0.9 倍。

体色：体黑色；触角鞭节第 7~9 节上面白色；小盾片、中胸侧板后方（小盾片前缘的切线以后）、后胸侧板、并胸腹节及第 1 腹节背板（除后缘外）橙红色；腹部第 1、2 节背板后缘及第 7、8 节背板中央白色。翅透明，翅痣及翅脉黑褐色，翅痣下方有一条褐色大斑几乎到达后缘成一横带。足大部黄赤色；前足基节至腿节、中后足胫节或连腿节端部，以及第 1、2、5 跗节和爪暗褐色至黑色；各足第 3 或第 3、4 跗节白色。

雄：与雌蜂基本上相似。体长 9mm，前翅长 5.5mm；中胸盾片近于光滑，具细刻点；中胸侧板除上方有细皱外大部分平滑且带有光泽；第 2~5 节背板有明显刻点；触角黑色没有白带；前胸背板颈部上方、第 3 节背板端部、后足第 2 跗节有时白色。其余同雌蜂。

生物学：国内已知寄主有赭色松毛虫 *Dendrolimus kikuchii ochraceus*、马尾松毛虫 *Dendrolimus punctatus*、文山松毛虫 *Dendrolimus punctatus wenshanensis*、赤松毛虫 *Dendrolimus spectabilis*、油松毛虫 *Dendrolimus tabulaeformis* 及竹织叶野螟 *Aldonia coclesis*、二化螟 *Chilo suppressalis*、稻纵卷叶螟 *Cnaphalocrocis medinalis*、桃蛀野螟 *Dichocrocis punctiferalis*、松梢斑螟 *Dioryctria splendidella*、黑肩蓑蛾 *Eurukuttarus niloplaa*、重阳木斑蛾 *Histia rhodope*、稻螟蛉 *Naranga aenescens*、稻苞虫 *Parnara guttata*、大菜粉蝶 *Pieris brassicae*、东方菜粉蝶 *Pieris canidia*、菜粉蝶 *Pieris rapae*、高粱条螟 *Proceras venosatus*、大螟 *Sesamia inferens*、蔗白螟 *Scirpophaga nivella*。也有作为重寄生蜂寄生于松毛虫凹眼姬蜂 *Casinaria nigripes*（原寄主为马尾松毛虫）、松毛虫镶颚姬蜂 *Hyposoter takagii*（原寄主为马尾松毛虫）、广黑点瘤姬蜂 *Xanthopimpla punctata*、螟蛉悬茧姬蜂 *Charops bicolor*、螟蛉脊茧蜂 *Aleiodes narangae* 等的。从寄主蛹内或茧内羽化，单寄生。也会被次生兔唇姬小蜂 *Dimmockia secunda*（=稻苞虫羽角姬小蜂 *Sympiesis parnarae*）重寄生。

标本记录：2♀♀，浙江常山，1954.VIII，邱益三，寄主：马尾松毛虫，No. 5514.23；1♀，湖北，湖北省林科所（采集时间无），寄主：马尾松毛虫，No. 64007.7；2♂♂，湖南东安，1954.V.14~16，何俊华，寄主：黑足凹眼姬蜂，No. 5711.4、771118；1♂，福建福州，1953.VI.16，林伯欣，寄主：马尾松毛虫，No. 5302.3。

分布：河北、河南、浙江、江西、湖北、湖南、四川、台湾、福建、广东、海南、广西、香港；马来西亚，缅甸，印度尼西亚，印度，琉球群岛。

注：过去中名多用"横带沟姬蜂"。

27. 脊额姬蜂属 *Gotra* Cameron, 1902（图 82）

Gotra Cameron, 1902a: 206.

属征简述：前翅长 6~14mm。体较粗壮。额具 1 垂直的中脊，有时此脊在近中部隆起成一个侧扁的小齿或低角。唇基端缘薄，略凸，无中瘤突。上颚端齿约相等。上颊侧面观在上方 0.3 处约为复眼宽的 0.25 倍。前胸背板背缘肿大而厚；前沟缘脊长，上端曲向中部近前胸背板上缘。盾纵沟长而明显。并胸腹节较短；端横脊仅见侧突或瘤状突。小翅室宽约为长的 3 倍，收纳第 2 回脉于中部外方。有第 2 肘间横脉，较第 1 肘间横脉长；小脉对叉至前叉（距离为其长度的 0.3 倍）。第 1 节背板柄部中等粗壮，横切面长方形；腹侧缘有脊；基部两侧各有 1 个强齿。产卵管鞘长为后足胫节的 0.33~0.7 倍。

生物学：生境通常是灌木丛、森林，少数种类为开阔草地。

分布：东洋区、澳洲区。

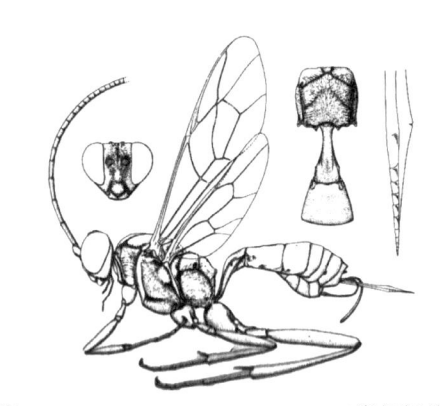

图 82 *Gotra longicornis* Cameron（脊额姬蜂属 *Gotra* Cameron）（引自 Townes, 1969）

本属是一个大属，世界已知 39 种，中国已知 4 种，其中寄生于松毛虫幼虫的有 1 种。

（50）花胸姬蜂 *Gotra octocinctus* (Ashmead, 1906) （图 83）

Mesostenus octocinctus Ashmead, 1906: 175; Wu, 1941: 58.
Mesostenus sp. 祝汝佐, 1933: 625; Wu, 1941: 58.
Stenaraeoides octocinctus: 祝汝佐, 1935: 17; 祝汝佐, 1937: 79; Wu, 1941: 58; 祝汝佐, 1955: 5; 邱式邦, 1955: 181; 中国科学院昆虫研究所和林业部林业科学研究所湖南东安松毛虫工作组, 1956: 312; 孙锡麟和刘元福, 1958: 243; 彭建文, 1959: 201; Townes et al., 1961: 181; 蔡邦华等, 1961: 360; 蒋雪邨和李运帷, 1962: 244.
Gotra octocinctus: Townes et al., 1961: 181; Townes et al., 1965: 193; 赵修复, 1976: 267; 何俊华和匡海源, 1977: 4; 中国科学院动物研究所和浙江农业大学, 1978: 39; 吴钜文, 1979a: 34; 吴钜文, 1979b: 11; 杨秀元和吴坚, 1981: 306; 赵修复, 1982: 294; 朱文炳等, 1982: 49; 中国林业科学研究院, 1983: 693, 704, 725, 727; 金华地区森防站, 1983: 33; 王淑芳, 1984: 41; 贵州动物志编委会, 1984: 234; 何俊华, 1985: 108; 何俊华, 1986c: 338; 孙明雅等, 1986: 25; 四川省农科院植保所等, 1986: 68; Gupta, 1987: 804; 何俊华和王淑芳, 1987: 379; 柴希民等, 1987: 5; 张务民等, 1987: 32; 侯陶谦, 1987: 173(*octocinctu*!); 田淑贞, 1988: 36; 严静君等, 1989: 266; 王问学等, 1989: 186; 谈迎春等, 1989: 134; 陈昌洁, 1990: 193; 吴钜文和侯陶谦, 1990: 284; 陕西省林业科学研究所和湖南省林业科学研究所, 1990: 13; 童新旺等, 1991: 8; 杜增庆, 1991: 16; He, 1992: 327; 湖南省林业厅, 1992: 1225; 萧刚柔, 1992: 947, 952, 954, 956; 申效诚, 1993: 162; 王书欣等, 1993: 20; 章士美和林毓鉴, 1994: 156; 张永强等, 1994: 227; 何俊华等, 1996: 515; 陈尔厚, 1999: 48; 柴希民等, 2000: 5; 梁秋霞等, 2002: 29; 王淑芳, 2003: 275; 何俊华, 2004: 516; 何俊华和陈学新, 2006: 112; Chen et He, 2006: 112; 施再喜, 2006: 28; 徐延熙等, 2006: 768; 盛茂领等, 2013: 197-198; 何俊华和曾洁, 2018: 46.

雌：体长 10.0~16.0mm，前翅长 7.5~12.5mm。

头：颜面宽约为长的 2 倍，中央稍隆起，除侧缘外具粗刻点。唇基中央均匀隆起，端缘弧形；颚眼距长约为上颚基部宽度的 0.6 倍。额在单眼下方具网状刻纹，有一细中纵脊，触角洼光滑。单复眼间距与侧单眼间距约等长，为侧单眼长径的 1.2~1.4 倍。触角长为前翅的 1.3 倍，33~34 节，第 1 鞭节长为宽的 6.7 倍，比第 2 鞭节稍长。

图 83　花胸姬蜂 *Gotra octocinctus* (Ashmead) 雌蜂（引自 何俊华等，1996）

胸：前胸侧板背缘稍隆起，具粗刻点，背缘隆起部下方为模糊刻纹；前沟缘脊强，伸至背缘，此脊下段后方具横刻条。中胸盾片具网状刻点，盾纵沟明显，伸至盾片后方 0.25 处黄斑的两侧，但不相接；小盾片及前侧方的脊光滑，小盾片前凹内有短纵刻条。中胸侧板上方、后胸侧板满布网状皱纹，镜面区光滑，腹板侧沟在侧板前方 0.65 处明显。并胸腹节密布网皱；基横脊中央向前突出；基区梯形，长约等于宽，侧脊前端消失；端横脊不明显，侧突片状突出。

翅：前翅小翅室小而长，第 1 肘间横脉长约为第 2 肘间横脉的 0.5 倍，收纳第 2 回脉近于外角；小脉稍前叉式。后小脉在下方 0.2 处曲折。

腹：腹部第 1 节背板除基部和端缘光滑外满布网状细刻纹，后柄部长约为端宽的 0.4 倍，背中脊伸至气门稍后方；第 2、3 节背板密布细刻点，但端缘光滑；第 4 节及以后各节背板近于光滑。产卵管鞘长为后足胫节的 0.87 倍。

体色：体黑色；多黄白色斑纹；颜面、唇基（除侧缘和端缘外）、上颚除端齿外、须、颊、眼眶（除顶眶中断一小段外）、上颊（除后缘外）、触角第 5～14 节背方、前胸背板前缘和背缘及颈部、前胸侧板、中胸盾片正中 1 圆斑、小盾片及其前侧方的脊、后小盾片、翅基片（除后端外）、翅基下脊、中胸侧板 2 个大斑点（或相连）、腹板侧沟下方的腹板、后胸侧板整个上方部分及下方部分的 1 个大斑、并胸腹节中央横点与后侧方大斑（包括侧突）相连成的"∩"字形斑、腹部第 1 及第 4～8 节背板后缘（第 4～6 节的中断）、第 2～3 节背板的亚后缘均黄白色。前中足砖红色，基节和转节黄白色，第 4～5 跗节黑褐色；后足基节和转节黄白色，上有黑色斑纹，腿节砖红色，端部黑色，胫节黄褐色，两端黑色，跗节 1～4 节黄白色，端节黑色。翅透明，翅及翅痣黑褐色。

雄：与雌蜂基本相似。体长 11.0～13.5mm，前翅长 6.5～8.5mm。触角长为前翅的 1.3 倍；腹部很细瘦，第 1 节后柄部长与后缘宽约相等，第 2 节背板长一般大于端宽。

茧：结于松毛虫茧的内壁，茧长 9～16mm，径 3～5mm，灰白色至灰黄褐色，蜂茧多，常充满整个寄主的茧。

生物学：已知寄主有思茅松毛虫 *Dendrolimus kikuchii*、赭色松毛虫 *Dendrolimus kikuchii ochraceus*、马尾松毛虫 *Dendrolimus punctatus*、德昌松毛虫 *Dendrolimus punctatus tehchangensis*、文山松毛虫 *Dendrolimus punctatus wenshanensis*、赤松毛虫 *Dendrolimus spectabilis*、油松毛虫 *Dendrolimus tabulaeformis* 和松小毛虫 *Cosmotriche inexperta*。

此蜂产卵于近老熟的松毛虫幼虫体内，孵化后即在松毛虫幼虫体内生活，被寄生的寄主幼虫仍能结茧，但不能化蛹。花胸姬蜂幼虫老熟后钻出寄主体壁在松毛虫茧内结茧化蛹，一个寄主最多可出花胸姬蜂 16 头。雌雄蜂的寿命分别长达 45 天、99 天，平均 22 天、79 天。在浙江自然界的寄生率一般不达 5%。可与寄蝇共寄生。马尾松毛虫上的花胸姬蜂也可被广肩小蜂 *Eurytoma* sp.、齿腿长尾小蜂 *Monodontomerus* sp. 和黑纹囊爪姬蜂黄瘤亚种 *Theronia zebra diluta* 所寄生，这些重寄生蜂都是单寄生。

标本记录：2♀1♂，陕西兰田，1981，党心德，寄主：油松毛虫，No. 816458；2♀，江苏南京，1973，南京林学院，寄主：马尾松毛虫，No. 73038.2；1♀，浙江西天目山，1933.VI.5，祝汝佐；1♀，浙江西天目山，1958.VI.4，胡萃，No. 5849.11；4♀1♂，浙江汤溪，1934.V.24、VI.2～5，祝汝佐，寄主：马尾松毛虫；4♀4♂，浙江余杭，1962.V 至 VI.5，浙江林科所，寄主：马尾松毛虫，No. 62010.17、62010.18、62010.20；2♀4♂，浙江余杭，1981，袁荣兰，寄主：马尾松毛虫，No. 816279；32♀73♂，浙江富阳，1966.VI.1 至 VII.13，胡萃，寄主：马尾松毛虫，No. 740213、740229、740231、740232、740234、740371；1♂，浙江余姚，1979，张明仁，寄主：松小毛虫，No. 791086；2♀4♂，安徽泾县，1955.V，邱益三，寄主：马尾松毛虫，No. 5514.10；9♀1♂，江西弋阳，1977.V.26，匡海源，寄主：马尾松毛虫，No. 770332；1♀1♂，湖南长沙，1973.V.中旬，陈常铭，寄主：马尾松毛虫，No. 73023.2；1♀3♂，湖南东安，1954.V，祝汝佐、何俊华，寄主：马尾松毛

虫，No. 5635.17；2♀5♂，湖南东安，1955.III.1，孙锡麟，寄主：马尾松毛虫，No. 5506.4；2♀2♂，湖南道县，1957.V.7，彭建文，寄主：马尾松毛虫，No. 5730.14、5730.16；11♀6♂，四川，1957.IV.3，1980.VII.下旬至 VIII.19，四川省林科所，寄主：马尾松毛虫，No. 801905、801908、802660；2♀，广东广州，1956.IV，陈守坚，寄主：马尾松毛虫，No. 5428.2；4♀6♂，广东广州，1977，卢川川，寄主：马尾松毛虫，No. 780375；1♀，广东广州，1978.VII.4，何俊华，寄主：马尾松毛虫，No. 780354；1♀，广西宜山，1938.11.6，祝汝佐，寄主：马尾松毛虫。

分布：山东、河南、陕西、江苏、浙江、安徽、江西、湖北、湖南、四川、台湾、广东、广西、贵州、云南；朝鲜，日本。

粗角姬蜂族 Phyadeuentini

28. 泥甲姬蜂属 *Bathythrix* Foerster, 1869 （图 84）

Bathythrix Foerster, 1869: 176.

属征简述：前翅长 2.5～7.5mm。唇基端缘通常薄而锐，常有 1 对中齿突。上颚上下齿等长。盾纵沟通常长而明显，伸达中胸盾片很后方并突然中止。并胸腹节无突起；侧纵沟基段存在。小翅室较小，两条肘间横脉收拢；第 2 回脉内斜，有 2 个弱点。后小脉曲折或有时不曲折。第 1 节背板气门通常位于中央后方。第 1 节背板背侧脊和腹侧脊完整或几乎完整，背中脊弱到无。

生物学：寄主为各种各样小至中等大小的茧，有时是寄主的裸蛹。

本属是一个大属，分布于热带和亚热带。本属已知 114 种，中国已知 15 种，其中寄生于松毛虫的有 1 种。

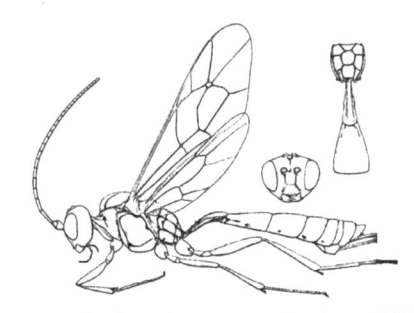

图 84 *Bathythrix claviger* (Taschenberg)（泥甲姬蜂属 *Bathythrix* Foerster）雌蜂（引自 Townes，1969）

（51）负泥虫沟姬蜂 *Bathythrix kuwanae* Viereck, 1912（图 85）

Bathythrix kuwanae Viereck, 1912: 584；何俊华等，1979: 8, 26；何俊华和曾洁，2018: 46.

图 85 负泥虫沟姬蜂 *Bathythrix kuwanae* Viereck 雌蜂（引自 何俊华等，1979）

体长 3～6mm，前翅长 2.4～4.8mm，因寄主不同，个体大小有变化。

头：头比胸部稍宽。颜面宽大于长，密布白毛。唇基略呈正方形，稍隆起。颊短，约为上颚基宽的 0.25 倍。额和头顶具细刻点及稀毛，光亮。侧单眼直径稍短于侧单眼间距，为单复眼间距的 0.4 倍。触角丝形，仅比前翅稍短，26 节，在鞭节基部较瘦。

胸：胸部驼起，有细毛，近于光滑。盾纵沟明显，后方稍收窄，末端稍粗而深，止于中胸盾片后缘的稍前方；小盾片前沟内无明显纵脊。并胸腹节具刻点，多白毛，有分区但被毛所覆盖；基区小；中区五边形或六边形，长约为宽的 2 倍；分脊在中央之前伸出；中区与端区间有横脊。

翅：小翅室五角形，但外方开放，肘脉第 2 段长于肘间横脉；肘脉外段无色。后小脉在中央下方曲折，有后盘脉。

腹：腹部纺锤形，雌蜂以第 2 节后缘处最宽，雄蜂较狭。第 1 节腹节细长柱状，表面光滑；其余背板具细刻点及短毛。产卵管鞘与第1腹节等长。

体色：头、胸部黑色有光泽，生有细白毛。触角基部黄褐色，鞭节暗褐色。翅透明，翅脉褐色。足大体淡黄褐色；后足基节、转节淡黄色，有时后足胫节和中后足跗节变褐色。腹部第1节背板黑色有光泽，后方中央常有土黄色小斑；以后各节背板土黄色，第2~4节背板基部有1对三角形大黑纹，第2节的黑纹内有土黄色圆形斑点，第5、6节背板基部黑色，某些个体特别是雄蜂第4~6节背板往往全部黑褐色。产卵管淡黄色，产卵管鞘暗褐色。

生物学：在黑龙江海林有寄生于松毛虫的一种天敌舞毒蛾原绒茧蜂 *Protapanteles* (*Protapanteles*) *porthetriae*（=舞毒蛾绒茧蜂 *Glyptapanteles porthetriae*）。寄主还有螟蛉悬茧姬蜂 *Charops bicolor*、稻毛虫花茧姬蜂 *Hyposoter* sp.、螟蛉脊茧蜂 *Aleiodes narangae*、粘虫脊茧蜂 *Aleiodes pseudaletiae*、螟蛉绒茧蜂 *Apanteles ruficrus*、粘虫悬茧蜂 *Meteorus gyrator* 和侧沟茧蜂 *Microplitis* sp.。

标本记录：1♀，黑龙江海林，1974，张贵有，寄主：舞毒蛾原绒茧蜂。

分布：黑龙江、吉林、陕西、浙江、江西、湖北、湖南、四川、台湾、广东、广西、贵州、云南；朝鲜，日本。

29. 短瘤姬蜂属 *Brachypimpla* Strobl, 1902（图86）

Brachypimpla Strobl, 1902: 15.

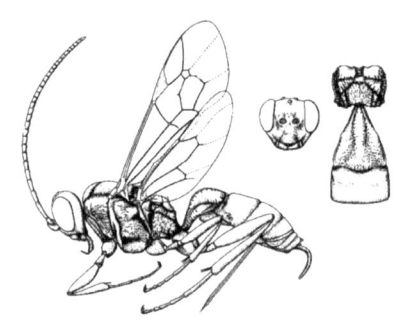

图86 *Brachypimpla brachyura* Strobl（短瘤姬蜂属 *Brachypimpla* Strobl）（引自 Townes, 1969）

属征简述：前翅长约5.2mm。体壮。颊与上颚基宽约等长。唇基端缘之前有一沟状凹痕；端缘中央稍凸出。雌性触角鞭节端半稍宽且下面稍平。盾纵沟中等强，几乎伸至中央。并胸腹节短，脊完整，但基区和中区合并，中区相当小。有第2肘间横脉。第2回脉稍内斜，2个气泡距离近。腹部第1节背板很宽，侧面观强弧形，纵脊强而完整，但背中脊在后柄部中央消失；气门在中央附近。第2节背板有光泽，有很密的刻点，折缘很狭，垂露。产卵管鞘长约为前翅的0.3倍。产卵管端部稍呈矛形。

本属为一小属，世界仅知2种，分布于欧洲及亚洲东北部。我国已知1种，是从松毛虫的寄生蜂茧中育出的。

（52）松毛虫窄柄姬蜂 *Brachypimpla latipetiolator* (Uchida, 1935)（图87）

Phyadeuon latipetiolator Uchida, 1935b: 83; 祝汝佐, 1937: 75; 祝汝佐, 1955: 4; 邱式邦, 1955: 182; 华东农业科学研究所, 1955: 106; 柴希民等, 1987: 12.

Brachypimpla? latipetiolator: Townes et al., 1965: 128; 赵修复, 1976: 254; 吴钜文, 1979a: 32; 杨秀元和吴坚, 1981: 302; 赵修复, 1982: 294; 吴猛耐和谭林, 1984: 2; 何俊华, 1986c: 335; Gupta, 1987: 724; 何俊华和王淑芳, 1987: 377; 钱范俊, 1987: 32-38; 田淑贞, 1988: 36(*Prachypimpla! latipetiolatori!*); 严静君等, 1989: 247; 吴钜文和侯陶谦, 1990: 279; 陈昌洁, 1990: 192; He, 1992: 323; 王淑芳, 2003: 270; 何俊华和曾洁, 2018: 46.

Brachypimpla? latipetiolar(!错写): 侯陶谦, 1987: 171(*Brachymeria latipetiolar!*); 钱范俊, 1989: 23-28; 何俊华等, 1996: 469; 何俊华, 2004: 494.

体长8~9mm，前翅长6~7mm。体密布细刻点和细白毛；颜面及颊白毛特密如毡状。

头：颜面宽约为长的2倍，中央稍隆起。唇基中央稍隆起，端缘弧形凸出。颚眼距与上颚基部宽度相等或稍长。触角洼稍凹，光滑。头顶在复眼之后稍收窄。单眼区稍隆起，侧单眼间距等于单复眼间距、为侧单眼直径的 1.6 倍。触角 31 节，长为前翅的 1.2 倍，雌蜂在中央之后稍增粗，两端较细。

胸：胸部具粗刻点。前胸背板颈部下方光滑；中胸盾片后半中央具横刻条，盾纵沟在前端稍明显，后端有皱纹显出痕迹；小盾片近圆形，呈馒头状隆起，无侧脊。中、后胸侧板刻点近于网状，在镜面区及附近，后胸侧板上方光滑。并胸腹节具网状刻点，近后缘呈纵皱；2 条横脊明显；基横脊中央折向前方，正中一小段脊低而宽，或呈一光滑小区；基区仅下方有痕迹；端横脊明显，两侧的脊稍高，但不形成片状突，此脊之后的端区陡斜。

翅：小翅室五角形，第 2 肘间横脉无色；第 2 回脉内斜，上有 2 个弱点，在小翅室外方相接。

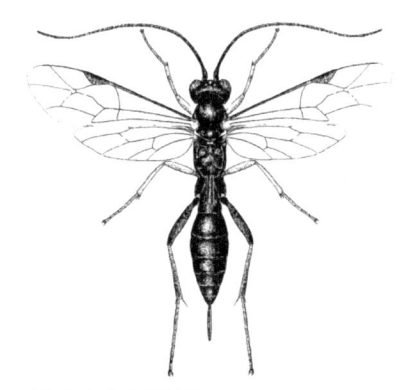

图 87　松毛虫窄柄姬蜂 *Brachypimpla latipetiolator* (Uchida)（引自 何俊华等，1996）
雌成虫整体，背面观

腹：腹部长纺锤形，雄蜂稍窄。第 1 节背板长为其端宽的 1.4 倍（雌）和 2.0 倍（雄），向基部渐收窄，背中脊伸至中部之后。第 2~4 节背板横宽，雌蜂中央各有一浅横凹痕。产卵器粗壮；产卵管鞘与第 2、3 腹节长度之和相等。

体色：体黑色，腹部各背板后缘有不明显褐色。上颚、须红褐色；前中足基节黑色，腿节红褐色；胫节和跗节暗褐色；后足黑色，仅胫节基部黄白色。翅透明，翅脉黑褐色，翅痣黄褐色。

生物学：有报道称寄生于马尾松毛虫 *Dendrolimus punctatus* 和赤松毛虫 *Dendrolimus spectabilis*，但实际上是寄生于松毛虫脊茧蜂 *Aleiodes esenbeckii* 和黑足凹眼姬蜂 *Casinaria nigripes*，重寄生率有时很高。单寄生。

标本记录：1♀，山东青岛，1934.V.1，祝汝佐，寄主：赤松毛虫（副模）；1♀，山东昆嵛山，1953.II，邱守恩，寄主：赤松毛虫，No. 5310.2；1♂，山东昆嵛山，1964.I.29 收，孙锡麟，寄主：松毛虫脊茧蜂，No. 772195；3♀3♂，山东临朐，1979.III，范迪，寄主：松毛虫脊茧蜂，No. 790502、790555；3♀3♂，山东临朐，1979.V.上旬，沂山林场，寄主：松毛虫脊茧蜂，No. 790576；2♀，江苏南京，1954.V，华东农科所，寄主：马尾松毛虫，No. 5414.7、740090。

分布：山东、江苏、浙江、安徽、湖南、福建；朝鲜，日本。

30. 沟姬蜂属 *Gelis* Thunberg, 1827（图 88）

Gelis Thunberg, 1827: 199.

属征简述：前翅长 2.4~5.5mm。雌性无翅或有翅；雄性有翅或无翅，但无短翅种类。无翅个体胸部大小和结构多少退化。并胸腹节的脊退化或消失。体中等粗细。唇基较小，端缘中央常有 1 对弱突起。无前沟缘脊。腹板侧沟在有翅个体中伸达中胸侧板长度的 0.8 处，在无翅个体中常缺。中胸盾片毛糙，刻点细至中等粗糙。有翅个体盾纵沟浅，伸达中胸盾片中部。中胸侧板和后胸侧板毛糙，常有刻点和皱纹，或有时近于光滑。有翅个体的并胸腹节中等长，脊较弱或部分或全部不明显；中区为六边形，长等于或大于宽。翅痣很宽、两色，基部约 0.3 处白色，其余褐色；第 1 肘间横脉强度斜，长度为肘脉第 2 段的 1.0~1.5 倍；第 2 肘间横脉通常缺或有时弱；第 2 回脉有 2 个弱点；小脉对叉或稍后叉。后小脉内斜，曲折。第 1 腹节通常较细长，气门明显位于中部以后。第 2、3 节

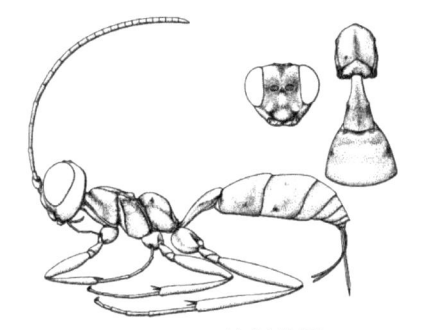

图 88　*Gelis macer* Cresson（沟姬蜂属 *Gelis* Thunberg）
（引自 Townes，1969）

背板折缘很窄，被褶分开。产卵管鞘短至中等长。产卵管中等粗壮，其端部矛形。

本属是一个很大的属，全世界已知 256 种，几乎所有种类分布在全北区。寄主范围很广，有脉翅目的草蛉科，鳞翅目的蓑蛾科、鞘蛾科，以及膜翅目的姬蜂科、茧蜂科等的茧和蜘蛛的卵囊。作者手头亦有许多未定名标本。我国南北均有分布，已知 6 种，与松毛虫有关的有 3 种。此外，钱范俊（1987: 36）报道 *Gelis* sp.在江苏寄生于黑足凹眼姬蜂 *Casinaria nigripes*；张贵有（1988: 27）报道的 *Gelis* sp.在吉林寄生于松毛虫脊茧蜂 *Aleiodes esenbeckii*。

据国外记载，本属与松毛虫有关的还有 5 种，估计为重寄生。

Gelis cursitans Fabricius 在俄罗斯寄生于欧洲松毛虫 *Dendrolimus pini*。

Gelis dendrolimi Matsumura 在日本和俄罗斯寄生于欧洲松毛虫 *Dendrolimus pini*。

Gelis instabilis Foerster 在捷克、斯洛伐克寄生于欧洲松毛虫 *Dendrolimus pini*。

Gelis sp.在俄罗斯（西伯利亚）、德国重寄生于欧洲松毛虫 *Dendrolimus pini* 和西伯利亚松毛虫 *Dendrolimus sibiricus* 上的群瘤姬蜂 *Iseropus*、高缝姬蜂 *Campoplex* 和脊茧蜂 *Aleiodes*（=*Rhogas*）。

Gelis vigil Foerster 在乌克兰寄生于毒蛾原绒茧蜂 *Protapanteles* (*Protapanteles*) *liparidis*。

沟姬蜂属 *Gelis* 分种检索表

1. 无翅；体长 3.0～3.3mm；雌性触角 19 节，短于体，黄赤色至端部渐呈暗褐色，体赤黄色，头完全黑色或暗褐色，腹部第 3 节以后带黑色；雄性触角 23 节，长于体，除基部 3 节外黑褐色，胸部偶有暗赤色或胸腹部一部分有黑斑 ·· 阿苏山沟姬蜂 *G. asozanus*（部分）
- 有翅 ·· 2
2. 翅透明，无暗色横带；头部、胸部及腹部第 3 节起或仅端部黑至黑褐色，中胸盾片 4 纵条及小盾片赤褐色 ··· 阿苏山沟姬蜂 *G. asozanus*
- 翅透明，上有 2 条暗色宽横带 ··· 3
3. 体暗红色，头、胸部有黑斑；产卵管鞘短，长为后足胫节的 0.75 倍 ···················· **广沟姬蜂 *G. areator***
- 体黑色，腹部中央暗红色至淡黑褐色；产卵管鞘长，长为后足胫节的 1.5 倍 ········ **熊本沟姬蜂 *G. kumamotensis***

（53）广沟姬蜂 *Gelis areator* (Panzer, 1804) （图 89）

Ichneumon areator Panzer, 1804: 1-14.

Gelis aerator: Townes *et al*., 1965: 133; 陈昌洁, 1990: 193; 吴钜文和侯陶谦, 1990: 283; 何俊华等, 1996: 463; 何俊华和曾洁, 2018: 46.

Hemiteles chosensis Uchida, 1930: 340.

Gelis chosensis: Townes *et al*., 1965: 134; 吴钜文和侯陶谦, 1990: 283.

雌：体长 2.6～6.0mm，前翅长 2.6～4.4mm。

头：头部稍宽于胸，满布极细革状纹。颜面下方稍扩展，中央拱隆，其上方有缺口，下宽约为中长的 2.6 倍。唇基与颜面分开，近端缘中央有一小凹陷。颚眼距为上颚基部宽度的 1.3 倍。触角洼浅凹。单眼小，单复眼间距和侧单眼间距分别为单眼直径的 1.6 倍、2.4 倍。头部在复眼之后稍收窄；上颊侧面观长为复眼横径的 0.6 倍。触角与前翅约等长，20～21 节，第 1 鞭节长于柄节，长为自宽的 4.5 倍。

胸：中胸盾片和小盾片密布极细刻点，盾纵沟仅在前方有细凹痕，小盾片相当隆起。前胸背板、中胸侧板、后胸侧板密布极细刻纹。并胸腹节满布细刻点，分区明显；基区小，横梯形；中区六角形，后缘长约为前缘的 2 倍，宽约为长的 1.5 倍，分脊从中央稍后方分出；端横脊中央前突，此脊之后陡斜；端区长约为基区、中区之和的 2 倍；侧突不明显，仅脊稍高；气门小，圆形。

翅：小翅室五角形，外方开放；小脉对叉。后小脉在下方 0.2 处曲折。

腹：腹部纺锤形，密布细革状刻点；端部刻点渐消失，多少光亮。第 1 节背板向端部渐扩张，长为端宽的 1.35 倍，后柄部宽，长为端宽的 0.65 倍。产卵管鞘长为后足胫节的 0.75 倍。

体色：体暗红色；单眼区、唇基侧缘、中胸盾片 3 纵条、小盾片中央、并胸腹节一部分或大部分、腹板侧沟前方、腹部第 1 节背板除端部外及第 2 节背板中斑和第 3 节以后各节背板带黑色。翅透明，有两条淡褐色横带，一条在基脉和小脉两侧，另一条在翅痣和痣外脉下方；大部分翅脉淡褐色；翅痣淡褐色，但基部淡黄色。足暗红红色，前足转节、后足胫节及各足端跗节色更暗些。

雄：据记载，与雌蜂大体相似。

生物学：重寄生于落叶松毛虫 Dendrolimus superans 幼虫上的松毛虫脊茧蜂 Aleiodes esenbeckii 和毒蛾原绒茧蜂 Protapanteles (Protapanteles) liparidis（=Apanteles liparidis）上，单寄生。据国外记载，除从赤松毛虫 Dendrolimus spectabilis 的毒蛾绒茧蜂上育出外（朝鲜），亦为其他多种鳞翅目幼虫的重寄生蜂，其原寄主有：欧洲松毛虫 Dendrolimus pini、粉蝶黄绒茧蜂 Apanteles glomeratus、柳毒蛾盘绒茧蜂 Cotesia melanoscela、微黄悬茧蜂 Meteorus ictericus、斑痣悬茧蜂 M. pulchricornis、虹彩悬茧蜂 M. versicolor、基带瘤角姬蜂 Pleolophus basizonus 和烧田猎姬蜂 Agrothereutes adustus。

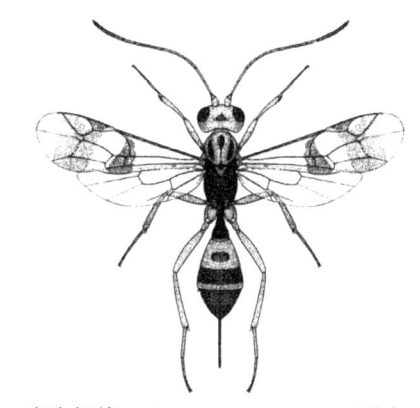

图 89　广沟姬蜂 *Gelis areator* (Panzer)（引自 何俊华等，1996）
雌成虫整体，背面观

标本记录：3♀，黑龙江海林，1975.VI，张贵有，寄主：落叶松毛虫，No. 750532、801576。

分布：黑龙江；朝鲜，日本，俄罗斯及西欧一些国家。

注：据记载，本种有无翅型雌性，但我们尚未发现。

（54）阿苏山沟姬蜂 *Gelis asozanus* (Uchida, 1930) （图 90）

Pezomachus asozanus Uchida, 1930: 344.
Gelis asozanus: Townes *et al.*, 1965: 133; 何俊华和王淑芳，1987: 377; 严静君等，1989: 266; 吴钜文和侯陶谦，1990: 283; 陈昌洁，1990: 193; 何俊华等，1996: 464; 何俊华和曾洁，2018: 46.

本种雌蜂为无翅型，雄蜂为有翅型，也有无翅型，是形态上比较特殊的一种姬蜂。本种特征主要在于胸部、第 1 及 2 腹节和足基本上黄赤色。

无翅型雌蜂：体长约 3mm。头部明显宽于胸部，在复眼之后收窄，密布细革状纹。复眼较大，单眼甚小，单复眼间距约与侧单眼间距等长，为单眼直径的 4 倍。触角 19 节，短于体，基部数鞭节瘦长。胸部密布细革状纹；中胸盾片小，半圆形，与前胸背板背中央等长；中胸侧板较狭长，无腹板侧沟；小盾片与后

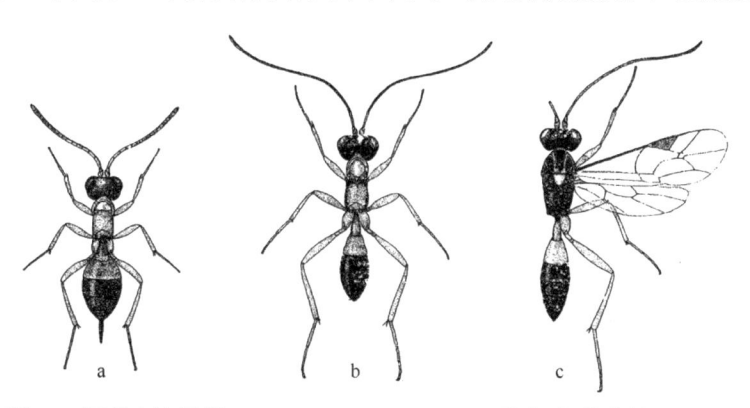

图 90　阿苏山沟姬蜂 *Gelis asozanus* (Uchida)（引自 何俊华等，1996）
a. 雌蜂，无翅型；b. 雄蜂，无翅型；c. 雄蜂，有翅型

胸背板完全看不见；并胸腹节甚长，约为整个胸长的 0.67 倍，近后方有端横脊，此脊之后并胸腹节下斜。无翅。足正常。腹部卵圆形，近于平滑；第 1 背板向基部收窄，长为端宽的 2.2 倍；产卵管鞘长约为后足胫节的 0.5 倍。体黄赤色；头完全黑色，但亦有呈暗褐色的；触角至端部渐呈暗褐色；各足胫节在中央均有浅黄色斑纹；胸部、腹部从第 3 节起带黑色，但侧面和末端稍带暗褐色，也有第 2 节背板稍带褐色的。

无翅型雄蜂：与雌蜂相似，体长约 3.3mm。唯触角细长，23 节，稍长于体，仅基部 3 节黄赤色，其余均黑褐色。单复眼间距与侧单眼间距等长，为侧单眼长径的 3 倍。中胸盾片较长而圆，明显长于前胸背板背中央，前方略见盾纵沟痕迹；小盾片可见，但甚小；后胸背板仅腋下槽略见痕迹；并胸腹节长约为胸长的一半。腹部较为瘦狭；第 1 节背板细长，在基部虽渐收窄，但中部之后两侧近于平行。体色与雌蜂亦相似，但有胸部带暗赤褐色和后胸侧板下端、并胸腹节后下方、腹部基部黑色的个体。

有翅型雄蜂：体长 3.8mm，前翅长 3.2mm。复眼较小；单眼区稍隆起，单眼较大，单复眼间距小于侧单眼间距，约与侧单眼长径等长。胸部与一般有翅型姬蜂相似；小盾片隆起，无侧脊；有腹板侧沟；并胸腹节仅具不明显的六角形中区，基区及分脊均不明显。翅正常，翅痣甚宽，宽度大于径脉第 1 段之长，小翅室五角形，外方开放。腹部与本种无翅型雄蜂相同。体色与无翅型雄蜂相似，唯胸部暗赤褐色，前胸背板和小盾片赤黄色，中胸盾片的 3 条纵纹、中胸侧板前下方、后胸侧板和并胸腹节后方黑色或黑褐色。

生物学：在我国已知寄生于柞蚕 Antheraea pernyi 幼虫上的 Cotesia dictyoplocae，在从寄主幼虫体内钻出结茧后化蛹前，被此蜂产卵寄生，姬蜂幼虫取食幼虫，生长发育，老熟化蛹，经 12～14 天，咬破的小茧外出。单寄生。寄生率 10%左右，对柞蚕也是一有益种类。据日本记载，寄主还有赤松毛虫 Dendrolimus spectabilis 上的毒蛾原绒茧蜂 Protopanteles (Protopanteles) liparidis 和菜粉蝶 Pieris rapae 上的粉蝶黄绒茧蜂 Apanteles glomeratus 等。

分布：辽宁；日本。

（55）熊本沟姬蜂 *Gelis kumamotensis* (Uchida, 1930) （图 91）

Hemiteles kumamotensis Uchida, 1930: 341.
Gelis kumamotensis: Townes et al., 1965: 135; 陈昌洁, 1990: 193; 吴钜文和侯陶谦, 1990: 284; 何俊华等, 1996: 466; 陈尔厚, 1999: 49; 何俊华和曾洁, 2018: 46.

图 91 熊本沟姬蜂 *Gelis kumamotensis* (Uchida)
（引自 何俊华等，1996）
雌成虫，侧面观

雌：体长 3.3～3.5mm，前翅长 2.8～3.0mm。

头：头部稍阔于胸部，密布极细颗粒状刻点。颜面下方稍宽，下宽为中长的 2.6 倍，中央稍隆起。唇基与颜面分开，端部光滑。颚眼距为上颚基部宽度的 1.6 倍。单眼小，单复眼间距和侧单眼间距分别为单眼直径的 1.6 倍、2.5 倍。头部在复眼之后稍弧形收窄。触角与前翅约等长，24 节，至端部稍粗大，第 1 鞭节比柄节稍长，为本节宽的 4 倍。

胸：胸部密布极细颗粒状刻点。并胸腹节分区完整；中区扁六角形，宽为长的 1.2～1.5 倍，后缘为前缘长的 1.6～2.5 倍，分脊在后方 0.33 处伸出，中区内有细纵刻条；气门甚小，圆形。

翅：前翅小翅室五角形，外方开放；小脉明显后叉，其距离约为小脉脉宽的 2 倍。后小脉在下方 0.3～0.5 处曲折。

腹：腹部长纺锤形，具极细颗粒状刻点。第 1 节背板向后直线扩大，刻点相对较粗，气门位于后方 0.56 处，稍突出，后柄部长约为端宽的 0.8 倍，背中脊伸至气门之后。产卵管长，鞘长为后足胫节的 1.28 倍。

体色：体黑色。前胸背板红黄色；腹部中央第 2、3 节（或第 2～5 节）暗红色至淡黑褐色。触角黄褐色，端部 0.3 处渐黑褐色。足暗黄褐色，转节色稍浅（原记述活蜂完全红色，死后变暗）。翅透明，前翅有 2 条暗色横带，一条在基脉和小脉周围，另一条在翅痣和径室下方。

雄：据原记载，体长 4mm；触角几乎黑色，柄节带白色；足暗褐色，所有基节黑色，转节淡褐色；腹部几乎黑色；翅完全透明。

生物学：寄主为落叶松毛虫 *Dendrolimus superans* 上的毒蛾原绒茧蜂 *Protapanteles* (*Protapanteles*) *liparidis*、虹彩悬茧蜂 *Meteorus versicolor*、舞毒蛾瘤姬蜂 *Pimpla disparis*。据日本的记载，是从赤松毛虫 *Dendrolimus spectabilis* 上的毒蛾绒茧蜂中育出的。

标本记录：3♀，1975，黑龙江海林，张贵有，寄主：落叶松毛虫，No. 801574。

分布：黑龙江、云南；日本。

注：陈尔厚（1999：49）报道熊本沟姬蜂 *Gelis kumamotensis* 在云南昆明寄生于褐点粉灯蛾 *Alphaea phasma* 幼虫体上的毒蛾黑瘤姬蜂 *Coccygomimus disparis*（=*Pimpla disparis*）、钝唇姬蜂 *Eriborus* sp.和 *Meteorus versicolor*。毒蛾黑瘤姬蜂 *Coccygomimus disparis* 一般产卵于老熟幼虫体内，从寄主蛹内羽化，不知熊本沟姬蜂如何寄生，何时羽化，仍需进一步研究。

31. 折唇姬蜂属 *Lysibia* Foerster, 1869（图 92）

Lysibia Foerster, 1869: 175.

属征简述：前翅长 1.8~3.2mm。唇基相当小，短，端部约 0.3 呈直角反折，形成一宽而平截的端缘。上颚短，端部强度收窄，2 齿相等。中胸盾片无光泽，有相当密的毛。盾纵沟相当弱，不达盾片中央。小翅室外廓五角形，其第 2 肘间横脉完全消失；肘脉在第 2 回脉外方角度相当明显。后小脉不曲折，稍内斜。腹部第 1 背板宽，无明显的背中脊，有细纵刻条。第 2 背板端部 0.2 光滑无刻纹，其余部分有数量不等的纵刻条和细刻点。窗疤长约为宽的 2 倍。腹部第 2 节背板折缘中等宽，被褶分开。产卵管中等壮，其端部矛形。

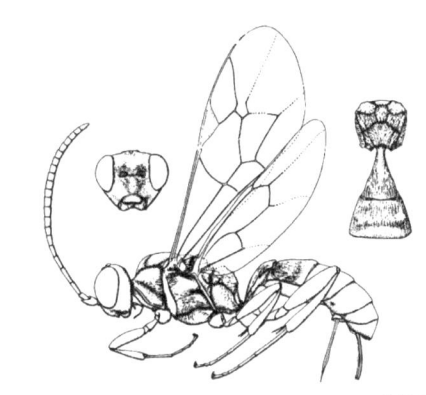

图 92 *Lysibia mandibularis* (Provancher)（折唇姬蜂属 *Lysibia* Foerster）（引自 Townes，1969）

生物学：本属通常从绒茧蜂 *Apanteles* 中育出。

分布：全北区、东洋区和新热带区。世界已知 9 种，我国已知 2 种，南北均有分布，浙江大学有许多未定名标本。与松毛虫寄生蜂有关的有 1 种，有记载该种在俄罗斯及欧洲其他国家寄生于欧洲松毛虫，估计亦为重寄生，也有从毒蛾原绒茧蜂 *Protapanteles* (*Protapanteles*) *liparidis* 上育出的报道。

(56) 小折唇姬蜂 *Lysibia nanus* (Gravanhorst, 1829) （图 93）

Tryphon nanus Gravenhorst, 1829: 155.

Lysibia nana Perkins, 1962: 436; Townes *et al.*, 1965: 132; 何俊华等，1996: 457; 吴钜文和侯陶谦，1990: 287; 何俊华和曾洁，2018: 46.

Acrolyta nana: 吴钜文和侯陶谦，1990: 278.

雌：体长 3.1mm，前翅长 2.7mm。

头：头部具极细刻点。颜面向下稍宽，中央纵隆，中央上方下凹。唇基短宽，基部刻点稀，端部折入，端缘平截。颚眼距约为上颚基部宽度的 1.6 倍。上颚短，基部强度隆肿，端齿约相等。触角洼浅，具极细横皱。头部在复眼之后稍弧形收窄。单复眼间距与侧单眼间距约等长，为侧单眼长径的 1.3 倍。触角长为前翅的 0.75 倍，22 节，鞭节两端稍细，第 1、2 鞭节约等长，分别为本节端宽的 1.8 倍和 1.5 倍。

胸：前胸背板下方具细刻线；中胸盾片具极细刻纹；盾纵沟极弱，伸至中央；小盾片三角形，几乎光

图 93 小折唇姬蜂 *Lysibia nanus* (Gravanhorst)
（引自 何俊华等，1996）
雌成虫，背面观

滑，侧脊细，伸至中央。后小盾片光滑。中胸侧板上半光滑，仅翅基下脊下方具细横皱，下半为细横刻条。后胸侧板除上方较光滑外具细刻点、横皱和横刻条，至下方强。并胸腹节除基缘光滑外满布皱状刻点；分区明显；中区长稍大于宽；分脊在中区前方 0.3 处伸出，长于中央宽度；气门小而圆。

翅：前翅宽，小翅室五角形，外方开放，收纳第 2 回脉在其中央；小脉对叉式或稍后叉式；后小脉垂直，弧形，不曲折。

腹：腹部第 1 节背板长三角形，向后渐宽，长为端宽的 1.4 倍，满布细纵刻条。第 2 节背板除端部光滑外大部分具细纵刻点。第 3 节及以后各节背板光滑。产卵管鞘长为后足胫节的 0.54 倍。

体色：黑色，上颚除端齿外、须、前胸背板后角、翅基片黄色；腹部第 2、3 节背板带暗赤褐色。触角雌蜂柄节和梗节赤褐色，鞭节黑褐色；雄蜂柄节黄色，其余黑褐色。翅透明；翅脉及翅痣淡褐色。足黄褐色；前中足基节、各转节及距黄白色；后足基节黑色；后足胫节基部及端部淡黑褐色，中央污黄色；有时各跗节淡褐色。

生物学：寄生于松毛虫幼虫上的一种绒茧蜂 *Apanteles* sp.。本种有在俄罗斯及欧洲其他国家寄生于欧洲松毛虫 *Dendrolimus pini* 的记载，估计亦为重寄生，也有从毒蛾原绒茧蜂 *Protapanteles* (*Protapanteles*) *liparidis* 上育出的报道。

标本记录：5♀，新疆青河，1978.VII.17，马文梁，寄主：松毛虫幼虫上的一种绒茧蜂 *Apanteles* sp.，No. 780947。

分布：新疆；俄罗斯等。

姬蜂亚科 Ichneumoninae

唇基比较平，与颜面有弱沟分开，端缘稍微弧形，或平截，中央有或无钝齿。上颚上齿通常长于下齿。无盾纵沟和腹板侧沟，或短而浅，偶尔例外。并胸腹节端区陡斜；有纵脊；中区存在，形状各异，常隆起，气门线形或圆形。小翅室五角形，肘间横脉向径脉合拢。腹部平，通常纺锤形。第 1 背板基部横切面方形；气门位于中央之后；后柄部平而宽，或锥形隆起。腹陷通常宽而明显凹入。产卵管通常短，稍伸出腹端。雌性鞭节通常在亚端部变宽；雄性细而尖（图 94）。

本亚科是一个很大的亚科，全世界分布。

内寄生于多种鳞翅目蛹，通常产卵于蛹，有时产卵于幼虫，在蛹期羽化。单寄生。

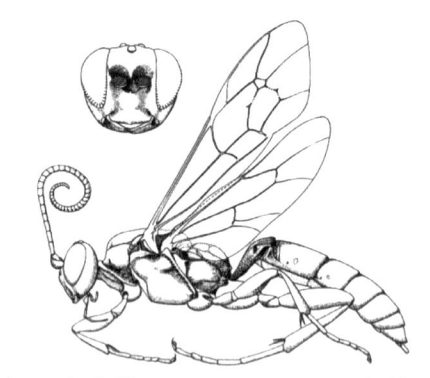

图 94 姬蜂属 *Ichneumon* Linnaeus（姬蜂亚科 Ichneumoninae）（引自 Gupta，1983）

本亚科现有 424 属（不含化石属）4300 种，我国已知 11 族 98 属 251 种。国内记载寄生于松毛虫的和有可能寄生的共 6 属 7 种，其中陈昌洁（1990：193，194）、柴希民等（2000：8）和徐延熙等（2006：768）记录的以下 2 种：地蚕大铗姬蜂 *Eutanyacra picta* Schrank 和粘虫白星姬蜂 *Vulgichneumon leucaniae* (Uchida) 从该蜂属的生物学特性看可能是误定。

此外，侯陶谦（1987：173）记录 *Pterocormus* sp.（=*Ichneumon*）在四川寄生于德昌松毛虫，无形态记述，我们无此标本，无法介绍；侯陶谦（1987：172）记录的毛姬蜂 *Luteator* sp. 在吉林寄生于落叶松毛虫，但在姬蜂科内并无此属。

据国外记载寄生于松毛虫而我国有该蜂记录但尚未见寄生于松毛虫的有以下 4 种，将在附录 1 中介绍。

双条卡姬蜂 *Callajoppa cirrogaster bilineata* Cameron, 1903 在日本、俄罗斯寄生于落叶松毛虫蛹。

棘钝姬蜂 *Amblyteles armatorius* (Foerster, 1771) 在国外寄生于落叶松毛虫。

恋腹脊姬蜂 *Diphyus amatorius* (Müller, 1776)在国外寄生于落叶松毛虫。

搏腹脊姬蜂 *Diphyus luctatoria* (Linnarus, 1758)在朝鲜、日本、俄罗斯寄生于赤松毛虫和落叶松毛虫。

据国外记载寄生于松毛虫而我国尚无该蜂记录的有13种，本志将不予介绍，种名、分布和寄主简单列出如下。

Achaius oratorius albizonellus Matsumura（=*Spilichneumon oratorius*、*Amblyteles oratorius*）在日本、俄罗斯寄生于赤松毛虫、落叶松毛虫和 *Dendrolimus jezoensis*。

Callajoppa cirrogaster cirrogaster Schrank 在俄罗斯及欧洲其他国家寄生于欧洲松毛虫。

Callajoppa exaltatoria Panzer（=*Trogus exaltatoria*）在俄罗斯、瑞典等寄生于欧洲松毛虫。

Coelichneumon subgillatorius (Linnnaeus)在欧洲寄生于欧洲松毛虫。

Cratichneumon luteiventiis (Gravenhorst)在欧洲寄生于欧洲松毛虫。

Ctenichneumon messorius (Gravenhorst)在欧洲寄生于欧洲松毛虫。

Diphyus fossorius (Linnaeus)在欧洲寄生于落叶松毛虫。

Hepiopelmus variegatorius (Panzer)在欧洲寄生于欧洲松毛虫。

Ichneumon terminatorius (Gravenhorst)寄生于欧洲松毛虫。

Protichneuruon fusorius Linnaeus（=*Protichneumon pisorius*）在欧洲寄生于欧洲松毛虫、落叶松毛虫。

Pyramidophorus flavoguttatus Tischb.（=*Platylabus flavoguttatus*）在瑞典寄生于欧洲松毛虫。

Stenaoplus pictus Gravenhorst（=*Platylabus ratzeburgi* Hartig）在欧洲寄生于欧洲松毛虫。

Thyrateles haereticus (Wesmael)在欧洲寄生于欧洲松毛虫。

姬蜂亚科 Ichneumoninae 分属检索表

1. 并胸腹节侧面观由中区的基部伸至与腹部连接处，呈匀整的圆弧形，这个弧线有时在第 2 侧区末端处稍曲折；第 2 侧区长形，向下方伸展其远，它的末端与腹部连接处之间的距离小于与分脊之间的距离，有时第 2 侧区与第 3 侧区合并或之间的脊细弱，这个合并的区域伸展至并胸腹节末端；小脉生在基脉外侧；腹陷较深；上颚形状正常，下端齿中等大小；后头脊与口后脊在上颚基部上方相遇（姬蜂族 Ichncumonini）；腹部背板具细刻纹，绝不高低不平，各节侧缘节间也无明显的缺口；腹部第 3 节腹板中央无纵褶；雌性腹末钝，下生殖板伸抵或几乎伸抵腹末 ·· 卡姬蜂属 *Callajoppa*
- 并胸腹节侧面观呈明显背面和后背面，这两个面在第 2 侧区末端处相遇，多少呈明显角度，或者突出如齿，否则第 2 侧区末端与腹部连接处之间的距离大于与分脊之间的距离，或小脉生在基脉内侧，或与基脉相连，或上颚下端齿甚小或无下端齿；或者后头脊不如上述（杂姬蜂族 Joppini）·· 2
2. 并胸腹节基部中央差不多都有一个小的瘤状突（如果基区明显，则瘤状突生在基区基部）；并胸腹节中区约呈马蹄形，它的基端圆凸，末端中央内陷；腹部后柄部中央周围有隆脊，界限分明，通常具稀疏刻点，并常有微弱纵线纹；腹部第 2 节背板窗疤甚浅，凹陷甚深；第 2 节和第 3 节背板强度拱起，强度硬化，具较粗而明显的刻点；雌性触角鞭节在中部以后不宽，或仅稍宽且腹面平坦，端部差不多圆筒形，末端稍尖；身体中等细长 ·················· 俗姬蜂属 *Vulgichneumon*
- 并胸腹节基部中央差不多都没有一个瘤状突；并胸腹节中区通常六边形或四边形；腹部后柄部中央通常具明显纵线纹，但无明显刻点；腹部第 2 节和第 3 节背板没有强度硬化，背面也不强度拱起，通常具弱小刻点；腹部第 2 节背板窗疤通常较大，但凹陷不甚深；上颚有 2 端齿，下端齿生在上颚下缘；小盾片匀称拱起，由差不多平坦至强度圆凸；并胸腹节侧突通常不明显 ··· 3
3. 后柄部匀称拱起，中央不明显隆起，两侧无隆脊 ·· 丽姬蜂属 *Lissosculpta*
- 后柄部中央明显隆起，两侧各有一条纵脊；雄性触角不特别粗 ·· 4
4. 雄性 ··· 5
- 雌性；腹部末端圆；产卵器特别短；下生殖板显著；触角鞭节长，末节长；上颚不特别宽 ······························ 6
5. 下生殖板末端中央圆形或稍尖，无长叶状突；抱握器通常不扩大；并胸腹节完全黑色，第 2 侧区末端具甚长尖齿；腹部第 1 节背板末端黑色而非白色，第 2 节背板的窗疤通常较小，并且凹陷很浅 ······················ 钝姬蜂属 *Amblyteles*
- 下生殖板有一个较长的中端叶；抱握器非常大，在侧面观下端角与上端角形状差不多一样，都是圆形 ·· 大铗姬蜂属 *Eutanyacra*

6. 并胸腹节第 2 侧区末端具其长尖齿；并胸腹节全黑；腹部第 1 节背板末端黑色而非白色 ·················· **钝姬蜂属** *Amblyteles*
- 并胸腹节第 2 侧区末端具钝齿，或无齿；唇基宽度约为长度的 2.1 倍，端缘平截的范围颇长，常稍呈弓形；腹部第 1 节的柄部腹缘有一条低脊 ·················· **腹脊姬蜂属** *Diphyus*

杂姬蜂族 Joppini

32. 大铗姬蜂属 *Eutanyacra* Cameron, 1903

Eutanyacra Cameron, 1903c: 227.

属征简述：触角细长，端部长而锐；雄性常从第 2 鞭节至迟从第 4 鞭节开始有长形、两侧平行的角下瘤。上颊壮，颊均宽，相当隆起。并胸腹节很短，中区四边形或横形。腹部中等粗壮，末端宽而钝，稍侧扁，最后 3 节背板短，特别是第 7 节背板，一般横形并有点平截。产卵管特别短。雌性下生殖板明显，稍侧扁而非扁平，端缘中央有一丛差不多竖立的毛。雄性下生殖板有一较长的中端叶；抱握器很大，侧面观下端角与上端角差不多一样，都是圆形的。

亚洲种大体黑色，有时腹部部分底色红色，腹末背板端带及前面背板有淡色斑。

分布：全北区、东洋区、澳洲区和新热带区。已知 34 种。

（57）地蚕大铗姬蜂 *Eutanyacra picta* (Schrank, 1776) （图 95）

Ichneumon pictus Schrank, 1776: 88.
Eutanyacra picta: Townes *et al*., 1965: 487; 中国林业科学研究院, 1983: 724(甘蓝夜蛾大缺姬蜂!); 侯陶谦, 1987: 172; 吴钜文和侯陶谦, 1990: 283; 陈昌洁, 1990: 193; 何俊华和曾洁, 2018: 46.

图 95 地蚕大铗姬蜂 *Eutanyacra picta* (Schrank)雌蜂
（引自 何俊华等，1996）

体长 14～18mm，前翅长 12～15mm。体密布细刻点。

头：头部稍狭于胸部，在复眼之后弧形稍收窄。颜面向下方稍扩展，下宽约为中长的 2.8 倍，中央稍隆起，具夹点网皱，在触角窝下方为细刻条，近复眼处刻点稀。唇基约与颜面等长，表面平，但无光泽，散生大刻点，端缘平直。颚眼距稍比上颚基部宽度短。额具同心弧形细刻条，触角洼光滑。单眼区稍隆起，侧单眼间距为侧单眼长径或单复眼间距的 1.6 倍。触角鬃状，46～47 节，中部之后鞭节稍粗再向端部渐细，且下面平坦。

胸：前胸背板上方密布刻点，下方为夹点纵刻皱。中胸盾片刻点较细；小盾片平坦，刻点更稀而细，近于光滑。中胸侧板上部刻点粗，下方大部具斜行皱纹，翅基下脊强度隆起。后胸侧板为不规则网纹，基间区刻点密。并胸腹节密布不规则网皱或皱状刻条；基区短；中区近于方形，内有不规则纵刻条；分脊弱；气门长裂口形。小翅室五角形，上缘短，收纳第 2 回脉在中央外方；小脉在基脉外方。

腹：腹部第 1 节柄部细，与后柄部交界处背中脊突出，侧面观有明显角度，后柄部长为端宽的 0.5 倍，满布纵行细刻条，中区隆起。腹部第 2 节背板宽稍大，窗疤紧靠前缘，之间距离稍大于窗疤宽度。下生殖板末端有一丛差不多竖立的毛。产卵管鞘稍伸出。

体色：头、胸部黑色。须暗赤褐色；翅基片、翅基下脊、小盾片黄色。触角基部赤黄色，第 7～10 或 7～11 鞭节多少黄色，其后触角端部 0.6 为黑色。翅透明，带烟黄色；翅痣黄赤色；翅脉黑褐色。足大部分黄赤色；各足基节和转节基部、后足腿节后方大部、后足胫节端部黑色；后足跗节黑褐色。腹部黑色；第 2 节背板除了后缘横带（有时无）、第 3 节背板除了前缘及后缘横带赤黄色；第 5~8 节或 6~8 节背板后缘黄白色。

雄：与雌蜂相似；主要不同之处：① 触角 45~50 节，至端部渐细，端半下方不平坦，鞭节约基半黄色，柄节一部分、梗节和鞭节端半（有时下面色浅）黑色；② 脸眶黄条宽直，连至唇基侧角，仅颜面中央为黑条；③ 后足腿节仅端部有黑色；④ 外生殖器的抱握器很大，在侧面观下端角与上端角都近于圆形。

生物学：寄主为夜蛾科幼虫-蛹期寄生蜂，单寄生。国内已知种类有黄地老虎 *Agrotis segetum*、寒切夜蛾 *Euxoa sibirica* 和甘蓝夜蛾 *Mamestra brassicae*。据国外记载寄主种类还有：警纹地老虎 *Agrotis exclamationis*、亚麻夜蛾（苜蓿夜蛾）*Heliothis dipsacea*、模夜蛾 *Noctua pronuba* 及麦穗夜蛾 *Apamea sordida*。中国林业科学研究院（1983: 724）记录其寄生于落叶松毛虫 *Dendrolimus superans*；侯陶谦（1987: 172）、吴钜文和侯陶谦（1990: 283）和陈昌洁（1990: 193）记录其在黑龙江、吉林、辽宁寄生于油松毛虫蛹。

标本记录：浙江大学寄生蜂标本室有许多标本，无寄生于松毛虫的。根据该蜂习性，种名鉴定存疑。

分布：黑龙江、吉林、辽宁、内蒙古、宁夏、甘肃、新疆、河北、山西、江苏、湖北、广西、四川、贵州、云南；朝鲜，蒙古国，日本，俄罗斯，德国，奥地利，意大利，伊朗。

注：也称"甘蓝夜蛾大铗姬蜂"。

33. 丽姬蜂属 *Lissosculpta* Heinrich, 1934

Lissosculpta Heinrich, 1934: 193.

属征简述：小盾片无侧脊，平坦。并胸腹节水平部分和陡斜部分明显；基区常常侧方明显，差不多两侧平行；中区大多数向前仅稍收窄，不明显或完全缺；侧突不明显。腹部第 1 节腹陷小，宽大于长，明显而深；后柄部均匀拱起，无凸起的中区，两侧无隆脊，其上具分散刻点，或无刻点，光滑。雌性腹末不很尖，产卵管不外露。腹部基色为黑色或红色；腹端部有白斑，在前面几节背板后缘也有斑纹。

分布：全北区、印澳区及非洲热带区。我国仅知 1 种。

（58）黄斑丽姬蜂 *Lissosculpta javanica* (Cameron, 1905) （图 96）

Melanichneumon (?) *javanicus* Cameron, 1905c: 34.
Cratojoppa okinawana Uchida, 1932b: 145; 祝汝佐, 1937: 82; Wu, 1941: 74; 祝汝佐, 1955b: 6.
Lissosculpta javanica: Townes *et al*., 1961: 379; Townes *et al*., 1965: 427; 赵修复, 1976: 335; 吴钜文, 1979a: 35; 杨秀元和吴坚, 1981: 307; 赵修复, 1982: 302; 何俊华, 1985: 108; 何俊华, 1986c: 340; Gupta, 1987: 985; 侯陶谦, 1987: 172; 柴希民等, 1987: 5; 严静君等, 1989: 271; 陈昌洁, 1990: 194; 何俊华等, 1996: 601; 王淑芳, 2003: 281; 何俊华, 2004: 537; 徐延熙等, 2006: 768; 何俊华和曾洁, 2018: 46.

雄：体长 13mm，前翅长 9mm。但体长亦有记录为 20mm。

头：颜面向下方稍扩张，下宽约为中长的 2.0 倍，散生粗刻点。唇基稍拱隆，具粗刻点，端缘中央有一小齿。颚眼距约为上颚基部宽度之半。额具光泽，触角洼光滑凹入。头部在复眼之后弧形收窄。触角比前翅短，42 节，在中央之后稍粗，末端渐尖。

胸：前胸背板具浅刻点，在后缘和下角具细刻条。中胸盾片具细刻点，点距大于点径；盾纵沟浅，仅在前方有痕迹；小盾片梯形，均匀隆起，散生刻点。中胸侧板密布

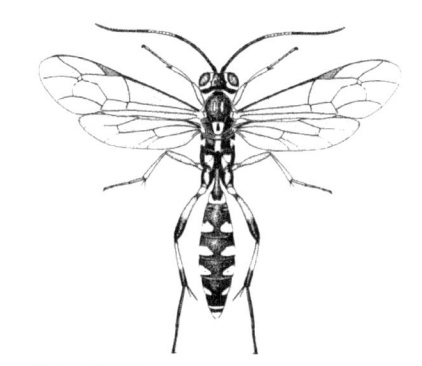

图 96 黄斑丽姬蜂 *Lissosculpta javanica* (Cameron)雌蜂（引自 何俊华和庞雄飞，1986）

粗刻点；镜面区光滑。后胸侧板密布刻点，基间脊明显，基间区为细刻条。并胸腹节分区的脊很弱；基区与中区分界不清，基中区长方形，上端稍扩张，端脊前凹，长为中宽的 2 倍，内具模糊细皱；分脊在中区中后方伸出，至外方弱；端区向后稍扩张，内具不规则横皱；其余部分满布网状刻点；气门长裂口形，与侧纵脊和外侧脊等距。

翅：小翅室四边形；第 2 回脉弯曲，伸至小翅室中央后方；小脉稍后叉式。

腹：腹部长纺锤形。第 1 节腹柄基部光滑，其余部分具长形大而浅刻点，后柄部中央稍隆起，上具细纵皱状刻点。第 2 节背板与后缘宽约等长，窗疤大而深，疤宽与疤距约等长，背板中央有明显纵皱，其余为粗刻点；第 3 节背板刻点及中间纵皱均较第 2 节背板的弱；以后各节背板刻点更弱而渐趋于光滑。

体色：体黑色，多黄斑。颜面、颊、额眶、柄节和梗节下面、鞭节中段、颈中央及下方一斑点、前胸背板上缘、前胸侧板下半、翅基片、中胸盾片后方 2 纵条、小盾片除中央纵斑外、后小盾片、翅基下脊、中胸侧板下半、后侧片、中胸腹板（与侧板下斑部分相连）、后胸侧板上方部分、并胸腹节中区、气门区、后侧角（包括后胸侧板后上角）、腹部第 1 节背板后缘（侧方向前扩展）、第 2～5 节背板后缘两侧大斑、第 6 及 7 节背板后缘均黄白色。足黄赤色；各足基节和转节黄白色；后足基节内外 2 个大斑、腿节末端、胫节两端及跗节黑色。翅透明，稍带烟黄色，翅痣暗黄褐色。

生物学：从马尾松毛虫 *Dendrolimus punctatus* 茧中育出。

标本记录：1♂，浙江长兴，1936.VI.4，祝汝佐，寄主：马尾松毛虫。

分布：浙江、台湾、福建；日本，印度尼西亚，印度。

34. 俗姬蜂属 *Vulgichneumon* Heinrich, 1962

Vulgichneumon Heinrich, 1962: 604.

属征简述：雌性触角长，丝形，鞭节的端部差不多圆筒状，末端稍尖，在中央以后不宽。并胸腹节稍短，分区完全；中区通常长于其宽，近于六角形，前方狭；分脊强。腿节不很短。腹部第 1 节背板后柄部中区明显，周围有隆脊，界限分明，具稀疏刻点，有时为不规则微弱纵刻条，偶尔光滑；第 2 节背板窗疤甚浅；末端尖。

生物学：寄主有夜蛾科和螟蛾科的蛹，单寄生。

分布：全北区、东洋区及非洲热带区。我国已知 3 种。

(59) 粘虫白星姬蜂 *Vulgichneumon leucaniae* (Uchida, 1924) （图 97）

Melanichneumon leucaroiae Uchida, 1924: 207.
Vulgichneumon leucaniae: Townes *et al.*, 1965: 432; 柴希民等, 1987: 7; 陈昌洁, 1990: 194; 柴希民等, 2000: 8; 何俊华和曾洁, 2018: 46.

雌：体长 13～15mm，前翅长 9～10mm。

头：颜面向下方稍扩张，下宽为中长的 2.6 倍，密布细网皱，中央隆起部位更密，侧缘稍弱。唇基仅在与颜面分界处有粗刻点，其余光滑或散生刻点，端缘稍钝圆。颚眼距为上颚基部宽度的 0.55 倍。上颚狭，下齿甚短。额及头顶具粗刻点，触角洼小。单复眼间距和侧单眼间距分别为侧单眼长径的 1.1 倍、1.1～1.3 倍。头部在复眼之后收窄。上颊侧面观长与复眼宽约相等。触角为前翅长的 0.7 倍，33～34 节，鞭节至端部稍粗，第 1 鞭节长为端宽的 2 倍，第 8、9 鞭节方形，端节短，端部钝圆。

胸：前胸背板满布网皱，上方具皱状刻点。中胸盾片密布刻点，盾纵沟在前方有痕迹；小盾片稍弧形隆起，散生刻点，近于光滑。后小盾片具浅刻点。中后胸侧板满布皱状刻点，镜面区亦具刻点，基间脊明显。并胸腹节满布网皱，但背表面的模糊；中区长约等于宽，马蹄形，即其基角圆，后缘稍前凹，内有不规则皱纹；分脊在中区中央之后发出。小翅室五边形，上边短，收纳第 2 回脉在外方 0.26～0.30 处。

腹：腹部纺锤形；第 1 节背板柄部平而光滑，与后柄部之间曲折角度明显；后柄部满布粗刻点，中央稍隆起，隆起部侧缘有脊。第 2 节背板长约为后缘宽的 0.76 倍，密布刻点，腹陷和窗疤小，疤距甚远，紧靠第 1 节背板后角处。第 3 节及以后各节背板刻点渐小而弱，近于光滑。产卵管稍伸出。

体色：体黑色；触角第 8～13 鞭节上面、小盾片、后足第 1 转节（除基部外）及腹部第 7 节背板中央的圆形大斑均黄色。前足胫节有时中足胫节带赤褐色。翅透明，稍带烟黄色；翅脉和翅痣黑褐色。

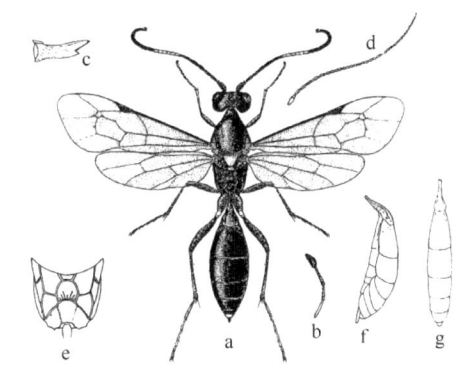

图 97 粘虫白星姬蜂 *Vulgichneumon leucaniae* (Uchida)（引自 何俊华，1979）
a. 雌蜂；b. 下颚须；c. 上颚；d. 雄蜂触角；e. 并胸腹节；f. 雌蜂腹部侧面；g. 雄蜂腹部

雄：与雌蜂基本相似，不同之处：①触角鬃形，与前翅等长，38 节，鞭节分节明显，至端部渐细，中段无白斑或白斑不明显；②腹部较狭窄；③第 1 节背板后柄部中央明显隆起，但其上刻点较少，侧缘无明显的脊；④第 2 节背板长稍大于宽。

生物学：在国内已知寄主有粘虫 *Pseudaletia separata*（=*Mythimna separata*）、大螟 *Sesamia inferens* 及甘蓝夜蛾 *Barathra brassicae*（=*Maynestra brassicae*）。从蛹内羽化，单寄生。

标本记录：浙江大学寄生蜂标本室有许多标本，无寄生于松毛虫的。柴希民等（1987: 7）最早报道在浙江寄生于马尾松毛虫，根据该蜂习性，种名鉴定存疑。

分布：辽宁、内蒙古、北京、山东、江苏、浙江、江西、湖北；日本，俄罗斯（萨哈林岛）。

三、茧蜂科 Braconidae

体小型至中等大，体长 2～12mm 居多。触角丝形，多节。翅脉一般明显；前翅具翅痣；1-RS+M 脉（肘脉第 1 段）常存在，而将第 1 亚缘室和第 1 盘室分开；绝无第 2 回脉；亚前缘脉（径脉）或 r-m 脉（第 2 肘间横脉）有时消失。并胸腹节大，常有刻纹或分区。腹部圆筒形或卵圆形，基部有柄、近于无柄或无柄；第 2+3 背板愈合，虽有横凹痕，但无膜质的缝，不能自由活动。产卵管长度不等，有鞘，少数雌蜂产卵管鞘长与体长相等或长于数倍。

茧蜂科 Braconidae 是膜翅目 Hymenoptera 最大的科之一，迄今为止已记述约 1 万种，但是据估计世界上至少有 4 万种（van Achterberg，1984）。本科目前分为 45 亚科（van Achterberg，1993），我国现报道的有 32 亚科约 180 属 1000 种。

茧蜂科的寄主均为昆虫，涉及最广的是全变态昆虫，包括了几乎所有代表目。矛茧蜂亚科和优茧蜂亚科可广泛寄生于不完全变态昆虫。尽管茧蜂寄主有 120 多科的昆虫，但大多数亚科只限于寄生于某个目的昆虫。相当多亚科以鳞翅目 Lepidoptera 昆虫为寄主。少数亚科可寄生于 2～3 个目或更多目的昆虫。茧蜂一般寄生于幼虫，少数寄生于成虫，除跨期寄生情况外，还没发现只寄生于卵或蛹的。在我国记录寄生于松毛虫的有 6 亚科，即茧蜂亚科 Braconinae、甲腹茧蜂亚科 Cheloninae、滑茧蜂亚科 Homolobinae、长体茧蜂亚科 Macrocentrinae、小腹茧蜂亚科 Microgastrinae 和内茧蜂亚科 Rogadinae。

茧蜂科的鉴定，常用到翅脉特征，但其名称有不同系统，甚至同一作者在描述时也混用不同系统名称，因此，现将主要两个系统介绍如下（图 98，图 99）。

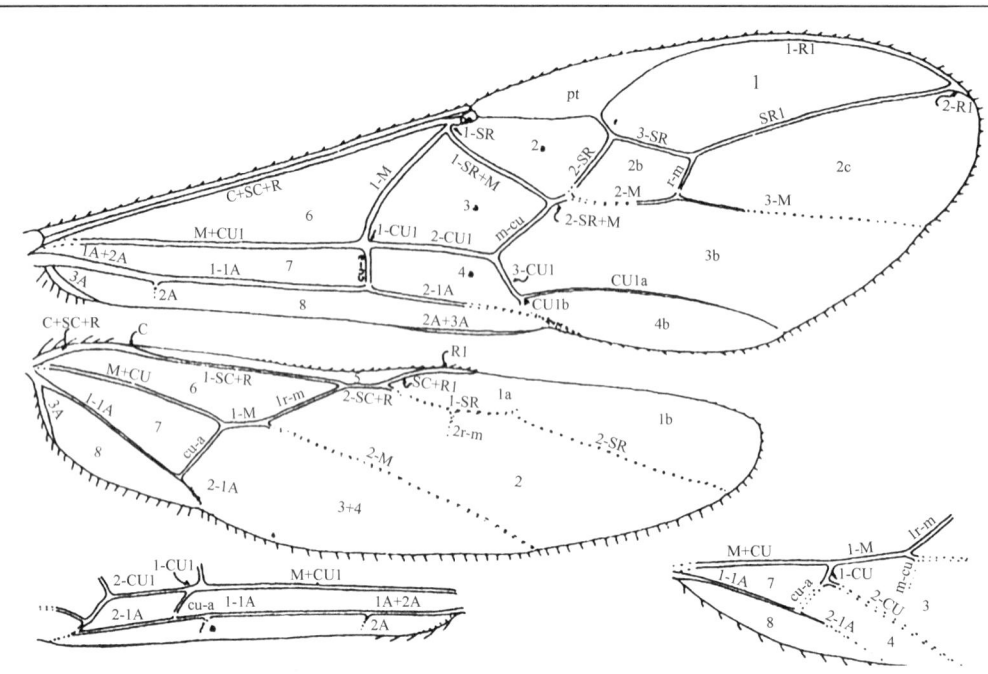

图 98 修改的 Comstock-Needham 系统的茧蜂科翅脉名称（引自 van Achterberg，1979）

翅脉（veins）：A. 臀脉（analis）；C. 前缘脉（costa）；CU. 肘脉（cubitus）；M. 中脉（media）；R. 径脉（radius）；SC. 亚前缘脉（subcosta）；SR. 径分脉（sectio radii）；a. 臀横脉（transverse anal vein）；cu-a. 肘臀横脉（transverse cubito-anal vein）；m-cu. 中肘横脉（transverse medio-cubital vein）；r. 径横脉（transverse radial vein）；r-m. 径中横脉（transverse radio-medial vein）；pa. 副痣（parastima）；pt. 翅痣（pterostigma）

翅室（cells）：1. 缘室（marginal cell）；2. 亚缘室（submarginal cell）；3. 盘室（discal cell）；4. 亚盘室（subdiscal cell）；5. 前缘室（costal cell）；6. 基室（basal cell）；7. 亚基室（subbasal cell）；8. 褶室或褶叶（plical cell or plical lobe）；a，b，c. 分别代表第 1、2、3 室

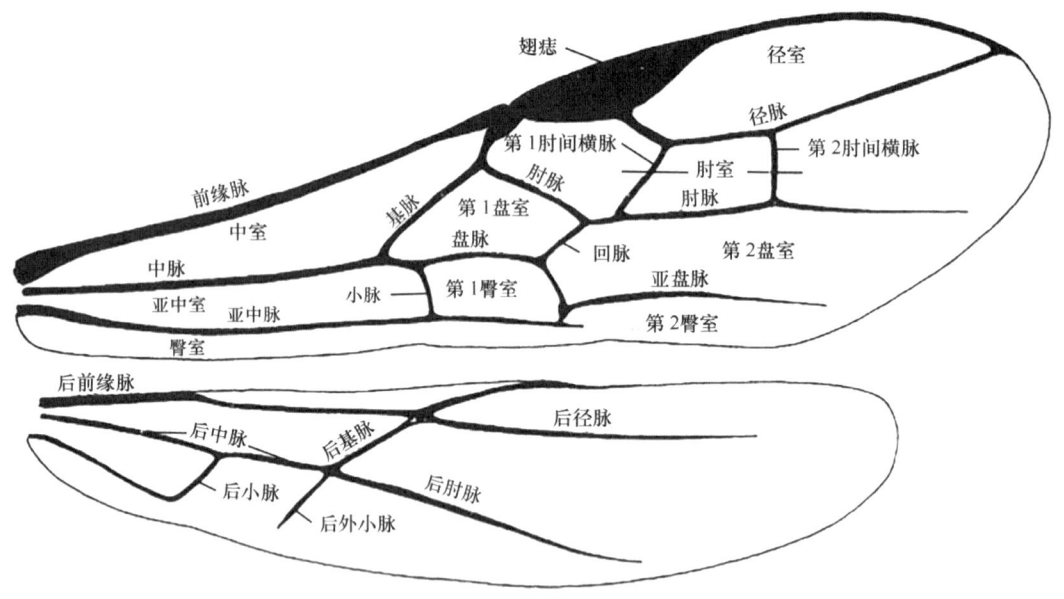

图 99 修改的 Jurinean 系统的茧蜂科翅脉名称（引自 Marsh，1971）

　　优茧蜂亚科 Euphorinae 中的微黄悬茧蜂 *Meteorus ictericus* (Nees, 1811)、单色悬茧蜂 *Meteorus unicolor* (Wesmael, 1835) 和虹彩悬茧蜂 *Meteorus versicolor* (Wesmael, 1835) 在国外如俄罗斯有寄生于欧洲松毛虫 *Dendrolimus pini*、赤松毛虫 *Dendrolimus spectabilis* 的记录，而我国有该蜂记录但尚未见寄生于松毛虫的，将在附录 2 中介绍。

茧蜂科 Braconidae 分亚科检索表

1. 唇基端缘半圆形凹入，与上颚间形成一个圆形或卵形的开口 ·· 2

\- 唇基端缘直或凸出，唇基与上颚间不形成开口 ·· 3
2. 头部无后头脊，腹部第 1、2 节背板之间的沟浅 ··· **茧蜂亚科 Braconinae**
\- 头部有后头脊，腹部第 1、2 节背板之间的沟非常深 ·· **内茧蜂亚科 Rogadinae**
3. 中胸腹板后横脊在中足基节前方完整；腹部背板第 1~3 节愈合形成一个背甲状或壳状；腹部绝不具柄 ············· ··· **甲腹茧蜂亚科 Cheloninae**
\- 中胸腹板后横脊缺，至多在腹方中央呈一条短脊；腹部背板被明显的缝分开（除第 2、3 背板间外）；腹部有柄、无柄或近于无柄 ·· 4
4. 前翅径脉端段弱或消失，因而径室不完全；复眼短具柔毛；触角 18 节 ·································· **小腹茧蜂亚科 Microgastrinae**
\- 前翅径脉明显到达翅缘，径室完全（优茧蜂亚科径室不完全，本志所述种类均完全）；复眼裸，无柔毛；触角多于 18 节 ·· 5
5. 各足第 2 转节前侧（亚）端部具梳状的钉状刺（偶尔后足第 2 转节无钉状刺）；腹部着生于并胸腹节的位置，稍在后足基节上方；后头脊缺；中胸盾片中叶多少比侧叶凸出；产卵管鞘长，通常等于腹长至体长 ········ **长体茧蜂亚科 Macrocentrinae**
\- 各足第 2 转节无钉状刺；腹部着生位置至少部分在后足基节之间；后头脊存在；中胸盾片中叶与侧叶同样凸出；产卵管鞘较短，通常短于腹长 ·· 6
6. 前胸背板盾前凹缺；前翅第 1 臂室外下方开放；腹部第 1 背板气门通常位于中部或中部之后，在气门之后不收窄或仅稍收窄，背板基部明显柄状或很长；后翅缘室通常平行或端部收窄 ····································· **优茧蜂亚科 Euphorinae**
\- 前胸背板有一明显的盾前凹；前翅第 1 臂室外下方封闭；腹部第 1 背板气门位于中部之前，在气门之后明显收窄，但不呈柄状；后翅缘室端部扩大 ··· **滑茧蜂亚科 Homolobinae**

茧蜂亚科 Braconinae

头横形。唇基前缘有半圆形凹缘，与上颚之间形成圆形或近圆形相当深的口窝。下颚须 5 节。无后头脊。通常无胸腹侧脊；无基节前沟。并胸腹节光滑，偶有刻纹，无中区。前翅有 3 个亚缘室；第 1 盘室与第 1 亚缘室分开；前翅无臀横脉。后翅亚中室短，不长于宽的 2 倍以上，也不长于中室长的 1/3；无后 m-cu 脉。腹部第 1、2 节背板之间横沟浅，之间关节可活动。腹部第 1 节背板通常有三角形或半圆中区；侧背板骨化程度较弱。产卵管鞘长，通常长于腹长一半。

生物学：茧蜂亚科外寄生于隐藏性生活的鞘翅目 Coleoptera、鳞翅目 Lepidoptera、双翅目 Diptera 和叶蜂科的幼虫，少数茧蜂族 Braconini 内寄生于鳞翅目。单寄生或聚寄生。

我国有 2 属 2 种寄生于松毛虫的记录，但按该茧蜂的寄生习性，一是产卵在被麻痹的寄主幼虫体上后寄主幼虫则不食不动，二是基本上寄生于隐藏性生活的幼虫，因此寄生于松毛虫幼虫的记录存疑，很可能是从附生于采回枝条上的其他昆虫或附生于松毛虫幼虫和蛹上的其他昆虫幼虫（种类和数量都不少）体上育出。

分布：世界分布，本亚科是种类为数甚多的亚科，已知 151 属 3000 余种。经浙江大学博士研究生整理，我国有 41 属约 234 种，但一些新种和新记录种尚待发表。

茧蜂亚科 Braconinae 分属检索表

1. 前翅缘室相对较长，SR1 脉长等于或大于翅痣到翅尖距离的 0.6 倍；后翅 1r-m 脉中等长或长，明显弯曲；体较为粗壮，腹部第 2 节背板长大于端宽的 1.5 倍，基部中央无明显的光滑三角区，大部分区域具线条（深沟茧蜂族 Iphiaulacini）；颜面通常主要光滑或具颗粒，无网状刻纹；足端跗节爪简单，无叶突；腹部第 3~5 节背板前侧具明显的前侧沟············· ··· **深沟茧蜂属 *Iphiaulax***
\- 前翅缘室相对较短，SR1 脉长小于翅痣到翅尖距离的 0.6 倍；后翅 1r-m 脉短于 SC+R1 脉；体较长，腹部第 2 节背板长小于或等于端宽的 1.5 倍，基部中央常具光滑的三角区（长脉茧蜂族 Bathyaulacini）；颜面相当平坦，具浓密的刻纹；爪细长，足端跗节具小而圆的钝基叶；腹部第 3、4 节背板通常具亚后横向陷沟················· **窄茧蜂属 *Stenobracon***

35. 深沟茧蜂属 *Iphiaulax* Foerster, 1862

Iphiaulax Foerster, 1862: 234.

属征简述：前翅长 4.0～14.0mm。颜面无脊状突起，无网状刻纹，通常主要光滑或具颗粒。额主要光亮。触角长于体长，毛密，通常 50～100 节；柄节短，卵圆形，端侧明显凹陷，侧面观腹侧长于背侧；第 1、2 鞭节正常，筒状；鞭节横形或方形，端鞭节具毛，尖细。前翅 1-SR 与 C+SC+R 脉间夹角约为 80°；第 1 盘室亚长方形；3-M 脉止于 SR1 脉同一水平。后翅 1r-m 脉相当长，与 1-SC+R 脉间夹角小。足跗爪简单，无叶突。腹部前侧方通常具独立区域；第 2 节背板光滑，无向后会合的侧纵沟，无中基区域；第 2、3 节背板间通常具宽刻纹横沟；第 3～5 节背板前侧具明显的前侧沟；第 6 节背板紧缩，光滑。产卵管鞘等长于腹部或略短；端齿增大。体常为锈红色，并带有黑斑。

生物学：外寄生于鞘翅目天牛科 Cerambycidae、吉丁虫科 Buprestidae 和鳞翅目螟蛾科 Pyralidae 等隐蔽幼虫。单寄生。

分布：大部分种类分布于新热带区、非洲区和古北区。在古北区主要分布于蒙古国、伊朗和地中海诸岛屿，绝大多数种分布于土壤干旱区域。深沟茧蜂属为茧蜂亚科中的大属，但尚缺少系统的修订，Shenefelt（1978）记录全世界已知约为 520 种，但 Quicke（1991）修订后为 447 种。中国仅记录分布 7 种，报道寄生于松毛虫的有 1 种，但存疑。

（60）赤腹深沟茧蜂 *Iphiaulax impostor* (Scopoli, 1763) （图 100）

Ichneumon impostor Scopoli, 1763: 287.

Iphiaulax impostor Foerster, 1862: 234; 祝汝佐, 1937: 71; 祝汝佐, 1955: 3; 中国科学院动物研究所和浙江农业大学, 1978: 51; Shenefelt, 1978: 1769; 吴钜文, 1979a: 35; 何俊华, 1985: 108; 何俊华和王金言, 1987: 405; 侯陶谦, 1987: 172; 陈昌洁, 1990: 195; 何俊华等, 2004: 568.

图 100 赤腹深沟茧蜂 *Iphiaulax impostor* (Scopoli)
（引自 祝汝佐，1937）
雄蜂，背面观

体长 6.0～10.5mm，前翅长 6.0～8.5mm，产卵管鞘长 2.5～3.5mm。

头：颜面长为宽的 0.6 倍；中央光滑，两侧具浓密刻点和毛。额大部凹陷，具中纵沟。唇基毛稀短；唇基高度：内幕骨间距：幕骨复眼间距=4：11：8。复眼略凹陷；复眼高度：颜面宽度：头宽=25：22：45。上颊和头顶具浓密短毛。背面观复眼长为后头的 2.2 倍。侧单眼间距：侧单眼直径：单复眼间距=4：3：11。颚眼距光滑无毛。触角槽间凹陷深。触角 55～78 节；第 1 鞭节长约为宽的 1.1 倍，分别为第 2、3 鞭节长的 1.1 倍和 1.2 倍；第 3 鞭节长约为宽的 0.8 倍；端节尖锐，长约为宽的 2.5 倍。

胸：光亮，具均匀浓密短毛。胸长为高的 1.6 倍。中胸盾片中叶隆起弱；盾纵沟前大半凹陷浅，后半平坦；小盾片前沟深，宽，具平行短刻条；小盾片侧端具稀短毛。后胸背板中区具脊状突起。并胸腹节中区毛稀，两侧密长，缺中纵脊和沟。

翅：前翅翅痣长为宽的 3.3 倍；SR1：3-SR：r=51：32：10；1-SR+M 脉直，2-SR：3-SR：r-m=17：32：19；C+SC+R 与 1-SR 脉间夹角为 70°；cu-a 脉略后叉。后翅 SC+R1：2-SC+R：1r-m=22：6：17。

足：前足腿节、胫节、跗节长之比=33：36：49；后足腿节：胫节：基跗节长=53：71：25，长分别为其最大宽的 4.0 倍、7.8 倍和 4.3 倍；后足胫节端距（分为两个，一长一短）分别为基跗节长的 0.5 倍和 0.4 倍。

腹：背板光滑。第 1 节背板具强烈的端中隆起区，两侧缘具毛，光亮，长为宽的 0.7 倍。第 2 节背板从基部中央具伸向后侧方的斜沟，中央区域具纵向刻纹，两侧光亮，长为宽的 0.5 倍。第 3 节背板前侧具弱隆起区及横向沟。第 2、3 节背板间缝两侧宽，深，中央弯曲。第 4、5 节背板具微弱的前侧隆起区及相对深的端横向沟。第 6、7 节背板无端横沟和前侧隆起区。

体色：主要为红色，但头、足、触角及产卵管鞘黑色；翅膜黑褐色。

雄：体色相对浅，体小。该种体色多变，通常小盾片具 3 块黑斑。

生物学：国内外已知寄主均为天牛。国内有山杨楔天牛 Saperda carcharias 和青杨天牛 Saperda populnca；据国外资料记载寄主还有长角灰天牛 Acanthocinus aedilis、桑天牛 Apriona germari、云杉小墨天牛 Monochamus sutor、虎天牛 Plagionotus arcuatus。

标本记录：1♂，浙江长兴，1935.V.25，祝汝佐，寄主：马尾松毛虫（此标本未见，在编写《天敌昆虫图册》时可能留在北京）。浙江大学寄生蜂标本室另有此种标本至少 25♀♂，均无从松毛虫中育出的。

分布：吉林、辽宁、内蒙古、新疆、山西、陕西、山东、江苏、浙江、江西、云南；朝鲜，日本，美国北部，俄罗斯（西伯利亚），欧洲，非洲北部。

注：① 祝汝佐（1937）报道指出，1935 年 5 月 25 日从浙江长兴的第 1 代马尾松毛虫 Dendrolimus punctatus 茧中育出该种唯一的 1 头雄蜂。作者对寄生于松毛虫存疑。因该蜂已知仅寄生于天牛，又是幼虫的体外寄生蜂，估计当时也无条件单茧饲养，是否在采回的松毛虫茧所附有枝条中有天牛被寄生，仍需进一步研究。② 中名有用赤腹茧蜂的。

36. 窄茧蜂属 *Stenobracon* Szépligeti, 1901

Stenobracon Szépligeti, 1901: 359.

属征简述：体长一般为 10.0mm 以上，体较为细长。颜面相当平坦，具浓密的刻纹，侧面通常具稀毛。唇基上部革质，具一排横向长毛。额光滑，相当凹陷，侧方具密短毛；触角槽基部具短中纵沟，该沟延伸至唇基上方。颊沟相当发达。复眼大，光滑，微凹。触角柄节粗壮，侧面观腹侧长于背侧，鞭节约 76 节，端节通常尖。前胸背板具稀毛和刻纹。中胸光滑，具光泽；盾纵沟中等发达，整个深陷。小盾片相当宽，基本上光滑，前部具稀毛和刻纹。小盾片前沟窄，具平行短刻条。中胸侧板缝光滑，前基节沟缺。后胸侧板具密刻纹。并胸腹节背部具稀长毛，侧部多少具密刻纹。爪简单，细长，具小而圆的钝基叶；前足基跗节长为宽的 5.1～7.0 倍。腿节背侧、腹侧具稀长毛，后足胫节缺中纵沟。腹部第 1 节背板长大于宽，中央椭圆形隆起。第 2 节背板基部中央常具光滑三角区。第 2、3 节背板间缝宽，具微弱平行短刻条。第 3 节背板长为第 2 节的 0.47～0.67 倍。第 3、4 节背板通常具亚后横向陷沟。第 5～8 节背板光滑，缺亚后横沟。产卵管鞘等于体长。体色为淡黄色或深褐色。

生物学：该属主要寄生于鳞翅目的螟蛾科 Pyralidae 和夜蛾科 Noctuidae 等蛀茎害虫，因此在农林业害虫的生物防治上具有重要的应用价值。

分布：主要分布在东洋区和澳洲区。世界已知 19 种，我国已知 3 种，报道寄生于松毛虫的有 1 种，但存疑。

（61）迪萨窄茧蜂 *Stenobracon* (*Stenobracon*) *deesae* (Cameron, 1902)（图 101）

Bracon deesae Cameron, 1902b: 433.
Glyptomorpha deesae: 祝汝佐, 1937: 72(长尾小茧蜂); 祝汝佐, 1955: 3; 陈昌洁, 1990: 195; 何俊华等, 2004: 567.
Stenobracon deesae: Shenefelt, 1978: 1725; 吴钜文, 1979a: 36; 何俊华, 1985: 108; 侯陶谦, 1987: 173.

雌：体长 8.6～15.7mm，前翅长 6.9～10.3mm，产卵管鞘长 9.5～15.7mm。

图 101 迪萨窄茧蜂 Stenobracon (Stenobracon) deesae (Cameron)（引自 祝汝佐，1937）
雄蜂，背面观

头：头背面观呈长方形，光滑，单眼区周围有浅沟。唇基前缘凹入，与上颚形成半圆形口窝。额具密浓毛。颜面宽：头宽：背面观复眼长=1.0：（1.8～2.1）：（0.7～1.0）。单复眼间距：中单眼与触角槽间最短距离=1.0：（0.6～0.8）。触角 82～86 节；柄节长为端部宽的 1.6～1.7 倍；第 1 鞭节长为第 2 鞭节的 1.2 倍，第 2 鞭节长为宽的 1.3～1.4 倍；中部鞭节宽为长的 1.0～1.3 倍；亚端节长为宽的 1.7 倍，为端节长的 0.8 倍；端节长为宽的 2.5 倍。

胸：胸部光滑，长为高的 1.8～2.2 倍。盾纵沟浅；小盾板光滑，末端突起圆形；其前沟内有脊。并胸腹节光滑多白毛。

翅：前翅第 2 亚缘室相当短；r：SR1：3-SR=1.0：（2.3～3.3）：（1.3～2.2）；r-m：2-SR：3-SR=1.0：（0.9～1.1）：（1.2～1.9）；3-CU1 脉微弱向后方扩展。后翅 1r-m 长为 SC+R1 脉的 1.0～1.6 倍。

足：前足腿节：胫节：基跗节=（1.5～1.7）：（1.7～1.9）：1.0；基跗节长为宽的 5.1～7.0 倍。后足胫节长为腿节的 1.5～1.6 倍；后足基跗节长为宽的 7.8～8.3 倍，跗节腹方具相当粗的长毛。

腹：第 1～4 节背板具细微的刻纹。第 1 节背板长为宽的 1.1～1.3 倍；第 2 节背板长为宽的 1.3～1.5 倍，基部中央三角区后端模糊；第 1、2 节背板具纵向刻纹；第 3 节背板宽为长的 2.0～2.6 倍；第 3、4 节背板具豆痕状刻纹，基部具凹的光滑区域；第 5～7 节背板具中等长毛。产卵管鞘等于体长。

体色：体主要为褐黄色，但单眼三角区、后足跗节黑色或深褐色，腹部第 2、3 节背板间横缝红色。

雄：体长 9.0mm。头背面观呈长方形；光滑，单眼区周围有浅沟。触角 28 节，柄节长约为宽的 2.5 倍，各鞭节长均不超过其宽的 2 倍。唇基前缘凹入，与上颚形成半圆形口窝。胸部光滑。盾纵沟浅；小盾片光滑，末端突起圆形；小盾片前沟内有脊。并胸腹节光滑多白毛。腹部细长而扁平，两侧近于平行；第 1 背板长大于宽，除边缘外呈盾形隆起，其上有粗纵刻纹；第 2 背板中央隆起，侧沟明显；第 2、3 背板间的横沟深，内有梯形并列刻条；第 3～5 背板均有侧凹痕，从前缘伸至侧缘中央；第 3～5 背板各节后缘有光滑横带。前翅 r 脉长为 3-SR 脉的 1/3。胫节长距达基跗节中央。

体黄色有光泽；触角黄褐色；柄节、触角末端、上颚尖端黑褐色；颜面及前头淡黄色。中胸盾片有 3 条黑纹（中条色淡）。翅灰白色，翅痣之后与径脉间、副痣与 2-SR+M 脉、翅尖径脉附近均有黑褐色纹；翅痣前半黄色，痣下至第 2 盘室上角现透明部分；其余脉棕褐色。足黄色，端跗节及爪黑色。

生物学：寄主有马尾松毛虫。

标本记录：浙江大学寄生蜂标本室保存有新中国成立后从浙江、湖南采集的标本，也有抗日战争前祝汝佐 1934 年和 1935 年从江苏宜兴、浙江杭州所采标本，但未见 1935 年 5 月下旬从浙江长兴马尾松毛虫中育出的标本（此标本可能在编写《天敌昆虫图册》后留在北京）。

分布：陕西、浙江、江苏、江西、湖南；印度，巴基斯坦，阿曼，非洲热带地区（输入）。

注：1）中名祝汝佐（1937）用"长尾小茧蜂"，后有人用"赤腹茧蜂"，现根据模式标本产地印度迪萨 Deesa 命名"迪萨窄茧蜂"。

2）本属体外寄生于幼虫，对寄生于松毛虫茧内羽化存疑。很可能是从附于采回枝条上的其他昆虫或松毛虫茧内附生于松毛虫幼虫和蛹上的其他昆虫幼虫（种类和数量都不少）体上育出的。作者参加林业部松毛虫综合防治（浙江衢州试点）时，单管放置一松毛虫茧考查寄生情况，采集调查有超过 5000 个蛹，浙江南北，以及各代虫茧都有，从未育出本蜂。

3）此外，作者手头还有外单位寄给的 1 头雌性标本（江苏南京，1984 年，采集月日和采集人不详，浙江大学寄生蜂标本室编号 871116，寄主为松毛虫）。该种与迪萨窄茧蜂 Stenobracon (Stenobracon) deesae (Cameron)相似，但腹部第 1～4 节背板部分区域具皱痕状刻纹，第 2 亚缘室长，前翅 r 脉长，体色主要为亮黄色。

甲腹茧蜂亚科 Cheloninae

头横形。后头脊完整。上颚内弯，端部相接。无口窝。中胸腹板后横脊在中足基节前方完整且强。腹部第 1~3 节背板愈合呈背甲状，无横缝不能活动，有密集刻纹。前翅 1-SR+M 脉（肘脉第 1 段）消失；r-m 脉（第 2 肘间横脉）存在。

甲腹茧蜂亚科容性内寄生于鳞翅目幼虫，单寄生。产卵于寄主卵内，在寄主幼虫体内完成发育后体内蜂的幼虫成长、老熟后钻出寄主体外结茧，为卵-幼虫期跨期寄生。

甲腹茧蜂亚科是茧蜂科中一个种数较多的亚科，世界分布。其中在我国报道寄生于松毛虫的有 2 属 3 种，按该蜂寄生习性是产卵于寄主卵内，在寄主幼虫体内完成发育后，蜂的幼虫成长、老熟后几乎吃完寄主老熟幼虫的内含物而后钻出体外结茧，为卵-幼虫期跨期寄生，且均为单寄生。从松毛虫老熟幼虫个体大而甲腹茧蜂亚科个体小来看，是不可能育自松毛虫幼虫的，因此寄生于松毛虫幼虫的记录存疑。很可能是从附于采回枝条上的其他昆虫或附生于松毛虫幼虫和蛹上的其他昆虫幼虫（种类和数量都不少）体上育出的。

甲腹茧蜂亚科 Cheloninae 分属检索表

1. 腹部背甲无横沟，呈一块均匀隆起，表面具刻皱；后头脊不与口后脊相连；复眼通常具毛或裸；胸部通常黑色（甲腹茧蜂族 Chelonini）；前翅无 1-SR+M 脉；雄性背甲端部有或无孔窝；前翅 r 脉通常从翅痣中央附近伸出 ·· 甲腹茧蜂属 *Chelonus*
- 腹部背甲有 2 条完整而明显的横沟；后头脊与口后脊稍相连；复眼裸；胸部通常大部分黄色（愈腹茧蜂族 Phanerotomini）；前翅无 2-R1 脉，通常有 CU1b 脉，以致第 1 亚盘室端后方闭合；触角通常 23 节；后翅 r 脉常存在；后翅 M+CU 脉与 1-M 脉等长 ·· 愈腹茧蜂属 *Phanerotoma*

37. 甲腹茧蜂属 *Chelonus* Panzer, 1806（图 102）

Chelonus Panzer, 1806: 164.
Chelonus (*Chelonus*): Muesebeck *et* Walkley, 1951: 143.

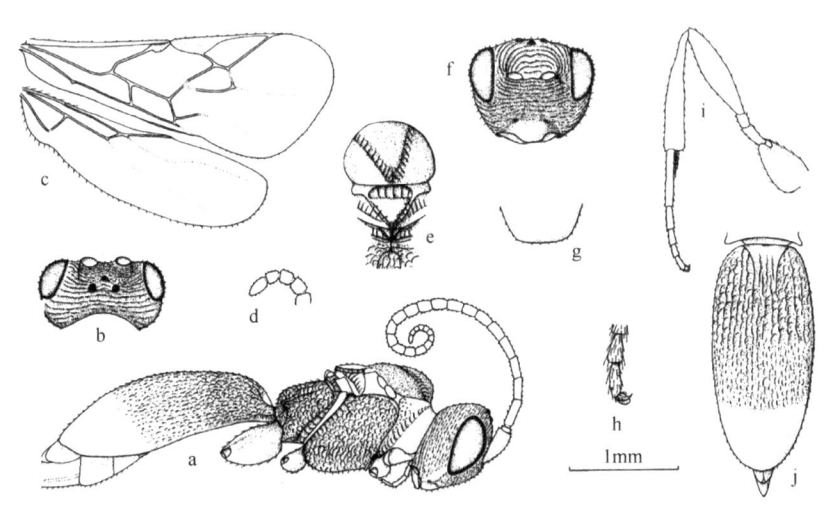

图 102 *Chelonus aculeatus* Ashmead（甲腹茧蜂属 *Chelonus*）（引自 van Achterberg，1900）
a. 雌蜂，侧面观；b. 头部，背面观；c. 翅；d. 触角端部；e. 胸部，背面观；f. 头部，前面观；g. 腹部端部，后背面观；h. 后足跗爪；i. 后足；j. 腹部，背面观

属征简述：触角 17~44 节。复眼具刚毛。唇基端缘无齿突。复眼通常具毛。后头脊不与口后脊相连。前翅无 1-SR+M 脉，第 1 盘室与第 1 亚缘室会合成一大的室，2-R1 脉无或仅具短段，有 CU1b 脉，第 1 亚

盘室闭合，r 脉常自翅痣中部或中部稍后伸出。后翅无 r 脉，后翅 M+CU 脉等于或长于 1-M 脉。腹甲无横沟，呈一块均匀隆起，表面具刻皱。产卵管鞘短。雄性背甲端部有或无孔窝。胸部通常黑色。

(62) 张氏甲腹茧蜂 *Chelonus* (*Microchelonus*) *jungi* (Chu, 1936) （图 103）

Chelonella jungi: Chu, 1936: 683; 祝汝佐, 1937: 69; 祝汝佐, 1955: 4; 何俊华, 1985: 108; 吴钜文, 1979a: 32; 侯陶谦, 1987: 171; 严静君等, 1989: 251.

Microchelonus jungi: 王金言, 1984: 37; 陈昌洁, 1990: 195; 柴希民等, 2000: 5.

Chelonus (*Microchelonus*) *jungi*: 陈学新和何俊华, 2004: 638.

图 103 张氏甲腹茧蜂 *Chelonus* (*Microchelonus*) *jungi* (Chu) （引自 Chu，1936）
腹部端部，后面观，示尾孔形状

雄：体长 2.5mm。体黑色；柄节、触角基半、转节、前中腿节、末端黄赤色；腿节、中后足胫节、触角端半均赤褐色；须、前足胫节、后足胫节的 1 环纹及各跗节（端跗节褐色）浅黄色。翅透明，翅痣暗赤褐色，少数脉着色。腹部全黑。

头横宽，具微皱。侧单眼间距较单复眼间距近。触角 18 节。胸部皱纹粗。小盾片有刻点，其前沟有 5 条纵脊。并胸腹节有刻纹，中央具纵脊，每侧有 1 对齿状突起物，其后面陡斜。腹背有纵刻纹；背甲长为宽的 3 倍；尾孔卵圆形，其宽为长的 1.5 倍。

生物学：Chu（1936）报道该蜂从 1935 年 8 月浙江长兴第 2 代马尾松毛虫 *Dendrolimus punctatus* 茧中育出。按该蜂的生物学，是卵-幼虫期寄生蜂，不寄生于马尾松毛虫蛹，也不大可能寄生于马尾松毛虫老熟幼虫（因为虫体太大），很可能是在死蛹上生活的小鳞翅类 Microlepidoptera 寄生蜂或枝条上的其他小鳞翅类寄生蜂。

标本记录：1♂，浙江长兴，1935.VIII.10，祝汝佐，寄主：马尾松毛虫（标本未见）。

分布：浙江。

38. 愈腹茧蜂属 *Phanerotoma* Wesmael, 1838 （图 104）

Phanerotoma Wesmael, 1838: 165.

属征简述：雌雄触角通常为 23 节，古北区东部少数种 25~27 节。额不具中纵脊。复眼无毛。唇基腹方有 3 个不明显的齿或腹缘直、无齿。前翅翅痣常相对粗大；有 1-SR+M 脉，无 2-R1 脉；第 2 亚缘室四边形或五边形；第 1 盘室前方或多或少平截；CU1b 脉多少发达，以致第 1 亚盘室闭合。后翅常有 r 脉，M+CU 脉等长或长于 1-M 脉。腹部背甲具 2 条明显的横缝；第 3 背板无侧齿或至多侧后方呈角状物伸出。产卵管鞘端部至多 1/3 有刚毛。

生物学：愈腹茧蜂属寄生于鳞翅目 Lepidoptera 小鳞翅类，为卵-幼虫内寄生蜂，产卵于寄主卵内，蜂的一龄幼虫直至寄主幼虫成熟准备结茧后，才继续发育，最后几乎吃光寄主幼虫内含物才钻出寄主，在寄主茧内结茧。单寄生。以松毛虫幼虫之大，1 头小小的蜂幼虫是吃不光寄主内含物的，因此，根据该蜂习性是否能寄生于松毛虫存疑，估计是从附生在松毛虫死幼虫或死蛹上的小蛾类（有很多种）育出的。

全世界分布已知约 200 种，我国已记录 16 种，其中报道寄生于松毛虫的 3 种。此外，中国科学院动物研究所和浙江农业大学（1978: 55）报道过食心虫白茧蜂（愈腹茧蜂）*Phanerotoma planifrons* (Nees)寄生于马尾松毛虫，此后吴钜文（1979a）、杨秀元和吴坚（1981）、章宗江（1981）、朱文炳等（1982）、王金言（1984）、孙明雅等（1986）、柴希民等（1987）、侯陶谦（1987）、严静君等（1989）、陈昌洁（1990）、申效诚（1993）、张永强等（1994）也有记录，此种名过去包含了许多种，相当混杂，实际上在我国可能并无真正的 *Phanerotoma planifrons* (Nees)。

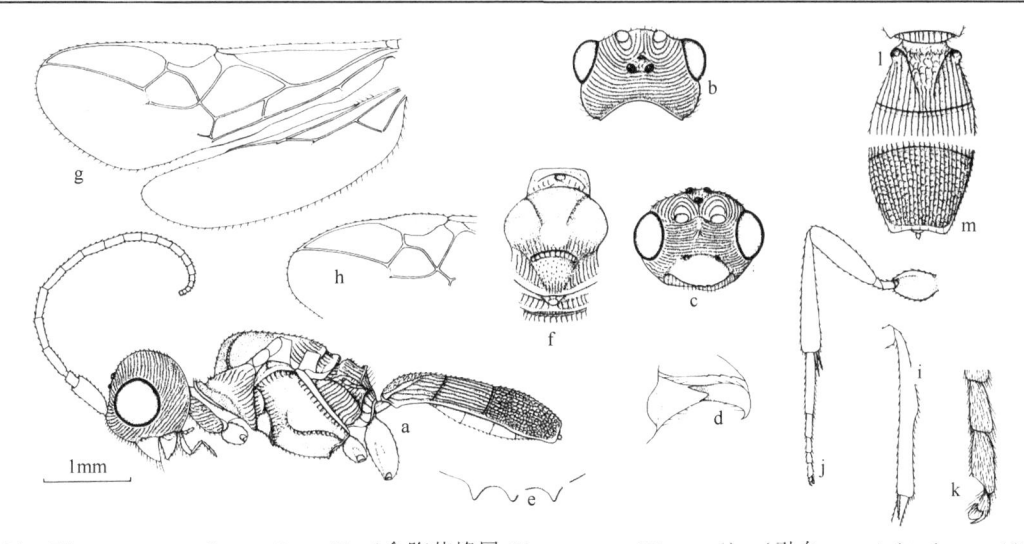

图 104　*Phanerotoma rufescens* Latreille（愈腹茧蜂属 *Phanerotoma* Wesmael）（引自 van Achterberg，1900）

a. 雌蜂，侧面观；b. 头部，背面观；c. 头部，前面观；d. 上颚，腹侧面观；e. 唇基端部；f. 胸部，背面观；g. 翅；h. 前翅端部；i. 中足胫节；j. 后足；k. 后足跗爪；l. 腹部第 1 节背板；m. 腹部第 3 节背板

愈腹茧蜂属 *Phanerotoma* 分种检索表

1. 3-SR 脉长通常为 2-SR 脉的 0.5 倍或更短；r 脉短于、等于有时稍长于 3-SR 脉（三节茧蜂亚属 *Bracotritoma*）；体完全黄褐色，仅胸部腋槽后方光滑带或腹部第 3 背板黄褐色、褐黄色或色稍暗；头部背面观宽为中长的 1.61 倍；上颊背面观长为复眼的 0.64 倍；唇基端缘 3 齿；前翅 1-CU1 分别为 cu-a 脉和 2-CU1 脉的 1.3 倍、0.4 倍；2-SR 脉长为 3-SR 脉的 1.85 倍；腹部背甲长为宽的 1.75~1.77 倍，第 3 背板端缘后面观凹缺较浅，宽为深的 3.64~4.90 倍；产卵管鞘长为后足基跗节的 0.34 倍；体长 4.3mm ·· 食心虫愈腹茧蜂 *P. (Bracotritoma) grapholithae*
- 3-SR 脉等长于、稍长于或稍短于 2-SR 脉；r 脉明显短于 3-SR 脉（愈腹茧蜂亚属 *Phanerotoma*）·· 2
2. 额和头顶具不规则刻皱；中胸盾片具夹网粗刻皱，在后半的皱纵行，盾纵沟明显；中胸侧板满布粗皱；并胸腹节侧突很强；cu-a 脉位于盘室中央，1-CU1 脉与 2-CU1 脉近于等长；体黄褐色；体大，体长约 7.3mm ·· 黄愈腹茧蜂 *P. (Phanerotoma) flava*
- 额和头顶主要为革状颗粒，仅夹有细刻皱；中胸盾片刻皱细，盾纵沟极少明显；中胸侧板常为细刻纹；并胸腹节无侧突；cu-a 脉位于盘室中央基方，脉明显短于 2-CU1 脉；体黄赤色，腹部第 2 节背板后缘、第 3 背板黑色，第 1 节背板浅黄色，第 2 节背板两侧黄褐色；体长 4.0mm ·· 黄赤愈腹茧蜂 *P. (Phanerotoma) flavida*

（63）黄愈腹茧蜂 *Phanerotoma* (*Phanerotoma*) *flava* Ashmead, 1906（图 105）

Phanerotoma flava Ashmead, 1906: 191; 严静君等, 1989: 281; 陈昌洁, 1990: 195.
Phanenerotoma taiwana Sonan, 1932: 81.
Phanerotoma (*Phanerotoma*) *flava*: Tobias, 2000: 430.

体长 7.3mm，前翅长 5.7mm。

头：触角 23 节，鞭状，亚端节长为宽的 2.2 倍。单眼区小，底长为 POL 的 0.6 倍。额和头顶均具不规则刻皱。背面观上颊长为复眼的 1.0 倍。颜面中央纵隆，其侧方具横皱，再外侧为纵皱。颚眼距为复眼纵径的 0.4 倍。上颚上齿长为下齿的 2.0 倍。唇基有 3 个明显腹齿。

胸：中胸盾片具夹网刻皱，在后半的皱纵行；盾纵沟明显。中胸侧板满布粗皱。并胸腹节具纵向大网皱，中央横脊不发达，侧突强。前翅翅痣宽：r：3-SR = 12：6：30；3-SR：2-SR：r-m = 30：32：8；2-SR 脉上端曲折与翅痣平行；1-R1：翅痣长 = 80：60；m-cu 脉稍前叉；副痣大；cu-a：1-CU1：2-CU1 = 8：30：30。中足胫节疱状突弱。后足腿节长为宽的 4.0 倍。

图 105 黄愈腹茧蜂 Phanerotoma (Phanerotoma) flava Ashmead 雌蜂（引自 何俊华等，2004）

腹：腹部长椭圆形，稍拱隆；背甲具夹网细纵皱，第3节背板的相当细而密。第1、2、3节背板中长及第2节背板端宽之比 = 54：47：63：87；第2节背板缝稍前曲。第3节背板端缘雌性背面观近于平截，后面观圆弧形凹入；雄性背面观钝圆，后面观后缘呈弧形浅凹。下生殖板稍伸出腹端，端部针状且上翘。产卵管鞘不长，稍伸出腹端。

体色：头、胸部火红色。单眼区、复眼、上颚端齿、触角黑褐色。须、上颚基部黄色。腹部浅黄褐色。足黄褐色；后足基节、腿节除基部外、胫节端半火红色；后足胫节端部内侧和跗节黑褐色。翅膜烟黄色，南方部分标本端部 0.4 带烟褐色（此部位翅脉亦黑褐色）；翅痣、副痣、1-SR+M 脉黑褐色。

生物学：严静君等（1989: 281）、陈昌洁（1990: 195）记录本种寄生于马尾松毛虫。其他寄主有棉红铃虫 *Pectinophora gossypiella*、缀叶丝螟（樟巢螟）*Locastra muscosalis* 等。

标本记录：浙江大学寄生蜂标本室有许多标本，但无从松毛虫中育出的。

分布：辽宁、河南、甘肃、上海、浙江、安徽、湖北、湖南、四川、台湾、福建、广东、广西、贵州。

注：① 严静君等（1989: 281）和陈昌洁（1990: 195）新添记录黄愈腹茧蜂（黄色白茧蜂）*Phanerotoma flava* Ashmead 寄生于马尾松毛虫，而未记录已知种 *Phanerotoma flavida* Enderlein，不知是否为混淆这两种学名之故；②形态描述录自何俊华等（2004）；③ 此蜂能否寄生于松毛虫，存疑；④中名曾用黄色白茧蜂。

（64）黄赤愈腹茧蜂 Phanerotoma (Phanerotoma) flavida Enderlein, 1912（图 106）

Phanerotoma flavida Enderlein, 1912: 259; Sonan, 1932: 80; Watanabe, 1934b: 198; Chu, 1936: 685; 祝汝佐, 1937: 68(黄甲腹小茧蜂); 祝汝佐, 1955: 4; 孙锡麟和刘元福, 1958: 241; 吴钜文, 1979a: 35; 赵修复, 1982: 308(?); 杨秀元和吴坚, 1981: 314; 何俊华, 1985: 108; 侯陶谦, 1987: 173; 章士美和林毓鉴, 1994: 158.

未见本种标本，现根据原记述译录如下。

头部刻纹细点状。触角 23 节，环状节细，端节 6 节稍长于宽。复眼裸，半球形。胸部具细而密刻点。并胸腹节钝圆，有中横脊，具粗糙的颗粒状刻点，其余部位稍有不明显网皱。小盾片三角形，具弱革状皱。小盾片和前翅基部之间部位满布纵脊。腹部具波状纵皱；第 3 节最多。

体浅红黄色；触角端部 9 节稍褐色。上颚端部红褐色。复眼黑色。单眼黄色。单眼区黑色，后足胫节浅黄色，在上方 1/4 处和端部 1/3 处锈黄色，端跗节黑褐色。翅稍透明，翅脉褐黄色。翅痣褐色，基端黄色。3-SR 脉长约为 r 脉的 3.0 倍。

体长 3.5～4.5mm，前翅长 3.25～3.5mm。

图 106 黄赤愈腹茧蜂 Phanerotoma (Phanerotoma) flavida Enderlein（引自 祝汝佐，1937）

本种自 1934 年 Watanabe 将此蜂种名并入 *P. planifrons* 后，直到 Zettel 1990 年才复活。现根据 Zettel 及检索表补充部分描述：体长 4.2～4.6mm；复眼中等大；唇基端缘 3 齿；颜面、额、头顶和上颊具皱；复眼很大，OOL 为 OD 的 2.55 倍；触角粗，第 15 节长为宽的 1.2 倍；前翅 R 脉长，r1：r2：r3=0.3：1：2.6；回脉前叉式，偶有对叉；中足胫节具瘤突；腹部背甲细，长为胸长的 1.15 倍，长为宽的 1.85 倍；雌性腹部后缘有明显的凹缺，雄性几乎平截；体褐黄色，第 1、2 背板蜜黄色；体长 4.2～4.6mm。

标本记录：浙江汤溪，1934.V.27，祝汝佐，从松毛虫茧上育出（标本未见）。

生物学：据祝汝佐（1937）报道，此蜂于 1934 年 5 月 27 日从浙江汤溪的 1 个未化蛹的马尾松毛虫 *Dendrolimus punctatus* 茧中育出 1 头雌蜂。按该属蜂的寄生习性是卵-幼虫期寄生蜂，单寄生，产卵于寄主卵内从成长幼虫体内钻出结茧，估计不可能寄生于松毛虫，很可能是在松毛虫死茧上附生的小蛾类幼虫的寄生蜂。

分布：台湾（安平）。

（65）食心虫愈腹茧蜂 *Phanerotoma (Bracotritoma) grapholithae* Muesebeck, 1933（图107）

Phanerotoma grapholithae Muesebeck, 1933: 50; 何俊华和王金言, 1987: 415; 陈家骅和季清娥, 2003: 170; 贵州动物志编委会, 1984: 245.

雌：体长4.3mm，前翅长3.5mm。

头：背面观宽为中长的1.61倍。触角23节，中央之后稍粗，至端部细，亚端部4节，基部稍收窄，长为宽的1.7倍。POL：OD：OOL=6：11：26；单眼区宽为OOL的0.79倍。额具细斜刻皱。头顶具细横皱。上颊背面观弧形，稍收窄，长为复眼的0.64倍。颜面具革状细皱。颚眼距长为复眼纵径的0.39倍。上颚上齿长为下齿的2倍。唇基近于光滑，有3个明显腹齿。

胸：中胸盾片具革状细皱；中胸侧板具革状细皱。并胸腹节具革状细皱，中横脊存在，不明显。

翅：前翅翅痣长为宽的3.3倍；翅痣宽：r：3-SR = 18：14：20；3-SR：2-SR：r-m = 20：37：16；2-SR脉和SR1脉均直；1-R1：翅痣长= 84：60（1.4倍）；m-cu脉对叉；cu-a：1-CU1：2-CU1=13：17：42。

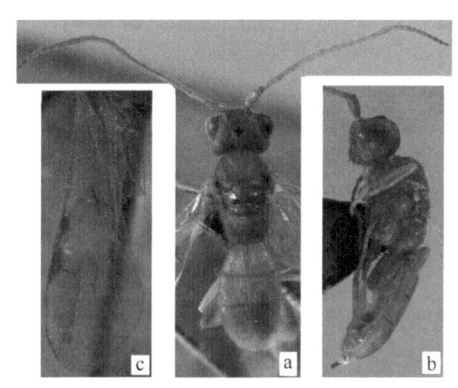

图107 食心虫愈腹茧蜂 *Phanerotoma (Bracotritoma) grapholithae* Muesebeck 雌蜂
a. 整体，背面观；b. 整体，侧面观；c. 前翅

足：中足胫节疱状突弱。后足腿节长为宽的4.1倍。

腹：腹部背甲拟卵形，稍拱隆，长为宽的1.77倍；第1、2背板具夹网细纵皱；第3背板除基部0.2外为细网皱；第1背板背脊短，止于0.3～0.5处，后端向中央收窄；第3背板端缘背面观弧形或平截，后面观弧形凹缺宽为深的4.9倍，其宽为第2背板缝宽的0.66倍，侧角近直角突出；第1、2、3背板中长及第2背板端宽之比=60：47：70：100；第2背板缝稍前曲。下生殖板未伸出腹端。产卵管鞘短，稍伸出或不伸出腹端，其长为后足基跗节的0.34倍。

体色：体黄褐色；单眼区、复眼黑褐色。上颚端齿红褐色；须黄白色。足黄褐色，基节、转节、距色稍浅，后足腿节端半和胫节端半色稍深。翅膜透明，翅痣下方有晕斑；翅痣和副痣及其相连翅脉、SR1、2-M、cu-a、1-CU1等脉浅褐色。

雄：与雌蜂相似，不同之在于体长3.8mm，前翅长3.2mm。头背面观宽为中长的1.62倍。触角鞭状，亚端节长为宽的2.2倍。POL：OD：OOL = 6：11：23；单眼区宽为OOL的1.04倍。上颊背面观长为复眼的0.51倍。前翅翅痣长为宽的3.75倍；翅痣宽：r：3-SR = 16：13：19；3-SR：2-SR：r-m = 19：38：16；cu-a：1-CU1：2-CU1 = 14：16：53。后足腿节长为宽的3.8倍。腹部背甲长为宽的1.79倍；第1、2、3背板中长及第2背板端宽之比=53：43：65：90；第2背板缝平直。第3背板端缘后面观凹缺宽为深的20.0倍，其宽为第2背板缝的0.12倍，侧角弧形。

转节、距色稍浅，后足腿节端半和胫节端半色稍深。翅膜透明，翅痣下方有晕斑；翅痣和副痣及其相连翅脉、SR1、2-M、cu-a、1-CU1等脉浅褐色。茧：圆筒形，长5.4mm，径1.8mm；白色，有光泽。

生物学：贵州动物志编委会（1984: 245）报道本种在贵州寄生于松毛虫，国内寄主还有李小食心虫 *Grapholita funebrana*、苹小食心虫 *Grapholita inopinata*、梨小食心虫 *Grapholitha molesta*、芽白小卷蛾 *Spilonota lechriaspis*。在松毛虫上寄生的记录存疑。

据章宗江（1981: 170）记述，本种以老熟幼虫作茧越冬，一年发生4～5代，4月下旬至5月上旬发生越冬代成虫，6月上旬、7月中下旬、8月中下旬均有成虫发生。此蜂产卵于寄生卵内，孵化后即在寄主幼虫体内发育，寄主幼虫老熟时钻出体外结茧化蛹，此时寄主死亡，自结茧至化蛹约 10 天。此蜂在山东烟台地区发生相当普遍。

标本记录：浙江大学寄生蜂标本室保存有许多标本，但无育自松毛虫的。

分布：北京、内蒙古、河北、山西、陕西、贵州；朝鲜，日本。美国曾经输入用于生物防治。

滑茧蜂亚科 Homolobinae van Achterberg, 1979

口窝缺。触角 37～55 节，触角柄节端部近平截，触角端节具刺或无刺。后头脊存在，后头脊与口后脊在上颚基部上方连接。下颚须 6 节；下唇须 4 节，但第 3 节常退化。前胸背板凹缺。中胸盾片均匀隆起，前凹存在；小盾片无侧脊。胸腹侧脊几乎伸达中胸侧板前缘。中胸腹板后横脊缺。后胸侧板下缘脊多少薄片状，透明。前翅 1-SR 脉不明显，少数明显；前翅 m-cu 脉明显前叉于 2-SR 脉；前翅 CU1b 脉、2-SR 脉及 2A 脉存在；前翅第 1 亚盘室端部封闭；前翅无 a 脉。后翅亚基室大；后翅臂室（叶）较大。足第 2 转节简单，无齿。腹部具均匀的毛。腹部第 1 节背板无背凹，气门位于中部前方；第 1 背板侧凹深、大。下生殖板端部平截，大至中等大小。产卵管直或几乎都直，亚端部具一小结。

生物学：内寄生于裸露生活的鳞翅目幼虫，主要是夜蛾科 Noctuidae 和尺蛾科 Geometridae，少数也寄生于毒蛾科 Lymantriidae 和枯叶蛾科 Lasiocampidae。

分布：滑茧蜂亚科分有 2 族。滑茧蜂族 Homolobini 全世界均有分布；韦氏茧蜂族 Westwoodiellini 分布于大洋洲。滑茧蜂族特征是后翅缘室端部扩大；前翅 1-SR 脉缺或模糊；颚眼沟缺；触角端节具刺；胸部粗壮，大部分光滑；唇基相对宽；前翅基下陷有 1 条脊。

39. 滑茧蜂属 *Homolobus* Foerster, 1862 （图 108）

Homolobus Foerster, 1862: 256.

Phylax Wesmael, 1835: 159(nec. Dahl, 1823).

Phyacter Reinhard, 1863: 248(nom. nov. for *Phylax* Wesmael).

Apatia Enderlein, 1918(1920): 219.

图 108 滑茧蜂属 *Homolobus* Foerster（引自 Goulet & Huber, 1993）

属征简述：体长 4.4～15.0mm，前翅长 4.6～16.0mm。

唇基腹缘薄；后头脊完整。下唇须第 3 节长，是第 4 节的 0.14～0.62 倍。前胸背板中央近中胸盾片前缘处有凹窝。盾纵沟明显。后胸侧板突大。前翅 1-SR+M 脉直；有 r-m 脉；cu-a 脉斜；第 1 盘室无柄。后翅缘室向外扩大，有或无 r 脉。后足胫节端部内侧无梳状栉。腹部第 1 节无柄，气门位于背板基部，背板长是端宽的 1.7～4.8 倍，基部中央凸起。雌性腹末侧扁。产卵管鞘长是前翅的 0.04～0.80 倍。

生物学：寄主多数为裸露生活的鳞翅目幼虫，主要是夜蛾科 Noctuidae 和尺蛾科 Geometridae 等科的幼虫，单寄生。

分布：本属是滑茧蜂族 Homolobini 中最大的一个属，分布于全世界。滑茧蜂属内有 5 亚属：截距茧蜂亚属 *Apatia* Enderlein、滑茧蜂亚属 *Homolobus* Foerster、片爪茧蜂亚属 *Chartolobus* van Achterberg、弯脉茧蜂亚属 *Phylacter* Reinhard 及无脊茧蜂亚属 *Oulophus* van Achterberg。本属在我国分布很广，5 亚属均有发现，已知种数达 19 种。已知 1 种寄生于松毛虫。

（66）暗滑茧蜂 *Homolobus* (*Chartolobus*) *infumator* (Lyle, 1914)（图 109）

Zele infumator Lyle, 1914: 288, 289.

Homolobus (*Chartolobus*) *infumator*: van Achterberg, 1979: 305; 陈学新等, 1991: 194; Chou et Hsu, 1995: 363; 何俊华等, 2000: 577; 黄邦侃, 2003: 374; 陈学新和何俊华, 2004: 749; Lelej, 2012: 368.

体长 6.8~10.0mm，前翅长 7.1mm。

脸相当平，有横行的皱状刻条，但在唇基上方的三角区光滑。唇基相当平坦，具浅的小刻点，几乎光滑。颚眼距长为上颚基宽的 0.7 倍。颚须长为头高的 1.5 倍。复眼内缘微凹，背面观复眼长为上颊的 1.6 倍。上颊向后圆形收窄。额几乎平滑。头顶光滑。POL：OD：OOL=8：7：6。触角 46~50 节，雌性触角第 3~6 节内侧有脊。

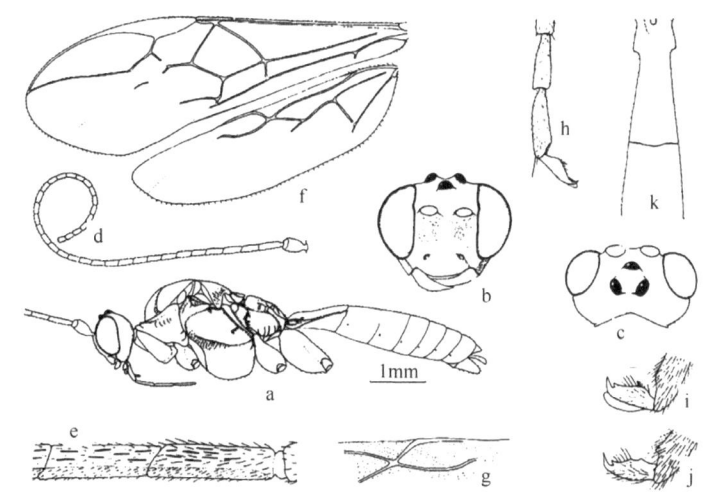

图 109 暗滑茧蜂 *Homolobus* (*Chartolobus*) *infumator* (Lyle)（引自 van Achterberg，1979）
a. 整体，侧面观；b. 头部，前面观；c. 头部，背面观；d. 触角；e. 触角第 3、4 节，内面观；f. 翅；g. 后翅 SC+R1 脉和 SR 脉；h. 前足内爪；i. 后足外爪；j. 后足内爪；k. 腹部第 1、2 节背板，背面观

胸：长为高的 1.3 倍。前胸背板侧方有小浅刻点，在中央有些短扇形刻纹。中胸盾片具小刻点；盾纵沟具细扇形刻纹。中胸侧板的其余部分具不明显的小刻点；胸腹侧片几乎光滑；基节前沟前端有细皱，后半部光滑。后胸侧板具小刻点；叶突大，端部圆。并胸腹节表面光滑，除中央有一些皱和向中央延伸的不规则的中横脊外，在后端有一弧形脊，围成一半圆形小区。

翅：前翅 r：3-SR：SR1 = 7：13：54；SR1 脉稍弯曲；cu-a 脉短前叉式，直；2-SR：3-SR：r-m = 12：13：9；2A 脉基部骨化且较细；2A 脉的基部区域裸，但在基方有些刚毛。后翅 SR 脉基部 1/3 骨化并弯曲；SC+R1 脉强度弯曲；缘室明显收缩。

足：后足基节光滑；后足腿节、胫节和基跗节的长度分别为各自宽的 7.0 倍、10.9 倍和 9.0 倍；后足胫节距长为基跗节的 0.6 倍和 0.5 倍。跗爪有 1 亚端齿；雌性后足内爪腹方近中部明显凹入，内爪形状与外爪完全不同。

腹：第 1 背板长为端宽的 2.4 倍，表面光滑；第 1 背板无背脊。产卵管鞘长为前翅的 0.05~0.07 倍。

体色：褐黄色，单眼区暗褐色。

生物学：寄主有落叶松毛虫 *Dendrolimus superans*。据国外记载，有尺蛾科 Geometridae 和织蛾科 Oecophoridae 的一些种。

标本记录：1♀，黑龙江海林，1973.VI，张贵有，寄主：落叶松毛虫，No. 750566。

分布：黑龙江、吉林、陕西、甘肃、新疆、浙江、江西、湖南、台湾、福建、贵州、云南；全北区，东洋区，新热带区。

长体茧蜂亚科 Macrocentrinae Foerster, 1862

体通常细长，头强度横形。唇基端部无凹缘，直或弧形凸出，与上颚不形成口窝。上颚内弯，粗短或细长，端齿通常相叠，少数稍相接或不相接。触角丝状，细长，常具端刺。复眼裸。无后头脊。中胸盾片中叶隆起，多少比侧叶高。无中胸腹板后横脊。前翅 SR1 脉完全骨化，伸至翅尖，缘室封闭；有 2-SR 脉和 r-m 脉，r-m 脉有消失；m-cu 脉前叉式。足基节强度延长；第 2 转节外侧有短钉状小齿，偶有消失。腹部细长，着生于并胸腹节的位置较高，离后足基节有一些距离。产卵管通常长，长于腹长，但澳赛茧蜂属 *Austrozele*、长赛茧蜂属 *Dolichozele* 及古热区 3 属和少数长体茧蜂种类短于腹长。

生物学：全部寄生于鳞翅目幼虫，为容性内寄生蜂；单寄生或聚寄生，少数种具有多胚生殖习性。不少种类对一些重要的农林害虫起着重要自然控制作用。

分布：广泛分布于世界各大动物地理区系，已知 9 属约 170 种。在我国已知 4 属 79 种，已知长体茧蜂属 *Macrocentrus* 1 种寄生于松毛虫。

40. 长体茧蜂属 *Macrocentrus* Curtis, 1833 （图 110）

Macrocentrus Curtis, 1833: 187.

属征简述：触角 24～61 节，等长或稍长于体长。须短至长。唇基凸，腹缘直至稍凹。上颚通常强度弯曲，下齿通常很小于上齿，锐，但有些种类等长，钝。侧面观中胸盾片中叶明显高于侧叶。胸腹侧脊存在，常在前足基节后方断缺。后胸背板中纵脊前端不分叉。前翅 1-SR+M 脉直至明显弯曲；通常有 2A 脉；1-M 脉直至明显弯曲；1-CU1 脉和 1-1A 脉细；2-CU1 脉平直；亚基室端部通常不扩大或稍扩大，内常有黄色或褐色斑；cu-a 脉垂直，细；r-m 脉偶尔缺；CU1a 脉无淡褐色斑；第 1 盘室部分无毛或具毛；1-SR+M 脉与 1-M 脉夹角大约 90°；3-M 脉正常，通常长于 3-SR 脉的 2 倍。后翅缘室窄，平行或端部有点扩大，基部不扩大，SR 脉基部多稍弯曲，不骨化；1r-m 脉直，短至中等长；2-SC+R 脉长形；SC+R1 脉直至均匀弯曲；r 脉缺，R1 脉细。足通常中等长或短，后足胫节内距长是其基跗节的 0.3～0.5 倍；前足胫节距长是其基跗节长的 0.2～0.6 倍；跗爪有或无叶突；后足基节至多有少许横刻纹。腹部第 1 节背板或具纵刻条或具皱纹或大部分光滑，长为端宽的 1.5～3.4 倍，端部扩大，基部中央浅凹，侧凹深。产卵管鞘长是前翅的 0.2～2.7 倍。产卵管具端前背缺刻。

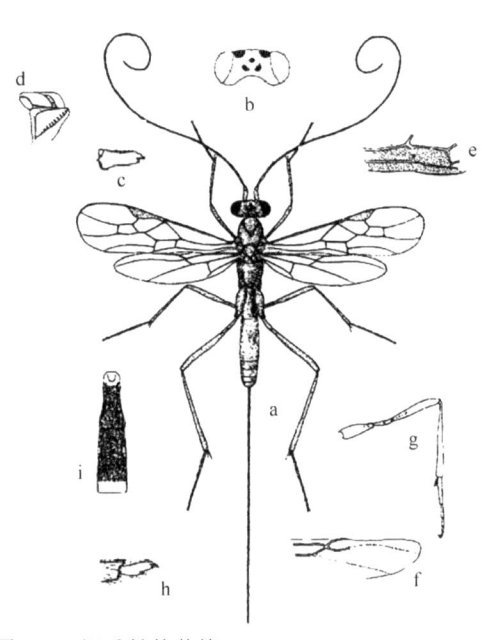

图 110 祝氏长体茧蜂 *Macrocentrus chui* Lou et He（长体茧蜂属 *Macrocentrus* Curtis）（引自 何俊华 等，2000）
a. 整体，背面观；b. 头，背面观；c. 上颚；d. 前胸背板和中胸盾片，侧面观；e. 前翅亚基室端部和亚盘室；f. 后翅端部；g. 后足；h. 后足跗爪；i. 腹节第 1～3 节，背面观

生物学：单寄生于或聚寄生于卷蛾科、麦蛾科、织蛾科、螟蛾科、夜蛾科、透翅蛾科和灰蝶科等的幼虫。为容性内寄生。具多胚生殖习性，但不少种类仅能育出一蜂。已知 1 种寄生于松毛虫。

分布：世界分布，主要分布于全北区。

注：关于 *Macrocentrus* 的中名，过去多用"长距茧蜂"，但由于该属的胫节距不仅不长，反而较短，因此，现已改为"长体茧蜂"，是取其体形细长，触角、翅、足和产卵管均相当细长之意。但按学名原意，为 macro（大）+ centr（刺），可能是指该属第 2 转节有齿的重要特征。

（67）松小卷蛾长体茧蜂 *Macrocentrus resinellae* (Linnaeus, 1758) （图 111）

Ichneumon resinellae Linnaeus, 1758: 565.

Macrocentrus resinellae: Shenefelt, 1969: 169; 何俊华等, 2000: 484; 陈学新和何俊华, 2004: 737; 何俊华和陈学新, 2006: 126; Chen et He, 2006: 126; Lelej, 2012: 367.

雌：体长 4.3mm，前翅长 4.1mm，产卵管鞘长 7.1mm，为前翅长的 1.73 倍。

头：背面观头宽为中长的 2.2 倍。脸宽为长的 1.26 倍，稍拱，具细刻点；脸宽为复眼宽的 1.8 倍。唇基宽为长的 2 倍；与脸分界不很明显，平滑无刻点，端缘平截。额光滑，在中单眼前有浅纵沟。头顶光滑。颚眼距为上颚基宽的 0.33 倍。上颚稍强，闭合时齿端相接，上齿约为下齿的 3 倍，两齿尖。单眼稍小，侧单眼外方凹痕深；POL：OD：OOL=5：4：6。幕骨陷间距为幕骨陷至复眼间距的 2 倍。上颊短，背面观复眼长为上颊的 3.1 倍。触角 44 节；第 3 节长为第 4 节的 1.15 倍，端节具刺。

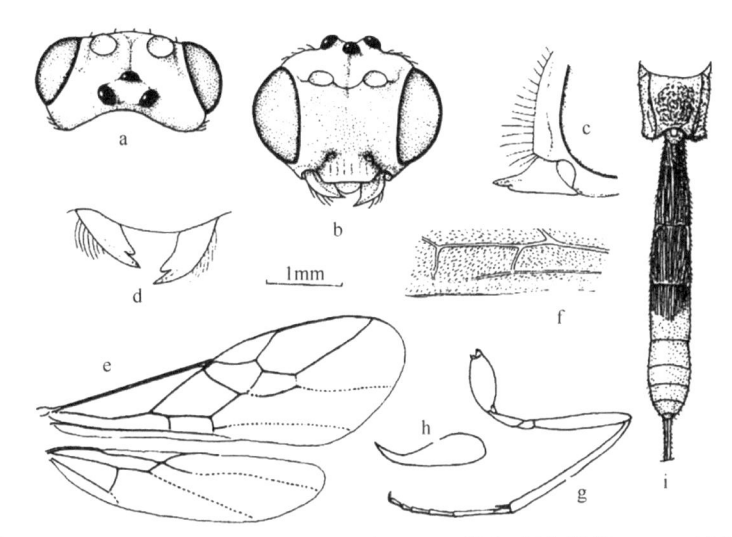

图 111 松小卷蛾长体茧蜂 *Macrocentrus resinellae* (Linnaeus) （e, g～i. 引自 何俊华等，2000；其余引自 van Achterberg, 1993）
a. 头部，背面观；b. 头部，前面观；c. 头部，侧面观；d. 上颚；e. 翅；f. 前翅亚基室端部和亚盘室；g. 后足；h. 后足跗爪；i. 并胸腹节和腹部，背面观

胸：长为高的 1.58 倍。前胸背板侧方近于光滑，凹槽内具很弱的并列刻条。中胸盾片和小盾片光滑，稍具浅稀刻点；盾片中叶稍隆起，前方弧形下斜；盾纵沟深，后部会合处有一中纵脊；小盾片前凹内并列纵脊。中胸侧板满布较稀刻点；胸腹侧脊完整；基节前沟弱。后胸侧板具模糊夹点刻皱；侧板叶突弱，端缘平截。并胸腹节仅中央具不规则夹点刻皱，其余部位光滑。

翅：前翅翅痣长为宽的 3.75 倍；r 脉自翅痣的 0.57 处伸出；r：3-SR：SR1=7.5：13.5：45；2-SR：3-SR：r-m = 21.2：13.5：6；m-cu：2-SR+M=15：4；1-SR+M 脉弯曲；cu-a 脉内斜，端部稍内弯；1-CU1：2-CU1：cu-a=6：20：7；亚基室整个具稀毛，在近端部下缘有浅黄色斑。后翅 2-SC+R 长形；缘室中部稍收窄，端部稍扩大；cu-a 脉稍内斜，稍弧形。

足：前足、中足、后足转节端齿分别为 3 个、3 个、3～4 个。后足基节光滑；腿节、胫节和基跗节长分别为宽的 6.2 倍、15.2 倍和 11.2 倍；胫节距（有两个，一长一短）长分别为基跗节的 0.36 倍和 0.32 倍。爪无基叶突。

腹：第 1 节背板长为端宽的 2.2 倍；中央稍拱起，具纵刻条；基凹存在，两侧向后方明显扩大。第 2 节背板长为宽的 1.4 倍，具纵刻条。第 3 节背板长为宽的 1.2 倍，近方形，基部 0.8 具纵刻条。产卵管端前背缺刻弱，端尖。

体色：体黑色，须、上颚（除端齿外）、有时触角基部环状节、前中胸和后胸侧板黄褐色。足黄褐色；

后足胫节（有时基部色泽较浅）和跗节带烟褐色。翅稍带烟褐色，翅痣和翅脉浅褐色，后翅的色较浅。

生物学：国内已知寄主有油松毛虫 *Dendrolimus tabulaeformis* 及微红梢斑螟 *Dioryctria rubella*、落叶松实小卷蛾 *Phaneta perangustana*、松小卷蛾 *Petrova cristata*、油杉球果小卷蛾 *Blastipetrova keteleeriacola*；国外寄主有红松实小卷蛾 *Retinia resinella*、小卷蛾 *Cydia pactolana* 和松芽麦蛾 *Exoteleia dodecella* 等。在湖北南漳松梢斑螟上1年发生2代，以卵在幼虫体内越冬。翌年2~3月幼虫孵化，3月下旬开始老熟，钻出寄主体外结茧化蛹。4月中下旬到5月中旬为化蛹盛期，5月下旬到6月中旬为越冬代成虫羽化盛期。7月中旬至8月中旬为第1代化蛹盛期，8月上旬至9月中旬为第1代成虫羽化盛期，同时产卵于寄主体内。在野外，此蜂生活史并不整齐。成虫一般多在上午6~12时羽化，同一茧团羽化出来的成虫常为单性，一般可出蜂43~66头。雌蜂羽化后立即进行交配，第2天开始产卵。产卵时雌蜂在松梢附近飞翔，寻找有新鲜蛀屑和少粪的松梢斑螟蛀孔，将产卵管插入试探几次，然后产卵于体内。每次产卵几粒至几十粒不等。每头雌蜂一生可产卵500~600粒。成虫飞翔力强，有趋光性。幼虫老熟时，钻出寄主体外，在蛀道内结茧化蛹，茧排列整齐，常2~3行紧密地排在一起，初期为淡黄色，以后逐渐变成黄褐色至黑褐色。从成虫产卵到幼虫钻出寄主体外结茧平均为16.6（13~22）天。预蛹期1天，蛹期11~12天。在室内26~30°C条件下，完成1代需29~31天。

标本记录：1♀，陕西韩城，1965.V，雷国寺林场，寄主：油松毛虫，No. 66005.15。

分布：黑龙江、吉林、辽宁、内蒙古、山东、山西、浙江、四川、云南；俄罗斯（远东），哈萨克斯坦，欧洲。

小腹茧蜂亚科 Microgastrinae Foerster, 1862

头部后头脊缺。唇须3~5节。触角鞭节16节，大多数鞭节每节有2个板形感器，每个板形感器的中部稍缢缩。唇基端缘凹陷。上唇平、宽、有毛。前胸背板横置、平，其内有弱的前缘沟连接两条浅的亚中沟。胸腹侧脊缺。前翅第2肘室缺失、小或三角形或四边形，但不长于翅痣宽；翅端部脉不骨化，一般透明；后翅臀叶大，端部有缺切；后翅臀间脉（2A）、第2臀间脉（a）均缺；2r-m脉和r脉存在。腹部第1~6节有气门，第7节气门缺；第1背板的气门位于侧背板上。后足跗节有一系列紧贴或合生的毛。

小腹茧蜂亚科容性内寄生于鳞翅目 Lepidoptera 幼虫，也寄生于膜翅目 Hymenoptera（叶蜂、蜜蜂）幼虫，单寄生或聚寄生。世界分布。在我国寄生于松毛虫的已知4属。

小腹茧蜂亚科种类很多，发现较早，属种名称变化很大，而且意见不一定相同。

本亚科小腹茧蜂族 Microgastrini 小腹茧蜂属 *Microgaster* Latreille, 1804 的球小腹茧蜂 *Microgaster globate* (Linnaeus, 1758)和侧沟茧蜂族 Microplitini 侧沟茧蜂属 *Microplitis* Foerster, 1862 的瘤侧沟茧蜂 *Microplitis tuberculifer* (Wesmael, 1837)在国外寄生于欧洲松毛虫，而我国有该蜂记录但尚未见寄生于松毛虫，将在附录2中介绍。

小腹茧蜂亚科 Microgastrinae 分属检索表

1. 产卵管鞘通常长于后足胫节长度之半，通常整个鞘多毛，即使产卵管鞘很短也多毛 ·· 2
- 产卵管鞘差不多都比后足胫节长度之半更短，甚少伸出肛下板很长，产卵管鞘上的毛分布不均匀，不多的毛集中在鞘的近末端 ·· 4
2. 并胸腹节有完整的中纵脊，有时还有1菱形中区（小腹茧蜂族 Microgastrini）；前翅小翅室封闭，r-m脉存在；并胸腹节的水平部分和垂直部分差不多一样长，这两个表面连接成一个长弧形表面，不形成明显的角度；跗末节大小正常；触角板形感器排列正常，每1鞭节明显有2个板形感器 ······································· **小腹茧蜂属 *Microgaster***
- 并胸腹节无中纵脊，或中纵脊仅生在中区前方（绒茧蜂族 Apantelini）；腹部第1、2节背板表面有皱纹不遮盖腹部整个背面，通常可见侧背板；第1节背板端部比基部窄，第2节背板三角形 ·· 3
3. 第1节背板常极长于宽，两侧近乎平行或桶形，端部强烈向后方收窄，背板中部有一条纵沟；后翅臀瓣最宽处外方凹至近直（极少数略突起）且无毛（极少数具稀毛）··· **绒茧蜂属 *Apanteles***

- 第 1 节背板极长于宽，两侧常平行或呈桶形，端部微宽或收窄，端部常有 1 明显中纵凹陷；后翅臀瓣最宽处外方突起且均匀具毛 ··· 长颊茧蜂属 *Dolichogenidea*
4. 前翅小翅室封闭，r-m 脉存在（侧沟茧蜂族 Microplitini）；无胸腹侧脊；中胸盾片盾纵沟不发达或没有 ·· 侧沟茧蜂属 *Microplitis*
- 前翅小翅室开放，无 r-m 脉（盘绒茧蜂族 Cotesini）；产卵管鞘的毛正常，约与腹末节上的毛等长；后翅亚缘室不关闭（2r-m 脉常缺） ·· 5
5. 并胸腹节一般具皱，通常具 1 中脊且具 1 自气门附近向中线延伸的短横脊；小翅室不封闭（r-m 脉通常缺）；产卵管鞘毛正常，与腹部末节具同样粗细的毛；腹部第 1 节背板两侧平行或端部加宽，很少（1%）在背板中部后向端部收窄 ········ ·· 盘绒茧蜂属 *Cotesia*
- 并胸腹节通常光滑，无脊，偶尔具中纵脊，若并胸腹节具粗皱至密集刻点，则前翅具封闭的小翅室；产卵管鞘毛通常正常，但有时较腹部毛细，有时甚至在 50 倍显微镜下几乎或完全不可见；腹部第 1 节背板两侧平行，均匀变阔或收窄，但基部和端部绝不分别收窄，均匀具皱或光滑 ··· 原绒茧蜂属 *Protapanteles*

绒茧蜂族 Apantelini Viereck, 1918

41. 绒茧蜂属 *Apanteles* Foerster, 1862 *s. str.*（图 112）

Apanteles Foerster, 1862: 245.

属征简述：触角每鞭节有 2 个板形感器，排成 2 列。颜面不呈喙形。唇基边缘凹陷，露出宽而多毛的上唇。前胸背板背沟存在。中胸背板有粗糙或微细的刻纹，盾纵沟后部与小盾片的正前方呈密刻纹区，盾纵沟处呈两条纵细线；小盾片侧盘大，小盾片后方有一连续的光滑带，中央处未被断开。后胸背板前缘有一明显侧刚毛叶。并胸腹节有粗糙皱纹或光滑，常有一多少明显的中区和分脊，如无分脊，则中区常为 U 形或中凹，个别种并胸腹节光滑或有刻纹分脊，前翅无 r-m 脉，1-CU1 脉长于 2-CU1 脉。后翅臀叶端缘常凹缺，无缘毛；也有的种后翅臀叶端缘直而不凹，有缘毛痕迹。肛下板大，末端尖锐；肛下板中部常有一系列纵细线，或至少中部具明显折叠线。产卵管鞘长于后足胫节的一半，整段具毛；产卵管长，且常微向下弯曲并逐渐变尖。

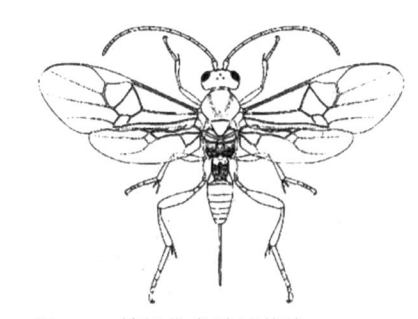

图 112 棉褐带卷蛾绒茧蜂 *Apanteles adoxophyesi* Minamikawa（*Apanteles* Foerster *s. str.*）（引自 何俊华等，2004）
雌蜂，背面观

生物学：多数种类为单寄生，少数为群集寄生。寄主多属小蛾类，也有极少数种类寄生于大蛾类。

分布：世界分布。我国全境有分布。

注：绒茧蜂属 *Apantele* 原来包含很广，在使用较早文献时需加注意。Nixon（1972）和 Mason（1981）已认识到广义的绒茧蜂属 *Apantele* Foerster *s. l.* 内种团成员亲缘关系的多源性，所以 Mason 同时将 *Apanteles* Foerster *s. l.* 的 44 个种团分成 23 属，这些属被认为基本上是单系群。由 Mason 定义的狭义的绒茧蜂属 *Apanteles s. str.* 隶属于 Mason（1981）分类系统中的族 Apantelini。

袁家铭和潘中林（1964: 363）报道绒茧蜂 *Apanteles* sp. 在四川寄生于西昌杂毛虫；何允恒等（1988: 22）报道绒茧蜂 *Apanteles* sp. 在北京寄生于油松毛虫；杜增庆等（1991: 17）报道在浙江、童新旺等（1991: 9）报道在湖南有绒茧蜂 *Apanteles* sp. 寄生于马尾松毛虫，骆晖（2009: 48）报道绒茧蜂 *Apanteles* sp. 在贵州寄生于马尾松毛虫卵（？），均无形态描述，隶属于何属何种均不知。

国外有报道衣蛾绒茧蜂 *Apanteles carpatus* (Say, 1836) 寄生于落叶松毛虫 *Dendrolimus sibiricus*，而该蜂在我国常见但尚未见寄生于松毛虫，将在附录 1 中介绍。

国外有些寄生于松毛虫的绒茧蜂种，在国内均未发现，不予介绍。现录之如下供参考（属名或许已有变动）：

Apanteles congestus Nees 在德国寄生于欧洲松毛虫 *Dendrolimus pini*。

Apanteles fulvipes Haliday 在芬兰、俄罗斯寄生于欧洲松毛虫 *Dendrolimus pini*。

Apanteles punctiger (Wesmael) 在欧洲寄生于欧洲松毛虫 *Dendrolimus pini*。

Apanteles rozorovi Telenga 在俄罗斯（远东）寄生于落叶松毛虫 *Dendrolimus sibiricus*。

Apanteles (*Choeras*) *ruficornis* (Nees) 在欧洲寄生于欧洲松毛虫 *Dendrolimus pini*。

绒茧蜂属 *Apanteles* 分种检索表

1. 并胸腹节中区光滑、脊强，基部封闭、末端 V 形，分脊明显；翅痣长为其最大宽度的 3.2 倍，r 脉长为翅痣宽的 1.6 倍、为 2-SR 脉长的 2.3 倍，两脉结合处弱角状弧形；后足腿节长为宽的 3.1 倍；第 1 节背板长为端宽的 2.5 倍，中槽深，其内光滑无脊；第 2 节背板宽为中间长度的 2.5 倍，末端近直 ·· 长兴绒茧蜂 *A. changhingensis*
- 并胸腹节具强皱、中区钻石形或窄卵圆形，分脊较明显或无分脊；翅痣长为其最大宽度的 2.3～3.0 倍，r 脉长为翅痣宽的 0.8 倍或 3.0 倍、为 2-SR 脉长的 1.4 倍，两脉结合处明显角状；后足腿节长为宽的 2.7～2.9 倍；第 1 节背板长为端宽的 1.2～2.1 倍，两边具弱的纵状刻条，中槽不明显或无；第 2 节背板宽为中间长度的 3.5～3.8 倍，末缘稍向第 3 节背板弯曲 ··· 2
2. 并胸腹节中区钻石形，分脊较清晰；翅痣大，长为其最大宽度的 2.3 倍，r 脉为翅痣宽的 0.8 倍；第 1 节背板短，长为端宽的 1.2 倍，具强皱；第 2 节背板具极细密刻点 ··· 衣蛾绒茧蜂 *A. carpatus*
- 并胸腹节中区窄卵圆形，无分脊；翅痣长为宽的 3.0 倍；r 脉稍长于翅痣宽；第 1 节背板长为端宽的 2.1 倍，具细密皱纹；第 2 节背板除后侧具一些浅刻点外光滑 ··· 粗腿绒茧蜂 *A*. sp.

（68）粗腿绒茧蜂 *Apanteles* sp.（图 113）

雌：体长 2.9mm，前翅长 3.2mm。

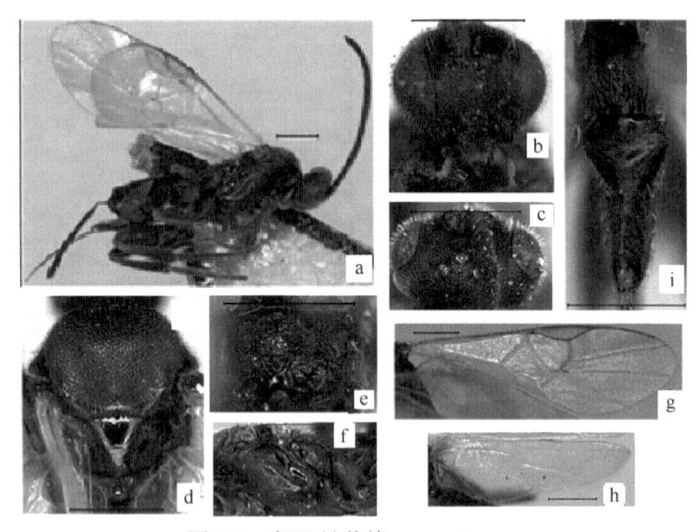

图 113　粗腿绒茧蜂 *Apanteles* sp.

a. 整体，侧面观；b. 头部，前面观；c. 头部，背面观；d. 中胸背板；e. 并胸腹节；f. 胸部，侧面观；g. 前翅；h. 后翅；i. 腹部，背面观

头：背面观横宽，宽为长的 2.0 倍，为中胸盾片宽的 0.9 倍。复眼和后单眼间的头顶部分表面暗淡，具强而密刻点。上颊表面如头顶，后面不收窄，底部具弱横行针状刻纹。颜面横宽，高为宽的 0.8 倍，表面暗淡具小的密刻点，复眼内缘稍向末缘收窄。单眼不大，呈锐三角形排列，前单眼的后切线与后单眼前缘不相切，前后单眼间距等长于后单眼直径，POL：OD：OOL = 5.0：2.0：5.0。触角稍短于体长，节间连接紧密，端前节方形至最多稍长于宽。

胸：长：宽：高=51.5：33.5：33.5。中胸背板少光泽，具细密刻点，点距不大于点径，刻点在盾纵沟

末端具深纵皱。小盾片前沟近直、窄，内具密的若干纵脊。小盾片光亮且全部光滑，基部宽稍短于中长，末端很窄；小盾片侧边光滑区向上延伸超过小盾片中部。中胸侧板具光泽，前半端具稀的深刻点，腹板侧沟顶端具弱皱纹。并胸腹节暗淡，遍布强皱；中区窄、卵圆形，中脊长为并胸腹节的1/3，无分脊；气门明显被脊包围。

翅：翅痣长为宽的3倍。1-R1脉长为翅痣长的1.2倍、4.6倍长于其与缘室末端间距。r脉自翅痣中间伸出，与翅痣垂直，稍长于翅痣宽，且为2-SR脉长度的1.4倍，两者在结合处呈明显角状；2-M脉为2-SR脉的5/7，等于1-SR脉；m-cu脉等长于翅痣宽度，2-SR+M稍短于2-SR脉。第1盘室宽为高的1.2倍。后翅宽，第1亚缘室（肘室）宽等于高，cu-a脉稍弯。1-M脉明显短于其末端与臀瓣末端的间距，臀瓣最宽处外强凹且无毛。

足：后足腿节粗，长为宽的2.9倍。后足基节暗淡，其外侧顶端具密刻点。后足胫节外表面刺钉状且较密。后足胫节内距长为后足基跗节的近一半，外距为1/4。后足基跗节稍长于第2~4跗节，爪大小正常。

腹：与胸部等长。第1节背板稍向末端收窄，较长，长为端宽的2.1倍，基部1/3凹，翻转部分暗淡，具细密皱纹，中部具不明显凹，末端突起部分光滑。第2节背板具光泽，亚三角形，后侧除具一些浅刻点外光滑。宽为中间长度的3.5倍，末缘向第3节背板强弯曲。第3节背板长为第2节的1.8倍。第3节背板及后方的背板光亮平滑且具毛。肛下板明显长于腹末。产卵管鞘长为后足胫节长的1.5倍，稍窄，毛长且密。

体色：体黑色。翅基片深褐色。下颚须、下唇须和胫节距色浅。触角和产卵管鞘深褐色。上唇和上颚深褐色。足黑色，除了前足腿节端半部、前足胫节和跗节、中足胫节基部1/4及后足胫节端部1/5多少黄色。翅透明，C+SC+R脉、1-R1脉和翅痣上缘褐色，r脉、2-SR脉和2-M脉浅黄褐色，其他脉多少浅色，翅痣浅色。

雄：与雌蜂相似，但第1节背板少皱；足全黑；触角明显长于体长，触角亚端节长为宽的2.3倍。

生物学：寄生于马尾松毛虫 Dendrolimus punctatus（在茧内发现）。

标本记录：1♀，浙江衢州，1985.VI.3，沈立荣，No. 853678，寄主：马尾松毛虫 Dendrolimus punctatus；1♀，浙江衢州，1984.VII，何俊华，No. 845950；3♀，浙江衢州石室，1984.IX.23、24，何俊华，No. 845888、845889、845947，寄主：马尾松毛虫；1♀，浙江衢州，1985.V，何俊华，No. 860889，寄主：马尾松毛虫；1♀，浙江衢州，1985，沈立荣，No. 853800；1♀，浙江衢州，1985.V.17，沈立荣，No. 864265；2♀1♂，浙江衢州，1985.IX.20，王金友，No. 853701、853118、853754（♂），寄主：马尾松毛虫；1♀5♂，浙江衢州，1985.IX.24，沈立荣，No. 853664，寄主：马尾松毛虫；1♀，浙江衢州，1985.X.16，沈立荣，No. 864264；1♀，浙江莫干山，1984.VIII.9~12，钱英，No. 845427；2♀，浙江海盐，1985.X.19，王洪祥，No. 853480、853488；4♀，浙江平湖，1985.X.22，王洪祥，No. 853351、853359、853360、853361；1♀，安徽岳西，1981.IX.24，杨辅安，No. 820600；1♀，广东广州，1988，梁伟光，No. 888970。

分布：浙江、安徽、广东。

注：① 本种是浙江大学博士研究生学位论文中的新种，用以与本种区别的种也是新种：大痣绒茧蜂 *Apanteles* sp.均未正式发表。② 本种在松毛虫茧内发现，很可能是在松毛虫死茧上附生的小蛾类幼虫的寄生蜂。

（69）长兴绒茧蜂 *Apanteles changhingensis* Chu, 1937（图114）

Apanteles changhingensis Chu, 1937: 63；祝汝佐，1955: 2；中国科学院动物研究所和浙江农业大学，1978: 56；何俊华等，1979: 56；吴钜文，1979a: 32；杨秀元和吴坚，1981: 312；中国林业科学研究院，1983: 704；王金言，1984: 36；何俊华，1985: 108；何俊华和王金言，1987: 415；柴希民等，1987: 6；侯陶谦，1987: 171；谈迎春等，1989: 134；陈昌洁，1990: 194；萧刚柔，1992: 952；申效诚，1993: 166；柴希民等，2000: 5；陈家骅和宋东宝，2004: 36；何俊华等，2004: 647；徐延熙等，2006: 768.

雌：体长2.8~3.0mm，前翅长3.5mm。

头：背面观横宽，宽为长的2倍，为中胸盾片宽的0.9倍。头顶部分表面少光泽，遍布密刻点。上颊具稍浅刻点，下缘具大面积横行刻纹，后面不收窄。颜面高为宽的0.81倍，稍带光泽，具均匀分布小刻点，复眼内缘近平行。单眼呈低三角形排列，前单眼的后切线与后单眼相切，前后单眼的间距约等于后单眼直径，POL：OD：OOL = 5.0：2.0：4.5。触角约等于体长，节间连接疏松，端前节长为宽的1.8倍。

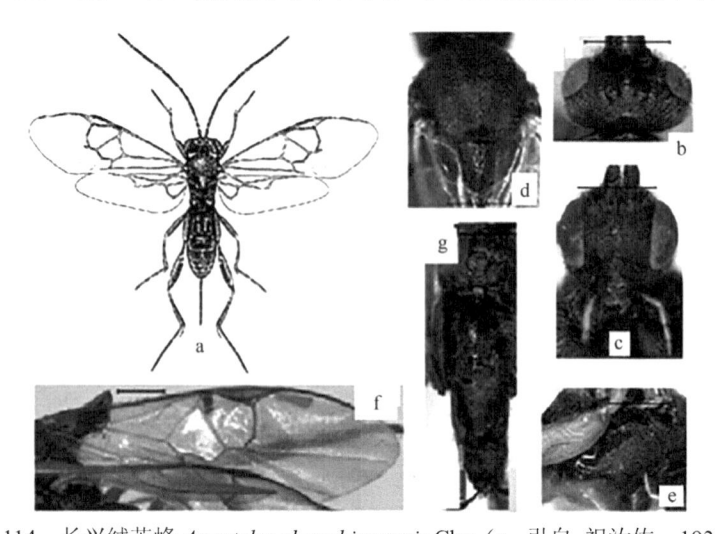

图114 长兴绒茧蜂 Apanteles changhingensis Chu（a. 引自 祝汝佐，1937）
a. 整体，背面观；b. 头部，背面观；c. 头部，前面观；d. 中胸背板；e. 胸部，侧面观；f. 前翅；g. 并胸腹节和腹部，背面观

胸：中胸背板长，带光泽，基部密布粗刻点，点距明显小于点径，末端具细皱状刻纹，无明显纵条纹。小盾片前沟稍弯、窄，内具较稀的若干纵脊。小盾片具光泽，光滑，边缘具深刻点，末端极窄，中长明显长于基宽。小盾片侧边光滑区向上延伸超过小盾片中部。中胸侧板非常光泽，前面半部略暗，具密皱状刻点。并胸腹节具光泽，前侧区稍皱；中区光滑、脊强、基部封闭、末端V形；分脊明显。

翅：翅痣稍大，长为其最大宽度的3.2倍。1-R1脉长为翅痣的1.4倍、为脉端至缘室末端间距的4.6倍。r脉自翅痣中部伸出，稍向外倾斜，长为翅痣宽的1.6倍、为2-SR脉长的2.3倍，两脉结合处弱角状；2-SR脉与m-cu脉约等长，较r脉短，比2-SR+M脉稍长，较2-M脉有色部分长2倍，此有色部分常较1-SR脉短；第1盘室稍宽于高。后翅cu-a脉近于直；臀瓣最宽处强凹且无毛。

足：后足腿节长为宽的3.1倍。后足基节具光泽，基部上面具刻点。后足胫节外表面具稀刺。后足胫节内、外距长分别为后足基跗节的3/5、1/4。后足基跗节稍长于第2～4跗节之和。

腹：长为胸部长的1.2倍。第1节背板近平行，仅末端稍窄，长为端宽的2.5倍，基部近1/3稍凹，两边具弱的纵刻条，中槽深，其内光滑无脊，末端突起部位光滑。第2节背板长方形，宽为中间长度的2.5倍，较第3节背板短，末端近直；具强光泽，光滑，边缘具不明显浅刻点。第3节及其后的背板光亮、光滑、多毛。肛下板长于腹末。产卵管鞘长为后足胫节的1.3倍，与腹部约等长。

体色：体黑色。须及胫节距灰白色。翅基片黄褐色。上唇和上颚深红褐色至黑色。腹部第1、2节背板侧方有黄褐色狭缘。足基节黑色，前足腿节末端1/3、中足腿节末端、前中足胫节基部（其余黄褐色）及跗节、后足胫节基部1/3、后足跗节第1节基部均黄色，后足胫节末端1/5及后足跗节（除基跗节基部1/3外）褐色。翅透明，翅痣灰白色而透明；边缘深褐色；翅脉灰白色或略带浅黄褐色。前缘脉黄褐色。产卵管鞘黑色。

生物学：从马尾松毛虫 Dendrolimus punctatus 茧中育出。

标本记录：1♀2♂，浙江长兴，1935.Ⅷ.5～31，祝汝佐、胡永锡，寄主：马尾松毛虫；1♀，浙江杭州五云山，2008.X.4，曾洁，No. 200809460、200809461；1♀，海南尖峰岭，2007.Ⅵ.4～7，曾洁，No. 200710957；1♀，海南鹦哥岭，2008.Ⅺ.16，谭江丽，No. 200805811。

分布：河南、浙江、福建、海南。

注：① 按祝汝佐先生记述"每1寄主茧内普通1蜂，最多3蜂，被寄生的幼虫未化蛹即死"，松毛虫既已结茧说明幼虫已发育至后期，1～3头小小的蜂幼虫是难杀死体躯相对很大的松毛虫幼虫的，此外，蜂幼虫如果不基本上消耗完寄主幼虫的内含物，一般是不能钻出寄主的。因此，长兴绒茧蜂也可能寄生于在死蛹上生活的小鳞翅类幼虫。② 申效诚（1993：166）报道河南省有分布。

42. 长颊茧蜂属 *Dolichogenidea* Viereck, 1911（图 115）

Apanteles (*Dolichogenidea*): Viereck, 1911b: 173.
Apanteles Muesebeck, 1921: 503; Nixon, 1965: 127(as subgenus); Shenefelt, 1972: 452.
Dolichogenidea: Mason, 1981: 34; Austin *et* Dangerfield, 1992: 27; You *et al.*, 2000: 396.

属征简述：触角每节鞭节有 2 个板形感器，排成 2 列。颜面不呈喙形。前胸背板背沟存在。中胸背板有光泽，通常具均匀分布粗糙刻点，其末端极少具皱或纵刻条；小盾片侧盘大，小盾片后方有一连续的光滑带，中央未被断开。并胸腹节从有粗糙皱纹到光滑，绝无中纵脊，常有 1 多少完整的 U 形或中凹的中区和分脊，分脊常退化；端部宽大于高。前翅无 r-m 脉；1-CU1 脉短于 2-CU1 脉。后翅臀叶端缘均匀凸出，很少后方平直，有明显的缘毛。腹部第 1 背板长大于宽，常平行或桶形，或端部变宽，但绝不向末端强收窄，端部常有一中纵槽。第 2 背板总是宽大于长，多少短于第 3 背板。肛下板中等到大，常有一系列的中纵细线，或至少有明显的中纵褶。产卵管鞘长，整段有毛，起自负瓣片的端部或近端部；产卵管直至稍微下弯；有时产卵管短，则产卵管鞘起自负瓣片端前部；肛下板小，具一明显的纵褶。

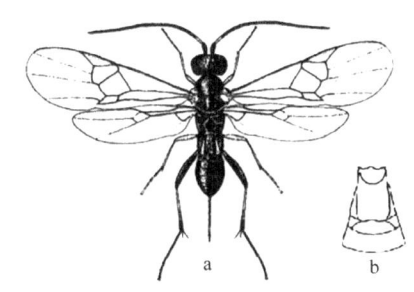

图 115　弄蝶长颊茧蜂 *Dolichogenidea baoris* (Wilkinson)（长颊茧蜂属 *Dolichogenidea* Viereck）（引自 中国科学院动物研究所和浙江农业大学，1978）

生物学：多为单寄主，少数聚寄主。寄主通常为小型鳞翅目，主要为螟蛾科 Pyralidae、透翅蛾科 Aegeriidae 等；也有少数种类寄生于大鳞翅类 Macrolepidoptera，如毒蛾科 Lymantriidae、夜蛾科 Noctuidae 和刺蛾科 Limacodidae 等。

分布：世界分布，世界已知 230 种，中国已知 44 种。

注：有称长颊绒茧蜂属或长绒茧蜂属的。也有学者把本属仍放在绒茧蜂属 *Apanteles* Foerster。

长颊茧蜂属 *Dolichogenidea* 分种检索表

1. 产卵管鞘长为后足基跗节的 0.8 倍；触角比体稍短（15∶17）；翅痣暗褐色，基部色浅；r 与 2-SR 结合点不明显；并胸腹节中区六边形；腹部第 1 节背板中段有中脊，从中脊向两侧下方伸出纵刻纹；第 2 节背板有微弱刻纹 ·· 阿宗长颊茧蜂 *D. aso*
- 产卵管鞘长为后足基跗节的 0.33 倍；触角稍长于体；翅痣边缘黄褐色，中间浅白色；r 与 2-SR 结合点弱角状；并胸腹节中区 U 形；第 1 节背板基部近 1/3 凹，中间具强网皱，端半部具强的纵刻条，末端突起部分光滑；第 2 节背板稍具光泽，无明显刻纹 ··· 尺蠖长颊茧蜂 *D. hyposidrae*

（70）阿宗长颊茧蜂 *Dolichogenidea aso* (Nixon, 1967)（图 116）

Apanteles aso Nixon, 1967: 30; Shenefelt, 1972: 447; 游兰韶等，1984: 55; 严静君等，1989: 242; 陈昌洁，1990: 194.
Dolichogenidea aso: 陈家骅和宋东宝，2004: 101.

雌：体色 2.0mm。

头：颜面、额和头顶有光泽和微细刻点。单眼排列呈矮三角形。触角比体稍短（15∶17），端前节长为宽的 2 倍。

胸：中胸盾片密布刻点；小盾片平，有稀疏和微细刻点。并胸腹节中区大，六边形，基部开口，基横脊明显；除后侧区光滑有光泽外，其余部位有细刻点。

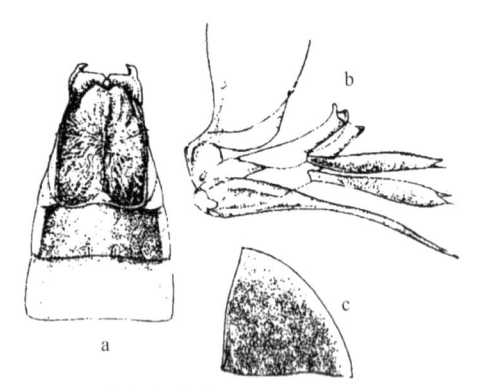

图 116 阿宗长颊茧蜂 *Dolichogenidea aso* (Nixon)
（引自 游兰韶等，1984）
a. 腹部第 1~3 节背板；b. 雌性外生殖器；c. 肛下板

翅：r 脉与 2-SR 脉结合点不明显，r 脉长于等长的 m-cu 脉和翅痣宽；1-R1 脉长于翅痣。

腹：腹部第 1 节背板几乎平行，背板中段有中脊，从中脊向两侧下方伸出纵刻纹。第 2 节背板有微弱刻纹。第 3 节背板及后方背板光滑，有光泽。产卵管和后足基跗节等长，其端半部变细部分与基半部加宽部分等长。产卵管鞘短于后足基跗节（4∶5）。

体色：体黑色。足基节黑色，前足除腿节端半部和中足除胫节基半部黄褐色外，其余暗褐色；后足腿节除末端和胫节基半部黄褐色外，其余部分黑色，而胫节端半部及跗节暗褐色。腹部除第 1、2 节背板膜质边缘、腹部基部腹面黄褐色外，其余黑色。翅透明；翅痣、C+SC+R 脉及 1-R1 脉暗褐色，翅痣基部色浅；基室微毛褐色。

茧：白色无光泽，长 4.0mm，宽 2.7mm，附着在松毛虫幼虫体背和两侧呈棉絮状。

雄：未知。

生物学：游兰韶等（1984）报道此蜂在云南寄生于云南松毛虫 *Dendrolimus latipennis*，国外寄生于 Lasiocampid sp.（? Lasiocampidae 枯叶蛾科）。

分布：云南；印度。

注：本研究未见标本，特征简述根据游兰韶等（1984）。

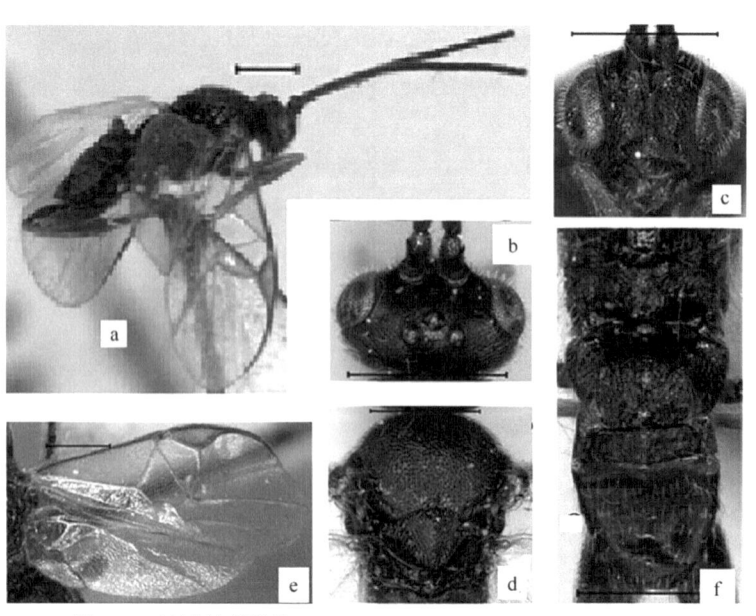

（71）尺蠖长颊茧蜂 *Dolichogenidea hyposidrae* (Wilkinson, 1928) （图 117）

Apanteles hyposidrae Wilkinson, 1928: 125.
Apanteles hyposidrae: Rao, 1961: 35; Nixon, 1967: 29.
Dolichogenidea hyposidrae: Austin *et* Dangerfield, 1992: 28; 陈家骅和宋东宝, 2004: 121.

雌：体长 2.2mm，前翅长 2.5mm。

图 117 尺蠖长颊茧蜂 *Dolichogenidea hyposidrae* (Wilkinson)
a. 整体，背侧面观；b. 头部，背面观；c. 头部，前面观；d. 中胸背板；e. 前翅；f. 并胸腹节和腹部，背面观

头：背面观横宽，宽为长的 2 倍，略窄于中胸盾片宽。头顶表面稍带光泽，稍粗糙、无刻点。上颊暗淡，表面不平、具不明确刻点，后面稍收窄。颜面高为宽的 0.77 倍，稍具光泽，表面具稀而浅的细刻点，复眼内缘下端稍收窄。单眼呈低三角形排列，前单眼的后切线与后单眼相切，前后单眼间距约等于后单眼直径，POL：OD：OOL = 4.5：2.5：4.0。触角稍长于体长，节间连接稍紧密，端前节长约为宽的 2 倍。

胸：长：宽：高=47.0：28.0：33.0。中胸背板具光泽，具粗密刻点，点距明显小于点径。小盾片前沟近直、稍宽，其内具若干稀纵脊。小盾片稍具光泽，满布浅而弱的带毛细刻点，末端不宽，中长稍长于基宽。小盾片侧边光滑区向上延伸到小盾片中间。中胸侧板具强光泽，其前端稍暗淡，具密刻点。并胸腹节具光泽，中区及分脊明显清晰，中区基部开口，末端 U 形，中区和后侧区光滑无刻纹。

翅：翅痣长为宽的 2.7 倍。1-R1 脉稍长于翅痣长、为脉端至缘室末端间距的 5.2 倍。r 脉向外稍倾斜，约与翅痣等宽、长为 2-SR 脉的 1.5 倍，两者在结合处弱角状、稍长于 m-cu 脉；2-M 脉长为 2-SR 脉的 1/2，稍长于 1-SR 脉，约等于 2-SR+M 脉。第 1 盘室宽与高约等长。后翅宽，第 1 亚缘室（肘室）2 倍宽于高；cu-a 脉弯曲；1-M 脉短于其末端与臀瓣末端的间距；臀瓣最宽处外凸，均匀具毛。

足：后足腿节长为宽的 3.6 倍。后足基节稍具光泽，基部上面光滑，具带毛细刻点。后足胫节外表面刺密。后足胫节内距长近为后足基跗节的 1/2，外距近为后足基跗节的 1/3。后足基跗节约等于第 2~4 跗节长之和。

腹：腹部长稍短于胸部（42：47）。第 1 节背板两侧平行，长为端宽的 1.4 倍，基部近 1/3 凹，翻转部分稍暗淡，中间具强网皱，端半部具稍强的纵刻条，末端突起部分光滑。第 2 节背板稍具光泽，稍不平、无明显刻纹，宽为中间长度的 3.4 倍，末端向第 3 节背板弯曲。第 3 节背板中长略长于第 2 节背板。第 3 节及其后的背板稍具光泽、光滑、少毛。肛下板短于腹末。产卵管鞘极短，约为后足基跗节的 1/3。

体色：体黑色。翅基片黄褐色，触角和产卵管鞘褐色。下颚须、下唇须和胫节距色浅。上唇红褐色。上颚黄色。足褐色至黑色，除了前足腿节大部分、前足胫节、前足跗节、中足腿节端部、中足胫节基部 1/3、中足跗节大部分及后足胫节基部 1/3 黄色或红黄色。翅透明，C+SC+R 脉、1-R1 脉、翅痣边缘、r 脉、2-SR 脉及 2-M 脉黄褐色，翅痣中间浅白色，其他脉多少无色。

雄：与雌蜂大体相似，但触角更细长，端前节长为宽的 2.3 倍；T1 刻纹较弱；足色稍深。

茧：纯白色，群集，覆以疏松的棉絮状白色柔毛。

生物学：国内寄主已知有马尾松毛虫 *Dendrolimus punctatus*、油桐尺蠖 *Buzura suppressaria*、茶尺蠖 *Ectropis obliqua hypulina*。国外寄主据报道有棉小造桥虫 *Anomis flava*、黄麻桥夜蛾 *Anomis sabulifera*、褐带长卷蛾 *Homona coffearia*、柏木梢斑螟 *Hypsipyla robusta*、苹褐卷蛾 *Pandemis heparana* 和蕊夜蛾 *Stictoptera cucullioides*。

标本记录：1♀，浙江杭州，1935.VIII.18，No. 1035，寄主：茶尺蠖；1♀，浙江杭州，1957.IX.23，陈琇，No. 5765.18；2♀3♂，浙江杭州，1976，浙江茶科所，No. 760734，寄主：茶尺蠖；1♀，浙江杭州，1976.IX，殷坤山，No. 760660，寄主：茶尺蠖；1♀，浙江杭州，1976.X，张志钰，No. 790988；2♀4♂，浙江杭州，1984，殷坤山，No. 750075；1♀，浙江衢州，1985.IX.24，沈立荣，No. 853664，寄主：马尾松毛虫；1♀3♂，湖北房县，1982.VIII.23，何俊华，No. 825332；2♀♂，福建长泰，1983.IX，曹静倩，No. 835402；7♀5♂，广东广州，1980.XI.4，卢川川，No. 810228；1♀，广西南宁，1982.V.16，何俊华，No. 824522；9♀，广西龙州弄岗，1982.V.29，何俊华，No. 821549。

分布：浙江、湖北、湖南、台湾、福建、广东、广西、云南；越南，缅甸，马来西亚，印度尼西亚，印度，巴布新几内亚，澳大利亚。

盘绒茧蜂族 Cotesiini Mason, 1981

43. 盘绒茧蜂属 *Cotesia* Cameron, 1891（图 118）

Cotesia Cameron, 1891: 185; Mason, 1981: 90, 110.

Apanteles Shenefelt, 1972: 509.

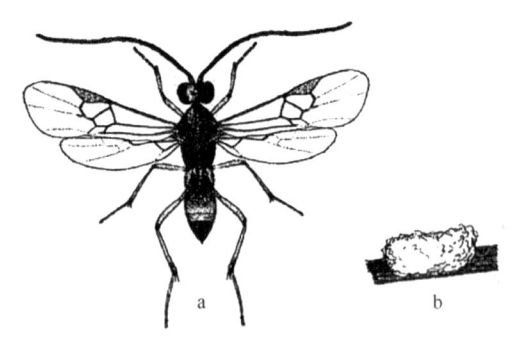

图 118 粘虫盘绒茧蜂 Cotesia kariyai Watanabe
（盘绒茧蜂属 Cotesia Cameron）（引自 中国科学院动物研究所和浙江农业大学, 1978）
a. 蜂整体; b. 蜂茧

属征简述：并胸腹节具皱，绝无中区；常具 1 中纵脊，部分被刻皱阻断，侧方常具不完整的横脊，将并胸腹节表面划分为前部较光滑的表面和后部下斜的具皱表面。腹部第 1 节背板基部凹陷处横截面呈 "U" 形，通常长稍大于宽，偶尔宽大于长，并端向变阔，偶尔略桶形或侧缘平行，但端部绝不变窄；末端中部无凹槽；基部通常光滑，但后部几乎总具皱或皱状刻点。第 2 节背板长至少为第 3 节背板之半，通常近矩形；若具侧沟，则呈平截的金字塔形或半圆形，基宽大于中长，而端宽几乎或超过中长的 2 倍；几乎总具皱至针划状刻纹。第 3 节背板表面光滑，具与第 2 节背板相近刻纹。雌蜂肛下板常短，均匀骨化，近中部附近绝无系列纵褶，偶尔仅在近端部沿中线明显折褶。产卵管鞘短，大多数隐藏于肛下板内，其长度（包括隐藏部分）不超过后足胫节之半（偶尔为其 0.6 倍），几乎光滑具光泽，仅于近端部集中有少量毛；自负瓣基部伸出；第 2 负瓣片端部变阔。后翅臀瓣边缘明显凸，其边缘无毛至均匀具毛。

生物学：绝大多数寄生于鳞翅目 Lepidoptera 幼虫，也有极少数种类寄生于鞘翅目 Coleoptera 和膜翅目叶蜂科 Tenthredinidae 幼虫。

分布：世界分布。已知 260 余种（Yu et al., 2012），其中我国已知 41 种，本志记述在我国寄生于松毛虫的 1 种。

据国外报道，本属另有 5 种寄生于松毛虫的盘绒茧蜂，在我国有分布但尚未见寄生于松毛虫，将在附录 1 中介绍，这几种分别如下。

天幕毛虫盘绒茧蜂 *Cotesia gastropachae* (Bouché, 1834) 寄生于欧洲松毛虫 *Dendrolimus pini*。

粉蝶盘绒茧蜂 *Cotesia glomerata* (Linnaeus, 1758) 寄生于欧洲松毛虫 *Dendrolimus pini*。

红足盘绒茧蜂 *Cotesia rubripes* (Haliday, 1834) 寄生于欧洲松毛虫 *Dendrolimus pini*、西伯利亚松毛虫 *Dendrolimus sibiricus*。

假盘绒茧蜂 *Cotesia spuria* (Wesmael, 1837) 寄生于西伯利亚松毛虫 *Dendrolimus sibiricus*。

皱基盘绒茧蜂 *Cotesia tibialis* (Curtis, 1830) 寄生于欧洲松毛虫 *Dendrolimus pini*。

盘绒茧蜂属 *Cotesia* 分种检索表

1. 前足端跗节具刺 ··· 2
- 前足端跗节无刺 ··· 3
2. 后足基节基部背方大片区域具粗刻点，端部背方具纵刻条，其他部分具明显分开的细微刻点；后足胫节内距长于外距，不短于基跗节长度之半；腹部第 2 节端宽为中长的 2 倍；前翅翅痣较宽，长为宽的 2.3～2.4 倍；小盾片密布不明显的浅刻点，光亮 ·· 假盘绒茧蜂 *C. spuria*
- 后足基节均匀具皱至微皱或皱状刻点；后足胫节内距短于外距，少数两者等长，且均不长于基跗节之半；腹部第 2 节端宽为中长的 3 倍；前翅翅痣较窄，长为宽的 2.6～3.0 倍；小盾片光滑，至多具弱刻点，光亮 ········ 皱基盘绒茧蜂 *C. tibialis*
3. 后足胫节内距不长于基跗节之半，且通常不长于外距，至多稍长；单眼矮三角形，单眼后方无纵脊；中胸盾片和小盾片至多具密集刻点；小盾片悬骨多少可见；并胸腹节中纵脊至少部分存在或弱；前翅 r 脉长于 2-SR 脉；后足基节多少具刻点；腹部第 2 节背板亚三角形，侧沟深但不明显，表面即使具刻纹也极光亮，侧方平滑；腹部第 3 节背板完全光滑；肛下板极短，端部中央具半圆 ··· 粉蝶盘绒茧蜂 *C. glomerata*
- 后足胫节内距长于基跗节之半，通常长于外距，至少约等长 ··· 4
4. 腹部第 3 节背板至少局部具皱或刻点；中胸盾片刻点细而较不明显；盾纵沟稍明显；产卵管鞘短，几乎不伸出肛下板；单眼矮三角形，前单眼后切线与单眼相切；前翅沿基室和亚基室具多少稀疏的毛；后足基节外表面光滑至部分或全部不平整，具极细弱且离散的刻点 ·· 红足盘绒茧蜂 *C. rubripes*
- 腹部第 3 节背板完全光滑；中胸盾片多具密集刻点；盾纵沟明显，刻点较密；产卵管鞘短或等长于后足基跗节；小盾片光滑，至多具弱刻点，光亮；腹部第 1 节背板至少后部具刻皱，若光滑且光亮仅后部具少量带毛刻点，则中部最宽，其向后渐收窄；腹部第 2 节背板多少具刻纹；肛下板末端不伸出末节背板端部 ··· 5
5. 腹部第 1～2 节背板无中脊；产卵管鞘短于后足基跗节；前翅 1-R1 脉至少为其与缘室末端间距的 3 倍；中胸盾片密布刻点，刻点极浅至强，在盾纵沟后方形成一大片细线刻点区；小盾片有刻点，有时刻点极浅 ···········
··· 天幕毛虫盘绒茧蜂 *C. gastropachae*
- 腹部第 1～2 节背板具平滑中脊；产卵管鞘等长于后足基跗节；前翅 1-R1 脉短于其与缘室末端间距的 3 倍；中胸盾片稍具光泽至极光亮，具弱而极稀疏的明显刻点；小盾片光亮，稍凸而具细弱刻点痕迹 ············ 松毛虫盘绒茧蜂 *C. ordinarius*

（72）松毛虫盘绒茧蜂 *Cotesia ordinarius* (Ratzeburg, 1844) （图 119）

Microgaster ordinarius Ratzeburg, 1844: 71.
Apanteles ordinarium: 祝汝佐, 1937: 66; 祝汝佐, 1955: 3; 中国科学院动物研究所和浙江农业大学, 1978: 58; 何俊华, 1979: 58; 吴钜文, 1979a: 32; 杨秀元和吴坚, 1981: 311(ardlmarium!); 党心德和金步先, 1982: 140; 中国林业科学院, 1983: 724, 987; 赵明晨, 1983: 22; 王金言, 1984: 35; 陕西省林业科学研究所, 1984: 206; 何俊华, 1985: 108; 孙明雅等, 1986: 32; 四川省农科院植保所等, 1986: 73; 何俊华, 1987: 108; 何俊华和王金言, 1987: 418; 柴希民等, 1987: 6; 侯陶谦, 1987: 171; 张务民等, 1987: 32; 严静君等, 1989: 99, 243; 吴钜文和侯陶谦, 1990: 292; 陈昌洁, 1990: 194; 陕西省林业科学研究所和湖南省林业科学研究所, 1990: 57; 刘岩和张旭东, 1993: 89; 申效诚, 1993: 166; 章士美和林毓鉴, 1994: 158; 岳书奎等, 1996: 6; 王志英等, 1996: 88; 陈尔厚, 1999: 49; 柴希民等, 2000: 5; 陈家骅和宋东宝, 2004: 162.
Cotesia ordinaria: 徐延熙等, 2006: 769; Lelej, 2012: 381.

体长 2.8～3.3mm。

头：颜面极光亮，额和颜面具细密刻点。单眼矮三角形；前单眼后切线几乎不与后单眼相接。触角细，与体等长；端前 2 节长为宽的 2 倍。

胸：中胸盾片稍具光泽至极光亮，具弱而极稀疏的明显刻点。盾纵沟处刻点密，但后部稀；小盾片光亮，稍凸而具细且较稀疏的刻点并具光泽，小盾片悬骨完全隐藏。胸部侧板具刻点及光泽；后胸背板具皱褶及脊。并胸腹节粗糙，具圆形中区。

翅：前翅 r 脉约垂直于翅痣前缘，不伸向外方；1-R1 脉 2.5 倍长于其与缘室末端间距。后翅臀瓣最宽处之外具明显缘毛。

足：后足基节具弱刻点至几乎光滑，极少具密集刻点，或至多部分具弱微皱，光亮。后足胫距长，内距明显长于外距，等长于至明显长于基跗节之半。前足跗节第 4 节长为宽的 2 倍。

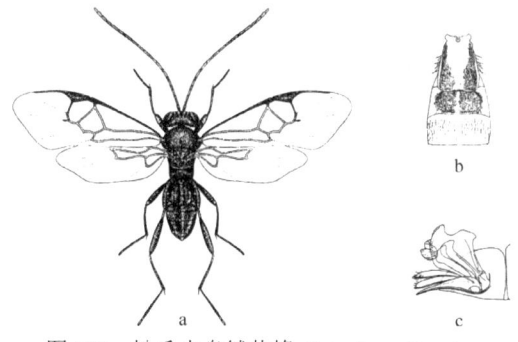

图 119 松毛虫盘绒茧蜂 *Cotesia ordinarius* (Ratzeburg)（a. 引自 祝汝佐, 1937; b, c. 引自 Wilkinson, 1945）
a. 雌蜂整体图，背面观; b. 腹部第 1～3 节背板; c. 产卵管及产卵管鞘

腹：腹部端部下方侧扁。第 1 节背板长为端宽的 1.5 倍，向后仅稍变阔，后部相对近圆形，其端部水平部分约 2 倍长于宽，中部刻点大而稀，刻点间表面极光滑，周围刻点不明显而呈粗皱状。第 2 节背板近矩形，刻纹与第 1 节背板端部相似，中域不明显，侧沟不斜。第 1、2 节背板具平滑中脊；其余各节背板平滑，具光泽。肛下板强度骨化。产卵管鞘等长于后足基跗节。

体色：体黑色。须浅黄色。触角柄节稍黑色，鞭节暗褐色至稍黑色。下颚须及下唇须浅黄色；上颚端部黄褐色至黑褐色（有的标本不明显）；单眼褐色。足黄褐色；转节第 1 节黑色，第 2 节黄褐色；中足腿节背方、后足胫节端部黑褐色至黑色；后足腿节上面和端部或全部烟褐色，有时延伸至背面基部。翅透明，翅基片和翅痣暗褐色。腹部端部下面及第 1、2 节背板边缘狭窄部位黄色。

茧：白色，小茧被丝包裹。聚寄生。

标本记录：8♀1♂，黑龙江林口，1971.V.13，林口林科所，寄主：西伯利亚松毛虫幼虫，No. 71006.4；2♀，黑龙江海林，1973.VI，张贵有，寄主：松毛虫，No. 750555；16♀2♂，黑龙江一面坡，1981.VI.26，胡隐月，寄主：落叶松毛虫，No. 816151、816152；2♀，吉林抚松，1954.VII1.16，刘友樵，寄主：松毛虫，No. 5427.5；1♀，吉林东辽，1978.VII，杨光安，寄主：松毛虫，No. 780556；3♀，云南昆明，1955.V，祁景良，寄主：松毛虫，No. 750270。

生物学：国内记载寄主有赭色松毛虫 Dendrolimus kikuchii ochraceus、马尾松毛虫 Dendrolimus punctatus、赤松毛虫 Dendrolimus spectabilis、落叶松毛虫 Dendrolimus superans（=西伯利亚松毛虫 D. sibiricus）、油松毛虫 Dendrolimus tabulaeformis 幼虫。据国外报道还可寄生于欧洲松毛虫 Dendrolimus pini、树莓毛虫 Macrothylacia rubi、蔺叶蜂 Blennocampa pusilla。可被广沟姬蜂 Gelis areator、小折唇姬蜂 Lysibia nana、Mokrzeckia pini 重寄生。

分布：黑龙江、吉林、辽宁、山东、山西、河南、陕西、江苏、浙江、湖南、台湾、广西；蒙古国，日本，俄罗斯（西伯利亚、乌拉尔），欧洲。

注：Lelej（2012: 381）报道 Apanteles dendrolimi Matsumura, 1926 为本种异名。

44. 原绒茧蜂属 *Protapanteles* Ashmead, 1898

Protapanteles Ashmead, 1898: 166; 陈家骅和宋东宝, 2004: 197.
Glyptapanteles Ashmead, 1904a: 147; Mason, 1981: 105; Austin et Dangerfield, 1992: 32; 陈家骅和宋东宝, 2004: 178.

属征简述：前胸背板侧部具腹沟，背沟有或无。并胸腹节常完全或大部分光滑，但其表面常部分或全部革质状，具刻点或皱刻纹，刻纹较盘绒茧蜂属明显光滑；偶尔具1中纵脊，但绝无中区痕迹。前翅 r 脉和 2-SR 脉连接处明显角状至均匀弧状；小翅室开放或封闭；后翅臀瓣凸，边缘具缘毛或无。雌蜂肛下板均匀骨化，中部附近绝无系列纵褶；产卵管鞘短，大多隐藏于肛下板内方，其长（包括隐藏部分）不超过后足胫节之半（若偶尔长于后足胫节之半，则肛下板大、端部尖，产卵管鞘大部分被隐藏），端部具明显而集中的毛或极细而不明显的毛。腹部第1节背板形状变化大，端部强度圆形收缩至平截。第2节背板无侧沟或具1对完整或不完整的侧沟，其两沟间角度从锐角至钝角不等，其间有明显三角形至矩形或半圆形的中域。第1、2节背板表面光滑至具皱状刻点或针划状刻纹。第3节背板大部分或整个光滑。有些种类雌蜂前足端跗节侧方常具1明显弯刺。

生物学：绝大多数寄生于鳞翅目幼虫，也有极少数种类寄生于鞘翅目昆虫。

分布：世界分布。已知7亚属约200种，其中中国已知4亚属28种，寄生于松毛虫的已知3种，均隶属于原绒茧蜂属指名亚属 *Protapanteles* Ashmead。指名亚属特征是产卵管鞘毛正常，与腹部末节具同样大小的毛（其余亚属产卵管鞘毛较腹部毛细，肉眼几乎看不出）；小翅室绝不封闭，r-m 脉通常缺（其余亚属小翅室封闭或开放，r-m 脉缺或存在）。

据国外报道幽原绒茧蜂 *Protapanteles* (*Protapanteles*) *inclusus* (Ratzeburg, 1844) 寄生于欧洲松毛虫 *Dendrolimus pini*，而该蜂在我国已分布但尚未见寄生于松毛虫，将在附录1中介绍。

据国外记载 *Protapanteles vitripennis* (Curtis) 在欧洲寄生于欧洲松毛虫 *Dendrolimus pini*。

原绒茧蜂属 *Protapanteles* 分种检索表

1. 前翅 r 脉和 2-SR 脉连接处呈1均匀的弧线；前足端跗节无刺；并胸腹节具完整或较弱的中纵脊 ······ 2
- 前翅 r 脉和 2-SR 脉连接处明显呈角状 ······ 3
2. 腹部第1节背板侧缘前部平行或向后稍变阔；后足基节具细弱刻点；第2节背板侧沟伸达背板端部；产卵管鞘长或较长，至少与后足跗节等长；腹部第1节背板基部2/3侧缘平行，向后渐收窄 ······ **灯蛾原绒茧蜂** *P.* (*Protapanteles*) *eucosmae*
- 腹部第1节背板侧缘平行，仅末端圆形收窄；后足基节侧面和上半部几乎光滑；第2节背板侧沟不伸达背板端部；产卵管鞘短，约与后足跗节第3节等长；腹部第3节背板基端中部的小块区域光滑具1狭窄的光滑中纵线 ······ **幽原绒茧蜂** *P.* (*Protapanteles*) *inclusus*

3. 腹部第 1 节背板前部 1/3 侧缘平行, 至后部多少平行, 且端部通常圆形收窄; 第 2 节背板中域矩形或近三角形; 产卵管鞘长于后足基跗节; 触角端前节明显长大于宽的 1.8～2.0 倍; 肛下板后缘平截至尖锐, 多少超过腹端; 体基本上黑色 ··· **毒蛾原绒茧蜂** *P. (Protapanteles) liparidis*
- 腹部第 1 节背板明显楔形, 自前向后逐渐收窄, 通常明显呈楔形; 第 2 节背板中域通常三角形; 产卵管鞘明显短于至等长于后足基跗节; 前翅基室沿中脉两侧毛极稀疏或无毛; 亚基室几乎基半部无毛 ·· **舞毒蛾原绒茧蜂** *P. (Protapanteles) porthetriae*

（73）灯蛾原绒茧蜂 Protapanteles (Protapanteles) eucosmae (Wilkinson, 1929) （图 120）

Apanteles eucosmae Wilkinson, 1929: 445; 祝汝佐, 1955: 3; 侯陶谦, 1987: 171; 杨秀元和吴坚, 1981: 312(*oucosmae*！); 中国林业科学研究院, 1983: 724; 严静君等, 1989: 242; 吴钜文和侯陶谦, 1990: 291; 陈昌洁, 1990: 194.
Protapanteles (Protapanteles) eucosmae: Yu *et al.*, 2005.

雌: 体长 2.3～2.6mm。
头: 颜面具微弱刻点。唇基明显特化。前幕骨陷与唇基端部间距明显小于与复眼间距。头顶和额完全无刻点且光滑。
胸: 中胸盾片光滑且光亮, 或具弱刻点且后部和小盾片仅具微弱刻点。并胸腹节完全无刻点, 光亮, 略光滑, 中纵脊或较弱。
翅: 前翅 2-SR 脉直, 与 r 脉连接处圆角状, 结合点不明显但似乎较长, 二者总长 2 倍长于 m-cu 脉; m-cu 脉短于翅痣宽; 2-SR+M 为 m-cu 脉长的 3/5, 等长于 1-SR 脉, 远长于 2-M 脉; 2-CU1 脉 1.5 倍长于 1-CU1 脉; 翅痣较窄, 2.3～2.7 倍长于宽, 明显短于 1-R1 脉; r 脉多少自其中部之外伸出。

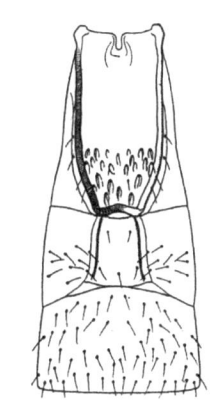

图 120 灯蛾原绒茧蜂 *Protapanteles (Protapanteles) eucosmae* (Wilkinson)（引自 Wilkinson, 1929）
腹部第 1～3 节背板, 背面观

足: 后足基节外表面和基部上方极光滑, 但散布极微细且略稀疏的刻点; 后足胫节内距和外距分别为后足基跗节长的 7/13、5/13。
腹: 腹部第 1 节背板中长为基宽的 2 倍, 端宽为基宽的 3/5, 基部 2/3 侧缘平行, 向后渐收窄, 端缘平截或后部圆; 基部 2/3 稍凹陷, 其后稍外翻且斜向下方, 端半部边缘和端部 1/4～1/3 具极不明显的刻点或刻纹, 其他部分光滑具光泽。第 2 节背板极光滑, 稍横形, 稍短于第 3 节背板, 后缘多少弓形前凹或直; 侧沟直而强伸达后缘, 并围成其基部, 稍窄于第 1 节背板后端, 其中长等于端宽的极光滑中域。产卵管鞘长, 但不达腹长之半。肛下板尖, 骨化程度高, 伸出腹部末端。
体色: 体黑色; 足（除腹方外）、第 2 节背板侧方膜质边缘、通常第 3 节背板偶尔第 4 节背板侧方（除腹部末端外）红褐黄色; 后足基节基半部、后足胫节端部 2/3、后足跗节大部分色深; 口器、翅基片、胫距和第 1 节背板侧方膜质边缘褐黄色。翅浅烟褐色; 翅痣稍黑, 基部无浅色斑; 翅脉大部分浅褐色。
雄: 其特征与雌蜂相似。前中足基节亦有某些部分加深, 后足基节几乎全部深色; 背板通常较雌蜂深。
茧: 聚寄生, 小茧外包有白色球形丝团。
生物学: 有报道称寄生于落叶松毛虫 *Dendrolimus superans*。据国外报道还有棉卷叶野螟 *Haritalodes derogata*、通灯蛾 *Diacrisia lutescens* 及 *Diacrisia occidens* 等。刘友樵和施振华（1957: 258）报道, 在辽宁省清原, 4 月下旬和 6 月上旬松毛虫越冬后刚开始活动取食到将要蜕第 4 次皮时, 此寄生蜂许多幼虫穿透松毛虫体壁外出, 先不规则地吐白丝成团再在丝团内分别作长椭圆形白色小茧。3 周后羽化成虫。
标本记录: 本研究未见标本; 鉴别特征源自 Wilkinson（1929）的原始描述和 Papp（1983）对蒙古国标本的描述。刘友樵和施振华（1957）首次报道此种在中国的分布, 但未对标本进行描述, 亦无标本记录。
分布: 辽宁; 蒙古国, 乌干达, 赞比亚。
注: 形态描记基本上录自曾洁（2012: 183）。

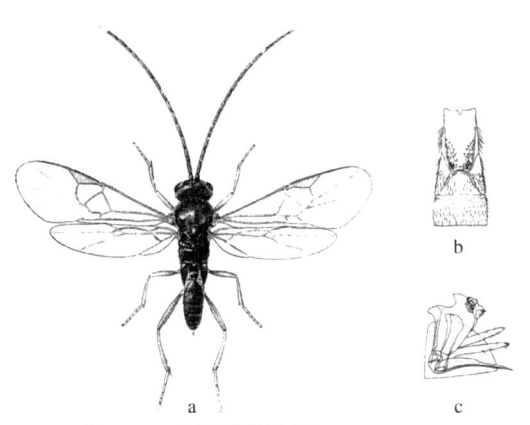

（74）毒蛾原绒茧蜂 *Protapanteles* (*Protapanteles*) *liparidis* (Bouché, 1834)（图121）

Microgaster liparidis Bouché, 1834: 152.
Apanteles liparidis: 祝汝佐, 1955: 2; 孙锡麟和刘元福, 1958: 241; 中国科学院动物研究所和浙江农业大学, 1978: 58; 吴钜文, 1979a: 32; 杨秀元和吴坚, 1981: 312; 中国林业科学研究院, 1983: 704, 715, 927, 987; 赵明晨, 1983: 21; 王金言, 1984: 35; 孙明雅等, 1986: 30; 四川省农科院植保所等, 1986: 73; 何俊华和王金言, 1987: 417; 侯陶谦, 1987: 171; 柴希民等, 1987: 6; 吴钜文和侯陶谦, 1990: 291; 陕西省林业科学研究所和湖南省林业科学研究所, 1990: 67; 童新旺等, 1991: 9; 萧刚柔, 1992: 944, 954, 960, 963; 申效诚, 1993: 166(*lipanidis*！); 于思勤和孙元峰, 1993: 469; 陈家骅和宋东宝, 2004: 69.
Glyptapanteles liparidis(枯叶蛾雕绒茧蜂): 何俊华等, 1987: 416; 严静君等, 1989: 96, 266; 陈昌洁, 1990: 195; 陈学新和何俊华, 2004: 670; 陈家骅和宋东宝, 2004: 185; 何俊华和陈学新, 2006: 25; Chen *et* He, 2006: 125; 徐延熙等, 2006: 768.
Protapanteles (*Protapanteles*) *liparidis*: Yu *et al.*, 2005; 曾洁, 2012: 196.

图121 毒蛾原绒茧蜂 *Protapanteles* (*Protapanteles*) *liparidis* (Bouché)（引自 Tobias, 1986）
a. 雌蜂整体图，背面观；b. 第1～3节背板；c. 产卵管及产卵管鞘

雌：体长 2.5～3.5mm。

头：背面观宽为长的 2 倍或稍小于 2 倍。复眼后区域圆。唇基和颜面有细小刻点，前眼眶、额和头顶遍布微细刻点或光滑，有光泽。POL 等长于 OOL。鞭节等长或长于体，端前节长为宽的 1.8～2.0 倍。

胸：中胸盾片光滑或密布细小较浅刻点；小盾片具细小刻点，点距较中胸盾片的大。后胸背板粗糙，具不规则皱褶。并胸腹节中部具粗刻点，边缘区域光滑且光亮。

翅：翅痣长大于宽的 2 倍，短于 1-R1 脉；前翅 r 脉与 2-SR 脉连接处呈角状，r 脉与 2-SR 脉等长或稍长；m-cu 脉长约为 1-M 脉的 1/2；1-CU1 脉长为 2-CU1 脉长之半。

足：后足基节基部背侧和外侧具均匀的微细刻点；后足胫节内距和外距长分别为后足基跗节长的 2/3、1/2。

腹：第 1 节背板长约为端宽的 2 倍多、约为基宽的 2 倍；基部 1/3 两侧平行，向端部稍收窄；基半部凹陷，平滑、有光泽，端半部侧缘有纵皱纹，而后部 1/3 侧方具强刻点，中部 1/3 完全光滑。第 2 节背板稍短于第 3 节背板，端宽为基宽的 2 倍，中域三角形，光滑，侧方具微细刻点或细皱；侧沟直，侧沟附近有少数分散刻点，偶尔在端部有一些弱刻纹。第 3 节背板平滑，有光泽或具微细刻点，刻点较中胸盾片的分开。以后各节背板平滑有光泽或具微细刻点。产卵管鞘长于后足基跗节或第 2～4 跗节之和，但短于第 1、2 跗节之和。肛下板平截至尖锐，多少超出末节背板。

体色：黑色有光泽。上唇与上颚黄褐色；下颚须、下唇须和后足胫距色浅；翅基片红褐黄色；触角褐黑色，柄节颜色多变，有红褐色、深红色或黑色。翅透明或均匀烟褐色；翅面具有色的毛；C+SC+R 脉、翅痣及 1-R1 脉深褐色，其余脉色浅。足黄色或黄褐色；中足红褐黄色，基节黑褐色；后足基节、腿节、胫节端部 1/3 及跗节黑褐色。腹部第 1～5 节背板背面及腹面膜质边缘褐色至暗褐色。

雄：与雌蜂相似。鞭节长于体。

生物学：寄主有西昌杂毛虫 *Cyclophragma xichangensis*、马尾松毛虫 *Dendrolimus punctatus*、德昌松毛虫 *Dendrolimus punctatus tehchangensis*、赤松毛虫 *Dendrolimus spectabilis*、落叶松毛虫 *Dendrolimus superans*（=*D. sibiricus*）、油松毛虫 *Dendrolimus tabulaeformis*、丽毒蛾 *Calliteara pudibunda*、舞毒蛾 *Lymantria dispar* 等。据国外报道还寄生于欧洲松毛虫 *Dendrolimus pini*、绒灯蛾 *Arctia villica*、拟杉丽毒蛾 *Calliteara pseudabietis*、灯蛾 *Creatonotus albistia*、拟杉茸毒蛾 *Dasychira pseudabietis*、*Creatonotus albistia*、棕尾毒蛾 *Euproctis chrysorrhoea*、台湾黄毒蛾 *Euproctis taiwana*、黄足毒蛾 *Ivela auripes*、模毒

蛾 *Lymantria monacha*、苹舞毒蛾 *Lymantria obfuscatea*、黄褐天幕毛虫 *Malacosoma neustria testacea*、灰斑古毒蛾 *Orgyia ericae*、棉古毒蛾 *Orgyia postica*、旋古毒蛾 *Orgyia thyellina*、欧洲玉米螟 *Ostrinia nubilalis*、分月扇舟蛾 *Clostera anastomosis*、欧洲松梢小卷蛾 *Rhyacionia buoliana*、松天蛾 *Sphinx pinastri*、台毒蛾 *Teia antiquiodes* 等的幼虫。

此蜂的重寄生蜂很多，可被脊颈姬蜂 *Acrolyta nens*、阿苏山沟姬蜂 *Gelis asozanus*、熊本沟姬蜂 *Gelis kumamotensis*、小折唇姬蜂 *Lysibia nana*、菱室姬蜂 *Mesochorus anomalus* 及舞毒蛾卵平腹小蜂 *Anastatus japonicus*、柠黄瑟姬小蜂（普通瑟姬小蜂）*Cirrospilus pictus*、红铃虫黑青小蜂（红铃虫金小蜂）*Dibrachys cavus*、稻苞虫羽角姬小蜂 *Dimmockia secunda*、粘虫广肩小蜂 *Eurytoma verticillata*、*Mokrzeckia pini*、小齿腿长尾小蜂 *Monodontomerus minor*、大蛾卵跳小蜂 *Ooencyrtus kuvanae*、凹缘腹柄姬小蜂 *Pediobius crassicornis*、*Pteromalus apantelophagus* 等重寄生（Yu et al.，2005）。

此蜂在我国华北、东北地区以幼虫在赤松毛虫和落叶松毛虫幼虫体内越冬，被寄生的幼虫虫体肥大。1年可能发生4代。在赤松毛虫幼虫期可连续繁殖2代，而后转移到舞毒蛾幼虫上寄生2代。此蜂的越冬寄主为松毛虫。在辽宁海城，越冬茧蜂幼虫于4月下旬从越冬松毛虫幼虫体内出来结茧，5月上旬成虫开始羽化。雄蜂比雌蜂羽化早1～2天。雌蜂羽化当天即可交配。第2天开始产卵，未交配的可产雄孤雌生殖。产卵期很长，1天可产卵几次，每次产卵平均14.7（2～50）粒；一生产卵量平均471（307～781）粒。在实验室内进行接蜂试验，毒蛾原绒茧蜂喜欢寄生于舞毒蛾的3龄幼虫，但也可寄生于4～5龄幼虫；对松毛虫喜欢寄生于3龄以前的幼虫，超过3龄则不寄生。幼虫老熟后从寄主虫体两侧钻出体外，在寄主体上及其周围结松散的白色小茧化蛹。小茧绒毛状，长椭圆形，长3.8～4.2mm，数个或数十个疏松地群集在寄主体上及其周围。1头松毛虫幼虫平均出蜂28.4（4～74）头；而在舞毒蛾幼虫上，第1代平均出茧7～9个，第2代14～22个。此蜂在20～27℃变温条件下，卵期3～3.5天，幼虫期7～19天，预蛹期1～1.5天，蛹期3.6～5天，成虫寿命雄虫10天、雌虫14天。在黑龙江桦南，1982年此蜂对舞毒蛾幼虫的寄生率达15.3%～39.8%；1976～1977年在河北丰宁对油松毛虫的平均寄生率为6.7%，最高达39.3%；对落叶松毛虫的平均寄生率为15.6%，最高达23.6%。

标本记录：7♀3♂，黑龙江哈尔滨，1964.V.14，方三阳，寄主：西伯利亚松毛虫，No. 64020.1；11♀14♂，黑龙江光东（标签如此，经查，应为克东），1973.VII.18，钱范俊，寄主：落叶松毛虫幼虫，No. 740682；1♂，黑龙江勃利县，1973.VIII，宫海林，寄主：西伯利亚松毛虫幼虫，No. 73036.10；2♀2♂，吉林省吉林市，1981，曾海峰，寄主：松毛虫幼虫，No. 844589；7♀6♂，内蒙古大兴安岭，1958.VII，内蒙古林业科学院，寄主：西伯利亚松毛虫，No. 5904.2；8♀16♂，河北易县，1977/1978年冬，河北省林科所，寄主：油松毛虫、落叶松毛虫，No. 780188；1♂，山东昆嵛山，1953.IV.29，邱守思，寄主：赤松毛虫，No. 5310.3；4♀1♂，新疆青河，1978.VIII，马文梁，寄主：松毛虫，No. 780963、780967；3♀，四川，1957.IV.3，四川林科所，寄主：马尾松毛虫，No. 801906；4♀，云南个旧，1980，李国秀，寄主：松毛虫，No. 844303。此外有日本，1937.VI.5，季士俨，No. 37003.1 标本。

分布：黑龙江、吉林、辽宁、内蒙古、北京、河北、陕西、新疆、浙江、安徽、湖南、四川、台湾、贵州、云南；蒙古国，日本，俄罗斯（西伯利亚等），丹麦，德国，波兰等古北区、东洋区。曾被引入美国。

注：中名曾用枯叶蛾绒茧蜂。形态描记基本上录自曾洁（2012）。

（75）舞毒蛾原绒茧蜂 *Protapanteles* (*Protapanteles*) *porthetriae* (Muesebeck, 1928) （图122）

Apanteles porthetriae Muesebeck, 1928: 8.

Glyptapanteles porthetriae Mason, 1981: 107; 游兰韶等, 1995: 507; 陈家骅和宋东宝, 2004: 196.

Protapanteles (*Protapanteles*) *porthetriae*: Yu et al., 2005; 曾洁, 2012: 221.

雌：体长3.0～3.5mm。

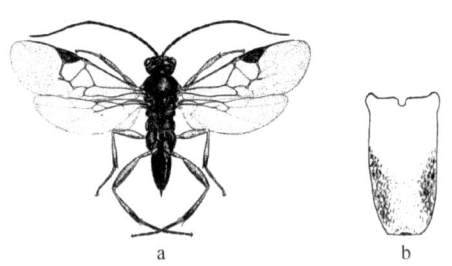

图 122 舞毒蛾原绒茧蜂 *Protapanteles* (*Protapanteles*) *porthetriae* (Muesebeck)（引自 Telenga, 1955）
a. 整体, 背面观; b. 腹部第 1 节背板

头：头背面观宽为长的 2 倍。颜面宽大于长，光滑具光泽。触角细长，柄节短壮，鞭节端前 2 节长约为宽的 2 倍。颜面稍横形，具强光泽，无刻点。

胸：中胸盾片和小盾片密布白色长毛，小盾片光滑且光亮。中胸侧板基节前沟光滑。并胸腹节具光泽，大部分光滑，沿端缘具皱，毛较稀，长且直。

翅：前翅 r 脉自翅痣中部外方伸出，与 2-SR 脉连接处呈角状，并长于 2-SR 脉；基室毛长，沿脉两侧极稀疏至无毛；亚基室几乎基半部无毛；1-R1 脉长，明显长于翅痣，通常 3.5～4.0 倍长于其与缘室末端间距；1-CU1 脉稍短于 2-CU1 脉。后翅臀瓣突出，具明显缘毛；1r-m 脉明显稍长于 2r-m 脉。

足：前足端跗节具 1 极细而不明显的刺，且在基部无凹陷。后足基节光滑具光泽，完全或几乎完全无刻点；后足胫节内距明显长于外距且长于基跗节之半。

腹：腹部与胸部等长或略长，强度侧扁。第 1 节背板向端部均匀收窄，明显楔形，基部光滑，端部具皱。第 2 节背板稍横形，中域梯形，其中长约等于端部宽度，端宽为基宽的 3 倍，侧方和端部具细弱、零碎的针划状纵刻纹。肛下板大，侧面观呈 45°角，略超出腹末。产卵管鞘厚，渐收窄至尖锐，明显超出腹部末端，短于至等长于后足基跗节。

体色：体黑色。触角柄节黑色；上颚、下颚须、下唇须、翅基片、前足、中足、后足转节的基半部、后足腿节（端部黑色）和胫节（端部 1/3 黑色）、腹部基部背板侧缘和腹面基部黄色。翅透明，翅痣通常略黑色不透明，翅脉褐色。

生物学：游兰韶等（1995: 507）报道在我国寄生于落叶松毛虫。据国外报道寄生于桦霜尺蛾 *Alcis repandata*、果红裙杂夜蛾 *Amphipyra pyramidea*、舞毒蛾 *Lymantria dispar*、苹舞毒蛾 *Lymantria obfuscatea*、亚麻篱灯蛾 *Phragmatobia fuliginosa* 等的幼虫。茧单生，白色。重寄生蜂有红铃虫金小蜂 *Dibrachys cavus*、粘虫广肩小蜂 *Eurytoma verticillata* 等（Yu et al., 2005）。

分布：吉林；印度，古北区。曾被引入美国。

注：本研究未见标本。特征简述源自 Nixon（1973）、Marsh（1979）和 Papp（1983）的描述。

内茧蜂亚科 Rogadinae

触角 14～104 节。下颚须 6 节，下唇须 4 节。上唇内凹，光滑无毛，通常近于垂直，不向后倾斜（阔跗茧蜂族 Yeliconini 上唇平坦，多少后倾近水平状）。上颚多强壮，单齿或 2 齿。前胸背板较中胸盾片很短，前端圆形，不突出；前胸背板凹通常不存在。前胸腹板通常平坦，中等程度至强度向后突出，侧面观可见。中胸盾片横沟无或仅中央存在。中胸侧板胸腹侧脊存在，偶尔缺少或退化。前翅 M+CU1 脉通常平直或稍弯曲，但有时明显弯曲。前足基跗节具内凹，有特化的毛，但有时无此凹。前中足端跗节正常，短于 2～4 跗节之和（阔跗茧蜂族前中足跗节很阔，第 2～4 跗节很短，端跗节很大而长，长于第 2～4 跗节之和，后足基跗节有特化区）。腹部第 1 背板背脊常愈合，侧凹无或模糊。

内茧蜂亚科全部为鳞翅目 Lepidoptera 昆虫的容性（koinobiont）内寄生蜂，主要寄生于谷蛾总科 Tineoidea、巢蛾总科 Yponomeutoidea、麦蛾总科 Gelechioidea、斑蛾总科 Zygaenoidea、螟蛾总科 Pyraloidea、卷蛾总科 Tortricoidea、尺蛾总科 Geometroidea、天蛾总科 Sphingoidea、蚕蛾总科 Bombycoidea、夜蛾总科 Noctuoidea、舟蛾总科 Notodontoidea、弄蝶总科 Hesperioidea 和凤蝶总科 Papilionoidea 等的 30 多科的种类。被寄生的寄主幼虫僵硬（mummification），寄生蜂幼虫在寄主僵硬幼虫虫尸内化蛹。绝大多种类为幼虫单寄生，少数为聚寄生。

世界分布。我国已发现内茧蜂亚科共 21 属 118 种。

45. 脊茧蜂属 *Aleiodes* Wesmael, 1838（图 123）

Aleiodes Wesmael, 1838: 134.
Rogas (=*Rhogas*) auct.: Tobias, 1971: 215.

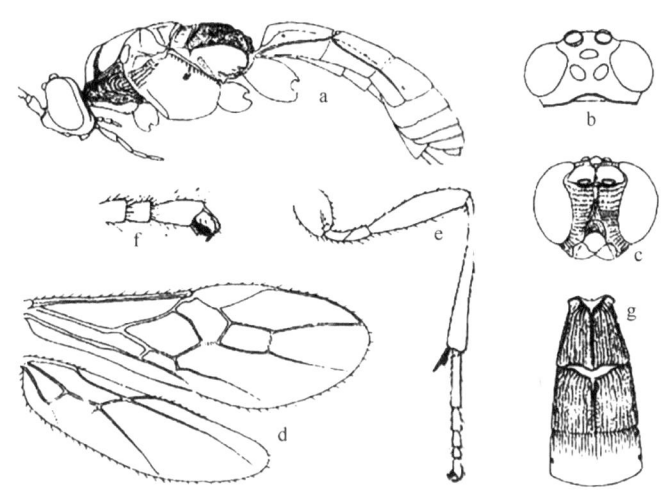

图 123 角脉脊茧蜂 *Aleiodes angulineruis* He *et* Chen（脊茧蜂属 *Aleiodes* Wesmael）（引自 Chen & He，1997）
a. 整体，侧面观；b. 头部，背面观；c. 头部，前面观；d. 翅；e. 后足；f. 后足跗爪；g. 腹部第 1～3 背板，背面观

属征简述：触角 27～75 节；端节有或无刺。下颚须和下唇须细长，少数变宽。口头脊在腹方与后头脊连接，或在腹方退化。后头脊有变化，通常在背方中央断开。颚眼沟缺。复眼或多或少内凹。盾前凹或多或少发达；前胸腹板有变化，较宽且向上弯曲至弱小。盾纵沟有变化，有时部分消失。小盾片侧脊无、模糊或显著。胸腹侧脊完整；基节前沟有或无。后胸背板中脊无至几乎完整。并胸腹节不分区，至多有一些脊，通常无并胸腹节瘤。前翅常中等长；m-cu 脉前叉，直，与 2-CU1 脉成角度并在后方与 1-M 脉收窄或平行；3-SR 脉大约等长或长于 2-SR 脉； 1-CU1 脉水平，短至长；cu-a 脉短至长，垂直或内斜；M+CU1 脉通常稍波曲。后翅缘室有变化，平行或端部变宽；1r-m 脉长至相当短，斜。跗爪无叶突和刚毛，某些种呈栉形；雄性跗节正常，相似于雌性跗节；胫节端部内侧无明显特化的梳状毛，罕见有。腹部第 1 节背板具大至相当小的背凹，其背脊连接，或多或少呈拱状，无基凸缘。第 2 节背板基部中央有三角区，中纵脊多样。第 2 节背板以及至少第 3 节背板基部有锋利的侧褶，但在某些种中第 4 节背板上也有侧折缘；雌性下生殖板中等大小，腹方平直，端部平截。

生物学：内寄生于巢蛾科 Yponomeutidae、斑蛾科 Zygaenidae、羽蛾科 Pterophoridae、枯叶蛾科 Lasiocampidae、尺蛾科 Geometridae、夜蛾科 Noctuidae、舟蛾科 Notodontidae、灯蛾科 Arctiidae、毒蛾科 Lymantriidae、钩蛾科 Drepanidae、天蛾科 Sphingidae、灰蝶科 Lycaenidae、弄蝶科 Hesperiidae 和眼蝶科 Satyridae 等 13 科的（低龄）幼虫。刺蛾科 Limacodidae、卷蛾科 Tortricidae、织蛾科 Oecophoridae、潜蛾科 Lyonetiidae 和蛱蝶科 Nymphalidae 的寄主记录需进一步证实。

分布：世界性大属，已知 325 种。我国已知 55 种。其中报道寄生于松毛虫的有 3 种。此外，柴希民等（1987：3）报道枯叶蛾内茧蜂 *Rogas* sp.在浙江余杭寄生于马尾松毛虫。

脊茧蜂属 *Aleiodes* 分种检索表

1. 前翅 1-CU1 脉与 2-CU1 脉约等长；腹部第 3 背板凸，端缘明显向下弯曲；颚眼距为复眼高度的 0.6～0.8 倍；胸部全红黄色，头部和腹部黑褐色；中胸侧板光亮，无基节前沟 ·· 凸脊茧蜂 *A. convexus*
- 前翅 1-CU1 脉明显短于 2-CU1 脉；腹部第 3 背板不是明显拱凸；颚眼距为复眼高度的 0.25～0.31 倍；体褐黄色或黑色，头、前胸、中胸和后胸红黄色；中胸侧板有细弱的刻纹，有基节前沟 ·· 2

2. 后翅 r 脉缺；中胸侧板刻纹细弱；后胸侧板中央近于光滑；跗爪简单；前翅 r 脉长为 3-SR 脉的 0.5 倍；后翅 1-SR 脉不弯曲，缘室基部不扩大 ·· 松毛虫脊茧蜂 *A. esenbeckii*
- 后翅 r 脉存在；中胸侧板全部具刻皱；后胸侧板具皱纹；跗爪具栉齿；前翅 r 脉长为 3-SR 脉的 2.3 倍；后翅 1-SR 脉明显弯曲，缘室基部扩大 ·· 淡脉脊茧蜂 *A. pallidinervis*

（76）凸脊茧蜂 *Aleiodes convexus* van Achterberg, 1991（图 124）

Chelonorhoas rufithorax Enderlein, 1912: 258.
Aleiodes convexus van Achterberg, 1991: 25(replacement name); Chen *et* He, 1997: 39; 何俊华等, 2000: 216; 何俊华, 2004: 591; 游兰韶和魏美才, 2006: 73.
Aleiodes (Chelonorhoas) rufithorax: 湖南省林业厅, 1992: 1253.

雌：体长 4.6～5.0mm，前翅长 4.2～4.5mm。

头：脸具横刻纹，中央稍隆起。口窝宽度为脸宽度的 0.6 倍。额平坦，光滑，侧方具斜刻条。颊光滑；颚眼距为上颚基宽的 2.0 倍，侧面观为复眼高度的 0.6 倍，下方具纵刻纹。上颊光滑。背面观复眼长是上颊长度的 1.2 倍。头顶在复眼后方直线收窄，明显后倾，具细横皱。POL：OD：OOL=1：3：5。触角 41～51 节。

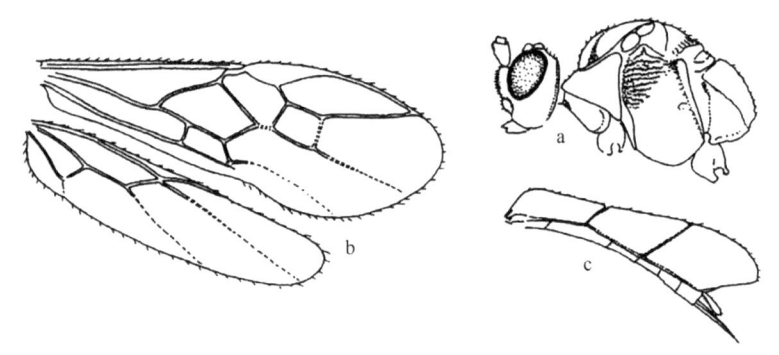

图 124 凸脊茧蜂 *Aleiodes convexus* van Achterberg（引自 Chen & He，1997）
a. 头部和胸部，侧面观；b. 前、后翅；c. 腹部，侧面观

胸：前胸背板侧面前方、中央及后方具平行刻纹，下方具纵刻纹。中胸盾片前方陡，具光泽，光滑；盾纵沟窄；小盾片近光滑，端部具刻点，具侧脊。中胸侧板除前背方具刻纹外光滑；胸腹侧脊完整；基节前沟缺。后胸侧板具皱纹。并胸腹节短，明显后倾，具不规则皱纹，中纵脊基半完整。

翅：前翅 r：3-SR：SR1 = 3：9：17；2-SR：3-SR：r-m=7：9：7；1-CU1：2-CU1=8：9；cu-a 脉近垂直。后翅 M+CU：1-M=11：10；缘室向端部逐渐扩大；2-SC+R 脉四边形，cu-a 脉近垂直，无 m-cu 脉。

足：足跗爪腹面无叶突，基部具栉齿；后足基节光亮，具微细刻点；后足腿节、胫节和基跗节长分别为宽的 4.6 倍、11 倍和 10 倍；后足胫节距长分别为其基跗节的 0.45 倍和 0.4 倍。

腹：腹部第 1 背板长是端宽的 1.1 倍；背凹大，背脊愈合，围成一个半圆形基区，背脊愈合处侧面观显著凸起。第 2 节背板长是第 3 节背板的 1.5 倍；基区大，光滑。第 1、2 节背板具明显的皱状纵刻条和中纵脊。第 3 节背板基缘具稍弱的皱状纵刻条，其余具皱状刻点。第 2、3 节背板具锐的侧褶。第 3 节背板拱凸，端缘下曲；背板基缘具皱状纵刻条，其余具皱状刻点。其余背板缩在第 3 节背板下。产卵管鞘长是前翅的 0.08 倍。

体色：头部、腹部深褐色至黑色，有时腹部基方色稍浅；胸部红黄色。触角、须和足深褐色至黑色。翅膜褐色，翅痣及翅脉褐色。

生物学：据游兰韶（1990）记载，红胸脊茧蜂 *Chelonorhoas rufithorax* 寄生于松毛虫 *Dendrolimus* sp.。

标本记录：浙江大学寄生蜂标本室有下列省份标本 23♀♂，无寄生于松毛虫者。

分布：浙江、湖北、湖南、台湾、福建、广东、海南、广西、贵州、云南；日本。

(77) 松毛虫脊茧蜂 Aleiodes esenbeckii (Hartig, 1838) （图 125）

Phanomeris dendrolimi Matsumura, 1926b: 41.
Phanomeris specabilis Matsumura, 1926a: 33.
Rhogas metanastriae Rohwer, 1934: 47；杨秀元和吴坚，1981: 315.
Rogas esenbeckii Hartig, 1838: 255；Shenefelt, 1975: 1228.
Rhogas esenbeckii Fahringer, 1932: 246；Telenga, 1941: 150.
Rhogas spectabilis: Watanabe, 1935: 46；祝汝佐，1937: 69；祝汝佐，1955: 3；华东农业科学研究所，1955: 106；邱式邦，1955: 181；中国科学院昆虫研究所和林业部林业科学研究所湖南东安松毛虫工作组，1956: 311；蒋雪郴和李运帷，1962: 245；广东省农林学院林学系森保教研组，1974: 104；中国科学院昆虫研究所和林业部林业科学研究所湖南东安松毛虫工作组，1956: 311；孙锡麟和刘元福，1958: 241；彭建文，1959: 201；蔡邦华等，1961: 360.
Rhogas dendrolimi: Watanabe, 1937: 55.
Rogas dendrolimi: 福建林学院森林保护教研组，1976: 21；中国科学院动物研究所和浙江农业大学，1978: 53；何俊华，1979: 53；吴钜文，1979a: 36；秦维亮，1979: 47；杨秀元和吴坚，1981: 314；党心德和金步先，1982: 140；朱文炳等，1982: 53；赵明晨，1983: 22；王金言，1984: 34；吴猛耐和谭林，1984: 1；陕西省林业科学研究所，1984: 206；湖北省林业厅，1984: 164；林思樵和舒启仁，1984: 38；何俊华，1985: 108；孙明雅等，1986: 33；四川省农科院植保所等，1986: 77；何俊华和王金言，1987: 408；柴希民等，1987: 5；侯陶谦，1987: 173；孙渔稼，1987: 50；李伯谦等，1987: 32；张务民等，1987: 32；宋立清，1987: 30；张贵有，1988: 26；严静君等，1989: 102, 286；谈迎春等，1989: 134；陈昌洁，1990: 195；陕西省林业科学研究所和湖南省林业科学研究所，1990: 33；萧刚柔，1992: 952, 954, 956, 960, 963, 1214；刘岩和张旭东，1993: 89；王书欣，1993: 20；王志英等，1996: 88；陈尔厚，1999: 49；何俊华等，2000: 268；柴希民等，2000: 5；孙明荣等，2003: 20；何俊华和陈学新，2006: 120.
Aleiodes dendrolimi: Shenefelt, 1975: 1172；何俊华和陈学新，1990: 202；童新旺等，1991: 9；杜增庆等，1991: 16；陈学新和何俊华，1992: 125；申效诚，1993: 165；张永强等，1994: 232；章士美和林毓鉴，1994: 158(*dendrolinus*！)；钱范俊，1989: 23-28；王大洲，2004: 26；徐延熙等，2006: 769.
Rogas metanastriae: 吴钜文，1979a: 36；杨秀元和吴坚，1981: 315；侯陶谦，1987: 173；严静君等，1989: 286.
Rogas spectabilis: 杨秀元和吴坚，1981: 315；张贵有，1988: 26.
Rogas sp.: 柴希民等，1987: 5(枯叶蛾内茧蜂)；柴希民等，2000: 5.
Aleiodes dendrolimus: 吴钜文和侯陶谦，1990: 291.
Aleiodes esenbeckii: Chen et He, 1997: 50；何俊华等，2000: 270；陈学新等，2003: 355；陈学新和何俊华，2004: 599；何俊华和陈学新，2006: 120；Chen et He, 2006: 120.
Aleiodes (*Aleiodes*) *dendrolimi*: Lelej, 2012: 310.
红头小茧蜂：中国林业科学研究院，1983: 704, 715, 718, 824, 727；张贵有，1986: 129.

雌雄：体长 7.5~9.0mm，前翅长 6.5~7.5mm。

头：触角 53~60 节。脸有明显的横刻条和中纵脊。唇基有皱纹和缘脊。口窝宽度是脸宽的 0.34 倍。颚眼距是上颚基宽的 0.8~0.9 倍，约为复眼高的 0.25 倍。下颚须长约为头高的 1.2 倍。额稍凹，光滑，有一条明显的中纵脊。头顶略有皱纹；在复眼后方直线收窄。单眼大。POL：OD：OOL=3.4：(3.6~4.2)：6.2。背面观复眼长为上颊长的 3.2~3.8 倍；上颊在复眼后方直线收窄。复眼眼凹深；外缘与后头脊平行；下缘低于唇基腹缘。后头脊背面观稍弧状，中央有一缺凹；侧方下端近口后脊。

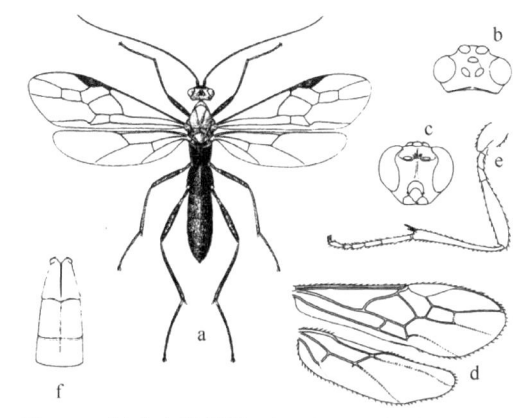

图 125 松毛虫脊茧蜂 *Aleiodes esenbeckii* (Hartig)
（a. 引自 Kamiya, 1939；其余引自 Chen & He, 1997）
a. 整体，背面观；b. 头部，背面观；c. 头部，前面观；d. 翅；e. 后足；f. 腹部第 1~3 背板，背面观

胸：长是高的 1.7~1.8 倍。前胸背板背方皮革状。中胸盾片和小盾片具细刻点；小盾片侧脊明显。中胸侧板有细弱的刻纹；基节前沟浅而阔；胸腹侧脊上端折向侧板前缘。后胸侧板中央近于光滑；侧板叶突明显。并胸腹节具中等强度的网状刻纹；无侧纵脊；中纵脊和外侧脊明显；气门椭圆形。

翅：前翅 r：3-SR=12：24；1-CU1：2-CU1：cu-a = 22：（18~21）：15；第 2 亚缘室长是高的 1.9~2.2 倍，向外略收窄。后翅 SR 脉弱；缘室在端部稍扩大；m-cu 脉存在。

足：后基节皮革状；后足胫节长距是基跗节的 0.33~0.36 倍。爪简单。

腹：第 1~2 节背板、第 3 节背板基部 2/3 有纵刻条和中纵脊；第 3 节背板端部 1/3 及以后背板光滑。第 1 节背板向基部明显收窄，长是端宽的 1.0~1.1 倍。第 2 节背板长是端宽的 0.8 倍，长是第 3 节背板的 1.3~1.4 倍。产卵管末端刀状，鞘长是后基跗节的 0.29~0.34 倍。

体色：黑色；头部、前胸、中胸和后胸红黄色；须红褐色。足暗红褐色；转节端部、胫节、各跗节分节基部色较淡。翅透明；痣褐色；翅脉红黄色至暗褐色。有的种群全红黄色。

生物学：寄主有马尾松毛虫 Dendrolimus punctatus、德昌松毛虫 Dendrolimus punctatus tehchangensis、文山松毛虫 Dendrolimus punctatus wenshanensis、赤松毛虫 Dendrolimus spectabilis、落叶松毛虫 Dendrolimus superans、油松毛虫 Dendrolimus tabulaeformis。据国外记载，寄主还有欧洲松毛虫 Dendrolimus pini、杉小毛虫（高山小枯叶蛾）Cosmotriche lunigera 和桦蛾 Endromis versicolora 等。松毛虫脊茧蜂也常被一些其他寄生蜂寄生，重寄生蜂种类较多，据国内外记载有姬蜂科（7 属 8 种）如 Astiphromma strenuum、松毛虫窄柄姬蜂 Brachypimpla latipetiolar、六环锥唇姬蜂 Caenocryptus sexannulatus、颚德姬蜂 Delomerista mandibularis、广沟姬蜂 Gelis aerator、沟姬蜂 Gelis sp.、松毛虫埃姬蜂 Itoplectis alternans epinotiae、脊腿囊爪姬蜂腹斑亚种 Theronia atalantae gestator；小蜂科（1 属 2 种）如费氏大腿小蜂 Brachymeria fiskei、次生大腿小蜂 Brachymeria secundaria；姬小蜂科如黄内索姬小蜂 Nesolynx sp.、啮小蜂 Tetrastichus spp.；旋小蜂科（3 属 3 种）舞毒蛾卵平腹小蜂 Anastatus japonicus、泡旋小蜂 Eupelmella vesicularis、Eupelmus microzonus；广肩小蜂科如广肩小蜂 Eurytoma spp.、巨胸小蜂科 Perilampus nitens；金小蜂科如巨颅金小蜂 Catolaccus sp.、咸阳黑青小蜂 Dibrachys boarmiae、红铃虫黑青小蜂 Dibrachys cavus、Mesopolobus subfumatus、哈金小蜂 Habrocytus sp.、灿金小蜂 Trichomalopsis sp.；长尾小蜂科如铜色齿腿长尾小蜂 Monodontomerus aeneus、黄柄齿腿长尾小蜂 Monodontomerus dentipes、日本齿腿长尾小蜂 Monodontomerus japonicus、苹褐卷蛾长尾小蜂 Monodontomerus obsoletus。

四川 1 年发生 2 代，均以老熟幼虫在寄主体内结茧越冬（也有记载在南京以蛹在寄主体内越冬）。1 年 1 代越冬的老熟幼虫，翌年春天 4 月下旬在寄主体内开始化蛹，蛹期延至 5 月下旬；5 月中旬至 6 月中旬羽化。成虫在自然界经过长期生活，直到 7 月下旬至 8 月上旬开始产卵寄生于松毛虫幼虫，卵期一直延续到 9 月中旬；9 月上旬孵化幼虫，至 10 月下旬幼虫老熟，即在寄主体内结茧越冬。1 年发生 2 代的，以第 2 代老熟幼虫在寄主体内越冬。翌年 3 月下旬开始化蛹；4 月上旬开始羽化，5 月上旬为羽化盛期，5 月中旬羽化结束。6 月中旬产卵寄生；6 月底开始见蛹；7 月上旬开始羽化，下旬为羽化盛期，8 月上旬羽化结束。8 月中旬又见产卵寄生，至 10 月幼虫老熟越冬。

标本记录：1♂，黑龙江海林山市，1974，张贵有，寄主：落叶松毛虫，No. 740052；3♀1♂，吉林东辽，1985，聂生隆，寄主：落叶松毛虫，No. 853326；1♀1♂，吉林省吉林市，1986.V.24，曾海峰，寄主：落叶松毛虫，No. 863808；3♀2♂，辽宁清原，1954.VI.20，刘友樵，寄主：落叶松毛虫，No. 5429.13；1♀1♂，北京密云，1983.II.3，吴钜文，寄主：油松毛虫，No. 840753；42♀28♂，山东济南，1987.IV.29 至 V.24，田淑贞，寄主：赤松毛虫，No. 870461、870602、870999；8♀12♂，山东临朐，1979.IV~V，范迪，沂山林场，寄主：赤松毛虫，No. 790554、790577、790578；2♂，山东昆嵛山，1953.V.2，邱守思，寄主：赤松毛虫，No. 5310.1、65027.3；3♀1♂，陕西蓝田，1978.XI.19，寄主：油松毛虫，No. 870345；1♀，陕西凤县，2013.VIII.20，涂彬彬，No. 201308534；4♀2♂，浙江余杭，1962.VIII.18，林科所，寄主：松毛虫，No. 62010.5；2♂，浙江长兴，1935.V.24、1936.V.22，祝汝佐，寄主：马尾松毛虫；4♂，浙江长兴，1982.VI.10，祝汝佐、吕文柳，寄主：马尾松毛虫，No. 815674、815675、820731；2♀，浙江东阳，1980.IX~X，周洪兴，灯下，No. 803515；2♀，浙江衢州，1986.IV 至 1987.V.2、1987.V.3、1987.V.20，何俊华，寄主：马尾松毛虫，No.

870479、870480、870485、870486；2♀3♂，湖南东安，1954.V，祝汝佐、何俊华，寄主：马尾松毛虫，No. 5635.7、5711.1；1♂，湖南东安，1954.V，祝汝佐、何俊华，寄主：马尾松毛虫，No. 5711.1；2♂，湖南桃江，1954.I，彭建文，越冬寄主：松毛虫，No. 5637.1；4♀3♂，四川，1980.VII.下旬至VIII.上旬，省林科所，寄主：油松毛虫，No. 801903、802670；2♀，福建福州，1948.V，赵修复，寄主：松毛虫，No. 4801.4；3♀1♂，广东广州，1955.VIII.20、1965.III.11、1980、1981，邱念曾等，寄主：马尾松毛虫，No. 5552、810043、816246、860869；1♂，广东广州，1955.XII.13，广东省农科院，寄主：马尾松毛虫，No. 5552.5。

分布：黑龙江、吉林、辽宁、北京、河北、山东、河南、陕西、新疆、江苏、浙江、安徽、江西、湖北、湖南、四川、台湾、福建、广东、广西、贵州、云南；德国，朝鲜，日本，蒙古国，意大利，苏联，奥地利，阿富汗，匈牙利等。

注：①中名别名有松毛虫内茧蜂、松毛虫红头小茧蜂、红头小茧蜂。②生物学主要录自萧刚柔（1992：1214）。

（78）淡脉脊茧蜂 *Aleiodes pallidinervis* (Cameron, 1910) （图126）

Rhogas pallidinervis Cameron, 1910: 97; Watanabe, 1937: 65.
Rogas pallidinervis Watanabe, 1957: 46; Shenefelt, 1975: 1241.
Heteroamus pallidinervis (Cameron): Belokobylskij, 1996: 31.
Aleiodes pallidinervis (Cameron): Chen *et* He, 1997: 57; 何俊华等, 2000: 243.

体长 7.8～9.2mm，前翅长 7.4～8.1mm。

头：触角约65节。背面观复眼为上颊长度的2.6倍；上颊在复眼后直，明显收窄。后头脊完整，腹方与口后脊会合。POL：OD：OOL=2：4：4，颚眼距为上颚基宽的1.2倍，侧面观为复眼长度的0.31倍。

胸：前胸背板侧面前方中央具平行皱状刻纹，其余具刻纹。中胸盾片和小盾片具刻纹；盾纵沟窄，浅，后方会合。中胸侧板具刻纹；基节前沟近中央存在，很浅，具粗短刻条。后胸侧板具皱纹。并胸腹节中纵脊完整，具不规则刻纹，侧脊后缘明显，呈钝瘤突。

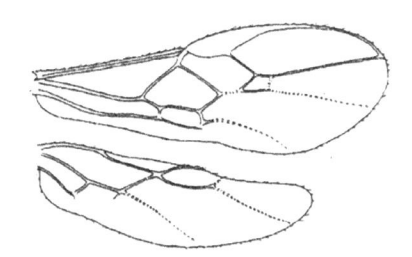

图126 淡脉脊茧蜂 *Aleiodes pallidinervis* (Cameron)前后翅（引自 Chen & He，1997）

翅：前翅 r：3-SR：SR1=16：7：53；SR1脉端部弯曲；2-SR：3-SR：r-m=12：7：8；1-CU1：2-CU1=10：22；cu-a脉内斜；1-CU1脉斜。后翅 M+CU：1-M=27：20；缘室在r脉处收窄；2-SC+R脉四边形；cu-a脉垂直；m-cu脉长。

足：跗爪腹面具细密的栉齿；后足胫节长为其基跗节的0.33倍。

腹：腹部第1节背板长是端宽的1.1倍，端侧角稍突出；基区光滑。第2节背板基区大，光滑。第1、2节背板和第3节背板基半具明显的皱状纵刻条及中纵脊，第3节背板端半及以后背板光滑。第2、3节背板具锐的侧褶。产卵管鞘长是前翅的0.06倍。

体色：体褐黄色，触角（除基部2节外）、后足腿节、胫节端部和跗节、产卵管鞘褐色；爪褐色，栉齿黄色。翅面带黄色，翅痣和翅脉全黄色。湖北、广西、贵州、四川的标本中胸盾片侧叶、中胸侧板和腹板、后胸侧板、并胸腹节、整个腹部和足黑褐色，为黑色变型（black form）。

生物学：寄生于松毛虫 *Dendrolimus* sp.（重庆），据记载还有折带黄毒蛾 *Euproctis flava*。

标本记录：1♀，重庆，1956，朱文炳，寄主：松毛虫，No. 801695。

分布：重庆、吉林、浙江、湖北、湖南、四川、广西、贵州；日本。

小蜂总科 Chalcidoidea

一般体长仅0.2～5mm，少数种类可达16mm。头部横形；复眼大；单眼3个，位于头顶。触角大多膝状，由5～13节组成；鞭节可分为环状节1～3节、索节1～7节、棒节1～3节，多少膨大。前胸背板后上方（肩角）不伸达翅基片，之间为胸腹侧片相隔。小盾片发达，其前角有三角片。通常有翅，静止时重叠，偶有无翅或短翅种类；翅脉极退化，前翅无翅痣，由亚前缘脉、缘脉、后缘脉、痣脉组成，缘脉前斜离翅缘部分称缘前脉，有将缘前脉与亚前缘脉合称为亚前缘脉的；前缘脉远细于亚前缘脉，已看不出。足转节2节。腹部腹板坚硬骨质化，无中褶。产卵管从腹部腹面末端前面伸出，具有一对与产卵管伸出部分等长的鞘（图127）。

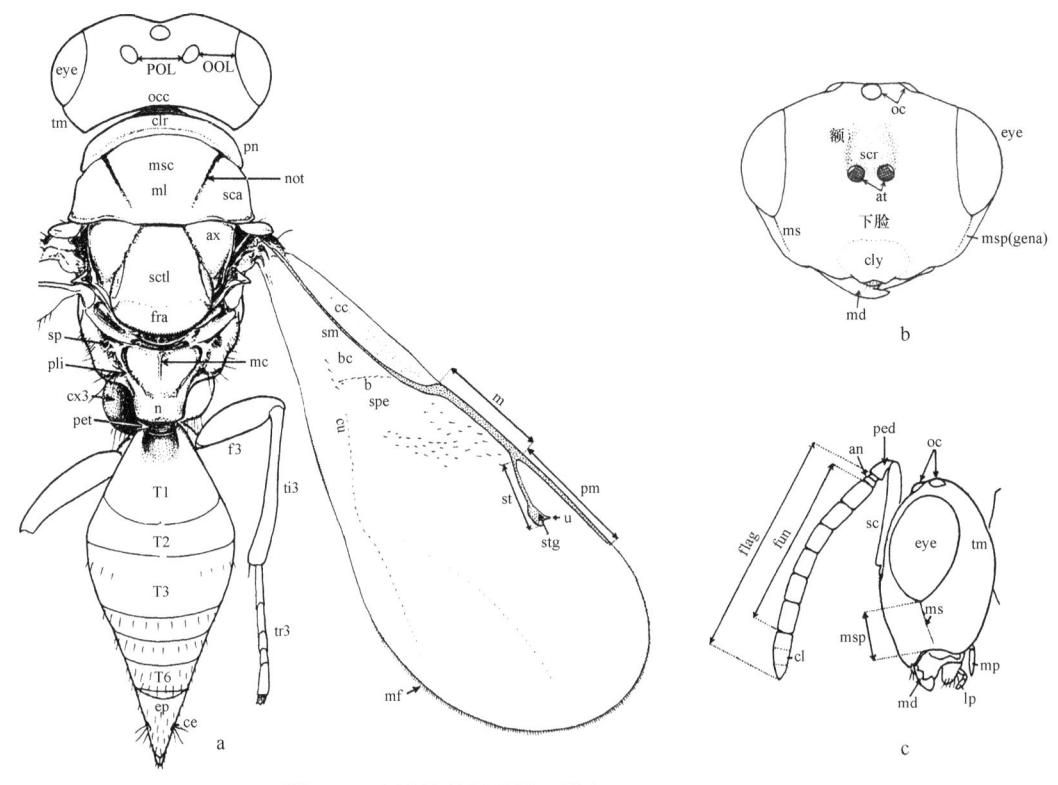

图 127 小蜂总科概形图（引自 Boucek，1988）
a. *Meadicylus dubius* 整体图；b. 蝶蛹金小蜂 *Pteromalus puparum* 头部，前面观；c. 蝶蛹金小蜂 *Pteromalus puparum* 头部，侧面观
an. 环状节；ax. 三角片；at. 触角窝；b. 基部毛带；bc. 基室；cc. 缘室；ce. 尾须；cl. 棒节；clr. 领；cly. 唇基；cu. 肘脉；cx3. 后足基节；ep. 腹端背拱；eye. 眼；f3. 后足腿节；flag. 鞭节；fra. 小盾片沟后区；fun. 索节；lp. 唇须；m. 缘脉；mc. 中脊；md. 上颚；mf. 缘缨；ml. 中胸盾片中叶；mp. 颚须；ms. 颚眼沟（颊沟）；msc. 中胸盾片；msp. 颚眼距；n. 并胸腹节颈部；not. 盾纵沟；oc. 单眼；occ. 后头；OOL. 单复眼间距；ped. 梗节；pet. 腹柄；pli. 褶；pm. 后缘脉；pn. 前胸背板；POL. 侧单眼间距；prp. 并胸腹节；sc. 柄节；sca. 中胸盾片侧叶；scr. 触角洼；sctl. 小盾片；sm. 亚前缘脉；sp. 气门；st. 痣脉；stg. 痣（结）；T1～T6. 腹部第1～6节背板；t. 翅基片；ti3. 后足胫节；tm. 上颊；tr3. 后足跗节；u. 爪形突

小蜂总科是寄生性膜翅目中一个很大的总科，其种数与姬蜂总科不相上下。其分布于全世界，但在热带地区，似乎更具多样性。

小蜂总科生物学上的变化比任何其他的寄生蜂总科都大，绝大部分种类为寄生性，但有几个科的一些种为植食性。有些小蜂的幼虫为捕食性。寄生性小蜂习性非常复杂：有容性寄生，也有抑性寄生；有单寄生，也有聚寄生；有外寄生，也有内寄生；有初寄生，也有二重寄生，少数或三重寄生；有正常雌雄交配生殖，也有孤雌生殖、多胚生殖；有膜翅型的幼虫，也有闯蚴型的幼虫；有些种的寄主范围很广，而有些种却非常专一。从寄主的卵、幼虫到蛹甚至成虫（特别是金小蜂科的几个类群）都可被不同的小蜂种类所寄生。

卵产在寄主体内或体外，有时具柄。第1龄和末龄幼虫的头部构造变化很大。有时可根据第1龄幼虫若干特征鉴别至科。不过，这些特征通常只表明对环境的适应性，不足以说明缘系关系。蛹为裸蛹。除裹尸姬小蜂属Euplectrus有由马氏管生成的特殊物质从肛门排出"丝状"物质结成稀疏网茧外均不结茧。个别小蜂为复变态。

小蜂的寄主范围极其广泛，包括几乎所有的昆虫纲内翅部的各个目，以及许多外翅部昆虫和蛛形纲Arachnida的种类。小蜂总科是膜翅目中种类较多、分类最困难的类群之一。在我国寄生或重寄生于松毛虫的有10科，将分别予以介绍。

据国外记载在俄罗斯（西伯利亚）和欧洲有巨胸小蜂科Perilampidae的彩巨胸小蜂 Perilampus nitens Walker寄生于赤松毛虫，估计是松毛虫上的姬蜂和寄蝇的重寄生蜂。此科小蜂习性很特殊，常为鳞翅目和膜翅目中广腰亚目的重寄生蜂，寄生于在其体内生活的姬蜂和寄蝇幼虫。偶有产卵于叶表或部分插入组织。卵数成千上万，孵化后，以闯蚴等待寄主。从寄蝇或姬蜂中育出的，并非直接寄生，而是闯蚴进入第一寄主（如松毛虫）幼虫后，再钻入其寄生物（如寄蝇或姬蜂）幼虫，若第一寄主体内无寄生物，常等待有寄生物后才钻入其幼虫体内。进入寄生物体内的小蜂并不马上发育，需等到寄生物化蛹或第二年春天，闯蚴才蜕皮，作为外寄生。

小蜂总科分科检索表

1. 跗节3节；触角短，索节最多2节；前翅后缘脉退化，有的属翅上刚毛呈放射状排列；体长约0.5mm ··· 赤眼蜂科 **Trichogrammatidae**
- 跗节4或5节；其他特征不全相同 ··· 2
2. 后足基节扁平膨大；翅长过腹部末端，呈楔状或前后缘近于平行；雄蜂触角索节4节，其1～3节常有分支，雌蜂索节3节；体呈铁黑色或具黄色斑纹 ··· 扁股小蜂科 **Elasmidae**
- 后足基节不扁平膨大；其他特征不完全一致 ··· 3
3. 后足腿节特别膨大，腹面具齿，后足胫节弧状弯曲；体中至大型，强度骨化，无金属光泽；前翅不纵褶；产卵管不显著；体长多为2～5mm；腹部几乎无黄色斑纹 ··· 小蜂科 **Chalcididae**
- 后足腿节正常，如极少数膨大并具齿，则后足胫节直且后足基节至少3倍长于前足基节；体细长，有金属光泽 ······· 4
4. 后足基节比前足基节一般至少大3倍；前胸背板大；盾纵沟完整；前翅后缘脉发达，痣脉通常短，末端一般肥厚膨大；胸部密布刻点，刻点间的部分呈网状刻纹或皱状刻纹，稍有光泽；盾纵沟多少深；腹部有光泽，具微细刻点；产卵管一般长；体多少细 ··· 长尾小蜂科 **Torymidae**
- 后足基节仅比前足基节稍大；胸部不特别发达，不显著隆起；其余特征不完全一致 ·· 5
5. 前胸背板背面呈长方形，大；体无金属光泽，黑色，有时带黄斑；胸部常有粗刻点，盾纵沟完整；雄蜂腹部圆有长柄，触角索节有直的长毛，雌蜂腹部长卵圆形，多少侧扁，末端呈梨头状 ·· 广肩小蜂科 **Eurytomidae**
- 前胸背板背面狭，至少在中央狭；体或有金属光泽；胸部网状刻纹细；腹部一般不隆起；体长一般大于1mm；腹部多少具柄；触角除环状节外大多超过8节，但个别例外；后缘脉及痣脉其一发达或两者均发达 ································ 6
6. 跗节4节；触角除环状节外最多9节；索节至多4节，雄蜂常有分支；三角片前端常前伸，超过翅基连线；多数种有明显的盾纵沟；前足胫节距直 ··· 姬小蜂科（寡节小蜂科）**Eulophidae**
- 跗节5节，少数4节，如为4节，则触角至少11节或缘脉、后缘脉及痣脉均不明显；触角经常超过10节；索节一般多于4节，雄蜂不分支；三角片前端常不超过翅基连线；小盾片一般无纵沟；前足胫节距明显弯曲 ····································· 7
7. 中胸侧板不完整，有凹陷的沟；中足胫节距正常；前胸背板小，不呈钟状，后缘明显；盾纵沟完全或不完全；跗节常为5节 ··· 金小蜂科 **Pteromalidae**
- 中胸侧板完整膨起（雄性旋小蜂分割）；中足胫节距特别发达，长且大 ·· 8
8. 整个中胸背板逐渐圆形隆起，或扁平；常无明显的盾纵沟；三角片横形，一般与小盾片前方形成一弧线；触角无环状节，索节不多于 6 节；前翅缘脉常短 ··· 跳小蜂科 Encyrtidae
- 整个中胸背板不均匀隆起，往往有凹陷或平整；具不明显的盾纵沟；三角片向后延长；触角环状节 1 节，索节 7 节；前翅缘脉长 ·· 旋小蜂科 Eupelmidae

国外有 1 科，国内未见，检索表中未列入。

四、小蜂科 Chalcididae

体长 2~9mm。体坚固；多为黑色或褐色，并有白色、黄色或带红色的斑纹，无金属光泽。头部和胸部常具粗糙刻点；触角 11~13 节，棒节 1~3 节，极少数雄性具 1 环状节。胸部膨大，盾纵沟明显。翅不纵褶；痣脉短。后足基节长，圆柱形；后足腿节相当膨大，在外侧腹缘有锯状或车轮状齿；后足胫节向内呈弧形弯曲；跗节 5 节。腹部一般卵圆形或椭圆形，有短的或长的腹柄。产卵管多数不伸出。

所有种类均为寄生性。多数种类寄生于鳞翅目 Lepidoptera 或双翅目 Diptera，少数寄生于鞘翅目 Coleoptera、膜翅目 Hymenoptera 和脉翅目 Neuroptera，也有寄生于捻翅目 Strepsiptera 和粉蚧 *Pseudococcus* sp.的报道。均在蛹期完成发育和羽化，常产卵于幼虫期或预蛹期。但寄生于水虻 *Stratiomys* 的小蜂 *Chalcis* sp.，产卵于寄主卵中。多为初寄生，但也有不少种是作为重寄生蜂而寄生于蜂茧内或寄蝇围蛹内的。一般为单寄生，但少数为聚寄生种类。

小蜂科是中等大小的科，分布于全世界，但多数在热带地区，目前已知小蜂亚科 Chalcidinae、角头小蜂亚科 Dirhininae、脊柄小蜂亚科 Epitraninae、截胫小蜂亚科 Haltichellinae 和 Smicromorphinae 5 亚科 70 余属 1000 余种。过去常见的大腿小蜂亚科 Brachymeriinae 现已并入小蜂亚科作为一族。我国已知前 4 亚科的 20 属 166 种（刘长明，1996），但许多种还有待正式发表。

小蜂科 Chalcididae 分属检索表

1. 后足胫节末端斜截，在跗节着生处之后形成一粗短的刺（有时刺较钝），刺的末端与跗节着生处之间仅具一距（常不明显） ··· 2
- 后足胫节末端几乎为直的平截，或有些轻微的弯曲，末端具 2 距（截胫小蜂亚科 Haltichellinae）；前翅缘脉在翅前缘上，后缘脉明显发达（偶尔较短），痣脉明显；胸部多数无光泽，刻点间一般窄且具网纹（截胫小蜂族 Haltichellini） ······ 4
2. 头部复眼与触角洼间的额面向前强凸，形成 2 个特有的具缘角状突；前翅缘脉特长，但后缘脉和痣脉退化；腹部腹柄有细线；后足腿节腹缘具排列整齐的小齿，呈圆滑拱起（角头小蜂亚科 Dirhininae）······························· 角头小蜂属 *Dirhinus*
- 头部额面无特别的突起；其他特征亦不同 ·· 3
3. 触角着生处相对较高，无特别的唇基板；前翅缘脉相对较短，后缘脉发达（小蜂亚科 Chalcidinae）；腹柄一般很短，背面观看不见；并胸腹节气门一般在近水平的倾斜方向上拉长；额颊沟明显，这一位置通常具明显的隆线；前翅后缘脉一般长于痣脉（大腿小蜂族 Brachymeriini）；头部和胸部密布粗糙的具毛刻点 ······································· 大腿小蜂属 *Brachymeria*
- 触角着生于颜面很低位置，在突出于口器之上的唇基板基部；前翅缘脉很长，后缘脉缺，痣脉退化；腹柄细长且具细隆线；柄后腹向下凸出（脊柄小蜂亚科 Epitraninae）·· 脊柄小蜂属 *Epitranus*
4. 颜面无马蹄形隆线，如果有细线则向上不会弯至中单眼后 ··· 霍克小蜂属 *Hockeria*
- 颜面具一强马蹄形隆线，该隆线是从中单眼后发出，与眶前脊相连后而形成 ·· 5
5. 后足腿节腹缘为单叶突或双叶突或无明显的叶突；前胸背板延伸至近背中部，在背中部形成 1 对或强或弱的瘤突 ········· ·· 凹头小蜂属 *Antrocephalus*
- 后足腿节腹缘呈特有的三叶状突；前胸背板的前沟缘脊不明显或仅限在侧面 ·························· 凸腿小蜂属 *Kriechbaumerella*

小蜂亚科 Chalcidinae

46. 大腿小蜂属 *Brachymeria* Westwood, 1829

Brachymeria Westwood, in Stephens, 1829: 36.

属征简述：头部侧面观卵圆形。复眼大。触角洼深，周缘隆起；额面颇平。后头顶部无隆线；颚眼沟明显，常具眶前脊和眶后脊。触角较短；着生处位于复眼下缘连线上或连线上方；柄节和梗节较短，环状节很薄。胸部具脐状刻点。小盾片末端圆钝或呈凹缘。前翅后缘脉近于缘脉长的一半，通常为痣脉长的 2 倍，总是长于痣脉。雌性后足基节有时内侧具齿；后足腿节发达，腹缘外侧具 5~16 个齿；有的种类具内侧基齿。腹部无柄，柄后腹 7 节；第 1 节背板总是最长的一节，一般占柄后腹的 1/3~1/2；第 6 节背板具 1 对气门。产卵管鞘一般不甚突出。

生物学：本属绝大多数寄生于全变态昆虫的蛹，特别是鳞翅目，一些种类也寄生于鞘翅目、膜翅目和双翅目，但有些是产卵于老熟幼虫或预蛹体内而在蛹期羽化。多数营单一的初寄生，也有一些营专性寄生或偶尔为重寄生，寄生于姬蜂、茧蜂及寄蝇等一些初级寄生物。

分布：全世界广泛分布，但多数种类分布在温带和热带（约 200 种）。刘长明（1996）研究指出已知我国大腿小蜂属约有 46 种。原寄生于或重寄生于松毛虫的大腿小蜂国内已报道 10 种。

在国内，有报道大腿小蜂 *Brachymeria* sp.寄生于松毛虫，但因无形态描述，也未见标本，无法进一步介绍。例如，福建林学院森林保护教研组（1976: 21）报道在福建、谈迎春等（1989: 134）报道在浙江寄生于马尾松毛虫；倪乐湘等（2000: 43）和钟武洪等（2000: 56）报道在湖南寄生于马尾松毛虫蛹；柴希民等（1987: 12）报道在浙江、钱范俊（1987: 356）报道在江苏寄生于黑足凹眼姬蜂 *Casinaria nigripes*；张贵有（1988: 27）报道在吉林寄生于松毛虫脊茧蜂；何允恒等（1988: 22）报道在北京、王书欣等（1993: 20）报道在河南寄生于油松毛虫；陈昌洁（1990: 195）报道寄生于油松毛虫幼龄幼虫的一种绒茧蜂；萧刚柔（1992: 942）报道大腿小蜂寄生于黄斑波纹杂毛虫 *Cyclophragma undans fasciatella*。湖北省罗田县林业科学研究所（1979: 24）报道寄生于松毛虫的大腿小蜂 *Brachymeria* sp.，据其生物学实为松毛虫凸腿小蜂 *Kriechbaumerella dendrolimi* 之误。

据报道，在捷克、斯洛伐克 *Brachymeria intermedia* Nees 和在欧洲 *Brachymeria tibialis* (Walker)均寄生于欧洲松毛虫 *Dendrolimus pini*，该蜂在我国尚未发现，将不予介绍。

大腿小蜂属 *Brachymeria* 分种检索表

1. 腹部明显较长，末端往往强烈伸展（雄蜂腹部正常）（新大腿小蜂亚属 *Neobrachymeria*）；头具眶后脊，后足腿节黑色，末端具黄斑，胫节基部及中部黑色 ··· 金刚钻大腿小蜂 *B (N.) nosatoi*
- 腹部通常较短于头、胸部之和，结实紧凑，末端呈截形或亚截形，偶尔略伸长 ····································· 2
2. 后足基节内侧具齿或结状突；小盾片无凹缘；眶后脊达后颊缘；后足胫节除基部黑色外绝大部分均为黄色；第 1 腹节背板不粗糙，第 2 节背板则具明显的刻点 ··· 广大腿小蜂 *B. lasus*
- 后足基节内侧不具齿，亦无任何结状突 ··· 3
3. 小盾片后缘圆，不凹入 ··· 4
- 小盾片后缘中央凹入，侧方有小齿突或小叶突 ··· 9
4. 眶后脊缺或不完整 ··· 5
- 眶后脊明显或较弱 ··· 6
5. 后足胫节黑色，亚基部（或基部）及端部背半各具一黄斑；触角洼较深，表面光滑发亮；触角柄节接近中单眼 ·· 无脊大腿小蜂 *B. excarinata*
- 后足胫节黑色，末端具褐色斜斑；触角洼下方无明显的光滑区；触角柄节不达中单眼 ········· 芬纳大腿小蜂 *B. funesta*

6. 后足胫节有黄斑；触角洼和柄节均不伸达中单眼 ··· 7
- 后足胫节和跗节暗褐色，或仅胫节末端稍红色；触角洼和柄节或伸达中单眼 ································ 8
7. 触角鞭节黑色；小盾片的刻点相对小而多，中央横列 16~17 个；腹部第 1~3 节背板均具极细刻点；体长 3.2~4.2mm ·· 次生大腿小蜂 **B. secundaria**
- 触角鞭节背面黑褐色，腹面黄褐色；小盾片的刻点相对大而少，中央横列约 10 个；腹部第 1 节背板光滑，第 2 节背板除基部光滑外具极细刻点；体长 1.5mm ·· 绒茧蜂大腿小蜂 **B. sp.**
8. 触角洼宽为复眼间宽的 0.50 倍；眶前脊明显；翅基片黑色；体长 5mm ······················ 黑胫大腿小蜂 **B. sp.**
- 触角洼宽为复眼间宽的 0.64 倍；眶前脊弱；翅基片黄色；体长 4.8mm ························ 常山大腿小蜂 **B. sp.**
9. 触角红褐色；后足胫节基部 1/3 和端部 1/3 黄白色，中段黑色；触角洼 U 形，上方稍窄，中央稍宽，其宽为复眼间宽的 0.5 倍，伸达中单眼；触角柄节伸达中单眼；腹部第 3、4 节背板中央具极细刻点；体长 4.0mm ············· 红角大腿小蜂 **B. sp.**
- 触角黑色，仅柄节全部或腹方带浅黄褐色 ··· 10
10. 后足胫节外侧浅黄色；触角洼 U 形，上方 1/3 渐收窄，下方 2/3 平行，其宽为复眼间宽的 0.4 倍；触角柄节不达中单眼；腹部第 1 背板光滑，第 2 节背板基部 1/4 具明显刻点，点距为点径的 1.0~1.5 倍，端部 2/3 具极细刻点；体长 6.2mm ··· 黄胫大腿小蜂 **B. sp.**
- 后足胫节全部黑色或部分黑色部分黄色 ·· 11
11. 后足腿节黑色，端部有较小的暗色斑；后足胫节全部黑色，末端背面或具红色小斑；触角洼光滑，上端伸达中单眼；小盾片中央刻点间具纵向光滑窄脊；体长 3.2~4.2mm ··· 黑暗大腿小蜂 **B. lugubris**
- 后足腿节黑色或红色，端部黄白色，或基部和端部 2/3 黑褐色，其间黑色；触角洼上端伸达中单眼 ·············· 12
12. 后足腿节基部和端部 2/3 黑褐色，其间黑色；后足胫节黑色，端部黄褐色；翅基片黑褐色，基部黑色；触角洼梨形；体长 6.0mm ··· 东安大腿小蜂 **B. donganensis**
- 后足腿节黑色或红色，端部黄白色；翅基片黄白色；触角洼近圆形或近方形或稍长方形 ·························· 13
13. 后足腿节内侧基部的齿不突出；后足腿节黑色，端部黄色；后足胫节黑色，基部和端部黄色或暗红色，或全部暗红色；小盾片中央刻点间具纵向光滑窄脊；腹部第 1 节背板光滑，第 2 节背板基部具稀疏较大刻点，其后部具极细刻纹；体长 7.1~7.3mm ·· 费氏大腿小蜂 **B. fiskei**
- 后足腿节内侧基部的齿突出；后足腿节黑色或较浅暗红色，端部黄（白）色；后足胫节亚基部和端部浅黄（白）色，基部和中部黑色或红褐色（麻）或暗红色；腹部第 1 节背板光滑，第 2 节背板具密集而细小的刻点或刻纹 ············· 14
14. 后足腿节长为宽的 1.7 倍或略短，背缘圆滑；后足基节黑色；后足腿节通常黑色，末端具黄斑；后足胫节亚基部和端部浅黄色，基部和中部黑色或红褐色 ·· 麻蝇大腿小蜂 **B. minuta**
- 后足腿节长为宽的 1.9 倍或更长，背缘中央稍突起；后足基节通常暗红色；后足腿节通常红色，末端具黄斑或白斑；后足胫节亚基部和端部浅黄白色，基部和中部通常暗红色；体长 4.4~6.4mm ················· 红腿大腿小蜂 **B. podagrica**

(79) 东安大腿小蜂 *Brachymeria donganensis* Liao et Chen, 1983（图 128）

Brachymeria donganensis: Liao et Chen(廖定熹和陈泰鲁), 1983: 271; 何俊华和徐志宏, 1987: 39; 柴希民等, 1987: 7; 严静君等, 1989: 246; 盛金坤, 1989: 11; 陕西省林业科学研究所和湖南省林业科学研究所, 1990: 79; 陈昌洁, 1990: 195; 童新旺等, 1991: 9; 湖南省林业厅, 1992: 1270; 刘长明, 1996: 265.

雌：体长 6.0mm。

头：头部稍窄于胸部。颜面近方形，具粗刻点雕纹，毛细长，并有光泽。触角洼中部宽，顶部达中单眼；触角洼下方至唇基间有隆起光滑小区。颜面眶前脊下部隆起明显，颜颊缝端部 2/3 隆起。眶后脊伸达颊后缘；颊区下部具雕纹刻点和细毛，并有光泽。头顶和后头上刻点也较粗大。

胸：胸部刻点粗大。盾侧沟明显；小盾片较平缓，后部陡切，再向后平展，端部内凹呈 2 叶，边缘稍向上翘。前翅亚前缘脉、缘脉、后缘脉、痣脉长度之比=8：3.2：0.8：0.5。后足基节腹面刻点细密，后足腿节外侧腹缘具齿 9 个。

腹：腹部圆锥形。第 1、2 节背板中部光滑；第 3~5 节背板后方具粗细两类刻点：基部光滑，两侧具带鬃毛刻点；第 6 节背板具鱼鳞状刻点。产卵器露出体外。

体色：体黑色。触角黑色，但棒节端部褐色。复眼黑褐色，上颚端部红褐色。翅基片黑褐色，基部黑色。前足胫节黄褐色，中部背面褐色；腿节端部 1/4 和中足胫节两端及跗节黄褐色；爪褐色；后足腿节基部有黑褐色斑，端部 2/3 黑褐色，胫节端部黄褐色。

雄：未知。

生物学：寄主为马尾松毛虫（蛹）。

标本记录：作者无本种标本，也未见本种标本。

分布：湖南（东安）。

注：刘长明（1996: 265）指出，据原描述，本种与红腿大腿小蜂 *B. podagrica* 近似，触角柄节黑色；翅基片色较深；后足基节黑色；后足腿节基部有斜向的黑褐色斑；后足胫节基部无黄白色斑；中胸盾片和小盾片中部的刻点间隙小于刻点直径。但红腿大腿小蜂一个重要的特征为后足腿节腹缘内侧基部具一明显的齿突，原描述中未述及有无。若后足腿节腹缘内侧基部无齿突，则更接近黑暗大腿小蜂 *B. lugubris*，与后者的主要区别为后足腿节基部有斜向的黑褐色斑；小盾片中部的刻点间隙小于刻点直径，无明显的中纵脊。

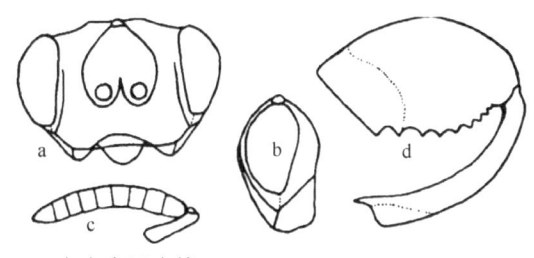

图 128 东安大腿小蜂 *Brachymeria donganensis* Liao *et* Chen
（引自 廖定熹和陈泰鲁，1983）
a. 头部，前面观；b. 头部，侧面观；c. 触角；d. 后足腿节和胫节

（80）无脊大腿小蜂 *Brachymeria excarinata* Gahan, 1925（图 129）

Brachymeria excarinata Gahan, 1925: 90; Habu, 1960: 201; Habu, 1962: 61; Joseph *et al.*, 1973: 163; 何俊华，1979: 12, 50; 赵修复，1982: 311; 廖定熹等，1987: 30; Lin, 1987: 218; Narendran, 1989: 270; 张永强等，1994: 237; 刘长明，1996: 244.

雌：体长 3.0~4.9mm。

头：与胸部等宽。额面刻点间隆起但不光滑；下脸及颊区刻点很弱，刻点间隆起颇无规则；下脸中区光滑无刻点。触角洼较深，表面光滑发亮，周缘有脊，上端达中单眼，其最宽处约占复眼间距的 3/5。眶前脊中段多少较明显；眶后脊缺。触角间突较窄；触角窝位于复眼下缘连线的上方。触角柄节接近中单眼。颚眼距长于柄节的 1/2，柄节长与复眼宽接近。侧面观头高约为长的 1.9 倍；复眼长为颚眼距的 3.6 倍。背面观侧单眼卵圆形，POL 为 OOL 的 0.4~0.5 倍。触角柄节近中部膨大，长约为最宽处的 4.1 倍，稍短于第 1~4 索节之和；梗节明显短于第 1 索节，长略大于宽；环状节很短，横形；索节长度依次渐短渐宽；第 1、7 索节长分别为宽的 1.3 倍和 0.7 倍；棒节末端平截，与末索节等宽但长为末索节的 2.1 倍。

胸：长为宽的 1.3 倍，长为高的 1.2 倍。胸部具密集刻点，刻点间具细微刻纹。前胸背板上的前背隆线仅限在侧面 1/3 处。中胸盾侧片的刻点较其他部位的小些，而点距略大。小盾片略拱，长宽约相等，后部倾斜，后缘平展且略上翘，末端平或圆弧形，无齿突；其上刻点稍大，刻点间隙皱纹相对较弱或不明显。并胸腹节向后强度倾斜，小室一般近于光滑。

翅：前翅长约为宽的 2.5 倍；有时亚前缘脉与缘前脉相交处有些缢缩。缘脉略长于亚前缘脉的 1/2，后缘脉为缘脉的 1/3，痣脉约为后缘脉的 1/3。

足：后足基节长约为后足腿节的 2/3，腹面具密集的刻点、浓密的绒毛及明显的微纹，背面光滑，在腹面内侧无瘤突。后足腿节长为宽的 1.7 倍，外侧具密集小刻点、网纹和毛；后足腿节内侧的刻点更稀更明显，毛较稀，无明显刻纹；腿节腹缘内侧基部无齿突，腹缘外侧具 12 个齿左右，一般以中段及基部第 1 齿较大。

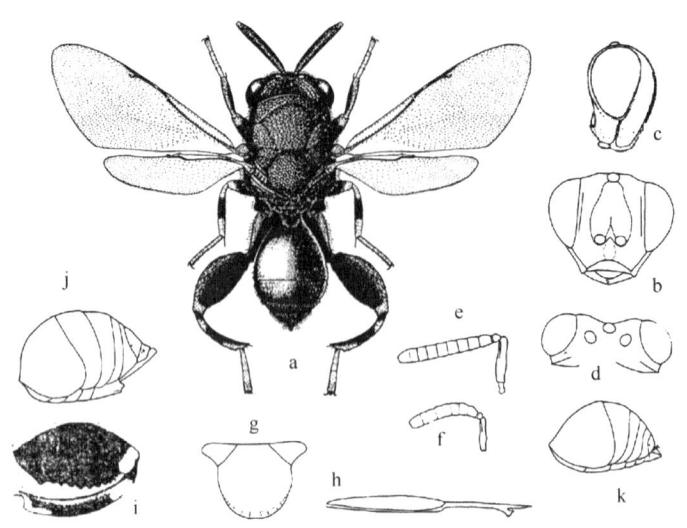

图 129　无脊大腿小蜂 Brachymeria excarinata Gahan（a, i. 引自 何俊华, 1979; 其余引自 刘长明, 1996）
a. 整体, 背面观; b. 头部, 前面观; c. 头部, 侧面观; d. 头部, 背面观; e. 触角, ♀; f. 触角, ♂; g. 小盾片, 背面观; h. 前翅翅脉; i. 后足腿节和胫节; j. 腹部, 侧面观, ♀; k. 腹部, 侧面观, ♂

腹: 腹部长于胸部, 最宽处约在中央。第 1 节背板光滑发亮, 长约占柄后腹的 1/3; 第 2 节背板背面具密集而细小的刻点, 两侧毛密; 第 3 节背板前方 2/3 光滑, 后方 1/3 具密集刻点和毛; 第 6 节背板具较大较密的刻点和明显的微皱。背面观产卵管鞘露出。

体色: 体黑色, 具浓密的银色毛。触角黑色, 有时棒节有些褐色; 翅基片、前足和中足腿节端部、胫节（中部常具黑斑）和跗节, 以及后足腿节端部、胫节亚基部和端部的背半部及跗节黄色; 前、后翅翅面密布浅褐色毛, 透明, 翅脉褐色。

雄: 与雌蜂相似。体长 2.0～3.6mm。

生物学: 浙江大学标本标签中有从马尾松毛虫幼虫育出的, 按寄生习性大腿小蜂不会完全寄生于幼虫, 且个体相差很大也无法存活, 估计是从松毛虫幼虫上的寄生蜂或寄蝇中育出的; 张永强等（1994: 237）报道了寄生于松毛虫的一种寄蝇蛹。本种通常寄生于鳞翅目 Lepidoptera 螟蛾科 Pyralidae 的稻纵卷叶螟 *Cnaphalocrocis medinalis*、菜蛾科 Plutellidae 的小菜蛾 *Plutella xylostella*、花卷蛾科 Eucosmidae 的梨小食心虫 *Grapholitha molesta*、麦蛾科 Gelechiidae 的 *Anacampsis metagramma*、卷蛾科 Tortricidae 的一种长卷蛾 *Homona* sp., 也可寄生于茧蜂科 Braconidae 的菜蛾盘绒茧蜂 *Cotesia plutellae*, 曾有报道称寄生于鞘翅目龟甲科 Cassididae 的东方丽袍龟甲 *Calopepla leayana*。

标本记录: 1♀, 江苏南京, 1935.VIII.11, 祝汝佐, 寄主: 马尾松毛虫上的黑足凹眼姬蜂; 2♀3♂, 江苏南京, 1954.IV, 华东农科所, 寄主: 马尾松毛虫幼虫, No. 5415.6。

分布: 内蒙古、新疆、江苏、浙江、江西、湖北、四川、台湾、福建、广东、海南、广西、贵州; 日本, 泰国, 新加坡, 菲律宾, 越南, 老挝, 印度, 埃及。

（81）费氏大腿小蜂 *Brachymeria fiskei* (Crawford, 1910)　（图 130）

Chalcis fiskei Crawford, 1910: 14.

Brachymeria fiskei Ishii, 1932: 346-349; 祝汝佐, 1937: 78; 祝汝佐, 1935: 6; 邱式邦, 1955: 182; Habu, 1960: 184; Habu, 1962: 48; Joseph *et al.*, 1973: 57; 广东省农林学院林学系森保教研组, 1974: 105; 杨秀元和吴坚, 1981: 316; 中国林业科学研究院, 1983: 724; 何俊华和徐志宏, 1987: 37; 严静君等, 1989: 247; Narendran, 1989: 255; 王问学等, 1989: 186; 童新旺等, 1990: 28; 陈昌洁, 1990: 195; 陕西省林业科学研究所和湖南省林业科学研究所, 1990: 80; 童新旺等, 1991: 9; 杜增庆等, 1991: 16; 湖南省林业厅, 1992: 1270; 申效诚, 1993: 169; 张永强等, 1994: 237; 章士美和林毓鉴, 1994: 160; 刘长明, 1996: 270.

雌：体长7.1～7.8mm。

头：头部比胸部略窄；具清晰的刻点，点间窄、隆起、不光滑，但颊区的刻点较浅；下脸无光滑中区。触角洼较深，表面光滑，周缘有脊，上端达中单眼，其最宽处约占复眼间距的3/5。眶前脊明显，向上接近头顶；眶后脊明显伸达颊区后缘。触角间突三角形，较窄，具明显的中脊。触角窝位于复眼下缘连线的稍上方。唇基近上缘处具一排刻点。触角柄节未达中单眼。颚眼距长为柄节的0.6倍。头侧面观高约为长的1.7倍；复眼长为颚眼距的3.8倍。侧单眼长径与OOL约等长，略短于POL的1/2。触角柄节近中部处缢缩，长约为最宽处的3.7倍，约为鞭节的1/3，稍短于第1～3索节之和；梗节为第1索节长的1/2；环状节很短；第1～5索节长度相等，第1索节长宽相等，其余索节长小于宽，第7索节长为宽的0.8倍；棒节比端索节略窄但其长约为端索节的1.9倍。

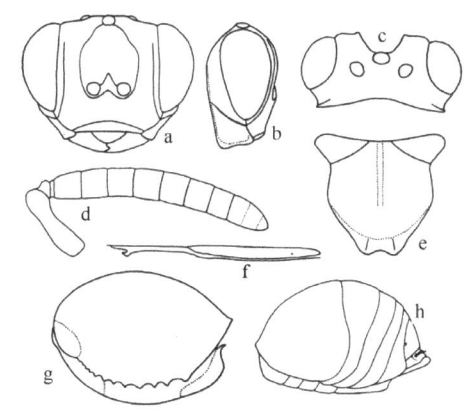

图130 费氏大腿小蜂 *Brachymeria fiskei* (Crawford)（引自 刘长明，1996）
a. 头部，前面观；b. 头部，侧面观；c. 头部，背面观；d. 触角，♀；e. 小盾片，背面观；f. 前翅翅脉；g. 后足腿节和胫节；h. 腹部，侧面观，♀

胸：胸部长均约为宽和高的1.3倍；背面密布带毛脐状刻点。前胸背板点间隆起，具明显皱纹。中胸背板点间隆起不明显，光滑。小盾片长与宽相近或略长于宽，后缘为较宽的平展、毛密，末端2齿突出，齿间呈凹缘；中部一般具纵向狭窄的无刻点的光滑隆区。并胸腹节向后强度倾斜，气门后侧齿略突出。

翅：前翅缘脉略短于亚前缘脉的1/2，后缘脉长约为缘脉的0.3倍，痣脉约为后缘脉的1/3。

足：后足基节腹面刻点和绒毛较密，腹面内侧无瘤突，背面光滑。后足腿节长为宽的1.6倍；外侧刻点小，点间光滑，内侧的刻点较稀疏，光滑；腹缘内侧近基部无齿突，腹缘外侧具13个齿左右，后端的齿较小。

腹：腹部比胸部略长或略短；第1节背板光滑，长约占柄后腹的1/3，后缘平直；第2节背板前缘处具一些稀疏的较大刻点，其后部密布微小的刻纹；第6节背板具粗糙的大刻点，点间及点内具皱纹。背面观产卵管鞘露出。

体色：体黑色，具银色毛。触角黑色，有时柄节暗褐色。翅基片黄色，基部有些褐色。前翅翅面淡烟褐色，翅脉褐色。前中足腿节黑色或暗红褐色，端部黄色；前中足胫节一般黑色或红褐色，基部和端部黄色，前足胫节内侧常浅红色；后足腿节黑色，端部具黄斑；后足胫节黑色或暗红色，基部及端部具黄斑或黄褐色斑，腹缘黑色。腹部黑色，侧面及腹面暗红色。

雄：体长4.4～6.8mm；前、中足胫节具更大的黄色斑，后足胫节一般偏褐色。触角柄节较雌蜂短，仅稍长于第1～2索节之和。小盾片端部凹陷较浅。

生物学：寄生于马尾松毛虫 *Dendrolimus punctatus*、文山松毛虫 *Dendrolimus punctatus wenshanensis*、袋蛾；也有从松毛虫缅麻蝇 *Burmanomyia beesoni*、蚕饰腹寄蝇 *Blepharipa zebina*、松毛虫狭颊寄蝇 *Carcelia rasella* 和寄蝇属 *Tachina*、蚕寄蝇属 *Crossocosmia* 的其他一些种及松毛虫脊茧蜂 *Aleiodes esenbeckii* 中育出的。

标本记录：江苏南京，1954.VI，华东农科所，寄主：马尾松毛虫，No. 5415.6；江苏南京，1954.VI～VIII，邱益三，寄主：马尾松毛虫，No. 5514.11；浙江常山，1954.IX.17，浙江林业厅，寄主：马尾松毛虫，No. 5427.4；1♀1♂，浙江衢州，1985.VI，沈立荣，寄主：松毛虫寄蝇。

分布：河南、江苏、浙江、江西、福建、广西；日本，朝鲜，印度。

注：有称"佛氏大腿小蜂"的。

（82）芬纳大腿小蜂 *Brachymeria funesta* Habu, 1960 （图131）

Brachymeria funesta Habu, 1960: 191; 陈昌洁, 1990: 195(黑胫大腿小蜂); 刘长明, 1996: 276.

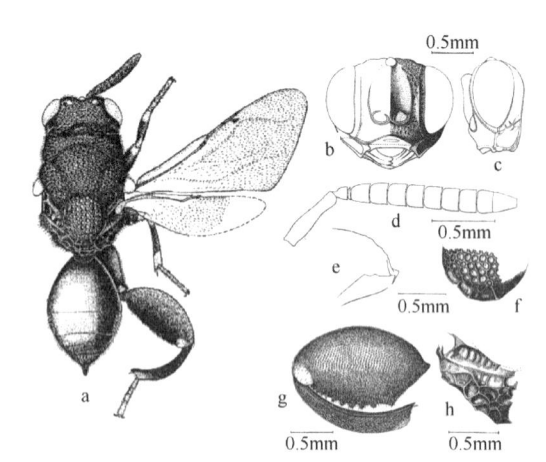

图 131 芬纳大腿小蜂 *Brachymeria funesta* Habu（引自 Habu，1960）

a. 雌蜂，背面观；b. 头部，前面观；c. 头部，侧面观；d. 触角；e. 小盾片，侧面观；f. 小盾片，背面观；g. 后足腿节和胫节，侧面观；h. 并胸腹节，背面观

雌：体长 4.3～5.0mm。

头：头部略窄于胸部；具密集的刻点，背部的刻点间隙略隆起，具皱纹。触角洼光滑，上端达中单眼；触角洼下方无明显的光滑区。眶前脊明显；眶后脊弱，伸达颊区后缘前已不明显。触角柄节不达中单眼，短于第 1～4 索节之和；梗节长宽约相等；环状节很短；第 1 索节宽稍大于长，长于第 2 索节；棒节长为末索节的 2.0 倍。

胸：胸部背面具中等密集的刻点。小盾片上的刻点较大，刻点间隙窄，略隆起，具微纹；小盾片侧面观较高，后缘平展且略上折，末端圆钝。并胸腹节明显后斜，无明显的气门后侧齿。前翅缘脉长为亚前缘脉的 1/2；后缘脉长为缘脉的 1/2，略短于痣脉的 2.0 倍。后足基节腹面内侧无明显齿突。后足腿节外侧具密集的细小刻点和毛，具弱的刻纹；腹缘具 11 齿。

腹：腹部略长于前胸背板、中胸盾片和小盾片长度之和。第 1 节背板光滑；第 6 节背板具浅的带毛刻点和强的细刻纹。腹端背拱，具明显中隆线。产卵管鞘背面观可见。

体色：体黑色，具灰白色毛。翅基片黄色，基部褐色。翅透明，翅脉褐色。前中足腿节黑色，基部和端部黄色（基部黄斑小）；前中足胫节中部黑色，基部和端部黄色；后足腿节黑色，末端黄色；后足胫节黑色，末端具斜的褐斑；各足跗节黄色。腹部侧面和腹面略红色。

雄：体长 3.9mm。翅基片色更暗；触角柄节略长于 1～3 索节。

生物学：陈昌洁（1990: 195）报道 *Brachymeria funesta* Habu（黑胫大腿小蜂）寄生于马尾松毛虫（无产地）。

标本记录：笔者未见本种标本，特征记述依据 Habu（1960）原描述。

分布：福建；日本，朝鲜。

（83）广大腿小蜂 *Brachymeria lasus* (Walker, 1841) （图 132）

Chalcis lasus Walker, 1841: 219.

Brachymeria obscurata: Ishii, 1932: 346; Chu et Hsia, 1935: 394(浙江，马尾松毛虫蛹); 祝汝佐, 1935: 6; 祝汝佐, 1937: 78, 92; 邱式邦, 1955: 182, 183; 中国科学院昆虫研究所和林业部林业科学研究所湖南东安松毛虫工作组, 1956: 312; 孙锡麟和刘元福, 1958: 243; Habu, 1960: 168; Habu, 1962: 33; 蒋雪邨和李运帷, 1962: 244; 广东省农林学院林学系森保教研组, 1974: 105; 福建林学院森林保护教研组, 1976: 21; 何俊华和匡海源, 1977: 6; 吴钜文, 1979b: 11; 杨秀元和吴坚, 1981: 316; 章宗江, 1981: 141; 党心德和金步先, 1982: 141; 中国林业科学研究院, 1983: 693, 704, 715; 金华地区森防站, 1983: 33; 湖北省林业厅, 1984: 164; 侯陶谦, 1987: 171; 李伯谦等, 1987: 32; 孙明荣等, 2003: 20.

Brachymeria lasus: Joseph et al., 1973: 29; 何俊华, 1979: 66; 何俊华等, 1979: 50; 吴钜文, 1979a: 32; 赵修复, 1982: 311; 陕西省林业科学研究所, 1984: 209; 何俊华, 1985: 108; 何俊华和庞雄飞, 1986: 83; 孙明雅等, 1986: 36; 何俊华和徐志宏, 1987: 36; 廖定熹等, 1987: 27; 柴希民等, 1987: 7; 张务民等, 1987: 32; 钱范俊, 1987: 35; 王问学和宋运堂, 1988: 28; 何志华和柴希民, 1988: 4; 田淑贞, 1988: 36; 严静君, 1989: 113, 247; 盛金坤, 1989: 13; 王问学等, 1989: 186; 谈迎春等, 1989: 134; 钱范俊, 1989: 26; 吴钜文和侯陶谦, 1990: 293; 陈昌洁, 1990: 195; 陕西省林业科学研究所和湖南省林业科学研究所, 1990: 78; 童新旺等, 1990: 28; 童新旺等, 1991: 9; 杜增庆等, 1991: 16; 吴猛耐等, 1991: 56; 萧刚柔, 1992: 947, 952, 954, 1204; 湖南省林业厅, 1992: 1268; 何俊华等, 1993: 558; 王问学和刘伟钦, 1993: 28; 王问学和刘伟钦, 1993: 143; 申效诚, 1993: 169; 王书欣等, 1993: 20; 张永强等, 1994: 237; 章士美和林毓鉴, 1994: 160; 章士美和林毓鉴, 1994: 319; 刘长明, 1996: 228; 柴希民等, 2000:

8; 梁秋霞等, 2002: 29; 施再喜, 2006: 28; 徐延熙等, 2006: 769; 骆晖, 2009: 48; 杨忠岐等, 2015: 196.
Brachymeria euploeae: 吴钜文, 1979a: 32; 杨秀元和吴坚, 1981: 316; 侯陶谦, 1987: 171.

雌：体长 4.5～7.0mm。

头：头部与胸部几乎等宽，密布刻点且着生浓密的银色绒毛；刻点小，点间很窄、隆起、不光滑。下脸具光滑无刻点的中区。触角洼较深，表面光滑发亮，周缘有脊，上端达中单眼，其最宽处约占复眼间距的 2/3。眶前脊一般仅有很弱的上半段或不明显；眶后脊明显，伸达颊区后缘；触角间突较尖较窄。触角窝位于复眼下缘连线的上方；颚眼距长于柄节的 1/2，柄节与复眼宽相等。侧面观头部高约为长的 1.9 倍；复眼长为颚眼距的 3.7 倍。背面观侧单眼较圆，其长径大于 OOL，约为 POL 的 0.5 倍。OOL：POL 为 2：7。触角有些粗短，不呈棒状；触角柄节伸达中单眼，但不超出头顶，基半部膨大，长约为最宽处的 4.3 倍、约为鞭节长的 0.4 倍，长于第 1～3 索节之和；梗节明显短于第 1 索节，长宽约相等；环状节很短，横形；各索节渐短渐宽，第 1、7 索节长分别为宽的 1.4 倍和 0.8 倍；棒节末端平截，与末索节等宽但长为末索节的 2.1 倍。

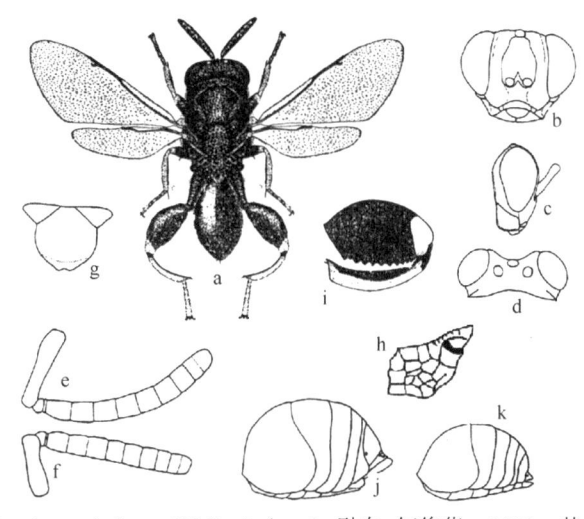

图 132　广大腿小蜂 *Brachymeria lasus* (Walker)（a，i. 引自 何俊华，1979；其余引自 刘长明，1996）
a. 整体，背面观；b. 头部，前面观；c. 头部，侧面观；d. 头部，背面观；e. 触角，♀；f. 触角，♂；g. 小盾片，背面观；h. 并胸腹节；i. 后足腿节和胫节；j. 腹部，侧面观，♀；k. 腹部，侧面观，♂

胸：胸部长为宽的 1.3 倍、为高的 1.2 倍。胸部具密集刻点，中胸盾侧片的刻点较其他部位小些，而点距略大。前胸背板上的点间具更明显的皱纹；前背隆线仅限在侧面 1/3 处。小盾片上点间皱纹很弱或不明显，有些发亮；小盾片长宽约相等，略拱，后部倾斜，后缘平展且略上折，末端具一对弱齿，略呈凹缘，有时齿突和凹缘不明显。并胸腹节向后剧烈倾斜，表面具交错的隆脊划分出的网格状的小室，小室一般近于光滑；侧齿不明显，后端平截。

翅：前翅约长为宽的 2.5 倍；缘脉长为亚前缘脉的 1/2，后缘脉长约为缘脉的 1/3 或略短，痣脉短于后缘脉的 1/2。

足：后足基节长约为后足腿节的 0.7 倍，腹面具密集的刻点和浓密的绒毛，背面光滑，在腹面内侧近后端处足有一较小但明显的瘤突。后足腿节长为宽的 1.8 倍，具密集刻点和毛，无皱纹，腹缘内侧基部无齿突，腹缘外侧具 7～12 齿，一般以中段及基部的第 1 齿较大。

腹：腹部长与胸部长接近或略短，最宽处在中央略前，约为胸宽的 0.8 倍。第 1 节背板光滑发亮，长约占柄后腹的 2/5；第 2 节背板前部 1/3 及侧面上部具较大的带毛刻点，背面中后部具细小密集的无毛刻点；第 3 节背板前半部光滑，后半部具密集刻点；第 6 节背板具较大较密的刻点和明显的微皱。背面观产卵管鞘露出。

体色：体黑色，具银色毛。翅基片，前足和中足的腿节、胫节（除中部具一小块黑斑外）和跗节，以及后足腿节的端部、胫节（除基部和腹缘外）和跗节黄色。前、后翅翅面透明，密布浅褐色毛，翅脉褐色。

有些标本的上述黄色部位被红色所取代。

雄：体长3.7～5.5mm。体色与雌蜂相同。触角比雌蜂更粗短；柄节不达中单眼，长为宽的3.5倍，与第1～3索节之和约等长、为鞭节长的0.4倍，梗节较短；环状节很薄、横形；索节各节宽度接近，索节长度依次递减；第1、7索节长分别为宽的1.2倍和0.6倍；棒节略长于宽，与第1索节等长，末端平截。后足基节腹面内侧近后端处无瘤突。腹部一般短于胸部，侧面观腹板明显可见。

生物学：本种一般营初寄生，偶尔也营重寄生，具多主寄生习性。与松毛虫有关的有：油杉松毛虫 Dendrolimus evelyniana、云南松毛虫 Dendrolimus houi、思茅松毛虫 Dendrolimus kikuchii、赭色松毛虫 Dendrolimus kikuchii ochraceus、马尾松毛虫 Dendrolimus punctatus、德昌松毛虫 Dendrolimus punctatus tehchangensis、赤松毛虫 Dendrolimus spectabilis、油松毛虫 Dendrolimus tabulaeformis，重寄生于黑足凹眼姬蜂 Casinaria nigripes、松毛虫镶颚姬蜂（=黑胸姬蜂）Hyposoter takagii、蚕饰腹寄蝇 Blepharipa zebina。已知可寄生于鳞翅目 Lepidoptera 的谷蛾科 Tineidae、蓑蛾科 Psychidae、巢蛾科 Yponomeutidae、麦蛾科 Gelechiidae、卷蛾科 Tortricidae、螟蛾科 Pyralidae、斑蛾科 Zygaenidae、尺蛾科 Geometridae、蚕蛾科 Bombycidae、枯叶蛾科 Lasiocampidae、毒蛾科 Lymantriidae、夜蛾科 Noctuidae、驼蛾科 Hyblaeidae、灯蛾科 Arctiidae、弄蝶科 Hesperiidae、蛱蝶科 Nymphalidae、粉蝶科 Pieridae 和凤蝶科 Papilionidae 等，膜翅目 Hymenoptera 的茧蜂科 Braconidae 和姬蜂科 Ichneumonidae，以及双翅目 Diptera 的寄蝇科 Tachinidae 等，已知寄主有100多种。

标本记录：1♀，江苏南京，1935.IX.17，祝汝佐，寄主：松毛虫蛹；1♂，江苏南京，1936.V.4，祝汝佐，寄主：松毛虫幼虫；11♀♂，江苏南京，1954.V，华东农科所，寄主：松毛虫蛹，No. 5415.3；2♀，江苏南京，1954.V～VIII，邱益三，寄主：松毛虫蛹，No. 5414.20；11♀♂，浙江长兴，1935.V.24 至 XII.5，祝汝佐，寄主：松毛虫；2♀，浙江长兴，1984.IV，吕文柳，寄主：马尾松毛虫蛹，No. 841527；1♀，浙江长兴，1986.X.11，何俊华，寄主：马尾松毛虫寄蝇，No. 864433；9♀♂，浙江汤溪，1933.VI.22、1934.VI.4，祝汝佐，寄主：松毛虫；2♀♂，浙江常山，1954.V～VIII，邱益三，寄主：马尾松毛虫，No. 5514.19、5514.55；1♀，浙江常山，1954.IX.17，浙江林业厅，No. 5427.3；29♀♂，浙江常山，1955.VIII.中旬，何俊华，寄主：马尾松毛虫，No. 5540.4；8♀，浙江常山，1986.V.28 至 VII.下旬，何俊华，寄主：马尾松毛虫蛹，No. 862005、864459、864697；2♀，浙江常山，1986.VII.下旬，何俊华，寄主：马尾松毛虫寄蝇，No. 862006；2♀，浙江天台，1983，县林业局，寄主：马尾松毛虫，No. 840231；60♀♂，浙江衢州，1984.V.3 至 VI，何俊华，寄主：马尾松毛虫，No. 841511、841556～1570、841576～1588、841617、841624、841626、841627、844916、844918、844919、844921、844922、845606、845880、845893、845903、845935、845937、845938、45955、853878、864437；4♀♂，浙江衢州，1984.VIII 至 X.上旬，何俊华，寄主：马尾松毛虫上的黑足凹眼姬蜂，No. 846060、846099；13♀♂，浙江衢州，1984.IX.20～26，何俊华，寄主：马尾松毛虫寄蝇蛹，No. 845600、845603、845605、845881、845898、864442；9♀♂，浙江衢州，1984.V.3 至 VI.3，马云、周彩娥，寄主：马尾松毛虫，No. 841642～1646；7♀♂，浙江衢州，1984.VII.1、1984.IX.27，何俊华、陈景荣，寄主：马尾松毛虫上的黑足凹眼姬蜂，No. 844935、844953～4956、845028、845029；10♀♂，浙江衢州，1984.VII.26，陈景荣，寄主：马尾松毛虫蛹，No. 845146～5154、845173；1♀，浙江衢州，1985.IV.20，王金友，寄主：马尾松毛虫，No. 853704；3♀，浙江衢州，1985.V.下旬，何俊华，寄主：马尾松毛虫，No. 860879；1♀，浙江衢州，1985.IX.20，王金友，寄主：马尾松毛虫寄蝇，No. 853671；32♀♂，浙江衢州，1985.VII.13 至 X，沈立荣，寄主：马尾松毛虫，No. 852026、853631～3633、53635～3639、853660、853667、853679、853682、853780、853783、853784、853787、853790、853791、853793～3795、853797、864260；1♀，浙江衢州，1986.VII.16，陈雁，寄主：马尾松毛虫蛹，No. 861978；9♀，浙江衢州，1987.IV～VI，何俊华，寄主：马尾松毛虫蛹，No. 870613、870623、870626、871002、871004；2♀，浙江衢州，1988.VIII.18，何俊华，寄主：马尾松毛虫蛹，No. 870358；4♀♂，浙江遂昌，1984.VII.15、16，1984.VIII.15，陈汉林，寄主：马尾松毛虫蛹，No. 845570、845571；3♀，浙江丽水，1986.V～VII.下旬，何俊华，寄主：马尾松毛虫蛹，No. 862010、864219；1♀，浙江兰溪，1986.VII.26，何俊华，寄主：马尾松毛虫蛹，No. 862001；2♀，浙江定海，1986.VIII，何俊华，寄主：马尾松毛虫蛹，No. 864223、865636；3♀，浙江武义，1986，何俊

华, 寄主: 马尾松毛虫蛹, No. 861691; 1♀, 湖北武昌, 1983.VIII.7, 龚乃培, 寄主: 马尾松毛虫蛹, No. 870358; 1♂, 湖北京山, 1983.VII.20, 龚乃培, 寄主: 黑足凹眼姬蜂, No. 870360; 1♀, 湖南东安, 1954.V.21, 祝汝佐、何俊华, 寄主: 松毛虫镶颚姬蜂, No. 5635.9; 1♀, 湖南东安, 1954.V, 祝汝佐、何俊华, 寄主: 松毛虫脊茧蜂, No. 5635.30; 5♀♂, 湖南东安, 1954.VII.20～VIII, 孙锡麟, 寄主: 马尾松毛虫, No. 5506.7; 13♀♂, 四川石棉, 1956.VII.18, 四川省林业厅, 寄主: 油杉松毛虫, No. 5632.2; 2♀, 广东广州, 1954.VI, 陈守坚, 寄主: 马尾松毛虫, No. 5428.9; 1♀1♂, 广东佛山, 1960.IV.20, 谢秉章, 寄主: 马尾松毛虫蛹, No. 740220; 1♀, 广西桂林, 1954.V.23, 何俊华, 寄主: 松毛虫镶颚姬蜂, No. 771115; 1♀, 云南昆明温泉, 1983.IV～VII, 游有林, 寄主: 马尾松毛虫蛹, No. 841691。

分布: 内蒙古、北京、天津、河北、河南、陕西、江苏、上海、浙江、安徽、江西、湖北、湖南、重庆、四川、台湾、福建、广东、海南、广西、贵州、云南; 日本, 朝鲜, 菲律宾, 印度尼西亚, 越南, 缅甸, 印度, 印度尼西亚, 斐济, 美国 (夏威夷), 巴布亚新几内亚, 澳大利亚等。

(84) 黑暗大腿小蜂 *Brachymeria lugubris* (Walker, 1871) (图 133)

Chalcis lugubris Walker, 1871: 49.
Brachymeria lugubris: 何俊华和徐志宏, 1987: 31; 盛金坤, 1989: 11; 陈昌洁, 1990: 195; 刘长明, 1996: 269; 柴希民等, 2000: 8.

雌: 体长 4.6～6.8mm。

头: 头部与胸等宽或略窄。头顶具清晰的刻点, 点间窄、隆起。下脸及颊区的刻点较模糊; 下脸的光滑中区较小, 有时不明显; 触角洼较深, 表面光滑, 周缘脊起, 上端达中单眼, 其最宽处约占复眼间距的 2/3。眶前脊明显, 向上接近头顶; 眶后脊明显伸达颊区后缘。触角间突三角形, 较窄。唇基的近上缘处具一排刻点。侧面观头部高约为长的 1.7 倍, 复眼长为颚眼距的 4.2 倍。背面观侧单眼卵圆形, 其长径与 OOL 约等, 约等于 POL 的 1/2 或略长。POL 为 OOL 的 0.4 倍。触角窝位于复眼下缘连线上方; 触角柄节较粗, 未达中单眼, 长为颚眼距的 2 倍、小于复眼宽、约为柄节宽的 3.3 倍、约为鞭节长的 1/3、短于第 1～3 索节之和; 梗节短, 短于第 1 索节的 1/2; 环状节很短; 第 1、2、3 索节等长且宽度接近, 其余索节等宽, 其长一般小于宽, 第 1、7 索节长分别为宽的 0.9 倍和 0.8 倍; 棒节比端索节略窄, 其长约为端索节的 1.9 倍。

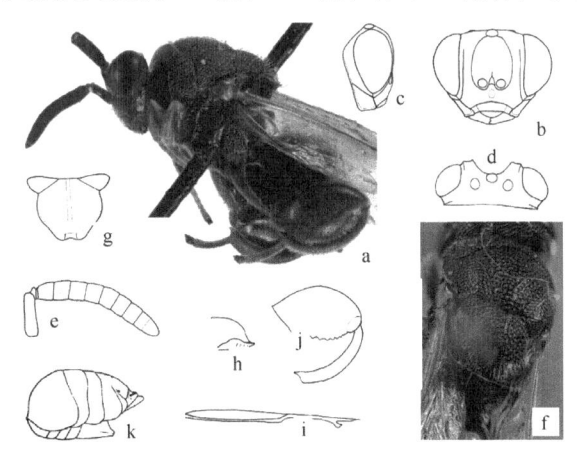

图 133 黑暗大腿小蜂 *Brachymeria lugubris* (Walker) (b～e, g～k. 引自 刘长明, 1996)
a. 整体, 侧面观; b. 头部, 前面观; c. 头部, 侧面观; d. 头部, 背面观; e. 触角, ♀; f. 胸部, 背面观; g. 小盾片, 背面观; h. 小盾片后方, 侧面观; i. 前翅翅脉; j. 后足腿节和胫节; k. 腹部, 侧面观, ♀

胸: 长为宽的 1.3 倍。胸部背面密布具毛脐状刻点, 点间隆起, 具明显皱纹, 但小盾片上的点间光滑。小盾片长与宽相等或略长于宽, 后缘平展, 毛较密, 末端 2 齿突出, 呈凹缘; 中部一般具狭窄的光滑纵向隆区, 偶尔也不明显; 侧面观较高, 向后倾斜。并胸腹节强度倾斜, 气门后侧齿略突出。

翅: 翅面毛较密; 前翅缘脉略长于亚前缘脉的 1/2, 后缘脉长约为缘脉的 0.4 倍, 痣脉短于后缘脉的 0.4 倍。

足：后足基节腹面刻点小，绒毛较密，背面光滑，腹面内侧无瘤突。后足腿节长为宽的 1.7 倍，外侧刻点小、较深，刻点间隙光滑；后足腿节内侧的刻点较稀疏，光滑；后足腿节腹缘内侧近基部无齿突；腹缘外侧具 12 齿左右，后端的齿较小。

腹：腹部长接近于胸部或略长。第 1 节背板有些很弱的皱纹，几乎光滑，长约占柄后腹的 2/5，后缘平直；第 2 节背板前缘处具一些较大的稀疏刻点，其后密布微小刻点；第 3～5 节背板前缘光滑，后缘密布刻点和皱纹；第 6 节背板具粗糙的大刻点，刻点间隙及刻点内部具皱纹。背面观产卵管鞘露出。

体色：体黑色，具银色毛；触角黑色，有时暗褐色。翅基片暗红褐色，有时外缘黄白色。前翅翅面浅烟褐色，翅脉褐色。前中足腿节黑色或暗红褐色，端部黄色；前中足胫节一般黑色或红褐色，基部和端部黄色（前足胫节内侧常较浅色）；后足腿节黑色，端部具黄斑；后足胫节黑色，末端背面有时略红色。腹部黑色，侧面及腹面暗红色。有些标本的足大部分及腹部红色。

雄：笔者无标本也未见标本。

生物学：国内已知寄生于马尾松毛虫 Dendrolimus punctatus 及松毛虫寄蝇。国外寄主记录有鸦胆子巢蛾（乔椿巢蛾）Atteva fabriciella 及一些寄蝇。

标本记录：1♀，广东佛山，1960.IV.28，谢秉章，寄主：松毛虫寄蝇；1♀，广东广州石牌，1955，采集人不详，寄主：马尾松毛虫。

分布：福建、广东、广西、香港；印度，澳大利亚。

（85）麻蝇大腿小蜂 *Brachymeria minuta* (Linnaeus, 1767) （图 134）

Vespa minuta Linnaeus, 1767: 952.

Brachymeria minuta: 何俊华和徐志宏，1987: 37；廖定熹等，1987: 35；盛金坤，1989: 10；陈昌洁，1990: 195；童新旺等，1990: 28；童新旺等，1991: 9；杜增庆等，1991: 16；湖南省林业厅，1992: 1270；刘长明，1996: 221.

雌：体长 4.6～7.0mm。

头：头部略窄于胸部；着生密集刻点，刻点间隙窄、隆起。下脸的中区略光滑隆起，较窄且凹凸不平，在沿口上沟处有较明显的凹陷。触角洼较深，表面光滑发亮，周缘脊起，上端达中单眼，其最宽处约占复眼间距的 3/5。眶前脊明显，在近头顶处变弱；眶后脊发达，向后伸达颊区后缘。触角间突三角形。唇基的近上缘处具一排刻点。颚眼距为柄节长的 2/3，柄节略短于复眼宽。侧面观头部高约为长的 1.9 倍，复眼长为颚眼距的 3.6 倍。背面观侧单眼近圆形，其长径大于 OOL，短于 POL 的 1/2；OOL：POL 为 4：15。触角窝位于复眼下缘连线的上方。触角柄节不达中单眼；柄节较粗，长约为最宽处的 3.4 倍，约为鞭节长的 2/5，长于环状节与第 1～3 索节之和；梗节长稍大于宽，短于第 1 索节；环状节短，横形；各索节渐短渐宽；第 1 索节长宽相等或略小于宽，第 7 索节长为宽的 0.6 倍；棒节与端索节等宽或略窄，其长约为端索节的 2.1 倍。

胸：胸部长均约为宽、高的 1.3 倍。胸部背面具密集刻点，刻点较深，点间显著隆起。前胸背板的前缘隆线较长，伸至近背中部。前胸背板及中胸盾片前中部的刻点间具较明显的细微刻纹，中胸盾片近后缘处及小盾片上的刻点间隙光滑，小盾片上的点间较宽。小盾片长宽接近，后缘平展且略上折，末端两齿突出呈凹缘；侧面观较高，后部 1/3 明显向后倾斜。并胸腹节向后倾斜角度大于 45°，气门近横向排列，气门后侧齿略突出。

翅：前翅长约为宽的 2.5 倍。亚前缘脉与缘前脉相交处无明显缢缩。缘脉长约为亚前缘脉的 1/3，后缘脉短于缘脉的 1/2，痣脉约为后缘脉的 1/3。

足：后足基节约为后足腿节长的 2/3；背面光滑，腹面具密集的粗糙刻点和浓密的绒毛，在腹面内侧无瘤突。后足腿节长为宽的 1.7 倍，外侧具毛刻点小，略稀，点间有些不甚明显的皱纹；内侧的刻点稀疏，但多为具毛刻点，点间光滑；腹缘内侧近基部具一尖小的齿突；腹缘外侧具 13 齿左右，以近基部的齿较大，相邻两齿间的距离也较长，越近后端齿越小、齿距也越小。

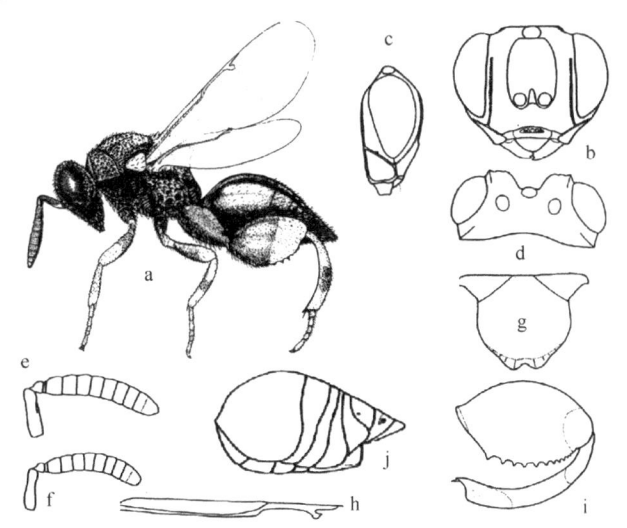

图 134　麻蝇大腿小蜂 Brachymeria minuta (Linnaeus)（a. 引自 Gauld & Bolton, 1988；其余引自 刘长明, 1996）
a. 整体，侧面观；b. 头部，前面观；c. 头部，侧面观；d. 头部，背面观；e. 触角，♀；f. 触角，♂；g. 小盾片，背面观；h. 前翅；i. 后足腿节和胫节；j. 腹部，侧面观，♀

腹：腹部长于胸部，向后端渐尖细。第1节背板光滑发亮，略短于柄后腹的1/2，后缘近于平直。第2节背板中部具密集而细小的刻点或刻纹，两侧毛密，后缘凹。第2～6节背板近后缘光滑。第6节背板具较大而密的刻点和明显的微皱。背面观产卵管鞘露出。

体色：体黑色，具银色毛。触角黑色或褐色，柄节腹方基半浅黄色；翅基片黄色。翅透明，前翅翅脉褐色，后翅翅脉淡黄色。前足和中足腿节端部、胫节基部和端部浅黄色，跗节黄褐色；后足腿节端部、胫节亚基部和端部浅黄色，胫节基部和中部黑色或红褐色，跗节黄褐色。

雄：体长4.1～5.6mm。与雌蜂相似。后足腿节外侧的毛常较密。腹部一般短于胸部。

生物学：与松毛虫有关的在我国已从油松毛虫 Dendrolimus tabulaeformis、松毛虫的寄蝇、松毛虫的麻蝇蛹中育出；在日本、俄罗斯（西伯利亚）有寄生于西伯利亚松毛虫 Dendrolimus sibiricus、赤松毛虫 Dendrolimus spectabilis 及重寄生于小型蜂茧、松毛虫缅麻蝇 Burmanomyia beesoni 和伞裙追寄蝇 Exorista civilis 的记录。据报道寄主有双翅目 Diptera、丽蝇科 Calliphoridae、麻蝇科 Sarcophagidae 和寄蝇科 Tachinidae 的一些种类；也可为一些鳞翅目 Lepidoptera 如绢粉蝶 Aporia crataegi 和脉翅目 Neuroptera 的寄生蜂。

标本记录：2♂，河北滦平，1979.VI.20，河北林科所，寄主：油松毛虫；76♀♂，浙江衢州，1984.IX.28 至 X.6、1985.V～VI、1986.VI，何俊华，寄主：松毛虫寄蝇蛹，No. 851498～1506、841508～1513、841515～1519、841521、841522、841524、841525、841527、845924、845927、863791、863794、863796；16♀♂，浙江衢州，1985.V.5 至 VI.10、1986.VI～IX，沈立荣，寄主：松毛虫寄蝇蛹，No. 852029、853756、853757、853785、853789～3792、853796、864208、864014、864258、864259；3♀♂，浙江衢州，1986.V.16 至 IX.20，王金友，寄主：松毛虫麻蝇蛹；3♀，浙江兰溪，1986.VI.1，何俊华，寄主：松毛虫寄蝇蛹；3♀1♂，浙江建德，1986.VI，何俊华，寄主：松毛虫麻蝇；6♀♂，湖北大悟，1979.VIII.24、1983.IX.5，龚乃培，寄主：松毛虫寄蝇蛹，No. 8870353～355；1♀，广东佛山，1960.X.20，谢秉章，寄主：松毛虫蛹；4♀，广西武鸣，1981.VI，黄好志，寄主：松毛虫茧。

分布：黑龙江、内蒙古、北京、河北、山西、河南、陕西、宁夏、甘肃、新疆、江苏、浙江、湖北、台湾、福建、广东、广西、贵州、云南；亚洲，欧洲，大洋洲和北非等，广布于全世界。

(86) 金刚钻大腿小蜂 *Brachymeria nosatoi* Habu, 1966（图 135）

Brachymeria (*Neobrachymeria*) *nosatoi* Habu, 1966: 23.

Brachymeria nosatoi: 廖定熹等, 1987: 31; 刘长明, 1996: 271.

Brachymeria (*Neobrachymeria*) sp.(凹眼姬蜂新大腿小蜂): 何俊华和徐志宏, 1987: 36; 王问学和宋运堂, 1988: 28; 盛金坤, 1989: 10; 王问学等, 1989: 186; 陈昌洁, 1990: 195; 童新旺等, 1991: 9; 杜增庆等, 1991: 17; 刘长明, 1996: 271.

雌：体长 5.5~6.5mm。

头：头宽与胸宽接近或略窄于胸部。头背面具清晰的刻点，刻点间隙窄，不光滑。下脸及颊区的刻点较弱，有些模糊。触角窝下方有光滑的中区。触角洼较深，表面光滑发亮；周缘有脊，上端达中单眼，其最宽处约占复眼间距的 3/5。眶前脊明显，向上接近头顶；眶后脊发达，向后伸达颊区后缘。触角间突较窄；触角窝向下接近复眼下缘连线。唇基光滑，近上缘处具一排刻点。上颚齿式为 2~3 齿。颚眼距约为柄节长的 1/2、为复眼长的 1/3。侧面观头部高约为长的 1.8 倍，复眼长为颚眼距的 3.9 倍。背面观侧单眼卵圆形，其长径为 OOL 的 2.0 倍、为 POL 的 1/3。OOL：POL 为 1：5。触角柄节伸达中单眼，近基部略膨大，长约为最宽处的 4.2 倍、与复眼宽相等、为鞭节长的 1/2 左右、稍长于第 1~4 索节之和；梗节短于第 1 索节；环状节很短；各索节宽度相近，第 1~4 索节长度接近，长宽约等，第 7 索节长为宽的 0.7 倍；棒节与端索节等宽、长约为端索节的 2.4 倍，末端近平截。

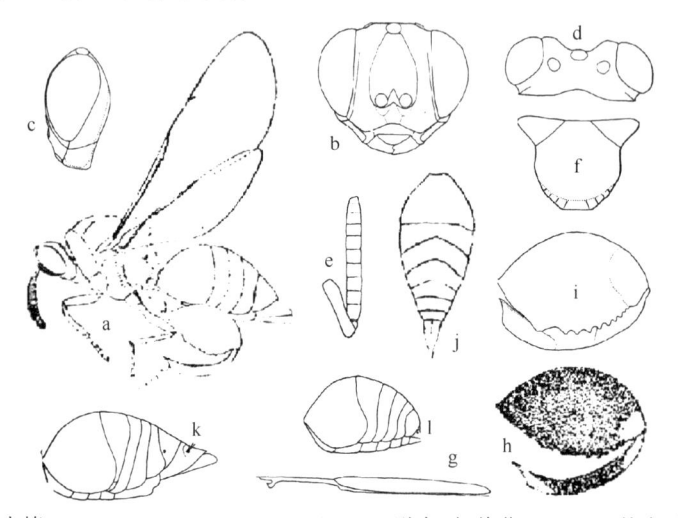

图 135 金刚钻大腿小蜂 *Brachymeria nosatoi* Habu（a，h. 引自 何俊华，1987；其余引自 刘长明，1996）
a. 整体，侧面观，♀；b. 头部，前面观；c. 头部，侧面观；d. 头部，背面观；e. 触角，♀；f. 小盾片，背面观；g. 前翅翅脉；h，i. 后足腿节和胫节；j. 腹部，背面观，♀；k. 腹部，侧面观，♀；l. 腹部，侧面观，♂

胸：胸部长均约为宽和高的 1.3 倍。胸部背面具密集刻点，点间隆起，具明显的粗糙刻纹。中胸盾侧片的刻点相对较小、较浅，点间较大。小盾片长宽相等，后部 1/3 向后倾斜，后缘平直，刻点较大，端部齿突不明显或很弱，无密毛。并胸腹节较垂直，气门后侧齿弱。

翅：前翅亚前缘脉与缘前脉相交处缢缩，略透明；缘脉长约为亚缘的 0.4 倍；后缘脉较短，约为缘脉长的 1/5 或略长，痣脉长为后缘脉的 2/3。

足：后足基节腹面刻点小，绒毛较密，点间光滑，背面无刻点，腹面内侧无瘤突。后足腿节长为宽的 1.6 倍；外侧刻点较基节的更小更密，毛密，具刻纹；内侧的刻点较外侧稀疏，光滑；腹缘内侧近基部无齿突；腹缘外侧一般具 10 齿左右，以基部第 1 齿最大，越后端齿越小。

腹：腹部较长，明显长于胸部；向后渐尖细，最宽处在基部 1/3 处。第 1 节背板光滑发亮，长占柄后腹的 1/3，后端平直。第 2 节背板中部无明显刻纹，光滑，后端为凹缘。第 3~5 节背板背面密布细微刻点。第 6 节背板刻点较大较浅，网纹明显，粗糙。腹端背拱面观略长于第 6 节背板，至少为产卵管鞘长的 2.0 倍。

体色：体黑色，具银色毛。触角黑色或黑褐色。翅基片黄色。前翅略呈烟褐色，翅脉褐色。前足和中足腿节基部黑色、端部黄色，胫节基部和端部黄色、中部黑褐色；后足腿节端部常具较大黄斑，占腿节长的 1/4，但也有不少标本黄斑较小；后足胫节基部和端部黄色，基部的黄斑大小有变化，占胫节长的 1/4~1/3，中部黑色或暗褐色；各足跗节均为黄色。

雄：体长 4.3mm。与雌蜂相似，但腹部略短于胸部。

生物学：已知寄主有寄生于马尾松毛虫的黑足凹眼姬蜂（=松毛虫凹眼姬蜂）*Casinaria nigripes* 和桃蛀野螟 *Dichocrocis punctiferalis*、松梢斑螟 *Dioryctria splendidella*、鼎点金刚钻 *Earias cupreoviridis*、埃及金刚钻 *Earias insulana*、棉红铃虫 *Pectinophora gossypiella* 等。

标本记录：1♀，浙江衢州石室，1984.IX.19，何俊华，寄主：松毛虫凹眼姬蜂。

分布：浙江、江西、湖北、湖南、福建、云南；日本，菲律宾，印度，老挝，巴布亚新几内亚。

（87）红腿大腿小蜂 *Brachymeria podagrica* (Fabricius, 1787) （图136）

Chalcis podagrica Fabricius, 1787: 272.

Brachymeria fonscolombei: Ishii, 1932: 347; Joseph *et al.*, 1973: 97; Habu, 1978: 113; 何俊华, 1979: 12; 赵修复, 1982: 311; Narendran, 1989: 260.

Brachymeria podagrica: 何俊华和庞雄飞, 1986: 85; 何俊华和徐志宏, 1987: 37; 廖定熹等, 1987: 31; 盛金坤, 1989: 11; 陕西省林业科学研究所和湖南省林业科学研究所, 1990: 81; 陈昌洁, 1990: 195; 湖南省林业厅, 1992: 1269; 章士美和林毓鉴, 1994: 319; 刘长明, 1996: 225; 陈尔厚, 1999: 49; 杨忠岐等, 2015: 197.

雌：体长 3.0～6.4mm。

头：头部略窄于胸部；着生较大较深的刻点，点间窄、明显隆起。触角洼与唇基间的中区略光滑隆起；触角洼较深，表面光滑发亮，周缘有脊，上端达中单眼，其最宽处约占复眼间距的 3/5。眶前脊明显，在近头顶处变弱；眶后脊发达，向后伸达颊区后缘；触角间突三角形。触角窝位于复眼下缘连线的稍上方。唇基的近上缘处具一排刻点。颚眼距为柄节长的 2/3，柄节长与复眼宽大致相等。侧面观头部高约为长的 1.7 倍，复眼长为颚眼距的 3.1 倍。背面观侧单眼卵圆形，其长径略小于 OOL，短于 POL 的 1/2；OOL 约为 POL 的 0.5 倍。触角柄节长约为最宽处的 4.6 倍、短于鞭节的 1/2、与环状节及第 1～4 索节之和约等长，接近中单眼；梗节长稍大于宽，稍长于第 1 索节；环状节长约为宽的 1/2；各索节长一般小于宽，第 1～3 索节长度接近，其余 4 节较短但长度和宽度相近，第 1、7 索节长分别为宽的 0.8 倍和 0.5 倍；棒节比端索节略窄，其长度约为端索节的 2.6 倍。

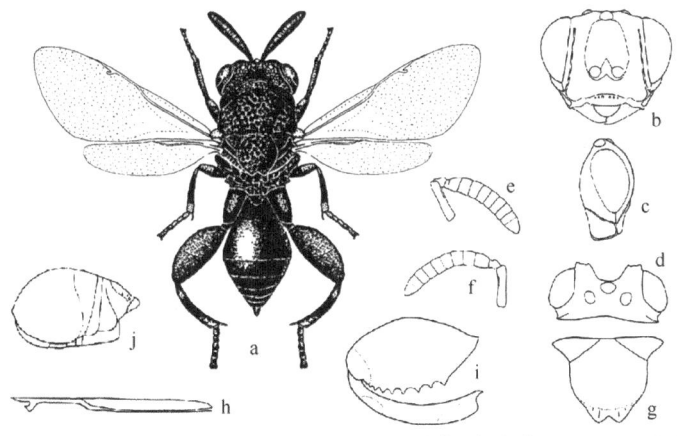

图 136 红腿大腿小蜂 *Brachymeria podagrica* (Fabricius) （a. 引自 何俊华, 1986a；其余引自 刘长明, 1996）
a. 整体，背面观；b. 头部，前面观；c. 头部，侧面观；d. 头部，背面观；e. 触角，♀；f. 触角，♂；g. 小盾片，背面观；h. 前翅翅脉；i. 后足腿节和胫节；j. 腹部，侧面观，♀

胸：胸部长为宽、长为高的 1.3 倍。胸部背面具密集刻点，刻点较大较深，点间显著隆起。前胸背板上的前背隆线较长，伸至近背中部；点间具较明显的微细刻纹。中胸盾片及小盾片上的点间光滑，小盾片上的点间较宽，有时小盾片中部具略明显的光滑纵隆起。小盾片长宽接近，后缘平展且略上折，小盾片末端两齿突出呈凹缘；侧面观较高，后部 1/3 明显向后倾斜。并胸腹节向后倾斜角度大于 45°，气门后侧齿较突出。

翅：缘脉长约为亚前缘脉的 0.4 倍或更长，后缘脉长约为缘脉的 1/3，痣脉长约为后缘脉的 1/2。

足：后足基节长约为后足腿节的 2/3；背面无刻点；腹面刻点小，点间光滑，绒毛较稀，内侧无瘤突。后足腿节长为宽的 1.9 倍，背面略呈角状拱起；外侧刻点小，点间光滑，绒毛较稀，内侧的刻点更稀疏、光滑；腹缘内侧近基部有 1 小齿突；腹缘外侧具 9～13 齿，以近基部的齿最大，越近后端齿越小。

腹：腹部向后端尖细，明显长于胸部。第 1 节背板光滑发亮，长约为柄后腹的 1/2，后缘平直。第 2 节背板背面具细小刻纹，后缘凹；第6节背板具大而浅的刻点和明显的微皱。背面观产卵管鞘露出。

体色：体黑色，具银色毛。触角柄节红褐色，有时基部黄色；鞭节黑褐色或黑色。翅基片黄白色；翅透明，前翅翅脉褐色，后翅翅脉淡黄色。前足和中足的基节、腿节和胫节暗红色，但腿节端部、胫节基部和端部黄白色；后足基节和胫节一般为暗红色，后足腿节为相对较浅的红色，腿节端部和胫节亚基部及端部具黄白色斑块；各足跗节黄褐色。腹部腹面两侧带红褐色。

雄：体长4.8~5.4mm。与雌蜂相似。触角索节较雌蜂细长些。腹部一般短于胸部。

生物学：浙江大学标本中有寄生于马尾松毛虫 Dendrolimus punctatus（可能寄生于寄蝇类）、油松毛虫 Dendrolimus tabulaeformis（可能寄生于寄蝇类）和松毛虫寄蝇及油松毛虫寄蝇的；陈尔厚（1999: 49）报道有在云南的德昌松毛虫 Dendrolimus punctatus tehchangensis 和文山松毛虫 Dendrolimus punctatus wenshanensis 蛹（可能寄蝇类）中育出的。该蜂寄主主要为双翅目 Diptera 蝇类，如丽蝇科 Calliphoridae、蝇科 Muscidae、麻蝇科 Sarcophagidae、寄蝇科 Tachinidae 和实蝇科 Tephritidae 的一些种；也有报道寄生于鳞翅目 Lepidoptera 毒蛾科 Lymantriidae、蓑蛾科 Psychidae 和巢蛾科 Yponomeutidae 等蛾类的蛹。

标本记录：4♀，河北滦平，1979.VII.20，河北省林科所，寄主：油松毛虫；2♀，河北平泉，1980.V.24，河北省林科所，寄主：油松毛虫寄蝇蛹；2♀，浙江常山，1954.V~VIII，邱益三，寄主：马尾松毛虫，No. 5514.26、5514.62；8♀，浙江衢州，1985.V.5~26，何俊华，寄主：马尾松毛虫寄蝇蛹，No. 851498、852029。

分布：黑龙江、内蒙古、北京、河北、山东、河南、陕西、甘肃、江苏、浙江、安徽、江西、湖南、台湾、福建、广东、广西、贵州、云南、香港；日本，朝鲜，蒙古国，菲律宾，马来西亚，泰国，尼泊尔，印度尼西亚，越南，老挝，印度，俄罗斯，澳大利亚，欧洲，非洲，北美洲等。

（88）次生大腿小蜂 *Brachymeria secundaria* (Ruschka, 1922) （图137）

Chalcis secundaria Ruschka, 1922: 223.
Brachymeria secundaria Masi, 1929: 26; 何俊华等, 1979: 12, 50; 赵修复, 1982: 311; 吴猛耐和谭林, 1984: 2; 何俊华, 1985: 108; 何俊华和庞雄飞, 1986: 85; 廖定熹等, 1987: 29; 何俊华和徐志宏, 1987: 37; 柴希民等, 1987: 12; 张务民等, 1987: 32; 钱范俊, 1987: 35; 王问学和宋运堂, 1988: 28; 王问学等, 1989: 186; 盛金坤, 1989: 13; 马万炎等, 1989: 27; 童新旺等, 1990: 28; 陈昌洁, 1990: 195; 赵仁友等, 1990: 59; 陕西省林业科学研究所和湖南省林业科学研究所, 1990: 84; 童新旺等, 1991: 9; 杜增庆等, 1991: 16; 湖南省林业厅, 1992: 1269; 江土玲等, 1992: 53; 张永强等, 1994: 237; 章士美和林毓鉴, 1994: 160; 刘长明, 1996: 252; 陈尔厚, 1999: 49; 李红梅, 2006: 44; 卢宗荣等, 2007: 2.

雌：体长3.2~4.1mm。

头：头部略宽于胸部；着生浓密的银色绒毛。额刻点间隆起但不光滑，下脸及颊区刻点很弱、点间隆起颇不规则；下脸具光滑无刻点的中区。触角洼较深，表面光滑发亮，周缘脊起，上端未达中单眼，其最宽处约占复眼间距的3/4。眶前脊十分弱；眶后脊发达，向后伸达颊区后缘。触角间突三角形。颚眼距略长于柄节的1/2，约为复眼长的1/4。侧面观头部高约为长的1.6倍，复眼长为颚眼距的6.0倍。背面观侧单眼卵圆形，其长径至少为OOL的2.0倍，约为POL的1/2。触角窝位于复眼下缘连线的上方。触角不呈明显棒状。柄节明显长于复眼宽，不达中单眼，长约为最宽处的4.6倍，略短于鞭节的1/2、约与1~4索节等长或略短；梗节长宽约等，短于第1索节；环状节很短，横形；各索节渐短渐宽；第1、7索节长分别为宽的1.0倍和0.6倍；棒节长为端索节的2.0倍或更长。

胸：胸部长为宽的1.3倍，长为高的1.1倍。胸部背面具密集刻点，刻点较深，点间隆起弱，具微纹。前胸背板上的前背隆线仅限在侧面1/3处。小盾片拱起如球面，明显向后倾斜，长约为宽的0.8倍，后缘略平展，末端圆钝，无凹缘。并胸腹节向后强度倾斜，几乎垂直，侧齿不明显。

翅：前翅长约为宽的2.5倍；亚前缘脉与缘前脉相交处有些缢缩（此处色较浅）。缘脉长约为亚前缘脉的0.4倍，后缘脉短于缘脉的1/2，痣脉短于后缘脉的1/2，痣脉喙状突上约具3个小瘤突。

足：后足基节长约为后足腿节的2/3，腹面具密集的粗糙的刻点和浓密的绒毛，背面光滑，在腹面内侧无瘤突。后足腿节长为宽的1.8倍，外侧刻点很弱但具明显的皱纹和密毛，显得粗糙；后足腿节腹缘内侧基部无齿突，腹缘外侧具 10 齿左右，一般以基部第 1 齿最大。

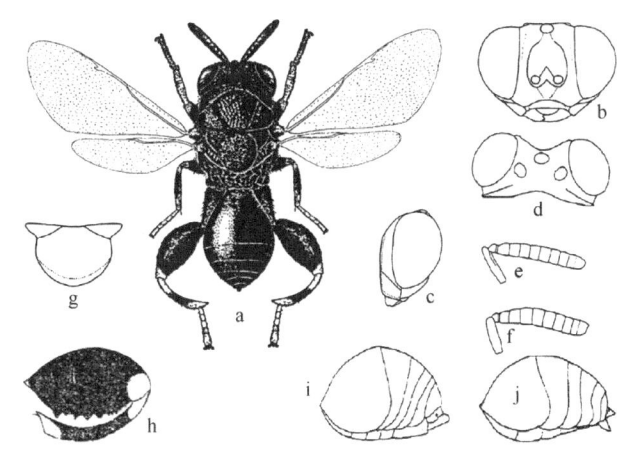

图 137　次生大腿小蜂 Brachymeria secundaria (Ruschka)（a，h. 引自 何俊华和庞雄飞，1986；其余引自 刘长明，1996）
a. 整体，背面观；b. 头部，前面观；c. 头部，侧面观；d. 头部，背面观；e. 触角，♀；f. 触角，♂；g. 小盾片，背面观；h. 后足腿节和胫节；i. 腹部，侧面观，♀；j. 腹部，侧面观，♂

腹：腹部与胸部等长或略长，略窄于胸部。第 1 节背板具一些很弱的刻纹或刻点，但仍光滑发亮，略长于柄后腹的 1/3。第 2 节背板背面具密集而细小的刻点，两侧毛密。第 3 节背板近前缘光滑，后方具密集刻点和毛。第 6 节背板具较大较密的刻点和明显的微皱。背面观产卵管鞘露出。

体色：体黑色，具银色毛。触角黑色，但有时显暗褐色或红褐色。翅基片黄色，但有时呈红色。翅透明，翅脉褐色。前中足的腿节端部、胫节（除中部常具黑色或褐色斑外）及跗节黄色；后足腿节端部、胫节基部和端部及跗节黄色。

雄：体长 2.4～4.1mm，与雌蜂相似。但第 1 腹节背板一般密布明显的细小刻点。

生物学：本种寄主常为鳞翅目 Lepidoptera 寄生蜂或寄蝇的寄生蜂。已知与松毛虫有关的寄主有云南松毛虫 *Dendrolimus latipennis*、黑足凹眼姬蜂 *Casinaria nigripes*、松毛虫脊茧蜂 *Aleiodes esenbeckii* 和寄蝇。此外还有螟蛉悬茧姬蜂 *Charops bicolor*、稻苞虫凹眼姬蜂 *Casinaria pedunculata pedunculata* 和伏虎悬茧蜂 *Meteorus rubens*。陈尔厚（1999: 49）报道从文山松毛虫 *Dendrolimus punctatus wenshanensis* 蛹中育出。

标本记录：7♀♂，江苏南京，1936.V.4，祝汝佐，寄主：马尾松毛虫上的黑足凹眼姬蜂；2♀，浙江长兴，1935.VIII.11，祝汝佐，寄主：马尾松毛虫上的黑足凹眼姬蜂，No. 846059、846087；1♀，浙江常山，1954.XI.17，浙江省林业厅，寄主：马尾松毛虫，No. 5427.5；2♀♂，浙江长兴，1981.X，吕文柳，寄主：黑足凹眼姬蜂，No. 844938；1♀，浙江龙游，1984.VII.16，陈景荣，寄主：马尾松毛虫上的黑足凹眼姬蜂，No. 845032；13♀♂，浙江衢州，1984.VIII～X.上旬，何俊华，寄主：马尾松毛虫上的黑足凹眼姬蜂，No. 846059、846087、846098、8466120～6121、846132；15♀♂，浙江衢州，1985.VII.16、17，陈景荣，寄主：马尾松毛虫上的黑足凹眼姬蜂，No. 844938～6446；4♀♂，浙江衢州，1985.IX.24～26，沈立荣、王金友，寄主：马尾松毛虫上的黑足凹眼姬蜂，No. 853661～3663、853708；6♀♂，浙江衢州，1987.IV～V，何俊华，寄主：马尾松毛虫上的黑足凹眼姬蜂，No. 871001、871002；1♂，湖北京山，1987.VII.20，龚乃培，寄主：松毛虫上的黑足凹眼姬蜂，No. 870060；14♀♂，湖南东安，1987.V.17～21，祝汝佐、何俊华，寄主：马尾松毛虫上的黑足凹眼姬蜂，No. 5635.2、5711.3a；1♂，湖南东安，1954.V.17，祝汝佐、何俊华，寄主：松毛虫脊茧蜂，No. 5635.30；2♂，四川，19xx，四川林科所，寄主：黑足凹眼姬蜂，No. 801915；2♀5♂，四川永川，1982.V.12，吴猛耐，寄主：松毛虫内茧蜂（=松毛虫脊茧蜂），No. 850117。

分布：辽宁、内蒙古、北京、山西、江苏、浙江、江西、湖南、四川、福建、广东、海南、广西、贵州、云南；日本、菲律宾、印度、俄罗斯、欧洲。

（89）绒茧蜂大腿小蜂 *Brachymeria* sp.（图 138）

Brachymeria sp.: 何俊华和徐志宏，1987: 37.

雄：体长 1.5mm。体黑至黑褐色。触角鞭节背面黑褐色，腹面黄褐色。翅基片暗褐色。后足腿节黑褐色，最端部有黄褐色斑；后足胫节黑褐色，基部 1/7 和（或）端部黄褐色。头部无眶前脊；眶后脊明显。触角洼占复眼间距的 2/3，不达中单眼。触角柄节不达中单眼。小盾片刻点相对大而少，中央横列约 10 个。末端圆。腹部第 1 节背板光滑；第 2 节背板基部光滑，端部有极细刻点。

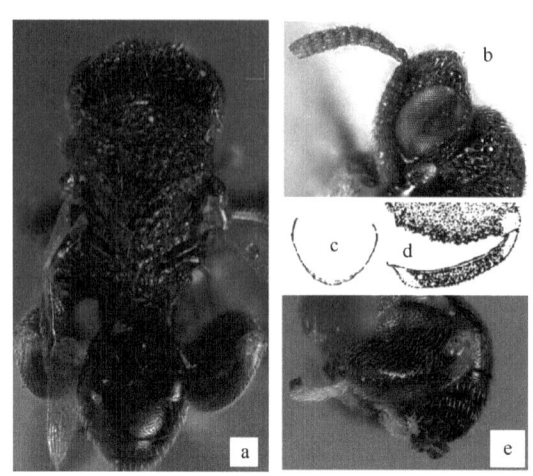

图 138　绒茧蜂大腿小蜂 *Brachymeria* sp.（a. 引自　何俊华和徐志宏，1987）
a. 整体，背面观；b. 头部，侧面观；c. 小盾片，背面观；d. 后足腿节及胫节，侧面观；e. 腹部和后足腿节及胫节，侧面观

生物学：寄主为单寄生于松毛虫幼龄幼虫上的一种绒茧蜂（蜂茧单个，体小）。
标本记录：2♂，重庆，1980.VII.24，何俊华，从松毛虫幼龄幼虫的单寄生绒茧蜂茧内育出，No. 801968。
分布：重庆。
鉴别特征：触角鞭节背面黑褐色，腹面黄褐色。

（90）黑胫大腿小蜂 *Brachymeria* sp.（图 139）

Brachymeria sp.: 何俊华和徐志宏, 1987: 36.

雌：体长 2.5mm。体黑色。翅基片黑色。后足腿节黑色，端部有小黄斑；后足胫节黑色，仅端部色稍浅。有眶前脊及眶后脊。触角洼占复眼间距的 1/2，达中单眼。小盾片上刻点稍浅，末端圆。腹部短于前胸背板、中胸盾片及小盾片之和；第 1 节背板光滑，第 2 节背板背方中央有细刻纹。
生物学：从马尾松毛虫茧内育出，曾有一茧出 2 蜂，真正寄主尚不明。
标本记录：2♀，浙江长兴（采集人和采集时间未知）。
分布：浙江（长兴）。
鉴别特征：后足胫节黑色，仅端部色稍浅；有眶前脊及眶

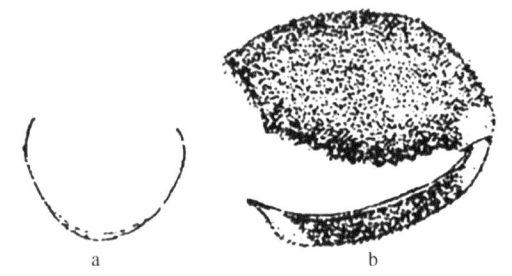

图 139　黑胫大腿小蜂 *Brachymeria* sp.（引自 何俊华、徐志宏，1987）
a. 小盾片，背面观；b. 后足腿节和胫节

后脊；小盾片上刻点稍浅，末端圆。

（91）常山大腿小蜂 *Brachymeria* sp.（图 140）

雌：体长 4.8mm。体黑色。触角黑色。翅基片浅黄色。后足基节和腿节黑色，腿节最端部黄色；左足胫节黑色，端部 2/3 外侧稍带棕色，跗节（仅存 3 节）黑褐色，右足胫节除基部黑色外外侧棕黑色，跗节黄色，端跗节黑褐色。

触角洼 U 形，上半稍收窄，长为最宽处的 1.47 倍，最宽处为复眼间距的 0.64 倍；中央明显纵隆。触

角柄节伸达中单眼。眶前脊弱，眶后脊明显。小盾片端缘圆形，宽大于长，满布粗刻点，无不规则纵刻纹。后足腿节腹缘外侧具 13 齿，齿的大小和距离几乎相近。腹部短于胸部，第 2 节背板中央具极细刻纹。

图 140 常山大腿小蜂 *Brachymeria* sp.
a. 整体，背面观；b. 整体，侧面观；c. 头部，前面观；d. 翅；e. 后足，侧面观

生物学：马尾松毛虫蛹内育出，单寄生。

标本记录：1♀，浙江常山，1955.VIII.中旬，何俊华，寄主：马尾松毛虫蛹，No. 5540.4。

鉴别特征：触角柄节伸达中单眼；眶前脊弱，眶后脊明显；小盾片端缘圆形，宽大于长，满布粗刻点，无不规则纵刻纹。

（92）红角大腿小蜂 *Brachymeria* sp.（图 141）

雌：体长 4.0mm。体黑色。触角红褐色。翅基片黄白色。足腿节端部、前中足胫节最基部和端部、后足胫节基部 1/3 和端部 1/3 黄白色；前足胫节中段浅红褐色，中后足胫节中段黑色；跗节浅黄褐色。腹部各节背板后侧方红褐色。

图 141 红角大腿小蜂 *Brachymeria* sp.
a. 头部和胸部，背面观；b. 头部，前面观；c. 后足腿节和胫节，侧面观

触角洼 U 形，伸达中单眼，长为宽的 1.3 倍，中央稍宽，上方稍收窄，为复眼间宽的 0.5 倍。触角柄

节伸达中单眼。眶前脊和眶后脊均明显。小盾片圆形，长宽相等，端缘有浅缺刻，2齿很钝。腹部第3、4节背板中央具极细刻纹。

生物学：从马尾松毛虫麻蝇蛹内育出，单寄生。

标本记录：1♀，浙江建德，1986.VI.26，何俊华，寄主：马尾松毛虫麻蝇蛹，No. 861790。

鉴别特征：触角红褐色；翅基片黄白色；腹部各节背板后侧方红褐色；触角柄节伸达中单眼；眶前脊和眶后脊均明显；小盾片圆形，长宽相等，端缘有浅缺刻，2齿很钝。

（93）黄胫大腿小蜂 *Brachymeria* sp.（图142）

Brachymeria sp.: 何俊华, 1985: 109.

雄：体长6.2mm。体黑色。触角黑色。翅基片浅黄色。前中足基节端部、前足腿节端半、中足腿节端部、胫节和跗节浅黄褐色；后足腿节端部、整个胫节外侧和跗节黄褐色。

图142 黄胫大腿小蜂 *Brachymeria* sp.
a. 头部、胸部和腹部基部，背面观；b. 触角；c. 腹部部分和后足，侧面观

触角洼U形，上方1/3渐收窄，下方2/3平行，宽为复眼间距的0.4倍，长为宽的1.7倍。无眶前脊，眶后脊明显。触角柄节不达中单眼。小盾片圆形，端缘有缺刻，2齿钝。腹部第2节背板基部1/4具明显刻点，点距为点径的1.0~1.5倍，端部2/3具极细刻点，侧方具白色长毛；第3~5节各节背板后缘具细刻点，并有稀疏白色长毛。后足腿节腹缘有10个三角形齿，除内方2、3齿稍小外，其余均约等大、等距。

生物学：从寄生于马尾松毛虫的柞蚕饰腹寄蝇 *Blepharipa tibialis* 等寄蝇蛹内育出，单寄生。

标本记录：1♂，浙江长兴，1935.VIII.5，祝汝佐，寄主：黑足凹眼姬蜂；1♂，浙江衢州，1985.V.26，沈立荣，寄主：马尾松毛虫寄蝇蛹，No. 853190、853191、853194。

鉴别特征：触角洼长为宽的1.7倍，宽为复眼间距的0.4倍；小盾片圆形，端缘有缺刻，2齿钝；翅基片浅黄色；足胫节和跗节浅黄褐色。

角头小蜂亚科 Dirhininae

47. 角头小蜂属 *Dirhinus* Dalman, 1818（图143）

Dirhinus Dalman, 1818: 75.

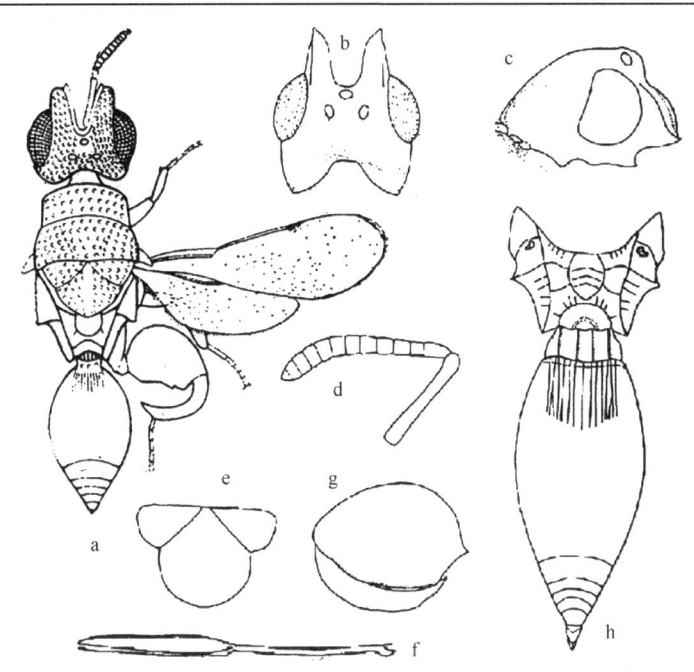

图 143　角头小蜂属 *Dirhinus* Dalman（a. 引自 Nikol'skaya，1952；其余引自 刘长明，1996）
a. 整体，背面观；b. 头部，背面观；c. 头部，侧面观；d. 触角，♀；e. 小盾片，背面观；f. 前翅翅脉；g. 后足腿节和胫节；h. 并胸腹节和腹部，背面观

属征简述：头部复眼至触角洼之间的颜面向前显著突起，呈两个角状突。触角柄节及触角洼深藏在角突间的凹陷中。上颚直且狭长，末端具 2~3 个齿，外侧较宽而钝的 1 齿有些向外翻出。复眼一般不特别凸出。颊区总是显得宽大，具刻点，无颚眼沟。触角窝一般远离唇基。触角常呈棒状。胸部稍扁，背面一般较平。小盾片后端无明显齿突和凹缘。并胸腹节平，倾斜不明显，两侧向后收窄，后侧角明显后突，中室常较宽。前后翅一般无色透明，翅脉淡黄色。前翅缘脉很长，后缘脉缺或很弱，痣脉弱。后足腿节近基部很宽，后部较窄，呈梨形，腹缘具一排很长的梳齿；后足胫节后端呈强刺状，背面具明显凹陷的跗节沟。腹部腹柄有时为横形，十分明显；背面一般具 4 条纵隆线，少数具 3 条。柄后腹刻点一般不粗糙，第 1 节背板很大，背面基部大多具有纵隆线区。

角头小蜂亚科 Dirhininae 目前已知有 2 属，另 1 属 *Younaia* 目前仅知非洲 1 种。

生物学：多寄生于双翅目短角亚目，如丽蝇科、蝇科和实蝇科等，一些鳞翅目昆虫也会被其寄生。角头小蜂属的上颚又长又直、较窄，末端具外翻的齿，加上头前的角状突和十分坚硬的身体，这些结构能很好地帮助成虫从坚固的寄主蛹中破壳而出。

分布：分布在气候较温暖的地区。我国已知 7 种，过去没有与松毛虫有关的寄主记录。何允恒等（1988）报道在北京油松毛虫寄蝇上发现，但未定种名也无形态描述，作者手头无从松毛虫蝇类体上育出的此属标本。

注：属征等录自刘长明（1996：162）。

（94）角头小蜂 *Dirhinus* sp.

Dirhinus sp. 何允恒等，1988: 22；陈昌洁，1990: 195；吴钜文和侯陶谦，1990: 293.

生物学：寄主为油松毛虫寄蝇。
分布：北京。

脊柄小蜂亚科 Epitraninae

48. 脊柄小蜂属 *Epitranus* Walker, 1834（图 144）

Epitranus Walker, 1834: 21, 26.

属征简述：头前面观，在复眼下方强度收窄。颜面多少较平，无角突。触角洼平。颊区后部具强脊，向下延伸形成凸缘。触角着生于很低的位置，由一屋檐状突起（由原始的唇基上缘形成）支撑。翅基片近垂直，较平，后缘达后翅基部。前翅窄，缘脉很长，痣脉和后缘脉少许残留或缺。并胸腹节水平状，小室很有特点。后足基节大，近圆柱形或圆锥形；转节大；腿节腹缘具一排齿，有时仅有少数几个大齿，有时近基部为一大齿，其后紧随一排较密的小梳齿；胫节向末端变尖细，形成弯曲的刺，跗节沟可见，但长度有变化，有时长而深并达近基部由一至数个齿突构成的瘤状突处。腹部腹柄狭长如棍状，具数条纵隆线；柄后腹较小，侧扁，侧面观背面相对较平，与腹柄相接处近柄后腹背面，腹缘向下呈弧形凸出；第 1 节背板大，一般无基窝和基隆线。

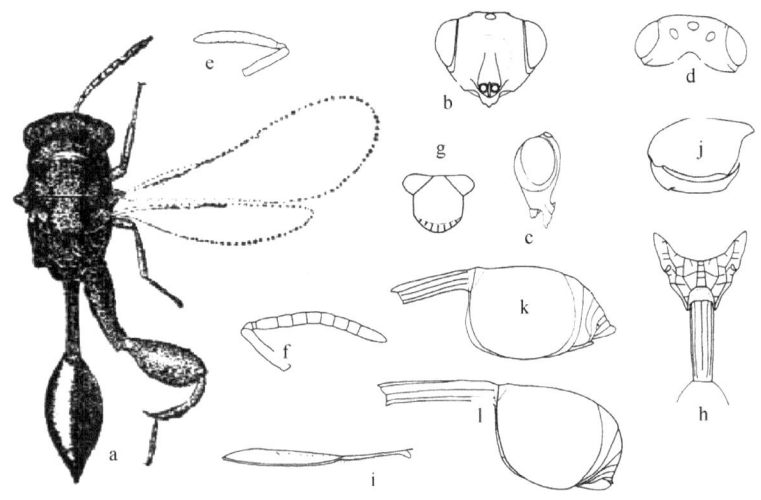

图 144 脊柄小蜂属 *Epitranus* Walker（a. 引自 何俊华，1979；其余引自 刘长明，1996）
a. 整体，背面观；b. 头部，前面观；c. 头部，侧面观；d. 头部，背面观；e. 触角，♀；f. 触角，♂；g. 小盾片，背面观；h. 并胸腹节和腹柄，背面观；i. 前翅翅脉；j. 后足腿节和胫节；k. 腹部，侧面观，♀；l. 腹部，侧面观，♂

脊柄小蜂亚科 Epitraninae 目前仅含脊柄小蜂属 *Epitranus*。

生物学：已知可寄生于鳞翅目螟蛾科 Pyralidae 和谷蛾科 Tineidae 的一些种；也有的为重寄生蜂，作者在杭州曾从稻田螯蜂茧中育出。

分布：主要分布在非洲、亚洲和澳大利亚。中国已记录 5 种，过去没有与松毛虫有关的寄主记录。何允恒等（1988）报道在北京油松毛虫上发现，但未定种名也无形态描述，作者手头无从松毛虫体上育出的此属标本。

注：属征等录自刘长明（1996: 178）。

（95）长角脊柄小蜂 *Epitranus* sp.

Epitranus sp.: 何允恒等，1988: 22；陈昌洁，1990: 195；吴钜文和侯陶谦，1990: 293.

生物学：油松毛虫蛹。
分布：北京。

截胫小蜂亚科 Haltichellinae

49. 凹头小蜂属 *Antrocephalus* Kirby, 1883

Antrocephalus Kirby, 1883: 54, 63; 刘长明, 1996: 99.

属征简述：颜面具发达完整的向上达头顶的眶前脊，并在中单眼后向背中部弯折，左右眶前脊在中单眼后方会合，构成马蹄形；眶后脊明显或缺。触角洼凹；触角窝接近上唇。触角间突向前弧形凸出；围角片侧脊一般明显。上颚齿式一般为2～3齿。颊区近后缘处常呈凹槽状。触角细长（常雄蜂长于雌蜂），柄节、梗节和环状节一般雌蜂长于雄蜂。前胸背板前背隆线多少较发达，常延伸到近背中线处后折，形成一对瘤状突。小盾片端部具明显的或弱的2齿。并胸腹节侧齿不尖锐，较钝或不明显。前翅多少有些烟褐色；后缘脉一般明显，与痣脉等长或更长。后足基节基部背面外侧有或无瘤状突；后足腿节外侧刻点不明显或较小，腹缘无尖锐的叶突，常见为2叶，或为1叶或无显著叶突。腹部后端一般较尖；柄后腹基部常见1对短的基脊，有时基脊较发达。

生物学：主要寄生于小型鳞翅目，如螟蛾科 Pyralidae、小卷蛾科 Olethreutidae、织蛾科 Oecophoridae 等。

分布：亚洲、欧洲、南美洲、澳大利亚和巴布亚新几内亚。我国已有25种，但有些新种或者中国新记录种尚未见报道。盛金坤（1986）报道了寄生于松毛虫的一未定名种松毛虫斑翅大腿小蜂 *Antrocephalus* sp.，但盛金坤（1989: 17）的《江西小蜂类（一）》中记录了洼头小蜂属 *Antrocephalus* 4 种，无松毛虫斑翅大腿小蜂 *Antrocephalus* sp.，对此也无交代，以致陈昌洁（1990: 195）和梁秋霞等（2002: 29）文中仍有松毛虫斑翅大腿小蜂 *Antrocephalus* sp.的记录。

凹头小蜂属 *Antrocephalus* 分种检索表

1. 后足腿节腹缘齿列明显长于腹缘长的1/2；前翅仅缘脉后方具1褐色斑；后足腿节黑色，至少基部为红色，腹缘中部凹陷明显；前胸背板中部无明显的瘤状突；小盾片端齿略突，后缘略凹，背面后半部中央浅纵凹；与颚眼沟相连的一小段眶后脊可见；后足腿节端部红棕色 ·· 石井凹头小蜂 *A. ishiii*
- 后足腿节腹缘齿列短于或等于腹缘长的1/2 ··· 2
2. 柄后腹基脊长度占第1节背板的1/4；第1腹节背板不长于柄后腹的1/2；小盾片背中线处无隆线；触角洼达中单眼；前胸背板无明显的瘤状突；小盾片后端呈浅凹缘，两齿略后突；触角柄节黑色或暗褐色；前翅缘脉后方具褐斑；后足腿节黑褐色或黑色 ·· 日本凹头小蜂 *A. japonicus*
- 柄后腹基脊长度短于第1腹节背板的1/4；小盾片端齿突出，凹缘明显；腹部尖长，明显长于胸部；背面观，腹端背拱长为第6节背板的2.0倍左右；后足腿节腹缘端部1/3处具一明显的叶突；前翅后缘脉略短于缘脉；小盾片后端两齿更长；腹部第1节背板基部具一对短隆线 ·· 佐藤凹头小蜂 *A. satoi*

（96）石井凹头小蜂 *Antrocephalus ishiii* Habu, 1960（图 145）

Antrocephalus ishiii Habu, 1960: 256-262; 钱英等, 1990: 67; 刘长明, 1996: 136-137; 杨忠岐等, 2015: 192.

雌：体长3.8～6.4mm。体黑色。翅基片，前足和中足的转节、腿节、胫节和跗节，以及后足基节端部、转节、腿节基部和端部、胫节除腹缘外、跗节红棕色。前翅烟褐色，翅脉褐色，缘脉后方具褐色斑；后翅无色透明，翅脉浅褐色。体具银色毛。

头：头部略宽于胸部，密布刻点，刻点间隙窄，隆起，近于光滑，着生银色绒毛。复眼具稀疏短毛或不明显。眶前脊发达，向上伸达头顶并在中单眼后相连，向下与颚眼沟的外侧脊相连，不伸达围角片。围角片外侧脊接近眶前脊下端和颚眼沟上端1/3处；颜面在眶前脊间内陷，触角洼具紧密的横向微皱，顶部至中单眼，边缘无脊。触角间突窄，呈弧形向前凸出，下端与唇基相距很近；触角窝远离复眼下缘连线。触角柄节长于复眼，接近但未达中单眼。颚眼沟窄浅，外侧脊和内侧脊细；眶后脊仅基部与颚眼沟相连的一小段较明显。颚眼距明显短于柄节长的 1/2，复眼宽小于复眼间距。颊区在近后缘处具很深的凹槽。头背面观，额面中部凹陷，两侧在眶前脊处向前凸。头侧面观，复眼长为颚眼距的 2.1 倍。相对测量值为：头宽 56，头高 48，胸宽 53，复眼长 31，复眼宽 22，复眼间距 25，柄节长 37，颚眼距 16，OOL：POL 为 1：5。

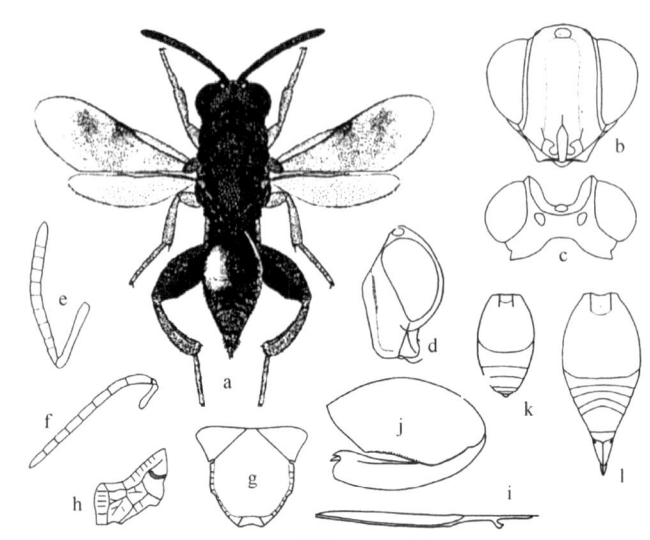

图 145　石井凹头小蜂 Antrocephalus ishiii Habu 雌蜂（a. 引自 Habu，1960；其余引自 刘长明，1996）
a. 整体，背面观；b. 头部，前面观；c. 头部，背面观；d. 头部，侧面观；e. 雌蜂触角；f. 雄蜂触角；g. 小盾片；h. 并胸腹节（一半）；i. 翅脉；j. 后足腿节和胫节；k. 雌蜂腹部，背面观；l. 雄蜂腹部，背面观

触角：柄节长为其最宽处的 8.1 倍，略长于第 1～5 索节之和，明显长于鞭节的 1/2；梗节长于第 1 索节，为环状节的 1.6 倍，长为宽的 2.3 倍；环状节长为宽的 1.2 倍；索节长度依次递减，宽度微增；第 1 索节长为宽的 1.6 倍；第 7 索节长宽约等；棒节分节不明显，与其前一节约等宽，长度为前一节的 2.3 倍。

胸：胸部背面刻点密布，刻点间隙一般小于刻点直径。前胸背板的刻点相对较小且刻点间隙具刻纹。中胸盾片及小盾片上的刻点相对较大，刻点间隙近光滑。前胸背板的前侧角尖，前背隆线伸至近背中部处后折，无明显的瘤突。小盾片长大于宽，侧缘和后缘平展且略向上卷折，后端两齿较宽，略呈凹缘。并胸腹节亚中脊、副脊和亚侧脊较明显，副脊较短，亚侧脊外侧具较密的银色长毛，气门后侧突钝。侧面观，中胸盾片和小盾片较平；胸部长宽之比为 1.7，长高之比为 1.6。

翅：前翅后缘脉与缘脉等长或略长于缘脉。相对长度为：亚缘脉 97，缘前脉 12，缘脉 24，后缘脉 25，痣脉 6。

足：后足基节长约为后足腿节的 0.6 倍，背面外侧近基部具 1 小齿突。背半部光滑无毛，腹半部具刻纹和浓密绒毛；后足腿节长约为宽的 2.0 倍。毛密，具网纹和小刻点；后足腿节内侧腹缘近基部无齿突，腹缘外侧基部 1/3 处具 1 个弱的叶突，从此至后端具一排细密梳齿。

腹：腹部长接近于胸部或略长，比胸部窄，长宽比为 2.2，中部略前处最宽，最末较尖。腹柄背面观不明显。第 1 节背板长为柄后腹的 0.4 倍，长稍小于宽，后端中段较直，背面光滑，基窝两侧具纵隆线，纵隆线平行，长小于间距，短于第 1 节背板的 1/4；第 2 节背板两侧具刻点和微纹，中部光滑，后缘皆略呈凹缘；第 6 节背板刻点粗糙，具刻纹；腹端背拱具中脊，长于第 6 节背板；产卵管鞘露出，相对测量值为：腹长 93，腹宽 42，第 1 节背板长 39、宽 42，腹端背拱长 18，产卵管鞘长 5。

雄：体长 3.6～5.1mm。体色同雌蜂，但翅基片和足的颜色更暗。头略宽于胸；触角窝和触角间突比雌蜂更远离唇基；眶前脊与围角片外侧脊相连；颚眼距为复眼长的 0.7 倍；颊区近后缘处深凹。触角柄节较雌蜂短，短于复眼长，不达中单眼，长约为最宽处的 4.7 倍，为鞭节长的 1/5，仅略长于第 1 索节；环状节短，横形；第 1 索节较长，有些弯曲，长宽比为 3.0，以后各索节长度递减而宽度接近或减弱；触角相对测量长度为：柄节长 21，柄节最宽处 5，鞭节 115，梗节 4，环状节 1，第 1 索节 18，第 2 索节 16，第 3 索节 15，棒节 16。前翅后缘脉与缘脉相等或更长；相对长度为：亚缘脉 51，缘前脉 9，缘脉 12，后缘脉 15，痣脉 3。腹部短于胸部，亦比胸部窄；基脊比雌蜂更长。

生物学：寄生于云南松毛虫 Dendrolimus houi 蛹。

标本记录：1♀1♂，浙江杭州，1981.VIII.8，王荣伟；1♀2♂，浙江开化古田山，1986.VII.20，楼晓明。

分布：上海、浙江、湖南、福建、贵州、云南；日本。

注：① 形态描述录自刘长明（1996: 136-137）；② 杨忠岐等（2015: 192）以烟翅安小蜂 Antrocephalus ishiii（！）之名指出在贵州绥阳寄生于云南松毛虫 Dendrolimus houi。

（97）日本凹头小蜂 Antrocephalus japonicus (Masi, 1936) （图 146）

Sabatiella japonicus Masi, 1936: 48.
Antrocephalus japonicus: Habu, 1960: 269; 盛金坤, 1982: 71; 张务民等, 1987: 32; 盛金坤, 1989: 18; 钱英等, 1990: 67; 刘长明, 1996: 125.

雌：体长 2.9～4.1mm。

头：头部比胸部宽；密布刻点，刻点间隙窄，具微纹；着生银色绒毛。复眼具稀疏短毛。眶前脊发达，向上伸达头顶并在中单眼后相连，向下与颚眼沟的外侧脊相连，不伸达围角片；围角片外侧脊接近但未明显达颚眼沟。额在眶前脊间内陷，触角洼具紧密的横向微皱，顶部至中单眼，边缘无脊；触角间突窄，呈弧形向前凸出，下端与唇基相距很近。触角窝远离复眼下缘连线；触角柄节不达中单眼，长于复眼长。颚眼沟窄浅，外侧脊和内侧脊细。眶后脊仅基部与颚眼沟相连的一小段较明显。颚眼距约为柄节长的 0.4 倍。复眼宽与复眼间距相等。颊区近后缘处具凹槽。头背面观额中部凹陷，两侧在眶前脊处向前凸，后侧角尖突。头侧面观复眼长为颚眼距的 2.1 倍。OOL：POL 为 1：6。触角柄节长为其最宽处的 7.4 倍，略长于第 1～4 索节之和，稍长于鞭节的 1/2；梗节短于第 1 索节，长宽比为 2.2，为环状节的 3.3 倍；环状节长宽比为 2：3；索节长度依次递减，宽度微增；第 1 索节长为宽的 2.4 倍；第 7 索节长为宽的 1.1 倍；棒节分节不明显，其长为宽的 2.3 倍，与其端索节约等宽，长度为端索节的 2.0 倍。

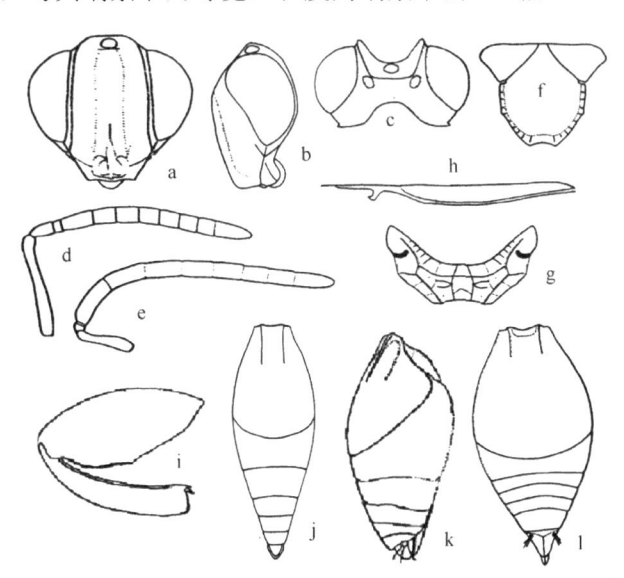

图 146 日本凹头小蜂 Antrocephalus japonicus (Masi) （i, k. 引自 盛金坤，1982；其余引自 刘长明，1996）
a. 头部，前面观；b. 头部，侧面观；c. 头部，背面观；d. 触角，♀；e. 触角，♂；f. 小盾片，背面观；g. 并胸腹节；h. 前翅翅脉；i. 后足腿节和胫节；j. 腹部，背面观，♀；k. 腹部，侧面观，♀；l. 腹部，背面观，♂

胸：胸部长为宽的 1.6 倍，长高之比为 1.4，背面刻点密布，点距一般小于刻点直径且具刻纹。前胸背板的刻点相对较小，前侧角尖突，前背隆线发达，伸至近背中部处后折，无明显的瘤突。中胸盾片侧面观略隆起，小盾片呈明显圆弧形；中胸盾片前半部上的刻点相对较小，后半部及小盾片上的刻点相对较大；小盾片长大于宽，基部很窄，侧缘和后缘平展且略向上卷折，后端两齿相距较远，略呈凹缘，无纵凹。并胸腹节亚中脊、副脊和亚侧脊较明显，亚侧脊外侧具较密的银色长毛，气门后侧突不明显。

翅：前翅亚前缘脉长为缘前脉的6.6倍，后缘脉长为缘脉的1.0～1.4倍；后缘脉长为痣脉的3.5～4.8倍。

足：后足基节长约为后足腿节的0.7倍，背面外侧近基部具一小齿突，背半部光滑无毛，腹半部具刻纹和浓密绒毛。后足腿节长约为宽的2.0倍或略长，毛密，具网纹；后足腿节腹缘内侧近基部无齿突，腹缘外侧中后部具2个弱的圆钝叶突。从腹缘中部至后端具一排细密梳齿。

腹：腹部长宽比为2.0，中部略前处最宽，长近于胸部或略短，比胸部窄。腹柄背面观不明显。第1节背板长为柄后腹的1/2，长宽相等，后端圆弧形；背板背面光滑，基窝两侧具平行纵隆线，长与其间距约等，为第1腹节背板的1/4。第2节背板两侧具刻点和微纹，中部光滑，后缘略呈凹缘。第6腹节背板刻点粗糙；腹端背拱具中脊，长度短于第6腹节背板。产卵管鞘露出。

体色：体黑色，具银色毛。触角黑色或暗褐色；柄节一般暗褐色，基部和端部褐色或浅褐色；梗节和环状节棕黄色。翅基片，前中足转节、腿节基部和胫节端部、跗节，以及后足转节和胫节端部棕黄色。前中足腿节、胫节中部和基部红褐色，后足跗节红棕色。前翅淡褐色，翅脉褐色，缘脉后方具褐色斑；后翅无色透明；翅脉黄色。腹部侧面下部、腹面及腹端背拱有些暗褐色。

雄：体长2.9～4.3mm。

体色：同雌蜂，但触角暗褐色，梗节和环状节与其他各节颜色相同。翅基片褐色或暗褐色，前、后翅均无色透明。翅脉褐色或黄色，前翅缘脉后无褐斑。有时后足腿节暗褐色。

头：头部略宽于胸部；复眼具稀疏短毛或毛不明显。触角窝和触角间突比雌蜂更远离唇基。头顶中部具更深的凹陷。颚眼沟不明显。眶前脊与围角片外侧脊相连。颚眼距明显长于复眼长的1/2。柄节短于复眼长，不达中单眼。OOL：POL为1：4。颊区近后缘处较雌蜂深凹。触角柄节相对较雌蜂短，柄节长约为宽的4.7倍，为鞭节长的1/5，仅略长于第1索节。环状节短，横形。第1索节较长，长宽比为3.0，以后各索节长度递减而宽度接近或减弱；棒节长为其前1节的1.5倍，分节不明显。

胸：前胸背板的前背隆线伸至近中部，形成两个明显的瘤突。前翅后缘脉与缘脉等长或更长；相对长度为：亚前缘脉51，缘前脉9，缘脉12，后缘脉15，痣脉3。

腹：腹长与胸长接近，但较窄，长宽比为2.4；第1节背板光滑，长度超过柄后腹的1/2，长宽比为1.4，基脊比雌蜂更长，约为第1节背板的1/3，第2节背板后端稍呈凹缘；第2～5节背板具粗糙刻纹。

生物学：据张务民等（1987：32）报道，本种在四川寄生于马尾松毛虫幼虫-蛹。钱英等（1990：67）报道寄生于枇杷暗斑螟 *Euzophera bigella*。

标本记录：浙江大学寄生蜂标本室保存有浙江、广西、云南等地的标本，但以上标本都不从松毛虫中育出。

分布：北京、上海、浙江、江西、湖南、四川、福建、台湾、广西、云南；印度、日本。

注：形态描述录自刘长明（1996：125）。

（98）佐藤凹头小蜂 *Antrocephalus satoi* Habu, 1960（图147）

Antrocephalus satoi Habu, 1960: 271-277; 钱英等, 1990: 66; 刘长明, 1996: 129; 杨忠岐等, 2015: 192.

雌：体长3.6～4.0mm。体黑色；触角柄节、梗节和环状节褐色或红褐色，第1索节略带红色。翅基片褐色；翅几乎透明，前翅翅脉褐色，后翅淡黄褐色。前、中足浅褐色，基节和腿节略红色；后足基节暗红褐色，端部褐色；后足腿节红褐色，中部或多或少较暗些；后足胫节红褐色，腹缘外侧黑色或较暗，后足跗节红褐色；腹部腹面略呈红或褐色；体毛银色。

头：头部稍宽于胸部，具密集刻点，刻点间隙窄、略隆起。POL为侧单眼长的3.0倍；复眼较小，近圆形，具稀短毛。眶前脊在复眼下方模糊；触角洼具明显的紧密条纹，顶部达中单眼；触角柄节端部接近中单眼；触角间突窄，呈弧形向前突出；围角片外侧脊不达颚眼沟或眶前脊；颚眼沟侧脊弱；颊区近后缘处具较深凹陷；眶后脊不明显。

触角：触角柄节比梗节、环状节及第 1~2 索节之和略长；梗节仅稍长于第 1 索节的 1/2，略长于宽；环状节长为梗节的 1/2，宽大于长；第 1 索节长为宽的 2.0 倍，第 7 索节长宽相等；棒节略长于第 7 索节的 2.0 倍。

胸：胸部刻点密集，刻点间隙窄、具稀刻条。前胸背板前背隆线较不明显，背中部无瘤状突。小盾片背面后半部具中纵凹，后端两齿明显后突。

翅：前翅亚缘脉末端与缘前脉间多少有些间隙，后缘脉稍短于缘脉，痣脉长仅为缘脉的 1/3。

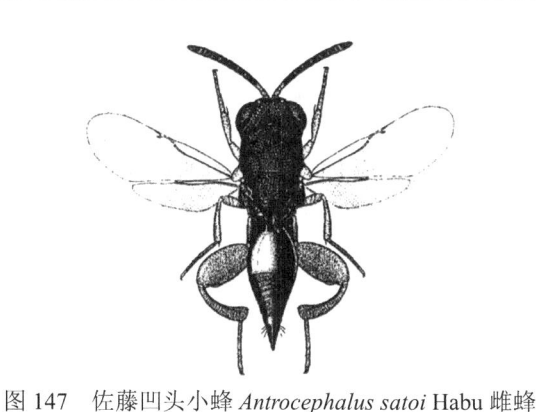

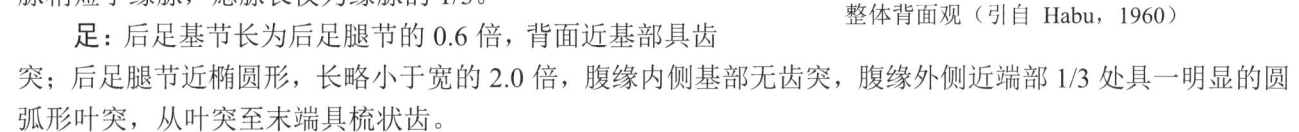

图 147　佐藤凹头小蜂 Antrocephalus satoi Habu 雌蜂整体背面观（引自 Habu，1960）

足：后足基节长为后足腿节的 0.6 倍，背面近基部具齿突；后足腿节近椭圆形，长略小于宽的 2.0 倍，腹缘内侧基部无齿突，腹缘外侧近端部 1/3 处具一明显的圆弧形叶突，从叶突至末端具梳状齿。

腹：腹部长为胸部的 1.3 倍左右，后半部较尖细。第 1 节背板长约为柄后腹的 2/5，背面光滑，基脊短脊间宽，但明显，后缘略凹。腹端背拱较长，具中脊。

雄：体长 2.8~3.3mm。体色与雌蜂相同，但触角暗红褐色。触角窝更远离唇基。触角柄节、梗节和环状节相对较短。

生物学：杨忠岐等（2015）报道从河北滦平油松毛虫 Dendrolimus tabulaeformis 蛹中养出；原记述中其寄生于梨小食心虫 Grapholitha molesta。

标本记录：1♀，浙江杭州，1980.V.28，何俊华，No. 801418。

分布：河北（滦平）、浙江（杭州）；日本。

注：① 形态描述录自刘长明（1996: 129）；② 杨忠岐等（2015: 192）以"塞安小蜂 Antrocephalus satio (！)"指出在河北滦平寄生于油松毛虫 Dendrolimus tabulaeformis 蛹。

50. 霍克小蜂属 *Hockeria* Walker, 1834

Hockeria Walker, 1834: 34.
Stomatoceras Kirby, 1883: 54, 62.
Nipponohockeria Habu, 1960: 234.

属征简述：雌蜂复眼常具稀疏短毛，雄蜂复眼一般具较密的短毛。眶前脊通常不很发达，少数种眶前脊发达，但在头顶处不明显，左、右眶前脊不弯至中单眼后会合。触角窝远离复眼下缘，与上唇相距甚近。额深凹、平坦或拱起。触角洼具横向皱折。前翅翅面中部一般具褐色斑，在翅痣后方常具圆形白斑或浅色斑；前翅后缘脉或缺或较短于或长于缘脉。后足腿节一般具 2 个叶突，也有的具 3 个叶突，腹缘从中部叶突至后端具细密的小齿。后足胫节外侧无附加隆线。腹柄常不明显，但有的种较长，甚至长为宽的 2 倍；腹部基部通常无明显的纵脊，或 2 条或多条纵脊。

本属有的种类眶前脊较发达，后足腿节腹缘具 3 个叶突，这些特征与凸腿小蜂属 *Kriechbaumerella* 很相近，但眶前脊一般在伸达侧单眼前就变弱，不弯至中单眼后会合。

生物学：本属多数寄生于小型鳞翅目昆虫，如雕翅蛾科 Choreutidae（=雕翅蛾科 Glyphipterygidae）、鞘蛾科 Coleophoridae、卷蛾科 Tortricidae、斑蛾科 Zygaenidae；也寄生于其他目昆虫，如脉翅目 Neuroptera 的蝶角蛉科 Ascalaphidae，膜翅目 Hymenoptera 的松叶蜂科 Diprionidae、双翅目 Diptera 的舌蝇科 Glossinidae、鞘翅目 Coleoptera 的瓢虫科 Coccinellidae 和捻翅目 Strepsiptera 昆虫。

分布：亚洲，美洲，欧洲，非洲，大洋洲。中国已知 22 种，盛金坤（1989）曾报道其在江西九江寄生于马尾松毛虫卵（存疑！）。

注：① 属征等录自刘长明（1996: 52）；② 吴钜文（1979a: 36）、柴希民（1987: 7）、侯陶谦（1987: 173）、陈昌洁（1990: 195）等报道 *Stomatoceras* sp.在江苏、浙江寄生于马尾松毛虫（蛹），因无形态描述，也未见标本，是何种类不明。③ *Stomatoceras* 属名已为霍克小蜂属 *Hockeria* 的异名。

（99）石井霍克小蜂 *Hockeria ishiii* (Habu, 1960) （图 148）

Nipponohockeria ishiii Habu, 1960: 234-235.

Hockeria ishiii: 盛金坤, 1982: 72(石氏脊腹小蜂); 盛金坤, 1989: 15(日本霍克小蜂); 陕西省林业科学研究所和湖南省林业科学研究所, 1990: 89(石井脊腹小蜂); 章士美和林毓鉴, 1994: 161; 刘长明, 1996: 52.

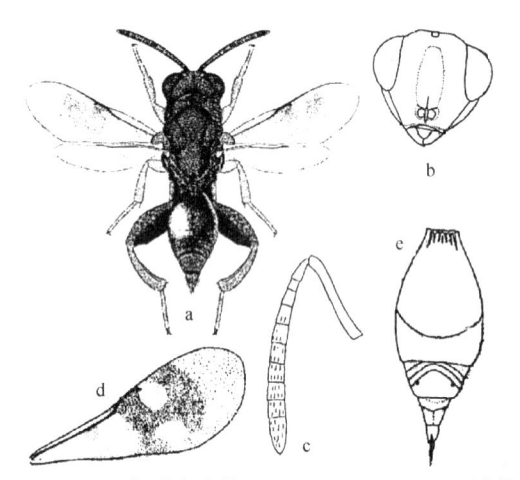

图 148　石井霍克小蜂 *Hockeria ishiii* (Habu) 雌蜂
（a. 引自 Habu, 1960; 其余引自 盛金坤, 1989）
a. 整体, 背面观; b. 头部, 前面观; c. 触角; d. 前翅; e. 腹部, 背面观

雌：体长约 2.5mm。

体色：体黑色。触角柄节淡褐色，索节暗褐色，其余褐色。翅基片褐色。前翅基部透明，前翅缘脉下方至亚端部有 1 大褐斑，斑内前、后缘有 2 个透明区，内生白毛。后翅几乎透明，翅脉淡褐色。前中足基节、腿节、胫节和跗节褐色稍红，但转节、腿节端部和胫节端部、跗节淡褐色。后足基节、腿节和胫节红褐色，基节色稍暗，腿节基部和端部、胫节端部色稍浅，后足转节和跗节淡褐色。腹部亮黑色，侧面稍红。体毛银灰色。

头：头部比胸部稍宽，表面具颇浅刻点。单眼区宽为单复眼间距的 2/5，后单眼间距稍大于后单眼长径的 2 倍。额窝窄，边缘模糊，颇浅，顶部远离前单眼。颚眼距为复眼高的 3/4。触角细长；柄节长，端部不达前单眼，稍长于第 2～6 节之和；梗节长为第 4 节的 1.5 倍、长大于宽的 2 倍；环状节长几乎等于宽，为梗节长的 1.5 倍，与梗节等宽；第 4 节长为环状节的 1.5 倍；第 5 节长和宽稍大于第 4 节；第 5～8 各节等长，第 5～9 节稍增宽；第 9、10 节与棒节等宽，第 9 或 10 节稍短于第 8 节，长宽几乎相等；棒节为不明显的 2 节，长为第 10 节的 2 倍；柄节、梗节、环状节和第 4 节表面具细而稀的毛，第 5～10 节和棒节有一些感觉器及不明显的毛。

胸：胸部背面具刻点。小盾片侧面观颇隆起，长为宽的 1.17 倍，端部有浅凹。并胸腹节后部倾斜，具弱亚中脊和亚侧褶。

翅：前翅长为宽的 2.5 倍，缘脉长为亚前缘脉的 1/3，具颇密的毛；痣脉长为缘脉的 1/6。

足：后足基节长为后足腿节的 2/3，腹面具密绒毛，刻点小而模糊，具微刻纹，近基部背面外侧无突起。后足腿节长为宽的 2 倍，外侧和内侧具颇密的绒毛，无刻点，具网状微刻纹，外侧的微刻纹形成的网眼比内侧更小而明显；内侧近基部无突起；外腹缘有 2 个钝叶，1 个近腿节中部、较明显，1 个近基部 2/3 处，有一列密栉齿从第 1 钝叶起达腿节端部之前。

腹：腹部后部尖，背面平，稍长于胸部；最宽处在中部稍前。第 1 节背板为腹部背面长的 1/2，几乎光滑；基区有弱而短的纵脊约 7 条；背板后缘呈圆形凸出。第 2 节背板长仅次于第 1 节，背面具颇密但较模糊的刻点。第 6 节背板具密刻点。肛上板中央有 1 弱纵脊。产卵管鞘多少超过肛上板。

雄：体长 1.8～2.0mm。前翅褐斑的颜色比雌蜂浅。复眼裸。触角细长，柄节不达前单眼，窄，无突起，几乎与第 2～5 节之和等长；梗节长稍大于宽；环状节甚短；第 4～10 节几乎等长，向端部稍增宽，第 4 节长为宽的 2 倍；棒节长为第 10 节的 1.67 倍，分为不明显的 2 节；第 4～10 节和棒节具更多的感觉器及密绒毛。腹部长椭圆形，稍短于胸部；最宽处在中部。第 1 节背板为腹部长的 3/4，基区约有纵脊 7 条，后缘圆形。第 2 节背板长几乎等于第 3~6 节长度之和，毛稀，小刻点和微刻纹颇模糊。肛上板隆起，短，具明显小刻点和微刻纹。

生物学：马尾松毛虫卵（？）。

标本记录：未见标本。形态描述录自盛金坤（1989: 15）。

分布：江西（九江）；日本。

注：① 盛金坤（1989）记载本种小蜂寄生于松毛虫卵，笔者存疑。因松毛虫卵长径约 1.5mm，短径 1.0mm，按生物学规律是育不出体长 2.5mm 左右的蜂的；即使是柳杉毛虫（云南松毛虫 Dendrolimus houi）、文山松毛虫卵个体最大，其卵长约 2.5mm，宽约 2.0mm，其营养恐怕也是不够的；不过在盛金坤（1982）中其寄主是马尾松毛虫，已无"卵"字。② 刘长明（1996: 52）报道 Nipponohockeria 已移入 Hockeria 属。③ 盛金坤（1982）对本种曾用过石氏脊腹小蜂、日本霍克小蜂、石井脊腹小蜂中名。

51. 凸腿小蜂属 *Kriechbaumerella* Dalla Torre, 1897

Kriechbaumerella Dalla Torre, 1897: 84.

属征简述：头部侧单眼几乎位于头部顶端。触角洼深凹；眶前脊明显，沿复眼内缘横伸达中单眼的上方会合，在额表面形成明显的马蹄形隆线。颊区近后缘处一般无深凹槽，浅凹或向外折。触角细长。胸部密生刻点。前胸背板隆线仅限在两侧 1/3 处，背部呈圆形。小盾片顶端一般具 2 个齿突，有时较不明显。后足腿节相当宽，腹缘具 3 个大小相近的叶突，均具细密的梳状齿。后足胫节外侧无附加隆线。前翅后缘脉通常明显，且长于痣脉。腹部呈尖矛形；背面观腹柄不明显。

生物学：聚寄生于鳞翅目蛹，如马尾松毛虫 *Dendrolimus punctatus*、赭色松毛虫 *Dendrolimus kikuchii ochraceus*、柞蚕 *Antheraea pernyi* 和樟蚕 *Eriogyna pyretorum* 等。

分布：主要分布在非洲（至少 10 种）和南亚（至少 16 种）。我国已知 8 种，其中寄生于马尾松毛虫的有 3 种。

注：① 此属中名曾用洼头小蜂属。② 金华地区森防站（1983: 33）的凹头大腿小蜂 *Antrocephalus* sp. 可能为本属之误。

凸腿小蜂属 *Kriechbaumerella* 分种检索表

1. 雌性小盾片端部向后伸展，顶端微凹；梗节短于第 1 索节；腹部长度明显长于胸部；小盾片长为宽的 1.4 倍；腹部端背拱和产卵管鞘长度短于腹长的 1/2；雄性触角柄节黑色 ·· 长盾凸腿小蜂 *K. longiscutellaris*
- 雌性小盾片端部不向后伸展，顶端形成 2 个向上反折的齿突；梗节长于或等于第 1 索节；腹部长度短于或接近胸部长度；雄性触角柄节黄棕色 ·· 2
2. 雌性触角几乎呈浅黑色；前翅浅烟色，具棕色斑；后足腿节黑色；触角柄节几乎伸达中单眼，梗节长于第 1 索节；雄性触角鞭节浅黑色；生殖铗铗指具 5 齿 ·· 松毛虫凸腿小蜂 *K. dendrolimi*
- 雌性触角黄棕色；前翅几乎透明；后足腿节浅红棕色；触角柄节未伸达中单眼，梗节与第 1 索节等长；雄性触角鞭节黄棕色至暗棕色；生殖铗铗指具 4 齿 ··· 棕角凸腿小蜂 *K. fuscicornis*

（100）松毛虫凸腿小蜂 *Kriechbaumerella dendrolimi* Sheng, 1987（图 149）

Kriechbaumerella dendrolimi Sheng, *in*: 盛金坤和钟玲, 1987: 1; 盛金坤, 1989: 17; 赵仁友等, 1990: 59; 陈昌洁, 1990: 195; 陕西省林业科学研究所和湖南省林业科学研究所, 1990: 86; 童新旺等, 1991: 9; 湖南省林业厅, 1992: 1270(松毛虫凸眼小蜂！); 章士美和林毓鉴, 1994: 161; 刘长明, 1996: 87, 88; 章士美和林毓鉴, 1994: 161; 柴希民等, 2000: 8.

Kriechbaumerella nigrocornis Qian et He(钱英和何俊华, 黑角洼头小蜂), *in* Qian *et al.*, 1987: 333; 王问学等, 1989: 186; 吴猛耐等, 1991: 56; 杜增庆等, 1991: 16; 萧刚柔, 1992: 1228; 江土玲等, 1992: 53; 刘长明, 1996: 92; 梁秋霞等, 2002: 29; 李红梅, 2006: 44.

Eucepsis sp.: 童新旺和倪乐湘, 1986: 165.

雌：体长 5.8～7.8mm。

头：头部密布刻点，点距相对较小且不光滑。眶前脊发达，形成典型的马蹄形；眶后脊相对较弱，但清晰。单复眼间距略小于单眼直径。颚眼距为复眼高的 0.6～0.7 倍。触角柄节几乎伸达中单眼；梗节长几乎为宽的 2 倍；环状节长为梗节之半，长宽相等；第 1 索节与梗节等长，长为宽的 1.7 倍或略大；第 1～7 索节渐宽渐短；棒节与第 6～7 索节之和等长，微宽于第 7 索节。

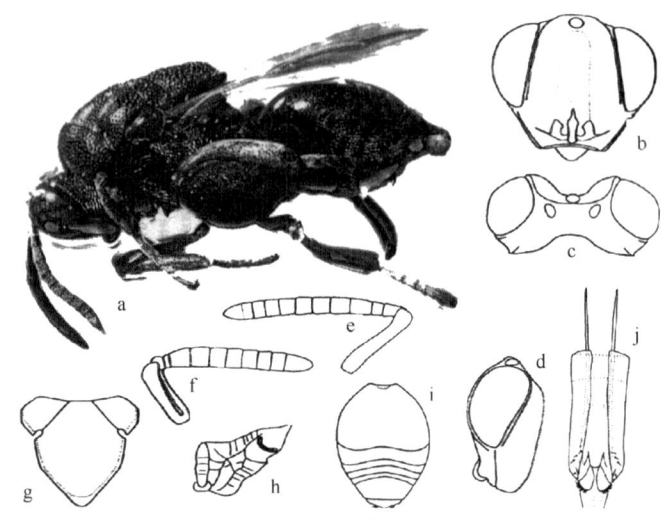

图 149 松毛虫凸腿小蜂 *Kriechbaumerella dendrolimi* Sheng（a. 原图；i. 引自 盛金坤和钟玲, 1987；j. 引自 Qian *et al.*, 1987；其余引自 刘长明, 1996）
a. 整体，侧面观；b. 头部，前面观；c. 头部，背面观；d. 头部，侧面观；e. 触角，♀；f. 触角，♂；g. 小盾片；h. 并胸腹节；i. 腹部，背面观，♀；j. 雄性生殖铗

胸：胸部背面密布脐状刻点，点距窄。中胸盾片点距较大，具明显条纹。小盾片长大于宽，后端圆滑不具凹缘。并胸腹节具明显的亚中隆线、副隆线和亚侧隆线，中隆线不明显，仅存上半截。前翅长约为宽的 2.6 倍，缘脉长约为亚前缘脉的 0.2 倍，后缘脉长为缘脉的 1.4～1.5 倍，痣脉长约为缘脉的 0.2 倍。后足腿节长约为宽的 1.7 倍，有 3 个叶突，基部第 1 叶突至后端具一排细密梳齿。

腹：腹部比胸部略短或约等长，以腹部基部 2/5 略后处为最宽。第 1 节背板长约为柄后腹的 0.4 倍，背面光滑，无纵隆线。腹端背拱几乎与第 6 节背板等长。产卵管鞘稍伸出。

体色：头部黑色，触角间突暗红褐色至浅黑色。触角几乎浅黑色，柄节、梗节、环状节及第 4 节基部暗红褐色至浅黑色。胸部黑色，翅基片红褐色至黑色。前翅浅烟色，沿缘脉和翅端 1/4 区域翅面有棕色斑，翅脉深褐色。后翅透明，脉浅褐色。前、中足基节黑色，转节、腿节和胫节暗红褐色至黑色，腿-胫关节处红褐色，跗节黄褐色至暗红褐色至褐色；后足基节、转节和腿节暗红褐色至黑色，胫节和跗节浅黑色至黑色。腹部略带红黑色至黑色，腹侧暗红色。

雄：体长 4.3～5.5mm。复眼多毛。触角柄节甚粗大，伸达中单眼，梗节长宽几乎相等；环状节薄，宽为长的 3.7 倍，棒节与第 9～10 节之和等长。腹部第 1 节背板长为腹长的 0.55～0.60 倍，具密集网纹。生殖铗铗指具 5 齿。触角柄节黄棕色，梗节、环状节暗棕色，其余浅黑色。翅基片黑色。前翅透明，沿缘脉有一浅黄色窄斑。足基节黑色，前、中足转节、腿节和胫节暗棕色至黑色，腿-胫关节、胫节端部和跗节黄棕色；后足转节黄棕色，腿节、胫节黑色，跗节浅黑色。

生物学：寄主有云南松毛虫 *Dendrolimus houi*（=*D. latipennis*）、思茅松毛虫 *D. kikuchii ochraceus*、马尾松毛虫 *Dendrolimus punctatus*、文山松毛虫 *Dendrolimus punctatus wenshanensis*、大柏毛虫（侧柏松毛虫）*Dendrolimus suffuscus* 和柞蚕 *Antheraea pernyi*、樟蚕 *Eriogyna pyretorum*、樗蚕 *Samia cynthia cynthia*、李枯叶蛾 *Gastropacha quercifolia*、油茶枯叶蛾。

此蜂在长沙地区1年可以繁殖5个世代。10月上旬以幼虫在寄主体内越冬，翌年3月底至4月上旬开始化蛹，至5月中下旬成蜂开始羽化，正好与越冬代松毛虫蛹期相吻合。5~6月约40多天完成1个世代，7~8月21~23天即可完成1个世代，9~10月约1个月才能完成1个世代。成蜂羽化时在寄主蛹壳上咬一边缘不整齐的圆形孔钻出。羽化孔大小和多少与蜂的数量、大小有关。在松毛虫蛹上一般只有1个羽化孔，位置多在腹节间或翅芽处。成蜂羽化时，不论出蜂量多少，松毛虫蛹内营养基本全部耗尽。单蛹蜂量多时，蜂体小；单蛹蜂量少时，蜂体大。雌雄蜂羽化后，即有交尾行为。交尾时间长2~3min。人工繁殖3~4代后，雌性比例大大下降，最后全为雄蜂。自然界雌雄性比为1:1左右。成蜂羽化如有寄主，1h后就有产卵行为，每次产卵时间8~40min。不经交尾的雌蜂当天也可以产卵。用柞蚕等大蛹繁蜂时，该蜂对寄主是否已破巢过似无识别能力，常出现寄主蛹内既有成蜂羽化，也有蜂蛹和幼虫存在。其对即将发育为松毛虫成虫的蛹也能寄生并能出蜂。产卵的部位，大部分选择在蛹体的胸、腹部背面。不论蛹尾如何摆动，对蜂产卵寄生都无影响。寄生于松毛虫带茧皮的虫蛹时，其选择适当位置后，用产卵管直接从茧皮外插入蛹体产卵寄生。在气温20℃以下时静伏不动，既不取食，也不产卵。1只雌蜂一生中平均可以寄生于8头松毛虫蛹，最多寄生于18只柞蚕蛹。据测试，单雌产卵量42~242粒，平均99.7粒。1个樗蚕蛹最多可育蜂9~50只，平均20.2只；1个柞蚕蛹最多可育蜂6~51只，平均16.3只。在成蜂寿命方面，当平均温度29.5℃时，雌蜂寿命6~21天，平均13.7天；雄蜂6~11天，平均6.3天。当平均气温20.3℃喂食情况下，雌蜂23~46天，平均37.4天；雄蜂12~31天，平均25天。不喂食情况下，雌蜂最长11天，平均9.5天；雄蜂最长12天，平均8.8天。此蜂一般发生于混交林或植被丰富的松林，单纯的松树林极少发生。

标本记录：8♀3♂，江苏南京，1954.V~VIII，邱益三，寄主：马尾松毛虫；2♀1♂，浙江常山，1954.IX.17，林莲欣，寄主：马尾松毛虫；7♀1♂，浙江常山，1955.V，何俊华，寄主：马尾松毛虫；4♀1♂，浙江天目山，1982.IX，王昌松，寄主：马尾松毛虫；5♂，浙江余姚，1982.X.12，何俊华，寄主：马尾松毛虫；11♀1♂，浙江天台，1983，天台林业局，寄主：马尾松毛虫；1♀1♂，浙江天台，1986.VIII，何俊华，寄主：马尾松毛虫，No. 864229；9♀，浙江，1983.VIII.8，周小英，寄主：马尾松毛虫；63♀26♂，浙江定海，1986.VIII，何俊华，寄主：马尾松毛虫，No. 864222、865636；11♀11♂，浙江金华，1986.VIII，何俊华，寄主：马尾松毛虫，No. 864193；1♀，浙江江山，1986.VIII，何俊华，寄主：马尾松毛虫，No. 864413；7♀4♂，浙江松阳古市，1986.VIII.3，陈汉林，寄主：马尾松毛虫，No. 870535；37♀19♂，浙江缙云，1986.VIII.中旬，何俊华，寄主：马尾松毛虫，No. 864700；1♀，浙江龙游，1984.VII.18，何俊华，寄主：马尾松毛虫；5♀2♂，浙江衢州，1985.VII，王金友，寄主：马尾松毛虫；9♀30♂，浙江衢州，1986.VII.25，陈雁，寄主：马尾松毛虫，No. 861887；8♀3♂，浙江衢州，1986.VI.25，翁建康，寄主：马尾松毛虫；39♀9♂，浙江衢州，1986.VIII，何俊华，寄主：马尾松毛虫；1♀1♂，浙江松阳，1986.VIII，陈汉林，寄主：马尾松毛虫；11♀9♂，浙江丽水，1986.VI.14，何俊华，寄主：马尾松毛虫；3♀1♂，安徽东至，1982，查光济，寄主：马尾松毛虫；1♀2♂，江西玉山，1984.VIII，余景霆；1♀3♂，湖南韶山，1972.XI，童新旺，寄主：马尾松毛虫；15♀4♂，湖北武昌，1983.IX.9，龚乃培，寄主：马尾松毛虫，No. 870357；1♀3♂，湖南韶山，1972.VI，童新旺，寄主：马尾松毛虫，No. 870058；7♀2♂，湖南浏阳，1983.VIII.13~15，童新旺，寄主：马尾松毛虫，No. 870037；1♀1♂，湖南大庸，1988.V.15，童新旺，寄主：云南松毛虫蛹；8♀10♂，四川永川，1987，吴猛耐，寄主：大柏毛虫蛹，No. 878903；2♀2♂，福建宁德，1986.VIII，江叶欣，寄主：云南松毛虫，No. 870428；1♀，云南个旧，1981，李国秀，寄主：文山松毛虫蛹。

分布：北京、河南、陕西、江苏、浙江、安徽、江西、四川、湖北、湖南、福建、广东、广西、云南。

注：① 生物学主要录自萧刚柔（1992: 1228）；② 中名有黑角洼头小蜂；③ 钱英等（1987: 333）描述黑角洼头小蜂小盾片顶端具2个向上反折的小齿突；④ 湖北省罗田县林业科学研究所（1979: 24）报道寄生于松毛虫的大腿小蜂 *Brachymeria* sp.，据生物学实为松毛虫凸腿小蜂 *Kriechbaumerella dendrolimi* 之误。

（101）棕角凸腿小蜂 *Kriechbaumerella fuscicornis* Qian et Li, 1987（图150）

Kriechbaumerella fuscicornis Qian et Li(钱英和李学骝)in Qian *et al.*, 1987: 332; 刘长明, 1996: 88.

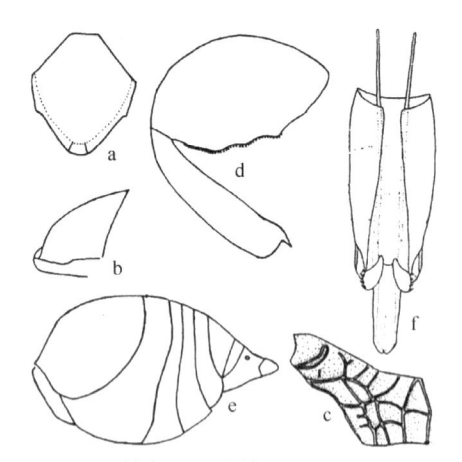

图 150 棕角凸腿小蜂 *Kriechbaumerella fuscicornis* Qian et Li（引自 钱英等，1987）
a. 小盾片，背面观；b. 小盾片，侧面观；c. 并胸腹节；d. 后足腿节和胫节；e. 腹部；f. 雄性生殖铗

雌：体长 6.4mm。

头：头部表面刻点浅。复眼无毛。单复眼间距小于单眼直径。眶前隆线向下延伸，接近额颊缝。颜隆线细，伸达额颊缝中部。颚眼距约为复眼高的 0.6 倍。触角柄节不伸达中单眼；梗节长约为宽的 2 倍；环状节长为梗节之半，约与梗节等宽；第 4 节与梗节等长，长约为宽的 1.6 倍；第 4～10 节渐略增宽，并渐略递短；棒节略长于第 9～10 节之和，略宽于第 10 节。

胸：胸部背面刻点深，前胸背板、中胸盾片刻点较小，点间较大，具明显条纹。小盾片刻点较大，间隙窄，有不明显的微纹，小盾片顶端具 2 个向上反折的小齿。并胸腹节具明显的亚中隆线、副隆线和亚侧隆线。前翅长约为宽的 2.7 倍，缘脉长为亚前缘脉的 0.2 倍，后缘脉较缘脉的 1.5 倍略长，痣脉长约为缘脉的 0.1 倍。后足基节背面基部具 1 小齿突；腿节长为宽的 1.6 倍，腹外缘具 3 个叶突。

腹：腹部与胸部等长，以中部处为最宽。第 1 节背板不及腹长之半，背部平坦、无毛，两侧具绒毛。第 6 节腹板具粗大的刻点和密集的绒毛。腹端背拱约与第 6 节背板等长，背中央具明显的纵隆线。

体色：头黑色，略带浅红色；触角间突暗黄棕色。触角黄棕色，柄节略暗。胸部浅红黑色；翅基片黄棕色。腹部暗红色。前、中足黄棕色；后足浅红棕色，腿节腹缘的梳状齿黑色。前翅微呈浅黄棕色，翅脉黄棕色。后翅透明，脉浅黄色。

雄：体长 5.4～6.1mm。复眼多毛。触角洼较深而宽。触角柄节甚粗大，伸达中单眼，梗节近圆球形，宽为长的 1.5 倍，环状节宽为长的 2 倍，略窄于梗节，第 4～10 节渐略短，第 5～10 节渐略细；棒节与第 9～10 节之和等长，略窄于第 10 节。腹部第 1 节背板略长于腹长之半，具密集网纹。生殖铗铗指具 4 齿。

头部和胸部浅红黑色至黑色。触角黄棕色至暗棕色，柄节黄棕色。翅基片黄棕色至浅黑色。足黄棕色至浅黑色。腹部暗红色至黑色。

标本记录：1♀10♂，四川（具体地点不详），1980，四川省林科所，寄主：松毛虫蛹（正模和副模），No. 802674。

生物学：寄主为松毛虫 *Dendrolimus* sp.。

分布：四川。

注：形态特征依据钱英等（1987: 332）。

（102）长盾凸腿小蜂 *Kriechbaumerella longiscutellaris* Qian et He, 1987（图 151）

Kriechbaumerella longiscutellaris Qian et He(钱英和何俊华), 1987: 334; 杜增庆等, 1991: 16; 刘长明, 1996: 90; 柴希民等, 2000: 8.

雌：体长 7.4～11.3mm。

头：头稍宽于胸部，表面密布深刻点。眶前脊发达，接近复眼下缘；眶后脊清晰。颚眼距为复眼高的 0.6 倍。单复眼间距小于单眼直径；OOL：POL 为 6：17。触角柄节约与环状节及第 1～4 索节之和等长；伸达中单眼；梗节长为宽的 1.7 倍；环状节略横形，长为梗节之半，与梗节等宽；第 1 索节长为梗节的 1.2 倍；第 1～7 索节渐宽，第 2 索节与梗节等长，第 2～7 节渐短；棒节长为第 7 索节的 2 倍，约与该节等宽。

胸：胸部背面密布脐状刻点。小盾片长为宽的 1.4 倍，向后方伸展，端部顶端前面观几乎不凹入或略凹入。并胸腹节具明显的亚中隆线、副隆线和亚侧隆线。后足基节长约为后足腿节的 0.6 倍，背面外侧基部具瘤状突。后足腿节长为宽的 1.7 倍，腹缘有 3 个叶突。前翅长为宽的 2.7 倍，缘脉长约为亚前缘脉的 0.2 倍，后缘脉长为缘脉的 1.5 倍，痣脉较缘脉的 0.1 倍略长。

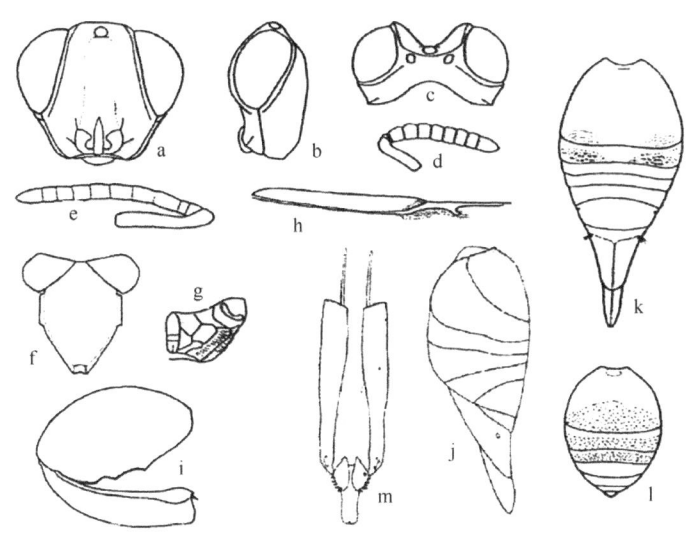

图 151　长盾凸腿小蜂 *Kriechbaumerella longiscutellaris* Qian *et* He（g, k, m. 引自 钱英等，1987；其余引自 刘长明，1996）
a. 头部，前面观；b. 头部，侧面观；c. 头部，背面观；d. 触角，♀；e. 触角，♂；f. 小盾片，背面观；g. 并胸腹节；h. 前翅翅脉；i. 后足腿节和胫节；j. 腹部，侧面观，♀；k. 腹部，背面观，♀；l. 腹部，侧面观，♂；m. 雄性生殖铗

腹：腹部长于头、胸部之和，为胸部长的 1.5 倍，以基部 0.3 处为最宽。第 1 腹节背板为柄后腹的 0.3 倍，背面大部分光滑，无纵隆线。腹端背拱长为第 6 腹节背板的 1.3～1.5 倍，背中央具明显的纵隆线。产卵管鞘长约为第 1 节背板长的 0.5 倍。

体色：黑色。翅基片黑色。前翅缘前脉和缘脉附近有较深的褐色，在近翅端的 1/4～1/3 处有较大的黄褐斑，基部和端部近无色透明；翅脉褐色。足黑色，前足胫节、跗节和中足跗节暗红褐色至黑色。腹部侧面、腹面及腹端背拱略呈暗红色。

雄：体长 6.0～7.2mm。触角黑色。复眼多毛。触角柄节不甚粗大，伸达中单眼，梗节近球形，宽为长的 1.75 倍，环状节薄，宽为长的 2.7 倍，棒节短于第 9～10 节之和，窄于第 10 节。第 1 腹节背板占腹长之半，具密集网纹。生殖铗铗指具 5 齿。

生物学：寄主有马尾松毛虫 *Dendrolimus punctatus*、云南松毛虫（楄柈毛虫、柳杉毛虫、云南松毛虫 *Dendrolimus houi*）和杨二尾舟蛾 *Cerura menciana*、臭椿皮蛾 *Eligma narcissus*、樟蚕 *Eriogyna pyretorum*、樗蚕 *Samia cynthia cynthia*（=*Philosamia cynthia*）等。

标本记录：2♀1♂，浙江遂昌，1933.VIII.上旬，祝汝佐，寄主：云南松毛虫蛹；1♀，浙江衢州，1985.VI.13，沈立荣，寄主：马尾松毛虫蛹（均为副模）。

分布：浙江、北京、江苏、福建、广东、广西、贵州。

五、扁股小蜂科 Elasmidae

小型，体长 1.5～3.0mm。整个虫体背面平。体通常黑色，有浅色斑，少数以黄白色为主，一般无金属光泽。触角着生处近于口缘；触角 10 节，雄性触角 1～3 索节有长分支。前胸背板明显，从背面可见。中胸盾片长宽约相等。三角片向前突出，超过翅基连线。并胸腹节横形，平坦，后端圆。前翅楔形或前后缘近于平行，长过腹部末端；缘脉甚长，为亚前缘脉长的 3～4 倍，有时似乎相连；痣脉和后缘脉特别短。后足基节呈盘状、扇形，或三角形扁平扩大；腿节亦明显侧扁；胫节多少侧扁，其上几乎都有由特殊刚毛组成的菱形斑纹或沿前后缘平行的两条纵走刚毛带；跗节通常 4 节。腹柄很短，看起来几乎无柄；整个腹部的横切面略呈三角形。产卵器几乎不露出。

扁股小蜂通常为抑性初级外寄生蜂，聚寄生于生活在袋囊中、缀叶内、有丝网的鳞翅目幼虫体表。有些扁股小蜂寄生于作茧的茧蜂和姬蜂而为重寄生，甚至同一种蜂兼有两种寄生习性。

扁股小蜂科是一个小科，已知 4 属，主要是扁股小蜂属 *Elasmus*，已知百余种。本科在旧大陆的热带地区种类比较丰富，我国常见，尚无系统研究。

52. 扁股小蜂属 *Elasmus* Westwood, 1833（图 152）

Elasmus Westwood, 1833b: 343.

属征简述：雌蜂体铁青黑色，局部微具金属光泽，或呈黄至肉黄色。头部背面观不宽于胸部。头部前面观圆形，宽略大于长。颊几与复眼直径等长。上颚 5~6 齿。后头脊明显。触角着生于复眼下缘连线上；触角 10 节；环状节 2 节，短小；索节 3 节；棒节 3 节。前胸短。中胸具盾纵沟，其前端毛略细微，后缘具长毛；小盾片较狭长；三角片彼此远离。并胸腹节短，气门大、圆形。腹部长，三角锥形，背面平坦，腹面呈屋脊状，末端尖锐。产卵器不露出。前翅小，呈楔形，具短的缘毛；缘脉长于亚前缘脉，有时似乎相连；后缘脉及痣脉均很短。后翅相对较宽。足长；后足基节呈盘状扁平膨大；跗节 4 节，中后足的跗节细长，尤以第 1 跗节特别长；后足胫节外侧方具菱形花纹或沿前后缘平行的两条纵走刚毛带，胫节距短。

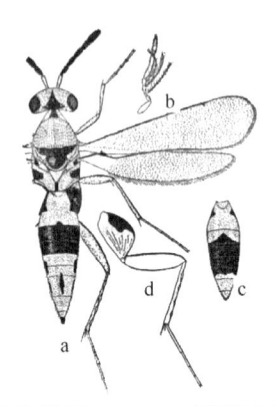

图 152 扁股小蜂 *Elasmus* sp.（扁股小蜂属 *Elasmus* Westwood）（引自 何俊华和庞雄飞，1986）
a. 雌蜂整体图，背面观；b. 雄蜂触角；c. 雄蜂腹部，背面观；d. 后足

雄蜂与雌蜂相似，不同之处在于：触角索节第 1~3 节短，各节分支呈羽状；腹部较短。

生物学：以鳞翅目、膜翅目的幼虫及蚜虫为寄主，营体外抑性寄生。

注：柴希民等（1987: 12）、杜增庆等（1991: 17）报道在浙江，钱范俊（1987: 35）报道在江苏，王问学等（1989: 186）和童新旺等（1990: 28）报道在湖南扁股小蜂 *Elasmus* sp.寄生于黑足凹眼姬蜂 *Casinaria nigripes*；童新旺等（1991: 9）报道扁股小蜂 *Elasmus* sp.在湖南寄生于马尾松毛虫，因无形态描述，笔者也未见标本，是何种类不知。

扁股小蜂属 *Elasmus* 分种检索表

1. 胸部蓝黑色，前胸背板后方 0.4 横带、小盾片和后小盾片白色，腹部黄色，背面第 1 节前方 0.2 和第 5~6 节（0.64~0.8 段）蓝黑色；前足基节（仅存此节）及整个中足白色 ··· 浙江扁股小蜂 *E.* sp.
- 胸部和腹部黑色，小盾片和后小盾片非全部白色，腹部无黄色与蓝黑色相间斑纹；足基节及腿节基本上黑色 ············ 2
2. 头部、胸部黑色，腹部暗褐色；触角暗黄色，仅柄节略暗；各足基节、腿节黑色，其余黄色至褐色，中后足的距近白色；各索节近方形，仅第 1 节略长于其宽；后足胫节外缘具 5 根刺 ·································· 白翅扁股小蜂 *E. albipennis*
- 体黑色，稍具蓝色或金绿色光泽；后小盾片浅黄褐色，腹部第 1 节背面后方有时带红褐色，腹侧斜面呈黄色至黄绿色；触角柄节和梗节黄褐色，鞭节褐色；足基节及腿节黑色，但前足腿节端部黄褐色、后足基节内面后方红褐色，其余浅黄褐色；各索节几乎等宽等长，长为宽的 1.4~1.6 倍；后足胫节稍扁，有黑色鬃毛组成的 4 个菱形纹 ··· 驼蛾扁股小蜂 *E. hyblaeae*

（103）白翅扁股小蜂 *Elasmus albipennis* Thomson, 1878

Elasmus albipennis Thomson, 1878: 182; 柴希民等, 1987: 12; 陈昌洁, 1990: 196; 陕西省林业科学研究所和湖南省林业科学研究所, 1990: 110.

雌：体长约 1.7mm。头部、胸部黑色，腹部暗褐色。触角暗黄色，仅柄节略暗。翅透明，绒毛稀，翅脉淡黄色。各足基节、腿节黑色，转节、胫节、跗节黄色至褐色，中后足的距近白色。头部横宽，刻点粗。触角短，生于复眼下缘之下；8节，各索节近方形，仅第1节略长于其宽。额部具1纵椭圆形深凹，后头缘锐利，紧连复眼后缘。胸部刻点细，密布黄褐色短刚毛。小盾片光滑，后端具2根长刚毛。前翅狭长，缘脉长为痣脉的2倍多（？）。前足腿节扁，胫节距短且略弯。中足腿节具网纹，中足胫节外缘具2根刺，胫节距长而直，并与第1跗节等长（？）。后足基节盘状，和腿节均具网纹；后足胫节外缘具5根刺；胫节具2距，长距为第1跗节长度之半，短距长为长距的2/3。各足跗节均4节，第1节长为第2节的2倍。腹部光滑，刚毛稀，长三棱形，略长于胸部，末端尖，产卵器不突出。

雄：触角细长，索节具3分支。腹部与胸部等长。其他特征同雌蜂。

生物学：柴希民等（1987：12）报道此蜂在浙江寄生于马尾松毛虫蛹上的一种姬蜂中，据资料记载还寄生于球果卷蛾、苹果巢蛾、雕蛾、茧蜂等。

分布：陕西；苏联，西欧。

标本记录：笔者无此蜂标本也未见标本。柴希民等（1987：12）报道在浙江寄生于马尾松毛虫蛹上的一种姬蜂中育出白翅扁股小蜂 *Elasmus albipennis*，后被陈昌洁（1990：196）收录。陕西省林业科学研究所和湖南省林业科学研究所（1990：11）记述过此种，本种形态即转录于该书，但无寄生于松毛虫的记录。按对已知扁股小蜂的了解，此蜂为幼虫期寄生蜂，松毛虫蛹上的姬蜂都是从茧中羽化出的，不大可能被寄生。

注：陕西省林业科学研究所和湖南省林业科学研究所（1990：11）的形态记述可能有些笔误。

(104) 驼蛾扁股小蜂 *Elasmus hyblaeae* Ferrière, 1929 （图153）

Elasmus hyblaeae Ferrière, 1929: 414；祝汝佐，1955: 4；吴钜文，1979a: 33；杨秀元和吴坚，1981: 325；孙明雅等，1986: 38；廖定熹等，1987: 124；柴希民等，1987: 6；侯陶谦，1987: 172；严静君等，1989: 261；陈昌洁，1990: 196；张永强等，1994: 243；柴希民等，2000: 5；徐延熙等，2006: 769.

雌：体长1.7~2.0mm。体黑色，稍具蓝色或金绿色光泽；后小盾片浅黄褐色；腹部第1节背面后方有时带红褐色，腹侧斜面黄色至黄褐色。复眼暗赭色。触角柄节和梗节黄褐色，鞭节褐色，毛黑色。翅基片黄褐色。足基节及腿节黑色，但前足腿节端部黄褐色，后足基节内面后方红褐色；其余浅黄褐色。翅透明，翅脉浅黄色，密布鳞状细刻纹。

头：头部背面观宽，近半圆形，后缘稍凹，宽为中长的2.5倍；头顶在复眼后即陡直内凹，几乎无上颊；单眼呈钝三角形排列；单眼长径、单复眼间距、侧单眼间距、中侧单眼间距之比为1.0：4.0：8.0：3.5；侧单眼处额宽很长于复眼宽。头部前面观近圆形，高约等于宽；额宽，侧方平行。无后头脊。颊沟明显，颚眼距长为复眼纵径的0.42倍。触角着生于中单眼至唇基端缘间距下方0.2处、复眼下

图153 驼蛾扁股小蜂 *Elasmus hyblaeae* Ferrière
a. 雌蜂整体，侧面观；b. 头部、胸部和腹部基部，背面观；c. 雄蜂头部；d. 翅

缘连线水平上，两触角窝间距小于触角窝至复眼间距；柄节细长，不伸达中单眼，至端部稍粗，长为端宽的4.0倍；梗节加鞭节长度之和为头宽的0.9倍；梗节端部渐粗，长为端宽的1.5倍，比第1索节稍短；环状节小；索节3节，各节几乎等宽等长，长为宽的1.4~1.6倍；棒节3节，渐短，稍宽于索节，长等于末2索节之和[原记述及廖定熹等（1987）描记中，索节长约为宽的2倍；棒节短于末2索节之和]。

胸：前胸背板背面钝三角形，具细刻点。中胸盾片近梯形，后方宽稍大于长，表面稍拱，具明显带毛粗糙刻点[原记述及廖定熹等（1987）描记中，刻点细致]，盾纵沟稍伸过中央；小盾片前沟不明显；小盾片近方形，长为中胸盾片的0.53倍，背面稍平，近于光滑，具4根中等长度的纤毛；三角片内角很分开。后

小盾片短于小盾片，正三角形。并胸腹节与小盾片等长，无中纵脊，侧褶明显斜向中央，端部平直。前翅超过腹端；狭长桨状，长为宽的 3.6 倍；亚前缘脉和前缘脉相连，伸至 0.75 处；后缘脉看不清；痣脉很短；翅面除基部后缘有一无毛带外，全部具纤毛。中、后足腿节扁平膨大，长分别为宽的 1.9 倍和 2.5 倍；后足基节扁平膨大；后足胫节稍扁，长为跗节的 0.6 倍，有黑色鬃毛组成的 4 个菱形纹；跗节 4 节，基跗节长为其后 3 节之和的 0.9 倍。

腹：腹部三角锥形，背面长为宽（在第 1 节背板后缘最宽）的 2.7 倍，为胸部长的 1.23 倍但约等宽。背板后缘中央无缺刻。除第 1、6 腹节外皆横宽，第 1 节背板长为腹长的 0.23 倍。产卵管稍伸出。

雄：与雌蜂基本上相似，体长 1.3～1.5mm。体黑色略带光泽。触角索节 4 节，第 1～3 节较短，各有 1 长于整个索节的分支，分支上有许多白色长毛，第 4 索节较长，长为宽的 2.5 倍；棒节较宽，稍长于第 4 索节。后小盾片相对稍小。腹部短于和窄于胸部，两侧平行，标本多中央纵凹。

生物学：寄生于马尾松毛虫幼虫上的寄生蜂，如黑胸姬蜂（镶颚姬蜂）、黑足凹眼姬蜂。据记载寄主尚有驼蛾科 Hyblaeidae 的柚木驼蛾 *Hyblaea puera*。

标本记录：8♀，浙江常山，1935.VIII.5，祝汝佐，重寄生于马尾松毛虫上的寄生蜂；5♀4♂，浙江常山，1954.VIII，华东农科所，寄主：马尾松毛虫上的黑胸姬蜂（镶颚姬蜂），No. 5438.31；1♀4♂，浙江衢州天井堂，1984.VII.16、17，陈景荣，寄主：马尾松毛虫上的黑足凹眼姬蜂，No. 844948；5♀，浙江衢州，1984.VIII～X.上旬，何俊华，寄主：马尾松毛虫上的黑足凹眼姬蜂，No. 846062；4♀1♂，浙江衢州十里丰，1984.IX.29，何俊华，寄主：马尾松毛虫上的黑足凹眼姬蜂，No. 846108。

分布：浙江、湖南、广西；印度。

注：中名有用松毛虫扁股小蜂、小蛾扁股小蜂的。

（105）浙江扁股小蜂 *Elasmus* sp. （图 154）

雌：头部已丢失。胸部和腹部长 2.0mm。

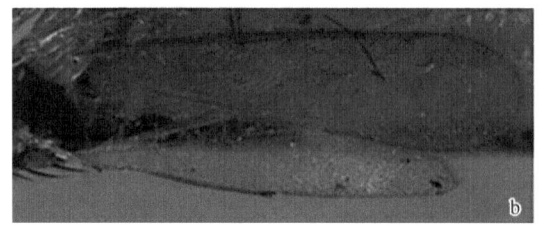

图 154 浙江扁股小蜂 *Elasmus* sp.
a.胸部，背面观；b.翅；c.腹部，背面观

胸部蓝黑色，稍具金绿色光泽；前胸背板后方 0.4 横带及侧面、侧板和腹板，小盾片和后小盾片，以及翅基片白色。腹部黄色，背面第 1 节前方 0.2、第 5～6 节蓝黑色，稍具金绿色光泽；第 3 节后半和第 4 节的三角形斑（0.4～0.6 段）及端部浅褐色。足残存部分前足基节及整个中足基节白色。翅透明，翅脉褐色。产卵管鞘黑色。

标本记录：1♀，浙江衢州天井堂，1984.VII.16～17，陈景荣，寄主：马尾松毛虫上的黑足凹眼姬蜂，No. 844949，从蜂茧中育出。

分布：浙江。

六、跳小蜂科 Encyrtidae

体微小至小型，长 0.25～6.0mm，一般 1～3mm。常粗壮，但有时较长或扁平，平滑或有刻点，暗金属色，有时黄色、褐色或黑色。头部幅宽，多呈半球形。复眼大，单眼呈三角形排列。触角雌性 5～13 节，雄性 5～10 节；柄节有时呈叶状膨大，雌雄触角颇不相同；无环状节；索节常 6 节，雌性圆筒形至极宽扁，雄性有时呈分支状节。中胸盾片常大而隆起；无盾纵沟，如有则浅。小盾片大；三角片横形，内角有时相接。中胸侧板很隆起，多少光滑，绝无凹痕或粗糙刻纹，常占据胸部侧面的 1/2 以上。后胸背板及并胸腹节很短。翅一般发达；前翅缘脉短，后缘脉及痣脉也相对较短，几乎等长。中足常发达，适于跳跃，基节位置侧面观约在中胸侧板中部下方；其胫节长，内缘排有微细的棘，胫距及基跗节粗而长；跗节 5 节，极少数 4 节。腹部宽，无柄，常呈三角形；腹末背板侧方常前伸，臀板突（pyostyli）具长毛，位于腹部背侧方基半位置，通常此背板中后部延伸呈叶状。产卵器不外露或露出很长（图 155）。

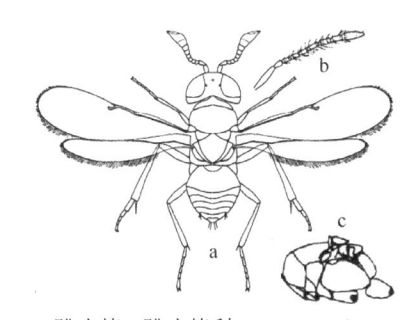

图 155 跳小蜂（跳小蜂科 Encyrtidae）（a, b. 引自 何俊华，1979）
a. 整体，背面观；b. 雄蜂触角；c. 胸部，侧面观

跳小蜂科是小蜂总科中种数最多的科之一，世界分布，含 513 属 3000 多种。本科一般分为 2 亚科：跳小蜂亚科 Encyrtinae 和四突跳小蜂亚科 Tetracneminae。我国已知 50 多属 160 多种。跳小蜂科寄主极为广泛，几乎能寄生于有翅亚纲任何一目昆虫，有直翅目、半翅目、鳞翅目、鞘翅目、脉翅目、双翅目和膜翅目。多数种类寄生于介壳虫，有一种寄主是木虱成虫，也有寄生于螨、蜱和蜘蛛的。在昆虫上寄生于卵、幼虫、蛹。有内寄生，也有外寄生。一些种为重寄生，寄生于其他跳小蜂或蚜小蜂科、金小蜂科、茧蜂科、螯蜂科等的虫体上。有些种兼有捕食习性，也有些种在热带地区为害植物。寄生于鳞翅目幼虫的一些属有多胚生殖习性，由一个卵可分裂出 2200 多个体，寄主在老熟时才被杀死，寄主幼虫常扭曲变形。

在我国与松毛虫有关的跳小蜂据记载有 4 属 8 种。*Ooencyrtus dendrolimus* Chu, 1955（松毛虫小蜂）未见正式发表，是裸名（无效学名），刘友樵和施振华（1957: 258）、杨秀元和吴坚（1981: 319）、侯陶谦（1987: 173）、严静君等（1989: 277）曾引用，应为其他种名。祝汝佐（1955b: 2）还报道泰小蜂 *Ooencyrtus major* Ferr. 在广州寄生于松毛虫卵，侯陶谦（1987: 173）曾引用。

跳小蜂科 Encyrtidae 分属检索表

1. 翅短缩或呈翅芽状；触角长，索节不宽阔，圆筒形；小盾片较大，三角形；腹部侧扁，产卵器长；体具金属光泽 ·· 点缘跳小蜂属 *Copidosoma*（部分）
- 翅发育正常；腹部不侧扁，上方多少扁化 ··· 2
2. 前翅亚前缘脉在端部的 1/3 处呈三角形扩大；触角短，柄节扁并多少强烈扩大，索节各亚节常横形非一色，棒节 3 节比索节宽得多，几乎整个索节等长，末端斜切 ·························· 角缘跳小蜂属 *Tyndarichus*
- 前翅亚前缘脉细，长形，在端部的 1/3 处不呈三角形扩大；触角柄节多少为圆筒形，棒节 3 节，通常比索节宽或稍宽，但均比整个索节短 ·· 3
3. 前翅缘脉长等于宽或稍长；产卵管不露出腹末或稍露出；触角位于口缘，柄节长过宽的 3 倍，棒节小，通常短于索节，偶尔稍长于索节但不达 2 倍；小盾片较隆起，末端圆形；中足胫节的距几乎等长于基跗节；体具金属光泽，有时局部黄色 ··· 卵跳小蜂属 *Ooencyrtus*
- 前翅缘脉点状 ··· 4
4. 唇基端缘突出；头部及胸部具稀疏浅刻点；前翅痣脉端部的 4 个感觉孔在一方形区域中对称排列，无爪形突 ··· 突唇跳小蜂属 *Coelopencyrtus*

- 唇基端缘不突出；头部及胸部具刻点；前翅痣脉端部的感觉孔不对称排列在一方形区域中，有爪形突且明显 …… 点缘跳小蜂属 *Copidosoma*

53. 突唇跳小蜂属 *Coelopencyrtus* Timberlake, 1919

Coelopencyrtus Timberlake, 1919: 133-194.

属征简述：体具蓝绿色金属光泽。头部与胸部等宽。额顶隆起，有稀疏浅刻点。复眼被毛。单眼排列呈锐三角形。后单眼接近复眼眶而远离后头缘。头前面观近半圆形，口缘宽，平截，唇基端缘中央突出。颊大于复眼纵径的0.5倍；上颚3尖齿。触角着生于口缘，分开较宽，柄节稍膨大；梗节长约为索节第1~4节之和；索节第1~4节较小，横宽近于相等，第5~6节较大，均为第4节的2倍；棒节3节，明显宽于索节第6节。中胸盾片明显横宽，有具毛刻点；三角片几乎相接；小盾片背面平坦，末端宽圆。前翅缘脉长稍大于宽；痣脉与缘脉和后缘脉等长或稍长；痣脉端部的4个感觉孔在一方形区域中对称排列，无爪形突。腹部宽卵形，扁平。

雄虫单眼排列为等边三角形；触角柄节极短，长稍过于宽；梗节方形，稍长过索节第1节；索节各节横宽；棒节不分节。

生物学：寄主为膜翅目的木蜂科 Xylocopidae、蜜蜂科 Apidae 和叶舌花蜂科 Hylaeidae 的幼虫，营多胚生殖。

分布：世界分布，已知至少29种；我国报道1种并寄生于落叶松毛虫 *Dendrolimus superans* 卵。

（106）锤角突唇跳小蜂 *Coelopencyrtus claviger* Xu et He, 1999（图156）

Coelopencyrtus claviger Xu et He, 1999: 61.

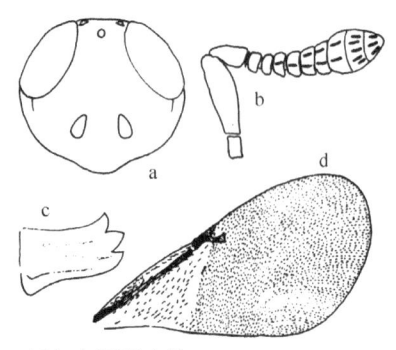

图156 锤角突唇跳小蜂 *Coelopencyrtus claviger* Xu et He（引自 徐志宏和何俊华，1999）
a. 头部，前面观；b. 触角；c. 上颚；d. 前翅

雌：体长1.1mm。

头：背面观宽为长的2.5倍、为额顶部前单眼处宽的3.2倍。单眼 POL、OD 和 OOL 分别为前单眼直径的3.0倍、1.0倍和0.5倍，前后单眼间距为后单眼间距的0.6倍。头前面观宽为高的1.1倍。唇基向下圆形拱隆；上颚明显长，3齿；颚须4节，唇须3节，其端节尖。触角窝间距为其窝径的1.5倍，上缘远离复眼最下水平；触角窝至唇基间距为触角窝直径的1.1倍；触角柄节稍扩大，长为最宽处的3.3倍；梗节长为端宽的1.7倍、为第1索节长的3.1倍；所有索节横形，第1、6索节长均为宽的0.6倍，第1~4索节分别小于第5、6索节，第3、4索节上有感觉孔；棒节3节，强度扩大，端部圆形，长为宽的1.4倍，与第2~6索节长度之和等长。

胸：中胸盾片具带毛浅刻点，小盾片强拱隆，其上具36根鬃毛。

翅：前翅长为宽的2.4倍；副痣稍发达，上有7根鬃毛；亚前缘脉上有6根鬃毛；亚前缘脉、缘前脉、缘脉和后缘脉长分别为痣脉的3.3倍、2.3倍、0.7倍和0.7倍；翅基三角区内密生纤毛；透明斑后缘有1列刚毛封闭，其余部位具柔毛。

足：中足胫节具6个端刺，中足胫节距长为基跗节的0.8倍，基跗节长与第2~4跗节长度之和等长。

腹：短卵圆形，端部横切；臀侧突刚毛（束）位于腹部基部。

体色：体黑褐色至黑色。头部有紫色金属光泽，中胸盾片有弱金属绿色反光，小盾片有弱黄铜色反光。中足胫节端部、各足跗节第1~4节浅黄白色，第5节褐色。触角鞭节褐色。前翅透明。产卵管鞘黑色。

数据：以中足胫节长为100（=0.38mm），则胸长140，腹长110，产卵管长100，产卵管伸出部分长20。

生物学：寄生于落叶松毛虫 Dendrolimus superans 卵。

标本记录：5♀，黑龙江伊春，1981.VII，金丽元，寄生于落叶松毛虫 Dendrolimus superans 卵，No. 850218（正模和副模）。

分布：黑龙江。

54. 点缘跳小蜂属 *Copidosoma* Ratzeburg, 1844 （图157，图158）

Copidosoma Ratzeburg, 1844: 157.

属征简述：雌蜂头部及胸部具点刻。头前面观高大于宽。复眼圆或卵圆形，较小，表面光裸或具毛。颊长，等于复眼纵径。颜面相当宽。单眼排列呈等边三角形。后头具多少尖锐的边缘。上颚3齿。下颚须4节，下唇须3节。触角长，一色；着生处近口缘；柄节长、柱状；梗节长大于宽；索节线形，各索节均长大于宽，有时末索节呈方形；棒节略宽于索节，末端圆。中胸盾片膨起，小盾片三角形。并胸腹节不长。前翅宽大，缘脉呈点状，后缘脉不发达，痣脉直而长于缘脉及后缘脉二者之和；前翅痣脉端部的感觉孔不对称排列在一方形区域中，有爪形突且明显，有短翅型。足长而细，中足胫节距与第1跗节等长。腹部三角形或卵圆形，有时侧扁而平展。产卵器长度不等，有时隐蔽。体具金属光泽。

雄蜂头顶宽，复眼较小。触角毛略多，棒节不分节、披针形。中胸盾片及翅均宽大。

生物学：以鳞翅目幼虫为寄主，营多胚生殖。

本属已知约180种。

图157 小蛾点缘跳小蜂 *Copidosoma filicorne* (Dalman)雌蜂背面观（点缘跳小蜂属 *Copidosoma* Ratzeburg）（引自 廖定熹等，1987；Peck et al., 1964）

图158 *Copidosoma giganteum* Hffr.雌蜂背面观（点缘跳小蜂属 *Copidosoma* Ratzeburg）（引自 Peck et al., 1964）

(107) 点缘跳小蜂 *Copidosoma* sp.

Copidosoma sp.: 何允恒等（1988）报道在北京寄生于油松毛虫卵，此后被陈昌洁（1990）、吴钜文和侯陶谦（1990: 297）引用。

Copidosoma sp.: 杜增庆和裘学军（1988）报道在浙江寄生于马尾松毛虫卵。

Copidosoma sp.: 田淑贞（1993）报道在山东寄生于赤松毛虫卵。

注：点缘跳小蜂属的生物学习性是寄生于鳞翅目幼虫，营多胚生殖。关于寄生于松毛虫卵，存疑。

55. 卵跳小蜂属 *Ooencyrtus* Ashmead, 1900（图 159）

Ooencyrtus Ashmead, 1900: 381.

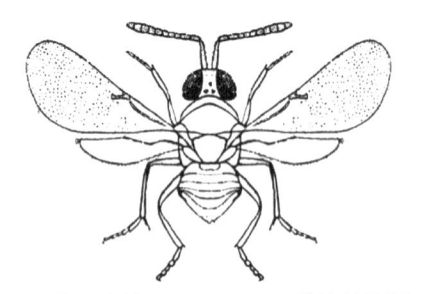

图 159 卵跳小蜂 *Ooencyrtus* sp. 雌蜂整体图（引自 Nikol'skaya，1952）

属征简述：雌蜂头近圆形，显著膨胀，具纤细刻纹，无大型点刻。复眼大，几乎无毛。颊略短于复眼长径。上颚具 1 齿及切齿。下颚须 4 节，下唇须 3 节。触角着生于近口缘；柄节柱状或中部略膨胀；梗节长于第 1 索节；索节近端部膨大，基端诸节至少与第 1 索节一样长大于宽；棒节膨大，短于索节合并之长。中胸盾片长，具网纹，无盾纵沟；三角片多少向两侧分开，仅极少数内端几乎相接；小盾片大，适度膨起，末端圆钝。前翅长而宽，透明无色；缘脉长等于或稍长于宽；后缘脉常不发达，痣脉长于缘脉。中足胫节末端之距几乎与第 1 跗节等长。腹部短宽，产卵器隐蔽或略突出，通常短于中足基跗节。体具金属光泽，有时局部黄色。

雄蜂头顶宽，颊长。触角长，着生于复眼下缘连线上；柄节较短，略膨大；梗节不短于或略短于第 1 索节；各索节均长大于宽，具不同程度的长毛；棒节不分节。

生物学：以鳞翅目昆虫卵及蜱卵为寄主。本属已知约 296 种。

在我国有一些关于寄生于松毛虫的松毛虫跳小蜂 *Ooencyrtus* sp. 或长翅跳小蜂的无形态描述报道如下。

祝汝佐（1955b：2）报道此蜂在广东寄生于马尾松毛虫上的 *Ooencyrtus major* Ferrière（此种定名人应为 Perkins, 1906），此后，吴钜文（1979a：35）和侯陶谦（1987：173）亦有记录。

李经纯等（1959：289）报道跳小蜂 *Ioencyrtus*！sp. 在山东寄生于油松毛虫卵。

广东省农林学院林学系森保教研组（1974：103）报道在广东寄生于马尾松毛虫卵。

吴钜文（1979a：35）、杜增庆和裘学军（1988：27）、杜增庆等（*Ooemgrtus*！1991：17）均报道在浙江寄生于马尾松毛虫卵。

赵明晨（1983：22）报道在吉林寄生于落叶松毛虫卵。

何允恒等（1988：22）和陈华盛等（1991：26）均报道在北京寄生于油松毛虫卵。

田淑贞（1988：36）（2 种）和田淑贞（1993：580）报道在山东寄生于赤松毛虫卵。

萧刚柔（1992：960）、岳书奎等（1996：6）和王志英等（1996：87）报道在黑龙江寄生于落叶松毛虫卵。

孙明荣等（2003：20）（*Boencyrtus* sp.！）报道在河北寄生于赤松毛虫卵。

此外，柴希民等（1993：99）报道生物防治研究所从国外引进的榆角尺蠖卵跳小蜂 *O. ennomophagus* Yoshimoto 在浙江接种马尾松毛虫卵曾育出后代，在国外已被收入松毛虫寄生蜂名录，实际上林区并未发现，特此说明，也未收入本志。

有报道在欧洲 *Ooencyrtus atomon* Walker、*O. obscurus* (Mercet) 和 *O. pityocarnpae* (Mercet) 均寄生于欧洲松毛虫卵，这几种在我国松毛虫上均未发现。

卵跳小蜂属 *Ooencyrtus* 分种检索表

1. 前翅无毛带下方开式；头部、中胸盾片及腹部亚基部蓝绿色；足基节全为黄色 ············ 松毛虫卵跳小蜂 *O. pinicolus*
- 前翅无毛带下方闭式 ··· 2
2. 小盾片具六角形细网状刻纹及稀疏的浅圆形刻点，与中胸盾片相似；所有足基节黄色或黄白色 ·· 北方凤蝶卵跳小蜂 ***O. philopapilionis***
- 小盾片上的刻纹明显较中胸盾片上的深；至少后足基节暗褐色、棕褐色或黑色 ············ 3
3. 触角柄节圆柱形，长为宽的 7.5 倍；单眼区稍呈红铜色，触角窝间紫色重 ··············

.... 恩底弥翁卵跳小蜂 *O. endymion*
- 触角柄节中央宽，略侧扁，长为宽的 4.5～5.0 倍 ·· 4
4. 体棕褐色具金属光泽，中胸侧板带红棕色；触角柄节除末端及梗节基半部棕褐色外，其余黄褐色 ··············
.... 油松毛虫卵跳小蜂 *O. icarus*
- 体黑色；触角暗褐色 ·· 大蛾卵跳小蜂 *O. kuvanae*

（108）恩底弥翁卵跳小蜂 *Ooencyrtus endymion* Huang et Noyes, 1994　（图 160）

Ooencyrtus endymion Huang et Noyes, 1994: 46; Zhang *et al.*, 2005: 350; 杨忠岐等, 2015: 1174.

雌：体长 0.9～1.2mm。体通常暗褐色。头部和胸部背面带金属绿色，小盾片偶尔稍带蓝色，中胸侧板和并胸腹节紫褐色。触角柄节和梗节暗褐色，鞭节黄褐色。前中足几乎完全黄色，偶尔胫节亚基部暗褐色；后足基节暗褐色，腿节褐色，其端部黄色；中后足胫节亚基部均具浅褐色环斑。腹部暗紫褐色有弱绿色光泽。产卵管鞘褐色。

额顶部位约为头宽的 1/4，具规则的多边形浅刻纹。上颚具 2 端齿，其 1 平截。触角基部有柄，着生处在复眼下缘很下方；柄节长约为宽的 4 倍（按图有 7 倍）；鞭节多少丝形，所有索节长均大于宽；棒节稍宽于第 6 索节并稍长于第 4～6 索节之和，缝平行，仅在最端部有感觉器。复眼具明显细毛。小盾片上的刻纹明显较中胸盾片上的深，但向端缘及侧缘渐变浅。其端部稍尖。前翅基部裸区很小；无毛斜带在后方封闭；后缘脉稍短于痣脉。产卵管不伸出。

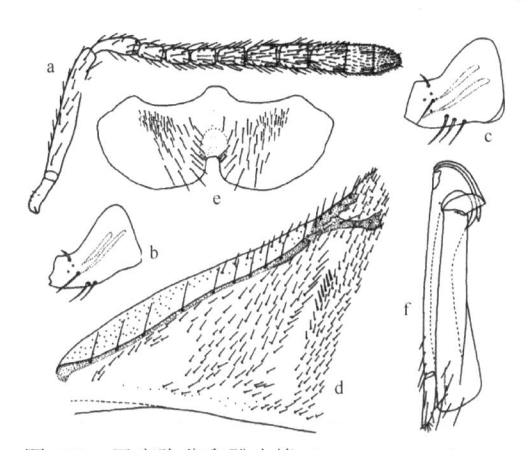

图 160　恩底弥翁卵跳小蜂 *Ooencyrtus endymion* Huang et Noyes（引自 Huang et Noyes, 1994）
a. 雌蜂触角；b, c. 左上颚；d. 前翅，上面；e. 下生殖板；f. 产卵管

生物学：寄生于赭色松毛虫 *Dendrolimus kikuchii ochraceus*、松毛虫 *Dendrolimus* sp.和天蛾卵。

标本记录：笔者未见到标本。

分布：四川、云南。

注：中名有赤松毛虫卵跳小蜂。中胸盾片和小盾片具相同的网状刻纹。

（109）油松毛虫卵跳小蜂 *Ooencyrtus icarus* Huang et Noyes, 1994　（图 161）

Ooencyrtus icarus Huang et Noyes, 1994: 23; 杨忠岐等, 2015: 175.

图 161　油松毛虫卵跳小蜂 *Ooencyrtus icarus* Huang et Noyes 整体侧面观（引自　杨忠岐等，2015）

雌：体长 0.95mm。体棕褐色带金属光泽；触角间突紫色；额绿色。触角柄节除末端及梗节基半部棕褐色外，其余黄褐色。复眼灰白色，单眼黄白色。中胸背板带蓝紫色光泽，小盾片蓝绿色或多少带红铜色，中胸背板带蓝紫色（按图：中胸侧板带红棕色）。足基节、腿节大部分与胫节亚端部同体色，基节端部、转节、腿节两端、胫节和跗节黄色。翅透明。腹部具光泽，基部绿色；产卵器黑色。

头：头顶具网状刻纹。背面观宽为长的 1.8 倍。单眼呈锐三角形排列，侧单眼至后头缘的距离几等于其直径。前面观头宽为高的 1.2 倍。上颚外齿尖而小，内齿阔而钝，端缘几平截。触角窝长椭圆形，横径长为纵径的 2/3，前缘至口缘的距离与其横径相等，上缘位于复眼下缘连线上；柄节中央略突出，侧扁，长为宽的 4.5 倍；梗节与鞭节长度之和为头宽的 0.9 倍；梗节长为宽的 2.1 倍，略长于第 1 鞭节（3.0∶2.5）；各索节均长大于宽，从基部至端部逐渐加长；棒节末端圆钝，几等于末 3 索节长度之和。

胸：胸部长为宽的 1.1 倍。中胸盾片表面具较浅的网状刻纹。小盾片上的刻纹深，表面粗糙，但两侧及后缘 1/9 光滑。前翅长为宽的 2.4 倍；基无毛区下方闭式；缘脉为痣脉的 1/2。

腹：腹部产卵器不露出。

雄：体长约 1mm。与雌蜂相似。但触角柄节暗褐色，梗节棕色，鞭节浅黄色。触角梗节与鞭节长度之和为头宽的 1.75 倍；鞭节上的感毛黄褐色；柄节不伸达中单眼，长为宽的 3 倍；梗节长为宽的 1.8 倍；第 1 索节、第 2 索节长度与索节 3～6 节长度之和之比为 2.7∶3.2∶4.0；棒节短，长小于末 2 索节长度之和，长为宽的 4.4 倍；鞭节着生直立感毛，中部节上的刚毛最长，索节 3～4 节上的感毛最长。

生物学：据杨忠岐等（2015: 175）报道在河北东陵寄生于油松毛虫 *Dendrolimus tabulaeformis* 卵；另据文献记载（Huang & Noyes, 1994），该种在印度尼西亚寄生于一种缘蝽 *Dasynus kalshoveni*。

标本记录：未见。形态描述和图录自杨忠岐等（2015）。

分布：河北；印度尼西亚。

（110）大蛾卵跳小蜂 *Ooencyrtus kuvanae* (Howard, 1910) （图 162）

Achedius kuvanae Howard, 1910: 3.

Ooencyrtus kuwanai Peck, 1951: 496; 陈昌洁, 1990: 196.

Ooencyrtus melacosomae: Liao(天幕毛虫跳小蜂), in: 廖定熹等, 1987: 173, 175.

Ooencyrtus kuwanae: 何俊华, 1979: 93; 杨秀元和吴坚, 1981: 319; 陕西省林业科学研究所, 1984: 208; 廖定熹等, 1987: 173; 柴希民等, 1987: 4; 侯陶谦, 1987: 173; 严静君等, 1989: 133, 277; 童新旺和王问学, 1992: 1288; 湖南省林业厅, 1992: 1288; 赵仁友等, 1990: 59; 吴钜文和侯陶谦, 1990: 297; 童新旺等, 1991: 9; 江土玲等, 1992: 53; 徐志宏, 1997: 158, 181; 柴希民等, 2000: 1; 徐延熙等, 2006: 769; 卢宗荣, 2008: 43.

Ooencyrtus kuvanae: Huang et Noyes, 1994: 26; Zhang et al., 2005: 353; 杨忠岐等, 2015: 176.

雌：体长 0.8～1.6mm。体黑色。触角暗褐色。中胸盾片及小盾片后缘带蓝绿色金属光泽；并胸腹节与腹中部暗褐色具光泽。足基与中胸盾片同色，转节及腿节基部黄白色，腿节顶端、前中足胫节端半部及后足胫节大部分和跗节黄色，中足胫节端距黄色；末跗节色深。

头：头具载毛刻窝。背面观头长约为宽的 2 倍，略宽于胸，但稍窄于腹部。上颊缺如。复眼大；POL 明显小于侧单眼直径。前面观触角洼呈三角形凹陷，底面具规则的横走脊纹。触角着生于复眼下缘连线与口缘之间。各索节均长大于宽，第 1 索节短于第 2 索节。

胸：中胸盾片近于平坦，表面着生稀疏短刚毛，具细弱网纹，载毛刻窝明显。小盾片表面网状刻纹粗糙，唯边缘光滑，后缘处的 3 对刚毛明显长。前翅的无毛斜带较小，其后缘闭式。

图 162 大蛾卵跳小蜂 *Ooencyrtus kuvanae* (Howard)
（a. 引自 廖定熹等, 1987; 其余引自 Zhang et al., 2005）
a. 雌蜂整体图, 背面观; b. 雌蜂触角（育自舞毒蛾）; c. 雌蜂触角（育自天幕毛虫）; d. 雄蜂触角（育自舞毒蛾）; e. 雄蜂触角（育自天幕毛虫）; f. 雌蜂前翅（育自舞毒蛾）

腹：腹部心形。产卵器微露出。

雄：体长 0.8～1.1mm。与雌蜂相似。但触角柄节端部、梗节与鞭节污白色带褐色；中胸唯小盾片暗绿色；触角第 1 索节方形，几与梗节等长，第 2 索节略长但窄于第 1 索节，第 3～6 索节几等长，长均为宽的 2 倍。

生物学：寄主有云南松毛虫 *Dendrolimus haui*（=*Dendrolimus latipennis*）、马尾松毛虫 *Dendrolimus punctatus*、赤松毛虫 *Dendrolimus spectabilis*、落叶松毛虫 *Dendrolimus superans* 及松茸毒蛾 *Dasychira axutha*、樟蚕 *Eriogyna pyretorum*、红腹舞毒蛾（烟毒蛾）*Lymantria fumida*、黄褐天幕毛虫 *Malacosoma neustria testacea* 卵。据记载寄主还有舞毒蛾 *Lymantria dispar*、木毒蛾 *Lymantria xylina*、棕尾毒蛾 *Nygmia phaeorrhoea*、杨毒蛾 *Leucoma salicis* 卵及 *Apanteles melanoscelus*（？）等。

据黑龙江省海林林区初步观察，1 年发生 3 代，大多数以蛹少数以幼虫在寄主卵内越冬。翌年 6 月越冬代成虫出现。7 月下旬第 1 代成虫羽化、产卵。8 月中下旬第 2 代成虫羽化产卵。在一般情况下，于寄主卵内越冬。但在 1974 年 9 月日间气温高达 13℃以上，9 月 8 日出现第 3 代成蜂，不寻找寄主寄生，也未发现越冬情形。成虫羽化多集中在 6～12 时。自然界雌雄性比为 2.5∶1。成虫喜选择柞蚕剖腹卵和松毛虫新鲜卵寄生，卵愈新鲜，寄生率愈高。跳小蜂羽化 2h 后即开始交尾，1 头雄蜂可与多头雌蜂交尾，交尾后第 2 天开始产卵。1 头雌蜂可寄生于 10～34 粒松毛虫卵，平均 19.3 粒。1 粒松毛虫卵出蜂 1～4 头，平均 1.4 头。室内用柞蚕卵接种，出蜂 1～6 头，平均 2.1 头。成虫寿命与温度、光照关系十分密切。在弱光、20℃气温下，雌蜂寿命 24～41 天，平均 33 天；雄蜂 25～34 天，平均 29 天。在弱光、27℃气温下，雌蜂寿命 17～28 天，平均 21 天；雄蜂 5～13 天，平均 7 天。人工繁殖寄主可用柞蚕卵。

标本记录：1♀，广东广州，1954.IX，陈守坚，寄主：马尾松毛虫，No. 5428.10；1♀，广东广州，1977.VIII.2，祝汝佐，寄主：马尾松毛虫，No. C5428.10。

分布：黑龙江、吉林、辽宁、北京、河北、山东、安徽、台湾；朝鲜，日本；曾引入欧洲、美洲及非洲。

注：① 形态描述录自杨忠岐等（2015：176）；② 生物学主要录自萧刚柔（1992：1238）。

（111）北方凤蝶卵跳小蜂 *Ooencyrtus philopapilionis* Liao, 1987（图 163）

Ooencyrtus philopapilionis Liao, in: 廖定熹等, 1987: 175; Zhang et al., 2005: 355.

雌：体长 0.9～1.35mm。

体色：头部和胸部黑色带金绿色，复眼紫黑褐色，无毛。颜面有蓝色闪光，触角、口器、足（包括基节）、产卵器淡黄色，触角柄节黑褐色，梗节褐色。翅透明无色，翅脉黄色。腹部褐色，呈黄褐色半透明状，基部有蓝绿反光。

头：背面观横宽（18∶8.5）。头部后缘圆，颜额区长大于宽（7∶4）。单眼排列呈等边三角形，侧单眼与头后缘之距等于单眼直径，单复眼间距离大致等于单眼半径。头顶具六角形细网状刻纹及稀疏的浅圆形刻点。沿复眼下缘的颊部亦有此种圆形刻点。头部前面观宽大于高（20∶13），触角洼四面开放，下端宽大、上端狭窄，触角间有矮鼻状中纵脊将洼下端纵分为左、右 2 支，洼底及其倾斜的坡状侧缘以及沿复眼下缘、颊的下部分光滑发蓝绿金光，鼻状中纵脊粗糙并略有蓝光，颊区具向口缘走向的细网状刻纹，呈紫色。颊长约为复眼长径之半。触角洼外的颜面膨起。触角着生于口缘上方，略呈棒状；柄节高达头顶，但不及中单眼，近端部较宽略扁平；梗节柱状，长为宽的 2 倍；索节第 1～3 节或第 1～4 节长大于宽，第 4 节有时呈方形，第 5～6 节横宽；棒节 3 节，略宽于端索节，与末 3 索节合并等长或稍长，末端收缩圆钝。

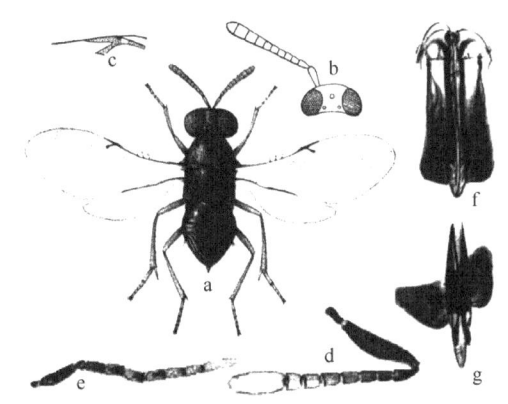

图 163 北方凤蝶卵跳小蜂 *Ooencyrtus philopapilionis* Liao（a～c. 引自 廖定熹等, 1987；其余引自 Zhang et al., 2005）
a. 雌蜂整体图，背面观；b. 头部，背面观；c. 前翅；d. 雌蜂触角；e. 雄蜂触角；f. 雌蜂外生殖器；g. 雄蜂外生殖器

胸：胸背隆起。前胸短；前胸背板、中胸背板及小盾片均具六角形细网状刻纹及稀疏的浅圆形刻点。中胸盾片横宽，宽约为长的 2 倍；中胸盾片及小盾片上散布褐色刚毛，小盾片中后部各有一对较粗大的褐色刚毛；小盾片亦宽大于长，末端圆，较中胸盾片稍光滑，末端尤其显蓝绿色光泽；三角片具稀疏刻点，

其内侧角彼此稍分离。并胸腹节短，平滑，褐色。前翅基室外侧有一狭窄的无毛带，但其下端为翅上纤毛所关闭；基室外缘上具 4～5 根粗大刚毛；亚前缘脉上面亦有 4～5 根粗大刚毛；缘脉点状；痣脉短，末端稍膨大；后缘脉与痣脉等长或稍短。中足胫节端距短于第 1 跗节，第 1 跗节与第 2～5 跗节之和等长。

腹：三角形，与胸部大致等长。臀侧背片及刚毛束前伸至腹中部第 4 节背面两侧。产卵器微突出。

雄：体长 0.9～1.05mm。与雌蜂相似，唯头部和胸部黑色，具蓝色铜色光泽。复眼大，白色。触角鞭状，着生处较高，位于复眼下缘连线上；梗节较短，长不超过宽的 1.5 倍；索节较长，每节长短粗细一致，较雌蜂粗且长，长为宽的 2 倍；棒节不分节，长于末 2 索节但短于末 3 索节合并之长；鞭节每节上均具长刚毛束若干。腹部三角形，其两侧及后端色较深。

生物学：寄生于油松毛虫 Dendrolimus tabulaeformis 卵、橘黄凤蝶 Papilio machaon（?）卵。

标本记录：笔者未见到标本。形态特征录自廖定熹等（1987：175）。

分布：吉林、北京、河北、山东。

（112）松毛虫卵跳小蜂 *Ooencyrtus pinicolus* (Matsumura, 1925) （图 164）

Encyrtus pinicola Matsumura, 1925: 44.

Ooencyrtus pinicolus: Ishii, 1938: 99; 中国林业科学院, 1983: 996; 李克政等, 1985: 25; 杨忠岐和谷亚琴, 1995: 228; 徐志宏, 1997: 161, 188; 徐志宏和何俊华, 2004: 227; 何俊华和陈学新, 2006: 81; Chen et He, 2006: 81; Lelej, 2012: 166.

Ooencyrtus dendrolimi Chu(裸名): 杨秀元和吴坚, 1981: 319; 杨忠岐等, 2015: 179.

Ooencyrtus dendrolimusi(或 *dendrolimus*)(裸名): 吴钜文, 1979a: 35; 中国林业科学院, 1983: 996; 中国林业科学研究院, 1983: 996; 侯陶谦, 1987: 173; 严静君等, 1989: 277; 陕西省林业科学研究所和湖南省林业科学研究所, 1990: 153; 萧刚柔, 1992: 1237; 刘岩和张旭东, 1993: 89; 岳书奎等, 1996: 6; 王志英等, 1996: 87.

雌：体长 1.0～1.6mm。体深紫褐色具蓝色光泽。额具紫色光泽，脸区及颊区有绿色光泽。中胸盾片前部及中胸小盾片后部蓝绿色。腹部第 1 节背板亮绿色。复眼灰白色。触角柄节黑色；梗节及鞭节黄褐色，但梗节及鞭节基部几节色较深，鞭节 6 节和鞭节 5 节及末棒节端部黄白色，鞭节 5 有时基部略带褐色。各足均为黄色。

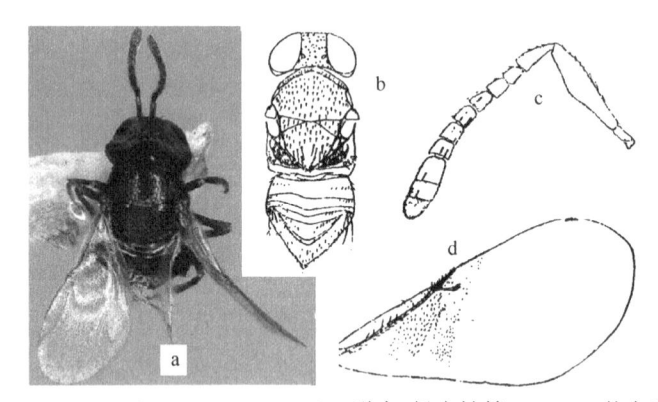

图 164　松毛虫卵跳小蜂 *Ooencyrtus pinicolus* (Matsumura) （a. 引自 杨忠岐等, 2015；其余引自 杨忠岐和谷亚琴, 1995）
a, b. 雌蜂整体，背面观；c. 雌蜂触角；d. 雌蜂前翅

头部背面观横阔，宽为长的 2.2 倍，略宽于胸部（35∶33），与腹部几乎等宽。复眼后缘到达后头；不具后头脊；头顶及额上部散生小刻窝，窝内生有 1 根褐色短毛。复眼表面生有密的褐色纤毛。侧面观额上半部与下半部间呈一角度；颚眼沟显著。前面观口区由外侧方向中部深凹入至唇基端缘；唇基小，其端缘宽度与触角窝横径相同，端缘平截，呈横脊状；触角窝下缘与唇基端缘间的距离小于触角窝横径（3∶5）；柄节中部宽扁，长度为其最大宽度的 3.7～4.1 倍。

胸部背面稍膨起。前胸背板横片状。中胸盾片、三角片、小盾片上具甚为一致的细密网状刻纹，并着生密而显著的刚毛，但小盾片后部的刚毛明显较长；小盾片近后缘处浅凹。中胸侧板大，表面光滑。并胸腹节呈狭条状。前翅无毛区下方开式。

腹部宽，略宽于胸部（35∶33），但比胸部短。产卵器微露出。

雄：体长 1.0mm 左右。体色、刻纹同雌蜂，但中胸盾片及小盾片古铜色；触角鞭节及各足皆为暗黄色；柄节污黄色，略扁，长为宽的 5 倍；梗节最短，长与宽几乎相等；鞭节扁平，具浓密的褐色长感毛；索节 6 节，各节长度几等于宽度，长各为其宽的 2 倍；棒节不分节，长为末索节的 2 倍。腹部短于胸部，三角形，末端尖。

生物学：寄主有马尾松毛虫 *Dendrolimus punctatus*、赤松毛虫 *Dendrolimus spectabilis*、落叶松毛虫 *Dendrolimus superans*、油松毛虫 *Dendrolimus tabulaeformis*。据报道，还寄生于欧洲松毛虫 *Dendrolimus pini* 及家蚕 *Bombyx mori*、杉小毛虫 *Cosmotriche lunigera*、芦苇枯叶蛾 *Cosmotriche potatoria*、白齿茸毒蛾 *Dasychira albodentata*、杉茸毒蛾 *Dasichyra abietis*、杨毒蛾 *Leucoma salicis*、古毒蛾 *Orgyia antiqua*、杉丽毒蛾 *Calliteara abietis*、夜蛾等。

松毛虫卵跳小蜂在黑龙江省海林林区 1 年发生 3 代。第 1 代成蜂于 6 月出现；第 2 代成蜂 7 月中旬羽化，下旬达到羽化盛期；第 3 代成蜂 8 月中旬大量发生，此代蜂数量多，是第 2 代蜂的 4~12 倍。在一般情况下，此代蜂还可再寄生于松毛虫卵，以老熟幼虫或蛹态在寄主卵内越冬。雌蜂喜欢选择新鲜、粒大、饱满的卵寄生。雌雄蜂可进行多次交配，交配后第 2 天产卵。产卵时将产卵器插入寄主卵内左右转动 45°~360°。一次产卵 1~2 粒，一生可产卵 40~60 粒，在一粒寄主卵上可连续产卵两次。一头雌蜂一生最多寄生于松毛虫卵 34 粒，最少 22 粒，平均 19.3 粒。松毛虫卵跳小蜂寿命的长短受温度与直射光亮影响，在散射光的条件下，温度 20℃时，雌蜂寿命 33 天，雄蜂 29 天；温度 27℃时，雌蜂寿命平均 21 天，雄蜂 7 天；在直射光下，温度 20℃时，雌蜂寿命平均 10 天，雄蜂 9 天；在温度 25℃以上和直射光时，不适于卵跳小蜂发育。从 1 粒松毛虫卵中可育出 1~4 头成蜂。自然寄生率为 24.1%~30.3%。

标本记录：4♀，吉林，1935.XII，祝汝佐，落叶松毛虫，No. C3529~10；4♀，吉林抚松，1954.IX.15，刘友樵，落叶松毛虫，No. 5429.3。

分布：黑龙江、吉林、辽宁、河北、新疆；日本，俄罗斯（远东），哈萨克斯坦。

注：① 杨忠岐和谷亚琴（1995: 228）认为本种的学名我国以前用的 *Ooencyrtus dendrolimusi* Chu 或 *Ooencyrtus dendrolimusi* Chu 可能为 *Ooencyrtus pinicolus* (Matsumura)的同物异名。据作者所知，祝汝佐教授在参加 1955 年全国松毛虫技术座谈会时提供的《中国松毛虫寄生蜂的种类和分布》中列有 *Ooencyrtus dendrolimi* Chu（新种未发表），其后并未正式发表。此学名其实仍属于裸名（无效学名）。② 形态描述录自杨忠岐等（2015: 179）。

七、姬小蜂科 Eulophidae

体微小至小型，长 0.4~6.0mm。体骨化程度弱，死后常扭曲变形。体黄至褐色，或具暗色斑，有时整体或色斑上均具金属光泽。触角常着生于复眼下缘的水平处或下方。触角（不包括环状节）7~9 节，环状节有时可多达 4 节，索节最多 4 节；有的雄蜂索节具分支。盾纵沟常显著；小盾片上常具亚中纵沟；三角片常前伸，超过翅基连线，以致中胸盾片侧叶后缘多少前移。前翅缘脉长，后缘脉和痣脉一般较短，有时很短。跗节均为 4 节。腹部具明显的腹柄，一般为横形。产卵器不外露或露出很长。

该蜂一般营寄生性生活，个别兼有寄生和捕食生活，寄主有双翅目、鳞翅目、鞘翅目、膜翅目、半翅目、脉翅目、缨翅目昆虫以及瘿螨和蜘蛛。昆虫的卵、幼虫和蛹期都有被寄生的，瘿螨和蜘蛛只见卵被寄生。通常为单期寄生，也有卵-幼虫或幼虫-蛹跨期寄生。有内寄生，也有外寄生；有容性寄生，也有抑性寄生；有初寄生，也有重寄生，甚至三重寄生；有的种兼有初寄生和重寄生习性。极少为捕食性。

姬小蜂科是较大的科。全世界已知 331 属约 3200 种。该科一般分为 5 亚科：狭面姬小蜂亚科 Elachertinae、灿姬小蜂亚科 Entedontinae、纹翅姬小蜂亚科 Euderinae、姬小蜂亚科 Eulophinae 和啮小蜂亚科 Tetrastichinae。有时将狭面姬小蜂亚科放入姬小蜂亚科内。我国姬小蜂极为常见，尚缺系统研究。

在国内已知寄生于松毛虫的有 12 属 28 种，但知其种名学名的仅 8 种。

瑟姬小蜂属 *Cirrospilus* Westwood, 1832 的柠黄瑟姬小蜂 *Cirrospilus pictus* (Nees, 1834)据记载在日本为赤松毛虫 *Dendrolimus spectabilis* 的重寄生蜂，而该蜂在我国常见但尚未见寄生于松毛虫，将在附录 2 中介绍。

在我国，吴猛耐和谭林（1984：2）报道姬小蜂在四川寄生于马尾松毛虫上的松毛虫脊茧蜂，不知何属何种。

在国外报道寄生于松毛虫的姬小蜂有 5 属 9 种，在我国尚未发现，本志不予介绍。蜂名、寄主和分布分别如下。

Aceraloneuronyia evanescens (Ratzeburg)在俄罗斯寄生于欧洲松毛虫上的麻蝇。

Aprostocetus citripes (Thomson)在欧洲寄生于欧洲松毛虫。

Aprostocetus xantthopus (Nees)在欧洲寄生于欧洲松毛虫。

Dimmockia reticulata (Kamijo, 1965)（=*Encopa reticulata*）在日本、朝鲜、俄罗斯寄生于松毛虫上的寄生蜂 *Hyposoter takagii*、*Apateles liparidis* 等，聚寄生。

Dimmockia secunda Crawford 在日本寄生于赤松毛虫上的寄生蜂。

Pediobius crassicornis (Thomson)在日本寄生于赤松毛虫。

Pediobius howardi Crawford 在日本寄生于赤松毛虫上的寄生蜂。

Tetrastichus citrinellus Graham 在俄罗斯寄生于欧洲松毛虫。

Tetrastichus xanthosoma Graham 在俄罗斯及欧洲其他国家寄生于欧洲松毛虫和西伯利亚松毛虫。

姬小蜂科 Eulophidae 分属检索表

1. 亚前缘脉与缘前脉之间相连贯，无折断痕，直接通至缘脉 ·· 2
- 亚前缘脉与缘前脉之间不相连贯，其间有折断痕，亚前缘脉不能直接通至缘脉 ······································· 6
2. 腹部有明显的柄；盾纵沟明显，完整；触角着生于颜面的下方，雄蜂触角不分支；头前面多呈三角形，下端狭窄（狭面姬小蜂亚科 Elachertinae） ··· 3
- 腹部无明显的柄；盾纵沟消失或只有前端部分明显；雄蜂触角常分支（姬小蜂亚科 Eulophinae），雌蜂触角索节 4 节、棒节 2 节，雄蜂触角第 1～3 索节通常分支；小盾片上无纵沟，侧方不光滑 ···························· 4
3. 后足胫节 2 个距小，明显短于基跗节；触角索节 2 节，棒节 3 节；前翅后缘脉明显短；盾纵沟明显，向后多少直线收窄；小盾片上有纵沟，其后方的 1 对鬃毛近于小盾片后缘；并胸腹节有不明显的中脊 ············· 瑟姬小蜂属 *Cirrospilus*
- 后足胫节具 2 个很长的距，内距长于基跗节；触角索节 4 节；前翅缘脉长约为痣脉的 3 倍，后缘脉略长于痣脉；盾纵沟纤细；小盾片上无纵沟；并胸腹节有明显的中脊 ············· 稀网小蜂属（裹尸姬小蜂属） *Euplectrus*
4. 触角着生于脸区中央略靠上处，柄节远远超出头顶；中胸盾纵沟不完整；中胸小盾片无亚侧沟 ··· 长柄姬小蜂属 *Hemiptarsenus*
- 触角着生于脸区中央靠下处，柄节不超出头顶 ··· 5
5. 唇基中央具深缺刻，致头部前面观唇基呈兔唇形；触角鞭节线状；并胸腹节气门小，圆形 ······ 兔唇姬小蜂属 *Dimmokia*
- 唇基前缘完整；触角鞭节或多或少呈扁平状；并胸腹节气门常长形 ························· 羽角姬小蜂属 *Sympiesis*
6. 亚前缘脉（包括缘前脉）短，缘脉长，痣脉短，有后缘脉；腹部常有明显的腹柄（灿姬小蜂亚科 Entedontinae）；两性跗节均为 4 节；触角索节 3 节，棒节 2 节 ··· 7
- 亚前缘脉（包括缘前脉）不短于缘脉，痣脉长，无后缘脉；腹部无明显的腹柄；小盾片常有 1 对纵沟（无后缘脉）（啮小蜂亚科 Tetrastichinae） ··· 8
7. 并胸腹节无完整的褶，有 2 条向后亚中脊位于沟内；腹部无腹柄，偶尔有短柄；触角索节不很短，之间无短柄相连 ··· 恩特姬小蜂属 *Entedon*
- 并胸腹节有完整的褶和 2 条后方分开的亚中脊；腹部腹柄明显，方形，其上有网皱；触角索节 3～4 节，各索节圆形，之间有短柄相连 ··· 腹柄姬小蜂属 *Pediobius*
8. 雌蜂触角索节明显 4 节；小盾片纵沟明显；翅缘毛短；体相当大，雌蜂长约 5mm，体细，腹部锥形 ··· 瘿蚊姬小蜂属 *Hyperteles*
- 雌蜂触角索节 3 节 ··· 9

9. 小盾片亚纵沟不明显或完全没有 ··· 10
- 小盾片亚纵沟整段明显；翅缘毛短；雄蜂触角索节 4 节 ·· 11
10. 触角短；环状节少或不明显；大部分索节横形；中胸盾片中叶常具丰富而规则的毛；小盾片有 2 对刚毛（有时弱） ······
 ·· 内索姬小蜂属 *Nesolynx*
- 翅脉通常在缘脉正前方和后方有苍白色的断痕；翅有时萎缩 ························· 蝇姬小蜂属 *Syntomosphyrum*
11. 并胸腹节无侧褶脊或侧褶脊不分叉；前翅亚缘脉上有 2 根或多根刚毛；产卵管通常突出，至少为腹部长的 1/5 ··········
 ·· 尾啮小蜂属 *Aprostocetus*
- 并胸腹节侧褶脊自中部以后分叉至并胸腹节后缘，形成 1 三角区；前翅亚缘脉上有 1 根刚毛；产卵管短，常隐蔽 ······ 12
12. 雄性触角柄节异常扩大、肿胀 ··· 大角啮小蜂属 *Ootetrastichus*
- 雄性触角柄节不明显扩大 ·· 啮小蜂属 *Tetrastichus*

狭面姬小蜂亚科 Elachertinae

56. 稀网姬小蜂属 *Euplectrus* Westwood, 1832（图 165）

Euplectrus Westwood, 1832: 127-129.

属征简述：雌蜂体黑色带黄色斑，头部及胸部显现油光及长而粗的刚毛。头前面观略呈三角形，上宽下窄，较胸部狭。头顶具锐利的边缘。复眼无毛。触角着生于颜面中部的下方，索节 4 节；雄蜂触角不分支。前胸背板长，窄于中胸背板，前缘锐利。中胸背板上有长毛，盾纵沟明显，完整。小盾片上无纵沟。并胸腹节具明显中脊。亚前缘脉与缘前脉之间相连贯，无折断痕，直通至缘脉。前翅缘脉长几乎为痣脉的 3 倍，后缘脉短于缘脉而长于痣脉。足相当粗大，后足胫节末端具距 2 个，一长一短，内距长于基跗节。腹部近圆形，有明显的腹柄；第 1 腹节几达腹长的一半。

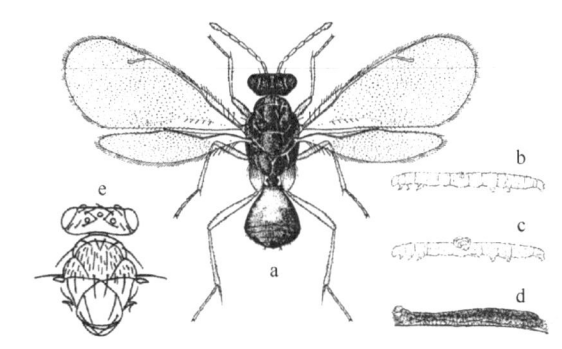

图 165 稀网姬小蜂 *Euplectrus* spp.（稀网姬小蜂属 *Euplectrus* Westwood）（a~d. 引自 何俊华，1979；e. 引自 Peck *et al.*，1964）
a. 雌性整体图，背面观；b. 寄主幼虫体表蜂卵；c. 寄主幼虫体表蜂幼虫；d. 蜂幼虫已钻入寄主幼虫体下化蛹，有"丝"缠住幼虫；e. 头部和胸部，背面观

生物学：以鳞翅目幼虫为寄主。产多个卵于寄主幼虫体壁上，蜂幼虫孵化直接将口器刺进寄主体内吸取养分营聚寄生生活。老熟后通常在寄主幼虫体下先用"丝"（为马氏管排泄的）作粗网将寄主幼虫与植物相连，而后每条幼虫再分别作粗网状茧即化蛹其中，也有个别幼虫未能钻入寄主体下，也可单独作粗茧化蛹。

本属已知近 20 种，本志包括 2 种。

本属中名有称裹尸姬小蜂属的。

（113）黄面长距姬小蜂 *Euplectrus flavipes* (Fonscolombe, 1832)（图 166）

Spalangia flavipes Fonscolombe, 1832: 299.

Euplectrus flavipes: Fonscolombe, 1840: 186-192; 杨忠岐等，2015: 107.

雌：体长 2.1~2.4mm。体黑色；但脸区、唇基、口器、颊近口缘 1/2 黄色。触角柄节、梗节内侧、足、腹除基部及两侧缘黑色外全为黄色或褐黄色，其他触角节浅褐色；足跗节末端黑色。复眼红色。体毛黄白色，仅柄节末端及梗节表面着生黑色毛。翅透明，翅面纤毛褐色，但亚缘脉上的刚毛有时呈黄白色。翅基片棕红色。

头：头略窄于胸部（36：38），具不明显的网状刻纹。背面观头宽为长的 5.4 倍，POL：OOL：OD 为 7：4：4；头顶在侧单眼后陡降；具后头脊。前面观头高为宽的 0.6 倍。复眼光裸无毛。触角位于复眼下缘连线上。颜面中央下方、脸区中部略凸起。触角柄节细长，超出头顶，长为宽的 3.4 倍；第 1 索节长于梗节，各索节长均大于宽。

胸：胸部长为宽的 1.3 倍。前胸背板具细横纹，前缘脊明显。中胸盾片宽为长的 1.9 倍，表面的网状刻纹粗大；中胸盾纵沟较细；三角片、中胸小盾片光滑，仅具非常细弱而肤浅的小刻点。后胸小盾片前缘中间凸起，后缘平滑。并胸腹节光滑；中纵脊完整。前翅亚缘脉具 4 根刚毛；前缘室反面布满短刚毛；基室光裸，下方闭式；基无毛区上方伸达缘脉长的 1/3 处；缘脉长为痣后脉的 1.6 倍，为痣脉长的 3.1 倍；痣后脉长是痣脉的 2 倍。后足胫节端距的长距长为基跗节的 1.6 倍。

腹：腹柄宽为长的 1.2 倍，中央长为并胸腹节的 0.6 倍，表面的刻点深，粗糙。腹部近圆锥形，基部窄，端部阔。产卵器不外露。

雄：未见。

标本记录：未见。形态描述和图录自杨忠岐等（2015）。

生物学：杨忠岐等（2015）报道在云南永仁县寄生于德昌松毛虫 *Dendrolimus punctatus tehchangensis* 幼虫，从 4 龄幼虫中养出，1 头寄主出蜂 8~10 头。据资料记载也寄生于卷蛾科 Tortricidae、夜蛾科 Noctuidae 幼虫。

分布：广西、湖南、海南、云南、台湾；法国，匈牙利，意大利，西班牙，土耳其，南斯拉夫等。

注：按学名种本名含义是"黄足"。

图 166　黄面长距姬小蜂 *Euplectrus flavipes* (Fonscolombe)雌蜂（引自　杨忠岐等，2015）

(114) 稀网姬小蜂 *Euplectrus* sp.

Euplectrus sp.: 何俊华, 1985: 109(寄生于马尾松毛虫幼虫); 陈昌洁, 1990: 196; 童新旺等, 1991: 9(寄生于马尾松毛虫).

生物学：寄主为马尾松毛虫（幼虫）。

分布：浙江、湖南、福建。

注：何俊华（1985a: 109）（寄生于马尾松毛虫幼虫）中记录标本未找到。在福建省森林病虫普查报告（1982 年）中，在顺昌也有发现此种。

灿姬小蜂亚科 Entedontinae

57. 恩特姬小蜂属 *Entedon* Dalman, 1820（图 167）

Entedon Dalman, 1820: 136-137.

属征简述：头部宽于胸部。颜面中央有窄的凹陷。头顶后缘锐利。复眼卵圆形，被毛。触角索节 3 节，不很短，末端略扩大；棒节 2 节。胸部相当宽。前胸背板具锐利的前缘。盾纵沟明显，完整；小盾片有稠密的鳞片状刻点。并胸腹节通常光滑，有中脊。前翅亚前缘脉与缘前脉之间不相连贯，其间有折断痕，亚前缘脉不能直接通至缘脉；亚前缘脉（包括缘前脉）短，缘脉长，痣脉短，有后缘脉（通常与痣脉等长）。

足短而粗壮；胫节末端及跗节基部具白环；两性跗节均为4节。腹部卵圆形，背方不隆起，常有明显的短腹柄。雄虫触角细长并密生纤毛。

已知在欧洲寄生于多种小蠹虫。

（115）凹眼姬蜂恩特姬小蜂 *Entedon* sp.

Eutedon（！）sp.：童新旺等，1990：28；童新旺等，1991：9.

生物学：寄生于马尾松毛虫凹眼姬蜂。

分布：湖南。

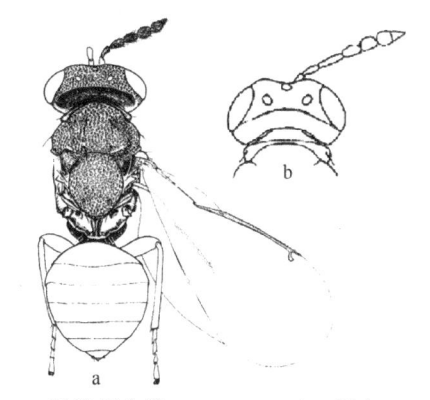

图 167　恩特姬小蜂 *Entedon* sp.（a. 引自 Boucek, 1998；b. 引自 Peck *et al.*, 1964）
a. 雌蜂整体，背面观；b. 头部、前胸背板和中胸盾片前部，背面观

58. 柄腹姬小蜂属 *Pediobius* Walker, 1846（图 168）

Pediobius Walker, 1846: 184.

属征简述：头前面观横宽，但不比胸部宽。复眼大而具毛。触角环状节1节，索节3节，少数4节，多呈球形，各亚节之间有短柄相连。颊很短。胸部背板光滑无刻点。前胸短，前缘锋锐。中胸盾纵沟后端消失。并胸腹节具1对亚中脊，脊后端分向两侧成后缘脊，并再向前延伸迂回与侧褶相连，构成环绕左右两中室的缘脊。前翅亚前缘脉与缘前脉之间不相连贯，其间有折断痕；亚前缘脉（包括缘前脉）短，缘脉长，痣脉短，有后缘脉；缘毛亦短。两性跗节均为4节。腹部卵圆形，背面具刻点；腹部常有明显的腹柄，横宽或呈方形。

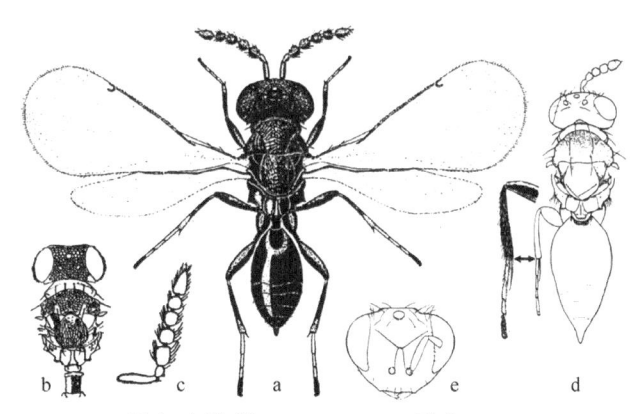

图 168　柄腹姬小蜂 *Pediobius* spp.（a. 引自 何俊华，1979；b, c. 引自 Kamijo, 1986；d, e. 引自 Boucek, 1988）
a. 雌蜂，背面观；b. 头部、胸部及腹柄，背面观；c. 雌性触角；a～c. 皱背柄腹姬小蜂 *Pediobius ataminensis* (Ashmead)；d. 雌蜂，背面观及后足；e. 头部，前面观

生物学：主要以鳞翅目若干科及膜翅目、双翅目的寄生物为寄主。尤以蛀草茎、潜叶的鳞翅目、双翅目昆虫为多。有时以鞘翅目及膜翅目（包括捕食蜘蛛的膜翅目）为寄主。以寄生于寄主的幼虫、蛹为多，有初寄生、次寄生，以及单寄生或聚寄生等。

分布：世界分布，已知超过百种。

注：属的中名有用派姬小蜂属的。王书欣等（1993：20）报道白跗姬小蜂（*Rediobius*！）sp.在河南寄生于马尾松毛虫蛹。

柄腹姬小蜂属 *Pediobius* 分种检索表

1. 中胸盾片满布鳞状刻纹，盾纵沟弱隐约伸至中胸盾片中央，中胸盾片中叶后半外侧稍凹，侧叶前方无长鬃毛；小盾片与中胸盾片等长，满布鳞状刻纹；并胸腹节中央2条中纵脊近于平行；腹柄宽为长的3.0倍，其上并列纵刻条；腹部第1节背板长为宽（在后缘最宽）的0.8倍 ·· 白跗柄腹姬小蜂 *Pediobius* sp.
- 中胸盾片前半具刻点，后半为纵或稍斜细纵刻条，盾纵沟伸至中胸盾片后端，中叶后半外侧不凹，侧叶前方有1长鬃毛；小盾片长为中胸盾片的1.1倍，具细纵刻条，但中央纵向光滑；并胸腹节中央2条中纵脊向后明显分开；腹柄宽为长的2.0倍，其上具细刻点；腹部第1节背板长为宽（在中央最宽）的1.2倍 ·· 衢州柄腹姬小蜂 *Pediobius* sp.

（116）白跗柄腹姬小蜂 *Pediobius* sp.（图169）

Pediobus (*Pleurotropis*) sp.(白跗姬小蜂): 中国科学院动物研究所和浙江农业大学, 1978: 74; 吴钜文, 1979a: 35; 侯陶谦, 1987: 173; 徐延熙等, 2006: 769.

Pediobius ataminensis(nec. Ashmead, 1904): 廖定熹等, 1987: 109; 陈昌洁, 1990: 196; 申效诚, 1993: 171; 于思勤和孙元峰, 1993: 450(均误定).

Pediobus sp.: 何俊华, 1985: 109; 柴希民等, 1987: 23; 严静君等, 1989: 280; 杜增庆等, 1991: 17.

图169 白跗柄腹姬小蜂 *Pediobius* sp.雌蜂背面观（引自 中国科学院动物研究所和浙江农业大学，1978）

雌：体长1.2～1.72mm。头部和胸部蓝黑色，部分夹金绿色光泽。复眼黑色。触角柄节和梗节蓝黑色，鞭节黑褐色，毛白色。翅基片蓝黑色。足基节、腿节蓝黑色有光泽，第1～3跗节白色，端跗节黑色，其余褐黄色或黑褐色。翅透明，翅脉黑褐色。腹部黑色。

头：头部背面密布浅而细刻纹。背面观宽为中长的3.3倍；上颊为复眼宽的0.23倍；单眼呈稍钝三角形排列；单眼长径、单复眼间距、侧单眼间距、中侧单眼间距之比为1.0：1.7：3.7：1.7；侧单眼与复眼间额宽很长于复眼宽。头前面观近三角形，宽为高的1.5倍，在复眼下方收窄，除触角洼光滑外具细刻纹；额宽，侧方平行。唇基端缘中央稍弧凹。后头脊细，位置很低，近于后头孔。无颊沟或脊，颚眼距长为复眼纵径的0.35倍。触角着生于中单眼至唇基端缘间距下方0.35处、复眼下缘连线水平稍上方，两触角窝相距与至复眼距离等长；柄节细长，亚圆柱形稍侧扁，不伸达中单眼，长为宽的5.0倍；梗节及鞭节长度之和短，其长仅为头宽的0.67倍；梗节近三角形，长为端宽的1.2倍，与第1索节约等长；环状节1节，小；索节3节，具短柄，近念珠形，各节渐宽渐短，3节索节长分别为宽的1.2倍、0.9倍和0.7倍；棒节2节，约等长，与第3索节约等宽而长为其2倍，顶端有刺1根。

胸：前胸背板颈片具细刻点，前缘具脊，中央长为中胸盾片的0.25倍，侧方无长鬃毛。中胸盾片密布鳞状细刻纹，盾纵沟弱隐约伸至中胸盾片中央，中胸盾片中叶后半外侧稍凹，侧叶前方无长鬃毛。小盾片前沟缝形；小盾片与中胸盾片等长，近六边形，背面稍拱，满布纵向鳞状刻纹；三角片内角很分开。中胸侧板前方凹区内具细刻点。并胸腹节长为小盾片的0.4倍，中央有2条平行细纵脊，气门内外侧的脊均细而明显并在端部由横脊相连；颈状部很小，倒扇形，与并胸腹节本部有横脊分开。前翅不超过腹端；亚前缘脉：缘脉（包括缘前脉）：后缘脉：痣脉=16：40：3.5：2.5。后足胫节长为跗节的1.3倍，1距；跗节4节。

腹：腹柄横宽，矩形，宽为长的3.0倍，其上并列纵刻条，无光泽。柄后腹背面观亚椭圆形，表面稍拱，长为宽（在第1节背板后缘最宽）的1.14～1.3倍；明显比胸部短且稍窄。背板后缘无缺刻。第1节背板长为宽（在后缘最宽）的0.8倍，长为腹长的0.65～75倍。产卵管稍伸出。

生物学：寄生于马尾松毛虫蛹。柴希民等（1987: 23）报道三重寄生于松毛虫蛹金小蜂、齿腿长尾小蜂，出蜂3～11头（未见标本蜂种不详）。

标本记录：8♀14♂，浙江常山，1954.VIII，邱益三，寄主：马尾松毛虫蛹，No.5514.24；1♀，浙江龙游，1974.VI.1，何俊华，寄主：马尾松毛虫蛹，No.841516。

讨论：本种描述最初源于中国科学院动物研究所和浙江农业大学（1978）《天敌昆虫图册》中的白跗姬小蜂 *Pediobius* (*Pleurotropis*) sp.（在浙江常山寄生于马尾松毛虫蛹）；廖定熹等（1987）中则用白跗姬小蜂 *Pediobius atamiensis* (Ashmead)，但加了寄主松毛虫蛹（?），分布仍是浙江（常山）。问题是，按 Kamijo（1977: 16）中的描述，*Pediobius atamiensis* (Ashmead)的重要特征是索节4节不是3节；中胸盾片中叶前方具粗而强的网状刻纹，后方具横网状刻纹，不是中胸盾片及小盾片具鳞状刻纹；中胸盾纵沟完整而不是不完整。至于插图，《天敌昆虫图册》中的是自绘彩图，其触角索节3节；而廖定熹等（1987）中的则引用了何俊华绘的皱背腹柄姬小蜂 *Pediobius atamiensis* (Ashmead)黑白图着彩色，其索节是4节。*Pediobius atamiensis* (Ashmead)是螟蛉裹尸姬小蜂 *Euplectrus noctuidiphaus* [=螟蛉稀网姬小蜂 *Euplectrus* sp.(*chapadae* Ashmead?)]等稻田中常见的寄生蜂。浙江大学寄生蜂标本室保存有不少标本，但尚无育自松毛虫的。柴希民等（1987: 23）和陈昌洁（1990: 196）报道了寄生于齿腿长尾小蜂和松毛虫蛹金小蜂的记录，种名也存疑。

（117）衢州柄腹姬小蜂 *Pediobius* sp.（图170）

雌：体长 1.8mm。体蓝黑色，有光泽，部分夹金绿色光泽。复眼黑色。口器浅红褐色。触角柄节和梗节黑褐色，鞭节蓝黑色，毛白色。翅基片蓝黑色。足除第1～3跗节白色、端跗节黑色外，均蓝黑色有光泽。翅透明，翅脉黄色。

头：头部背面密布浅而细刻纹。背面观宽为中长的2.5倍；上颊为复眼宽的0.2倍；单眼呈稍钝三角形排列；单眼长径、单复眼间距、侧单眼间距、中侧单眼间距之比为 1.0：2.5：5.0：2.6；侧单眼处额宽很长于复眼宽。头前面观近三角形，宽为高的1.75倍，在复眼下方收窄，除额侧方近复眼处具细刻纹外光滑；额宽，侧方平行。唇基端缘中央稍弧凹。后头脊细，位置很低近于后头孔。无颊沟或脊，颚眼距长为复眼纵径的0.43倍。触角着生于中单眼至唇基端缘间距下方0.33处、复眼下缘连线水平上，两触角窝相邻；柄节细长，亚圆柱形稍侧扁，不伸达中单眼，长为宽的5.6倍；梗节加鞭节长度之和短，其长仅为头宽的0.8倍；梗节端部渐粗，长为端宽的2.5倍，与环状节及第1索节之和约等长；环状节1节，小；索节3节，具短柄，近念珠形，各节渐宽渐短，索节3节长分别为宽的1.2倍、1.0倍和0.8倍；棒节2节，端节短，宽而长于第3索节，顶端有刺1根。

图170 衢州柄腹姬小蜂 *Pediobius* sp.雌蜂
a. 整体，背面观；b. 整体，侧面观；c. 触角；d. 前翅

胸：前胸背板颈片光滑，前缘具脊，中央长为中胸盾片的0.22倍，侧方有长鬃毛1根。中胸盾片前半具刻点，后半为纵或稍斜细纵刻条，盾纵沟伸至中胸盾片后端，中叶后半外侧不凹，侧叶前方有1长鬃毛。小盾片前沟缝形；小盾片为中胸盾片的1.1倍，近六边形，背面稍平，中央光滑，两侧各具细纵刻条10条；三角片内角很分开。中胸侧板光滑。并胸腹节长为小盾片的0.5倍，2条中纵脊向后明显分开，气门内外侧的脊均细而明显并由端部横脊相连；颈状部很小，五角形，与并胸腹节本部被横缢分开。前翅不超过腹端；亚前缘脉：缘脉（包括缘前脉）：后缘脉：痣脉=20：36：5：4。后足胫节长为跗节的1.16倍，1距；跗节4节。

腹：腹柄横宽，矩形，宽为长的2.0倍，表面具细刻点，无光泽。柄后腹三角锥形，背面纺锤形表面稍拱，长为宽（在第1节背板中央最宽）的2.2倍；比胸部稍长稍宽。背板后缘无凹缺。第1节背板长为宽的1.2倍，长为腹长的0.56倍。产卵管稍伸出。

雄：与雌蜂基本上相似，不同之处在于体长1.4mm。触角索节3节约等宽等长；棒节细长，长为宽的2.6倍，窄于索节。柄后腹背面鼓形，长等于宽；约为胸长之半，等宽。第1节背板长几乎占腹长的绝大部分，但也有腹端环状节稍伸出的。外生殖器稍伸出。

生物学：寄生于马尾松毛虫 Dendrolimus punctatus 蛹和黑足凹眼姬蜂 Casinaria nigripes（松毛虫凹眼姬蜂）、喜马拉雅聚瘤姬蜂 Gregopimpla himalayensis，从茧中育出。

标本记录：1♀，浙江衢州，1982，甘中南，寄主：马尾松毛虫，No. 826951；14♀8♂，浙江衢州，1984.VI.1，何俊华，寄主：马尾松毛虫蛹，No. 841521；3♀1♂，浙江衢州，1984.VII.17，陈景荣，寄主：松毛虫凹眼姬蜂，No. 844969；1♀2♂，浙江衢州，1985.V.24，何俊华，寄主：松毛虫喜马拉雅聚瘤姬蜂，No. 852948；8♀14♂，浙江龙游，1984.VI.1，何俊华，寄主：马尾松毛虫蛹，No. 841516、841517。

分布：浙江。

姬小蜂亚科 Eulophinae

59. 兔唇姬小蜂属 Dimmokia Ashmead, 1904 （图171）

Dimmokia Ashmead, 1904b: 58-521.

属征简述：唇基中央具深缺刻，致头部前面观唇基呈兔唇状。雌蜂触角鞭节线状，索节4节、棒节2节；雄蜂触角第1～3索节通常有分支。盾纵沟消失或只有前端部分明显。小盾片上无纵沟，侧方不光滑。并胸腹节气门小，圆形。腹部无明显的柄。兔唇姬小蜂属与羽角姬小蜂属（Sympiesis Foerster）极近似，但有以下不同：①唇基中央具深缺刻，致头部前面观唇基呈兔唇状；②触角鞭节线状（Sympiesis 或多或少呈扁平状）；③并胸腹节上的气门小，圆形（Sympiesis 卵圆形或长卵圆形）；④腹部卵圆形（Sympiesis 常较长）。

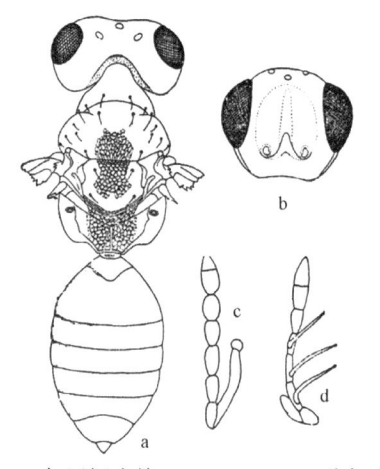

图171 兔唇姬小蜂 Dimmokia sp.（引自 祝汝佐和廖定熹，1982）
a. 雌蜂整体，背面观；b. 头部，前面观；c. 雌蜂触角；d. 雄蜂触角

生物学：以鳞翅目、双翅目寄蝇科及膜翅目的姬蜂及茧蜂等为寄主。

（118）南京兔唇姬小蜂 Dimmokia sp. （图172）

雌：体长2.1mm。头部背面和胸部金绿色，均具光泽；头部前面和腹部蓝黑色，有光泽，腹部基部有金绿色光泽。复眼赭褐色。触角柄节和梗节黄色，鞭节浅褐色。翅基片黄色。足包括基节全部浅黄褐色。翅透明，翅脉黄色。

头：背面观宽为中长的3.0倍；头顶具不规则细横刻纹；上颊为复眼宽的0.24倍；单眼较大，呈钝三角形排列；单眼长径、单复眼间距、侧单眼间距、中侧单眼间距之比为1.0:1.5:2.0:0.7；侧单眼处额宽很长于复眼宽。头前面观近椭圆形，宽为高的1.35倍；额宽，上方稍收窄，满布细刻纹，中央呈三角形斜凹，斜凹部上方2/3光滑。唇基中央浅纵凹；端缘稍突出，中央浅凹致其侧方有2个小齿突。

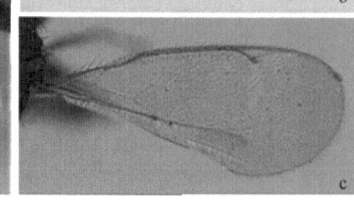

图172 南京兔唇姬小蜂 Dimmokia sp.
a. 雌蜂，背面观；b. 雌蜂触角；c. 前翅

无后头脊。颊沟明显，颚眼距长为复眼纵径的 0.43 倍。触角着生于中单眼至唇基端缘间距下方 0.29 处、复眼下缘连线水平上，两触角窝间距与触角窝至复眼间距约等长；柄节亚圆柱形稍侧扁，不伸达中单眼，长为宽的 4.0 倍；梗节加鞭节长度与头宽约等长；梗节端部渐粗，长为端宽的 2.2 倍，与第 1 索节约等长；环状节很小；索节 4 节，各节渐短几乎等宽，第 1、4 索节长分别为宽的 1.8 倍和 1.2 倍；棒节 3 节，渐短，长等于前 2 索节之和。

胸：胸部密布鳞状细刻纹，在小盾片上的较细。前胸背板颈片前缘无脊，中央长为中胸盾片的 0.22 倍。中胸盾片上无盾纵沟；小盾片前沟缝形；小盾片背面稍平，长为中胸盾片的 0.7 倍；三角片内角很分开。中胸侧板后上方有光滑区。并胸腹节长为小盾片的 0.8 倍，中纵脊细，侧褶后段斜向内方；颈状部很小，五角形，端部稍前凹，端角稍尖。前翅超过腹端；亚前缘脉：缘脉：后缘脉：痣脉=20：26：13：6.5。后足胫节长为跗节的 1.4 倍，2 距。

腹：腹部背面叶片形，长为宽的 1.4 倍；与胸部等长但稍宽。背板后缘无缺刻。第 1 节背板长为腹长的 0.35 倍。产卵管稍伸出。

生物学：寄生于马尾松毛虫蛹。王书欣等（1993: 20）报道白跗姬小蜂（*Rediobius*！）sp. 在河南寄生于马尾松毛虫蛹。

标本记录：8♀，江苏南京，1954.VI，华东农科所、邱益三，寄生于马尾松毛虫蛹，No. 5415.2、5514.22。

分布：世界分布。已知超过百种。

注：属的中名有用派姬小蜂属的。

（119）兔唇姬小蜂 *Dimmokia* sp.

Dimmockia sp. 吴钜文（1979a: 33）、侯陶谦（1987: 172）和陈昌洁（1990: 196）报道在江苏寄生于马尾松毛虫蛹。

Dimmockia sp. 杜增庆等（1991: 17）报道松毛虫卵姬小蜂 *Encopa* sp.（已为 *Dimmokia* Ashmead 的异名）在浙江寄生于马尾松毛虫卵。

分布：江苏、浙江。

60. 长柄姬小蜂属 *Hemiptarsenus* Westwood, 1833（图 173）

Hemiptarsenus Westwood, 1833a: 122-123; 杨忠岐等, 2015: 109.

属征简述：触角位于脸区中部以上；柄节远远超出头顶。雌蜂索节 4 节，棒节 2 节；雄蜂第 3 索节分叉。前胸侧板在腹中线相连接，盖住腹板。中胸盾纵沟不完整；三角片不向前伸出；中胸小盾片没有亚侧沟。并胸腹节中纵脊和侧褶脊不明显或缺如。腹柄不长，但明显。

本属与羽角姬小蜂属 *Sympiesis* Foerster 接近，但本属的触角着生于脸中部以上；柄节长，总超过头顶；前缘室非常窄，长为宽的 10~15 倍等特征可与后者相区别。目前，世界已知共有 23 种，中国有 5 种。

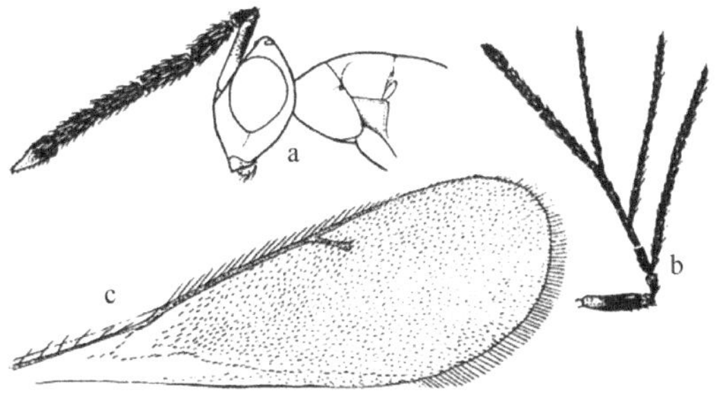

图 173 长柄姬小蜂 *Hemiptarsenus* sp.（长柄姬小蜂属 *Hemiptarsenus* Westwood）（引自 Boucek, 1988）
a. 雌蜂头部和触角；b. 雄蜂触角；c. 前翅

生物学：为多种害虫幼虫期或若虫期的寄生蜂。寄主包括潜蝇科 Agromyzidae、水蝇科 Ephydridae（双翅目）、蚧科 Coccidae（同翅目）、尖蛾科 Cosmopterigidae（=蒙蛾科 Momphidae）、小潜蛾科 Elachistidae、细蛾科 Gracillariidae、潜蛾科 Lyonetiidae、微蛾科 Nepticulidae、螟蛾科 Pyralidae、巢蛾科 Yponomeutidae（鳞翅目）、象甲科 Curculionidae（鞘翅目）、叶蜂科 Tenthredinidae（膜翅目）。

分布：吉林、内蒙古、北京、河北、河南、甘肃、宁夏、新疆、江苏、福建、湖北、湖南、四川、台湾、海南、云南、西藏；澳大利亚，新北区，东洋区，古北区。

（120）松毛虫长柄姬小蜂 *Hemiptarsenus tabulaeformisi* Yang, 2015（图 174）

Hemiptarsenus tabulaeformisi Yang, *in*: 杨忠岐等, 2015: 110.

雌：体长 2.0mm。头部颜面暗绿色；头顶紫褐色带绿色光泽。复眼灰色；单眼亮黄褐色；单眼区亮绿色略带金色。触角柄节、梗节内侧亮黄色，外侧及鞭节深褐色；胸部深绿色；中胸小盾片稍带紫色光泽。前、中、后足各节全为黄色。腹部深褐色，但第 1～4 节背侧方土黄色或红褐色；腹面基部 2/3 土黄色，端部 1/3 褐色。

头：头背面观宽为长的 1.67 倍，表面光裸无毛，复眼鼓凸；上颊在复眼后即向中部收缩，未向后延伸，长为复眼长的 0.26 倍。POL 为 OOL 的 2.1 倍；OOL 为 OD 的 1.75 倍。头顶在 2 侧单眼前缘即下跌，因此，2 侧单眼位于下跌的坡区上方；头顶及颜面具细密网状刻纹。前面观头宽为高的 1.2 倍；颜面在触角窝下缘处隆起最高；触角洼浅凹；沿洼侧缘约有 9 根刚毛。触角着生于复眼高度 1/2 处。颚眼沟直，长为复眼高的 0.36 倍。唇基不显，唇基前缘浅弧形凹入。触角柄节长，端部伸出头顶之上，侧扁，长为宽的 1.6 倍；梗节与鞭节长度之和为头宽的 1.6 倍；梗节、第 1～4 索节与棒节各节长度之比为 8.0∶16.0∶16.0∶15.0∶12.0∶18.0，宽度之比为 4.5∶7.0∶7.0∶7.0∶6.0∶6.0。

图 174 松毛虫长柄姬小蜂 *Hemiptarsenus tabulaeformisi* Yang 雌蜂背面观（引自 杨忠岐等，2015）

胸：胸部具显著的凸脊网状刻纹，刻纹粗大。前胸背板钟形，从后缘处一直向前方下倾，长为中胸盾片的 0.4 倍；宽为后者的 0.7 倍；后缘具 6 根鬃毛。中胸盾片中区前半部呈拱形，向前方下倾，与前胸背板相连，在中胸背板前方形成 1 突出的拱形颈状区，后半部则较平坦；中胸盾片宽为中区长的 1.5 倍；盾片侧区短，位于中区后部，长为中区的 0.43 倍；盾纵沟不显；中胸盾片后缘浅弧形弯向后方；三角片小，前缘略向前侧方斜伸，表面的网状刻纹比小盾片和中胸盾片上的显著细密。小盾片亚圆形，长宽近相等（26∶25），长为中胸盾片中区的 0.87 倍；表面仅稍隆起，网状刻纹甚至比中胸盾片上的还要粗大；侧方具 2 对鬃毛。后胸盾片位于小盾片下方，新月形，中部长为小盾片的 0.27 倍，其上的网状刻纹显著比小盾片上的小而密。并胸腹节较长，为中胸小盾片长的 0.83 倍；中部呈拱形隆起，向两侧和后部缓坡状下倾，中区和侧区上具均匀一致的网状刻纹，刻纹与后胸盾片上的大小、粗细相同；中部长为基部宽的 0.66 倍；中纵脊完整，前部 3/5 直，后方 2/5 弱而稍弯；侧褶脊仅后部 1/5 存在，其前部具几条不规则走向的弱脊；前缘侧方具 1 明显的邻缘陷窝，陷窝内缘呈弱的纵脊状；气门小，与并胸腹节前缘的距离为其长径的 3 倍；气门沟宽阔，一直延伸至后缘，在后缘两侧形成 1 较大的邻缘陷窝；胸后颈短，为并胸腹节长的 0.12 倍，比其他部位低，表面光滑，呈半环状，位于并胸腹节后部；侧胝上具 15 根左右的白色鬃毛，长而直立。前翅狭长，长为宽的 2.9 倍；亚缘脉上有 7 根刚毛；基室后下角处有 4 根刚毛左右；基脉上毛完整，约为 5 根；肘脉毛列完整，自基室后下角一直延伸至翅端；翅反面在缘脉前部 1/2 的下方具 1 排长刚毛，12 根左右；翅面纤毛较长而稍直立，自缘前脉下方起布满翅面；亚缘脉（包括缘前脉）、缘脉、痣后脉、痣脉长度之比为 60∶62∶28∶12；痣脉与痣后脉之间呈 45°角；前翅外缘的缘毛较长。后翅窄长，长为最宽处的 5.8 倍；后缘基部的缘毛长为后翅基部的 2 倍，为最宽处的 0.67 倍。胸腹侧片上的网状刻纹粗大。中胸侧板前侧片上具凹脊网状刻纹，浅，因而近似光滑；后侧片与后胸侧板上具凸脊网状刻纹，粗大，与中胸盾片上的相似。后足基节背面具网状刻纹。

腹：腹柄明显，长为宽的 0.5 倍，为并胸腹节长的 0.24 倍；两侧具耳状突。腹部长椭圆形，长为宽的 1.4 倍，为胸部长的 0.94 倍，为头、胸部长度之和的 0.72 倍；各背板后缘均直；第 1 背板长为整个腹部长的 0.24 倍；第 1~3 背板表面光滑，第 4~7 背板具弱的网状刻纹；第 1、第 2 背板侧方具几根刚毛，在近后缘的中央两侧各具 1 根刚毛；第 3、第 4 背板中部具 1 横排刚毛，第 5、第 6 背板上具 2 横排刚毛，末背板上有 3 排；尾须上的 1 根鬃毛长为其他 3 根的 2 倍。产卵器露出。下生殖板位于腹面前部的 1/3 处；沿产卵器两侧的腹板上各具 1 行显著的刚毛。

雄：未见。

标本记录：未见。形态描述和图录自杨忠岐等（2015）。

生物学：杨忠岐等（2015）报道在北京密云水库寄生于油松毛虫 Dendrolimus tabulaeformis 幼虫。

分布：北京。

61. 羽角姬小蜂属 *Sympiesis* Foerster, 1856（图 175）

Sympiesis Foerster, 1856: 74, 76.

属征简述：雌蜂头前面观横宽。触角着生于颜面中部下方，雌蜂触角索节多为 4 节，棒节 2 节；雄性触角第 1~3 索节有羽状分支。唇基前缘呈横切状。左右上颚末端相遇。前胸短。中胸盾纵沟不完整；小盾片无纵沟或横沟。并胸腹节有或无中脊，侧褶缺或仅后端可见，如近于完整则其两后侧亦不具棱角状突起。前翅亚前缘脉与缘前脉之间相连贯，无折断痕，直通至缘脉；后缘脉长为痣脉的 2 倍。中足第 1 跗节较第 2 跗节长。腹部卵圆形，无明显的柄。

生物学：以寄生鳞翅目幼虫为主，营体内寄生或外寄生生活。

本属已知种类约有 60 种。本属在国内常与兔唇姬小蜂属 *Dimmokia* 混淆。柴希民等（1987: 7）报道的 *Sympiesis* sp. 在浙江寄生于马尾松毛虫蛹和陈昌洁（1990: 196）报道的 *Sympiesis* sp. 寄生于马尾松毛虫蛹，也有可能是兔唇姬小蜂 *Dimmokia* sp.。

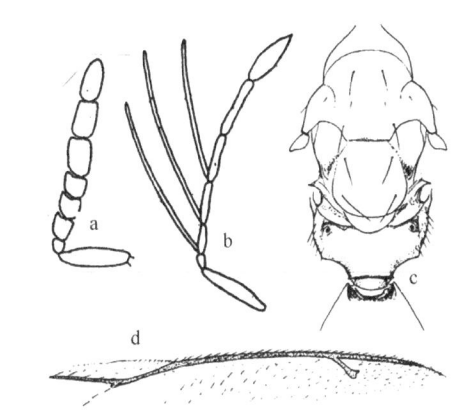

图 175 羽角姬小蜂一种 *Sympiesis* sp.（a. 引自 Peck et al., 1964；b. 引自 盛金坤, 1989；c, d. 引自 Boucek, 1998）
a. 雌蜂触角；b. 雄蜂触角；c. 胸部，背面观；d. 前翅翅脉

（121）松毛虫羽角姬小蜂 *Sympiesis* sp.

Sympiesis sp.: 柴希民等, 1987: 7; 陈昌洁, 1990: 196.

生物学：寄生于马尾松毛虫蛹。

分布：浙江。

啮小蜂亚科（无后缘姬小蜂亚科）Tetrastichinae

62. 长尾啮小蜂属 *Aprostocetus* Westwood, 1833（图 176）

Aprostocetus Westwood, 1833c: 444.

属征简述：体一般黑色，头部骨化程度弱。颚眼沟直或略弯，复眼下偶具小陷窝。脸不具辐射状刻纹；唇基前缘中央 2 齿状。上颚具 3 齿，端齿尖锐。雌蜂触角环状节常 4 节，少数为 2 节或 3 节；索节 3 节，偶为4节；棒节3节，偶为2节；雄蜂索节4节，多具1排极长的感毛，轮生状排列；棒3节。前胸短，前胸背板不具前缘脊。中胸盾纵沟一般完整，中胸盾片中部具1中纵沟，有时缺如；中胸盾片中叶紧邻盾纵沟处多着生1排刚毛；中胸小盾片略宽或明显大于长，具2亚中沟或亚侧沟。并胸腹节具中纵脊；中区表面光滑或具网状刻纹，后缘凹入；侧褶脊与气门沟缺如；气门外缘常被1耳状凸片部分遮盖。前翅亚缘脉上着生2根或2根以上鬃毛，很少1根。腹部多矛形，骨化程度较弱，背面常塌陷。产卵器微露出或露出很长。

生物学：大部分种寄生于鳞翅目的食叶害虫蛹和双翅目瘿蚊幼虫，有的寄生于鞘翅目蛀干害虫天牛的卵、幼虫和吉丁虫幼虫，以及形成虫瘿的膜翅目瘿蜂科幼虫，因此，本属在生物防治上具有重要价值。

分布：世界分布。

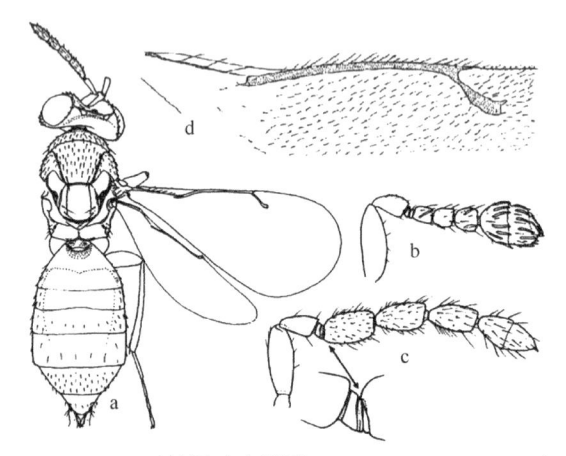

图176 长尾啮小蜂 *Aprostocetus* spp.（长尾啮小蜂属 *Aprostocetus* Westwood）（引自 Boucek，1988）
a. 雌蜂整体，背面观；b，c. 雌蜂触角；d. 翅脉

长尾啮小蜂属 *Aprostocetus* 分种检索表

1. 触角索节3节；脸区黄色；触角梗节与鞭节长度之和大于头宽；中胸盾片近盾纵沟着生1排刚毛 ·· 黄脸长尾啮小蜂 *A. crino*
- 触角索节4节 ·· 2
2. 体墨绿色；触角梗节较短，明显短于第1索节；前翅亚缘脉着生2根鬃毛 ················· 短梗长尾啮小蜂 *A. brevipedicellus*
- 体黄棕色；触角梗节不明显短于第1索节；前翅亚缘脉着生2~5根鬃毛 ················· 松毛虫长尾啮小蜂 *A. dendrolimi*

（122）短梗长尾啮小蜂 *Aprostocetus brevipedicellus* Yang et Cao, 2015（图177）

Aprostocetus brevipedicellus Yang et Cao, in: 杨忠岐等, 2015: 83.

图177 短梗长尾啮小蜂 *Aprostocetus brevipedicellus* Yang et Cao 雌蜂（引自 杨忠岐等，2015）

雌：体长1.2~1.5mm。体墨绿色，具金属光泽。头绿色；唇基及颊近口端褐色；复眼红褐色；触角柄节黄色，外侧色较深，其余各节褐色。足除基节与体色相同外，其余各节均黄色，端跗节黑褐色；胫节端距均黄白色。翅基片淡褐色；翅透明，翅面纤毛褐色。腹部有时呈棕褐色。

头：头背面观宽为长的2.3倍，宽略大于胸部（16∶14）。头顶单眼区具外缘沟，并以1横沟与复眼相连。POL为OOL的1.7倍。前面观颚眼距为复眼高的0.7倍；颚眼沟略向外弯曲，在复眼下缘处没有小陷窝。复眼表面光裸无毛。触角着生于复眼下缘连线以上；触角窝间突宽略小于触角窝直径；2 触角洼较窄且深，中间以一沟分开。在干标本中，脸区下陷，下陷区上至中单眼前缘，下至唇基端缘。触角柄节长为宽的 3 倍，柄节达中单眼前缘；梗节较短，长为宽的 1.2 倍，约为第 1 索节长的 0.4 倍；具 4 索节，各索节长均大于宽，与棒节等长，第 1 索节长为宽的 2.7 倍；棒节略宽于索节，长约为宽的 3.5 倍；鞭节与梗节长度之和大于胸部宽，与头宽近相等；鞭节上着生长密毛。

胸：胸部略长于宽（20∶19），背面显著凸起，具非常细弱的网状刻纹，几近光滑。前胸背板钟形，长为宽的 0.2 倍，后缘中部具 1 排刚毛，两侧刚毛较多。中胸盾片长大于宽，两侧各具 1 列向后斜生的刚毛，4 根左右；中纵沟明显而完整；盾纵沟较宽且深；三角片前伸至中胸盾片的 2/5 处。中胸小盾片强烈凸起，上具 2 对鬃毛，前面 1 对几乎位于盾片中部；2 亚中沟间距大于其与亚侧沟之间距（4.0∶2.4）。后胸小盾片阔条形，近似倒三角形，长为宽的 2 倍，背面光滑。并胸腹节长略大于后胸小盾片（4∶3）；中纵脊明显，无侧褶脊，气门位于并胸腹节前缘，长椭圆形，被耳状突覆盖部分较少；气门沟明显，完整，直达并胸腹节后缘；侧胝中部纵向稍隆起，表面具刚毛 3～4 根，白色，排成 1 列。前翅长为宽的 2.2 倍；亚缘脉上具 3～5 根刚毛；痣后脉缺如；缘脉稍长于前缘室（11∶9），是痣脉长的 3.8 倍，是亚缘脉长的 1.7 倍；亚前缘室有 1 列刚毛；基室有 2 根刚毛；基无毛区闭室。翅基片长 1.43mm，长三角形。中胸侧板沟弯曲，在后侧片下端 1/7 处与中胸后侧片横沟会合，一直斜向延伸至前侧片后缘。后足胫节端距长为基跗节的 0.5 倍。

腹：腹柄较明显，钟形，背面光滑。腹部卵圆形，后端尖，长宽几相等（10∶9），长度小于头与胸部长度之和（19∶27）；背板下凹；末背板长为宽的 2.5 倍；尾须最长的两根鬃毛长度相等。产卵器露出部分为末背板长的 0.25 倍。

雄：体长 0.9～1.05mm，与雌蜂相似。但触角柄节和足微带褐色，触角 11152 式；索节 5 节，棒节 2 节；梗节长略小于宽（1.1∶1.3），第 1 索节长为宽的 3.3 倍，略长于梗节（1.9∶1.7），为第 2 索节长的 0.44 倍；各索节基部具轮生状长鬃毛，其中从第 1 索节外方基部生出 1 根长刺直达第 2 棒节的 1/2 处。

标本记录：未见。形态描述、生物学和图录自杨忠岐等（2015）。

生物学：本种在湖南浏阳自马尾松毛虫 *Dendrolimus punctatus* 卵中养出；其他寄主还有银杏大蚕蛾、油茶枯叶蛾卵。

分布：湖南。

（123）黄脸长尾啮小蜂 *Aprostocetus crino* (Walker, 1838) （图 178）

Cirrospilus crino Walker, 1838: 382.

Aprostocetus crino: Graham, 1961a: 44; 杨忠岐等, 2015: 84.

雌：体长 1.4mm。体金绿色，具强烈金属光泽。脸金黄色；口缘褐黄色。触角棕褐色。足黄色，仅后足基节同体色，端跗节暗褐色。并胸腹节带黄铜色；腹部基半部大部分黄色，端半部绿色；腹板基部近 1/3 黄色。

头：头部严重塌陷。触角窝至中单眼前缘的距离为其至口缘距离的 1.7 倍。复眼高为宽的 2.3 倍。颚眼距为复眼高的 0.3 倍；颚眼沟细弱，在复眼下没有形成小陷窝。脸区散生短刚毛。触角柄节超出中单眼，细长；梗节长为宽的 3 倍，短于第 1 索节（6∶8）；第 1～3 索节与棒节长度之比为 8.0∶6.0∶4.0∶13.0，宽度比为 3.5∶4.0∶5.2∶5.0；棒节长大于末 2 索节长度之和；末棒节端部具针刺，其长度不及末节的 1/3；触角梗节背侧具感毛，鞭节上的感毛密。

胸：胸部长为宽的 1.9 倍。中胸盾片宽为长的 1.8 倍，中部无中纵脊，表面光滑无毛，仅盾纵沟两侧具 1 排刚毛，每侧 3 根；三角片几乎整个伸向前方，后缘近与盾片后缘

图 178 黄脸长尾啮小蜂 *Aprostocetus crino* (Walker) 雌蜂侧面观（引自 杨忠岐等，2015）

直。中胸小盾片长为中胸盾片的 0.9 倍，第 1 对刚毛位于盾片中央处。后胸小盾片后缘不呈尖齿状突出，长为并胸腹节的 0.6 倍。并胸腹节表面光滑，中纵脊明显，中区无刻纹；气门与前缘的距离为其长径的 1/2；侧胝仅端缘具 2 根细弱刚毛。中、后足基跗节略长于第 2 跗节。前翅狭长，长为宽的 2.8 倍；亚缘脉上具 2 根刚毛；基无毛区消失；缘脉长为痣脉的 3.7 倍；痣后脉缺如。

腹：腹部无柄，长椭圆形，长为宽的 2.3 倍，长于胸部（70∶62），但略比胸部窄（30∶33）。产卵器伸出腹末。

雄：未知。

标本记录：未见。形态描述、生物学和图录自杨忠岐等（2015）。

生物学：从北京密云水库油松毛虫 Dendrolimus tabulaeformis 卵中育出。

分布：北京；北欧。

（124）松毛虫长尾啮小蜂 *Aprostocetus dendrolimi* Yang et Cao, 2015 （图 179）

Aprostocetus dendrolimi Yang et Cao, in: 杨忠岐等, 2015: 85.

图 179 松毛虫长尾啮小蜂 *Aprostocetus dendrolimi* Yang et Cao 雌蜂侧面观（引自 杨忠岐等，2015）

雌：体长 1.3～1.7mm。体棕色略有光泽；头部与腹部略带亮绿色光泽。触角黄色。中胸小盾片两侧略带黄色。各足基节同体色，其余黄色。翅透明，翅脉浅黄褐色。

头：头部背面观宽为长的 2.5 倍，头宽大于胸宽（25∶22）。上颊几乎不发育。单眼较大，POL 为 OOL 的 1.67 倍，OOL 为 OD 的 1.5 倍；单眼区具围眼沟。前面观头部宽为高的 1.4 倍；表面具稀疏刚毛；颜面大部分凹陷；触角洼深，洼侧区稍膨起，"Y"形沟不明显；颚眼沟显著，长为复眼高的 0.6 倍；复眼高为宽的 1.4 倍。触角着生于复眼下缘连线上方；触角窝到口缘的距离与其到中单眼的距离相等。触角柄节达中单眼；触角梗节与鞭节长度之和为头宽的 1.5 倍；具 3 索节，3 棒节；棒节第 1 节与其他 2 节分界明显，与索节非常相似，有时色稍深于索节并比索节略窄。

胸：胸部背面显著隆起，长为宽的 1.2 倍，表面基本光滑。前胸背板短，宽为长的 4 倍，后缘弧形前凹。中胸盾片宽为长的 1.8 倍，中区宽为长的 1.17 倍；具完整的中纵沟；盾片表面具肤浅、不明显的网状刻纹；中区侧缘具 4 根刚毛，排成 1 行。中胸小盾片圆，宽明显大于长（1.4 倍）；2 亚中沟较深，平行，相互远离而近于盾片侧沟，具 2 对鬃毛。并胸腹节中部很短而两侧较长，表面具弱的突脊网状刻纹；中纵脊与后缘连成"人"字形；中部长度稍大于后胸盾片。足较细弱。前翅亚缘脉上具 2～5 根刚毛；基脉上毛完整；翅面上的纤毛褐色，较稀疏；缘脉长为痣脉的 3.8 倍；痣后脉长为痣脉的 0.4 倍；缘脉前缘具 13～15 根鬃毛，很显著。

腹：腹部卵圆形，背面膨起，端部稍尖，骨化程度弱，故干标本中明显皱缩。腹部长为宽的 1.4 倍、为头、胸部长度之和的 0.8 倍；宽于胸部而与头部大致等宽；自第 3 背板到末背板各节上均具刚毛。产卵器露出很短，长为末背板的 0.5 倍。

雄：未见。

标本记录：未见。形态描述、生物学和图录自杨忠岐等（2015）。

生物学：从河北遵化市赤松毛虫 *Dendrolimus spectabilis* 卵中养出。

分布：河北。

63. 瘿蚊姬小蜂属 *Hyperteles* Foerster, 1856 （图 180）

Hyperteles Foerster, 1856: 1-152.

属征简述：体相当大，雌蜂长约 5mm，体细。雌蜂触角长，丝状，着生于唇基上方，索节明显 4 节；雄蜂触角具长毛。胸部光滑，暗色，有黄色斑纹。前胸背板横形，短于其宽的 1/2。中胸背板中央无纵沟；小盾片隆起，纵沟明显。并胸腹节短，光滑，通常有角状脊。翅缘毛短；亚前缘脉与缘前脉之间不相连贯，其间有折断痕，亚前缘脉不能直接通至缘脉；前翅痣脉短于缘脉长度的 1/2，末端强烈扩大，无后缘脉。后足基节长，圆柱形，光滑。腹部很长，长于头和胸部之和的 2～3 倍，锥形末端强烈尖锐。

图 180　瘿蚊姬小蜂一种 *Hyperteles* sp.（瘿蚊姬小蜂属 *Hyperteles* Foerster）雌蜂触角（引自 Peck *et al.*, 1964）

生物学：已知为瘿蚊的寄生蜂。

分布：古北区。

（125）瘿蚊姬小蜂 *Hyperteles* sp.

Hyperteles sp.: 何允恒等, 1988: 22; 陈昌洁, 1990: 196.

生物学：寄生于油松毛虫（卵）。

分布：北京。

64. 内索姬小蜂属 *Nesolynx* Ashmead, 1905 （图 181）

Nesolynx Ashmead, 1905: 966.

属征简述：头顶在单眼后方有陡峭的呈直角的边缘。触角短；环状节少或不明显；雌蜂触角索节 3 节，大部分索节横形。中胸盾片中叶具丰富而规则的毛，毛通常位于瘤上。小盾片无亚中纵沟或不明显，但有 2 对刚毛（有时弱），前面的 1 对刚毛近于边缘。前翅亚前缘脉与缘前脉之间不相连贯，其间有折断痕，亚前缘脉不能直接通至缘脉；亚前缘脉（包括缘前脉）不短于缘脉，痣脉长，无后缘脉或明显短于痣脉。腹部无明显的柄。

生物学：本属从鳞翅目和双翅目蛹中羽化，在鳞翅目上也可能重寄生于寄蝇科。

分布：主要分布在热带和亚热带地区。

Boucek（1988: 696）认为一些学者的 *Syntomosphyrum* (not Foerster, 1878)就是 *Nesolynx* Ashmead，说明这 2 属形态特征相当接近。

注：王问学等（1989: 186）报道 *Nesolynx* spp. 4 种在湖南分别寄生于松毛虫黑点瘤姬蜂、花胸姬蜂、蛹金小蜂 *Dibrachus* sp.和次生大腿小蜂；杜增庆等（1991: 17）报道 *Nesolynx* sp. 在浙江寄生于马尾松毛虫上的红尾追寄蝇蛹。

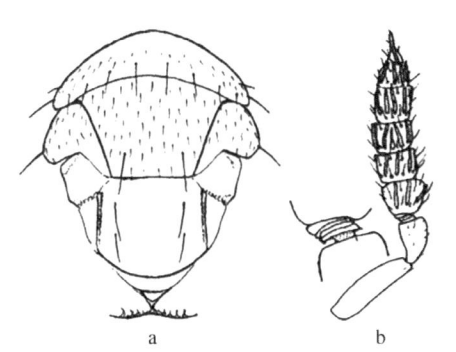

图 181　内索姬小蜂一种 *Nesolynx* sp.（内索姬小蜂属 *Nesolynx* Ashmead）（引自 Boucek, 1988）
a. 胸部, 背面观；b. 触角及放大的环状节

(126) 黄内索姬小蜂 *Nesolynx* sp. （图 182）

Tetrastichus xanthasoma(误定): 陈尔厚, 1999: 49(黄啮小蜂).

雌：体长 1.4~1.9mm。头部背半黑色，腹半黄褐色；复眼浅赭色，上颚端齿黑色。胸部黄褐色。腹部黄褐色，腹面色稍浅，侧缘及产卵管黑色。触角柄节白色，梗节黄褐色，环状节和鞭节浅黑褐色，毛白色。足黄白色或浅黄褐色。翅透明，翅脉浅黄色。

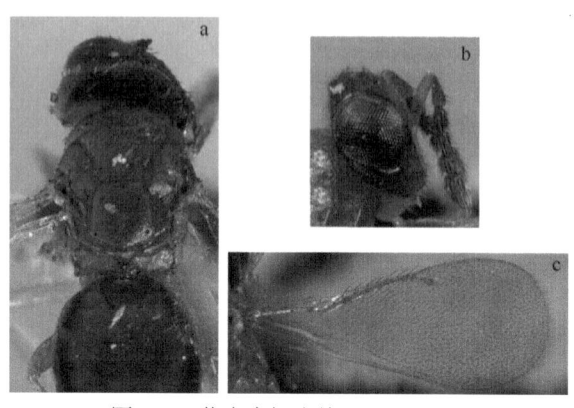

图 182 黄内索姬小蜂 *Nesolynx* sp.
a. 雌蜂，背面观；b. 头部，侧面观；c. 前翅

头：头部密布细刻纹。背面观宽为中长的 4.2 倍，宽于胸部和腹部；无后头脊，后头深凹，毛糙，与头顶交界处锐利，背面观无上颊。单眼呈钝三角形排列；单眼长径、单复眼间距、侧单眼间距、中侧单眼间距之比为 1.0∶2.8∶4.5∶2.7；侧单眼处额宽很长于复眼宽。头前面观近梯形；宽为高的 1.2 倍。额宽，上方稍收窄；中央（触角洼）明显长三角形斜凹，凹侧隆起部位具斜向极细刻纹。唇基倒梯形，稍长于颜面。有颊沟，颚眼距长为复眼纵径的 0.5 倍。触角着生于中单眼至唇基端缘间距下方 0.31 处、复眼下缘连线水平稍上方，两触角窝间距为至复眼间距的 0.62 倍；柄节细长，亚圆柱形，两端稍细，不伸达中单眼，长为中宽的 5 倍；梗节及鞭节长度之和短，其长仅为头宽的 0.84 倍；梗节端部渐粗，长约为端宽的 3.0 倍，比环状节及第 1 索节之和稍长；环状节很小，2 节；索节 3 节，多毛，各节渐宽约等长，3 索节长分别为宽的 1.3 倍、1.1 倍和 1.0 倍；棒节 3 节，渐短，长等于前 2 索节之和。

胸：胸部密布毛玻璃状细刻纹，在颈片上的弱。前胸背板颈片前缘具弱脊，中央长为中胸盾片的 0.35 倍。中胸盾纵沟明显伸至盾片后缘，在沟近后缘内侧有黑色长鬃 1 根，无中央纵沟；小盾片前沟缝形；小盾片稍长于中胸盾片，近于鼓形，侧缘前半有镶边，近前后侧角各有黑色长鬃 1 根，其上无 1 对纵沟；三角片内角很分开，侧缘有镶边。中胸侧板前半稍凹，具细刻点，后半光滑。并胸腹节横宽，中央短，其长为小盾片的 0.3 倍，中纵脊 Y 形（黑色），细，无侧褶，后缘弧凹，外侧角呈角突（黑色）；无颈状部。前翅稍超过腹端；亚前缘脉（包括缘前脉）：缘脉：痣脉=17∶16∶4，无后缘脉；亚前缘脉上有刚毛 4 根，缘脉上有刚毛 10 根。后足胫节长为跗节的 1.35 倍，1 距；跗节 4 节。

腹：腹部三角锥形，背面叶片形，长为宽（在第 1 节背板后缘最宽）的 1.5 倍，为胸长的 1.3 倍并稍宽。背板后缘无缺刻。第 1 节背板长为腹长的 0.31 倍，基部中央半圆形下凹。产卵管鞘稍伸出。

雄：与雌蜂结构特征基本上相似，体色差异很大，不同之处为体长 1.34mm。体黑色，仅前胸背板侧面部分黄褐色、腹部背面基部 1/3 中央黄色。触角柄节黄褐色，其余暗褐黄色，毛黑色。触角柄节伸达中单眼；梗节长为端宽的 2.3 倍，与环状节及第 1 索节之和等长；索节 4 节，各节稍短约等宽，第 1、4 索节长分别为宽的 1.1 倍和 1.0 倍；棒节 2 节，第 2 节指状，长为宽的 2.0 倍、为第 1 节长的 1.5 倍，从棒节基部生有黑色长鬃毛 1 根，毛伸过棒节端部。后足胫节长为跗节的 1.65 倍。腹部背面灯笼形，两侧平行，长为宽的 2.0 倍，与胸部等长但稍窄；第 1 节背板长为腹长的 0.4 倍；外生殖器稍伸出[陈尔厚（1999：49）报道

各索节亚端部着生刚毛1根,毛长超过节长,贴于背方形成一条"脊"]。

生物学:寄生于松毛虫脊茧蜂 Aleiodes esenbeckii(=松毛虫内茧蜂 Rogas dendrolimi)和马尾松毛虫上的寄蝇;在云南寄生于文山松毛虫 Dendrolimus punctatus wenshanensis 幼虫上的花胸姬蜂 Gotra octocinctus 和松毛虫脊茧蜂 Aleiodes esenbeckii(=松毛虫内茧蜂 Rogas dendrolimi);在浙江寄生于马尾松毛虫上的黑足凹眼姬蜂 Casinaria nigripes。

标本记录:42♀1♂,浙江长兴,1986.X.10~11,何俊华,寄主:马尾松毛虫上的寄蝇,No. 864414~15、864434;3♀3♂,广东广州,1955.VII.13,华南农学院植保系,寄主:马尾松毛虫上的脊茧蜂,No. 5552.9。

分布:浙江、广东、云南。

65. 大角啮小蜂属 *Ootetrastichus* Perkins, 1906 (图183)

Ootetrastichus Perkins, 1906: 263.

属征简述:头横形,等于或宽于胸部。单眼呈弧线,即排列为很扁的三角形,侧单眼间距明显大于中侧单眼间距。触角除环状节外,雌蜂7节、雄蜂9节;雌蜂柄节细长;梗节长于其宽;第1索节长,其端部稍窄,其后2索节长于其宽但短于第1索节;棒节短于和宽于索节,2节。中胸盾片上无沟。小盾片上有4个带毛的小瘤。翅均匀具毛;缘脉等于或相当长于亚前缘脉,3~4倍长于痣脉;无后缘脉;翅缘几乎全段具长缨毛。雌蜂腹部较细长,呈尖叶形,长度超过头、胸部之和;产卵器稍伸出腹端。

生物学:本属特征与啮小蜂属 *Tetrastichus* Haliday 很相近,其主要不同之处在于雄蜂触角柄节异常扩大、肿胀。已知是同翅目叶蝉科和飞虱科卵期寄生蜂。

分布:澳洲区,东洋区。我国浙江、江西已有发现。盛金坤等(1995:14)报道在江西寄生于思茅松毛虫卵。

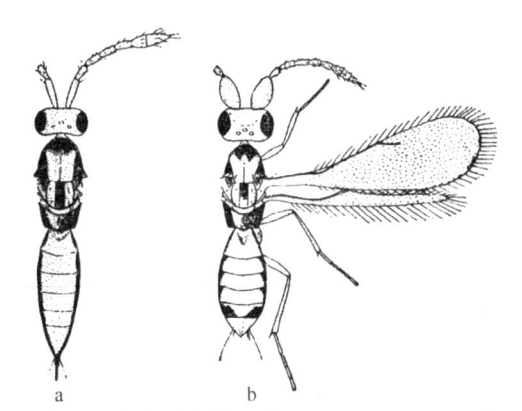

图183 大角啮小蜂一种 *Ootetrastichus* sp.(大角啮小蜂属 *Ootetrastichus* Perkins)(引自 何俊华等,1979)
a. 雌蜂(翅、足未绘);b. 雄蜂

注:本属名 *Ootetrastichus* Perkins 已被 Boucek(1988:676)并入 *Aprostocetus* Westwood,但在 *Aprostocetus* 属特征描述中未见有记述雄蜂触角柄节异常扩大、肿胀等。

(127)松毛虫大角啮小蜂 *Ootetrastichus* sp.

Ootetrastichus sp.:盛金坤等,1995:14.

生物学:寄主为思茅松毛虫 *Dendrolimus kikuchii* 卵。

分布:江西。

66. 蝇姬小蜂属 *Syntomosphyrum* Foerster, 1878

Syntomosphyrum Foerster, 1878: 42-82.

属征简述:本属与啮小蜂属 *Tetrastichus* 极其相似。雌蜂触角索节3节。翅脉通常在缘脉正前方和后方有苍白色的断痕,亚前缘脉与缘前脉之间不相连贯,其间有折断痕,亚前缘脉不能直接通至缘脉;亚前缘脉(包括缘前脉)不短于缘脉,痣脉长,无后缘脉;翅有时萎缩;小盾片常有1对纵沟。腹部无明显的柄。

注：Trjapitzin（1978: 433）认为 *Syntomosphyrum* 为 *Tetrastichus* 的异名；Boucek（1988: 697）认为一些 *Syntomosphyrum* 属的种实际上是 *Nesolynx* 属的种。

(128) 寄蝇姬小蜂 *Syntomosphyrum* sp.

Syntomosphyrum sp.: 童新旺等, 1990: 28; 陈昌洁, 1990: 196; 童新旺等, 1991: 9.

生物学：寄主为马尾松毛虫上的伞裙追寄蝇 *Exorista civilis*。
分布：湖南。

67. 啮小蜂属 *Tetrastichus* Haliday, 1844 （图 184）

Tetrastichus Haliday, 1844: 297.

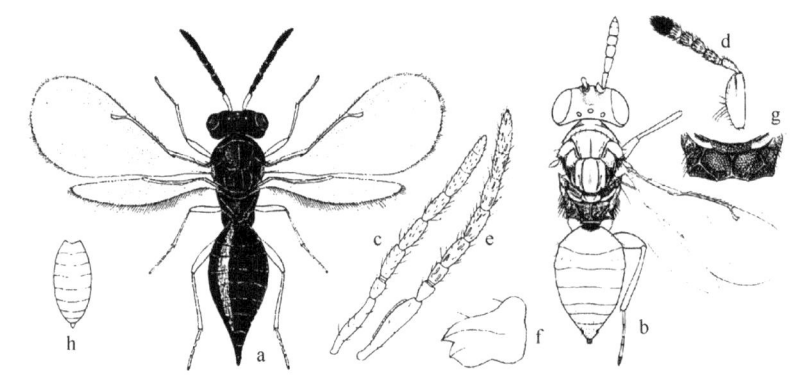

图 184　啮小蜂 *Tetrastichus* spp.（啮小蜂属 *Tetrastichus* Haliday）（b, d, g. 引自 Boucek, 1988; 其余引自 何俊华和庞雄飞, 1986）
a, b. 雌蜂, 背面观; c, d. 雌蜂触角; e. 雄蜂触角; f. 上颚; g. 并胸腹节; h. 雄蜂腹部, 背面观

属征简述：头部前面观横宽。唇基端缘呈 2 叶。触角着生于颜面中央稍下方，近复眼下缘连线水平处；雌蜂触角索节 3 节，不明显长于宽，雄蜂索节 4 节；棒节 3 节。前胸背板横形，其长短于其宽的 1/2。中胸盾片中纵沟常完整；小盾片有 1 对整段明显的亚纵沟。并胸腹节光滑，具网纹或有稀少而细致的刻点，常具纤细的倒 Y 形的中脊。前翅亚前缘脉与缘前脉不相连贯，之间有折断痕，亚前缘脉不能直接通至缘脉；并胸腹节中央不短，气门内方有倒 Y 形脊，即侧褶在中央之后分叉伸向并胸腹节后侧。前翅亚前缘脉（包括缘前脉）不短于缘脉，痣脉长，无后缘脉；亚前缘脉具 1 或 2 根毛。腹部圆形或圆锥卵圆形，很少长形；无明显的柄。产卵器短，常隐蔽或稍微突出。雄虫触角柄节不膨大。

生物学：以鳞翅目、双翅目、蜻蜓目、直翅目、缨翅目、半翅目、脉翅目、膜翅目的幼虫或蛹及卵等及蛛形纲为寄主，营体内或体外寄生，或捕食卵、幼虫、蛹及成虫。但也有少数种类为植食性的。

本属的中胸盾片中央具 1 中纵沟，以及中胸小盾片上具 2 亚中沟，与长尾啮小蜂属 *Aprostocetus* 相似，主要区别是本属并胸腹节的侧褶脊由后缘延伸至气门内侧下方处与气门内侧脊相遇，气门内侧脊向后斜向延伸至并胸腹节后侧角，从而与侧褶脊相连呈"人"字形，其下方在并胸腹节后半部两侧形成 1 三角形的凸起区域，该区域表面平。而长尾啮小蜂属侧褶脊和气门内侧脊缺如，没有形成该三角形区域；另外，长尾啮小蜂属的并胸腹节气门外侧常形成 1 耳状的片突，在外侧方之上遮盖了一部分气门，而啮小蜂属绝无此片耳状构造，因而其气门完全暴露。

我国各地多次记录啮小蜂寄生于松毛虫卵或蛹，或重寄生于松毛虫上的姬蜂或茧蜂，但无一正式命名的种，如祝汝佐（1955: 2）的常山啮小蜂 *Tetrastichus changsanensis* Chu（新种，未发表），无形态描述，此后也未发表，是裸名，即无效学名，此后有用此名者。

李经纯等（1959: 289）报道啮小蜂一种 *Tetrastichus* sp.在山东寄生于油松毛虫卵。

广东省农林学院林学系森保教研组（1974: 103）报道角腹啮小蜂 *Tetrastichus* sp.在广东寄生于马尾松毛虫卵，吴钜文（1979a: 36）、侯陶谦（1987: 174）曾引用。

杜增庆和裘学军（1988: 27）报道 2 种啮小蜂 *Tetrastichus* spp.在浙江寄生于马尾松毛虫卵。

俞云祥和黄素红（2000: 42）报道啮小蜂一种 *Tetrastichus* sp.在江西寄生于马尾松毛虫卵。

王问学和宋运堂（1988: 28）报道啮小蜂一种 *Tetrastichus* sp.在湖南寄生于黑足凹眼姬蜂。

张贵有（1988: 27）报道啮小蜂一种 *Tetrastichus* sp.在吉林寄生于松毛虫脊茧蜂 *Aleiodes esenbeckii*。

钱范俊（1989: 26）报道啮小蜂一种 *Tetrastichus* sp.在江苏寄生于松毛虫脊茧蜂 *Aleiodes esenbeckii*，均未见标本，无法介绍。

啮小蜂属 *Tetrastichus* 分种检索表

1. 雌性 ·· 2
- 雄性 ·· 11
2. 前胸背板侧方浅凹而致中央稍拱，后侧角具角状突；中胸盾片无中纵沟；小盾片有 2 条纵沟分为比例 2.5、5、2.5 纵片 ·· **寄蝇啮小蜂 *T.* sp.**
- 前胸背板表面均匀，侧方无浅凹中央也不稍拱，后侧角无角状突；中胸盾片有中纵沟；小盾片有 2 条纵沟分为比例约 3、4、3 纵片 ··· 3
3. 足基节黑色或蓝黑色或蓝绿色或墨绿色或紫黑色或深绿色 ·· 4
- 足基节黄色、黄褐色或红褐色 ·· 10
4. 腹部长为宽的 4.25 倍；并胸腹节中区中纵脊不突起，背面观不明显，但侧面观可见；侧褶脊基半部不明显；第 2 索节长约为第 3 索节的 2.4 倍；体墨绿色；触角柄节黄褐色，梗节棕褐色，鞭节黑褐色；体长 2.8mm ··· **云南松毛虫啮小蜂 *T. telon***
- 腹部长为宽的 1.7～2.6 倍；并胸腹节中区中纵脊明显；侧褶脊明显；体长 1.2～2.3mm ·················· 5
5. 体和足基节深绿色，腿节深褐色；中胸小盾片亚中沟间距离等于其至亚侧沟的距离；并胸腹节侧褶及其后三区凸起，后侧角尖突；触角第 1 索节长为第 2 索节的 1.5 倍，第 2 索节、第 3 索节长度相等；体长 1.2～1.7mm ·· **马尾松毛虫暗褐啮小蜂 *T. fuscous***
- 体和足基节黑色或蓝黑色或蓝绿色或紫黑色 ·· 6
6. 并胸腹节中纵脊 1 条 ·· 7
- 并胸腹节中脊 2 条呈八形伸向侧后方 ··· 10
7. 体和足基节深蓝绿色，腿节深褐色，胫节烟色；并胸腹节中央后缘深内凹似中纵脊分叉，侧褶脊后外侧的三角区表面略凸出；中胸盾片稍膨起；第 1 索节长为梗节的 1.5 倍，与第 2 索节等长 ··················· **松毛虫凸胸啮小蜂 *T. convexi***
- 体和足基节黑色或蓝黑色或紫黑色 ·· 8
8. 中胸背板后方和小盾片前方均向低凹的小盾片前沟（缝形）倾斜；梗节长为宽的 1.8 倍 ············ **长沙啮小蜂 *T.* sp.**
- 中胸背板后方和小盾片前方长形，不向小盾片前沟（缝形）倾斜；梗节长为宽的 1.5 倍 ·············· 9
9. 体紫黑色有蓝绿色金属光泽；触角着生于复眼下缘水平；侧单眼间距长为单复眼间距的 2 倍；并胸腹节中脊至 1/3 处向两侧逐渐分叉；前翅缘脉长为亚前缘脉的 2 倍、为痣脉长的 5 倍；体长 2.0～2.5mm ··········· **松毛虫啮小蜂 *T.* sp.**
- 体蓝黑色，腹部光泽较强；触角着生于复眼下缘连线水平稍上方；侧单眼间距长为单复眼间距的 1.3 倍；并胸腹节中脊后方无明显分叉；前翅缘脉长为亚前缘脉的 1.4 倍、为痣脉长的 4 倍；体长 1.4mm ················ **祝氏啮小蜂 *T.* sp.**
10. 小盾片前方 1/3 处中央拱隆或呈峰状隆起（顶钝）向前后倾斜；体蓝黑色，有金绿色光泽；触角梗节黄褐色，鞭节褐黄色；触角着生于中单眼至唇基端缘间距下方 0.3 处、复眼下缘连线水平；3 索节长均为宽的 1.6 倍；缘脉（包括缘前脉）长为亚前缘脉的 1.5 倍；体长 1.4mm ·· **陕西啮小蜂 *T.* sp.**
- 小盾片背面稍平；体黑色，腹部背面稍具蓝色光泽；触角梗节和鞭节黑褐色；触角着生于中单眼至唇基端缘间距下方 0.46 处、复眼下缘连线水平稍上方；3 索节长均为宽的 2.0 倍；缘脉（包括缘前脉）长为亚前缘脉的 1.8 倍；体长 2.3mm ··· **凹眼姬蜂啮小蜂 *T.* sp.**

11. 并胸腹节中纵脊至气门内侧各有弱斜纵刻条 5~6 条；前翅相当狭窄，长为宽的 2.6 倍；触角柄节和梗节黄色，鞭节黑色；足全部黄褐色 ·· **天台啮小蜂 *T.* sp.**
- 不全如上述，如触角浅黄褐色至暗红褐色；足腿节至少部分暗红褐色 ··· 12
12. 体黑色，有铜色光泽；触角着生于复眼下缘连线下方；中胸盾片盾纵沟深；并胸腹节有横刻条；前翅亚前缘脉上着生刚毛 2 根；痣脉长约为缘脉的 1/4 ··· **文山松毛虫啮小蜂 *T.* sp.**
- 体金绿色，有铜色闪光；触角着生于复眼下缘连线上方；中胸盾片盾纵沟弱，不达后缘；并胸腹节具大的网状刻纹；前翅亚前缘脉上着生刚毛 1 根；痣脉长约为缘脉的 1/3 ··· **绒茧蜂啮小蜂 *T.* sp.**
13. 触角暗褐色 ·· 14
- 触角黑褐色，或梗节和鞭节褐色，或触角黄色，棒节黑褐色或黑色 ··· 15
14. 梗节与鞭节长度之和为胸宽的 1.6 倍 ··· **松毛虫凸胸啮小蜂 *T. convexi***
- 梗节与鞭节长度之和为胸宽的 2.15 倍 ··· **马尾松毛虫暗褐啮小蜂 *T. fuscous***
15. 触角柄节黑褐色，或梗节和鞭节褐色 ·· 16
- 触角色泽不完全相同 ··· 18
16. 足全部黄色 ··· **寄蝇啮小蜂 *T.* sp.**
- 足色泽不完全相同 ·· 17
17. 触角梗节明显短于第 1 索节，第 1、2 索节均长于第 3 索节；前翅较宽，长为宽的 1.7 倍 ············· **长沙啮小蜂 *T.* sp.**
- 触角梗节稍短于第 1 索节，近于等长，第 1、2 索节均短于第 3 索节；前翅较窄，长为宽的 2.1 倍 ····· **祝氏啮小蜂 *T.* sp.**
18. 足基本上黑褐色，第 1~3 跗节黄白色；前翅长为宽的 1.8 倍；亚前缘脉：缘脉（包括缘前脉）=28：37 ··· **凹眼姬蜂啮小蜂 *T.* sp.**
- 足色泽不完全相同 ·· 19
19. 触角黄色，仅棒节黑色；足包括基节黄色；前翅长为宽的 2.4 倍；亚前缘脉：缘脉（包括缘前脉）=32：61 ·· **天台啮小蜂 *T.* sp.**
- 触角、足色泽不完全相同；前翅长为宽的倍数和亚前缘脉与缘脉之比也不完全相同 ··· 20
20. 触角褐黄色，毛白色，足基节黑色，其余黄褐色；前翅超过腹端，其长为宽的 1.9 倍；亚前缘脉：缘脉（包括缘前脉）=40：61 ··· **青岛啮小蜂 *T.* sp.**
- 触角、足色泽不完全相同；前翅长为宽的倍数和亚前缘脉与缘脉之比也不完全相同 ··· 21
21. 体黑色发铜色光泽；触角柄节、梗节、索节浅黄褐色，棒节深红褐色；足基节、胫节、跗节浅黄褐色，腿节暗红褐色，其基端和后端浅黄褐色 ·· **文山松毛虫啮小蜂 *T.* sp.**
- 体金绿色，有铜色闪光；触角柄节黄褐色，梗节、索节、棒节红褐色；足浅黄褐色，基节、腿节中部暗红褐色，其外侧金绿色 ··· **绒茧蜂啮小蜂 *T.* sp.**

（129）松毛虫凸胸啮小蜂 *Tetrasachus convexi* Yang et Yao, 2015（图 185）

Tetrasachus convexi Yang et Yao, *in*: 杨忠岐等, 2015: 142.

图 185　松毛虫凸胸啮小蜂 *Tetrasachus convexi* Yang et Yao 雌蜂侧面观（引自　杨忠岐等, 2015）

雌：体长 1.2~1.7mm。体深蓝绿色，头、胸部具紫色光泽。触角柄节浅黄色，梗节与鞭节褐色。复眼酱紫色，单眼红色。足基节同体色，转节和腿节深褐色，胫节烟色，跗节白色，跗节末端色暗。翅透明，翅脉褐色。

头：头部背面观宽为长的 2.1 倍、为胸宽的 1.1 倍，具网状刻纹。POL 为 OOL 的 2 倍；OOL 为 OD 的 1.4 倍；单眼区周围具沟。前面观头宽为高的 1.25 倍。复眼高为宽的 1.1 倍。颚眼距为复眼高的 0.5 倍；口缘宽为颚眼距长的 2.2 倍。脸区的网状刻纹很细弱；触角洼较深，其中央的中纵脊伸达 2 触角窝间突，向上延伸至中单眼之前；触角洼侧区鼓起。唇基前缘中央缺刻状。触角位于复眼下缘连线之上；柄节不达中单眼，长为宽的 4 倍；梗节与鞭节长度之和为头宽的 1.17 倍、为胸宽的 1.1 倍；梗节长为宽的 1.6 倍；第 1 索节长为梗节的 1.5 倍，长为宽的 2.1 倍，第 2 索节与第 1 索节等长，长为宽的 1.9 倍；第 3 索节略短，长为宽的 1.8 倍；棒节长为宽的 2.4 倍。各索节上着生条形感器。

胸：胸长为宽的 1.3 倍。中胸盾片长为宽的 0.8 倍，稍膨起；中纵沟完整，近中胸盾纵沟具 2 排鬃毛，但内侧 1 排仅前部着生，共 6 根；其中后缘的 1 对粗而长。中胸小盾片强烈凸起，长为宽的 0.9 倍；第 1 对鬃毛着生于中央略靠后，长为第 2 对的 0.8 倍；2 亚中沟间距大于其至亚侧沟的距离（4∶3）；亚中沟间区长为宽的 2.4 倍。后胸表面光滑或具弱脊纹，狭条形，长为并胸腹节的 0.9 倍。并胸腹节中央后缘深内凹，因而似中纵脊分叉；侧褶脊后外侧的三角区表面略凸出，其上生的网状刻纹较中区的深；中区宽为长的 4.5 倍；胸后颈上具弱的横走脊纹；气门褐色，椭圆形，紧邻后胸背板后缘着生，气门沟缺如；侧胝处近光滑，着生有 3 根长刚毛。中胸侧板前侧片具刻纹，后侧片光滑。后足基节背方的网状刻纹较其他处略粗糙，后足腿节长为宽的 4.4 倍，胫节细长；中足胫节端距长为基跗节的 0.5 倍。前翅长为宽的 2.1 倍，亚缘脉上着生 1 根刚毛；缘脉长为痣脉的 3 倍；痣后脉不发育；缘毛长为痣脉的 0.3 倍；基室光裸；基无毛区非常小，上部达缘前脉亚端部。后翅缘毛长为翅宽的 0.3 倍。

腹：腹部椭圆形，长为宽的 1.65 倍，几等于头、胸部长度之和，为胸长的 1.4 倍；末背板长为其基部宽的 0.8 倍。产卵器几乎不露出。

雄：体长 1.2mm。体墨绿色；触角暗褐色。POL 为 OOL 的 2.3 倍；触角柄节下缘的片胝长为整个柄节的 0.4 倍，为柄节宽的 1.6 倍；各索节上的轮生毛长过各节端部，达后 1 节的亚基部；第 1 索节长为梗节的 1.3 倍，长小于复眼高（8∶11），长为宽的 2.7 倍；梗节与鞭节长度之和为胸宽的 1.6 倍；梗节长为宽的 1.6 倍，短于第 2 索节（3.3∶4.5），但二者宽度相等，长为宽的 1.7 倍；第 2～4 索节长宽相等，长为宽的 2.3 倍；棒节稍短于末 2 索节长度之和；第 1～3 棒节长度之比为 3.0∶3.5∶2.5。腹部短于胸，端部平截，长为宽的 1.2 倍。

标本记录：未见。形态描述、生物学和图录自杨忠岐等（2015）。

生物学：杨忠岐等（2015）报道在湖南宁乡寄生于马尾松毛虫 Dendrolimus punctatus 卵。

分布：湖南。

注：杨忠岐等（2015: 140）分种检索表中的松毛虫凸胸啮小蜂 T. convexi sp. nov. 按正文形态描述似为马尾松毛虫暗褐啮小蜂 T. fuscous sp. nov. 之误。

（130）马尾松毛虫暗褐啮小蜂 Tetrastichus fuscous Yang et Cao, 2015（图 186）

Tetrastichus fuscous Yang et Cao, *in*: 杨忠岐等, 2015: 144.

雌：体长 1.4～1.7mm。体深绿色。触角柄节褐黄色，端部 1/4 烟色；梗节与鞭节暗褐色。胸部具蓝紫色光泽。足基节同体色，转节、腿节与胫节及前足跗节深褐色，胫节两端及中、后足第 1～3 跗节基半部黄白色，中、后足第 3 跗节端部带烟色，末跗节暗褐色，末端黑色。翅基片暗褐色；翅透明，翅脉黄色，翅面纤毛暗褐色。

头：头部背面观宽为长的 2.4 倍，为胸宽的 1.3 倍。POL 为 OOL 的 2.35 倍；OOL 几与 OD 相等。上颊长为复眼长的 0.13 倍。前面观头宽为高的 1.35 倍。复眼高为宽的 1.25 倍，2 复眼间距为复眼长的 1.3 倍。颚眼距为复眼高的 0.6 倍；口缘宽为颚眼距的 1.8 倍。额中央的中部纵脊下伸达触角窝间，上伸达中单眼。触角位于复眼下缘连线之上；触角窝下缘至头顶之距为其至口缘距离的 1.6 倍。柄节长为宽的 3.5 倍，不达中单眼；梗节与鞭节长度之和为头宽的 1.20 倍，为胸宽的 1.25 倍；梗节长为宽的 2.0 倍；第 1 索节长大于梗节（1.6 倍），且阔于梗节（2∶1.5），长为宽的 2.4 倍，为第 2 索节长的 1.5 倍；第 2、3 索节长度大致相等，第 2 索节长为宽的 1.20 倍，第 3 索节长为宽的 1.06 倍；棒节与末索节等宽，长为宽的 2.3 倍，第 1～3 棒节各节长度之比为 2.8∶3.0∶2.0。

图 186 马尾松毛虫暗褐啮小蜂 *Tetrastichus fuscous* Yang et Cao 雌蜂侧面观（引自 杨忠岐等，2015）

胸：胸部长为宽的 1.6 倍。前胸背板全部向前下跌，背面观看不到前胸。中胸显著隆起。中胸盾片长为宽的 0.8 倍，中纵沟完整，但其前缘细弱；近盾纵沟着生 7 根鬃毛。中胸小盾片圆凸，长宽近相等，表面的刻纹较中胸盾片的细弱；2 亚中沟间距等于其至亚侧沟的距离；2 亚中沟间区长为宽的 3.3 倍；第 1 对鬃毛着生于小盾片中部略靠后处，第 2 对位于亚端部。后胸小盾片近于光滑，中央长为并胸腹节的 0.5 倍。并胸腹节表面具小刻点，后侧角尖突；中区长为宽的 3.3 倍；侧褶脊及其后三角区凸起；气门小，椭圆形，外缘具 2 根长刚毛；侧胝后缘具 2 根长刚毛。胸腹侧片具均匀的网状刻纹；中胸侧板前侧片网纹较弱，后侧片光滑。中足胫节端距长几与基跗节相等（3.0∶2.8）。后足基节背方具皱脊，明显较其他部位的粗糙。前翅亚缘脉上具 1 根鬃毛；缘脉长为痣脉的 2.6 倍。后翅缘毛长为翅宽的 1/5。

腹：腹部长椭圆形，长为宽的 1.75 倍；长与头、胸部长度之和近相等（35∶34），为胸部长的 1.3 倍。第 1 背板光滑，其后各背板上具弱的网状刻纹。

雄：体长 1.3mm。与雌蜂相似。柄节长为宽的 3 倍，柄节下缘的片胝长为整个柄节长的 1/3；梗节与鞭节长度之和为胸宽的 2.15 倍；梗节、第 1～4 索节和棒节各节长度之比为 2.5∶3.1∶4.1∶4.5∶4.2∶9.0，宽度之比为 1.5∶1.9∶1.7∶1.7∶1.6∶1.6；胸部长为宽的 1.5 倍；腹部长略小于胸部（20∶23）。

标本记录：未见。形态描述和图录自杨忠岐等（2015）。

生物学：杨忠岐等（2015）报道在湖南平江寄生于马尾松毛虫 *Dendrolimus punctatus* 卵。

分布：湖南。

注：杨忠岐等（2015: 140）分种检索表中的马尾松毛虫暗褐啮小蜂 *T. fuscous* sp. nov. 按正文形态描述似为松毛虫凸胸啮小蜂 *T. convexi* sp. nov. 之误。

（131）云南松毛虫啮小蜂 *Tetrastichus telon* (Graham, 1961) （图 187）

Aprostocetus telon Graham, 1961b: 8.

Tetrastichus telon: Domenichini, 1966: 94; 杨忠岐等，2015: 156.

雌：体长 2.8mm。体墨绿色，触角柄节黄褐色，梗节棕褐色，鞭节黑褐色。复眼红褐色；单眼琥珀色。足基节、转节与腿节同体色，余褐黄色，末跗节暗色。翅透明，翅脉与翅面纤毛暗褐色。

头：头宽于胸（21∶19），背面观头呈哑铃形。头顶、后颊及触角洼侧区具载毛刻窝；脸区无载毛刻窝。背面观头宽为长的 2.6 倍；POL 为 OOL 的 1.4 倍；上颊长为复眼长的 0.2 倍。前面观头宽为高的 1.3 倍、复眼高为宽的 1.2 倍；颚眼距为复眼高的 0.8 倍。口缘宽与颚眼距相等；唇基前缘中央深刻入。触角窝后缘位于复眼下缘连线上；触角窝前缘至头顶的距离为其至口缘距离的 2 倍。柄节伸达中单眼前缘，长为宽的 4 倍；梗节与鞭节长度之和大于头宽（24∶21），梗节长为宽的 1.9 倍；第 1 索节长为宽的 2.6 倍，长为梗节的 1.7 倍；第 2 索节约为第 3 索节的 2.4 倍，且稍宽于后者；棒节长明显小于末 2 索节长度之和（6.1∶8.4），长为宽的 3.1 倍。

胸：胸部膨起，长为宽的 1.4 倍。前胸背板后缘具 1 排完整的鬃毛，中部为中胸盾片的 2/3。中胸盾片长为宽的

图 187 云南松毛虫啮小蜂 *Tetrastichus telon* (Graham) 雌蜂侧面观（引自 杨忠岐等，2015）

0.6 倍，仅沿盾纵沟着生 1 排鬃毛；中纵沟前缘不明显。中胸小盾片长宽相等；2 亚中沟向后稍岔开，亚中沟之间距与其至亚侧沟的距离相同；亚中沟间区长为宽的 3.3 倍；小盾片上有 2 对鬃毛，第 1 对着生于中央略靠后处，长约为第 2 对的 0.8 倍。后胸小盾片表面具细弱刻纹，长为并胸腹节的 1/4。并胸腹节中区长小于中胸小盾片长度的一半；中纵脊不突起，因此背面观不明显，但侧面观可见；中区宽为长的 1.8 倍，表面具浅刻纹；侧褶脊基半部不明显；近后缘两侧的三角区表面不凸起；气门椭圆形，到后胸后缘距离小于其长径的一半；外缘具 3 根鬃毛；侧胝后侧缘具 2 根鬃毛，表面粗糙。前翅亚缘脉上具 1 根鬃毛；前缘室正面仅端部具 2 根纤毛，反面邻亚缘脉具 1 排纤毛；基室光裸，下方开式；基脉上着生 8 根显著的鬃毛；基无毛区小，下方闭式；缘脉长为痣脉的 4.3 倍，痣后脉缺如。前胸侧板具网状刻纹。胸腹侧片上的刻纹规则。中胸侧板前侧片具粗大的网状刻纹，后侧片具稀疏浅刻点。后足基节背方具脊纹；后足第 1 跗节与第 2 跗节等长。

腹：腹部长椭圆形，端部尖，长为宽的 4.25 倍；末背板长为基部宽的 2.2 倍。

雄：未见。

标本记录：未见。形态描述、生物学和图录自杨忠岐等（2015）。

生物学：杨忠岐等（2015）报道在贵州绥阳县寄生于云南松毛虫 Dendrolimus houi。在欧洲寄生于吉丁虫科的山毛榉窄吉丁 Agrilus viridis。

分布：贵州；英国，法国，德国，意大利，俄罗斯。

（132）寄蝇啮小蜂 *Tetrastichus* sp. （图 188）

雌：体长 1.85mm。

体色：体黑色，有光泽。复眼赭色。触角柄节和梗节黄色，鞭节黑色，毛白色。足基节黑色，其余黄褐色。翅透明，翅脉浅黄色。

头：头部背面观宽为中长的 3.5 倍；密布细刻纹。上颊为复眼宽的 0.25 倍。单眼呈钝三角形排列；单眼长径、单复眼间距、侧单眼间距、中侧单眼间距之比为 1.0：3.6：4.8：2.2。侧单眼处额宽很长于复眼宽。头前面观近梯形，宽为高的 1.3 倍。额宽，近于平行，侧面具细刻点，中央触角洼光滑。唇基端缘看不清。无后头脊。颊沟明显，颚眼距长为复眼纵径的 0.6 倍。触角着生于中单眼至唇基端缘间距下方 0.3 处、复眼下缘连线水平上，两触角窝间距与至复眼间距约等长；柄节细长，亚圆柱形稍侧扁，中央下方稍粗，伸近中单眼，长为端宽的 4.0 倍；梗节端部渐粗，长为端宽的 1.6 倍，与第 1 索节等长但稍窄；环状节小；索节仅存 2 节，其余已失，2 索节大小相似，长均为宽的 1.2 倍；棒节 3 节，较索节宽，长为第 3 索节的 2 倍。

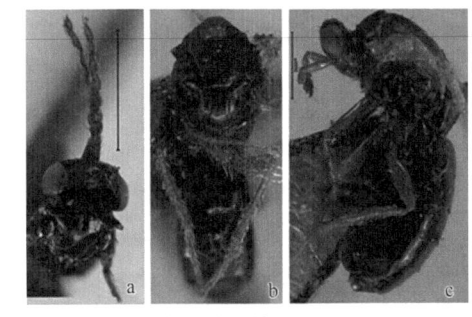

图 188 寄蝇啮小蜂 *Tetrastichus* sp.
a. 雄蜂头部；b. 雌蜂胸部和腹部，背面观；c. 雌蜂头部、胸部和足，侧面观

胸：前胸背板短，下斜，无颈片前缘脊，密布极细刻纹，侧方浅凹而致中央稍拱，后侧角具角状突。中胸盾片近于光滑；盾纵沟偏于侧方；无中纵沟；中胸盾片后方稍凹。小盾片前沟缝形；小盾片近于正方形，长为中胸盾片的 0.82 倍，背面中央平，近于光滑，有 2 条纵沟分为比例 2.5、5、2.5 纵片；三角片明显稍前伸。并胸腹节长为小盾片的 0.64 倍，满布细刻点；中纵脊细，无侧褶，端部前凹；颈状部很小，扁五角形（褐色），光滑，端部平直。前翅明显不达腹端，其长为宽的 1.9 倍；亚前缘脉：缘脉（包括缘前脉）：痣脉=20：33：7。跗节 4 节。

腹：腹部有 2 种体型。正常型腹部背面近长方形，稍拱隆，侧缘平行，腹面凹入；长为宽的 2.0 倍；稍长于胸部但稍窄。背板后缘无凹缺。第 1 节背板长为腹长的 0.26 倍；产卵管鞘未伸出。

异常型腹部近圆筒形，背面和腹面均拱隆，侧缘平行，长为宽的 2.6 倍；与胸部等长但稍宽。第 1、2 节背板后缘中央有很浅的凹缺。第 1 节背板长为腹长的 0.3 倍。产卵管鞘未伸出。

雄：与正常个体的雌蜂相似，不同之处是体长 1.3mm。触角梗节加鞭节长度之和为头宽的 1.3 倍；鞭

节上有长毛，毛长于环状节宽度；梗节长为端宽的 1.5 倍，稍短于第 1 索节；索节 4 节，各节等宽，第 1 索节较短，长为宽的 1.3 倍，第 2~4 索节长均为宽的 1.7 倍；棒节瘦长，长稍短于前 2 索节之和；梗节、4 索节及棒节长度之比为 5∶7∶8∶8.5∶9∶15。前翅明显超过腹端，其长为宽的 2.1 倍；亚前缘脉∶缘脉（包括缘前脉）=12∶20。腹部背面长灯笼形，侧缘平行，长为宽的 2.0 倍，稍长于胸部但稍窄。

生物学：寄生于落叶松毛虫寄蝇蛹。

标本记录：2♀1♂，吉林抚松，1954.VI，刘友樵，寄生于落叶松毛虫寄蝇蛹，No. 5429.7。

（133）长沙啮小蜂 *Tetrastichus* sp.（图189）

雌：体长 1.4mm。头部和胸部蓝黑色，腹部黑色，部分有金绿色光泽。复眼暗赭色。触角柄节黄褐色，其余黑色，毛白色。足基节、腿节除端部外、端跗节黑色或蓝黑色，胫节除两端外浅褐色，第 1~3 跗节黄白色。翅透明，翅脉黄色。

头：头部背面干瘪，一些特征看不清。头前面观近圆形，宽稍大于高。额宽，近于平行，触角洼凹而光滑。唇基端缘中央稍凹，有 2 个小齿。无后头脊。颊沟明显，颚眼距长为复眼纵径的 0.59 倍。触角着生于中单眼至唇基端缘间距下方 0.38 处、复眼下缘连线水平上，两触角窝间距明显短于触角窝至复眼间距。柄节细长，亚圆柱形稍侧扁，背端不达中单眼，长为端宽的 4.0 倍；梗节中央稍粗，长为端宽的 1.8 倍，比第 1 索节短；环状节小；索节 3 节，具毛，约等宽，长分别为宽的 2.0 倍、1.5 倍和 1.3 倍；棒节 3 节，宽于索节，长为前 2 索节之和。

图 189 长沙啮小蜂 *Tetrastichus* sp. 雌蜂整体背面观

胸：胸部向背方稍拱，近于光滑。前胸背板短，下斜，无颈片前缘脊。中胸背板具细中纵沟，盾纵沟完整，中胸背板后方和小盾片前方均向低凹的小盾片前沟（缝形）倾斜；小盾片长为中胸盾片的 0.64 倍，背面中央正方形，平坦，端部也下斜，有 2 条纵沟将基部分为比例 3、4、3 纵片；三角片明显稍前伸。并胸腹节长为小盾片的 0.5 倍；中纵脊和侧褶均细；颈状部不明显，端部前凹。前翅超过腹端，其长为宽的 2.07 倍；亚前缘脉∶缘脉（包括缘前脉）∶痣脉=11∶23∶6.5。后足胫节长为跗节的 1.5 倍；跗节 4 节。

腹：腹部背面近菱形，长为宽（在第 1 节背板后缘最宽）的 2.6 倍，为胸部长的 1.2 倍，但稍窄。背板后缘无凹缺。第 1 节背板长为腹长的 0.39 倍。

雄：与雌蜂基本上相似，不同之处是体长 1.3mm。头部背面观宽为中长的 3.3 倍。上颊为复眼宽的 0.1 倍。头顶稍隆起。单眼呈钝三角形排列；单眼长径、单复眼间距、侧单眼间距、中侧单眼间距之比为 1.0∶2.0∶4.0∶1.6。索节 4 节（已发霉），具毛，约等宽，各索节长均为宽的 2 倍多；梗节及 4 索节长度之比为 5.5∶10∶9.5∶8∶7；棒节已失。前翅长为宽的 1.7 倍；亚前缘脉∶缘脉（包括缘前脉）=25∶40。腹部背面灯笼形，侧缘平行，长为宽的 1.6 倍，为胸部长的 0.74 倍且明显较窄。第 1 节背板长为腹长的 0.43 倍。

生物学：寄生于马尾松毛虫。

标本记录：1♀1♂，湖南长沙，1964，王问学，寄主：马尾松毛虫，No. 64002.21。

（134）松毛虫啮小蜂 *Tetrastichus* sp.

Tetrastichus sp.: 李伯谦等, 1987: 31(在湖南寄生于思茅松毛虫卵); 王问学等, 1989: 186(在湖南寄生于马尾松毛虫卵); 陕西省林业科学研究所和湖南省林业科学研究所, 1990: 115(在江西、湖南寄生于马尾松毛虫卵); 童新旺等, 1991: 9(在江西、湖南寄生于马尾松毛虫卵); 章士美和林毓鉴, 1994: 163(在江西寄生于马尾松毛虫); 俞云祥和黄素红, 2000: 42(在江西寄生于马尾松毛虫卵).

雌：体长 2.0~2.5mm。

体色：体紫黑色有蓝绿色金属光泽。触角柄节黄褐色，梗节和鞭节暗褐色。单眼黄褐色，复眼暗红褐色。足基节和腿节同体色，转节、腿节端部和胫节暗褐色，胫节端部和跗节黄白色，跗节端部暗褐色。翅透明，翅脉黄褐色。

头：头部略比胸部宽；头部具稀而粗的刻点。触角着生于复眼下缘水平；触角柄节达前单眼；梗节长为宽的 1.5 倍；索节 3 节，第 1 索节最长，约为宽的 1.7 倍；第 2、3 索节依次渐短，3 节之比约为 7∶6∶5，但渐宽，第 3 节近方形；棒节长约为 2 索节之和；鞭节长约等于头宽。单眼排列成 100°的三角形；单复眼间距和侧单眼间距约等于侧单眼直径的 1 倍、2 倍。颚眼距为复眼高的 1/2。触角下区隆起，触角间突窄。唇基前缘凹切。

胸：前胸背板短，横脊不明显。中胸盾片和小盾片具纵行细网纹；中胸盾侧沟深而完全，具中纵沟，但前端不太明显；小盾片长、宽约相等，2 条侧纵沟宽而明显。后胸背板短三角形。并胸腹节中脊明显，至 1/3 处向两侧逐渐分叉，具褶。后胸与并胸腹节均具较粗网纹。前翅缘脉长为亚前缘脉的 2 倍、为痣脉长的 5 倍；后缘脉短。

腹：腹部约与头、胸部之和等长；长椭圆形，末端尖，背面光滑。产卵管鞘稍外露。

生物学：寄主为马尾松毛虫 Dendrolimus punctatus 卵。此外还有赭色松毛虫 Dendrolimus kikuchii ochraceus 卵。

标本记录：未见标本，记述根据陕西省林业科学研究所和湖南省林业科学研究所（1990: 115）。

分布：江西、湖南。

注：引证中各作者所报道的松毛虫啮小蜂 Tetrastichus sp.是否同种，不知。

(135) 祝氏啮小蜂 *Tetrastichus* sp.（图 190）

Tetrastichus changsanensis Chu(裸名, 常山啮小蜂): 祝汝佐, 1955: 2; 吴钜文, 1979a: 36; 杨秀元和吴坚, 1981: 321; 侯陶谦, 1987: 173; 严静君等, 1989: 294; 盛金坤, 1989: 70; 陈昌洁, 1990: 196; 梁秋霞等, 2002: 29; 柴希民等, 1987: 4; 杜增庆和裘学军, 1988: 27; 杜增庆等, 1991: 17; 柴希民等, 2000: 2.

雌：体长 1.4mm。体蓝黑色，腹部光泽较强，腹部背面基部中央黄褐色。复眼暗赭色。触角柄节黄褐色，梗节和鞭节黑褐色，毛白色。翅基片黄褐色。足基节黑色，腿节和端跗节黑褐色或褐色，胫节浅黄褐色，其余黄白色。翅透明，翅脉浅黄色。

头：头部背面观宽为中长的 2.7 倍；密布细刻纹。上颊为复眼宽的 0.15 倍。单眼呈钝三角形排列；单眼长径、单复眼间距、侧单眼间距、中侧单眼间距之比为 1.0∶2.2∶2.8∶1.6。侧单眼处额宽很长于复眼宽。头前面观近梯形，宽为高的 1.3 倍。额宽，近于平行，侧方具细刻点，中央触角洼光滑。触角窝外侧至唇基中央上方有 V 形弱脊，其内光滑；唇基端缘看不清。无后头脊。颊沟明显，颚眼距长为复眼纵径的 0.52 倍。触角着生于中单眼至唇基端缘间距下方 0.35 处、复眼下缘连线水平稍上方，两触角窝间距为至复眼间距的 0.8 倍；柄节细长，亚圆柱形稍侧扁，端部稍粗，伸近中单眼，长为端宽的 5.2 倍；梗节加鞭节长度之和与头宽等长；梗节端部渐粗，长为端宽的 1.5 倍，明显短于第 1 索节；环状节小；索节 3 节，各节等宽等长或渐宽渐短，3 索节长分别为宽的 1.7~2.2 倍、1.6~1.8 倍和 1.2~1.5 倍；棒节 3 节，较索节宽，长为第 3 索节的 2 倍。

胸：前胸背板短，下斜，无颈片前缘脊，密布极细刻点。中胸背板上密布极细刻纹，有光泽；中胸盾片上全段

图 190 祝氏啮小蜂 *Tetrastichus* sp. 雌蜂
a. 整体，背面观；b. 头部和胸部，背侧面观；c. 翅

有中纵沟，盾纵沟明显伸至中胸盾片后缘；小盾片前沟缝形；小盾片长为中胸盾片的 0.67 倍，背面中央稍平，有 2 条纵沟分为比例 3.1、3.8、3.1 纵片；三角片明显前伸，前端伸达盾纵沟后方 0.4 处。并胸腹节长为小盾片的 0.5 倍；中纵脊和侧褶均细；无颈状部，端部微凹。前翅超过腹端，其长为宽的 1.9 倍；亚前缘脉∶缘脉（包括缘前脉）∶痣脉=14∶20∶5。后足胫节长为跗节的 1.6 倍；跗节 4 节。

腹：腹部背面叶片形，长为宽（在第 1 节背板后缘最宽）的 1.7 倍；与胸部等长但稍宽。背板后缘无缺刻。第 1 节背板长为腹长的 0.4 倍。产卵管鞘稍伸出。

雄：体长 1.2mm。

体色：体黑色，有蓝黑色或金绿色光泽。复眼暗赭色。触角柄节褐黄色，其余黑褐色，毛白色。足黑色或蓝黑色，腿节端部、胫节两端、第 1~3 跗节黄白色。翅基片黄褐色。翅透明，亚前缘脉浅褐色，其余翅脉黄色。

头：头部背面观宽为中长的 3.0 倍。上颊为复眼宽的 0.15 倍。头顶稍隆起。单眼呈钝三角形排列；单眼长径、单复眼间距、侧单眼间距、中侧单眼间距之比为 1.0∶2.5∶5.0∶2.2。侧单眼处额宽很长于复眼宽。头前面观近三角形，宽为高的 1.5 倍。额宽，近于平行，触角洼凹而光滑。唇基端缘有∩形小凹缺。无后头脊。颊沟明显，颚眼距长为复眼纵径的 0.48 倍。触角着生于中单眼至唇基端缘间距下方 0.29 处、复眼下缘连线水平稍上方，两触角窝间距明显短于触角窝至复眼间距。柄节细长，亚圆柱形稍侧扁，背端不近中单眼，长为端宽的 6.0 倍；梗节加鞭节长度之和为头宽的 1.5 倍，鞭毛长于环状节宽度；梗节端部渐粗，长为端宽的 1.5 倍，比第 1 索节等长或稍短；环状节小；索节 4 节，具毛，约等宽，第 1、2 索节较短，长分别为宽的 1.2 倍和 1.4 倍，第 3、4 索节较长，长均为宽的 1.8~2.0 倍；棒节瘦长，3 节，渐短，长为第 3、4 索节之和；梗节、索节 4 节及棒节长度之比为 5∶5∶6∶7.5∶9.5∶17。

胸：胸部向背方稍拱，近于光滑。前胸背板短，下斜，无颈片前缘脊。中胸背板具细中纵沟，盾纵沟完整。小盾片前沟缝形；小盾片长为中胸盾片的 0.8 倍，近于正方形，背面中央平，端部下斜，有 2 条纵沟将基部分为比例 3.5、3、3.5 纵片；三角片明显稍前伸。并胸腹节长为小盾片的 0.5 倍；中纵脊和侧褶均细；颈状部不明显，端部前凹。前翅超过腹端，其长为宽的 1.9 倍；亚前缘脉∶缘脉（包括缘前脉）=40∶61。后足胫节长为跗节的 1.6 倍；跗节 4 节。

腹：腹部背面近筒形，侧缘平行，长为宽的 1.9~2.1 倍，为胸部长的 0.7 倍、为胸部宽的 0.5 倍。背板后缘无凹缺。第 1 节背板长为腹长的 0.38 倍。

生物学：寄生于马尾松毛虫卵。

标本记录：正模♀，浙江常山，1954.VI，华东农科所、邱益三，寄主：马尾松毛虫卵，No. 5415.9。副模：6♀4♂，浙江常山，1954.VI，华东农科所、邱益三，寄主：马尾松毛虫卵，No. 5415.9、5514.6；3♂，浙江瑞安，1986.VI，何俊华，寄主：马尾松毛虫卵，No. 864212；2♂，广东广州，1954.IX，华南农学院，寄主：马尾松毛虫卵，No. 5428.8。

注：常山啮小蜂 *Tetrastichus changsanensis* 是祝汝佐教授 1955 年提供给全国松毛虫技术座谈会的参考资料上记录的，并注明"新种未发表"，分布于浙江（常山）、广东（广州）。此后未形态描述过，也未正式发表过，实系裸名（无效学名），之后曾被一些文献引用。所幸祝氏所用的标本仍在，现拟改用"祝氏啮小蜂"名，以免与常山啮小蜂裸名混淆，同时也是表示对前辈的敬意。此外，寄生于松毛虫的啮小蜂种类很多，引证中各学者所报道的常山啮小蜂 *Tetrastichus changsanensis* Chu 是否是此种，不知。

（136）陕西啮小蜂 *Tetrastichus* sp. （图 191）

Tetrastichus sp.: 吴钜文和侯陶谦, 1990: 299.

雌：体长 1.4mm。

体色：体蓝黑色，有金绿色光泽。复眼暗赭色。触角柄节和梗节黄褐色，鞭节褐黄色，毛白色。足基节、腿节除端部外、端跗节黑色，其余黄白色。翅透明，翅脉黄色。

头：头部已干瘪或缺，一些特征无法描记。额宽，近于平行。无后头脊。颊沟明显，颚眼距长为复眼纵径的 0.55 倍。触角着生于中单眼至唇基端缘间距下方 0.3 处、复眼下缘连线水平上；梗节端部渐粗，长为端宽的 1.8 倍，短于第 1 索节；环状节小；索节 3 节，各节大小相似，长均为宽的 1.6 倍；棒节 3 节，较索节宽，长为前 2 索节之和。

胸：前胸背板短，下斜，无颈片前缘脊。中胸背板除前端 0.2 外具中纵沟；盾纵沟伸至中胸盾片后方。小盾片前沟缝形；小盾片近正方形，长为中胸盾片的 0.8 倍，背面中央平，前方 1/3 处中央拱隆或呈峰状隆起（顶钝）向前后倾斜，有 2 条纵沟分为比例 3、4、3 纵片；三角片明显稍前伸。并胸腹节中央短，后方向外侧扩大，中长为小盾片的 0.4 倍；中纵脊 2 条，细，伸向后侧方；侧褶细，端部有细横脊相连；无明显颈状部。前翅明显超过腹端，其长为宽的 1.9 倍；亚前缘脉：缘脉（包括缘前脉）：痣脉=13：20：7。后足胫节长为跗节的 1.3 倍；跗节 4 节。

图 191 陕西啮小蜂 *Tetrastichus* sp.
a. 雌蜂胸部和腹部，背面观；b. 头部；c. 前翅

腹：腹部背面长菱形，但基部平截；长为宽（在第 1 节背板后缘最宽）的 1.9 倍；长为胸部的 1.47 倍，但约等宽。背板后缘无凹缺。第 1 节背板长为腹长的 0.42 倍；产卵管鞘未伸出。

生物学：寄生于油松毛虫。

标本记录：4♀，陕西宜川，1981，党心德，寄主：油松毛虫，No. 816464。

分布：北京、陕西。

注：吴钜文和侯陶谦（1990: 299）报道的油松啮小蜂在北京、陕西寄生于油松毛虫，可能即为本种。

（137）凹眼姬蜂啮小蜂 *Tetrastichus* sp. （图 192）

雌：体长 2.3mm。

图 192 凹眼姬蜂啮小蜂 *Tetrastichus* sp.
a. 雌蜂整体，侧面观；b. 头部和胸部，背面观；c. 前翅

体色：体黑色，腹部背面稍具蓝色光泽。复眼赭色。触角柄节黄褐色，梗节和鞭节黑褐色，毛白色。翅基片黄褐色。足基节、腿节外侧和端跗节黑色，有光泽；腿节内侧和胫节基半浅褐色；其余黄色。翅透明，翅脉黄色。

头：头部背面观宽为中长的 3.5 倍；密布细刻纹。上颊为复眼宽的 0.27 倍。单眼呈钝三角形排列；单眼长径、单复眼间距、侧单眼间距、中侧单眼间距之比为 1.0：2.5：4.0：2.0。侧单眼处额宽很长于复眼宽。头前面观近梯形，宽为高的 1.3 倍。额宽，侧方平行，具刻点。颜面和唇基近于光滑；唇基端缘中央稍前凹。后头脊细。颊沟明显，颚眼距长为复眼纵径的 0.5 倍。触角着生于中单眼至唇基端缘间距下方 0.46 处、复眼下缘连线水平稍上方，两触角窝间距为至复眼间距的 0.8 倍；柄节细长，亚圆柱形稍侧扁，不伸达中单眼，长为宽的 4.0 倍；梗节加鞭节长度之和为头宽的 1.2 倍；梗节端部渐粗，长为端宽的 1.9 倍，明显短于第 1 索节；环状节小；索节 3 节，各节约等宽，每节似有 2，3 索节长均为宽的 2.0 倍；棒节长等于前 1.5 索节之和。

胸：胸部密布极细刻纹。前胸背板短，颈片不明显。中胸盾片除前方 0.2 外有中纵沟，盾纵沟明显伸至中胸盾片后缘；小盾片前沟缝形；小盾片背面稍平，为中胸盾片长的 0.9 倍，有 2 条纵沟分为比例 3、4、3 纵片；三角片明显前伸，前端伸达盾纵沟中央。并胸腹节中长为小盾片的 0.28 倍；中纵脊双条为八形，伸向侧后方，侧褶弱，端部有细横脊与中脊相连；颈状部很短，横五角形，光滑，端部平直。

翅：前翅超过腹端，长为宽的 1.9 倍；亚前缘脉：缘脉（包括缘前脉）：痣脉=19：34：9。

足：后足胫节长为跗节的 1.5 倍；跗节 4 节。

腹：腹部三角锥形，背面长菱形，长为宽（在中央稍后最宽）的1.76倍，为胸长的1.5倍且稍宽。背板后缘无缺刻。第1节背板长为腹长的0.35倍。产卵管鞘稍伸出。

雄：标本无头。胸部和腹部与雌蜂相似，仅腹部稍短。前翅长为宽的1.8倍；亚前缘脉：缘脉（包括缘前脉）=28：37。

生物学：寄生于马尾松毛虫上的黑足凹眼姬蜂。

标本记录：2♀1♂，浙江衢州，1984.IX.29至X.2，何俊华，寄主：马尾松毛虫上的黑足凹眼姬蜂，No.844970、846109、846136；2♀，浙江衢州，1985.VI，何俊华，寄主：马尾松毛虫上的黑足凹眼姬蜂，No.864270。

（138）天台啮小蜂 *Tetrastichus* sp. （图193）

Tetrastichus sp.：柴希民等，1987：23。

雌：体长2.1mm。

体色：体黑色，稍具光泽，腹部光泽强。复眼赭褐色。触角柄节和梗节黄色，鞭节黑色，毛白色。足包括基节黄色。翅透明，翅脉浅黄色。

头：头部背面观宽为中长（前后均明显凹入）的4.8倍；密布细刻纹。上颊为复眼宽的0.18倍。单眼呈钝三角形排列；单眼长径、单复眼间距、侧单眼间距、中侧单眼间距之比为1.0：2.0：3.0：1.3。侧单眼处额宽很长于复眼宽。头前面观近梯形，宽为高的1.37倍。额宽，近于平行，侧方具细刻点，中央触角洼光滑。触角窝外侧至唇基中央上方有∨形弱脊，其内光滑；唇基端缘中央有2个小齿。无后头脊。颊沟明显，颚眼距长为复眼纵径的0.6倍。触角着生于中单眼至唇基端缘间距下方0.32处、复眼下缘连线水平上，两

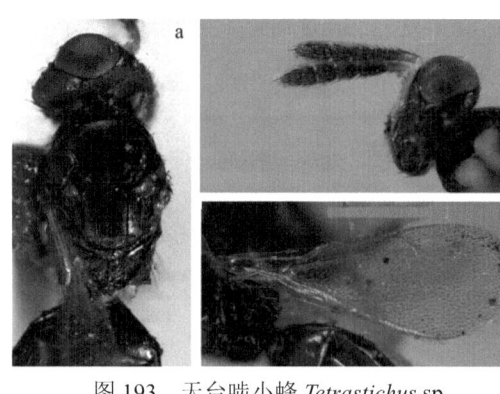

图193　天台啮小蜂 *Tetrastichus* sp.
a. 雌蜂头部和胸部，背面观；b. 头部，侧面观；c. 前翅

触角窝间距为至复眼间距的0.8倍；柄节细长，亚圆柱形稍侧扁，端部稍粗，伸近中单眼，长为端宽的4.8倍；梗节加鞭节长度之和为头宽的0.9倍；梗节近棒形，长为端宽的2.5倍，比第1索节稍短；环状节小；索节3节，各节渐宽渐短，3索节长分别为宽的1.6倍、1.3倍和1.1倍；棒节3节，渐短，长等于前2索节之和。

胸：前胸背板短，下斜，无颈片前缘脊，具不规则刻点。中胸背板上密布极细刻纹，有光泽；中胸盾片上全段有中纵沟，盾纵沟明显伸至中胸盾片后缘；小盾片前沟缝形；小盾片与中胸盾片等长，背面中央稍平，有2条纵沟分为比例3、4、3纵片；三角片明显前伸，前端伸达盾纵沟后方0.37处。后小盾片半圆形，内具细刻点。并胸腹节长为小盾片的0.53倍；中纵脊细，至气门内侧各有弱斜纵刻条5～6条，无颈状部，端部平直。前翅超过腹端，相当狭窄，长为宽的2.6倍；亚前缘脉：缘脉（包括缘前脉）：痣脉=20：27：7。后足胫节长为跗节的1.55倍；跗节4节。

腹：腹部背面叶片形，长为宽（在第1节背板后缘最宽）的1.5倍；比胸部稍长稍宽。背板后缘无缺刻。第1节背板长为腹长的0.42倍。产卵管鞘稍伸出。

雄：与雌蜂相似，不同之处是体长1.5mm。触角黄色，仅棒节黑色；梗节长三角形，长为端宽的2.5倍，比第1索节稍长；索节4节，上多白毛，索节4节长分别为宽的2.0倍、1.4倍、1.1倍和0.9倍；梗节、索节4节及棒节长度之比为10：8：7.5：6.5：5.5：13；前翅长为宽的2.4倍；亚前缘脉：缘脉（包括缘前脉）=32：61。腹部背面近圆形或短椭圆形，长为宽（在第1节背板后缘最宽）的1.1～1.3倍；第1节背板长为腹长的0.48～0.56倍。

生物学：寄生于马尾松毛虫蛹。

标本记录: 22♀2♂, 浙江天台, 1986.VIII.7, 何俊华, 寄主: 马尾松毛虫蛹, No. 862789。
分布: 浙江。

（139）文山松毛虫啮小蜂 *Tetrastichus* sp.

Tetrastichus sp.: 陈尔厚(松毛虫啮小蜂), 1999: 49.

雌: 体长1.5～1.8mm。
体色: 体黑色发铜色光泽。触角柄节和足基节、胫节、跗节浅黄褐色；触角梗节、鞭节和足腿节基端与后端浅黄褐色，其余暗红褐色。
头: 头部宽于胸部。颜面凹陷，后头无脊，略向前凹。触角着生于颜面中部复眼下缘连线下方；柄节柱状，高达头顶；梗节最细，其长为宽度的2.5倍；索节3节，由基至端略微变宽；第1索节最长，略长于梗节，第2索节次之，第3索节近于方形；棒节3节，2倍于第3索节之长。
胸: 中胸盾片盾纵沟深，中央的纵沟很明显；小盾片长大于宽，上有两条纵沟，亦很明显。并胸腹节有纵走中脊及2侧褶脊，上有横刻条纹。翅超过腹长；亚前缘脉略短于缘脉，具刚毛2根；痣脉发达，约为缘脉长的1/4；无后缘脉。
腹: 腹部长仅略短于头、胸部之和，腹部宽不窄于胸部。产卵器露出腹端。
雄: 触角柄节、梗节、索节浅黄褐色，棒节深红褐色。梗节略长于第1索节；索节4节，长大于宽，以第1节最长；棒节3节，卵圆形，明显宽于索节。
生物学: 寄生于文山松毛虫 *Dendrolimus punctatus wenshanensis*（蛹）和松毛虫脊茧蜂 *Aleiodes esenbeckii* (=松毛虫内茧蜂 *Rogas dendrolimi*)。
标本记录: 无标本也未见标本。记述根据陈尔厚（1999: 49）。
分布: 云南（石屏）。

（140）绒茧蜂啮小蜂 *Tetrastichus* sp.

Tetrastichus sp.(啮小蜂): 陈尔厚, 1999: 49.

雌: 体长1.5～1.7mm。
体色: 金绿色，有铜色闪光。触角柄节黄褐色，梗节、索节、棒节红褐色。足浅黄褐色，基节、腿节中部暗红褐色，其外侧金绿色。
头: 头前面观椭圆形。头顶短，复眼大，颊长小于复眼横径。触角鞭形，着生于颜面中部，位于复眼下缘连线上方；柄节高过中单眼；索节3节，各索节均长于梗节、为梗节长的1.7～2.0倍，第1索节2倍长于宽；棒节3节，约与第1索节等长。
胸: 前胸横宽，呈屋脊状。中胸背板具细网状刻纹，盾纵沟弱，不达后缘，中央纵沟明显；小盾片长大于宽，上有两条明显的纵沟。并胸腹节有中脊和侧褶，具大的网状刻纹。前翅亚前缘脉短于缘脉，背面着生刚毛1根；痣脉长度约为缘脉的1/3；无后缘脉。
腹: 腹部略呈披针形，约与头、胸部等长。产卵器微露出腹端。
雄: 触角索节4节，细长。腹部明显窄于头、胸部。
生物学: 寄生于寄生赭色松毛虫 *Dendrolimus kikuchii ochraceus* 幼虫上的松毛虫盘绒茧蜂 *Cotesia ordinaria*（=*Apanteles ordinarius*）。
标本记录: 无标本也未见标本。记述根据陈尔厚（1999: 49）。
分布: 云南。

（141）青岛啮小蜂 *Tetrastichus* sp. （图 194）

Tetrastichus sp.: 李必华, 1959: 321; 侯陶谦, 1987: 173(赤松毛虫啮小蜂, 在山东寄生于赤松毛虫).

雄：体长 1.5mm。

体色：体黑色，有光泽。复眼暗赭色。触角褐黄色，毛白色。足基节黑色，其余黄褐色。翅透明，翅脉浅黄色。

头：头部背面观宽为中长的 4.0 倍。上颊为复眼宽的 0.1 倍。头顶隆起。单眼呈钝三角形排列；单眼长径、单复眼间距、侧单眼间距、中侧单眼间距之比为 1.0∶4.0∶5.0∶2.5。侧单眼处额宽很长于复眼宽。头前面观近短菱形，宽为高的 1.5 倍。额宽，近于平行，触角洼凹而光滑。唇基端缘平直。无后头脊。颊沟明显，颚眼距长为复眼纵径的 0.47 倍。触角着生于中单眼至唇基端缘间距下方 0.42 处、复眼下缘连线水平稍上方，两触角窝间距明显短于至复眼间距；柄节细长，亚圆柱形稍侧扁，背端近中单眼，长为端宽的 6.0 倍；梗节端部渐粗，长为端宽的 1.倍，长为第 1 索节的 0.3 倍；环状节小；索节 4 节，具毛，第 1、2 索节较短，长分别为宽的 1.2 倍和 1.4 倍，第 3、4 索节长均为宽的 2.0 倍；棒节 3 节，渐短，长为第 4 索节的 1.5 倍；梗节、索节 4 节及棒节长度之比为 5∶17∶16∶13∶12∶17。

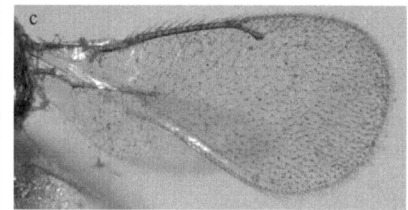

图 194 青岛啮小蜂 *Tetrastichus* sp.
a. 雌蜂整体, 背面观; b. 头部, 背侧面观; c. 翅

胸：胸部向背方明显隆起，近于光滑。前胸背板短，下斜，无颈片前缘脊。中胸背板具细中纵沟，盾纵沟完整。小盾片前沟缝形；小盾片长为中胸盾片的 0.6 倍，近于正方形，背面中央平，端部下斜，有 2 条稍外斜的纵沟将基部分为比例 3、4、3 纵片；三角片明显稍前伸。并胸腹节长为小盾片的 0.5 倍；中纵脊和侧褶均细；颈状部很小，横形，光滑，端部平直。前翅超过腹端，其长为宽的 1.9 倍；亚前缘脉∶缘脉（包括缘前脉）∶痣脉=15∶30∶6.5。后足胫节长为跗节的 1.3 倍；跗节 4 节。前翅长为宽的 1.9 倍；亚前缘脉∶缘脉（包括缘前脉）=40∶61。

腹：腹部背面叶片形，长为宽（在后方 2/3 处最宽）的 1.2 倍；与胸部略等长等宽。第 1 节背板后缘有浅凹缺。第 1 节背板长为腹长的 0.42 倍；产卵管鞘稍伸出。

生物学：寄生于赤松毛虫卵。

标本记录：3♂, 山东青岛, 1953.1, 华东农科所, 寄主：赤松毛虫卵, No. 5315.1。

八、旋小蜂科 Eupelmidae

体小至较大型，长 1.3～7.5mm，在热带有长达 9mm 的；粗壮至很长。常具强烈的金属光泽，有时呈

黄色或橘黄色。触角雌性 11~13 节（包括 1 环状节）；雄性 9 节，偶有分支。前胸背板有时明显呈三角形，延长。雌性中胸盾片中部显著下凹或凸起，盾纵沟弱；中胸侧板膨起，通常无沟或凹痕，相当光滑或有网状细刻条。雄性有时中胸背板膨起且盾纵沟深。前翅正常或很短；长翅型缘脉很长，痣脉、后缘脉较长。中足胫节 1 距，长，但雌性甚粗大。跗节 5 节。有些翅萎缩而靠跳跃进行活动的种类，中足胫节和基跗节扩大，具成列的刺状突起。腹部近于无柄，产卵器不露出至伸出很长。当纵飞行肌收缩时，胸部在中胸盾片、小盾片缝处弯曲成屋顶状，同时腹部向前翻到胸部上方、头部向后靠在前胸背板上方，这是本科在膜翅目中的特有现象。

旋小蜂科是一个较大的科，曾记录 71 属，现经 Gibson（1995）厘订为 33 属。世界广布，热带地区为多。我国南北均有。旋小蜂科常分 2 亚科：丽旋小蜂亚科 Calosotinae 和旋小蜂亚科 Eupelminae。

旋小蜂科寄生于直翅目、蜚蠊目、螳螂目、同翅目（半翅目）、鞘翅目、鳞翅目、双翅目、脉翅目和膜翅目。绝大多数为初寄生，也有的兼性重寄生于其他昆虫幼期阶段。常为单寄生，也有聚寄生。有内寄生，也有外寄生。常寄生于卵期，也有的寄生于幼虫或蛹期，少数可在蚧总科成虫体内生活。还有些捕食昆虫卵、幼虫或蜘蛛卵。在我国最常见、对害虫控制作用也最大的是寄生于半翅目和鳞翅目害虫卵的平腹小蜂 *Anastatus* spp.。在我国寄生或重寄生于松毛虫的旋小蜂科已记录 3 属，在平腹小蜂属 *Anastatus* 和短角平腹小蜂属 *Mesocomys* 内均有许多新发现，有些现仅初步记述，有待后人研究定名。

Eupelmus microzonus Foerster 在俄罗斯重寄生于落叶松毛虫上的脊茧蜂 *Aleiodes*（=*Rhogas*）。

旋小蜂科 Eupelmidae 分属检索表

1. 雌性 ··· 2
- 雄性 ··· 5
2. 腹节末背板端部有半圆形深凹；中足胫节胫距基部和跗节之间无端沟，也无胫端钉状齿，或在一些跗节有成行或成块的至少部分超过基跗节的钉状齿；腹部第 7 节背板（有气门的节）被基部深凹缘或透明线条分开，偶尔大部隐蔽在第 6 节背板后角下方；触角柄节一色，至少无纵斑；长翅型个体在缘脉基部后方和痣脉有无毛窄带 ·································· 旋小蜂属 *Eupelmus*
- 腹节末背板端部几乎均平截至后方圆，或反折成边或指状突出，若偶尔有半圆形深凹，则中足胫节胫距基部和跗节之间有端沟，中足胫端钉状齿则限于距基部上方的狭窄区域 ··· 3
3. 短翅型；前翅至多伸至腹部第 2 节背板后缘；通常腹基节背腹面和第 3 节背板部分白色或透明（有时第 3 节背板全部或部分被第 2 节背板隐蔽）；上颚 2 齿；并胸腹节中央很短；产卵管鞘伸出，翅端部圆或尖，有透明或着色部位，或端部比基部毛密和着烟褐色 ··· 平腹小蜂属 *Anastatus*（部分）
- 长翅型；前翅至少伸至腹部中央 ··· 4
4. 中足胫节端部有钉状齿，通常在中足胫距基部和跗节之间有斜沟；胸腹侧脊前表面与侧表面色泽相同；盾纵沟形，通常围成宽 V 形隆区 ··· 平腹小蜂属 *Anastatus*
- 中足胫节端部无钉状齿，或在中足胫距基部和跗节之间无斜沟；胸腹侧脊横向、指状，前表面浅黄色与侧表面色差明显；盾纵沟深，围成宽 U 形隆区 ··· 短角平腹小蜂属 *Mesocomys*
5. 前翅缘前脉后方和缘脉基部有明显的无毛带；颊下方近上颚基部有时有明显弧形长刚毛；后足基节长为宽至多 2 倍，端半伸过中足基节；头部侧面观拟新月形和/或触角窝明显近于口缘 ·· 旋小蜂属 *Eupelmus*
- 前翅亚前缘脉后方有时有宽阔无毛区或/和缘前脉后方有无毛斑点，但无毛区至少不伸到缘脉基部后方成带；颊下方的刚毛短 ··· 6
6. 触角窝着生于复眼下缘连线水平下方，明显近于口缘，至复眼内缘距离明显短于触角窝间距；上颚 2 齿；或梗节较长，长约为第 1~3 索节之和 ··· 短角平腹小蜂属 *Mesocomys*
- 触角窝着生于复眼下缘连线水平或稍上下方，若在复眼下缘连线水平下方则上颚 3 齿（国内标本尚未见）；梗节很短，长至多为第 1 索节的 1/3，或长可达端宽的 2 倍并约为第 1 索节的 2 倍 ································ 平腹小蜂属 *Anastatus*

68. 平腹小蜂属 *Anastatus* Motschulsky, 1859

Anastatus Motschulsky, 1859: 116.

属征简述：雌蜂头前面观圆形，长宽约相等。复眼不大，光裸，卵圆形。上颚具齿及截齿。触角着生处近于复眼下缘连线，细而长，13 节；柄节不膨大，略弯曲；梗节通常长于端宽；环状节长不及宽；索节由基至端逐渐变短变粗；棒节约与末 2~3 索节合并之长等长，向端逐步膨大，末端斜切；触角洼基部分开，各自呈深槽状，在上部则合并呈凹陷区。前胸不长，前端收缩，背面凹陷。中胸盾片的盾纵沟明显，多伸至中央之后围成舌状隆区，在舌状隆区、小盾片及三角片常具稠密粗刻点；小盾片基部狭窄；三角片大，内角彼此稍分离。翅通常发育正常，有的翅稍短不达腹端，也有的短翅型翅端仅达腹部第 1 或第 2 节背板；前翅色暗；缘脉长，后缘脉长约为痣脉的 2 倍；雌蜂有时为短翅型，短翅型的翅脉走向有异。足细长，中足腿节较扁，端部显著增大，胫节端部和第 1 跗节亦增大；胫节端部内面有黑色钉状刺；第 1~2 或第 1~3 跗节腹方两侧并列发达的黑色钉状刺。腹部一般不长于胸部，基部稍窄，向端部逐渐变宽，各腹节背板后缘呈横截状。产卵器略微突出。

雄蜂触角线形，索节 5~7 节，棒节不分节，偶尔特别长。胸背隆起，具深而完整的盾纵沟；小盾片大，膨起；三角片内端几乎相接。中胸侧板分为前侧片和后侧片。翅无色。

生物学：寄生于直翅目、䗛蠊目、螳螂目、半翅目、鞘翅目、鳞翅目、双翅目、脉翅目和膜翅目。通常寄生于卵，在膜翅目上见有从叶蜂科、姬蜂科、茧蜂科茧中育出寄生蜂，为重寄生。本志包括寄生于松毛虫的 32 种，其中部分尚待定种名。

在我国，李必华（1959: 321）报道 *Anastatus trespenes* 在山东寄生于赤松毛虫卵（在《昆虫学报》上发表时是放在跳小蜂科的），此后侯陶谦（1987: 171）曾引用，但在平腹小蜂属 *Anastatus* 已知名录中（不包括异名）并无此种。

国内报道 *Anastatus* sp.寄生于松毛虫卵的不少，是何种不明，如下。

李经纯等（1959: 289）报道在山东、陈华盛（1986: 15）和陈华盛等（1991: 26）报道在北京，以及刘德力（1990: 52）报道在北京、陕西寄生于油松毛虫卵。

何允恒等（1988: 22）报道在陕西寄生于云南松毛虫卵。

吴钜文（1979b: 11）报道在浙江寄生于赭色松毛虫 *Dendrolimus kikuchii ochraceus*。

王志怀和金步先（1979: 41）报道在陕西寄生于油松毛虫、明纹柏松毛虫 *Dendrolimus suffuscus illustratus*、栎黄枯叶蛾 *Trabala vishnou* 卵。

赵修复（1981: 316）报道在福建、金华地区森防站（1983: 34）和梁秋霞等（2002: 29）报道在浙江、夏育陆等（1992: 357）报道在安徽、张永强等（1994: 241）报道在广西寄生于马尾松毛虫卵。

杨秀元和吴坚（1981: 320）报道在东北、江苏、浙江等地寄生于落叶松毛虫、马尾松毛虫卵。

党心德和金步先（1982: 14）报道在陕西寄生于油松毛虫和明纹柏松毛虫卵。

中国林业科学研究院（1983: 693, 704, 715, 720, 724, 727, 987）和萧刚柔（1992: 942, 947, 952, 954, 960, 963）报道寄生于黄斑波纹杂毛虫 *Cyclophragma undans fasciatella*、赭色松毛虫 *Dendrolimus kikuchii ochraceus*、马尾松毛虫 *Dendrolimus punctatus*、德昌松毛虫 *Dendrolimus punctatus tehchangensis*、赤松毛虫 *Dendrolimus spectabilis*、落叶松毛虫 *Dendrolimus superans*、油松毛虫 *Dendrolimus tabulaeformis*。

赵明晨（1983: 22）报道在吉林寄生于落叶松毛虫卵。

注：松毛虫卵块很大，卵粒很多，根据我们考查，不但同时同批标本中，会有一些不同科属寄生蜂种类育出，而且平腹小蜂属中也会有几种雌雄，如浙江大学编号为 878874 的标本是肖友平于 1986 年 6 月 3 日从四川梓潼大柏毛虫卵中育出的，经作者研编对标本一一镜下观察，竟可分出形态不同的 4 雌 4 雄平腹小蜂，有长翅型也有短翅型，无法配对。总之，若未见交配或经单个饲养繁殖，或通过分子生物学研究，配对需特别谨慎。

平腹小蜂属 Anastatus 分种检索表（雌）

[（153）黄纹卵平腹小蜂 Anastatus sp.无资料，缺]

1. 前翅长形，翅长，翅端伸近腹端或伸过腹端 ·· 2
- 前翅有时桨形，翅端至多伸达腹部第 2 节后缘，或前翅长形，其表面也有 2 条色斑，但翅较短而窄，不伸达腹端 ······ 15
2. 前翅浅褐色，翅端部色浅，基部 0.3 透明，浅褐色部位有 2 个透明斑；缘脉基半至痣脉交界处下方有 1 近梯形的透明斑，在相对应的翅后缘上方也有 1 稍长而窄的透明斑，2 透明斑呈"八"字形排列，之间由暗斑相隔；腹部黑褐色至黑色，基部约 1/4 白色 ·· 天蛾卵平腹小蜂 *A. acherontiae*
- 前翅中央有透明横带而分成 2 个褐斑 ·· 3
3. 前足腿节腹方近端部具 1 明显的尖齿 ·· 4
- 前足腿节腹方近端部无尖齿 ··· 5
4. 中胸盾片舌状部后方和中叶后部前半较粗糙，似舌状部刻点后延，后半则光滑，其上白毛杂乱后披；前翅中部的透明横带，其宽度约为痣脉长的 2 倍；柄节具密而较长的白毛 ·································· 德兴平腹小蜂 *A. dexinensis*
- 中胸盾片中叶（舌状部之后）后部光滑，其上着生若干较长的白色倒伏状毛；前翅中部的透明横带，其宽度与痣脉长等宽；柄节上无较长而密的白毛 ·· 拉马平腹小蜂 *A. ramakrishnai*
5. 中胸盾片舌状隆区金红色；前翅缘脉与亚前缘脉等长；中足第 4 跗节上也有黑色小栉齿；足基节黄色 ·· 黄褐平腹小蜂 *A. flavipes*
- 中胸盾片舌状隆区非金红色；前翅缘脉长于亚前缘脉；中足第 4 跗节上通常无黑色小栉齿；足基节黑色或黑褐色，如为黄褐色其背方黑褐色 ·· 6
6. 中胸侧板黑色或蓝黑色，其前方或有金绿色光泽，或侧板暗色 ··· 7
- 中胸侧板棕黄色或黄褐色，其前方或有金绿色光泽 ·· 14
7. 中胸侧板暗色；中胸盾片中叶舌状隆区刻纹弱，其前方几乎光滑；舌状隆区后方中叶无毛 ··· 双带平腹小蜂 *A. bifasciatus*
- 中胸侧板黑色或蓝黑色，其前方或有金绿色光泽；中胸盾片中叶舌状隆区刻纹一致；舌状隆区后方中叶有毛 ········· 8
8. 触角柄节黑色；足几乎全部黑色 ··· 黑足平腹小蜂 *A.* sp.
- 触角柄节黄褐色，或端部稍黑色；足非全部黑色（除广州平腹小蜂外） ··· 9
9. 前翅端褐斑内上方发自缘脉与痣脉相接处的前方；端褐斑内缘中央稍角状突出 ·· 10
- 前翅端褐斑内上方发自缘脉与痣脉相接处；端褐斑内缘中央弧形突出 ·· 12
10. 前翅基褐斑毛的密度明显稀于端褐斑，中央宽度为其后透明斑的 1.0 倍；头部背面观为中长的 2.2 倍，上颊长为复眼的 0.3 倍；足几乎全部黑色 ·· 广州平腹小蜂 *A.* sp.
- 前翅基褐斑毛的密度与端褐斑相同，中央宽度为其后透明斑的 1.8~2.2 倍；头部背面观宽为中长的 2.8~3.3 倍；上颊长为复眼的 0.6 倍 ··· 11
11. 中胸盾片中叶舌状隆区、小盾片和三角片金绿色；触角柄节黄褐色，端部黑褐色；前翅基褐斑中央宽度为其后透明斑的 1.8 倍；头部背面观宽为中长的 2.8 倍 ·· 福州平腹小蜂 *A.* sp.
- 中胸盾片中叶舌状隆区、小盾片和三角片蓝黑色，具金绿色光泽；触角柄节黄褐色；前翅基褐斑中央宽度为其后透明斑的 2.0~2.2 倍；头部背面观宽为中长的 3.3 倍 ··· 梓潼平腹小蜂 *A.* sp.
12. 中胸盾片中叶舌状隆区、小盾片和三角片金绿色；前胸背板基本上黄色或黄褐色；前翅透明横斑中央宽度为基褐斑的 0.6 倍 ·· 光侧平腹小蜂 *A.* sp.
- 中胸盾片中叶舌状隆区、小盾片和三角片不全是金绿色；前胸背板基本上浅褐色或黑褐色；前翅透明横斑中央宽度为基褐斑的 0.39~0.46 倍 ··· 13
13. 中胸盾片中叶舌状隆区端部及小盾片和三角片棕褐色，舌状隆区后方的中叶金绿色光泽强 ·········· 川滇平腹小蜂 *A.* sp.
- 中胸盾片中叶舌状隆区棕色，小盾片金绿色和三角片黑褐色 ·· 南宁平腹小蜂 *A.* sp.
14. 中胸盾片中叶舌状隆区、小盾片和三角片金绿色，其后方带棕色，或大部分棕色，其前方带金绿色光泽 ·· 舞毒蛾卵平腹小蜂 *A. japonicus*
- 中胸盾片中叶舌状隆区、小盾片和三角片蓝黑色；舌状隆区后方中叶黑色，有蓝色或金绿色光泽（有 2 件标本端褐斑内方 2/5 的上部 3/5 毛色特深）·· 林氏平腹小蜂 *A.* sp.
15. 前翅长三角形，全部膜质，其表面也有 2 条色斑，但翅较短而窄，不伸达腹端·· 16
- 前翅桨形，翅端较为平截，至多伸达腹部第 2 节后缘，基部 2/3 膜质，端部 1/3 质地较厚而硬，其基方和端方有黑斑，无中央透明横带，或前翅桨形，膜质，其表面也有 2 条色（毛）斑，内色斑毛很稀·· 19
16. 前翅基部 0.43 明显狭窄透明，端部黄色或暗褐色斑部位的中央稍外方有透明横带，端斑内缘弧形，或翅长为宽的 2.6 倍，其翅基部 0.48 透明但不特别收窄，端部暗斑部位无透明横带而在最外方有黑斑················ 梅岭平腹小蜂 *A. meilingensis*
- 前翅长形，从翅端至翅基逐渐收窄，基部暗斑和端部暗斑一色，多为浅黄色·· 17
17. 前翅较短，不伸达腹端，按图内透明斑与内色斑之比为 19∶18，内透明斑与内色斑内缘几乎等宽·· 黄氏平腹小蜂 *A. huangi*
- 前翅很短，仅伸达腹部第 2 节背板端部，内透明斑与内色斑之比为 18∶10 和 25∶13（2 种），内透明斑明显宽于内色斑·· 18
18. 前翅从内至外的内透明斑、内色斑、中透明斑、外色斑比例为 18∶10∶10∶13，内透明斑为翅长的 0.35 倍，外色斑明显大于内色斑、为翅长的 0.25 倍；后足基节蓝黑色·· 南京平腹小蜂 *A.* sp.
- 前翅从内至外的内透明斑、内色斑、中透明斑、外色斑比例为 25∶13∶6∶9，内透明斑为翅长的 0.4 倍，外色斑明显小于内色斑、为翅长的 0.17 倍；后足基节黄褐色··· 黄胸平腹小蜂 *A.* sp.
19. 前翅端部平截，两褐带间透明斑等宽且斜·· 菱翅型平腹小蜂 *A. siderus*
- 前翅端部多少钝圆，两褐带间透明斑不等宽也不斜·· 20
20. 头部宽为中长的 1.84～1.96 倍；中胸盾片中叶舌状部近盾形，长稍大于宽；前翅透明横带弯曲·························· 21
- 头部宽为中长的 2.4～2.5 倍；中胸盾片中叶舌状部近三角形，长明显大于宽；前翅透明横带弯曲························ 22
21. 中胸盾片舌状部长为宽的 1.5 倍；头宽为中长的 1.84 倍·· 短翅平腹小蜂 *A. brevipennis*
- 中胸盾片舌状部长为宽的 1.78 倍；头宽为中长的 1.96 倍·· 枯叶蛾平腹小蜂 *A. gastropachae*
22. 足黑褐色至黑色，跗节白色；腹部第 1 节背板黑色，具三角形或⊥形白斑；上颊为复眼宽的 0.67 倍；触角梗节长为第 1 索节长的 0.9 倍；第 1 索节长为宽的 2.2 倍；体长 2.8mm·· 云南平腹小蜂 *A.* sp.
- 足黄褐色，腿节背面色稍暗，后足基节背面浅金绿色；腹部第 1 节背板白色；第 1 索节长为宽的 3.0～4.4 倍········· 23
23. 上颊为复眼宽的 0.85 倍；触角梗节长为第 1 索节长的 0.45 倍；第 1 索节长为宽的 4.4 倍；体长 2.7～3.4mm·· 四川平腹小蜂 *A.* sp.
- 上颊为复眼宽的 0.6 倍；触角梗节长为第 1 索节长的 0.7 倍；第 1 索节长为宽的 3.0 倍；体长 2.7～2.8mm·· 祝氏平腹小蜂 *A.* sp.

平腹小蜂属 *Anastatus* 分种检索表（雄）

1. 触角棒节甚长，长于整个索节；索节 5 节··· 双带平腹小蜂 *A. bifasciatus*
- 触角棒节正常长，长与第 5～7 或第 6～7 索节之和等长；索节 7 节··· 2
2. 触角梗节及鞭节长度之和较短，为头部宽的 1.0～1.3 倍、为前翅长的 0.35～0.65 倍；触角梗节长为端宽的 1.6～2.0 倍，通常稍长于第 1 索节；第 1 索节较短，长为端宽的 0.8～1.2 倍·· 3
- 触角梗节及鞭节长度之和较长，为头部宽的 1.8～2.9 倍、为前翅长的 0.85～0.94 倍；触角梗节很小，长约等于端宽、为第 1 索节的 0.2～0.3 倍；第 1 索节较长，长为端宽的 2.5～3.5 倍·· 6
3. 腿节和胫节黄白色（中足缺，不明），仅后足腿节中段黑褐色··································· 韩城平腹小蜂 *A.* sp.
- 胫节部分蓝黑色或黑褐色·· 4
4. 前翅后缘脉较长，长为缘脉的 1.17 倍；痣脉较长，长为后缘脉的 0.63 倍，端部 1/3 曲折且向上翘·· 梓潼平腹小蜂 *A.* sp.
- 前翅后缘脉与缘脉等长；痣脉正常长，长为后缘脉的 0.58～0.60 倍，端部不曲折和不上翘或曲折且向上翘············· 5
5. 头部背面观宽为中长的 1.9 倍；上颊为复眼宽的 0.45 倍；梗节长为端宽的 1.8 倍、为第 1 索节的 0.8 倍；第 1 索节长为端宽的 1.5 倍；前翅亚前缘脉长为缘脉（不包括缘前脉）的 1.5 倍；第 1 背板端半具黄褐色斑；体长 2.6mm·· 川滇平腹小蜂 *A.* sp.

- 头部背面观宽为中长的 2.4~2.7 倍；上颊为复眼宽的 0.55~0.67 倍；梗节长为端宽的 1.8 倍、为第 1 索节的 1.6 倍；第 1 索节长为端宽的 1.0~1.1 倍；前翅亚前缘脉长为缘脉（不包括缘前脉）的 1.15~1.21 倍；第 1 节背板基半具金绿色光泽；体长 1.5~1.7mm ··· 重庆平腹小蜂 *A.* sp.
6. 足完全黄褐色 ··· 黄氏平腹小蜂 *A. huangi*
- 足非完全黄褐色 ·· 7
7. 前中足胫节完全黄褐色或黄白色或棕黄色一色 ··· 8
- 前中足胫节非完全黄褐色或黄白色或棕黄色一色，或端部褐色或蓝黑色 ·· 13
8. 前中足腿节浅黄褐色，后足腿节黑褐色，内夹褐色；后足胫节基部 0.4 黄褐色，端部 0.6 浅黑褐色 ···················
·· 吴氏平腹小蜂 *A.* sp.
- 前中足腿节非浅黄褐色 ·· 9
9. 足腿节蓝黑色，但中足腿节端部白色 ··· 辽宁平腹小蜂 *A.* sp.
- 前足腿节部分浅褐色或褐色，部分黄白色或红褐色 ·· 10
10. 前足腿节黑褐色，中足胫节黄褐色，后足胫节黑褐色；触角梗节及鞭节长度之和为头部宽的 2.2~2.5 倍 ·········
·· 云南平腹小蜂 *A.* sp.
- 前足腿节非完全黑褐色，中足胫节非完全黄褐色；触角梗节及鞭节长度之和为头部宽的 1.8~2.2 倍（枯叶蛾平腹小蜂不明） ··· 11
11. 后足腿节蓝黑色；后足胫节基本白色，端半浅褐色 ·· 天蛾卵平腹小蜂 *A. acherontiae*
- 后足腿节非蓝黑色 ··· 12
12. 足腿节中央黑褐色，两端棕色；胫节棕黄色，但后足端半棕色 ·· 枯叶蛾平腹小蜂 *A. gastropachae*
- 前中足腿节多蓝黑色，但后足腿节多为红褐色；胫节黄白色，但后足胫节端部 0.8 褐色 ············ 东安平腹小蜂 *A.* sp.
13. 足腿节蓝绿色；前足胫节和中后足胫节基部褐色；中足胫距长于基跗节 ······················ 拉马平腹小蜂 *A. ramakrishnai*
- 足腿节如完全蓝绿色或蓝黑色，胫节则无褐色部位 ·· 14
14. 体黄褐色，头部暗褐色具紫色光泽；触角柄节黄褐色，有时背面微暗；足黄色或淡黄褐色；腿节和胫节背面色较暗，跗节端部褐色；头部背面观宽为中长的 1.94 倍 ··· 黄褐平腹小蜂 *A. flavipes*
- 头部和胸部蓝黑色，具金绿色光泽；触角柄节蓝黑色，具金绿色光泽；足基节和腿节蓝黑色具金绿色光泽，中后足胫节除基部和端跗节浅褐色外，其余黄色；头部背面观宽为中长的 3.0 倍 ······································ 封开平腹小蜂 *A.* sp.

（142）天蛾卵平腹小蜂 *Anastatus acherontiae* Narayana, Subba Rao *et* Ramachandra Rao, 1960（图 195）

Anastatus acherontiae Narayanan, Subba Rao *et* Ramachandra Rao, 1960: 171; 廖定熹等, 1987: 188; 柴希民等, 1987: 3; 侯陶谦, 1987: 171; 张务民等, 1987: 32; 吴猛耐等, 1988a: 32; 吴猛耐等, 1988b: 289; 严静君等, 1989: 240; 陈昌洁, 1990: 196; 吴钜文和侯陶谦, 1990: 295; 陕西省林业科学研究所和湖南省林业科学研究所, 1990: 157; 王书欣等, 1993: 20; 俞云祥, 1996: 15; 陈尔厚, 1999: 49; 俞云祥和黄素红, 2000: 41; 柴希民等, 2000: 1; 梁秋霞等, 2002: 29; 徐延熙等, 2006: 769; 杨忠岐等, 2015: 162.

Anastatus sp. 杜增庆和裘学军, 1988: 27; 杜增庆等, 1991: 17(双斑平腹小蜂).

雌：体长 2.0~3.2mm。

体色：头部蓝黑色，头顶具金绿色光泽，头前面具古铜色光泽。触角柄节黄褐色，梗节和鞭节黑色。前胸背板黄褐色，中央有细白条，后角具蓝黑色斑点。中胸蓝黑色，具光泽；盾片中叶前方舌形隆区、小盾片、三角片金绿色；中胸盾片侧叶、胸腹侧片褐黄色；中胸侧板蓝黑色或红棕色，其前方均带金绿色。并胸腹节烟褐色，具绿色反光。浅色个体前足浅褐色，中后足基节、腿节、胫节褐色（中后足胫节基部和端部浅黄色），但跗节浅黄色；深色个体足黑褐色；转节、前足腿节内侧、各足胫节基部、第 1~3 跗节黄白色。前翅浅褐色，在翅端部色更浅；基部 0.3 透明，缘脉基半至痣脉交界处下方有 1 近梯形的透明斑，在相对应的翅后缘上方也有 1 稍长而窄的透明斑，此 2 透明斑略呈"八"字形排列，之间由暗斑相隔。腹部黑褐色至黑色，有光泽，仅基部约 1/4（即第 1 节背板和腹板基部约 0.6）白色。产卵器白色。

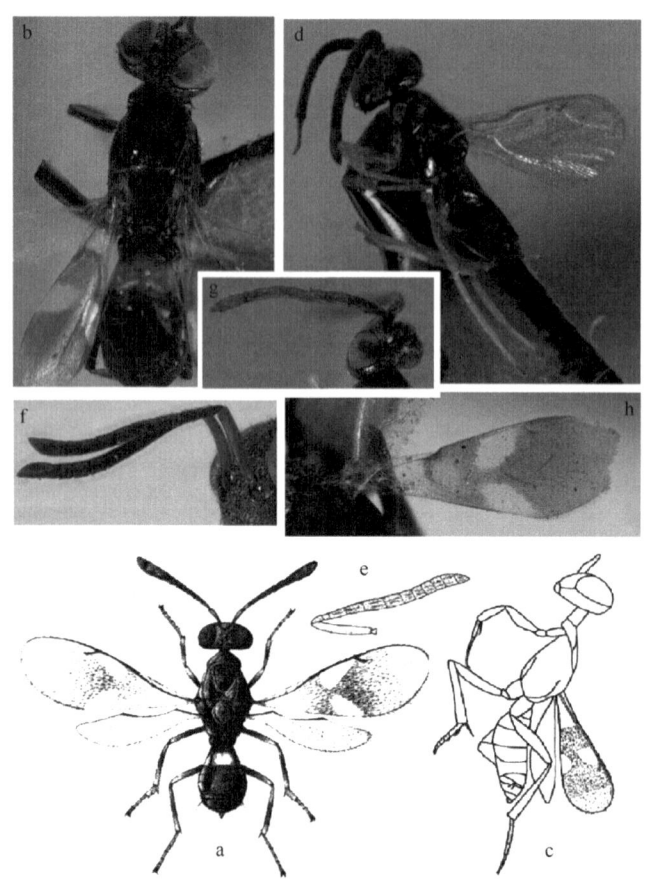

图 195 天蛾卵平腹小蜂 Anastatus acherontiae Narayanan, Subba Rao et Ramachandra Rao（a. 引自 廖定熹等，1987；b，c. 引自 Narayanan et al.，2009）
a，b. 雌蜂整体，背面观；c. 雌蜂整体，侧面观；d. 雄蜂整体，侧面观；e，f. 雌蜂触角；g. 雄蜂触角；h. 雌蜂前翅

头：头部背面观宽为中长的 1.8～2.6 倍；上颊为复眼宽的 0.5～0.65 倍。单眼正三角形或近正三角形排列；单眼长径、单复眼间距、侧单眼间距、中侧单眼间距之比为 1.0∶1.0∶2.2∶（2.0～2.2）。侧单眼处额宽与复眼宽等长。头顶具细横刻皱。头前面观近椭圆形，具粗刻纹；额明显向上方收窄；触角洼浅凹，不伸达中单眼，侧缘有细脊；颜面中央有细中纵脊。触角柄节细长，亚圆柱形，基部稍细，长为端宽的 7.5～8.3 倍，伸至近中单眼；梗节和鞭节长度之和较长，为头宽的 1.8～2.2 倍、为前翅长的 0.56～0.65 倍；梗节长为宽的 1.8 倍，比第 1 索节稍短；各索节渐短渐宽（但第 3 索节稍长于第 2 索节），第 1、7 索节长分别为宽的 2.0～2.5 倍和 0.8～1.0 倍；棒节稍膨大，端部渐细，长为前 2.5～3 索节之和（原记述单复眼间距、侧单眼间距、中侧单眼间距之比为 1.5∶4∶2 或 1.5∶4.5∶2；触角柄节长为端宽的 5.3 倍）。

胸：前胸背板背面观亚三角形，中央浅凹。中胸近于光滑；盾片上的盾纵沟伸至中叶的 0.65～0.7 处相接，围出三角形或舌形（端尖）隆区，隆区表面、小盾片及三角片满布刻点，盾片中叶隆区后方 0.3～0.35 渐浅凹，具白毛，后缘横隆；小盾片前沟缝形；三角片长三角形，内角明显分开。中胸侧板具细刻纹。并胸腹节短，侧方稍呈瘤状隆突。前翅超过腹部端部；亚前缘脉∶缘脉（不包括缘前脉）∶后缘脉∶痣脉=27∶27∶18∶5。中足腿节扁平且向端部扩大；胫节顶端内侧有钉状刺；第 1～3 跗节腹方具发达的多个黑色钉状刺；第 1 跗节长稍短于第 2～4 跗节之和。

腹：腹部长为宽的 1.9 倍、与胸部约等长；除第 1 节背板光滑外具细刻纹；第 1～4 节背板后缘中央微凹；第 1 节背板为腹长的 0.35 倍，稍长于第 2、3 节背板之和。产卵器稍伸出腹端。

雄：体长 1.4～1.8mm。

体色：头部和胸部蓝黑色，有金绿色光泽（头前面完全金绿色）。触角柄节黄色、背面金绿色，梗节和鞭节黑褐色。足基节和后足腿节蓝黑色有光泽；中足腿节端半和后足胫节端半浅褐色；其余白色。前翅透明无色斑，翅脉浅黄色。腹部黑色有光泽。

头：头部背面观宽为中长的 2.4 倍；上颊为复眼宽的 0.3 倍。单眼长径、单复眼间距、侧单眼间距、中侧单眼间距之比为 1.0∶1.0∶3.0∶1.8。侧单眼处额宽稍长于复眼宽。头顶具细横皱。头前面观近梯形，密布细刻点；额上方几乎不收窄；触角洼深，光滑，不伸达中单眼。触角着生于复眼下缘连线水平；柄节短，圆柱形，腹面稍扁；梗节和鞭节长度之和长为头宽的 2.2 倍、为前翅长的 0.8 倍；梗节小，长为宽的 1.1 倍、为第 1 索节长的 1/3；各索节等宽向后稍短，第 1、7 索节长分别为宽的 2.6 倍和 1.1 倍；棒节端部渐尖，稍短于前 3 节之和。

胸：前胸背板背面近于扁五角形。中胸盾片拱隆近三角形，盾纵沟伸至端部，具细横刻皱。小盾片具细纵刻纹，三角片（内角相近不相接）具弧形细刻纹。中胸侧板具细刻纹。并胸腹节短，光滑，中央隆起，有细中纵脊。前翅明显超过腹端；亚前缘脉∶缘脉（不包括缘前脉）∶后缘脉∶痣脉=17∶10∶8∶4。中足腿节正常不扁平。后足胫节与跗节等长；基跗节与后 2 跗节之和等长。

腹：腹部与胸部等长，向后渐宽，长为最宽处（近后端）的 2.5 倍，末端钝三角形；背板具细刻纹；背板后缘均平直；第 1 节背板最长，为腹长的 0.3 倍。

生物学：寄生于思茅松毛虫 *Dendrolimus kikuchii*、马尾松毛虫 *Dendrolimus punctatus*、文山松毛虫 *Dendrolimus punctatus wenshanensis*（侯陶谦，1987）、赤松毛虫 *Dendrolimus spectabilis*（陈昌洁，1990）、油松毛虫 *Dendrolimus tabulaeformis* 卵；据记载寄主还有芝麻鬼脸天蛾 *Acherontia styx*、栗树及梨树上的天蛾和蝽象（Pentatomidae）。

标本记录：4♀4♂，浙江衢州，1984，何俊华，寄主：马尾松毛虫卵，No. 895165；23♀4♂，浙江衢州，1986.VI~VII，何俊华，寄主：马尾松毛虫卵，No. 870044、870620；1♂，浙江瑞安，1986.VI，何俊华，寄主：马尾松毛虫卵，No. 864213；9♀，四川永川，1986.VI，吴猛耐，寄主：马尾松毛虫卵，No. 870473、870475；6♀，重庆，1987.VI.11，何俊华，寄主：马尾松毛虫卵，No. 871009；6♀，重庆，1987.VII，吴猛耐，寄主：松毛虫卵，No. 894570；3♀，重庆，1986.VII，吴猛耐，寄主：马尾松毛虫卵，No. 894569；2♀4♂，云南个旧，1980，李国秀，寄主：松毛虫卵，No. 814305~4306；1♀1♂，云南安宁温泉，1983.V~VI，游有林，寄主：思茅松毛虫卵，No. 841697；5♀，云南安宁温泉，1988.VII.9~13，陈学新，寄主：松毛虫卵，No. 886893。

分布：河北、浙江、江西、湖南、重庆、四川、云南；印度。

（143）双带平腹小蜂 *Anastatus bifasciatus* (Geoffroy, 1785) （图 196）

Cynips bifasciatus Geoffroy, in Fourcroy, 1785: 388.

Cynips bifasciatus Fonscolombe, 1832: 294. Synonymy by Bouček, 1970.

Anastatus bifasciatus: Kamiya, 1939: 11; 祝汝佐, 1955: 1; Kalina, 1981: 9; 杨秀元和吴坚, 1981: 320; 严静君等, 1989: 240; 吴钜文和侯陶谦, 1990: 296; 陈昌洁, 1990: 196.

Anastatus (*Anastatus*) *bifasciatus*: Narendran, 2009: 78.

雌：尚未见原记述也未见国外详细记述，现将国外有关零星记述译录如下，供参考。

据 Ferrière（1930: 34）记述：胸部更绿而无紫色，头顶、小盾片、三角片及腹部古铜色。腹部第 2 节背板无明显白色，但仅稍浅多少透明。触角索节除第 2 节稍短外，长常为宽的 2 倍。前翅中央透明横带稍窄。

据 Kamiya（1939: 11）记述：头部金属蓝色，有光泽，具网状刻纹；额有白毛。触角柄节黄褐色，其余暗褐色，鞭节上有灰白色短毛。胸部背面金绿色，平，中胸盾片中央稍凹，其前方中央稍拱隆，密布圆而粗刻点，其余部位光滑；小盾片也拱隆，密布圆而粗刻点。翅相当小，透明，前翅近中央和端部具宽的褐毛带；翅脉浅褐色。腹部黑色，有紫红色光泽。足黄褐色，基节色稍浅。体长1.5～2.0mm，前翅长0.8mm。

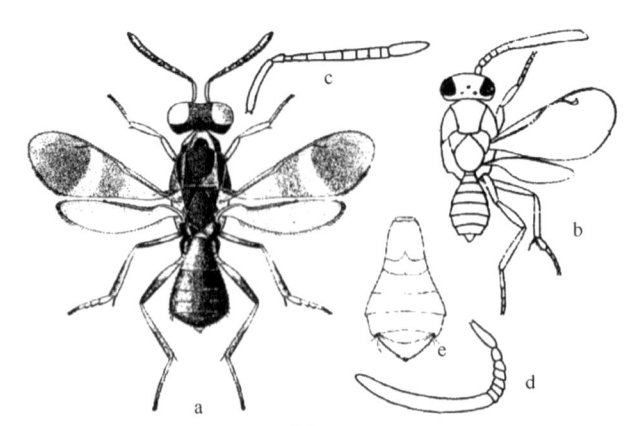

图196 双带平腹小蜂 Anastatus bifasciatus (Geoffroy)（a. 引自 Kamiya, 1939; b. 引自 Nikol'skaya, 1952; c, d. 引自 Ferrière, 1930; e. 引自 Bouček, 1988）
a. 雌蜂整体图；b. 雄蜂整体图；c. 雌蜂触角；d. 雄蜂触角；e. 腹部，背面观

据 Nikol'skaya（1952: 490）在检索表中的记述：雌性体长2.4～3.3mm，雄性体长2.2～2.3mm。体深紫色，部分具金黄至绿色光泽；触角柄节黄褐色；中胸背板中区有光泽，具浅的刻纹；小盾片及三角片青铜色。前翅无色条带弯曲，两个有色条带均等宽。足深褐色，跗节暗色。头部扁豆形，稍隆起。单眼呈钝角三角形排列。前胸背板几乎从最基部就向前收缩。

据 Kalina（1981: 9）在检索表中的记述和模式标本照片：头部前面观短椭圆形，复眼中央宽度明显窄于该处额宽。额窝不伸达中单眼。中胸盾片舌状隆区伸至0.64处，前方稍收窄而近于圆形，网纹浅略横向排列；小盾片上网纹细，近纵向排列；三角片上具斜刻条，三角片之间距离小于三角片基宽。前翅透明带弯曲，多少平行。

据 Askew 和 Nieves-Aldrey（2004: 28）在检索表中的记述：前翅缘脉后方的透明横带白色弧形，其边缘近于平行；小盾片长约为宽的1.3倍；腹部背面观基部窄，在中央之后最宽；中胸盾片舌状隆区较小盾片刻纹弱而光亮，在前方几乎光滑，盾片舌状隆区后方裸；胸腹侧片和中胸侧板完全暗色有金属光泽。

Narendran（2009: 78）汇总了 Ferrière（1930）、Nikolskaya（1952）和 Bouček（1970）中描述介绍的特征：雌体长2.4～3.3mm。体暗紫色，某些部位带金绿色光泽；小盾片和三角片青铜色；触角柄节黄褐色；足暗褐色；腹部第1节背板部分和第2节背板色浅或半透明（某些个体在第2节背板端部非明显白色仅色稍浅）；头部背面观宽为长的3.3倍（某些个体胸部更绿色而无紫色，但头顶、小盾片、三角片和腹部也非青铜色）；前翅烟褐色，在中央有弯曲、向翅后缘稍窄的透明带；前翅端部色稍浅，基部亚前缘脉下方无烟褐色；中胸盾片前方隆区约占盾片的80%；中足胫节距稍长于基跗节；腹部稍长于胸部（36∶33）。

雄：体长2.2～2.3mm。触角索节5节，具很长的棒节，超过全部索节的长度（本种最明显的特征）。

生物学：国内报道寄主有赤松毛虫 Dendrolimus spectabilis、落叶松毛虫 Dendrolimus superans 卵；在国外记录有欧洲松毛虫 Dendrolimus pini、赤松毛虫 Dendrolimus spectabilis。据记载，其寄主广泛，包括半翅目 Hemiptera（蚜科 Aphididae、缘蝽科 Coreidae、蝽科 Pentatomidae、木虱科 Psyllidae、盾蝽科 Scutelleridae）、鳞翅目 Lepidoptera（枯叶蛾科 Lasiocampidae、毒蛾科 Lymantriidae、舟蛾科 Notodontidae、蛱蝶科 Nymphalidae、凤蝶科 Papilionidae、大蚕蛾科 Saturniidae、天蛾科 Sphingidae）、直翅目 Orthoptera（蝗科 Acrididae、螽蟖科 Tettigoniidae）的卵和膜翅目 Hymenoptera（茧蜂科 Braconidae）茧内幼虫等。

标本记录：无标本也未见标本。

分布：据记载有黑龙江、吉林、江苏；朝鲜，日本，美国，俄罗斯等。

注：按廖定熹等（1987: 187），舞毒蛾卵平腹小蜂 Anastatus japonicus Ashmead 的黑白图是仿自 Nikol'skaya（1952）的双带平腹小蜂 Anastatus bifasciatus（并且补加了1节索节），是否意味着认为两者是同一物种，没有明确交代。根据现有资料，Anastatus japonicus 和 Anastatus bifasciatus 仍是2个独立的种，

雌蜂确实难以区分，雄蜂易于区别。

新中国成立后，我国较多采用双带平腹小蜂 *Anastatus bifasciatus*，与参考苏联资料 Nikol'skaya（1952）可能有关，因其许多种雌蜂图很相似；与祝汝佐（1955：1）报道过在江苏和浙江有 *Anastatus bifasciatus* 也可能有关。从浙江大学所保存的育自我国南北许多地区的寄生于各种松毛虫和其他虫卵的近 150 头雄性平腹小蜂中尚未见触角棒节很长的双带平腹小蜂。

（144）短翅平腹小蜂 *Anastatus brevipennis* Ashmead, 1904（图 197）

Anastatus brevipennis Ashmead, 1904a: 154; 李经纯等, 1959: 289; 吴钜文, 1979a: 31(*brevipenuis*！); 杨秀元和吴坚, 1981: 320; 侯陶谦, 1987: 171; 严静君等, 1989: 241(*brevipensis*！); 盛金坤, 1989: 91.

雌：体长 3.0mm 左右。

体色：头部金绿色有铜色闪光。前胸背板外侧后部有一小黑斑。中胸盾片中央略具金绿色闪光；小盾片和三角片金绿色。腹部除基部黄白色外黑色，具金绿色或铜色闪光。体其余部分黄色。触角梗节以后黄褐至黑褐色，具短而密的毛。足腿节、胫节背面微褐色。

头：头部略横形，具细刻点。复眼大而凸出。触角着生于复眼下缘连线稍下方；柄节细长稍向外弯，不达前单眼；梗节长约为环状节的 2 倍；环状节小；索节 7 节，第 1 索节最长，长约为宽的 2 倍，以后各索节渐短而宽，第 5 索节略呈方形，第 6、7 索节略横形；棒节 3 节末端斜截。单复眼间距约等于侧单眼直径的 1/2。额注浅；触角窝间膨起，中央具 1 细纵脊，其余部分具不规则的短脊。无后头脊，具细横纹。

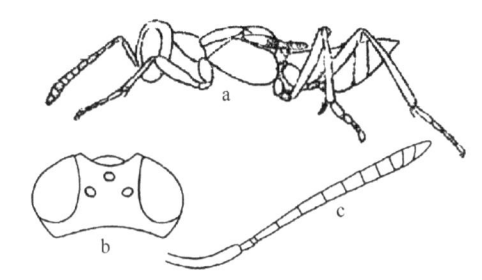

图 197 短翅平腹小蜂 *Anastatus brevipennis* Ashmead 雌蜂（a. 引自 盛金坤, 1989; b, c. 引自 Kalina, 1981）
a. 整体图，侧面观；b. 头部，背面观；c. 触角

胸：前胸背板略呈三角形。中胸和并胸腹节侧面膨起，光滑；中部最宽，似一腰鼓状。小盾片较小而窄似橄榄形，小盾片和三角片上的刻点似组成明显的条纹状。翅小，仅达腹部第 2 节背板中部。

腹：腹部末宽而钝，背板具明显的横条纹。

雄：体长约 2.8mm。体红褐色；前胸背板、中胸盾片中央、并胸腹节和胸部腹面黑褐色，均有金绿色和铜色闪光。

生物学：吴钜文（1979a: 31）最初报道在山东、江苏寄生于赤松毛虫、马尾松毛虫，盛金坤（1989: 91）报道在江西寄生于赭色松毛虫 *Dendrolimus kikuchii ochraceus* 卵。

标本记录：无标本也未见标本。描述录自盛金坤（1989: 91）。

分布：山东、江苏、浙江、江西；日本。

注：① Ashmead（1904a: 154）中 *Anastatus brevipennis* 的模式标本采自日本，原始描述简单无附图。盛金坤（1989: 91）文中所附的图 297 是 Ferrière（1935: 149）在乌干达从蝽卵中育出的 *Anastatus brevipennis*（异物同名）的图，并在翅斑上加工过，与盛金坤本人描述中翅端达腹部第 2 节背板中部也不符。② Ashmead（1904a: 154）中本种原记述是：体长 3.0mm。体金绿至黑色，中胸盾片和腹部有蓝色光泽，腹部基部有白带；触角柄节和足黄褐色，但基节和腿节褐色，后足胫节多少暗褐色；鞭节亚棒形，黑褐色；翅相当短窄，端部 2/3 暗褐色，但被白色横带分开，翅基部透明。产地日本岐阜。标本 2 件。③ 盛金坤（1989: 91）文中所记述的雄性是否隶属于本种，存疑；④ Kalina（1981）在平腹小蜂分种检索表中对短翅平腹小蜂 *Anastatus brevipennis* Ashmead, 1904 和枯叶蛾平腹小蜂 *Anastatus gastropachae* Ashmead, 1904 的记述是：同为短翅型；前翅透明斑弯曲；中胸盾片具有规则的网纹，无光泽。其区别是 *Anastatus brevipennis* 中胸盾片长宽比=30：20（1.5 倍），头背面观宽为长的 1.84 倍；而 *Anastatus gastropachae* 中胸盾片长宽比=25：14（1.78 倍），头背面观宽为长的 1.96 倍。

(145) 德兴平腹小蜂 *Anasatus dexinensis* Sheng *et* Wang, 1997（图 198）

Anastatus sp.: 盛金坤等, 1995: 14.
Anasatus dexinensis: Sheng *et* Wang, *in*: 盛金坤等, 1997: 59; 俞云祥和黄素红, 2000: 41.

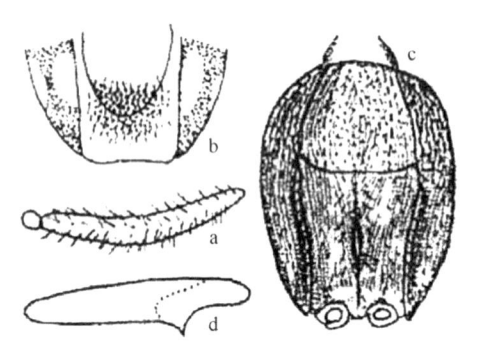

图 198 德兴平腹小蜂 *Anasatus dexinensis* Sheng *et* Wang（引自 盛金坤等, 1997）
a. 触角柄节; b. 中胸盾片后部; c. 中胸腹板; d. 前足腿节

雌：体长约 2.5mm。

体色：体黑褐色具蓝绿色光泽。触角柄节黄褐色。颜面古铜色。口器和下颚须浅暗褐色。中胸盾片舌状部古铜色；后部蓝绿色；舌状部两侧隆起部、小盾片和三角片铜蓝色。前胸背板有倒"T"形浅色纹。前翅中部具 1 弯曲透明横带，其宽度约为痣脉长的 2 倍。足转节、腿节端部、胫节两端和跗节红褐色，跗节背面暗褐色，中足跗节色稍浅。胸部侧面和腹面及腹部紫黑色；亚基部背面具 1 较宽黄色横带；腹部末端微黄色。体多毛。

头：头横形，宽约为长的 2.59 倍，具后头脊。额窝距中单眼约为中单眼直径的 1.5 倍，但界限不明。触角着生于复眼下缘连线稍下方；触角窝间具 1 明显纵脊。触角鞭节和梗节长度之和约为头宽的 1.4 倍；柄节圆柱状，中部稍弯曲，达中单眼，具密而较长的白毛；梗节长约为宽的 1.3 倍，环状节几乎方形，索节第 1~4 索节几乎等长，但由细渐宽，第 5~7 索节明显较短，第 6、7 索节近方形；棒节末端斜截，稍短于前 3 节长度之和。单眼呈等边三角形排列；单复眼间距小于侧单眼直径。颚眼距约为复眼高的 0.4 倍；额颊沟极明显，较宽。

胸：前胸背板三角形。中胸盾片长约为舌状部宽的 2 倍；舌状部、小盾片和三角片均具顶针状刻点；中胸盾片后部前半较粗糙，似舌状部刻点后延，后半则光滑，其上白毛杂乱后披，非辐射状排列也似舌状部毛之后延；舌状部两侧具细刻点。中胸侧板和腹板具细纵纹，腹板中央具 1 中纵脊。并胸腹节中部短而两侧宽大。前翅缘脉等于或稍长于亚前缘脉，后缘脉约为缘脉长的 1/2、为痣脉长的 2 倍。前足腿节近端部 1/3 处具 1 明显的尖齿；中足发达，胫节距粗壮、稍短于基跗节，胫端和前 4 跗节腹面均具黑色小栉齿；后足第 1 跗节最长，稍短于第 2~4 跗节长度之和。

腹：腹部较胸部短，基部窄而端部宽钝。第 1 腹节最长，其余各节几乎相等。背面第 2 节以后具细而略横形的网纹。产卵管鞘微露。

雄：未知。

生物学：寄生于思茅松毛虫 *Dendrolimus kikuchii* 卵。单寄生。

标本记录：无标本也未见标本。形态描述根据盛金坤等（1997: 59）。

分布：江西（德兴）。

鉴别特征：本种前足腿节端部 1/3 处具尖齿；中胸盾片后部前半较粗糙，后半则光滑，白毛杂乱后披；中胸腹板中央具 1 中纵脊；触角柄节多毛等组合特征易与其他种区别。

(146) 黄褐平腹小蜂 *Anastatus flavipes* Sheng *et* Wang, 1997（图 199）

Anastatus flavipes: Sheng *et* Wang, *in*: 盛金坤等, 1997: 60; 俞云祥和黄素红, 2000: 41.

雌：体长 1.7~1.9mm。

体色：体黄褐色，头部暗褐色具紫色光泽。触角柄节黄褐色，有时背面微暗，梗节和鞭节暗褐色，略具蓝绿色光泽。下颚须黄褐色。前胸背板大体黄褐色，侧缘和后侧角具暗蓝紫色斑。中胸盾舌状部、小盾片和三角片金红色，具顶针状刻点；舌状部两侧暗红褐色略具蓝绿色光泽；中胸盾片后部略凹陷平滑，蓝绿色，具白毛略呈单辐射状排列；中胸侧板黄褐色，前部色较暗具较密白毛。中胸腹板暗褐色具蓝绿色光泽。并胸腹节暗褐色。腹部紫褐色，基部具1黄褐色斑或横带，末端色较浅。前翅中部具1弯曲透明横带。足黄色或淡黄褐色；腿节和胫节背面色较暗，跗节端部褐色。

头：头部具较粗刻点；头宽为长的1.94倍。单眼近直角三角形排列，单复眼间距等于或稍小于侧单眼直径；侧单眼间距约等于侧单眼直径的2.5倍。额较复眼窄（16∶22）。触角着生于复眼下缘水平。额窝顶部至中单眼的距离约等于中单眼直径的1.5倍。触角窝间较隆起并具1明显短纵脊。颚眼距约为复眼高的0.55倍。触角柄节达中单眼；梗节长约为宽的1.8倍，与第1索节等长或稍短；第1~3索节几乎等长，但渐宽，第4~7索节渐短，第5~7索节渐横形；棒节末端斜截，长约等于前3节长度之和；梗节与鞭节长度之和约为头宽的1.3倍。

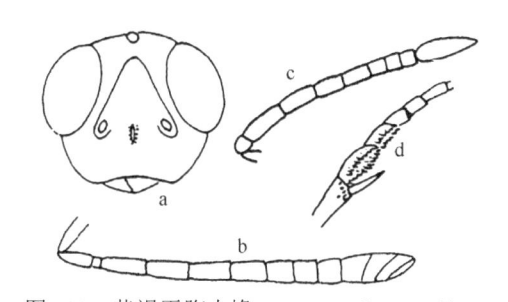

图199 黄褐平腹小蜂 *Anastatus flavipes* Sheng et Wang（引自 盛金坤等，1997）
a. 头部，前面观；b. 雌蜂触角；c. 雄蜂触角；d. 中足胫节和跗节

胸：前胸背板三角形。中胸盾片上的白毛呈单辐射状排列。中胸侧板具细密纵纹。并胸腹节无中脊。前翅缘脉与亚前缘脉几乎等长，约为后缘脉长的2倍；后缘脉稍长于痣脉的2倍。中足胫节端部和跗节1~4节腹面具黑色小栉齿；后足基跗节最长，其余依次渐短。后胸略呈"V"形后突。并胸腹节中部极短，褶内区窄而凹陷，两侧区甚隆起并后延。

腹：腹部较胸部稍短，基部窄而端部宽钝；腹部背面具细横纹；第1腹节最长，其余渐短。产卵管鞘稍外露。

雄：体长约2mm。头部、胸部、并胸腹节和腹部基部为金属蓝绿色，腹部其余部位紫褐色。触角柄节、梗节黄褐色，背面稍暗。口器黄褐色。足基节和腿节同体色，腿节端部红褐色，转节、胫节基部和跗节黄白色，胫节暗褐色。翅透明。触角柄节不达中单眼；梗节圆珠状；第1~4索节均长大宽，第5~7索节渐横形；棒节不分节，长等于前3索节与前第4索节1/2长度之和。中胸盾侧沟细而深；并胸腹节具中脊。腹部较胸部稍短，长卵圆形。

生物学：寄生于思茅松毛虫 *Dendrolimus kikuchii*、马尾松毛虫 *D. punctatus*、赤松毛虫 *D. spectabilis* 和落叶松毛虫 *D. superans* 等的卵。

标本记录：无标本也未见标本。形态描述、生物学、鉴别特征及分布根据盛金坤等（1997：60）。

分布：黑龙江、山东、江西。

鉴别特征：本种与 *Anastatus japonicus* (Ashmead)极相似，但后者暗褐色；额与复眼几乎等宽，额窝顶部离中单眼较远，约为中单眼直径的2倍。雄蜂黑褐色，微具铜色光泽；触角棒节几乎等于前3索节长度之和。

（147）枯叶蛾平腹小蜂 *Anastatus gastropachae* Ashmead, 1904（图200）

Anastatus gastropachae Ashmead, 1904a: 153; Chu et Hsia(祝汝佐, 夏慎修), 1935: 395; 祝汝佐, 1955: 1; 祝汝佐, 1955: 373; 邱式邦, 1955: 181; 孙锡麟和刘元福, 1958: 235; 李必华, 1959: 321; 彭建文, 1959: 201; 蒋雪邨和李运帷, 1962: 244; 萧刚柔等, 1964: 216; 广东省农林学院林学系森保教研组, 1974: 103; 福建林学院森林保护教研组, 1976: 20; 吴钜文, 1979a: 31; 杨秀元和吴坚, 1981: 320; 柴希民等, 1987: 3; 侯陶谦, 1987: 171; 严静君等, 1989: 241; 盛金坤, 1989: 91; 陈昌洁, 1990: 196; 吴钜文和侯陶谦, 1990: 296; 陕西省林业科学研究所和湖南省林业科学研究所, 1990: 158; 童新旺等, 1991: 9; 杜增庆等, 1991: 16; 湖南省林业厅, 1992: 1289; 刘岩和张旭东, 1993: 89; 章士美和林毓鉴, 1994: 164; 盛金坤等, 1995: 41; 俞云祥, 1996: 15; 柴希民等, 2000: 1; 俞云祥和黄素红, 2000: 41; 梁秋霞等, 2002: 29; 施再喜, 2006: 28; 杨忠岐等, 2015: 163.

雌：体长2.1mm。
体色：头顶后缘、后头、上颊深绿色，单眼区、颜面、颊紫红带绿色；触角洼绿色略带紫红色；触角

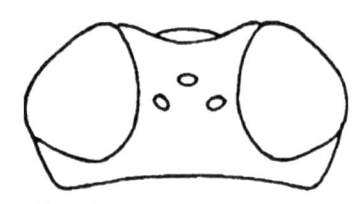

图 200 枯叶蛾平腹小蜂 Anastatus gastropachae Ashmead 头部背面观（引自 Kalina，1981）

支角突、柄节黄色，梗节深绿色，但其基部与环状节基部均为黄色，其余黑褐色；胸部黄色略带烟色，唯中胸中区、三角片、小盾片黄色，并胸腹节深褐色；足黄色带褐色，有时腿节深褐色；中足胫节末端及跗节上的钉状刺黑色；后足基节大部分暗褐色；前翅基部透明，端部深褐色，唯缘脉端部 2/5 下具 1 弯月形透明带至翅后缘；腹部基部褐色带金属光泽，亚基部具 1 较宽的白色横带，其余深绿色。

头：背面观头宽为长的 2 倍；单眼区呈等边三角形，POL：OOL：OD=4.0：1.1：1.9；上颊长为背面观复眼长的 0.4 倍。前面观触角窝前缘位于复眼下缘连线上，2 触角窝间距为其至复眼距离的 2 倍。触角洼深。柄节长度超过头顶，长为宽的 6.3 倍；梗节长为宽的 2.3 倍；环状节长为宽的 0.8 倍；第 1 索节长大于梗节，长为宽的 3.0 倍；其后各节长度渐变小而宽度渐增大，索节 6 近方形，末索节则宽大于长；棒节长大于末 2 索节长度之和，长为宽的 2 倍；末棒节的斜切面始于基部。

胸：胸部侧板大，突出，从胸背面可见。中胸中区与侧区具深刻纹。三角片长，伸达小盾片基部 2/3。并胸腹节中部极短，两侧宽大，无中纵脊。前翅极短而狭，翅端仅达腹部第 1 背板中部。

腹：腹部锥形，基部窄而端部在第 4 背板后缘处最宽；各节后缘中央缺刻状刻入，末背板呈舌状膜片。

生物学：寄主有云南松毛虫 Dendrolimus houi、马尾松毛虫 Dendrolimus punctatus、德昌松毛虫 Dendrolimus punctatus tehchangensis、赤松毛虫 Dendrolimus spectabilis、落叶松毛虫 Dendrolimus superans（卵）及枯叶蛾 Gastropacha sp.、油茶枯叶蛾 Lebeda nobilis、竹缕舟蛾 Loudonta dispar。此蜂在湖南一年可以自然繁殖 3 个世代，每年 9 月下旬或 10 月上旬老熟幼虫在寄主卵内越冬，翌年 4 月底开始羽化。成虫羽化后雌雄蜂即可交尾并产卵。大部分卵集中在 20 天内产出，有的个体产卵可延续 48 天。单雌产卵量与喂食有明显关系，在喂食条件下最高达 382 粒，平均 188.7 粒；不喂食时最高可产卵 104 粒，平均 21.1 粒。寿命在喂食条件下最长可存活 65 天，最短 3 天，平均 37.4 天，不喂食时平均 6.9 天。室内可用柞蚕卵进行人工大量繁殖。

标本记录：无标本也未见标本。形态描述及生物学录自杨忠岐等（2015：162）、陕西省林业科学研究所和湖南省林业科学研究所（1990：158）。

分布：浙江、湖南、江西；日本，朝鲜。

注：① 本种 Anastatus gastropachae 中名曾用"短翅平腹小蜂"，为与短翅平腹小蜂 Anastatus brevipennis 和短翅平腹小蜂 Anastatus meilingensis 中名区别，建议以本种种本名学名 gastropachae（枯叶蛾属之意），更名为枯叶蛾平腹小蜂。Anastatus meilingensis 中名按种本名学名原意改用梅岭平腹小蜂。Anastatus gastropachae 改名枯叶蛾平腹小蜂后又与枯叶蛾平腹小蜂 Anastatus ramakrishnai 中名相同，枯叶蛾平腹小蜂 Anastatus ramakrishnai 按种本名原意为人名拉马克里希纳，现拟改为拉马平腹小蜂 Anastatus ramakrishnai。② Ashmead（1904a：153）中的本种 Anastatus gastropachae 原记述是：体长 1.8～2.0mm。头部青铜色，有光泽，胸部褐黄色，中胸盾片中叶蓝色，腹部金绿至黑色，触角柄节和足黄褐色，跗节浅色，中足胫节多少褐色；鞭节长，亚棒形，褐色或黑褐色；翅短而窄，褐色，基部和端部 1/3 透明。产地日本札幌。标本 4 雌，育自 Gastropacha sp. 卵。

(148) 黄氏平腹小蜂 *Anastatus huangi* Sheng et Yu, 1998 （图 201）

Anasatus (*Anastatus*) *huangi* Sheng et Yu (盛金坤和俞云祥), 1998: 6; 俞云祥和黄素红, 2000: 41.

雌：体长 1.8～2.0mm。

体色：大体黄褐色；头部蓝绿色具铜色光泽。颜面金红色。触角柄节黄褐色，端部稍暗，余节暗褐色，具浅色短毛。复眼暗红褐色。前胸背板后侧角具深色斑。中胸盾片舌状部黄铜色，中胸盾片后部蓝绿色具铜色闪光，具较密白毛。小盾片和三角片暗铜绿色。中胸侧板前部色较暗，具较密白毛，胸腹侧片侧面、中胸腹板、并胸腹节褶内区浅黄褐色。并胸腹节两侧隆起部金蓝褐色。足除后足基节金蓝褐色外均为淡黄色；中、后足腿节内、外侧具暗色纵纹，胫节背面色较暗。前翅基部 1/3 和中央横带透明具白毛。腹部暗褐色具紫色光泽，基部具黄褐色横带，端部色稍浅。

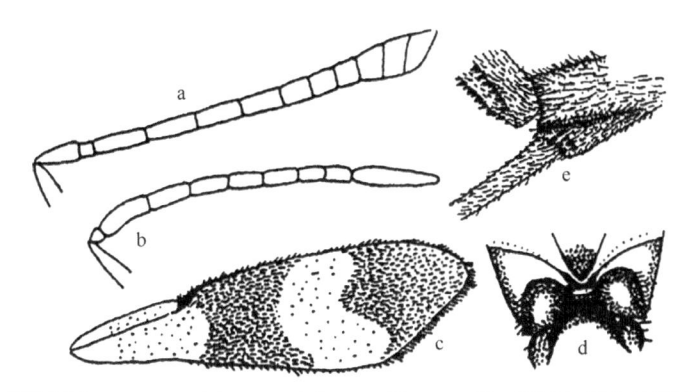

图 201　黄氏平腹小蜂 Anastatus (Anastatus) huangi Sheng et Yu（引自 盛金坤和俞云祥，1998）
a. 雌蜂触角；b. 雄蜂触角；c. 前翅；d. 并胸腹节；e. 中足胫节端部和跗节基部

头：头部背面观似矩形，宽约为长的 1.90 倍，无凹扁。额窝顶部至中单眼的距离约为中单眼直径的 1.2 倍。单眼呈等边三角形排列，单复眼间距约等于或稍长于侧单眼直径。触角着生于复眼下缘水平；柄节长达中单眼或稍超过；第 1 索节稍长于梗节；棒节 3 节，约等于前 3 索节长度之和，端部斜截。复眼具稀短毛。额约与复眼等宽；额颊沟细而明显。颚眼距长约复眼高的 1/3。后头脊在顶部较明显，但不尖锐。

胸：前胸背板三角形，较扁平。中胸盾片舌状部、小盾片和三角片均具针箍状刻点。中胸盾片后部与舌状部约等长。前翅较小，其长度不达腹部末端，且绝不超过；透明的横带中部弯曲，常具角状突。中足胫节距和基跗节发达，胫节端部具黑色小齿 6～7 枚，呈双行排列，胫距约与基跗节等长，胫距和基跗节间具 1 细纵沟；基跗节腹面具小齿 2 行，每行 11～12 枚，第 2、3 跗节小齿数渐少。并胸腹节中部甚短而窄，两侧宽大，均呈卵圆形并隆起。

腹：腹部较胸部短，基部窄而端部钝圆；背面具横纹，末节背板呈不明显"指甲"状后突。产卵器稍突出。

雄：体长约 1.4mm。蓝绿色具铜色光泽。足黄色，前足胫节以下稍暗。触角暗褐色；柄节黄褐色，但背面及其端部暗褐色；梗节近圆形；索节自基部至末节渐短；棒节不分节，矛状，长与前 3 索节长之和约等长。

生物学：寄生于马尾松毛虫 Dendrolimus punctatus 和思茅松毛虫 Dendrolimus kikuchii 卵。

标本记录：无。形态描述依据盛金坤和俞云祥（1998: 6）。

分布：江西（万年）。

鉴别特征：本种与 Anastatus meilingensis 极相似，但本种前翅较长，仅稍短于腹部末端；触角棒节长约等于前 3 索节长度之和；头部宽约为长的 1.90 倍，复眼不凹瘪；体较小。

注：作者按盛金坤和俞云祥（1998）中的图，在翅的 0.28～0.56 处和 0.7 以后有 2 条褐斑，端褐斑的内缘中央向基部呈三角形突出且其上下弧形弯曲；透明斑肾形，其中央宽度与基褐斑等宽；按图其缘脉似乎特长，端褐斑比其他种小。胫距和基跗节间具 1 细纵沟是平腹小蜂属属征之一，一般不易看清。

（149）舞毒蛾卵平腹小蜂 Anastatus japonicus Ashmead, 1904　（图 202）

Anastatus japonicus Ashmead, 1904a: 158; 中国林业科学研究院, 1983: 718; 何俊华, 1985: 109; 廖定熹等, 1987: 187; 柴希民等, 1987: 3; 何志华和柴希民, 1988: 2; 杜增庆和裘学军, 1988: 27(japnnicut？); 田淑贞, 1988: 36; 盛金坤, 1989: 91; 王问学等, 1989: 186; 吴钜文和侯陶谦, 1990: 296; 陈昌洁, 1990: 196; 陕西省林业科学研究所和湖南省林业科学研究所, 1990: 159; 童新旺等, 1990: 28; 童新旺等, 1991: 9; 杜增庆等, 1991: 16; 吴猛耐等, 1991: 56; 萧刚柔, 1992: 956, 960, 1238; 湖南省林业厅, 1992: 1289; 章士美和林毓鉴, 1994: 164; 宋运堂和王问学, 1994: 64; 俞云祥, 1996: 15; 陈尔厚, 1999: 49; 俞云

祥和黄素红, 2000: 41; 柴希民等, 2000: 1; 梁秋霞等, 2002: 29; 徐志宏和何俊华, 2004: 178; 徐延熙等, 2006: 769; 杨忠岐等, 2015: 163.

Anastatus disparis: 李必华, 1959: 321; 李经纯等, 1959: 289; 吴钜文, 1979a: 31; 杨秀元和吴坚, 1981: 320; 章宗江, 1981: 236; 党心德和金步先, 1982: 140; 陕西省林业科学研究所, 1984: 208; 李克政等, 1985: 25; 侯陶谦, 1987: 171; 李伯谦等, 1987: 31; 严静君等, 1989: 140, 241; 何允恒等, 1988: 22.

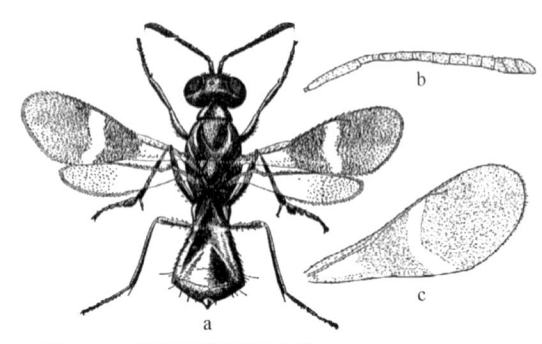

图 202　舞毒蛾卵平腹小蜂 *Anastatus japonicus* Ashmead（a. 引自 Burgess & Crossman, 1929; b, c. 引自 Narendran, 2009）
a. 雌蜂整体图, 背面观; b. 雌蜂触角; c. 前翅

雌：体长 2.2～3.5mm。

体色：头部和胸部蓝黑色, 具金绿色光泽。触角柄节黄色, 背面上方或带褐色; 梗节及鞭节黑色。前胸背板浅黄褐色, 侧缘前方、后角或中央各有 1 黑褐色小斑点; 中胸盾片中叶前方舌形隆区和小盾片及三角片金绿色稍暗, 其端部带棕色, 三角片或整个带棕色; 中叶隆区后方多白毛。中胸侧板全部棕褐色或后方棕色, 其前下方带金绿色有白毛。翅褐色, 近基部、中央及翅尖无色透明, 在缘前脉下方和缘脉基半下方、痣脉下后方各有 1 条褐色或浅褐色横斑。足浅黄褐色; 中后足基节蓝黑色; 前后足腿节外侧、中足腿节（相当扁宽）背面中央纵条、后足腿节和胫节外侧均浅黑褐色。腹部黑色, 第 1 腹节背板有黄白色斑。标本放置角度或照明灯光不同, 显示的色彩会有差异。

头：头部背面观横宽, 宽为中长的 2.6～2.7 倍。上颊长约为复眼宽的 0.65 倍。单眼排列近正三角形; 单眼长径、单复眼间距、侧单眼间距、中侧单眼间距之比为 1.0：（0.5～0.7）：2.0：1.9。头顶具细横皱。侧单眼处额宽稍窄于复眼宽。头前面观椭圆形, 密布细刻点。额明显向上方收窄。额窝不伸达中单眼。触角窝间和颜面有细中纵脊, 触角着生于复眼下端连线水平处; 触角窝间距为至复眼间距的 1.5～1.8 倍。柄节细长, 亚圆柱形, 稍弯曲, 长为端宽的 8.3 倍, 伸达前单眼; 梗节及鞭节长度之和为头宽的 1.0～1.2 倍、为前翅长的 0.53～0.62 倍; 梗节长为宽的 2.0 倍, 长为第 1 索节的 0.8 倍; 索节向后渐短渐粗, 第 1、7 索节长分别为宽的 2.0 倍和 0.8～0.9 倍; 棒节 3 节, 长等于或稍长于索节末 3 节之和。

胸：前胸背板背面近于亚梯形, 后半半圆形凹入。中胸盾片方形, 盾纵沟伸至 0.6～0.7 处相连, 围出长为宽 1.3～1.5 倍、侧缘向后渐拢、端部稍尖的舌形隆区, 其上和小盾片及三角片密布细刻点; 盾片中叶后方凹入部位光滑, 具伸向中央的白毛。小盾片前沟缝形。三角片间距约等于三角片基宽。中胸侧板具纵向细刻纹。并胸腹节短, 侧方有隆瘤。前翅明显超过腹端; 长为宽的 2.4 倍; 亚前缘脉：缘脉（不包括缘前脉）：后缘脉：痣脉=20：22：12：6 或 34：35：15：7; 透明带弯曲, 近于等宽, 中宽为基褐斑的1/2。中足腿节扁平且端部扩大、胫节端部内侧和第 1～3 跗节腹方具发达的多个黑色钉状刺。

腹：腹部长为最宽处（近后端）的 1.35 倍、为胸部长的 0.8 倍; 腹部由基至端渐宽, 末端圆钝; 背面腹基完全平滑, 末端具细横线; 第 1 节背板最长, 为腹长的 0.36～0.4 倍。产卵管鞘微露出腹末。

雄：体长 1.8～2.3mm。

体色：头部和胸部蓝黑色, 部分有紫色或金绿色光泽。触角黑色, 柄节黄褐色。足基节（有金绿色反光）、腿节黑色; 后足胫节除基部外浅褐色或黑色; 其余黄白色。翅透明无色, 翅脉黄褐色。腹部黑色, 第 1 节背板有金绿色光泽。

头：头部背面观宽为中长的 2.4 倍; 上颊为复眼宽的 0.3 倍。侧单眼处头顶宽大于复眼宽。单眼排列呈钝三角形; 单眼长径、单复眼间距、侧单眼间距、中侧单眼间距之比为 1.0：0.8：3.0：1.8。头前面观近椭圆形, 具粗刻点或刻皱; 额向上方稍收窄; 触角洼下凹, 光滑, 不伸达中单眼。触角着生于复眼下端连线水平处或稍下方; 触角窝间距为至复眼间距的 1.0～1.25 倍。触角柄节较短, 腹面稍平, 中央稍宽, 长为宽的 2.0 倍, 稍长于第 1 索节; 梗节和鞭节长度之和较长, 为头宽的 2.0 倍、为前翅长的 0.79 倍; 梗节很小, 长为第 1 索节的 1/5; 各索节约等宽, 第 1、7 索节长分别为端宽的 2.5 倍和 1.0 倍; 棒节至端部渐细, 长为前3节之和。

胸：前胸背板短。中胸盾片稍拱，其表面满布细点皱；小盾片前沟缝形；三角片内角相当接近。并胸腹节短但较雌性稍长，光滑，有细中纵脊。前翅伸过腹部端部；亚前缘脉：缘脉（不包括缘前脉）：后缘脉：痣脉=24：20：12：9。

腹：腹部长为宽的1.85倍、为胸部长的0.92倍；具极细刻纹，近于光滑。第1节背板后缘中央稍前凹，其余平直；第1节背板为腹长的0.35～0.4倍。

生物学：寄主有云南松毛虫 Dendrolimus houi（=柳杉毛虫）、思茅松毛虫 Dendrolimus kikuchii、马尾松毛虫 Dendrolimus punctatus、文山松毛虫 Dendrolimus punctatus wenshanensis、赤松毛虫 Dendrolimus spectabilis、落叶松毛虫 Dendrolimus superans、油松毛虫 Dendrolimus tabulaeformis、明纹柏松毛虫 Dendrolimus suffuscus illustrates、松毛虫脊茧蜂 Aleiodes esenbeckii（从蜂茧中育出，单寄生）和白斑毒蛾（白斑茸毒蛾）Dasychira nox、斑衣蜡蝉 Lycorma delicatula、舞毒蛾 Lymentria dispar、栎黄枯叶蛾 Trabala vishnou 卵。据记载白斑合毒蛾 Hemerocampa leucostigma、行列半白大蚕蛾（=牧草大蚕蛾）Hemileuca oliviae 及茧蜂科 Braconidae 的柳毒蛾盘绒茧蜂 Cotesia melanoscela 等亦为其寄主。

在陕西室内繁殖，夏天1代约30天，其中卵期5～6天，幼虫期7～9天，预蛹期5～7天，蛹期7～9天。成虫在喂蜜条件下可活20多天，气温越低寿命越长；不喂食时仅活1周左右。室内用柞蚕卵、油松毛虫卵均接种成功。在合适的温湿度条件下全年可繁殖。成虫善爬行和跳跃，亦能作短距离飞行；有趋光性和向上性。雌雄蜂一生均能进行多次交尾。产卵期长达半月左右。每雌蜂一般产卵约200粒。每寄主卵仅出1蜂。

标本记录：19♀2♂，黑龙江林口，1971.V.13，黑龙江林科所，寄主：落叶松毛虫，No. 71006.1；19♀2♂，黑龙江林口，1977.XI.6，张亚琴，寄主：落叶松毛虫，No. 771989；2♂，黑龙江勃利，1972.VIII，宫海林，寄主：落叶松毛虫，No. 73036.7；3♀，黑龙江一面坡，1981.VIII，胡隐月，寄主：落叶松毛虫，No. 816155；16♀2♂，黑龙江牡丹江，1982.VII.20，于永址，寄主：落叶松毛虫，No. 864667、864770～72；4♀1♂，山东青岛，1954.VI.5，李学骥，寄主：赤松毛虫，No. 5427.1；8♀8♂，山东烟台，1972.XII.9，烟台林科站，寄主：赤松毛虫，No. 72021.6；8♀6♂，山东，1973，张之光，寄主：油松毛虫，No. 73065.17；2♀，山东济南，1987.V.11，何俊华，寄主：赤松毛虫上的松毛虫脊茧蜂，No. 870996；7♀2♂，山东烟台，1987.VI.7，侯绍金，寄主：赤松毛虫，No. 871278；2♀，山东淄博，1987.VIII，范迪，寄主：赤松毛虫，No. 875453；24♀，山东，1987，范迪，寄主：赤松毛虫，No. 878882～83；12♀8♂，江苏南京，1954.VI～VIII，1955.V.7，邱益三，寄主：马尾松毛虫卵，No. 5514.2、5519.1；1♀，浙江云和，1955.V，黄荣华，寄主：柳杉毛虫卵，No. 5516.1；3♀1♂，浙江常山，1957，林虫试验站，寄主：马尾松毛虫卵，No. 5708.16；7♀，浙江长兴，1974.VI.22，泗安林场，寄主：马尾松毛虫，No. 740337；18♀1♂，浙江长兴，1984.VI.20，吕文柳，寄主：马尾松毛虫，No. 844821～22、844837；2♀1♂，浙江长兴，1984.VII.20，何俊华，寄主：马尾松毛虫，No. 845959～60；2♀，浙江衢州，1985，王金友，寄主：马尾松毛虫，No. 854690；1♀，浙江衢州，1987.VII，何俊华，寄主：马尾松毛虫卵，No. 894574；33♀，浙江瑞安，1986.VI.8，何俊华，寄主：马尾松毛虫，No. 863798～99；12♀，湖北大悟，1983.VIII.4，龚乃培，寄主：马尾松毛虫，No. 870379；26♀，四川永川，1986.VI，吴猛耐，寄主：马尾松毛虫，No. 870475、870476、878859；1♀1♂，广西南宁，1988.V，孙明雅，寄主：马尾松毛虫，No. 881484。

分布：黑龙江、吉林、辽宁、内蒙古、北京、河北、山东、山西、陕西、江苏、浙江、江西、湖北、湖南、四川、重庆、福建、广西、云南、香港；日本，俄罗斯（西伯利亚），美国（引入）欧洲。

注：① 生物学主要录自萧刚柔（1992：1239）；② 按廖定熹等（1987：187），舞毒蛾卵平腹小蜂 Anastatus japonicus Ashmead 的黑白图是仿自 Nikol'skaya（1952）的双带平腹小蜂 Anastatus bifasciatus 图（并且补加了1节索节），是否意味着认为两者是同一物种，没有明确交代，且雄性图的触角与描述明显不符。根据现有资料，Anastatus japonicus 和 Anastatus bifasciatus 仍是2个独立的种，雌蜂难以区分，雄蜂易于区别。Askew 和 Nieves-Aldrey（2004：28）在检索表中的区别是：雌性 Anastatus japonicus 中胸盾片中叶上刻纹和小盾片上的一样强，中叶后方凹区具毛；中胸侧板包括胸腹侧片部分黄褐色无金属光泽（Anastatus bifasciatus

中胸盾片中叶上刻纹比小盾片上的更弱但光亮，前方几乎光滑，中叶后方凹区裸；中胸侧板包括胸腹侧片暗色有金属光泽）；雄性 *Anastatus japonicus* 触角棒节近长形，索节 7 节（雄性 *Anastatus bifasciatus* 触角棒节异常长，索节 5 节很短，其总长还不到棒节的一半）。又据 Kalina（1981：9）在检索表中的记述和模式标本照片：*Anastatus japonicus* 头额顶部宽度与复眼等宽；额窝不伸达中单眼；中胸盾片舌状隆区伸至 0.66 处，前方近于平行，呈盾形，其上和小盾片上网纹相对较粗排列不规则；三角片上具斜刻条，三角片之间距离小于三角片基宽；前翅透明带弯曲，多少平行。

（150）梅岭平腹小蜂 *Anastatus meilingensis* Sheng, 1998　（图 203）

Anastatus sp.：盛金坤等，1995：14.
Anastatus (*Anastatus*) *meilingensis* Sheng, in: Sheng et Yu, 1998：5.

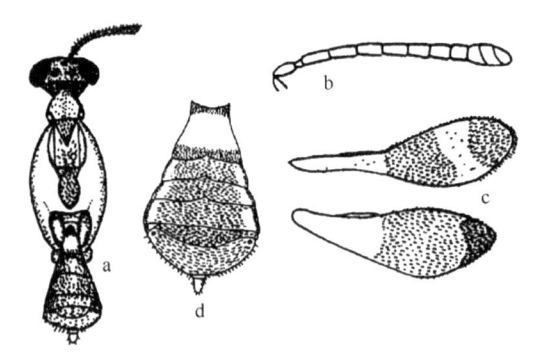

图 203　梅岭平腹小蜂 *Anastatus meilingensis* Sheng（引自 盛金坤和俞云祥，1998）
a. 雌蜂整体图，背面观；b. 雌蜂触角；c. 前、后翅；d. 腹部，背面观

雌：体长 2.6~2.9mm。

体色：大多黄色或黄褐色，少数暗褐色。头部紫褐色具金属光泽。触角柄节黄褐色，梗节以后暗褐色至黑色。口器暗褐色。前胸两侧缘色稍暗，后侧角具紫褐色斑，中央常具 1 浅色纵线。中胸盾片舌状部金黄至金绿色，深色个体为铜褐色；中胸盾片后部凹陷处蓝紫色，平滑，具白毛并杂以少数黑毛。小盾片和三角片金铜绿色。中胸侧板黄色或黄褐色，前部色较暗并具较粗而密的白毛；腹面黄色或稍暗色。并胸腹节两侧隆起部暗褐色。前翅基部透明，中部和端部黄色或暗褐色，中部有透明横带，透明区具白毛；深色个体端部几乎黑色，无透明横带。足黄褐色，腿节与胫节背面、跗节端部色较暗，后足基节暗褐色。腹部基部具黄白色斑。其余暗黑色具蓝绿色金属光泽，末节背板"指甲"状后突部位红褐色，深色个体仅中央呈红褐色斑或端部微红。产卵管鞘黄色。

头：头部较胸部略宽，背面观头宽约为长的 2.4 倍，横形。额窝不达中单眼，至中单眼的距离约为中单眼直径的 1.5 倍，额窝较浅，窝底密具刻点。触角窝之间常隆起，似具 1 纵隆脊。触角着生于复眼下缘；柄节长达中单眼；梗节几与第 1 索节等长等宽、长约为宽的 2 倍；环状节略横形；第 5 索节以后明显渐短，第 7 索节横形；棒节 3 节，长稍大于前 2 索节之和，端部斜截。单眼呈等边三角形排列；单眼近复眼边缘，其间距小于侧单眼直径；侧单眼之间有时有 1 条较钝的短纵脊。后头脊明显。

胸：前胸背板三角形，较扁平。中胸盾片较长，约为舌状部基部宽的 2.2 倍，舌状部后部渐窄，端部尖形；舌状部、小盾片和三角片均具针状刻点；中胸盾片后部的毛呈放射状排列。并胸腹节中部极短，两侧宽大；无中脊。前翅极短小，翅端仅达第 1 腹节背板中部稍后。中足胫节距和基跗节发达，约等长；胫节端部和第 1~3 跗节腹面具黑色小齿，胫端 6~7 枚，第 1 跗节腹面具齿 2 行，每行 11~12 枚；距与跗节间的胫端具 1 条细纵沟；后足基跗节约与其后 3 节长度之和等长。

腹：腹部短于胸部，基部窄而末端钝圆。第 1 腹节最长，其余各节几乎等长，背面具细横纹，以第 5 腹节最为粗密。产卵器较突出，长约为末节背板长的 1/2。

生物学：寄主为思茅松毛虫 *Dendrolimus kikuchii* 和马尾松毛虫 *Dendrolimus punctatus* 卵。

标本记录：无。形态录自盛金坤和俞云祥（1998：5）。

分布：江西。

鉴别特征：本种与 *Anastatus gastropachae* Ashmead（寄主为李枯叶蛾 *Gastropacha quercifolia* Linnaeus）相似，但本种头颇横形，宽约为长的 2.4 倍，而后者头宽仅为长的 1.96 倍；本种中胸盾片长为舌状部长的 1.4 倍，而后者中胸盾片长为舌状部长的 1.8 倍；本种似又与 *A. ruficaudus* Ferrière 相似，但后者索节更细长，

第 7 索节长为宽的 1.3 倍；柄节远超头顶之上；产卵管鞘褐色至暗褐色；长约为腹长的 1/3。

注：① 本种原中名短翅平腹小蜂 Anastatus meilingensis，与短翅平腹小蜂 Anastatus brevipennis 和短翅平腹小蜂 Anastatus gastropachae 同名。为避免中名混淆，根据学名含义，建议本种 meilingensis 用"梅岭平腹小蜂"，短翅平腹小蜂 Anastatus gastropachae 用"枯叶蛾平腹小蜂"，Anastatus brevipennis 仍依学名种本名原意用"短翅平腹小蜂"。② 为了解寄生于松毛虫的小蜂种类，作者 2010 年曾专程去南昌江西农业大学，标本室内已无盛金坤教授（退休后住上海）定名的小蜂标本，去向不明。

（151）拉马平腹小蜂 Anastatus ramakrishnai (Mani, 1935) （图 204）

Neanastatus ramakrishnai Mani, 1935: 255.
Anastatus ramakrishnai (Mani): Hayat, 1975: 263; 张务民等, 1987: 32; 萧刚柔, 1992: 1240; Narendran, 2009: 90.
Anastatus sp.: 周祖基等, 1986: 231.

雌：体长 2.2~2.7mm，体深褐色。头部具紫色金属光泽，有绒毛。触角 13 节，柄节黄褐色，端部稍深，梗节、鞭节黑色，棒节端部斜截。单眼排列呈钝三角形，单复眼间距与单眼直径相等。前胸背板扁平向前逐渐变窄；中部凹陷，黄褐色，有一从后缘向前突起的丘状深色斑。中胸背板中部明显凹陷，并着生若干较长的白色倒伏状毛；中胸盾片、小盾片和三角片均呈丘状隆起，具有相同的稠密刻点，显紫黄色金属光泽。中胸侧板黄褐色而前部色略深。前足腿节端部下缘有 1 个小的齿状突起；足褐色，但前足腿节腹面，中足基节、转节、腿节腹面基部及第 3、4 跗节，以及后足腿节、胫节基部及第 3、4 跗节均为淡褐色。前翅褐色，端部色渐淡，有 2 个横贯翅面的透明斑，分别位于亚前缘脉处和缘脉中点至痣脉附近，后者呈向内凸出的弧形带。后翅透明有绒毛。腹部黑色，第 1 腹节色较淡。产卵器微露出腹末。

头：头部在前面观宽于其高，具网纹；额窝和额的下半有中等密的毛。触角窝之间拱隆，具网纹，有中等密的毛；触角洼不深，槽形，具网纹，在后方浅，侧缘具脊，与前单眼距离稍大于前单眼直径。OOL：POL：OD=1：4：3（某些标本为 1.5：4.5：2.2）；侧面观颊眼距为复眼高的 0.33~0.35 倍；颊沟中央弧形。触角各节长/宽为：柄节 37/4；梗节 8/3；环状节 3/2；第 1 索节 8/3；第 2 索节 8.5/3；第 3 索节 10/5；第 4 索节 7/5；第 5 索节 7/5；第 6 索节 7/5；第 7 索节 5/5；棒节 22/5。

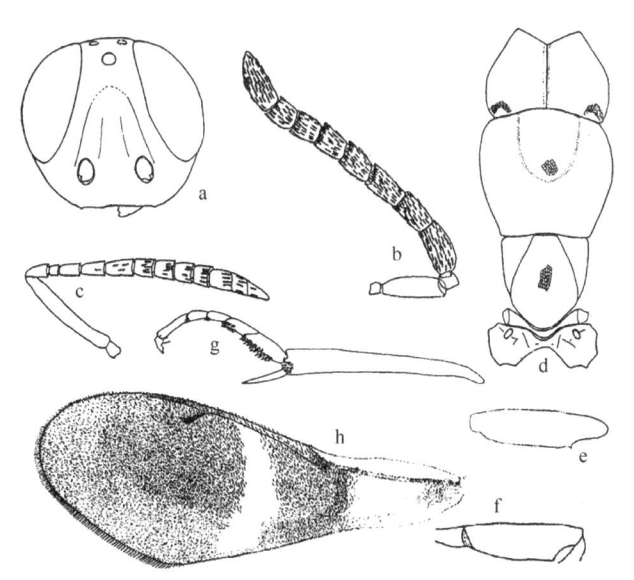

图 204　拉马平腹小蜂 *Anastatus ramakrishnai* (Mani) （f. 引自 Narendran，2009；其余引自 Hayat，1975）
a. 头部，前面观；b. 雄蜂触角；c. 雌蜂触角；d. 胸部，前面观；e, f. 前足腿节；g. 中足胫节和跗节；h. 前翅

胸：前胸背板中央凹入，有明显中沟。中胸盾片中叶（即舌状隆区）明显长于其宽，中叶长为中胸盾片的 0.65~0.67 倍，拱隆，具网纹；侧叶具明显网纹（某些标本弱），中胸盾片后方背缘中等拱隆；中叶

外方和侧叶之间部位凹入、光滑、有或无毛。小盾片和三角片稍拱有网纹。胸腹侧片亚三角形，具弱网纹；侧板上方具网纹。翅长；前翅翅脉相对长度为：亚前缘脉=26；缘脉=19；后缘脉=9.5；痣脉=4。前足腿节有1明显的亚端齿；中足胫距与基跗节等长，基跗节与其后3跗节几乎等长。

腹：腹部长稍短于胸部；第1节背板最长；第1~5节背板后缘中央稍前凹（或第3~5节背板前凹不明显）；第4节背板最宽；第6节背板后方拱隆[据Hayat（1975），触角梗节小，长约为第1索节的1/4，第1~3索节长约为宽的2倍；中足胫节距长于基跗节]。

雄：体长1.6~2.4mm。体蓝绿色。头横形，触角11节，柄节较雌蜂的短，棒节仅为1节。胸部隆起；小盾片发达，显著隆起。足蓝绿色，但前足胫节和跗节及中后足胫节基部褐色，中后足第1~4跗节黄色。翅透明，有绒毛。腹部黑色，卵圆形。

据Narendran（2009：90）记述：雌体长2.5~3.1mm。体暗褐色至黑色，部分具金属光泽。头部蓝绿色和古铜色，在额顶部古铜色更强。触角柄节黄褐色，其余暗褐色。前胸背板黑色，有蓝紫色光泽（某些标本前胸背板黄褐色，肩角黑色）。中胸背面黑色有古铜色光泽，但中胸盾片中叶后方有蓝绿色或绿色光泽；三角片完全黑色。胸腹侧片通常黑色，其基部褐色，但某些标本大部分黄褐色；侧板上方黑色，某些标本褐色，其端部黑色。后胸背板和并胸腹节黑色或暗褐色。足暗褐色，某些标本褐色或浅褐色，但胫节基部和端部、跗节色稍暗（有1标本跗节浅色）；中足跗节钉状刺黑色。前翅烟褐色；在缘脉后方有透明横带，其上方不达缘脉与痣脉相交处，其外缘仅稍弧形弯曲不尖突；在亚前缘脉下方透明。

生物学：据张务民等（1987：32）报道，该蜂在四川是马尾松毛虫卵期优势寄生蜂，马尾松林区内均有分布。该蜂个体较大，生活力较强，寿命与产卵期亦长，其寄生率可高达58.13%，平均达18.84%，对抑制松毛虫的危害起着一定的作用。该蜂在马尾松毛虫卵内1年发生2~4代，以预蛹在松毛虫卵内越冬。翌年4月中下旬开始羽化。分别在第1、2代松毛虫卵内繁殖1~2代，秋后以预蛹进入滞育状态越冬。据5月中下旬在室内的繁蜂结果，该蜂在松毛虫卵内的发育历时18~22天，各虫态历期分别为卵期2~3天、幼虫期（包括预蛹期）7~8天、蛹期9~11天。该蜂全天均可羽化，但以7~10时最多。羽化后即可交尾，一般经2天左右才开始，也有少数可当日产卵。未经交配的雌蜂亦可产卵，但皆发育为雄蜂。每个寄主卵内通常只产1粒卵，羽化1只蜂。产卵时如遇其他个体干扰（如雄蜂求偶等），已交配雌蜂往往回避，然后再回到原处产卵。据室内饲养观察，越冬代成虫寿命较短，第1代平均寿命为47天，最高可达70余天，以后随气温升高成虫寿命逐渐变短。该蜂雌、雄性比随寄主种类、寄主卵粒新鲜程度等变化很大。在四川林间调查时，越冬代卵雌、雄性比为1.27：1；室内繁殖时，使用新鲜且较大的卵粒时，雌、雄性比可达10：1。枯叶蛾平腹小蜂除越冬代产卵量较少外，其余各代比较接近，第1代每雌蜂平均产卵量为175粒，最高者可达300粒以上。室内小群体繁蜂的平均产卵量为：越冬代56.5粒，第1代67.9粒，第2代52.5粒。但其日产卵量则随寿命的增加呈下降趋势。在饲料充足、温度25℃左右、湿度70%左右时，前4个10天的平均日产卵量分别为6.6粒、6.8粒、3.2粒、2.7粒，因此利用种蜂的时间以20天为宜。在四川每年从8月开始有少数枯叶蛾平腹小蜂所产的卵当年不能发育至成蜂羽化，随即进入滞育状态，9月所产卵93%以上进入滞育而当年不能羽化。但据对卵内该蜂发育情况的解剖观察，该蜂的发育进程直到每年11月下旬至12月才真正停止，即滞育从12月才开始，同时进入滞育时一律发育至预蛹阶段。解除滞育的时间是翌年2月，因此除12月和1月外，在人为控制温湿度的条件下可以有10个月的时间进行人工繁殖。经测定该蜂的发育起点温度为（14.7±0.5）℃；经测算，在卵内发育起点和有效积温分别为74.7℃和242.5℃·d；在30℃恒温下仍能正常发育；当温度升高至35℃时仍可产卵，但在寄主卵内幼虫不能完成发育即死亡。最适温度为25~28℃。湿度以70%左右较为适宜。该蜂在寄主卵内的发育随着适宜卵粒的大小、雌性比例、雌蜂体长和卵内发育有效积温的不同会发生明显变化。此外，可以柞蚕*Antheraea pernyi*、侧柏松毛虫*Dendrolimus suffuscus*卵为人工繁育卵。据国外记载寄主为蝽科Pentatomidae的印巴齿哈蝽*Halys dentata*和爪哇荔蝽*Tessaratoma javanica*。

标本记录：无。形态描述和生物学（无图）录自萧刚柔（1992：1240）。

分布：四川。

注：本种中名原用枯叶蛾平腹小蜂*Anastatus ramakrishnai*，因与早有的枯叶蛾平腹小蜂*Anastatus* *gastropachae* 中名相同，且该中名"枯叶蛾平腹小蜂"除优先使用外，与种本名 *gastropachae* 为枯叶蛾属相符。因此为避免中名混淆，建议将 *Anastatus ramakrishnai* 中名按种本名原意（人名"拉马克里希纳"）改用"拉马平腹小蜂"。

（152）菱翅型平腹小蜂 *Anastatus siderus* (Erdös, 1957) （图205）

Anastatimorpha siderea Erdös, 1957: 363.
Anastatus siderus: Boucek, 1970: 81; Kalina, 1981: 21; 张务民等, 1987: 32.

据 Erdös（1957）原记述：体色具迷人光泽，颜面具灿烂的金绿色，触角着生处下方具明显光亮的铜色，头顶暗紫罗兰色，复眼铁锈色，单眼肉色。胸部上方柿色，中胸盾片凹入部位金绿天蓝色，小盾片端部呈光亮的青色。中胸侧板棕色，稍具光泽，并胸腹节呈光亮的紫罗兰色。腹部黑色，基部有白斑，产卵管鞘浅色。触角黑色，基部暗绿色，柄节黄色，梗节黄褐色。腿节和胫节暗色，跗节藁黄色。

头：头顶密布刻点，外廓圆形，稍有光泽；触角着生于复眼下缘连线水平；额上方强度收窄，额窝呈三角形；复眼近于无毛；触角稍棒形，棒节向一边斜截。

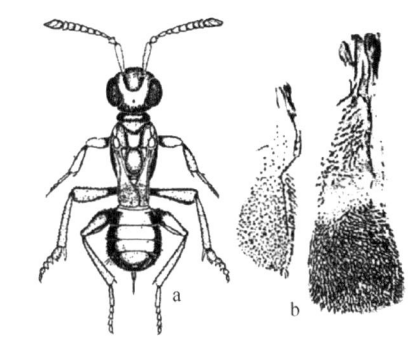

图205 菱翅型平腹小蜂 *Anastatus siderus* (Erdös)
（a. 引自 Erdös, 1957; b. 引自 Kalina, 1981）
a. 整体背面观；b. 前、后翅

胸：胸部近于光滑。中胸盾片三角形中叶、肩板、小盾片、三角片密布相似深而有光泽刻点。翅（译者注：短小，仅伸至腹部第1节背板端部）基部近于透明，中段透明、斜，端半具亮铜色短毛。并胸腹节短而尖。中足腿节端部叶状扩大，后足腿节中央膨大，腹缘刀状锐利。

腹：腹部近于光滑，结实，有光泽，少毛。体长2.66mm。

生物学：寄生于马尾松毛虫卵。

分布：四川。据记载，有匈牙利、意大利、阿尔及利亚。

注：① 张务民等（1987: 32）报道在四川寄生于马尾松毛虫卵，未见形态描述，也无图，作者找到原记述和插图，现译出供参考和核对，形态相当特殊。本种分布于欧洲和北非，在我国的分布存疑。② 本种也可能与"（155）四川平腹小蜂 *Anastatus* sp."为同种。

（153）黄纹卵平腹小蜂 *Anastatus* sp.

Anastatus sp.(黄纹卵平腹小蜂): 杨秀元和吴坚, 1981: 320; 中国林业科学研究院, 1983: 998; 李克政等, 1985: 25; 侯陶谦, 1987: 171; 严静君等, 1989: 141, 241; 萧刚柔, 1992: 960(黄纹平腹小蜂 *Gregopimota*!).

雌：体长2.6~3.5mm，雄虫体长1.0~2.3mm。

体黑褐色，前胸背板具铜绿色光泽的小刻点。触角13节，柄节和梗节黄色，鞭节黑色。前翅密被深褐色短毛，翅中央有弯形的透明带。后翅透明。足腿节和胫节内侧黄色、外侧黑色，跗节和前跗节黄色。腹部略短于胸部，由基至端逐渐变宽，末端钝圆形。产卵器微露出腹末。

生物学：寄主有马尾松毛虫 *D. punctatus*、落叶松毛虫 *Dendrolimus superans* 及柞蚕 *Antheraea pernyi*、合目大蚕蛾 *Caligula boisduvali fallax*、栎黄枯叶蛾 *Trabala vishnou* 卵。据黑龙江省林业科学研究所（1975）报道，黄纹卵平腹小蜂1年可繁殖多代，以老熟幼虫在寄主卵内越冬，翌年4月成虫开始羽化。在5~6月常温情况下，1个月左右即可完成1个世代。在日平均温度27.5℃、相对湿度70%条件下，卵期4~5天，幼虫期5~7天，预蛹期5~6天，蛹期5~6天，整个发育期为19~24天。在室内，只要温湿度条件适宜，可以全年进行繁殖。黄纹卵平腹小蜂多在清晨羽化，雄蜂羽化在先，羽化后的雄蜂大多静伏于卵粒上，待雌蜂羽化后即行交配。交配后立即寻找寄主产卵。产卵时先用触角试探，寻找合适的产位，然后用足抓住寄主卵，以产卵管刺入卵壳，如果卵壳过硬，则先用口器咬卵壳，然后插入产卵管产卵。未经交配的雌蜂行孤雌生殖，子代皆为雄性。一般1个寄主卵内产卵1粒，偶有产2粒的。每产1粒卵需5~7min，最长的为15min。成虫产卵期较长，羽化后第2~3天开始产卵，第4~5天进入高潮。1头雌蜂平均可产卵310粒，最多达507粒。日产卵量多的为34粒，少的只有几粒。前期产卵量多，后期就少。不喂食料的，80%雌蜂不产卵。成虫寿命较长，在室温21.8℃、相对湿度70%~80%条件下，不给食的雌蜂平均寿命14天，雄蜂8~9天；喂蜂蜜水的，雌蜂平均可生活40天，雄虫15天。在26.1℃时，雌蜂寿命为29.6天，雄虫为10.3天。成虫生活力强，对不良自然环境有一定抵抗力，下雨天常静伏在树皮裂缝或卵卡纸内。成虫喜弱光，在强光下到处乱爬，影响交配产卵，寿命缩短，黑暗条件下静伏不动。成虫行动敏捷，以爬行为主，也能跳跃与飞行，扩散力较强，水平扩散距离最远可达40m。

标本记录：作者无此标本也未见过。形态描述和生物学录自严静君等（1989: 141）。

分布：黑龙江、吉林、辽宁、江苏、浙江、陕西。

（154）南京平腹小蜂 *Anastatus* sp.（图 206）

雌：体长 1.92mm。

体色：头部蓝黑色，有紫色光泽。触角柄节黄色，梗节和鞭节从暗黄褐色渐至黑褐色。胸部黄褐色；前胸背板背面侧缘黑褐色；中胸盾片中叶金绿色，小盾片和三角片暗褐绿色，均有金光；中胸盾片侧叶后方褐黄色。并胸腹节侧方隆突处黑褐色。足黄褐色；后足基节背面黑褐色，各足腿节背面和胫节外侧中央浅褐色，跗节白色。前翅长三角形，前翅从内至外有：内透明斑、内色斑、中透明斑、外色斑，其宽的比例为 18∶10∶10∶13，内透明斑为翅长的 0.35 倍，外色斑明显大于内色斑，色斑实为浅褐色毛；外色斑（端褐斑）内缘中央向基方稍角状突出；翅脉黄色。腹部基部 0.4（第1节背板）黄白色，端部 0.14 钝三角形区域褐色，中段黑褐色但前方色稍浅。后足黄褐色，后足基节蓝黑色。

图 206 南京平腹小蜂 *Anastatus* sp.
a. 雌蜂，背面观；b. 雌蜂触角；c. 雌蜂前翅

头：头部背面宽为中长的 2.15 倍；上颊为复眼宽的 0.56 倍；单眼长径、单复眼间距、侧单眼间距、中侧单眼间距之比为 1.0∶1.1∶1.8∶1.7；侧单眼处额宽为复眼宽的 0.83 倍；头顶具细横皱。头前面观呈椭圆形，密布细刻点；额明显向上方收窄；额窝近梯形，不伸达中单眼。触角着生于复眼下缘连线水平；柄节细长，亚圆柱形；梗节和鞭节长度之和长为头宽的 1.5 倍、为前翅长的 0.91 倍；梗节长为宽的 1.5 倍，明显短于第 1 索节；索节向后稍长稍宽，第 1、7 索节长分别为宽的 2.5 倍和 1.1 倍；棒节长等于前 3 节之和。

胸：胸部大部分光滑。前胸背板背面近三角形，大部分半圆形凹陷。中胸盾片方形；盾纵沟伸至中胸盾片的 0.56 处，所夹舌状隆区近椭圆形，其长为宽的 1.25 倍，其上密布刻点；中叶后方稍凹入，多平卧白毛，伸向中央。小盾片前沟不明显。小盾片和三角片呈倒三角形，满布刻点，三角片内角明显分开。中胸侧板具细刻纹。并胸腹节短，侧方呈瘤状隆突。前翅长三角形，较短而窄，长为宽的 3.2 倍，仅伸达腹部

的 0.8 处；亚前缘脉：缘脉（不包括缘前脉）：后缘脉：痣脉=14：17.5：5.5：3。中足腿节扁平且端部扩大；胫节端部内侧有黑色钉状刺；胫距等长于基跗节；第 1～3 跗节腹方具发达的多个黑色钉状刺，但较少。

腹：腹部长为最宽处（近后端）的 1.7 倍，为胸部长的 0.88 倍，向后渐宽，末端钝三角形；背板后半具细刻纹，背板后缘均平直；第 1 节背板最长，为腹部长的 0.4 倍，与第 2～4 节背板长度之和等长。腹部端部钝三角形。

生物学：寄主为马尾松毛虫 Dendrolimus punctatus 卵。

标本记录：3♀，江苏南京，1954.VI、1956.I.8 收，华东农科所，寄主：马尾松毛虫卵，No. 5415.7、5601.3。

（155）四川平腹小蜂 Anastatus sp. （图 207）

短翅型雌：体长 2.7～3.4mm。

体色：头部蓝黑色，部分具金绿色光泽。触角黑色，柄节褐黄色。胸部黄褐色；前胸背板背面后角、中胸盾片中叶前方舌状隆区、小盾片和三角片金绿色，有光泽；并胸腹节侧方隆区黑色。足黄褐色；腿节背面色稍暗，后足基节背面浅金绿色。前翅短小，桨状，基部 0.6～0.7 膜质透明，端部 0.3～0.4 质地较厚而硬；膜质透明部分前段翅脉黑褐色，后段翅脉无色；硬化部分端部平截近方形（前缘：后缘：翅宽=12：11：8），黄褐色，或其基部 0.15 和端部 0.25 黑褐色（实为黑褐色短而硬的毛）。腹部黑色，有光泽，其基部 0.35（即第 1 节背板）白色，最端角褐黄色。

图 207　四川平腹小蜂 Anastatus sp.
a. 雌蜂，侧面观；b. 雌蜂，背面观；c. 雌蜂触角；d. 雌蜂前翅

头：头部背面观宽为中长的 3.2 倍；上颊为复眼宽的 0.85 倍。单眼正三角形排列；单眼长径、单复眼间距、侧单眼间距、中侧单眼间距之比为 1.0：1.0：2.8：2.7。侧单眼处额宽明显短于 1 复眼宽。头前面观呈亚椭圆形；额明显向上方收窄；仅触角洼下凹，其间有近长三角形隆起；颜面中央屋脊状拱隆，有细中纵脊。触角着生于头前面下方 0.3 处、复眼下缘连线水平处；触角柄节细长，亚圆柱形，长为宽的 7.0 倍；梗节和鞭节长度之和较长，为头宽的 1.41 倍，为前翅长的 1.36 倍；梗节长为宽的 2.0 倍，为第 1 索节长的 0.45 倍；各索节渐短渐宽，第 1、7 索节长分别为宽的 4.4 倍和 1.0 倍；棒节膨大，端部不斜截，长为前 2 节之和的 1.2 倍。

胸：前胸背板背面短，亚三角形，中央漏斗状浅凹。中胸盾片盾纵沟伸至 2/3 处，围成长为宽 1.67 倍、近梭形的隆区，隆区、小盾片和三角片满布刻点，中叶中央隆区后方光滑，弧凹，具从侧方伸向中央的白色卧毛。小盾片前沟不明显；三角片内角明显分开。中胸侧板具细刻纹。并胸腹节短，侧方呈瘤状隆突。前翅短而窄，伸达第 1 节背板近端部或稍前方、长与头宽等长或为触角梗节和鞭节长度之和的 0.7 倍；基部 2/3 膜质透明，端部 1/3 质地稍厚而硬且密生细毛；膜质翅面基部在 1/3 处上下稍缢缩，其前方有亚前缘脉和缘脉（不贴翅前缘），长度之比为 7：17，另或有 1 脉从亚前缘脉端部伸至透明端部下方；硬化部分端部平截近方形（前缘：后缘：翅宽=12：11：8），黄褐色，或其基部 0.15 和端部 0.25 黑褐色（实为黑褐色短而硬的毛）。中足腿节扁平且向端部扩大，胫节顶端内侧具多个黑色钉状刺；第 1～3 跗节腹方具发达的多个黑色钉状刺。

腹：腹部长为宽的 1.8 倍，为胸部长的 0.8 倍。背板具细刻纹；背板后缘中央平直；第 1 节背板占腹部长的一半；腹部端部钝三角形。产卵管鞘不伸出。

生物学：寄主为马尾松毛虫 Dendrolimus punctatus 和大柏毛虫 Dendrolimus suffuscus。

标本记录：1♀，四川永川，1986.VI，吴猛耐，寄主：马尾松毛虫卵，No. 870475；4♀，四川梓潼，1986.VI.3，肖友平，寄主：大柏毛虫卵，No. 878874。

注：张务民等（1987：32）中在四川寄生于马尾松毛虫卵的菱翅型平腹小蜂 Anastatus siderus 也可能就是本种。本种前翅端部近圆形，而真正的 Anastatus siderus 前翅端部近平截。

（156）祝氏平腹小蜂 *Anastatus* sp.（图 208）

短翅型雌：体长 2.7～2.8mm。

体色：头部黑色，稍具光泽。触角黑色，柄节褐黄色。前胸背板黄褐色；背面后角、前中胸腹板黑褐色；中胸盾片中叶、小盾片、三角片和并胸腹节侧方隆区金绿色，有光泽。足黄褐色；腿节、胫节（中后足或仅背面）浅褐色或黑褐色，或中足胫节基部白色或后足基节背面浅金绿色。前翅短小，桨状，基部 0.6 膜质，端部 0.4 质地较厚而硬；膜质部分基部 0.6 浅黄色，外方 0.4 透明，翅脉浅黄褐色；后段"硬化部分"稍长方形，前后缘平行，端部平截（前缘：后缘：翅宽=13：12：7），黄色，其基部 0.1（或浅褐色）和端部 0.25 褐色（实为褐色短而硬的毛）。腹部黑色，有光泽，其基部 0.4（即第 1 节背板）白色；产卵管鞘黄色。

图 208　祝氏平腹小蜂 *Anastatus* sp. 雌蜂
a. 整体，侧面观；b. 整体，背面观；c. 胸部，背面观，示前翅

头：头部背面观宽为中长的 2.7 倍；上颊为复眼宽的 0.67 倍。单眼正三角形排列；单眼长径、单复眼间距、侧单眼间距之比为 1.0：0.9：1.5。侧单眼处额宽明显短于 1 复眼宽。头前面观呈亚椭圆形；额明显向上方收窄；仅触角洼下凹，其间有近长三角形隆起。触角着生于头前面中央下方、复眼下缘连线水平稍下方；触角窝间距为至复眼间距的 2.0 倍。触角柄节细长，稍弯曲，亚圆柱形，长为中宽的 9.0 倍；梗节和鞭节长度之和为头宽的 1.26 倍，为前翅长的 1.35 倍；梗节长为宽的 2 倍，为第 1 索节长的 0.7 倍；各索节渐短渐宽，第 1、7 索节长分别为宽的 3.0 倍和 1.2 倍；棒节不膨大，端部斜截，长为前 2 节之和的 1.2 倍。

胸：前胸背板背面短，亚三角形，中央浅凹。中胸盾片盾纵沟伸至 2/3 处，围成长为宽 1.7 倍、近梭形的隆区，隆区、小盾片和三角片满布刻点，中叶中央隆区后方光滑，弧凹，有不明显的白色卧毛。小盾片前沟不明显；三角片内角明显分开。中胸侧板具细刻纹。并胸腹节短，侧方呈瘤状隆突。前翅短而窄，伸达第 1 节背板近端部或稍前方；长为最宽处（翅中央）的 3.5 倍，长与头宽等长、为触角梗节和鞭节长度之和的 0.79 倍；基部 0.6 膜质，端部 0.4 质地稍厚且密生细毛；膜质翅面基部在 1/3 处上下稍缢缩，其前方有亚前缘脉和缘脉（不贴翅前缘），长度之比为 10：17，另或有 1 脉从亚前缘脉端部伸至透明部端下方；硬化部分端部平截，稍长方形。中足腿节扁平且向端部扩大，胫节顶端内侧具多个黑色钉状刺；第 1～3 跗节腹方具发达的多个黑色钉状刺。

腹：腹部长为宽的 2.0 倍，与胸部等长。背板具细刻纹；背板后缘中央平直；第 1 节背板为腹部长的 0.42 倍；腹部端部钝三角形。产卵管鞘稍伸出。

生物学：寄主为马尾松毛虫 *Dendrolimus punctatus* 卵。

标本记录：16♀，短翅型，浙江开化，1976，汪名昌，寄主：马尾松毛虫卵，No. 790496。

（157）黄胸平腹小蜂 Anastatus sp.（图 209）

短翅型雌：体长 2.4mm。

体色：头部黑色具紫褐光泽。触角柄节黄褐色；梗节以后黑褐色。口器黄色。胸部黄褐色；前胸背板侧缘前半和后侧角、中胸盾片中叶后方 3/4 中央金绿色，小盾片蓝黑色有金绿色光泽，三角片褐色。并胸腹节两侧隆起部黑色。翅短，长三角形；前翅从内至外有内透明斑、内色斑、中透明斑、外色斑，各斑宽度比例为 25：13：6：9，色斑实为浅黄色细毛；翅脉无色。足黄褐色，仅胫节背面色稍深。腹部基部 2/5（第 1 节背板）黄白色，其余黑色。产卵管鞘黄色。

图 209　黄胸平腹小蜂 Anastatus sp.
a. 雌蜂整体，背面观；b. 雌蜂头部和胸部，背侧面观；c. 前翅

头：背面观头宽约为长的 2.5 倍，较胸部略宽。上颊为复眼宽的 0.42 倍。单眼呈等边三角形排列；单眼长径、单复眼间距、侧单眼间距之比为 1.0：0.7：2.0；头顶具细横刻皱。头前面观近椭圆形，刻点稍粗；额明显向上方收窄；额窝伸达中单眼，边缘有脊。颜面中央有中纵脊。触角着生于头前面下方、复眼下缘连线水平上。触角柄节细长，亚圆柱形稍弯，基部稍细，长为端宽的 7.5 倍，伸近中单眼；梗节几乎与第 1 索节等长等宽、长约为宽的 2 倍（以后环状节已丢失）。

胸：大部分光滑。前胸背板中央后方半圆形浅凹。中胸盾片盾纵沟甚浅，伸至 2/3 处，围成近长三角形、端部尖的舌状隆区，其上仅后半具细刻点；中叶中央隆区后方光滑，弧凹，具白色细卧毛。小盾片和三角片均具细刻点，略呈纵向排列。中胸侧板光滑，在高倍显微镜下仅见极细刻纹。并胸腹节短，无中脊，侧方呈瘤状隆突。翅基片长；前翅短小，长三角形，长为宽的 3.2 倍，膜质；翅端仅伸达第 2 腹节背板后缘；基部透明区近前缘有 1 条亚前缘脉。后翅相对较小，长为前翅的 2/3。中足胫节顶端内侧具 4 个黑色钉状刺；胫节距和基跗节发达，约等长；第 1~3 跗节腹面具黑色小齿。后足胫节稍长于跗节；基跗节比其后 2 跗节之和稍长。

腹：腹部长为宽（近端部最宽）的 1.6 倍，稍短于胸部。第 1 背板最长，其余各节几乎等长。背板具细刻纹；腹部端部钝三角形。产卵管较突出。变异：根据常山标本，触角梗节及鞭节之和长度为头宽的 1.3 倍、为前翅长的 0.6 倍；梗节长为端宽的 1.8 倍，与第 1 索节等长；各索节渐短渐宽，第 1、7 索节长分别为宽的 1.3 倍和 0.9 倍；棒节最粗，端部斜截，长稍短于第 5~7 索节之和。前翅在 0.6~0.7 段有透明横带。

生物学：寄主为云南松毛虫 Dendrolimus houi（=柳杉毛虫）卵。

标本记录：1♀，浙江云和，1955.V.4，黄荣华，寄主：柳杉毛虫卵，No. 5516.1；2♀，浙江常山，1955.V.12，林莲欣，寄主：柳杉毛虫卵，No. 5521.1。

鉴别特征：本种与黄褐平腹小蜂 Anastatus sp.在翅型和体色上极其相似，其区别是：前翅从内至外的内透明斑、内色斑、中透明斑、外色斑比例为 25：13：6：9，内透明斑为翅长的 0.47 倍，外色斑明显小于内色斑、为翅长的 0.17 倍（黄褐平腹小蜂前翅从内至外的内透明斑、内色斑、中透明斑、外色斑比

例为 18：10：10：13，内透明斑为翅长的 0.35 倍，外色斑明显大于内色斑、为翅长的 0.25 倍）；后足基节黄褐色（黄褐平腹小蜂后足基节蓝黑色）。

(158) 云南平腹小蜂 *Anastatus* sp. （图 210）

短翅型雌：体长 2.8mm。

体色：头部蓝黑色，部分具金绿色光泽。触角柄节黄褐色，梗节和鞭节黑色，梗节具金绿色光泽。前胸背板黄褐色，中央细纵条白色，后角具黑色斑点；前胸腹板黑色。中胸黄褐色；中胸盾片、小盾片、三角片和中胸侧板前方（色浅）墨绿色，具光泽；中胸腹板黑色。足黑褐色至黑色，仅跗节黄白色。翅短翅型，桨状；前翅基部 3/4 膜质透明，缘前脉浅黄褐色；端部 1/4 质地较厚而硬，其基部 0.1 和端半黑褐色（实为黑褐色短而硬的毛）。腹部黑褐色，有光泽，第 1 节背板端部 2/3 有近三角形的白斑。产卵器白色，稍突出腹端。

图 210 云南平腹小蜂 *Anastatus* sp.
a. 雌蜂，侧面观；b. 雌蜂，背面观；c. 雌蜂前翅

头：头部背面观宽为中长的 2.7 倍；上颊为复眼宽的 0.67 倍；单眼长径、单复眼间距、侧单眼间距、中侧单眼间距之比为 1.0：1.0：2.5：2.0；侧单眼处额宽与复眼宽等长。头顶具细横刻皱。头前面观呈亚梯形；额明显向上方收窄；触角洼不明显，额中央刻点较粗；颜面中央稍拱隆，具细中纵脊并生有一些向上的斜条。触角着生于头前面中央下方 0.35 处、复眼下缘连线水平处；触角柄节细长，亚圆柱形稍弯曲，基部稍细，长为端宽的 9.0 倍，伸近中单眼；梗节和鞭节长度之和较短，为头宽的 1.5 倍、为前翅长的 0.6 倍；梗节长为宽的 2.2 倍，比第 1 索节稍短；各索节渐短渐宽，第 1、7 索节长分别为宽的 2.2 倍和 1.0 倍；棒节稍膨大，一面斜截，长为前 3 节之和。

胸：前胸背板背面亚三角形，中央后方浅凹。中胸盾片中叶前方舌形隆区和小盾片及三角片满布刻点，中叶隆区后方光滑具白毛；小盾片前沟缝形；三角片长三角形，内角明显分开。中胸侧板具细刻纹。并胸腹节短。前翅短，仅伸达腹部第 1 节背板中央；膜质部分亚前缘脉和前缘脉（不贴于翅前缘）长度之比=10：20，另有 1 脉从亚前缘脉端部伸至透明端部下方；硬化部分舌形，长为基宽的 1.35 倍。中足腿节扁平且向端部扩大，胫节顶端内侧有钉状刺，第 1~3 跗节腹方具发达的多个黑色钉状刺。

腹：腹部长为宽的 2.4 倍，与胸部等长；背板具细刻纹但近于光滑；第 1 节背板为腹部长的 1/3，后缘中央稍凹（其余背板平直）；产卵器稍伸出腹端。

生物学：寄主为思茅松毛虫 *Dendrolimus kikuchii* 及松毛虫 *Dendrolimus* sp. 卵。

标本记录：3♀，短翅型，云南安宁温泉，1988.VII.9~13，陈学新，寄主：松毛虫卵，No. 886886。

（159）黑足平腹小蜂 *Anastatus* sp.（图 211）

雌：体长 2.2~2.4mm。

体色：头部和胸部蓝黑色，部分具金绿色光泽；前胸背板浅褐色，外侧蓝黑色。触角柄节暗黄褐色，梗节和鞭节黑褐色。足蓝黑色，基节具金绿色光泽。前翅透明，在缘前脉至缘脉基半下方、后缘脉和痣脉交界处下方至翅端各有 1 条褐色或黑褐色横带（端部色稍浅），基横带近于等宽，端横带稍宽于基横带；两横带间的透明带上下等宽，中宽为基横带的 2/3；翅脉浅褐色。腹部黑褐色，有光泽。

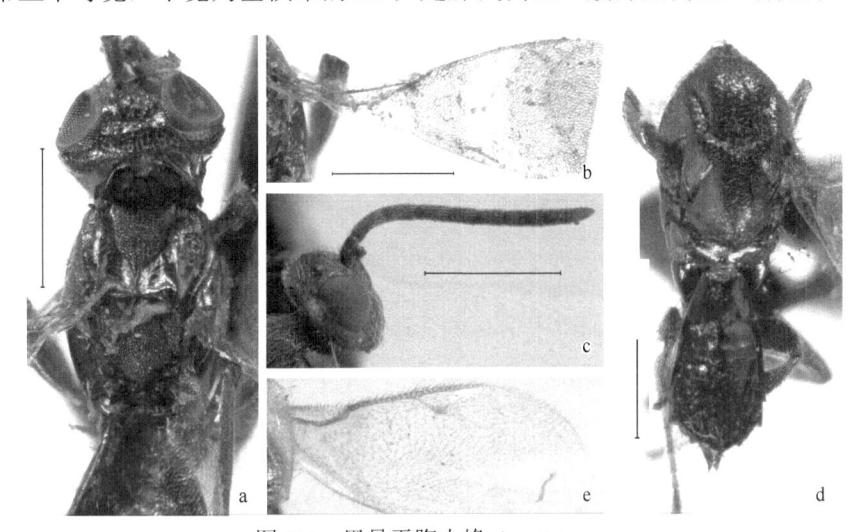

图 211　黑足平腹小蜂 *Anastatus* sp.
a. 雌蜂，背面观；b. 雌蜂前翅；c. 雄蜂头部和触角；d. 雄蜂胸部和腹部，背面观；e. 雄蜂前翅

头：头部背面观宽为中长的 2.5 倍；上颊为复眼宽的 0.6 倍。侧单眼处头顶宽与复眼宽约等长。单眼排列呈钝三角形；单眼长径、单复眼间距、侧单眼间距之比为 1.0∶0.9∶2.5。头前面观近椭圆形，具粗刻点或刻皱；额向上方收窄；触角洼下凹，光滑，不伸达中单眼。触角着生于复眼下缘连线水平稍下方，触角窝间距为至复眼内缘间距的 1.6 倍。触角柄节中央稍宽，长为宽的 4.0 倍；梗节和鞭节长度之和较短，为头宽的 1.35 倍、为前翅长的 0.57 倍；梗节长为端宽的 1.8 倍，比第 1 索节稍长；各索节至端部稍宽，第 1、7 索节长分别为端宽的 1.1 倍和 0.8 倍；棒至端部渐细，长约等于前 3 节之和。

胸：前胸背板近三角形，中央后方半圆形浅凹。中胸盾片盾纵沟伸至中叶 0.57 处会合，围成长为基宽 1.1 倍、呈盾形、端部稍尖的舌状隆区，其上及小盾片和三角片均密生细刻点；中叶隆区后方光滑，具稀而细白毛。中胸侧板光滑，在高倍显微镜下见极细刻纹。并胸腹节短，后方明显呈半圆形前凹，侧方呈瘤状隆突。翅基片长。前翅伸过腹部端部；亚前缘脉∶缘脉（不包括缘前脉）∶后缘脉∶痣脉=18∶19∶9∶5。

腹：腹部长为宽（在近端部最宽）的 1.5 倍、为胸部长的 0.8 倍；背板具极细刻纹，近于光滑；各节背板后缘平直。

雄：体长 1.3mm。

体色：头部和胸部金绿色，具光泽。触角柄节金绿色，梗节和鞭节黑褐色。足基节和腿节金绿色，胫节除基部（后足色稍深）和端跗节浅褐色外，其余黄白色。前翅透明；翅脉浅黄色。腹部黑色，有光泽；第 1 节背板除端部外具金绿色光泽。

头：头部背面观宽为中长的 2.2 倍；上颊为复眼宽的 0.4 倍。侧单眼处头顶宽阔于复眼宽。单眼排列呈钝三角形；单眼长径、单复眼间距、侧单眼间距之比为 1.0∶1.0∶4.5。头前面观近圆形，具粗刻点或刻皱；额向上方几乎不收窄；触角洼下凹，光滑，不伸达中单眼。触角着生于复眼下缘连线水平，触角窝间距为至复眼内缘间距的 2.4 倍；柄节中央稍宽，长为宽的 2.2 倍；梗节和鞭节长度之和较长，为头宽的 1.9 倍、为前翅长的 0.9 倍；梗节长为端宽的 1.2 倍、为第 1 索节长的 1/4；各索节至端部近于等宽，第 1、7 索节长分别为端宽的 3.0 倍和 1.1 倍；棒至端部渐细，长约等于前 3 节之和。

胸：前胸背板短。中胸盾片稍拱，其表面满布细点皱；小盾片前沟缝形；三角片内角相当接近。并胸腹节短但较雌性稍长，光滑，有细中纵脊。前翅伸过腹部端部；亚前缘脉∶缘脉（不包括缘前脉）∶后缘脉∶痣脉=13∶13∶7∶4.5。

腹：腹部长为宽（在近端部最宽）的1.5倍、为胸部长的0.6倍；背板具极细刻纹，近于光滑；各节背板后缘平直。

标本记录：5♀2♂，广东广州，1965，华南农学院，No. 65039.1、65039.3；3♀，1970.VIII.10，卢川川，寄主：马尾松毛虫，No. 896504。

（160）福州平腹小蜂 *Anastatus* sp.（图212）

雌：体长2.0mm。

体色：头部蓝黑色，部分具金绿色光泽。触角黑褐色，柄节基部黄色。前胸黄褐色，背板背面后角具蓝黑色斑点。中胸金绿色，具光泽；小盾片外侧（腋槽）、中胸侧板的胸腹侧片和并胸腹节黄褐色。足黄褐色；腿节背面、胫节背面、后足基节稍黑褐色。前翅透明，在缘前脉和缘脉基半下方、缘脉端部和痣脉交界处下方至翅端各有1条褐色或黑褐色横带（端部色稍浅），基横带近于等宽，端横带稍宽于基横带，其内缘中央稍角状突出；两横带间的透明带上下等宽，中央较窄，中宽为基横带的1/2；翅脉浅黄褐色。腹部黑褐色，有光泽，第1节背板和腹板基部除基部外均白色。产卵器白色。

图212 福州平腹小蜂 *Anastatus* sp.雌蜂
a. 整体，侧面观；b. 头部和胸部，背面观；c. 头部和触角，背侧面观；d. 头部，前面观；e. 前翅；f. 腹部，背面观

头：头部背面观宽为中长的2.8倍；上颊为复眼宽的0.6倍。单眼长径、单复眼间距、侧单眼间距、中侧单眼间距之比为1.0∶0.5∶1.5∶1.2；侧单眼处额宽与复眼宽等长。头顶具细横刻皱。头前面观圆形，复眼中央宽度与该处额等宽；额明显向上方收窄；触角洼浅凹，不伸达中单眼；颜面中央有细中纵脊。触角着生于头前面中央下方0.29处、复眼下缘连线水平稍下方；触角柄节细长，亚圆柱形，基部稍细，长为端宽的7.5倍，伸达中单眼；梗节和鞭节长度之和较短，为头宽的1.3倍、为前翅长的0.55倍；梗节长为宽的1.8倍，比第1索节稍短；各索节渐短渐宽，第1、7索节长分别为宽的1.8倍和0.8倍；棒节稍膨大，

端部渐细，长为前3节之和。

胸：前胸背板背面亚梯形，中央浅凹。中胸近于光滑；盾片中叶前方0.7被盾纵沟围出长为宽1.3倍、前方近于平行后方渐收窄、端部稍呈锐角的盾形隆区，隆区和小盾片及三角片密布刻点；盾片中叶隆区后方0.3渐凹，具白毛；后缘横隆。小盾片前沟缝形；三角片长三角形，之间距离大于三角片基宽。中胸侧板具细刻纹。并胸腹节短，侧方稍呈瘤状隆突。前翅长为宽的2.9倍，超过腹部端部；亚前缘脉∶缘脉（不包括缘前脉）∶后缘脉∶痣脉=20∶25∶12∶5.5。中足腿节扁平且向端部扩大，胫节顶端内侧有钉状刺，第1~3跗节腹方具发达的多个黑色钉状刺。

腹：腹部长为宽的1.6倍、为胸部长的0.68倍；背板具细刻纹；背板后缘中央平直；第1节背板为腹部长的0.4倍。产卵器稍伸出腹端。

雄：体长1.6mm。

体色：头部和胸部金绿色，具光泽。触角黑褐色，柄节具金绿色光泽。足基节、腿节金绿色，有光泽；后足胫节除基部0.3和端跗节黑褐色外其余黄白色。前翅透明，缘前脉浅黑褐色；其余黄白色。腹部黑色至黑褐色，基部0.2有金绿色光泽。

头：头部背面观宽为中长的2.8倍；上颊为复眼宽的0.5倍。头前面观近椭圆形；额向上方不明显收窄；额窝大而较深，伸达中单眼后方，侧方下半紧靠复眼；颜面中央有细中纵脊。触角柄节较短，腹面较扁，基部稍细，端部扩大，长为端宽的2.0倍；梗节和鞭节长度之和较长，为头宽的2.0倍、为前翅长的0.83倍；梗节很小，长为第1索节的1/5；各索节渐短，除第1索节较瘦外其余索节约等宽，第1、7索节长分别为端宽的4.0倍和0.8倍；棒节至端部渐细，长稍短于前3节之和。

胸：前胸背板短。中胸盾片稍拱，其表面满布细点皱；小盾片前沟缝形；三角片内角明显分开。并胸腹节短但较雌性稍长，光滑，有细中纵脊。前翅伸过腹部端部；亚前缘脉∶缘脉（不包括缘前脉）∶后缘脉∶痣脉=17∶18∶12∶5.5。

腹：腹部长为宽的2.5倍、为胸部长的0.85倍；背板近于光滑；背板后缘中央平直；第1节背板为腹部长的0.3倍。

生物学：寄主为马尾松毛虫 *Dendrolimus punctatus* 卵。

标本记录：12♀6♂，福建福州，1956，林伯欣，寄主：马尾松毛虫卵，No. 5604.3、5604.4。

(161) 广州平腹小蜂 *Anastatus* sp. （图213）

雌：体长2.1mm。

体色：体蓝黑色或黑褐色，前胸背板背面后角、中胸盾片中叶后角及舌形隆区后端、三角片、小盾片具金绿色光泽。触角柄节黄色，梗节及鞭节黑色。翅面浅褐色，基部0.4、中央0.4~0.6段无色透明，即在缘前脉下方和缘脉基半下方、痣脉和缘脉相交处稍前方至翅端各有1条浅褐色横斑；中央透明带稍弧形弯曲近于等宽，中宽为基褐斑的1/2。足蓝黑色；前后足腿节外侧、中足跗节和后足转节黄褐色。腹部第1节背板和腹板的中后方（0.46~0.7段）横斑白色。

头：头部背面观横宽，宽约为中长的2.2倍。上颊长约为复眼宽的0.3倍。单眼排列近正三角形；单眼长径、单复眼间距、侧单眼间距之比为1.0∶0.9∶1.7。头顶具细横皱。侧单眼处额宽稍窄于复眼宽。头前面观椭圆形，密布细刻点。额明显向上方收窄。额窝不伸达中单眼。触角窝间和颜面有细中纵脊，触角着生于复眼下端连线水平处；触角窝间距为至复眼间距的2.0倍。柄节细长，亚圆柱形，稍弯曲，长为端宽的8.5倍，伸达前单眼；梗节及鞭节长度之和为头宽的1.35倍，为前翅长的0.57倍；梗节长为宽的1.6倍，长为第1索节的0.8倍；索节向后渐短渐粗，第1、7索节长分别为宽的1.7倍和0.8倍；棒节3节，较粗，长约等于索节末3节之和。

胸：前胸背板背面近亚梯形，后半半圆形凹入。中胸盾片方形，盾纵沟伸至0.87处而相连，围出长为宽1.7倍、侧缘向后渐拢、端部稍尖的舌形隆区，其上和小盾片及三角片密布细刻点；盾片中叶舌形隆区后方凹入部位短，无白毛。小盾片前沟缝形。三角片间距约等于三角片基宽。中胸侧板具纵向细刻纹。并胸腹节短，端方明显前凹。前翅明显超过腹端，长为宽的 2.9 倍；亚前缘脉：缘脉（不包括缘前脉）：后缘脉：痣脉=23：20：8：3。中足腿节扁平且端部扩大，胫节端部内侧和第 1～3 跗节腹方具发达的多个黑色钉状刺。

图 213 广州平腹小蜂 Anastatus sp.
a. 雌蜂，背面观；b. 雌蜂头部，前面观；c. 雌蜂头部及触角，侧面观

腹：腹部长为最宽处（近后端）的 1.5 倍，稍短于胸部长；腹部近端部最宽，末端圆钝；背面腹基完全平滑，末端具细横线；第 1 节背板最长，为腹部长的 0.46 倍。产卵管鞘微露出腹末。

生物学：寄主为马尾松毛虫 Dendrolimus punctatus 卵。

标本记录：2♀，广东广州，1955.V.10，华南农学院，寄主：马尾松毛虫，No. 5552.11。

分布：广东。

（162）光侧平腹小蜂 Anastatus sp.（图 214）

雌：体长 1.80～1.95mm。

体色：头部和胸部蓝黑色，稍具光泽。触角柄节黄色，端部稍带褐色；梗节及鞭节黑色。前胸背板黄色或黄褐色；中胸盾片中叶前方的舌形隆区和小盾片及三角片古铜色，部分带金绿色；中叶隆区后方有并列横向中央的白毛。胸腹侧片黄褐色；侧板前方大部分金绿色，后方棕褐色。翅在缘前脉下方和缘脉基半下方、痣脉与缘脉相接处的下后方至翅端各有 1 条褐色或浅褐色横斑（近翅尖色浅），端褐斑内缘中央稍弧形突出；近基部、中央无色透明，中央透明斑弧形、约等宽，中央宽度约为基褐斑的 0.6 倍。足浅黑褐色；跗节第 1～4 节、中足基节、后足腿节内侧和胫节基部黄褐色。腹部黑色，第 1 腹节背板无黄白色斑。

头：头部背面观横宽，宽为中长的 2.6～2.7 倍。上颊长约为复眼宽的 0.35 倍。单眼排列近正三角形；单眼长径、单复眼间距、侧单眼间距之比为 1.0：0.8：2.5。头顶具细横皱。侧单眼处额宽稍窄于复眼宽。头前面观椭圆形，密布细刻点。额明显向上方收窄。额窝不伸达中单眼。触角窝间和颜面有细中纵脊，触角着生于复眼下端连线水平处；触角窝间距为至复眼间距的 1.5 倍。柄节细长，亚圆柱形，稍弯曲，长为端宽的 8.5 倍，伸达前单眼；梗节及鞭节长度之和为头宽的 1.4 倍、为前翅长的 0.72 倍；梗节长为宽的 1.4 倍，长为第 1 索节的 0.8 倍；索节向后渐短渐粗，第 1、7 索节长分别为宽的 1.4 倍和 0.9 倍；棒节 3 节，长等于或稍短于索节末 3 节之和。

胸：前胸背板背面近亚梯形，后半半圆形凹入。中胸盾片方形，盾纵沟伸至 0.6～0.7 处而相连，围出长为宽 1.3～1.4 倍、侧缘向后渐拢、端部稍尖的舌形隆区，其上和小盾片及三角片密布细刻点；盾片中叶

隆区后方凹入部位光滑，具伸向中央的白毛。小盾片前沟缝形。三角片间距稍窄于三角片基宽。中胸侧板具纵向细刻纹。并胸腹节短，侧方有隆瘤。前翅明显超过腹端；长为宽的 2.2 倍；亚前缘脉：缘脉（不包括缘前脉）：后缘脉：痣脉=（20～21）：（20～21）：11：5。中足腿节扁平且端部扩大，胫节端部内侧和第 1～3 跗节腹方具发达的多个黑色钉状刺。

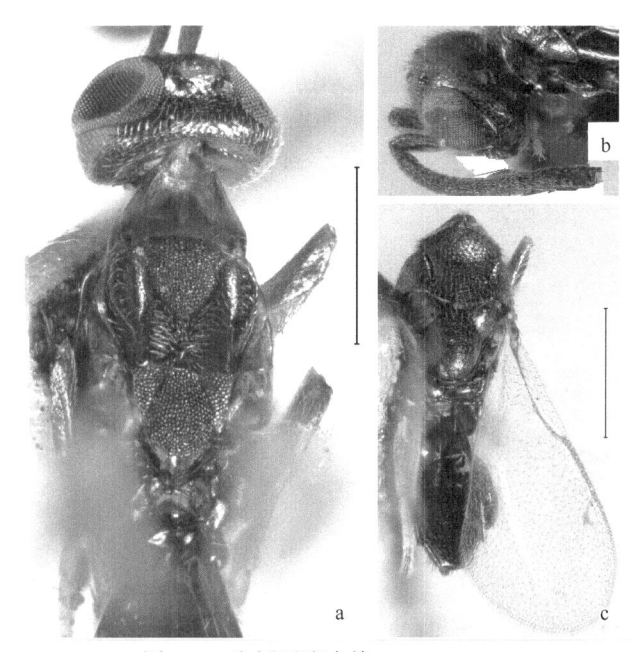

图 214　光侧平腹小蜂 *Anastatus* sp.
a. 雌蜂头部和胸部，背面观；b. 雄蜂，侧面观；c. 雄蜂胸部和腹部，背面观

腹：腹部长为最宽处（近后端）的 1.35～1.44 倍，为胸部长的 0.8～0.9 倍；腹部由基至端渐宽，末端圆钝；背面腹基完全平滑，末端具细横线；第 1 节背板最长，为腹部长的 0.48 倍。产卵管鞘微露出腹末。

雄：体长 2.1mm。

体色：头部和胸部蓝黑色，部分具金绿色光泽。触角柄节和梗节褐黄色，背方金绿色；鞭节黑褐色。足大部分蓝黑色，具金绿色光泽（后足胫节端部约 1/2 黑褐色，无光泽）；转节、前中足胫节和后足胫节端部约 1/2、第 1～4 跗节褐黄色。翅透明，翅脉浅黑褐色。

头：头部背面观宽为中长的 2.8 倍；上颊为复眼宽的 0.55 倍。单眼排列呈稍钝三角形；单眼长径、单复眼间距、侧单眼间距之比为 1.0：0.9：3.5；头前面观近椭圆形；额向上方稍收窄，额窝较深，光滑，不伸达中单眼。颜面中央稍拱，具粗刻点。触角着生于复眼下缘连线水平，触角窝间距为至复眼内缘间距的 1.3 倍；触角柄节较短，腹面较扁凹，端部稍粗，长为端宽的 3.5 倍；梗节和鞭节长度之和较长，为头宽的 1.9 倍，为前翅长的 0.78 倍；梗节小，端部稍粗，长为端宽的 1.0 倍、为第 1 索节的 0.3 倍；索节各节向端部稍短稍宽，第 1、7 索节长分别为端宽的 2.0 倍和 1.0 倍；棒节 3 节，长为索节末 2.5 节之和。

胸：前胸背板短。中胸盾片稍拱，其表面满布细点皱；小盾片前沟缝形；三角片间距明显短于三角片宽和中胸盾片中叶后缘。并胸腹节短，光滑，有细中纵脊。前翅伸过腹部端部；亚前缘脉：缘脉（不包括缘前脉）：后缘脉：痣脉=30：20：16：9。后足腿节较粗扁，长为宽的 3.6 倍；胫节稍长于腿节，与跗节等长；基跗节等于第 2～4 跗节长度之和。

腹：腹部长为宽的 1.9 倍、为胸部长的 0.9 倍；背板具极细刻纹，近于光滑；背板后缘中央平直；第 1 节背板为腹部长的 0.42 倍，与其后 3 节背板长度之和等长。

生物学：寄生于马尾松毛虫 *Dendrolimus punctatus* 卵。

标本记录：1♀，云南个旧，1955.V.10，寄主：松毛虫 *Dendrolimus* sp. 卵，No. 614305（无头）；6♀12♂，广西南宁，1988.V，寄主：马尾松毛虫 *Dendrolimus punctatus* 卵，No. 881484；22♀20♂，广西南宁，1988.VII，寄主：马尾松毛虫 *Dendrolimus punctatus* 卵，No. 894512。

分布：广西、云南。

(163) 川滇平腹小蜂 *Anastatus* sp. （图 215）

雌：体长 2.7~3.0mm。

体色：头部和胸部蓝黑色，具金绿色光泽。触角柄节黄色，端部或浅黑色；梗节及鞭节黑色。前胸背板浅黄褐色，侧缘前方、后角或中央各有 1 黑褐色小斑点；前胸侧板和胸腹侧片浅黄褐色。中胸盾片中叶前方舌形隆区和小盾片及三角片古铜褐色或棕褐色；中叶隆区后方金绿色光泽强，多白毛。中胸侧板蓝黑色，后半泛棕褐色，其前下方有白毛。翅在缘前脉下方和缘脉基半下方、痣脉与缘脉相接处的下后方至翅端各有 1 条褐色或浅褐色横斑（近翅尖色浅），端褐斑内缘中央向翅基稍角状突出；近基部、中央无色透明，中央透明斑弧形，约等宽，中央宽度为基褐斑的 0.4 倍；翅脉褐色。足黑褐色；第 2~5 或第 3~5 跗节、中足胫节和后足转节腹方黄白色至浅黄褐色。腹部黑色，有光泽；第 1 腹节背板和腹板基部黄白色。产卵器白色。

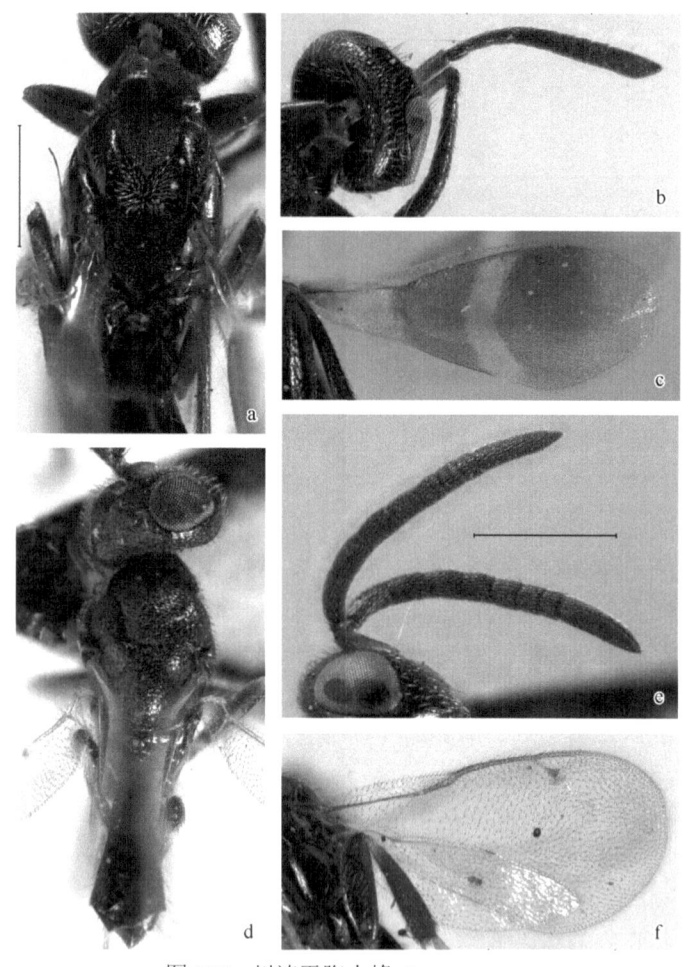

图 215 川滇平腹小蜂 *Anastatus* sp.
a. 雌蜂头部和胸部，背面观；b. 雌蜂头部，侧面观；c. 雌蜂前翅；d. 雄蜂整体，背面观；e. 雄蜂触角；f. 雄蜂前翅

头：头部背面观横宽，宽为中长的 2.6~2.9 倍。上颊长为复眼宽的 0.5~0.58 倍。单眼排列近正三角形；单眼长径、单复眼间距、侧单眼间距之比为 1.0：（0.8~1.0）：2.0。头顶具细横皱。侧单眼处额宽与复眼宽约等长。头前面观椭圆形，密布细刻点。额明显向上方收窄。额窝不伸达中单眼。触角窝间和颜面有细中纵脊，触角着生于复眼下端连线水平处；触角窝间距为至复眼间距的 1.6 倍。柄节细长，亚圆柱形，稍弯曲，长为端宽的 8.3 倍，伸达前单眼；梗节及鞭节长度之和为头宽的 1.45 倍、为前翅长的 0.6 倍；梗节长为宽的 1.6~1.8 倍，长为第 1 索节的 0.9 倍；索节向后渐短渐粗，第 1、7 索节长分别为宽的 1.8 倍和 0.9

倍；棒节 3 节，长稍短于索节末 3 节之和。

胸：前胸背板背面近于亚梯形，后半半圆形凹入。中胸盾片方形，盾纵沟伸至 0.67 处而相连，围出长为宽 1.2~1.35 倍、侧缘向后渐拢、端部稍尖的舌形隆区，其上和小盾片及三角片密布细刻点；盾片中叶隆区后方凹入部位光滑，具伸向中央的白毛。小盾片前沟缝形。三角片间距稍短于三角片基宽。中胸侧板具细刻纹。并胸腹节短，侧方有隆瘤。前翅明显超过腹端；长为宽的 2.2~2.5 倍；亚前缘脉：缘脉（不包括缘前脉）：后缘脉：痣脉=28：27：13：6。中足腿节扁平且端部扩大、胫节端部内侧和第 1~3 跗节腹方具发达的多个黑色钉状刺。

腹：腹部长为最宽处（近后端）的 1.45~1.6 倍，为胸部长的 0.83 倍；腹部由基至端渐宽，末端圆钝；背面腹基完全平滑，末端具细横线；第 1 节背板最长，为腹部长的 0.45 倍。产卵管鞘微露出腹末。

雄：体长 1.9~2.6mm。

体色：头部和胸部蓝黑色，部分具金绿色光泽。触角柄节褐黄色，端部背面具金绿色光泽；梗节和鞭节黑褐色。足基节、腿节蓝黑色，具金绿色光泽；后足胫节除基部外黑褐色；各足端跗节黑色；其余黄色。翅透明，翅脉浅褐色。腹部黑色，稍有光泽，第 1 背板端半或有黄褐色斑。

头：头部背面观宽为中长的 3.3 倍；上颊为复眼宽的 0.55 倍。单眼排列稍呈钝三角形；单眼长径、单复眼间距、侧单眼间距之比为 1.0：0.9：5.0；头前面观近椭圆形；额向上方稍收窄，额窝较深，光滑，不伸达中单眼。颜面中央稍拱，具粗刻点。触角着生于复眼下缘连线水平稍上方，触角窝间距为至复眼内缘间距的 1.2 倍；触角柄节较短，长为宽的 3.5 倍；梗节和鞭节长度之和较长，为头宽的 2.1 倍、为前翅长的 0.9 倍；梗节小，长为宽的 1.0 倍，长为第 1 索节的 0.2 倍；索节 7 节，各节向端部渐短，但约等宽，第 1、7 索节长分别为端宽的 2.4 倍和 0.7 倍；棒节 3 节，分节不清，长稍长于索节末 3 节之和。

胸：前胸背板短。中胸盾片稍拱，其表面满布细点皱；小盾片前沟缝形；三角片内角明显分开。并胸腹节短，光滑，有细中纵脊。前翅伸过腹部端部，长为宽的 1.9 倍；亚前缘脉（包括缘前脉）：缘脉：后缘脉：痣脉=31：18：12：7。后足腿节较扁，长为宽的 2.9 倍；胫节长为腿节的 1.2 倍、为跗节的 1.1 倍；基跗节长为第 2~4 跗节长度之和的 0.9 倍。

腹：腹部长为宽的 2.4 倍，为胸部长的 0.75 倍；背板近于光滑；背板后缘中央平直；第 1 节背板为腹长的 0.38 倍，与其后 3 节背板长度之和等长。

生物学：寄主为松毛虫 *Dendrolimus* sp.卵。

标本记录：24♀12♂，云南安宁温泉，1983.VI~VII，游有林，寄主：松毛虫卵，No. 841692、841694~95、841697~98；13♀11♂，云南安宁温泉，1988.VII.9~12，陈学新，寄主：松毛虫卵，No. 886884~86、886893。

分布：云南。

（164）南宁平腹小蜂 *Anastatus* sp.（图 216）

雌：体长 3.0mm。

体色：头部蓝黑色，稍带金绿色光泽。触角柄节黄色，梗节黄褐色，带金绿色光泽，鞭节黑色。前胸背板黄褐色，侧缘前方、后角和亚中央各有 1 黑褐色或金绿色小斑点；前胸侧板黄褐色。中胸背板大部分暗金绿色，盾片中叶前方的舌形隆区除前端外带棕色；中叶隆区后方白毛细而不显。中胸侧板全部蓝黑色，胸腹侧片前部黄色。翅在缘前脉下方和缘脉基半下方、痣脉与缘脉相接处的下后方至翅端各有 1 条褐色或浅褐色横斑（近翅尖色浅），端褐斑内缘中央稍向翅基角状突出；近基部、中央无色透明，中央透明斑弧形、约等宽，中央宽度为基褐斑的 0.4 倍。足暗黄褐色。腹部黑色，基部色稍浅；第 1 腹节背板和腹板的前方（0.2~0.4 段）有黄白色横斑。

头：头部背面观横宽，宽约为中长的 2.5 倍。上颊长约为复眼宽的 0.62 倍。单眼排列近正三角形；单眼长径、单复眼间距、侧单眼间距之比为 1.0：0.7：2.2。头顶具细横皱。侧单眼处额宽稍窄于复眼宽。头前面观椭圆形，密布细刻点。额明显向上方收窄。额窝不伸达中单眼。触角窝间和颜面有细中纵脊，触角

图 216 南宁平腹小蜂 *Anastatus* sp. 雌蜂
a. 整体, 背面观; b. 整体, 侧面观; c. 头部, 前面观; d. 触角; e. 中足; f. 后足

着生于复眼下端连线水平处；触角窝间距为至复眼间距的 1.8 倍。柄节细长，亚圆柱形，稍弯曲，长为端宽的 8.5 倍，伸达前单眼；梗节及鞭节长度之和为头宽的 1.3 倍、为前翅长的 0.55～0.61 倍；梗节长为宽的 2.0 倍，长为第 1 索节的 0.8 倍；索节向后渐短渐粗，第 1、7 索节长分别为宽的 2.0 倍和 0.8～0.9 倍；棒节 3 节，长等于或稍长于索节末 3 节之和。

胸：前胸背板背面近于亚梯形，后半半圆形凹入。中胸盾片方形，盾纵沟伸至 0.7～0.75 处而相连，围出长为宽 1.4 倍、侧缘向后渐拢、端部稍尖的舌形隆区，其上和小盾片及三角片密布细刻点；盾片中叶隆区后方凹入部位光滑，具细白毛。小盾片前沟缝形。三角片间距稍短于三角片基宽。中胸侧板具细刻纹。并胸腹节短，侧方有隆瘤。前翅明显超过腹端；长为宽的 2.3～2.5 倍；亚前缘脉：缘脉（不包括缘前脉）：后缘脉：痣脉=27：25：12：6.5。中足腿节扁平且端部扩大，胫节端部内侧（左 3 右 4 个）和第 1～3 跗节腹方具发达的多个黑色钉状刺。

腹：腹部长为最宽处（近后端）的 1.45 倍、为胸部长的 0.8 倍；腹部由基至端渐宽，末端圆钝；背面腹基完全平滑，末端具细横线；第 1 节背板最长，为腹部长的 0.36 倍。产卵管鞘微露出腹末。

生物学：寄主为马尾松毛虫 *Dendrolimus punctatus* 卵。

标本记录：8♀，广西南宁，1982.V.16，何俊华，寄主：马尾松毛虫 *Dendrolimus punctatus* 卵，No. 821436。

分布：广西。

（165）林氏平腹小蜂 *Anastatus* sp.（图 217）

雌：体长 3.1～3.2mm。

体色：头部和胸部蓝黑色，稍具金绿色光泽（中胸盾片中叶前方舌形隆区和小盾片及三角片无光泽）；前胸背板和侧板浅黄褐色，背板侧缘前方、后角或中央（浅）各有 1 黑褐色小斑点；中叶隆区后方无明显白毛；翅腋槽、中后胸侧板（仅近翅基片下方带浅蓝黑色小斑）、并胸腹节中央全部棕褐色。触角柄节黄色，梗节及鞭节黑色。翅在缘前脉下方和缘脉基半下方、痣脉与缘脉相接处的下后方至翅端各有 1 条褐色或浅褐色横斑（近翅尖色浅），端褐斑内缘中央向翅基稍角状突出；近基部、中央无色透明，中央透明斑弧形、约等宽，中央宽度为基褐斑的 0.42 倍。足黄褐色；腿节外侧、胫节外侧大部分浅黑褐色。腹部黑色，

第 1 腹节背板和腹板黄色。

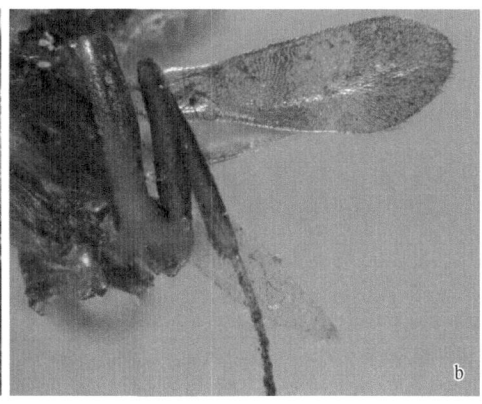

图 217 林氏平腹小蜂 Anastatus sp.
a. 雌蜂头部和胸部，背面观；b. 雌蜂前翅和后足

头：头部背面观横宽，宽约为中长的 2.3 倍。上颊长约为复眼宽的 0.57 倍。单眼排列近正三角形；单眼长径、单复眼间距、侧单眼间距之比为 1.0：0.7：2.2。头顶具细横皱。侧单眼处额宽稍窄于复眼宽。头前面观椭圆形，密布细刻点。额明显向上方收窄。额窝不伸达中单眼。触角窝间和颜面有细中纵脊，触角着生于复眼下端连线水平处；触角窝间距为至复眼间距的 1.8 倍。柄节细长，亚圆柱形，稍弯曲，长为端宽的 8.3 倍，伸达前单眼；梗节及鞭节长度之和为头宽的 1.6 倍、为前翅长的 0.61 倍；梗节长为宽的 1.5 倍，长为第 1 索节的 0.9 倍；索节向后渐短渐粗，第 1、7 索节长分别为宽的 1.5 倍和 0.9 倍；棒节 3 节，长等于索节末 2~5 节之和。

胸：前胸背板背面近于亚梯形，后半半圆形凹入。中胸盾片方形，盾纵沟伸至 0.7 处而相连，围出长为宽 1.56 倍、侧缘向后渐拢、端部稍尖的舌形隆区，其上和小盾片及三角片密布细刻点；盾片中叶隆区后方凹入部位光滑，具伸向中央的白毛。小盾片前沟缝形。三角片间距约等于三角片基宽。中胸侧板具纵向细刻纹。并胸腹节短，侧方有隆瘤。前翅明显超过腹端；长为宽的 2.4 倍；亚前缘脉：缘脉（不包括缘前脉）=27：30（后缘脉和痣脉长度看不出）。中足腿节扁平且端部扩大，胫节端部内侧和第 1~3 跗节腹方具发达的多个黑色钉状刺。

腹：腹部长为最宽处（近后端）的 1.31 倍、为胸部长的 0.8 倍；腹部由基至端渐宽，末端圆钝；背面腹基完全平滑，末端具细横线；第 1 节背板最长，约为腹部长的 0.4 倍。产卵管鞘微露出腹末。

生物学：寄主为马尾松毛虫 Dendrolimus punctatus 卵。

标本记录：9♀1♂，浙江常山，1955.V.12，林莲欣，寄主：马尾松毛虫 Dendrolimus punctatus 卵，No. 5521.1（雄蜂已破损难以描记）。

分布：浙江。

（166）梓潼平腹小蜂 *Anastatus* sp. （图 218）

雌：体长 3.0mm。

体色：头部和胸部蓝黑色，部分具金绿色光泽。触角柄节黄褐色，梗节和鞭节黑色。前胸黄褐色，背板背面后角具蓝黑色斑点。中胸蓝黑色，部分具金绿色光泽。足黄褐色；基节背面、腿节背面（除基部外）、胫节背面黑褐色。前翅透明，在缘前脉下方、缘脉端部和后缘脉下方各有 1 条褐色横带；基横带近于等宽，端横带阔于基横带，其内缘中央稍弧突，两横带间的透明带近于等宽，为基横带宽的 0.4~0.5 倍；翅脉黄白色。腹部黑色，有光泽，背板基部 0.1 黑褐色并向后侧方延伸，0.1~0.4 段除侧缘外白色。产卵器白色，稍突出腹端。

头：头部背面观宽为中长的 3.3 倍；上颊为复眼宽的 0.6 倍；单眼长径、单复眼间距、侧单眼间距、中侧单眼间距之比为 1：0.6：2.0：1.5；侧单眼处额宽与复眼宽等长。头顶具细横刻皱。头前面观呈亚梯形；

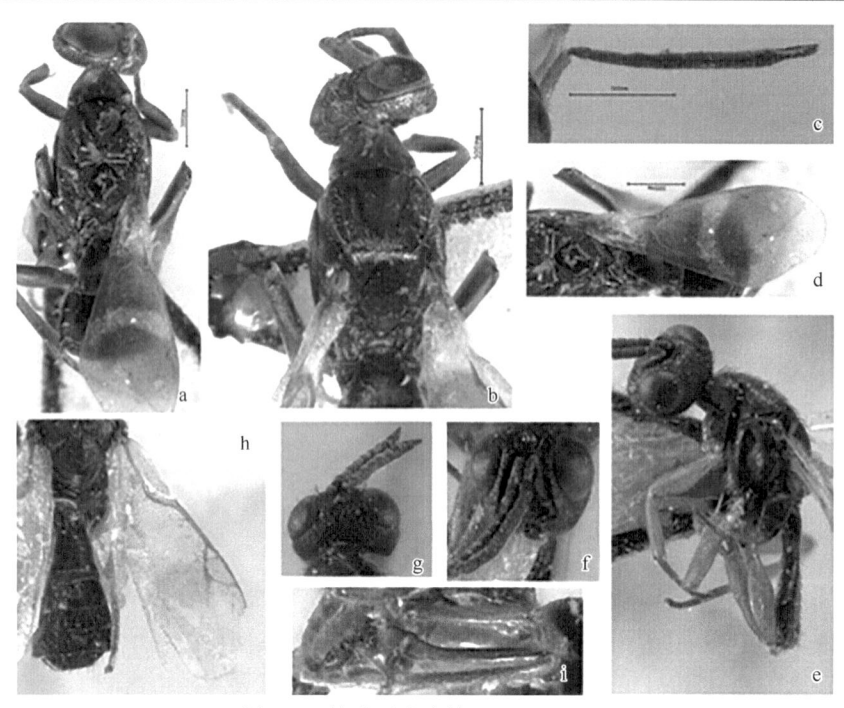

图 218 梓潼平腹小蜂 *Anastatus* sp.

a. 雌蜂整体，背面观；b. 雌蜂头部和胸部，背面观；c. 雌蜂触角；d. 雌蜂前翅；e. 雄蜂整体，侧面观；f. 头部，前面观；g. 头部，背面观；h. 胸部后方、腹部和前翅，背面观；i. 中足和后足腿节

额明显向上方收窄，不达中单眼。仅触角洼下凹，其间有近长三角形隆起。颜面中央稍拱隆，有细中纵脊。触角着生于头前面复眼下缘连线水平处；触角柄节细长，亚圆柱形，基部稍细，长为端宽的 7.5 倍，伸达中单眼；梗节和鞭节长度之和较短，为头宽的 1.3 倍、为前翅长的 0.5 倍；梗节长为宽的 1.8 倍，比第 1 索节稍短；各索节渐短渐宽，第 1、7 索节长分别为宽的 1.8 倍和 0.9 倍；棒节稍膨大，端部渐细，长为前 2 节之和的 1.1 倍。

胸：前胸背板背面亚三角形，中央浅凹。中胸刻纹极细，近于光滑；盾纵沟伸至盾片中叶的 0.8 处，所围舌状隆区盾形，长为基宽的 1.33 倍，舌状隆区、小盾片及三角片满布刻点；盾片中叶隆区后方光滑具白毛，近后缘横隆；小盾片前沟明显；三角片长三角形，内角明显分开。并胸腹节短，侧方呈瘤状隆突。前翅超过腹部端部；亚前缘脉：缘脉（不包括缘前脉）：后缘脉：痣脉=22：31：17：7。中足腿节扁平且向端部扩大，胫节顶端内侧有钉状刺，第 1~3 跗节腹方具发达的多个黑色钉状刺。

腹：腹部长为宽（近后端最宽）的 1.67 倍、为胸部长的 0.68 倍；背板具细刻纹；背板后缘中央平直；第 1 节背板为腹部长的 0.4 倍；腹部端部钝三角形。产卵器稍伸出腹端。

雄：体长 2.6mm。

体色：体蓝黑色，部分具金绿色光泽。触角黑褐色，柄节具金绿色光泽。足基节和前足腿节蓝黑色，具金绿色光泽；中后足腿节和胫节基部及端跗节黑褐色，但中足腿节基部、后足腿节端部及其余跗节黄褐色。前翅透明；翅脉黄褐色。

头：头部背面观宽为中长的 2.4 倍；上颊为复眼宽的 0.82 倍。侧单眼处头顶宽大于复眼宽。单眼排列呈钝三角形；单眼长径、单复眼间距、侧单眼间距、中侧单眼间距之比为 1.0：0.8：2.4：1.8。头前面观近椭圆形，具粗刻点或刻皱；额向上方稍收窄；触角洼下凹，光滑，不伸达中单眼。触角柄节侧面稍扁，中央稍宽，长为宽的 3.0 倍、与梗节至第 1 索节长度之和等长；梗节和鞭节长度之和较短，为头宽的 1.3 倍、为前翅长的 0.47 倍；梗节长为端宽的 1.8 倍、为第 1 索节长的 1.8 倍；各索节几乎等长等宽，第 1、7 索节长分别为端宽的 1.0 倍和 1.0 倍；棒节至端部渐细，长等于前 2 节之和。

胸：前胸背板短。中胸盾片稍拱，其表面满布细点皱；小盾片前沟缝形；三角片内角相当接近。并胸腹节短，光滑，有细中纵脊。前翅伸过腹部端部；亚前缘脉：缘脉（不包括缘前脉）：后缘脉：痣脉=29：

23：27：17，痣脉端部 1/3 稍曲折且上翘。后足胫节长稍短于跗节；基跗节稍长于其后 2 跗节之和。

腹：腹部长为宽的 2.0 倍、为胸部长的 0.87 倍；具极细刻纹，近于光滑；第 1 节背板后缘中央稍前凹，其余背板后缘平直；第 1 节背板为腹部长的 0.38 倍。

标本记录：1♀，四川永川，1980.VI，吴猛耐，寄主：马尾松毛虫，No. 870475；17♀1♂，四川梓潼，1986.VI.3，肖友平，寄主：大柏毛虫卵，No. 878874。

生物学：寄主为马尾松毛虫 Dendrolimus punctatus 和大柏毛虫 Dendrolimus suffuscus 卵。

分布：四川。

(167) 韩城平腹小蜂 Anastatus sp.（图 219）

雄：体长 2.1mm。

体色：头部和胸部蓝黑色，部分具金绿色光泽。触角柄节和梗节褐黄色，具金绿色光泽；鞭节黑褐色。足基节蓝黑色，具紫色光泽；后足腿节除两端外褐色；其余黄色（中足除基节外已丢失）。前翅透明，缘前脉浅黑褐色；其余翅脉黄白色。腹部黑色，第 1 节褐黄色，有光泽。

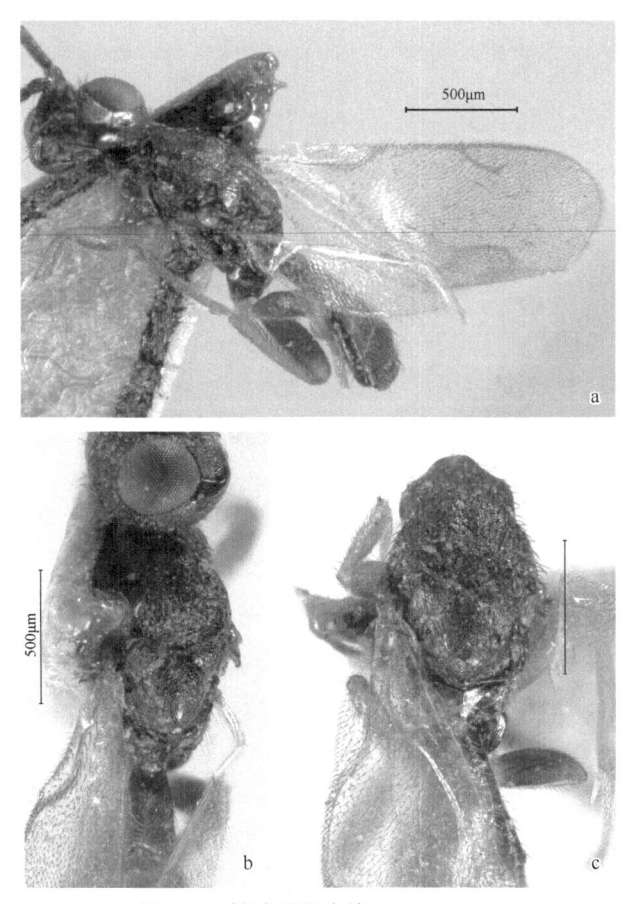

图 219 韩城平腹小蜂 Anastatus sp.
a. 雄蜂，背侧面观；b. 雄蜂，背面观；c. 雄蜂胸部，背面观

头：头部背面观宽为中长的 2.0 倍；上颊为复眼宽的 0.5 倍。单眼排列稍呈钝三角形；单眼长径、单复眼间距、侧单眼间距、中侧单眼间距之比为 1.0：0.9：2.2：1.6；头前面观近椭圆形；额向上方稍收窄，额窝较深，光滑，不伸达中单眼。颜面中央稍拱，具粗刻点。触角着生于复眼下缘连线水平稍下方，触角窝间距为至复眼内缘间距的 3.6 倍；触角柄节较短，腹面较扁凹，端部稍粗，长为端宽的 3.5 倍；梗节和鞭节长度之和较短，为头宽的 1.2 倍、为前翅长的 0.44 倍；梗节中央稍粗，长为中宽的 1.5 倍，长为第 1 索节的 1.8 倍；索节仅存 4 节，各节均短，向端部稍宽，第 1、4 索节长分别为端宽的 0.7 倍和 1.0 倍；

胸：前胸背板短。中胸盾片稍拱，其表面满布细点皱；小盾片前沟缝形；三角片内角明显分开。并胸腹节短，光滑，有细中纵脊。前翅伸过腹部端部；亚前缘脉：缘脉（不包括缘前脉）：后缘脉：痣脉=23：19：19：10。后足腿节较粗，长为宽的4.0倍；胫节稍长于腿节；基跗节长，为胫节的1.35倍、等于第2～4跗节长度之和。

腹：腹部长为宽的1.8倍、为胸部长的0.88倍；背板具极细刻纹，近于光滑；背板后缘中央平直；第1节背板为腹部长的0.4倍，与其后3节背板长度之和等长。

生物学：寄主为油松毛虫 Dendrolimus tabulaeformis 卵。

标本记录：1♂，陕西韩城，1981，党心德，寄主：油松毛虫卵，No. 816462。

（168）重庆平腹小蜂 Anastatus sp. （图220）

雄：体长 1.5～1.7mm。

体色：头部和胸部蓝黑色，部分具金绿色光泽。触角柄节蓝黑色，具金绿色光泽；梗节和鞭节黑褐色。足基节、腿节蓝黑色（前中足腿节端部黄色），具金绿色光泽；中足胫节除基部外、后足胫节和端跗节浅褐色；其余黄白色。前翅透明；翅脉浅褐色，但痣脉无色。腹部黑色，有光泽；第1节背板基半具金绿色光泽。

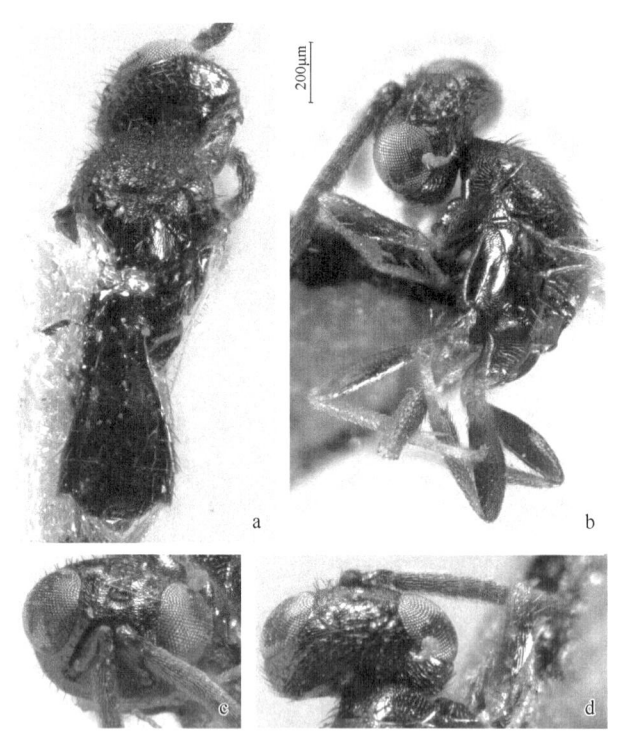

图220 重庆平腹小蜂 Anastatus sp.
a. 雌蜂，背面观；b. 雄蜂头部和胸部，侧面观；c. 头部，前背面观；d. 头部，背面观

头：头部背面观宽为中长的2.4～2.7倍；上颊为复眼宽的0.55～0.67倍。侧单眼处头顶宽与复眼宽约等长。单眼排列呈钝三角形；单眼长径、单复眼间距、侧单眼间距、中侧单眼间距之比为1.0：0.9：2.8：2.4。头前面观近椭圆形，具粗刻点或刻皱；额向上方收窄；触角洼下凹，光滑，不伸达中单眼。触角着生于复眼下缘连线水平处，触角窝间距为至复眼内缘间距的3.0倍；触角柄节中央稍宽，长为宽的3.0～4.0倍，与第1～3索节约等长；梗节和鞭节长度之和较短，为头宽的1.3倍，约为前翅长的0.57倍；梗节长为端宽的1.8倍，为第1索节长的1.6倍；各索节至端部稍窄，第1、7索节长分别为端宽的1.0～1.1倍和0.8～0.9倍；棒节至端部渐细，长约等于前2.5节之和。

胸：前胸背板短。中胸盾片稍拱，其表面满布细点皱；小盾片前沟缝形；三角片内角相当接近。并胸腹节短，光滑，有细中纵脊。前翅伸过腹部端部；亚前缘脉：缘脉（不包括缘前脉）：后缘脉：痣脉=17：14：14：8 或 15：13：12：7。后足胫节长为跗节的 0.9～1.0 倍；基跗节稍长于其后 2 跗节之和。

腹：腹部长为宽的 2.0 倍，为胸部长的 0.9 倍；背板具极细刻纹，近于光滑；各节背板后缘平直；第 1 节背板为腹部长的 0.3～0.38 倍。

生物学：寄主为马尾松毛虫 Dendrolimus punctatus 卵和一未定名种松毛虫 Dendrolimus sp.卵。

标本记录：3♂，重庆，1987.VII，吴猛耐，寄主：松毛虫卵，No.894561；1♂，浙江衢州，1984.VI.20，马云，寄主：马尾松毛虫卵，No.844824。

（169）吴氏平腹小蜂 *Anastatus* sp. （图 221）

雄：体长 2.2mm。

体色：头部和胸部蓝黑色，部分具金绿色光泽。触角柄节黄色，背方端部稍褐色；梗节和鞭节黑褐色。足基节蓝黑色，具金绿色光泽；后足腿节黑褐色，夹有褐色；后足胫节端部 0.6 和中后足端跗节浅黑褐色；其余黄褐色。前翅透明；翅脉黄褐色。腹部黑色，背面基部和端部有金绿色光泽。

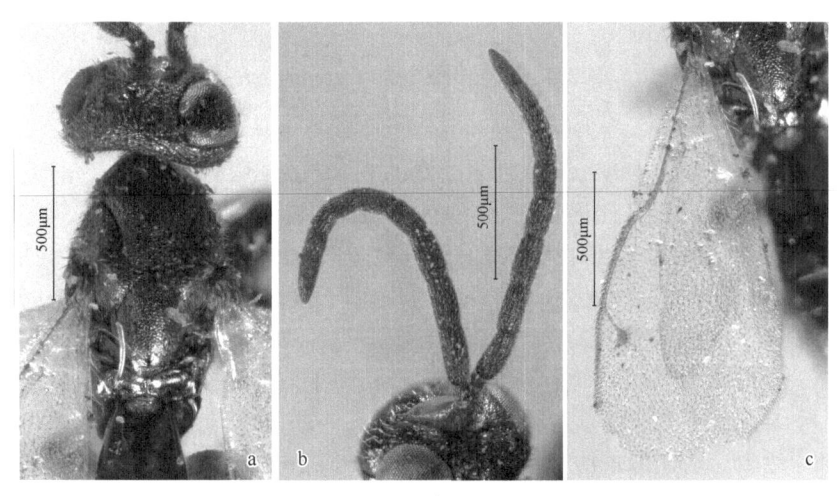

图 221　吴氏平腹小蜂 *Anastatus* sp.
a. 雄蜂头部和胸部，背面观；b. 雄蜂头部和触角；c. 雄蜂前翅

头：头部背面观宽为中长的 2.9 倍；上颊为复眼宽的 0.6 倍。侧单眼处头顶宽大于复眼宽。单眼排列呈钝三角形；单眼长径、单复眼间距、侧单眼间距、中侧单眼间距之比为 1.0：1.0：3.5：2.0；头前面观近椭圆形，具粗刻点或刻皱；额向上方稍收窄；触角洼下凹，光滑，不伸达中单眼。触角着生于复眼下缘连线水平处，触角窝间距为至复眼内缘间距的 1.5 倍；颜面中央稍拱，有弱中纵脊。触角柄节腹面稍扁，基部稍宽，长为宽的 2.8 倍；梗节和鞭节长度之和较长，为头宽的 2.1 倍、为前翅长的 0.89 倍；梗节很小，长为第 1 索节的 1/5；鞭节向两端稍窄；第 1、7 索节长分别为端宽的 3.5 倍和 1.1 倍；棒节至端部渐细，长稍短于前 3 节之和。

胸：前胸背板短。中胸盾片稍拱，其表面满布细点皱；小盾片前沟缝形；三角片内角相当接近。并胸腹节短，光滑，有细中纵脊。前翅伸过腹部端部；亚前缘脉：缘脉（不包括缘前脉）：后缘脉：痣脉=26：17：17：7。

腹：腹部长为宽的 2.5 倍、与胸部约等长；具极细刻纹，近于光滑；第 1 节背板后缘中央稍前凹，其余平直；第 1 节背板为腹部长的 0.34 倍。

生物学：寄主为松毛虫 Dendrolimus sp.卵。

标本记录：3♂，四川永川，1986.VI，吴猛耐，寄主：松毛虫卵，No.870473。

(170) 辽宁平腹小蜂 *Anastatus* sp. （图 222）

雄：体长 2.2mm。

体色：头部和胸部蓝黑色，具金绿色光泽。触角黑色，柄节黄色。足黄色；基节、腿节黑色，但中足腿节色浅且腹面和端部黄色。前翅透明，缘前脉基部浅黑褐色；其余黄白色。腹部黑色至黑褐色。

图 222 辽宁平腹小蜂 *Anastatus* sp.
a. 雄蜂整体，背面观；b. 雄蜂整体，侧面观；c. 雄蜂触角

头：头部背面观宽为中长的 2.8 倍；上颊为复眼宽的 0.5 倍。单眼排列呈钝三角形；单眼长径、单复眼间距、侧单眼间距、中侧单眼间距之比为 1.0∶1.0∶3.5∶2.0。头前面观近椭圆形，具粗刻点；额向上方稍收窄。触角着生于复眼下缘连线水平处，触角窝间距为至复眼内缘间距的 1.2 倍；触角柄节较短，腹面较扁，基部稍细，端部扩大，长为端宽的 3.0 倍；梗节和鞭节长度之和较长，为头宽的 2.0 倍、为前翅长的 0.86 倍；梗节很小，长为第 1 索节的 0.2 倍；各索节渐短，除第 1 索节较瘦外其余索节约等宽，第 1、7 索节长分别为端宽的 2.2 倍和 0.9 倍；棒节至端部渐细，长稍短于前 3 节之和。

胸：前胸背板短。中胸盾片稍拱，其表面满布细点皱；小盾片前沟缝形；三角片内角明显分开。并胸腹节短，光滑，有细中纵脊。前翅伸过腹部端部；亚前缘脉∶缘脉（不包括缘前脉）∶后缘脉∶痣脉=29∶18∶15∶8。

腹：腹部长为宽的 2.1 倍，与胸部约等长；背板近于光滑；背板后缘中央平直；第 1 节背板为腹部长的 0.3 倍。

生物学：寄主为落叶松毛虫 *Dendrolimus superans* 卵。

标本记录：12♂，辽宁建平，1983，代德纯，寄主：落叶松毛虫卵，No. 834895。

(171) 云南平腹小蜂 *Anastatus* sp. （图 223）

雄：体长 1.7mm。

体色：头部和胸部金绿色，具光泽。触角柄节黄色，端部金绿色有光泽；梗节和鞭节黑褐色。足基节、前足腿节或腹方除端部外、后足腿节蓝黑色，具金绿色光泽；端跗节、中足腿节背方、前中足胫节、后足胫节或除基部外浅褐色或黑褐色；其余黄白色。前翅透明；翅脉浅黄色。腹部黑色，有光泽。

头：头部背面观宽为中长的 2.6 倍；上颊为复眼宽的 0.45 倍。侧单眼处头顶宽阔于复眼宽。单眼排列呈钝三角形；单眼长径、单复眼间距、侧单眼间距、中侧单眼间距之比为 1.0∶1.0∶2.5∶1.5。头前面观近椭圆形，具粗刻点或刻皱；额向上方收窄或几乎不收窄；触角洼下凹，光滑，不伸达中单眼；颜面中央有纵脊。触角着生于复眼下缘连线水平处，触角窝间距为至复眼内缘间距的 1.3 倍；触角柄节基部稍窄，侧面稍扁，长为宽的 3.0 倍，与梗节、第 1 索节等长；梗节和鞭节长度之和较长，为头宽的 2.2~2.5 倍、为前翅长的 0.93 倍；梗节很小，长为第 1 索节的 0.25 倍；各索节较粗近于等宽，第 1、7 索节长分别为端宽

的 2.4 倍和 1.1 倍；棒节至端部渐细，长等于前 2.5 节之和。

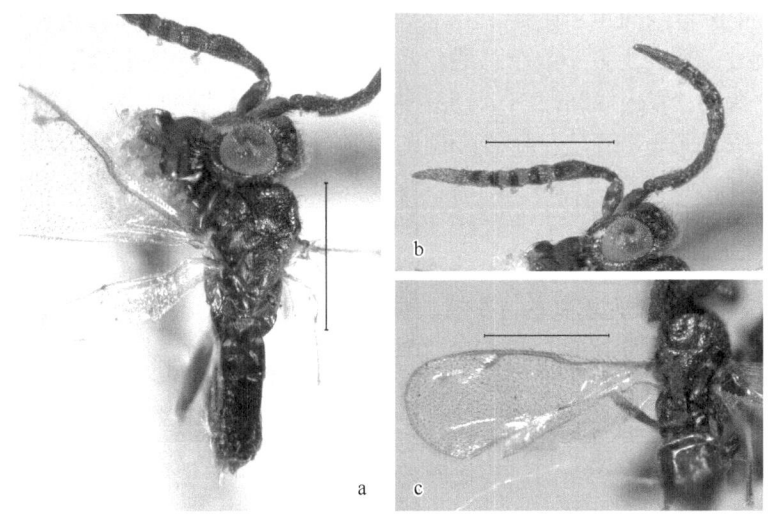

图 223　云南平腹小蜂 Anastatus sp.
a. 雄蜂整体，背面观；b. 雄蜂头部和触角；c. 雄蜂胸部和前翅

胸：前胸背板短。中胸盾片稍拱，其表面满布细点皱；小盾片前沟缝形；三角片内角相当接近。并胸腹节短但较雌性稍长，光滑，有细中纵脊。前翅伸过腹部端部；亚前缘脉：缘脉（不包括缘前脉）：后缘脉：痣脉=18：（12～15）：10：7。后足胫节等长于跗节；基跗节稍短于其后 2 跗节长度之和。

腹：腹部长为宽的 2.0 倍，为胸部长的 0.79 倍；背板具极细刻纹，近于光滑；各节背板后缘平直；第 1 节背板为腹部长的 0.44 倍。

生物学：寄主为松毛虫 Dendrolimus sp. 卵。

标本记录：2♂，云南个旧，1980，李国秀，寄主：松毛虫卵，No. 814306；1♂，云南安宁温泉，1988.VII.9～13，陈学新，寄主：松毛虫卵，No. 886893。

（172）东安平腹小蜂 Anastatus sp.（图 224）

雄：体长 1.4mm。

体色：头部和胸部蓝黑色，部分具金绿色光泽。触角黑褐色，柄节和梗节黄褐色。足基节蓝黑色，有金绿色光泽；前中足腿节和端跗节黑褐色；后足腿节和后足胫节端部 0.8 红褐色；其余黄白色；部分标本后足腿节黑色，后足胫节端部 0.8 浅褐色。前翅透明；翅脉浅黑褐色。腹部黑色，基部 0.3 有铜绿色光泽。

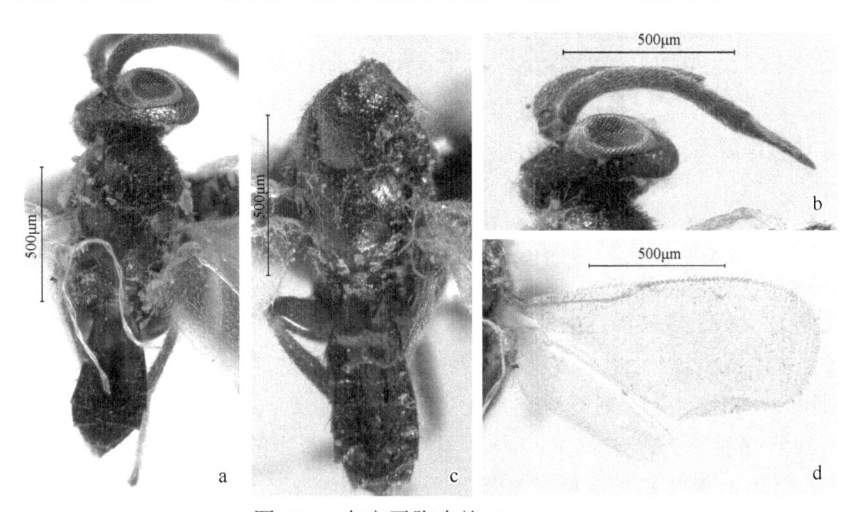

图 224　东安平腹小蜂 Anastatus sp.
a. 雄蜂整体，背面观；b. 雄蜂头部和触角；c. 雄蜂胸部和腹部，背面观；d. 雄蜂前翅

头：头部背面观宽为中长的 2.9 倍；上颊为复眼宽的 0.35 倍。单眼排列呈钝三角形；单眼长径、单复眼间距、侧单眼间距、中侧单眼间距之比为 1.0∶1.1∶3.5∶1.8；侧单眼处头顶宽大于复眼宽。头前面观近椭圆形，具粗刻点或刻皱；额向上方不收窄；触角洼下凹，光滑，不伸达中单眼。触角着生于复眼下缘连线水平处，触角窝间距为至复眼内缘间距的 1.3 倍；触角柄节较短，腹面较扁，长为端宽的 3.0 倍；梗节和鞭节长度之和较长，为头宽的 1.8 倍、为前翅长的 0.8 倍；梗节很小，长为第 1 索节的 1/4；各索节约等宽但渐短，第 1、7 索节长分别为端宽的 1.8～2.0 倍和 0.8 倍；棒节至端部渐细，长稍短于前 4 节之和。

胸：前胸背板短。中胸盾片稍拱，其表面满布细点皱；小盾片前沟缝形；三角片内角相当接近。并胸腹节短，光滑，有细中纵脊。前翅伸过腹部端部；亚前缘脉∶缘脉（不包括缘前脉）∶后缘脉∶痣脉=17∶13∶10∶4。后足胫节较粗短，长为端宽的 4.5 倍，稍长于跗节；基跗节长为第 2、3 跗节之和的 1.2 倍。

腹：腹部短于胸部，长为胸部长的 0.88 倍、为腹部宽的 2.0 倍；具极细刻纹，近于光滑；第 1 节背板为腹部长的 0.3 倍。

生物学：寄主为马尾松毛虫 Dendrolimus punctatus 卵。

标本记录：22♂，湖南东安，1954.VI，孙锡麟，寄主：马尾松毛虫卵，No. 5410.12～13；10♂，湖南，1970.V，彭建文，寄主：马尾松毛虫卵，No. 73014.7。

（173）封开平腹小蜂 *Anastatus* sp.（图 225）

雄：体长 1.5mm。

体色：头部和胸部蓝黑色，具金绿色光泽。触角柄节蓝黑色，具金绿色光泽；梗节和鞭节黑褐色。足基节和腿节蓝黑色，具金绿色光泽；中后足胫节除基部外和端跗节浅褐色；其余黄白色。前翅透明；翅脉浅黄色。腹部黑色，有光泽；第 1 节背板除端部外具金绿色光泽。

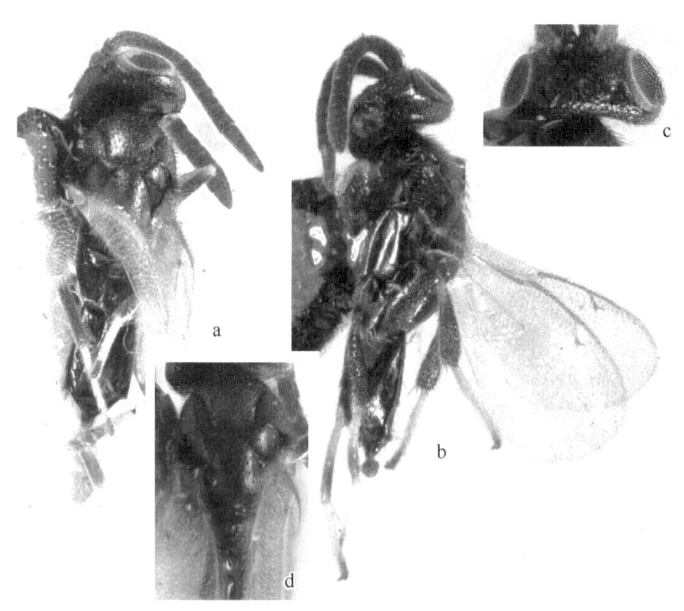

图 225　封开平腹小蜂 *Anastatus* sp.
a. 整体，背面观；b. 整体，侧面观；c. 头部，背面观；d. 胸部，背面观

头：头部背面观宽为中长的 3.0 倍；上颊为复眼宽的 0.5 倍。侧单眼处头顶宽阔于复眼宽。单眼排列呈钝三角形；单眼长径、单复眼间距、侧单眼间距、中侧单眼间距之比为 1.0∶（1.0～1.2）∶（3.5～4.0）∶2.5。头前面观近椭圆形，具粗刻点或刻皱；额向上方几乎不收窄；触角洼下凹，光滑，不伸达中单眼。触角着生于复眼下缘连线水平稍下方，触角窝间距为至复眼内缘间距的 1.25 倍；触角柄节基部稍窄，腹面扁平，长为宽的 1.5 倍，比第 1 索节稍长；梗节和鞭节长度之和较长，为头宽的 2.2 倍、为前翅长的 0.84 倍；梗节很小；各索节较粗近于等宽，第 1、7 索节长分别为端宽的 1.2～2.0 倍和 1.0 倍；棒节至端部渐细，长

等于前 2.5 节之和。

胸：前胸背板短。中胸盾片稍拱，其表面满布细点皱；小盾片前沟缝形；三角片内角相当接近。并胸腹节短，光滑，有细中纵脊。前翅伸过腹部端部；亚前缘脉∶缘脉（不包括缘前脉）∶后缘脉∶痣脉=18∶13∶10∶5。后足胫节稍长于跗节；基跗节与其后 2.5 跗节之和等长。

腹：腹部长为宽的 2.0 倍，为胸部长的 0.86 倍；背板具极细刻纹，近于光滑；各节背板后缘平直；第 1 节背板为腹部长的 0.4 倍。

生物学：寄主为马尾松毛虫 Dendrolimus punctatus 卵。

标本记录：2♂，广东封开，1992.V.16，何俊华，寄主：马尾松毛虫卵，No.922809。

69. 旋小蜂属 *Eupelmus* Dalman, 1820

Eupelmus Dalman, 1820: 136, 180.
Eupelmella Masi, 1919: 306.

属征简述：雌性头部前面观长宽相等或宽略大于长。颜面略凹陷。上颚 3 齿。复眼圆，微具毛。颊短于复眼长径。触角着生于复眼下缘连线附近，13 节；柄节柱状，通常一色，环状节长不及宽，索节由基至端逐渐变短变粗，棒节不膨大、3 节。前胸通常短。中胸盾片后端凹陷呈槽，小盾片末端圆，三角片内端稍分开。翅有时呈短翅型，长翅型前翅在缘脉基半下方有狭窄无毛带或无毛区，后缘脉常短于缘脉。足不长，中足胫节末端膨大，具长而粗壮的距。腹部长于头、胸部合并之长；第 7 节背板（该节有气门）深凹（图 226）。产卵器长，但少有长过于腹部的。

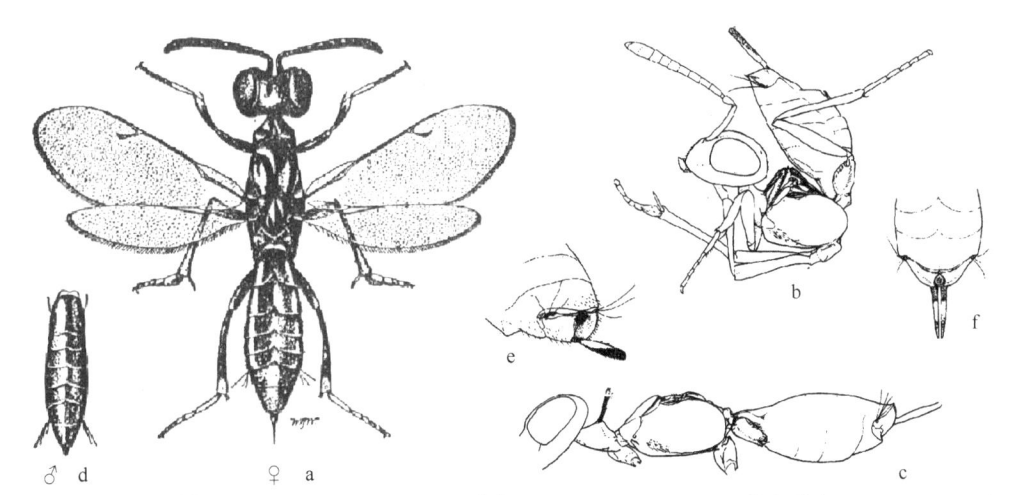

图 226 旋小蜂属 *Eupelmus* Dalman（a, b. 引自 Walton et al., 1930；其余引自 Boucek, 1988）
a. 雌蜂整体图，背面观；b, c. 雌蜂整体图，侧面观；d. 雄蜂腹部，背面观；e. 雄蜂腹部端部，侧面观；f. 雌蜂腹部端部，背面观

雄蜂头部宽大于长，侧面观呈新月形。触角线形。胸部显著隆起，具深而完整的盾纵沟。中胸侧板凹陷（即中纵沟将侧板分为前侧片和后侧片两部分，因此中胸侧板不像雌蜂那样完整）。中足胫节不膨大。腹部短于胸部，卵圆形。

生物学：寄主广泛，有的营次寄生。

注：①国外许多专家已把短翅旋小蜂属 *Eupelmella* Masi, 1919 并入旋小蜂属 *Eupelmus* Dalman, 1820。该属过去的属征是：触角柄节圆筒形。下颚须不扩大。前胸背板近立方形或近锥形，前方具锐利的边缘，中央到后缘具深的凹陷。雌性中胸背板光滑，均匀地凹入，中叶侧缘具锐利的脊；雄性中胸背板隆起，盾纵沟深。小盾片窄，具直而向后稍扩大的两侧缘，基部很宽，三角片窄而长，楔状，短于小盾片，基部不相连。后胸背板中央长于并胸腹节中央。翅短缩，前翅端半突然向上呈膝状弯曲或明显退化。前足腿节不

扩大或略扩大，下缘光滑；后足胫节和第 1 跗节不扩大也不扁化。腹部延长，通常圆柱形拱隆，末端略收缩。背板后缘中央稍具缺刻。产卵器伸出，有时很长。身上绒毛非鳞片状。②据 Kolomiets（1958，1962）记载，*Eupelmus microzonus* Foerster 在西伯利亚重寄生于西伯利亚松毛虫 *Dendrolimus sibiricus albolineatus*，我国尚无此蜂记录，将不予介绍。③广东省农林学院林学系森保教研组（1974: 103）、吴钜文（1979a: 34）和侯陶谦（1987: 172）报道短翅卵蜂 *Eupelmella* sp. 在广东寄生于马尾松毛虫卵；严静君等（1989: 263）报道 *Eupelmella* sp. 寄生于松毛虫卵。因无描述也未见标本，何种不知。

旋小蜂属 *Eupelmus* 分种检索表

1. 前胸背板近于立方形，前方具锐利的边缘，中央到后缘具深的凹陷；中胸背板光滑，均匀地凹入，其锐利的侧缘；小盾片窄，其直而向后稍扩大的两侧缘，基部很宽，三角片窄而长，楔状；并胸腹节长；翅短缩，前翅呈膝状弯曲；体深黄色至黑色。头部和小盾片具铜-青铜色及淡绿色光泽。触角柄节深黄色，梗节绿色。中胸两侧具蓝色-紫色光泽。胫节端部和跗节浅色。腹部基部苍白色。产卵管中央浅色 ··· 泡旋小蜂 *E. vesicularis*
- 前胸背板不长，隆起；中胸背板具斜向而汇聚的槽及稍圆的两侧；小盾片向后略扩大，三角片宽，有时末端几相遇；并胸腹节短；翅通常发达，很少短缩 ··· 2
2. 梗节长为端宽的 3.0 倍；缘脉长为亚前缘脉（均不包括缘前脉）的 1.2 倍；产卵管鞘褐色，0.2～0.6 段和 0.85 部位以后白色 ··· 永川旋小蜂 *E*. sp.
- 梗节长为端宽的 1.5 倍或 2.5 倍；缘脉与亚前缘脉约等长；产卵管鞘基部及末端红褐色，中部黄色至黄红色，基部与中部之间有一黑色环，或基部黑色、中部黄色、端部黄褐色或黑褐色 ··· 3
3. 梗节长为端宽的 1.5 倍；产卵管鞘基部及末端红褐色，中部黄色至黄红色，基部与中部之间有一黑色环 ··· 胶虫旋小蜂 *E. tachardiae*
- 梗节长为端宽的 2.5 倍；产卵管鞘基部黑色，中部黄色，端部黄褐色或黑褐色 ··· 栗瘿蜂旋小蜂 *E. urozonus*

（174）胶虫旋小蜂 *Eupelmus tachardiae* Howard, 1896（图 227）

Eupelmus tachardiae Howard, in Howard et Ashmead, 1896: 641; 廖定熹等, 1987: 193; 陈尔厚, 1999: 49.

雌：体长 2.5～3.0mm。

体色：体蓝黑色；复眼紫红色。头部、中胸盾片、小盾片及腹背两端带绿色反光；头顶、前胸背板两侧、中胸侧板、胸部腹面、并胸腹节及腹部中央背板、全部腹部侧方和腹面均带紫色金光。触角柄节、前后足转节、腿节末端、胫节两端及跗节、中足转节以下、产卵器基部及末端红褐色。中足跗节及后足第 1 跗节红黄色。产卵器中部黄色至黄红色，基部与中部之间有一黑色环。翅透明微黄色，翅脉浅褐黄色。

头：头背面观横宽，宽为长的 2.2～2.4 倍，前后方均略内凹。复眼间距与复眼等宽。单眼排列呈钝三角形，侧单眼与复眼间距约等于单眼直径、与后头缘间距约为其直径的 2 倍。后头缘圆钝无锐边。复眼卵圆形，光滑无毛。颜面触角洼明显下陷呈"几"形，两侧及中央膨起。触角着生于颜面下端与复眼下缘连线齐平；柄节柱状，高不及中单眼，中部以上略微膨大弯曲；梗节长为宽的 1.5 倍，长于第 1 索节；环状节仅 1 节，短小横宽；第 1～4 索节长大于宽，第 5 索节方形，第 6～7 索节宽略大于长；棒节 3 节，卵圆形，较索节端部宽，约与末 3 索节合并等长。头具细微刻纹，头顶的刻纹多呈横鳞状。颊具向口走向的皱纹。

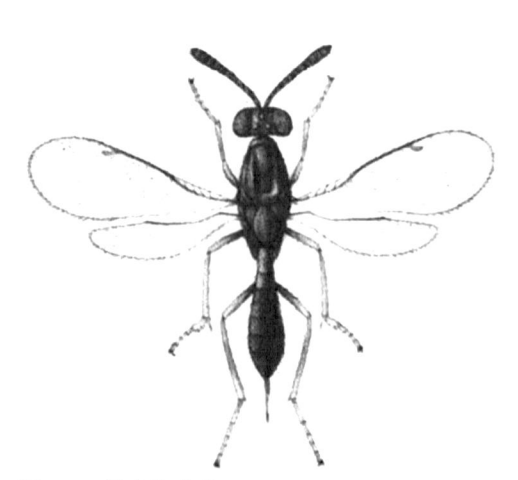

图 227　胶虫旋小蜂 *Eupelmus tachardiae* Howard 雌蜂整体图（背面观）（引自 廖定熹等，1987）

胸：中胸盾片盾纵沟及中央后部下陷，呈浅平槽，并密布粗刻点，发闪烁绿光。小盾片膨起，三角片左右互相分离，二者均具长形刻点，发紫绿色金光。中胸侧板完整，膨大。翅长略过腹端而达产卵器中部，翅面均匀密布纤毛；缘脉甚长，与亚前缘脉约相等；痣脉与后缘脉均较短，痣脉末端膨大呈楔形，略短于后缘脉。中足发达，胫节端距与第 1 跗节约等长，胫节末端及第 1～3 跗节均有黑褐色粗壮刺突。

腹：腹部略长于胸部，由基至端逐渐变窄。腹部第 1、7 节背板较完整，其余各节背板中央后方均呈深缺切状。产卵管起自第 3 节腹板；产卵管（伸出部分）长达腹长的 1/3，几与后足胫节等长。

雄：与雌蜂大致相似，体色亦蓝黑色，唯触角柄节末端、上颚、唇须末端、足转节沟、前足胫节末端及跗节（除末节外）淡黄色，后足基跗节及胫节距白色。头、胸部上面刻点细致。复眼间距较复眼宽。触角着生于颜面中部，线形，被纤毛；柄节较短且中部下方呈扁平膨大，高不及中单眼；梗节短，但仍长于宽，蓝黑色；索节黑褐色，各节大致等长，均略长于宽，第 4、5、6 节较 1、2、3 节略短；棒节不分节。中胸盾片膨起，盾纵沟不甚明显，亦无凹陷，呈浅槽状。中胸侧板不完整，有侧纵沟。腹部与胸部等长，扁平；腹面呈沥青色，第 1、2 腹沟白色。

生物学：陈尔厚（1999：49）报道寄主在云南从松毛虫内茧蜂中育出。廖定熹等（1987：193）记载本种为紫胶虫雌虫的寄生蜂，也为紫胶白虫茧蜂 *Bracon greeni*（为紫胶虫主要害虫紫胶白虫及紫胶黑虫的天敌）及紫胶虫 *Apanteles tachardiae* 的寄生蜂，一般认为也能寄生于紫胶白虫 *Eublemma amabilis*、木蠹蛾（紫胶黑虫）*Holcocera pulverea*、棉巢沫蝉（枣树棘沫蝉）*Machaerota planitiae*、黄色伊伦跳小蜂 *Erencytus dewitzi*、黄胸胶蚧跳小蜂 *Tachardiaephagus tachardiae*。

标本记录：无标本也未见过。以上记述基本上录自廖定熹等（1987：193）。

分布：华南、云南；印度，巴基斯坦，斯里兰卡。

（175）永川旋小蜂 *Eupelmus* sp.（图 228）

雌：体长 3.4mm。

体色：头部和胸部蓝黑色，具金绿色光泽，但胸腹侧片上方和并胸腹节中央暗褐黄色。口器黄褐色，但颚须中央浅褐色。触角柄节黄色，梗节和索节暗褐黄色，部分有金绿色光泽。足基节黑褐色，转节、腿节、胫节外侧基部浅褐色，其余白色，但中足腿节腹面和胫节两端黄白色。前翅透明无色斑或横带，翅脉白色。腹部暗褐黄色夹少许黑褐色，有光泽，其基部带金绿色；腹面端部带红褐色。产卵管鞘褐色，0.2～0.6 段和 0.85 以后白色。

图 228 永川旋小蜂 *Eupelmus* sp. 雌蜂
a. 整体，背面观；b. 整体，侧面观；c. 头部，背面观；d. 头部，前面观；e. 前翅

头：头部背面观宽为中长的 2.8 倍；上颊为复眼宽的 0.25 倍；单眼长径、单复眼间距、侧单眼间距、

中侧单眼间距之比为 1.0∶0.6∶3.0∶2.0；侧单眼处额宽与复眼宽等长。头前面观呈亚三角形；额明显向上方收窄；额窝梯形，伸达中单眼，下方有横凹痕，其侧缘锋锐。触角柄节细长，亚圆柱形，腹面内凹，侧方呈锐脊；梗节和鞭节长度之和短，仅较头宽稍长、为前翅长的 0.42 倍；梗节长为宽的 3 倍，比第 1 索节稍长；各索节渐短渐宽，第 1、7 索节长分别为宽的 2 倍和 1 倍；棒节端部斜截，长等于前 2.5 节之和。

胸：前胸背板背面短，亚三角形。中胸盾片长，盾纵沟深凹伸至 2/3 处，将中叶前方划出铆钉形、具并列横刻条的区域，中叶后方下斜；盾片其余部位具细刻点。小盾片前沟明显。小盾片较长，具并列弧形细刻条；三角片具浅网纹，内角不相接。中胸侧板具细刻纹。前翅透明，稍超腹端，满布细毛；亚前缘脉∶缘脉（不包括缘前脉）∶后缘脉∶痣脉=30∶36∶10∶8.5。中足腿节扁平且向端部扩大，胫节顶端内侧具多个黑色钉状刺；第 1~3 跗节腹方具发达的多个黑色钉状刺。

腹：腹部长为宽的 2.6 倍，稍长于胸部；背板具细刻纹但至后端渐弱；第 1~4 节背板后缘中央深凹切；第 1、4 节背板约等长，均为第 2、3 节背板长度之和；腹部端部平截。产卵管鞘长为后足胫节的 0.75 倍、为腹长的 0.38 倍。

生物学：寄主为松毛虫脊茧蜂 *Aleiodes esenbeckii*。

标本记录：1♀，四川永川，1980.VI.3，吴猛耐，寄主：松毛虫脊茧蜂，No. 878868。

分布：四川。

70. 短角平腹小蜂属 *Mesocomys* Cameron, 1905（图 229）

Mesocomys Cameron, 1905a: 210.

Type species: *Mesocomys pulchriceps* Cameron. Monotypy.

Semianastatus Kalina, 1984: 18.

Type species: *Semianavtuus orierualis* Kalina. Monotypy and original designation.

属征简述：本属属征在 Cameron（1905a: 210）定新属时的主要描述是：触角 13 节，梗节长为宽的 4 倍；盾纵沟明显，窄；中胸背板中央隆起，宽，后方弧圆；小盾片大，在基部有 2 个基部最宽、端部圆的大而深的凹窝。并胸腹节基部有 3 个凹窝，中央凹窝大。

Ferrière（1930: 2）在介绍本属时称，短角平腹小蜂属 *Mesocomys* Cameron 与平腹小蜂属 *Anastatus* Motschulsky 的形态特征十分相似，区别在于：雌蜂小盾片基部有 2 条沟；触角短，梗节长为前 3 索节之和，索节近方形或横形；前翅烟褐色，仅其基部透明和有 2 白色圆斑，1 个在缘脉下方，另 1 个与其相对近于翅后缘。雄蜂翅全部透明。

Boucek（1988: 553）补充属征：雌蜂触角洼相连近三角形，洼侧方和背方有脊，与眼眶平行或下宽，上方止于中单眼前方约 1 单眼径之距；中胸盾片盾纵沟侧方有平行、后方有横形的宽阔 U 形区；后足基跗节与其后 3 跗节之和等长。并将雌蜂小盾片基部无 2 条沟（凹窝）、触角梗节不长于前 3 索节之和、前翅无 2 白色圆斑的 *Anastatus albitarsis* 移入成为 *Mesocomys albitarsis*。

Gibson（1995: 228）进一步充实属征：触角窝宽阔分开，其间距至少为至口缘或至眼眶的 2 倍；上颚 2 齿，腹端齿小；胸腹侧片长方形，较大，前方形成 1 浅色的指状区；中足胫节端部内侧无纵斜沟或无钉状刺（这些特征在原 *Mesocomys* 属的种中均为种征）。并以此为属征，不再强调原属征的梗节长度、小盾片基部 2 个大而深的凹窝和前翅 2 个透明斑。为此将本属分 2 个种团：*pulchriceps* 种团和 *albitarsis* 种团。*pulchriceps* 种团主要特征为：三角片与小盾片之间凹陷；并胸腹节相对平，V 形或 U 形褶不明显；前翅明显烟色，缘脉下方前半部与后缘具透明斑；唇基前缘缺刻狭窄（作者注：应该还有梗节较长）。*albitarsis* 种团雌蜂主要特征为：三角片与小盾片平，不下陷；并胸腹节 V 形褶膨起，所围成的中区凹陷，呈漏斗状；前翅透明或至多具横斑；唇基前缘无缺刻。

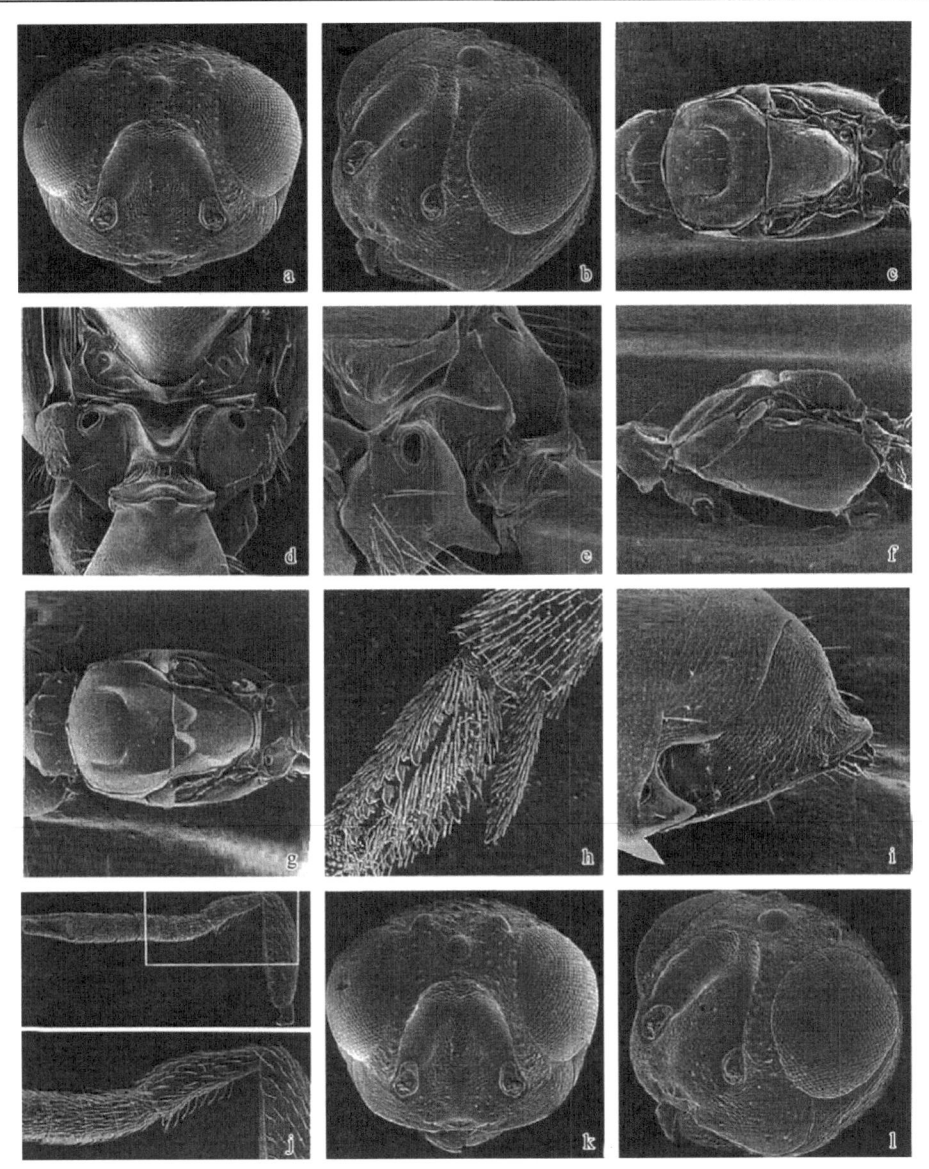

图 229 短角平腹小蜂属 Mesocomys Cameron（引自 Gibson，1995）

a，b. 雌蜂头部；c，g. 胸部，背面观；d. 小盾片和并胸腹节，背面观；e. 并胸腹节，侧面观；f. 胸部，侧面观；h. 中足胫节端部和第 1 跗节；i. 腹部端部，侧面观；j. 雄蜂触角；k，l. 雄蜂头部

短角平腹小蜂属 Mesocomys 分种检索表

1. 三角片与小盾片之间凹陷，有 2 个大而深的凹窝；并胸腹节相对平，V 形或 U 形褶不明显；前翅明显烟色，缘脉下方前半部与后缘具透明斑；唇基前缘缺刻狭窄；梗节长，为前 3 索节之和（*pulchriceps* 种团）；颜和头顶光滑；索节均短而横形，渐宽，末索节宽约为长的 3 倍。分布：河北、陕西、江苏、浙江、江西、湖北、湖南、福建、广东、云南 ·· 东方短角平腹小蜂 ***M. orientalis***
- 三角片与小盾片之间平，不下陷无凹窝；并胸腹节 V 形褶膨起，所围成的中区凹陷，呈漏斗状；前翅透明或至多具横斑；唇基前缘无缺刻；梗节正常长，小于前 3 索节之和（*albitarsis* 种团） ··· 2
2. 前翅基半部几乎透明，后缘脉和痣脉下有一深褐色大横斑伸至后缘。分布：黑龙江、辽宁、北京、山东、江苏、浙江、江西、湖北、湖南、广东、云南 ·· 白跗短角平腹小蜂 ***M. albitarsis***
- 前翅几乎透明，无深色斑 ·· 3
3. 腹部第 1 节背板基部 0.6 侧缘近于平行或呈长方形，其中央稍纵凹，其基部 0.4 黑褐色，端部 0.6 白色；腹部腹面端部带红褐色；POL 约为 OOL 的 3.2 倍；足除基节外黄褐色。分布：浙江、四川 ··· 腹柄短角平腹小蜂，新种 ***M. petiolaris* sp. nov.**

| - 腹部第1节背板长形，侧缘渐宽，基部非长方形 ··· 4 |
| 4. 触角柄节长，超出头顶 ·· 5 |
| - 触角柄节不超出头顶，不伸达中单眼 ·· 6 |
| 5. 触角柄节暗褐色或暗绿色，端部黄褐色；腹部黑色，近基部有黄色带；前翅正面基部2/3光裸。分布：河北 ······
·· 中华短角平腹小蜂 *M. sinensis* |
| - 触角柄节全部暗褐色；腹部黑色，第1背板后缘色浅，但不具黄色带；前翅基室布满纤毛，基无毛区缺如。分布：河北
·· 落叶松毛虫短角平腹小蜂 *M. superansi* |
| 6. 足除基节蓝黑色外全部浅黄褐色或白色 ··· 7 |
| - 足除基节蓝黑色外，前后足腿节深色或/和后足胫节中段深色 ·· 8 |
| 7. 头部紫红色，前胸两侧、中胸盾片（侧区暗褐色，具暗蓝绿色光泽）、三角片及小盾片铜绿色；触角柄节暗褐色，端部腹面淡黄色；梗节与鞭节长度之和为胸宽的1.5倍；梗节长为宽的2.0倍；前翅基室基半部绝不着生刚毛，具基无毛区；体型小，长2.1～2.5mm。分布：河北 ·· 短柄短角平腹小蜂 *M. breviscapis* |
| - 头和胸部蓝黑色或具金绿色；触角柄节金绿色，端部黄色；梗节和鞭节长度之和为胸宽的1.35倍；梗节长为宽的2.5倍；前翅基部具稀毛；体型大，长4.0mm。分布：浙江 ··· 遂昌短角平腹小蜂，新种 *M. suichangensis* sp. nov. |
| 8. 体暗黑色具蓝绿光泽；触角索节黄色或黄褐色；前翅基室几乎全部具毛；体长2.7～3.5mm。分布：陕西 ·············
·· 透翅短角平腹小蜂 *M. aegeriae* |
| - 体蓝黑色具金绿光泽；触角索节黑褐色或蓝黑色；前翅基室几乎无毛 ··· 9 |
| 9. 触角黑褐色，柄节黑褐色有金绿色光泽；梗节长为宽的2.0倍；并胸腹节蓝黑色，中央有∨形脊；前翅缘脉（不包括缘前脉）长为后缘脉的1.6倍；体长3.4mm。分布：云南 ····································· 陈氏短角平腹小蜂，新种 *M. cheni* sp. nov. |
| - 触角蓝黑色，柄节背面上半和端部黄褐色；梗节长为宽的2.4倍；并胸腹节中央褐色，无中脊；前翅缘脉（不包括缘前脉）长为后缘脉的1.2倍；体长2.2mm。分布：湖北 ··································· 湖北短角平腹小蜂，新种 *M. hubeiensis* sp. nov. |

（176）透翅短角平腹小蜂 *Mesocomys aegeriae* Sheng, 1996（图230）

Mesocomys aegeriae Sheng, in: 盛金坤和王国红, 1996: 416.
Mesocomys aegeriae: Sheng, 1998: 26; 姚艳霞等, 2009: 155.

雌：体长2.7～3.5mm。体具稀而浅色毛；暗黑色具蓝绿色光泽。口器黄褐色。触角柄节末端和索节黄色或黄褐色。足基节暗褐色，余节黄褐色，后足腿节色较暗。前翅透明无斑或横带；翅基片和胸腹侧片侧面同体色，但胸腹侧片前面黄色。腹部基部具1浅色横带，末端黄色。

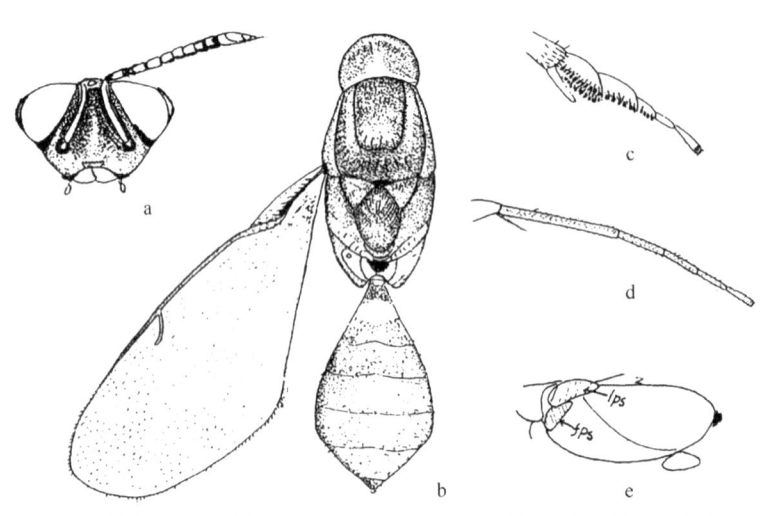

图230 透翅短角平腹小蜂 *Mesocomys aegeria* Sheng（引自 盛金坤和王国红，1996）
a. 头部前面观和触角；b. 胸部、腹部和前翅；c. 中足胫节、胫距和跗节；d. 后足跗节；e. 中胸侧板（lps. 胸腹侧片侧面；fps. 胸腹侧片前面）

头：头部具较粗网纹和较稀褐色毛。额窝亚三角形，其侧缘和顶部呈脊状，顶部至中单眼的距离约1mm。触角柄节亚圆柱形，腹面内凹，两侧呈锐脊；柄节长稍大于梗节和第1~3索节长度之和；梗节和鞭节长度之和较头部宽；梗节长约为第1~2索节长度之和、为第2索节长的1.7倍；第1索节长为宽的1.2倍，第2~8（8！）索节几乎等长，但稍渐宽，第4索节以后各节渐方形至横形；棒节端部斜截，稍长于前3节之和。额窝底部具粗网纹或横线，额宽约为头宽的1/3。颚眼区具细沟，颚眼距约为复眼高的1/2或稍长。侧单眼间的距离约等于侧单眼直径的2.5倍；侧单眼至复眼边缘的距离约等于侧单眼直径的0.5倍。后头具脊和粗横纹。

胸：胸部背面具规则的刻纹和颇稀而浅色的毛，并具特有的阔"U"形的盾侧痕。前胸背板亚方形，常具脊状前缘与横而扇形的颈片分开，中央具浅色纵线，前缘具1横排稀而长的毛列。中胸盾片具稍隆起而似矩形的中区，两侧具几乎并行的盾侧沟，具颇稀而长的毛。小盾前沟呈1宽大的压痕，但无孔（脊）。小盾片和三角片具浅网纹，网眼呈圆圈状排列。中胸侧板具细纵线。前翅透明，远超腹末；亚前缘脉：缘脉：后缘脉：痣脉=30：40：30：17；亚前缘脉具5~8根毛；前翅基室几乎全部具毛，亚前缘脉及其下区毛均为白色。中足距稍短于基跗节，胫节具针状刺，第1~4跗节腹方具发达钉状刺。

腹：腹部略短于和窄于胸部。第1节背板较窄而长，具1横斑，后缘中央凹切；其余各节渐宽。背面均具细横纹；腹部末端颇钝。

雄：体长2.5~2.8mm。体金属蓝绿色。触角暗褐色。腹部紫褐色。后足腿节同体色。中胸盾片具正常的盾侧沟。并胸腹节具中脊，无"V"形凹陷。腹部较胸部窄而稍短。中足长形。

生物学：寄生于油松毛虫 *Dendrolimus tabulaeformis* 卵。

标本记录：无标本也未见标本。形态描述录自盛金坤和王国红（1996: 416）。

分布：陕西（韩城）。

鉴别特征：盛金坤和王国红（1996: 416）称，本种与东方平腹小蜂 *Mesocomys orientalis* Ferrière 相似，但后者前翅前、后缘各具1圆透明斑；所有索节几乎短而横形，故易于区别。

注：① 按本属征触角梗节长为前3索节之和；前翅基部透明部位之后烟褐色，有2白色圆斑，本种完全不同。② 种本名 *aegeriae* 拉丁文原意为爱杰利亚（神名），并无透翅之意。在我国曾被作为鳞翅目透翅蛾科 Aegeriidae 透翅蛾属 *Aegeria* 学名的中名，本蜂订名人借此"透翅"作为该蜂种的中名尚可，其意为翅无色斑，但作为学名的种本名似乎欠妥，因为 *aegeriae* 拉丁文原意并无"透翅"之意，其寄主是松毛虫也非透翅蛾。③ 形态描述与图有一些不符，如：梗节长约为第1~2索节长度之和，第1索节长为宽的1.2倍，中足1~4跗节腹方具发达钉状刺，腹部窄于胸部。④ 文中"第2~8索节几乎等长""梗节长约为第1~2索节长度之和、为第2索节长的1.7倍"，是否有笔误，须进一步研究。

（177）白跗短角平腹小蜂 *Mesocomys albitarsis* (Ashmead, 1904) （图231）

Anastatus albitarsis Ashmead, 1904a: 154; 祝汝佐, 1937: 59; 祝汝佐, 1955: 1; 中国科学院昆虫研究所和林业部林业科学研究所湖南东安松毛虫工作组, 1956: 311; 王平远等, 1956: 272; 彭建文, 1959: 201; 吴钜文, 1979a: 31; 杨秀元和吴坚, 1981: 320; 章宗江, 1981: 234; 侯陶谦, 1987: 171; 李伯谦等, 1987: 31; 田淑贞, 1988: 36; 杜增庆等, 1988: 27; 何志华和柴希民, 1988: 2; 严静君等, 1989: 240; 盛金坤, 1989: 92; 王问学等, 1989: 186; 陈昌洁, 1990: 196; 陕西省林业科学研究所和湖南省林业科学研究所, 1990: 158; 梁细弟和王政懂, 1991: 49; 萧刚柔, 1992: 1241; 湖南省林业厅, 1992: 1289; 王书欣等, 1993: 20; 章士美和林毓鉴, 1994: 164; 方惠兰等, 1994: 1; 宋运堂和王问学, 1994: 64; 盛金坤等, 1995: 14; 俞云祥, 1996: 15; 柴希民等, 2000: 1; 俞云祥和黄素红, 2000: 41; 徐志宏和何俊华, 2004: 178; 何俊华和陈学新, 2006: 80; Chen et He, 2006: 80; 施再喜, 2006: 28; 徐延熙等, 2006: 769; 李红梅, 2006: 44; 卢宗荣等, 2007: 2; 卢宗荣, 2008: 43.

Pseudanastatus albitarsis: 何俊华, 1985: 109; 柴希民等, 1987: 4; 童新旺和倪乐湘, 1989: 451; 赵仁友等, 1990: 59; 童新旺等, 1991: 9; 杜增庆等, 1991: 16; 吴猛耐等, 1991: 56; 萧刚柔, 1992: 1241; 湖南省林业厅, 1992: 1289; 江土玲等, 1992: 53; 倪乐湘等, 2000: 43; 钟武洪等, 2000: 56; 梁秋霞, 2002: 29.

Mesocomys albitarsis: Boucek, 1988: 554; Gibson, 1995: 230; 姚艳霞等, 2009: 155; 杨忠岐等, 2015: 167.

雌：个体大小因寄主卵粒大小而异，从松毛虫 *Dendrolimus* sp.卵中羽化出来的体长 2.0～3.0mm。

体色：头部和胸部具蓝黑色，有金绿色或紫色光泽。前胸背板背面中央有白色细纵条。触角黑色；柄节和梗节有金绿色光泽。小盾片前方舌状隆区和三角片带金色光泽。前翅基半部几乎透明，后缘脉和痣脉下有一深褐色大横斑伸至后缘；亚前缘脉基部黑褐色，其余翅脉黄色。足基节、前后足腿节和后足胫节蓝黑色，有金绿色光泽；中足腿节背面、前中足胫节除两端外浅褐色或部分标本黑褐色；其余白色。腹部黑色，有光泽，近基部有 1 条窄的白色横带。

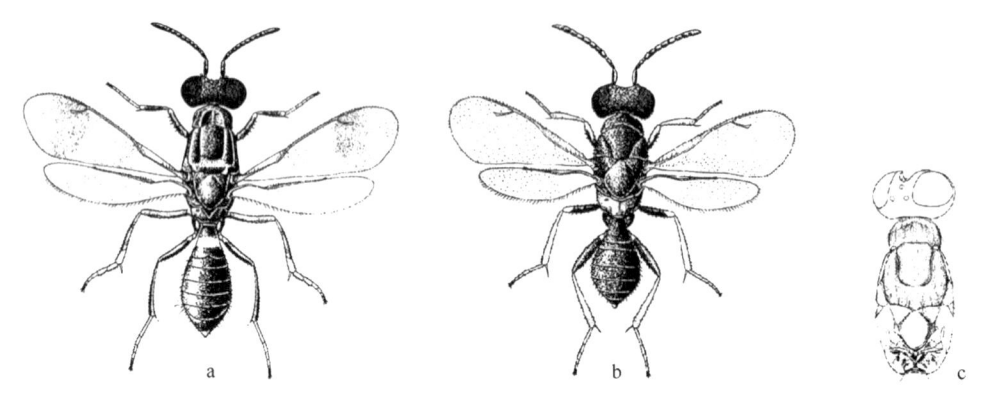

图 231　白跗短角平腹小蜂 *Mesocomys albitarsis* (Ashmead) （a，b. 引自 Kamiya，1939；c. 引自 Boucek，1988）
a. 雌蜂整体图；b. 雄蜂整体图；c. 头部和胸部，背面观

头：头部宽为中长的 2.2～2.5 倍；背面观略宽于胸部。上颊长为复眼宽的 0.59 倍。单眼近正三角形排列；单眼长径、单复眼间距、侧单眼间距、中侧单眼间距之比为 1.0：0.7：1.8：1.7。侧单眼处额宽窄于复眼宽。头顶具细横刻皱。头前面观近椭圆形；具粗刻点；额明显向上方收窄；触角洼浅凹，不伸达中单眼，侧边有脊。触角着生于复眼下缘连线水平；触角柄节细长，亚圆柱形，端部稍细，长约为端宽的 4.0 倍，不伸达中单眼；梗节和鞭节长度之和短，为头宽的 1.0 倍、约为前翅长的 0.4 倍；梗节长为宽的 1.8～2.0 倍，为第 1 索节的 1.2 倍；各索节渐宽，第 1～3 索节长于其宽，第 3 索节稍长于宽，第 4～7 索节约等长于宽，第 1、7 索节长分别为宽的 1.1 倍和 0.7 倍；棒节长为前 3 节之和。

胸：前胸背板背面亚五角形，后半中央半圆形浅凹。中胸近于光滑；盾片上的盾纵沟伸至中叶的 0.66～0.75 处，围出长为宽 1.25 倍、端部不尖的矩形隆区，其表面和小盾片及三角片满布细刻纹，盾片中叶后方凹入，无白毛，近后缘横隆；小盾片前沟缝形；三角片长三角形，内角明显分开。中胸侧板具细刻纹。并胸腹节短，侧方稍呈瘤状隆起。前翅狭长，超过腹部端部；亚前缘脉：缘脉（不包括缘前脉）：后缘脉：痣脉=17：21：12：6。中足腿节扁平且向端部扩大，胫节顶端内侧无钉状刺，胫距明显短于第 1 跗节，第 1～2 跗节腹方具发达的黑色钉状刺，第 3 节仅有 2～3 个刺突。后足胫节长为跗节的 0.8～1.0 倍；基跗节长为其后 3 跗节之和。

腹：腹部长为宽的 1.7～2.3 倍，为胸部长的 0.82 倍；背板具细刻纹，近于光滑；背板后缘中央平直；第 1 节背板为腹部长的 0.4 倍。产卵器稍伸出腹端。

雄：体长 1.5～2.7mm。

体色：头部和胸部黑色，具蓝色或金绿色光泽。触角黑色，柄节和梗节有金绿色光泽。足基节和后足腿节黑色，稍具金绿色光泽；前中足腿节除端部外或仅外侧黑褐色；后足胫节除端部外黑褐色或褐色；其余黄褐色。翅透明；翅脉黄褐色。腹部黑色，有光泽。

头：头部背面观宽为中长的 2.2～2.5 倍；上颊为复眼宽的 0.45～0.5 倍。单眼排列近正三角形；单眼长径、单复眼间距、侧单眼间距、中侧单眼间距之比为 1.0：1.0：（2.0～2.5）：（1.8～2.0）。侧单眼处头顶宽大于复眼宽。头顶具细横刻皱。头前面观近梯形，具粗刻点；额向上方收窄；触角洼下凹，光滑，不伸达中单眼，外缘锋锐；两触角窝中央有 1 小瘤突。触角柄节中央稍窄，长为宽的 2.6～3.2 倍，比第 1 索节稍长；梗节和鞭节长度之和短，为头宽的 1.0～1.3 倍、为前翅长的 0.4～0.5 倍；梗节长为端宽的 1.8～2.0 倍，稍长于第 1 索节；各索节约等宽等长，第 1、7 索节长分别为端宽的 0.9～1.1 倍和 1.0 倍；棒节至端部渐细，长等于前 2 节之和。

胸：前胸背板短。中胸盾片稍拱，其表面满布细点皱；小盾片前沟缝形；三角片内角相当接近。并胸腹节短但较雌性稍长，光滑，有细中纵脊。前翅伸过腹部端部；亚前缘脉：缘脉（不包括缘前脉）：后缘脉：痣脉=24：21：20：12。后足胫节与跗节等长；基跗节稍长于其后 3 跗节长度之和。

腹：腹部长为宽的 1.8～2.1 倍，为胸部长的 0.9 倍；具极细刻纹，近于光滑；第 1 节背板后缘中央稍前凹，其余各节背板后缘平直；第 1 节背板为腹部长的 0.36 倍。

生物学：寄主有马尾松毛虫 Dendrolimus punctatus、赭色松毛虫 Dendrolimus kikuchii ochraceus、云南松毛虫 Dendrolimus houi（=柳杉毛虫）、赤松毛虫 Dendrolimus spectabilis、油松毛虫 Dendrolimus tabulaeformis、大柏毛虫 Dendrolimus suffuscus 及绿尾大蚕蛾 Actias selene ningpoana、宽尾风蝶 Agehana elwesi、柞蚕 Antheraea peryni、半目大蚕 Antheraea yamamai、银杏大蚕蛾 Dictyoploca japonica、樟蚕 Eriogyna pyretorum、油茶枯叶蛾 Lebeda nobilis、竹缕舟蛾 Loudonta dispar、大背天蛾 Meganoton analis、华竹毒蛾 Pantana sinica、刚竹毒蛾 Pantaria phyllostachysae、栎掌舟蛾 Phalera assimilis、榆掌舟蛾 Phalera fuscescens 等的卵。

在湖南长沙常温下 1 年繁殖 7～8 个世代。9 月底或 10 月上中旬进入越冬休眠。4 月中旬气温上升到 17℃时，越冬代成蜂才大量羽化。以 6～12 时羽化最多。在 20℃和 30℃恒温条件下，1 个世代发育历期分别为 37～38 天和 16～17 天，其中卵期分别为 2.5～3 天和 1～1.5 天，幼虫期分别为 9～10 天和 5～6 天，预蛹期分别为 7～8 天和 2～3 天，蛹期分别为 18～19 天和 8～9 天。室内以柞蚕卵为寄主时，有效积温 305.64℃·d，发育起点温度（11.55±0.62）℃。成虫在林中一般以爬行方式扩散，也能跳跃及飞翔。羽化当天即可交尾，雌蜂一生只交尾 1 次，产卵前期一般 2～3 天。产卵时雌蜂在寄主卵上爬行，用触角来回敲打，并伸出产卵管在寄主卵壳表面刺探，找到适当位置后就将产卵管刺入寄主卵壳内，产完卵后用口器舔干从寄主卵内流出的内含物。未经交尾的雌蜂可营产雄孤雌生殖。在 15～25℃时，单雌产卵量平均为 93.4～99.4 粒，差异不明显；喂食后，平均为 246.4 粒，明显比不喂食的高。成蜂大部分的卵在羽化后 20 天内产出（88.07%），第 5～8 天为产卵的高峰期。雌性比例一般在 85%左右。室内可用柞蚕 Antheraea pernyi、樗蚕 Samia cynthia cynthia 卵繁殖。用于防治马尾松毛虫，每亩放蜂量为 3000～5000 头时，寄生率有时可达 38.74%～70.63%，是一种很有利用前途的蜂种。

标本记录：1♀，黑龙江一面坡，1981.VI，胡隐月，寄主：落叶松毛虫，No. 816155；1♀，北京延庆，1987.VIII.8，张俊楼，寄主：油松毛虫，No. 894510；山东青岛，1954.VI.5，李学骝、李经纯，No. 5433.1；山东青岛，1963.I.2，华东农科所，No. 5315.2；5♀12♂，山东新泰，1987.VIII.6～12，范迪，寄主：赤松毛虫，No. 872035、894546；21♀♂，山东，1987，范迪，寄主：赤松毛虫，No. 878883；10♀，山东莒县，1988.VII.中旬，董彦才，寄主：赤松毛虫，No. 878883；江苏南京，1955.V.9，邱益三，寄主：马尾松毛虫，No. 5540.1；7♀3♂，浙江常山，1982.VII，杨士炬，寄主：马尾松毛虫，No. 824448；6♀，浙江常山，1957，林虫试验站，寄主：马尾松毛虫卵，No. 5708.16；4♀3♂，浙江开化，1976，汪名昌，寄主：松毛虫卵，No. 790496；6♀，浙江武义，1983.VI，武义林业局，寄主：马尾松毛虫，No. 840879；3♀，浙江长兴，1984.VII.8，何俊华，寄主：马尾松毛虫，No. 845960；14♀4♂，浙江衢州，1985.V.26 至 VI.3，沈立荣，寄主：马尾松毛虫，No. 853677、853755～56、853884～85；42♀9♂，浙江衢州，1985.V.21 至 IX.27，王金友，寄主：马尾松毛虫，No. 853685～90、853693～94、853710、863717、853720～21、853727、854690；1♀1♂，浙江衢州，1986.VII，何俊华，寄主：马尾松毛虫卵，No. 870044；47♀14♂，浙江衢州，1987.VI.11～VII，何俊华，寄主：马尾松毛虫，No. 894574；30♀4♂，浙江瑞安，1986.VI，何俊华，寄主：马尾松毛虫，No. 864211；2♀，浙江金华，1986.VI.8，何俊华，寄主：马尾松毛虫，No. 863800；18♀3♂，浙江金华，1986.IX，陈忠泽，寄主：马尾松毛虫，No. 864729～30；7♀，浙江宁海，1986.X.27，杜增庆、汤社平，寄主：柳杉毛虫，No. 864652、864725；2♀，浙江丽水，1988.VIII.6，徐德钦，寄主：柳杉毛虫（云南松毛虫），No. 896535；11♀3♂，湖北，1964，湖北省林科所，寄主：马尾松毛虫，No. 64007.3；4♀，湖北大悟，1983.VIII.4，龚乃培，寄主：马尾松毛虫，No. 870379；12♂，湖北武昌，1984.VI.1，龚乃培，寄主：马尾松毛虫，No. 870387；湖南东安，1954.VIII.20，孙锡麟，寄主：马尾松毛虫，No. 5506.12；20♀6♂，重庆，1987.VII，吴猛耐，

寄主：松毛虫，No. 894569、894571；10♀，四川广元，1986.IV，吴猛耐，寄主：大柏毛虫，No. 870472；2♀，四川永川，1986.VI，吴猛耐，寄主：马尾松毛虫，No. 870475、878859；15♀3♂，四川梓潼，1986.VI.3，肖友平，寄主：大柏毛虫，No. 878874；广东广州，1954.IX，陈守坚，寄主：马尾松毛虫，No. 5428.6a；云南，1954，章士美，寄主：松毛虫，No. 5512b.36；16♀7♂，云南安宁温泉，1988.VII.9～13，陈学新，寄主：思茅松毛虫，No. 886884～86。

分布：黑龙江、辽宁、北京、山东、江苏、浙江、江西、湖北、湖南、广东、云南；日本，印度。

注：生物学主要录自童新旺和倪乐湘（1989: 451）。

（178）短柄短角平腹小蜂 *Mesocomys breviscapis* Yao et Yang, 2009（图 232）

Mesocomys breviscapis Yao et Yang, *in*: 姚艳霞等, 2009: 156; 杨忠岐等, 2015: 169.

雌：体长 2.1～2.5mm。

体色：头紫红色，带金属光泽；触角除柄节端部腹面淡黄色外，其余暗褐色。前胸两侧、中胸盾片、三角片及小盾片铜绿色；前胸背板中央凹陷区紫红色，中央具褐黄色纵带；中胸盾片侧区暗褐色，具暗蓝绿色光泽。足基节暗褐色，余褐黄色。前翅浅烟色，翅脉淡黄褐色；腹部暗褐色，亚基部具 1 淡黄色横带。

头：头部具细弱刻点，背面观头宽为长的 2 倍，宽于胸部。POL 为 OOL 的 3 倍；OOL 小于 OD。前面观头宽为高的 1.2 倍，为复眼高的 0.5 倍。唇基前缘弧形向内刻入，中央无缺刻。触角洼深；2 触角窝区形成三角形凹陷，洼底的刻纹细密整齐。触角位于复眼下缘连线之下；柄节略扁，端部不伸达中单眼，长为宽的 4 倍；梗节与鞭节长度之和为胸宽的 1.5 倍；梗节长为宽的 2 倍；环状节宽大于长（4∶3），长略短于第 1 索节；各索节长度几相等，但宽度自基部到端部略加宽，第 1～5 索节方形，第 6、7 索节宽略大于长；棒节长大于末 3 索节长度之和，长为宽的 2.3 倍。

图 232 短柄短角平腹小蜂 *Mesocomys breviscapis* Yao et Yang 雌蜂，侧面观（引自 杨忠岐等, 2015）

胸：胸部具细密刻纹；长为宽的 2.2 倍。前胸盾片宽为长的 1.5 倍，盾片表面中央具半圆形凹陷区，边缘具长刚毛，中部凹陷区光滑。中胸盾片较平坦，中区的刻纹较两侧的深；中区具载毛刻窝；盾纵沟后伸达盾片长的 3/4 处。小盾片膨起，长为宽的 1.4 倍；与三角片同具指纹状脊纹。中胸侧板上半部具指纹状刻纹，下半部则为网眼状浅刻纹。中足胫节端距长为基跗节的 0.86 倍。前翅长为宽的 2.7 倍；前缘室反面最多具 1 排毛列，基室基半部绝不着生刚毛；具基无毛区；缘脉长为痣后脉的 1.8 倍，为痣脉长的 2.7 倍。

腹：腹部纺锤形，与胸部等长等宽；长为宽的 2.2 倍，第 1～5 背板依次逐渐加宽；第 1 背板后缘中央浅刻入，第 2～5 背板后缘平直，第 6 背板后缘呈拱形后突；除第 1 背板光滑外，以后各节均具显著的浅网状刻纹；第 1、2 背板上毛稀少，以后各节较多。下生殖板呈屋脊状向下突出，末端位于腹部长的 1/2 处。产卵器隐藏不露。

雄：体长 1.4mm。触角环状节几与第 1 索节等长，第 1、2 索节横阔，其余近方形。前翅前缘室反面具 1 排毛列，正面在端部前缘 2/3 与中央 1/3 处各具 1 排毛，端部着生几根纤毛；基室从基部到端部散生若干毛，下方闭式；痣脉周围不具褐色晕斑。

标本记录：未见。形态描述和图录自杨忠岐等（2015）。

生物学：杨忠岐等（2015）报道在河北兴隆寄生于油松毛虫 *Dendrolimus tabulaeformis* 卵。

分布：河北。

(179) 陈氏短角平腹小蜂,新种 *Mesocomys cheni* He et Tang, sp. nov. (图 233)

雌: 体长 3.4mm。

体色: 头部和胸部蓝黑色,有金绿色光泽。触角黑褐色,柄节有金绿色光泽。前胸背板中央有铁钉形白条。足基节蓝黑色,具金绿色光泽;前后足腿节黑色,胫节外侧除两端外黑色或褐色;其余白色。前翅透明无色斑,翅脉浅黄白色。腹部黑褐色有光泽,第 1 节背板 0.4~0.5 段为黄白色横条,腹面相同部位横条较窄而色深。

图 233 陈氏短角平腹小蜂,新种 *Mesocomys cheni* He et Tang, sp. nov.
a. 雌蜂,背面观; b. 雌蜂触角; c. 雄蜂,背侧面观

头: 头部背面观宽为中长的 2.3 倍;上颊为复眼宽的 0.53 倍;单眼长径、单复眼间距、侧单眼间距、中侧单眼间距之比为 1∶0.8∶2.1∶1.9;头顶具细横皱。侧单眼处额宽稍窄于复眼宽。头前面观呈亚梯形,密布细刻点;额明显向上方收窄;额窝近梯形,不伸达中单眼。触角着生于复眼下缘连线水平;柄节细长,亚圆柱形;梗节和鞭节长度之和短,仅为头宽的 1.1 倍、为前翅长的 0.44 倍;梗节长为宽的 2.0 倍,与第 1 索节、环状节之和等长;各索节向后稍长稍宽,但第 3 索节稍长于第 1 索节,第 1、7 索节长分别为宽的 1.1 倍和 0.8 倍;棒节端部斜截,长等于前 3 节之和。

胸: 前胸背板背面亚梯形,后半有半圆形凹陷。中胸盾片方形,盾纵沟深伸至 0.8 处而相连,划出长椭圆形隆区,其上具细横刻条,盾片其余部位具细刻纹,中叶后方凹入。小盾片前沟明显。小盾片具并列纵向细刻纹;三角片(内角不相接)具细斜刻纹。中胸侧板具细刻纹。并胸腹节短,中央有∨形脊。前翅明显超过腹端;亚前缘脉(不包括缘前脉)∶缘脉(不包括缘前脉)∶后缘脉∶痣脉=21∶31∶19∶11;前翅基部无毛。中足腿节扁平且端部扩大;第 1~3 跗节腹方具发达的多个黑色钉状刺。

腹: 腹部长为最宽处(近后端)的 2.1 倍、为胸部长的 0.9 倍,向后渐宽,末端钝三角形;背板具细刻纹,背板后缘均平直;第 1 节背板最长,为腹部长的 0.4 倍,与第 2~4 节背板长度之和等长。腹部端部钝三角形。

雄: 体长 2.7mm。

体色: 头部和胸部蓝黑色或金绿色,有光泽。触角黑褐色,柄节和梗节具金绿色光泽。足基节蓝黑色有光泽,后足腿节浅褐色,其余黄褐色。前翅透明无色斑,翅脉浅黄色。腹部黑褐色有光泽。

头: 头部背面宽为中长的 2.2 倍;上颊为复眼宽的 0.8 倍。单眼长径、单复眼间距、侧单眼间距、中侧单眼间距之比为 1∶0.9∶3.0∶1.8。侧单眼处额宽为复眼宽的 1.7 倍。头顶具细横皱。头前面观近矩形,密布细刻点;额明显向上方收窄;额窝近梯形,不伸达中单眼。触角着生于复眼下缘连线水平稍下方;柄节细长,亚圆柱形;梗节和鞭节长度之和较短,为头宽的 1.3 倍、为前翅长的 0.47 倍;梗节长为宽的 2.5 倍,比第 1 索节长;各索节近于等长等宽,第 1、7 索节长分别为宽的 0.8 倍和 0.9 倍;棒节端部斜截,稍长于

前 2 节之和。

胸：前胸背板背面近于扁五角形。中胸盾片拱隆区近三角形，具细网皱和带毛刻点，盾纵沟伸至端部。小盾片具细纵刻纹，三角片（内角相近不相接）具弧形细刻纹。中胸侧板具细刻纹。并胸腹节短，光滑，中央隆起，有细中纵脊。前翅明显超过腹端；亚前缘脉（不包括缘前脉）：缘脉（不包括缘前脉）：后缘脉：痣脉＝22：20：19：11。中足腿节正常不扁平。

腹：腹部长为最宽处（近后端）的 2.1 倍、稍短于胸部，向后渐宽，末端钝三角形；背板具细刻纹；背板后缘均平直；第 1 节背板最长，为腹部长的 0.4 倍，与第 2～3 节背板长度之和等长。

生物学：寄生于松毛虫 Dendrolimus sp.卵。

标本记录：正模♀，云南安宁温泉，1988.VII.9～13，陈学新，寄主：松毛虫卵，No. 886892。副模：18♀3♂，同正模。

注：本新种种本名陈氏"cheni"，是表达对采集人浙江大学教授陈学新的感谢。

（180）湖北短角平腹小蜂，新种 Mesocomys hubeiensis He et Tang, sp. nov.（图 234）

雌：头部和胸部长 2.3mm，腹部已丢失。

体色：头部和胸部蓝黑色，具金绿色光泽；小盾片和三角片色稍暗；前胸背板中央纵条黄色；并胸腹节中央褐色。触角蓝黑色，柄节端部黄褐色，两侧隆起部黑色。翅基片黄色；翅透明，无色斑；痣脉无色，其余翅脉褐色。足基节褐色，腿节除端部外和胫节除两端外浅褐色，其余黄褐色。腹部黑色，基部横带黄白色。产卵管鞘黄色。

图 234 湖北短角平腹小蜂，新种 Mesocomys hubeiensis He et Tang, sp. nov.
a. 头部和胸部，背面观；b. 触角；c. 中足；d. 后足；e. 前翅

头：头部具较粗刻皱。背面观头宽约为长的 2.3 倍，较胸部略宽。上颊为复眼宽的 0.7 倍。单眼呈等边三角形排列；侧单眼间距约为单复眼间距的 3.5 倍。头前面观近梯形，宽约为高的 1.3 倍；额明显向上方收窄；额窝亚三角形，伸达中单眼，边缘有脊。触角着生于头前面下方 0.2 处、复眼下缘连线水平稍下方，偏于复眼；触角柄节细长，亚圆柱形稍弯，两端稍细，长为梗节至第 3 索节长度之和；梗节和鞭节长度之和为头宽的 1.15 倍、为前翅长的 0.43 倍；梗节长为端宽的 2.4 倍、与环状节及第 1 索节长度之和等长；各索节渐短渐宽，第 1、7 索节长分别为宽的 1.2 倍和 0.8 倍；棒节 3 节，宽于索节，端部斜截，与第 5～7 索节等长。

胸：前胸背板近三角形，大部分光滑，中央有半圆形脊，其后方浅凹。中胸背面具细刻纹，盾纵沟较

深，伸至中胸盾片中叶的 0.85 处，所围的舌状隆区长为宽的 2.6 倍，前方近于平行但后方并不会合，端部不尖，其上大部分具稍横向细网纹，后端为不规则刻纹；中叶隆区后方横凹。小盾片网纹细，略呈 U 形排列；三角片呈正三角形，具细刻点，基宽大于间距。中胸侧板光滑，在高倍显微镜下见纵向极细刻纹。后小盾片呈 V 形。并胸腹节短，无中脊，侧方呈瘤状隆突。翅基片长。前翅透明，长为宽的 2.4 倍，超过腹端；亚前缘脉（不包括缘前脉）：缘脉（不包括缘前脉）：后缘脉：痣脉（无色）=15：22：18：8；亚前缘脉具 5～8 根毛，端部翅缘多毛；前翅基室毛稀少。中足胫节端部内侧无黑色钉状刺；胫距稍短于基跗节；第 1～3 跗节腹面具发达黑色钉状刺。后足胫节稍长于跗节；基跗节比其后 2 跗节之和稍长。

生物学：寄主为马尾松毛虫 Dendrolimus punctatus 卵。

标本记录：正模♀，湖北，1964，湖北省林科所，寄主：马尾松毛虫卵，No. 64007.3。

(181) 东方短角平腹小蜂 *Mesocomys orientalis* Ferrière, 1935（图 235）

Mesocomys orientalis Ferrière, 1935: 151; 广东省农林学院林学系森保教研组, 1974: 103; 何俊华, 1979: 96; 吴钜文, 1979a: 35; 赵修复, 1982: 316; 杨秀元和吴坚, 1981: 320; 中国林业科学研究院, 1983: 718; 陕西省林业科学研究所, 1984: 208; 湖北省林业厅, 1984: 164; 孙明雅等, 1986: 40; 柴希民等, 1987: 4; 侯陶谦, 1987: 173; 杜增庆和裘学军, 1988: 27(*Mesocomgs*!); 盛金坤, 1989: 8; 谈迎春等, 1989: 134; 陈昌洁, 1990: 196; 盛金坤, 1989: 88; 陕西省林业科学研究所和湖南省林业科学研究所, 1990: 159; 童新旺等, 1991: 9; 萧刚柔, 1992: 956; 湖南省林业厅, 1992: 1289; 王书欣等, 1993: 20; 张永强等, 1994: 241; 章士美和林毓鉴, 1994: 164; 盛金坤等, 1995: 42; 俞云祥, 1996: 15; 柴希民等, 2000: 1; 俞云祥和黄素红, 2000: 42; 梁秋霞等, 2002: 29; 徐志宏和何俊华, 2003: 490; 孙明荣, 2003: 20; 徐延熙等, 2006: 769; 杨忠岐等, 2015: 170; 姚艳霞等, 2009: 155; 杨忠岐等, 2015: 167.

Semianastatus orientalis Kalina, 1984: 18-19.

雌：体长 2.5～3.5mm。

体色：头部和胸部黑色，部分具铜绿色或蓝黑色光泽；口器黄色，颚须端部黑褐色。前胸背板中央黄褐色。触角黄褐色，柄节基部腹面和梗节具一点绿色，有金属光泽；索节褐色；棒节色更深。足黑褐色，部分具金绿色或蓝黑色光泽；各足第 1～4 跗节、前足转节和腿节基部、中足腿节端部背面和胫节黄白色；前中足胫节浅褐色；后足胫节和跗节浅黑褐色。前翅透明，在缘前脉和缘脉基半下方、后缘脉下方各有 1 条褐色横带；两横带间的透明带中央褐色（近于方形）将前后两褐带相连而致上下呈 2 个透明斑点，其上

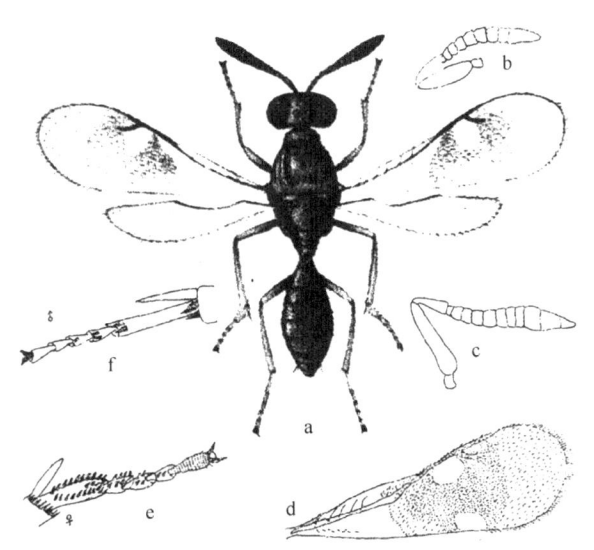

图 235 东方短角平腹小蜂 *Mesocomys orientalis* Ferrière（a. 引自 廖定熹等, 1987; b～d. 引自 Ferrière, 1935; e, f. 引自 盛金坤, 1989）

a. 雌蜂整体图，背面观；b. 雌蜂触角；c. 雄蜂触角；d. 雌蜂前翅；e. 雌蜂中足胫节端部、胫距和跗节；f. 雄蜂中足胫节端部、胫距和跗节

方斑点近于方形，下方斑点稍窄而长；基横带近于等宽，端横带阔于基横带，但在翅外缘色稍浅；翅脉黑褐色。腹部黑色，第1~2节背板和腹板基部浅褐色或黑色。

头：头部背面观宽为中长的2.5~3.0倍；上颊为复眼宽的0.67倍。单眼近正三角形排列；单眼长径、单复眼间距、侧单眼间距、中侧单眼间距之比为1.0:(1.5~2.0):2.0:1.8。头顶具细横刻皱。头前面观呈亚椭圆形；额上方近于平行或稍收窄；触角洼不明显，侧方锋锐，远离中单眼。触角洼之间和颜面具细刻点，颜面中央稍拱隆，有细中纵脊。触角着生于口缘与复眼下缘中间；触角窝间距明显大于触角窝至复眼间距。触角柄节细长，亚圆柱形，两端稍细，长为端宽的5.3倍，不伸达中单眼；梗节和鞭节长度之和短，为头宽的1.0倍、为前翅长的0.38倍；梗节长为端宽的2.5倍，与环状节及第1~3索节之和约等长；环状节微小，横宽；索节7节，第1索节稍长于端宽，其余各节均短而横宽，且至端部渐宽，第1、7索节长分别为宽的0.8倍和0.3倍；棒节稍膨大至端部渐细，3节，长为前5索节之和。

胸：前胸背板背面亚五角形，中央浅凹，前缘及侧边具竖毛。中胸具很细的纹，几乎光滑；盾纵沟伸至盾片中叶的0.6处，围出长约为宽1.2倍的矩形隆区，盾片中叶后方中央稍凹；小盾片前沟缝形；小盾片拱隆，背面平坦，三角片很不明显，其内上角部位斜凹。中胸侧板具细条刻纹，几乎光滑，尤以前端更光滑。并胸腹节很短。前翅超过腹部端部；亚前缘脉:缘脉（不包括缘前脉）:后缘脉:痣脉=24:14:14:12。前足腿节稍膨大；中足胫节距发达，但稍短于基跗节，胫节端部和第1跗节腹方具黑刺；后足跗节长，几与胫节等长；第1跗节与其余4跗节之和约等长。

腹：腹部长为宽的2.1倍，与胸部等长；背板近于光滑；第1~2节背板后缘中央稍凹，其余平直；第1节背板长为腹部长的0.3倍、为后2节长度之和；第5节背板后腹端呈钝三角形。产卵器未伸出腹端。

雄：体长2.0mm。

体色：头部和胸部蓝黑色，有金绿色光泽。触角柄节黄褐色，梗节褐色，索节褐黄色，棒节黑色。前中足黄褐色，基节基部背面黑色，腿节或黑褐色；后足基节和基跗节及端跗节黑色，腿节和胫节黑褐色，其余黄白色（原记述：足完全黄色，仅后足基节和腿节稍带绿色，有光泽）。前翅透明，有与雌蜂同样的褐斑（所见平腹小蜂属雄蜂前翅均透明无斑）但色很浅且翅外缘近于透明。腹部黑褐色，第1节黑色。

头：与雌蜂相似。触角柄节中央稍宽，长为端宽的4.0倍；梗节、环状节和索节长度之和为头宽的0.9倍、为前翅长的0.44倍；梗节长为端宽的2.5倍，稍长于环状节和第1~2索节长度之和；环状节很小；各索节亦均短而横宽，第1、7索节长分别为端宽的0.8倍和0.4倍；棒节不分节，与末3节索节之和等长。

胸：中胸盾片稍拱，其表面满布细点皱；小盾片前沟缝形；三角片明显，内角不相接。并胸腹节短但较雌蜂稍长，光滑，中央拱具刻皱。前翅伸过腹部端部；亚前缘脉:缘脉（不包括缘前脉）:后缘脉:痣脉=18:15:13:9。中足跗节正常，后足较中足强大。

腹：腹部短而略窄于胸部，长为胸部长的0.67倍；背板近于光滑；第1~2节背板后缘中央稍凹，其余平直；第1节背板为腹部长的0.3倍，与其后2节之和等长。第5节背板后腹端呈钝三角形。产卵器未伸出腹端。

生物学：寄主有马尾松毛虫 *Dendrolimus punctatus*、文山松毛虫 *Dendrolimus punctatus wenshanensis* 和油茶枯叶蛾 *Lebeda nobilis* 卵；国外记载寄生于栎黄枯叶蛾 *Trabala vishnou*。

标本记录：12♀，浙江，1965，采集人不详，寄主：马尾松毛虫卵，No.65039.2~3；2♀，广东广州，1970.VIII.10，卢川川，寄主：马尾松毛虫卵，No.896504；5♀，广东封开，1992.V.16，何俊华，寄主：马尾松毛虫卵，No.922809；2♀2♂，云南个旧，1980，李国秀，寄主：松毛虫卵，No.814304。

分布：河北、陕西、江苏、浙江、江西、湖北、湖南、福建、广东、云南；缅甸。

注：曾用名"松毛虫短角平腹小蜂"。

（182）腹柄短角平腹小蜂，新种 *Mesocomys petiolaris* He et Tang, sp. nov.（图236）

雌：体长3.7~4.2mm。

体色：头部蓝黑色，胸部金绿色，具光泽，小盾片和并胸腹节色稍暗，胸腹侧片背缘为黄色窄条。口器黄褐色。触角蓝黑色，柄节端部黄褐色。足黄褐色，仅基节黑色。前翅透明无色斑或横带，翅脉浅黄褐色。腹部黑色，有蓝色光泽，第 1 节背板的 0.24～0.36 段白色；腹面端部带红褐色。

图 236　腹柄短角平腹小蜂，新种 *Mesocomys petiolaris* He et Tang, sp. nov.
a. 雌蜂，背面观；b. 雄蜂，侧面观；c. 雌蜂触角；d. 雄蜂触角；e. 雄蜂头部和胸部，背面观；f. 雄蜂胸部，背面观；g. 雌蜂翅；h. 雄蜂前翅

头：头部背面观宽为中长的 2.35 倍；上颊为复眼宽的 0.55 倍。单眼长径、单复眼间距、侧单眼间距、中侧单眼间距之比为 1∶0.6∶2.2∶1.8；侧单眼处额宽与复眼宽等长。头前面观呈亚梯形；额明显向上方收窄；额窝梯形，不伸达中单眼。触角着生于头前面中央下方、复眼下缘连线水平处；柄节细长，亚圆柱形；梗节和鞭节长度之和短，仅较头宽稍长、为前翅长的 0.39 倍；梗节长为宽的 2.7 倍，与第 1、2 索节之和等长；第 1~3 索节渐长渐宽，其后 4 索节渐短渐宽，第 1、7 索节长分别为宽的 1.1 倍和 0.8 倍；棒节端部斜截，长等于前 3 节之和。

胸：前胸背板背面亚梯形，后半半圆形浅凹。中胸盾片近方形，盾纵沟深，前端近于平行，后端稍内弯，伸至端部稍前处，盾纵沟包围的中叶前方隆区具横向细网纹和稀疏夹点白毛，中叶后方凹入，与侧叶均近于光滑，后缘向后斜凹。小盾片前沟明显。小盾片稍拱，具细网纹，排列近 U 形；三角片具浅网纹，内角相近。中胸侧板具细刻纹。前翅透明，稍超腹端；亚前缘脉（不包括缘前脉）∶缘脉（不包括缘前脉）∶后缘脉∶痣脉=25∶37∶25∶13。中足腿节扁平且向端部扩大，胫节顶端内侧无钉状刺；距稍短于基跗节；第 1~2 跗节腹方具发达的多个黑色钉状刺。

腹：腹部长为宽的 2.1 倍，与胸部约等长；第 2～4 节背板具细刻纹，其余背板刻纹很弱近于光滑。第 1 节背板长为腹部长的 0.44 倍，与其后 4 节背板之和约等长；第 1 节背板基部 0.6 侧缘近于平行而呈长方形，其中央稍纵凹；腹部端部（第 6～7 节）钝三角形。产卵管鞘未伸出。

雄：体长 3.3mm。

体色：头部和胸部蓝黑色，胸部侧面带金绿色。触角黑色，梗节色稍浅。足黄褐色，仅基节金绿色。翅透明无色斑或横带，翅脉黄褐色或浅褐色。腹部黑色。

头：头部背面观宽为中长的 2.2 倍；上颊为复眼宽的 0.5 倍。头顶具细横刻条。单眼排列呈钝三角形；单眼长径、单复眼间距、侧单眼间距、中侧单眼间距之比为 1.0：0.8：3.2：2.2；侧单眼处头顶宽与复眼宽约等长。头前面观近椭圆形，具粗刻点或刻皱；额向上方收窄；触角洼下凹，光滑，不伸达中单眼。颜面中央稍拱，有细中纵脊。触角柄节较短，中央稍粗，长为端宽的 4.0 倍；梗节和鞭节长度之和较短，为头宽的 1.2 倍、为前翅长的 0.35 倍；梗节长为宽的 3.0 倍，稍长于环状节、第 1 索节合并之长；第 1、2 索节约等长，稍短于第 3、4 索节，但均稍长于其宽；第 5 索节方形；第 6、7 索节宽稍大于长；第 1、7 索节长分别为端宽的 1.1 倍和 0.9 倍；棒节至端部渐细，长等于前 2 节之和。

胸：前胸背板短。中胸盾片和小盾片稍拱，其表面满布细点皱；小盾片前沟缝形；三角片内角相当接近。并胸腹节短但较雌性稍长，光滑，有细中纵脊。前翅伸过腹部端部；亚前缘脉：缘脉（不包括缘前脉）：后缘脉：痣脉（端部有向上前方延伸的细脉未度量在内）=22：27：25：15；翅基部无毛区中央有 1 列黑毛，亚前缘脉下方也散生几根黑毛。后足胫节长为跗节的 1.2 倍；基跗节长为其余 4 跗节之和。

腹：腹部长为宽的 2.1 倍，长为胸部长的 0.9 倍；具细刻纹，近于光滑。第 1 节背板为腹部长的 0.33 倍。

生物学：寄主为柳杉毛虫（云南松毛虫 *Dendrolimus houi*）、思茅松毛虫 *Dendrolimus kikuchii* 卵和大柏毛虫 *Dendrolimus suffuscus* 卵。

标本记录：正模♀，浙江云和，1955.V.4，黄荣华，寄主：柳杉毛虫卵，No. 5516.1；副模：3♀3♂，同正模。

分布：浙江（云和）。

注：本新种种本名腹柄"*petiolaris*"是表示本种特征主要是雌蜂腹部第 1 节背板基部 0.6 侧缘近于平行而呈长方形，其中央稍纵凹和腹部黑色，第 1 节背板的 0.24～0.36 段白色。

（183）中华短角平腹小蜂 *Mesocomys sinensis* Yao et Yang, 2009（图 237）

Mesocomys sinensis Yao et Yang, in: 姚艳霞等, 2009: 143; 杨忠岐等, 2015: 172.

雌：体长 2.4～2.8mm。

头：铜绿色；颜面和胸部三角区带紫红色，单眼棕褐色，触角洼绿色。触角除柄节端部 1/3 外黄色，其余暗褐色。胸部绿色，前胸背板中央区带蓝紫色光泽。中胸盾片中区与侧区色相同。足基节同体，前后足腿节大部分褐色带金属光泽，其余黄色。前翅透明。腹部亚基部具黄白色横带。

触角窝上缘位于复眼下缘连线略靠下；柄节略超出头顶；梗节与鞭节长度之和为头宽的 1.1 倍。中胸盾片后缘呈长方形凹入。胸腹侧片长为宽的 3.5 倍。前翅前缘室反面至少具 1 排完整的纤毛列，正面基部 2/3 光裸，端部 1/3 具多数纤毛；基室基部近 2/3 散生纤毛，端部 1/3 密生纤毛；缘脉长为痣后脉的 1.7 倍，为痣脉长的 3 倍。腹部第 1 背板后缘中央深刻入，其余各背板后缘中央也不同程度地刻入。产卵器微露出。

雄：体长 2.0mm。前翅前缘室反面中央具 1 排完整的纤毛

图 237 中华短角平腹小蜂 *Mesocomys sinensis* Yao et Yang 雌蜂侧面观（引自 杨忠岐等，2015）

列，端半部具几排纤毛列，正面唯前缘端半部具 1 排纤毛列，端部光裸，无纤毛；基室至少基半部光裸，端半部具 8 根纤毛；基无毛区小但存在。触角环状节长小于第 1 索节，第 1～3、5 索节方形，第 4 索节长大于宽，第 6、7 索节横阔。

生物学：杨忠岐等（2015）报道在陕西留坝县庙台子林场寄生于油松毛虫 *Dendrolimus tabulaeformis* 卵。

标本记录：未见。形态描述和图录自杨忠岐等（2015）。

分布：河北、陕西。

（184）遂昌短角平腹小蜂，新种 *Mesocomys suichangensis* He et Tang, sp. nov.（图 238）

雌：体长 4.0mm。

体色：头部和胸部蓝黑色或具金绿色，有强光泽。触角柄节金绿色，端部黄色；梗节和鞭节黑色。足基节黑褐色，跗节白色，其余浅黄褐色。前翅透明无色斑，翅脉浅黄白色。腹部黑褐色有光泽，基部 0.1 褐色，其后 0.1～0.15 段为白色横条。

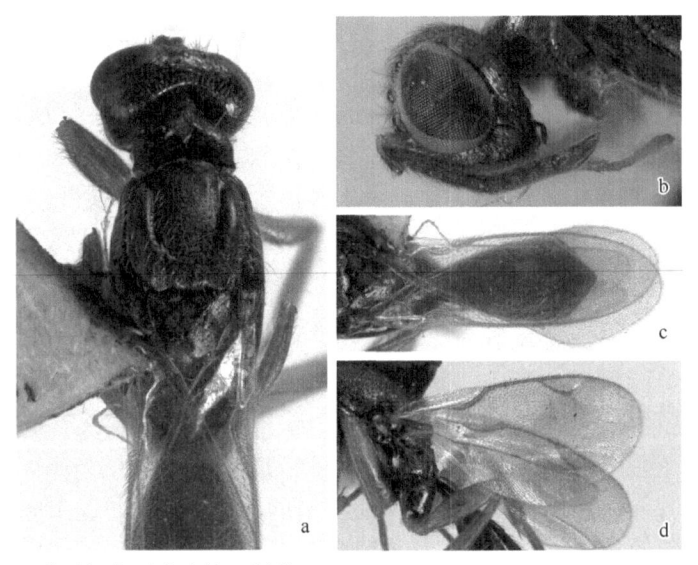

图 238　遂昌短角平腹小蜂，新种 *Mesocomys suichangensis* He et Tang, sp. nov.
a. 雌蜂，背面观；b. 雌蜂触角；c. 雌蜂翅；d. 雄蜂翅

头：头部背面观宽为中长的 3.0 倍；上颊为复眼宽的 0.62 倍；单眼长径、单复眼间距、侧单眼间距、中侧单眼间距之比为 1：0.5：2.2：1.5；侧单眼处额宽与复眼宽等长；头顶具细横皱。头前面观呈亚梯形，密布细刻点；额明显向上方收窄；额窝近∧形，不伸达中单眼。触角着生于复眼下缘连线水平稍下方；柄节细长，亚圆柱形；梗节和鞭节长度之和短，仅为头宽的 1.1 倍、为前翅长的 0.44 倍、为胸宽的 1.35 倍；梗节长为宽的 2.5 倍，比第 1 索节长；索节向端部渐短渐宽，但第 3 索节稍长，第 1、7 索节长分别为宽的 1.4 倍和 0.8 倍；棒节端部斜截，长等于前 3 节之和。

胸：前胸背板背面近于亚梯形，后半有半圆形凹陷。中胸盾片方形，盾纵沟深伸至 0.8 处，前半段近于平行，后半稍内弯，所包围的舌状隆区（蓝黑色）具并列细横刻条，中叶隆区后方凹入，和侧叶均具细刻纹。小盾片前沟明显。小盾片和三角片（内角不相接）稍平，具∨形细刻纹。中胸侧板具细刻纹。并胸腹节短，中央有∨形脊。前翅明显超过腹端；亚前缘脉：缘脉（不包括缘前脉）：后缘脉：痣脉=30：40：20：11；基部具稀毛。中足腿节扁平且端部扩大；第 1～3 跗节腹方具发达的多个黑色钉状刺。

腹：腹部长为最宽处（近后端）的 2.1 倍、为胸部长的 0.8 倍，向后渐宽，末端钝三角形；背板具细刻纹，近于光滑，背板后缘均平直；第 1 节背板最长，为腹部长的 0.4 倍，与第 2～4 节背板长度之和等长。腹部端部钝三角形。

雄：体长 3.4mm。

体色：头部和胸部蓝黑色，具金绿色光泽。触角柄节黑褐色具金绿色光泽，最基部黄色；梗节和索节黑色。足基节蓝黑色，具金绿色光泽，其余浅黄褐色。前翅透明无色斑，翅脉浅黄褐色。腹部黑色有光泽。

头：头部背面观宽为中长的 2.3 倍；上颊为复眼宽的 0.6 倍。单眼长径、单复眼间距、侧单眼间距、中侧单眼间距之比为 1∶0.6∶2.2∶1.6。侧单眼处额宽为复眼宽的 1.6 倍。头顶具细横皱。头前面观近矩形，密布细刻点；额明显向上方收窄；额窝近梯形，不伸达中单眼，窝内有∧形隆堤。触角着生于复眼下缘连线水平；柄节细长，亚圆柱形；梗节和鞭节长度之和较短，稍长于头宽、为前翅长的 0.42 倍；梗节长为宽的 2.5 倍，比第 1 索节稍长；其余索节近于等长等宽，第 1、7 索节长分别为宽的 1.2 倍和 0.8 倍；棒节端部斜截，稍长于前 2 节之和。

胸：前胸背板背面近于扁五角形。中胸盾片拱隆，近三角形，具细横刻皱和带毛刻点，盾纵沟伸至端部。小盾片具细纵刻纹，三角片（内角不相接）具弧形细刻纹。中胸侧板具细刻纹。并胸腹节短，光滑，呈屋脊状隆起，有细中纵脊。前翅超过腹端；亚前缘脉∶缘脉（不包括缘前脉）∶后缘脉∶痣脉=27∶26∶22∶16。中足腿节腹方稍扁平。

腹：腹部长为最宽处（近后端）的 2.1 倍、稍短于胸部，向后渐宽，末端钝三角形；背板具细刻纹，近于光滑；背板后缘均平直；第 1 节背板最长，为腹部长的 0.35 倍，与第 2～3 节背板长度之和等长。腹部端部钝三角形。

生物学：寄主为柳杉毛虫（云南松毛虫 *Dendrolimus houi*）、思茅松毛虫 *Dendrolimus kikuchii* 卵。

标本记录：正模♀，浙江遂昌，1989.V，梁细弟，寄主：柳杉毛虫卵，No. 893610。副模：39♂，同正模。

注：本新种种本名遂昌"*suichangensis*"是表示本种模式产地在浙江遂昌。

（185）落叶松毛虫短角平腹小蜂 *Mesocomys superansi* Yao *et* Yang, 2009（图 239）

Mesocomys superansi Yao *et* Yang, *in*: 姚艳霞等, 2009: 143, 145; 杨忠岐等, 2015: 172.

雌：体长 2.3mm。

体色：头红铜色带暗紫色光泽。单眼褐黄色，触角均为暗褐色带金属光泽；体毛黑色。中胸盾片中区及三角片蓝绿色，中胸盾片侧区及小盾片红铜色。足基节同体色，前后足腿节暗褐色，后足胫节色深，其余黄色。腹部黑色，第 1 背板后缘色浅，但不具黄色带。

头：头部背面观前缘呈"V"内凹形，宽为长的 1.8 倍。单眼三角区稍呈钝角。头部前面观额内凹；触角洼深，触角窝上缘位于复眼下缘连线上。柄节伸过头顶；梗节与鞭节长度之和为头宽的 1.16 倍。

胸：胸腹侧片较短，长为宽的 2.7 倍。中胸盾片后缘不呈梯形内凹。前翅前缘室反面中央具 1 排稀疏纤毛，正面在前缘端部 1/2 具 1 排纤毛，端部毛丛较疏；基室布满纤毛；基无毛区缺如；缘脉长为痣后脉的 1.9 倍，为痣脉长的 3 倍。

腹：腹部短于头、胸部长度之和。第 1 背板短，仅为腹部长的 0.2 倍，后缘中央刻入，其余各背板后缘直。产卵器未露出腹末。

雄：体长 2.8mm。体蓝绿色，前翅痣脉周围具淡烟色晕斑。触角环状节略长于第 1 索节，稍横阔；第 1～3 索节横阔，其余近方形。前翅基室至少基部 1/3 光裸，下方闭式；基无毛区小；前缘室正面端半部散生纤毛。

标本记录：未见。形态描述和图录自杨忠岐等（2015）。

图 239 落叶松毛虫短角平腹小蜂 *Mesocomys superansi* Yao *et* Yang 雌蜂背面观（引自 杨忠岐等，2015）

生物学：杨忠岐等（2015）报道在河北丰宁寄生于落叶松毛虫 *Dendrolimus superans* 卵。

分布：河北。

九、广肩小蜂科 Eurytomidae

体微小至中型，长 1.5～6.0mm。体粗壮至长形，体上常具明显刻纹。体通常黑色无光泽，少数带有鲜艳黄色或有微弱金属光泽。触角洼深；触角 11～13 节，着生于颜面中部；雄蜂触角索节上时有长轮毛。前胸背板宽阔，长方形，故名"广肩小蜂"。中胸背板常有粗而密的顶针状刻点，盾纵沟深而完全。并胸腹节常有网状刻纹。前翅缘脉一般长于痣脉；痣脉有时很短。跗节 5 节；后足胫节具 2 距。腹部光滑；雌蜂腹部常侧扁，末端延伸呈犁头状，产卵管鞘稍伸出；雄蜂腹部圆形，具长柄。

本科食性较杂，主要是寄生性，为瘿蜂和其他虫瘿昆虫的外寄生蜂，也寄生于双翅目 Diptera、鞘翅目 Coleoptera、同翅目 Homoptera、直翅目 Orthoptera 昆虫；有些种兼作茧蜂科 Braconidae、姬蜂科 Ichneumonidae 重寄生蜂；还有一些种类是捕食性；也有不少属是植食性种类，危害植物茎或种子，有的危害甚为严重，成为重要林业害虫。已知 1 种广肩小蜂兼有几种食性，能直接寄生于瘿蜂，也能寄生于该瘿蜂的寄生蜂客瘿蜂 *Synergus* sp., 还能寄生于瘿蜂的初寄生小蜂，甚至还可取食该虫瘿内的植物组织。为单个抑性外寄生，但也有少数为聚寄生、容性内寄生。

本科是比较大的一个类群，广布于全世界，全北区发现较多。我国广为分布，但尚无系统研究。

71. 广肩小蜂属 *Eurytoma* Illiger, 1807

Eurytoma Illiger, 1807: 192.

属征简述：雌蜂头部前面观宽稍大于长，向下稍缢缩。颊很长，几与复眼纵径相等。额通常具明显凹陷。触角着生于颜面中部；索节近于丝状，5 节；棒节 3 节。胸部很长，拱隆；前胸背板宽为长的 2～3 倍，比中胸背板短。小盾片卵圆形，拱隆。并胸腹节明显倾斜，有大的网状皱褶，中部具窄而深的沟。前翅无色，缘脉通常比痣脉长。腹部卵圆形，与胸部约等长，两侧稍压缩，近末端渐尖锐；端节背板往往很长并向上翘；产卵器稍突出。

雄蜂腹部圆形，腹柄较长。触角索节 5 节，有轮生的长细毛，基部具小柄；棒节 2 节。头及胸部表面有较大的与顶针类似的坑点。

生物学：许多种是寄生于鳞翅目昆虫的寄生蜂或重寄生于膜翅目和双翅目，在我国松毛虫及其寄生蜂上颇多发现。很多种广肩小蜂是形成虫瘿的昆虫，也是象甲及豆象的寄生蜂，还有一些是著名的食种子昆虫。

分布：世界分布。

在我国有过一些广肩小蜂 *Eurytoma* spp.寄生于松毛虫的报道，没有形态描述，我们手头也无标本，无法确定种类，如 Chu 和 Hsia（祝汝佐和夏慎修，1935: 394）、祝汝佐（1937: 78）、吴钜文（1979a: 34）、柴希民等（1987: 12）、杜增庆等（1991: 17）报道在浙江寄生于马尾松毛虫蛹和重寄生于黑足凹眼姬蜂。

赵修复和林朝明（1948）、赵修复（1982）报道在福州寄生于马尾松毛虫。

邱式邦（1955: 182）报道在江苏寄生于马尾松毛虫蛹。

吴猛耐和谭林（1984: 2）报道在四川、张贵有（1988: 27）报道在吉林、钱范俊（1989: 26）报道在江苏、田淑贞（1993: 567）报道在山东寄生于松毛虫脊茧蜂。

何允恒等（1988: 22）报道在北京重寄生于油松毛虫。

王问学和宋运堂（1988: 28）（*Eulytoma*!）、王问学等（1989: 186）（*Eulytoma*!）、马万炎等（1989: 27）（*Eusytoma*!）和陈昌洁（1990: 196）报道在湖南寄生于黑足凹眼姬蜂。

童新旺等（1991: 9; 1992: 1275）、王问学和刘伟钦（1993: 143）报道在湖南寄生于马尾松毛虫蛹。

童新旺等（1990: 28）报道在湖南寄生于松毛虫脊茧蜂、黑足凹眼姬蜂、花胸姬蜂、松毛虫黑点瘤姬蜂和广大腿小蜂。

萧刚柔（1992: 1209）、张贵有和高航（1992: 35）报道寄生于喜马拉雅聚瘤姬蜂。

据记载，在俄罗斯（西伯利亚）*Eurytoma rosae* Nees 重寄生于西伯利亚松毛虫 *Dendrolimus sibiricus albolineatus* 上的脊茧蜂 *Rhogas*（现名为 *Aleiodes*），在我国尚未发现，不予介绍。

广肩小蜂属 *Eurytoma* 分种检索表

1. 触角黄色；前胸背板前侧缘具 1 较大的黄色斑，伸达前足基节基部；足黄色，基节棕褐色，有时带烟色 ··· 油松毛虫广肩小蜂 *E. afra*
- 触角至少鞭节黑色；前胸背板黑色；足浅黄褐色或浅黄色，基节、中后足腿节（除末端或两端外）黑色，后足胫节中段浅褐色 ·· 2
2. 雌性产卵管鞘短，近正三角形，长稍短于腹端背拱（epipygium，端节）背缘；梗节球形，长宽相等；腹部第 4 腹节最长，为第 3 节的 1.1 倍；雄性触角第 1 索节较长而宽，长约为宽的 2.0 倍，其余大小相近，各索节上有长毛，毛长与该节等长，第 2~5 索节间侧柄长为该索节长的 0.4 倍 ··· 粘虫广肩小蜂 *E. verticillata*
- 雌性产卵管鞘长，长三角形，中长为基宽的 2.3 倍，长为腹端背拱背缘的 1.4 倍；梗节长三角形，长稍大于端宽；腹部第 4 腹节最长，为第 3 节的 1.4 倍；雄性触角索节 5 节，大小相近，长约为宽的 1.6 倍，其上毛长为该索节长的 2 倍，第 2~5 索节间侧柄长为该索节长的 0.9~1.0 倍 ·· 松毛虫广肩小蜂 *E. sp.*

（186）油松毛虫广肩小蜂 *Eurytoma afra* Boheman, 1836（图 240）

Eurytoma afra Boheman, 1836: 242；杨忠岐等，2015: 186.

雌：体长 2.2mm。

体色：全体黑色，略具光泽。前胸背板前侧缘具 1 较大的黄色斑，伸达前足基节基部。触角黄色。足基节棕褐色，其余黄色，有时带烟色，末跗节端部及爪黑褐色。翅基片暗褐色；翅透明，翅脉暗黄色。

头：头部背面观宽为长的 2.1 倍，宽于胸部。POL 为 OOL 的 3 倍。前面观头宽为高的 1.4 倍。触角洼侧缘脊不明显，洼端部至中单眼的距离大于中单眼直径。脸区具 1 倒三角形光滑无毛区；唇基上的脊纹纵向汇聚。颚眼沟不明显；复眼下缘、颚眼沟上端处呈小凹陷；颚眼距长为复眼高的 0.6 倍。触角位于复眼中央略靠下，近脸区中央；柄节端部伸达中单眼，长为宽的 5.5 倍；梗节与鞭节长度之和略大于头宽；梗节长为宽的 1.8 倍；各索节均长大于宽，近等宽，从基部向端部渐短；棒节端部圆钝，长为末 2 索节长度之和的 1.4 倍。

胸：胸部长为宽的 1.5 倍。前胸盾片前缘圆隆，向颈部下跌，较宽，稍窄于中胸（22∶24）。中胸盾片短，

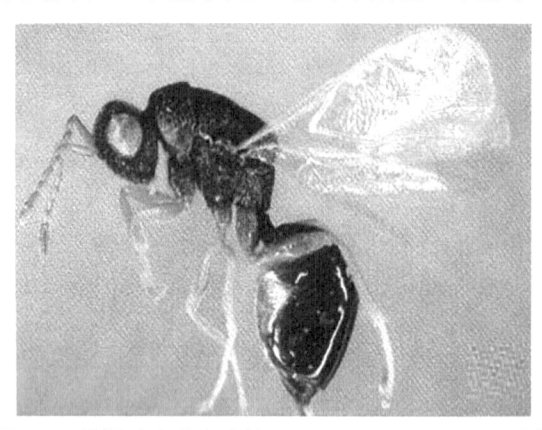

图 240 油松毛虫广肩小蜂 *Eurytoma afra* Boheman 雌蜂侧面观（引自 杨忠岐等，2015）

宽为长的 2.4 倍；中部长与前胸背板几相等。小盾片圆隆，长为宽的 1.3 倍。前胸腹面中央的凹陷宽，凹底刻纹大，粗糙。前翅缘脉、痣后脉和痣脉长度之比为 9∶6∶6。

腹：腹柄短，长仅为后足基节的 3/8，长宽近相等，两侧近平行，表面粗糙，中央纵隆。腹部卵圆形，侧扁，长略大于头、胸部长度之和。

雄：未见。

标本记录：未见。形态描述和图录自杨忠岐等（2015）。

生物学：杨忠岐等（2015）报道在河北滦县寄生于油松毛虫 *Dendrolimus tabularformis*。在西欧寄生于形成虫瘿的瘿蜂科 Cynipidae 或瘿蚊科 Cecidomyiidae 种类的蛹。

分布：河北；西欧。

（187）粘虫广肩小蜂 *Eurytoma verticillata* (Fabricius, 1798) （图 241）

Ichneumon verticillata Fabricius, 1798: 232.
Eurytoma verticillata: 盛金坤, 1989: 35; 肖晖等, 2001: 204.

雌: 体长 2.3~2.0mm。

体色: 体黑色。触角梗节暗褐色, 其余黑褐色。足浅黄褐色或黄色, 基节、中后足腿节（除末端外）黑色, 后足胫节中段浅褐色。翅透明, 脉浅黄色。产卵管端部或红褐色。头、胸部及翅上刚毛浅黄色。

头: 有较粗大的脐状刻点。头部背面观横鼓形, 前后中央均稍凹入, 比胸部稍宽; 前面观上宽下窄。颜面上端略下陷呈触角洼。触角着生于颜面中部稍上方, 位于复眼中央稍下方连线上。触角柄节长达头顶; 索节 5 节, 依次渐短但长均稍大于宽, 第 1 索节长近于宽的 1.6 倍, 第 5 索节长约为宽的 1.1 倍; 棒节 3 节, 不膨起, 约与前 2 索节之和等长, 第 1、2 棒节长短于宽, 末节矮三角形。

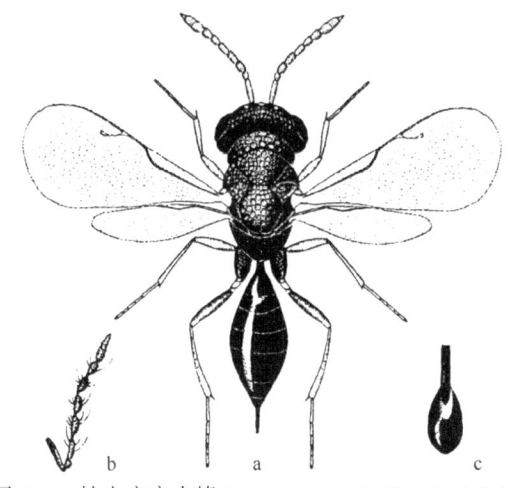

图 241 粘虫广肩小蜂 *Eurytoma verticillata* (Fabricius)
（引自 何俊华, 1979）
a. 雌蜂; b. 雄蜂触角; c. 雄蜂腹部

胸: 有较粗大的脐状刻点。前胸背板近长方形, 中宽为中长的 1.8 倍。中胸盾片近于梯形, 盾纵沟斜伸达后缘但不相接; 小盾片明显长于中胸盾片, 三角片内角相近但不相接。中胸侧板前端不弯曲, 胸腹侧脊伸至上端; 侧板满布并列横刻条, 其中央有弱纵脊将其分开。并胸腹节梯形, 倾斜, 上宽下窄; 中央有纵沟槽, 槽底有不明显的纵脊。前翅缘脉长为后缘脉的 0.9 倍、为痣脉的 1.1 倍。

腹: 腹部侧扁, 比胸部稍窄, 光滑。腹柄小, 呈方形, 有皱纹。侧面观以第 2、3 节最厚, 以下逐渐收缩; 第 4 腹节最长处为第 3 节的 1.1 倍; 末端延伸略呈犁头状。产卵管鞘短, 近正三角形, 长稍短于腹端背拱（端节）背缘。

雄: 体长 1.7mm。体色、形态除腹部短小外与雌蜂大致相同。触角黑褐色, 柄节端部腹方稍突出, 不伸达头顶; 梗节小; 索节 5 节, 第 1 索节较长而宽, 长约为宽的 2.5 倍, 其余大小相近, 各索节上有长毛, 毛长与该索节等长, 各索节端部带侧柄, 第 2~5 索节间侧柄长为该索节长的 0.4 倍; 棒节 2 节, 与端索节等宽。腹部腹柄长, 端部超过后足基节端部, 两侧近于平行, 端部稍收窄, 长为宽的 3 倍; 柄后腹短小, 侧面观近三角形, 长稍大于高, 但常扭曲; 前 2 节覆盖腹部大部分; 末端不尖锐。

生物学: 据记载, 寄主范围广, 有毒蛾科 Lymantriidae、尖蛾科 Cosmopterygidae、鞘蛾科 Coleophoridae、茧蜂科 Braconidae、姬蜂科 Ichneumonidae 及寄蝇科 Tachinidae 等。在稻田中, 寄生于姬蜂科、茧蜂科和螯蜂科多种寄生蜂。从茧内羽化, 单寄生。盛金坤（1989: 35）报道寄生于松毛虫的寄生蜂。在日本有记录是寄生于赤松毛虫 *Dendrolimus spectabilis* 上的寄生蜂。

标本记录: 浙江大学寄生蜂标本室此蜂标本很多, 但无与松毛虫有关的标本。

分布: 黑龙江、吉林、内蒙古、浙江、江西、湖北、湖南、四川、福建、广东、广西、贵州、云南; 日本, 欧洲, 北美洲。

注: 肖晖等（2001: 204）报道此蜂在吉林有分布, 调查的农林害虫中有落叶松毛虫, 但未确指寄主种类。

（188）松毛虫广肩小蜂 *Eurytoma* sp.（图 242）

雌: 体长 3.0~3.2mm。

体色: 体黑色, 头、胸部及翅上刚毛浅黄色。触角柄节和梗节污黄色, 鞭节黑色, 毛白色。足黑色; 前足腿节末端、中后足腿节两端、胫节全部或后足胫节两端及各足跗节浅黄褐色或浅黄色。翅透明, 脉浅黄色。产卵管端部黄色。

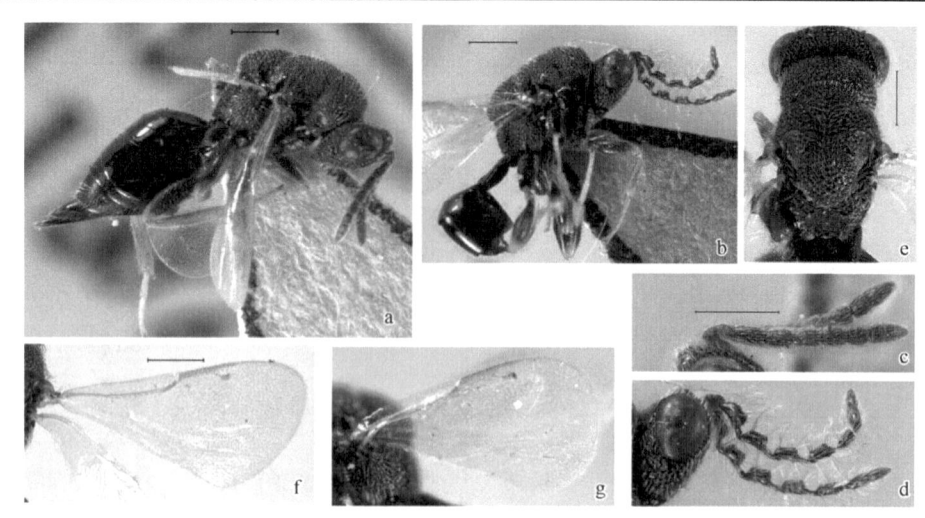

图 242　松毛虫广肩小蜂 *Eurytoma* sp.
a. 雌蜂，侧面观；b. 雄蜂，侧面观；c. 雌蜂触角；d. 雄蜂触角；e. 雌蜂头部和胸部，背面观；f. 雌蜂前翅；g. 雄蜂前翅

头：头部具较粗大的脐状刻点。背面观宽约为中长的 4.0 倍。上颊为复眼宽的 0.21 倍。单眼较大，呈扁三角形排列；单眼长径、单复眼间距、侧单眼间距、中侧单眼间距之比为 1.0：1.2：2.6：1.2。侧单眼处额宽很长于复眼宽。头前面观近梯形，上宽下窄，宽为高的 1.3 倍。触角洼光滑。无后头脊。无颊沟或脊，颚眼距长为复眼纵径的 0.6 倍。触角着生于头前面中央、复眼下缘连线水平的上方，两触角窝间距明显短于至复眼间距；柄节稍长，伸近中单眼；梗节端部渐粗，长为端宽的 1.2 倍，明显短于第 1 索节；环状节小；索节 5 节，各节渐短渐宽，第 1、3、5 索节长分别为宽的 1.8 倍、1.5 倍和 1.2 倍；棒节 3 节，第 1、2 棒节长近于宽，末节近正三角形，棒节长为前 2 索节之和。

胸：胸部具较粗大的脐状刻点。前胸背板近长方形，中宽为中长的 1.65~1.8 倍。中胸背板中叶近于梯形，向背方明显拱隆，盾纵沟伸至后缘。小盾片前沟不明显；小盾片近于正方形，长为中胸盾片的 1.0~1.2 倍，背面明显拱隆。并胸腹节梯形，倾斜，上宽下窄；中央有纵沟槽，槽底有不明显的纵脊，纵脊间还有短横脊。前翅明显不达腹端，其长为宽的 2.9 倍；亚前缘脉（包括缘前脉）：缘脉：后缘脉：痣脉=54：12：12：10。跗节 5 节。后足胫节长为跗节的 1.2 倍。

腹：腹部侧扁，长为胸部的 1.25 倍但比胸部稍窄，光滑。侧面观长为宽的 2.1 倍，以第 2、3 节最厚，以下逐渐收缩，第 4 腹节长为第 3 节的 1.4 倍；末端延伸略呈犁头状。腹柄小，呈方形，有皱纹。产卵管鞘长，长三角形，中长为基宽的 2.3 倍，长为腹端背拱背缘的 1.4 倍；产卵管鞘长为后足胫节的 0.8 倍。

雄：体长 2.0~2.5mm。体色、形态除腹部短小外与雌蜂大致相同。但触角柄节稍短，不伸达头顶，腹方端部多为黑褐色；梗节小，球形带柄，黑褐色；索节 5 节，大小相近，长约为宽的 1.4 倍，其上多长毛，毛长为该索节长的 2 倍，各索节间带细长侧柄，第 2~5 索节间侧柄长为该索节长的 0.9~1.0 倍；棒节 2 节，窄于索节。腹部腹柄长，端部与后足基节齐平或稍长，两侧平行，长为宽的 3 倍；柄后腹短小，侧面观近三角形，长稍大于高，但常扭曲；前 2 节覆盖腹部大部分；末端不尖锐。

生物学：已知寄主有马尾松毛虫 *Dendrolimus punctatus* 蛹及其寄生蜂：松毛虫黑点瘤姬蜂 *Xanthopimpla predator*、喜马拉雅聚瘤姬蜂 *Gregopimpla himalayensis*、黑足凹眼姬蜂 *Casinaria nigripes*、花胸姬蜂 *Gotra octocinctus*、松毛虫脊茧蜂 *Aleiodes esenbeckii* 和寄蝇。关于松毛虫广肩小蜂对这些蜂的寄生习性不知，可能特别简单，见蛹（或茧）就寄生，因为松毛虫上的这些蜂和寄蝇的寄生习性完全不同，也可能比较复杂，寄生于松毛虫黑点瘤姬蜂是通过解剖松毛虫蛹才发现的，是否直接寄生于松毛虫蛹亦值得澄清。

标本记录：9♀2♂，浙江汤溪，1934.V.26，祝汝佐，寄主：马尾松毛虫；2♀1♂，浙江常山，1954，华东农科所，寄主：马尾松毛虫，No. 5435.32；3♀♂，浙江常山，1986.V.26~28，何俊华，寄主：松毛虫黑点瘤姬蜂，No. 864458；2♀，浙江衢州，1982，甘中南，寄主：马尾松毛虫蛹，No. 824947~4948；1♀，浙江衢州，1984.V.25，周彩娥，寄主：马尾松毛虫蛹，No. 841625；21♀5♂，浙江衢州，1984.V.24 至 VI.25、

1984.X.1～2、1985.V.26 至 VI.8、1986.VI、1986.IX.24～27，何俊华，寄主：马尾松毛虫蛹，No. 841520、841593～97、844847、844923、845155、845690、845820、845886、845900～01、853766、853769、853789、853908、853769、860911；24♀6♂，浙江衢州，1984.IV.26 至 VI.25、1984.IX.30、1984.X.24～28、1985.VI.8、1986.V.18、1986.IX.27，何俊华，寄主：马尾松毛虫上的花胸姬蜂，No. 845876、845887、845893、845897、853766、864461（以下标本未见：841596、844923、853769、853780、860845）；5♀2♂，浙江衢州，1984.VIII.17、1985.VI、1987.V23，何俊华，寄主：马尾松毛虫上的凹眼姬蜂，No. 844947、844972、894268、870067～68、871017；6♂，浙江衢州，1985.V.5～24、1987.V.30，何俊华、沈立荣，寄主：马尾松毛虫上的喜马拉雅聚瘤姬蜂，No. 852943、852947、871007；1♀1♂，浙江衢州，1985.V.5、1985.X，沈立荣，寄主：马尾松毛虫上的花胸姬蜂，No. 852027、853642；8♀7♂，浙江衢州，1985.V.12 至 VI.3、1985.IX.17 至 X，沈立荣，寄主：马尾松毛虫，No. 853640、853643、853665、853678、853868；1♀，浙江衢州，1984.V.24，何俊华，寄主：马尾松毛虫上的寄蝇，No. 844920；1♀3♂，浙江衢州，1985.VI.20，王金友，寄主：马尾松毛虫，No. 853703；1♀3♂，浙江衢州，1986.V.18，何俊华，寄主：马尾松毛虫上的黑点瘤姬蜂，No. 864460；1♀，浙江丽水，1986.V，何俊华，寄主：马尾松毛虫蛹，No. 864218；2♀，浙江龙游，1984.VI.1～15，何俊华，寄主：马尾松毛虫蛹，No. 841519、841598；1♀，浙江，1986.V，何俊华，寄主：马尾松毛虫蛹，No. 864199；1♀，浙江，1986.V，何俊华，寄主：马尾松毛虫上的寄蝇，No. 864200；1♀1♂，浙江，1986.V.25，何俊华，寄主：马尾松毛虫上的花胸姬蜂，No. 864462；4♀2♂，浙江兰溪，1986.V.19，何俊华，寄主：马尾松毛虫上的花胸姬蜂，No. 864466、864468；1♀，浙江金华，1986.IX.24，何俊华，寄主：马尾松毛虫蛹，No. 864426；1♀，浙江金华，1986.IX.24，何俊华，寄主：马尾松毛虫上的寄蝇，No. 864425；2♀2♂，浙江武义，1986.X，何俊华，寄主：马尾松毛虫上的寄蝇，No. 864182、864184；1♀，湖北大悟，1983.VII.20，龚乃培，寄主：松毛虫脊茧蜂，No. 870359；1♀，湖北大悟，1983.VII.30，龚乃培，寄主：马尾松毛虫上的花胸姬蜂，No. 870375；1♀，湖北大悟，1983.VIII.31，龚乃培，马尾松毛虫上的寄蝇蛹，No. 870352；1♀，湖南东安，1954.VI.1，刘永福，寄主：马尾松毛虫，No. 5410.7。

分布：浙江、湖北、湖南。

注：本种形态描述和采集记录主要来自何俊华（1985a: 109）在浙江饲育所得标本。在国内松毛虫上发现广肩小蜂 *Eurytoma* sp.的报道很多（见属征部分），按分布或资料来源估计有些会为本种。

十、金小蜂科 Pteromalidae

体小至中等大，纤细至十分粗壮，体长 1.2～6.7mm。体上常具金属绿色、蓝色及其他颜色光泽，一般光泽强烈。头部和胸部密布网状细刻点。头部卵圆形至近方形。触角着生的位置从口缘处到口缘至中单眼的 1/2 以上处。触角 8～13 节（包括多至 3 个环状节）。前胸背板短至甚长，略呈方形，常具显著的颈片。中胸盾纵沟完整或缺如。并胸腹节中部一般具显著的刻纹；常有亚侧纵脊，自气门附近伸出；后端常延伸呈狭的颈状突出。翅几乎均充分发育，个别短翅型或无翅型；前翅缘脉长至少为宽的若干倍，后缘脉和痣脉发达，个别很短；基无毛区存在。跗节 5 节；后足胫节一般仅 1 距。腹柄不明显至显著。产卵器从完全隐藏至伸出腹末很长。

金小蜂科是小蜂总科中最大的科之一，包含约 600 属 3100 多种。该科通常分为 14 个或更多个亚科，其中有些亚科有时被作为独立的科对待，而有些学者又将有的科作为金小蜂科的亚科对待。金小蜂寄主范围极广，可寄生于大多数目，包括同翅目、脉翅目、直翅目，有的为重寄生，还有少数寄生于蜘蛛。寄生于卵、幼虫、蛹和成虫各个虫期。也有些种主要为捕食性，捕食介壳虫和蜘蛛卵。极少数种类为植食性，取食植物种子。有抑性寄生和容性寄生、外寄生和内寄生、单寄生和聚寄生、多主寄生和寡主寄生。绝大部分金小蜂是抑性寄生。

在国内已知寄生于松毛虫的有 10 属 24 种（多无种的学名）。

福建林学院森林保护教研组（1976: 20）报道金小蜂在福建寄生于马尾松毛虫卵。

金华地区森防站（1983：33）报道金小蜂科（无学名）寄生于马尾松毛虫。

中国林业科学研究院（1983：715）和萧刚柔（1992：954）报道金小蜂寄生于德昌松毛虫 *Dendrolimus punctatus tehchangensis*。

李伯谦等（1987：32）报道金小蜂（学名待定）在湖南寄生于思茅松毛虫幼虫或蛹。

童新旺等（1990：28）报道金小蜂（学名待查）寄生于松毛虫黑点瘤姬蜂 *Xanthopimpla predator*。

萧刚柔（1992：947）报道金小蜂（无学名）寄生于思茅松毛虫 *Dendrolimus kikuchii*，何属何种均不知。

在国外报道寄生于松毛虫而我国尚未发现的有以下属种，本志不予介绍。

Coelopisthia sp.在全北区分布，有寄生于西伯利亚松毛虫的报道，在俄罗斯寄生于松毛虫内茧蜂。

Habrocytus sp.在俄罗斯寄生于西伯利亚松毛虫和欧洲松毛虫上的重寄生蜂（高缝姬蜂 *Campoplex*、脊茧蜂 *Rhogas*、*Apanteles*）。

Holcaeus dendrolimi Matsumura（=*Pteromalus dendrolimi*）在日本寄生于落叶松毛虫、赤松毛虫。

Holcaeus sp.在朝鲜寄生于赤松毛虫。

Holcaeus stenogaster (Walker, 1836)（=*Pteromalus stenogaster* Walker, 1836）在俄罗斯（远东）寄生于赤松毛虫。

Hypopteromalus apantelophagus Crawford 在日本、俄罗斯（萨哈林岛）寄生于赤松毛虫和落叶松毛虫上的重寄生蜂（*Apanteles*）；*Mokrzeckia pini* (Hartig, 1838)在波兰寄生于欧洲松毛虫，在日本寄生于赤松毛虫上的毒蛾原绒茧蜂 *Protapanteles* (*Protapanteles*) *liparidis* 和 *A. ordinarius*；Lelej（2012：157）报道 *Mesopolobus subfumatus* 寄生于落叶松毛虫，并将 *Pachyneuron soliitarium* (Hartig, 1838)作为其异名，该种在我国陕西秦岭有分布。

肖晖等（2001：204）报道 *Mokrzeckia pini* 和 *Pachyneuron solitarium* 2 种在我国吉林有分布，调查的农林害虫中有落叶松毛虫，但未明确该 2 种寄生蜂是否寄生于松毛虫。

金小蜂科 Pteromalidae 分属检索表

1. 前翅缘脉明显较宽或不变宽；腹部明显具柄 ··· 2
- 前翅缘脉细，不是明显变宽；腹部无明显柄部或具柄 ··· 4
2. 柄后腹第 1 节腹板向前伸至腹柄下方；前翅缘脉不宽 ······················· 钝领金小蜂属 *Amblyharma*
- 柄后腹第 1 节腹板不向前伸至腹柄下方；前翅缘脉明显较宽 ··· 3
3. 腹部强度拱隆；缘脉大部分位于前翅的中央之后，呈不明显楔形；雌性触角环状节 2 节；梗节与第 1 索节约等长 ·· 楔脉金小蜂属 *Euneura*
- 腹部背面平，部分种多少凹；缘脉大部分位于前翅的中央之前，多呈楔形，端部通常较宽；雌性触角环状节 2 节，如为 3 节则缘脉强度桨形；梗节常长于第 1 索节 ······················· 宽缘金小蜂属 *Pachyneuron*
4. 腹部基部的柄如为亚柄形，其腹柄露出部分长约等于宽，但腹柄侧方平行、表面大部分光滑；复眼很大，内眶向下强度分开；雌性触角环状节 3 节，鞭节短，常黄色 ································· 偏眼金小蜂属 *Agiommatus*
- 腹部基部宽，腹柄横形，常呈亚三角形，其表面不光滑 ·· 5
5. 触角明显着生于颜面中央下方 ··· 6
- 触角着生于颜面近中央处或中央上方 ··· 9
6. 触角环状节 3 节，索节 5 节；前胸明显窄于中胸；中足胫节沿内边扩大或在外边呈三角形，大部分黄色，通常有黑斑；并胸腹节光滑，无颈 ·· 迈金小蜂属 *Mesopolobus*
- 触角环状节 2 节，索节 6 节；前胸仅略窄于中胸 ··· 7
7. 翅近于全部具毛，在基褶内方无明显的镜面区；头部在复眼后方异常厚实 ············ 巨颅金小蜂属 *Catolaccus*
- 翅多少有明显的镜面区；头部在复眼后方不异常厚实 ··· 8
8. 雌性触角棒节端部不明显变尖和僵硬；触角明显着生于颜面中央下方；头部具细微的头后脊；翅无缘毛；后足胫节 1 距；并胸腹节中脊及侧褶不显，有颈状部但末端不呈半球形；雌性腹部卵圆形；前翅后缘脉与痣脉约等长 ·· 黑青小蜂属 *Dibrachys*

- 雌性触角棒节端部多少较尖和僵硬，常有1个突出的窄刺；雄性触角鞭节常异常长，具窄柄，有轮状毛；前胸背板很宽，因此紧贴胸部；头部和胸部背面，包括翅基片的大部分有丰富的弯毛；并胸腹节亚水平状，相当均匀拱隆且密布网皱 ·· 长角金小蜂属 *Norbanus*
9. 腹部多少红色；前翅常带烟色，基室内有毛；头部无后头脊 ························· 红腹金小蜂属 *Erythromalus*
- 腹部不呈红色；前翅不具烟色，基室有或无毛 ··· 10
10. 颈部横脊不明显；后头脊约位于后头与后头孔中央；并胸腹节有明显的具刻点和网皱的球形的颈状部，中脊和侧褶明显；腹部无柄；雌性触角环状节2节，棒节不尖；雌性有时为短翅型 ················ 灿金小蜂属 *Trichomalopsis*
- 颈部有明显的横脊；某些 *Pteromalus* 边缘偶尔直 ··· 11
11. 后足胫节2距；头部和胸部通常明显具毛；前胸背板中等弧形，与中胸盾片近于等宽；前胸背板颈部窄，边缘具锐脊；并胸腹节端部深凹以接纳腹柄 ··· 莫克金小蜂属 *Mokrzeckia*
- 后足胫节1距；头部和胸部毛通常不明显；前胸背板常窄于中胸背板；前胸背板颈部和陡斜的前部之间具明显角度；并胸腹节端部有狭窄的颈状部；上颚4齿 ·· 金小蜂属 *Pteromalus*

72. 偏眼金小蜂属 *Agiommatus* Crawford, 1911

Agiommatus Crawford, 1911: 278.

属征简述：触角11353式；触角着生于颜面中部。唇基端缘中央向上凹，两侧角锋锐。复眼内眶下部极度外弯，复眼大。无后头脊。领前缘具微弱的脊或无脊。中胸盾纵沟不完整。并胸腹节具中脊和横脊，侧褶不完整，中域具均匀刻点；并胸腹节颈状部大。前翅缘脉长于后缘脉，略增粗；基脉毛列完整；基脉外透明斑大。腹柄明显。柄后腹极窄于胸部。

生物学：寄主是各种大蛾类和弄蝶的卵。

分布：在世界上多分布于热带和亚热带、南亚、澳大利亚、非洲；在我国主要分布在长江以南各省。本属世界已知8种，我国2种。

杨忠岐等（2015: 25）中的中名为"鳞卵金小蜂属"。

（189）弄蝶偏眼金小蜂 *Agiommatus erionotus* Huang, 1986（图243）

Agiommatus erionotus Huang(黄大卫), 1986: 103; 黄大卫, 1993: 183; 黄大卫和肖晖, 2003: 496; 湖南省林业厅, 1992: 1279; 何俊华和陈学新, 2006: 76; Chen et He, 2006: 76; 杨忠岐等, 2015: 26.

Amblymerus tabatae (nec. Ishii, 1938): 中国科学院动物研究所和浙江农业大学, 1978: 77; 吴钜文, 1979a: 31; 杨秀元和吴坚, 1981: 317; 中国林业科学研究院, 1983: 715; 何俊华, 1985: 109; 柴希民等, 1987: 4; 侯陶谦, 1987: 171; 李伯谦等, 1987: 31; 张务民等, 1987: 32(*Amblmerus*!); 杜增庆和裴学军, 1988: 27(*Amblgmencs*); 王问学等, 1989: 186; 严静君等, 1989: 239; 陕西省林业科学研究所和湖南省林业科学研究所, 1990: 124; 赵仁友等, 1990: 59; 江土玲等, 1992: 53; 霍玉林和田淑贞, 1993: 567; 李红梅, 2006: 44.

Euterus [sic] *tabatae* (nec. Ishii, 1938): 祝汝佐, 1955: 1; 王平远等, 1956: 272; 孙锡麟和刘元福, 1958: 235; 彭建文, 1959: 201; 广东省农林学院林学系森保教研组, 1974: 103; 何俊华, 1979: 77; 杨秀元和吴坚, 1981: 316; 侯陶谦, 1987: 172; 田淑贞, 1988: 36; 严静君等, 1989: 264; 盛金坤, 1989: 103; 倪乐湘等, 2000: 43; 钟武洪等, 2000: 56; 施再喜, 2006: 28(*tabatac*!).

Mesopolobus tabatae (nec. Ishii, 1938): 廖定熹等, 1987: 71; 盛金坤, 1989: 66; 吴钜文和侯陶谦, 1990: 295; 陈昌洁, 1990: 196; 钟武洪等, 2000: 56; 童新旺等, 1991: 9; 杜增庆等, 1991: 16; 湖南省林业厅, 1992: 1275, 1279; 章士美和林毓鉴, 1994: 60; 盛金坤等, 1995: 14; 俞云祥, 1996: 15; 柴希民等, 2000: 2; 俞云祥等, 2000: 41; 梁秋霞等, 2002: 29; 卢宗荣等, 2007: 2; 卢宗荣, 2008: 43.

Mesopolobus subfumatus (nec. Ratzeberg, 1852): 徐志宏和何俊华, 2004: 166; Lelej, 2012: 157.

Mesopolobus (*Amblymerus*) *tabatae* (nec. Ishii, 1938): 徐延熙等, 2006: 769.

Agiommatus jiahuanae Yang, 1992: 72-76.

雌: 体长 1.6～2.2mm。从柳杉毛虫（云南松毛虫 *Dendrolimus houi*）卵和柞蚕卵中育出的达 2.7～2.9mm。

体色: 头部、胸部和腹柄蓝绿色，有光泽；柄后腹褐色，部分有金绿色光泽，第 1 节背板至第 3 节背板后部有时有 1 条浅色横带，腹面除两端黑色外污黄色。复眼赭红色。触角浅黄色（云南标本鞭节色稍深）。翅基片浅黄色。足基节蓝绿色或浅褐色，基部浅绿色，或中足基节为浅褐色；其余黄白色。翅透明，翅脉浅黄色。

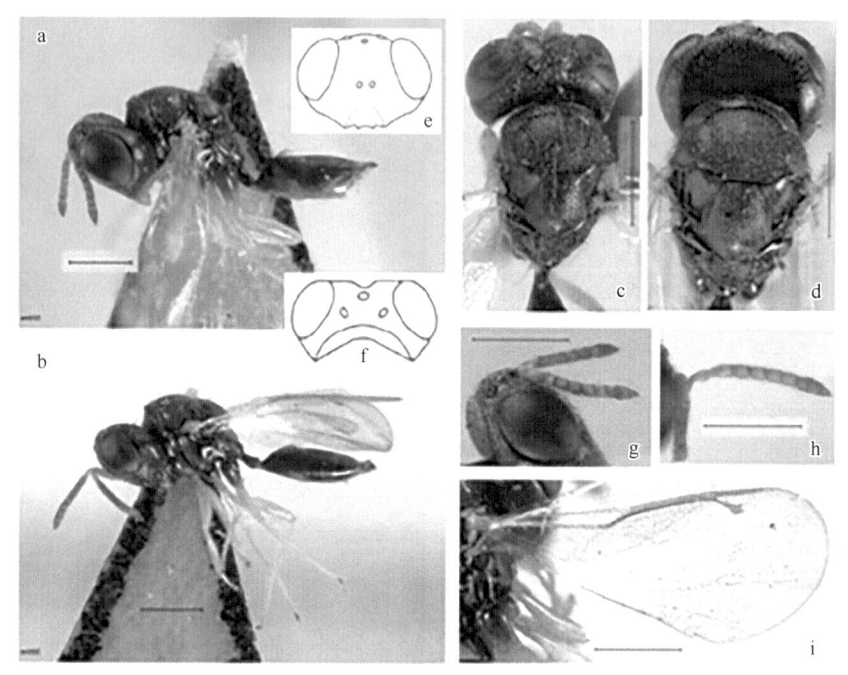

图 243　弄蝶偏眼金小蜂 *Agiommatus erionotus* Huang（e，f. 引自 黄大卫，1993）
a. 雌蜂整体，侧面观；b. 雄蜂整体，侧面观；c. 雄蜂头部和胸部，背面观；d. 雌蜂头部和胸部，背面观；e. 雌蜂头部，前面观；f. 雌蜂头部，背面观；g. 雌蜂触角；h. 雄蜂触角；i. 翅

头: 密布鳞状细刻纹。头背面观横宽，宽于胸部。前面观宽为高的 1.25～1.3 倍。触角着生于中单眼至唇基端缘间距的中央，在复眼下缘连线水平的稍上方。额上方明显收窄，下方宽约为上方宽的 1.7 倍。唇基小，位于下端中央，宽稍大于长，表面刻纹更细，端缘中央稍凹，有 2 小齿。颊下部向口窝强度汇聚。头侧面观高为长的 1.47 倍，复眼高为长的 1.5 倍。颚眼沟清晰，颚眼距为眼高的 0.4 倍。颊后缘与后颊下部相交呈锐角。头背面观宽约为长的 3.0 倍，上颊长为复眼的 0.35～0.4 倍。单眼排列呈约 120° 钝三角形；侧单眼间距是单复眼间距的 2.5～3.0 倍。后头向前强烈凹入，无后头脊。触角 11353 式，柄节端部未达中单眼；梗节及鞭节长度之和为头宽的 0.7 倍；梗节长为宽的 1.5 倍；第 1、2 环状节窄于第 3 环状节；第 1 索节长为宽的 1.3～1.5 倍，第 2～5 索节等长，近方形，棒节长等于末 2 索节长之和。

胸: 密布鳞状细刻纹。前胸背板颈片前缘具弱脊，中央长为中胸盾片的 0.17 倍，颈片前方陡斜且具更细刻纹。中胸盾片宽为长的 1.8 倍，盾纵沟伸达 2/3 处；小盾片前沟缝形；小盾片略长于中胸盾片；三角片表面近于光滑。中胸侧板后半光滑。并胸腹节中长为小盾片的 2/3，具中脊和细横脊；两侧具侧褶；气门小，圆形；后端颈状部短，光滑。前翅缘脉稍粗，长为后缘脉的 1.5～1.8 倍，为痣脉的 2.5～2.8 倍；亚前缘脉毛列完整，基室光裸，仅在端部有几根毛，基脉外透明斑后缘开放；前翅外缘具缘毛。足跗节 5 节，后足胫节距 1 个。

腹: 腹柄长为宽的 2.0～2.3 倍，端部达后足基节中央，表面具细横刻条。柄后腹与胸部约等长，中部稍宽，明显窄于胸部。第 1 节背板最长，几乎达腹部长的 1/3；第 3 节背板长于第 2 节背板。产卵管鞘稍突出。

雄: 体色较雌蜂鲜艳。头部前面观宽为高的 1.1 倍，颊外边向口窝缓慢汇聚呈圆弧形。单复眼间距等长于单眼长径，为侧单眼间距的 0.5 倍。梗节长为宽的 1.5 倍，稍长于第 1 索节。腹柄长为宽的 1.4～2.2 倍；

柄后腹背面扁平，近于瓶状，0.24～0.52 段污黄色；腹面平凹，除两端外中段污黄色。

生物学：寄主有云南松毛虫 *Dendrolimus houi*（=柳杉毛虫）、思茅松毛虫 *Dendrolimus kikuchii*、马尾松毛虫 *Dendrolimus punctatus*、德昌松毛虫 *Dendrolimus punctatus tehchangensis*、赤松毛虫 *Dendrolimus spectabilis* 及柞蚕 *Antheraea pernyi*、紫闪蛱蝶 *Apatura chevana*、松茸毒蛾 *Dasychira axutha*、香蕉弄蝶 *Erionota thrax* 卵等。*Mesopolobus tabatae* (Ishii)在日本寄生于松毛虫 *Dendrolimus albolincatus* 卵。

据盛金坤（1989: 103）报道，此蜂为思茅松毛虫卵的重要寄生蜂，对思茅松毛虫种群数量有很大的抑制作用。

标本记录：1♂，山东青岛，1963.I.2，华东农科所，寄主：赤松毛虫卵，No. 5315.1；7♀♂，山东临朐，1986，田淑贞，寄主：赤松毛虫卵，No. 865429；1♀3♂，山东，1987，范迪，寄主：赤松毛虫卵，No. 878884；13♀8♂，江苏南京，1936.IX.2，祝汝佐，寄主：马尾松毛虫卵；4♂，江苏南京，1954.VI，邱益三，寄主：马尾松毛虫卵，No. 5514.4；22♀，浙江常山，1954.VI，华东农科所，寄主：马尾松毛虫卵，No. 5415.8、5438.74；2♀1♂，浙江常山，1954.IX.17，浙江林业厅，寄主：马尾松毛虫卵 No. 5427.1；5♀2♂，浙江衢州，1984.VI，陈景荣，寄主：马尾松毛虫卵，No. 844820；5♀，浙江衢州，1985，王金友，寄主：柞蚕卵，No. 853691、853715；13♀，浙江衢州，1985.V.26 至 VI.3，王金友，寄主：马尾松毛虫卵，No. 853698～700；2♀6♂，浙江衢州，1985.IX.22，沈立荣，寄主：马尾松毛虫卵，No. 853674；3♀2♂，浙江衢州，1987.VI.11，何俊华，寄主：马尾松毛虫卵，No. 871010；9♀2♂，浙江宁海，1986，汤社平，寄主：柳杉毛虫卵，No. 864726；1♀1♂，江西南昌，1955.V.下旬至 IV.上旬，章士美，寄主：马尾松毛虫卵，No. 5551.1；12♀，湖北，1964，湖北省林科所，寄主：马尾松毛虫卵，No. 64007.1；11♀10♂，湖南东安，1954.VI，孙锡麟，寄主：马尾松毛虫卵，No. 5410.11；20♀，广西，1988.V，孙明雅，寄主：马尾松毛虫卵，No. 881486；15♀4♂，云南安宁温泉，1988.VII.9～13，陈学新，寄主：松毛虫卵，No. 886888。

分布：山东、江苏、浙江、江西、湖北、湖南、福建、广东、广西、云南；日本，俄罗斯（萨哈林岛）。

注：①黄大卫（1993: 183）指出，廖定熹等以前将从松毛虫卵中育出的标本鉴定为松毛虫白角金小蜂 *Mesopolobus tabatae* (Ishii)，作者查对过 *Mesopolobus* 属的触角虽然也是 11353 式，但 *Mesopolobus* 属无明显腹柄，隶属于金小蜂亚科 Pteromalinae，因此归为 *Mesopolobus* 属是不正确的；②本种引证所列文献中以"*tabatae*"作为种名的，各地标本究竟是否确为本种，有待后人研究确定；③中名有称松毛虫白角金小蜂的。

73. 钝领金小蜂属 *Amblyharma* Huang et Tong, 1993

Amblyharma Huang et Tong(黄大卫和童新旺), 1993: 395.

属征简述：雌蜂头顶前面观微隆起；两颊外缘向中央适度汇聚，颊后部圆滑；复眼光裸无毛，不明显凸出；触角洼较深；下脸正常隆起，其上刻点较额上刻点浅而宽大；无口上沟，前幕骨陷不明显；唇基较大，唇基下端中央向上凹，表面具纵刻纹；唇基两侧至复眼间具浅而宽的纵刻斑。头侧面观颚眼沟完整而清晰；颚眼距为复眼高的一半；无口侧凹。背面观后头中等前凹；无后头脊；上颊外缘向中央中等汇聚。触角 11163 式；触角着生于复眼下端连线上方；梗节加鞭节不足头宽；柄节上端不达中单眼；梗节明显长于第 1 索节；鞭节不呈棒状；索节均宽大于长。雄性触角毛较长，与触角表面呈 30°～40°角。雄性下唇须和下颚须均正常。

前胸背板分为明显的领和颈；领窄于中胸盾片，两侧角圆滑，前缘具粗壮的横脊，背面具粗壮的刻点，后部 1/4 呈光滑的横带。中胸盾片平整，盾纵沟完整（有时后部 1/3 仅隐约可见），中叶上的刻点同侧叶上的刻点。三角片前缘几乎和盾片沟在一条直线上。小盾片中等隆起，但沟前域背面平整；无明显小盾片横沟；沟后片上刻点与沟前域上的刻点相同。小背板极短，形如小盾片后一条光滑隆起的脊。并胸腹节无中脊和网褶；中域基部中央隆起；基凹极深且向后延伸，在中域表面形成"V"形凹陷。并胸腹节颈极大，其前缘与中域界限模糊，表面具网状刻纹；侧区具长毛及网状刻纹；气门很扁，其前缘与后胸背板后缘的距离短于其短径长；气门沟具致密刻点和长毛。胸腹侧片中等大，表面具刻点，前缘无斜脊；无后侧片陷。后足基节背面基部 2/3 光裸，端部 1/3 具长毛；后足胫节 1 距。前翅基室大部分光裸，后缘关闭；基脉外透明斑中等大小，后缘关闭；前缘室大部分具毛；基脉毛列完整；缘脉略短于或等长于后缘脉；痣脉长约为缘脉之半；翅痣小；翅毛较稀，翅外缘具缘毛。后翅前缘室前缘基部无毛。

柄后腹具明显的柄。腹柄长大于宽，前部无基凸缘，背面具微弱刻点，后部具横刻纹。柄后腹第 1 节腹板向前伸至腹柄下方；柄后腹第 1 节背板长不足柄后腹全长的一半，其后缘中央向后凸；柄后腹第 2 节背板长约等于第 3 背板。

生物学：寄生于双翅目寄蝇科 Tachinidae。

分布：中国。

（190）钝领金小蜂 *Amblyharma anfracta* Huang *et* Tong, 1993（图 244）

Amblyharma anfracta Huang *et* Tong, 1993: 397.

雌：体长 1.8～2.4mm。

体色：体色蓝黑色。触角柄节和梗节暗褐色，鞭节褐色。足基节蓝黑色，腿节暗黄色至棕色，其余褐黄色。

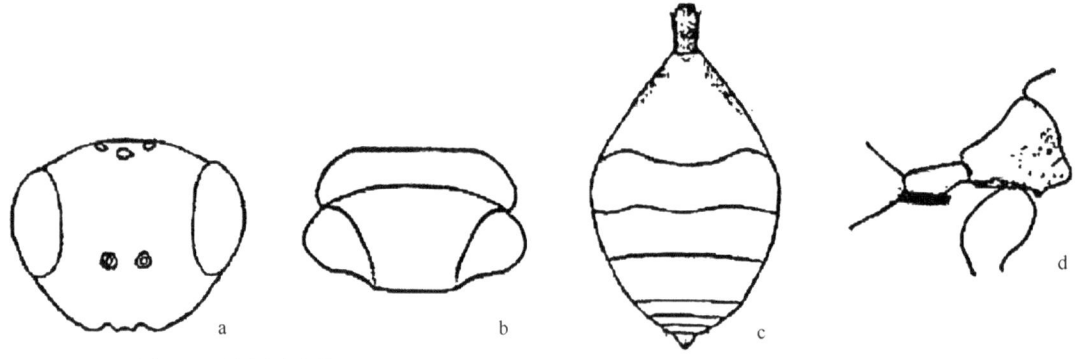

图 244 钝领金小蜂 *Amblyharma anfracta* Huang *et* Tong（引自 黄大卫，1993）
a. 头部，前面观；b. 前胸背板领和中胸盾片；c. 腹柄和柄后腹，背面观；d. 并胸腹节和腹柄，侧面观

头：头部前面观宽为高的 1.25～1.30 倍；触角窝中单眼距大于触角窝唇基下端距（17∶12）；复眼内眶间距为触角柄节长的 1.8～1.85 倍。头侧面观颊眼距为眼高的 1/2。头背面观宽为中长的 2.0 倍；上颊为复眼长的 1/3。POL 等于 OOL。触角柄节略短于眼高，不达中单眼下端；梗节加鞭节长为头宽的 0.7～0.8 倍；梗节长为宽的 2.0 倍；长为第 1 索节的 1.6～2.0 倍；各索节约等长，第 1 索节长为宽的 1.2 倍，末 3 索节长之和约等于棒节，各索节具一排感觉毛；棒节长为宽的 2.5 倍。

胸：中胸盾片长为宽的 2.0 倍，约与小盾片等长。并胸腹节长约为小盾片长的 3/4。前翅后缘脉略长于或等于缘脉，缘前脉与缘脉连接处有一无色断痕。

腹：腹柄长为宽的 2.0 倍。柄后腹长为宽的 1.5 倍。

雄：体长 1.8～2.2mm。足除基节蓝黑色外其余均为亮黄褐色。触角索节节间分隔明显。

生物学：寄主为松毛虫狭颊寄蝇 *Carcelia rasella*。

分布：河北（石家庄）。

74. 巨颅金小蜂属 *Catolaccus* Thomson, 1878（图 245）

属征简述：雌蜂头部前面观宽大于长，并显著宽于胸部，颊略膨胀。在上颚基部两侧上方有深注。头巨大。触角着生于复眼下缘连线的上方，线形，环状节 2 节。复眼表面无毛。前胸无缘脊，中胸无盾纵沟。

并胸腹节长，有颈，但无中脊。前翅中部有时暗色，缘脉与痣脉及后缘脉约等长。腹部长卵圆形，略长于胸部，腹面扁平。本属最主要的特征有两点：①头巨大，无头后脊；②前翅基部无毛列，但自翅基到翅的末端几乎包括整个翅面，均布密毛而无毛区或带。

生物学：据记载主要以绒茧蜂茧为寄主营次寄生生活。

分布：黑龙江、吉林；俄罗斯等欧洲地区。

（191）巨颅金小蜂 *Catolaccus* sp.

Catolaccus sp.: 张贵有, 1988: 27.

生物学：寄生于落叶松毛虫上的松毛虫脊茧蜂 *Aleiodes esenbeckii*（=松毛虫红头茧蜂）。

分布：吉林。

图 245 巨颅金小蜂 *Catolaccus ater* Ratzeburg（巨颅金小蜂属 *Catolaccus* Thomson）雌蜂（引自 廖定熹等，1987）

75. 黑青小蜂属 *Dibrachys* Foerster, 1856

Dibrachys Foerster, 1856: 47.

属征简述：雌蜂头前面观宽大于长。头部具细微的头后脊。复眼无毛。触角明显着生于颜面中部下方；具环状节 2 节；梗节特长，几乎为第 1 索节的 2 倍；索节 6 节，末索节宽略大于长。前胸背板前缘锋锐。中胸略膨大，盾纵沟不完整。并胸腹节具刻点及不显著的中脊及侧褶；末端不收窄，呈半球形的颈状部。前翅末端无缘毛；缘脉长约为后缘脉的 2 倍，后缘脉与痣脉约等长。后足胫节 1 距。腹部基部宽，腹柄几乎看不出，有的则横形或亚三角形，其表面不光滑。雄蜂触角细而长。

生物学：寄主以鳞翅目昆虫为主，并常为次寄生。

注：中名属名有用迪伯金小蜂属的。

Dibrachys microgastri (Bouché)在国外寄生于西伯利亚松毛虫和赤松毛虫，据 Yu 等（2012）记载，该蜂广布于全世界，并在我国陕西、甘肃和江苏有分布。

黑青小蜂属 *Dibrachys* 分种检索表

1. 并胸腹节中脊完整 ··· 松毛虫黑青小蜂 **D. kojimae**
- 并胸腹节中脊不明显 ·· 2
2. 头上刻点较密；并胸腹节的侧褶较弯曲；前翅翅脉之色较深；头背面观为长的 2 倍；复眼长为宽的 1.5~1.6 倍；复眼侧面观无后缘或很少镶边；前翅翅室常有淡黄或淡褐色晕斑；痣脉末端大，且更接近于长方形；后缘脉常较痣脉略短；雄性腹部近基处常有贝壳色黄斑点 ··· **咸阳黑青小蜂 D. boarmiae**
- 头上密布网状刻纹；并胸腹节的侧褶较弱；前翅翅脉之色较浅；头背面观宽为长的 1.85~1.9 倍；复眼长为宽的 1.65~1.85 倍；复眼侧面观中部有浅的镶边；前翅翅室无任何晕斑；痣脉末端较小，呈不明显的长方形；后缘脉常长于痣脉，有时与痣脉等长；雄性腹部近基部无色斑，至多仅有一不明显的白点 ························· **红铃虫黑青小蜂 D. cavus**

（192）咸阳黑青小蜂 *Dibrachys boarmiae* (Walker, 1863) （图 246）

Pteromalus boarmiae Walker, 1863: 8609.

Dibrachys boarmiae: 廖定熹等, 1987: 68; 肖晖等, 2001: 204; 杨忠岐等, 2015: 30.

雌：体长 2.4～3.0mm。体黑色带蓝紫色光泽。上颚全为黑色；触角柄节褐黄色，梗节与第 1 环状节褐色，其余暗褐色。后胸及并胸腹节红铜色。各足基节同体色，转节、腿节、胫节棕褐色，跗节黄色，末端色深。前翅带烟褐色，翅脉褐色。腹部暗红褐色，基部具金属光泽。

头：头背面观宽于胸部，宽为长的 2 倍。POL 为 OOL 的 1.3 倍，OOL 为 OD 的 2.3 倍。上颊长为复眼长的 0.4 倍。前面观头宽为高的 1.3 倍。复眼高为宽的 1.6 倍；复眼间距为复眼高的 1.2 倍；颚眼距为复眼高的 0.3 倍。口缘宽为颚眼距的 2.9 倍。脸区表面具纵脊纹，中央隆起。唇基前缘略突出，中部平截。左、右上颚均为 4 齿。触角窝位于复眼下缘连线上，触角窝前缘至头顶的距离为至口缘的 2.9 倍。柄节伸达或略超过中单眼前缘，长为宽的 7 倍；梗节与鞭节长度之和小于头宽；梗节长为宽的 2.8 倍；第 1 环状节宽为长的 1.7 倍，第 2 环状节宽为长的 1.6 倍；第 1 索节长约为梗节的 0.4 倍，各索节近方形；棒节棒状不明显，长为宽的 2.5 倍，长大于末 2 索节长度之和。

胸：胸部长为宽的 1.4 倍。前胸盾片前缘不具横脊，宽为中胸的 0.8 倍，中部长约为中胸的 1/6。中胸盾片长为宽的 0.6 倍；盾纵沟仅基部 2/3 可见。中胸小盾片长小于宽（12：14）。中胸侧板后侧片下区的网状刻纹粗大，上区端半部具刻点。并胸腹节长小于小盾片之半，宽为长的 3.0 倍；中区表面具整齐的网状刻纹；中纵脊端部分叉，从而将中区与胸后颈划分开来，且向中区发出的短纵脊形成小陷窝；胸后颈表面光滑，长为中区的 0.6 倍；气门椭圆形，与并胸腹节前缘的距离大于其长径；侧胝表面粗糙。前翅长为宽的 2.1 倍，无缘毛；前缘室在正面近前缘处具 1 排完整的纤毛，端部 1/3 散生若干纤毛；基室在端部近 1/4 的前缘具几根毛，基脉上具 4～5 根短刚毛；缘脉长为痣脉的 1.6 倍；痣后脉短于痣脉（6：7）。后足胫节末端具 1 距，基跗节长为第 2 跗节的 2.1 倍。

腹：腹部阔卵圆形，长为宽的 1.5 倍，长度小于头、胸部长度之和，但阔于胸部；第 1 背板长为整个腹部的 1/3，其后缘呈弧形向后突出。

图 246 咸阳黑青小蜂 *Dibrachys boarmiae* (Walker)（a. 引自 杨忠岐等，2015；b. 引自 Graham，1969）
a. 雌蜂，侧面观；b. 前翅翅脉

雄：体长 1.6～2.4mm。体铜绿色；触角柄节、梗节黄褐色，背面色加深；鞭节除棒节外均为黄色，但环状节与索节基部 3 节色加深；棒节暗褐色，明显深于索节。额红铜色，脸区绿色。足除基节同体色外，余均为红褐色，跗节末端色深。腹部亚基部具黄色斑，带状。翅透明，翅脉黄褐色。背面观头部宽为长的 1.9 倍；POL 为 OOL 的 1.7 倍；OOL 为 OD 的 1.6 倍。上颊长为复眼长的 0.5 倍。头前面观宽为高的 1.3 倍；复眼高为宽的 1.4 倍，额宽为复眼高的 1.6 倍；颚眼距为复眼高的 0.4 倍；口缘宽为颚眼距的 2.4 倍；脸区中央鼻状隆起。触角窝位于复眼下缘连线稍上方；柄节长度小于复眼高，不达中单眼前缘；梗节与鞭节长度之和小于头宽；第 1 索节短于梗节，前 3 索节长均略大于宽，后 3 索节横阔。胸部长为宽的 1.5 倍，前翅长为宽的 2.2 倍；缘脉为痣脉的 1.7 倍，痣后脉短于痣脉（5：6）。腹部长为宽的 1.5 倍，宽略大于胸部（30：29）。

生物学：为广谱食性种，据资料记载已知寄主达 6 目 36 科 149 种，其中包括了鳞翅目 Lepidoptera、双翅目 Diptera、鞘翅目 Coleoptera 的初寄主，如寄生于棉红铃虫 *Pectinophora gossypiella*、棉鼎点金刚钻 *Earias cupreoviridis*、舞毒蛾 *Lymantria dispar*、家蝇 *Musca domestica*、祥云新松叶蜂 *Neodiprion xiangyunicus* 等，也有鳞翅目或鞘翅目幼虫次寄生蜂寄生于其天敌姬蜂及茧蜂的，如寄生于松毛虫脊茧蜂 *Aleiodes esenbeckii*、弄蝶长颊茧蜂（稻苞虫绒茧蜂） *Dolichogenidea baoris* 等许多种类。

标本记录：作者手头无寄生于松毛虫及其天敌姬蜂及茧蜂的标本。形态特征根据杨忠岐等（2015: 30）。

分布: 吉林、辽宁、北京、河北、山西、陕西、浙江、安徽、云南; 欧洲, 大洋洲。

注: ① 肖晖等 (2001: 204) 报道在我国吉林有分布, 未确指寄主种类, 调查的农林害虫中有落叶松毛虫。
② Peters 和 Baur (2011: 1) 认为 Dibrachys boarmiae (Walker, 1863) 是 Dibrachys cavus (Walker, 1835) 的新异名。

(193) 红铃虫黑青小蜂 *Dibrachys cavus* (Walker, 1835) (图247)

Pteromalus cavus Walker, 1835b: 477.
Dibrachys cavus: Kurdjumov, 1913: 11; 何俊华, 1985: 109; 廖定熹等, 1987: 67; 柴希民等, 1987: 12; 何允恒等, 1988: 22; 张贵有, 1988: 27; 陈昌洁, 1990: 196; 吴钜文和侯陶谦, 1990: 294; 童新旺和倪乐湘, 1991: 9; 湖南省林业厅, 1992: 1275; 陈尔厚, 1999: 49; 黄大卫和肖晖, 2003: 496; 徐延熙等, 2006: 769; 杨忠岐等, 2015: 33.

雌: 体长 1.7~3.2mm。

体青黑色带铜色、暗蓝色或暗绿蓝色。触角柄节常暗褐色, 有时近端部褐黄色; 梗节及索节常暗褐至黑色, 梗节下侧有时淡色。翅脉自浅褐黄色至几乎白色。足色多变异, 自全黑至大部分褐黄色。足色较浅, 仅基节黑色, 其余为褐黄色而腿节及胫节略褐色。跗节有时黄褐色至黄色, 但常以褐色或暗褐色为主, 特别是末节常为黑褐色。

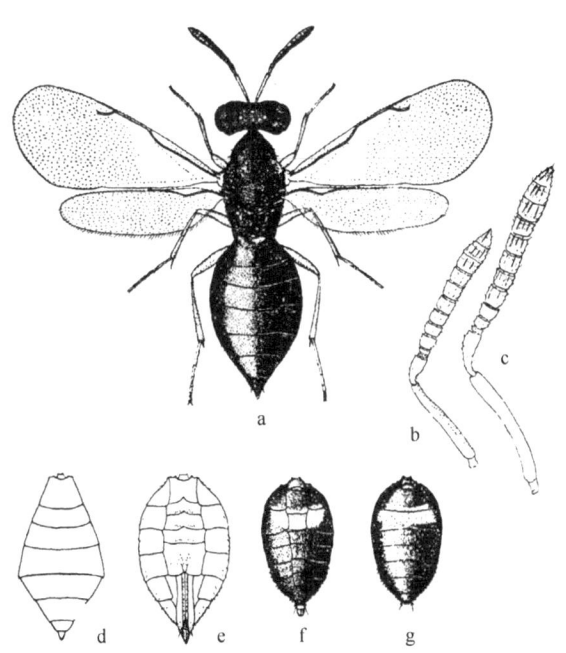

图247 红铃虫黑青小蜂 (黑青小蜂) *Dibrachys cavus* (Walker) (引自 胡萃, 1964)
a. 雌蜂整体, 背面观; b. 雌蜂触角; c. 雄蜂触角; d. 雌蜂腹部, 背面观, 示死后; e. 雌蜂腹部, 腹面观; f. 雌蜂腹部, 腹面观; g. 雄蜂腹部, 背面观

头宽为长的 1.85~1.9 倍。单眼排列呈 120° 钝三角形。颜面略凹陷, 在触角洼下方稍膨起处具刻点。后头脊距后头孔较距侧单眼近。左、右上颚均具 4 齿。唇基前缘镶边平浅, 中央凹陷部短浅。口沟宽为颊长的 2.1~2.5 倍; 颊长不过复眼长径的 1/3。触角索节末节横宽。缘脉长为痣脉的 1.75~2.9 倍, 后缘脉与痣脉等长或略长, 痣脉不近方形。并胸腹节具不明显的中脊, 有侧褶, 具较细密刻点。腹部无柄, 呈长披针形, 背面略凹, 腹面具脊, 产卵管鞘不突出腹末。

雄: 体长 1.2~2.3mm。头、胸部绿色至蓝色, 三角片及小盾片与之同色, 或小盾片至多略显青铜色; 腹部第1、2节背板间色浅, 具黄褐斑, 但斑点不甚明晰。触角颜色有变化, 常全部黄褐色, 但有时梗节及柄节烟褐色, 索节有时浅褐色。足常与触角同色或稍深暗, 深色型的腿节及胫节浓烟褐色。触角柄节长是宽的 6.5~7.5 倍。翅透明。腹部长椭圆形。

生物学: 为广谱食性种, 据资料记载已知寄主 6 目 36 科 149 种, 其中包括鳞翅目 Lepidoptera (如棉红铃虫 Pectinophora gossypiella）及鞘翅目 Coleoptera 幼虫，也有作为重寄生蜂寄生于姬蜂及茧蜂或小蜂总科其他种类甚至同种别的个体。与松毛虫有关的寄主有：马尾松毛虫 Dendrolimus punctatus、赤松毛虫 Dendrolimus spectabilis、落叶松毛虫 Dendrolimus superans、油松毛虫 Dendrolimus tabulaeformis 及其寄生蜂上的高缝姬蜂 Campoplex、黑足凹眼姬蜂 Casinaria nigripes、松毛虫脊茧蜂 Aleiodes（=Rhogas）esenbeckii、Apanteles 和寄蝇。欧洲松毛虫 Dendrolimus pini 也有被寄生的。此外还有三条蛀野螟（三带野螟）Dichocrocis chlorophanta、靖远松叶蜂 Diprion jingyuanensis。此蜂在浙江、上海一年发生 11～12 代。

标本记录：浙江大学寄生蜂标本室有许多标本，但无从松毛虫中育出的。

分布：内蒙古、山东、山西、陕西、江苏、上海、浙江、安徽、湖北、湖南、四川、云南；朝鲜，日本，俄罗斯，英国，美国，加拿大，捷克，斯洛伐克，北非。

注：别名有红铃虫金小蜂、红铃虫迪伯金小蜂、黑青小蜂、黑青金小蜂。

（194）松毛虫黑青小蜂 *Dibrachys kojimae* (Ishii, 1938) （图 248）

Pteromalus matsuyadorii Matsumura, 1925: 43.

Euterus kojimae Ishii, 1938: 100; Ishii, 1956: 1413.

Euterus matsuyadorii: Kamiya, 1939: 9.

Dibrachys kojimae: Kamijo, 1982: 74; 童新旺等, 1991: 9; 柴希民等, 1987: 6; 杜增庆等, 1991: 16; 陈尔厚, 1999: 49; 徐志宏和何俊华, 2004: 162; 张治良等, 2009: 6; 杨忠岐等, 2015: 35.

Dibrachys sp.: Chu et Hsia, 1935: 396(浙江马尾松毛虫蛹); 吴钜文, 1979a: 32; 何俊华, 1986a: 47; 侯陶谦, 1987: 172; 王问学等, 1989: 186(*Dibrachus*!); 柴希民等, 2000: 8.

Mesopolobus kojimae: 陈昌洁, 1990: 196.

雌：体长 2.5～3.8mm。

体色：头部和胸部黑色，稍具蓝色光泽；翅基片或褐黄色。触角柄节和梗节黄褐色，鞭节黑色。足基节和爪黑色，其余黄褐色，腿节或色稍深。翅透明，翅脉浅黄褐色。腹部黑褐色，有光泽，第 1 节背板基部带红褐色。

头：头部密布鳞状细刻纹。背面观宽为中长的 2.7 倍；上颊为复眼宽的 0.8 倍。后头脊细，仅中央明显。单眼呈钝三角形排列；单眼长径、单复眼间距、侧单眼间距、中侧单眼间距之比为 1.0∶3.2∶3.7∶1.8；侧单眼处额宽很长于复眼宽。头前面观呈亚梯形；额宽，侧方平行。唇基具并列细斜刻条，端缘中央有半圆形小凹缺。无颊沟，颚眼距长为复眼纵径的 0.4 倍。触角着生于中单眼至唇基端缘间距下方 0.4 处、复眼下缘连线水平稍上方；两触角窝相邻，其距等于支角突宽、为触角窝至复眼缘间距的 0.15 倍；柄节细长，亚圆柱形，稍弯曲，不伸达中单眼，长为宽的 11.5 倍；梗节渐粗，长为端宽的 3.0 倍，与环状节及第 1 索节之和等长；环状节 2 节，均小，第 1 节更小；鞭节上多并列白毛；索节 6 节，各索节渐短，几乎等宽，第 1、6 索节长分别为宽的 1.1 倍和 0.7 倍；棒节 3 节，渐短，与前 2.4 节之和等长。

胸：胸部密布鳞状细刻纹，在中胸盾片上的稍粗，在小盾片上的稍呈环状。前胸背板短。中胸背板近圆形，无盾纵沟；小盾片前沟缝形；小盾片圆形稍拱；三角片内角很分开。中胸侧板中央上方有三角形光滑区。并胸腹节具中纵脊，有弱侧褶。前翅超过腹端；亚前缘脉（包括缘前脉）：缘脉：后缘脉：痣脉=46∶17∶13∶13；痣脉端部粗。后足胫节长为跗节的 1.3 倍；基跗节长为其后 2 节之和。

腹：腹部近圆形，光滑，有光泽；稍宽于胸部，约为胸部长的 0.9 倍。各节背板后缘无缺刻。第 1 节背板长为腹部长的 0.45 倍，与其后 4 节背板之和约等长。产卵管鞘稍伸出。

雄：体长 1.7～2.4mm。体色和刻纹与雌性基本相似，不同之处有：触角除棒节黑色外其余均黄褐色；单眼长径、单复眼间距、侧单眼间距、中侧单眼间距之比为 1.0∶1.7∶3.0∶1.4；亚前缘脉（包括缘前脉）：缘脉：后缘脉：痣脉=35∶16∶11∶10。

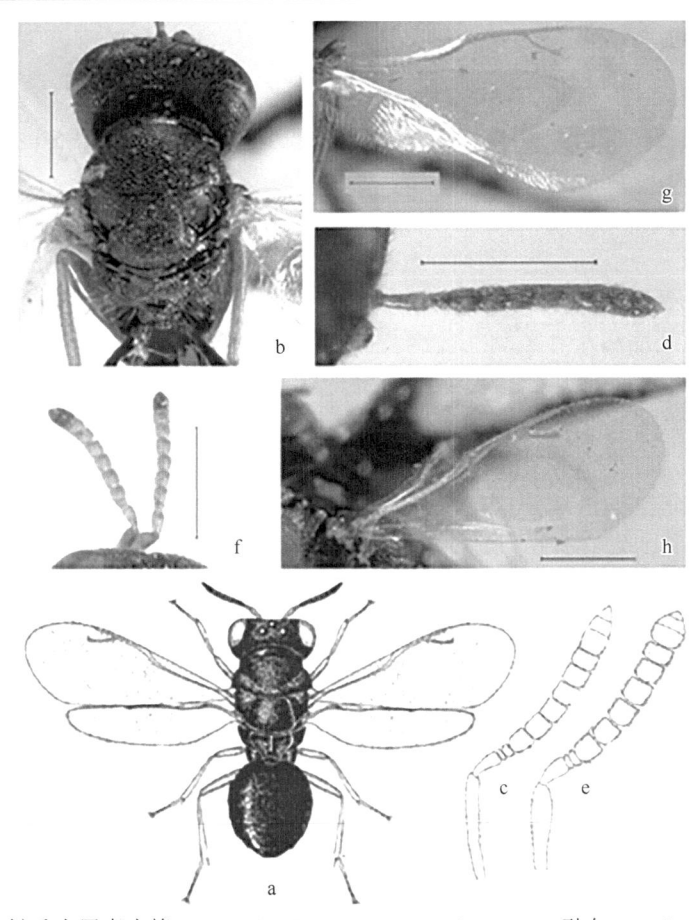

图 248　松毛虫黑青小蜂 *Dibrachys kojimae* (Ishii) （a，c，e. 引自 Kamiya，1939）
a. 雌蜂整体，背面观；b. 雌蜂头部和胸部，背面观；c，d. 雌蜂触角；e，f. 雄蜂触角；g. 雌蜂前翅；h. 雄蜂前翅

生物学：寄主有云南松毛虫 *Dendrolimus houi*、思茅松毛虫 *Dendrolimus kikuchii*、马尾松毛虫 *Dendrolimus punctatus*、文山松毛虫 *Dendrolimus punctatus wenshanensis*、赤松毛虫 *Dendrolimus spcetabilis*、油松毛虫 *Dendrolimus tabulaeformis* 和油茶枯叶蛾 *Lebeda nobilis*。从蛹羽化，聚寄生，一寄主中可出蜂100～500头。

标本记录：9♀，浙江汤溪，1934.VI.28，祝汝佐，寄主：马尾松毛虫；10♀，浙江衢州，1982.IX，甘中南，寄主：马尾松毛虫蛹，No. 826949、826956；37♀3♂，浙江衢州开元寺，1984.V.24，何俊华、马云、周彩娥，寄主：马尾松毛虫蛹，No. 841513～14、841589；9♀，浙江衢州，1984.VI.19，何俊华，寄主：马尾松毛虫蛹，No. 844848（腹部背板红褐色）；34♀3♂，浙江衢州，1985.V.9至VI.上旬，何俊华，寄主：马尾松毛虫蛹，No. 850769、850824；131♀29♂，浙江衢州，1986.V.12，何俊华，寄主：马尾松毛虫蛹，No. 864412、864657；3♀3♂，浙江龙游，1984.VI.1，何俊华，寄主：马尾松毛虫蛹，No. 841518；8♀，浙江长兴，1984.VI，何俊华，寄主：马尾松毛虫蛹，No. 841592；8♀，浙江永嘉，1984.VI.1，蔡震彬，寄主：马尾松毛虫蛹，No. 841673；11♀，浙江松阳，1985.VI，陈汉林，寄主：马尾松毛虫蛹，No. 853341；8♀2♂，浙江建德，1986.V.18，何俊华，寄主：马尾松毛虫蛹，No. 884455；8♀2♂，浙江定海，1986.VI.2，何俊华，寄主：马尾松毛虫蛹，No. 884475；1♀28♂，浙江定海，1986.XI，何俊华，寄主：马尾松毛虫蛹，No. 864657；2♀2♂，江西南昌，1973.V，章士美，寄主：马尾松毛虫蛹，No. 864657；9♀，湖北武汉九峰，1982，查光济，寄主：马尾松毛虫蛹，No. 864141；18♀，湖北大悟，1983.V.19，龚乃培，寄主：马尾松毛虫蛹，No. 870376；28♀11♂，湖北大悟，1983.VIII.4，龚乃培，寄主：马尾松毛虫蛹，No. 870363、870368～69、870377；20♀4♂，湖南天平山，1984，童新旺，寄主：马尾松毛虫蛹，No. 846584；4♀14♂，四川资中，1987，采集人不详，寄主：马尾松毛虫蛹，No. 878863；8♀，云南安宁温泉，1983.VI～VII，游有林，寄主：思茅松毛虫，No. 841696。

分布：北京、浙江、安徽、江西、湖北、湖南、四川、云南；日本。

注：中名有枯叶蛾黑青金小蜂。

76. 红腹金小蜂属 *Erythromalus* Graham, 1956

Erythromalus Graham, 1956: 83.

属征简述：头横阔，不具后头脊；唇基前缘中央刻入；触角窝位于脸中部的下方，但在复眼下缘连线之上；触角 11263 式；上颚端齿左 3 右 4。前胸背板具不太显著的前缘脊；中胸盾纵沟不完整；中胸小盾片横沟不明显。并胸腹节中部长而后侧角收缩，表面具显著的网状刻纹；中纵脊和侧褶通常完整，具中横脊；胸后颈较大而突出；侧胝毛稀疏；气门小，与并胸腹节前缘的距离和其长径相等；气门沟仅后部显现，而未达气门。足较短而粗，后足胫节只有 1 端距。前翅前缘室十分狭长，基室至少端部具纤毛，前缘脉稍长于痣后脉而显著长于痣脉，翅痣小，翅面上常具褐色斑。腹柄很小，横形，背面光滑。腹部卵圆形或长矛形，背面鼓起，背板或多或少带红色，第 1 背板侧方具稀疏的短刚毛。产卵器稍露出。

生物学：寄生于鳞翅目昆虫蛹。

分布：中国；欧洲。

（195）松毛虫红腹金小蜂 *Erythromalus rufiventris* (Walker, 1835) （图 249）

Pteromalus rufiventris Walker, 1835a: 192.

Erythromalus rufiventris: Graham, 1956: 86; 杨忠岐等, 2015: 37.

图 249 松毛虫红腹金小蜂 *Erythromalus rufiventris* (Walker) 雌蜂背面观（引自 杨忠岐等，2015）

雌：体长约 2.8mm。体黑色；触角柄节与梗节褐黄色，鞭节暗褐色；各足基节同体色，前中足腿节、各足转节与胫节污黄色；后足腿节暗褐色，跗节淡黄色；翅透明，翅脉黄褐色；腹部深紫红色，基部具蓝绿色光泽。

头：头部背面观宽为长的 2 倍，较胸部宽；头顶后缘凹入不明显，所以头几呈长方形；POL 为 OOL 的 1.3 倍；OOL 为 OD 的 2.4 倍；上颊长为复眼长的 0.3 倍。前面观头宽为长的 1.4 倍；复眼高为宽的 1.4 倍；颚眼距为复眼高的 0.5 倍；触角洼及触角着生处下陷；脸区略膨起；唇基前缘中央刻入；触角窝位于复眼下缘连线之上、颜面中部稍下方；柄节未伸达中单眼。触角从柄节至棒节各节（包括环状节）上均生有很密的感毛，贴伏状；触角柄节长为宽的 6.5 倍；梗节与鞭节长度之和小于头宽；梗节长为第 1 索节的 1.4 倍；各索节方形，长宽近相等，排列十分紧凑；棒节长大于末 3 索节长度之和，长为宽的 2.4 倍，棒状不明显。

胸：胸部长为宽的 1.3 倍。前胸背板具前缘脊，宽为中部长的 7.5 倍，中部长为中胸盾片的 1/4。中胸盾片隆起不显著，宽为长的 2 倍；中胸小盾片隆起，长宽近相等，上无横沟。并胸腹节长为中胸小盾片的 0.6 倍，表面具网状刻纹；中纵脊不明显；具侧褶脊；胸后颈与中区等长，前缘不具褶，而呈横向凹陷。前翅长为宽的 2.2 倍；前缘室正面无毛，反面近前缘处具纤毛；基室散生纤毛；基无毛区阔；缘脉与痣后脉等长，长为痣脉的 1.2 倍；翅痣膨大，略呈长方形。

腹：腹部长为头、胸部长度之和的 1.2 倍，长矛形，端部尖；长为宽的 2.2 倍，表面光滑，但从第 2 背板起的以后各背板具肤浅的弱网状刻纹；第 2～4 节背板基半部具稀疏的短刚毛；第 5 节背板至腹末背面的刚毛长而密，腹侧面皆具长刚毛；第 1 节背板光滑，基部中央凹陷，两侧向内收缩，后缘窄于第 2 节背板的前缘；尾须上的 1 根长鬃毛长为其他鬃毛的 2 倍。产卵器露出。下生殖板位于腹部基部 1/3 处。

雄：未见。

标本记录：未见。形态描述和图录自杨忠岐等（2015）。

生物学：寄生于赤松毛虫 Dendrolimus spectabilis 和油松毛虫 Dendrolimus tabulaeformis 蛹。

分布：河北。

77. 迈金小蜂属 Mesopolobus Westwood, 1833

Mesopolobus Westwood, 1833c: 443.

属征简述：雌蜂头前面观宽略大于长，并略宽于胸部。头顶窄，颊不膨大。触角着生于颜面中部的下方；具环状节 3 节；索节 5 节，末端显著变粗；棒节 3 节。头无后缘脊。并胸腹节短，光滑，无侧褶但具明显中脊。前翅基部具无毛区，缘脉长于或不长于痣脉，后缘脉略长于痣脉。腹部不长，末端亦不尖锐。并胸腹节两侧、腹部第 1 节两侧及后足基节均不具浓密刚毛。后足胫节末端具距 1 个。

生物学：本属已知约 50 种，许多种在虫瘿内营寄生生活。我国寄生于松毛虫卵的有 1 种。在国外有 3 种寄生于松毛虫或为其重寄生蜂，名单如下，国内尚未见该蜂，不予介绍。

Mesopolobus aspilus (Walker)在欧洲寄生于欧洲松毛虫。

Mesopolobus elongatus Thomson 在捷克、斯洛伐克寄生于欧洲松毛虫上的重寄生蜂。

Mesopolobus kuwayamae Matsumura（=Pteromalus kuwayamae）在日本寄生于赤松毛虫上的寄生蜂。

注：日本学者 Ishii（1938）年发表了一个在日本寄生于落叶松毛虫 Dendrolimus albolineatus Matsumura 卵的金小蜂新种——Euterus tabatae Ishii，但从他的描述及插图来看，该种应当是迈金小蜂属 Mesopolobus 的种类。廖定熹等 1987 年记述了中国浙江、湖南自松毛虫卵中养出的一种——松毛虫白角金小蜂 Mesopolobus tabatae (Ishii)，把中国的这个种定为 Ishii 所描述的同一种，并将 Ishii 的属名更正了过来。但黄大卫（1993）在其专著中指出，廖定熹等（1987）的松毛虫白角金小蜂种名应为 Agiommatus erionotus Huang，而不是 Mesopolobus tabatae (Ishii)。杨忠岐和谷亚琴（1995）报道，他根据廖定熹等对该种的描述、彩图，仔细核对了 Ishii 的原始描记，认为黄大卫的意见是正确的，并据此认为，我国至今并未发现 Mesopolobus tabatae (Ishii) 种。

（196）松毛虫迈金小蜂 Mesopolobus superansi Yang et Gu, 1995（图 250）

Mesopolobus superansi: Yang et Gu(杨忠岐和谷亚琴), 1995: 226; 何俊华和陈学新, 2006: 79; Chen et He, 2006: 79; 杨忠岐等, 2015: 46.

Mesopolobus sp.: 王志英等, 1996: 87.

雌：体长 1.9~2.2mm。

体色：体蓝绿色，具金属光泽。腹部从第 1 背板后缘至腹末深紫褐色。复眼紫红色，单眼透明。触角污黄色稍带褐色。足污黄色稍带褐色，基节同体色。翅透明，翅脉浅黄褐色。

头：头部具致密的网状刻纹，几乎无毛，但脸区具稀疏短毛。背面观头顶均匀鼓起，后头浅前凹，无后头脊。单眼小，OOL 为侧单眼长径的 2.3 倍，POL 为侧单眼长径的 4 倍，POL 为 OOL 的 1.8 倍。头宽为长的 2.2 倍，宽于胸部和腹部（50∶42∶46）。头部前面观宽为高的 1.25 倍。触角窝下缘位于复眼下缘连线上，两窝之间的距离为窝直径的 1/2；窝下缘距口缘的距离为窝直径的 3.6 倍，到复眼内缘的距离为窝直径的 3.3 倍。触角洼不深，洼侧区几乎平坦。复眼光裸无毛，内眼眶自上而下向外方微岔开。唇基小，宽度为头宽的 0.23 倍，端缘在中部浅刻入，唇基中部近端缘 1/2 部分下凹，唇基表面密布放射状纵走脊纹。颚眼沟浅，但明显，完整。触角柄节没有到达中单眼，环状节 3 节，鞭节短而紧凑，向端部渐膨大，梗节与鞭节长度之和仅为头宽的 0.83 倍，第 1 索节明显短于梗节。

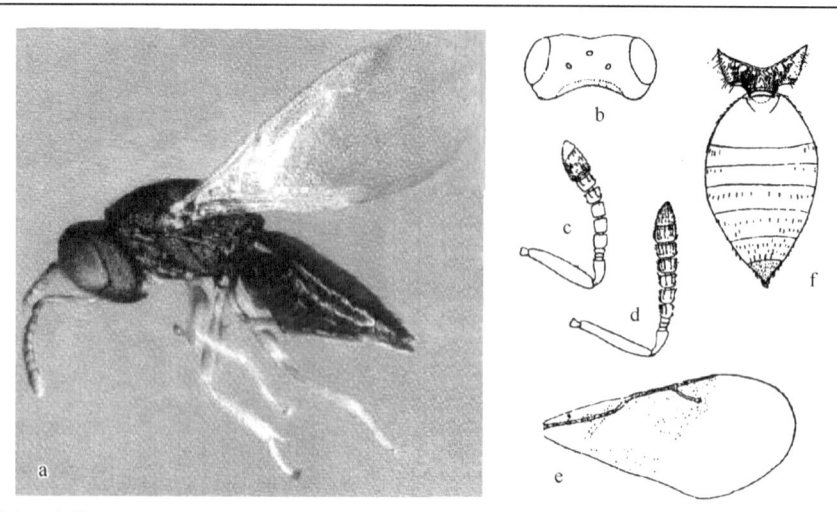

图 250 松毛虫迈金小蜂 *Mesopolobus superansi* Yang et Gu（a. 引自 杨忠岐等，2015；其余引自 杨忠岐，1992）
a. 整体，侧面观；b. 头部，背面观；c. 雌蜂触角；d. 雄蜂触角；e. 前翅；f. 雌蜂并胸腹节和腹部，背面观

胸：胸部背面均匀膨起，表面较宽而平坦，具突出的网状刻纹。前胸背板前缘陡峭下跌，领片前缘中部形成弱脊，中部长度为中胸盾片长的 0.15 倍。中胸盾片长为宽的 0.6 倍，盾纵沟浅，达盾片的 3/5 处；小盾片圆隆，长大于宽（26：22），与中胸盾片等长；三角片前侧角稍前伸，因而造成横盾沟呈中部向后突出的弧形。胸腹侧片三角形，中部的凹陷区表面具网状刻纹。中胸前侧片及其前区和中胸后侧片下部 2/3 均布网状刻纹，中胸后侧片仅上部 1/3 光滑。并胸腹节无中脊，但侧褶明显，中区中部隆起，从前缘处发出数条弱斜脊纹向后外方延伸，斜脊间形成显著的网状刻纹，气门紧靠并胸腹节两侧前缘的邻缘陷窝后缘着生，气门纵沟宽而深；胸后颈较短，略呈新月形，表面光滑；并胸腹节中部长度为中胸小盾片的 1/2。

足：后足基节背方基半部光裸，端半部具 7 根长毛。

翅：前翅前缘室正面无毛，反面具毛；基无毛区下方开式；前缘脉、痣脉与痣后脉长度之比为 26：15：22；前翅外缘的缘毛较短。

腹：腹部卵圆形，但端部尖，无腹柄。产卵器微露出，长为宽的 1.6 倍，与头、胸部长度之和几乎相等。

雄：体长 1.6~1.8mm。与雌蜂相似。体金绿色；腹部第 1 背板基半部金绿色，端半部橙黄色；其余各节背板紫褐色。触角柄节及第 4、5 索节白色，梗节、环状节及第 1~3 索节污黄白色，棒节基部带褐色。前翅痣脉上具 1 小烟色斑。足基节同体色，端跗节褐色，其余各节黄白色。腹部短于胸部。

杨忠岐和谷亚琴（1995：226）认为本新种与在日本寄生于落叶松毛虫 *Dendrolimus albolineatus* 卵的 *Mesopolobus tabatae* (Ishii) 相似，但本种雌蜂头部仅比胸部略宽（50：42），而后者头部显著宽于胸部（50：32）；侧单眼与复眼间的距离为侧单眼长径的 2.3 倍，而后者的距离与侧单眼直径相等；2 触角窝之间的距离仅为窝直径的 1/2，而后者则等于窝直径；中胸小盾片长大于宽（26：22），而后者的长宽相等。另外，本种并胸腹节上无中脊，前翅缘脉长仅为痣脉的 1.6 倍，也与后者的中脊明显及缘脉为痣脉长的 2 倍等特征明显不同。

生物学：寄生于落叶松毛虫 *Dendrolimus superans* 卵，每个卵中仅能育出 1 头成蜂。

分布：黑龙江大兴安岭林区。

78. 长角金小蜂属 *Norbanus* Walker, 1843（图 251）

Norbanus Walker, 1843: 159.

属征简述：头部、胸部包括小盾片大部分覆盖丰富的毛。雌性触角着生处位于颜面中央或中央上方；棒节端部多少尖锐和僵硬，常有 1 个突出的窄刺；雄性触角鞭节常异常长；鞭节有轮状鬃或稀直毛。前胸背板非常宽，因此胸部非常结实。胸腹侧片显然小于翅基片。并胸腹节亚水平状，相当均匀拱隆且密布网皱。

生物学：寄生于双翅目和膜翅目幼虫。

图 251 长角金小蜂 *Norbanus* sp.（引自 Boucek，1988）
a. 雌蜂头部和前胸，侧面观；b. 雄蜂触角

分布：所有大陆，也可能大部分南美洲没有。

（197）长角金小蜂 *Norbanus* sp.

Norbanus sp.: 吴钜文和侯陶谦，1990: 295; 陈昌洁，1990: 196.

生物学：寄主为油松毛虫（蛹）。
分布：北京。

79. 宽缘金小蜂属 *Pachyneuron* Walker, 1833

Pachyneuron Walker, 1833: 371, 380.

属征简述：雌蜂头部前面观横宽，宽于胸部，胸部又宽于腹部。颜面不膨起，略凹下。触角位于其中部；通常具环状节 2 节，少数种 3 节；索节 6 节，第 5～6 节长均略大于宽；棒节 3 节末端稍尖锐。前胸短，具脊。中胸盾纵沟不明显。前翅缘脉特别粗壮或呈楔形膨大，与痣脉约等长（唯 *P. aphidis* 短于痣脉），而后缘脉较长。并胸腹节无明显中脊，但具侧褶，末端具半球形或三角形的颈状部。腹部卵圆形或纺锤形，具明显腹柄。产卵器不突出。

生物学：以鳞翅目昆虫的卵及食蚜蝇蛹为寄主，为蚜虫、蚧虫的次寄生蜂。国内报道寄生于松毛虫卵的有 2 种，即 *Pachyneuron nawai* Ashmead 和松毛虫宽缘金小蜂 *Pachyneuron solitarium* (Hartig)。Ashmead (1904a)发表 *Pachyneuron nawai* 时描述极其简单，与属征几乎无异，在日本寄生于蚜虫。Tabata 和 Tamanuki (1939) 首次报道在萨哈林岛南部寄生于西伯利亚松毛虫 *Dendrolimus sibiricus albolineatus* Matsumura。我国最早是祝汝佐教授提供给 1955 年全国松毛虫技术座谈会的参考资料中有 *Pachyneuron nawai* Ashmead 种名，并列有"浙江（常山、长兴）；湖南（东安、长沙）；广东（广州）；山东（青岛）；吉林（抚松）；江苏（南京）"分布，以及形态描述。此后该名即被广泛应用。杨忠岐和谷亚琴（1995）认为，我国从东北地区落叶松毛虫卵中养出的宽缘金小蜂种名一直用 *Pachyneuron nawai* Ashmead，但与廖定熹等（1987）描述不符（？），而与 *P. solitarium* (Hartig)的描述及从欧洲的欧洲松毛虫 *Dendrolimus pini* 卵中养出的 *P. solitarium* 进行了对照，确系 *P. solitarium* 种。

作者逐一核查了浙江大学寄生蜂标本室所藏寄生于松毛虫的宽缘金小蜂 *Pachyneuron*，我国从北到南不同种类松毛虫卵中养出的宽缘金小蜂除个体大小（北方的大）、翅脉比例略有差异外，体形、体色、刻纹、结构都与松毛虫宽缘金小蜂 *Pachyneuron solitarium* (Hartig)相同，因此都放在其名下。

湖北省林业厅（1984: 164）报道宽缘金小蜂 *Pachyneuron* sp.寄生于松毛虫，种类不明。

本属世界已知约 30 种。在我国报道与松毛虫有关的 2 种。

宽缘金小蜂属 *Pachyneuron* 分种检索表

1. 触角柄节不达头顶；上颊短，长仅为复眼长的 0.2 倍 ·················· 蝇宽缘金小蜂 *P. muscarum*

- 触角柄节伸达头顶；上颊长而显著，长为复眼长的 0.6 倍 ·· 松毛虫宽缘金小蜂 *P. solitarium*

（198）蝇宽缘金小蜂 *Pachyneuron muscarum* (Linnaeus, 1758) （图 252）

Ichneumon muscarum Linnaeus, 1758: 567.
Pachyneuron muscarum (Linnaeus): Boucek, 1981: 18; 杨忠岐等, 2015: 49.

雌：体长 1.4mm。体墨绿色；复眼灰白色；单眼透明；柄节白色，端半部背方色略深；梗节与鞭节暗红褐色；中胸盾片侧区有时具紫色光泽；足基节深红褐色，腿节大部分褐色，其余黄白色，跗节末端色深；翅透明，翅脉褐色。

头：头部背面观宽为长的 2.3 倍；POL 为 OOL 的 1.7 倍；OOL 为 OD 的 1.6 倍；上颊长为复眼长的 0.2 倍。头部前面观宽为高的 1.4 倍；复眼高为宽的 1.9 倍；颚眼距为复眼高的 0.5 倍；触角位于复眼中部略靠下，触角窝前缘至头顶与至口缘的距离之比为 8.0：8.8。触角 11263 式；柄节稍伸达头顶；梗节长为宽的 1.5 倍，索节 1~6 节各节长度之比为 1.8：1.9：2.0：2.0：2.1：2.1，宽度之比为 1.7：1.8：1.9：1.9：1.9：1.9；棒节长为宽的 3 倍。

图 252 蝇宽缘金小蜂 *Pachyneuron muscarum* (Linnaeus) 雌蜂侧面观（引自 杨忠岐等, 2015）

胸：胸部长为宽的 1.6 倍。前胸背板表面具横脊纹，具显著的前缘脊；表面着生 1 排刚毛。中胸盾片长为宽的 0.6 倍；盾纵沟浅，仅前部 1/2 可见；盾片中区具网状刻纹，两侧区仅具疏浅小刻点；三角片在中胸小盾片前缘相连，表面的网状刻纹浅；中胸小盾片强烈鼓起，呈球状，长为宽的 1.1 倍。后胸狭条形，表面光滑，中央具刻痕。并胸腹节长为中胸小盾片的 0.8 倍，表面的网状刻纹明显；中区宽为长的 2.5 倍，表面呈"V"形凹陷，唯前缘中央倒三角形区域及侧缘隆起，侧缘隆起形成侧褶脊；胸后颈长为中区的 0.8 倍，呈球状凸隆，表面具弱刻纹；气门小，到后胸后缘的距离约为其长径的 2 倍；气门沟窄且深。前翅基室具 2~6 根纤毛，下方闭式；基无毛区下方闭式；缘脉短于痣脉（6：7）。

腹：腹柄长为宽的 1.7 倍，圆柱形，中部的侧缘略突出，表面具横脊纹。腹部卵圆形，长为宽的 1.7 倍，短于胸（12：13）；第 1、2 节背板表面光滑，其后各背板至少基半部具弱脊纹且着生短刚毛。

雄：未见。

标本记录：未见。形态描述和图录自杨忠岐等（2015: 48-49）。

生物学：国内发现寄生于马尾松毛虫 *Dendrolimus punctatus* 和舞毒蛾 *Lymantria dispar*。据文献记载，本种初寄生或重寄生于蝇类、蚧类昆虫。Yu 等（2012）记载，本种广布于欧洲，寄生于欧洲松毛虫 *Dendrolimus pini*。

分布：山东、湖南；欧洲。

注：杨忠岐等（2015: 48-49）所拟本种中名为"毛虫卵同色宽缘金小蜂"，现根据学名种本名 muscarum 含义为"蝇"，建议改为"蝇宽缘金小蜂"。本种定名人在正文中是 Linnaeus，而在检索表中是 Forster（=Foerster）。

（199）松毛虫宽缘金小蜂 *Pachyneuron solitarium* (Hartig, 1857) （图 253）

Chrysolampus solitarius Hartig, 1838: 250.
Pachyneuron solitarium: Reinhard, 1857: 77; 李经纯等, 1959: 289; 何允恒等, 1988: 22; 盛金坤, 1989: 70; 陕西省林业科学研究所和湖南省林业科学研究所, 1990: 131; 陈昌洁, 1990: 196; 吴钜文和侯陶谦, 1990: 295; 童新旺等, 1991: 9; 申效诚, 1993: 174; 章士美和林毓鉴, 1994: 160; 杨忠岐和谷亚琴, 1995: 225; 盛金坤等, 1995: 41; 岳书奎等, 1996: 6; 王志英, 1996:

87; 俞云祥, 1996: 15; 俞云祥和黄素红, 2000: 41; 孙明荣等, 2003: 20; 姚艳霞等, 2005: 89; 何俊华和陈学新, 2006: 78; Chen et He, 2006: 78; Lelej, 2012: 157; 杨忠岐等, 2015: 50.

Pachyneuron nawai (nec. Ashmead, 1904): 祝汝佐, 1955: 1; 王平远等, 1956: 272; 孙锡麟和刘元福, 1958: 235; 李必宇, 1959: 321; 广东省农林学院林学系森保教研组, 1974: 103; 何俊华, 1979: 78; 彭建文, 1959: 201; 吴钜文, 1979a: 35; 杨秀元和吴坚, 1981: 317; 中国林业科学研究院, 1983: 724; 何俊华, 1985: 109; 李克政等, 1985: 25; 孙明雅等, 1986: 39; 廖定熹等, 1987: 87; 柴希民等, 1987: 23; 侯陶谦, 1987: 173; 张务民等, 1987: 32; 杜增庆和裘学军, 1988: 27(*Pachgneuron*?); 何志华和柴希民, 1988: 2; 田淑贞, 1988: 36; 严静君等, 1989: 278; 王问学等, 1989: 186; 盛金坤, 1989: 70; 吴钜文和侯陶谦, 1990: 94; 张贵有和程玉林, 1990: 9; 陈华盛等, 1991: 26(*nowai*!); 方惠兰和胡海军, 1991: 27; 萧刚柔, 1992: 960; 湖南省林业厅, 1992: 1276; 夏育陆等, 1992: 357; 王书欣等, 1993: 20(*rawai*!); 刘岩和张旭东, 1993: 89; 张永强, 1994: 239; 章士美和林毓鉴, 1994: 160; 倪乐湘等, 2000: 43; 钟武洪等, 2000: 56; 梁秋霞等, 2002: 29; 徐志宏和何俊华, 2004: 167; 徐延熙等, 2006: 769.

Euneura nawai (nec. Ashmead, 1887): 陕西省林业科学研究所和湖南省林业科学研究所, 1990: 124; 杜增庆等, 1991: 16; 柴希民等, 2000: 2; 倪乐湘等, 2000: 43.

雌：体长 1.4～2.4mm。

体色：体深蓝绿色，具金属光泽。复眼和单眼酱红色。触角柄节黄色，部分略带褐色，梗节及鞭节褐黄色或暗褐色。翅基片及脉褐色，翅透明无色。足基节深褐色带蓝绿色光泽；腿节和胫节除端部及端跗节褐色外；其余黄白色。

头：头部满布鳞状细刻纹。背面观宽为长的 2.25～3.0 倍，显著宽于胸部（36∶28），后头中部向前凹入较深，因而造成上颊与后头之间呈略小于 90°的角度。单眼小，单眼排列呈 120°钝三角形，POL 约为 OOL 的 1.3 倍。唇基及其颜面下方具显著的放射状脊纹。唇基中部纵隆，端部前伸，两侧下陷并缩入。触角着生于颜面中部，触角洼较浅。触角柄节伸达前单眼；梗节稍短于第 1 索节；环状节 2 节，不甚清晰；索节 6 节，长均约等于宽，第 1、6 索节长均为宽的 1.0 倍；棒节 3 节，较粗，末端稍尖锐，长为前 3 索节之和。

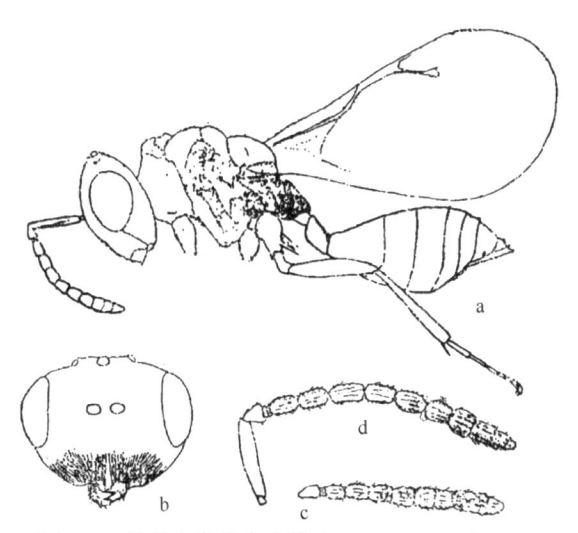

图 253 松毛虫宽缘金小蜂 *Pachyneuron solitarium* (Hartig)（引自 杨忠岐等, 1992）
a. 雌蜂，侧面观；b. 头部，前面观；c. 雌蜂触角，无柄节；d. 雄蜂触角

胸：胸部显著宽于腹部（28∶25）。胸部满布鳞状细刻纹。前胸领片前缘中部具锐脊，脊后生有 1 排毛。中胸背面强烈凸隆，前缘光滑，盾纵沟浅，向后伸达中胸盾片的 2/3 处；小盾片中部鼓起；小盾片前沟窄，内具 1 排刻窝；三角片内角不相接触。后小盾片横形，窄，光滑。并胸腹节沿前缘深陷成槽，气门着生于该槽的后缘处；并胸腹节中部长度为中胸小盾片的 0.6 倍，无中脊及侧褶，中部呈柄状向后显著伸出，中央处呈三角形纵隆。

翅：前翅基无毛区下方闭式。前翅亚前缘脉（包括缘前脉）、缘脉、后缘脉、痣脉长度之比为（2.8～3.2）∶1.0∶（1.6～1.8）∶（0.9～1.0）；缘脉较宽，端部比基部稍宽，长为端宽的 4 倍。

腹：腹部基部腹柄长，侧面观（由于腹柄垂直或向前下弯，在背面常看不到）长为并胸腹节或后足基节的 0.8 倍；腹柄长约为宽的 2.0 倍，背面有细而密的横脊纹。柄后腹较胸部短小或等长，背面略膨起，背面观纺锤形或卵圆形但端部尖，长为宽的 1.8 倍，侧腹面呈屋脊状；第 1 节背板长约为腹长的 0.38 倍，后缘呈弧形向后突出。产卵管鞘不外露。

雄：体长 1.3～1.9mm，与雌蜂相似。触角柄节、足除基节外均为橙黄色。触角各索节较长，第 1 索节长为宽或为梗节长的 2 倍；棒节 3 节，短于前 3 索节之和。腹部后方常缩入，端缘近于平截。

生物学：寄生于马尾松毛虫 *Dendrolimus punctatus*、赤松毛虫 *Dendrolimus spectabilis*、落叶松毛虫 *Dendrolimus superans*、油松毛虫 *Dendrolimus tabulaeformis* 和舞毒蛾 *Lymantria dispar* 卵。在俄罗斯（萨哈

林岛），该种为欧洲松毛虫 Dendrolimus pini 的原寄生蜂和重寄生蜂；有报道称寄生于松毛虫赤眼蜂、松毛虫黑卵蜂和卵跳小蜂等，为松毛虫的次寄生蜂。也有记载寄生于蚜茧蜂、跳小蜂等，为蚜虫、介壳虫的寄生蜂。

张贵有（1990：9）报道该蜂在自然界以老龄幼虫或蛹在寄主卵内越冬，翌年 5 月中旬羽化。1 年发生的世代数因温度变化而异。在 5～6 月完成一个世代需 27～31 天，如果室内温湿度条件具备，全年都可进行人工繁蜂。在日平均温度 26.2℃、相对湿度 65%时，各虫态期所需要的时间为：卵期 4～6 天，幼虫期 5～6 天，蛹期 18～25 天。成蜂羽化以早晨 5～10 时最多。晴天交尾后 20～30min 的雌蜂，便迅速寻找寄主产卵。雌蜂已交过尾的则不再交配。卵的最适温度为 25.5～28℃，阴天或温度在 23℃以下时不产或产卵量极少。一雌蜂一生寄生于寄主卵 7～13 粒，最多 21 粒。在一般情况下，1 粒松毛虫卵出 1 头蜂，少数可出 2 头。室内用柞蚕卵接种，最多 1 粒卵出 4 头蜂，平均为 1.7 头。该蜂自然雌性比例为 71%。成蜂寿命与光照、温度关系十分密切。在弱光、20℃气温下，雌蜂寿命平均为 26 天，雄蜂 24 天；在弱光、27℃气温下，雌蜂寿命平均为 16 天，雄蜂 15 天。在强光、20℃气温下，雌蜂寿命平均为 10 天，雄蜂 11 天；在强光、27℃气温下，雌蜂寿命平均为 3.6 天，雄蜂 4 天。成蜂喜欢弱光，在强光下到处乱爬、蹦跳，影响交尾和产卵，寿命缩短。夜间静止不动。自然寄生率为 24.1%。成蜂有向上性，常集聚于蜂箱最高部位。其活动方式以爬行为主。

据 Yu 等（2012）记载，*Eunera lachni* (Ashmead, 1887)广布于全北区，并有在我国四川有分布且该蜂寄生于马尾松毛虫、落叶松毛虫的记录。Lelej（2012：155）记载称 *Pachyneuron nawai* Ashmead, 1904 应为 *Eunera lachni* (Ashmead, 1887)异名。两属区别可见分属检索表。

分布：黑龙江、吉林、辽宁、北京、河北、陕西、江西；俄罗斯（西伯利亚），欧洲。

80. 金小蜂属 *Pteromalus* Swederus, 1795（图 254）

Pteromalus Swederus, 1795: 203.

属征简述：头部前面观宽略大于长，明显宽于胸部。颜面几乎平坦，不凹陷，下方至少有一些放射状刻条；唇基不大，边界不清，端缘不突出中央也无明显凹缺。颊相当长。后头无缘脊。复眼大，长卵圆形或卵圆形，无毛。上颚 4 齿。触角着生处近于颜面中央或中央上方；环状节 2 节；索节 6 节，丝状，由基至端略微膨大；雌性棒节 3 节，末端收缩但不尖锐。胸部长，上方平坦。胸腹侧片小，水平状，短于翅基片。并胸腹节有刻点，大部分无强皱褶，无中脊或不明显；端部宽，无明显的颈状突出。前翅缘脉不长于后缘脉或较短；痣脉不呈明显瘤状。雌蜂腹部较短圆或多少略呈心脏形，通常短于头部与胸部之和，腹面不隆起；基部宽；腹柄横形、亚三角形，其表面不光滑。

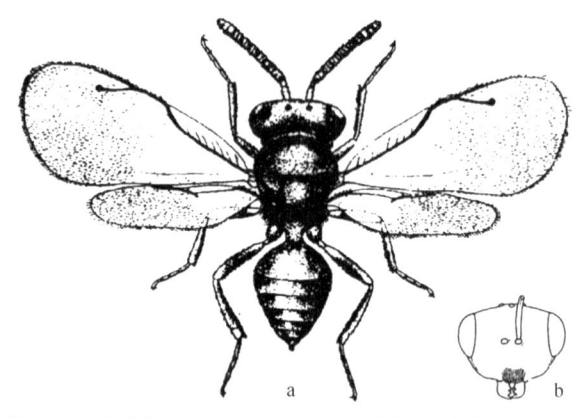

图 254　金小蜂 *Pteromalus* sp.（a. 引自 王启虞，1935；b. 引自 Peck *et al.*, 1964）
a. 雌蜂，背面观；b. 头部，前面观

Pteromalus matsukemushii Matsumura, 1926 在日本寄生于赤松毛虫、落叶松毛虫；也有学者认为是 *Mesopolobus subfumatus* (Ratzeburg, 1852)的异名。

Pteromalus apantelophagus (Crawford, 1910)在古北区东部寄生于赤松毛虫、落叶松毛虫。

Pteromalus sp.在俄罗斯（西伯利亚等）寄生于欧洲松毛虫 *Dendrolimus* 和西伯利亚松毛虫 *Dendrolimus sibiricus albolineatus* 体上的绒茧蜂 *Apanteles*。

（200）蝶蛹金小蜂 *Pteromalus puparum* (Linnaeus, 1758)

Ichneumon puparum Linnaeus, 1758: 567.
Pteromalus latifrons Walker, 1835b: 501.
Pteromalus puparum: 廖定熹等, 1987: 75; 盛金坤, 1989: 64; 杨忠岐等, 2015: 59.

雌：体长 2.3～3.0mm。体蓝黑色，有金绿色光泽。触角柄节黄褐色，其余部分黑色。足除基节及腿节中部同体色外黄褐色。复眼赭红色。翅透明无色。

头、胸部均具刻点。头横宽，略宽于胸部；单眼排列呈 120°钝三角形，POL 与 OOL 约等距。颜面略膨起，唯中部触角洼略下凹；复眼小；颊不膨出，颊长与复眼横径相等。触角着生于颜面中部；柄节长过前单眼；梗节长大于宽；环状节 2 节，小；索节 6 节，均长大于宽；棒节 3 节，末端不尖锐。并胸腹节有明显的刻点，无中脊，具侧褶，周围有镶边，其后端延伸呈球状的颈。前翅亚缘脉不长于后缘脉。后足胫节末端具 1 距。腹部无柄，卵圆形。第 1 背板最长，约为腹长的 1/3；腹部背面略膨起，腹面不呈屋脊状，产卵管鞘不突出或微突出。

雄：与雌蜂形态大小相似，唯索节较粗而长，黄褐色。

生物学：杨忠岐等（2015: 59）首次报道本种在江西德兴寄生于思茅松毛虫 *Dendrolimus kikuchii* 蛹，此外，国内寄主还有黄凤蝶 *Papilio machaon*、菜粉蝶 *Pieris rapae*、玉带美凤蝶 *Papilio polytes* 等；据国外记载，其寄主尚有粉蝶科 Pieridae 的菲罗豆粉蝶 *Colias philodice*、*Eurema lisa*、粉蝶 *Pieris protodice* 等及鞘蛾科 Coleophoridae、尺蛾科 Geometridae、弄蝶科 Hesperiidae、枯叶蛾科 Lasiocampidae、夜蛾科 Noctuidae、蛱蝶科 Nymphalidae、蓑蛾科 Psychidae 及金小蜂科 Pteromalidae 的 *Dibrachys cavus*、茧蜂科 Braconidae、姬蜂科 Ichneumonidae、胡蜂科 Vespidae 等许多种类。

分布：中国；世界各地均有分布。

（201）金小蜂 *Pteromalus* sp.

Pteromalus sp.: 蒋雪邨和李运帷（1962: 244）报道在福建寄生于马尾松毛虫卵。
Pteromalus sp.: Yen（1973: 67）报道在我国台湾寄生于马尾松毛虫蛹，吴钜文（1979a: 36）（*Preromalus*！）和侯陶谦（1987: 173）（*Preromalus*！）报道寄生于马尾松毛虫蛹。

81. 灿金小蜂属 *Trichomalopsis* Crawford, 1913（图 255）

Trichomalopsis Crawford, 1913: 251.
Eupteromalus Kurdjumov(优金小蜂属), 1913: 12.

属征简述：雌蜂头前面观宽略大于长。复眼大，卵圆形，无毛。触角着生于颜面中部或稍高；梗节长于第 1 索节；环状节 2 节；索节由基至端略微膨大；棒节 3 节末端收缩但不尖锐。颜面平坦，不凹陷。头具头后脊（微弱）这是本属不同于金小蜂属（*Pteromalus* Swederus）的主要特征。前胸短。中胸宽大于长，无盾纵沟或不完整。并胸腹节具中脊、侧褶及呈半球状的颈。头部、胸部及并胸腹节具蓝绿金属光泽及刻点。本属一般翅发达，缘脉长于痣脉，但也有少数种类翅退化。前足腿节不特别膨大，后足胫节末端只具 1 距。腹长卵圆形，无柄，产卵器不突出。

生物学：为鳞翅目的初寄生或次寄生蜂。本属已知种类约 20 种，本志包括 2 种。

注：据廖定熹等（1987: 69）介绍，Kamijo（1982）的意见是，*Eupteromalus* Kurdjumov 是 *Trichomalopsis* Crawford 的同物异名，但由于前者已广泛应用甚久，故他的书中仍暂将二者同时保留沿用。张贵有（1988: 27）报道 *Eupteromalus* sp.在吉林寄生于松毛虫脊茧蜂 *Aleiodes esenbeckii*。

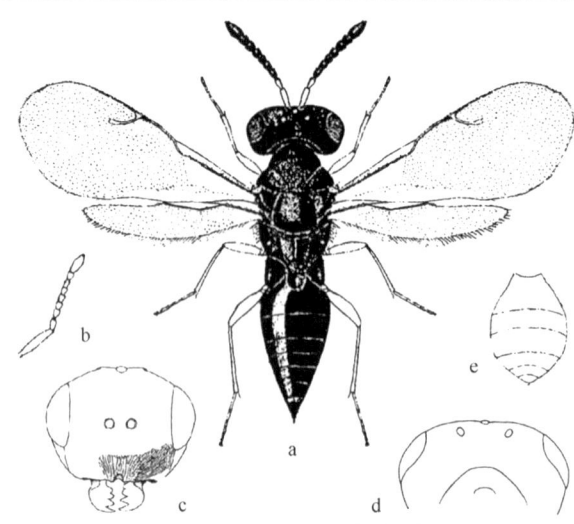

图 255　灿金小蜂属 Trichomalopsis Crawford（a，b，e. 引自 何俊华，1979；c，d. 引自 Kamijo，1982）
a. 雌蜂整体，背面观；b. 雌蜂触角；c. 头部，前面观；d. 头部，背后面观；e. 雄蜂腹部，背面观

（202）灿金小蜂 *Trichomalopsis* sp.

Eupteromalus sp.: 王平远等, 1956: 272; 孙锡麟和刘元福, 1958: 235; 吴钜文(1979a: 34)和侯陶谦(1987: 172)报道在湖南寄生于马尾松毛虫。

Eupteromalus sp.: 祝汝佐(1955: 5)和彭建文(1959: 201)报道在湖南寄生于马尾松毛虫卵。

Eupteromalus sp.: 蒋雪邺和李运帷(1962: 244)报道在福建寄生于马尾松毛虫。

Eupteromalus sp.: 杜增庆等(蝇蛹金小蜂, 1991: 17)报道在浙江寄生于马尾松毛虫上的红尾追寄蝇 *Exorista xanthaspis*。

待定属种，下文简单介绍。

分种检索表

1. 头部无后头脊；前翅外缘有缨毛；头部和胸部金绿色 ··· 2
- 头部有后头脊；前翅外缘无缨毛；头部和胸部蓝黑色；但前翅外缘有缨毛；头部和胸部金绿色 ····················· 3
2. 头部背面观宽为中长的 3.0 倍，明显宽于胸部；背面观上颊长为复眼的 0.9 倍；前翅亚前缘脉（包括缘前脉）长分别为缘脉、后缘脉和痣脉的 0.51 倍、0.96 倍和 1.33 倍；腹部部分黄色 ·· 新疆金小蜂
- 头部背面观宽为中长的 2.4 倍，与胸部约等宽；背面观上颊长为复眼的 0.5 倍；前翅亚前缘脉（包括缘前脉）长分别为缘脉、后缘脉和痣脉的 0.43 倍、1.07 倍和 1.25 倍；腹部全部黑色 ··· 余杭金小蜂
3. 前翅外缘有缨毛；头部和胸部金绿色；背面观上颊长为复眼的 0.65 倍；足除基节外其余黄褐色；前翅亚前缘脉（包括缘前脉）长分别为缘脉、后缘脉和痣脉的 0.48 倍、1.07 倍和 1.33 倍 ··· 衢州金小蜂
- 前翅外缘无缨毛；头部和胸部蓝黑色 ·· 4
4. 前翅亚前缘脉（包括缘前脉）长约为缘脉长的 2.7 倍，缘脉短于后缘脉，其长为后缘脉的 0.7 倍，后缘脉长为痣脉的 1.8 倍；胸部网纹较横、细；小盾片后方 0.3 处横折明显 ·· 清源金小蜂
- 前翅亚前缘脉（包括缘前脉）长约为缘脉长的 2 倍 ·· 5
5. 前翅后缘脉与痣脉不等长，前者约为后者的 1.4 倍；腹部背面近椭圆形，长为宽的 1.0~1.1 倍 ············ 汤溪金小蜂
- 前翅后缘脉与痣脉等长，前者约为后者的 1.0 倍；腹部背面近椭圆形，长为宽的 1.7~2.0 倍 ······················· 6
6. 前翅缘脉长为后缘脉的 2.4~2.5 倍；上颊为复眼宽的 0.55~0.6 倍 ··· 7
- 前翅缘脉长为后缘脉的 1.5~2.0 倍；上颊为复眼宽的 0.38~0.5 倍 ··· 8
7. 侧单眼间距为侧单眼径的 4.3 倍；腹部黑色，稍具光泽 ·· 天平山金小蜂
- 侧单眼间距为侧单眼径的 5.2 倍；腹部褐色，背面基部具金绿色光泽 ··· 永川金小蜂
8. 前翅缘脉长为后缘脉的 1.5 倍；头部背面观宽为中长的 3.0 倍；侧单眼间距为侧单眼径的 3.2~4.0 倍 ········ 巴县金小蜂

- 前翅缘脉长约为后缘脉的 2.0 倍；头部背面观宽为中长的 2.6 倍；侧单眼间距为侧单眼径的 5.0～5.6 倍 ·················· 9
9. 触角窝间距与触角窝径等长、触角窝至复眼间距为触角窝间距的 5.0 倍；梗节与鞭节长度之和为头宽的 0.9 倍；梗节端部长为端宽的 2.5 倍；头部和胸部蓝黑色，稍具金绿色光泽 ·················· 文登金小蜂
- 触角窝间距与触角窝径等长、为触角窝至复眼间距的 2.5 倍；梗节与鞭节长度之和为头宽的 0.8 倍；梗节端部长为端宽的 2.8 倍；头部和胸部蓝黑色，稍具紫黑色或金绿色光泽 ·················· 长兴金小蜂

（203）新疆金小蜂（图 256）

雌：体长 2.5mm。头部和胸部金绿色，稍具光泽。口器浅黄褐色。触角黄褐色，或鞭节浅褐色。足黄褐色，仅前后足基节背面有一些金绿色斑，或后足基节全部金绿色。翅基片黄色。翅透明，翅脉浅黄褐色。腹部背面中段黄色，基部和端部浅黑褐色，背面基部带金绿色；腹部侧面褐色。

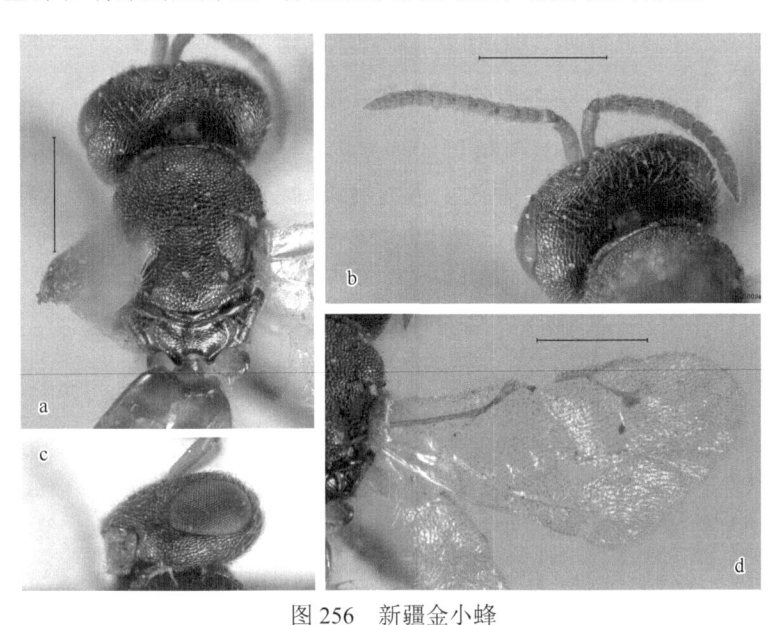

图 256 新疆金小蜂
a. 头部、胸部和腹部基部，背面观；b. 雌蜂头部和触角，背面观；c. 头部，侧面观；d. 前翅

头：头部密布鳞状细刻纹。背面观宽为中长的 3.0 倍，明显宽于胸部；上颊为复眼宽的 0.9 倍；无后头脊。单眼呈钝三角形排列；单眼长径、单复眼间距、侧单眼间距、中侧单眼间距之比为 1.0：3.2：3.2：1.4；侧单眼处额宽很长于复眼宽。头前面观近椭圆形；额宽，侧方平行。唇基具并列细斜条纹，端缘中央突出，其内有半圆形凹缺，在其侧方还有 1 小缺刻致中央有 2 小钝齿。颊区也有并列细斜刻条。无颊沟或脊，颚眼距长为复眼纵径的 0.35 倍。触角着生于中单眼至唇基端缘间距的中央稍上方、复眼下缘连线水平稍上方，两触角窝间距与触角窝径等长、为触角窝至复眼间距的 1/4；柄节细长，亚圆柱形稍侧扁，稍弯曲，不伸达中单眼，长为宽的 4.8 倍；梗节加鞭节长度之和短，其长为头宽的 0.95 倍、为前翅长的 0.33 倍；梗节中央稍粗，长为端宽的 1.2 倍，为第 1 索节长的 0.6 倍；环状节 2 节，很小；鞭节上多并列白毛；索节 6 节，渐稍窄，几乎等长，第 1、6 索节长分别为宽的 1.1～1.2 倍和 0.8～1.0 倍；棒节 3 节，渐短，长约等于前 2.5～3 节之和。

胸：胸部密布鳞状细刻纹。前胸背板窄于中胸盾片，颈片前缘脊弱，中央长度为中胸盾片长的 0.1 倍。中胸背板近圆形，盾纵沟弱而短，不达盾片中央；无小盾片前沟；小盾片圆形稍拱，长为中胸盾片的 0.9 倍；三角片内角很分开。中胸侧板中央上方有三角形光滑区。并胸腹节长为小盾片的 0.5 倍；具弱中纵脊，后方中央前凹，边缘有脊与侧褶相连，侧褶间中区有横向弱点列；颈状部不明显。前翅超过腹端；亚前缘脉（包括缘前脉）：缘脉：后缘脉：痣脉＝45：23：24：18；痣脉端部相当膨大；翅缘有缨毛；透明斑小。后足胫节长为跗节的 1.36 倍；基跗节长为其后 2.5 节之和。后足胫节 1 距。

腹：腹柄短而不显。柄后腹三角锥形，背面平，纺锤形，有光泽，长为宽（腹部中央最宽）的 1.8 倍；

稍宽稍长于胸部。各节背板后缘无缺刻。第 1 节背板长为腹部长的 0.4 倍，等长于其后 3 节背板之和。产卵管鞘稍伸出。

雄：体长 2.3～2.4mm。体色和刻纹与雌蜂基本相似，不同之处有：触角黄褐色；腹部背面中段黄色，第 1 节背板黄色或浅褐色，基部稍带金绿色，第 2～3 节背板（腹部 0.3～0.5 部位）黄色，端部浅褐色；腹部腹面黄色。

单眼长径、单复眼间距、侧单眼间距、中侧单眼间距之比为 1.0：3.0：2.3：1.2；亚前缘脉（包括缘前脉）：缘脉：后缘脉：痣脉=35：16：11：10。柄节亚圆柱形稍侧扁，稍弯曲，长为宽的 5.0 倍；梗节长为端宽的 0.8～1.0 倍，为第 1 索节长的 0.4～0.6 倍；索节 6 节，渐窄，约等长，第 1、6 索节长分别为宽的 1.2～1.3 倍和 1.2～1.5 倍；棒节 3 节，渐短，稍长于前 2 节之和。

生物学：寄主为松毛虫脊茧蜂 *Aleiodes esenbeckii* (Hartig)。

标本记录：9♀14♂，新疆青河，1978.VII.上旬，马文梁，寄主：松毛虫脊茧蜂，No. 800329。

（204）余杭金小蜂 （图 257）

雌：体长 3.1mm。头部和胸部暗金绿色稍具光泽。复眼赭色。口器白色。触角柄节褐黄色，梗节和鞭节浅褐色，毛白色。翅基片黄褐色。足基节黑色；各足腿节除端部外和端跗节黑褐色；其余黄色。翅透明，翅脉浅黄色。腹部黑褐色，背面基部具金绿色光泽。

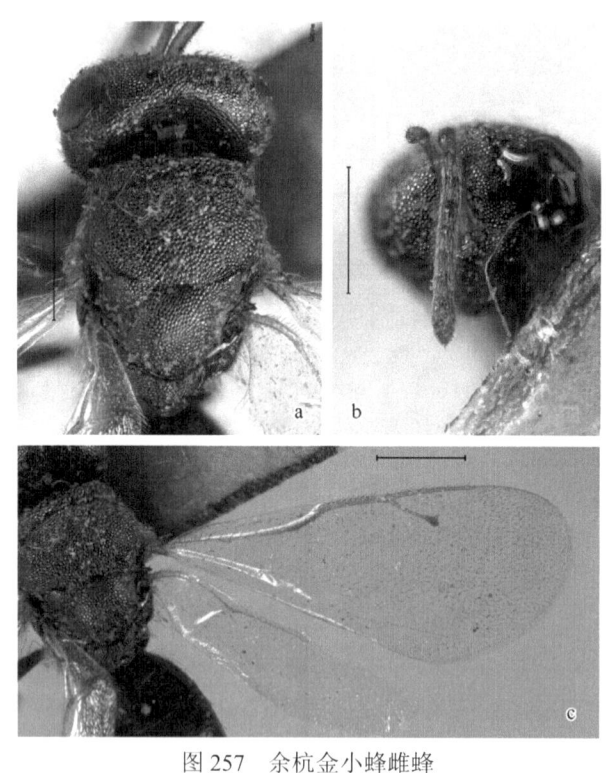

图 257　余杭金小蜂雌蜂
a. 头部和胸部，背面观；b. 头部和触角，前面观；c. 翅

头：头部密布鳞状细刻纹。背面观宽为中长的 2.4 倍，与胸部约等宽；上颊为复眼宽的 0.5 倍；无后头脊。单眼呈扁三角形排列；单眼长径、单复眼间距、侧单眼间距、中侧单眼间距之比为 1.0：4.5：6.0：3.2；侧单眼处额宽很长于复眼宽。头前面观近梯形；额宽，侧方平行。唇基中央具并列细纵刻条，端缘中央稍凹入，其侧方有 2 个小齿。无颊沟或脊，颚眼距长为复眼纵径的 0.45 倍。触角着生于中单眼至唇基端缘间距的中央、复眼下缘连线水平稍上方；触角窝间距为触角窝直径的 1.5 倍、为触角窝至复眼间距的 0.2 倍；柄节细长，亚圆柱形稍侧扁，不伸达中单眼，长为宽的 6.0 倍；梗节加鞭节长度之和为头宽的 1.05 倍、为前翅长的 0.4 倍；梗节端部渐粗，长为端宽的 2.0 倍，比第 1 索节稍短；环状节 2 节，均小；索节 6 节，各

节渐宽渐短但均长于其宽，第 1、6 索节长分别为宽的 1.8 倍和 1.2 倍；棒节 3 节，稍膨大，长等于前 2 索节之和。

胸：胸部密布鳞状细刻纹，在中胸盾片上的稍粗。前胸背板颈片前缘具脊，中央长为中胸盾片的 0.17 倍。盾纵沟弱隐约伸过中胸盾片中央；小盾片前沟不明显；小盾片背面稍拱，长为中胸盾片的 0.87 倍；三角片内角很分开。中胸侧板中央上方有三角形光滑区。并胸腹节长为小盾片的 0.55 倍，中纵脊细或仅中段存在，侧褶明显；颈状部短宽，横长方形，宽为长的 4.0 倍，光滑，端部平直。前翅稍超过腹端；亚前缘脉（包括缘前脉）：缘脉：后缘脉：痣脉=40：17：23：14；痣脉端部稍膨大，有小突起；翅缘有缨毛；无透明斑。后足胫节长为跗节的 1.28 倍；后足胫节 1 距。

腹：腹部三角锥形，背面叶片形，长为宽（在中央最宽）的 1.8 倍、为胸部长的 1.4 倍，比胸部宽稍窄。第 1 节背板后缘中央有浅缺刻，其余背板平直。第 1 节背板长为腹部长的 0.28 倍。产卵管鞘稍伸出。

生物学：寄生于马尾松毛虫。

标本记录：2♀，浙江余杭，1962.V，浙江林科所，寄主：马尾松毛虫，No. 62010.4。

（205）衢州金小蜂 （图 258）

雌：体长 2.0～2.1mm。

体色：头部和胸部金绿色，稍具光泽；复眼赭色；翅基片褐黄色。触角柄节和梗节黄褐色，鞭节黑褐色。足基节蓝黑色，其余黄褐色。翅透明，翅脉浅黄褐色。腹部黑褐色，有光泽。

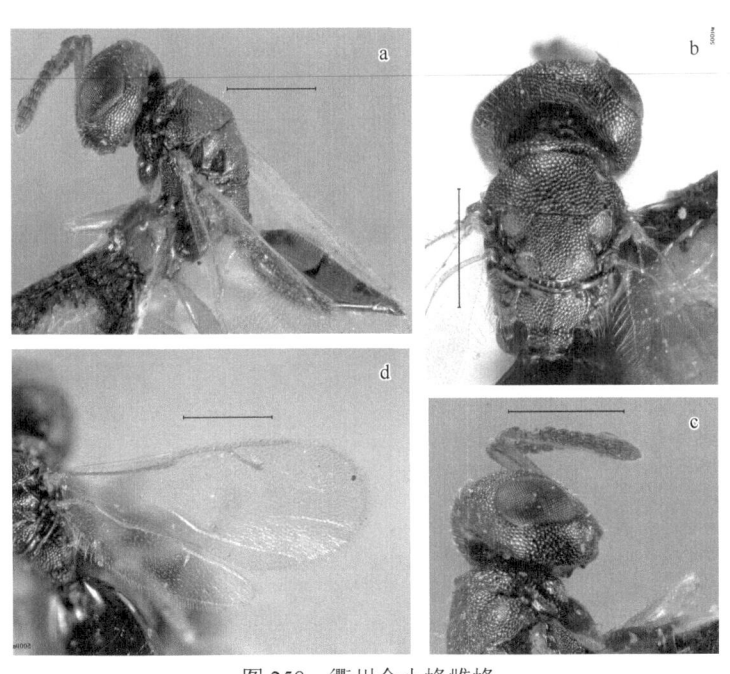

图 258 衢州金小蜂雌蜂
a. 整体，侧面观；b. 头部和胸部，背面观；c. 头部和前中胸部，侧面观；d. 胸部、腹部和翅

头：头部密布鳞状细刻纹。背面观宽为中长的 2.7 倍；上颊为复眼宽的 0.65 倍；后头前凹，后头脊很细。单眼呈扁三角形排列；单眼长径、单复眼间距、侧单眼间距、中侧单眼间距之比为 1.0：4.0：4.0：2.0；侧单眼处额宽很长于复眼宽。头前面观呈亚梯形；额宽，侧方平行。唇基平，具并列细斜刻条，端缘中央稍凹入，侧方还有小凹缺。颊具弱纵脊，颚眼距长为复眼纵径的 0.48～0.5 倍。触角着生于中单眼至唇基端缘间距的下方 0.4 处、复眼下缘连线水平稍上方，触角窝间距为触角窝径的 2 倍、为触角窝至复眼间距的 0.32 倍；柄节细长，亚圆柱形，稍弯曲，不伸达中单眼，长为宽的 8.5 倍；梗节加鞭节长度之和短，其长仅为头宽的 0.75～0.8 倍、为前翅长的 0.35 倍；梗节渐粗，长为端宽的 1.8～2.0 倍，与环状节及第 1 索节之和等长；环状节 2 节，均小，第 1 节更小；鞭节上多并列白毛；索节 6 节，各索节渐宽几乎等长，第 1、

6索节长分别为宽的0.8倍和0.7倍；棒节3节，渐短，端部尖，长等于前3节之和。

胸：胸部密布鳞状细刻纹，在中胸盾片上的稍粗。前胸背板窄于中胸盾片，中央长为中胸盾片的0.21倍，颈片前缘具弱脊。中胸盾片盾纵沟隐约伸至中央；小盾片前沟缝形；小盾片近梯形，中胸盾片约等长；三角片内角很分开。中胸侧板中央上方有三角形光滑区。并胸腹节长为小盾片的0.67～0.72倍；具细中纵脊但不完整，其前段或后段消失，侧褶明显；颈状部横长方形，宽为长的2.2～2.5倍，与并胸腹节本部无脊或有弱斜脊分开，端缘平直无脊。前翅超过腹端；亚前缘脉（包括缘前脉）：缘脉：后缘脉：痣脉＝35：16：15：12；翅缘有缨毛。后足基跗节长为其后2节之和。后足胫节1距。

腹：腹部披针形，光滑，有光泽，为腹部宽（第1节背板后缘最宽）的1.5倍；稍宽于胸部，约为胸部长的0.9倍。各节背板后缘无缺刻。第1节背板长为腹部长的0.42倍，与其后5节背板之和约等长。产卵管鞘稍伸出。

雄：体长1.8～2.0mm。体色和刻纹与雌蜂基本相似，不同之处有：触角黄褐色，鞭节色稍暗；单眼长径、单复眼间距、侧单眼间距、中侧单眼间距之比为1.0：5.0：5.5：2.8；亚前缘脉（包括缘前脉）：缘脉：后缘脉：痣脉＝40：13：15：9。腹部近椭圆形，光滑，有光泽，为腹部宽（第1节背板后缘最宽）的1.2倍。

生物学：寄主是马尾松毛虫 *Dendrolimus punctatus*、马尾松毛虫上的黑足凹眼姬蜂 *Casinaria nigripes* 和马尾松毛虫寄蝇。

标本记录：15♀9♂，浙江衢州，1982，甘中南，寄主：马尾松毛虫，No.826953～55；11♀，浙江衢州，1987.Ⅳ.26，何俊华，寄主：马尾松毛虫上的黑足凹眼姬蜂，No.870992；7♀，江西南昌，1955.Ⅹ，章士美，寄主：马尾松毛虫寄蝇，No.5549.1；1♀1♂，江西南昌，1955，章士美，寄主：马尾松毛虫卵，No.5551.6。

分布：浙江、江西。

（206）清源金小蜂（图259）

雌：体长2.3mm。体蓝黑色，并胸腹节稍具紫色光泽。复眼赭色。上颚浅红褐色。触角柄节和梗节黄褐色，鞭节黑褐色或暗黄褐色，毛白色。翅基片黄褐色。足基节黑色；其余黄白色。翅透明，翅脉黄色。

图259 清源金小蜂雌蜂
a. 整体，背面观；b. 整体，侧面观；c. 头部；d. 翅

头：头部密布鳞状细刻纹。背面观宽为中长的 2.7 倍；上颊为复眼宽的 0.45 倍；后头脊细，位置很下方。单眼呈扁三角形排列；单眼长径、单复眼间距、侧单眼间距、中侧单眼间距之比为 1.0：4.3：6.0：2.7；侧单眼处额宽很长于复眼宽。头前面观椭圆形，宽为高的 1.4 倍；额宽，侧方平行。唇基小，近椭圆形，具并列细纵刻条，其侧方颜面上也具并列细横斜刻条，近复眼处无刻条，端缘稍突出，中央微凹，外侧有浅缺刻夹成 2 个小齿。无颊沟或脊，颚眼距长为复眼纵径的 0.59 倍。触角着生于中单眼至唇基端缘间距下方 0.4 处、复眼下缘连线水平稍上方；两触角窝间距为触角窝径的 2.0 倍、为触角窝至复眼间距的 0.44 倍；柄节细长，亚圆柱形稍侧扁，不伸达中单眼，长为宽的 7.0 倍；梗节加鞭节长度之和短，其长仅为头宽的 0.63 倍、为前翅长的 0.23 倍；梗节棒形或长三角形，端部粗，长为端宽的 2.8 倍或 2.5 倍，比环状节及第 1 索节之和稍长；环状节 2 节，均小；索节甚粗，6 节，各节渐宽几乎等长，第 1、6 索节长分别为宽的 0.6 倍和 0.5 倍；棒节 3 节，端节小，棒节长稍短于前 3 索节之和。

胸：胸部密布鳞状细刻纹。前胸背板颈片前缘具弱脊，中央长为中胸盾片的 0.15 倍。盾纵沟明显稍伸过中胸盾片中央；小盾片前沟缝形；小盾片长为中胸盾片的 0.7 倍，背面前方稍平，后方 0.2 处有一细横切痕；三角片内角很分开。中胸侧板中央上方有三角形光滑区。并胸腹节长为小盾片的 0.6 倍，中纵脊细而弱，后方分叉，侧褶完整；颈状部短，横五角形，宽为中长的 3.8 倍，端缘无脊平直。前翅稍超过腹端；亚前缘脉（包括缘前脉）：缘脉：后缘脉：痣脉＝38：14：20：11；痣脉端部稍膨大；翅缘无缨毛；无透明斑。后足胫节长为跗节的 1.3 倍，后足胫节 1 距；基跗节稍长于其后 2 节之和。

腹：腹部三角锥形，背面纺锤形，光滑，长为宽（在 1/3 处最宽）的 1.7 倍、为胸部长的 0.9 倍、为胸部宽的 1.1 倍。背板后缘中央无缺刻。第 1 节背板长为腹部长的 0.36 倍。产卵管鞘稍伸出。

生物学：寄生于落叶松毛虫蛹。

标本记录：5♀，辽宁清原，1954.IX.15，刘友樵，寄主：落叶松毛虫蛹，No. 5429.8。

（207）汤溪金小蜂 （图 260）

雌：体长 2.8mm。

体色：体黑色，头部和胸部带蓝色，腹部有光泽。上颚暗黄褐色，翅基片黄褐色。触角柄节和梗节褐黄色，鞭节黑褐色，毛白色。足基节黑色；腿节浅黑褐色或浅褐色；其余浅黄褐色至黄白色。翅透明，翅脉浅黄色。

图 260 汤溪金小蜂雌蜂

a. 整体，背面观；b. 头部，背面观；c. 头部，前面观；d. 头部，侧面观；e. 触角；f. 后足；g. 前翅

头：头部背面观为中长的 2.9 倍；上颊为复眼宽的 0.35 倍；单眼长径、单复眼间距、侧单眼间距、中侧单眼间距之比为 1.0∶2.6∶3.7∶2.0；头顶具细网皱。侧单眼处额宽明显宽于复眼宽。后头陡斜，在近后头孔上方中央有不明显的横脊。头前面观近椭圆形，满布网皱；额上方不收窄；额窝稍凹，不伸达中单眼。颜面下方具并列斜向中央的细斜纵刻条。颊长为复眼纵径的 0.45 倍。上颚大，近梯形，外缘稍长，4 齿，上方第 1、2 齿缺刻很浅几乎分不出。触角着生于复眼下缘连线水平；触角窝间距等于触角窝直径、为触角窝至复眼间距的 0.17 倍；柄节细长，亚圆柱形稍弯、中央稍窄，长为中央宽的 12 倍，不伸达中单眼；梗节和鞭节长度之和短，仅为头宽的 0.74 倍；梗节长为端宽的 2.5 倍，与第 1、2 索节等长；环状节小，与第 1 索节约等长，2 节，第 1 环状节长仅为第 2 环状节的 1/4；索节 6 节，几乎等宽，第 1~4 索节约等长，长为宽的 1.0 倍，第 5~6 索节稍短但约等长，长为宽的 0.8 倍；棒节稍粗于索节，长稍长于第 5~6 索节之和。

胸：胸部相当拱隆，密布鳞状细刻纹，在中胸盾片上的稍粗。前胸背板颈片前缘具弱脊，中央长为中胸盾片的 0.6 倍。盾纵沟弱，斜伸至中胸盾片 0.5 处；小盾片前沟缝形；小盾片近梯形，背面弧形拱隆，长为中胸盾片的 0.65 倍；三角片内角很分开。中胸侧板中央上方有三角形光滑区。后胸背板狭窄。并胸腹节长为小盾片的 0.7 倍，密布点状细刻纹，中纵脊细后方分叉不达颈状部，侧褶明显；颈状部短宽，近横长方形，宽约为长的 3.6 倍，具细横刻条，端部平直。前翅稍超过腹端；亚前缘脉（包括缘前脉）∶缘脉∶后缘脉∶痣脉=40∶19∶20∶14；翅缘有缨毛；有透明斑。后足胫节 1 距。后足胫节长为跗节的 1.38 倍。

腹：腹部背面近椭圆形，长为宽的 1.0~1.1 倍、比胸部稍短稍宽。背板后缘中央无缺刻。产卵管鞘稍伸出。

生物学：寄生于马尾松毛虫。

标本记录：3♀，浙江汤溪（现隶属于金华），1934.Ⅵ.4、28，祝汝佐，寄主：马尾松毛虫。

（208）天平山金小蜂（图 261）

雌：体长 2.6mm。

体色：头部和胸部蓝黑色，稍具金绿色光泽。触角柄节和梗节黄褐色，或梗节腹方和鞭节黑褐色，毛白色。翅基片黄褐色。足基节和爪黑色，其余黄白色，但腿节色稍深。翅透明，翅脉浅黄褐色。腹部黑褐色，具光泽。

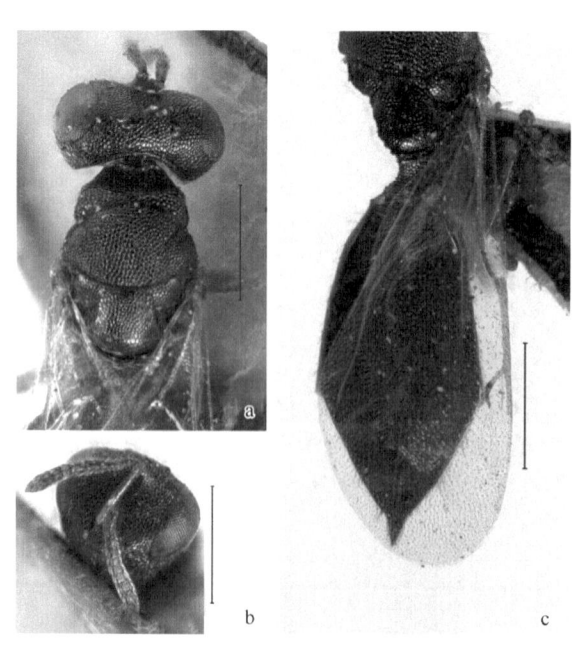

图 261　天平山金小蜂雌蜂
a. 头部和胸部，背面观；b. 头部，前面观；c. 胸部、腹部和前翅，背面观

头：头部密布鳞状细刻纹。背面观宽为中长的 3.0 倍；上颊为复眼宽的 0.55 倍；后头脊细。单眼呈扁三角形排列；单眼长径、单复眼间距、侧单眼间距、中侧单眼间距之比为 1.0：2.6：4.3：1.8；侧单眼处额宽很长于复眼宽。头前面观近梯形；额宽，侧方平行，触角窝上方稍纵凹。唇基具并列纵斜细刻条，近复眼处无刻条，端缘中央有 2 个小齿。无颊沟或脊，颚眼距长为复眼纵径的 0.35 倍。触角着生于中单眼至唇基端缘间距下方约 0.3 处、复眼下缘连线水平；触角窝间距为触角窝径的 1.8 倍、为触角窝至复眼间距的 0.33 倍；柄节细长，亚圆柱形，稍侧扁，不伸达中单眼，长为宽的 10.0 倍；梗节加鞭节长度之和短，其长仅为头宽的 0.78 倍；梗节端部渐粗，长为端宽的 2.6 倍，与环状节及第 1 索节之和等长；环状节 2 节，均小，第 1 节更小；索节 6 节，各节渐宽，几乎等长，第 1、6 索节长分别为宽的 1.2 倍和 0.8 倍；棒节 3 节，渐短，长等于前 3 索节之和。

胸：胸部密布鳞状细刻纹，在中胸盾片上的稍粗。前胸背板颈片前缘具弱脊，中央长为中胸盾片的 0.2 倍。中胸盾片盾纵沟弱，稍伸过中央；小盾片前沟缝形；小盾片近梯形，背面稍拱，长稍短于中胸盾片；三角片内角很分开。中胸侧板中央上方有三角形光滑区。并胸腹节为小盾片长的 0.57 倍，中纵脊细，侧褶弱；颈状部很小，五角形，端部平直，光滑。前翅稍超过腹端；亚前缘脉（包括缘前脉）：缘脉：后缘脉：痣脉=37：19：8：8；翅缘无缨毛；无透明斑。后足胫节长为跗节的 1.2 倍；基跗节长稍短于其后 2 节之和。后足胫节 1 距。

腹：腹部近长菱形，长为宽（腹部 2/3 处最宽）的 1.8 倍；稍宽稍长于胸部。背板后缘中央无缺刻。第 1 节背板长为腹部长的 0.35 倍。产卵管鞘稍伸出。

生物学：寄主为马尾松毛虫。寄生习性不明。

标本记录：9♀，湖南天平山，1984，童新旺，寄主：马尾松毛虫，No. 846583。

（209）永川金小蜂（图 262）

雌：体长 2.7mm。

体色：头部和胸部黑色，稍具蓝色光泽。复眼赭色。口器白色。触角柄节和梗节黄褐色，鞭节浅黑褐色，毛白色。翅基片黄褐色。前足基节浅黑色；中后足基节、各足腿节除端部外、中后足胫节中段（色很浅）浅黄褐色；其余黄白色。翅透明，翅脉浅黄色。腹部褐色（腹侧斜面色稍深），背面基部具金绿色光泽。

图 262 永川金小蜂雌蜂
a. 整体，侧面观；b. 头部和胸部，背面观；c. 头部和胸部，侧面观；d. 翅

头：头部密布鳞状细刻纹。背面观宽为中长的 3.0 倍；上颊为复眼宽的 0.6 倍；单眼呈扁三角形排列；单眼长径、单复眼间距、侧单眼间距、中侧单眼间距之比为 1.0∶3.0∶5.2∶2.4；侧单眼处额宽很长于复眼宽。头前面观近梯形；额宽，侧方平行。唇基中央具并列细纵刻条，侧方具并列细横斜刻条，近复眼处无刻条，端缘中央稍突出，有 2 个小齿。后头脊细。无颊沟或脊，颚眼距长为复眼纵径的 0.37 倍。触角着生于中单眼至唇基端缘间距下方的 0.29 处、复眼下缘连线水平；触角窝间距为触角窝径的 1.5 倍、为触角窝至复眼间距的 0.35 倍；柄节细长，亚圆柱形稍侧扁，不伸达中单眼，长为宽的 10.0 倍；梗节加鞭节长度之和短，其长仅为头宽的 0.8 倍；梗节端部渐粗，长为端宽的 3.0 倍，比环状节及第 1 索节之和稍长；环状节 2 节，均小，第 1 节更小；索节 6 节，各节渐宽，几乎等长，第 1、6 索节长分别为宽的 0.8 倍和 0.7 倍；棒节 3 节，渐短，长等于前 3 索节之和。

胸：胸部密布鳞状细刻纹，在中胸盾片上的稍粗。前胸背板颈片前缘具弱脊，中央长为中胸盾片的 0.15 倍。中胸盾片盾纵沟弱，稍伸过中央；小盾片前沟缝形；小盾片背面稍平，稍短于中胸盾片长；三角片内角很分开。中胸侧板中央上方有三角形光滑区。并胸腹节长为小盾片的 0.45 倍，中纵脊细但明显，有侧褶；颈状部很小，五角形，端部平直，光滑。前翅稍超过腹端；亚前缘脉（包括缘前脉）∶缘脉∶后缘脉∶痣脉=30∶15∶7∶7；痣脉端部不膨大但稍上翘；翅缘无缨毛；无透明斑。后足胫节长为跗节的 1.2 倍，1 距；基跗节长稍长于其后 2 节之和。

腹：腹部三角锥形，背面叶片形，长为宽（在中央最宽）的 1.9 倍；与胸部等长但稍宽。第 1 节背板后缘中央有浅缺刻，其余平直。第 1 节背板长为腹部长的 0.35 倍。产卵管鞘稍伸出。

生物学：寄生于松毛虫脊茧蜂。

标本记录：2♀，四川永川，1985，四川农学院林学系，寄主：松毛虫脊茧蜂，No. 850191。

（210）巴县金小蜂（图 263）

雌：体长 2.6mm。

体色：头部和胸部蓝黑色，稍具紫色光泽。触角柄节和梗节褐黄色，鞭节黑褐色。翅基片黄褐色。足基节紫黑色，稍具光泽，其余黄褐色。翅透明，翅脉浅黄褐色。腹部黑褐色，具光泽。

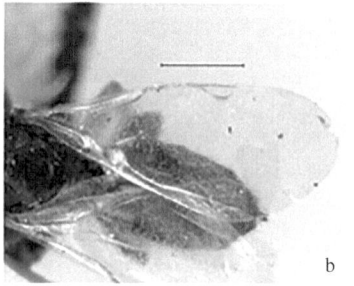

图 263　巴县金小蜂
a. 雌蜂头部和胸部，背面观；b. 前翅

头：头部密布鳞状细刻纹。背面观宽为中长的 3.0 倍；上颊为复眼宽的 0.43 倍。后头脊细。单眼呈扁三角形排列；单眼长径、单复眼间距、侧单眼间距、中侧单眼间距之比为 1.0∶（3.0～3.2）∶（3.2~4.0）∶（1.8～2.4）；侧单眼处额宽很长于复眼宽。头前面观近椭圆形；额宽，侧方平行，触角窝上方稍纵凹。唇基扇形，具并列细纵刻条，端缘中央有半圆形凹缺，其侧方呈 2 小齿。无颊沟或脊，颚眼距长为复眼纵径的 0.4 倍。左、右上颚均 4 齿。触角着生于中单眼至唇基端缘间距下方 1/3 处、复眼下缘连线水平稍上方；

触角窝间距与触角窝径等长、为触角窝至复眼间距的 0.25 倍；柄节细长，亚圆柱形稍侧扁，稍弯曲，不伸达中单眼，长为宽的 10.5 倍；梗节与鞭节长度之和短，为头宽的 0.8 倍；梗节端部稍粗，长为端宽的 3.0 倍，与环状节及第 1 索节之和等长；环状节 2 节，均小，第 1 节更小；索节 6 节，各节渐宽，几乎等长，第 1、6 索节长分别为宽的 1.1 倍和 0.8 倍；棒节 3 节，渐短，长等于前 3 节之和。

胸：胸部密布鳞状细刻纹，在小盾片上的稍细。前胸背板颈片前缘具横脊，中央长为中胸盾片的 0.2 倍。中胸盾片盾纵沟弱，稍伸过中央；小盾片前沟窄而短；小盾片近圆形，背面稍平，长为中胸盾片的 0.85 倍；三角片内角很分开。中胸侧板中央上方有三角形光滑区。并胸腹节短，为小盾片长的 0.5 倍；中纵脊很弱但明显，有侧褶；颈状部小，有∧形脊分开，扁五角形，端部平直，光滑。前翅超过腹端；亚前缘脉（包括缘前脉）：缘脉：后缘脉：痣脉=37：18：12：12；痣脉端部上翘，翅缘无缨毛；透明斑小。后足胫节长为跗节的 1.17 倍；后足胫节 1 距；基跗节长稍短于其后 2 节之和。

腹：腹部近长椭圆形，长为宽（腹部第 1 节背板后缘最宽）的 1.8 倍；稍宽稍长于胸部。仅第 1 节背板后缘中央有浅缺刻。第 1 节背板长为腹部长的 0.3 倍，比第 2 节背板稍长。产卵管鞘稍伸出。

生物学：寄主为松毛虫上的柞蚕饰腹寄蝇 *Blepharipa tibialis*。

标本记录：7♀，四川巴中，1983.V.31，吴猛耐，寄主：松毛虫上的柞蚕饰腹寄蝇，No. 878870。

（211）文登金小蜂（图 264）

雌：体长 2.0mm。

体色：头部和胸部蓝黑色，稍具金绿色光泽。复眼赭色。触角柄节和梗节黄褐色，鞭节黑褐色，毛白色。翅基片黄褐色。足基节黑色；腿节浅黄褐色；其余黄色。翅透明，翅脉黄色。腹部黑色，具光泽。

头：头部密布鳞状细刻纹。背面观宽为中长的 2.6 倍，为胸部宽的 1.3 倍；上颊为复眼宽的 0.38 倍。后头脊明显，着生位置很低。单眼呈扁三角形排列；单眼长径、单复眼间距、侧单眼间距、中侧单眼间距之比为 1.0：3.3：5.0：2.7；侧单眼处额宽很长于复眼宽。头前面观近梯形；额宽，侧方平行。唇基扇形，具并列细纵刻条，侧方颜面具并列细横斜刻条，端缘及侧方稍凹入。无颊沟或脊，颚眼距长为复眼纵径的 0.33 倍。触角着生于中单眼至唇基端缘间距下方 0.28 处、复眼下缘连线水平；两触角窝相邻；其间距为触角窝径的 1.3 倍、为触角窝至复眼间距的 0.2 倍；柄节细长，亚圆柱形稍侧扁，不伸达中单眼，长为宽的 9.0 倍；梗节加鞭节长度之和仅为头宽的 0.9 倍；梗节端部渐粗，长为端宽的 2.5 倍，比环状节及第 1 索节之和稍长；环状节 2 节，均小；索节 6 节，各节几乎等长，第 1、6 索节长分别为宽的 0.8 倍和 0.9 倍；棒节 3 节，渐短，稍长于前 2 索节之和。

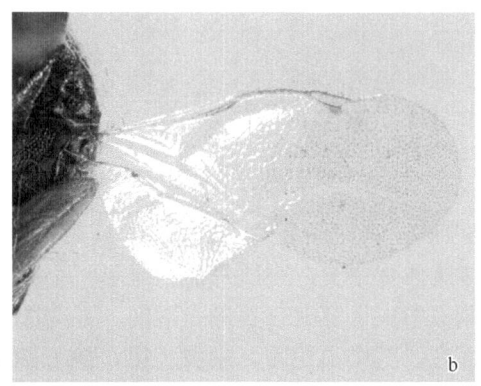

图 264　文登金小蜂雌蜂
a. 头部和胸部，背面观；b. 前翅

胸：胸部密布鳞状细刻纹。前胸背板颈片前缘脊不明显，中央长为中胸盾片的 0.22 倍。盾纵沟弱，伸至中胸盾片中央；小盾片前沟缝形；小盾片近梯形，背面前方稍平，稍短于中胸盾片长；三角片内角很分开。中胸侧板中央上方有三角形光滑区。并胸腹节长为小盾片的 0.54 倍，中纵脊弱，仅中段存在，有侧褶；

颈状部很小，横五角形，光滑，中央拱隆，端部平直。前翅稍超过腹端；亚前缘脉（包括缘前脉）：缘脉：后缘脉：痣脉=30：15：8：8；痣脉端部相当膨大；翅缘无缨毛；无透明斑。后足胫节1距；后足胫节长为跗节的1.28倍；基跗节长稍长于其后2节之和。

腹：腹部背面叶片形，光滑，长为宽（在2/3处最宽）的2.0倍；与胸部等宽、为长的1.3倍。第1节背板后缘中央有浅缺刻，其余平直。第1节背板长为腹部长的0.26倍。产卵管鞘稍伸出。

生物学：寄生于赤松毛虫埃姬蜂。

标本记录：3♀，山东文登，1986.IX.22，侯绍金，寄主：赤松毛虫埃姬蜂，No. 864682。

（212）长兴金小蜂　（图265）

雌：体长2.7mm。头部和胸部蓝黑色，稍具紫黑色或金绿色光泽。复眼赭色。上颚红褐色。触角柄节黄褐色，梗节和鞭节浅褐色，毛白色。翅基片黄色至黄褐色。足基节黑色；腿节除端部外黑褐色；其余黄白色。翅透明，翅脉浅黄色。腹部黑色，稍具光泽。

头：头部密布鳞状细刻纹。背面观宽为中长的2.6倍；上颊为复眼宽的0.5倍；后头脊细。单眼呈扁三角形排列；单眼长径、单复眼间距、侧单眼间距、中侧单眼间距之比为1.0：3.3：5.6：2.7；侧单眼处额宽很长于复眼宽。头前面观近椭圆形；额宽，侧方平行。唇基近半圆形，具并列细纵刻条，端缘中央稍凹入。无颊沟或脊，颚眼距长为复眼纵径的0.4倍。触角着生于中单眼至唇基端缘间距下方0.33处、复眼下缘连线水平处；触角窝间距为触角窝径的2.0倍、为触角窝至复眼间距的0.4倍；柄节细长，亚圆柱形稍侧扁，不伸达中单眼，长为宽的8.0倍；梗节加鞭节长度之和短，其长仅为头宽的0.82倍、为前翅长的0.4倍；梗节端部渐粗，长为端宽的2.8倍，比环状节及第1索节之和稍长；环状节2节，均小；索节6节，各节渐宽几乎等长，第1、6索节长分别为宽的1.0倍和0.8倍；棒节3节，第3节短小，棒节长等于前3索节之和。

图265　长兴金小蜂
a. 雌蜂头部和胸部，背面观；b. 雌蜂头部和触角，侧面观；c. 雄蜂头部和触角，前面观；d. 翅

胸：胸部密布鳞状细刻纹，在中胸盾片上的稍粗。前胸背板颈片前缘具弱脊，中央长为中胸盾片的0.23倍。盾纵沟弱，稍伸过中胸盾片中央；小盾片前沟缝形；小盾片前方2/3背面稍平，与中胸盾片等长；三角片内角很分开。中胸侧板中央上方有三角形光滑区。并胸腹节长为小盾片的0.5倍，中纵脊不显，有侧褶；颈状部光滑，很短而宽，其中央更短，中央稍拱，侧方凹入似为小窝，端部平直。前翅稍超过腹端；亚前缘脉（包括缘前脉）：缘脉：后缘脉：痣脉=38：20：12：10；痣脉端部稍上翘；翅缘无缨毛；无透明斑。后足胫节1距；后足胫节长为跗节的1.27倍。

腹：腹部三角锥形，背面叶片形，长为宽（在第1节背板后角最宽）的1.7倍；比胸部稍长稍宽。第1节背板后缘中央有很浅的缺刻。第1节背板长为腹部长的0.3倍。产卵管鞘稍伸出。

雄：与雌蜂基本相似。体长2.0mm。头部和胸部或金绿色，小盾片稍带蓝黑色。触角黄褐色。足基节蓝黑色；后足腿节除端部外浅褐色；其余黄白色。翅脉黄色。腹部黑褐色，有光泽，其基角光泽带铜绿色；

第 1 节背板后方 0.4 和第 2 节背板除侧方外黄褐色。侧单眼间距为单复眼间距的 2.3 倍。棒节明显膨大，稍短于前 3 索节之和。亚前缘脉（包括缘前脉）：缘脉：后缘脉：痣脉=35：14：8：6。腹部背面短但稍宽于雌蜂，长为腹部宽的 1.4 倍；第 1 节背板长为腹部长的 0.4 倍。

生物学：寄生于马尾松毛虫卵。

标本记录：10♀9♂，浙江长兴，1974.VI.22，泗安林场，寄主：马尾松毛虫卵，No. 740334。

十一、长尾小蜂科 Torymidae

体一般较长，不包括产卵管长为 1.1～7.5mm，连产卵管可达 16.0mm，个别长为 30mm。体多为蓝色、绿色、金黄色或紫色，具强烈的金属光泽，通常体上仅有弱的网状刻纹或很光滑。触角 13 节，环状节多为 1 节，极少数 2 或 3 节。前胸背板小，背面观看不到。盾纵沟完整，深而明显。前翅缘脉较长，痣脉和后缘脉较短，痣脉上的爪形突几乎接触到翅前缘。后足腿节有时膨大并具腹齿；跗节 5 节。腹部常相对较小，呈卵圆形略侧扁；腹柄长；第 2 节背板常短。产卵管鞘显著外露。

长尾小蜂科食性相当复杂，有植食性，有寄食性（把卵产入虫瘿中，但不在致瘿昆虫体上营寄生生活，而是先把原致瘿昆虫幼虫杀死，再取食虫瘿中的植物组织），也有寄生性。单齿长尾小蜂族常在大鳞翅类 Macrolepidoptera 及叶蜂总科 Tenthredinoidea 蛹或茧内发现，可从鳞翅目蛹内育出，也在鳞翅目蛹内的姬蜂、茧蜂或寄蝇体上营外寄生生活，成为重寄生蜂；还可在刚结茧的叶蜂、姬蜂幼虫体上或刚化蛹的寄蝇、麻蝇围蛹上产卵寄生。我们曾从一只松毛虫 *Dendrolimus* sp.蛹育出多达 49 只长尾小蜂。育出的长尾小蜂是何种寄生类型，需仔细观察或通过解剖才能确定。

长尾小蜂科是中等大小的科，约含 1500 种，现分隶属于 2 亚科：大痣小蜂亚科 Megastiminae 和长尾小蜂亚科 Toryminae，在我国均有发现。原有其余亚科，均已降为长尾小蜂亚科的族。在我国松毛虫上常见的是齿腿长尾小蜂属 *Monodontomerus*（图 266）。

图 266 齿腿长尾小蜂属 *Monodontomerus* 和长尾小蜂属 *Torymus* 特征图（a, b. 引自 Peck *et al.*, 1964）
a. 长尾小蜂属胸部、腹部基部和后足基部，侧面观；b. 齿腿长尾小蜂属胸部、腹部基部和后足基部，侧面观

长尾小蜂科 Torymidae 分属检索表

1. 中胸侧板后侧片后缘平直或弧形；痣脉短，不膨大呈球状（齿腿长尾小蜂亚科 Monodontomerinae）；后足腿节具 1 明显的锐齿；触角着生位置略高于复眼下缘连线 ·················· 齿腿长尾小蜂属 *Monodontomerus*
- 中胸侧板和后胸侧板之间的沟强度弯曲，以致后胸侧板形成明显的叶突（长尾小蜂亚科 Toryminae）；后足腿节无齿；触角着生于颜面中部 ·················· 长尾小蜂属 *Torymus*

82. 齿腿长尾小蜂属 *Monodontomerus* Westwood, 1833（图 267）

Monodontomerus Westwood, 1833c: 443.

属征简述：头部和胸部具皱纹刻点。雌蜂头部前面观宽大于长，颜面略瘦，颊短。复眼很大，具密毛，卵圆形。触角着生位置略高于复眼下缘连线，长且粗；具环状节 1 节及索节 7 节。胸部膨起。前胸背板长约为中胸盾片的一半。盾纵沟明晰；小盾片隆起，中央后方具横沟，沟后部位通常光滑有光泽，极少具刻纹，沟后部位端缘前方沿边有具刻点的沟，此点沟完整或中断，为分类重要特征但不易观察清楚。中胸后侧片后缘直，无缺切。并胸腹节基部中央常凹陷并具中脊。后足腿节腹缘近末端具 1 锐齿。后足胫节末端有 2 距。第 1 腹节背板后缘横切状。产卵器短。前翅常呈暗色；后缘脉长于痣脉。

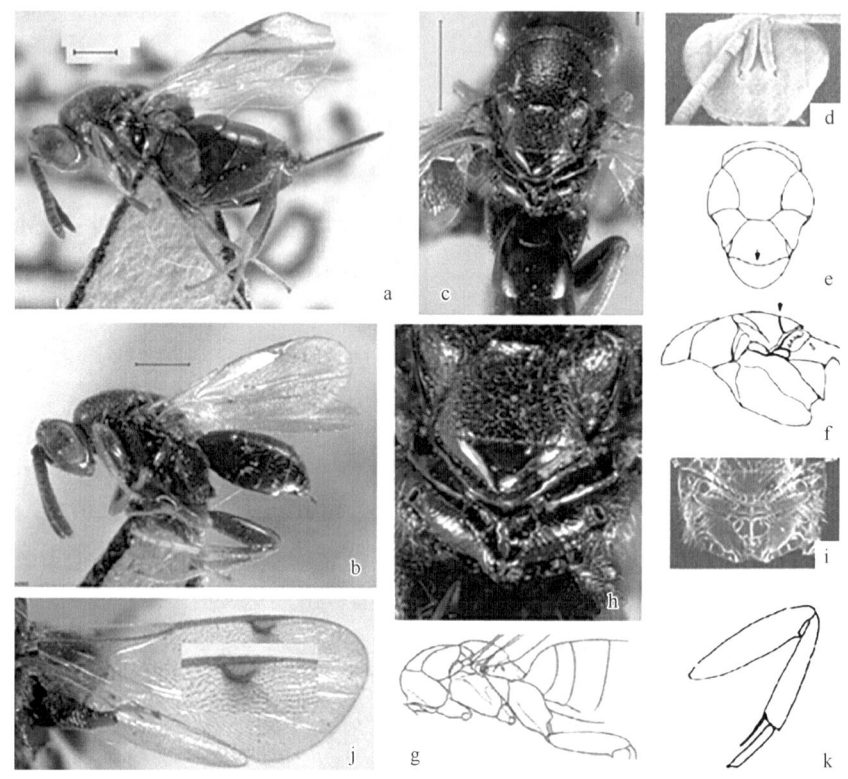

图 267　齿腿长尾小蜂属 *Monodontomerus* 特征图（d～f, i, k. 引自 Grissell, 1995；g. 引自 Peck et al., 1964；其余原图）
a. 雌蜂，侧面观；b. 雄蜂，侧面观；c. 雌蜂，背面观；d. 头部，前面观；e. 胸部，背面观；f. 胸部，侧面观；g. 胸部和腹部，侧面观；h. 小盾片和并胸腹节，背面观；i. 并胸腹节，背面观；j. 前翅；k. 后足，侧面观

分布：除澳洲区外世界分布，已知寄主多于 200 种，包括双翅目、膜翅目、鳞翅目、鞘翅目、螳螂目。中国已报道与松毛虫有关的 5 种。此外，报道齿腿长尾小蜂 *Monodontomerus* sp.（种类不明）的文献如下。

福建林学院森林保护教研组（1976: 21）报道在福建、倪乐湘等（2000: 43）和钟武洪等（2000: 56）报道在湖南寄生于马尾松毛虫蛹。

中国林业科学研究院（1983: 718）和萧刚柔（1992: 956）报道寄生于文山松毛虫。

钱范俊（1987: 36）报道在江苏、王问学和宋运堂（1988: 28）报道在湖南寄生于黑足凹眼姬蜂 *Casinaria nigripes*（出蜂 1～5 头）。

田淑贞（1988: 36）报道在山东寄生于赤松毛虫。

注：廖定熹等（1987）记述的苹褐卷蛾长尾小蜂 *Monodontomerus obsoletus* Fabricius 未收录入本志，其原因如下。

1）Gibson（1995: 206）已将本种 *Monodontomerus obsoletus* (Fabricius, 1798)并入 *Monodontomerus aeneus* (Fonscolombe, 1832)，并指出 *Monodontomerus obsoletus* (Fabricius, 1798)原名 *Ichneumon obsoletus* Fabricius, 1798，被 *Ichneumon obsoletus* Gmelin, in Linnaeus, 1790 先占，即成为无效学名。

2）本种 Nikol'skaya（1952）的检索表中和廖定熹等（1987）中称，小盾片后端横沟内刻点在小盾片后端中断消失。但 Steffan（1952: 289）的检索表中描述称本种"小盾片后方部分边缘狭窄的刻点带完整"，究竟是沿小盾片后缘沟的刻点带在小盾片端部中断还是不断，说明齿腿长尾小蜂属 *Monodontomerus* 特征比较模糊难以确定。如归入 *Monodontomerus aeneus*，则应是小盾片后缘刻点在后端中央处不消失也不中断，且小盾片横沟后方部位有浅纵刻纹。

作为参考，仍将该种作为附件列出如下。

苹褐卷蛾长尾小蜂 *Monodontomerus obsoletus* Fabricius

Monodontomerus obsoletus: 廖定熹等, 1987: 40; 柴希民等, 1987: 23; 陈昌洁, 1990: 195.

据廖定熹等（1987: 40）记述如下。

雌：体长 3.1～4.6mm。体蓝绿色或淡紫色，有光泽。头部、触角柄节及前胸背板绿色，足胫节及跗节褐色或浅褐黄色。

头部前面观横宽，颜面中部凹陷成触角洼，周围微膨胀。触角着生于复眼下缘连线的上方，位于颜面中部稍偏下。颊较复眼横径之半还短，颜颊缝明显。触角粗大，柄节长不及头顶；其柄节：梗节：环状节：索节：棒节=1：1：1：7：3，首尾粗细匀称。复眼长卵圆形，被白色绒毛。头、胸部亦具白毛及皱状刻纹。单眼排列呈钝三角形。基端缘平截。

胸部隆起，前胸长约为中胸长度之半。中胸盾纵沟明显，后侧片后缘直、无缺切弯曲。小盾片后端具横沟，沟后部分光滑，侧缘具一排大的圆刻点，但此排大圆刻点在小盾片后端中断消失。并胸腹节具网状刻纹，略有光泽，中间呈"V"形凹陷，凹陷的中央尚有自后胸盾片向后伸出所形成的"V"字形中脊。后足腿节腹缘近端部具一齿状突起。前翅后缘脉较痣脉长，痣脉周围具一小褐斑。

腹部与胸部大致等长，近圆柱形。第1腹节光滑，第2节以后各节具横行的细致刻纹；第1节后缘直无缺切，第3、4节间略膨大。产卵器长度超过腹部长之半。

雄：体长 2.1～3.1mm。与雌蜂相似，但腹部较短小。

生物学：寄主有苹褐卷蛾 *Pandemis heparana* (Denis *et* Schiffermuller)。据记载其寄主包括若干鳞翅目蛹、叶蜂蛹及其他寄主。柴希民等（1987: 23）报道在浙江寄生于黑足凹眼姬蜂，1茧内可羽化2～5头小蜂，陈昌洁（1990: 195）报道寄生于松毛虫内茧蜂。

分布：辽宁、浙江；俄罗斯（西伯利亚），欧洲。

齿腿长尾小蜂属 *Monodontomerus* 分种检索表

1. 小盾片沿后缘刻点带在后端中央处刻点消失、中断；前翅亚缘脉（包括缘前脉）长为缘脉的1.8～1.85倍；缘脉长约为后缘脉的2倍 ··· 2
- 小盾片后缘刻点在后端中央处不消失也不中断，或刻点稍小 ·· 3
2. 后足腿节齿长而细如刺，长为基宽的2.0～2.5倍（更像刺，偶有3.0倍），与腿节端部之距为齿长的2.0～2.5倍，偶有3.0倍；后足胫节内距（长距）长为胫节最宽处（端部或近端部）的1.0～1.2倍、为基跗节长的0.44倍；腹部第1节背板光滑、发亮；第3、4节背板具细横皱，刻皱向后渐弱至端部光滑；前翅痣脉中段与后缘脉约平行，两端稍上翘 ·············· ·· 小齿腿长尾小蜂 *M. minor*
- 后足腿节齿正三角形或稍长，长为基宽的1.0～1.2倍，与腿节端部之距为齿长的2.0倍；后足胫节内距长为胫节最宽处的1.35～1.5倍、为基跗节长的0.60～0.67倍；腹部第1节背板前半光滑，后半有弱网状刻点；第3、4节背板有细网状刻纹，至后缘弱；前翅痣脉前段下斜后段上翘呈倒ヘ形 ······························ 长距齿腿长尾小蜂 *M. laricis*
3. 小盾片横沟后方部位有浅纵刻纹 ··· 铜色齿腿长尾小蜂 *M. aeneus*
- 小盾片横沟后方部位完全光滑 ·· 4
4. 腹部第1节背板前半光滑，后半有弱网状刻点；第3、4节背板有细网状刻纹，至后缘更弱；后足胫节内距长为胫节最宽处的1.2～1.4倍，外距长为胫节最宽处的0.9～1.0倍 ················ 黄柄齿腿长尾小蜂 *M. dentipes*
- 腹部第1节背板光滑、发亮 ··· 5
5. 体蓝黑色带金绿色光泽，中胸盾片中叶和腹部第2节背板及以后各节稍带黑色；头部前面观宽为中长的2.7～2.8倍；上颊长为复眼的0.25倍；各足胫节浅黄色；后足胫节长距长为短距的1.35倍，为基跗节长的0.5～0.55倍 ······ ·· 日本齿腿长尾小蜂 *M. japonicus*

- 头部、胸部绿色，头顶带蓝色，腹部蓝紫色，具金属光泽；头部背面观宽为中长的 2.2 倍；上颊背面观长为复眼的 1/6；前中足胫节略带褐色，后足胫节除两端外深褐色；后足胫节长距长为短距的 1.6 倍，近为基跗节的 1/3 ··· 舞毒蛾齿腿长尾小蜂 *M. lymantriae*

（213）黄柄齿腿长尾小蜂 *Monodontomerus dentipes* (Dalman, 1820) （图 268）

Torymus dentipes Dalman, 1820: 173.

Monodontomerus dentipes: Walker, 1847: 227; Ashmead, 1890: 25; Gahan, 1941: 477; Chu *et* Hsia, 1935: 394(浙江，马尾松毛虫蛹)；祝汝佐，1937: 78, 93；祝汝佐，1955: 4；邱式邦，1955: 182；吴钜文，1979a: 35；赵修复，1982: 315；杨秀元和吴坚，1981: 315；吴猛耐和谭林，1984: 2；廖定熹等，1987: 40；侯陶谦，1987: 173；何志华和柴希民，1988: 4；张贵有，1988: 27；严静君等，1989: 274；马万炎等，1989: 27；王问学，1989: 186；陈昌洁，1990: 195；章士美等，1994: 159；徐志宏和何俊华，2003: 476；徐志宏和何俊华，2004: 152；徐延熙等，2006: 769；Xiao *et al.*(肖晖等)，2012: 76；杨忠岐等，2015: 181.

雌：体长（不包含产卵器）2.5～4.5mm；产卵管鞘长约 1.5mm。

体色：体蓝绿色有光泽，中胸盾片中叶和腹部第 2 节背板及以后各节色稍暗，臀板黄褐色。触角黑褐色，柄节黄褐色。复眼和单眼赭色。足基节和后足腿节蓝绿色；前中足腿节浅褐色，少数蓝绿色；胫节（后足胫节或中央褐色）黄褐色；跗节白色。毛银白色。翅透明，翅脉浅褐色，近痣脉与后缘脉间有浅褐色晕斑。

图 268 黄柄齿腿长尾小蜂 *Monodontomerus dentipes* (Dalman) （g. 引自 Grissell，1995；其余原图）
a. 雌蜂，侧面观；b. 雄蜂，侧面观；c. 雌蜂头部和胸部，背面观；d. 雌蜂触角；e. 前翅；f. 后缘脉和痣脉放大；g, h. 后足腿节，侧面观

头：头部具细皱状刻纹，颜面有中等长的柔毛；复眼有银白色的短毛。头背面宽为中长的 2.8～3.0 倍；上颊长为复眼的 0.28～0.35 倍；单眼排列呈钝三角形；POL 长为 OOL 的 2.5 倍。后头脊完整，远离侧单眼。头前面观宽为中高的 1.25 倍；头下方向中央收拢；额窝不伸达中单眼，边缘无脊；唇基前缘横切状。颊沟明显，长为复眼长的 0.33 倍；触角着生于颜面中部稍下方、复眼下缘连线之上方，13 节；触角 11173 式；柄节不伸达中单眼；触角梗节和鞭节之和长为头宽的 1.4～1.5 倍；梗节较瘦小光滑；各索节渐宽渐短但均近于方形；棒节 3 节，长与前 2 索节之和等长，第 3 节小。

胸：胸部背面大部分具细网皱，在背侧方有些稀疏细毛。前胸背板包括颈部稍超过中胸盾片长度之半；小盾片长为中胸盾片的 0.83 倍，为自宽的 1.1 倍；横沟后方部位光滑、光亮，为小盾片长的 1/3，沿后缘沟内刻点在中央的较小，但相连贯。并胸腹节中央有"V"形凹区，其内有不规则短刻纹，中央有前端稍分叉的纵脊；"V"形凹区外侧方前半具并列很细的刻条；并胸腹节外侧具不规则网状刻皱。中胸侧板的前侧片具细网皱；后侧片光滑、发亮，有1条形凹痕，其上端呈凹窝；胸腹侧片具皱。

足：后足腿节长为宽的3.5倍，具细网皱，近端部有三角形的齿，齿长为基宽的1.0～1.2倍，与腿节端部之距为齿长的1.0～1.5倍（齿小者达1.6～2.0倍，测量的242件标本中占18%）。后足胫节内距长为外距的1.35～1.45倍，内距和外距长分别为胫节最宽处（端部）的1.2～1.4倍和0.9～1.0倍，内距长为基跗节长的0.5～0.55倍；基跗节稍短于其后3跗节之和。

翅：前翅长约为宽的2.2倍；亚缘脉（包括缘前脉）长约为缘脉的1.9倍；缘脉长约为后缘脉的1.9倍；痣脉长超过后缘脉的一半，中段与后缘脉约平行，两端稍上翘。

腹：腹部卵圆形，无腹柄，与胸部约等长（不包含产卵器）。第1～4背板占腹长的90%以上，又以第1节为最长，第3、4节次之，第2节短；第1节背板光滑、发亮，基部中央稍下凹，端部有很细刻点；第2～5节背板满布细横皱，刻皱向后渐稍弱，至端部不光滑，后方和侧方有毛。产卵管鞘明显长于后足腿节，为后足胫节长的1.1～1.3倍，为腹部长的0.67～0.87倍。

雄：体长2.4～3.0mm。体色与雌蜂相似，体色更黑，腹部近于黑色。触角柄节黑褐色。

后足腿节的三角形齿与腿节端部之距较雌蜂长些。

生物学：寄主有云南松毛虫 Dendrolimus houi、马尾松毛虫 Dendrolimus punctatus、文山松毛虫 Dendrolimus punctatus wenshanensis、赤松毛虫 Dendrolimus spectabilis 及其寄生蜂——花胸姬蜂 Gotra octocinctus、黑足凹眼姬蜂 Casinaria nigripes、松毛虫镶颚姬蜂（黑胸姬蜂）Hyposoter takagii、松毛虫脊茧蜂 Aleiodes esenbeckii（=Rogas dendrolimi）、大腿小蜂 Brachymeria sp.和马尾松毛虫的寄蝇及微红梢斑螟 Dioryctria rubella，从洋槐袋蛾中也有育出的。据国外记载，寄主多于40种，寄生于欧洲松毛虫 Dendrolimus pini 及膜翅目的有淡脉脊茧蜂 Aleiodes pallidator、Ancistrocerus tigris、Cimbex connata、类欧松叶蜂 Diprion similis、云杉吉松叶蜂 Gilpinia polytoma、虹彩悬茧蜂 Meteorus versicolor、北美乔松新松叶蜂 Neodiprion pinetum；寄生于双翅目 Diptera 的有多动侧行寄蝇 Parasetigena agilis；寄生于鳞翅目 Lepidoptera 的有绢粉蝶（山楂粉蝶）Aporia crataegi、菠黄毒蛾 Euproctis phaeorrhoea、舞毒蛾 Lymantria dispar、欧洲松梢小卷蛾 Rhyacionia buoliana、眉纹天蚕蛾 Samia cynthia、苹果巢蛾 Yponomeuta padella。

标本记录：1♀8♂，南京，1936.V.4，祝汝佐；2♀1♂，江苏南京，1654.IV，华东农科所，寄主：马尾松毛虫蛹，No. 5415.1；7♀6♂，江苏南京，19xx，彭趋贤，寄主：洋槐袋蛾，No. 846156；5♀，浙江常山，1954.VIII，邱益三，寄主：马尾松毛虫蛹，No. 5514.28；2♀，浙江常山，1957.V，林莲欣，No. 5708.5；1♀1♂，浙江常山，1986.V.28，何俊华，寄主：松毛虫花胸姬蜂，No. 864456；1♀1♂，浙江常山，1986.V.28，何俊华，寄主：松毛虫花胸姬蜂，No. 864456；2♀，浙江衢州，1982，甘中南，寄主：马尾松毛虫，No. 826957；5♀4♂，浙江衢州下三溪，1984.V.24，何俊华，寄主：马尾松毛虫蛹，No. 841514～15；13♀1♂，浙江衢州开元寺，1984.V.14～24，何俊华，寄主：马尾松毛虫蛹，No. 841590；9♀2♂，浙江衢州岔路口，1984.VII，陈景荣，寄主：马尾松毛虫蛹，No. 844812；7♀3♂，浙江衢州，1984.VII.29，陈景荣，寄主：马尾松毛虫蛹，No. 844814；1♀，浙江衢州，1984.VI.19，何俊华，寄主：马尾松毛虫，No. 844849；3♀，浙江衢州，1984.VI，何俊华，寄主：松毛虫花胸姬蜂，No. 860844；1♀，浙江衢州，1984.VII～VIII，傅志华，寄主：马尾松毛虫幼龄幼虫，No. 825187；11♀9♂，浙江衢州天井堂，1984.VII.16、17，陈景荣，寄主：马尾松毛虫上的黑足凹眼姬蜂，No. 844929～4934；15♀7♂，浙江衢州天井堂-十里丰，1984.VII.16、17，陈景荣，寄主：马尾松毛虫上的黑足凹眼姬蜂，No. 844963～4967；3♀，浙江衢州外黄，1984.X.1，何俊华，寄主：马尾松毛虫上的喜马拉雅聚瘤姬蜂，No. 845877；6♀1♂，浙江衢州石室，1984.X.1，何俊华，寄主：马尾松毛虫蛹，No. 845890；21♀1♂，浙江衢州，1986.X.4，何俊华，寄主：马尾松毛虫蛹，No. 845902、845942；6♀1♂，浙江衢州石室，1984.VII.16、17，何俊华，寄主：马尾松毛虫上的黑足凹眼姬蜂，No. 846081；14♀8♂，浙江衢州外黄，1984.VII.16～18，陈景荣，寄主：松叶蜂，No. 846316～6318、846320；7♀5♂，浙江安吉，1981，杨国荣，寄主：松叶蜂，No. 916007；21♀5♂，浙江衢州，1985.V.5、1985.VII.5、1985.VIII.5、1985.IX.20，沈立荣，寄主：马尾松毛虫蛹，No. 852027～2028、853760、853672、853702～3703；43♀10♂，浙江衢州，1985.V.18～19，何俊华，寄主：马尾松毛虫蛹，No. 850770、850766～768；10♀2♂，浙江衢州，1985.IX.20，

王金友，寄主：马尾松毛虫蛹，No. 853703、853706；2♀，浙江衢州，1985.V.16，沈立荣，寄主：松毛虫花胸姬蜂，No. 853761；42♀24♂，浙江衢州，1985.VII.9~15，沈立荣，寄主：马尾松毛虫蛹，No. 853886~3891；7♀♂，浙江衢州，1985.V.5，沈立荣，寄主：马尾松毛虫，No. 852027；8♀2♂，浙江衢州，1985.V.5，沈立荣，寄主：马尾松毛虫上的喜马拉雅聚瘤姬蜂，No. 852944；22♀6♂，浙江衢州，1985.V.14，何俊华，寄主：马尾松毛虫上的喜马拉雅聚瘤姬蜂，No. 852950；10♀3♂，浙江衢州，1984.VII~VIII，傅志华，寄主：松叶蜂，No. 845176~5177、845181~5182、845184、845850；2♀，浙江衢州，1985.VIII，何俊华，寄主：马尾松毛虫寄蝇，No. 860847；3♀2♂，浙江衢州，1986.VII.下旬，何俊华，寄主：松毛虫黑点瘤姬蜂，No. 862014；6♂，浙江衢州，1985.VI，何俊华，寄主：松毛虫凹眼姬蜂，No. 864269、864271~4272、864275、864277；1♂，浙江衢州，1985.V.21，何俊华，寄主：松毛虫花胸姬蜂，No. 864273；9♀，浙江衢州，1986.V.18，何俊华，寄主：松毛虫黑点瘤姬蜂，No. 864460；4♀♂，浙江衢州，1986.V.21，何俊华，寄主：松毛虫花胸姬蜂，No. 864471；1♀，浙江衢州，1986.VI.7，何俊华，寄主：马尾松毛虫，No. 864217；1♀2♂，浙江武义，1983.VI，武义县林业局，寄主：马尾松毛虫，No. 840877；6♀1♂，浙江长兴，1984.VI，寄主：马尾松毛虫蛹，No. 841524；13♀♂，浙江永嘉，1984.VI.7，寄主：马尾松毛虫蛹，No. 841647；4♀1♂，浙江江山，1984.VI.25，朱坤炎，寄主：松毛虫凹眼姬蜂，No. 842726~2727、842729；1♀，浙江丽水，1985.V，何俊华，寄主：马尾松毛虫蛹，No. 864217；2♀2♂，浙江建德，1986.V.18，何俊华，寄主：松毛虫花胸姬蜂，No. 861748、864449、864454；4♀，浙江温州，1985.X，黄信飞，寄主：松叶蜂蛹，No. 883947；8♀1♂，浙江，采期、采集人、寄主不明，No. 814581；2♀1♂，江西南昌，1955.X，章士美，寄主：马尾松毛虫上的黑足凹眼姬蜂，No. 5549.2；2♀，湖北大悟，1983.VIII.3，龚乃培，寄主：马尾松毛虫蛹，No. 870362；10♀2♂，湖北红安，1983.VII.30，龚乃培，寄主：马尾松毛虫上的花胸姬蜂，No. 870370；3♀1♂，湖北红安，1983.VII.30，龚乃培，寄主：马尾松毛虫上的寄蝇，No. 870373；1♀，湖北红安，1983.VIII.5，龚乃培，寄主：马尾松毛虫上的大腿小蜂，No. 870374；1♀，湖北红安，1983.VIII.30，龚乃培，寄主：马尾松毛虫蛹，No. 870457；4♀，湖北大悟，1983.V.21，龚乃培，寄主：马尾松毛虫蛹，No. 870386；1♀，湖南东安，1954.V.1，刘永福，寄主：马尾松毛虫，No. 5410.7；7♀♂，湖南东安，1954.V.22，祝汝佐、何俊华，寄主：马尾松毛虫上的镶颚姬蜂（黑胸姬蜂），No. 5635.10、5636.3；7♀，湖南东安，1954.V.14~23，何俊华，寄主：马尾松毛虫上的镶颚姬蜂（黑胸姬蜂），No. 771113~1114；2♀，湖南东安，1957.V，彭建文，寄主：马尾松毛虫，No. 5730.13；5♀1♂，四川永川，1982.IV.20，吴猛耐，寄主：松毛虫脊茧蜂，No. 850116；4♀3♂，四川资中，1980.V，饶为厚，No. 878854；1♀1♂，广东广州，1954.VII，华南农学院植保系，寄主：马尾松毛虫上的镶颚姬蜂，No. 5552.2；1♀1♂，广东广州，1954.VII，华南农学院植保系，寄主：马尾松毛上虫的松毛虫脊茧蜂，No. 5552.6；3♀，广东新会，1989.VIII.24，卢川川，寄主：马尾松毛虫蛹，No. 896512；4♀5♂，广西桂林，1954.V.23，何俊华，寄主：松毛虫镶颚姬蜂，No. 771115；9♀，广西博白，1989，王缉健，寄主：松叶蜂，No. 894507~4508。

分布：吉林、辽宁、北京、河北、山东、山西、新疆、江苏、浙江、安徽、江西、湖北、湖南、四川、福建、广东、广西、贵州、云南；古北区，新北区，东洋区。

注：1）Xiao 等（2012: 76）中描述与本种有不同之处，前者文献中腿节绿色，其余黄色；POL 为 OOL 的 1.5 倍；齿基至腿节末端之距同齿长；后足胫节长距长为胫节宽的 1.6 倍，短距长为胫节宽的 0.6 倍；产卵管鞘长为后足胫节的 2 倍。此外，在描述中指出，并胸腹节中央窝区非三角形（median foveolate area on propodeum not triangular），而在（2012: 78）中，并胸腹节中央窝区三角形（this species is distinguished by its median foveolate area on propodeum triangular），不知以何为准。

2）徐志宏和何俊华（2004: 152）在检索表中描述本种"各足腿节黄褐色"，错。

3）在 Nikol'skaya（1952）的检索表中描述称本种"沿小盾片后缘沟的刻点在小盾片端部中断或稍现"，在 Steffan（1952: 289）的欧洲 *Monodontomerus* 属分种检索表中描述称本种"小盾片后方部分边缘刻点带明显，在中央常消失或分开而为沟"，究竟沿小盾片后缘沟的刻点在小盾片端部中断还是不断，有待进一步研究。

4）按当今世界长尾小蜂科 Torymidae 研究专家 Grissell（1995: 392）的后足腿节图，齿长约为基宽的 1.0 倍，与腿节端部之距为齿长的 1.3~1.4 倍。

（214）日本齿腿长尾小蜂 Monodontomerus japonicus Ashmead, 1904（图 269）

Monodontomerus japonicus Ashmead, 1904b: 83.

雌：体长（不包含产卵器）3.2～4.5mm；产卵管鞘长 1.0～1.6mm。

体色：体蓝黑色带金绿色光泽，中胸盾片中叶和腹部第 2 节背板及以后各节稍带黑色色调。触角黑褐色，柄节基半黄褐色，端半蓝黑色。复眼和单眼赭色。足基节、转节和腿节（端部黄褐色）同体色；胫节和跗节浅黄色。毛银白色。翅透明，翅脉浅褐色，近痣脉与后缘脉间有浅褐色晕斑。

头：头部具细皱状刻纹，颜面有中等长的柔毛；复眼有银白色的短毛。头背面宽为中长的 2.7～2.8 倍；上颊长为复眼的 0.25 倍；单眼排列呈钝三角形；POL 长为 OOL 的 2.2 倍。后头脊完整，远离侧单眼。头前面观宽为中高的 1.25 倍；头下方向中央收拢；额窝不伸达中单眼，边缘无脊；唇基前缘横切状。颊沟明显，长为复眼长的 0.3 倍；触角着生于颜面中部稍下方、复眼下缘连线上方，13 节；触角 11173 式；柄节不伸达中单眼；梗节+鞭节长为头宽的 1.27 倍；梗节较瘦小，光滑；各索节渐宽渐短但均近于方形；棒节 3 节，长与前 2 索节之和等长，第 3 节小。

图 269　日本齿腿长尾小蜂 *Monodontomerus japonicus* Ashmead
a. 雌蜂头部和胸部，背面观；b. 头部和触角；c. 腹部，背面观；d. 前翅和痣脉及后缘脉放大

胸：胸部背面大部分具细网皱，在背侧方有些稀疏细毛。前胸背板包括颈部稍超过中胸盾片长度之半；小盾片长为中胸盾片的 0.8～0.85 倍，为自宽的 1.1 倍；横沟后方部分光滑，为小盾片长的 1/3，光亮，沿后缘沟内刻点在中央相连贯。并胸腹节中央有 V 形凹区，其内有不规则短刻纹，纵脊在前端稍分叉；V 形凹区外侧方前半具并列很细刻条；并胸腹节外侧具不规则网状刻皱。中胸侧板的前侧片具细网皱；后侧片光滑、发亮，有 1 凹窝，其下方无条形凹痕；胸腹侧片具皱。

足：后足腿节具细网皱，近端部有长为基宽 1.1～1.2 倍的三角形齿，与腿节端部之距约为齿长的 2.0 倍。后足胫节内距长为外距的 1.35 倍，为胫节最宽处（端部）的 1.0～1.2 倍、为基跗节长的 0.5～0.55 倍；基跗节稍短于其后 3 跗节之和。

翅：前翅亚缘脉（包括缘前脉）长约为缘脉的 1.9 倍；缘脉长为后缘脉的 1.9～2.1 倍；痣脉长为后缘脉的 0.55～0.62 倍，中段与后缘脉约平行，两端稍上翘。

腹：腹部卵圆形，无腹柄，与胸部约等长（不包含产卵器）。第 1～4 背板占腹部长的 90% 以上，又以第 1 节为最长，第 3、4 节次之，第 2 节短；第 1 节背板长为端宽的 0.93 倍，光滑、发亮，基部中央稍下凹，无细刻点；第 2～5 节背板基半具细横皱，端部光滑，后方和侧方有毛。产卵管鞘明显长于后足腿节，为腹部长的 0.67～0.87 倍。

雄：体长 2.4mm。体色与雌蜂相似，体色更黑，腹部近于黑色。触角柄节黑褐色。

生物学：寄主有马尾松毛虫 *Dendrolimus punctatus* 及其寄生蜂——黑足凹眼姬蜂 *Casinaria nigripes*、花胸姬蜂 *Gotra octocinctus*、松毛虫脊茧蜂 *Aleiodes esenbeckii*、大柏毛虫 *Dendrolimus suffuscus*；从洋槐袋蛾中也有育出的。

标本记录：2♀2♂，南京，1936.V.4，祝汝佐；1♀，江苏南京，19xx，彭趋贤，寄主：洋槐袋蛾，No. 841656；

2♀1♂,浙江衢州天井堂-十里丰,1984.VII.16~17,陈景荣,寄主：马尾松毛虫上的黑足凹眼姬蜂,No. 844929；2♀1♂,浙江建德,1985.V.18 至 VI.10,何俊华,寄主：马尾松毛虫上的花胸姬蜂,No. 861748、864449；2♀3♂,四川永川,19xx,四川农学院林学系,寄主：松毛虫脊茧蜂,No. 850192；15♀,四川广元,1986.VI,吴猛耐,寄主：大柏毛虫蛹,No. 870477；1♀1♂,四川资中,1980.V,饶为厚,No. 878854；5♀,云南个旧,1981,李国秀,No. 815118。

分布：江苏、浙江、四川、云南。

注：本种形态与 Gahan（1941: 480）中描述和 Kamijo（1963: 93）在检索表中描述的日本齿腿长尾小蜂 *Monodontomerus japonicus* Ashmead, 1904 完全符合，仅产卵管鞘长度不同。此外，据 Gahan（1941: 480）报道，在美国自然历史博物馆（National Museum of Natural History）保存有 2 头 Albert Koebele 采自中国的 *Monodontomerus japonicus* 标本（Gahan 未写出采集地），而且插有同模标本（cotype，全模标本）标签，但在 Ashmead 进行新种记述时未放入，说明本种在我国早有分布。现将后 2 位专家对日本齿腿长尾小蜂 *Monodontomerus japonicus* 的描述列出于后，供参考。

据 Gahan（1941: 480）描述：非常相似于 *Monodontomerus dentipes* (Dalman, 1820)，除了下述部分与其一致。雌：体长 3.0~3.5mm，产卵管长 0.8mm。腹部第 1 节背板完全平滑光亮；产卵管鞘稍短于腹部长的 1/2；单复眼间距不长于侧单眼直径，触角柄节黄褐色，向端部有时沾有金属色；前胸背板蓝绿色；中胸盾片、小盾片常紫色；并胸腹节、侧板、全部基节、全部腿节蓝绿色，但后足基节外侧常带紫色，前中足腿节有时浅黑色稍带金属光泽；胫节褐黄色至暗褐色；跗节黄褐色；腹部第 1 节背板带蓝绿色光泽，其余背板黑色稍带蓝色光泽。雄：腹部第 1 节背板光滑；单复眼间距不长于侧单眼直径，颜面黄铜绿色；中胸盾片带紫色；后足胫节通常有些暗色。

据 Kamijo（1963: 93）在检索表中的描述：并胸腹节中央凹陷呈三角形，中纵脊前端分叉；触角鞭节长于头宽；小盾片横沟后方部位光滑；后足腿节端部前方的齿与腿节端部之距约为齿长；产卵管鞘长为腹部长的一半；腹部第 1 节背板完全光滑；第 3、4 节背板整个具刻纹；中胸盾片、小盾片常紫色或紫罗兰色。

（215）长距齿腿长尾小蜂 *Monodontomerus laricis* Mayr, 1874 （图 270）

Monodontomerus laricis Mayr, 1874: 72.
Monodontomerus calcaratus Kamijo, 1963: 95; 何俊华, 1985: 109; 杜增庆等, 1991: 16; 徐志宏和何俊华, 2004: 151. [Synonymized by Gibson, 1995: 213]

雌：体长 2.5~3.8mm。

体色：体蓝绿色，中胸盾片中叶和腹部色较暗。触角柄节暗绿色，基部黄褐色，梗节暗绿色，鞭节浅黑色。上颚黄褐色，齿赭色。各足基节和腿节与胸部同色；胫节黄褐色，前足胫节外侧中央金绿色，后足胫节基部浅褐色，跗节浅黄褐色。翅透明，翅脉浅褐色，痣脉周围有浅褐色晕斑。

头：头部具细皱状刻纹。头背面宽约为中长的 2.8 倍；上颊长为复眼的 0.3 倍；单眼排列呈钝三角形；POL 长为 OOL 的 2.5 倍。后头脊完整，远离侧单眼。颜面有中等长的柔毛；复眼有银白色的短毛。颚眼距约为复眼长的 1/3。POL 约为 OOL 的 2.5 倍，OOL 与侧单眼直径等长。头前面观宽约为中高的 1.2 倍；头下方向中央收拢；额窝不伸达中单眼，边缘无脊；唇基前缘横切状。颊沟明显，长为复眼长的 0.3 倍。触角柄节不达前单眼，长约为第 1~2 索节及第 3 节 1/2 之和；梗节一般稍短于第 1 索节；鞭节细瘦，长大于头宽；各索节方形或长稍大于宽；棒节 3 节，稍短于柄节，长与前 2 索节之和等长或稍长，第 3 节小。

胸：胸部长为宽的 1.7 倍。胸部背面大部分具鳞状横网皱，在背侧方有些稀疏细毛。小盾片长为宽的 1.1~1.2 倍，在 2/3 处具横沟，小盾片横沟后面部位完全光滑，沿后缘有 1 条窄沟，内具刻点，刻点在小盾片后端中央消失，不相连贯。并胸腹节中央有三角形凹区并延至前侧角，内有少许不规则短刻纹，其中脊在最基部分叉，中区与气门之间两侧具弱条状刻纹。

图 270 长距齿腿长尾小蜂 Monodontomerus laricis Mayr（g. 引自 Kamijo，1963；其余原图）
a. 雌蜂，侧面观；b. 雄蜂，侧面观；c. 头部、胸部和腹部基部，背面观；d. 头部，前面观；e. 前翅及痣脉放大；f. 后足；g. 后足腿节、胫节、基跗节和距

足：后足腿节具细网皱，长为最宽处的 3.2～3.8 倍，近端部有长为基宽 1.0～1.2 倍的三角形齿，齿基至腿节末端之距为齿长的 1.6～2.0 倍。后足胫节内距长为外距的 1.47～1.55 倍，为胫节最宽处（端部）的 1.3～1.5 倍、为基跗节长的 0.6～0.67 倍；基跗节与其后 3 跗节之和约等长。

翅：前翅亚前缘脉、缘脉、后缘脉和痣脉长度之比为 61∶36∶18∶12；痣脉长超过后缘脉的一半，后段稍曲折上翘。

腹：腹部稍长于胸部，无腹柄。第 1 节背板前半光滑，后半有弱网状刻纹；第 3、4 节背板有细网状刻纹，近后缘光滑。产卵管鞘长为腹部的 0.70～0.75 倍。

雄：体长 2.0～3.0mm。体色与雌蜂相似，但颜面暗绿色有铜色光泽；触角柄节暗绿色，腹部第 3 节及以后各节近黑色。胸部和腹部近等长。腹部第 2 节背板完全隐藏在第 1 节之下。

生物学：寄主有马尾松毛虫 Dendrolimus punctatus、喜马拉雅聚瘤姬蜂 Gregopimpla hinialayensis、黑足凹眼姬蜂 Casinaria nigripes、花胸姬蜂 Gotra octocinctus，茧内育出，也寄生于马尾松毛虫上的寄蝇及微红梢斑螟 Dioryctria rubella，有原寄生也可能有重寄生。据日本记载，寄主有赤松毛虫 Dendrolimus spectabilis、冷杉银卷蛾 Ariola pulchra、欧洲新松叶蜂 Neodiprion sertifer、落叶松卷蛾 Ptycholomoides aeriferanus 和姬蜂科 Ichneumonidae。

标本记录：1♀，江苏南京，1934.V.4，祝汝佐，寄主：马尾松毛虫上的黑足凹眼姬蜂 Casinaria nigripes（美国寄生蜂分类专家 Gahan 曾定名 Monodontomerus dentipes）；2♀1♂，江苏南京，1954.IV，华东农科所，寄主：马尾松毛虫蛹，No. 5415.1、5438.85；2♀4♂，浙江龙游，1984.VII.16，陈景荣，寄主：马尾松毛虫上的黑足凹眼姬蜂，No. 845033～5034；20♀1♂，浙江龙游，1984.VIII.18，何俊华，寄主：马尾松毛虫蛹，No. 844818；1♀，浙江衢州，1985.V.24，何俊华，寄主：马尾松毛虫蛹，No. 841515；4♀2♂，浙江衢州，1985.IX.20，沈立荣，寄主：马尾松毛虫，No. 853672、853890；1♀，浙江衢州，1985.VIII，何俊华，寄主：马尾松毛虫上的寄蝇，No. 860874；1♀，浙江衢州，1985.V.7，何俊华，寄主：马尾松毛虫上的花胸姬蜂，No. 860883；1♀1♂，浙江松阳，1992，陈汉林，寄主：马尾松毛虫，No. 934075；3♀1♂，湖北，1964，湖北林科所，寄主：马尾松毛虫，No. 64007.6；2♀，河南博爱，1985.VI，程高芳，寄主：松梢斑螟，No. 852044；3♀1♂，湖北，1964，湖北林科所，寄主：马尾松毛虫，No. 64007.6；2♀，河南博爱，1985.VI，程高芳，寄主：松梢斑螟，No. 852044。

分布：河南、江苏、浙江、湖北；日本。

（216）舞毒蛾齿腿长尾小蜂 *Monodontomerus lymantriae* Narendran, 1994（图 271）

Monodontomerus lymantriae Narendran, 1994: 37; 杨忠岐等, 2015: 181.

雌：体长 3.8～5.1mm。

体色：头部、胸部绿色，头顶带蓝色，腹部蓝紫色，具金属光泽。触角支角突与柄节基部黄褐色，其余黑褐色。复眼枣红色，单眼酱红色。各足基节、后足腿节及前中足腿节除两端外均同体色，后足胫节除两端外深褐色，前中足胫节略带褐色。翅透明，翅脉及翅面纤毛深褐色；翅痣处具 1 大的褐色晕斑。腹部第 1 背板具强烈的紫色光泽；产卵管鞘暗褐色。

头：头部背面观与胸部近等宽，宽为长的 2.2 倍。POL 为 OOL 的 2.3 倍；上颊背面观长为复眼长的 1/6。前面观颜面宽为高的 1.3 倍；侧面观复眼高为宽的 1.56 倍。头部颜面、头顶具密而长的白色刚毛；复眼上的纤毛也很密而显著。颚眼距长为复眼高的 0.3 倍。触角着生于复眼下缘连线之上、颜面中央靠下处。柄节长不达中单眼前缘，长为宽的 3.2 倍；梗节长稍大于宽；索节粗壮，各索节近等宽，第 1～3 索节均长略大于宽，第 4 索节方形，第 5、6 索节横阔；棒节长大于末 2 索节长度之和，长为宽的 2.1 倍。

图 271 舞毒蛾齿腿长尾小蜂 *Monodontomerus lymantriae* Narendran（引自 杨忠岐等, 2015）

胸：胸部长为宽的 1.6 倍。前胸背板宽为长的 2.7 倍。中胸盾片长小于宽（13.0∶16.5）。小盾片长略大于宽（11∶10），横沟位于小盾片长度的 3/5 处，横沟前缘具 1 行刚毛；沟后区表面十分光滑，具闪光；后缘的刻窝带中央连接不间断。后胸盾片中央形成 1 凸出的纵脊，伸向并胸腹节前缘。并胸腹节前缘呈脊状，中纵脊在前缘处"V"形分开，与脊状的两侧前缘相连；沿中纵脊两侧形成宽沟，斜伸向前缘两侧，沟内散生短纵脊。前翅长为宽的 2.6 倍；基室基部 2/3 具 1 排毛列，共 8 根，端部光裸；缘脉长为痣后脉的 2 倍，痣脉长为痣后脉的 2/3。后足基节背面具网状刻纹，腿节端部齿细长，至末端的距离为其长的 2 倍；后足胫节有 2 端距，其中长距长为短距的 1.6 倍，长距长近为跗节的 1/3。中胸侧板后侧片光滑。

腹：腹部短于头、胸部长之和，长为宽的 2 倍；第 1 背板表面光滑，侧缘基部散生几根刚毛，以后各背板基半部具脊纹且密生短刚毛，端半部光滑。产卵器露出部分长为腹部长的 0.8 倍。

雄：未见。

标本记录：未见。形态描述和图录自杨忠岐等（2015）。

生物学：杨忠岐等（2015）报道在贵州绥阳县寄生于云南松毛虫 *Dendrolimus houi*。据报道，在印度寄生于络毒蛾 *Lymantria concolor* 蛹。

分布：贵州；印度。

注：Narendran（1994）原记述触角柄节金属绿黑色，其余黑褐色；POL 为 OOL 的 1.5 倍；第 1～5 索节稍长于其宽或近方形；腹部第 2～5 节背板后部具网纹，前部光滑，特别在侧方着生中等密的刚毛；产卵器露出部分长为腹部长的 0.71 倍。

（217）小齿腿长尾小蜂 *Monodontomerus minor* (Ratzeburg, 1848)（图 272）

Torymus minor Ratzeburg, 1848: 178.

Monodontomerus dentipes Mayr, 1874: 71; 廖定熹等, 1987: 41.

Monodontomerus spectabilis Matsumura, 1926b: 33. [Synonymized by Kamijo, 1963: 96]

Monodontomerus minor: Steffan, 1952: 290, 293; 何俊华, 1979: 68; 吴钜文, 1979a: 35; 杨秀元和吴坚, 1981: 315; 孙明雅等, 1986: 37; 廖定熹等, 1987: 39; 柴希民等, 1987: 23; 侯陶谦, 1987: 173; 何允恒等, 1988: 22; 盛金坤, 1989: 28; 严静君等, 1989: 274; 王问学等, 1989: 186; 吴钜文和侯陶谦, 1990: 298; 陈昌洁, 1990: 195; 陕西省林业科学研究所和湖南省林业科学研究所, 1990: 95; 刘德力, 1990: 52; 童新旺等, 1990: 28; 童新旺等, 1991: 9; 钱范俊, 1989: 26; 何俊华等, 1993: 561; 王书欣等, 1993: 20; 张永强等, 1994: 238; 章士美和林毓鉴, 1994: 320; Gibson, 1995: 215; 陈尔厚, 1999: 49; Narendran, 1994: 37, 41; 柴希民等, 2000: 8; 肖晖等, 2001: 204; 徐志宏和何俊华, 2004: 153; 徐延熙等, 2006: 769; 骆晖, 2009: 48; Xiao et al., 2012: 71; 杨忠岐等, 2015: 183.

雌: 体长（不包含产卵器）2.5~4.5mm; 产卵管鞘长约1.5mm。

体色: 体通常暗金绿色带蓝黑色光泽, 腹部第1节背板后缘或有青铜色色调, 臀板黄褐色。触角柄节黄褐色, 其余黑褐色。复眼和单眼赭色。足基节和后足腿节（端部或黄褐色）与体同色; 前中足腿节深褐色, 部分有金属光泽, 其端部及所有胫节、跗节黄色。毛银白色。翅透明, 翅脉浅褐色, 近痣脉与后缘脉间有浅褐色斑痕。

图272 小齿腿长尾小蜂 *Monodontomerus minor* (Ratzeburg)（e, g. 引自 Steffan, 1952; 其余原图）
a. 雌蜂, 侧面观; b. 雌蜂, 背面观; c. 雌蜂触角; d. 小盾片和并胸腹节, 背面观; e. 小盾片, 背面观; f. 前翅; g, h. 后足腿节, 侧面观

头: 头部具细皱状刻纹, 颜面有中等长的柔毛; 复眼有银白色的短毛。头背面宽为中长的2.7~3.0倍; 上颊长为复眼的0.3倍; 单眼排列呈钝三角形; POL长为OOL的2.5倍。后头脊完整, 远离侧单眼。头前面观宽为中高的1.2~1.25倍, 头下方向中央收拢; 额窝不伸达中单眼, 边缘无脊; 唇基前缘横切状。颊沟明显, 长为复眼长的0.3倍; 触角着生于颜面中部稍下方、复眼下缘连线上方, 13节; 触角11173式; 柄节不伸达中单眼; 梗节较瘦小, 光滑; 各索节渐宽渐短但均近于方形; 棒节3节, 长与前2索节之和等长, 第3节小。

胸: 胸部背面大部分具鳞状横网皱, 在背侧方有些稀疏细毛。前胸背板包括颈部稍超过中胸盾片长度之半; 小盾片长和宽分别为中胸盾片的0.8倍、1.0倍; 横沟后方部分光滑、光亮, 为小盾片长的0.4倍, 沿后缘沟内刻点在中央被小盾片后端突出部位隔断不相连贯。并胸腹节中央有V形凹区并延至前侧角, 其内有不规则短刻纹, 中央有前端稍分叉的纵脊; V形凹区外侧方前半具并列很细刻条; 并胸腹节外侧具不规则网状刻皱。中胸侧板前侧片具细网皱; 后侧片光滑、发亮, 有1不规则的凹窝; 胸腹侧片具皱。

足: 后足腿节具细网皱, 长为最宽处的3.5~3.8倍, 近端部有长为基宽2.0~2.5倍的齿（更像刺, 偶有3.0倍）, 与腿节端部之距为齿长的2.0~2.5倍, 偶有3.0倍。后足胫节内距长为外距的1.40~1.55倍, 为胫节最宽处（端部）的1.0~1.2倍、为基跗节长的0.43~0.46倍; 基跗节稍短于或稍长于其后3跗节之和。

翅：前翅亚缘脉（包括缘前脉）长为缘脉的 1.8～1.85 倍；缘脉长约为后缘脉的 2 倍；痣脉长超过后缘脉的一半，中段与后缘脉约平行，两端稍上翘。

腹：腹部卵圆形，无腹柄，长度（不包含产卵器）稍长于胸部。第 1～4 背板占腹部长的 90% 以上，又以第 1 节为最长，第 3、4 节次之，第 2 节短；第 1 节背板光滑、发亮，基部中央稍下凹，后方 1/3 具极细刻点；第 2～5 节背板满布细刻皱，后方和侧方有毛。产卵管鞘明显长于后足腿节，为腹部长的 0.67～0.87 倍。

雄：体长 2.4～3.0mm。体色与雌蜂相似，腹部近于黑色。

生物学：国内已知寄主有落叶松毛虫 Dendrolimus superans、油松毛虫 Dendrolimus tabulaeformis、赤松毛虫 Dendrolimus spectabilis、马尾松毛虫 Dendrolimus punctatus 蛹、大柏毛虫 Dendrolimus suffuscus 蛹、松毛虫脊茧蜂 Aleiodes esenbeckii（=松毛虫内茧蜂 Aleiodes dendolimi）、桑蟥聚瘤姬蜂 Gregopimpla kuwanae、松毛虫埃姬蜂 Itoplectis alternans epinotiae、松毛虫黑点瘤姬蜂 Xanthopimpla predator、松毛虫寄蝇及山楂粉蝶 Aporia crataegi 蛹、黄刺蛾 Cnidocampa flavescens、茶蓑蛾 Cryptothelea minuscula、大袋蛾 Cryptothelea variegate 寄蝇、臭椿皮蛾 Eligma narcissus 寄生蜂、杨二尾舟蛾 Cerura menciana、杨扇舟蛾 Clostera anachoreta、杨褐枯叶蛾 Gastropacha populifolia、美国白蛾 Hyphantria cunea、梨叶斑蛾（梨星毛虫）Illiberis pruni、舞毒蛾 Lymantria dispar、黄褐天幕毛虫 Malacosoma neustria testacea、梨娜刺蛾 Narosoideus flavidorsalis、苹褐卷蛾 Pandemis heparana、竹毒蛾 Pantana visum、菜粉蝶 Pieris rapae、杨毒蛾 Leucoma salicis、杨毒蛾上的脊茧蜂、花椒毒蛾寄生蜂。据国外记载还有欧洲松毛虫 Dendrolimus pini 及鳞翅目的果树黄卷蛾 Archips argyrospilus、云杉色卷蛾 Choristoneura fumiferana 及其寄蝇、古毒蛾 Orgyia antiqua、水曲柳巢蛾 Prays alpha；膜翅目的姬蜂 Coelichneumon（=Ichneumon）garugawensis、台湾袋蛾 Cryptothelea formosicola 和狼毛锤角叶蜂 Trichiosoma lucorum 上的秘姬蜂 Coelichneumon gargawensis、普通锯角叶蜂 Diprion pini、袋蛾 Eumeta japonica 寄生蜂、棕尾毒蛾 Euproctis chrysorrhoea 上的隆长尾姬蜂 Ephialtes compunctor 和瘤姬蜂 Pimpla varicornis、盗毒蛾 Porthesia similis 蛹的脊腿囊爪姬蜂腹斑亚种 Theronia atalantae gestator、松叶蜂 Gilpinia sp.、枯叶蛾雕绒茧蜂 Glyptapanteles liparidis、松毛虫镶颚姬蜂 Hyposoter takagii、加州栎石蛾 Phryganidia californica 上的招兵官埃姬蜂 Itoplectis conquisitor、欧洲粉蝶 Pieris brassicae 上的粉蝶盘绒茧蜂 Cotesia glomeratus、欧洲松梢小卷蛾 Rhyacionia buoliana 和胫毛锤角叶蜂 Trichiosoma tibialae 上的田猎姬蜂 Agrothereutes migrator、常绿树蓑蛾 Thyridopteryx ephemeraeformis 上的毛锤角叶蜂 Trichiosoma sp.；双翅目盗毒蛾蛹上的彩寄蝇 Zenillia libatrix、寄蝇 Masicera zimini、栎异舟蛾 Thaumetopoea processionea 上的寄蝇等。

标本记录：与松毛虫有关的有：9♀，黑龙江哈尔滨，1971.XI.19 收，林业厅，寄主：落叶松毛虫，No. 71013.1；3♀，黑龙江青山，1980.IX.6，张润生，寄主：落叶松毛虫，No. 810371；2♀2♂，吉林东辽，1985，聂生隆，寄主：落叶松毛虫上的松毛虫脊茧蜂，No. 853328；5♀，辽宁阜新，1976，范忠民，寄主：落叶松毛虫上的桑蟥聚瘤姬蜂，No. 772240；2♀，河北唐县，1980.VII.21，河北省林科所，寄主：油松毛虫，No. 804003；4♀1♂，山东泰安，1973，山东省林科所，寄主：赤松毛虫，No. 73071.2；1♂，山东济南，1987.IV 收，田淑贞，寄主：赤松毛虫上的松毛虫脊茧蜂，No. 870463；1♂，山东济南，1987.IV 收，田淑贞，寄主：赤松毛虫上的松毛虫脊茧蜂，No. 870463；4♀，山东济南，1987.V.2，何俊华，寄主：赤松毛虫上的松毛虫脊茧蜂，No. 870997；2♂，山东文登，1987.V.13，侯绍金，寄主：赤松毛虫上的松毛虫埃姬蜂，No. 864680；1♀，湖南长沙，1957.V，彭建文，寄主：马尾松毛虫蛹，No. 5730.13；1♀，四川广元，1986.VI，吴猛耐，寄主：大柏毛虫蛹，No. 870477。

国内其他标本记录有：2♀，黑龙江甘南，1974.V.28，钱范俊，1♀，寄主：杨毒蛾上的脊茧蜂，No. 740678；2♀1♂，黑龙江牡丹江，1978.VIII.18，郝元杰，寄主：山楂粉蝶蛹，No. 780802；3♀，辽宁绥中，1974，沈阳农学院，寄主：小蓑蛾，No. 740174；8♀9♂，辽宁辽阳，1983，魏华，No. 835413；1♂，内蒙古赤峰，1979.VI.8，郭金荣，No. 790936；1♀2♂，河北张北，1978.VII.下旬至 VIII.中旬，刘振威，寄主：杨毒蛾上的脊茧蜂，No. 780823；2♀2♂，山东文登，1986.V，侯绍金，No. 861785；4♀1♂，山东文登，1987.V.13，侯绍金，寄主：臭椿皮蛾寄生蜂，No. 870881；2♀2♂，山东文登，1987.V.26，侯绍金，寄主：花椒毒蛾寄生蜂，No. 870882；2♀2♂，山东文登，1987.VI，侯绍金，No. 875033；3♀1♂，山东莒南，1989，董彦才，

寄主：大袋蛾寄蝇，No. 900013；3♀，山西雁北，1982，赵瑞良，No. 822869；1♀，山西榆次，1983.VII.7~8，殷永升，No. 835141；3♀1♂，宁夏银川，1974.VI.中旬、XI.19 收，李伟华，No. 772114；8♀2♂，甘肃武威，1981.V.20，赵占江，寄主：山楂粉蝶蛹，No. 714823；3♀，浙江常山，1957.V，林莲欣？（表示有疑问），No. 5708.5；1♀，浙江安吉，1963.VI.30，徐天森，寄主：竹毒蛾，No. 63031.3；2♀，云南昆明，1981.III.21 至 IV.1，何俊华，No. 811433、811437；1♀，云南个旧，1981，李国秀，No. 815118。

分布：黑龙江、吉林、辽宁、内蒙古、河北、山东、山西、河南、宁夏、甘肃、新疆、江苏、浙江、湖南、四川、广西、贵州、云南；欧洲，美洲。

注：① Narendran（1994：4236）认为廖定熹等（1987）中的图与原记述有很大不同。② 肖晖等（2001：204）报道在我国吉林有分布，调查的农林害虫中有落叶松毛虫，但未确指寄主种类。③ 有学者认为在俄罗斯寄生于欧洲松毛虫的 *Monodontomerus virens* Thomson 是其异名。

83. 长尾小蜂属 *Torymus* Dalman, 1820（图 273）

Callimome Spinola, 1811: 148.
Torymus Dalman, 1820: 135-136.

属征简述：雌蜂头部前面观宽大于长。上颚不大，3 齿。颜面稍凹陷，颊不长。复眼大，卵圆形。触角着生于颜面中部，丝状；索节各节一般长大于宽，各节之间几乎等长；环状节狭窄且短。胸部稍突出，较长。前胸背板很长，约为中胸背板长的 1/2。盾纵沟较深；小盾片延伸呈卵圆形，突出，有时在端部之前具横沟。中胸前侧片后缘缺切。并胸腹节稍倾斜，较短且平滑。腹部与胸部等长，产卵器常超过体长。足较长，腿节明显粗大。前翅具宽阔的前缘室；缘脉比亚前缘脉短；痣脉较短，稍膨大；后缘脉比痣脉长 2 倍或更长（图 273）。

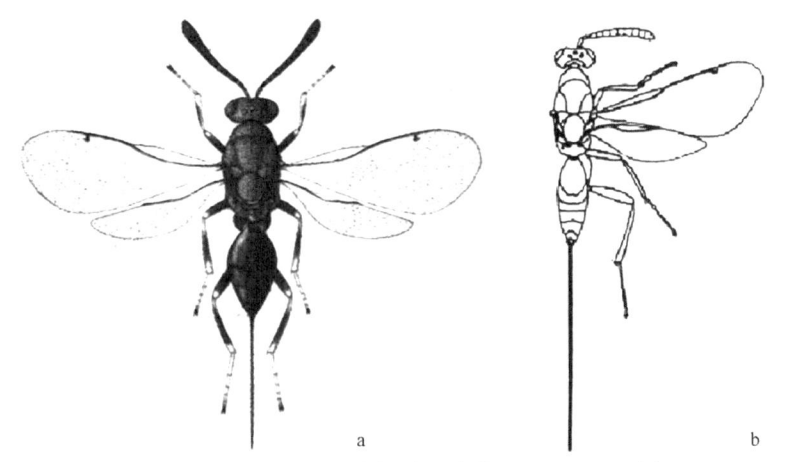

图 273 长尾小蜂属 *Torymus* Dalman（a. 引自 廖定熹等，1987；b. 引自 Peck *et al.*, 1964）
a，b. 雌蜂，背面观

生物学：寄主多数为瘿蜂科、瘿蝇科、叶蜂科虫瘿内的寄生蜂，少数为蔷薇科果实内的食种子蜂类。已知有 250 多种。

分布：澳大利亚，新西兰，亚洲，欧洲，美洲。

注：1）俄罗斯学者和英国学者都认为本属名的两个学名是同一类昆虫。俄罗斯学者根据优先律用 *Callimome* Spinola, 1811 属名；英国学者是根据国际动物命名法委员会（ICZN）意见废弃 *Callimome* Spinola, 1811 属名而用 *Torymus* Dalman, 1820。

2）吴猛耐和谭林（1984：2）报道的兰绿长尾小蜂（学名待定，似非 *Monodontomus* sp.，多寄生，在越冬代松毛虫脊茧蜂的 6.9%总重寄生率中有 3.7%的重寄生为兰绿长尾小蜂，占 54%），不知是否隶属于本属。

（218）*Torymus* sp.

Callimome sp. 吴钜文，1979a: 32；侯陶谦，1987: 171；陈昌洁，1990: 195.

生物学：寄主为马尾松毛虫。
分布：浙江。

十二、赤眼蜂科 Trichogrammatidae

体微小至小型，不包括产卵管长 0.3～1.2mm，包括产卵管可达 1.8mm。体粗壮至细长；黄色或橘黄色至暗褐色，无金属光泽。触角短，5～9 节；柄节长，与梗节呈肘状弯曲，常有 1～2 个环状节和 1～2 个环状的索节，棒节 3～5 节；雄性触角上一般具长轮毛，雌性的毛一般较短；多数属的触角雌、雄相似，仅少数属如赤眼蜂属 *Trichogramma* 特征不同。前胸背板很短，背面观几乎看不到。盾纵沟完整。翅常发育完全，但有时变短；前翅无后缘脉；缘脉从较长至几乎缺如，有时甚膨大；痣脉较长至很短；一些属（如赤眼蜂属）翅面上的纤毛明显排列成行，呈放射状分布。跗节 3 节。腹部无柄，与胸部宽阔相连。产卵管鞘隐藏或露出很长。

赤眼蜂科为卵寄生蜂。被寄生卵在该蜂幼虫进入预蛹期排出"蛹便"后，卵壳即呈褐色至黑色。所现颜色因属种不同而异。寄主有鳞翅目 Lepidoptera、鞘翅目 Coleoptera、膜翅目 Hymenoptera、脉翅目 Neuroptera、双翅目 Diptera、半翅目 Hemiptera、缨翅目 Thysanoptera、广翅目 Megalopera、革翅目 Dermaptera、直翅目 Orthoptera 和蜻蜓目 Odonata，但以鳞翅目为主。单寄生或聚寄生。营初寄生生活，偶重寄生，我们曾试验证实松毛虫赤眼蜂 *Trichogramma dendrolimi* 可把卵产在马尾松毛虫 *Dendrolimus punctatus* 卵内的平腹小蜂 *Anastatus* sp.幼虫上。也有记载赤眼蜂可寄生于鳞翅目卵内的黑卵蜂 *Telenomus* sp.上。许多赤眼蜂直接把卵产入多少暴露的寄主卵中，少数几种能在水下游泳，寻找龙虱科 Dytiscidae、仰蝽科 Notonectidae 和蜻蜓目等产在水中的卵寄生。有些赤眼蜂成蜂具负载共栖（寄附）习性，如有些种爬附于螽斯成虫体上以接近刚产下的新鲜螽斯卵；南美洲的一种异赤眼蜂 *Xenufens* 寄附于蛱蝶体上。赤眼蜂被广泛地用于多种害虫尤其是鳞翅目害虫的生物防治上。我国及世界许多国家均通过繁殖释放赤眼蜂属 *Trichogramma* 种类进行应用。

赤眼蜂科世界分布，含 2 亚科 74 属 532 种。我国已记载 2 亚科 41 属 142 种（林乃铨，1994）。寄生于松毛虫且其中包括在我国尚未见寄生于松毛虫但有其分布记录的 1 属 9 种，将在本志中介绍。

林乃铨（1994: 60, 330）介绍，有稻螟赤眼蜂 *Trichogramma japonicum* Ashmead, 1904 寄生于马尾松毛虫 *Dendrolimus punctatus* 和赤松毛虫 *Dendrolimus spectabilis* 的记录，但接种试验不能寄生于松毛虫。

杨秀元和吴坚（1981: 324）报道澳洲赤眼蜂 *Trichogramma australicum* 在我国许多省份寄生于松毛虫，此蜂在我国并不存在，曾改名为拟澳洲赤眼蜂 *Trichogramma confusum*，现认为均为螟黄赤眼蜂 *Trichogramma chilonis* Ishii 之误。

84. 赤眼蜂属 *Trichogramma* Westwood, 1833　（图 274）

Trichogramma Westwood, 1833c: 444.

属征简述：体粗短。前翅宽圆，翅脉呈"S"形连续弯曲，翅面纤毛分布成列；具中肘横毛列（m-cu）。雌雄触角异型：雌性触角 7 节，即柄节 1 节、梗节 1 节、环状节 2 节、索节 2 节、棒节 1 节；雄性触角 5 节，除柄节、梗节外，环状节 2 节，第 2 环状节如楔片嵌入棒节基部，索节与棒节愈合为 1 节，具长刚毛。

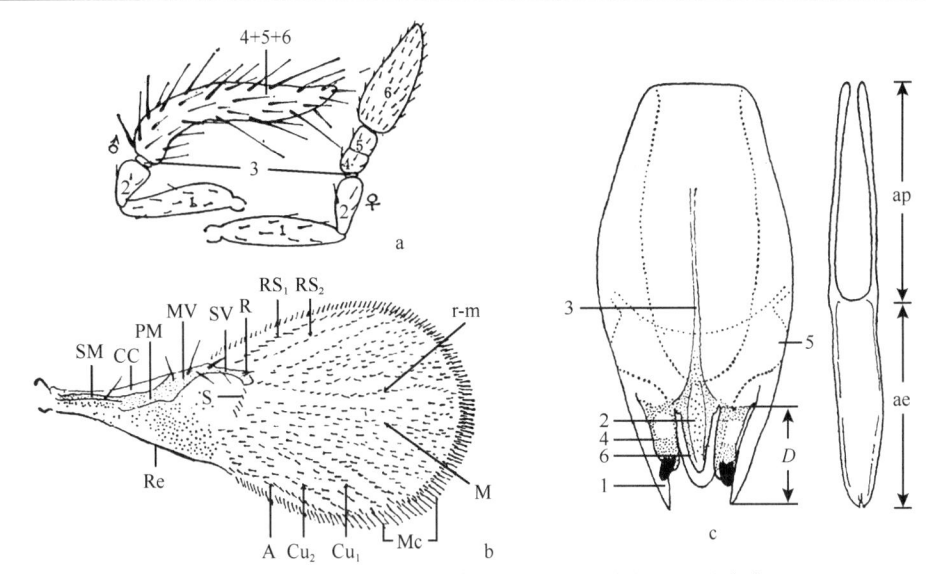

图 274 赤眼蜂属 *Trichogramma* 外生殖器（引自 庞雄飞和陈泰鲁，1974）
图仿自其他专家的文献，保留原文

a. 触角（1. 柄节；2. 梗节；3. 环状节；4、5. 索节；6. 棒节；4+5+6. 雄虫触角由索节及棒节愈合而成的鞭节）

b. 前翅（翅脉：MV. 缘脉；PM. 缘前脉；SV. 痣脉；SM. 亚缘脉；R. 痣突；Re. 翅缰沟；CC. 前缘室。毛列：A. 臀毛列；Cu_1、Cu_2. 肘毛列；M. 中毛列；Mc. 缘毛列；r-m. 径中毛列；RS_1、RS_2. 径分毛列；S. 径横毛列）

c. 雄性外生殖器特征（左—阳基：1. 阳基侧瓣；2. 腹中突；3. 中脊；4. 钩爪；5. 阳基背突侧叶；6. 阳基背突；D. 腹中突基部至阳基侧瓣末端的距离。右—阳茎：ae. 阳茎；ap. 阳茎内突）

　　由于本属种类形态差异很小，因此分类鉴定特别困难。早期的分类都以体色、触角和翅毛等作为种的鉴别依据，发现会随温度、寄主的不同而变化，因此，带来许多混乱。目前，关于赤眼蜂属分类研究的手段很多，但主要还是以雄性外生殖器特征为基础。赤眼蜂属的寄主范围涉及 8 目 56 科 200 多属 500 多种昆虫卵。我国迄今为止已知 24 种，已记载寄生于松毛虫的有 1 属 7 种。卷蛾赤眼蜂 *Trichogramma cacoeciae* Marchall、显棒赤眼蜂 *Trichogramma semblidis* (Aurivillius) 在俄罗斯等寄生于落叶松毛虫 *Dendrolimus superans*，我国虽未发现寄生于松毛虫，但在辽宁、河南、江苏有分布记录，这两种鉴定均未被我国赤眼蜂分类专家接受，将不在本志中介绍。

赤眼蜂属 *Trichogramma* 分种检索表

1. 阳基背突有明显的近于半圆形的侧叶，阳基背突侧叶与中叶的区分不明显，渐次形成弧形内凹的侧缘 ·················· 2
- 阳基背突基部收窄，无明显的侧叶，基部外缘具缢缩状，弧形内弯，阳基背突（基部）较宽，最宽处的侧缘将达到阳基的外缘；D 的长度小于阳基全长的 1/4 ·················· 4
2. 阳基背突末端伸达 D 的 3/4 以上，侧叶宽圆，腹中突长，其长度相当于 D 的 3/5～3/4 ············ **松毛虫赤眼蜂 *T. dendrolimi***
- 阳基背突末端伸达 D 的 1/2 左右，侧叶呈半圆，腹中突长度等于或稍短于 D 的 1/2 ·················· 3
3. 腹中突的两侧缘呈弧形向外微弯；阳基于侧瓣的基部不收窄；阳基背突侧叶半圆形，外缘弧形，钩爪末端伸达 D 的 1/2 处，腹中突长度相当于 D 的 1/3，中脊长等于 D 的长度 ·················· **螟黄赤眼蜂 *T. chilonis***
- 腹中突的两侧呈直线，末端尖锐；阳基于侧瓣的基部收窄；阳基背突侧叶的外缘向腹面掀起 ······ **舟蛾赤眼蜂 *T. closterae***
4. 阳基背突不收窄，基部外缘呈直线或弧形向端部伸出；阳基背突端部如舌状扩大成广阔圆弧形伸出阳基侧瓣之外，腹中突的长度相当于 D 的 1/4 ·················· **舌突赤眼蜂 *T. lingulatum***
- 阳基背突基部收窄，基部外缘具缢缩状，弧形内弯；钩爪末端伸达阳基侧瓣中部 1/2 左右处 ·················· 5
5. 阳基背突（基部）较窄，最宽处的侧缘远不及阳基的外缘，阳茎及其内突的全长约等于阳基的长度；腹中突细长，两侧无隆脊，其长度接近 D 的 4/9 ·················· **玉米螟赤眼蜂 *T. ostriniae***
- 阳基背突（基部）较宽，最宽处的侧缘将达到阳基的外缘 ·················· 6
6. 阳基背突末端伸达 D 的 1/3；腹中突长等于 D 的 1/4～1/3；中脊向前伸达阳基的 1/3 ·················· **广赤眼蜂 *T. evanescens***

- 阳基背突末端伸达 D 的 3/5；腹中突长为 D 的 1/2；中脊向前伸达阳基的 1/2 ·················· **显棒赤眼蜂 T. semblidis**

（219）螟黄赤眼蜂 *Trichogramma chilonis* Ishii, 1941（图 275）

Trichogramma chilonis Ishii, 1941: 169-176; 福建林学院森林保护教研组, 1976: 20; 林乃铨, 1994: 48; 何俊华和陈学新, 2006: 85; Chen *et* He, 2006: 85.

Trichogramma australicum Nagarkatti *et* Nagaraja(not Girault), 1971: 13-31; 庞雄飞和陈泰鲁, 1974: 444; 庞雄飞和陈泰鲁, 1978: 103; 杨秀元和吴坚, 1981: 324.

Trichogramma confusum Viggiani, 1976: 182; 庞雄飞和陈泰鲁, 1974: 444; 庞雄飞和陈泰鲁, 1978: 10; 何俊华, 1979: 10; 何俊华等, 1979: 61; 钱永庆和曹瑞麟, 1981: 2; 杨秀元和吴坚, 1981: 324; 赵修复, 1982: 317; 中国林业科学院, 1983: 1008; 陈泰鲁, 1983: 48; 何俊华和庞雄飞, 1986: 108; 孙明雅等, 1986: 41; 廖定熹等, 1987: 201; 庞雄飞和陈泰鲁, 1987: 206, 363; 杜增庆和裘学军, 1988: 27; 田淑贞, 1988: 36; 严静君等, 1989: 148, 296; 盛金坤, 1989: 95; 宗良炳和钟昌珍, 1990: 126; 陈昌洁, 1990: 196; 陕西省林业科学研究所和湖南省林业科学研究所, 1990: 162; 童新旺等, 1991: 9; 杜增庆等, 1991: 16; 曲艳秋等, 1991: 57; 萧刚柔, 1992: 1246; 湖南省林业厅, 1992: 1290; 申效诚, 1993: 172; 林乃铨, 1994: 48; 张永强等, 1994: 244; 章士美和林毓鉴, 1994: 164; 章士美和林毓鉴, 1994: 324; 盛金坤等, 1995: 41; 柴希民等, 2000: 1; 梁秋霞等, 2002: 29; 林乃铨, 2003: 627; 徐志宏和何俊华, 2004: 297; 何俊华和陈学新, 2006: 86; Chen *et* He, 2006: 86; 徐延熙等, 2006: 769.

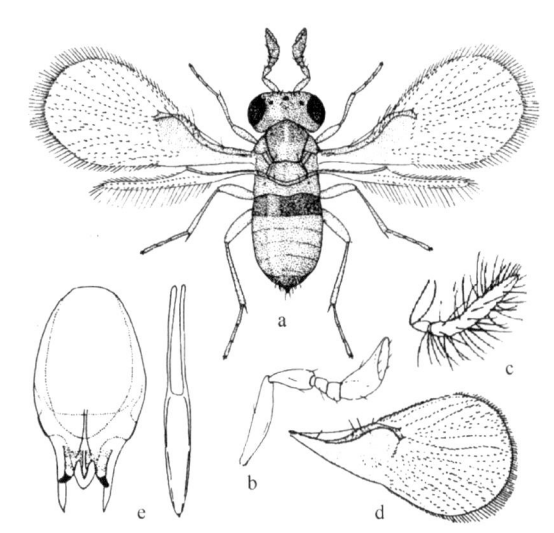

图 275 螟黄赤眼蜂 *Trichogramma chilonis* Ishii（a～c. 引自 何俊华, 1979; d, e. 引自 林乃铨, 1994）
a. 雌蜂整体, 背面观; b. 雌蜂触角; c. 雄蜂触角; d. 雄蜂前翅; e. 雄蜂外生殖器

形态特征：雄蜂体长 0.5～1.0mm。体暗黄色，中胸盾片及腹部黑褐色。触角毛颇长而略尖，最长的为鞭节最宽处的 2.5 倍。前翅臀角上的缘毛长约为翅宽的 1/6。外生殖器阳基背突呈三角形，有明显的半圆形的侧叶，末端达阳基背突的 1/2；腹中突长约为阳基背突的 1/3；中脊成对，其长与阳基背突长相等；钩爪末端伸达阳基背突的 1/2 左右；阳茎与其内突等长，两者全长相当于阳基长，略短于后足胫节。

雌蜂在 15～20℃下培养出来的成虫体暗黄色，中胸盾片褐色，腹部全部褐色；在 25℃下培养出来的腹部褐色而中央出现暗黄色的窄横带；在 30～35℃下培养出来的中胸盾片亦为暗黄色，腹部褐色而中央具较宽的暗黄色横带。

生物学：寄主范围甚广，寄生于枯叶蛾科 Lasiocampidae、夜蛾科 Noctuidae、天蛾科 Sphingidae、灯蛾科 Arctiidae、卷蛾科 Tortricidae、细蛾科 Gracilariidae、螟蛾科 Pyralidae、弄蝶科 Hesperiidae 的一些种。在林区寄主有马尾松毛虫 *Dendrolimus punctatus*、杉梢小卷蛾 *Polychrosis cunninhamiacola*、松梢小卷蛾 *Rhyacionia pinicolana*、微红梢斑螟 *Dioryctria rubella*、樗蚕 *Samia cynthia ricina*、绿尾大蚕蛾 *Actias selene ningpoana*、八点灰灯蛾 *Creatonotos transiens*、尘污灯蛾 *Spilarctia obliqua*、星黄毒蛾 *Euproctis flavinata* 等及许多农业害虫的卵。螟黄赤眼蜂也是国内应用较广的赤眼蜂种。主要用樗蚕 *Samia cynthia cynthia*、*Samia cynthia ricina*、米蛾 *Corcyra cephalonica*、柞蚕 *Antheraea pernyi*、松毛虫 *Dendrolimus* spp.的卵大量培养，散放以防治甘蔗螟虫、稻纵卷叶螟 *Cnaphalocrocis medinalis*、蓖麻夜蛾 *Achaea janata* 等。

以老熟幼虫或蛹态在寄主卵内越冬。一般 11 月下旬至 12 月上旬开始越冬，到翌年 3 月下旬或 4 月上旬开始羽化。1 年可繁殖 20～23 代。1 个世代发育历期，在 25℃恒温条件下为 10～12 天，其中卵期 1 天，幼虫期 1～1.5 天，预蛹期 3～3.5 天，蛹期 5～6 天；在 30℃恒温条件下为 8～9 天，其中卵期 6～22h，幼虫期 1～1.5 天，预蛹期 2～2.5 天，蛹期 3～4 天。在适温范围内，大多数成蜂寿命 2 天（1～4 天）。温度越高，寿命越短。经补充营养，寿命可延长。雌蜂羽化后即能交配、产卵寄生，雌蜂羽化后第一天可以产出卵量的 87.7%。繁殖能力较强，1 头雌蜂平均繁育子蜂 63 头。螟黄赤眼蜂主要活动在小丘陵地区，因此，其扩散能力远不及松毛虫赤眼蜂。雌性比例受寄主卵粒大小、卵内营养物质和温度等的影响。柞蚕卵育出的子蜂雌性比例为 96%，樗蚕卵育出的为 92%。该蜂是国内人工繁蜂应用较广的赤眼蜂种。

分布：黑龙江、吉林、辽宁、北京、河北、山东、山西、河南、陕西、江苏、浙江、安徽、江西、湖南、湖北、重庆、四川、福建、广东、广西、海南、贵州、云南；东洋区，澳洲区。

注：① 本种的种名在国内外报道中十分混乱。由于 Ishii（1941）的描述和特征图不够清楚，Nagarkatti 和 Nagaraja（1971）、庞雄飞和陈泰鲁（1974）等曾将本种误定为澳洲赤眼蜂 *T. australicum* Girault。Viggiani（1976）在研究了 Girault 定为 *T. australicum* 的标本之后，发现 Nagarkatti 和 Nagaraja（1968，1971）及所有报道分布于东洋区的 *T. australicum* 均为误定。他同时又把 Nagarkatti 和 Nagaraja（1971）所描述的东洋区 *T. australicum* 改名为拟澳洲赤眼蜂 *T. confusum*，可是没有特征描述。Nagarkatti 和 Nagaraja（1979）研究了 Ishii（1941）定为 *T. chilonis* 的一个玻片标本后，重新描述了本种，并将该标本指定为 *T. chilonis* 的选模，同时把 Viggiani（1976）所提的拟澳洲赤眼蜂 *T. confusum* 列为异名。由于其选模与原描述差异较大，因此，Nagarkatti 和 Nagaraja（1979）的研究结果曾经在一些学者中引起不同的看法。国内多数报道均沿用 Viggiani（1976）的 *T. confusum*（庞雄飞和陈泰鲁，1987；林乃铨，1987）；但也有不少学者采用螟黄赤眼蜂 *T. chilonis*。林乃铨（1994：48）认为，根据一些学者的意见（Nagaraja，1988；Pinto *et al.*，1989；Pintureau & Keita，1989），Vigiani 本人（1989 年，私人通信）也认为 *T. confusum* 有疑问，所以本志改用螟黄赤眼蜂 *T. chilonis*。国内曾用拟澳洲赤眼蜂 *Trichogramma confusum* Vigiani 学名，但看法也未完全一致。② 形态描述录自林乃铨（1994：48），生物学录自《林木害虫天敌昆虫》（严静君等，1989）。

（220）舟蛾赤眼蜂 *Trichogramma closterae* Pang *et* Chen, 1974 （图 276）

Trichogramma closterae Pang *et* Chen, 1974: 444; 钱永庆和曹瑞麟，1981: 2; 中国林业科学院，1983: 1003; 陈泰鲁，1983: 48; 庞雄飞和陈泰鲁，1987: 206, 363; 廖定熹等，1987: 201; 严静君等，1989: 147, 296; 陈昌洁，1990: 196; 宗良炳和钟昌珍，1990: 126; 吴钜文和侯陶谦，1990: 300; 林乃铨，1994: 47; 俞云祥和黄素红，2000: 41; 梁秋霞等，2002: 29; 徐延熙等，2006: 769; 杨忠岐等，2015: 199.

雄：体长 0.6mm。体黄色，前胸背板和中胸盾片褐色，腹部深褐色。触角最长的毛约为鞭节最宽处的 2 倍。前翅较宽，前翅臀角上的缘毛长度约为翅宽的 1/7。阳基背突三角形，端部钝圆，有明显的超过半圆形的侧叶，侧叶的外缘向腹面掀起，末端伸达阳基背突的 1/2；腹中突锐三角形，两边呈直线，末端尖锐，其长达阳基背突的 1/2；中脊成对；阳基侧瓣相当于阳基长度的 1/3；钩爪末端超过阳基背突的 1/2；阳茎稍长于内突，两者全长相当于阳基的长度、短于后足胫节。

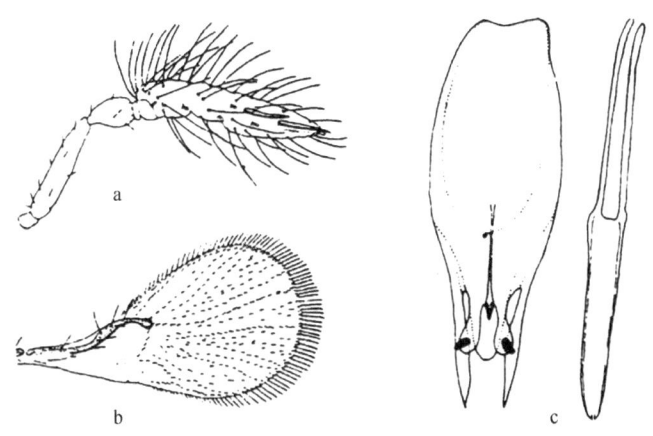

图 276　舟蛾赤眼蜂 *Trichogramma closterae* Pang *et* Chen（引自 庞雄飞和陈泰鲁，1974）

a. 雄性触角；b. 前翅；c. 雄性外生殖器

雌：体色同雄蜂，但腹中部有黄色的横带。产卵管鞘长度相当于后足胫节的 1.25 倍。

生物学：寄主有马尾松毛虫 *Dendrolimus punctatus*、油松毛虫 *Dendrolimus tabulaeformis*、杨二尾舟蛾 *Cerura menciana*、杨扇舟蛾 *Clostera anachoreta*、分月扇舟蛾 *Clostera anastomosis*、黄刺蛾 *Cnidocampa flavescens*、李枯叶蛾 *Gastropacha quercifolia*、杨毒蛾 *Leucoma salicis*、钩月天蛾 *Parum colligata*、杨目天蛾 *Smerinthus caecus*、杨毒蛾 *Leucoma salicis*。

据安徽省阜南县赤眼蜂研究所（1975）报道，舟蛾赤眼蜂在安徽淮北地区每年可繁殖 19～21 代，于 10 月上旬前后产卵寄生于杨毒蛾卵，并于卵内继续发育，到 11 月下旬以预蛹在卵内越冬。被寄生的卵块，一般多在柳树树干分权处的树皮缝内，也有在杨树树干上的。卵块表面灰白色覆盖物少，或者覆盖物上有明显的裂缝。越冬卵块的寄生率可高达 84%，卵粒的寄生率达 36.4%。翌年 3 月中下旬化蛹，3 月底 4 月初成虫开始羽化。越冬成虫的羽化率很高，一般都在 95% 以上。被寄生的杨毒蛾卵，平均每粒卵可出蜂 4.5 头，最多可出蜂 9 头。雌雄性比为 6∶1。各世代发育历期因温度不同而异，在 15.6～17.0℃条件下，完成 1 代需 20～32 天，在 20～22℃时为 12～14 天，在 25.9～29.3℃时为 7～10 天。越冬代长达 171～186 天。成虫在温度 14.4～18.1℃、相对湿度 70%～85% 情况下，只给寄主卵、不给其他食料时，雌蜂可生活 1～7 天，平均 3.5 天；雄蜂寿命 1.5～6.5 天，平均 4 天。1 头雌蜂通常可繁殖子蜂 50 头左右，最多达 100 头以上。室内用马尾松毛虫卵接蜂，其寄生率和羽化率均高达 96%，平均每粒卵内可出蜂 29.1 头，雌雄性比为 9∶1。

分布：辽宁、内蒙古、北京、河北、山东、陕西、江苏、浙江、安徽、湖北、湖南、云南等地。

注：① 生物学录于《林木害虫天敌昆虫》（严静君等，1989: 149）。② 中国林业科学院（1983: 1003）最早记录寄生于松毛虫。

（221）松毛虫赤眼蜂 *Trichogramma dendrolimi* Matsumura, 1926（图 277）

Trichogramma dendrolimi Matsumura, 1926b: 45; 祝汝佐, 1955: 1; 李必华, 1959: 321; 李经纯等, 1959: 289; 彭建文, 1959: 201; Yen, 1973: 68; 庞雄飞和陈泰鲁, 1974: 444; 广东省农林学院林学系森保教研组, 1974: 103; 福建林学院森林保护教研组, 1976: 21; 庞雄飞和陈泰鲁, 1978: 103; 何俊华等, 1979: 63; 吴钜文, 1979a: 37; 吴钜文, 1979b: 11; 钱永庆和曹瑞麟, 1981: 2; 杨秀元和吴坚, 1981: 324; 章宗江, 1981: 135; 赵修复, 1982: 317; 党心德和金步先, 1982: 142; 中国林业科学院, 1983: 687, 693, 704, 718, 720, 724, 727, 1010; 陈泰鲁, 1983: 47; 赵明晨, 1983: 22; 金华地区森防站, 1983: 33; 贵州动物志编委会, 1984: 247; 湖北省林业厅, 1984: 164; 何俊华, 1985: 109; 李克政等, 1985: 25; 何俊华和庞雄飞, 1986: 106; 孙明雅等, 1986: 43; 四川省农科院植保所等, 1986: 86; 廖定熹等, 1987: 200; 庞雄飞和陈泰鲁, 1987: 363; 柴希民等, 1987: 3; 侯陶谦, 1987: 173; 张务民等, 1987: 32; 宋立清, 1987: 30; 何允恒等, 1988: 22; 杜增庆和裘学军, 1988: 27; 何志华和柴希民, 1988: 2; 田淑贞, 1988: 36; 严静君等, 1989: 142, 296; 盛金坤, 1989: 95; 王问学等, 1989: 186; 谈迎春等, 1989: 134; 吴钜文和侯陶谦, 1990: 300; 陈昌洁, 1990: 196; 宗良炳和钟昌珍, 1990: 126; 赵仁友等, 1990: 59(*Trichorammtidae dendrolimi*!); 陕西省林业科学研究所和湖南省林业科学研究所, 1990: 162; 童新旺等, 1991: 9; 杜增庆等, 1991: 16; 陈华盛等, 1991: 26; 童普元等, 1991: 32; 萧刚柔, 1992: 942, 944, 947, 952, 956, 983, 1248; 湖南省林业厅, 1992: 1290; 江土玲等, 1992: 53; 夏育陆等, 1992: 357; 戴玲美, 1993: 585; 申效诚, 1993: 172; 于思勤和孙元峰, 1993: 451; 刘岩和张旭东, 1993: 89; 王书欣等, 1993: 20; 林乃铨, 1994: 46; 张永强等, 1994: 244; 章士美和林毓鉴, 1994: 164; 章士美和林毓鉴, 1994: 323; 宋运堂和王问学, 1994: 64; 杨忠岐和谷亚琴, 1995: 229; 盛金坤等, 1995: 41; 岳书奎等, 1996: 6; 王志英等, 1996: 87; 俞云祥, 1996: 15; 能乃扎布, 1999: 363; 柴希民等, 2000: 1; 倪乐湘等, 2000: 43; 钟武洪等, 2000: 56; 俞云祥和黄素红, 2000: 41; 梁秋霞等, 2002: 29; 林乃铨, 2003: 626; 孙明荣等, 2003: 20; 徐志宏和何俊华, 2004: 292, 296; 姚艳霞等, 2005: 89; 徐延熙等, 2006: 769; 李红梅, 2006: 44; 何俊华和陈学新, 2006: 85; Chen et He, 2006: 85; 施再喜, 2006: 28; 卢宗荣等, 2007: 2; 卢宗荣, 2008: 43; 张治良等, 2009: 318; 骆晖, 2009: 48; Lelej, 2012: 204; 杨忠岐等, 2015: 199.

雌：体长 0.7～0.8mm。

全体黄色，复眼及单眼红色。在 15℃下培养出来的成虫体黄色，中胸盾片淡黄色，腹基部及末端呈褐色；在 20℃下培养出来的中胸盾片色泽仍为淡黄色，腹部仅于末端呈褐色；在 25℃以上培养出来的成虫全体黄色，仅腹部末端及产卵管末端有褐色的部分。翅透明，翅脉浅褐色，前翅基部前下方具 1 个黑色弧形线斑。足端跗节褐色。头顶在单眼区及其前方共生有 14 根红色刚毛，侧单眼间距为单复眼间距的 5 倍多。触角 5 节，第 5 节膨大，上生有条形感觉器及感觉毛。头部、胸部、腹部基本等宽；胸部比腹部短，为腹部长的 0.66 倍。中胸盾纵沟深，中胸盾片上生有 2 对刚毛；小盾片近后缘处生有 1 对刚毛。前翅上的纤毛放射状排列。产卵器微露出腹末。

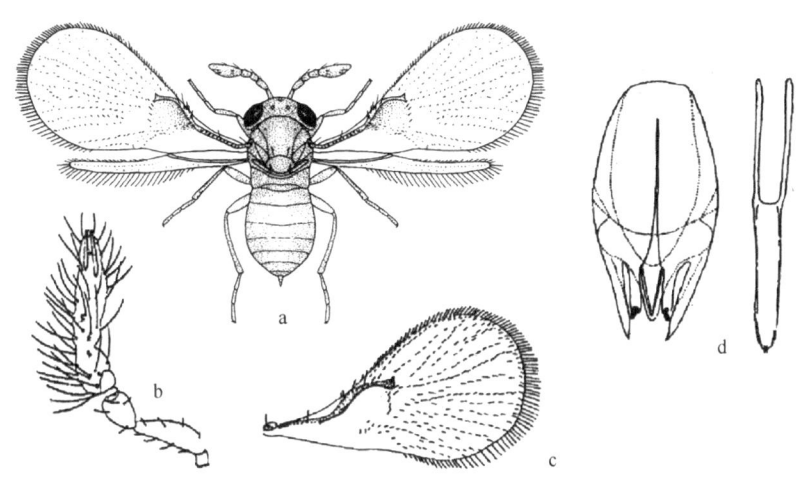

图 277　松毛虫赤眼蜂 Trichogramma dendrolimi Matsumura（a. 引自 祝汝佐，1937；b～d. 引自 林乃铨，1994）
a. 雌性成虫；b. 雄性触角；c. 雄性前翅；d. 雄性外生殖器

雄：体长 0.5～0.7mm。与雌蜂相似。触角仅为 3 节，末节上最长的刚毛相当于该节最宽处的 2.5 倍。但头部在后头部分具 1 条宽横带；触角上的感觉毛黑褐色；前胸背板及中胸盾片中叶黄褐色，腹部背板褐色；各足跗节浅褐色。雄性外生殖器阳基背突有明显宽圆的侧叶，末端伸达阳基背突的 3/4 以上；腹中突长为阳基背突的 3/5～3/4；中脊成对，向前延伸至中部而与一隆脊连合，此隆脊几乎伸达阳基的基缘；钩爪伸达阳基背突的 3/4。阳茎与其内突等长，两者全长相当于阳基的长度，短于后足胫节之长。

生物学：寄主除寄生于枯叶蛾科 Lasiocampidae（思茅松毛虫 Dendrolimus kikuchii、赭色松毛虫 Dendrolimus kikuchii ochraceus、云南松毛虫 Dendrolimus latipennis、马尾松毛虫 Dendrolimus punctatus、德昌松毛虫 Dendrolimus punctatus tehchangensis、文山松毛虫 Dendrolimus punctatus wenshanensis、赤松毛虫 Dendrolimus spectabilis、油松毛虫 Dendrolimus tabulaeformis、落叶松毛虫 Dendrolimus superans 及黄斑波纹杂毛虫 Cyclophragma undans fasciatella、西昌杂毛虫 Cyclophragma xichangensis 卵外，据童普元等（1991：32）在浙江金华松林中的采集饲育鉴定，还有桔安纽夜蛾 Anua triphaenoides、丝棉木金星尺蛾 Abraxas suspecta、花布灯蛾 Camptoloma interiorata、肾毒蛾 Cifuna locuples、稻纵卷叶螟 Cnaphalocrocis medinalis、八点灰灯蛾 Creatonotos transiens、鸽光裳夜蛾 Ephesia columbina、乌桕黄毒蛾 Euproctis bipunctapex、折带黄毒蛾 Euproctis flava、茶黄毒蛾 Euproctis pseudoconspersa、盗毒蛾 Porthesia similis、幻带黄毒蛾 Euproctis varians、甘舟蛾 Gangaridopsis citrina、白薯天蛾 Herse convolvuli、油茶枯叶蛾 Lebeda nolilis、条毒蛾 Lymantria dissoluta、鸟嘴壶夜蛾 Oraesia excavate、褐边绿刺蛾 Parasa consocia、中国绿刺蛾 Parasa sinica、柿星尺蠖 Percnia giraffata、榆掌舟蛾 Phalera fuscescens、樗蚕 Samia cynthia cynthia、黄羽毒蛾 Pida strigipennis、银纹弧翅夜蛾 Plusia agnata、斜纹夜蛾 Spodoptera litura、霜天蛾 Psilogramma menephron、锈玫舟蛾 Rosama ornata、旋目夜蛾 Speiredonia retorta、人纹污灯蛾 Spilarctia subcarnea、黄痣苔蛾 Stigmatophora flava、斜纹天蛾 Theretra clotho、雀纹天蛾 Theretra japonica、栎黄枯叶蛾 Trabala vishnou、核桃美舟蛾 Uropyia meticulodina。国外寄生于欧洲松毛虫 Dendrolimus pini 及夜蛾科 Noctuidae、卷蛾科 Tortricidae、灯蛾科 Arctiidae、大蚕蛾科 Saturniidae、毒蛾科 Lymantriidae、螟蛾科 Pyralidae、刺蛾科、舟蛾科 Notodontidae、尺蛾科 Geometridae、弄蝶科 Hesperiidae 的一些种。

松毛虫赤眼蜂 1 年发生世代数因地区不同而异，在广州 1 年可以完成 30 代，在湖南 1 年发生 23 代，在浙江 1 年发生 17~19 代。11 月下旬以老熟幼虫或预蛹在寄主卵内越冬，翌年 3 月下旬至 4 月上旬羽化。羽化孔直径为 0.15~0.20mm，边缘整齐，在一个寄主卵上，通常只有 1 个羽化孔，个别的可有 2 或 3 个。成虫寿命与温度呈反比关系，在温度 30℃ 以上时，仅 1 天左右；温度 8~10℃ 时一般为 15~18 天，最长可活 30 天。成虫取食蜂蜜稀释液后寿命延长，产卵量增加。松毛虫赤眼蜂生长发育的适宜温度为 22~28℃，超过 30℃ 发育不良。自然蜂群的雌性比例高达 80% 以上。1 粒落叶松毛虫卵中可育出 10~30 头的成蜂。

松毛虫赤眼蜂是国内利用较广的赤眼蜂种，一般用柞蚕 *Antheraea pernyi*、蓖麻蚕 *Samia cynthia ricina*、松毛虫 *Dendrolimus* sp. 的卵大量培养，散放以防治松毛虫 *Dendrolimus* sp.、棉铃虫 *Helicoverpa armigera*、欧洲玉米螟 *Ostrinia nubilalis*、蔗白螟 *Scirpophaga nivella*、稻纵卷叶螟 *Cnaphalocrocis medinalis*、柑橘卷蛾 *Adoxophyes fasciata* 等害虫。

标本记录：辽宁清原，1954.VIII.15，刘友樵，寄主：落叶松毛虫，No. 5429.10；吉林抚松，1954.IX.15，刘友樵，寄主：落叶松毛虫，No. 5429.4；江苏南京，1954.VI~VIII，邱益三，寄主：马尾松毛虫，No. 5514.1；浙江常山，1957.IV. 初，浙江林试站，No. 5708.18。

分布：我国自黑龙江至海南（除西藏外）均有分布；朝鲜，日本，俄罗斯（西伯利亚）。

注：生物学录于《林木害虫天敌昆虫》（严静君等，1989）。

（222）广赤眼蜂 *Trichogramma evanescens* Westwood, 1833（图 278）

Trichogramma evanescens Westwood, 1833c: 444; Chu *et* Hsia, 1935: 397; 祝汝佐, 1937: 57; 祝汝佐, 1955: 1; 祝汝佐, 1955: 373; 邱式邦, 1955: 181; 中国科学院昆虫研究所和林业部林业科学研究所湖南东安松毛虫工作组, 1956: 311; 王平远等, 1956: 272; 孙锡麟和刘元福, 1958: 235; 彭建文, 1959: 201; 蒋雪邨和李运帷, 1962: 244; 袁家铭和潘中林, 1964: 363; 庞雄飞和陈泰鲁, 1974: 447; 福建林学院森林保护教研组, 1976: 21; 赵修复, 1982: 317; 中国林业科学院, 1983: 715, 724, 1013; 陈泰鲁, 1983: 48; 庞雄飞和陈泰鲁, 1987: 364; 廖定熹等, 1987: 202; 柴希民等, 1987: 3; 严静君等, 1989: 146, 296; 陈昌洁, 1990: 196; 宗良炳和钟昌珍, 1990: 126; 吴钜文和侯陶谦, 1990: 300; 陕西省林业科学研究所和湖南省林业科学研究所, 1990: 163; 萧刚柔, 1992: 954, 1250; 林乃铨, 1994: 52, 324; 张永强等, 1994: 244; 何俊华和陈学新, 2006: 87; Chen *et* He, 2006: 87.

雄：体长 0.6mm。体暗黄色，头、前胸及腹部黑棕色。触角毛甚长，且末端尖锐，其中最长的近于鞭节最宽处的 2.54 倍。前翅臀角上的缘毛长度相当于翅宽的 1/6。阳基背突强度骨化，广三角形，有较宽的圆弧形的侧缘，基部明显收窄，末端伸达阳基背突的 1/3，腹中突呈锐三角形，其长约为阳基背突的 1/4；中脊成对，向前伸达阳基的 1/3；钩爪伸达阳基背突的 1/3，阳茎稍长于其内突，两者之和稍长于阳基的全长，短于后足胫节。

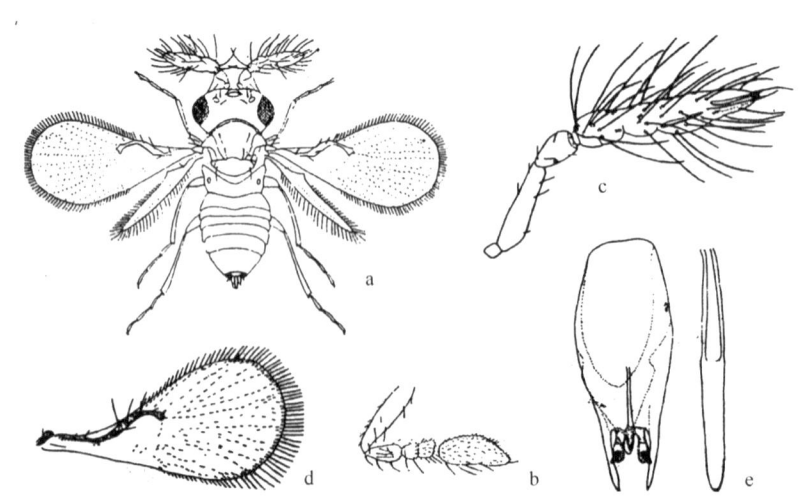

图 278 广赤眼蜂 *Trichogramma evanescens* Westwood（a，b. 引自 Nikol'skaya, 1952；c~e. 引自 林乃铨, 1994）
a. 雄性成虫；b. 雌性触角；c. 雄性触角；d. 前翅；e. 雄性外生殖器

雌：体色与雄蜂相同；产卵管与后足胫节等长。

生物学：广赤眼蜂寄生范围较广，达 200 多种，主要是枯叶蛾科 Lasiocampidae、夜蛾科 Noctuidae、螟蛾科 Pyralidae、卷蛾科 Tortricidae、灯蛾科 Arctiidae、毒蛾科 Lymantriidae、菜蛾科 Plutellidae、粉蝶科 Pieridae、凤蝶科 Papilionidae、食蚜蝇科 Syrphidae 的一些种类。在我国寄主有思茅松毛虫 Dendrolimus kikuchii、马尾松毛虫 Dendrolimus punctatus、德昌松毛虫 Dendrolimus punctatus tehchangensis、文山松毛虫 Dendrolimus punctatus wenshanensis、赤松毛虫 Dendrolimus spactabilis、落叶松毛虫 Dendrolimus superans、油松毛虫 Dendrolimus tabulaeformis、黄斑波纹杂毛虫 Cyclophragma undans fasciatella、西昌杂毛虫 Cyclophragma xichangensis、柳大蚕蛾 Angelica tyrrhea、杨扇舟蛾 Clostera anachoreta、梨小食心虫 Grapholitha molesta 等林木害虫及黄地老虎 Agrotis segetum、甘蓝夜蛾 Barathra brassicae、二化螟 Chilo suppressalis、苎麻夜蛾 Cocytodes coerulea、豆荚螟 Etiella zinckenella、亚洲玉米螟 Ostrinia furnacalis、稻苞虫 Parnara guttata、菜粉蝶 Pieris rapae 等农业害虫。据记载在欧洲寄生于欧洲松毛虫 Dendrolimus pini。

发生代数因地而异，在内蒙古 1 年繁殖 10 代；在陕西 1 年完成 14 代，10 月底以老熟幼虫在寄主卵内越冬，翌年 3 月底至 4 月中旬成虫羽化；在湖南繁殖可达 23 代，以蛹态在寄主卵内越冬，11 月 24 日接种产卵的，11 月 30 日化蛹，至翌年 3 月 14 日才羽化为成虫，其中卵和幼虫 6 天，蛹期 106 天。非越冬世代最长 38.75 天（平均气温 14.7℃），最短一代仅 6.62 天（平均气温 33.38℃）。在正常温度下，7～9 天即能完成 1 个世代。发育起点温度为 9℃，世代有效积温 176.4℃·d，发育适宜温度 22～27℃。子蜂羽化以 6～8 时和 13～14 时为多。羽化后即可交配、产卵。每头雌蜂平均产卵 173 粒，最多达 184 粒。成蜂寿命平均温度分别在 17.8℃和 32.4℃时，雌蜂分别为 10.6 天和 1.9 天，雄蜂分别为 8.1 天和 2.3 天。赤眼蜂成虫需要补充营养，以蜂蜜饲养时可延长寿命 7 倍。在适温 26.8℃时，1 头雌蜂平均寄生于松毛虫卵 5.7 粒（1～12 粒），平均育出子蜂 81.8 头（19～147 头）；在自然界雌性比例通常是 67%～80%；室内人工饲养时，寄主卵粒大小、卵新鲜程度等对性比、子蜂数等均有相当影响。

分布：黑龙江、吉林、辽宁、内蒙古、北京、山西、陕西、新疆、浙江、湖北、湖南、广西；据记载广布于古北区。

注：生物学录于《林木害虫天敌昆虫》（严静君等，1989）。

(223) 舌突赤眼蜂 Trichogramma lingulatum Pang et Chen, 1974（图 279）

Trichogramma lingulatum Pang et Chen, 1974: 449; 庞雄飞和陈泰鲁, 1987: 204; 林乃铨, 1994: 57.

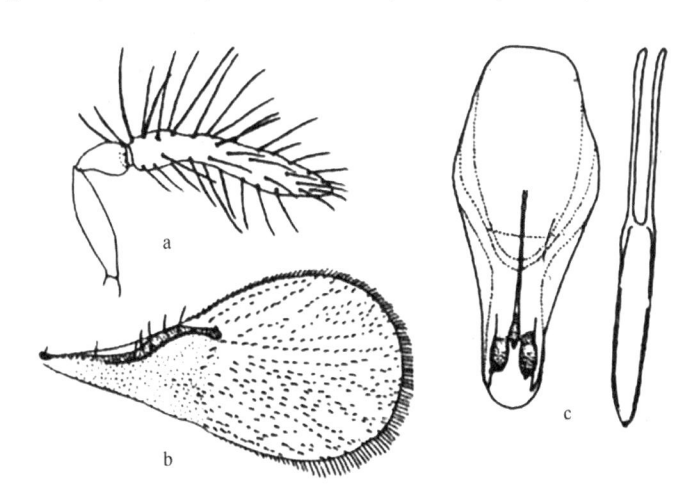

图 279 舌突赤眼蜂 *Trichogramma lingulatum* Pang et Chen 雄蜂（引自 庞雄飞和陈泰鲁，1974）
a. 触角；b. 前翅；c. 外生殖器

雄：体长 0.6mm。体黄色，腹部黑褐色。最长触角毛相当于鞭节最宽处的 2 倍。前翅臀角上的缘毛长约为翅宽的 1/6。外生殖器：阳基背突舌状，后端圆弧形，且突出于阳基侧瓣之外，腹中突细小，长为 D

的 1/4；中脊成对，向前伸达阳基的 1/3；阳基侧瓣长；钩爪伸达 D 的 3/4；阳茎长于内突，两者长度之和长于阳基的长度，短于后足胫节。

雌：体黄色，前胸背板及腹部黑褐色。产卵器与后足胫节等长。

生物学：国内已知寄生于杨毒蛾 Leucoma salicis。据 Yu 等（2012）记载，山东有寄生于落叶松毛虫 Dendrolimus superans 的。

分布：吉林、山西、山东、安徽。

（224）玉米螟赤眼蜂 *Trichogramma ostriniae* Pang et Chen, 1974（图 280）

Trichogramma ostriniae Pang et Chen, 1974: 444; 廖定熹等, 1987: 203; 吴钜文和侯陶谦, 1990: 300; 林乃铨, 1994: 54.

雄：体长 0.6mm 左右。体黄色，前胸背板及腹部黑褐色。触角鞭节细长；触角毛细长，最长的为鞭节最宽处的 3 倍。前翅臀角上的缘毛长约为翅宽的 1/6。外生殖器：阳基背突呈三角形，基部收窄，两边向内弯曲，末端伸达 D 的 1/2；腹中突呈长三角形，其长为 D 的 4/9；中脊成对，向前伸展的长度仅相当于阳基的 1/2；钩爪伸达 D 的 1/2，相当于阳基背突伸展的水平。阳茎内突，两者之和近于阳基的全长，明显短于后足胫节。

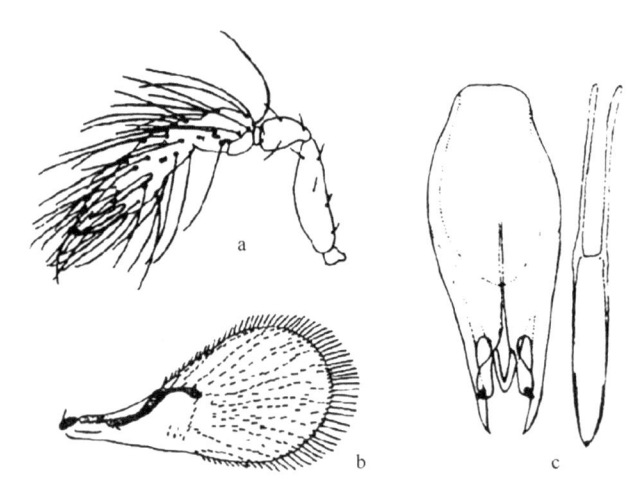

图 280 玉米螟赤眼蜂 *Trichogramma ostriniae* Pang et Chen（引自 林乃铨，1994）
a. 雄性触角；b. 前翅；c. 雄性外生殖器

雌：体黄色，前胸背板、腹部基部及末端黑褐色。产卵器稍短于后足胫节。

生物学：有报道称寄生于油松毛虫 Dendrolimus tabulaeformis、赤松毛虫 Dendrolimus spectabilis、马尾松毛虫 Dendrolimus punctatus、柑橘卷蛾 Adoxophyes fasciata、黄刺蛾 Cnidocampa flavescens、君主斑蝶（黑脉金斑蝶）Danaus plexippus、亚洲玉米螟 Ostrinia furnacalis、黑长喙天蛾 Macroglossum pyrrhosticta、柑橘凤蝶及银纹红袖蝶 Agraulis vanillae 等的卵。玉米螟赤眼蜂可用米蛾 Corcyra cephalonica 卵培育，据北京市农林科学院的试验，释放此蜂防治玉米螟的效果十分明显。

分布：辽宁、内蒙古、北京、河北、山东、山西、河南、江苏、浙江、江西、安徽、湖北、福建等；美国（夏威夷）。

（225）显棒赤眼蜂 *Trichogramma semblidis* (Aurivillius, 1898)（图 281）

Oophihora semblidis Aurivillius, 1898: 253.
Trichogramma semblidis: Nagarkatti et Nagaraja, 1971: 27; 廖定熹等, 1987: 207; 吴钜文和侯陶谦, 1990: 300; 林乃铨, 1994: 53.

无翅型雄蜂：体长 0.35～0.45mm。体黑褐色，但触角、足和胸部色较浅。触角膝状，具短毛，索节 2 节和棒节明显分开，很像雌蜂触角。足粗壮。外生殖器：阳基背突三角形，基部收窄，末端达 D 的 3/5；钩爪末端略短于阳基背突的末端，腹中突尖三角形；中脊成对，向前伸达阳基长度的 1/2，阳茎略长于内突，两者全长短于后足胫节，与阳基约等长。

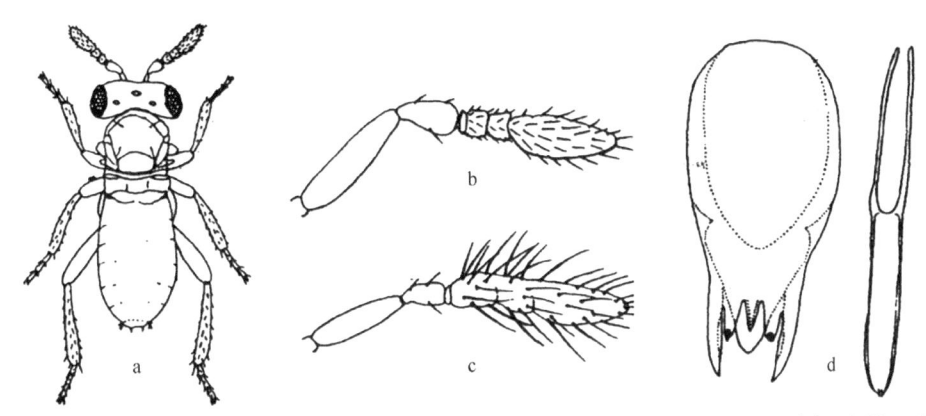

图 281　显棒赤眼蜂 Trichogramma semblidis (Aurivillius)（a～c. 引自 Aurivillius，1898；d. 引自 庞雄飞和陈泰鲁，1987）
a. 无翅型雌成虫；b. 无翅型雌成虫触角；c. 有翅型雄成虫触角；d. 雄性外生殖器

有翅型雄蜂：体长 0.4mm。最长的触角毛约为鞭节最宽处的 2 倍，前翅臀角的缘毛长为翅宽的 1/6～1/5。外生殖器同无翅型雄蜂。

雌：体长 0.4～0.5mm。产卵器略短于后足胫节。

生物学：据资料记载，可寄生于鳞翅目、双翅目、鞘翅目、广翅目和膜翅目的 30 余种卵。显棒赤眼蜂 Trichogramma semblidis (Aurivillius)在苏联有寄生于落叶松毛虫 Dendrolimus superans 的记录。

分布：河南、江苏；印度，欧洲，北美洲等。

注：以上录自庞雄飞和陈泰鲁（1987）。

广腹细蜂总科 Platygastroidea（=缘腹细蜂总科 Scelionoidea）

十三、缘腹细蜂科 Scelionidae

体微小至小型，长 0.5～6.0mm。大多暗色，有光泽，无毛。触角膝状，着生在唇基基部，距离很近。雌蜂 11～12 节，偶有 10 节，末端数节通常形成棒形，若棒节愈合亦有少到 7 节的；雄蜂丝形或念珠形，12 节，但 Scelio 属仅 10 节。盾纵沟有或无。并胸腹节短，常有尖角或刺。有翅，偶尔无翅；前翅一般有亚前缘脉、缘脉、后缘脉及痣脉，无翅痣。足正常，各足 1 距，前胫节距分叉。腹部无柄或近于无柄；卵圆形、长卵圆形或纺锤形，稍扁；两侧有锐利的边缘或具隆脊；以第 2、3 背板最长。

缘腹细蜂科种类繁多，世界分布。现已知 3 亚科 168 属 2696 种。在我国种类也很多，仅对黑卵蜂属 Telenomus 做过一些研究，已知近 40 种，其余未深入系统研究。

本科为卵寄生蜂，寄生于昆虫包括直翅目、半翅目、纺足目、脉翅目、鳞翅目、鞘翅目、双翅目及膜翅目中蚁及蜘蛛的卵，多数寄生于害虫，对某些害虫有很大的控制作用，但也有些黑卵蜂 Telenomus 在益虫（如草蛉卵）上寄生，寄生率有时很高。大多数种类为初寄生，个别种可为兼性重寄生。许多种为单寄生，寄生于大粒卵如松毛虫的卵则为聚寄生。缘腹细蜂科的寄主相当专化，黑卵蜂竭力避免过寄生，对产过卵的寄主进行物理性或化学性标记。许多种类仅限于寄生于一种寄主，也有不少种寄生于一个科内的寄主，少数的种寄生于几个科的寄主，迄今为止没有一个种能寄生于不同目的昆虫卵。黑卵蜂亚科大部分寄生于鳞翅目（如黑卵蜂属 Telenomus）和半翅目（如沟卵蜂属 Trissolcus）的卵，有些种是生物防治上很重要的天敌。由寄主携带传播（寄附）现象在缘腹细蜂科中比较普遍。黑卵蜂只能成功地寄生于比较新鲜的卵。

寄生于松毛虫卵的已知全部为黑卵蜂属 Telenomus Haliday 的种类，在我国已记录 6 种。

85. 黑卵蜂属 *Telenomus* Haliday, 1833（图 282）

Telenomus Haliday, 1833: 271.

属征根据 Johnson（1984: 4）报道：该属大部分种雌蜂触角 11 节，一些种 10 节；雄蜂触角 12 节，个别种 11 节。雌蜂触角棒节 5 节，一些种 4 节或 6 节，或棒节界限不明显。额中央光滑，一些种整个具刻纹。复眼具毛，一些种光裸。头部背面观近于长方形至强度横形。无盾纵沟，少数种存在。小盾片光滑，一些种具革状纹。前翅透明，一些种全部烟色或具带状斑；缘脉短于痣脉，后缘脉长于（个别种短于）痣脉，后翅窄至宽。腹部第 1 节背板有 1 对或多对亚侧刚毛；第 2 节背板长等于或长于宽。体暗褐色至黑色（一些种整个或部分黄色，一些种腹部金属蓝色或金属绿色）。

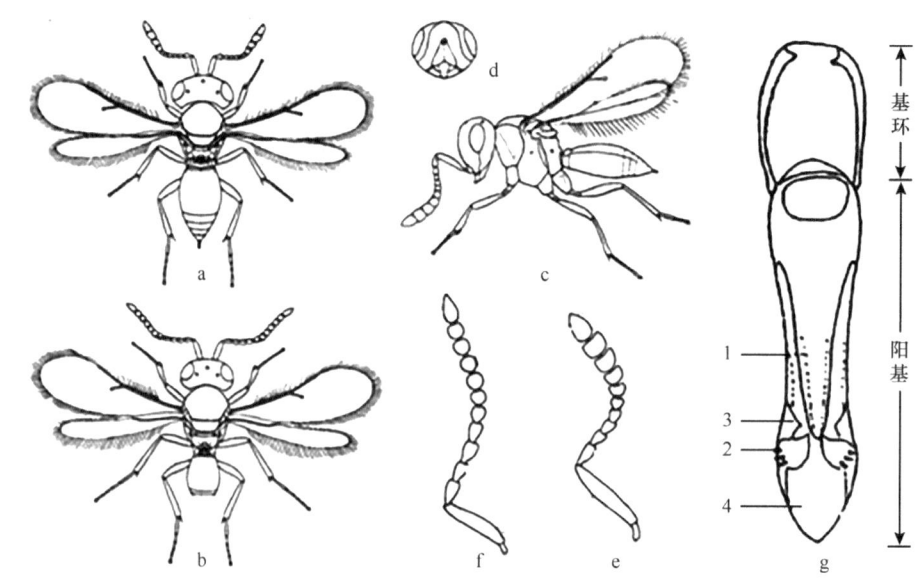

图 282 黑卵蜂成虫概形图（a~f. 引自 何俊华，1979；g. 引自 陈泰鲁和吴燕如，1981）
a. 雌蜂整体，背面观；b. 雄蜂整体，背面观；c. 雌蜂整体，侧面观；d. 头部，后面观；e. 雌蜂触角；f. 雄蜂触角；g. 雄外生殖器特征（1. 阳茎；2. 抱握器；3. 侧叶；4. 腹侧突）

由于黑卵蜂体小，种间外部形态差别小，区分较为困难。Nixon 等曾辅以雄性外生殖器图帮助鉴别，但未标明各部位名称，陈泰鲁和吴燕如（1981: 109）将其标出，以资对比。雄性外生殖器可分为基环和阳基两部分。基环构造简单如瓦片状。阳基的结构分化比较明显，末端为阳茎；稍上具一对指状的抱握器，抱握器上常有爪，不同种类爪的数目和形状不相同；阳基下方两侧为侧叶；阳基的基部向抱握器基部延伸的为腹侧突。这些构造的形态特征，因种而异，已作为鉴定黑卵蜂种类的重要依据。

我国松毛虫卵上的黑卵蜂 *Telenomus* spp.种类，陈泰鲁（1984）根据各地标本研究，明确有 6 种，将在本志中介绍。此外，我们手头多无标本，未定名也无形态描述，本志无法介绍的如下。

萧刚柔等（1964: 216）报道毒蛾黑卵蜂 *Telenomus* sp.在江西、湖南寄生于马尾松毛虫。

广东省农林学院林学系森保教研组（1974: 103）报道在广东寄生于马尾松毛虫。

福建林学院森林保护教研组（1976: 20）报道在福建寄生于马尾松毛虫。

金华地区森防站（1983: 33）和梁秋霞等（2002: 29）报道在浙江舞毒蛾黑卵蜂 *Telenomus* sp.寄生于马

尾松毛虫卵。

中国林业科学院（1983: 704, 515, 1023）和萧刚柔（1992: 952, 954）报道毒蛾黑卵蜂 *Telenomus* sp. 寄生于马尾松毛虫、德昌松毛虫。

张务民等（1987: 32）报道在四川寄生于马尾松毛虫。

施再喜（2006: 28）报道毒蛾黑卵蜂 *Telenomus* sp. 和甲腹黑卵蜂 *Telenomus* sp. 在安徽寄生于马尾松毛虫。

在国外有记录的 5 种寄生于松毛虫，在我国尚未发现，这几种如下。

Telenomus gracilis Mayr 在俄罗斯、捷克、德国寄生于松毛虫，杨秀元和吴坚（1981: 326）指出红松毛虫黑卵蜂在陕西寄生于松毛虫。

Telenomus laeviusculus (Ratzeburg) 在欧洲寄生于欧洲松毛虫 *Dendrolimus pini*。

Telenomus phalaenarron Nees 在欧洲寄生于欧洲松毛虫 *Dendrolimus pini*。

Telenomus umbripennis Mayr 在俄罗斯寄生于欧洲松毛虫 *Dendrolimus pini*、西伯利亚松毛虫 *Dendrolimus sibiricus*。

Telenomus verticillatus Kieffer 在俄罗斯、捷克、德国寄生于松毛虫。

黑卵蜂属 *Telenomus* 分种检索表（雌成虫）

1. 触角 10 节；腹部第 2 节背板长大于宽（*Aholcus* 亚属） ·· 2
- 触角 11 节 ··· 4
2. 头顶无脊；头宽为长的 3 倍；前翅后缘脉为痣脉长的 2 倍以上；上颊宽，为复眼的 1/4；体长 0.85~1.25mm ·· 松毛虫黑卵蜂 *T. (Aholcus) dendrolimusi*
- 头顶具脊 ··· 3
3. 头宽为长的 5 倍；额光滑，触角窝附近具横网纹；触角黑褐色；足黑褐色，转节、胫节两端及第 1~4 跗节黄褐色；体长 0.75~0.90mm ·· 杨扇舟蛾黑卵蜂 *T. (Aholcus) closterae*
- 头宽约为长的 2.6 倍；额具粗刻点，触角窝具横纹，但复眼下方稍光滑；触角第 1~6 节棕黄色，第 7~10 节褐色；足黄褐色，但第 5 跗节褐色；体长 0.95~1.20mm ·· 油茶枯叶蛾黑卵蜂 *T. (Aholcus) lebedae*
4. 头顶不具脊；颊突起；体长 1.10~1.25mm ··· 丰宁黑卵蜂 *T. fengningensis*
- 头顶不具脊 ··· 5
5. 触角第 8 节最长处等于第 9 节或第 10 节；体长 0.75~1.10mm ·· 松茸毒蛾黑卵蜂 *T. dasychiri*
- 触角第 8 节最长处长于第 9 节或第 10 节；体长 1.00~1.20mm ··································· 落叶松毛虫黑卵蜂 *T. tetratomus*

黑卵蜂属 *Telenomus* 分种检索表（雄成虫）

1. 雄性外生殖器阳茎很细长，抱握器具 1 爪 ··· 杨扇舟蛾黑卵蜂 *T. (Aholcus) closterae*
- 雄性外生殖器阳茎正常，抱握器具 3~4 爪 ·· 2
2. 雄性外生殖器上的抱握器具 4 爪；体长 0.9~1.15mm ··· 丰宁黑卵蜂 *T. fengningensis*
- 雄性外生殖器上的抱握器具 3 爪 ·· 3
3. 阳基为基环长的 2.5 倍，为阳茎长的 2.7~3.0 倍，腹侧突端部呈⌒形或∩形内凹 ······································ 4
- 阳基为基环长的 3~4 倍，为阳茎长的 2.5~3.0 倍，腹侧突端部呈∧形内凹 ··· 5
4. 头顶无脊；阳基为阳茎长的 3.0 倍，腹侧突端部呈∩形内凹；触角第 1 节较细长、长为宽的 4.0 倍，第 3、4 节约等长，第 4 和 5 节仅稍宽大；体长 0.80~1.10mm ··· 松毛虫黑卵蜂 *T. (Aholcus) dendrolimusi*
- 头顶有脊；阳基为阳茎长的 2.7 倍，腹侧突端部呈⌒形稍内凹；触角第 1 节较粗短，长为宽的 3.5 倍，第 3 节明显短小于第 4 节，第 4 和 5 节相当宽大，第 5 节端部变宽，其内侧向下弯曲并具突起；体长 0.75~0.95mm ·· 油茶枯叶蛾黑卵蜂 *T. (Aholcus) lebedae*
5. 雄性外生殖器较宽，阳基为基环长的 3 倍，为最宽处的 3.3 倍；体长 0.55~0.85mm ················ 松茸毒蛾黑卵蜂 *T. dasychiri*
- 雄性外生殖器窄，阳基为基环长的 4 倍，为最宽处的 4.8 倍；体长 0.70~0.95mm ·············· 落叶松毛虫黑卵蜂 *T. tetratomus*

（226）杨扇舟蛾黑卵蜂 *Telenomus (Aholcus) closterae* Wu et Chen, 1980（图 283）

Telenomus (Aholcus) closterae Wu et Chen(吴燕如和陈泰鲁), 1980: 83; 吴燕如和陈泰鲁, 1987: 431; 陈泰鲁, 1984: 46; 严静君等, 1989: 153, 293; 吴钜文和侯陶谦, 1990: 301; 何俊华和陈学新, 2006: 90; Chen et He, 2006: 90; 徐延熙等, 2006: 769.
Telenomus closterae: 侯陶谦, 1987: 173; 陈昌洁, 1990: 197.

雌：体长 0.75～0.90mm。体黑色，触角及足黑褐色，足的转节、胫节两端及 1～4 跗节黄褐色。头宽为长的 5 倍，宽于胸部。触角 10 节，第 1 节长为宽的 5.7 倍、长为第 2 节的 3.0 倍；第 2 节长为宽的 2 倍、长为第 4 节的 1.8 倍；第 5 节圆形；棒状部 5 节，由第 6～10 节组成；第 9 节宽为第 3 节的 1.5 倍；第 10 节圆锥形。额光滑；触角窝附近具横网纹。头顶具脊，头顶具网纹，后头弯。胸部拱起，具粗刻点；小盾片光滑，四周具稀刻点。胸部比腹部短，约等宽。腹部第 1～2 背板基部具纵脊沟；第 2 背板长稍大于宽，纵脊沟为腹柄长的 1/2。

雄：体长 0.75～0.8mm。体色似雌蜂。但触角及足色浅。触角 12 节，第 2 节比第 3 节短，第 4 节稍长于第 3 节，短于第 5 节，第 6 节以后逐渐变细，呈念珠状。雄蜂外生殖器抱握器上具 1 个爪，阳茎细长。

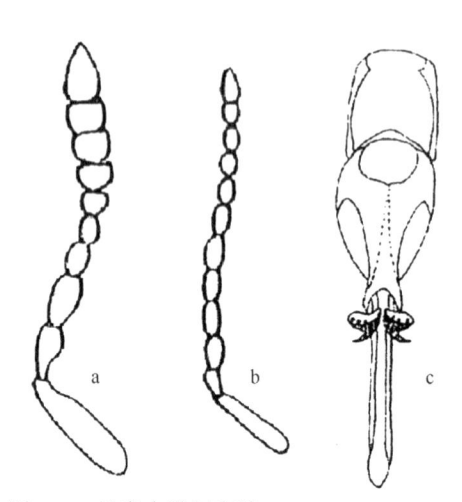

图 283 杨扇舟蛾黑卵蜂 *Telenomus (Aholcus) closterae* Wu et Chen（吴燕如和陈泰鲁，1980）
a. 雌蜂触角；b. 雄蜂触角；c. 雄蜂外生殖器

生物学：寄主有赤松毛虫 *Dendrolimus spectabilis*、油松毛虫 *Dendrolimus tabulaeformis* 等松毛虫及杨扇舟蛾 *Clostera anachoreta*、苎麻夜蛾 *Cocytodes coerulea*、杨小舟蛾 *Micromelalopha troglodyta*。生活习性：在野外以成虫越冬，翌年 3 月下旬到 4 月上旬越冬成虫开始活动。在北京，室内从 5 月下旬到 9 月下旬可连续繁殖 8 代。世代发育因温度不同而异，在 25～27℃ 条件下，完成 1 个世代需要 14～17 天；在 23.7℃时需 20 天；在 20.4℃时则需要 23 天。成虫寿命也与温度有关，在平均温度为 26℃左右时，雌虫可生活 10～13 天，雄虫 4～8 天；在 24℃左右时，雌虫 13～18 天，雄虫 5～9 天；而在 13℃左右时，雌虫平均寿命长达 42 天，最长可达 50 天，雄虫平均为 27 天，最长 39 天。相对湿度高低对成虫寿命也有影响，在 24℃条件下，相对湿度为 81%时，雌虫寿命为 18 天，而相对湿度为 60%时，只能生活 14 天。成虫羽化多在白天，主要集中在早晨 6 时到下午 2 时。寄生于杨扇舟蛾卵的羽化率一般在 90%～98%，雌性比例通常为 60%～69%。雌虫羽化当天即可进行交配和产卵，喜欢寻找刚产 1～2 天的新鲜卵寄生。产卵期长达 14～16 天，但以前 3～7 天的产卵数量最多。1 头雌虫平均可产卵 65～69 粒，在 1 个寄主卵内只发育 1 头子蜂。此蜂由于越冬期间死亡多及寄主脱节等，早春自然界种群数量很少。但从 6 月中旬杨扇舟蛾第 2 代卵出现起，一直到 9 月上中旬第 4 代卵末由于寄主发生世代重叠，野外不缺寄主的卵，加之气温高，发育周期缩短，黑卵蜂种群数量显著增加，第 2～4 代杨扇舟蛾卵的寄生率高。

分布：北京、山东、陕西、浙江、广西、贵州。

注：生物学录自《林木害虫天敌昆虫》（严静君等，1989: 153）。

（227）松茸毒蛾黑卵蜂 *Telenomus dasychiri* Chen et Wu, 1981（图 284）

Telenomus dasychiri Chen et Wu(陈泰鲁和吴燕如), 1981: 111; 陈泰鲁, 1984: 47; 柴希民等, 1987: 3; 侯陶谦, 1987: 173; 张务民等, 1987: 32; 严静君等, 1989: 155, 293; 王问学等, 1989: 186; 谈迎春等, 1989: 134; 吴钜文和侯陶谦, 1990: 301; 陈昌洁, 1990: 197; 陕西省林业科学研究所和湖南省林业科学研究所, 1990: 178; 童新旺等, 1991: 9; 杜增庆等, 1991: 16; 萧刚柔, 1992: 1254; 湖南省林业厅, 1992: 1292; 王书欣等, 1993: 20; 章士美和林毓鉴, 1994: 165; 宋运堂和王问学, 1994: 64; 盛

金坤等, 1995: 43121; 柴希民等, 2000: 1; 俞云祥和黄素红, 2000: 41; 梁秋霞等, 2002: 29; 何俊华, 2004: 314; 徐延熙等, 2006: 769; 何俊华和陈学新, 2006: 89; Chen et He, 2006: 89.

Telenomus sp.: 龙承德等, 1957: 262; 彭超贤, 1962: 74; 吴钜文, 1979a: 36.

雌：体长 0.75~1.10mm。体黑色。触角黑褐色，但第1节两端较浅。足黑褐色，胫节两端和第5跗节褐色，第1~4跗节黄褐色。

头宽约为长的3倍，宽于胸部。复眼具短毛。触角11节；第1节长为最宽处的4倍，为第2节长的2.5倍；第2节长为最宽处的2.5倍，为第3节长的1.8倍；第3节稍长于第4节，为最宽处的1.5倍；第6节最小，圆形；第7~11节组成棒状部；第8~10节约等长；第9节宽为第3节的1.8倍；第11节圆锥形。额光滑，后头向内弯入，头顶具网纹，无脊。胸部卵圆形拱起，密布网纹和稀长的毛；小盾片半月形。腹部与胸部等长，宽于胸部。第1~2节背板基部具纵脊沟；第2背板宽大于长，纵脊沟稍长于腹柄。

雄：体长 0.55~0.85mm。触角12节，黄褐色；第2节梨状，与第3节等长，稍短于第4节，与第5节约等长；第4节长为第6节的1.6倍；第5节端部变宽，侧上方具一向外伸的突起。腹部短于胸部。外生殖器阳基的长度为基环的3倍，为最宽处的3.3倍；腹侧突中线分开，似无连接痕迹，骨化明显，其长度为阳基的2/3；抱握器上具爪3个；阳茎长度为阳基的1/3，端部钝圆。

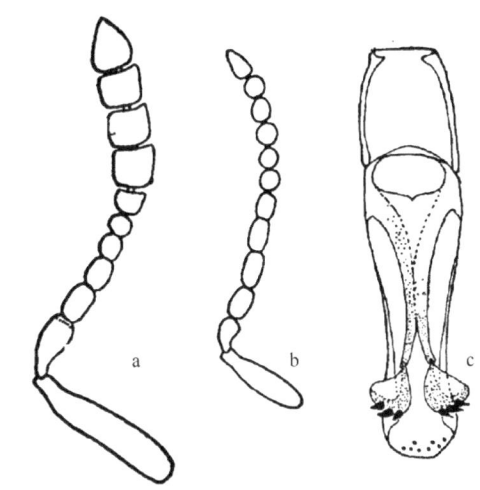

图 284 松茸毒蛾黑卵蜂 *Telenomus dasychiri* Chen et Wu（引自 吴燕如和陈泰鲁，1980）
a. 雌蜂触角；b. 雄蜂触角；c. 雄蜂外生殖器

生物学：寄主有马尾松毛虫 *Dendrolimus punctatus*、油松毛虫 *Dendrolimus tabulaeformis*、落叶松毛虫 *Dendrolimus superans*、松茸毒蛾 *Dasychira axutha*、李枯叶蛾 *Gastropacha quercifolia* 等的卵。生活习性：在南京1年可繁殖9代。10月中旬到11月上旬以老熟幼虫在寄主卵内越冬。翌年4月上中旬化蛹，4月下旬至5月上旬开始羽化。完成1个世代所需时间，平均温度在20~22℃时28天，23~25℃时19~21天，27~30℃时14~16天，但也受寄主卵内寄生个数影响。成蜂寿命：雌蜂一般约8天，雄蜂约7天，因季节、个体大小、饲料的不同而有差异。羽化率一般均在95%以上。羽化时先雄后雌。雄蜂羽化后，即急于求偶交尾，故徘徊于寄主卵壳之外，待雌蜂羽化后即行交尾。雌蜂产卵时侧趴于寄主卵侧，刺入产卵管。平均每只雌蜂能繁殖子蜂100头左右，最多391头；平均能寄生于松茸毒蛾卵30粒，最多107粒。每只松毛虫卵内羽化蜂数1~8头，平均3.84头。凡已被产过卵的寄主卵，雌蜂不再产卵。

分布：江苏、浙江、安徽、江西、湖北、湖南、福建、广东。

注：生物学录自《林木害虫天敌昆虫》（严静君等，1989: 153）。

（228）松毛虫黑卵蜂 *Telenomus (Aholcus) dendrolimusi* Chu, 1937（图 285）

Telenomus sp.: Chu et Hsia, 1935: 397.

Telenomus dendrolimusi Chu, in: 祝汝佐, 1937: 60; 祝汝佐, 1955: 2; 邱式邦, 1955: 181; 祝汝佐, 1955: 373; 王平远等, 1956: 272; 中国科学院昆虫研究所和林业部林业科学研究所湖南东安松毛虫工作组, 1956: 311; 彭建文, 1959: 201; 龙承德等, 1957: 262; 孙锡麟和刘元福, 1958: 235; 蒋雪邨和李运帷, 1962: 244; 萧刚柔等, 1964: 216; 袁家铭和潘中林, 1964: 363; 广东省农林学院林学系森保教研组, 1974: 103(*Dendrolimus*!); 福建林学院森林保护教研组, 1976: 21; 陈泰鲁, 1978: 108; 何俊华, 1979: 108; 吴钜文, 1979a: 36; 吴燕如和陈泰鲁, 1980: 81; 赵修复, 1982: 319; 陈泰鲁和吴燕如, 1981: 110; 杨秀元和吴坚, 1981: 325; 章宗江, 1981: 230; 党心德和金步先, 1982: 142; 赵明晨, 1983: 22; 金华地区森防站, 1983: 33; 湖北省林业厅, 1984: 164; 李克政等, 1985: 25; 中国林业科学院, 1983: 687, 693, 704, 715, 718, 720, 724, 727, 1018; 何俊华, 1985: 109; 孙明雅等, 1986: 46; 柴希民等, 1987: 3; 侯陶谦, 1987: 173; 宋立清, 1987: 30; 何志华和柴希民, 1988: 2; 田淑

贞, 1988: 36; 严静君等, 1989: 150, 293; 王问学等, 1989: 186; 谈迎春等, 1989: 134; 陈昌洁, 1990: 197; 赵仁友等, 1990: 59; 陕西省林业科学研究所和湖南省林业科学研究所, 1990: 174; 童新旺等, 1991: 9; 杜增庆等, 1991: 16; 萧刚柔, 1992: 942, 944, 947, 952, 954, 956, 960, 963, 1255; 湖南省林业厅, 1992: 1293; 江土玲等, 1992: 53; 夏育陆等, 1992: 357; 申效诚, 1993: 176; 王书欣等, 1993: 20; 张永强等, 1994: 246; 章士美和林毓鉴, 1994: 165; 宋运堂和王问学, 1994: 64; 盛金坤等, 1995: 41; 俞云祥, 1996: 15; 陈尔厚, 1999: 49; 倪乐湘等, 2000: 43; 钟武洪等, 2000: 56(Dendrolimus!); 俞云祥和黄素红, 2000: 41; 柴希民等, 2000: 1; 梁秋霞等, 2002: 29; 孙明荣等, 2003: 20; 施再喜, 2006: 28; 骆晖, 2009: 48.

Telenomus (Aholcus) dendrolimusi: 吴燕如和陈泰鲁, 1980: 79, 81; 陈泰鲁和吴燕如, 1981: 109, 110; 吴燕如和陈泰鲁, 1987: 432; 吴钜文和侯陶谦, 1990: 301; 徐延熙等, 2006: 769; 卢宗荣, 2008: 43.

Telenomus dendrolimi(误写): 杜增庆和裘学军, 1988: 27; 王问学等, 1989: 186.

Telenomus (Aholcus) dendrolimi(误写): 何俊华, 2004: 307; 何俊华和陈学新, 2006: 91; Chen et He, 2006: 91.

雌: 体长 0.84～1.26mm。体黑色; 触角及足黑褐色; 转节、腿节末端、胫节两端、跗节均黄褐色; 前足转节基部及端跗节黑褐色。头略宽于胸部, 宽为长的 3 倍; 额光滑, 仅具网状细纹; 头顶具粗刻点; 后头向内凹。复眼有毛; 两侧单眼靠近复眼缘。触角 10 节, 着生于颜面中央下方; 第 3～10 节长为第 1 节的 2 倍多; 第 2 节长于第 3 节; 第 4 节短于第 3 节, 第 5 节为第 3 节长的 1/2, 但长于缘脉的 1/3。腹部近椭圆形, 第 1～2 背板基部各具约 10 条纵脊沟; 产卵管鞘伸于尾端外。

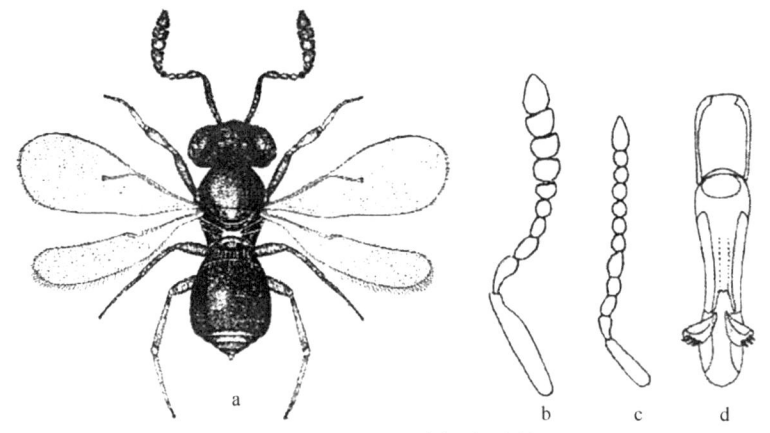

图 285 松毛虫黑卵蜂 *Telenomus (Aholcus) dendrolimusi* Chu (a. 引自 祝汝佐, 1937; b～d. 引自 吴燕如和陈泰鲁, 1980)
a. 雌性整体, 背面观; b. 雌蜂触角; c. 雄蜂触角; d. 雄蜂外生殖器

雄: 触角黑褐色, 较雌蜂略浅; 触角 12 节, 鞭节念珠状; 外生殖器阳基为基环长的 2.5 倍, 其长为最宽处的 4 倍, 腹侧突端部内凹呈 "∩" 形, 骨化明显, 抱握器如瓜子状, 上具爪 3 个, 侧叶内侧平直, 强度骨化, 抱握器常向两侧伸展, 阳茎 (基部暂以抱握器基部水平线为准) 长度为阳基的 1/3。

生物学: 寄主有思茅松毛虫 *Dendrolimus kikuchii*、马尾松毛虫 *Dendrolimus punctatus*、云南松毛虫 *Dendrolimus latipennis*、德昌松毛虫 *Dendrolimus punctatus tehchangensis*、文山松毛虫 *Dendrolimus punctatus wenshanensis*、赤松毛虫 *Dendrolimus spectabilis*、落叶松毛虫 *Dendrolimus superans*、油松毛虫 *Dendrolimus tabulaeformis* 及西昌杂毛虫 *Cyclophragma xichangensis*、黄斑波纹杂毛虫 *Cyclophragma undans fasciatella* 等的卵。聚寄生。生活习性: 在湖南、江西、江苏 1 年可繁殖 12～13 代, 10 月下旬以成虫在树皮缝隙中越冬, 翌年 4 月下旬开始活动。完成 1 个世代的历期, 在 7～8 月高温季节, 只需 11～13 天, 而 4 月则需 23 天。在 20℃和 30℃恒温下繁殖, 卵期分别为 3 天和 1 天, 幼虫期分别为 8 天和 3 天, 蛹期分别为 8 天和 4 天, 共 19 天和 8 天。在自然变温 26～28℃、相对湿度 70%～85%时, 在寄主卵内个体发育历期为 13～15 天。温度高于 30℃或光线太强时, 蜂过分活跃不安定, 影响交尾、产卵活动; 温度低于 10℃, 则停止产卵而蛰伏。成蜂羽化均在白天, 其盛期为 4～10 时。雌蜂羽化后即能产卵。大部分卵都集中在羽化后 3 天内产出。平均每只雌蜂能繁殖后代蜂数 50 头左右, 最可产卵 216 粒。一般每头雌蜂寄生于松毛虫卵数 13 粒, 最多为 65 粒。喜寄生于寄主的新鲜卵, 其子代数多, 羽化率高, 雌性比例大。在自然变温 24～28℃、相对湿度 70%～80%条件下，一般成虫寿命 7～15 天，最长可达 30 天。成蜂越冬死亡率很高。1959 年在湖南地区的调查发现，马尾松毛虫第 1 代卵期寄生率为 21.1%，第 2 代为 74.34%，第 3 代为 76.18%。

标本记录：江苏南京，1954.VI～VIII，邱益三，寄主：马尾松毛虫，No. 5314.3；浙江常山，1957.IV. 初，浙江林试站，No. 5708.15；湖南长沙，1954.VI.20，夏松云，寄主：马尾松毛虫，No. 5313.4、5314.21；湖南东安，1954.VI、VIII.20，孙锡麟，寄主：马尾松毛虫，No. 5410.19、5506.2；广东广州，1954.IX，陈守坚，寄主：马尾松毛虫，No. 5428.7；广西临桂，1957.XII.5，金孟肖，寄主：马尾松毛虫，No. 5314.13；云南，1954，章士美，寄主：马尾松毛虫，No. 5512b.35；等等。

分布：辽宁、河北、山东、河南、江苏、浙江、安徽、江西、湖北、湖南、四川、福建、广东、广西、贵州、云南；日本，朝鲜。

本种名称国内外过去有过混淆，从而产生一些混乱。Matsumura（1925: 44）命名新种 *Holcaerus*（？）*dendrolimi*（本志作者未见原文），Matsumura（1926a: 36）又命名新种 *Holcaerus*（？）*dendrolimisi* [请注意，最后加了"*si*"，日本文献中多回避此点，但 Tabata 和 Tamanuki（1939: 10）在萨哈林岛南部的松毛虫寄生蜂报告中，仍旧写成 *Telenomus dendrolimusi* (Matsumura)]。祝汝佐（Chu, 1937: 60）命名 *Telenomus dendrolimusi* Chu 新种时应该没有看到 Matsumura（1926a）文章，否则不会用 *dendrolimusi* 名。此外，Tabata 和 Tamanuki（1939）、Kamiya（1939）、Ryu 和 Hirashima（1985: 31）都把松毛虫黑卵蜂 *Telenomus dendrolimusi* Chu 列为日本松毛虫黑卵蜂 *Telenomus dendrolimi* (Matsumura) 的异名，Herting（1975）中也将蒙古国、日本、俄罗斯（萨哈林岛）的赤松毛虫 *Dendrolimus spectabilis*、落叶松毛虫 *D. superans* 上的黑卵蜂学名用为 *Telenomus dendrolimusi* Matsumura，何俊华（2004: 307）、何俊华和陈学新（2006: 91）也曾如此。日本松毛虫黑卵蜂 *T. dendrolimi* (Matsumura) 雌性触角为 11 节，而中国的松毛虫黑卵蜂 *Telenomus dendrolimusi* Chu 雌性触角为 10 节，区别十分明显，是 2 个不同的种。黑卵蜂成虫外表相似，过去缺少做严格分类研究的资料，正确鉴定最好解剖外生殖器等特征在高倍显微镜下检视，一般单位难以做到。过去报道的最初只有松毛虫黑卵蜂 *Telenomus dendrolimusi* 一种，各地命名难免随从。

注：生物学录自《林木害虫天敌昆虫》（严静君等，1989）。

（229）丰宁黑卵蜂 *Telenomus fengningensis* Chen et Wu, 1981（图 286）

Telenomus fengningensis Chen et Wu(陈泰鲁和吴燕如), 1981: 110, 112; 张贵有, 1981: 427; 陈泰鲁, 1984: 48; 侯陶谦, 1987: 173; 何允恒等, 1988: 22; 严静君等, 1989: 293; 吴钜文和侯陶谦, 1990: 301; 陈昌洁, 1990: 197.

雌：体长 1.10～1.25mm。

体黑色，触角黑褐色（除第 2 节端部黄褐色外）。足的腿节黑褐色；胫节及第 5 跗节褐色，但胫节两端和 1～4 跗节黄褐色（前足较深）。

头宽于胸部，其宽约为长的 3 倍。复眼具毛，小眼面圆形（略带椭圆）。触角 11 节，第 1 节长为宽的 4.5 倍、为第 2 节长的 2.8 倍；第 2 节长为宽的 2.4 倍，与第 3 节约等长；第 4 节稍长于第 5 节；第 6 节最小；棒状部 5 节，由 7～11 节组成；第 8 节最大，第 9 节和第 10 节相似，第 11 节长为宽的 1.4 倍，第 9 节 2 倍宽于第 3 节。额中部光滑，靠近复眼内侧具细网纹。头顶具脊，但中段不明显，头顶上具粗网纹。颊明显突起（自后面观），后头向内弯入。胸部拱起，具粗网纹和稀散的细毛。小盾片半月形，光滑，四周具稀刻点。腹部比胸部稍长，第 1、2 背板

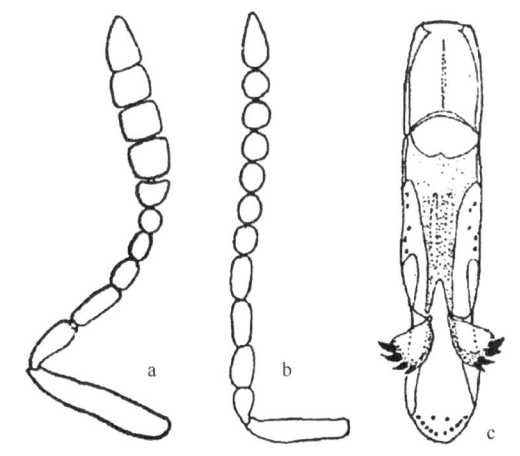

图 286 丰宁黑卵蜂 *Telenomus fengningensis* Chen et Wu（引自 吴燕如和陈泰鲁，1980）
a. 雌蜂触角；b. 雄蜂触角；c. 雄蜂外生殖器

上具纵沟，第 2 背板长稍大于宽，纵脊沟占全长的 1/4。

雄：体长 0.95~1.15mm。体色如雌蜂。胸部比腹部长而宽。触角 12 节，第 3 节比第 2 节长 1.2 倍，第 4 节和第 5 节相似，第 6~11 节呈念珠状、大小相似，第 12 节长为宽的 2 倍。雄性外生殖器：阳基为基环长的 3.8 倍，为最宽处的 4 倍；腹侧突为阳基长的 1/2，端部呈"Λ"形分叉，中部有一对长形的部分，其他部位强度骨化；抱握器上具爪 4 个；侧叶自腹侧突端部向下延伸，并有向内上方变尖锐的角，其长度为阳基的 1/3；阳茎端部卵圆形，约为阳基的 2/5 长。

生物学：寄主为落叶松毛虫 Dendrolimus superans、油松毛虫 Dendrolimus tabulaeformis、赤松毛虫 Dendrolimus spectabilis 卵。

分布：河北（丰宁县云雾山）。

（230）油茶枯叶蛾黑卵蜂 Telenomus (Aholcus) lebedae Chen et Tong, 1980（图 287）

Telenomus (Aholcus) lebedae Chen et Tong(陈泰鲁和童新旺), 1980: 310; 陈泰鲁, 1984: 45; 侯陶谦, 1987: 173; 严静君等, 1989: 154, 293; 陕西省林业科学研究所和湖南省林业科学研究所, 1990: 176; 何俊华和陈学新, 2006: 93; Chen et He, 2006: 93; 徐延熙等, 2006: 769.

Telenomus lebedae: 杨秀元和吴坚, 1981: 326; 中国林业科学院, 1983: 1023; 侯陶谦, 1987: 173; 柴希民等, 1987: 3; 陈昌洁, 1990: 197; 童新旺等, 1991: 9; 萧刚柔, 1992: 1259; 湖南省林业厅, 1992: 1293; 柴希民等, 2000: 1.

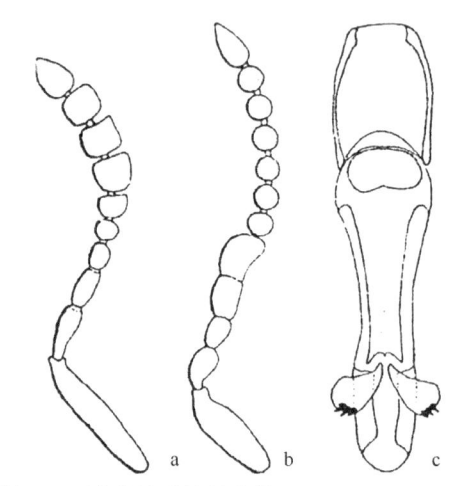

图 287 油茶枯叶蛾黑卵蜂 Telenomus (Aholcus) lebedae Chen et Tong（引自 陈泰鲁和童新旺, 1980）
a. 雌蜂触角；b. 雄蜂触角；c. 雄蜂外生殖器

雌：体长 0.95~1.20mm。体黑色。触角 10 节，第 1~6 节棕黄色，第 7~10 节褐色。足黄褐色，但第 5 跗节褐色。第 6~10 节形成棒状。

头宽于胸部，约为头长的 2.6 倍。复眼具细毛。触角 10 节，第 1 节长为宽的 5 倍、长为第 2 节的 2.8 倍，第 2 节长为宽的 2.4 倍、为第 3 节长的 1.3 倍，第 3 节长为第 4 节的 1.4 倍，第 4 节长为宽的 1.2 倍、长为第 5 节的 1.3 倍，第 5 节最小、圆形，第 6~10 节组成棒状部，第 7 节最大，第 8、9 节相等，第 10 节长为宽的 1.4 倍、圆锥形；第 9 节宽为第 3 节的 1.8 倍。额、颊和头顶均具粗刻点，触角窝具横纹，但复眼下方光滑，头顶后缘具脊，向内弯入。胸部卵圆形拱起，上具粗刻点和毛，小盾片半月形。腹部背板第 1、2 节基部具纵脊沟，达第 2 节背板的 1/4 长，其余各节光滑。胸部和腹部等长。翅脉明显。

雄：体长 0.75~0.95mm，体色比雌蜂稍浅。足和触角 1~7 节黄褐色，仅第 5 跗节和触角 8~12 节色深。触角 12 节，第 1 节粗短，长为宽的 3.5 倍，第 2 节长为第 3 节的 1.5 倍，第 4、5 节宽大，第 5 节端部变宽，其内侧向下弯曲并具突起，第 6~11 节大小相似、圆形，第 12 节长为宽的 2.2 倍、圆锥形。外生殖器的阳基为基环的 2.5 倍长，为阳茎的 2.7 倍长，腹侧突端部稍内陷，抱握器上具爪 3 个。

生物学：寄主有松大枯叶蛾 Lebeda nobilis nobilis、马尾松毛虫 Dendrolimus punctatus、文山松毛虫 Dendrolimus punctatus wenshanensis 和竹缕舟蛾 Loudonta dispar。生活习性：在湖南油茶枯叶蛾卵的自然寄生率一般达 15.75%。1 年发生 10~11 代。10 月下旬至 11 月上旬开始蜂以幼期在卵内越冬。越冬代成虫于 4 月上中旬羽化。雌蜂羽化当天即可产卵，多集中在 4 天内产完，以第 2 天产卵为多。蜂产卵时多从寄主卵的向光面或侧面产入。一般在早晨和上午产卵较多，处于黑暗时则不寻找寄主卵。1 头雌蜂最多可产卵 498 粒。一寄生卵内发育的蜂数，视卵的大小不同：松毛虫卵平均 4.6 头，油茶枯叶蛾卵平均 14.2 头，人工繁殖寄主的柞蚕卵平均 28.2 头，樟蚕卵平均 5.3 头，栎黄枯叶蛾卵最多 3 头、最少 1 头。雌性比例高达

90.32%。温湿度与成蜂的寿命、产卵量和子蜂的羽化率有密切关系。完成 1 代所需时间因温度而异，日温 31.2℃时，需 13 天；28.1℃时 15 天；25℃时 17 天；21.3℃时 23 天；18.4℃时 29 天；15℃时 46 天。室内还可接种于柞蚕和乌柏蚕卵。

分布：湖南、广东、云南。

注：生物学录自《中国森林昆虫》（萧刚柔，1992: 1259）。

(231) 落叶松毛虫黑卵蜂 *Telenomus tetratomus* Thomson, 1860 （图 288）

Telenomus tetratomus Thomson, 1860: 174; 陈泰鲁和吴燕如, 1981: 110, 111; 章宗江, 1981: 226; 党心德和金步先, 1982: 142; 陈泰鲁, 1984: 46; 侯陶谦, 1987: 173; 严静君等, 1989: 158, 294; 陈昌洁, 1990: 197; 陕西省林业科学研究所和湖南省林业科学研究所, 1990: 181; 刘岩和张旭东, 1993: 89; 杨忠岐和谷亚琴, 1995: 224; 岳书奎等, 1996: 6; 王志英等, 1996: 87; 姚艳霞等, 2005: 89; 何俊华和陈学新, 2006: 88; Chen *et* He, 2006: 88.

Telenomus (*Telenomus*) *tetratomus*: 吴钜文和侯陶谦, 1990: 301; Lelej, 2012: 23, 136.

Telenomus gracilis: 杨秀元和吴坚, 1981: 326; 严静君等, 1989: 293; Lelej, 2012: 136.

Telenomus verticillatus: Lelej, 2012: 136.

雌：体长 0.9～1.2mm。体黑色，无金属光泽。触角深红褐色，但柄节黑色。复眼灰色，单眼透明。头、胸部上的毛灰白色。

头部背面观宽为长的 2 倍，比胸部宽。上颊在复眼后向外突出，头部在后眼眶处下陷，下陷部的后缘呈脊，此脊向上延伸达头顶。复眼上具纤毛。单眼小，POL 小于单眼直径之半。后头脊完整，近于后头孔而远离头顶。触角窝近于口缘，具呈鼻状的窝间突。胸部背面圆隆，宽度略小于腹部（30∶33），表面具浓密的短毛。小盾片横阔，后盾片明显。并胸腹节侧区呈 2 个三角形凹陷区，凹陷区在中部不相接触。前翅痣后脉长为痣脉的 1.9～2.0 倍；后翅缘脉端部达翅长的 3/7 处；翅缘毛略短于最大翅宽的 1/2。腹部椭圆形，比胸部略宽，长为胸部的 1.2 倍，第 2 节背板最大。

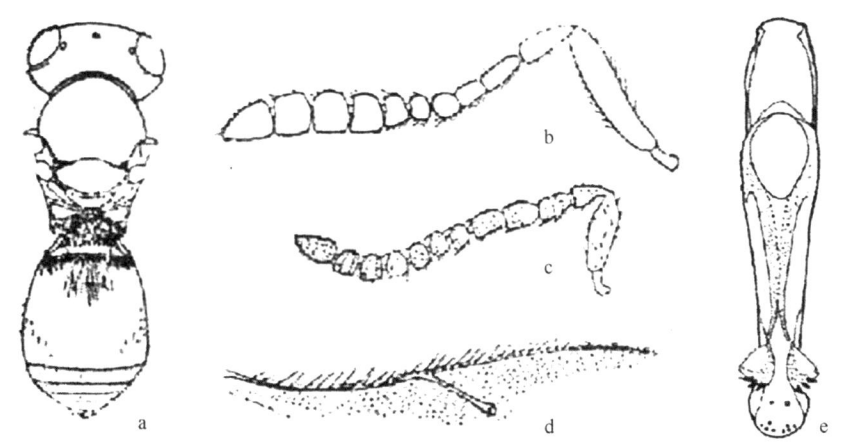

图 288 落叶松毛虫黑卵蜂 *Telenomus tetratomus* Thomson（a～d. 引自 杨忠岐等, 2015; e. 引自 吴燕如和陈泰鲁, 1980）
a. 雌蜂整体，背面观；b. 雌蜂触角；c. 雄蜂触角；d. 雄蜂部分前翅；e. 雄蜂外生殖器

雄：体长 0.6～1.0mm。与雌蜂相似，但腹部明显短于胸部。触角 12 节。雄性外生殖器：狭长形，阳基为基环长的 4 倍，为宽的 4.8 倍，腹侧突端部分叉，为阳基的 1/7，细长，抱握器上具爪 3 个，阳茎约为阳基的 1/3 长。

生物学：寄主有落叶松毛虫 *Dendrolimus superans*、油松毛虫 *Dendrolimus tabulaelormis*、赤松毛虫 *Dendrolimus spectabilis*、欧洲松毛虫 *Dendrolimus pini* 及白齿茸毒蛾 *Dasychira albodentata*、松茸毒蛾 *Dasychira axutha*、李枯叶蛾 *Gastropacha quercifolia*、灰袋枯叶蛾 *Macrothylacia rubi*、古毒蛾 *Orgyia antiqua* 等。生活习性：落叶松毛虫黑卵蜂在山东烟台地区 1 年发生 5～7 代，世代重叠，以 6 月上旬、8 月下旬成

虫发生数量最多。于9月下旬到10月初开始越冬。在辽宁省章古台地区，以成虫越冬，越冬部位一般多在樟子松的树干基部距离地面40cm高度以下的树皮缝隙内，以及在根际周围枯枝落叶层下。越冬方位以北向最多。越冬成虫于翌年4月底开始活动，5月为成虫盛期。成虫夜间有聚群栖息的特性，有向上性、向光性，对松毛虫的蛹和雌蛾有强烈趋性。该蜂羽化期为4~9天，卵寄生率为11%~30.3%。每卵平均出蜂7~8头。雌蜂平均产卵量31粒，最多130粒，可寄生于松毛虫卵4~47粒。成蜂寿命与温度呈负相关关系，4℃时90天，29℃时只有3天。从1粒寄主卵中可育出2~8头成蜂。

标本记录：辽宁清原，1954.VIII.15，刘友樵，寄主：落叶松毛虫，No. 5429.9；吉林抚松，1954.IX.15，刘友樵，寄主：落叶松毛虫，No. 5429.1；等等。

分布：北京、黑龙江、吉林、辽宁、内蒙古、北京、山东、陕西、新疆等；俄罗斯（西伯利亚）。

注：本种的名称国内过去曾用松毛虫黑卵蜂 *Telenomus dendrolimusi* Chu、日本松毛虫黑卵蜂 *T. dendrolimi* (Matsumura)等。但据杨忠岐和谷亚琴（1995）报道，他从落叶松毛虫卵中迄今为止还未养出松毛虫黑卵蜂 *Telenomus tetratomus*。松毛虫黑卵蜂 *T. dendrolimusi* 雌性触角为10节，而育出的都是雌性触角为11节的落叶松毛虫黑卵蜂 *T. tetratomus* Thomson。日本松毛虫黑卵蜂 *Telenomus dendrolimi* (Matsumura)是 Matsumura（松村松年）1925年根据从俄罗斯（萨哈林岛）和日本的丰原（Toyohara）及大泽（Osawa）两地落叶松毛虫卵中养出的标本而发表的，从松村松年对该种的描述看，很可能为落叶松毛虫黑卵蜂 *Telenomus tetratomus* Thomson 的同物异名。

分盾细蜂总科 Ceraphronoidea

十四、分盾细蜂科 Ceraphronidae

体小型，前翅0.3~3.5mm。一般为黑色，但也有黄褐色。触角着生于唇基基部近口器处，膝状；雌性7~10节，有时端部呈棒状；雄性10~11节；无环状节。前胸背板向后伸达翅基片。中胸盾片大，横宽，至多只有中纵沟，无盾侧沟。小盾片大，多少隆起，常在后方有一横沟；三角片明显。翅痣线状。足转节1节；胫距式2-1-2，前足胫节2距（细腰亚目中仅本总科如此），较大的1个距不分叉。腹部多为卵圆形，两侧圆；腹柄节可见一个短环状节；第2节背板超过腹部长的一半，基部宽并有并列短纵刻条。

分盾细蜂科是一个中等大小的科，其中的分盾细蜂属 *Ceraphron* 和隐分盾细蜂属 *Aphanogmus* 为全球分布。该科均为寄生性种类，多为重寄生，也有原寄生。寄生于体内。寄主有双翅目、同翅目和脉翅目的一些科；也有报道在缨翅目（蓟马）的蛹上寄生。某些热带种类为鳞翅目幼虫-蛹的内寄生蜂，有些种类是捕食性瘿蚊幼虫的寄生蜂，也有的寄生于茧蜂科、姬蜂科、肿腿蜂科和螯蜂科而成为重寄生蜂。菲岛细蜂 *Ceraphron manilae* 是我国稻田、棉田、蔗田、桑田园、果园及玉米上姬蜂、茧蜂、肿腿蜂和螯蜂上常见的重寄生蜂，从茧内羽化，聚寄生。分盾细蜂化蛹是在老熟的寄主幼虫体内。

在日本石井悌（Ishii）1938年曾记述 *Ceraphron kamiyae* Ishii 为赤松毛虫 *Dendrolimus spectabilis* 的重寄生蜂。

86. 分盾细蜂属 *Ceraphron* Jurine, 1807（图289）

Ceraphron Jurine, 1807: 1-303.

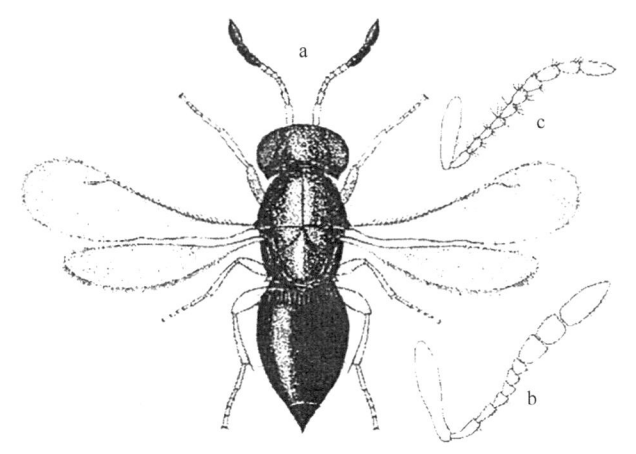

图 289　分盾细蜂属 Ceraphron 概形图（引自 何俊华，1979）
a. 雌蜂整体，背面观；b. 雌蜂触角；c. 雄蜂触角

（232）分盾细蜂 Ceraphron sp.

Ceraphron sp.: 金华地区森防站, 1983: 33; 王问学和宋运堂, 1988: 28; 王问学等, 1989: 186.

生物学：在浙江寄生于马尾松毛虫越冬代蛹；在湖南寄生于松毛虫上的黑足凹眼姬蜂 Casinaria nigripes，1 凹眼姬蜂茧中出蜂 8 头。

分布：浙江、湖南。

青蜂总科 Chrysidoidea

十五、肿腿蜂科 Bethylidae

体小型至中型，长 1～10mm。一般为金属青铜色。体多少扁平。一些种类无论雌雄均有无翅型或有翅型，许多种类雌蜂无翅似蚁，故过去有"蚁形蜂"之称。头长形、横形或亚球形，且扁平，常为显著的前口式。唇基上常具 1 中纵脊，向上延伸至两触角间。触角 12～13 节，两性节数相同，着生处近于唇基。复眼常很小，内缘平行。上颚强大。具翅个体前胸背板伸达翅基片。足常强壮。前翅翅脉减少；盘室 1 个或无；具前缘室、基室和亚基室，或仅具前缘室和基室，或全无；翅痣有或无；径脉有或无，存在时常游离。后翅无闭室，有扇叶。腹部有柄，可见 7～8 个背板。雌性有螫针。

全世界广布，已知 6 亚科 104 属约 1840 种（包括化石种类）。我国标本很多，但定名者不多。该科寄主有鳞翅目、鞘翅目幼虫。有报道称，一些种在蚁巢中被发现，也有从瘿蜂虫瘿中育出的，或与木蜂亚科 Xylocopinae 有联系，其寄生关系尚不清楚。肿腿蜂寄生的寄主通常生活在隐蔽性场所，如卷叶中、树皮下、腐烂的木质碎屑中及土室内。有些种侵袭粮食或贮物仓库中或花卉的蛾类和甲虫幼虫。外寄生和聚寄生。雌蜂一旦找到合适寄主，即行刺螫一次或几次，使其迅速麻醉，或当即毙命。一般寄主个体比雌蜂大，可见肿腿蜂的刺螫很有效力。雌蜂在寄主上产 1 粒或数粒卵。雌蜂常吸食猎物体上渗出的血淋巴。某些种的雌成虫守候在猎物旁，直到下一代幼虫老熟后才离去。化蛹时结一短椭圆形的茧。不少种能蜇人。

87. 棱角肿腿蜂属 *Goniozus* Foerster, 1856（图 290）

Goniozus Foerster, 1856: 96.

属征简述：颚须 5 节；唇须 3 节。唇基端部突出呈三角形或为近于三角形的中叶。额通常有中纵脊伸至近唇基上方。复眼大，有或无直毛。触角 13 节，无盾纵沟。小盾片基部有 1 横沟或为 1 对小凹窝，此凹窝有 1 弱沟相连。后胸背板两侧均明显萎缩。并胸腹节有侧脊；横脊有或无，或不完整；无中纵脊和 1 对前凹窝。前翅有前翅痣，大，三角形；翅痣大，后缘拱形；径脉不伸达翅前缘从而缘室开放；基脉均匀弧形无角度；小翅室或 1 条短脉从基脉伸出（Rs+M）；M 脉长于 Rs 脉。跗爪强度弧形。后翅近基部后缘有明显缺刻。

本属已知寄生于小蛾类幼虫，外寄生，在寄主幼虫体表上产数粒卵或 1 粒卵。

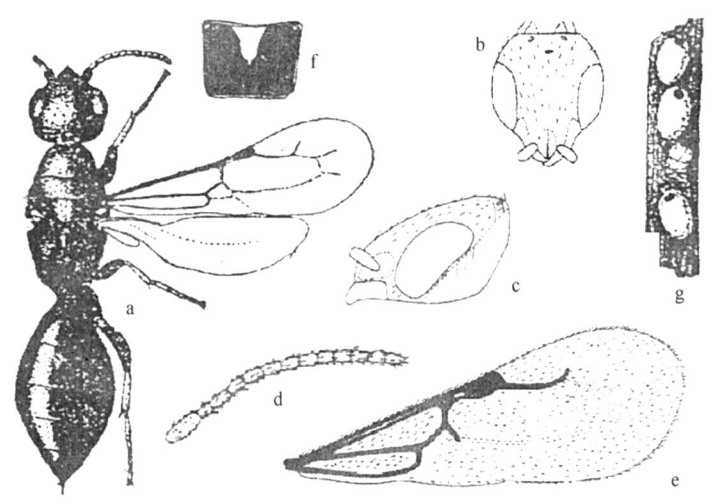

图 290 棱角肿腿蜂属 *Goniozus* 概形图（a, g. 引自 何俊华，1979；其余引自 许再福等，2002）
a. 雌蜂整体，背面观；b. 头部，前面观；c. 头部，侧面观；d. 触角；e. 前翅；f. 并胸腹节；g. 寄主幼虫尸体旁的蜂已羽化的茧

（233）棱角肿腿蜂 *Goniozus* sp.

Goniozus sp.: 柴希民等, 1987: 7; 陈昌洁, 1990: 197.

生物学：柴希民等（1987）报道寄生于马尾松毛虫蛹，1 头蛹可羽化 2～3 头成虫。
分布：浙江。
注：已知寄生于小蛾类幼虫，外寄生。最早是柴希民等（1987: 7）报道寄生于松毛虫蛹，从寄生于蛹这一点估计，定名存疑；或者是寄生于在松毛虫死蛹（或死幼虫）上附生的小蛾类幼虫上的。

附录1 在国外记录寄生于松毛虫、我国虽未在松毛虫上发现但有分布的寄生蜂

在"附录2：世界松毛虫寄生蜂名录"中，世界上寄生于松毛虫的寄生蜂中，有一些种在中国虽尚未发现寄生于松毛虫，但在中国是有分布记录的，现收录于附录1并做介绍，以便在调查研究中引起注意和识别。

一、姬蜂科 Ichneumonidae

1. 德姬蜂属 *Delomerista* Foerster, 1869 （图291）

Delomerista Foerster, 1869: 164.

属征简述：前翅长5～10.5mm。体较细。雄性颜面和唇基黄白色。颜面隆起，具细到中等大小的刻点。唇基端缘中央具缺刻。上颚端齿等长。颚眼距为上颚基部宽的0.25～1.0倍，黄色（雄性颚眼距通常比雌性的短）。触角鞭节具线形感觉器，但第1～2鞭节通常无感觉器。胸部近于光滑，具带毛细刻点。前沟缘脊和胸腹侧脊存在。盾纵沟前方明显。并胸腹节中区完整；分脊有或无；端横脊呈圆形。前翅有小翅室，收纳2m-cu脉于外角前方。后翅cu-a脉曲折部位不定，有在中央、中央上方或中央下方曲折的。跗爪简单，无基齿，无端部匙形的大鬃毛。腹部强度粗糙，具密毛。腹部第1节背板侧面观具弱至强的角度，中纵脊和侧纵脊存在。产卵管中等侧扁，端部不扭曲；产卵管鞘长约为前翅长的0.45倍，但有变化。

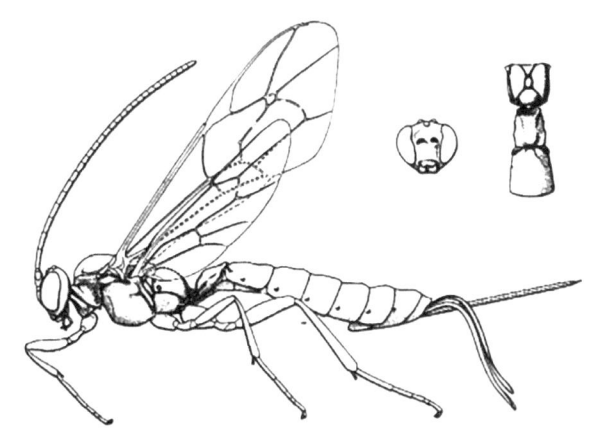

图291 *Delomerista novita* Cresson（德姬蜂属 *Delomerista* Foerster）（引自 Townes，1969）

生物学：寄生于鞘翅目、膜翅目昆虫。
分布：全北区、东洋区（印度）。世界已知18种，我国已知2种。

（1）颚德姬蜂 *Delomerista mandibularis* (Gravenhorst, 1829) （图292）

Pimpla mandibularis Gravenhorst, 1829: 180. Type: ♀, Poland(Wroclaw) (Labelled by Perkins, 1936); designated by Oehlke, 1967.

Delomerista mandibularis: Gupta, 1982: 25; 吴钜文和侯陶谦, 1990: 282; Yu *et* Horstmann, 1997: 796; Yu *et al.*, 2012.

雌：体长8.5~9.5mm，前翅长7.0~8.0mm。

头：颜面中央隆，稍隆凸，表面光滑，具稀疏刻点，有时稍密。唇基光滑且平坦，端缘弧形内凹。颊眼距为上颚基宽的0.5倍。上颚粗壮，两端齿等长。复眼内缘在触角窝上方浅弧形内弯。POL：OD：OOL=1.2：1.0：1.3。上颊和头顶具细刻点。触角鞭节28节，第1节长为第2节的1.3倍，为端宽的4.1倍；第1、2节鞭节上的感觉器很少。

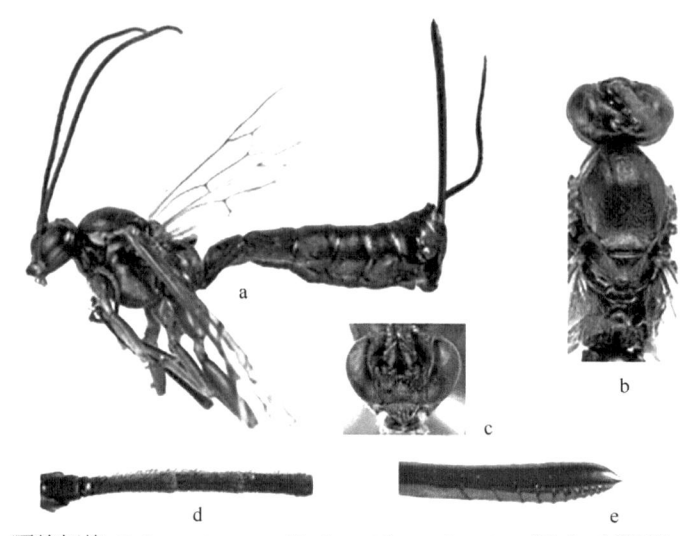

图292 颚德姬蜂 *Delomerista mandibularis* (Gravenhorst) （引自 刘经贤，2009）
a. 整体，侧面观；b. 头部和胸部，背面观；c. 头部，前面观；d. 触角基部；e. 产卵管端部，侧面观

胸：前胸背板光滑，背缘具带毛细刻点；前沟缘脊强。中胸盾片近于光滑，具中等带毛刻点；盾纵沟浅，前方0.3存在；小盾片三角形，稍隆起。后小盾片呈条形隆起。胸腹侧脊强，伸至中胸侧板中央，其前端不触及中胸侧板前缘；中胸侧板光滑。后胸侧板光滑，具稀疏带毛刻点；后胸侧板下缘脊完整且强。并胸腹节侧面观隆起，背面光滑，两侧具细皱；中区呈马蹄形，有时方形或五角形；分脊仅模糊存在；端横脊强且完整。

翅：后翅cu-a在下方0.3~0.5曲折，CU1脉端段明显。

足：各节趾爪简单，无基齿。

腹：第1节背板中央具小颗粒状刻点，两侧具细革状皱；背中脊和背侧脊明显。第2~8节背板具小颗粒状刻点。产卵管粗壮，与腹部等长；近端部微弱上弯，背瓣端部变宽，约为端部厚度的2/3；无背结。

体色：体黑色。触角黑褐色。上颚（除端部黑色外）、颊、须和前胸背板肩角黄白色。翅基片黑色。足暗红褐色或橙褐色，中、后足跗节黑色。产卵管红褐色。翅透明，翅脉和翅痣褐色。

雄：本研究未见。据Gupta（1982）描述：体小，体长6.0~9.0mm；前翅长5.0~8.0mm。颜面黄白色，大部分个体光滑或稍具皱。触角柄节和梗节腹面黄色或黑色。颊黄色，为上颚基部宽的0.3~0.4倍。翅基片黄色。并胸腹节的脊强，分脊弱至模糊，中区长形。前中足大部分浅黄色，其腿节、胫节和跗节背面带褐色；后足基节、转节（腹方常黄色）和腿节（端部有时黑色）红褐色；胫节和跗节背方黑褐色而腹方中央黄白色。腹部背板具颗粒状毛糙；后柄部具皱。

生物学：在我国，寄主不明。国外寄主有西伯利亚松毛虫 *Dendrolimus sibiricus albolineatus*、欧洲松毛虫 *Dendrolimus pini*，重寄生于松毛虫上的脊茧蜂 *Aleiodes* (=*Rhogas*) sp.及美芽瘿叶蜂 *Euura amerinae*、隆片叶蜂 *Strongylogaster* sp.。

标本记录：2♀，陕西秦岭天台山，海拔1800m，1998.VI.10，马云、杜予洲，No. 983918、983576。

分布：陕西；全北区。

注：中名根据学名拉丁语原意"上颚"而订。

2. 白眶姬蜂属 *Perithous* Holmgren, 1859（图 293）

Perithous Holmgren, 1859: 123.
Perithous (*Hybomischos*) Baltazar, 1961: 49.
Hybomischos: Constantineanu *et* Pisica, 1977: 92.

属征简述：前翅长 6.0～18.0mm。体细长。颜面、唇基和额眶白色或部分白色。颜面略隆起，具稀疏至中等密的刻点；唇基基部隆起，端部平，端缘具深缺刻；上颚端齿等长；复眼内缘在触角窝对过处稍内凹；后头脊完整，背方中央不下弯；触角中等长，亚端节略膨大。前沟缘脊短；胸腹侧脊伸至中胸侧板上方 0.7 处；盾纵沟短而弱或无；并胸腹节隆起，仅端横脊存在，弧形。前翅小翅室三角形，收纳 2m-cu 脉于近外角；后翅 cu-a 脉在中央上方曲折。足跗爪无基齿和端部膨大的鬃。腹部第 1 节背板隆起，背中脊短；背侧脊强，从气门上方经过，与气门接触或分离，基部有或无齿状凸起。第 1 节腹板中央具脊状皱折。第 2 节背板基侧沟近横形，端侧沟多少明显。第 3、4 节背板具中等强的背瘤，端缘光滑横带约为背板长的 0.1。产卵管侧扁，微弱下弯或波曲状，腹瓣端末具斜齿；产卵管鞘长为前翅长的 0.9～2.0 倍。

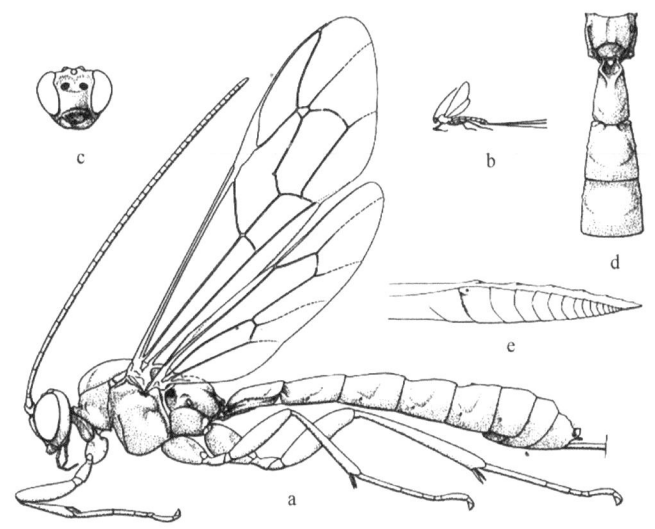

图 293　白眶姬蜂属 *Perithous* Holmgren（引自 Townes，1969）
a，b. 整体，侧面观；c. 头部，前面观；d. 并胸腹节和腹部第 1～3 节，背面观；e. 产卵管端部

生物学：寄生于膜翅目、鞘翅目和鳞翅目昆虫。
分布：全北区、东洋区。世界已知 16 种和亚种。我国已知 9 种和亚种，本志记述与松毛虫有关的 1 种。

（2）趣白眶姬蜂 *Perithous scurra* Panzer, 1804　（图 294）

Ichneumon scurra Panzer, 1804: 92, 94, 95.
Perithous scurra (Panzer, 1804) Yu *et* Horstmann, 1997: 809.
Pimpla mediator Fabricius, 1804: 117; Gupta, 1982: 6.
Perithous mediator mediator: Townes *et al*., 1960: 214.

本种特征是腹部背板上刻点相当细而稀。后胸侧板下缘脊在中足基节上方有 1 短锥状突，其端缘反折。头部黑色，复眼内眶黄色。触角浅褐色。中胸盾片、小盾片（除端部外）、中胸侧板和前胸背板背上缘红褐色（前胸背板最端缘黄色）。翅基片褐色，翅基下脊黄色。足橙褐色，后足胫节和跗节有相当不明显的浅褐色斑。并胸腹节沿端横脊中央有 1 新月形的黄斑。腹部各背板沿端缘有黄色窄条。意大利标本色更黄。

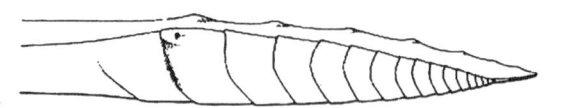

图294 趣白眶姬蜂 Perithous scurra Panzer 产卵管端部（引自 Townes et al., 1960）

雄性颜面全部黄色；前、中足基节黄色，胫节和跗节黄色，但有橙色斑，特殊的腿节、后足基节和腿节橙色，胫节和跗节黄色，有浅褐色斑。意大利标本色更黄。

生物学：在欧洲有寄生于欧洲松毛虫的记录；Aubert（1969）有一很长的寄主名录，有鞘翅目 Coleoptera 的天牛科 Cerambycidae，以及膜翅目 Hymenoptera 的长颈树蜂科 Xiphydriidae、瘿蜂科 Cynipidae、青蜂科 Chrysididae、蜾蠃蜂科 Eumenidae、泥蜂科 Sphecidae 和切叶蜂科 Megachilidae。

分布：黑龙江、辽宁；欧洲。

注：我国另有 2 个亚种：趣白眶姬蜂日本亚种 Perithous scurra japonicas (Uchida, 1928)分布于黑龙江、浙江；趣白眶姬蜂黑背亚种 Perithous scurra nigrinotum (Uchida, 1942)分布于辽宁、宁夏。

3. 顶姬蜂属 Acropimpla Townes, 1960（属征简述、生物学和分布见前）

（3）双斑顶姬蜂 Acropimpla didyma (Gravenhorst, 1829) （图295）

*Pimpla didyma Gravenhorst, 1829: 178.
Acropimpla didyma: Liu et al., 2010: 26; Lelej, 2012: 211.

雌：体长8.5mm，前翅长7.1mm。

头：颜面高为宽的0.95倍，中央稍纵隆，散生带毛刻点；上缘直。唇基光滑，基部0.2横隆，端缘具深缺刻。颚眼距为上颚基部宽的0.3倍。上颚两端齿约等长。复眼内缘近平行。额光滑。POL：OD：OOL=1.0：1.0：1.25。上颊背面观向后弧形收窄，长为复眼的0.6倍。触角鞭节21节，第1节长为端宽的3.3倍，为第2节的1.25倍，短于前翅长。

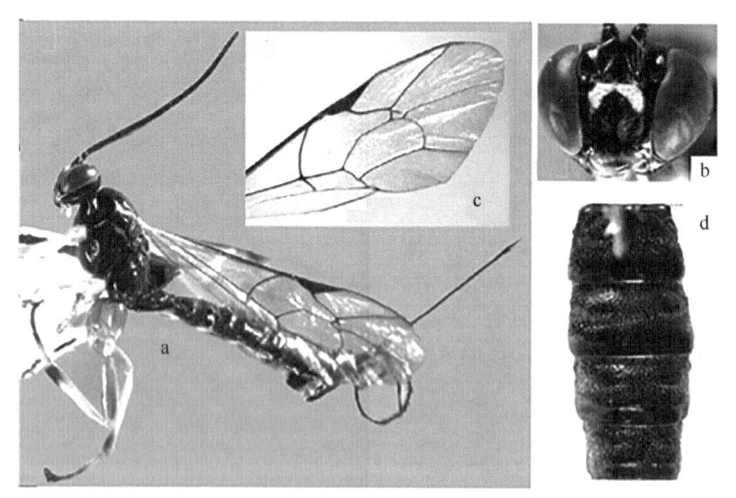

图295 双斑顶姬蜂 Acropimpla didyma (Gravenhorst) （引自 刘经贤，2009）
a. 整体，侧面观；b. 头部，前面观；c. 前翅；d. 腹部第2～5节背板

胸：前胸背板光滑，背缘后角具稀疏带毛刻点；前沟缘脊直。中胸盾片近于光滑，被密毛；盾纵沟浅，前方0.2存在；小盾片均匀隆起。胸腹侧脊强，伸至中胸侧板上方0.8处，其前端远离中胸侧板前缘；中胸侧板前方3/4具稀疏带毛细刻点，点间距约为点径的4.0倍，光滑。后胸侧板背缘光滑；后胸侧板下缘脊完整且强。并胸腹节中等长，中纵脊伸至中央；侧区散生稀疏带毛刻点；外侧区具稀疏粗刻点，被细毛；气门近圆形，与外侧脊间距约为其短径的0.5倍。

翅：前翅 cu-a 对叉；小翅室斜四边形，具短柄；2rs-m：3rs-m=1.0：2.0；小翅室收纳 2m-cu 在端部 0.2 处；Rs 脉从翅痣中央伸出。后翅 cu-a 在中央下方 0.3 曲折，CU1 脉端段明显。

足：后足腿节长为最大宽的 3.8 倍。

腹：第 1 节背板长为端宽的 0.8 倍，具稀疏刻点；背中脊伸至中央；背侧脊细而完整。第 2 节背板基侧斜沟明显，密布粗刻点。第 3～5 节背板具粗刻点；背瘤明显，其上密布刻点。第 6 节背板基半具细刻点，端半近于光滑。第 7、8 节背板近于光滑，被细毛。产卵管近圆筒形，背瓣亚端部有弱的背结，腹瓣末端基部具斜脊；产卵管鞘具密毛，长为后足胫节的 2.3 倍。

体色：黑色。触角黑色；柄节和梗节腹缘黄褐色。唇基、上颚（端齿黑色）、颜面上方新月形斑、前胸背板上缘后角和翅基片黄色。足黄褐色；前中足基节和转节黄白色；后足深褐色，转节黄白色，胫节黄白色端部黑色，跗节除第 1 节基半褐色外黑褐色。产卵管鞘黑色，产卵管红褐色。翅透明，翅脉和翅痣黑色。

雄：未知。

生物学：我国寄主不明；国外寄生于欧洲松毛虫 Dendrolimus pini、Dendrolimus jezoensis、束额夜蛾 Archanara dissoluta、舞毒蛾 Lymantria dispar、模毒蛾 Lymantria monacha、黄褐天幕毛虫 Malacosoma neustria testacea、内夜蛾 Rhizedra lutosa 等。

分布：陕西（黎坪森林公园）；古北区。

4. 钩尾姬蜂属 *Apechthis* Foerster, 1869（属征简述、生物学和分布见前）

（4）隆钩尾姬蜂指名亚种 *Apechthis compunctor compunctor* (Linnaeus, 1758) （见图 18）

Ichreumon compunctor Linnaeus, 1758: 564.
Ephioltes compunctor: Townes *et al*., 1965: 44; 吴钜文和侯陶谦, 1990: 282.
Apechthis compunctor: Kolomiets, 1962: 91; Yu *et al*., 2012.

雄：体长 10.2mm，前翅长 7.5mm。

头：颜面高为宽的 1.0 倍，中央微弱隆起，具细刻点，侧方近于光滑。唇基光滑，基部稍横形隆起，端缘微凹，侧角突出。颚眼距为上颚基部宽的 0.28 倍。上颚端半收窄，2 齿约等长。复眼内缘在触角窝对过处稍凹入。额光滑。单眼 POL：OD：OOL=1.0：1.4：1.3。上颊背面观向后收窄，长为复眼的 0.57 倍。触角鞭节 35 节，向端部明显加宽，第 1 鞭节长为端宽的 5.0 倍、为第 2 鞭节长的 1.25 倍，端节长为亚端节长的 1.5 倍。

胸：前胸背板光滑；前沟缘脊强伸至中央。中胸盾片拱隆，密布浅而细带毛刻点；盾纵沟不明显。小盾片拱隆，刻点较大。中胸侧板光滑，具稀疏的极细带毛刻点；胸腹侧脊伸至中胸侧板的 0.5 处，其前端远离中胸侧板前缘。后胸侧板光滑，具刻点，前下角及后上方具夹点细皱；后胸侧板下缘脊完整。并胸腹节满布带毛细刻点，无中纵脊；中区部位光滑；侧纵脊仅在端部存在；外侧脊完整且强；侧区和外侧区密布较粗的带毛刻点；气门近圆形，不与外侧脊相接。

翅：前翅 cu-a 稍后叉；小翅室斜四边形，2rs-m：3rs-m=1.0：1.0，上方稍相接，收纳 2m-cu 在端部 0.35 处；Rs 脉从翅痣中央基方伸出。后翅 cu-a 在上方 0.42 处曲折。

足：后足腿节长为最宽处的 3.4 倍，为胫节长的 0.66 倍；后足第 2 跗节长为第 5 跗节的 1.27 倍。

腹：腹部密布带毛刻点。第 1 节背板长为端宽的 2.0 倍；背中脊短，表面相当拱隆，密布刻点；背侧脊明显，伸至后方。第 2 节背板与第 1 节背板等长，长为端宽的 1.3 倍；第 2～5 节背板背瘤弱，端缘光滑。第 2～4 节背板折缘约等宽，长均约为宽的 2.5 倍。

体色：黑色。触角背方黑褐色，腹方基部 3 节黄白色，其余黄色。须、颜面、唇基、上颚除端齿外、额眶、前胸背板侧面背缘、翅基片、气门片、翅基下脊、小盾片后缘和后小盾片后半黄白色；前胸背板侧面上半（除背缘外）和后缘、中胸盾片、小盾片除后缘外、中胸侧板除翅基下脊外酱褐色。腹部腹板白色，

第 2~3 节前侧方小斑黑色。足黄色，基节、腿节红褐色；各足跗节端部稍褐色。翅带烟黄色，透明，翅痣浅黄褐色，翅脉浅褐色。

雌：未知。

生物学：据国外记载寄生于落叶松毛虫 Dendrolimus superans（=sibiricus）、赤松毛虫 Dendrolimus spectabilis 及山楂粉蝶 Aporia crataegi、山楂粉蝶北海道亚种 Aporia crataegi adherbal、丫纹夜蛾 Autographa gamma、弧铜夜蛾 Chrysopera moneta、褐条毛尺蠖 Lycia hirtaria、模毒蛾 Lymantria monacha、黄褐天幕毛虫 Malacosoma neustria testacea、荨麻蛱蝶 Nymphalis urticae、Nymphalis urticae connexa、白桦尺蛾 Phigalia tites、欧洲粉蝶 Pieris brassicae、盗毒蛾 Porthesia similis。

标本记录：1♂，新疆巩乃斯，1991.VII.9，何俊华，No. 913950。

分布：新疆；俄罗斯等古北区国家。

（5）黄条钩尾姬蜂 Apechthis rufata (Gmelin, 1790) （图 296）

Ichneumon rufatus Gmelin, 1790: 2684.
Apechthis rufata: Morley, 1914b: 32.
Ephialtes rufatus: Townes et al., 1961: 28; Gupta, 1987: 77; 何俊华等, 1996: 143; 何俊华, 2004: 380; 盛茂领和孙淑萍, 2009: 205.

雌：体长 7.2~15.0mm，前翅长 5.7~10.0mm，产卵管鞘长 1.4~1.7mm。

头：颜面长为宽的 1.0 倍，中央上半稍屋脊状拱隆，正中有纵刻条，散生刻点。唇基光滑，基部散生细刻点，端缘平截。额光滑。颊眼距为上颚基部宽度的 0.20~0.25 倍。单眼 POL：OD：OOL = 1.0：1.0：0.7。触角 27 节，第 1 鞭节长为端宽的 6.8 倍、为第 2 鞭节长的 1.4 倍。

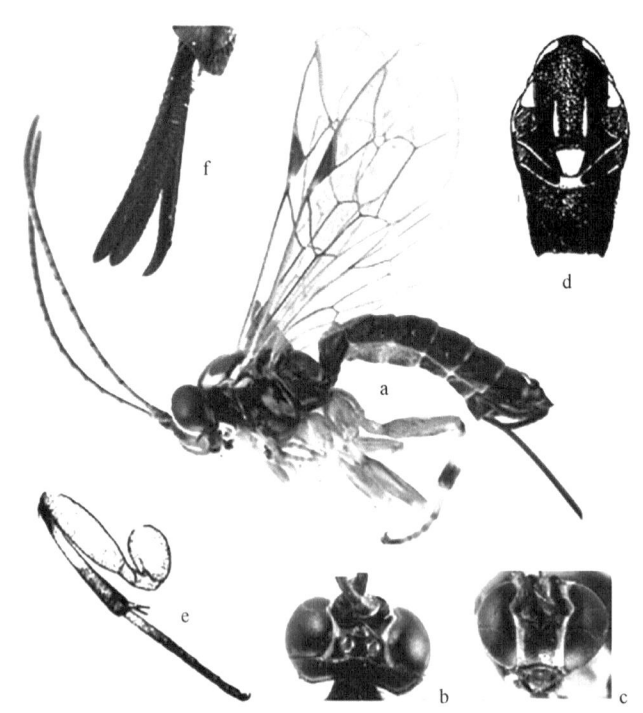

图 296 黄条钩尾姬蜂 Apechthis rufata (Gmelin) （引自 何俊华等，1996；其余引自 刘经贤，2009）
a. 整体，侧面观；b. 头部，背面观；c. 头部，前面观；d. 胸部，背面观；e. 后足；f. 产卵器

胸：前胸背板近于光滑，肩角散生细刻点；前沟缘脊细。中胸盾片拱隆，具相当细而密带毛刻点；盾纵沟浅，不达翅基片前缘连线水平。小盾片隆起，侧脊短。中胸侧板除镜面区光滑外具细刻点；胸腹侧脊弧形，不达侧板前缘。后胸侧板光滑，仅前上角和中后方具稀细刻点或点皱；后胸侧板下缘脊完整且强。并胸腹节中纵脊稍分开或平行，伸至 0.25~0.4 处；中区和端区光滑；侧区和外侧区满布夹皱带毛粗刻点；

外侧脊完整；气门短卵圆形，近于外侧脊。

翅：前翅小脉稍后叉；小翅室 2rs-m 与 3rs-m 等长或稍长或稍短，在上方相接或相近，收纳第 2 回脉在 0.6～0.65 处。后翅 cu-a 在上方 0.2～0.3 处曲折。

足：所有足跗爪具有基齿。后足腿节长为最宽处的 3.5 倍，第 2 跗节长为第 5 跗节长的 0.96 倍。

腹：腹部背板密布较粗带毛刻点。第 1 节背板长为端宽的 1.0 倍，背中脊伸至中央；背板前半光滑，后半中央稍平台状拱隆；背侧脊完整且强。第 2 节背板端宽为长的 1.35 倍。产卵管鞘长为后足胫节的 0.8～0.87 倍。产卵管端部稍钩形弯曲，背瓣端部有 13 条弱脊，腹瓣端部有 14 条竖脊。

体色：体黑色。触角浅黄褐色，柄节和梗节黑褐色，鞭节背面浅黄褐色，节间黑色；唇须、唇基侧方、上唇、脸眶连额眶、顶眶（或有间断）窄条、前胸背板肩角、中胸盾片前侧方和亚中线后半之狭条、小盾片后方、后小盾片、前后翅腋槽后缘的隆边、翅基下脊、中胸后侧片上端或全部均黄色。前中足浅黄褐色至黄褐色，前足基节基部腹面黑色；后足基节、胫节基部和端部约 0.3、跗节第 1～3 节及第 5 节端部黑色，后足转节、胫节亚基部、跗节第 1～3 节及第 5 节基部浅黄褐色至黄褐色，胫节亚基部（0.1～0.55 处）、距黄白色。翅带烟黄色，透明；翅脉及翅痣（基部均污黄色）浅黑褐色。

雄：与雌蜂相似。

生物学：国内仅知寄生于水杉色卷蛾。据国外记载，种类颇多，有：欧洲松毛虫 *Dendrolimus pini* 及一种蓑蛾 *Acanthopsyche snelleni*、一种谷蛾 *Tinea trinotella*、山楂黄卷蛾 *Archips craetaegana*、蔷薇黄卷蛾 *Archips rosanus*、栎黄卷蛾 *Archips xylosteanus*、紫色卷蛾 *Choristoneura murinana*、大弯月小卷蛾 *Saliciphaga caesia*、栎绿卷蛾 *Tortrix viridana*、杨背麦蛾 *Anacampsis populella*、一种斑螟 *Metriostola vacciniella*、醋栗尺蠖 *Abraxas grossulariata*、一种小尺蛾 *Sterrha aureolaria*、三纹尺蛾 *Cyclophora trilinearia*、蜻蜓尺蛾 *Cystidia stratonice*、镰平翅钩蛾 *Platypteryx falcataria*、黄星雪灯蛾 *Spilosoma lubricipedum*、树莓毛虫 *Macrothylacia rubi*、黄褐天幕毛虫 *Malacosoma neustria testacea*、舞毒蛾 *Lymantria dispar*、模毒蛾 *Lymantria monacha*、一种剑纹夜蛾 *Acronycta euphorbiae*、黄腹斑雪灯蛾 *Spilosoma lubricipeda*、山楂粉蝶 *Aporia crataegi*、钩粉蝶 *Gonepteryx rhamni*、菜粉蝶 *Pieris rapae*、绿脉菜粉蝶 *Pieris napi*、绿豹蛱蝶 *Argynnis paphia*、精灰蝶 *Artopoetes pryeri*、幽洒灰蝶 *Satyrium iyonis*、普通锯角叶蜂 *Diprion pini*、松柏锯角叶蜂（欧洲新松叶蜂）*Neodiprion sertifer*。

分布：黑龙江、吉林、辽宁、河南、陕西、甘肃、宁夏、浙江、湖北、湖南、四川、广西；朝鲜，日本，巴基斯坦，俄罗斯等欧洲国家。

5. 拟瘦姬蜂属 *Netelia* Gray, 1860（属征简述、生物学和分布见前）

（6）东方拟瘦姬蜂 *Netelia (Netelia) orientalis* (Cameron, 1905)（图 297）

**Paniscus orientalis* Cameron, 1905b: 126; 何俊华等, 1996: 241.

Paniscus testaceus: Morley, 1913: 352(in part); 严静君等, 1989: 276(天蛾拟瘦姬蜂); 陈昌洁, 1990: 194.

Netelia (Netelia) orientalis: 何俊华和马云, 1982: 26; 何俊华等, 1996: 241.

Netelia (Netelia) testaceus: Townes *et al.*, 1965: 94; 吴钜文和侯陶谦, 1990: 288; 陈昌洁, 1990: 194.

雌：体长 13.0～21.0mm，前翅长 10.0～17.0mm。

头：头部长宽几乎等长。复眼长约为宽的 2.66 倍。颜面长为宽的 0.75 倍，均匀隆起，具中等刻点。唇基宽为长的 2 倍，端缘中央平截，稍有稀疏刻点。颊眼距为上颚基宽的 0.25 倍。额平滑。侧单眼触及复眼。上颊中等宽，在后方收窄。后头脊下方几乎伸达口后脊。

胸：胸部通常密布细刻点。前胸背板颈部密布细刻条。盾纵沟长而强，其基部有细皱。小盾片侧脊强，直至端部。中胸侧板具稍粗刻点。后胸侧板密布细横刻条。并胸腹节侧面观相当长，密布细刻条，侧突非常弱，侧突后方具刻皱，外侧脊正常。

足：前足第 5 跗节长为宽的 3 倍，与第 3 跗节约等长；后足腿节长为宽的 8.5 倍；后足内距长为基跗节的 0.5 倍，第 5 跗节长为第 3 跗节的 0.8 倍，跗爪端部中等弯曲，有 3 根鬃和约 13 个栉齿。

翅：小脉在基脉外方，其距为其长的 0.2～0.5 倍，几乎直竖；亚中室端部有少许毛；第 1 臂室下方无毛；盘肘脉明显弯曲；小翅室长形，近于无柄；第 2 回脉在其下端明显弯曲，但有时弯曲弱。后小脉在其上方 0.3 处曲折。

体色：体浅褐色至暗褐色。单眼区黑色。

雄：与雌蜂基本相似。但体更细和刻纹弱；复眼稍宽；前足和后足第 5 跗节分别为其第 3 跗节的 0.8 倍和 0.66 倍；所有跗爪密布细栉齿，而中央的稍粗。抱握器的背带长而宽，斜行，连结一位置近于背端缘的垫褶；垫褶下端游离，宽而尖。

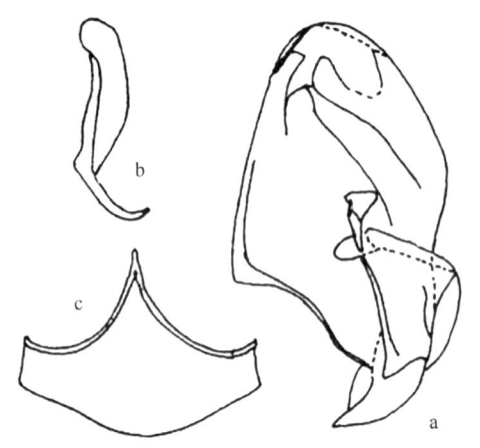

图 297 东方拟瘦姬蜂 Netelia (Netelia) orientalis (Cameron)（引自 何俊华等，1996）
a. 雄蜂抱握器；b. 雄蜂阳茎；c. 雄蜂下生殖板

本种形态变化很大，但雄外生殖器特征颇为稳定一致。

生物学：据国外记载寄生于欧洲松毛虫 Dendrolimus pini 和赤松毛虫 Dendrolimus spectabilis。在我国已知寄主有粘虫 Pseudaletia seperata、斜纹夜蛾 Spodoptera litura。在我国台湾曾有寄生于松毛虫的记录。

分布：山东、浙江、湖南、台湾、广西。

（7）二尾舟蛾拟瘦姬蜂 Netelia (Netelia) vinulae (Scopoli, 1763) （图 298）

Ichneumon vinulae Scopoli, 1763: 1-286.
Paniscus cephalotes Holmgren, 1858: 305-394.
Netelia (Netelia) vinulae: Townes *et al.*, 1961: 96; Townes *et al.*, 1965: 96; 何俊华等，1996: 243.

雌：体长 17.0～19.0mm，前翅长 13.5～15.0mm。

头：头前面观稍宽于其长。复眼长为宽的 2.4 倍。颜面长为宽的 0.8 倍，在中央上方隆起，具中等粗密的刻点。唇基宽约为长的 2 倍，从端部向基部倾斜，端缘中央直，有中等刻点，唇基凹，稍离开复眼。颚眼距为上颚基宽的 0.2 倍。唇须末节长为宽的 5.5 倍。额具横皱。侧单眼通常与复眼稍分开。上颊强度隆起，与复眼等宽等长。后头脊相当弱，止于口后脊，前方距离短。

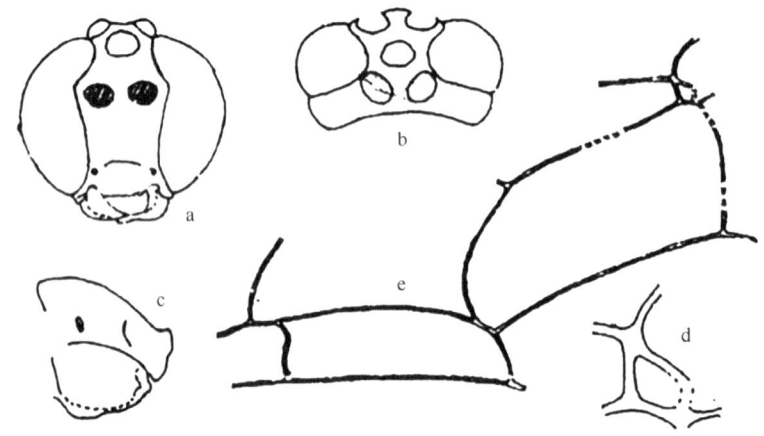

图 298 二尾舟蛾拟瘦姬蜂 Netelia (Netelia) vinulae (Scopoli) （引自 Kaur & Jonathan, 1979）
a. 头部，前面观；b. 头部，背面观；c. 并胸腹节；d. 小翅室；e. 前翅，部分

胸：前胸背板、中胸盾片、小盾片密布细刻点。前胸背板凹，密布细刻条。盾纵沟基部光滑；小盾片

在端部稍倾斜，侧脊宽，但低。中胸侧板具中等刻点，近于光滑。后胸侧板密布细刻条，在最基部和端部刻条模糊。并胸腹节几乎长宽相等，密布细刻条，但端部具皱状刻点；侧突强度隆起；外侧脊中等。

足：前足第 5 跗节长为宽的 3.3 倍，为第 3 节长的 0.83 倍。中后足胫节内距长为基跗节的 0.5 倍。后足腿节长为宽的 7～8 倍；第 5 跗节长为第 3 跗节的 0.7 倍；跗爪在端部强度弯曲，约有 14 根相当细的栉齿和 2 根鬃。

翅：小脉在基脉外方，其距为小脉长的 0.3～0.4 倍，在上端 0.4 处明显弯曲；亚中室端部具毛；盘肘脉稍微弯曲；小翅室相当小、斜，近于无柄；第 2 回脉直，或仅微弯。后小脉在其上方的 0.27～0.3 处曲折。

腹：腹部第 1 背板肿而壮，长约为端宽的 3.5 倍。

体色：单眼区色稍浅。翅痣黄色。

雄：抱握器大而强，无端背刺，背缘有些直，腹缘均匀变尖；背带宽，中等长；垫褶大而 U 形。

生物学：寄主为黑带二尾舟蛾。据记载，在国外还有欧洲松毛虫 *Dendrolimus pini*、泡桐茸毒蛾 *Dasychira pudibunda*、模毒蛾 *Lymantria monacha*、舞毒蛾 *Lymantria dispar*、白薯天蛾 *Herse convolvuli*、小目天蛾 *Smerinthus ocellata* 等。

分布：辽宁。

注：本种隶属于柄卵姬蜂亚科 Tryphoninae 的拟瘦姬蜂属 *Netelia* Gray, 1860。属征简述可参见正文。

6. 细颚姬蜂属 *Enicospilus* Stephens, 1835（属征简述、生物学和分布见前）

（8）小枝细颚姬蜂 *Enicospilus ramidulus* (Linnaeus, 1758) （图 299）

Ichneumon ramidulus Linnaeus, 1758: 566.

Enicospilus ramidulus merdarius: Townes *et al.*, 1965: 330.

Enicospilus ramidulus: Gauld *et* Mitchell, 1981: 1-391; Gupta, 1987: 569; 汤玉清, 1990: 121; He, 1992: 310.

头：上颚中长，基部渐细，端部两侧几乎平行，10°～20°扭曲；上端齿亚筒形，长为下端齿的 1.65～2.10 倍；外表面扁平，具斜沟，斜沟上被稀毛。上唇高为宽的 0.3～0.4 倍。颚眼距为上颚基宽的 0.30～0.35 倍。唇基侧面观中拱，端缘尖，具刻痕，宽为高的 1.7～2.0 倍。下脸宽为高的 0.85～1.10 倍，具细弱刻点。颊在复眼后方微弱收缩，GOI=1.90～2.10。后单眼接近复眼，FI=0.60～0.65。后头脊完整。触角细长，鞭节 58～67 节，第 1 鞭节长为第 2 鞭节的 1.6～1.8 倍，第 20 鞭节长为宽的 1.7～2.0 倍。

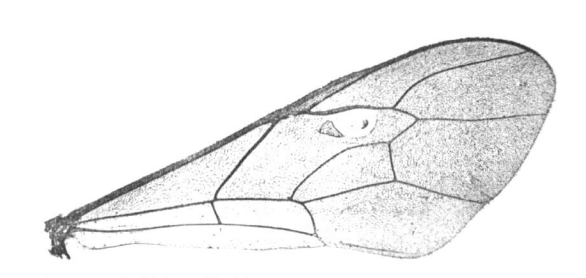

图 299 小枝细颚姬蜂 *Enicospilus ramidulus* (Linnaeus) 前翅（引自 汤玉清，1990）

胸：中胸盾片侧面观中拱，具盾纵沟痕迹。中胸侧板稍光滑，具刻点，胸腹侧脊向侧板前缘弯曲。小盾片中拱，长为宽的 1.6～1.7 倍，具细弱刻点，侧脊伸达小盾片长的 4/5 处至完整。后胸侧板具稀刻点；后胸侧板下缘脊窄，前方匀称加宽。并胸腹节侧面观高度倾斜，基横脊完整；前区具刻条，气门区光滑，后区具细皱纹；气门边缘与侧纵脊间没有一条脊相连。

翅：前翅 13.0～15.0mm。AI=0.40～0.55；CI=0.25～0.40；ICI=0.40～0.65；SDI=1.2～1.3；DI=0.35～0.45，盘亚缘室端骨片很弱，不与基骨片相连，中骨片卵圆形但靠近基骨片的一半通常不明显；cu-a 脉几近对叉，Rs+M 脉直，第 1 亚盘室被稀毛。后翅具 6～8 根端翅钩，Rs 脉第 1、2 段均直。

足：前足胫节亚筒形，外侧面胫刺较密。中足 2 胫距的长度比为 1.40～1.55。后足基节侧面观长为宽的 1.7～1.8 倍，第 2 转节背面观长为宽的 0.1～0.2 倍，端缘简单，第 4 跗节长为宽的 2.5～2.8 倍。爪对称。

腹：腹部细长。窗疤卵形，与背板前缘间的距离为本身长的 3.0～4.0 倍。产卵器直，长为第 2 腹节背板长的 0.55~0.60 倍。雄性第 6~8 节腹板被半卧状细毛；阳茎基侧突端部稍平截。

体色：体红褐色。眼眶、头顶淡黄色；腹末有时黑色；翅透明，翅痣黄褐色。

生物学：国内尚无寄主记录。据国外报道寄主有欧洲松毛虫 *Dendrolimus pini* 及黄地老虎 *Agrotis segetum*、豆叶盗夜蛾 *Ceramica pisi*、粗翅夜蛾 *Dypteryia scabriuscula*、桦枯叶蛾 *Eriogaster lanestris*、盗夜蛾 *Hadena bicruri*、白肾灰夜蛾 *Melanchra persicariae*、翠色狼夜蛾 *Ochropleura praecox*、小眼夜蛾 *Panolis flammea*、栎杨小毛虫 *Poecilocampa populi*、土歧陌夜蛾（纷陌夜蛾）*Trachea tokiensis* 等。

分布：黑龙江、吉林、辽宁、内蒙古、北京、河北、山西、陕西、新疆、江苏、浙江；日本，苏联，欧洲。

（9）波脉细颚姬蜂 *Enicospilus undulatus* (Gravenhorst, 1829) （图 300）

Ophion undulatus Gravenhorst, 1829: 697.
Enicospitus undulatus Townes, 1961: 172; 汤玉清, 1990: 47.

头：上颚中长，匀称渐细，40°扭曲，上端齿稍侧扁，长为下端齿的 1.20 倍；外表面基凹深，被稀细毛，无斜沟。上唇高为宽的 0.20 倍。颚眼距为上颚基宽的 0.30 倍。唇基侧面观扁平，端缘尖，外翻，无刻痕，宽为高的 1.50 倍。下脸宽为高的 0.85 倍，具细弱刻点。颊在复眼后方强度隆肿，GOI=1.10，后单眼与复眼距离甚远，为本身直径的 0.40 倍；FI=0.40。后头脊完整。标本触角不完整，第 1 鞭节长为第 2 节的 1.80 倍。

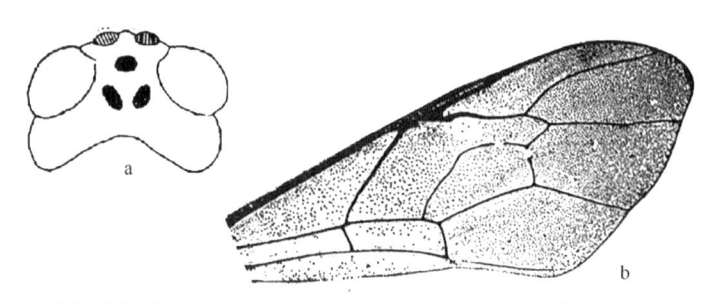

图 300 波脉细颚姬蜂 *Enicospilus undulatus* (Gravenhorst)（引自 汤玉清，1990）
a. 头部，背面观；b. 前翅

胸：中胸盾片侧面观微拱凸，无盾纵沟。中胸侧板具密致刻点，胸腹侧脊向侧板前缘倾斜。小盾片中拱，长为宽的 1.40 倍，刻点不明显；侧脊伸达小盾片的 4/5 处。后胸侧板具皮革状刻纹，后胸侧板下缘脊甚窄，前后方几乎一样宽。并胸腹节侧面观高度倾斜；基横脊完整，前区具刻条，气门区具刻点，后区具向心刻条；气门边缘与侧纵脊间有 1 条脊相连。

翅：前翅长 18.0nm，AI=1.10，CI=0.48，ICI=0.85，SDI=1.40，DI=0.40；盘亚缘室无任何骨片；cu-a 脉内叉式，与 Rs+M 脉间的距离是本身长的 0.20 倍；Rs+M 脉直，基部微曲，第 1 亚盘室前区具稀毛。后翅具 10 根端翅钩；Rs 脉第 1 段和第 2 段均直。

足：前足胫节亚筒形，外表面被稀刺。中足 2 胫距的长度比为 1.30。后足残缺。

腹：雌性产卵器隐藏。

体色：黄褐色。单眼区黄色；翅弱烟色；翅痣黄色。

生物学：据国外记载寄主有欧洲松毛虫和三叶枯叶蛾 *Lasiocampa trifolii*。

标本记录：1♀，新疆石河子，1980.VI。

分布：新疆（石河子）；苏联，欧洲。

7. 瘦姬蜂属 *Ophion* Fabricius, 1798（图 301）

Ophion Fabricius, 1798: 210, 235.

属征简述：前翅长 8.3～21.0mm。体通常很细瘦，极少粗壮。上颊短至中等长，斜向后头脊，隆肿，少数种头肿胀，上颊鼓起。单眼通常大，2 个侧单眼相连或几乎触及复眼，极少单眼中等大小。颊通常很短，头肿胀的种类颊长达上颚基宽的 0.8 倍。后头脊完整。上颚很短而宽。盾纵沟很深，达中胸盾片的 0.4 处。小盾片通常很窄，若有侧脊则不达端部。胸腹侧脊下缘强度弯曲或呈角度，上部直，上端强度折向中胸侧板前缘。中胸腹板后横脊仅外侧缘具残痕。并胸腹节部分或全部分区，极少无脊。盘脉室在翅痣下方具 1 无毛区；翅痣中等宽；第 2 盘室宽至很宽；脉桩缺，或短，或长。后小脉中部下方至很下方处曲折。

生物学：寄主为鳞翅目幼虫，通常以夜蛾科为多。

分布：世界分布，已知近 140 种，我国已知 16 种，标本很多尚缺研究。据国外记载寄生于松毛虫的有瘦姬蜂属 *Ophion* Fabricius 2 种，即 *Ophion luteus* (Linnaeus) 和 *Ophion obscuratus* Fabricius 寄生于欧洲松毛虫 *Dendrolimus pini*。这 2 种瘦姬蜂已在多地发现，因此予以介绍。

注：本属隶属于瘦姬蜂亚科 Ophioninae。

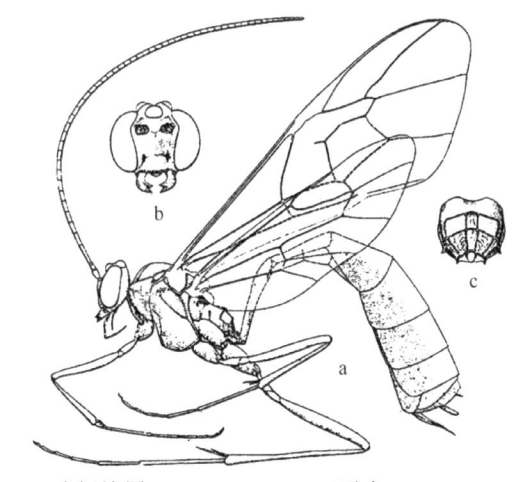

图 301　瘦姬蜂属 *Ophion* Fabricius（引自 Townes, 1969）
a. 整体，侧面观；b. 头部，前面观；c. 并胸腹节，背面观

（10）夜蛾瘦姬蜂 *Ophion luteus* (Linnaeus, 1758)　（图 302）

Ichneumon luteus Linnaeus, 1758: 566.
Ophion luteus Fabricius, 1798: 236; 陕西省林业科学研究所和湖南省林业科学研究所, 1990: 20; 盛茂领等, 2009: 178; 盛茂领等, 2013: 352.

体长 15～20mm。体黄褐色。头黄色，复眼、单眼及上颚齿黑褐至黑色。中胸盾纵沟及外侧有黄色细纵条。翅痣黄褐色，翅脉深褐色。

体光滑，刻点细。头横宽，略窄于胸部。触角略短于体，68 节。后头脊完整。复眼内缘近触角窝处凹陷深。单眼大而隆起。颊短，中胸盾片有自翅基片伸向小盾片的隆脊。并胸腹节基横脊明显，端横脊中段消失，基区具纵凹。前翅无小翅室；第 2 回脉在肘间横脉基方，相距甚远；第 2 回脉上半部及肘脉内段各有 1 处中断；中盘肘脉上的 1 段脉桩明显；第 2 盘室近梯形；翅痣下方的中盘亚缘室有 1 小块无毛区。腹部侧扁，第 1 节柄状，气门近端部 2/5 处，气门后渐膨大。产卵管长约与腹末厚度相等。

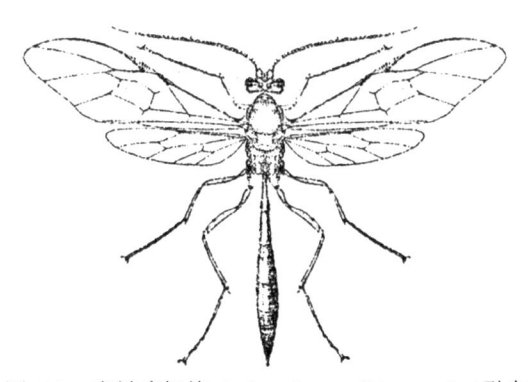

图 302　夜蛾瘦姬蜂 *Ophion luteus* (Linnaeus)（引自 Ishii, 1932）

茧：长椭圆形，长约 16mm，直径 7mm，暗黄褐色。

生物学：寄主有小地老虎、大地老虎、桑夜蛾。据记载此种在欧洲寄生于欧洲松毛虫等。

分布：黑龙江、辽宁、吉林、内蒙古、河北、山东、山西、河南、陕西、青海、新疆、江苏、浙江、江西、台湾、云南、西藏；朝鲜，日本，蒙古国，印度（锡金），非洲，北美洲，欧洲。

注：形态及分布录自陕西省林业科学研究所和湖南省林业科学研究所（1990: 20）。英国专家 Gauld 和 Mitchell（1981）称 *O. luteus* 是一个狭布种，它仅分布在古北区的西北部地区，因此文献记载我国的 *O. luteus* 的分布最好慎重对待。

(11) 糊瘦姬蜂 *Ophion obscuratus* Fabricius, 1798

Ophion obscuratus Fabricius, 1798: 237; Uchida, 1928b: 209; Townes *et al.*, 1965: 319; 赵修复, 1976: 305.

体通常很细瘦；通常褐色，富有淡色斑。后头脊上方完整；复眼不向下延长；下脸通常宽为长的 0.95 倍或更宽；上颚至端部稍微变尖，端段宽为基部的 0.6 倍以上，通常相当短；下唇在唇须着生处端方不延长；单复眼间距明显短于梗节长度；触角第 10 鞭节长为宽的 1.5～2.3 倍。

中胸盾片有一对淡色纵条斑；小盾片总呈淡黄色，浅于中胸盾片。中胸侧板细刻点甚少，刻点之间区域平滑，至多有微皱痕迹，常有光泽；后胸侧板光滑，刻点之间区域多少平滑；并胸腹节中区通常不完整。前翅盘脉室在翅基部下方有一无毛区，臂室在前端 0.3 有稀疏细毛，径脉端段强度波曲与翅痣连接处均不变宽；翅痣在基部和端部常有白斑；翅痣中等宽；第 2 盘室宽至很宽。后翅痣外脉生有 6～9 根翅钩，其最后一根不是特别细，后小脉中部下方至很下方处曲折。中、后足第 1～3 跗节在前表面无刺或有稀疏弱刺；跗爪短，长为第 4 跗节的 0.8 倍以下。

生物学：在国外有寄生于欧洲松毛虫 *Dendrolimus pini* 的记录，此外寄主还有黑带二尾舟蛾 *Cerura vinula felina*、八字地老虎 *Xestia c-nigrum*。

分布：东北、华北、山西、台湾、福建、云南、西藏；日本，韩国，俄罗斯，德国。

8. 菱室姬蜂属 *Mesochorus* Gravenhorst, 1829（属征简述、生物学和分布见前）

(12) 桑山菱室姬蜂 *Mesochorus kuwayamae* Matsumura, 1926（图 303）

*Mesochorus kuwayamae Matsumura, 1926a: 27; 盛茂领等, 2009: 169; Lelej, 2012: 278.

体长约 5.5mm，前翅长约 5.0mm，产卵管鞘长约 0.6mm。

头：头部宽于胸部，复眼内缘在触角窝后方略凹。颜面两侧缘近平行（下方稍收窄），宽约为长的 1.8 倍，具较稠密的刻点（侧缘刻点较稀）。触角窝下缘形成横脊，中央明显向下凹；中央有纵向光滑纵脊，亚中部略凹。颜面与唇基之间无明显的沟分隔。唇基较平；基部中央光滑无刻点，两侧具粗刻点，与颜面相接的基角处具细斜纹；端缘中央弧形但中段较平。上颚基部稍粗糙，具细纵纹；下端齿强而尖，明显长于上端齿。颊具细纵纹，有颊沟；颚眼距约为上颚基部宽的 0.58 倍。上颊稍隆起，具稠密的粗刻点；侧面观长约为复眼横径的 0.86 倍。头顶光滑光亮，具稀细刻点，后部具黄白色短毛。单眼区光滑，稍抬高，具极稀细刻点；侧单眼间距约为单复眼间距的 0.7 倍。额在触角窝后方稍凹陷；下半部及中央较光滑，上半部及两侧具稀细刻点。触角纤细，丝状，稍长于体长；鞭节 35 节。后头脊完整。

图 303 桑山菱室姬蜂 *Mesochorus kuwayamae* Matsumura（引自 盛茂领和孙淑萍，2009）

胸：前胸背板前缘较光滑；侧凹光滑，基部具弱的细皱；后部具稀且细的刻点；后上角突出且形成瘤突；前沟缘脊明显。中胸盾片均匀隆起，具稠密的刻点；盾纵沟较明显，达中胸盾片的后缘。小盾片隆起，被稀疏的细刻点。中胸侧板上部具稠密的细刻点；镜面区大，其前方光滑；其余刻点极稀；胸腹侧脊波状弯曲，超过中胸侧板高的 1/2，其上端远离中胸侧板的前缘。后胸侧板具均匀稠密的细刻点，下缘形成细横脊。并胸腹节半圆形隆起，较光滑，基部两侧具较密的细刻点；分区明显；基区小；中区长五边形，上部宽阔；分脊约在上方 1/3 处之前伸出；端区约与第 2 侧区等大；气门圆形。

翅：翅淡褐色透明；小脉与基脉对叉；小翅室大，菱形，具短柄，第 2 肘间横脉稍长于第 1 肘间横脉，第 2 回脉约在其下方中央稍外侧与之相接；外小脉约在上方 1/3 处曲折。后小脉不曲折，后盘脉完全不存在。

足：足正常，基节短锥形膨大；后足第 1~5 跗节长度之比约为 3.7∶2∶1.4∶1∶1.1；爪非常小，简单。

腹：腹部纺锤形，光滑光亮。第 1 节背板基部细长具腹柄，具非常深的基侧凹；背中脊基部明显；长约为端宽的 2.8 倍；气门小，圆形，约位于中央之后。第 1 节背板端部及第 2 节背板折缘宽。第 2 节背板梯形，长约为端宽的 0.74 倍，基部两侧具窗疤。产卵管鞘约为后足胫节长的 0.47 倍。

体色：体黄褐色（背部红褐色）。触角鞭节暗褐色；上颚端齿黑褐色；额中央、头顶中央及后部、上颊后部下半、前胸背板前缘、前胸侧板、中胸盾片中叶前部及侧叶、小盾片后缘、中胸侧板中央大部分、中胸腹板、后胸侧板、并胸腹节前部、腹部第 1 及 2 节背板（后部中央除外）黑褐色至黑色；翅基片、前翅翅基部、翅痣黄褐色；翅脉黑褐色。

生物学：我国无寄主记录。在日本报道寄生于赤松毛虫 Dendrolimus spectabilis、落叶松毛虫 Dendrolimus superans 和松毛虫盘绒茧蜂 Cotesia ordinaria（按习性不会直接寄生于松毛虫）。

分布：河南（嵩县）；日本，俄罗斯（萨哈林岛）。

注：① 盛茂领和孙淑萍（2009: 169）以中国新记录种报道在河南省发现，拟本种中名为"库菱室姬蜂"，现根据学名种本名"*kuwayamae*"原含义，表示日语姓"桑山"者，故改为"桑山菱室姬蜂"。② 本属隶属于菱室姬蜂亚科 Mesochorinae。

9. 卡姬蜂属 *Callajoppa* Cameron, 1903（图 304）

Callajoppa Cameron, 1903d: 236.

属征简述：唇基颇宽，端缘平截，中央稍凸出。上颚在端部不尖，下齿约为上齿的 0.5 倍。额无突起。上颊在复眼之后稍肿出。后头脊与口后脊相接处在上颚基部前方。雌性触角鞭节在亚端部变宽。小盾片锥形，无明显的角，无侧脊。翅烟黄色，外缘有时烟褐色。并胸腹节中区呈一光滑的隆起的"疤瘤"，侧面观略呈金字塔形。腹部第 1 节背板后柄部平，有稀疏刻点。第 2 节背板腹陷浅，陷距等于或阔于腹陷宽度。腹部第 3 节腹板中央无纵褶。雌性腹部末端钝。下生殖板伸抵或几乎伸抵腹部末端。

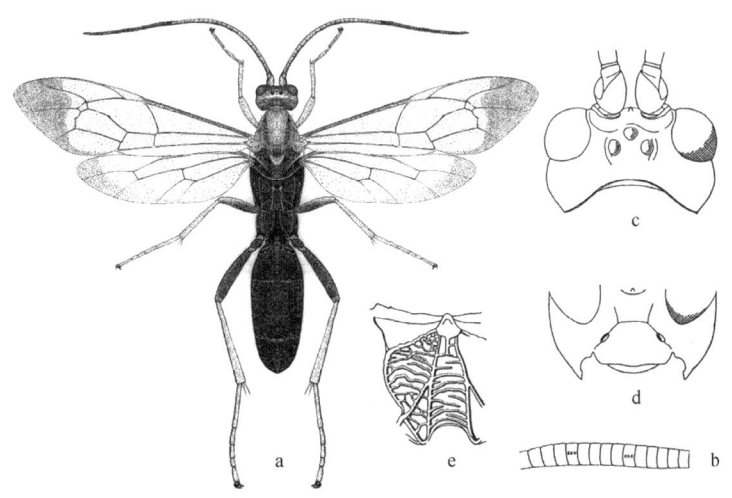

图 304 卡姬蜂属 *Callajoppa* Cameron（a. 引自 何俊华等，1996；其余引自 Gupta，1983）
a. 天蛾卡姬蜂 *Callajoppa pepsoides* (Smith)，雌蜂，背面观；b~d. *Callajoppa cirrogaster* (Schrank)
b. 触角鞭节；c. 头部，背面观；d. 唇基；e. 并胸腹节

分布：全北区、东洋区。我国已记录 4 种。双条卡姬蜂 *Callajoppa cirrogaster bilineata* 在黑龙江（佳木斯）有分布。

注：本属隶属于姬蜂亚科 Ichneumoninae。

（13）双条卡姬蜂 *Callajoppa cirrogaster bilineata* Cameron, 1903

Callajoppa bilineata Cameron, 1903d: 237.
Trogus jezoensis Uchida, 1924: 199, 216.
Callajoppa lutoria jezoensis Uchida, 1942: 108.

体长约 25mm。体漆黑色，颜面、触角大部分、小盾片黄色。足黄色，前足基节基部、中足基节及腿节外侧后半部、后足基节及腿节后半部黑色。腹部第 1～3 节背板橙黄色，第 2、3 节背板相接处呈一字形黑条。翅浅鳌甲色，翅痣橙褐色。

后头脊在上颚基部上方先与口后脊相连；上颚很窄至颇阔；后柄部的中央差不多都有 1 块明显的区域；小盾片有侧脊，或无侧脊。并胸腹节中区变成 1 个甚小的表面光滑的圆疤，它周围的隆脊消失。腹部第 3 节腹板中央无纵褶；雌性腹末钝，下生殖板伸抵或几乎伸抵腹末；唇基颇阔。

生物学：在日本、俄罗斯（萨哈林岛）寄生于落叶松毛虫 *Dendrolimus superans* 蛹。寄生率极低。

分布：黑龙江（佳木斯）。

10. 钝姬蜂属 *Amblyteles* Wesmael, 1845

Amblyteles Wesmael, 1845 (1844): 112.

属征简述：唇基端缘平截，无瘤。上颚下齿小。后头脊完整，伸至口后脊。鞭节长，第 2 节长为宽的 1.4～3.0 倍，端节鞭节尖，中央鞭节圆柱形。并胸腹节在每边有一个明显的三角形亚侧突。雌性腹部臀片顶端钝。腹陷小至大，窗疤小，稍凹入。雌性第 4 节腹板中央常为膜质；下生殖板明显，端部无毛簇，仅在端缘有几根稀而斜生的长毛。产卵管异常短。雄性第 1 节背板端部和并胸腹节常黑色。下生殖板中央圆，或无 1 个长片状突起，抱握器不扩大。

注：本属隶属于姬蜂亚科 Ichneumoninae。分布于古北区和东洋区。我国已知 2 种，棘钝姬蜂在日本寄生于落叶松毛虫。

（14）棘钝姬蜂 *Amblyteles armatorius* (Foerster, 1771) （图 305）

Ichneumon armatorius Foerster, 1771: 82.
Amblyteles armatorius: Townes *et al.*, 1965: 502; 吴钜文和侯陶谦, 1990: 278; 何俊华等, 1996: 585.

雌：体长 13～16mm，前翅长 11～13mm。

头：颜面宽约为长的 2.2 倍，密布粗刻点，中央稍隆起，在颜面上端中央具一小瘤。唇基与颜面分开，端部薄，端缘几乎平截。颚眼距稍短于上颚基部宽度。上颚基部凹洼深，下端齿小，生在上齿下缘。额具粗刻点，触角洼平滑。单复眼间距等于侧单眼间距，为侧单眼长径的 1.5 倍。头顶具粗刻点，在单眼后倾斜，在复眼后稍收窄；上颊宽于复眼最宽处。后头脊在上颚上方与口后脊相接。触角鞭节 48 节，中段稍粗。

胸：前胸背板密布网状刻点，略呈斜皱。中胸盾片密布刻点；小盾片平坦，光滑，无侧脊。后小盾片具纵行皱纹。中胸侧板和后胸侧板网状刻点粗且发展成横皱。并胸腹节满布网皱；中区为近方形的六边形，宽稍大于长的或长稍大于宽的均有；分脊在中区中央稍前方相接，侧突强。

翅：前翅小翅室五角形，收纳第 2 回脉在中央附近。

腹：腹部纺锤形，刻点较细而密。第 1 节背板后柄部具细刻条，中央稍隆起，两侧多有纵脊；第 2 节背板窗疤之间距离稍大于窗疤宽度。产卵管鞘短，稍显出，不伸过腹端。

体色：体黑色；脸眶（宽窄不等）、额眶、颈部上方、小盾片（除最端部外）、翅基片，以及腹部第 2、3 节背板前缘和第 4、5、6 节背板后缘（宽窄有变化）均黄色。口器（除上颚端部外）、触角全部或除端部外黄褐色。前足基节、转节（除端部黄色外）黑色，腿节赤黄色，胫节和跗节黄褐色；中后足基节、第 1 转节基部、腿节除基部外（中足腿节有时全部赤黄色）、后足胫节端部 0.28 均漆黑色，其余赤黄色至黄褐色。翅带淡烟色，翅痣暗黄褐色，其余翅脉多为黑褐色。

雄：与雌蜂相似，但腹部较狭长，第 4、5、6 背板后缘黄条有时不显。

图 305　棘钝姬蜂 *Amblyteles armatorius* (Foerster) 雌蜂（引自 何俊华，1986d）

生物学：国内已知寄主有 *Naenia typica* 和寒切夜蛾 *Euxoa sibirica*。单寄生，从蛹内羽化。据国外记载，寄主还有：落叶松毛虫 *Dendrolimus superans*、甘蓝夜蛾 *Barathra brassicae*、黄地老虎 *Agrotis segetum*、舞毒蛾 *Lymantria dispar*、模毒蛾 *Lymantria monacha* 及蛱蝶等。

分布：吉林、甘肃、陕西；日本，伊朗，俄罗斯，英国，瑞典，阿尔及利亚等。

11. 腹脊姬蜂属 *Diphyus* Kriechbaumer, 1890

Diphyus Kriechbaumer, 1890: 184.

属征简述：雌性触角鬃形，多少长；雄性触角鞭节中央之后稍宽，无瘤状突或极微。唇基宽约为长的 2.5 倍，唇基端缘平截部位颇长，常稍呈弓形（雌）。上颚不特别宽。小盾片圆形隆起至平坦，无侧脊。中胸腹板的胸腹侧片不完全，并胸腹节有明显基沟；基区特别凹入；水平表面明显短，仅为倾斜表面长度之半；中区通常四边形，分脊常明显；第 2 侧区端角有时仅有横突，有时有一小而尖向上突出的角。小翅室正五角形，上方宽。雌性腹部中央宽，长椭圆形，端部钝。腹部第 1 节的柄部腹缘有 1 条低脊；后柄部明显凸出，向后渐宽，有细且有规则纵刻条的中区。腹陷小而平，窗疤无或不明显。雄性多数在第 1～3 节腹板有中褶。下生殖板明显，端部不突出。产卵管特别短。腹末通常浅色。

本属现为一个大属，许多属种并入其中。主要分布于全北区，东洋区、南美洲、南非也有。现有 131 种，我国姬蜂亚科标本很多，但尚无系统研究。已并入该属的恋腹脊姬蜂在日本和俄罗斯寄生于落叶松毛虫 *Dendrolimus superans*。

注：本属隶属于姬蜂亚科 Ichneumoninae。

（15）恋腹脊姬蜂 *Diphyus amatorius* (Müller, 1776)　（图 306）

Ichneumon amatorius Müller, 1776: 151.
Triptonatha amatorius: Townes *et al.*, 1965: 496; 吴钜文和侯陶谦，1990: 290; 何俊华等，1996: 585.
Diphyus amatorius: Yu *et* Horstmann, 1997: 568.

雌：体长 17mm，前翅长 11mm。

头：颜面下宽为中长的 2.8 倍，密布刻点，中央隆起处更密，近于网状刻点，侧方稍稀。唇基基部稍隆起，具粗刻点，端部光滑，端缘稍凹。颚眼距与上颚基部宽度相等。上颚至端部窄，下齿小。额具网状

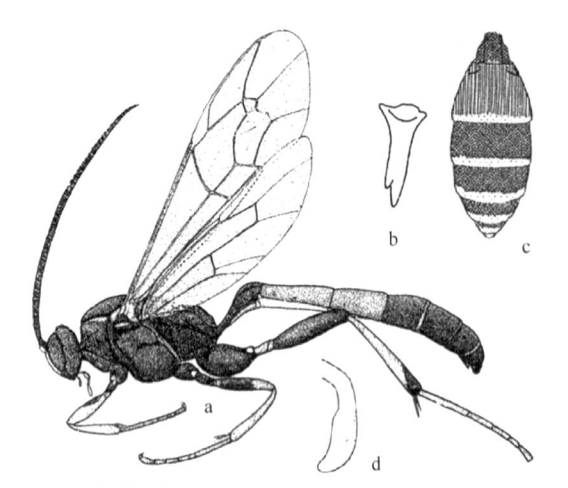

图 306　恋腹脊姬蜂 Diphyus amatorius (Müller)（引自 何俊华等，1996；其余引自 Gupta，1983）
a. 雄蜂整体，侧面观；b. 上颚；c. 雌蜂腹部，背面观；d. 雄性阳具瓣

刻点，触角洼大而光滑。单复眼间距和侧单眼间距均约为侧单眼长径的 1.5 倍。头部在复眼之后收窄；上颊侧面观下方稍宽，刻点上密下稀。触角长为前翅的 0.75 倍，42 节，鞭节中段之后稍粗，至端部尖，第 1 鞭节长为端宽的 1.7 倍、长为第 2 节的 1.3 倍，第 5 鞭节方形，以后各节宽大于长。

胸：前胸背板上半密布刻点，下半为网皱。中胸盾片密布刻点，无盾纵沟；小盾片基部较宽，表面弧形，光滑，刻点极稀，无侧脊。后小盾片具小刻点；中后胸侧板满布粗刻点，在镜面区和胸腹侧片上的弱；基间脊明显，基间区刻点浅。并胸腹节满布刻点；中区近正方形，内有横皱；无分脊；气门长裂口形。

翅：小翅室五角形，上缘宽，收纳第 2 回脉在中央外方；小脉对叉式。

腹：腹部短纺锤形，长为头、胸部之和的 1.27 倍；第 1 节背板后柄部侧方具网状刻点，中央隆区具细纵刻条，散生几个刻点。第 2 节背板长为端宽的 0.77 倍，腹陷（内有浅纵刻条）和窗疤中等大小，疤距为疤宽的 1.8 倍。第 3 节及以后各节背板刻点渐弱而稀，近于平滑。产卵管鞘不伸出腹端。

体色：体黑色。复眼内眶狭条、颈中央、前胸背板后角、小盾片（除两端外）、翅基片、翅基下脊、腹部第 2~6 节各节背板后缘和第 7 节背板黄色或黄白色；第 2 节背板和第 2、3 节腹板砖红色；上唇、上颚及须暗红色；触角鞭节基段暗红色，中段（第 7~15 鞭节）渐黄色，端段暗赤褐色。足基节、转节、腿节黑色；胫节、跗节和前中足腿节端部赤黄色。翅透明，稍带烟黄色；翅痣和翅脉黄褐色。

雄：体长 18mm，前翅长 14mm。颜面宽约为长的 2.4 倍；颚眼距为上颚基部宽度的 0.6 倍。触角 47 节，鞭节向端部渐细。小盾片稍隆起。并胸腹节中区部位隆起，横长方形，周围脊强；分脊从中室中央伸出，脊弱但明显。腹部细长，长为头、胸部之和的 1.75 倍，窄于胸部宽。第 1 节背板后柄部较窄，中区甚隆起，侧缘较高，与背中脊相连。第 2 节背板长比端宽稍长，腹陷及窗疤大，疤距稍小于疤宽，疤间具明显纵刻条。颜面、唇基、上颚基部、颚须端部 3 节以及腹部第 2、3 节和第 4、5 节后缘黄色；触角柄节下方黄色，其余黑褐色；足有时第 2 转节及前足腿节大部分黄色。

生物学：据国外记载寄主有落叶松毛虫 Dendrolimus superans、舞毒蛾 Lymantria dispar、模毒蛾 Lymantria monacha 及夜蛾科的炫夜蛾 Actinotia polyodon、裙剑夜蛾 Epilecta linogrisea 和地老虎一种 Agrotis sp.，以及尺蛾科的 Semiothisa liturata 等。

分布：黑龙江、新疆、陕西；日本，伊朗，俄罗斯，比利时。

(16) 搏腹脊姬蜂 Diphyus luctatoria (Linnaeus, 1758) （图 307）

Ichneumon luctatorius Linnaeus, 1758: 562.
Amblyteles luctatorius Roman, 1932: 8.
Amblyteles lucatorus(!): Uchida, 1935c: 28; Kamiya, 1939: 15; Uchida, 1952: 43.
Diphyus luctatorius: Townes *et al.*, 1965: 491; 吴钜文和侯陶谦，1990: 282.

雄：体长约 15mm，前翅长约 10mm。

头顶黑色，密布刻点。颜面黄色，刻点小于头顶的。触角褐色，柄节前方浅黄色。胸部黑色，密布刻点，侧方具浅褐色软毛。小盾片黄色，具细刻点。翅浅黄褐色；翅痣和翅脉褐色；小翅室五角形。足通常浅黄褐色，各足基节、后足腿节黑色，后足胫节端部浅黑褐色。腹部第 1 节背板黑色，后方具纵刻条。第

2、3 节背板浅黄褐色，后半均黑褐色，密布刻点；第 2 节背板基部具纵刻条；第 4 节背板后方黑褐色，具细刻点。

生物学：Uchida（1935c：28）曾以 *Amblyteles lucatorus*(!) 学名报道此种在朝鲜、日本、俄罗斯寄生于赤松毛虫 *Dendrolimus spectabilis* 和落叶松毛虫 *Dendrolimus superans*。

分布：Uchida（1952：43）报道在山西有分布。

注：作者未见此标本。形态描述译自 Kamiya（1939：15）。

图 307　搏腹脊姬蜂 *Diphyus luctatoria* (Linnarus) 雄蜂（引自 Kamiya, 1939）

二、茧蜂科 Braconidae

12. 悬茧蜂属 *Meteorus* Haliday, 1835（图 308）

Meteorus Haliday, 1835: 24.

触角 23～28 节，端节无刺；柄节端部平截，短，不伸达头部上缘；触角间距稍长于触角窝直径。下颚须 6 节；下唇须 3 节。复眼大而裸，前面观腹方稍内聚。后头脊通常完整，与口后脊会合处位于上颚基部远很上方。额凹，几乎光滑。口上沟存在；前幕骨陷大而深。唇基稍凸起。颚眼沟很发达。上颚细长，逐渐变细，具 1 细中纵脊，上齿明显长于下齿，尖锐。盾纵沟完整，深并具平行刻条；小盾片前沟深，内有数条脊；小盾片中部凸起，侧脊缺，中央后方有小凹陷。基节前沟完整，宽，具皱状平行刻条；胸腹侧脊完整；中胸腹沟深；后方脊缺；中胸侧沟具平行刻条。并胸腹节具不规则粗糙皱纹。前翅 1-R1 脉等长于翅痣；1-SR 脉短；r-m 脉通常存在，但有时缺；M+CU1 脉完全骨化；3A 垂直；2-SC+R 脉长；SR 脉不骨化。

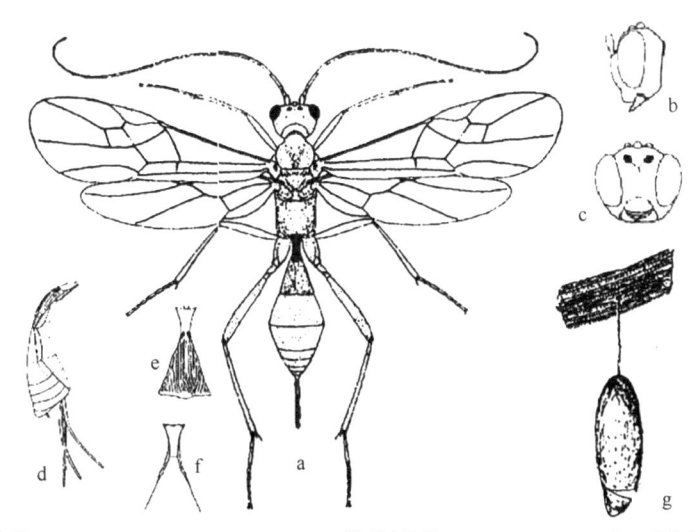

图 308　粘虫悬茧蜂 *Meteorus gyrator* (Thunberg)（悬茧蜂属 *Meteorus* Haliday）（引自 何俊华，1982）
a. 雌蜂，背面观；b. 头部，侧面观；c. 头部，前面观；d. 腹部，侧面观；e. 腹部第 1 节背板，背面观；f. 腹部第 1 节背板，腹面观；g. 茧

后翅缘室向顶端收窄或平行,端部不阔。足细长;爪简单而细长。腹部第1背板细而长,腹方中央通常相遇或几乎相遇,有时基部愈合,管状;气门位于中央或中央稍后方,背凹和侧凹通常存在,但有时缺。第2节和以后各节背板光滑;第2节和第3节背板有侧褶;腹部背板亚端部具1列毛。下生殖板简单,具稀疏短毛。产卵管鞘细长,具横脊和毛,鞘长约为第1节背板长的2.0倍;产卵管细而直,端部尖锐,背瓣亚端部具1弱缺刻。

生物学: 寄生于鳞翅目尺蛾科 Geometridae、夜蛾科 Noctuidae、带蛾科 Thaumetopoeidae、眼蝶科 Satyridae、蛱蝶科 Nymphalidae、螟蛾科 Pyralidae、卷蛾科 Tortricidae、蝙蝠蛾科 Hepialidae、斑蛾科 Zygaenidae、谷蛾科 Tineidae、灰蝶科 Lycaenidae、枯叶蛾科 Lasiocampidae、麦蛾科 Gelechiidae、毒蛾科 Lymantriidae、灯蛾科 Arctiidae、瘤蛾科 Nolidae 和尖蛾科 Momphidae 幼虫体内;有些种寄生于鞘翅目木蕈甲科 Ciidae、长朽木甲科 Melandryidae、金龟子科 Scarabaeidae、毛蕈甲科 Biphyllidae、天牛科 Cerambycidae、小蠹科 Scolytidae、叶甲科 Chrysomelidae 及拟步甲科 Tenebrionidae 和脉翅目 Neuroptera。蜂幼虫成熟后,钻出寄主幼虫,通常先引丝下垂,上下数次,以加固悬丝,再悬室结茧,茧多黄褐色,呈麦粒状。通常单寄生,部分聚寄生。

分布: 世界分布;悬茧蜂属 Meteorus 已知约 200 种,分为 6 个种团。我国目前已知 14 种,有待进一步研究。在本属中记录寄生于松毛虫的有 5 种,均在俄罗斯及西欧发现,均可寄生于欧洲松毛虫。其中 3 种悬茧蜂在我国有分布,将予以介绍。

悬茧蜂属 Meteorus 分种检索表

1. 腹部第 1 背板腹缘从基部至中央愈合,背凹无或弱;端前鞭节长为宽的 1.5～2.0 倍;复眼突出,背面观复眼长为上颊的 3.0～3.5 倍;颚眼距长为上颚基宽的 0.6～0.7 倍;上颚细窄,强烈扭曲,并有 1 分明的脊;翅痣单色 ·· 虹彩悬茧蜂 **M. versicolor**
- 腹部第 1 背板腹缘明显分离或仅有 1 条狭窄的缝,背凹大而深;端前鞭节长为宽的 1.2～1.3 倍或 2.0 倍;复眼背面观略长于上颊或为上颊的 2.2～2.5 倍;颚眼距长为上颚基宽的 0.4～0.6 倍或约等于上颚基宽;上颚短而粗壮或细长,均强烈扭曲 ·· 2
2. 触角端部 1/3 鞭节长为宽的 2.0 倍;复眼背面观长为上颊的 2.2～2.5 倍;颚眼距长为上颚基宽的 0.4～0.6 倍;上颚短而粗壮;产卵管细长,长为第 1 背板的 2.3～3.0 倍,基部膨大,末端稍下弯,具 1 亚端缺刻 ············ 微黄悬茧蜂 **M. ictericus**
- 触角端部 1/3 鞭节长为宽的 1.2～1.3 倍;复眼背面观略长于上颊;颚眼距长约等于上颚基宽;上颚细长;产卵管长为第 1 背板的 2.0 倍,宽厚而平直,基部强烈膨大 ··· 单色悬茧蜂 **M. unicolor**

(17) 微黄悬茧蜂 Meteorus ictericus (Nees, 1811) (图 309)

Bracon ictericus Nees, 1811: 22.
Meteorus ictericus Huddleston, 1980: 34; 何俊华等, 1989: 438; 陈学新等, 2004: 133.
Meteorus adoxophyesi Minamikawa, 1954: 41.

雌: 体长 3.2～4.5mm,前翅长 3.0～4.0mm。

头: 背面观头宽为头长的 1.8～2.0 倍。额微隆,具刻点。颜面平,宽为高的 1.2～1.4 倍,具刻点;前幕骨陷小。唇基隆起,明显比颜面窄,具细刻点及稀疏长毛,前缘形成宽边。颚眼距长为上颚基宽的 0.4～0.6 倍。上颚短而粗壮,明显扭曲。头顶具刻点;后头脊完整。复眼较发达,上颊在复眼后强烈直线收窄,背面观复眼长为上颊的 2.2～2.5 倍。单眼大,OOL:OD=(6～7):5。触角 30～35 节,柄节明显膨大,第 1 鞭节长为第 2 鞭节的 1.2 倍,第 1、2 节及端前鞭节长分别为宽的 3.6～4.0 倍、3.1～3.5 倍和 1.2～1.3 倍。

胸: 长为高的 1.5～1.6 倍。前胸背板前凹大而深,前胸背板侧面上方具皱纹,侧下方有刻点。中胸盾片具密集的刻点;盾纵沟宽而浅,后端会合处具网状粗皱;小盾片前凹的中脊发达,侧面微皱;小盾片明显隆起,具刻点。中胸侧板具密集的粗大刻点,翅下区具粗皱;基节前沟宽大,具刻纹,后端刻纹较浅。

并胸腹节具粗大的网状皱纹，脊不发达。

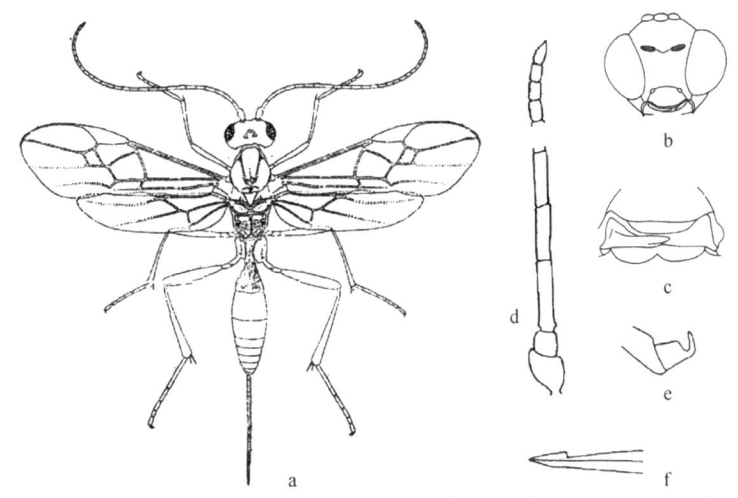

图309 微黄悬茧蜂 Meteorus ictericus (Nees) （a. 引自 何俊华，1989；其余引自俄文文献）
a. 整体，背面观；b. 头部，前面观；c. 头部腹方和上颚；d. 触角；e. 爪；f. 产卵管端部

翅：前翅翅痣粗大，长为宽的 3.4～3.6 倍；r 脉出自翅痣中部之后；SR1 脉平直伸至翅尖之前；r：3-SR=10：（13～15）；2-SR：3-SR=（9～10）：5；m-cu 脉强烈前叉式；cu-a 脉稍后叉式，1-CU1：2-CU1=1：10；后翅 M+CU：1-M=（17～20）：5。

足：后足基节、胫节和基跗节长分别为宽的 5.4～5.8 倍、10.0～11.0 倍和 9.4 倍；跗爪强烈弯曲。

腹：第 1 节背板长为端宽的 2.4～3.0 倍，背凹大而深，中央 1 小段具微弱的网状皱纹，两侧刻条发达，刻条后端合拢，背板在腹面明显分离；柄后腹光滑。产卵管细长，长为第 1 背板的 2.3～3.0 倍，基部膨大，末端稍下弯，具 1 亚端缺刻。

体色：暗褐色至黑色。头褐色或黄褐色。触角褐色，末端黑褐色。颜面、唇基和上颚黄褐色；须白色。前胸背板侧下方黄褐色。足黄色或黄褐色；后足腿节末端背面及胫节末端浅褐色。柄后腹黄色或褐黄色。翅透明，翅痣和翅脉浅褐色。

雄：体长 3.0～3.7mm，前翅长 3.0～3.5mm。触角 28～34 节。OOL：OD=（6～7）：5。背面观复眼长为上颊的 2.3～2.8 倍。颜面宽为高的 1.1～1.4 倍。颚眼距长为端宽的 0.7～0.8 倍。第 1 等背板长为端宽的 2.2～2.8 倍。头暗褐色；后足胫节基部和末端具褐斑；柄后腹浅褐色。

生物学：在我国已知寄生于苹小卷蛾 Adoxophyes orana；据国外记载寄主范围较广，有欧洲松毛虫 Dendrolimus pini 及梨黄卷蛾 Archips breviplicanus、黑氏长翅卷蛾 Acleris hastiana、杨凹长翅卷蛾（一色黄卷蛾）Acleris issikii、云杉黄卷蛾 Archips oporanus、Archips abiephaga、Choristoneura jezoensis、Croesia bermanniana、叶小卷蛾 Epinotia sordidana、苹淡褐卷蛾 Epiphyas postvittana、栎绿卷蛾 Tortrix viridana 和梨小食心虫 Grapholitha molesta 及膜翅目的欧洲新松叶蜂 Neodiprion sertifer 等。

分布：吉林、山东、江西、湖北、福建；日本，土耳其，欧洲。

（18）单色悬茧蜂 *Meteorus unicolor* (Wesmael, 1835)

Perilitus unicolor Wesmael, 1835: 41.
Saprotichus chinensis Holmgren, 1868: 430.
Meteorus unicolor: Huddleston, 1980: 51; 陈学新等, 2004: 141.

雌：体黄褐色；第 1 背板基部浅黄色。

头：颜面宽为高的 1.5～2.0 倍，不强烈隆起，但中央明显突出并具横皱，两侧具密集的刻点。上颊在复眼后方收窄。额无瘤状突起。唇基强烈隆起，具密集的夹点微皱和稀疏的长毛。颚眼距长约等于上颚基宽。上颚细长，强烈扭曲。复眼突出，腹方轻微汇聚，背面观复眼略长于上颊。单眼大而隆起，OOL∶OD=10∶5。触角长，36节，所有鞭节长明显大于宽，大多数长至少为宽的2.0倍。

胸：前胸背板突起，两侧具粗糙的皱纹。盾纵沟有刻纹，前端扩大，具网状皱纹，后端会合处为1宽大的具密集网状皱纹的浅凹。中胸侧板具刻点，翅下区有皱纹；基节前沟宽大，具强烈网状皱纹。并胸腹节宽大，后端浅凹，具粗糙的网状皱纹，背面无明显的脊，但有时可见中纵脊和横脊的痕迹。

足：后足基节侧面有刻纹，背面常具一些粗壮的横皱；跗爪有1大的爪中突。

腹：第1节背板粗壮，背凹大，侧凹显著，背面具纵刻条；腹面中央仅有1条狭窄的缝。产卵管长为第1背板的2.0倍，宽厚而平直，基部强烈膨大。

雄：与雌性相似。

生物学：据记载，寄生于鳞翅目斑蛾科Zygaenidae的珍珠梅斑蛾 *Zygaena filipendulae*。在俄罗斯也有寄生于欧洲松毛虫 *Dendrolimus pini* 的记录。

标本记录：未见标本。本种Holmgren曾以 *Saprotichus chinensis* Holmgren, 1868 报道新种，但国内具体分布地区不详。

分布：中国；比利时，德国，英国。

注：① 本志中其特征描述译自Huddleston（1980）的重新描述。② 有专家认为本种 *Meteorus unicolor* (Wesmael, 1835)为 *Meteorus versicolor* (Wesmael, 1835)的异名，两者同时出现在Wesmael（1835）发表的第9卷上，本种在第41页，*Meteorus versicolor* 在第43页，如是同种，按昆虫分类规则，是后者并入前者。

（19）虹彩悬茧蜂 *Meteorus versicolor* (Wesmael, 1835) （图310）

Perilitus versicolor Wesmael, 1835: 43.
Meteorus versicolor: Marsh, 1979: 802; 何俊华, 1982: 32; 何俊华和王金言, 1987: 421; 陈学新等, 2004: 142.

雌：体长4.0～5.4mm，前翅长3.8～5.2mm。

头：背面观头宽为头长的1.7～1.8倍。脸平坦，中央微突，宽为高的1.1～1.2倍，具横皱。额平，轻微凹陷，具刻点，近触角窝有皱纹。前幕骨陷大而深；唇基明显突出，略窄于脸，中央有粗刻点，两侧及腹面具显著的横皱，前缘平直或中央浅凹。头顶具刻点；后头脊完整。上颊短，在复眼后强烈收窄，背面观复眼长为上颊的3.0～3.5倍。颚眼距长为上颚基宽的0.6～0.7倍。上颚细窄，强烈扭曲，并有1分明的脊。复眼发达、突出，腹方稍汇聚。单眼甚大，OOL∶OD＝（5～6）∶5。触角30～32节，柄节显著膨大，第1鞭节长为第2鞭节的1.1倍，第1、2节及端前鞭节长分别为宽的3.2～4.0倍、3.0～4.0倍及1.5～2.0倍。

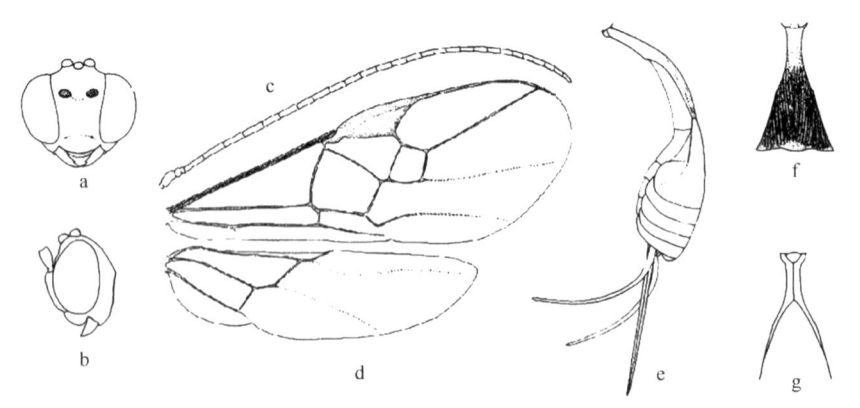

图310 虹彩悬茧蜂 *Meteorus versicolor* (Wesmael) （引自 何俊华, 1982）
a. 头部，前面观；b. 头部，侧面观；c. 触角；d. 翅；e. 腹部，侧面观；f. 腹部第1节，背面观；g. 腹部第1节，腹面观

胸：长为高的1.4～1.5倍。前胸背板具明显的皱纹，盾前凹大而深。中胸盾片中叶具网状刻点，侧叶具刻点；盾纵沟浅宽，具网状皱纹，后端会合处浅凹，具粗糙的网状皱纹；小盾片前凹深，中脊和两侧的

短脊发达；小盾片明显隆起，具粗刻点。中胸侧板具密集的刻点，翅下区有皱纹；基节前沟浅，具宽大的网状皱纹。并胸腹节宽短，密布网状皱纹，无脊，后端略倾斜，中央浅凹。

翅：前翅翅痣长为宽的 2.9～3.0 倍；r 脉出自翅痣近中部；SR1 脉微弯，伸至翅尖之前；r∶3-SR=5∶(9～10)；2-SR∶3-SR =（7～9）∶5；m-cu 脉前叉或对叉式，cu-a 脉显著后叉式，1-CU1∶2-CU1 =（2～3）∶10，后翅 M+CU∶1-M=（19～23）∶5。

足：后足基节有横皱；后足腿节、胫节及基跗节长分别为宽的 5.4 倍、9.0～11.0 倍和 8.2～8.5 倍；跗爪粗壮。

腹：第 1 背板长为端宽的 2.0～2.4 倍，具纵刻条，基部细窄，近光滑，无背凹和侧凹，背板腹面基半愈合。柄后腹光滑。产卵管粗短而平直，长分别为第 1 背板和后足基跗节的 1.8～2.0 倍和 2.8～3.2 倍，基部甚粗大，有 1 明显的亚端缺刻。

体色：体色变化大，黑褐色或黑色。唇基和上颚黄色；须浅黄色。触角褐色，柄节和梗节腹面黄褐色。单眼区、前胸背板侧上方、中胸及后胸侧板有暗褐色斑。后胸背板和并胸腹节黑褐色。足黄褐色，前足有时黄色，后足基节端部、腿节末端、胫节大部分及跗节部分褐色。腹部第 1 节背板黑褐色或黑色，基部常浅黄色；柄后腹褐色。产卵管鞘褐色。翅透明，翅痣褐色或暗褐色，翅脉褐色或浅褐色。

雄：体长 4.2～5.0mm，前翅长 4.0～4.8mm。OOL∶OD = 1∶1，背面观复眼长为上颊的 2.8～3.2 倍。触角 31～32 节。脸宽为高的 1.1 倍。颚眼距长为上颚基宽的 0.5～0.6 倍。第 1 节背板长为端宽的 2.0～2.2 倍。单眼区、上颊和中胸背板有时暗褐色，触角黄褐色，柄后腹黄褐色。

茧：茧近纺锤形，长约 5.5mm，最大横径约 2.5mm，表面具粗丝，黄褐色，两端色较深；茧端有系于植株上的长丝；孵化孔有 1 连接着的茧盖。

生物学：寄主范围较广。国内已知寄生于赤纹毒蛾（辽宁绥中）。据记载，国外单寄生于鳞翅目枯叶蛾科的欧洲松毛虫 *Dendrolimus pini*、赤松毛虫 *Dendrolimus spectabilis*、栎枯叶蛾 *Lasiocampa quercus*、树莓毛虫 *Macrothylacia rubi*、黄褐天幕毛虫 *Malacosoma neustria testacea*；尺蛾科的褐叶纹尺蛾 *Eulithis testata*；毒蛾科的泡桐茸毒蛾 *Dasychira pudibunda*、棕尾毒蛾 *Euproctis chrysorrhoea*、亚带黄毒蛾 *Euproctis subflava*、舞毒蛾 *Lymantria dispar*、*Orgyia recens approximans*、旋古毒蛾 *Orgyia thyellina*、杨毒蛾 *Leucoma salicis*；夜蛾科的窄眼夜蛾 *Anarta myrtilli*、烈夜蛾 *Lycophotia porphyrea*；眼蝶 *Maniola jurtina* 及带蛾科的栎异舟蛾 *Thaumetopoea processionea* 等约 50 种。

标本记录：浙江大学寄生蜂标本室保存有许多标本，但无育自松毛虫的。

分布：黑龙江、吉林、辽宁、浙江、湖北、湖南、福建；日本，蒙古国，巴勒斯坦，欧洲，北美洲。

注：*Perilitus unicolor* Hartig（1838: 254）[= *Meteorus unicolor* (Hartig)]，为本种异名；与前一种 *Perilitus unicolor* Wesmael（1935: 41）[= *Meteorus unicolor* (Wesmael)]是异物同名。

13. 绒茧蜂属 *Apanteles* Foerster, 1862（属征简述、生物学和分布见前）

(20) 衣蛾绒茧蜂 *Apanteles carpatus* (Say, 1836) （图 311）

Microgaster carpatus Say, 1836: 263.

Apanteles carpatus: Muesebeck, 1921: 515; Watanabe, 1934a: 142; Fahringer, 1936: 158; Nixon, 1965: 75; Shenefelt, 1972: 465; Nixon, 1976: 705; Chou, 1979: 300, 304; Papp, 1980: 263; 游兰韶, 1984: 54; Papp, 1988: 147; Austin *et* Dangerfield, 1992: 7; 陈家骅和宋东宝, 2004: 32.

雌：体长 2.4mm，前翅长 2.7mm。

头：背面观横宽，宽为长的 1.9 倍，与中胸盾片等宽。复眼和后单眼间的头顶部分表面少光泽，密布深刻点。上颊略暗淡，具浅皱状刻点，后面稍收窄。颜面高为宽的 2/3，少光泽，表面具浅的不明确刻点，复眼内缘平行。单眼小，呈低三角形排列，前单眼的后切线与后单眼相切，前单眼和一个后单眼的间距稍长于后单眼直径，POL：OD：OOL = 5.0：2.0：3.5。触角明显短于体长，节间连接紧密，端前节长约等于宽。

胸：长：宽：高=43.0：27.0：31.0。中胸背板稍带光泽，具较密刻点，刻点间距短于刻点直径，刻点在中胸盾片末端部位大面积融合，中间最末端小范围内光滑无刻点。小盾片前沟稍直、不宽，内具若干纵脊。小盾片光亮，仅在边缘具不明确浅刻点，末端很宽，中间长度不长于基部宽度。小盾片侧边光滑区向上延伸到小盾片中部。并胸腹节稍暗，前端强皱，中区强，钻石形，基部封闭，分脊较清晰，后侧区和中区大部分光滑，并胸腹节后侧区通常具一与外侧平行的长纵脊。中胸侧板具强光泽，前半部略暗，具稀浅刻点，腹板侧沟里面及上面具不很规则的浅皱。

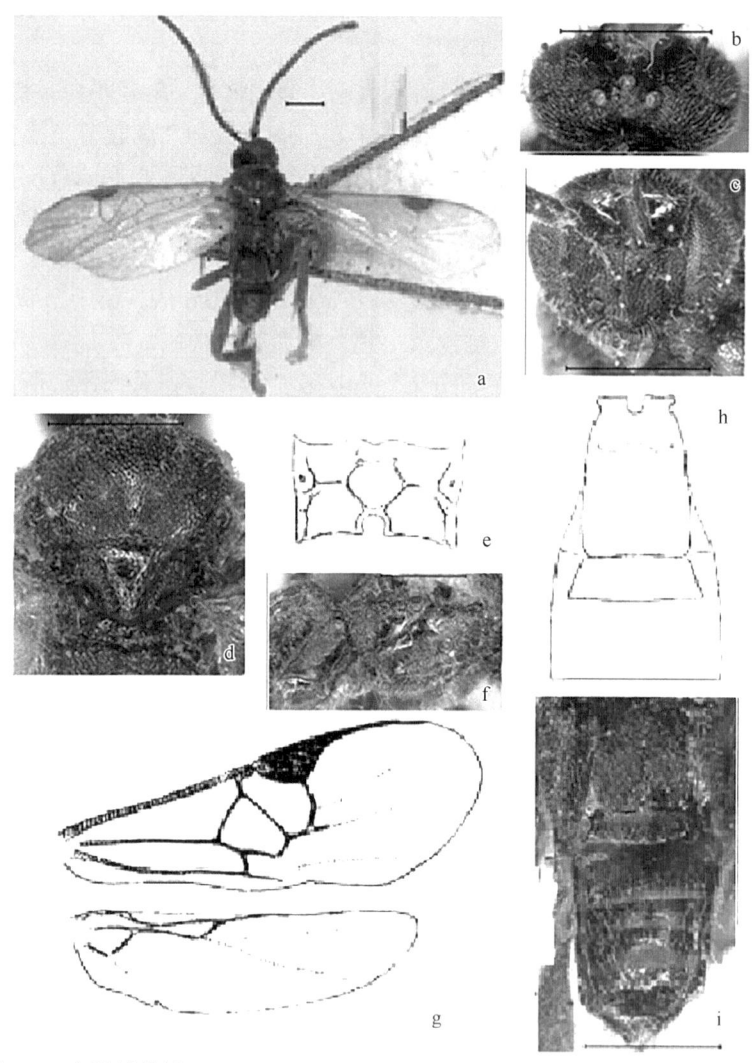

图 311　衣蛾绒茧蜂 *Apanteles carpatus* (Say)　（e, g, h. 引自 Nixon, 1965）
a. 整体，背面观；b. 头部，背面观；c. 头部，前面观；d. 中胸背板；e. 并胸腹节；f. 胸部，侧面观；g. 翅；h. 腹部第 1~3 节背板；i. 腹部，背面观

足：后足腿节粗短，长为其最大宽度的 2.7 倍。后足基节少光泽，基部上面具强浅皱及不明确小刻点。后足胫节外表面刺密、粗短。后足胫节内距长，为后足基跗节的 3/5，外距仅为后足基跗节的 1/3。后足基跗节约等长于第 2~4 跗节，爪大小正常。

翅：翅痣大，长为其最大宽度的 2.3 倍。1-R1 脉不明显长于翅痣，4.4 倍长于其与缘室末端间距。r 脉自翅痣中部伸出，几乎与之垂直，为翅痣宽的 0.8 倍，且为 2-SR 脉长度的 1.4 倍，两者在结合处呈明显角状，2-M 脉约与 2-SR 脉等长，稍长于 1-SR 脉，2-SR+M 脉约等长于 2-SR 脉，m-cu 脉稍短于 r 脉。第 1 盘室宽为高的 1.2 倍。后翅第 1 亚缘室（肘室）宽为高的 1.8 倍。cu-a 脉近直。后翅宽，1-M 脉明显短于其末端与臀瓣末端的间距，臀瓣最宽处外近直且无毛。

腹：与胸部约等长。第 1 节背板两侧向末端稍加宽，短，长为端宽的 1.2 倍，基部 1/3 凹，翻转部分略横行，少光泽，具强皱，两侧具稍规则的纵状刻条，中槽不明显或无，末端突起部分亮泽光滑。第 2 节背板少光泽，具极细密刻点，横行，宽为中间长度的 3.8 倍，末缘稍向第 3 节背板弯曲。第 3 节背板长为第 2 节的 1.9 倍（8.5：4.5）。第 2 节后方的背板光亮平滑且少毛。肛下板不长于腹末。产卵管鞘约等于后足胫节长度。

体色：体黑色。翅基片红黄色。下颚须和下唇须稍黄褐色。胫节距色浅。触角和产卵管鞘深褐色。上唇和上颚黄褐色。足红黄色，除了基节黑色、后足胫节末端 1/4 稍深。翅透明，C+SC+R 脉、1-R1 脉、翅痣、r 脉、2-SR 脉及 2-M 脉黄褐色，其他脉多少无色。

雄：未知。

生物学：国内已知寄生于织网衣蛾（袋衣蛾）*Tinea pellionella*（游兰韶等，1984）、稻纵卷叶螟 *Cnaphalocrocis medinalis*（寄主新记录）。国外有报道寄生于落叶松毛虫 *Dendrolimus sibiricus* 及 *Acrobasis caryivorella*、李小食心虫 *Grapholita funebrana*、绿米螟 *Doloes saviridis*、*Epanaphe carteri*、梨小食心虫 *Grapholita molesta*、杨柳小卷蛾 *Gypsonoma minutana*、栗斑蛾 *Illiberis sinensis*、*Kiefferia pericarpiicola*、家蝇 *Musca domestica*、*Niditinea spretella*、*Oecia oecophila*、白斑天幕毛虫 *Orgyia leucostigma*、棉红铃虫 *Pectinophora gossypiella*、户鞘谷蛾 *Phereoeca uterella*、马铃薯麦蛾 *Phthorimaea operculella*、*Praeacedes atomosella*、*Protolychnis maculata*、紫斑谷螟 *Pyralis farinalis*、葡萄长须卷蛾 *Sparganothis pilleriana*、*Tegulifera audeoudi*、谷蛾 *Tinea columbariella*、幕谷蛾 *Tineola bisselliella*、毛颤蛾 *Trichophaga tapetzella*（Yu et al.，2012）。

标本记录：浙江大学寄生蜂标本室保存有 71♀标本，无从松毛虫中育出者。

分布：北京、山东、新疆、江苏、浙江、湖北、湖南、重庆、四川、台湾、贵州、云南；世界各地。

注：本种中文名又称谷蛾或织网衣蛾。Chou（1979）报道我国台湾省有分布。

14. 盘绒茧蜂属 *Cotesia* Cameron, 1891（属征简述、生物学和分布见前）

（21）天幕毛虫盘绒茧蜂 *Cotesia gastropachae* (Bouché, 1834) （图 312）

Microgaster gastropachae Bouché, 1834: 157.

Apanteles gastropachae: Watanabe, 1932: 87.

Cotesia gastropachae: 何俊华，2004: 663; 陈家骅和宋东宝，2004: 155.

体长 2.5mm 左右。

头：头横宽，略呈椭圆形，光滑。唇基、颜面、额窝、额、头顶均具有规则的微细刻点。颚眼距和上颚基宽等长。POL 和 OOL 等长。触角细，雌蜂约等长于体，雄蜂长于体长；端前节长为宽的 2 倍。

胸：中胸盾片密布刻点，盾纵沟处刻点较密集，刻点极浅至强，或在盾纵沟后方形成一大片细线刻点区；小盾片有刻点，有时刻点极浅。小盾片前沟宽，内有明显纵脊。中胸侧板具粗糙刻点，前部无光泽，后部光滑。后胸侧板腹方粗糙，中部光滑。并胸腹节有皱纹，两后侧区光滑有光泽，中纵脊弱或缺。

翅：前翅 1-R1 脉短，约 3 倍长于其至缘室末端间距；r 脉从翅痣中部伸出，与 2-SR 脉几乎等长，两脉形成一个明显

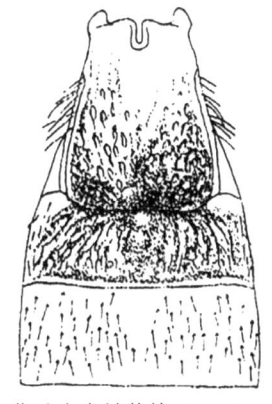

图 312　天幕毛虫盘绒茧蜂 *Cotesia gastropachae* (Bouché)（引自 Wilkinson，1945）
腹部第 1~3 节背板

角度；翅痣宽；基室在中脉一侧刚毛不稀疏。后翅臀瓣最宽处外方具明显缘毛。

足：前足端跗节无刺。后足基节有微细、分散的刻点；后足胫节内距明显长于外距。

腹：腹部第 1 节背板亚四方形，基部稍窄，后端稍加宽，背板基半部凹陷，光滑有光泽，端半部有皱纹刻点；第 2 节背板短于第 3 节背板，侧缘光滑，侧沟拱形或直，因此中域相对明显，有皱纹，其宽为中部高的 2.3～3.0 倍；第 3 节背板及以后背板光滑。肛下板短，端部尖；产卵管鞘短于后足跗节基节，产卵管长于后足跗节基节，侧面观端部有齿部分厚度短于其基部的厚度。

体色：体黑色。须赤黄色。翅基片黑色至褐色。腹部腹面基部、第 1 及 2 节背板侧缘有时第 3 节背板中域多少呈红褐色。前中足（除了基节暗黄褐色、转节或色暗）、后足腿节（除了端部和基部或端部 1/3 色暗，有时后足腿节烟褐至黑色并沿两侧常浅红色）、后足胫节（除了端部腹面弱烟褐色）红褐黄色；胫距色浅；后足跗节色暗。翅透明，有时略有暗色，翅面微毛无色，翅痣、1-R1 脉、r 脉、2-SR 脉、2-SR+M 脉褐色，其余脉红黄褐色。

茧：小茧淡黄白色，长约 3mm，宽 1.5mm。群聚。一般每块有茧 34～54 个，排列不规则。

生物学：国内已知寄主有黄褐天幕毛虫 *Malacosoma neustria testacea* 和梨星毛虫 *Illiberis pruni*；据国外记载寄主有马尾松毛虫 *Dendrolimus punctatus*、赤松毛虫 *Dendrolimus spectabilis*、落叶松毛虫 *Dendrolimus superans*、欧洲松毛虫 *Dendrolimus pini* 及梨剑纹夜蛾 *Acronycta rumicis*、绢粉蝶 *Aporia crataegi*、李枯叶蛾 *Gastropacha quercifolia*、草地螟 *Loxostege sticticalis*、舞毒蛾 *Lymantria dispar*、树莓毛虫 *Macrothylacia rubi*、蛔蒿夜蛾（宽胫夜蛾）*Protoschinia scutosa*、小红蛱蝶 *Vanessa cardui* 等的幼虫。

该蜂在陕西黄褐天幕毛虫 *Malacosoma neustria testacea* 幼虫上 1 年发生 2～3 代，以老熟幼虫在寄主体内越冬。翌年 4 月下旬羽化，产卵于中龄以上的黄褐天幕毛虫幼虫体内。卵期 2～5 天，幼虫期 6～15 天，蛹期 5～10 天。成虫寿命在室内喂食情况下约 10 天，不喂食情况下仅活 3 天。蜂的幼虫老熟后钻到寄主体外结茧化蛹，雌蜂比例为 53.2%。成虫白天活动，飞翔能力较强。据剖腹检查，每雌蜂怀卵 200 余粒，估计其繁殖力较强，可多次产卵，每头雌蜂可消灭 5～7 头黄褐天幕毛虫的幼虫。被寄生的幼虫初期仍能活动，随着蜂幼虫的生长发育，逐渐不吃不动，到蜂的幼虫钻出结茧时多已死亡。

标本记录：浙江大学寄生蜂标本室收藏的该种标本中无寄生于松毛虫的。

分布：山东、山西、陕西、浙江、江西；俄罗斯（西伯利亚），德国，法国，日本，美国，捷克，斯洛伐克，土耳其。

注：中文种名曾用枯叶蛾绒茧蜂（游兰韶，1995）。

（22）粉蝶盘绒茧蜂 *Cotesia glomerata* (Linnaeus, 1758)　（图 313）

*Ichneumon glomeratus Linnaeus, 1758: 568.

Apanteles glomeratus: Shenefelt, 1972: 519；何俊华和王金言 1987: 418.

Cotesia glomerata [-*us*]：陈家骅和宋东宝，2004: 155；何俊华，2004: 663.

体长 2.5～3.2mm。

头：头横宽，宽为长的 2.5～3.2 倍。上颊几乎为复眼长之半，大部分具细皱，有光泽。单眼矮三角形，前单眼后切线恰与后单眼相切。触角约等长于体，向端部稍变尖，末端 2 节长大于宽的 1/3～1/2。

胸：中胸盾片光亮，密布明显刻点，点距短于或很短于点径。盾纵沟浅，刻点密集呈刻皱带状，向后形成模糊的微细刻纹。小盾片明显隆起或平，有光泽，有刻点的痕迹；小盾片悬骨可见狭窄部分。中胸侧板上方具刻点，下方平滑。并胸腹节有粗糙皱纹，中央有纵脊痕迹，前部两侧具短横脊。

翅：前翅翅痣长为宽的 2.3～3.0 倍；r 脉自翅痣中部伸出或中部稍外伸出，通常多少长于至多不明显地短于翅痣宽之半；r 脉明显长于 2-SR 脉，二脉连接处呈明显角状；1-R1 脉相对短，等长于翅痣，约 3 倍长于其与缘室末端间距。后翅臀瓣除最宽处外均具明显的短缘毛。

足：后足基节上方和侧方平滑有光泽，下方有刻点；后足胫节内距仅稍长于外距，几乎不长于基跗节之半。

腹：腹部与胸部等长。第 1 节背板刻纹弱而多变，向后趋于退化呈现极光滑而光亮的状态，长明显至稍大于宽，侧缘平行，有时向末端明显变阔或稍收窄。第 2 节背板亚三角形，侧沟深但不明显，表面即使具刻纹也极光亮，短于第 3 节背板，侧方平滑。第 3 节背板刚毛仅限于后部 1/3 或沿后缘。第 4 节及其后背板光滑。肛下板极短，端部中央具半圆形深凹。产卵管鞘短，向下弯略呈钩状，长至多为后足基跗节长之半。

体色：体黑色。触角黑褐色，近基部赤褐色。须黄色。翅基片暗红色。足黄褐色；后足和腿节末端、胫节末端黑色；后足跗节褐色。翅透明，翅痣和翅脉淡赤褐色。腹部第 1、2 节背板侧缘黄色，腹部腹面基部黄褐色。

茧：圆筒形，长约 4.5mm，黄色或白色。聚生，松散或规则而紧密地排列。

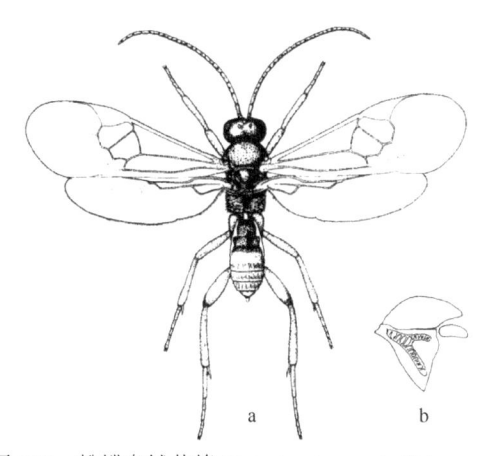

图 313 粉蝶盘绒茧蜂 *Cotesia glomerata* (Linnaeus)
（a. 引自 Gauld & Bolton, 1988; b. 引自 Nixon, 1965）
a. 雌蜂，背面观；b. 前胸和中胸盾片，侧面观

生物学：寄生于山楂粉蝶（=绢粉蝶）*Aporia crataegi*、大菜粉蝶 *Pieris brassicae*、黄褐天幕毛虫 *Malacosoma neustria testacea*、稻螟蛉 *Naranga aenescens*、甘蓝夜蛾 *Mamestra brassicae* 和稻苞虫 *Parnara guttata* 等的幼虫。据国外报道还寄生于欧洲松毛虫 *Dendrolimus pini* 及杨裳夜蛾 *Catocala nupta*、小菜蛾 *Plutella xylostella* 等许多寄主。寄生于寄主幼虫体内，蜂幼虫老熟后钻出寄主体外结茧化蛹。聚寄生，茧黄色或白色，松散或规则而紧密地排列。也常被其他蜂重寄生，如择捉光背姬蜂 *Aclastus etorofuensis*、负泥虫沟姬蜂 *Bathythrix kuwanae*、光背刺姬蜂 *Diatora lissonota*、斜纹夜蛾刺姬蜂 *Diatora prodeniae*、阿苏山沟姬蜂 *Gelis asozanus*、折唇姬蜂 *Lysibia* sp.、盘背菱室姬蜂 *Mesochorus discitergus*、黑角脸姬蜂 *Nipponaetes haeussleri*、中华横脊姬蜂 *Stictopisthus chinensis*、广大腿小蜂 *Brachymeria lasus*、粘虫广肩小蜂 *Eurytoma verticillata*、黄柄齿腿长尾小蜂 *Monodontomerus dentipes*、红铃虫金小蜂 *Dibrachys cavus*、蝶蛹金小蜂 *Pteromalus puparum*、稻灿金小蜂 *Trichomalopsis oryzae*、绒茧灿金小蜂（绒茧金小蜂）*Trichomalopsis apanteloctenus*、菲岛分盾细蜂 *Ceraphron manila* 等。

标本记录：浙江大学寄生蜂标本室收藏的此种标本很多，无寄生于松毛虫的。

分布：东北、内蒙古、北京、河北、山东、山西、河南、陕西、宁夏、新疆、江苏、上海、浙江、安徽、江西、湖北、湖南、四川、重庆、台湾、贵州、云南；日本，印度，美国，加拿大，欧洲，非洲北部。

（23）红足盘绒茧蜂 *Cotesia rubripes* (Haliday, 1834) （图 314）

Microgaster rubripes Haliday, 1834: 253.
Cotesia rubripes: Papp, 1990: 87-119.

体长 2.5~3.2mm。

头：上颊背面观圆。颜面具明显的弱刻点。触角稍细长，端前 2 节 2.0 倍长于宽；第 16 节有时长超过宽的 2 倍。单眼矮三角形；前单眼后切线与后单眼相切。

胸：前胸背板侧方中部区域极光滑，仅具极稀疏刻点。中胸盾片刻点细而较明显，表面较暗，盾纵沟稍明显。小盾片强度拱隆，具浅而弱的刻点；小盾片前沟深，具强纵脊；小盾片后方的光滑带中央光滑或近微皱至不平整；小盾片悬骨可见狭窄部分。中胸侧板基节前沟之前和之下具强刻点。并胸腹节具皱至粗皱但皱脊较弱，气门后侧横脊和纵脊轮廓不明晰。

翅：前翅 1-R1 脉相对较短；r 脉相对翅痣前缘垂直，或不明显地伸向外方；前翅沿基室和亚基室具多少稀疏的毛。后翅 cu-a 脉直，与 1-1A 脉呈明显的锐角；后翅臀瓣最宽处之外具明显的缘毛。

足：后足基节外表面光滑，全部或部分不平整，具极细弱且离散的刻点；后足胫距不等长，内距明显长于基跗节之半。

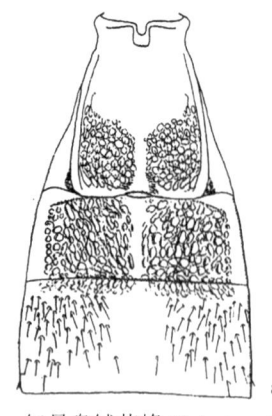

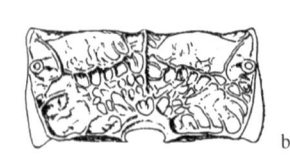

图 314　红足盘绒茧蜂 Cotesia rubripes (Haliday)（引自 Wilkinson，1945）
a. 腹部第 1～3 节背板；b. 并胸腹节

腹：第 1 节背板长至多约等于端宽，呈三角形向端部变阔，后半部具强皱，刻纹间表面较光亮。第 2 节背板侧沟弱，中域几乎与第 2 节背板重合，呈矩形，具强皱。第 3 节背板偶尔基部具微皱。肛下板短，侧面观几乎呈直角；产卵管鞘几乎不伸出肛下板。

体色：足亮红黄色；后足腿节略带暗黄色，沿上部和下部均加深；后足胫距略白色；后足跗节不呈烟褐色或稍浅。翅面透明；翅基片鲜黄色；翅脉色稍浅；基室刚毛色浅。

生物学：据国外报道寄生于欧洲松毛虫 Dendrolimus pini、西伯利亚松毛虫 Dendrolimus sibiricus albolineatus 及醋栗金星尺蛾 Abraxas grossulariata、山楂粉蝶 Aporia crataegi、Argynnis latonia、Bombyx castrensis、白沙尺蛾 Cabera pusaria、二尾舟蛾 Cerura vinula、Deilinia pusaria、Elimodonta ziczac、蝶青尺蛾 Geometra papilionaria、青突尾尺蛾 Jodis lactearia、舞毒蛾 Lymantria dispar、黄褐天幕毛虫 Malacosoma neustria testacea、网蛱蝶 Melitaea aurelia、黄古毒蛾 Orgyia dubia judaeea、树莓透翅蛾 Pennisetia hylaeiformis、亚麻篱灯蛾 Phragmatobia fuliinosa、大菜粉蝶 Pieris brassicae、菜粉蝶 Pieris rapae、小菜蛾 Putella xylostella、荨麻蛱蝶 Vanessa urticae、Zygaena angelicae、Zygaena peucedani。可被小折唇姬蜂 Lysibia nana、菱室姬蜂 Mesochorus acuminatus、Mesochorus acuminatus、Mesochorus velox 重寄生。

标本记录：浙江大学寄生蜂标本室收藏的此种标本 65♀，尚无从松毛虫寄主中育出的。

分布：浙江、福建、湖南、广东、广西、海南、四川、贵州、云南、陕西、甘肃；俄罗斯（西伯利亚），捷克，斯洛伐克等全北区。

（24）假盘绒茧蜂 Cotesia spuria (Wesmael, 1837)　（图 315）

Microgaster spurius Wesmael, 1837: 49.
Apanteles spurius: Reinhard, 1880: 364.
Cotesia spurius[-a]: Papp, 1990: 93, 117; 陈家骅和宋东宝，2004: 171; Yu et al., 2005.

雌：体长 2.5～3.3mm。

头：头稍窄于胸部。颜面、唇基和前眼眶具微细刻点，额、头顶具细微和极细刻点。单眼矮三角形排列，前单眼后切线与后单眼相触或与后单眼相切；POL 等长于或明显短于 OOL。触角很细，与体等长；端前 2 节长为宽的 1.5～1.7 倍。

胸：中胸盾片近于光亮至覆霜状，具明显的细微刻点，极端部狭窄区域内仅具极弱刻点；盾纵沟处刻点和后部大片区域内刻点更粗而极密集或近融合。小盾片密布不明显的浅刻点；小盾片悬骨完全隐藏。并胸腹节具皱，基横脊之前的表面多少光滑，其他部分具网皱，端角处网皱更粗或更光滑，具 1 极弱甚至完全退化的中纵脊。

翅：前翅 r 脉长约等于翅痣宽，自翅痣中部之外伸出；翅痣 2.3～2.4 倍长于宽，1-R1 脉很短，短于翅痣，2.5～3.0 倍长于其与缘室末端间距。后翅臀瓣于最宽处外方具明显密集的缘毛。

足：前足端跗节具细刺。后足基节基部背方大片区域具粗刻点，端部背方具纵刻条，其他部分表面具明显分开的细微刻点；后足胫节内距明显长于外距，内距长为后足基跗节的 2/3。

腹：腹部第 1 节背板向端部明显变阔，端部 1/3 或 2/5 具皱纹刻点或微弱皱纹刻点，但中部狭窄区域光滑或相对光滑。第 2 节背板中长约为后部宽的 2 倍，具明显侧沟，中域矩形，与第 1 节背板具相似刻纹但通常中部光滑。第 3 节背板基部、端部和中部基端三角区域内光滑，其他部分具细微刻点。第 4 节及以后背板具细微刻点。肛下板很短，端部平截。产卵管鞘几乎不伸出，等长于或短于后足基跗节，侧面观产卵管端部变窄部分短于基部较粗部分。

体色：体黑色。下颚须、下唇须和胫距色浅。足色深，但转节、前足腿节除了基部、前中足胫节、前中足跗节（有些足黑色的标本此处颜色加深）、中足腿节端部或端部 1/3、最端部下侧红褐黄色；后足胫节基半部或基部 2/3 红褐黄色，端半部烟褐色。翅烟色，小翅室以内的翅脉不透明，C+SC+R 脉大部分、其他翅脉在前翅基部 1/4 褐黄色或红褐黄色；翅脉其他部分、翅痣和 1-R1 脉褐色；基室处刚毛不透明；翅痣不透明，颜色均匀。

雄：与雌蜂相似，通常色深于雌蜂且鞭节较长。前足腿节基半部、中足胫节端部 1/3 色加深，中足腿节几乎完全黑色，后足胫节仅基半部红褐黄色，前翅 C+SC+R 脉大部分褐色。

茧：白色，包被成团；初织时常带粉红褐色。

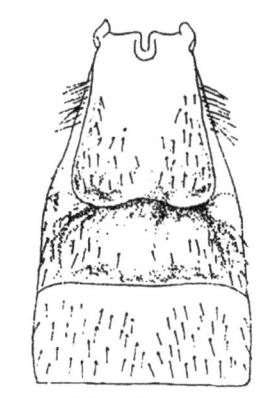

图 315　假盘绒茧蜂 *Cotesia spuria* (Wesmael)（引自 Wilkinson, 1945）
腹部第 1～3 节背板

生物学：国内尚无寄主记录。据国外报道寄生于西伯利亚松毛虫 *Dendrolimus sibiricus albolineatus* 及华剑纹夜蛾 *Acronicta auricoma*、梨剑纹夜蛾 *Acronicta rumicis*、黄地老虎 *Agrotis segetum*、背巨冬夜蛾 *Allophyes oxyacanthae*、杨背麦蛾 *Anacampsis populella*、李尺蛾 *Angerona prunaria*、秀夜蛾 *Apamea maillardi*、阿芬眼蝶 *Aphantopus hyperanthus*、山楂粉蝶 *Aporia crataegi*、豹灯蛾 *Arctia caja*、丫纹夜蛾 *Autographa gamma*、桦尺蛾 *Biston betularia*、杨尺蠖 *Biston strataria*、*Bombyx castrensis*、*Caradrina morpheus*、花卡弄蝶 *Carcharodus alceae*、二尾舟蛾 *Cerura vinula*、豆粉蝶 *Colias hyale*、白点焦尺蛾 *Colotois pennaria*、黑纹冬夜蛾 *Cucullia asteris*、排点灯蛾 *Diacrisia sannio*、棕色羽夜蛾 *Diarsia brunnea*、窗蛱蝶 *Diloba caeruleocephala*、*Drymonia dodonaea*、红角林舟蛾 *Drymonia ruficornis*、茎涤尺蛾 *Dysstroma truncata*、秋黄尺蛾 *Ennomos alniaria*、洲尺蛾 *Epirrhoe galiata*、豆荚螟 *Etiella zinckenella*、金堇蛱蝶 *Euphydryas aurinia*、小花尺蛾 *Eupithecia denotata*、榉犹冬夜蛾 *Eupsilia transversa*、甘蓝野螟 *Evergestis forficalis*、李卷蛾 *Hedya pruniana*、点实夜蛾 *Heliothis peltigera*、文涅尺蛾 *Hydriomena impluviata*、点尘尺蛾 *Hypomecis punctinalis*、栎尘尺蛾 *Hypomecis roboraria*、杨逸色夜蛾 *Lpimorpha subtusa*、银斑豹斑蝶 *Lssoria lathonia*、青突尾尺蛾 *Jodis lactearia*、波尺蛾科 *Larentia bifasciata*、粘夜蛾 *Leucania littoralis*、草地螟 *Loxostege sticticalis*、灰蝶 *Lycaena hylas*、褐条毛尺蠖 *Lycia hirtaria*、烈夜蛾 *Lycophotia varia*、舞毒蛾 *Lymantria dispar*、树莓毛虫 *Macrothylacia rubi*、黄褐天幕毛虫 *Malacosoma neustria testacea*、甘蓝夜蛾 *Mamestra brassicae*、果园秋蛾 *Operophtera brumata*、翠色狼夜蛾 *Ochropleura praecox*、葡萄褐卷蛾 *Pandemis cerasana*、流纹周尺蛾 *Perizoma alchemillata*、白桦尺蛾 *Phigalia tites*、大菜粉蝶 *Pieris brassicae*、暗脉粉蝶 *Pieris napi*、菜粉蝶 *Pieris rapae*、栎杨小毛虫 *Poecilocampa populi*、白钩蛱蝶 *Polygonia c-album*、异夜蛾 *Protexarnis fuax*、细羽齿舟蛾 *Ptilodon capucina*、月尺蛾 *Selenia lunularia*、四月尺蛾 *Selenia tetralunaria*、刀夜蛾 *Simyra dentinosa*、甜菜夜蛾 *Spodoptera exigua*、泊波纹蛾（小太波纹蛾）*Tethea or*、纹枯叶蛾 *Trichiura crataegi*、朱砂蛾（红棒球灯蛾）*Tyria jacobaeae*、红纹丽蛱蝶 *Vanessa atalanta*、小红蛱蝶 *Vanessa cardui*、荨麻蛱蝶 *Vanessa urticae*、珍珠梅斑蛾 *Zygaena filipendulae*。可被脊颈姬蜂 *Acrolyta marginata*、泥甲姬蜂 *Bathythrix aerea*、*Dialyptidea conformis*、沟姬蜂 *Gelis agilis*、小折唇姬蜂 *Lysibia nana*、盘背菱室姬蜂 *Mesochorus discitergus*、啮小蜂 *Tetrastichus sinopeen* 等重寄生（Yu et al., 2005）。

标本记录：本研究未见标本。

分布：吉林；古北区。

注：游兰韶（1995）首次报道该种在中国的分布，但未见形态描述和标本记录。特征简述源自曾洁（2012: 117），参照 Wilkinson（1945）、Nixon（1974）和 Papp（1986）的描述。

（25）皱基盘绒茧蜂 *Cotesia tibialis* (Curtis, 1830) （图 316）

**Microgaster tibialis* Curtis, 1830: 32.

Apanteles tibialis: Fahringer, 1937: 259.

Cotesia tibialis: Papp, 1990: 117; Yu *et al.*, 2005.

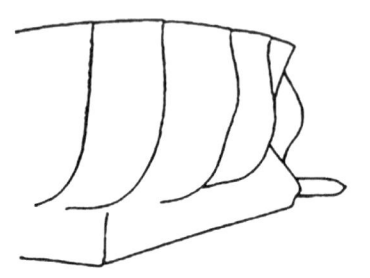

图 316 皱基盘绒茧蜂 *Cotesia tibialis* (Curtis) 腹部端部侧面观（引自 Nixon, 1974）

雌：体长 2.0～3.3mm，通常 2.5～3.0mm。

头：头不呈强横形。上颊背面观圆。前单眼后切线不与后单眼相接触；单眼并非矮三角形排列。触角端前 3 节明显长于宽，1.5～2.0 倍长。

胸：中胸背板前中部和侧方刻点间表面小或很小；盾纵沟处具密集刻点至具微皱，后方形成 1 微皱状区域；盾纵沟两侧侧叶与之完全相反，极光亮，但前半部除外，几乎无刻点；小盾片光滑至近于光滑，光亮，至多具一些弱至不明显的刻点，极光亮；小盾片悬骨完全隐藏。

足：前足端跗节具小刺，但其基部处无凹陷。后足基节具皱至微皱，绝无刻点；后足胫节内距短于外距，少数两距等长，内距通常短于至多等长于基跗节之半；后足基跗节相对短，第 2～5 跗节 1.4～1.5 倍长于基跗节。

腹：第 1 节背板向后明显或稍变阔，通常多少长于或约等于端宽，全具皱且通常于中部具短纵脊。第 2 节背板横形，端宽 3 倍长于中长，具粗皱至粗糙，刻纹间不光滑，中域不明显。第 3 节背板光滑，至多基部具弱至极弱的刻点，光亮，中部基端偶尔有小块皱区，表面刚毛排列多变。肛下板短，侧面观中等大小，不超出末节背板端部，末端平截或钝圆。

体色：体黑色。足红黄色；前中足基节通常褐色；前中足腿节至少前半部略黑色（有时中足腿节色浅）；后足基节通常褐黑色或黑色，小部分标本黄色；后足腿节色多变，晚春世代和初夏世代红黄色至黄色，夏世代黑色至近黑色。

雄：与雌蜂相似。足色深的世代雄虫鞭节端部明显带黄色，而足色浅的世代变浅不明显。

茧：白色，包被成团；初织时常带粉红褐色。

生物学：国内寄主有粘虫 *Pseudaletia separata*。据国外报道可寄生于欧洲松毛虫 *Dendrolimus pini* 及锐剑纹夜蛾 *Acronicta aceris*、戟剑纹夜蛾 *Acronicta euphorbiae*、剑纹夜蛾 *Acronicta leporina*、梨剑纹夜蛾 *Acronicta rumicis*、皱地夜蛾 *Agrotis clavis*、黄地老虎 *Agrotis segetum*、*Ancylis laetana*、饰银纹夜蛾 *Antoculeora ornatissima*、山楂粉蝶 *Aporia crataegi*、丫纹夜蛾 *Autographa gamma*、家蚕 *Bombyx mori*、欧夜蛾 *Callistege mi*、泡桐茸毒蛾 *Dasychira pudibunda*、杨裳夜蛾 *Catocala nupta*、弓夜蛾 *Cerastis rubricosa*、分月扇舟蛾 *Clostera anastomosis*、碧银冬夜蛾 *Cucullia argentea*、嗜蒿冬夜蛾 *Cucullia artemisiae*、鲁冬夜蛾 *Cucullia lucifuga*、旋歧夜蛾 *Discestra trifolii*、棕尾毒蛾 *Euproctis chrysorrhoea*、榭犹冬夜蛾 *Eupsilia transversa*、东风夜蛾 *Eurois occulta*、鲁切夜蛾 *Euxoa temera*、黑麦切夜蛾 *Euxoa tritici*、割夜蛾 *Graphiphora augur*、孔雀蛱蝶 *Lnachis io*、白线安夜蛾 *Lacanobia pisi*、草安夜蛾 *Lacanobia oleracea*、条纹小粉蝶 *Leptidea sinapis*、草地螟 *Loxostege sticticalis*、舞毒蛾 *Lymantria dispar*、甘蓝夜蛾 *Mamestra brassicae*、歌梦尼夜蛾 *Orthosia gothica*、单梦尼夜蛾 *Orthosia gracilis*、梦尼夜蛾 *Orthosia incerta*、欧洲玉米螟 *Ostrinia nubilalis*、斑点木蝶 *Pararge aegeria*、锦葵栉麦蛾 *Pexicopia malvella*、大菜粉蝶 *Pieris brassicae*、圆掌舟蛾 *Phalera bucephala*、小菜蛾 *Plutella xylostella*、火眼蝶 *Pyronia tithonus*、黄星雪灯蛾 *Spilosoma lubricipedum*、栎绿卷蛾 *Tortrix* *viridana*、大红蛱蝶 *Vanessa indica*、荨麻蛱蝶 *Vanessa urticae*、八字地老虎 *Xestia c-nigrum*、冠鲁夜蛾 *Xestia exoleta*、三角鲁夜蛾 *Xestia triangulum*、木冬夜蛾 *Xylena exsoleta*、老木冬夜蛾 *Xylena vetusta*、苹果巢蛾 *Yponomeuta padella*、珍珠梅斑蛾 *Zygaena filipendulae*。

可被脊颈姬蜂 *Acrolyta rufocincta*、泥甲姬蜂 *Bathythrix aerea*、沟姬蜂 *Gelis agilis*、小折唇姬蜂 *Lysibia nana*、盘背菱室姬蜂 *Mesochorus discitergus*、金小蜂 *Pteromalus miccogastris*、啮小蜂 *Tetrastichus sinopeen* 等重寄生（Yu et al.，2005）。

标本记录：浙江大学寄生蜂标本室收藏的此种标本 65♀♂，尚无从松毛虫寄主中育出的。

分布：辽宁、内蒙古、河北、山西、宁夏、新疆、福建、广东、云南；古北区。

注：特征简述源自曾洁（2012：117），参照 Nixon（1974）和 Papp（1986）的描述。Watanabe（1950）最早报道该种分布于中国山西；You 等（1988）报道该种分布于我国新疆，但均未进行描述，后者无标本记录。

15. 原绒茧蜂属 *Protapanteles* Ashmead, 1898（属征简述、生物学和分布见前）

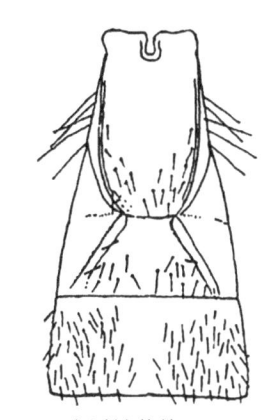

（26）幽原绒茧蜂 *Protapanteles* (*Protapanteles*) *inclusus* (Ratzeburg, 1844)（图 317）

Microgaster inclusus Ratzeburg, 1844: 70.

Apanteles inclusus: Reinhard, 1880: 364; 游兰韶等, 1984: 57.

Glyptapanteles inclusus: Mason, 1981: 107; 陈家骅和宋东宝, 2004: 184.

Protapanteles (*Protapanteles*) *inclusus*: Yu et al., 2005; 曾洁, 2012: 191.

雌：体长 2.4～2.7mm。

头：头部无光泽。颜面和唇基具均匀的细微刻点；前幕骨陷与唇基端部间距较与复眼间距近。额和头顶具较稀疏而弱的刻点。POL 短于 OOL。触角与体等长。

胸：中胸盾片具细微刻点；小盾片刻点或明显稀疏且弱，无光泽，偶尔表面覆霜状；小盾片两侧光滑带前伸，不超过小盾片长度之半。小盾片前沟直，具或不具细齿状刻纹。并胸腹节极光滑，具光泽，基半部具极稀疏的不明显微细刻点，端半部无刻纹。

翅：前翅翅痣宽，其长为宽的 2.3～2.4 倍；1-SR 脉长；r 脉自翅痣中部稍外方伸出，与 2-SR 脉连接处不呈角度，呈均匀弧形；2-CU1 脉长为 1-CU1 脉的 1.5 倍。

足：前足端跗节无刺。后足基节背侧和上半部外表面几乎完全光滑，但背侧具一些离散的强刻点；端半部背方具一组较弱刻点，外侧具密集的细微刻点。后足胫节内、外距分别约为基跗节长的 1/2 或稍长、2/5。

图 317 幽原绒茧蜂 *Protapanteles* (*Protapanteles*) *inclusus* (Ratzeburg)（引自 Nixon, 1974）
腹部第 1～3 节背板

腹：腹部第 1 节背板具光泽，侧缘平行，基部凹陷，后部圆，端部 1/3 稍外翻且具微细刻点，尤其是侧方 1/3。第 2 节背板光滑，有光泽，但具一些分散的微细刻点，中域近三角形，侧沟不达背板端部。第 3 节背板具较规则的微细刻点，但基端中央的小块区域光滑，且 1 狭窄而光滑的中纵线。肛下板均匀骨化，末端尖锐，侧面观明显超出末节背板。产卵管鞘短于后足腿节，约与后足第 3 跗节等长，向端部明显变尖。

体色：体黑色；下颚须及下唇须和胫距色浅。前足（除了基节）、中足（除了基节、转节及腿节基部 1/3～1/2）、后足胫节基部 1/4～1/3，基部腹面红褐黄色；后足基节和转节黑色；后足腿节 1/4～1/3、腹部腹面基部烟褐色至黑色，其余暗褐色。腹部第 1、2 节背板深褐色，第 1 节背板膜质边缘黄褐色。翅透明，翅面微毛白色；翅痣色均匀，不透明，暗褐色；1-R1 脉暗褐色，C+SC+R 脉黄褐色（接近翅痣处稍暗），其余脉色浅。

雄：雌蜂相似。触角长于体，足色有所变化。

生物学：据国外报道寄生于欧洲松毛虫 *Dendrolimus pini* 及桃剑纹夜蛾 *Acronicta intermedia*、梨花象甲 *Anthonomus pomorum*、栎潜叶鞘蛾 *Coleophora lutipennella*、苔蛾 *Eilema complana*、棕尾毒蛾 *Euproctis chrysorrhoea*、盗毒蛾 *Porthesia similis*、毒蛾 *Liparis auriflua*、四点苔蛾 *Lithosia quadra*、舞毒蛾 *Lymantria dispar*、模毒蛾 *Lymantria monacha* 等的幼虫。结茧于寄主蛹内，茧白色，聚寄生。

标本记录：本研究未见标本。特征简述源自 Wilkinson（1945）、Nixon（1973）、Papp（1983）对欧洲标本的描述及陕西省林业科学研究所和湖南省林业科学研究所（1990）对中国标本的描述。

分布：山东、山西、陕西；古北区。

注：基本上录自曾洁（2012: 191）。

16. 小腹茧蜂属 Microgaster Latreille, 1804（图 318）

Microgaster Latreille, 1804: 175.

属征简述：触角鞭节每节有 2 个板形感器，排成 2 列；颜面不呈喙形。中胸侧板大部分光滑；小盾片光滑或具有微细刻点，其侧盘大，光滑，在小盾片后方为一连续的光滑带，中间不被皱纹或刻点断开；并胸腹节具粗糙皱纹，有一明显中纵脊，但无中区。前翅 r-m 脉存在，有一大的小翅室，为亚三角形；r-m 脉与 2-CU1 脉约等长。后翅臀叶边缘均匀凸出，长有明显缘毛。后足基节增大，长于第 1 节背板；后足胫节距长于基跗节之一半。腹部第 1 节背板短、宽，端部稍宽，表面多有粗糙皱纹，侧背板不可见。第 2 节背板背表面长方形，无明显的中域，表面有微皱纹。第 3 节背板多少有皱纹，短于第 2 节背板。肛下板大，具纵褶或细线，但在少数种类（少于 10%）纵褶缺如。产卵管鞘长有毛，长常为后足胫节的 0.3～1.0 倍。

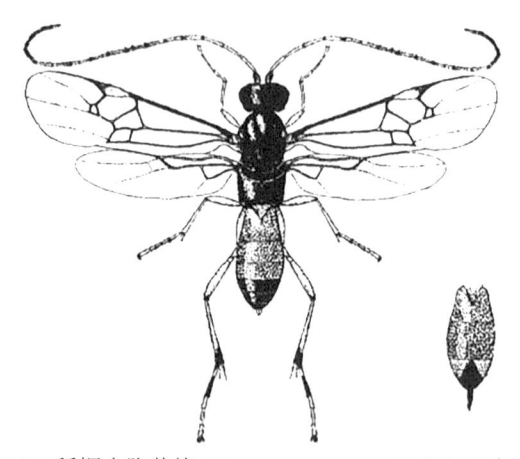

图 318　稻螟小腹茧蜂 *Microgaster russata* Haliday（小腹茧蜂属 *Microgaster* Latreille）（引自 何俊华，1972）
此种也有移至湿小腹茧蜂属 *Hygroplitis* Thomson 的

生物学：大多数种类为单寄生，少数为聚寄生。寄主多为小型鳞翅目，如卷蛾科 Tortricidae、织蛾科 Oecophoridae 等，少数种类寄生于大型鳞翅目，如尺蛾科 Geometridae 和蛱蝶科 Nymphalidae 等。

分布：主要分布于全北区和东洋区，澳洲区有少量分布。我国全境都有分布。

小腹茧蜂属是小腹茧蜂亚科 Microgastriniae 小腹茧蜂族 Microgastrini Mason, 1981 中较大的一个属，全世界已定名的有 100 多种（Austin & Dangerfield，1992）。

（27）球小腹茧蜂 Microgaster globate (Linnaeus, 1758) （图 319）

Ichneumon globatus Linnaeus, 1758: 568.
Microgaster globate Telenga, 1955: 205; Papp, 1959: 403; Shenefelt, 1973: 709; 许维岸等, 2000: 7.

雌：体长 3.2～3.7mm，前翅长 3.3～3.8mm。

头：头明显横宽，背面观宽为长的 2.4 倍。脸微拱，宽为高的 1.4 倍；中央具粗刻点，上方具横皱纹，上方 1/3 具中纵脊，下方两侧具斜皱纹。唇基具刻点。触角洼和额（中央光滑）具皱纹。头顶光滑。上颊在复眼后方弧形收窄。颊具小刻点和皱纹。触角细，柄节长为宽的 1.4 倍；鞭节第 1 节、端前节和端节长分别为宽的 3.3 倍、1.5 倍和 2.5 倍，末端第 3、4 节连接疏松。单眼大，OD：POL：OOL=2：5：6。复眼微突，内缘平行，高为宽的 1.8 倍。

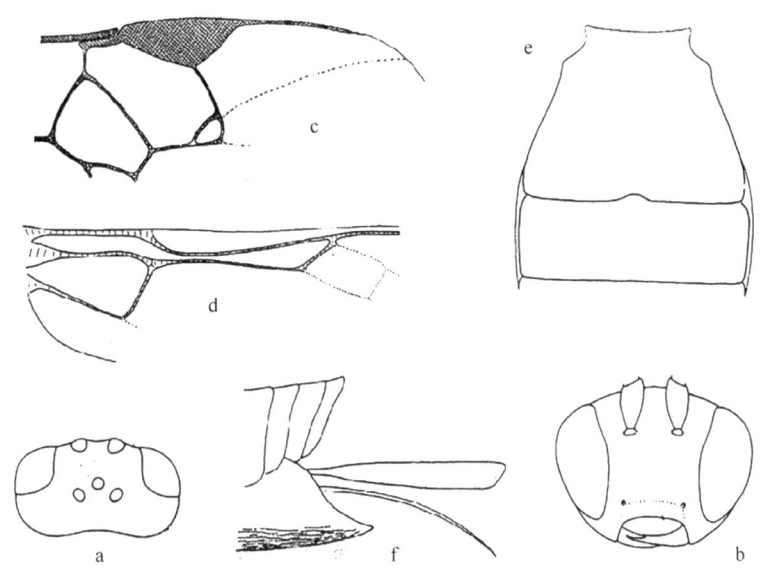

图 319　球小腹茧蜂 *Microgaster globate* (Linnaeus)（引自 Papp，1976）
a. 头部，背面观；b. 头部，前面观；c. 前翅，部分；d. 后翅，部分；e. 腹部第 1、2 节背板，背面观；f. 腹部端部，侧面观

胸：宽于头部。前胸背板具细刻点。中胸盾片前方 1/3 具细密刻点，盾纵沟处具皱纹，在下方减弱，后方中央光滑。小盾片前沟宽，内具 9 条小脊。小盾片光滑。中胸侧板前方和翅基下脊下方具稀疏刻点，其余部分光滑。后胸侧板上方光滑，下方仅前半平滑，其余具弱皱纹。并胸腹节中纵脊发达，基横脊不明显，中纵脊中段向两侧发出数条横脊，具网皱，侧区大且具皱纹。

翅：前翅长为宽的 2.6 倍；翅痣长为宽的 2.5 倍。1-R1 脉与翅痣等长，为其至径室端部距离的 2.4 倍；r 脉微弯，从翅痣中部稍外方伸出，r 脉：翅痣宽：2-SR 脉=8：10：6；小翅室三角形；第 1 盘室长为高的 1.2 倍；1-CU1 脉与 2-CU1 脉等长；1-M 脉为 m-cu 脉的 2.5 倍，1-SR 脉为 1-M 脉的 0.4 倍；m-cu 脉与 2-SR+M 脉等长。后小脉直；后肘室长为端宽的 1.5 倍。

足：足基节外侧光滑，背面具明显皱纹，腹面具稀疏粗刻点，端部达到腹部第 4 背板端缘；后足腿节长为宽的 3.5 倍；后足胫节内、外距长分别为基跗节的 0.64 倍和 0.55 倍；后足爪弯曲，爪基具 1 枚小刺。

腹：明显长于胸部。第 1 节背板长：基宽：端宽=17：12：24，具明显纵皱纹，两侧缘从基部至端部均匀扩大。第 2 节背板矩形，宽为长的 2.8 倍，与第 3 节背板等长，具明显纵皱纹。第 3 节背板基部具弱皱纹和稀疏刻点，其余及其后各节背板平滑。肛下板长，顶端接近腹部末端，骨化程度弱，具中纵褶和少量侧褶。产卵管鞘长为后足胫节的 0.51 倍，基部具柄。

体色：黑色。触角柄节黑色，其余黑褐色；上颚端部黄褐色；颚须和唇须淡黄色；腹部第 1～3 节腹板黄褐色，肛下板腹面中央黑褐色。各足胫节距、前中足转节至跗节和后足转节、胫节红黄色（胫节末端 1/8 黑褐色）；跗节烟褐色。翅半透明，烟褐色；翅痣暗黄色，大部分翅脉淡黄褐色。

雄：未知。

茧：未知。

生物学：在我国尚无寄主记录。据国外记载，寄主范围很广，有欧洲松毛虫 *Dendrolimus pini*、山楂粉蝶 *Aporia crataegi*、白斑小卷蛾 *Epiblema immundana*、甘蓝夜蛾 *Mamestra brassicae*、金纹夜蛾 *Plusia festucae* 等 58 种。

标本记录：2♀，吉林龙潭山，1995.VII.21，娄巨贤，No. 961867、961885。

分布：吉林（龙潭山）；朝鲜，蒙古国，日本，土耳其，欧洲等。

17. 侧沟茧蜂属 *Microplitis* Foerster, 1862（图 320）

Microplitis Foerster, 1862: 245.

属征简述：触角鞭节每节有 2 个板形感器，排成 2 列；颜面不呈喙形；下唇须多为 3 节，但一些美洲种为 4 节。中胸盾片密布刻纹或刻点，少有光泽，常有盾纵沟，有些种类完全光滑；小盾片侧盘常大而光滑，在中央处为刻纹；胸腹侧脊缺如；并胸腹节稍下弯，具粗糙网皱，有一明显中纵脊，绝无中区。前翅小翅室常存在，其内外侧常对称、弯曲以至小翅室常为"D"形，与肘脉（2-M）呈直角；翅痣大，1-R1 脉短，常不超过翅痣端部至径室端部距离的 0.6 倍；1-CU1 脉短于 2-CU1 脉。后翅臀叶凸出，有缘毛。后足胫节距短于中足基跗节之半。腹部第 1 背板变化，长大于宽，两侧平行或略平行，或端部变宽或变窄，常有刻纹；其余背板光滑。腹部第 2 背板很少有弱刻纹，常有一界限稍明显的三角形中域，常短于第 3 背板；第 2 与第 3 背板之间的横沟不明显，稍明显或明显；肛下板常较小，肛下板端部平截或中部凹陷，中间无纵褶；产卵管和产卵管鞘仅稍突出于肛下板外；肛下板长时产卵管和产卵管鞘长，肛下板短时产卵管和产卵管鞘短；产卵管鞘仅端部有少量的毛。

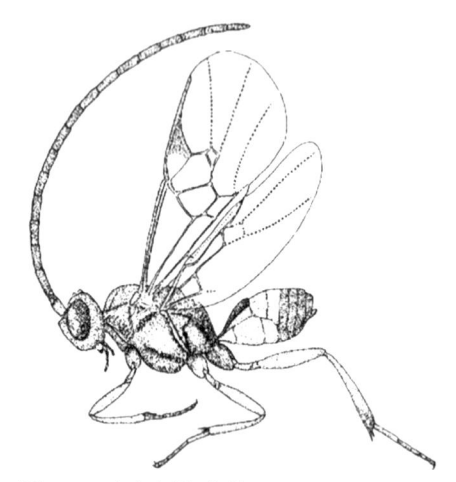

图 320 中红侧沟茧蜂 *Microplitis mediator* (Haliday)（侧沟茧蜂属 *Microplitis* Foerster）（引自 何俊华，2004）

生物学：多数种类单寄生，少数群集寄生。寄主属大型鳞翅目。绝大多数种类寄生于夜蛾科 Noctuidae，少数专寄生于天蛾科 Sphingidae、舟蛾科 Notodontidae、尺蛾科 Geometridae、毒蛾科 Lymantriidae、蛱蝶科 Nymphalidae；也有极少数种类寄生于小型鳞翅目如卷蛾科 Tortricidae、菜蛾科 Plutellidae、蓑蛾科 Psychidae 等。

分布：侧沟茧蜂属隶属于小腹茧蜂亚科 Microgastriniae 侧沟茧蜂族 Microplitini Mason, 1981，为世界分布。

（28）瘤侧沟茧蜂 *Microplitis tuberculifer* (Wesmael, 1837) （图 321）

Microgaster tuberculifer Wesmael, 1837: 43.

Microplitis tuberculifer Reinhard, 1880: 359; Papp, 1967: 203; Nixon, 1970: 17; Chou, 1981: 79.

体长：雌性 2.9～3.2mm；雄性 2.7～2.9mm。

头：头横宽。脸微拱，具夹点刻皱。触角细，长于体。额具皱纹，中央光滑。头顶、上颊密布小点刻。单眼小，呈高三角形排列。

胸：前胸背板密布网状刻点。中胸盾片密布点刻，具一弱的中纵沟；盾纵沟浅，内具皱，在后方中央成网皱状凹区；小盾片前沟内具 5 条小脊；小盾片密布皱纹。中胸侧板光滑，前方、下方和上前方具密刻点；基节前沟明显，内并列小脊。后胸侧板密布粗皱。并胸腹节具粗糙皱纹，中纵脊发达，中部向两侧伸出数条横脊。

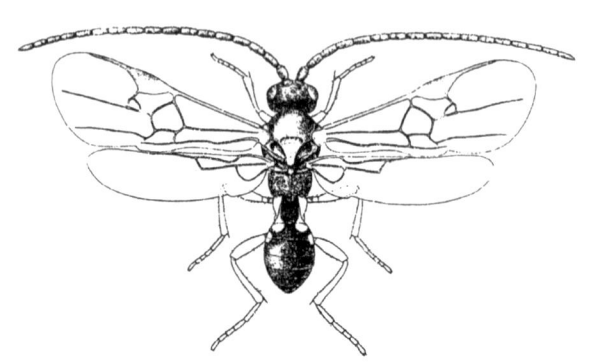

图 321 瘤侧沟茧蜂 *Microplitis tuberculifer* (Wesmael) 整体背面观（引自 何俊华，2004）

翅：前翅翅痣长为宽的 3.0 倍，为 1-R1 脉长的 1.1

倍；r 脉（微弯）：翅痣宽：2-SR= 5∶7∶5；小翅室四边形；1-CU1 脉为 2-CU1 脉的 0.44 倍；1-SR 脉为 1-M 脉的 0.25 倍；m-cu 脉为 2-SR+M 脉的 1.2 倍。后翅 cu-a 脉下端稍微弯向翅基。

足：后足基节基部具刻点，其余大部分光滑；后足胫节内外距约等长，为基跗节的 0.29 倍；后足爪微弯，无齿和小刺。

腹：腹部长于胸部。第 1 节背板长为其最宽处的 2.0～2.2 倍；两侧平行，后方 1/3 稍收窄；基部光滑，端缘 2/3 具皱纹，端部有光滑圆形凸起。第 2 节背板光滑，与第 3 节背板等长。第 3 节背板及其后各节背板平滑，后方具稀疏横排细毛。肛下板短，远离腹端。产卵管鞘长为后足基跗节的 0.29 倍，末端具细毛。

体色：体黑色。触角黑褐色。上颚端部黄褐色。颚须和唇须红黄色。翅基片红黄色。腹部第 1～3 节腹板黄褐色，其余黑色。胫距淡黄色；前中足红黄色；后足基节黑色，转节、腿节（末端有时褐色）和胫节红黄色，跗节黑褐色。翅透明；翅痣黑褐色，基部 1/3 明显黄色；大部分翅脉黄褐色。

茧：长圆筒形，长 4.7mm，直径 1.5mm，褐色。

生物学：国内已知寄主有甘蓝夜蛾 Barathra brassicae、棉铃虫 Helicoverpa armigera、甜菜夜蛾 Spodoptera exigua、斜纹夜蛾 Spodoptera litura。据国外记载寄主约 40 种，在捷克、斯洛伐克有寄生于欧洲松毛虫 Dendrolimus pini 的记录。

标本记录：浙江大学寄生蜂标本室保存有许多瘤侧沟茧蜂标本，2000 年前已有 76♀♂，但无育自松毛虫的。

分布：黑龙江、吉林、辽宁、北京、河北、山东、河南、新疆、浙江、湖北、四川、台湾、福建、贵州；朝鲜，蒙古国，日本，哈萨克斯坦，土耳其，俄罗斯（远东），欧洲等。

18. 怒茧蜂属 *Orgilus* Haliday, 1833

Orgilus Haliday, 1833: 262.

属征简述：雌性触角粗壮至中等细，与体约等长或稍短；柄节粗壮，端部平截；唇基正常，其端缘直，后头脊不定，颚眼距无，或看起来如一革状纹的浅凹痕。胸部长为高的 1.3～1.8 倍；前胸侧板腹方拱隆，侧面观腹缘弧形；胸腹侧脊不定；基节前沟完整或大部分缺；盾纵沟不定；中胸盾片具毛，光滑或有刻纹；小盾片沟细，内具并列刻条；后胸侧板叶突存在或模糊；并胸腹节不定；前翅 1-M 脉多少呈弧形；前翅 cu-a 脉对叉式或明显后叉式，垂直或稍内斜；跗爪不定，常中等粗壮，偶有 1 小尖叶或基部具栉齿；后足胫节端部有钉状刺，但无钉怒茧蜂亚属 *Anakorgilus* 无；腹部第 1 背板（近于）无柄，有或无背脊；第 2 背板通常具刻纹，无凹痕；腹部侧褶不定；产卵管有小的端前背缺刻，或缺刻模糊或无；产卵管鞘长为前翅的 0.35～2.5 倍。

生物学：内寄生于鳞翅目鞘蛾科 Coleophoridae、麦蛾科 Gelechiidae、织蛾科 Oecophoridae、螟蛾科 Pyralidae、蓑蛾科 Psychidae、细蛾科 Gracillariidae 和卷蛾科 Tortricidae 幼虫。

分布：全世界分布约 240 种。Muesebeck（1970）报道了新北区种类；van Achterberg（1987）对怒茧蜂亚科 Orgilinae 进行了校正研究，除建立一些新属外，还将怒茧蜂属分为 5 亚属，其中 3 个是他新建的。Taeger（1989）整理了古北区种类，仅分为 4 亚属。Chou（1995）研究了我国台湾省种类，报道 14 种。

注：怒茧蜂属 *Orgilus* 隶属于怒茧蜂亚科 Orgilinae Ashmead, 1900。

（29）小头怒茧蜂 *Orgilus leptocephalus* (Hartig, 1838) （图 322）

Eubadizon leptocephalus Hartig, 1838: 268.
Orgilus leptocephalus: Taeger, 1989: 110; 陈学新等, 2004: 386.
Orgilus obscurator auct., nec. Nees.

体长 2.7～3.7mm。头和中胸盾片黑色。

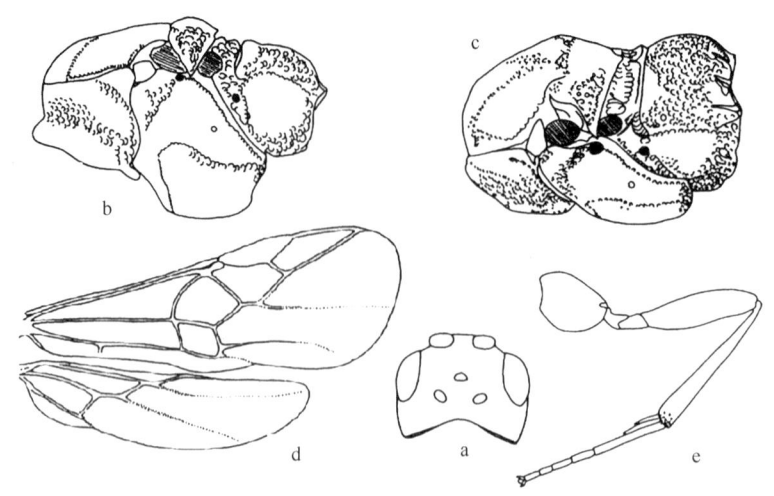

图 322 小头怒茧蜂 *Orgilus leptocephalus* (Hartig) （引自 Taeger，1989）
a. 头部，背面观；b. 胸部，侧面观；c. 胸部，背侧面观；d. 翅；e. 后足，侧面观

头：头背方光亮，有时有细微刻点；背面观头宽为长的 1.5～1.7 倍；背面观复眼长为上颊的 1.1～1.5 倍；上颊在复眼后方两侧稍变宽，或几乎平行；后头强度凹陷；颜面宽为高的 0.8～0.9 倍。

胸：面宽。

翅：前翅 2+3-M 脉长，长度不短于 2-SR+M 脉。

足：后足基节上缘具皱纹，外侧具微皱；胫节端部外侧具少许栉齿；爪简单，无基齿。

腹：腹部第 1 节背板长为端宽的 1.1～1.2 倍；第 4 节及以后背板光滑；第 1～2 节背板及第 3 节背板基半具侧褶；产卵管端部直；产卵管鞘不短于体长。

生物学：国外记载寄生于欧洲松毛虫 *Dendrolimus pini*。

分布：山西；蒙古国，俄罗斯，北美洲，古北区西部。

注：Taeger（1989：110）认为以前大多数作者的 *Orgilus obscurator* (Nees, 1812)实际上是 *Orgilus leptocephalus* (Hartig, 1838)的误定。文献记载此种在我国有分布，地点不详。我国山西分布的 *Orgilus obscurator* (Nees)的归宿如何未见交代，我们手头也无标本，现暂归于 *Orgilus leptocephalus* (Hartig, 1838)介绍。

三、小蜂科 Chalcididae

19. 大腿小蜂属 Brachymeria Westwood, 1829（属征简述、生物学和分布见前）

（30）胫大腿小蜂 *Brachymeria tibialis* (Walker, 1834) （图 323）

Chalcis tibialis Walker, 1834: 13-39.

Chalcis intermedia Nees, 1834: 29.

Brachymeria intermedia Burges *et* Crowwman, 1929: 116; 刘长明, 1996: 234.

Brachymeria tibialis (Walker): 刘长明, 1996: 234; Lelej, 2012: 147.

雌：体长 5.3～6.1mm。体黑色；触角黑色，棒节有时暗褐色。翅基片黄色，基部褐色；前翅淡褐色，翅脉褐色。前足和中足腿节端部及胫节黄色；后足腿节端部具较大黄斑，后足胫节黄色，但腹缘黑色或暗褐色；各足跗节褐黄色。腹部侧面下方及腹面略呈暗红色。体具银色毛。

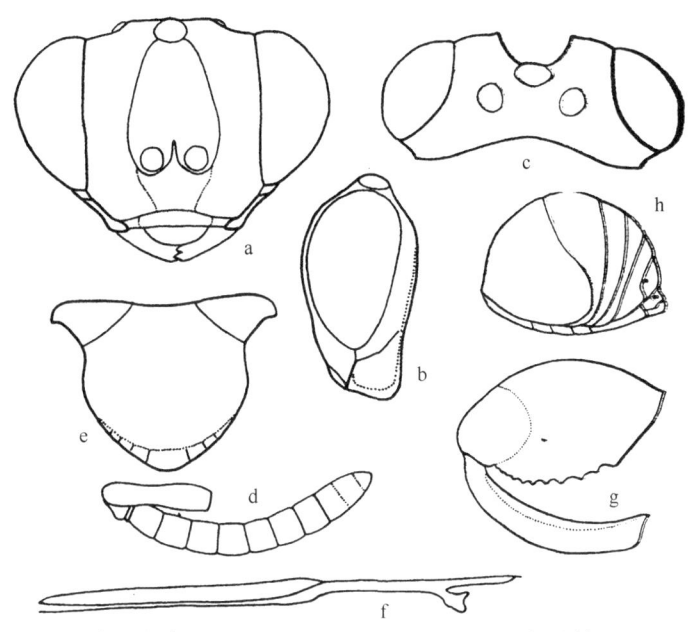

图 323 胫大腿小蜂 *Brachymeria tibialis* (Walker)（引自 刘长明，1996）
a. 头部，前面观；b. 头部，侧面观；c. 头部，背面观；d. 触角（雌）；e. 小唇片，背面观；f. 前翅翅脉；g. 后足腿节及胫节；h. 腹部，侧面观（雌）

头：头部略宽于胸部；密布刻点且着生浓密的银色绒毛，刻点间隆起、不甚光滑。下脸具略隆起的刻点稀疏的中区；触角洼较深，表面光滑发亮，周缘脊起，上端达中单眼，其最宽处略大于复眼间距的1/2；眶前脊不明显；眶后脊明显，但未伸达颊区后缘；触角间突较尖较窄；触角窝位于复眼下缘连线的上方；触角柄节接近中单眼；颚眼距略长于柄节的1/2，柄节长与复眼宽相近。侧面观，头部高与长比值约为1.6，复眼长为颚眼距的4.0倍。背面观，中单眼大于侧单眼，侧单眼较圆，其长径稍大于OOL，为POL的1/2。

触角：触角柄节中部略收窄，长约为最宽处的4.1倍，约为鞭节的0.4倍，略短于第1～4索节之和；梗节短于第1索节；环状节短，横形；索节长度依次稍微递减，宽度变化很小；第1索节长略大于宽，第7索节长宽比为0.8；棒节锥形，与前一节等宽，长度为前一节的2.4倍。相对测量长度为：柄45，柄节最宽处11，鞭节107，梗节11，环状节2，第1索节13，第2索节13，第3索节12，棒节24。

胸：胸部长宽之比为1.4，长高之比为1.3。胸部具圆形脐状刻点，刻点间光滑。前胸背板上前背隆线仅限在侧面1/3处；前胸背板上刻点较密，刻点间隙一般小于刻点半径。中胸盾侧片的刻点较其他部位小且稀疏，刻点间隙常大于刻点半径；小盾片略拱，向后倾斜，长微大于宽，后缘平展，末端圆钝，不呈凹缘；小盾片中央刻点间隙也常大于刻点半径。并胸腹节向后约呈45°角度倾斜，气门后侧齿不明显。

翅：前翅缘脉短于亚缘脉的1/2，后缘脉接近或长于缘脉约1/2，痣脉长于后缘脉的1/3。相对测量值为：亚缘脉115，缘前脉6，缘脉50，后缘脉28，痣脉11。

足：后足基节约为后足腿节长的0.7倍，腹面具较深刻点和较密的绒毛，刻点间隙光滑，在腹面内侧近后端处有一较小但明显的侧突。后足腿节长约为宽的1.8倍，具较深刻点，刻点略稀，刻点间隙光滑，腹缘内侧基部无齿突，腹缘外侧具11齿，一般以中段及基部第1齿较大。

腹：腹部长于胸部，但末端并不尖细；第1节背板背面光滑，长约占柄后腹的2/5；第2节背板前部分布较大的具毛刻点，后部具细小密集的无毛刻点；第3节背板背面前半部光滑，后半部具刻点；第6节背板具密集的刻点。背面观产卵管鞘微露。

雄：体长4.8mm。体色与雌性相近。但后足基节内侧无齿突；第3～5腹节背板背面前半部不光滑。

生物学：可寄生于鳞翅目至少10科的种类，也寄生于寄蝇。国内已知寄主有柏天社蛾。据报道，在欧洲重寄生于欧洲松毛虫 *Dendrolimus pini* 上的寄生蜂。

分布：山西、陕西、福建；印度，中东地区（包括伊朗、伊拉克），欧洲，北美洲和南美洲。

注：描述和图均录自刘长明（1996），文中已将所列两个学名作为1种，用的中间大腿小蜂 *Brachymeria intermedia*。

四、跳小蜂科 Encyrtidae

20. 角缘跳小蜂属 *Tyndarichus* Howard, 1910（图 324）

Tyndarichus Howard, 1910: 1-12.

图 324 暗角缘跳小蜂 *Tyndarichus melanacis* (Dalm.)前翅翅脉（角缘跳小蜂属 *Tyndarichus* Howard）（引自 Peck *et al.*, 1964）

属征简述：雌蜂头部略呈半球形透镜状，背面观横宽。单眼排列呈等边三角形。后头脊锋锐。复眼大，圆形或略呈三角形。头顶狭于复眼横径，与体轴几呈水平状。颊相当长。触角短粗，着生于口缘附近；柄节中部略扁平膨大；梗节长大于宽，明显长于第 1 索节；各索节均宽大于长，端部显著膨大；棒节3 节更为膨大，呈锤状，其长与整个索节大致相等。小盾片较平坦，末端圆。翅透明无色，亚前缘脉端部的 1/3 处呈三角形扩大，缘脉长大于宽，后缘脉短。腹部呈三角形，与胸部等长或长于胸部。产卵器隐蔽或微突出。

雄蜂头顶较宽。触角长，着生于复眼下缘连线上；柄节短而膨大；梗节亦短，短于第 1 索节；各索节均长大于宽，末端收缩，彼此等长，且具束状长毛；棒节不分节，柳叶刀状。小盾片较膨起。

本属已知约 10 种。在我国分布的苹果毒蛾角缘跳小蜂 *Tyndarichus navae* Howard，据记载该蜂在日本寄生于赤松毛虫，故予以介绍供参考。

注：本属记述录自廖定熹等（1987: 181）。

（31）苹果毒蛾角缘跳小蜂 *Tyndarichus navae* Howard, 1910（图 325）

*Tyndarichus navae Howard, 1910: 廖定熹等, 1987: 181; 吴钜文和侯陶谦, 1990: 297; 徐志宏, 1997: 188.

雌：体长 1.2～1.8mm。

体黑色具光泽，头顶有蓝色闪光，中胸盾片、小盾片及腹部基部古铜金色。触角及足黑褐色，索节末节、腿节两端及跗节均黄色。

头略呈半球状。颜面上的触角洼凹陷，触角间膨起，中央呈矮鼻状纵脊。后头脊锋利，颊相当长。头顶很窄，较复眼间宽狭，单眼排列呈等边三角形。头顶几呈水平状，与颜面间呈钝角。触角很短，着生于颜面部下部；柄节中部扁平膨大；梗节长大于宽，较第 1 索节长；各索节向端逐渐变大，均宽于长；棒节显著膨大，3 节，约与索节合并等长。小盾片平坦，基部略粗糙，末端圆钝。翅透明无色，亚前缘脉在末端 1/3 处呈三角形骨片状扩大，缘脉长大于宽，后缘脉很短，缘前脉长于或等于缘脉及后缘脉合并之长。腹部三角形，等于或稍长于胸部。产卵器不突出或微突出。

图 325 苹果毒蛾角缘跳小蜂 *Tyndarichus navae* Howard 雌蜂整体背面观（引自 廖定熹等，1987）

生物学：据记载，其寄主为舞毒蛾上的寄生蜂大蛾卵跳小蜂 *Ooencyrtus kuvanae*，在日本亦寄生于赤松毛虫 *Dendrolimus spectabilis* 和重寄生于烟毒蛾 *Lymantria* (=*Ocneria*) *fumida*。

标本记录：1♀，山东福山，1958.V.19，毛金龙，No. C7394～169。

分布：东北、山东、湖南；日本，美国（引入）。

注：本种记述录自廖定熹等（1987: 181）。中名有用苹果毒蛾跳小蜂或毒蛾角缘跳小蜂的。

五、姬小蜂科 Eulophidae

21. 瑟姬小蜂属 *Cirrospilus* Westwood, 1832 （图 326）

Cirrospilus Westwood, 1832: 128.

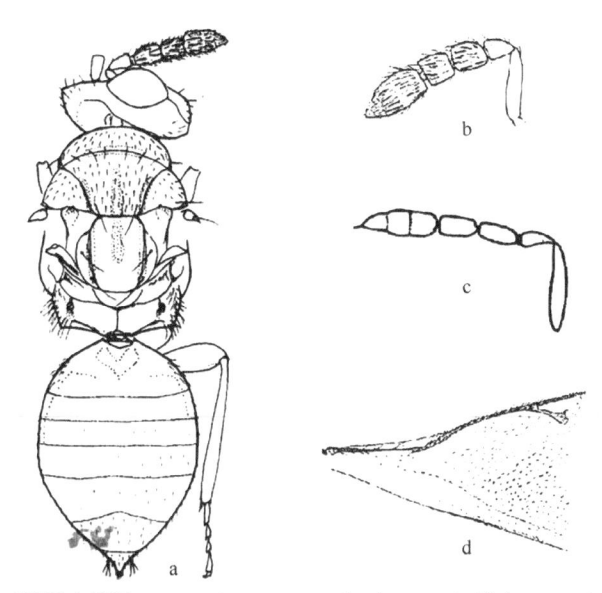

图 326 瑟姬小蜂 *Cirrospilus* spp.（瑟姬小蜂属 *Cirrospilus* Westwood）（a，c，d. 引自 Boucek，1988；b. 引自 Peck *et al.*，1964）
a. 雌蜂整体，背面观；b，c. 触角；d. 前翅

属征简述：雌蜂体不扁平。体常呈绿色，并带黄色斑纹。头部前面观横宽，头顶不膨起，颊相当长，不膨胀，复眼微具毛。触角着生于颜面中部下方，环状节 2 节，索节 2 节，棒节 3 节。胸部背面平坦。前胸不长。中胸盾纵沟明显，向后多少直线收窄，具细夹网刻点；小盾片具纵沟 1 对，其后方的 1 对鬃毛近于小盾片后缘。并胸腹节长，具中脊。前翅缘脉长，痣脉与后缘脉约等长。后足胫节 2 距，小，明显短于基跗节。腹部卵圆形；背面扁平，腹面稍膨起。

生物学：以鳞翅目及鞘翅目幼虫为寄主。

本属已知约 40 种，与松毛虫有关的国外报道 1 种，但国内该蜂常见。

（32）柠黄瑟姬小蜂 *Cirrospilus pictus* (Nees, 1834) （图 327）

Eulophus pictus Nees, 1834: 165.
Atoposomoidea ogimae Howard, 1910: 9-11; Ishii, 1938: 104(syn. By Kamijo, 1987).
Cirrospilus (*Atoposomoidea*) *ogimae*: 廖定熹等，1987: 115(柠黄姬小蜂)；盛金坤，1989: 39；陕西省林业科学研究所和湖南省林业科学研究所，1990: 118.
Cirrospilus pictus (Nees): Zhu *et al.*, 2002: 42.

雌：体长 1.65mm。

头：头横宽，上宽下窄。颜面下凹，中上部触角洼凹陷尤为显著。头顶、颊及后颊相对地略膨起。触角着生于颜面中部下方，位于复眼下缘连线上；柄节高达头顶；梗节长 2 倍于宽；环状节 2 节，短小；索节 2 节，均长大于宽，第 1 索节又较第 2 索节长；棒节略膨大，长略小于索节合并之长。单眼排列呈 130°钝三角形。后头圆，略凹陷。

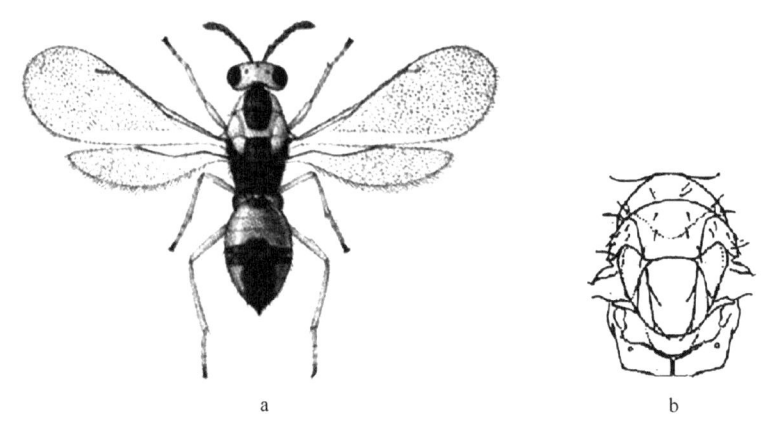

图 327 柠黄瑟姬小蜂 Cirrospilus pictus (Nees)（a. 引自 廖定熹等, 1987；b. 引自 Peck et al., 1964）
a. 雌蜂整体，背面观；b. 胸部，背面观

胸：中胸背板坚实平坦，盾纵沟明显；小盾片的一对纵沟明显，具等长的刚毛 2 对。并胸腹节短，有不明显的中脊。前翅狭长；亚前缘脉长约为缘脉的 1.5 倍，无折断痕；痣脉短于缘脉之半而长于后缘脉。足细长。

腹：腹部无柄，略长于胸部或与头、胸部合并等长，两侧平行，末端收缩。产卵器微突出，自腹中部第 4 节腹面伸出。

体色：体柠檬黄色，唯以下部分紫黑色：后头下一圆点，前胸与中胸背板之间一大块，小盾片除两侧前方外及并胸腹节除两侧黄色外，腹部背板中部及尾端；胸部黑色部分具蓝绿反光。眼紫红色。触角淡褐色。翅透明无色，翅脉黄褐色，翅及翅脉被褐色毛。体有细微刻点但无闪耀的金属光泽。

雄：体长 1.1～1.5mm。与雌蜂相似，体色稍浅。触角棕黄色，柄节和梗节连接处背面褐色。中足胫节中部黑褐色。腹部中央黑褐色横带直达腹部边缘，其中央向下延伸成"T"字形；腹部末端黄褐色。

生物学：据记载在日本为赤松毛虫 Dendrolimus spectabilis 的重寄生蜂。此蜂首先育自日本雕绒茧蜂 Glyptanteles japonicus Ashmead。现已知寄生于广义的绒茧蜂类（Apanteles spp.），如二化螟、油桐尺蠖及酸枣细蛾、柑橘潜蛾幼虫上的绒茧蜂。

标本记录：浙江大学寄生蜂标本室保存有一些标本，但没有与松毛虫有关的。

分布：江苏、浙江、江西、湖南；朝鲜，日本，欧洲，美洲。

注：形态描述录自何俊华（2004: 281）。

22. 腹柄姬小蜂属 Pediobius Walker, 1846（属征简述、生物学和分布见前）

（33）凹缘腹柄姬小蜂 Pediobius crassicornis (Thomson, 1878)（图 328）

Pleurotropis crassiccornis Thomson, 1878: 255.
Pediobius crassicornis: 杨忠岐等, 2015: 118.

雌：体长 1.8mm。体墨绿色；仅并胸腹节蓝绿色；腹部基部具蓝色光泽。跗节除末节及端部外为黄白色；腿节、胫节背方带绿色光泽。

头部背面观宽为长的 1.9 倍；后头具锐脊。前面观触角梗节与鞭节长度之和与头宽相等；触角位于复眼下缘连线略靠上；柄节细长，长为宽的 5.4 倍，前伸未达中单眼前缘；第 1 索节和第 2 索节长均略大于宽，长分别为宽的 1.7 倍和 1.1 倍；第 3 索节横阔，长为宽的 0.9 倍；触角洼内具刻点。

前胸盾片具前缘脊。中胸盾纵沟下洼较窄，中区后缘中央深前凹，呈半圆形孔；三角片内半部下凹。中胸小盾片前方中央具光滑带；后胸盾片后缘圆，不呈齿状突。并胸腹节 2 亚中纵脊近平行，后缘相互岔开。前翅痣后脉长为痣脉的 1.7 倍。腹柄宽为长的 1.7 倍，表面粗糙有刻纹。腹部长椭圆形，长为宽的 1.4 倍，短于或等长于胸部。

雄：体长 1.1mm。与雌蜂相似。但脸区为蓝色；触角、足除了跗节、腹部基部带蓝色。头宽于胸部（11.8∶9.5），长为胸部的 1/3。触角索节 3 节，棒节 2 节；梗节长为宽的 2 倍，与第 1 索节几等长（3.0∶3.2）；第 1 索节长于以后 2 索节（3.2∶2.0），长为宽的 2.1 倍；后 2 索节等长；第 2 索节长为宽的 1.1 倍；第 3 索节长宽相等；棒节长等于末 2 索节长度之和，长为宽的 2.5 倍。腹柄方形。腹部略呈亚方形，短于胸部（9∶15）；第 1 背板长为整个腹部的 0.7 倍。

图 328　凹缘腹柄姬小蜂 *Pediobius crassicornis* (Thomson)（引自 杨忠岐等，2015）

标本记录：无标本也未见标本。形态和生物学录自杨忠岐等（2015: 118）。

生物学：群集内寄生于杨小舟蛾 *Micromelalopha troglodyta* 蛹，初寄生或重寄生。据文献报道，也寄生于下列鳞翅目害虫：栎镰翅小卷蛾 *Ancylis mitterbacheriana*、橡树卷叶蛾 *Tortrix viridana*、*Choristoneura sorbiana*、分月扇舟蛾 *Clostera anastomosis* 和舞毒蛾 *Lymantria dispar*。

分布：湖北；日本，全北区均有分布。

注：杨忠岐等（2015: 118）中名用"凹缘派姬小蜂"，但按学名种本名含义为"粗角"。

六、旋小蜂科　Eupelmidae

23. 平腹小蜂属 *Anastatus* Motschulsky, 1859（属征简述、生物学和分布见前）

（34）松毛虫平腹小蜂 *Anastatus dendrolimus* Kim et Pak, 1965

**Anastatus dendrolimus* Kim et Pak, 1965: 67; 肖晖等, 2001: 204.

据原记述，**雌**：本种在形态上相似于 *Anastatus bifaciatus*，但在前翅斑纹和中胸盾片形状等方面不同。触角 13 节。中胸盾片菱形，三角片光滑。前翅基部透明，但从中央至端部有黑褐色短毛。触角黑褐色，但柄节黄色。头顶靛青色。复眼褐色。中胸盾片靛青色带铜色，中胸盾片边缘和后胸盾片靛青色。腹部暗靛青色，但基部白色。足淡黄色。

本种与其他种的区别在于前翅前后缘分别有一白色卵圆形斑。体长 2.0～2.3mm（平均 2.18mm）。

雄：体色暗于雌蜂。头、胸部靛青色带淡蓝色，光滑。触角烟褐色，并胸腹节靛青色，腹部暗靛青色。前中足除基节和腿节暗靛青色外淡黄色；后足胫节基半部暗靛青色。体长 1.5～1.7mm（平均 1.62mm）。

生物学：在韩国寄生于赤松毛虫，在俄罗斯寄生于落叶松毛虫。

注：肖晖等（2001: 204）报道在我国吉林有分布，调查的农林害虫中有落叶松毛虫，但未确指寄主种类。

24. 旋小蜂属 *Eupelmus* Dalman, 1820 （属征简述、生物学和分布见前）

（35）栗瘿蜂旋小蜂 *Eupelmus urozonus* Dalman, 1820（图 329）

Eupelmus urozonus Dalman, 1820: 376; 盛金坤, 1989: 92(*urosonus*!); 杨忠岐等, 2015: 165.

雌：体长 2.0～3.0mm。
体色：体黑褐色。头、胸部具蓝绿色反光，腹部第 1 背板以后具紫铜色反光。触角黑褐色，密被淡色毛。中足暗黄色，跗节腹面的齿黑色；前、后足腿节暗褐色或黑褐色，基部黄色；胫节基部和端部黄至黄褐色，中段褐色；跗节淡黄色，端节褐色。翅透明，脉淡黄色。产卵管鞘基部黑色，中部黄色，端部黄褐色或黑褐色。

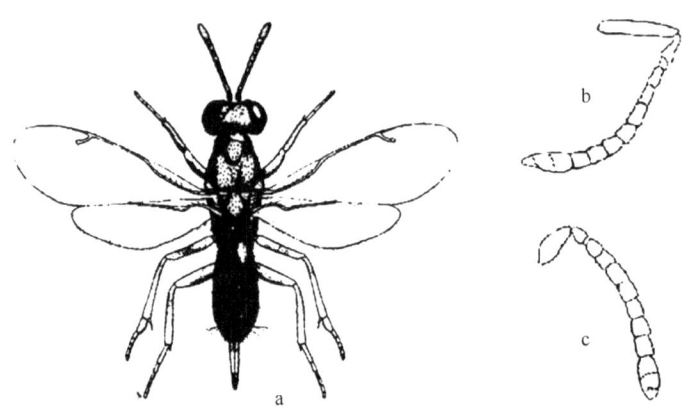

图 329 栗瘿蜂旋小蜂 *Eupelmus urozonus* Dalman（a. 引自 Gauld & Bolton, 1988; b, c. 引自 Nikol'skaya, 1952）
a. 雌蜂整体, 背面观; b. 雌蜂触角; c. 雄蜂触角

头：触角较细长；柄节较粗，长约为梗节的 3 倍；梗节长于第 1 索节；环状节 1 节；索节 7 节，第 1～3 索节长各约为其宽的 2 倍，其他索节长略大于宽；棒节 3 节，略膨大，长为后 2 索节之和。
胸：胸部背面稍隆起，中胸盾片光滑，宽大；小盾片较长。中胸侧板宽大平滑，无侧板沟。前翅缘脉约与亚前缘脉等长，长为后缘脉的 4 倍；后缘脉和痣脉明显，前者稍长于后者或等长。中足胫节具一大距，基跗节较粗而长；中足前 4 跗节下面各具两排齿，第 1 节每排约 10 个，第 2 节 5 个，第 3 节 2 个，第 4 节 1 个。
腹：腹部略呈圆筒状，与胸部等长；第 4～7 节各节背板中央向后伸而两侧凹入；腹部第 2 节两侧尾须上有长刚毛数根。产卵管鞘约为腹部长的 1/3，略短于后足胫节。
雄：体长约 2mm。体色、形状与雄蜂同。唯中足跗节无齿，颜色和前后足相同，腿节均暗褐色。
生物学：据记载，本种在国外有寄生于欧洲松毛虫 *Dendrolimus pini* 的记录，我国虽尚未发现寄生于松毛虫，但在栗瘿蜂幼虫（外寄生）上多有育出，故列出以引起注意。此外，国内寄主还有刺槐种子小蜂，国外寄主还有黄连木种子小蜂、柳梢瘿叶蜂、杞柳瘿叶蜂、松大叶蜂、豆荚螟、纵坑切梢小蠹等多种害虫。在南昌地区栗瘿蜂上一年发生 1 代。
分布：内蒙古、陕西、江苏、浙江、江西、湖南；日本，苏联，西欧，北非。
注：陕西省林业科学研究所和湖南省林业科学研究所（1990: 160）、杨忠岐等（2015: 165）用"尾带旋小蜂"中名；杨忠岐（1996: 213）用"小蠹尾带旋小蜂"中名。

（36）泡旋小蜂 *Eupelmella vesicularis* (Retzius, 1783)（图 330）

Ichneumon vesicularis Retzius, 1783.
Eupelmella vesicularis: Nikol'skaya, 1952: 343.

Macroneura vesicularis: 吴钜文和侯陶谦, 1990: 296; 杨忠岐, 1996: 241.

雌：体长 1.25～2.3mm。

头部暗绿色，具弱的金属光泽；复眼紫红色；触角柄节黄色，梗节及鞭节黑褐色，表面具密的褐色短毛，略有光泽。胸部紫褐色，浅槽状的中胸盾片上具蓝紫色光泽；三角片黄色，中胸小盾片深褐色。前翅翅芽状，前翅端部（缘前脉后的部分）相当宽，端部钝，不尖锐（在古北区已知的所有种中最宽，为本种的显著特征），基部白色，端部烟褐色。中足基跗节腹面两侧各有褐色齿 7 枚。腹部第 1 背板黄色，以后各节暗褐色，暗淡无光泽；腹部背面具皮肤状肤浅刻纹，并生有灰白色短密毛，尾须上的 3 根鬃毛特别长；竖立的第 7 背板在产卵器周围为黄褐色；下生殖板位于腹部长的 1/2 处，端部中央凹入，下方具 1 锐角突。产卵器突出，长约为后足胫节的 1/2，中央有宽脊，两端褐色，中部黄色。

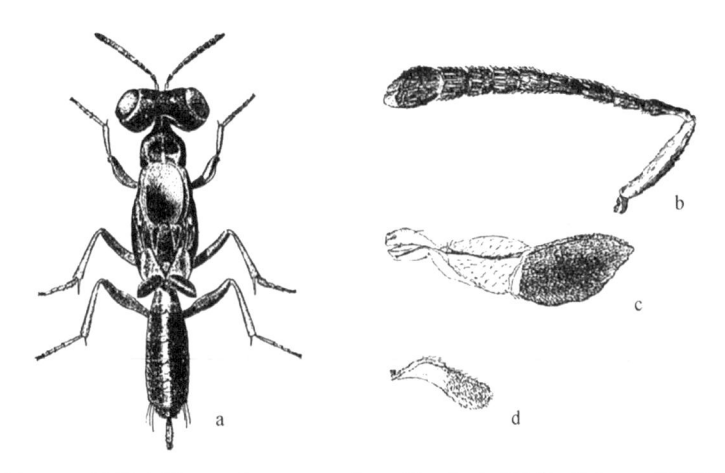

图 330 泡旋小蜂 *Eupelmus vesicularis* (Retzius)（引自 Gahan，1933）
a. 整体，背面观；b. 触角；c. 前翅；d. 后翅

生物学：据记载，重寄生于落叶松毛虫 *Dendrolimus superans* (=西伯利亚松毛虫 *Dendrolimus sibiricus albolineatus*)。有记载称该蜂在我国黑龙江省有分布，故列出以引起注意。本种的寄主范围很广，达 92 种之多，包括双翅目、鳞翅目、同翅目、鞘翅目等寄主。在我国寄主有角胸小蠹 *Scolytus butovitschi*，在国外寄主有双翅目的矮秆蝇 *Chlorops pumilionis*、悬钩子绵毛瘿蚊 *Lasioptera rubi*、燕麦瘿蚊 *Mayetiola avenae*、小麦吸浆虫（麦瘿蚊）*Mayetiola destructor*、麦秆蝇 *Meromyza saltatrix* 围蛹；膜翅目的苜蓿广肩小蜂 *Bruchophagus gibbus*、小麦茎蜂 *Cephus pygmaeus*、普通锯角叶蜂 *Diprion pini*、欧洲新松叶蜂 *Neodiprion sertifer*、驴喜豆广肩小蜂 *Eurytoma onobrychidis*；鞘翅目的豆象 *Bruchus brachialis*、美梣小蠹 *Hylesinus fraxini*、白蜡小海小蠹 *Hylesinus oleiperda*、*Pityogenes pilidens* 等，且常为重寄生蜂。

标本记录：无标本也未见过。形态描述录自杨忠岐（1996: 241）。

分布：黑龙江；广布于全北区。

注：杨忠岐（1996: 241）用"多食短翅旋小蜂 *Macroneura vesicularis*"名。

七、金小蜂科 Pteromalidae

25. 莫克金小蜂属 *Mokrzeckia* Mokrzecki, 1934

属征简述：正面观头宽明显大于高；唇基前缘中央深刻入，因而唇基端缘呈显著的二齿状；触角着生于颜面中央；柄节伸达中单眼，棒节不膨大，末棒节端部具微毛区；触角间突脊状；触角注延伸至中单眼下方。胸部紧凑，隆起；前胸背板颈部窄，具明显的前缘脊；并胸腹节无中纵脊，侧褶脊完整，后缘深凹以收纳腹柄。前翅痣脉稍膨大。腹部卵圆形，端部尖。触角和足包括基节黄色。

生物学：为鳞翅目昆虫的重寄生蜂，寄主主要为寄生于鳞翅目昆虫幼虫的茧蜂，如绒茧蜂 *Apanteles* spp.、长距茧蜂 *Macrocentrus* spp.等。

分布：东洋区、古北区；日本，印度，印度尼西亚，英国等欧洲国家。

注：杨忠岐等（2015：46）中属名中名用"绒茧蜂金小蜂属"，现根据原意为人名"莫克"，建议用"莫克金小蜂属"。

（37）松莫克金小蜂 *Mokrzeckia pini* (Hartig, 1838)（图331）

Pteromalus pini Hartig, 1838: 253.

Mokrzeckia pini (Hartig): Boucek, 1961: 74; Graham, 1969: 478; Lelej, 2012: 157；杨忠岐等，2015: 47.

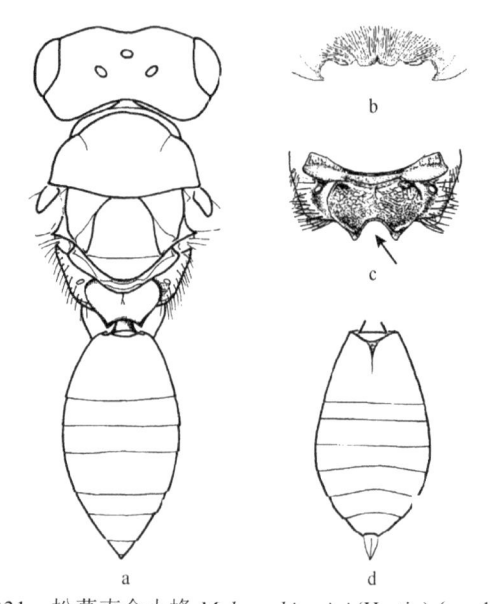

图331 松莫克金小蜂 *Mokrzeckia pini* (Hartig)（a, d. 引自 Delucchi, 1958; b, c. 引自 Graham, 1969）
a. 雌蜂整体，背面观；b. 唇基端缘；c. 并胸腹节，背面观；d. 雄蜂腹部，背面观

唇基前缘深凹，在凹缘中央有缺刻。足至少包括前足基节一部分黄褐色。触角梗节和鞭节长度之和稍短于头宽；鞭节黄褐色或浅褐色，结实，索节端节方形或稍微长于其宽。前翅缘脉长为痣脉的1.7～1.9倍；前翅背表面基室超过上半有些分散的毛。中胸盾片宽约为长的2倍，具极细的网纹。并胸腹节中区具细网纹，中等光滑。后足胫节有2距，但第2距弱，刚为第1距长度之半。

生物学：据国外记载寄主有欧洲松毛虫 *Dendrolimus pini*、落叶松毛虫 *Dendrolimus superans*、绢粉蝶（山楂粉蝶）*Aporia crataegi*、*Archips murinanus*、二尾舟蛾 *Cerura vinula*、舞毒蛾 *Lymantria dispar*、蓝目天蛾 *Smerinthus planus*、粉蝶盘绒茧蜂 *Cotesia glomeratus*、*Lygaeonematus pini*、普通云杉锉叶蜂 *Pristiphora abietina*。

标本记录：无标本也未见过。形态描述录自 Graham（1969: 478）。

分布：吉林、陕西（秦岭）；俄罗斯（西伯利亚），日本，朝鲜，欧洲，北美洲。

八、长尾小蜂科 Torymidae

26. 齿腿长尾小蜂属 *Monodontomerus* Westwood, 1833（属征简述、生物学和分布见前）

（38）铜色齿腿长尾小蜂 *Monodontomerus aeneus* (Fonscolombe, 1832)（图332）

Cinip aenea Fonscolombe, in Fonscolombe, 1832: 286.

Ichneumon obsoletus Fabricius 1798: 230, preocc. *Ichneumon obsoletus* Gmelin, 1790: 2687, in Linnaeus.

Monodontomerus obsoletus (Fabricius): Westwood, 1839: 160.

Monodontomerus vacillans Foerster, 1860: 106-107; Dalla Torre, 1898: 288.

Monodontomerus punctatus Thomson, 1876: 69.

Monodontomerus retusa Dalla Torre, 1898: 288.

Monodontomerus aeneus: Xiao *et al.*, 2012: 78.

据 Xiao 等（2012: 78）报道译述如下。

雌：体暗绿色，腹部带金属光泽；触角黑褐色，其柄节黄色；足黄色，但前中足基节和后足腿节暗褐色，后足基节和腿节与体同色；翅基片褐色。

头：头前面观宽为高的 1.28 倍；复眼间距约为复眼高的 1.17 倍；颚眼距为复眼高的 0.41 倍；颊稍向腹方收窄；唇基沟（口上沟）明显。头背面观宽为长的 2.08 倍；上颊长为复眼的 0.25 倍；POL 为 OOL 的 2.6 倍。触角梗节和鞭节共长短于头宽，约为头宽的 0.93 倍；柄节不伸达中单眼，长为宽的 3.0 倍；梗节长为宽的 1.75 倍；环状节横形；索第 1 节短于梗节（0.7 倍），索节第 2～6 节均宽为长的 0.5 倍（按图是宽约为长的 2.0 倍），各索节均具 2 列感觉器；棒节等长，为宽的 1.5 倍，短于第 5～7 索节之和。各部位相对长度是：头宽 55，头高 43，头背长 26，复眼高 29，复眼长 20，复眼间距 34，上颊 5，柄节长 18，触角梗节和鞭节共长 51，棒节长：宽=12：8。

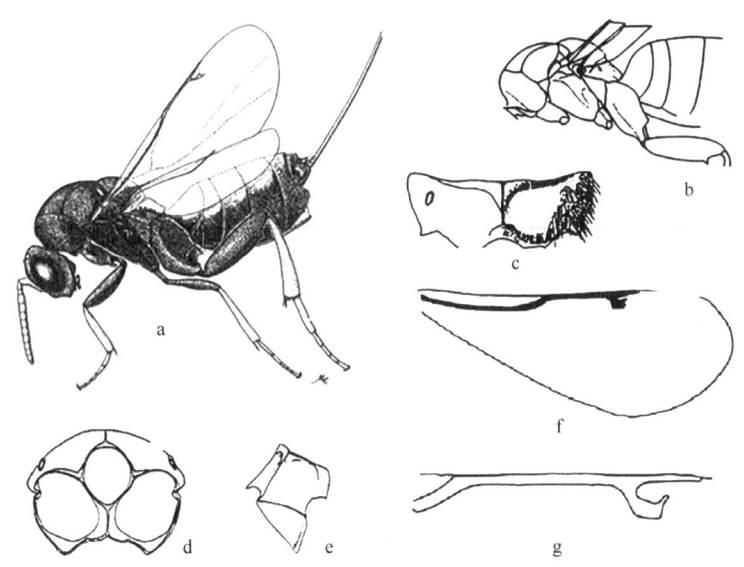

图 332　铜色齿腿长尾小蜂 *Monodontomerus aeneus* (Fonscolombe)（b. 引自 Peck *et al.*, 1964；其余引自 Grissell, 1995）
a. 雌蜂，侧面观；b. 胸部、腹部基部和部分后足，侧面观；c. 并胸腹节，背面观；d. 后胸腹板，腹面观；e. 后胸背板、并胸腹节和后胸侧板，侧面观；f. 前翅；g. 部分翅脉

胸：胸部长为宽的 1.93 倍；前胸背板长为宽的 0.4 倍；中胸背板长为宽的 0.64 倍；小盾片长为宽的 1.1 倍；横沟线明显，沿小盾片后缘的刻点沟完整。并胸腹节长约为小盾片的 0.5 倍；中央窝区非三角形，中脊在基部分叉。后足基节长为宽的 1.68 倍；后足腿节长为宽的 2.85 倍，有 1 近正三角形的齿，齿基至腿节末端之距超过齿长的 1.5 倍；后足胫节 2 距，长距长为胫节宽的 1.1 倍，短距长为胫节宽的 0.63 倍。前翅长为宽的 2.7 倍，有褐色晕斑，基脉和肘脉完整。

腹：腹部无腹柄，长为宽的 2.1 倍，短于胸部；第 1 节后缘有刻纹；产卵管鞘长为腹部的 0.1 倍[原文可有误，按两者相对长度 60/95 计算，似为 0.63 倍；按 Grissell（1995）图，约为 2 倍]。各部位相对长度是：中胸盾片长：宽为 56：36，小盾片长：宽为 32：26，前翅缘脉 35，后缘脉 13，痣脉 8，后足基节长：宽为 37：22，后足腿节长：宽为 57：20，腹部长：宽为 95：45，产卵器长 60。

体长 3.5～4.0mm，产卵管鞘长为后足胫节的 1.18 倍。

雄：体长 3.0mm；头部、胸部包括并胸腹节暗绿色，腹部黑色有金属反光；触角黑褐色，但柄节和梗节黄褐色；足基节和腿节与体同色。

生物学：国内已知寄主有苜蓿切叶蜂 *Megachile rotundata*。据国外记载寄主多于 40 种，与松毛虫有关的有寄生于欧洲松毛虫、落叶松毛虫和松毛虫脊茧蜂 *Aleiodes esenbecki* 的记录；此外，寄生于膜翅目的还有墙沟蜾蠃（川沟蜾蠃）*Ancistrocerus parietum*、普通锯角叶蜂 *Diprion pini*、圆切叶蜂 *Megachile centuncularis*、欧洲新松叶蜂 *Neodiprion sertifer*、壁蜂 *Osmia rufa cornigera*；寄生于双翅目 Diptera 的有康刺腹寄蝇 *Compsilura concinnata*；寄生于鳞翅目 Lepidoptera 的有绢粉蝶（山楂粉蝶）*Aporia crataegi*、美国白蛾 *Hyphantria cunea*、葡萄花翅小卷蛾 *Lobesia botrana*、舞毒蛾 *Lymantria dispar* 和天幕毛虫 *Malacosoma neustria*。

分布：黑龙江、北京、山东、新疆；古北区，新北区，新热带区。

注：① *Monodontomerus obsoletus* (Fabricius, 1789)虽然已作为本种异名，但廖定熹等（1987: 40）的苹褐卷蛾长尾小蜂 *Monodontomerus obsoletus* (Fabricius)并未包括在本志中（中国的种类），辽宁产的寄生于苹褐卷蛾 *Pandemis heparana* 的标本文中也未提及。② 国内报道与寄生于松毛虫有关的有：柴希民等（1987: 23）报道苹褐卷蛾长尾小蜂 *Monodontomerus obsoletus* 在浙江寄生于黑足凹眼姬蜂，1 茧内可羽化 2～5 头小蜂，陈昌洁（1990: 195）报道寄生于松毛虫内茧蜂。③ 据资料记载"横沟后光滑部位有浅刻纹"，是重要鉴别特征。

附录 2 世界松毛虫寄生蜂名录

　　世界松毛虫寄生蜂名录是根据各方面资料汇编的，所列种名可能是其异名已合并，也可能属名已经变动。其中在《中国松毛虫寄生蜂志》内已有的属种将用**黑体**和<u>下划线</u>标出，如是其异名的，不再列出。本名录可使读者进一步了解其引证、成虫形态描述、生物学和分布等；在附录 1 中，将在中国虽未知寄生于松毛虫，但有中国分布记录种的成虫形态、生物学和分布等尽可能做些介绍（注有*），以便在调查研究中引起注意。

HYMENOPTERA 膜翅目
　Trigonalyoidea 钩腹蜂总科
　　Trigonalyidae 钩腹蜂科
　　　***<u>Taeniogonalos fasciata</u>* <u>(Strand, 1913)</u> <u>大纹钩腹蜂</u>**
　Ichneumonoidea 姬蜂总科
　　Ichneumonidae 姬蜂科
　　　Campopleginae 缝姬蜂亚科
　　　　Campoplex faunus Gravenhorst, 1829 在波兰寄生于欧洲松毛虫
　　　　Casinaria atrata Morley, 1913 在朝鲜寄生于马尾松毛虫、赤松毛虫
　　　　***<u>Casinaria nigripes</u>* <u>(Gravenhorst, 1829)</u> <u>黑足凹眼姬蜂</u>**
　　　　***<u>Charops bicolor</u>* <u>(Szépligeti, 1906)</u> <u>螟蛉悬茧姬蜂</u>** <u>侯陶谦（1987: 171-172）报道寄生于松毛虫，根据该蜂习性似不可能</u>
　　　　Diadegma chrysostictos (Gmelin, 1790) （=*Angitia chrysosticta*）在捷克寄生于欧洲松毛虫
　　　　Dusona angustata Thomson, 1887（=*Diadegma angustata*、*Campoplex angustata*）在俄罗斯寄生于欧洲松毛虫幼龄幼虫
　　　　Dusona leptogaster (Holmgren, 1860)（=*Campoplex leptogaster*）在俄罗斯寄生于西伯利亚松毛虫
　　　　Dusona tenuis Foerster, 1868 在蒙古国寄生于西伯利亚松毛虫、赤松毛虫（国内曾将黑足凹眼姬蜂 *Casinaria nigripes* 误定名为此种）
　　　　***<u>Hyposoter takagii</u>* <u>(Matsumura, 1926)</u> <u>松毛虫镶颚姬蜂</u>**
　　　　Hyposoter validus (Pfankuch, 1921)（=*Anilasta valida*、*Campoletis valida*）在俄罗斯及欧洲其他国家寄生于落叶松毛虫
　　　　Pyracmon sp. 在俄罗斯寄生于西伯利亚松毛虫
　　　Cremastinae 分距姬蜂亚科
　　　　Pristomerus orbitalis Holmgren, 1860 在欧洲寄生于欧洲松毛虫
　　　　***<u>Pristomerus vulnerator</u>* <u>(Panzer, 1799)</u> <u>广齿腿姬蜂</u>**
　　　　***<u>Trathala matsumuraenus</u>* <u>(Uchida, 1932)</u> <u>松村离缘姬蜂</u>**
　　　Cryptiniae 秘姬蜂亚科
　　　　Acrolyta dendrolimi (Matsumura, 1926)（=*Hemiteles dendrolimi*）在俄罗斯（萨哈林岛）、日本寄生于落叶松毛虫（可能为重寄生蜂）
　　　　***<u>Acroricnus ambulator ambulator</u>* <u>(Smith, 1874)</u> <u>游走巢姬蜂指名亚种</u>**
　　　　***<u>Bathythrix kuwanae</u>* <u>Viereck, 1912</u> <u>负泥虫沟姬蜂</u>**
　　　　***<u>Brachypimpla latipetiolar</u>* <u>(Uchida, 1935)</u> <u>松毛虫窄柄姬蜂</u>**
　　　　Chirotica matsukemushii (Matsumura, 1926)（=*Hemiteles matsukemushii*、*Mesostenus matsukemushii*）在日本寄生于落叶松毛虫
　　　　Costifrons testaceus (Morley, 1916) 在南非寄生于松毛虫
　　　　Cryptus brunniventris (Ratzeburg, 1848) 在德国寄生于欧洲松毛虫（姬蜂科名录中未见此名）

Gelis agilis (Fabricius, 1775)（=*Gelis instabilis* Foerster）在捷克、斯洛伐克寄生于和重寄生于欧洲松毛虫

***Gelis areator* (Panzer, 1804) 广沟姬蜂**

***Gelis asozanus* (Uchida, 1930) 阿苏山沟姬蜂**

Gelis cursitans (Fabricius, 1775) 在俄罗斯、德国、瑞典寄生于欧洲松毛虫

Gelis dendrolimi (Matsumura, 1926)（=*Pezomachus dendrolimi*）在日本、俄罗斯寄生于落叶松毛虫、赤松毛虫

Gelis formicarius (Linnaeus, 1758) 在欧洲寄生于欧洲松毛虫

Gelis hortensis (Christ, 1791) 在欧洲寄生于欧洲松毛虫

***Gelis kumamotensis* (Uchida, 1930) 熊本沟姬蜂**

Gelis proximus (Foerster, 1850)（=*Gelis vigil* Foerster）在乌克兰寄生于毒蛾绒茧蜂 *Apanteles liparidis*

Gelis sp. 在俄罗斯（西伯利亚）和德国重寄生于欧洲松毛虫 *Dendrolimus pini* 和西伯利亚松毛虫，重寄生于西伯利亚松毛虫上的群瘤姬蜂 *Iseropus*、高缝姬蜂 *Campoplex* 和脊茧蜂 *Aleiodes*（=*Rhogas*）

Glyphicnemis profligator Fabricius, 1775（=*Stylocryptus profligator*、*Endasys profligator*）在俄罗斯寄生于落叶松毛虫

***Goryphus basilaris* Holmgren, 1868 横带驼姬蜂**

***Gotra octocinctus* (Ashmead, 1906) 花胸姬蜂**

Hemiteles similis (Gmelin, 1790) 在捷克、斯洛伐克重寄生于欧洲松毛虫

Hemiteles sp. 在俄罗斯（萨哈林岛）重寄生于落叶松毛虫上的麻蝇 *Pseudosarcophag* sp.

***Isotima* sp. 双脊姬蜂** 侯陶谦（1987：171-172）报道寄生于松毛虫，根据该蜂习性存疑

Javra opaca (Thomson, 1873)（=*Cratocryptus opacus*）在俄罗斯（西伯利亚）重寄生于西伯利亚松毛虫上的麻蝇

***Lysibia nana* (Gravanhorst, 1829) 小折唇姬蜂**

Meringopus attentorius (Panzer, 1804) 在欧洲寄生于欧洲松毛虫

Mesoleptus transversor Thunberg, 1822（=*Mesoleptus splendens* Gravenhorst）在欧洲寄生于欧洲松毛虫、在俄罗斯（西伯利亚）重寄生于松毛虫上的麻蝇

Nippocryptus vittatorius (Jurine, 1807)（=*Caenocryptus sexannulatus*、*Cryptus suzukii*）在俄罗斯、波兰、意大利寄生于西伯利亚松毛虫和重寄生于西伯利亚松毛虫上的脊茧蜂 *Rhogas*

Phygadeuon canaliculatus Thomson, 1889 在俄罗斯（西伯利亚）重寄生于西伯利亚松毛虫上的寄生蜂和麻蝇

Phygadeuon subspinosus Gravenhorst, 1829（=*Phygadeuon grandiceps* Thomson）在俄罗斯重寄生于西伯利亚松毛虫上的寄生蜂或麻蝇

Phygadeuon vexator (Thunberg, 1822) 在捷克、斯洛伐克重寄生于欧洲松毛虫上的寄生蜂

Stilpnus gagates Gravenhorst, 1807 在捷克、斯洛伐克重寄生于欧洲松毛虫上的寄生蜂

Theroscopus pedestris (Fabricius, 1775) 在欧洲寄生于欧洲松毛虫

Ctenopelmatinae 栉足姬蜂亚科

Hyperbatus sternoxathus Gravenhorst, 1829（黄胸基凹姬蜂 *Mesoleius sternoxathus*）在捷克本亚科种类寄生于欧洲松毛虫

***Opheltes glaucopterus* (Linnaeus, 1758) 银翅欧姬蜂指名亚种**

***Opheltes glaucopterus glaucopterus* (Linnaeus, 1758) 银翅欧姬蜂指名亚种**

***Opheltes glaucopterus apicalis* (Matsumura, 1912) 银翅欧姬蜂端宽亚种**

Gravenhorstiinae 格姬蜂亚科

Aphanistes jozankeanus Matsumura, 1912（=*Habronyx jozankeanus*）前凹姬蜂 在日本寄生于落叶松毛虫

Aphanistes bellicosus Wesmael, 1849 在德国寄生于欧洲松毛虫

Aphanistes ruficornis (Gravenhorst, 1829)（=*Anomalon ruficornis*、*Aphanistes orientalis*）红角前凹姬蜂 在德国寄生于欧洲松毛虫

Habrocampulum biguttatum (Gravenhorst, 1829)（*Aphanistes biguttatum* Thoms.）二点前凹姬蜂 在欧洲寄生于欧洲松毛虫，在俄罗斯（西伯利亚）寄生于西伯利亚松毛虫

***Habronyx heros* Wesmael, 1849 松毛虫软姬蜂（=*Habronyx gigas* Kriechbaumer, 1880）**

***Heteropelma amictum* (Fabricirs, 1775) 松毛虫异足姬蜂**

Therion circumflexum **(Linnaeus, 1758)** 粘虫棘领姬蜂

Ichneumoninae 姬蜂亚科

Achaius oratorius (Fabricius, 1793) 在日本、俄罗斯等寄生于赤松毛虫、落叶松毛虫和 *Dendrolimus jezoensis*

Achaius oratorius albizonellus Matsumura, 1912（=*Spilichneumon oratorius*、*Amblyteles oratorius*）在日本、俄罗斯寄生于赤松毛虫、落叶松毛虫和 *Dendrolimus jezoensis*

*Amblyteles armatorius (Foerster, 1771) 棘钝姬蜂

*Callajoppa cirrogaster bilineata Cameron, 1903 双条卡姬蜂

Callajoppa cirrogaster cirrogaster (Schrank, 1781) 在俄罗斯及欧洲其他国家寄生于欧洲松毛虫

Callajoppa exaltatoria exaltatoria (Panzer, 1804)（= *Trogus exaltatoria*）在欧洲寄生于欧洲松毛虫

Coelichneumon subgillatorius (Linnaeus, 1758) 在欧洲寄生于欧洲松毛虫

Cratichneumon luteiventiis (Gravenhorst, 1820) 在欧洲寄生于欧洲松毛虫

Ctenichneumon messorius (Gravenhorst, 1820) 在欧洲寄生于欧洲松毛虫

*Diphyus amatorius (Müller, 1776)（= *Triptonatha amatorius*）恋腹脊姬蜂

Diphyus fossorius (Linnaeus, 1758) 在欧洲寄生于落叶松毛虫

*Diphyus luctatoria (Linnaeus, 1758) 搏腹脊姬蜂　在日本和俄罗斯寄生于落叶松毛虫 *Dendrolimus superans*，有记录在山西有分布

Eutanyacra picta **(Schrank, 1776)** 地蚕大铗姬蜂

Hepiopelmus variegatorius (Panzer, 1800) 在欧洲寄生于欧洲松毛虫

Ichneumon terminatorius (Gravenhorst, 1820) 在欧洲寄生于欧洲松毛虫

Lissosculpta javanica **(Cameron, 1905)** 黄斑丽姬蜂

Luteator sp. 毛姬蜂　侯陶谦（1987: 173）报道在吉林寄生于落叶松毛虫，但在姬蜂科内并无此属

Protichneumon fusorius (Linnaeus, 1761)（=*Protichneumon pisorius*）在欧洲寄生于欧洲松毛虫、落叶松毛虫

Pterocormus sp. 记录在四川寄生于德昌松毛虫，无形态记述，我们无此标本，无法介绍

Pyramidophorus flavoguttatus Tischbein, 1882（=*Platylabus flavoguttatus*）在瑞典寄生于欧洲松毛虫

Stenaoplus pictus (Gravenhorst, 1829)（=*Platylabus ratzeburgi* Hartig）在欧洲寄生于欧洲松毛虫

Thyrateles haereticus (Wesmael, 1854) 在欧洲寄生于欧洲松毛虫

Vulichneumon leucaniae **(Uchida, 1924)** 粘虫白星姬蜂

Mesochorinae 菱室姬蜂亚科

Astiphromma splenium (Curtis, 1833)（=*Astiphromma strenuum*、*Astiphromma sachahalinense*, *Mesochorus strenuus*）在俄罗斯（西伯利亚）重寄生于西伯利亚松毛虫上的脊茧蜂 *Aleiodes*（=*Rhogas*）

Mesochorus ater Ratzeburg, 1848 黑菱室姬蜂　在德国重寄生于欧洲松毛虫

Mesochorus discitergus **(Say, 1836)** 盘背菱室姬蜂

*Mesochorus kuwayamae Matsumura, 1926 桑山菱室姬蜂

Metopiinae 盾脸姬蜂亚科

Metopius vespoides Scopoli, 1763 在欧洲寄生于欧洲松毛虫

Ophioninae 瘦姬蜂亚科

Dicamptus nigropictus **(Matsumura, 1912)** 黑斑嵌翅姬蜂

Dictyonotus purpurascens **(Smith, 1874)** 紫窄痣姬蜂

Enicospilus capensis **(Thunberg, 1822)** 开普细颚姬蜂

Enicospilus gauldi **Nikam, 1980** 高氏细颚姬蜂

Enicospilus lineolatus **(Roman, 1913)** 细线细颚姬蜂

Enicospilus plicatus **(Brulle, 1846)** 褶皱细颚姬蜂

Enicospilus pudibundae **(Uchida, 1928)** 苹毒蛾细颚姬蜂

*****Enicospilus ramidulus*** **(Linnaeus, 1758)** 小枝细颚姬蜂

Enicospilus shinkanus (Uchida, 1928) 新馆细颚姬蜂

*Enicospilus undulatus (Gravenhorst, 1829) 波脉细颚姬蜂

*Ophion luteus (Linnaeus, 1758) 夜蛾瘦姬蜂

*Ophion obscuratus Fabricius, 1798 糊瘦姬蜂 在俄罗斯寄生于欧洲松毛虫；记录在东北、华北、山西、台湾、福建、云南、西藏有分布

Orthocentrinae 拱脸姬蜂亚科

Stenomacrus dendrolimi (Matsumura, 1926)（=*Chorinaeus dendrolimi*） 松毛虫狭姬蜂 在日本、俄罗斯寄生于落叶松毛虫

Pimplinae Wesmael, 1844 瘤姬蜂亚科

Acropimpla sp.

*Acropimpla didyma (Gravenhorst, 1829) 双斑顶姬蜂

Acropimpla jezoensis Matsumura, 1926（*Pimpla jezoensis*、*Epiurus jezoensis*）顶姬蜂 在日本寄生于松毛虫 *Dendrolimus jezoensis*

Apechthis compunctor Linnaeus, 1758 隆钩尾姬蜂

*Apechthis compunctor compunctor (Linnaeus, 1758) 隆钩尾姬蜂指名亚种

Apechthis compunctor orientalis Kasparyan, 1981 隆钩尾姬蜂东方亚种

Apechthis dendrolimi Matsumura, 1926 松毛虫钩尾姬蜂（*Ephialtes dendrolimi*）在日本和俄罗斯（萨哈林岛）寄生于松毛虫

Apechthis quadridentata (Thomson, 1877) 四齿钩尾姬蜂

*Apechthis rufata (Gmelin, 1790) 黄条钩尾姬蜂

Apechthis taiwana Uchida, 1928 台湾钩尾姬蜂

*Delomerista mandibularis (Gravenhorst, 1829) 颚德姬蜂

Echthromorpha agrestoria notulatoria (Fabricius, 1804) 斑翅恶姬蜂显斑亚种

Gregopimpla bernuthii (Hartig, 1838) 在欧洲寄生于欧洲松毛虫

Gregopimpla himalayensis (Cameron, 1899) 喜马拉雅聚瘤姬蜂

Gregopimpla inquisitor (Scopoli, 1763) 搜索聚瘤姬蜂 在俄罗斯及欧洲其他国家寄生于欧洲松毛虫

Gregopimpla kuwanae (Viereck, 1912) 桑蟥聚瘤姬蜂

Iseropus orientalis Uchida, 1928（=*Iseropus epiccnapterus*）在日本寄生于赤松毛虫

Iseropus stercorator (Fabricius, 1793)（=*Ichneumon stercorator*）在俄罗斯、德国、波兰寄生于落叶松毛虫（=西伯利亚松毛虫）、欧洲松毛虫

Iseropus stercorator stercorator (Fabricius, 1793) 全北群瘤姬蜂指名亚种

Itoplectis alternans (Gravenhorst, 1829) 在亚洲、欧洲寄生于多种松毛虫

Itoplectis alternans epinotiae Uchida, 1928 松毛虫埃姬蜂

Itoplectis himalayensis Gupta, 1968 喜马拉雅埃姬蜂

Itoplectis maculator (Fabricius, 1775) 在欧洲寄生于欧洲松毛虫

Itoplectis tabatai Uchida, 1930（=*Pimpla tabatai*）在日本、俄罗斯寄生于落叶松毛虫

Itoplectis viduata Gravenhorst, 1829 寡埃姬蜂

*Perithous scurra (Panzer, 1804) 在欧洲寄生于欧洲松毛虫；中国黑龙江、辽宁有分布记录

Pimpla aethiops Curtis, 1828 满点瘤姬蜂

Pimpla aquilonia (Cresson, 1870)（=*Coccygomimus aquilonius*）在日本、俄罗斯寄生于落叶松毛虫 *Dendrolimus superans*（=*D. albolineatus*）

Pimpla carinifrons Cameron, 1899 脊额瘤姬蜂

Pimpla chui He, sp. nov. 祝氏瘤姬蜂，新种

Pimpla disparis Viereck, 1911 舞毒蛾瘤姬蜂

Pimpla laothoe Cameron, 1897 天蛾瘤姬蜂

Pimpla luctuosa Smith, 1874 野蚕瘤姬蜂

Pimpla pluto Ashmead, 1906 暗瘤姬蜂

Pimpla rufipes (Miller, 1759) 红足瘤姬蜂

Pimpla turionellae (Linnaeus, 1758)（=*Pimpla examinator*、*Coccygomimus turionellae*）在德国、俄罗斯、日本寄生于欧洲松毛虫、落叶松毛虫、赤松毛虫及重寄生于寄生松毛虫的凹眼姬蜂 *Casinaria* sp.和重寄生于寄生落叶松毛虫的高缝姬蜂 *Campoplex*；祝汝佐（1937: 90）的 *Pimpla turionellae* 是误定

Scambus indicus Gupta et Tikar, 1968 印度曲姬蜂

Theronia (*Theronia*) *atalantae atalantae* Poda, 1761 脊腿囊爪姬蜂指名亚种 在日本、俄罗斯（西伯利亚、乌拉尔）、捷克、斯洛伐克、德国寄生于赤松毛虫、落叶松毛虫并重寄生于松毛虫内茧蜂 *Aleiodes esenbeckii*、黑足凹眼姬蜂 *Casinaria nigripes*

Theronia atalantae gestator (Thunberg, 1824) 脊腿囊爪姬蜂腹斑亚种

Theronia pseudozebra pseudozebra Gupta, 1962 缺脊囊爪姬蜂指名亚种

Theronia zebra diluta Gupta, 1962 黑纹囊爪姬蜂黄瘤亚种

Xanthopimpla konowi Krieger, 1899 樟蚕黑点瘤姬蜂

Xanthopimpla pedator (Fabricius, 1775) 松毛虫黑点瘤姬蜂

Xanthopimpla punctata (Fabricius, 1781) 广黑点瘤姬蜂

Xanthopimpla stemmator (Thunberg, 1824) 螟黑点瘤姬蜂

Tryphoninae 柄卵姬蜂亚科

Netelia (*Netelia*) *ocellaris* (Thomson, 1888) 甘蓝夜蛾拟瘦姬蜂

**Netelia* (*Netelia*) *orientalis* (Cameron, 1905) 东方拟瘦姬蜂

**Netelia* (*Netelia*) *vinulae* (Scopoli, 1763) 二尾舟蛾拟瘦姬蜂

Thymaris tener (Gravenhorst, 1829) 在欧洲寄生于欧洲松毛虫

Xoridinae 凿姬蜂亚科

Odontocolon sp.（=*Odontomerus* sp.）在俄罗斯寄生于西伯利亚松毛虫

Braconidae 茧蜂科

Alysiinae 反颚茧蜂亚科

Orthostigma pumilum Nees, 1834 在波兰寄生于欧洲松毛虫

Braconinae 茧蜂亚科

Iphiaulax impostor (Scopoli, 1763) 赤腹深沟茧蜂

Stenobracon (*Stenobracon*) *deesae* (Cameron, 1901) 迪萨窄茧蜂

Cheloninae 甲腹茧蜂亚科

Chelonus (*Microchelonus*) *jungi* (Chu, 1937) 张氏甲腹茧蜂

Phanerotoma (*Phanerotoma*) *flava* Ashmead, 1906 黄愈腹茧蜂

Phanerotoma (*Phanerotoma*) *flavida* Enderlein, 1912 黄赤愈腹茧蜂

Phanerotoma (*Bracotritoma*) *grapholithae* Muesebeck, 1933 食心虫愈腹茧蜂

Euphorinae 优茧蜂亚科

Meteorus bimaculatus (Wesmael, 1835) 二斑悬茧蜂 在俄罗斯寄生于欧洲松毛虫 *Dendrolimus pini*

**Meteorus ictericus* (Nees, 1811) 微黄悬茧蜂 中国吉林、山东、江西、湖北、福建有分布

Microgaster ordinarius Ratzeburg, 1844[据吴钜文和侯陶谦（1990: 292），在俄罗斯寄生于欧洲松毛虫，但现资料中未见本种]

**Meteorus unicolorr* (Wesmael, 1835) 单色悬茧蜂

**Meteorus versicolor* (Wesmael, 1835) 虹彩悬茧蜂（=*Meteorus bimaculutus*）中国黑龙江、吉林、辽宁、浙江、湖北、湖南、福建有分布

Perilitus (*Townesilitus*) *bicolor* (Wesmael, 1835)

Homolobinae 滑茧蜂亚科

***Homolobus* (*Chartolobus*) *infumator* (Lyle, 1914) 暗滑茧蜂**

Macrocentrinae 长体茧蜂亚科

***Macrocentrus resinellae* (Linnaeus, 1758) 松小卷蛾长体茧蜂**

Microgastrinae 小腹茧蜂亚科

*Apanteles carpatus (Say, 1836) 衣蛾绒茧蜂

***Apanteles changhingensis* Chu, 1937 长兴绒茧蜂**

Apanteles congestus Nees, 1834 在德国寄生于欧洲松毛虫 *Dendrolimus pini*

Apanteles prozorovi Telenga, 1955 在俄罗斯（远东）寄生于落叶松毛虫 *Dendrolimus sibiricus*

Apanteles punctiger (Wesmael, 1837) 在俄罗斯及欧洲其他国家寄生于欧洲松毛虫 *Dendrolimus pini*

Apanteles (*Choeras*) *ruficornis* (Nees, 1834) 在欧洲寄生于欧洲松毛虫 *Dendrolimus pini*

***Apanteles* sp. 粗腿绒茧蜂**

*Cotesia gastropachae (Bouché, 1834) 天幕毛虫盘绒茧蜂

*Cotesia glomerata (Linnaeus, 1758) 粉蝶盘绒茧蜂

***Cotesia ordinarius* (Ratzeburg, 1844) 松毛虫盘绒茧蜂**

*Cotesia rubripes (Haliday, 1834) 红足盘绒茧蜂

*Cotesia spuria (Wesmael, 1837) 假盘绒茧蜂

*Cotesia tibialis (Curtis, 1830) 皱基盘绒茧蜂

***Dolichogenidea aso* (Nixon, 1967) 阿宗长颊茧蜂**

***Dolichogenidea hyposidrae* (Wilkinson, 1928) 尺蠖长颊茧蜂**

*Microgaster globate (Linnaeus, 1758) 球小腹茧蜂

Microgaster nernorum Hartig ? 在德国寄生于欧洲松毛虫（吴钜文和侯陶谦，1990: 292）

*Microplitis tuberculifer (Wesmael, 1837) 瘤侧沟茧蜂

***Protapanteles* (*Protapanteles*) *eucosmae* (Wilkinson, 1929) 灯蛾原绒茧蜂**

Protapanteles (*Protapanteles*) *fulvipes* (Haliday, 1834)（= *Apanteles fulvipes* Haliday）在欧洲寄生于欧洲松毛虫 *Dendrolimus pini*

*Protapanteles (*Protapanteles*) *inclusus* (Ratzeburg, 1844) 幽原绒茧蜂

***Protapanteles* (*Protapanteles*) *liparidis* (Bouché, 1834) 毒蛾原绒茧蜂**

***Protapanteles* (*Protapanteles*) *porthetriae* (Muesebeck, 1928) 舞毒蛾原绒茧蜂**

Protapanteles (*Protapanteles*) *vitripennis* (Curtis, 1830) 在欧洲寄生于欧洲松毛虫

Orgilinae 怒茧蜂亚科

*Orgilus leptocephalus (Hartg, 1838) 国外寄生于松毛虫；文献记载此种在我国有分布，地点不详

Orgilus obscurator (Nees, 1812) 在欧洲寄生于欧洲松毛虫；中国山西有分布记录，可能是误定

Rogadinae 内茧蜂亚科

***Aleiodes convexus* van Achterberg, 1991 凸脊茧蜂**

***Aleiodes esenbeckii* (Hartig, 1838) 松毛虫脊茧蜂**

***Aleiodes pallidinervis* (Cameron, 1910) 淡脉脊茧蜂**

Chalcidoidea 小蜂总科

Chalcididae 小蜂科

Chalcidinae 小蜂亚科

***Brachymeria donganensis* Liao et Chen, 1986 东安大腿小蜂**

***Brachymeria excarinata* Gahan, 1925 无脊大腿小蜂**

***Brachymeria fiskei* (Crawford, 1910) 费氏大腿小蜂**

Brachymeria funesta Habu, 1960 芬纳大腿小蜂
Brachymeria lasus (Walker, 1841) 广大腿小蜂
Brachymeria lugubris (Walker) 黑暗大腿小蜂
Brachymeria minuta (Linnaeus, 1767) 麻蝇大腿小蜂
Brachymeria nosatoi Habu, 1966 金刚钻大腿小蜂
Brachymeria podagrica (Fabricius, 1787) 红腿大腿小蜂
Brachymeria secundaria (Ruschka, 1922) 次生大腿小蜂
Brachymeria sp. 1 绒茧蜂大腿小蜂
Brachymeria sp. 2 黑胫大腿小蜂
Brachymeria sp. 3 常山大腿小蜂
Brachymeria sp. 4 红角大腿小蜂
Brachymeria sp. 5 黄胫大腿小蜂
Brachymeria sp. 大腿小蜂 在捷克、斯洛伐克寄生于欧洲松毛虫
**Brachymeria tibialis* (Walker, 1834) (*Brachymeria intermedia* Nees, 中国山西、陕西、福建有分布记录) 在欧洲寄生于欧洲松毛虫上的寄生蜂

Dirhininae 角头小蜂亚科
Dirhinus sp. 角头小蜂

Epitraninae 脊柄小蜂亚科
Epitranus sp. 长角脊柄小蜂

Haltichellinae 截胫小蜂亚科
Antrocephalus ishiii Habu, 1960 石井凹头小蜂
Antrocephalus japonicus (Masi, 1936) 日本凹头小蜂
Antrocephalus satoi Habu, 1960 佐藤凹头小蜂
Hockeria ishiii (Habu, 1960) 石井霍克小蜂
Kriechbaumerella dendrolimi Sheng, 1987 松毛虫凸腿小蜂
Kriechbaumerella fuscicornis Qian *et* Li, 1987 棕角凸腿小蜂
Kriechbaumerella longiscutellaris Qian *et* He, 1987 长盾凸腿小蜂

Elasmidae 扁股小蜂科
Elasmus nudus Nees, 1834 (=*Elasmus albipennis* Thomson, 1878 白翅扁股小蜂)
Elasmus hyblaeae Ferrière, 1929 驼蛾扁股小蜂
Elasmus sp. 浙江扁股小蜂

Encyrtidae 跳小蜂科
Coelopencyrtus claviiger Xu *et* He, 1999 锤角突唇跳小蜂
Copidosoma sp. 点缘跳小蜂
Ooencyrtus ablerus Walker, 1847 (= *Ooencyrtus atomon* Walker, 1847) 在俄罗斯寄生于欧洲松毛虫卵
Ooencyrtus endymion Huang *et* Noyes, 1994 恩底弥翁卵跳小蜂
Ooencyrtus icarus Huang *et* Noyes, 1994 油松毛虫卵跳小蜂
Ooencyrtus kuvanae (Howard, 1910) 大蛾卵跳小蜂
Ooencyrtus obscurus (Mercet, 1921) 在欧洲寄生于欧洲松毛虫
Ooencyrtus philopapilionis Liao, 1987 北方凤蝶卵跳小蜂
Ooencyrtus pinicolus (Matsumura, 1925) 松毛虫卵跳小蜂
Ooencyrtus pityocampae (Mercet, 1921) 在欧洲寄生于欧洲松毛虫
**Tyndarichus navae* Howard, 1910 苹果毒蛾角缘跳小蜂 在日本寄生于赤松毛虫；中国山东有分布记录

Eulophidae 姬小蜂科

  Elachertinae 狭面姬小蜂亚科

    *Cirrospilus pictus (Nees, 1834) 柠黄瑟姬小蜂

    ***Euplectrus flavipes* (Fonscolombe, 1832)** 黄足长距小蜂

    Euplectrus **sp.** 稀网姬小蜂

  Entedontinae 灿姬小蜂亚科

    ***Eutedon* sp.** 凹眼姬蜂恩特姬小蜂

    *Pediobius crassicornis (Thomson, 1878) 国外寄生于赤松毛虫；国内有记载湖北分布的称凹缘柄腹姬小蜂（作者无标本）

    Pediobius howardi (Crawford, 1910) 在日本寄生于赤松毛虫上的寄生蜂

    ***Pediobius* sp.** 白跗柄腹姬小蜂

    ***Pediobius* sp.** 衢州柄腹姬小蜂

  Eulophinae 姬小蜂亚科

    Dimmockia reticulata (Kamijo, 1965)（=*Encopa reticulata*）在日本、朝鲜、俄罗斯寄生于松毛虫上的寄生蜂 *Hyposoter takagii*、*Apanteles liparidis* 等，聚寄生

    Dimmockia secunda Crawford, 1910 在日本寄生于赤松毛虫上的寄生蜂

    ***Dimmockia* sp.** 南京兔唇姬小蜂

    ***Hemiptarsenus tabulaeformisi* Yang, 2015** 松毛虫长柄姬小蜂

    ***Sympiesis* sp.** 松毛虫羽角姬小蜂

    ***Syntomosphyrum* sp.** 寄蝇姬小蜂

  Tetrastichinae 无后缘姬小蜂亚科（啮小蜂亚科）

    ***Aprostocetus brevipedicellus* Yang et Cao, 2015** 短梗长尾啮小蜂

    Aceraloneuronyia evanescens (Ratzeburg, 1848) 在俄罗斯寄生于欧洲松毛虫上的麻蝇

    Aprostocetus citripes (Thomson, 1878) 在欧洲寄生于欧洲松毛虫

    ***Aprostocetus crino* (Walker, 1838)** 黄脸长尾啮小蜂

    ***Aprostocetus dendrolimi* Yang et Cao, 2015** 松毛虫长尾啮小蜂

    Aprostocetus xanthopus (Nees, 1834) 在欧洲寄生于欧洲松毛虫、落叶松毛虫

    ***Hyperteles* sp.** 蠛蚊姬小蜂

    ***Nesolynx* sp.** 黄内索姬小蜂

    ***Ootetrastichus* sp.** 松毛虫大角啮小蜂

    Quadrastichus citrinus (Thomson, 1878)（= *Tetrastichus citrinellus* Graham, 1961）在俄罗斯寄生于欧洲松毛虫

    Quadrastichus xanthosoma Graham, 1974（= *Tetrastichus xanthosoma* Graham, 1974）在俄罗斯及欧洲其他国家寄生于欧洲松毛虫和西伯利亚松毛虫

    ***Syntomosphyrum* sp.** 寄蝇姬小蜂

    ***Tetrasachus convexi* Yang et Yao, 2015** 松毛虫凸胸啮小蜂

    ***Tetrastichus fuscous* Yang et Cao, 2015** 马尾松毛虫暗褐啮小蜂

    ***Tetrastichus telon* (Graham, 1961)** 云南松毛虫啮小蜂

    ***Tetrastichus* sp.** 寄蝇啮小蜂

    ***Tetrastichus* sp.** 长沙啮小蜂

    ***Tetrastichus* sp.** 松毛虫啮小蜂

    ***Tetrastichus* sp.** 祝氏啮小蜂（=常山啮小蜂 *Tetrastichus changsanensis* Chu, MS）

    ***Tetrastichus* sp.** 陕西啮小蜂

    ***Tetrastichus* sp.** 凹眼姬蜂啮小蜂

    ***Tetrastichus* sp.** 天台啮小蜂

    ***Tetrastichus* sp.** 文山松毛虫啮小蜂

Tetrastichus sp. 绒茧蜂啮小蜂

Tetrastichus sp. 青岛啮小蜂

Eupelmidae旋小蜂科

Anastatus acherontiae (Narayanan *et al.*, 1960) 天蛾卵平腹小蜂

Anastatus albitarsis (Ashmead, 1904) (=*Pseudanastatus albitarsis*) 白跗平腹小蜂

Anastatus bifasciatus (Geoffroy, 1785) 双带平腹小蜂

Anastatus brevipennis Ashmead, 1904 短翅平腹小蜂

Anasatus dexinensis Sheng *et* Wang, 1997 德兴平腹小蜂

*Anastatus dendrolimus Kim *et* Pak, 1965 松毛虫平腹小蜂 在韩国寄生于赤松毛虫，在俄罗斯寄生于落叶松毛虫；肖晖等（2001：204）报道在我国吉林有分布，调查的农林害虫中有落叶松毛虫，但未确指寄主种类

Anastatus flavipes Sheng *et* Wang, 1997 黄褐平腹小蜂

Anastatus gastropachae Ashmead, 1904 枯叶蛾平腹小蜂

Anastatus (*Anastatus*) *huangi* Sheng *et* Yu, 1998 黄氏平腹小蜂

Anastatus japonicus Ashmead, 1904 舞毒蛾卵平腹小蜂

Anastatus (*Anastatus*) *meilingensis* Sheng, 1998 梅岭平腹小蜂

Anastatus ramakrishnai (Mani, 1935) 拉马平腹小蜂

Anastatus sidereus (Erdös, 1957) 菱翅型平腹小蜂

Anastatus sp. 黄纹卵平腹小蜂

Anastatus sp. 南京平腹小蜂

Anastatus sp. 四川平腹小蜂

Anastatus sp. 祝氏平腹小蜂

Anastatus sp. 黄胸平腹小蜂

Anastatus sp. 云南平腹小蜂

Anastatus sp. 黑足平腹小蜂

Anastatus sp. 福州平腹小蜂

Anastatus sp. 广州平腹小蜂

Anastatus sp. 光侧平腹小蜂

Anastatus sp. 川滇平腹小蜂

Anastatus sp. 南宁平腹小蜂

Anastatus sp. 林氏平腹小蜂

Anastatus sp. 梓潼平腹小蜂

Anastatus sp. 韩城平腹小蜂

Anastatus sp. 重庆平腹小蜂

Anastatus sp. 吴氏平腹小蜂

Anastatus sp. 辽宁平腹小蜂

Anastatus sp. 云南平腹小蜂

Anastatus sp. 东安平腹小蜂

Anastatus sp. 封开平腹小蜂

Eupelmus microzonus Foerster, 1860 在俄罗斯寄生于落叶松毛虫上的脊茧蜂 *Aleiodes*（=*Rhogas*）

Eupelmus tachardiae Howard, 1896 胶虫旋小蜂

*Eupelmus urozonus Dalman, 1820 栗瘿蜂旋小蜂

*Eupelmus vesicularis (Retzius, 1783) 泡旋小蜂

Eupelmus sp. 永川短翅旋小蜂

Mesocomys aegeriae Sheng, 1996 透翅短角平腹小蜂

Mesocomys albitarsis (Ashmead, 1904) 白跗短角平腹小蜂

Mesocomys breviscapis Yao *et* Yang, 2009 短柄短角平腹小蜂

Mesocomys cheni He *et* Tang, sp. nov. 陈氏短角平腹小蜂，新种

Mesocomys hubeiensis He *et* Tang, sp. nov. 湖北短角平腹小蜂，新种

Mesocomys orientalis Ferrière, 1935 东方短角平腹小蜂

Mesocomys petiolaris He *et* Tang, sp. nov. 腹柄短角平腹小蜂，新种

Mesocomys suichangensis He *et* Tang, sp. nov. 遂昌短角平腹小蜂，新种

Mesocomys sinensis Yao *et* Yang, 2009 中华短角平腹小蜂

Mesocomys superansi Yao *et* Yang, 2009 落叶松毛虫短角平腹小蜂

Eurytomidae 广肩小蜂科

Eurytoma afra Bobeman, 1836 油松毛虫广肩小蜂

Eurytoma rosae Nees, 1834 在俄罗斯（西伯利亚）寄生于西伯利亚松毛虫 *Dendrolimus sibiricus* 上的脊茧蜂 *Rhogas*（=*Aleiodes*）

Eurytoma verticillata (Fabricius, 1798) 粘虫广肩小蜂

Eurytoma sp. 松毛虫广肩小蜂

Eurytoma sp. 在俄罗斯寄生于西伯利亚松毛虫卵

Perilampidae 巨胸小蜂科

Perilampus nitens Walker, 1834 彩巨胸小蜂 在俄罗斯（西伯利亚）重寄生于西伯利亚松毛虫，估计是松毛虫上的姬蜂和寄蝇的重寄生蜂

Pteromalidae 金小蜂科

Agiommatus erionotus Huang, 1986 弄蝶偏眼金小蜂

Amblyharma anfracta Huang *et* Tong, 1993 钝领金小蜂

Coelopisthia sp. 在俄罗斯寄生于西伯利亚松毛虫上的松毛虫内茧蜂

Dibrachys boarmiae (Walker, 1863) 咸阳黑青小蜂 Peters 和 Baur（2011: 1）认为是 *Dibrachys cavus* (Walker, 1835) 的新异名

Dibrachys cavus (Walker, 1835) 红铃虫黑青小蜂（黑青小蜂）

Dibrachys kojimae (Ishii, 1938) 松毛虫黑青小蜂

Dibrachys microgastri (Bouché, 1834) 寄生于西伯利亚松毛虫和赤松毛虫，据 Yu 等（2012）记载，该蜂广布于全世界，并在我国陕西、甘肃和江苏有分布记录；Peters 和 Baur（2011: 1）认为是 *Dibrachys cavus* (Walker, 1835) 的新异名

Erythromalus rufiventris (Walker, 1835) 松毛虫红腹金小蜂

Euneura lachnii (Ashmead, 1887) 松毛虫宽缘金小蜂 有认为名和宽缘金小蜂 *Pachyneuron nawai* Ashmead 为其异名，寄生于落叶松毛虫和马尾松毛虫，我国吉林、辽宁、北京、山东、新疆、浙江、四川有分布记录；但有研究认为，我国所报道的这两种学名的蜂均不是真正的这两种蜂

Euterus tabatae Ishii 在日本寄生于松毛虫 *Dendrolimus albolineatus* Matsumura 卵上的金小蜂；有研究认为我国所报道的 *Euterus tabatae* Ishii 并不是真正的这种蜂

Habrocytus sp. 在俄罗斯寄生于西伯利亚松毛虫和欧洲松毛虫上的寄生蜂（高缝姬蜂 *Campoplex*、脊茧蜂 *Rhogas*、绒茧蜂 *Apanteles*）

Holcaeus dendrolimi Matsumura, 1926（=*Pteromalus dendrolimi*）在日本寄生于落叶松毛虫、赤松毛虫

Holcaeus sp. 在朝鲜寄生于赤松毛虫

Holcaeus stenogaster (Walker, 1836)（=*Pteromalus stenogaster* Walker）在俄罗斯（远东）寄生于赤松毛虫

Mesopolobus aspilus (Walker, 1835)（=*Mesopolobus elongatus* Thomson）在欧洲寄生于欧洲松毛虫

Mesopolobus kojimae (Ishii, 1938)（=*Euterus kojimae* Ishii）在日本寄生于赤松毛虫

Mesopolobus kuwayamae Matsumura, 1926（=*Pteromalus kuwayamae*）在日本寄生于赤松毛虫上的寄生蜂

Mesopolobus subfumatus (Ratzeberg, 1852) (=*Amblymerus tabatae*、*Euterus tabatae*、*Euterus matsukemushii*、*Mesopolobus matsukemushii*、*Mesopolobus matsuyadorii*、*Pteromalus matsuyadorii*) 在日本、欧洲寄生于赤松毛虫、落叶松毛虫、马尾松毛虫

***Mesopolobus superansi* Yang et Gu, 1995 松毛虫迈金小蜂**

Mesopolobus tabatae (Ishii, 1938) 在日本寄生于赤松毛虫上的寄生蜂

**Mokrzeckia pini (Hartig, 1838) 松莫克金小蜂 在波兰寄生于欧洲松毛虫,在日本寄生于赤松毛虫上的 *Apanteles liparidis* 和 *A. Ordinaries*;Lelej(2012:157)报道寄生于落叶松毛虫

***Norbanus* sp. 长角金小蜂**

***Pachyneuron muscarum* (Linnaeus, 1758) 蝇宽缘金小蜂**

***Pachyneuron solitarium* (Hartig, 1857) 松毛虫宽缘金小蜂**

Pteromalus apantelophagus (Crawford, 1910) 在日本、俄罗斯(萨哈林岛)寄生于赤松毛虫和落叶松毛虫上的重寄生蜂(*Apanteles*)

Pteromalus sp. 在俄罗斯(西伯利亚等)寄生于欧洲松毛虫 *Dendrolimus pini* 和西伯利亚松毛虫 *D. sibiricus* 上的 *Apanteles*

***Pteromalus* sp. 金小蜂**

***Trichomalopsis* sp. 优金小蜂**

属种待定

新疆金小蜂

余杭金小蜂

衢州金小蜂

清远金小蜂

汤溪金小蜂

天平山金小蜂

永川金小蜂

巴县金小蜂

文登金小蜂

长兴金小蜂

Torymidae 长尾小蜂科

***Monodontomerus aereus* Walker, 1834 铜色齿腿长尾小蜂 在欧洲寄生于欧洲松毛虫;Xiao 等(2012:78)报道在黑龙江、北京、山东、新疆有分布

***Monodontomerus dentipes* (Dalman, 1820) 黄柄齿腿长尾小蜂**

***Monodontomerus japonicus* Ashmead, 1904 日本齿腿长尾小蜂**

***Monodontomerus laricis* Mayr, 1874 长距齿腿长尾小蜂**

***Monodontomerus lymantriae* Narendran, 1994 舞毒蛾齿腿长尾小蜂**

***Monodontomerus minor* Ratzeburg, 1848 小齿腿长尾小蜂**

***Monodontomerus obsoletus* Fabricius (?) 苹褐卷蛾长尾小蜂**

Monodontomerus virens Thomson, 1876 在俄罗斯寄生于欧洲松毛虫

***Torymus* sp. 长尾小蜂**

Trichogrammatidae 赤眼蜂科

Trichogramma cacoeciae Marchall, 1927 卷蛾赤眼蜂 在俄罗斯等寄生于欧洲松毛虫、落叶松毛虫,中国广东有分布记录,但国内松毛虫专著中未列入

***Trichogramma chilonis* Ishii, 1941 螟黄赤眼蜂**

***Trichogramma closterae* Pang et Chen, 1974 舟蛾赤眼蜂**

***Trichogramma dendrolimi* Matsumura, 1926 松毛虫赤眼蜂**

Trichogramma embryophagum (Hartig, 1838) 在欧洲寄生于欧洲松毛虫，中国辽宁有分布记录，但国内松毛虫专著中未列入

***Trichogramma evanescens* Westwood, 1833** 广赤眼蜂

***Trichogramma lingulatum* Pang *et* Chen, 1974** 舌突赤眼蜂

***Trichogramma ostriniae* Pang *et* Chen, 1974** 玉米螟赤眼蜂

***Trichogramma semblidis* (Aurivillius, 1897)** 显棒赤眼蜂

Platygastroidea 广腹细蜂总科（=Scelionoidea 缘腹细蜂总科）

 Scelionidae 缘腹细蜂科

  ***Telenomus* (*Aholcus*) *closterae* Wu *et* Chen, 1980** 杨扇舟蛾黑卵蜂

  ***Telenomus dasychiri* Chen *et* Wu, 1981** 松茸毒蛾黑卵蜂

  ***Telenomus* (*Aholcus*) *dendrolimusi* Chu, 1937** 松毛虫黑卵蜂

  ***Telenomus fengningensis* Chen *et* Wu, 1981** 丰宁黑卵蜂

  Telenomus laeviusculus (Ratzeburg, 1844) 在欧洲寄生于欧洲松毛虫 *Dendrolimus pini*

  ***Telenomus lebedae* Chen *et* Tong, 1980** 油茶枯叶蛾黑卵蜂

  Telenomus phalaenarum Nees, 1834 在欧洲寄生于欧洲松毛虫 *Dendrolimus pini*

  ***Telenomus tetratomus* Thomson, 1860** 落叶松毛虫黑卵蜂

Ceraphronoidea 分盾细蜂总科

 Ceraphronidae 分盾细蜂科

  Ceraphron kamiyae Ishii, 1938 在日本是赤松毛虫 *Dendrolimus spectabilis* 的重寄生蜂

  ***Ceraphron* sp.** 分盾细蜂

Proctotrupoidea 细蜂总科

 Diapriidae 锤角细蜂科

  Diapria solitaria (Hartig, 1834) 在俄罗斯寄生于欧洲松毛虫 *Dendrolimus pini*

Chrysidoidea 青蜂总科

 Bethylidae 肿腿蜂科

  ***Goniozus* sp.** 棱角肿腿蜂

参 考 文 献

安徽省阜南县赤眼蜂研究所. 1975. 舟蛾赤眼蜂的研究小结. 昆虫知识, 12(4): 17-19.
蔡邦华, 刘友樵, 侯陶谦, 等. 1961. 马尾松毛虫 (*Dendrolimus punctatus* Walker) 发生与寄主植物受害程度关系的再度观察. 昆虫学报, 10(4-6): 355-362.
柴希民, 何志华, 蒋平, 等. 2000. 浙江省马尾松毛虫天敌研究. 浙江林业科技, 20(4): 1-157.
柴希民, 何志华, 吴正东. 1987. 浙江省马尾松毛虫天敌考查. 浙江林业科技, 7(2): 2-12
柴希民, 何志华, 吴正东. 1993. 榆角尺蠖卵跳小蜂生物学及林间应用研究. 昆虫知识, (2): 99-102.
陈昌洁. 1990. 松毛虫综合管理. 北京: 中国林业出版社.
陈尔厚. 1999. 松毛虫和褐点粉灯蛾寄生蜂名录及疑难种描述. 云南林业科技, 28(3): 48-51.
陈华盛. 1986. 北京油松毛虫平腹小蜂形态及生物学特性观察. 林业科技通讯, 2(12): 15-18.
陈华盛, 朱承美, 张玉华, 等. 1991. 四种油松毛虫卵寄生蜂羽化孔的鉴别研究. 森林病虫通讯, 10(3): 26-28.
陈家骅, 季清娥. 2003. 中国甲腹茧蜂 (膜翅目: 茧蜂科). 福州: 福建科学技术出版社.
陈家骅, 宋东宝. 2004. 中国小腹茧蜂 (膜翅目: 茧蜂科). 福州: 福建科学技术出版社.
陈泰鲁. 1978. 缘腹细蜂科 (黑卵蜂科)//中国科学院动物研究所, 浙江农业大学, 等. 天敌昆虫图册. 北京: 科学出版社: 107-110.
陈泰鲁. 1983. 寄生松毛虫卵的赤眼蜂. 森林病虫通讯, 2(4): 47-48.
陈泰鲁. 1984. 寄生松毛虫的黑卵蜂. 森林病虫通讯, 3(1): 45-48.
陈泰鲁, 童新旺. 1980. 寄生于油茶枯叶蛾卵的黑卵蜂一新种 (膜翅目: 缘腹细蜂科). 动物分类学报, 5(3): 310-311.
陈泰鲁, 吴燕如. 1981. 松毛虫的黑卵蜂记述 (膜翅目: 缘腹细蜂科). 动物学集刊, 第 1 集: 109-113.
陈学新, 何俊华. 1992. 我国脊茧蜂属的新记录种 (膜翅目: 茧蜂科: 内茧蜂亚科). 动物分类学报, 17(1): 125.
陈学新, 何俊华. 2004. 茧蜂科//何俊华. 浙江蜂类志. 北京: 科学出版社: 549-817.
陈学新, 何俊华, 马云. 1991. 中国滑胸茧蜂属 *Homolobus* Foerster 记述 (膜翅目: 茧蜂科: 滑胸茧蜂亚科). 浙江农业大学学报, 17(2): 192-196.
陈学新, 何俊华, 马云. 2003. 内茧蜂亚科//黄邦侃. 福建昆虫志. 第 7 卷. 福州: 福建科学技术出版社: 334-358.
陈学新, 何俊华, 马云. 2004. 中国动物志 昆虫纲 第十八卷 膜翅目 茧蜂科 (二). 北京: 科学出版社.
戴玲美. 1993. 赤眼蜂科//山东林业昆虫志编委会. 山东森林昆虫. 北京: 中国林业出版社: 583-585.
党心德, 金步先. 1982. 陕西省林虫寄生蜂记录. 昆虫分类学报, 4(1-2): 139-142.
杜增庆, 裘学军. 1988. 马尾松毛虫卵期寄生蜂的共寄生新发现. 浙江林业科技, 8(3): 27-31.
杜增庆, 裘学军, 沈立荣. 1991. 浙江省马尾松毛虫寄生性天敌研究. 森林病虫通讯, 10(3): 15-18.
方惠兰, 胡海军. 1991. 松毛虫宽缘金小蜂利用价值初步研究. 浙江林业科技, 11(6): 27-29.
方惠兰, 廉月琰, 朱锦茹, 等. 1994. 白跗平腹小蜂对主要森林害虫抑制力研究. 浙江林业科技, 14(2): 1-3.
福建林学院森林保护教研组. 1976. 福建省马尾松毛虫寄生天敌的初步调查. 福建林业科技, 3(3): 20-23.
傅定埏. 1929. 松蛅蟖的研究. 南京中央大学农学院旬刊, 17: 2-5; 18: 8-11.
广东省农林学院林学系森保教研组. 1974. 广东省马尾松毛虫寄生天敌调查. 广东省生物防治研究资料选编 (广东省农科院), 103-105.
贵州动物志编委会. 1984. 贵州农林昆虫分布名录. 贵阳: 贵州人民出版社.
何俊华. 1979. 我国稻苞虫的寄生蜂 (一) 姬蜂. 昆虫知识, 16(3): 132-134.
何俊华. 1981a. 我国长尾姬蜂属 *Ephialtes* Schrank 及二种新记录 (膜翅目: 姬蜂科). 浙江农业大学学报, 7(3): 81-86.
何俊华. 1981b. 中国姬蜂科寄主新记录 (I). 浙江农业大学学报, 7(3): 90.
何俊华. 1982. 寄生性天敌昆虫//赵修复. 害虫生物防治. 北京: 农业出版社: 20-96.
何俊华. 1983a. 中国姬蜂科新记录(一) 阿苏山沟姬蜂和三色田猎姬蜂. 浙江农业大学学报, 9(1): 55-58.
何俊华. 1983b. 中国姬蜂科新记录(二) 全北群瘤姬蜂. 浙江农业大学学报, 9(2): 78.
何俊华. 1983c. 中国姬蜂科新记录(三) 松毛虫软姬蜂. 浙江农业大学学报, 9(4): 338.
何俊华. 1984. 中国水稻害虫的姬蜂科寄生蜂 (膜翅目) 名录. 浙江农业大学学报, 10(1): 77-110.
何俊华. 1985. 浙江省马尾松毛虫寄生蜂名录//林业部松毛虫综合防治浙江衢州试点. 马尾松毛虫综合防治资料汇编.
何俊华. 1986a. 松毛虫蛹寄生率的考查方法. 森林病虫通迅, (2): 46-48.
何俊华. 1986b. 松毛虫卵寄生率的考查方法. 昆虫知识, 23(5): 223-226.
何俊华. 1986c. 我国松毛虫姬蜂已知种类校正名录 (膜翅目: 姬蜂科). 浙江农业大学学报, 12(3): 335-344.
何俊华. 1986d. 中国舞毒蛾的姬蜂种类. 森林病虫通讯, (1): 16-18.
何俊华, 陈汉林. 1992. 膜翅目: 钩腹蜂科//湖南省林业厅. 湖南森林昆虫图鉴. 长沙: 湖南科学技术出版社: 1291-1292.
何俊华, 陈学新, 马云, 等. 1999. 昆虫纲: 膜翅目//郑乐怡, 归鸿. 昆虫分类. 南京: 南京师范大学出版社: 882-977.
何俊华, 陈学新, 马云. 1996. 中国经济昆虫志 第五十一册 膜翅目 姬蜂科. 北京: 科学出版社.

何俊华, 陈学新, 马云. 2000. 中国动物志 昆虫纲 第十八卷 膜翅目 茧蜂科 (一). 北京: 科学出版社.
何俊华, 陈学新. 1990. 中国十种寄生于林木害虫的脊茧蜂 (膜翅目: 茧蜂科: 内茧蜂亚科). 动物分类学报, 15(2): 201-208.
何俊华, 陈学新. 2006. 中国林木害虫天敌昆虫. 北京: 中国林业出版社.
何俊华, 陈樟福, 徐加生. 1979. 浙江省水稻害虫天敌图册. 杭州: 浙江人民出版社.
何俊华, 等. 2004. 浙江蜂类志. 北京: 科学出版社.
何俊华, 匡海源. 1977. 江西省马尾松毛虫几种寄生蜂的记述. 森林病虫通讯, (3): 1-6.
何俊华, 马云. 1982. 中国姬蜂科寄主新记录 (II). 浙江农业大学学报, 8(1): 26.
何俊华, 马云. 1984. 中国姬蜂科寄主新记录 (VI). 浙江农业大学学报, 10(3): 300.
何俊华, 庞雄飞. 1986. 水稻害虫天敌图说. 上海: 上海科学技术出版社.
何俊华, 汤玉清. 1990. 我国松毛虫细颚姬蜂种类识别. 森林病虫通讯, 9(3): 40-41.
何俊华, 王金言. 1987. 茧蜂科//中国科学院动物研究所. 中国农业昆虫 下册. 北京: 农业出版社: 401-423.
何俊华, 王淑芳. 1987. 姬蜂科//中国科学院动物研究所. 中国农业昆虫 下册. 北京: 农业出版社: 367-400.
何俊华, 徐志宏. 1987. 与松毛虫有关的大腿小蜂. 森林病虫通讯, 6(1): 36-39.
何俊华, 曾洁. 2018. 我国寄生松毛虫的姬蜂 (膜翅目: 姬蜂科) 种类再次校正名录. 中国森林病虫, 37(3): 45-49.
何允恒, 陈树椿, 陈华盛. 1988. 北京地区油松毛虫寄生天敌考察. 生物防治通报, 4(1): 21-24.
何志华, 柴希民. 1988. 马尾松毛虫寄生天敌种群数量周年消长的研究. 浙江林业科技, 8(6): 1-6, 13.
黑龙江省林业科学研究所. 1975. 应用黄纹平腹小蜂防治落叶松毛虫. 中国林业科学, 3: 42-44.
侯陶谦. 1987. 中国松毛虫. 北京: 科学出版社.
侯陶谦, 吴钜文. 1979. 松毛虫的综合防治//中国科学院动物研究所. 中国主要害虫综合防治. 北京: 科学出版社: 370-400.
湖北省林业厅. 1984. 湖北省森林病虫普查资料汇编.
湖北省罗田县林业科学研究所. 1979. 松毛虫蛹期寄生蜂: 大腿小蜂的习性观察及繁殖利用试验初报. 湖北林业科技, 3: 24-28.
湖南第一农事试验场虫害系. 1935. 松毛虫浅说. 8.
湖南省林业厅. 1992. 湖南森林昆虫图鉴. 长沙: 湖南科学技术出版社.
华东农业科学研究所. 1955. 松毛虫生物防治研究//华东农业科学研究所. 1954 年研究工作总结. 106-107.
黄邦侃. 2003. 福建昆虫志 第 7 卷. 福州: 福建科学技术出版社.
黄大卫. 1986. 偏眼金小蜂属一新种 (膜翅目: 小蜂总科: 金小蜂科). 武夷科学, 6: 103-105.
黄大卫. 1993. 中国经济昆虫志 第四十一册 膜翅目 金小蜂科(一). 北京: 科学出版社.
黄大卫, 肖晖. 2003. 金小蜂科//黄邦侃. 福建昆虫志 第 7 卷. 福州: 福建科学技术出版社: 491-504.
黄希周. 1931. 松毛虫之驱除问题. 江苏农矿, 8: 1-28.
江涛钧. 1935. 长兴香山松毛虫发生之调查及其实施防治之我见. 昆虫与植病, 3(10): 200-203.
江土玲, 陈正田, 王根寿, 等. 1992. 浙南柳杉毛虫发生规律及防治技术. 浙江林业科技, 12(3): 51-53.
江志道. 1935. 松毛虫之观察及其防除法. 四川农业, 2(4): 5-10.
姜苏民. 1928. 松毛虫. 农学特刊, 2: 1-16.
蒋惠荪. 1934. 松毛虫与造林树种问题. 中华农学会报, 129, 130: 72-76.
蒋雪邨, 李运帷. 1962. 福建省马尾松毛虫的消长规律. 林业科学, (3): 240-245.
金华地区森防站. 1983. 马尾松毛虫卵蛹期寄生天敌初步考查. 浙江林业科技, 3(3): 24, 33-35.
李必华. 1959. 山东省油松毛虫发生规律的初步调查研究. 昆虫学报, 9(4): 316-324.
李伯谦, 姜芸, 李正茂, 等. 1987. 思茅松毛虫生物学研究初报. 湖南林业科技, 14(1): 29-33.
李红梅. 2006. 云南松毛虫的生物学特性及资源利用研究进展. 玉溪师范学院学报, 22(3): 43-47.
李经纯, 赵方桂, 卢秀新. 1959. 崂山松毛虫卵寄生蜂的初步调查. 昆虫知识, (9): 289-291.
李克政, 于永址, 孙安. 1985. 落叶松毛虫卵期寄生天敌调查研究. 林业科技通讯, (8): 25-27.
梁秋霞, 李端兴, 杨易海. 2002. 马尾松毛虫蛹、卵期寄生性天敌调查初报. 中国森林病虫, 21(4): 28-30.
梁细弟, 王政懂. 1991. 白跗平腹小蜂的产卵习性. 浙江林业科技, 11(3): 49-52.
廖定熹, 陈泰鲁. 1983. 中国大腿小蜂属九新种(膜翅目: 小蜂总科: 小蜂科). 昆虫分类学报, 4(4): 267-278.
廖定熹, 李学骝, 庞雄飞, 等. 1987. 中国经济昆虫志 第三十四册 膜翅目 小蜂总科(一). 北京: 科学出版社.
林刚. 1926. 松毛虫侵害森林的情形及其防除法. 农林新报, 58: 3-4.
林乃铨. 1994. 中国赤眼蜂科分类 (膜翅目: 小蜂总科). 福州: 福建科学技术出版社.
林乃铨. 2003. 赤眼蜂科//黄邦侃. 福建昆虫志 第 7 卷. 福州: 福建科学技术出版社: 623-695.
林思樵, 舒启仁. 1984. 文山松毛虫观测初报. 贵州林业科技, 12(1): 35-40.
刘德力. 1990. 陕西云南松毛虫的两种寄生蜂记述. 西北林学院学报, 5(4): 52-54.
刘鹤昌. 1937. 丽水林场松毛虫调查纪要. 昆虫与植病, 5(13): 240-246.
刘经贤. 2009. 中国瘤姬蜂亚科分类研究(膜翅目: 姬蜂科). 浙江大学博士学位论文.
刘岩, 张旭东. 1993. 大兴安岭林区落叶松毛虫天敌初报. 昆虫天敌, 15(2): 88-90.
刘友樵, 施振华. 1957. 落叶松毛虫 Dendrolimus sibiricus Tschetw.生活史的初步观察. 昆虫学报, (3): 251-260.
刘长明. 1996. 中国小蜂科系统分类研究(膜翅目: 小蜂总科). 福建农业大学博士学位论文.
龙承德, 彭超贤, 钱永庆, 等. 1957. 两种松毛虫黑卵蜂的初步研究. 昆虫学报, (3): 261-284.

楼人杰. 1930. 松毛虫初步研究报告. 浙江昆虫局丛刊 7 号 (专门报告 5 号), 31.
楼人杰. 1932. 松毛虫. 浙江建设, 5(6): 110-115.
卢宗荣, 田文利, 樊艾. 2007. 云南松毛虫天敌的初步研究. 中国科协年会论文集(三).
卢宗荣. 2008. 恩施市云南松毛虫发生规律的初步研究. 湖北林业科技, 153: 40-43.
骆晖. 2009. 遵义县马尾松松毛虫天敌资源调查与分析. 黑龙江生态工程职业学院学报, 22(6): 47-49.
马万炎, 彭建文, 王溪林, 等. 1989. 黑侧沟姬蜂的生物学及种群消长规律研究. 生态学报, 9(1): 27-34.
苗久棚. 1938. 南京及其附近数种森林昆虫之研究. 科学, 22(5-6): 183-218.
能乃扎布. 1999. 内蒙古昆虫. 呼和浩特: 内蒙古人民出版社.
倪乐湘, 钟武洪, 劳先闵, 等. 2000. 湖南省高山地区马尾松毛虫寄生性天敌的调查. 全国生物防治暨第八届杀虫微生物学术研讨会会议论文.
庞雄飞, 陈泰鲁. 1974. 中国的赤眼蜂属 *Trichogramma* 记述. 昆虫学报, 17(4): 441-454.
庞雄飞, 陈泰鲁. 1978. 赤眼蜂科//中国科学院动物研究所, 浙江农业大学, 等. 天敌昆虫图册. 北京: 科学出版社: 100-107.
庞雄飞, 陈泰鲁. 1987. 赤眼蜂科//中国科学院动物研究所. 中国农业昆虫 下册. 北京: 农业出版社: 361-365.
彭超贤. 1962. 利用寄生蜂防治松毛虫. 林业科学, (1): 74-76.
彭建文. 1959. 湖南松毛虫研究初步报告. 林业科学, 4(3): 183-212.
彭建文. 1983. 中国松毛虫历史记述查考. 昆虫知识, 20(1): 38, 46.
钱范俊. 1987. 黑足凹眼姬蜂生物学特性的研究. 南京林业大学学报, 11(4): 32-38.
钱范俊. 1989. 松毛虫脊茧蜂生物学特性的研究. 南京林业大学学报, 13(3): 23-28.
钱英, 何俊华, 李学骑. 1987. 中国洼头小蜂属三新种记述 (膜翅目: 小蜂科). 浙江农业大学学报, 13(3): 332-338.
钱英, 李学骑, 何俊华. 1990. 中国凹头小蜂属六种新记录 (膜翅目: 小蜂科, 截胫小蜂亚科). 浙江农业大学学报, 16(1): 66-68.
钱永庆, 曹瑞麟. 1981. 江苏省赤眼蜂种类及利用问题. 昆虫天敌, 3(4): 1-5.
邱式邦. 1955. 南京地区马尾松毛虫寄生天敌的初步观察. 昆虫学报, 5(2): 82-90.
陕西省林业科学研究所, 湖南省林业科学研究所. 1990. 林虫寄生蜂图志. 西安: 天则出版社.
陕西省林业科学研究所. 1984. 陕西林木病虫图志(第二辑). 西安: 陕西科学技术出版社.
申效诚. 1993. 河南昆虫名录. 北京: 中国农业科学出版社.
盛金坤. 1982. 江西五种小蜂记述(膜翅目: 小蜂科). 江西农业大学学报, 4(2): 70-74.
盛金坤. 1986. 凹头小蜂属两新种和一新记录种 (膜翅目: 小蜂科: 截胫小蜂亚科). 江西农业大学学报, 8(2): 19-21.
盛金坤. 1989. 江西小蜂类 (一). 江西农业大学学报专集, 1-99.
盛金坤. 1990. 中国霍克小蜂属一新种及一新记录 (膜翅目: 小蜂科). 昆虫分类学报, 7(1): 37-40.
盛金坤, 王国红, 俞云祥, 等. 1997. 平腹小蜂属四新种记述 (膜翅目: 旋小蜂科). 昆虫分类学报, 19(1): 58-62.
盛金坤, 王国红. 1996. 短角平腹小蜂属一新种记述 (膜翅目: 旋小蜂科). 江西农业大学学报, 18(4): 415-418.
盛金坤, 俞云祥, 俞景霆. 1995. 思茅松毛虫卵寄生蜂调查简报. 江西林业科技, (2): 14.
盛金坤, 俞云祥. 1998. 平腹小蜂属 *Anastatus* 两新种记述(膜翅目: 旋小蜂科). 武夷科学, 14: 5-8.
盛金坤, 钟玲. 1987. 中国凸腿小蜂属两新种记述 (膜翅目: 小蜂科: 截胫小蜂亚科). 江西农业大学学报, 9(2): 1-4.
盛茂领, 孙淑萍, 丁冬荪. 2013. 江西姬蜂志. 北京: 科学出版社.
盛茂领, 孙淑萍. 2009. 河南昆虫志 膜翅目: 姬蜂科. 北京: 科学出版社.
盛茂领, 孙淑萍. 2014. 辽宁姬蜂志. 北京: 科学出版社.
施再喜. 2006. 马尾松毛虫寄生性天敌调查初报. 安徽林业科技, (1): 2.
四川省农科院植保所, 西南农学院植保系, 四川省农牧厅植保站. 1986. 四川农业害虫及其天敌名录. 成都: 四川科学技术出版社.
宋立清. 1987. 油松毛虫生物学特性研究. 四川林业科技, 8(2): 28-32.
宋运堂, 王问学. 1994. 马尾松毛虫寄生性天敌寄生行为空间模式研究. 中南林学院学报, 14(1): 63-67.
孙明荣, 刘杰, 刘言涛, 等. 2003. 沂山林场赤松毛虫天敌昆虫调查研究. 河北林业科技, (2): 19-21.
孙明雅, 奚福生, 刘政. 1986. 马尾松毛虫天敌图志. 南宁: 广西人民出版社.
孙锡麟, 刘元福. 1958. 寄生天敌对东安马尾松毛虫 (*Dendrolimus punctatus* Walk.)数量消长作用的初步考查. 昆虫学报, 8(3): 235-246.
谈迎春, 孙锡麟, 陈建寅. 1989. 龙山林区天敌对马尾松毛虫抑制作用的研究. 林业科学研究, (2): 128-135.
汤玉清. 1990. 中国细颚姬蜂属志 (膜翅目: 姬蜂科 瘦姬蜂亚科). 重庆: 重庆出版社.
田淑贞. 1988. 赤松毛虫寄生性天敌昆虫调查. 山东林业科技, 2: 35-38.
田淑贞. 1993. 跳小蜂科, 缘腹细蜂科//山东林业昆虫志编委会. 山东森林昆虫. 北京: 中国林业出版社: 576-580, 587-590.
童普元, 蒋金棋, 汤荣堂. 1991. 松毛虫赤眼蜂林间寄主研究. 浙江林业科技, (5): 31-34.
童新旺, 倪乐湘, 劳先闵. 1990. 影响松毛虫天敌变动原因的研究. 湖南林业科技, (3): 26-29.
童新旺, 倪乐湘, 劳先闵. 1991. 天敌对松毛虫控制作用及其在湖南的分布. 湖南林业科技, (3): 5-12.
童新旺, 倪乐湘. 1986. 松毛虫大腿小蜂初步观察. 生物防治通报, 2(4): 165-166.
童新旺, 倪乐湘. 1989. 白跗平腹小蜂的生物学特性及其利用. 昆虫学报, 32(4): 451-457.
童新旺, 王问学. 1992. 膜翅目: 小蜂科, 金小蜂科, 跳小蜂科//湖南省林业厅. 湖南森林昆虫图鉴. 长沙: 湖南科学技术出版社: 1268-1270, 1275-1280, 1282-1288.
王大洲. 2004. 松毛虫脊茧蜂对油松毛虫自然控制效用的研究. 林业实用技术, (6): 26.
王金言. 1984. 我国寄生松毛虫的几种茧蜂. 森林病虫通讯, (3): 34-37.
王平远, 蔡剑萍, 孙锡麟, 等. 1956. 松毛虫黑卵蜂 (Telenomus dendrolimus Chu) 在林内散放后的习性观察. 昆虫学报, 6(3): 271-285.
王启虞. 1935. 昆虫通论. 上海: 中国科学图书仪器公司.
王书欣, 宋宏伟, 岳宏伟, 等. 1993. 大别桐柏山林区马尾松毛虫天敌昆虫调查. 河南林业科技, (2): 19-21.
王淑芳. 1984. 寄生松毛虫的姬蜂种类鉴别. 森林病虫通讯, (2): 40-45.
王淑芳. 1987. 黑点瘤姬蜂记述 (膜翅目: 姬蜂科). 昆虫学报, 30(3): 327-334.
王淑芳. 2003. 姬蜂科//黄邦侃. 福建昆虫志 第 7 卷. 福州: 福建科学技术出版社: 215-284.
王问学, 刘伟钦. 1993. 广西湖南松毛虫蛹寄生率考查. 生物防治通报, 9(3): 143-144.
王问学, 宋运堂, 伍根庭, 等. 1989. 马尾松毛虫寄生天敌与寄主数量关系的研究. 中南林学院学报, 9(2): 183-193.
王问学, 宋运堂. 1988. 松毛虫凹眼姬蜂的重寄生蜂. 森林病虫通讯, (3): 28.
王志怀, 金步先. 1979. 平腹小蜂的初步调查与观察. 陕西林业科技, 1-2: 41-45.
王志英, 岳书奎, 张玉楼, 等. 1996. 落叶松毛虫天敌复合体. 东北林业大学学报, 24(4): 87-90.
吴钜文, 侯陶谦. 1990. 古北区松毛虫天敌研究进展//侯陶谦. 森林昆虫学研究进展. 西安: 天则出版社: 259-382.
吴钜文. 1979a. 马尾松毛虫天敌的种类. 昆虫天敌试刊, 1(3): 31-49.
吴钜文. 1979b. 赭色松毛虫的初步研究. 浙江林业科技, (3): 1-11.
吴猛耐, 谭林. 1984. 松毛虫内茧蜂生物学特性的观察. 森林病虫通讯, (3): 1-2.
吴猛耐, 吴平辉, 赵家桦, 等. 1988a. 双斑平腹小蜂生物学特性的研究. 四川林业科技, 9(2): 32-35.
吴猛耐, 吴平辉, 赵家桦, 等. 1988b. 双斑平腹小蜂生物学特性的观察. 昆虫知识, 25(5): 289-291.
吴猛耐, 赵家桦, 吴平辉, 等. 1991. 寄生天敌对柏木松毛虫控制作用的研究. 四川林业科技, 12(3): 56-57.
吴燕如, 陈泰鲁. 1980. 中国黑卵蜂属 Aholcus 亚属记述 (膜翅目: 缘腹细蜂科). 动物分类学报, 5(1): 79-84.
吴燕如, 陈泰鲁. 1987. 缘腹细蜂科//中国科学院动物研究所. 中国农业昆虫下册. 北京: 农业出版社: 429-438.
夏育陆, 周健生, 吴正坤. 1992. 天敌昆虫对马尾松毛虫控制作用及其群落的研究. 林业科学研究, 5(3): 356-360.
萧刚柔, 严静君, 徐崇华, 等. 1964. 马尾松毛虫 Dendrolimus punctatus Walker 发生动态的研究. 林业科学, 9(3): 201-220.
萧刚柔. 1992. 中国森林昆虫. 2 版. 北京: 中国林业出版社.
肖晖, 黄大卫, 张贵友. 2001. 吉林农林害虫寄生性小蜂初步调查. 昆虫知识, (3): 202-205.
徐围栋. 1932. 松毛虫防除法. 浙江昆虫局丛刊, 5: 1-2.
徐延熙, 孙绪艮, 韩瑞东, 等. 2006. 我国马尾松毛虫寄生性天敌的研究进展. 昆虫知识, 43(6): 767-773.
徐志宏, 何俊华. 2003. 长尾小蜂科, 旋小蜂科//黄邦侃. 福建昆虫志 第 7 卷. 福州: 福建科学技术出版社: 474-681, 488-491.
徐志宏, 何俊华. 2004. 跳小蜂科, 赤眼蜂科//何俊华. 浙江蜂类志. 北京: 科学出版社: 179-237.
徐志宏. 1997. 中国跳小蜂分类研究(膜翅目: 跳小蜂科). 浙江农业大学博士学位论文.
许维岸, 何俊华, 叶保华. 2000. 中国小腹茧蜂属二新记录种 (膜翅目: 茧蜂科: 小腹茧蜂亚科). 华东昆虫学报, 9(1): 7-9.
许再福, 何俊华, 寺山守. 2002. 浙江省棱角肿腿蜂属种类记述(膜翅目: 肿腿蜂科: 肿腿蜂亚科). 昆虫分类学报, 24(3): 209-215.
严静君, 刘后平. 1992. 中国林木害虫天敌昆虫利用研究进展. 陕西林业科技, 2: 24-28.
严静君, 徐崇华, 李广武, 等. 1989. 林木害虫天敌昆虫. 北京: 中国林业出版社.
严静君, 姚德富, 李英梅. 1992. 黑足凹眼姬蜂在松毛虫低密度下的种群动态和控制作用. 林业科学, 28(5): 405-411.
杨秀元, 吴坚. 1981. 中国森林昆虫名录. 北京: 中国林业出版社.
杨忠岐, 谷亚琴. 1995. 大兴安岭落叶松毛虫的卵寄生蜂 (膜翅目: 细蜂总科, 小蜂总科). 林业科学, 31(3): 223-232.
杨忠岐, 姚艳霞, 曹亮明. 2015. 寄生林木食叶害虫的小蜂. 北京: 科学出版社.
杨忠岐. 1992. 膜翅目. 香港: 香港天则出版社.
杨忠岐. 1996. 中国小蠹虫寄生蜂. 北京: 科学出版社.
姚艳霞, 杨忠岐, 赵存玉. 2005. 小兴安岭落叶松毛虫卵寄生蜂的调查. 中国生物防治, 21(2): 88-90.
姚艳霞, 杨忠岐, 赵文霞. 2009. 中国寄生于林木食叶害虫的短角平腹小蜂属 (膜翅目: 旋小蜂科) 四新种记述. 动物分类学报, 34(1): 141-146.
游兰韶, 魏美才. 2006. 湖南茧蜂志 (一). 长沙: 湖南科学技术出版社.
游兰韶, 熊漱琳, 朱文炳, 等. 1984. 中国绒茧蜂属小志 (六). 湖南农学院学报, 10(3): 53-60.
游兰韶. 1995. 中国九种绒茧蜂已知种名录 (膜翅目: 茧蜂科: 小腹茧蜂亚科). 湖南农业大学学报, 21(5): 506-508.
于思勤, 孙元峰. 1993. 河南农业昆虫志. 北京: 中国农业科技出版社.
俞云祥, 黄素红. 2000. 赣东北地区的松毛虫卵寄生蜂综述. 森林病虫通讯, (4): 41-42.
俞云祥. 1996. 松毛虫卵寄生蜂调查初报. 江西植保, 19(2): 15-17.
袁家铭, 潘中林. 1964. 西昌松毛虫生活习性及防治的初步研究. 林业科学, 9(4): 361-364.
岳书奎, 王志英, 黄玉清, 等. 1996. 落叶松毛虫生物学特性及天敌. 东北林业大学学报, 24(4): 1-7.
岳宗. 1935. 松毛虫初冬调查. 农报, 2(34): 1218-1219.
曾洁. 2012. 中国盘绒茧蜂族分类研究. 浙江大学博士学位论文.

曾庆波. 1995. 海南岛尖峰岭地区生物物种名录. 北京: 中国林业出版社.
张贵有. 1981. 松毛虫卵跳小蜂生活习性的初步观察. 昆虫知识, 18(1): 24-25.
张贵有. 1986. 浅谈落叶松毛虫重寄生蜂. 昆虫知识, 23(3): 129-130.
张贵有. 1988. 松毛虫红头茧蜂初步观察与保护利用简报. 吉林林业科技, (3): 26-28.
张贵有, 程玉林. 1990. 松毛虫宽缘金小蜂生物学观察. 森林病虫通讯, (4): 9.
张贵有, 高航. 1992. 喜马拉雅聚瘤姬蜂观察初报. 辽宁林业科技, (3): 34-35, 49.
张务民, 周祖基, 杨春平, 等. 1987. 四川马尾松毛虫寄生昆虫的初步调查. 四川林业科技, 8(4): 31-35, 39.
张永强, 尤其儆, 蒲天胜, 等. 1994. 广西昆虫名录. 南宁: 广西科学技术出版社.
张治良, 赵颖, 丁秀云. 2009. 沈阳昆虫原色图鉴. 沈阳: 辽宁民族出版社.
章士美, 林毓鉴. 1994. 江西昆虫名录. 南昌: 江西科学技术出版社.
章宗江. 1981. 果树害虫天敌. 济南: 山东科学技术出版社.
赵明晨. 1983. 辽源市落叶松毛虫寄生性天敌昆虫调查. 吉林林业科技, (3): 21-24.
赵仁友, 陈正匡, 林少波, 等. 1990. 柳杉毛虫寄生天敌初步考查. 浙江林业科技, 10(5): 58-60.
赵修复. 1976. 中国姬蜂分类纲要. 北京: 科学出版社.
赵修复. 1982. 福建省昆虫名录. 福州: 福建科学技术出版社.
赵修复. 1982. 害虫生物防治. 北京: 农业出版社.
赵修复, 林朝明. 1948. 民国卅六至卅七年福州松毛虫猖獗之观察. 协大农报, 9(3-4): 58-72.
中国科学院动物研究所, 浙江农业大学, 等. 1978. 天敌昆虫图册. 北京: 科学出版社.
中国科学院昆虫研究所, 林业部林业科学研究所湖南东安松毛虫工作组. 1956. 1954年湖南东安马尾松毛虫初步研究. 林业科学, 4: 297-314.
中国林业科学研究院. 1983. 中国森林昆虫. 北京: 中国林业出版社.
钟武洪, 倪乐湘, 劳先闵, 等. 2000. 高山地区马尾松毛虫天敌调查及其作用的初步评价. 湖南林业科技, 27(4): 55-58, 69.
周至宏, 何俊华, 马云. 1994. 广西姬蜂科已知种类. 广西科学院学报, 10(2): 26-33.
周祖基, 张务民, 杨春平, 等. 1986. 枯叶蛾平腹小蜂 (*Anastatus* sp.) 生物学特性的观察. 四川农业大学学报, 4(2): 231-238.
朱文炳, 赵志模, 张永毅. 1982. 四川省害虫天敌资源初步调查: 姬蜂科、茧蜂科和蚜茧蜂科. 西南农学院学报, 2: 47-58.
祝汝佐(Chu J T). 1933. 关于松毛虫寄生率之考查. 昆虫与植病, 1(29): 625-626.
祝汝佐, 廖定喜. 1982. 稻苞虫蛹寄生蜂一新种: 稻苞虫羽角姬小蜂 *Sympiesis parnarae* Chu et Liao (膜翅目:小蜂总科: 姬小蜂科). 浙江农业大学学报, 2: 35-58.
祝汝佐. 1935. 江浙姬蜂志 (英文). 浙江昆虫局年刊, 4: 7-32.
祝汝佐. 1937. 中国松毛虫寄生蜂志. 昆虫与植病, 5(4-6): 56-103.
祝汝佐. 1955a. 松毛虫卵寄生蜂的生物学考查及其利用. 昆虫学报, 5(4): 373-392.
祝汝佐. 1955b. 中国松毛虫寄生蜂的种类和分布. 全国松毛虫技术座谈会参考资料. 第10号(未正式发表).
宗良炳, 钟昌珍. 1990. 湖北省赤眼蜂与自然寄主关系的初步研究//湖北省昆虫学会. 昆虫学研究文集. 北京: 北京农业大学出版社: 123.
邹静漪. 1931. 江西省立彭湖林场防除松毛虫计划书. 中华农学会报, 94(5): 143-146.
安松京三, 渡边千尚. 1964. 日本産害虫の天敵目録. 第1篇 天敵·害虫目録. 九州大学農学部昆虫学教室.
楚南仁博. 1925. 寄主の判明せる6种の姬蜂に就いて. 台湾农事报, 19(219): 149-163.
山田房男, 小山良之助. 1965. マツカレハの生態と防除(上)最近の林業技術(4). 東京: 日林協.
田畑司門治, 玉贯光一. 1939. 南樺太に於けるカラフトマツカレハの寄生蜂類に就て. 樺太廳中央試驗所彙報第三十三號第二颣(林業)第十一號, 49.
Agassiz LJR. 1846. Nomenclator Zoologicus, Index Universalis. Soloduri: Sumptibus Jent *et* Gassman.
Ashmead WH. 1890. On the Hymenoptera of Colorado: descriptions of new species, notes and a list of the species found in the State. Bulletin of the Colorado Biological Association, Washington, 1: 1-47.
Ashmead WH. 1898. Descriptions of new parasitic Hymenoptera. Proceedings of the Entomological Society of Washington, 4: 155-171.
Ashmead WH. 1900. On the genera of the chalcid-flies belonging to the subfamily Encyrtinae. Proceedings of the United States National Museum, 22: 323-412.
Ashmead WH. 1904a. Descriptions of new Hymenoptera from Japan II. Journal of the New York Entomological Society, 12: 146-165.
Ashmead WH. 1904b. Classification of the chalcid flies or the superfamily Chalcidoidea with descriptions of new species in the Carnegie Museum, collected in South America by Herbert H. Smith. Memoirs of the Carnegie Museum, 1: 58-521.
Ashmead WH. 1905. Additions to the recorded hymenopterous fauna of the Philippine Islands, with descriptions of new species. Proceedings of the United States National Museum, 28: 957-971.
Ashmead WH. 1906. Descriptions of new Hymenoptera from Japan. Proceedings of the United States National Museum, 30: 169-201.
Askew RR, Nieves-Aldrey JL. 2004. Further observations on Eupelminae (Hymenoptera, Chalcidoidea, Eupelmidae) in the Iberian peninsula and Canary Islands, including descriptions of new species. Graellsia, 60(1): 27-39.
Aubert JF. 1969. Les Ichneumonides ouest-palearctiques *et* leurs hotes 1. Pimplinae, Xoridinae, Acaenitinae. Paris: Laboratoire d'Évolution des Êtres Organisés.

Aurivillius C. 1898. En ny svensk Äggparasit. Entomologisk Tidskrift, 1897: 249-255.

Austin AD, Dangerfield PC. 1992. Synopsis of Australasian Microgastrinae (Hymenoptera: Braconidae), with a key to genera and description of new taxa. Invertebrate Taxonomy, 6(1): 1-76.

Baltazar CR. 1961. The Philippine Pimplini, Poeminiini, Rhyssini, and Xoridini (Hymenoptera, Ichneumonidae, Pimplinae). Monographs of the National Institute of Science and Technology, 7: 1-130.

Belokobylskij SA. 1986. *Phanerotomella* Szépligeti, 1900, the new for fauna of the USSR Far East genus of the parasitic wasps from the subfamily Cheloninae (Hymenoptera, Braconidae)//Ler PA, Belokobylskij SA, Storozheva NA. The Hymenoptera of the Eastern Siberia and Far East. Collection of scientific papers. Vladivostok: Acad. Sci. USSR, Far East Science Centre: 41-48. (In Russian)

Boheman CH. 1836. Skandinaviska Pteromaliner. (Fortsättning). Kongliga Vetenskaps-Akademiens Handlingar, 1836: 222-259.

Boucek Z. 1961. Beiträge zur Kenntnis der Pteromaliden-fauna von Mitteleuropa, mit Beshreibungen neuer Arten und Gattungen (Hymenoptera). Sborník Entomologického Oddeleni Národního Musea v Praze, 34: 55-95.

Boucek Z. 1970. Contribution to the knowledge of Italian Chalcidoidea based mainly on a study at the Institute of Entomology in Turin, with descriptions of some new European species (Hymenoptera). Memorie della Società Entomologica Italiana, 49: 35-102.

Boucek Z. 1981. A biological solution to the identity of a Linnaean chalcid wasp (Hymenoptera). Entomologist's Gazette, 32: 18-20.

Boucek Z. 1988. Australasian Chalcidoidea (Hymenoptera). London: C.A.B. International UK.

Bouché PF. 1834. Naturgeschichte der Insekten, besonders in Hinsicht ihrer ersten Zustande als Larven und Puppen. Berlin: Erste Lieferung.

Brothers DJ. 1975. Phylogeny and classification of the aculeate Hymenoptera, with special reference to Mutillidae. The University of Kansas Science Bulletin, 50: 483-648.

Brulle MA. 1846. Tome Quatrième. Des Hyménoptères. Les Ichneumonides//Lepeletier de Saint-Fargeau A. Histoire Naturelles des Insectes. Paris: 56-521.

Burgess AF, Crossman SS. 1929. Imported insect enemies of the gipsy moth and the brown-tail moth. United States Department of Agriculture. Technical Bulletin, 86: 1-147.

Cameron P. 1891. Hymenopterological notices. I. On some Hymenoptera parasitic in Indian injurious insects. Memoirs and Proceedings of the Manchester Literary and Philosophical Society, 4(4): 182-194.

Cameron P. 1897. Hymenoptera Orientalia, or contribution to a knowledge of the Hymenoptera of the Oriental Zoological Region. Part V. Memoirs and Proceedings of the Manchester Literary and Philosophical Society, 41(4): 1-144.

Cameron P. 1899. Hymenoptera Orientalia, or contributions to a knowledge of the Hymenoptera of the Oriental Zoological Region. Part VIII. The Hymenoptera of the Khasia Hills. First paper. Memoirs and Proceedings of the Manchester Literary and Philosophical Society, 43(3): 1-220.

Cameron P. 1902a. Descriptions of new genera and species of Hymenoptera from the Oriental Zoological Region (Ichneumonidae, Fossores, and Anthophila). Annals and Magazine of Natural History, 9(7): 145-155, 204-215, 245-255.

Cameron P. 1902b. Descriptions of new genera and species of Hymenoptera collected by Major C.S. Nurse at Deesa, Simla and Ferozepore. Part II. Journal of the Bombay Natural History Society, 14: 419-449.

Cameron P. 1903a. On the parasitic Hymenoptera and Tenthredinidae collected by Mr. Edward Whymper on the "Great Andes of the Equator." Entomologist, 36: 158-161.

Cameron P. 1903b. Descriptions of new genera and species of Hymenoptera taken by Mr. Robert Shelford at Sarawak, Borneo. Journal of the Straits Branch of the Royal Asiatic Society, 39: 89-181.

Cameron P. 1903c. Descriptions of twelve new genera and species of Ichneumonidae (Heresiarchini and Amblypygi) and three species of *Ampulex* from the Khasia Hills, India. Transactions of the Entomological Society of London, 51: 219-238.

Cameron P. 1903d. Descriptions of ten new species and nine new genera of Ichneumonidae from India, Ceylon and Japan. Entomologist, 36: 233-241.

Cameron P. 1905a. On some new genera and species of Hymenoptera from Cape Colony and Transvaal. Transactions of the South African Philosophical Society, 15: 195-257.

Cameron P. 1905b. On the phytophagous and parasitic Hymenoptera collected by Mr. E. Green in Ceylon. Spolia Zeylanica, 3: 67-143.

Cameron P. 1905c. On some Australian and Malay Parasitic Hymenoptera in the Museum of the R. Zool. Soc. "Natura artis magistra" at Amsterdam. Tijdschrift voor Entomologie, 48: 33-47.

Cameron P. 1907. On some new genera and species of parasitic Hymenoptera from the Sikkim Himalaya. Tijdschrift voor Entomologie, 50: 71-114.

Cameron P. 1910. On some Asiatic species of the subfamilies Spathiinae, Doryctinae, Rhogadinae, Cardiochilinae and Macrocentrinae in the Royal Berlin Zoological Museum. Wiener Entomologische Zeitschrift, 29: 93-100.

Chen HY, van Acherberg C, He JH, et al. 2014. A revision of the Chinese Trigonalyidae (Hymenoptera: Trigonalyoidea). ZooKeys, 385: 1-207.

Chen SH. 1949. Records of Chinese Trigonaloidae (Hymenoptera). Sinensia, 20(1-6): 7-18.

Chen XX, He JH. 1997. Revision of the subfamily Rogadinae (Hymenoptera: Braconidae) from China. Zoologische Verhandelingen,

Leiden, 308: 1-187.

Chen XX, He JH. 2006. Parasitoids and Predators of Forest Pests in China. Beijing: China Forestry Publishing House.

Chiu SC, Chou LY, Chou KC. 1984. A checklist of Ichneumonidae (Hymenoptera) of Taiwan. Taiwan Agricultural Research Institute, 15: 1-67.

Chiu SC. 1954. On some *Enicospilus*-species from the Orient (Hymenoptera: Ichneumonidae). Bulletin of the Taiwan Agricultural Research Institute, 13: 1-75.

Chou LY, Hsu TC. 1995. The Braconidae (Hymenoptera) of Taiwan VI. Charmontinae, Homolobinae and Xiphozelinae. Journal of Agricultural Research of China, 44(3): 357-378.

Chou LY. 1979. Notes on *Apanteles* (Hymenoptera: Braconidae) of Taiwan (I). Journal of Agricultural Research of China, 28(4): 299-310.

Chou LY. 1981. A preliminary list of Braconidae (Hymenoptera) of Taiwan. Journal of Agricultural Research, 30(1): 71-88.

Chou LY. 1995. The Braconidae (Hymenoptera) of Taiwan V. Cardiochilinae and Orgilinae. Journal of Agricultural Research of China, 44(2): 174-220.

Chu JT, Hsia SH. 1935. A list of the Chekiang and Kiangsu Chalilcids and Proctotrupids in the Bureau of Entornology, Hangchow. 昆虫与植病, 3(20): 394-398.

Chu JT. 1936. Notes on Cheloninae of China, with description of a new species (Hymen, Braconidae). 昆虫与植病, 4(35): 682-685.

Clausen CP. 1940. Entomophagous Insects. New York: McGraw-Hill.

Constantineanu MI, Pisica C. 1977. Hymenoptera, Ichneumonidae. Subfamiliile Ephialtinae, Lycorininae, Xoridinae si Acaenitinae. (In Romanian) Fauna Republicii Socialiste Romania, 9(7): 1-305.

Crawford JC. 1910. Technical results from the gypsy moth parasite laboratory. II. Descriptions of certain chalcidoid parasites. Technical Series, United States Department of Agriculture, Division of Entomology, 19: 13-24.

Crawford JC. 1911. Descriptions of new Hymenoptera. No. 3. Proceedings of the United States National Museum, 41: 267-282.

Crawford JC. 1913. Descriptions of new Hymenoptera. No. 6. Proceedings of the United States National Museum, 45: 241-260.

Curti J. 1828. British Entomology: being illustrations and descriptions of the genera of insects found in Great Britain and Ireland, Vol. V. London: 195-241.

Curtis J. 1829. A guide to an arrangement of British insects: being a catalogue of all the named species hitherto discovered in Great Britain and Ireland. London.

Curtis J. 1830. British Entomology: being illustrations and descriptions of the genera of insects found in Great Britain and Ireland. Vol. VII. London: 321.

Curtis J. 1833. Characters of some undescribed genera and species indicated in the "Guide to an arrangement of British insects."Entomological Magazine, 1: 186-199.

Curtis J. 1836. British Entomology: being illustrations and descriptions of the genera of insects found in Great Britain and Ireland. Vol. XIII. London: 588, 624.

Cushman RA. 1922. New Oriental and Australian Ichneumonidae. Philippine Journal of Science, 20: 543-597.

Cushman RA. 1925. H.Sauter's Formosa-collection: *Xanthopimpla* (Ichneum. Hym.). Entomologische Mitteilungen, 14: 41-50.

Cushman RA. 1933. H.Sauter's Formosa-collection: Subfamily Ichneumoninae (Pimplinae of Ashmead). Insecta Matsumurana, 8: 1-50.

Cushman RA. 1937. H.Sauter's Formosa-collection: Ichneumonidae. Arbeiten über Morphologische und Taxonomische Entomologie, 4: 283-311.

Dalman JW. 1818. Några nya genera och species af insekter. K.Vetensk Akad. Handl, 39: 69-89.

Dalman JW. 1820. Försök till uppstallning af insect-familjen Pteromalini, I synnerhet med åfseende på de i Sverige funne arter. K.Vetensk Akad Handl, 41: 123-174, 177-182, 340-385.

de Dalla Torre CG. 1898. Catalogus Hymenopterorum. Volumen IV. Braconidae. Lipsiae: Guilelmi Engelmann.

Delucchi V. 1958. *Pteromalus pini* Hartig (1838): specie tipo di *Beierina* gen. nov. (Hym., Chalcidoidea). Entomophaga, 3(3): 271-274.

Domenichini G. 1966. Hym. Eulophidae. Palaearctic Tetrastichinae. Index of Entomophagous Insects, 1: 1-101.

Enderlein G. 1912. H. Sauter's Formosa-Ausbeute. Braconidae, Proctotrupidae und Evaniidae (Hym.). Entomologische Mitteilungen, 1: 257-267.

Enderlein G. 1920. Zur Kenntnis aussereuropoischer Braconiden. Archiv für Naturgeschichte, 84(A)11(1918): 51-224.

Erdös J. 1957. Miscellanea chalcidologica hungarica. Annales Historico-Naturales Musei Nationalis Hungarici (Series Nova), 8: 347-374.

Fabricius JC. 1775. Systema Entomologiae, sistens Insectorum classes, ordines, genera, species. Flensburgi et Lipsiae: Korte.

Fabricius JC. 1781. Species insectorum. Tom. I. Hamburgii et Kilonii, 1-552.

Fabricius JC. 1787. Mantissa insectorum sistens eorum species nuper detectas adiectis characteribus genericis, differentiis specificis, emendationibus, observationibus. Tom.I. Hafniae: Christ. Gottl. Proft.

Fabricius JC. 1793. Entomologia systematica emendata et aucta. Tom. II. Hafniae: Christ. Gottl. Proft.

Fabricius JC. 1798. Supplementum Entomologiae systematicae. Hafniae: Proft and Storch.

Fabricius JC. 1804. Systema Piezatorum: Secundum Ordines, Genera, Species, Adjectis Synonymis, Locis, Observationibus, Descriptionibus. Brunsvigae: Carolum Reichard.

Fahringer J. 1932. Opuscula braconologica. Band 3. Palaearktischen Region. Lieferung 4. Opuscula braconologica. Wien: Fritz Wagner.

Fahringer J. 1936(1935). Opuscula braconologica. Band 4. Palaearktischen Region. Lieferung 1-3. Opuscula braconologica. Wien: Fritz Wagner.

Fahringer J. 1937. Opuscula braconologica. Band 4. Palaearktischen Region. Lieferung 4-6. Opuscula braconologica. Wien: Fritz Wagner.

Ferrière C. 1929. The Asiatic and African species of the genus *Elasmus*, Westw., (Hym., Chalcid.). Bulletin of Entomological Research, 20: 411-423.

Ferrière C. 1930. On some egg-parasites from Africa. Bulletin of Entomological Research, 21: 33-44.

Ferrière C. 1935. Notes on some bred exotic Eupelmidae (Hym. Chalc.). Stylops, 4(7): 145-153.

Foerster A. 1856. Hymenopterologische Studien. 2. Heft. Chalcidiae und Proctotrupii. Aachen: Ernst ter Meer.

Foerster A. 1860. Die zweite Centurie neuer Hymenopteren. Verhandlungen des Naturhistorischen Vereins der Preussischen Rheinlande und Westfalens, 17: 147-153.

Foerster A. 1862. Synopsis der Familien und Gattungen der Braconiden. Verhandlungen des Naturhistorischen Vereins der Preussischen Rheinlande und Westfalens, 19(1862): 225-288.

Foerster A. 1868. Monographie der Gattung Campoplex, Grv. Verhandlungen der Zoologisch-Botanischen Gesellschaft in Wien, 18: 761-876.

Foerster A. 1869. Synopsis der Familien und Gattungen der Ichneumonen. Verhandlungen des Naturhistorischen Vereins der Preussischen Rheinlande und Westfalens, 25(1868): 135-221.

Foerster A. 1878. Kleine Monographien parasitischer Hymenopteren. Verhandlungen des Naturhistorischen Vereines de Preussischen Rheinlande und Westfalens, 35: 42-82.

Foerster JR. 1771. Novae species insectorum. London: Centuria I.

Fonscolombe ELJH Boyer de. 1832. Monographia chalciditum galloprovinciae circa aquas degentum. Annales des Sciences Naturelles (Zoologie), 26: 273-307.

Fonscolombe ELJH Boyer de. 1840. Addenda et errata ad monographium chalciditum galloprovinciae ciria aquas sextias degentum. Annales des Sciences Naturelles, 13(2): 186-192.

Fourcroy AF de. 1785. Entomologia Parisiensis, sive catalogus Insectorum, quae in agro parisiensi reperiuntus-secundum methodam Geoffraeriam in sectiones, genera et species distributii; cui addita sunt nomina trivialia et fere recentae novae species, 2: 233-544.

Gahan AB. 1925. A second lot of parasitic Hymenoptera from the Philippines. Philippine Journal of Science, 27: 83-109.

Gahan AB. 1933. The serphoid and chalcidoid parasites of the hessian fly. Miscellaneous Publication of the United States Department of Agriculture, 174: 1-147.

Gahan AB. 1941. A revision of the Chalcid-flies of the genus *Monodontomerus* in the United States. Proceedings of the United States National Museum, 90: 461-482.

Gauld I, Bolton B. 1888. The Hymenoptera. Oxford: Oxford University Press.

Gauld ID, Huddleston T. 1976. The nocturnal Ichneumonoidea of the British Isles, including a key to genera. Entomologist's Gazette, 27: 35-49.

Gauld ID, Mitchell PA. 1981. The taxonomy, distribution and host preferences of Indo-Papuan parasitic wasps of the subfamily Ophioninae (Hymenoptera: Ichneumonidae). London: CAB, Slough, Commonwealth Institute of Entomology.

Gauld ID. 1991. The Ichneumonidae of Costa Rica, 1. Introduction, keys to subfamilies, and keys to the species of the lower Pimpliform subfamilies Rhyssinae, Poemeniinae, Acaenitinae and Cylloceriinae. Memoirs of the American Entomological Institute, 47: 1-589.

Gibson GAP. 1995. Parasitic wasps of the subfamily Eupelminae: classification and revision of world genera (Hymenoptera: Chalcidoidea: Eupelmidae). Memoirs on Entomology, International, 5: 1-430.

Gmelin JF. 1790. Caroli a Linné Systema Naturae, Tom. I. Pars V.: 2225-3020.

Goulet H, Huber JT. 1993. Hymenoptera of the World: An Identification Guide to Families. Ottawa: Research Branch, Agriculture Canada.

Graham MWR de V. 1956. A revision of the Walker types of Pteromalidae (Hym., Chalcoidoidea). Part I (Including descriptions of new genera and species). Entomologist's Monthly Magazine, 92: 76-98.

Graham MWR de V. 1961a. The genus *Aprostocetus* Westwood *sensu lato* (Hym., Eulophidae) notes on the synonymy of European species. Entomologist's Monthly Magazine, 97: 34-64.

Graham MWR de V. 1961b. New species of *Aprostocetus* Westwood (Hym., Eulophidae) from Britain and Sweden. Opuscula Entomologica, Lund, 26: 4-37.

Graham MWR de V. 1969. The Pteromalidae of North-Western Europe (Hymenoptera: Chalcidoidea). Bulletin of the British Museum (Natural History), Entomology Supplement, 6: 1-908.

Gravenhorst JLC. 1829. Ichneumonologia Europaea. Pars I-III. Vratislaviae: sumtibus auctoris.

Gray JE. 1860. On the hooks on the front edge of the hinder wings of certain Hymenoptera. Annals and Magazine of Natural History, 5(3): 339-342.

Grissell EE. 1995. Toryminae (Hymenoptera: Chalcidoidea: Torymidae) a redefinition generic classification, and annotated world catalog of the species. Memoirs on Entomology, Inter National, 2: 1-470.

Gupta VK, Tikar DT. 1968. Indian species of *Scambus* Hartig (Hymenoptera: Ichneumonidae). Oriental Insects, 1(3/4)(1967): 215-237.

Gupta VK. 1962. Taxonomy, zoogeography, and evolution of Indo-Australian Theronia (Hym.: Ichneumonidae). Pacific Insects Monograph, 4: 1-142.

Gupta VK. 1968. Indian species of *Itoplectis* Foerster (Hymenoptera: Ichneumonidae). Oriental Insects, 1(1/2)(1967): 45-54.

Gupta VK. 1982. A revision of the genus *Delomerista* (Hymenoptera: Ichneumonidae). Contributions to the American Entomological Institute, 19(1): 1-42.

Gupta VK. 1983. The Ichneumonid parasites associated with the gypsy moth (*Lymantria dispar*). Contributions to the American Entomological Institute, 19(7): 1-168.

Gupta VK. 1987. Catalogue of the Indo-Australian Ichneumonidae. Memoirs of the American Entomological Institute, 41: 1-1210.

Habu A. 1960. A revision of the Chalcididae (Hym.) of Japan. Bulletin of the National Institute of Agricultural Sciences Tokyo (Ser C), 11: 132-209.

Habu A. 1962. Chalcididae, Leucospidae and Podagrionidae. Fauna Japonica. Tokyo: Biogeographical Society of Japan.

Habu A. 1966. Descriptions of some *Brachymeria* species of Japan (Hym.: Chalcididae). Kontyu, 34(1): 22-28.

Habu A. 1978. On three *Brachymeria* species of Japan (Hym., Chalcididae). Entomological Review of Japan, 32(1-2): 113-124.

Haliday AH. 1833. An essay on the classification of the parasitic Hymenoptera of Britain, which correspond with the Ichneumones minuti of Linnaeus. Entomological Magazine, 1(3): 259-276.

Haliday AH. 1834. Essay on parasitic Hymenoptera. Entomological Magazine, 2(iii): 225-259.

Haliday AH. 1835. Essay on parasitic Hymenoptera. Entomological Magazine, 3(1): 20-45.

Haliday AH. 1844. Contributions towards the classification of the Chalcididae. Transactions of the Entomological Society of London, 3: 295-301.

Hartig T. 1838. Ueber den Raupenfrass im Koenigl. Charlottenburger Forste unfern Berlin, woehrend des Sommers 1837. Jahresberichte über die Fortschritte der Forstwissenschaften und forstlichen Naturkunde nebst Originalarbeiten aus dem Gebiete dieser Wissenschaften, Berlin, 1: 246-274.

Hayat M. 1975. Some Indian species of *Anastatus* (Hymenoptera: Chalcidoidea, Eupelmidae). Oriental Insects, 9(3): 261-271.

He JH. 1992. A supplementary catalogue of Ichneumonidae from China (Hymenoptera: Ichneumonidae). Oriental Insects, 26: 275-334.

Heinrich GH. 1934. Die Ichneumoninae von Celebes. Mitteilungen aus dem Zoologischen Museum in Berlin, 20: 1-263.

Heinrich GH. 1962. Synopsis of Nearctic Ichneumoninae Stenopneusticae with particular reference to the northeastern region (Hymenoptera). Part V. Synopsis of the Ichneumonini: Genera *Protopelmus*, *Patrocloides*, *Probolus*, *Stenichneumon*, *Aoplus*, *Limonethe*, *Hybophorellus*, *Rubicundiella*, *Melanichneumon*, *Stenobarichneumon*, *Platylabops*, *Hoplismenus*, *Hemihoplis*, *Trogomorpha*. Canadian Entomologist, Suppl., 26: 507-672.

Hellén W. 1915. Beitraege zur Kenntnis der Ichneumoniden Finlands I. Subfamily Pimplinae. Acta Societatis pro Fauna et Flora Fennica, 40(6): 1-89.

Herting BA. 1975. Catalogue of Parasites and Predator of Terrestrthopod. Section A, Host or Prey/ Enemy Vol.VI. Pt.2. (Macrolepidoptera). Ottawa: Commonwealth Institute of Biological Control.

Herting BA. 1976. Lepidoptera, Part 2 (Macrolepidoptera). A catalogue of parasites and predators of terrestrial arthropods. Section A. Host or Prey/Enemy. Ottawa: Commonwealth Agricultural Bureaux, Commonwealth Institute of Biological Control.

Hoffmann WE. 1938. Coleoptera and Hymenoptera from Kwangtung including Hainan Island. Lingnan Science Journal, 17: 439-460.

Holmgren AE. 1858. Forsok till uppstallning och beskrifning af de i sverige funna Tryphonider (Monographia Tryphonidum Sueciae). Kongliga Svenska Vetenskapsakademiens Handlingar. N.F., 1(2)(1856): 305-394.

Holmgren AE. 1859a. Conspectus generum Pimplariarum Sueciae. Ofversigt af Kongliga Vetenskaps-Akademiens F?rhandlingar, 16: 121-132.

Holmgren AE. 1859b. Conspectus generum Ophionidum Sueciae. Ofversigt af Kongliga Vetenskaps-Akademiens F?rhandlingar, 15(1858): 321-330.

Holmgren AE. 1868. Hymenoptera. Species novas descripsit. Kongliga Svenska Fregatten Eugenies Resa Omkring Jorden. Zoologi, 6: 391-442.

Horstmann K. 1999. Revisionen von Schlupfwespen-Arten III (Hymenoptera: Ichneumonidae). Mitteilungen Münchener Entomologischen Gesellschaft, 89: 47-57.

Howard LO, Ashmead WH. 1896. On some reared parasitic Hymenopterous insects from Ceylon. Proceedings of the United States National Museum, 18: 633-648.

Howard LO. 1910. The parasites reared or supposed to have been reared from the eggs of the gipsy moth. Bureau of Entomology United States Department of Agriculture, Technical series, 19(1): 1-12.

Huang DW, Noyes JS. 1994. A revision of the Indo-Pacific species of *Ooencyrtus* (Hymenoptera: Encyrtidae), parasitoids of the immature stages of economically important insect species (mainly Hemiptera and Lepidoptera). Bulletin of The Natural History Museum (Entomology Series), 63(1): 1-136.

Huang DW, Tong XW. 1993. Two new genera and two new species of Pteromalidae (Hymenoptera: Chalcidoidea). Sinozoologica, 10(5): 395-400.

Huddleston TA. 1980. Revision of the Western Palaearctic species of the genus *Meteorus* (Hymenoptera: Braconidae). Bulletin of The Natural History Museum (Entomology Series), 41(1): 1-58.

Illiger K. 1807. Vergleichung der Gattungen der Hautflügler Piezata Fabr. Hymenoptera Linn. Jur. Magazin für Insektenkunde, 6: 189-999.

Ishii T. 1932. Iconographia Insectorum Japonicorum. Tokyo: Hokuryukan: 346-349.

Ishii T. 1938. Chalcidoid and proctotrypoid-wasps reared from *Dendrolimus spectabilis* Butler and *D. albolineatus* Matsumura and their insect parasites, with descriptions of three new species. Kontyû, 12: 97-105.

Ishii T. 1941. The species of *Trichogramma* in Japan, with descriptions of two new species. Kontyû, 14: 169-176.

Ishii T. 1956. Iconographia Insectorum Japonicorum. Editio Secunda Reformata. Tokyo: Hokuryukan.

Johnson NF. 1984. Systematics of Nearctic *Telenomus*: classification and revisions of the podisi and phymatae species groups (Hymenoptera: Scelionidae). Bulletin of the Ohio Biological Survey, 6: 1-113.

Joseph KJ, Narendran TC, Joy PJ. 1973. Oriental Brachymeria. A monograph on the Oriental species of *Brachymeria* (Hymenoptera: Chalcididae). University of Calicut, Zoology Monograph, 1: 1-215.

Jurine L. 1807. Nouvelle méthode de classer les Hyménoptères et les Diptères, 1: 1-320.

Kalina V. 1981. The Palaearctic species of the genus *Anastatus* Motschulsky, 1860 (Hymenoptera, Chalcidoidea, Eupelmidae), with descriptions of new species. Sivaecultura Tropica et Subtropica, 8: 3-25.

Kalina V. 1984. New genera and species of Palaearctic Eupelmidae (Hymenoptera, Chalcidoidea). Silvaecultura Tropica et Subtropica, Prague, 10: 1-29.

Kamijo K. 1963. A revision of the species of the Monodontomerinae occurring in Japan (Hymenoptera: Chalcidoidea). (Taxonomic studies on the Torymidae of Japan, II.) Insecta Matsumurana, 26(2): 89-98.

Kamijo K. 1977. Notes on Ashmead's and Crawford's types of *Pediobius* Walker (Hymenoptera, Eulophidae) from Japan, with description of a new species. Kontyu, 45(1): 12-22.

Kamijo K. 1982. Some pteromalids (Hymenoptera) associated with forest pests in Japan, with descriptions of two new species. Kontyu, 50(1): 67-75.

Kamijo K. 1986. A key to the Japanese species of *Pediobius* (Hymenoptera, Eulophidae). Kontyu, 54(3): 369-404.

Kamiya K. 1932. Hymenopterous parasites of *Dendrolimus spectabilis* Butl. and the interelation of its economics. Oyo-Dobuts, Zasshi, IV(3): 148-149.

Kamiya K. 1934. Studies on the morphology, bionomics and hyinenopterous parasite of the pine-caterpillar (*Dendrolimus spectabilis* Butler. (松蛄蜥の形態·生態及び寄生蜂に關する研究). Bulletin of the Forest Experiment Station Government-General of Chosen (Keijo), 18: 1-110.

Kamiya K. 1939. Studies on the parasitic hymenoptera of the pine-caterpillar, *Dendrolimus spectabilis* Butler. I. Taxonomy and biology. Journal of Tokyo Agriculture University, 6(1): 1-41.

Kasparyan DR. 1973. A review of the Palearctic Ichneumonids of the tribe Pimplini (Hymenoptera, Ichneumonidae). The genera *Itoplectis* Forest. and *Apechthis* Foerst. Entomologicheskoye Obozreniye, 52(3): 665-681. [Entomological Review, 52: 444-455]

Kaur R, Jonathan JK. 1979. Ichneumonologica Orientalis, Part VIII. The tribe Phytodietini from India (Hymenoptera: Ichneumonidae). Oriental Insects Monograph, 9: 1-276.

Kim CW, Pak SW. 1965. Studies on the control of pine moth, *Dendrolimus spectabilis* Butler. Entomological Research, 1: 1-73.

Kirby WF. 1883. Remarks on the genera of the subfamily Chalcidinae, with synonymic notes and descriptions of new species of Leucospidinae and Chalcidinae. Journal of the Linnean Society (Zoology), 17: 53-78.

Kolomiets NG. 1958. Parasites of insect pests of Siberian forests. Entomologicheskoe Obozrenie, 37: 603-615.

Kolomiets NG. 1962. Parasites and Predators of *Dendrolimus sibiricus*. Novosibirsk: Sibirsk. Otdel. Akad. Nauk SSSR.

Kriechbaumer J. 1890. Ichneumoniden-Studien. 29-32. Entomologische Nachrichten, 16(12): 181-185.

Kriechbaumer J. 1894. *In*: Sickmann F. Beitrage zur Kenntniss der Hymenopteren Fauna des nordlichen China. Jena: G. Fischer: 197-198.

Krieger R. 1899. Über einige mit Pimpla verwandte Ichneumonidengattungen. Sitzungsberichte der Naturforschenden Gesellschaft zu Leipzig, 1897/98: 47-124.

Krieger R. 1909. Über die Ichneumonidengattung *Echthromorpha* Holmgren. Mitteilungen aus dem Zoologischen Museum in Berlin, 4(1908): 295-344.

Krieger R. 1914. Über die Ichneumonidengattung *Xanthopimpla* Saussure. Archiv für Naturgeschichte, 80(6): 1-148.

Kurdjumov NV. 1913. Notes on Pteromalidae (Hymenoptera, Chalcidodea). Russkoe Entomologicheskoe Obozrenie, 13: 1-24.

Latreille PA. 1804. Tableau méthodique des Insectes. Nouveau Dictionaire d'Histoire Naturelle, 24: 129-200.

Lelej AS. 2012. Annotated catalogue of the insects of Russian Far East. Volume I. Hymenoptera. Vladivostok: Dal'nauka.

Lin KS. 1987. The genus *Brachymeria* Westwood (Hymenoptera, Chalcididae) from Wuyishan, Fujian, China. Wuyi Science Journal, 7: 211-220.

Linnaeus C von. 1758. Systema naturae per regna tria naturae, secundum classes, ordines, genera, species cum characteribus, differentiis, synonymis locis. Tomus I. Editio decima, reformata. Laurnetii Salvii, Holmiae, 1-824.

Linnaeus C von. 1767. Systema naturae. Tom. I. Pars II. 12th ed. Laurnetii Salvii, Holmiae, 1(2): 533-1328.

Liu JX, He JH, Chen XX. 2010. *Acropimpla* Townes from China (Hymenoptera, Ichneumonidae, Pimplinae), with key to Chinese fauna and descriptions of two new species. Zootaxa, 2394: 23-40.

Lyle GT. 1914. Contributions to our knowledge of British Braconidae. 2. Macrocentridae, with descriptions of two new species. The Entomologist, 47: 287-290.

Mani MS. 1935. New Indian Chalcidoidea (Parasitic Hymenoptera). Records of the Indian Museum, 37: 241-258.

Marsh PM. 1971. Keys to the Nearctic genera of the families Braconidae, Aphidiidae, and Hybrizontidae (Hymenoptera). Annals of the Entomological Society of America, 64(4): 841-850.

Marsh PM. 1979. The braconid (Hymenoptera) parasites of the gypsy moth, *Lymantria dispar* (Lepidoptera, Lymantriidae). Annals of the Entomological Society of America, 72(6): 794-810.

Masi L. 1919. Materiali per una fauna dell'Arcipelago Toscano. XI. Calcididi del Giglio. Seconda serie: Eurytomidae (sequito), Eucharidinae, Encyrtinae, Eupelminae (partim.). Annali del Museo Civico di Storia Naturale di Genova, 48: 277-337.

Masi L. 1929. Descrizione di una nuova Brachymeria della Russia meridionale (Hymen. Chalcididae). Bollettino della Società Entomologica Italiana, 61(2): 26-28.

Masi L. 1936. On some Chalcidinae from Japan (Hymenoptera, Chalcididae). Mushi, 9: 48-51.

Mason WRM. 1981. The polyphyletic nature of *Apanteles* Foerster (Hymenoptera: Braconidae): A phylogeny and reclassification of Microgastrinae. Memoirs of the Entomological Society of Canada, 115: 1-147.

Matsumura S. 1912. Thousand insects of Japan. Supplement IV. Tokyo: Keiseisha Shoten, Meiji.

Matsumura S. 1925. On the three species of *Derndrolimus* (Lep.), which attack spruce and fir trees in Japan, with their parasites and predaceous insects. Annals of the Zoological Institute of the Academy of Sciences of the USSR, XXVI: 27-50.

Matsumura S. 1926a. On the five species of *Dendrolimus* injurious to conifers in Japan with their parasitic and predaceous insects. Journal of the College of Agriculture, Hokkaido Imperial University, 18: 1-42.

Matsumura S. 1926b. On the three species of *Dendrolimus* (Lepidoptera) which attack spruce- and fir trees in Japan, with their parasites and predaceous insects. Ezhegodnik Zoologicheskago Muzeya, [Annales du Musée Zoologique. Leningrad.] 26(1925): 27-50.

Matsumura S. 1930. 6000 illustrated insects of Japan-Empire. Tokyo: Tokyo-Shoin. (In Japanese)

Mayr GL. 1874. Die europäischen Torymiden, biologisch und systematisch bearbeitet. Verhandlungen der Kaiserlich Königlichen Zoologisch-Botanischen Gesellschaft in Wien, 24: 53-142.

Meyer NF. 1937. Biologicheskiy metod boribi s vrednimi nasekomimi. Moscow and Leningrad: Editio Academiae Acientiarum URSS.

Miao CP. 1937. Study of some forest insects of Nanking and its vicinity, part 1. Contributions from the Biological Laboratory of the Society of China, 12 (8): 131-181.

Miao CP. 1938. Study of some forest insects of Nanking and its vicinity, part 2. Contributions from the Biological Laboratory of the Society of China, 13(2): 9-22.

Miller J. 1759. Engravings of insects, with descriptions. [Miller, J.: Engravings of insects] London. 10 plates.

Minamikawa J. 1954. On the hymenopterous parasites of the tea leaf rollers found in Japan and Formosa. Mushi, 26 (8): 35-46.

Morley C. 1913. The fauna of British India including Ceylon and Burma, Hymenoptera, Vol. 3. Ichneumonidae. London: British Museum.

Morley C. 1914a. A monograph of the genus *Acroricnus*, Ratzeburg. Entomologist, 47: 170-173.

Morley C. 1914b. A revision of the Ichneumonidae based on the collection in the British Museum (Natural History) Part III. Tribes Pimplides and Bassides. London: British Museum.

Motschoulsky (=Motschulsky) V de. 1859. Insectes des Indes Orientales, et de contrées analogues (2de serie). Etudes Entomologiques, 8: 25-118.

Muesebeck CFW, Walkley LM. 1951. Family Braconidae. *In*: Muesebeck CFW, Krombein KV, Townes HK. Hymenoptera of America North of Mexico-Synoptic Catalog. Washington, D.C.: U.S. Dept. of Agriculture: 90-184.

Muesebeck CFW. 1921. A revision of the North American species of ichneumon-flies belonging to the genus *Apanteles*. Proceedings of the United States National Museum, 58: 483-576.

Muesebeck CFW. 1928. A new European species of *Apanteles* parasitic on the gipsy moth. Proceedings of the Entomological Society of Washington, 30(1): 8-9.

Muesebeck CFW. 1933. Five new Hymenopterous parasites of the Oriental fruit moth. Proceedings of the Entomological Society of Washington, 35(4): 48-54.

Muesebeck CFW. 1970. The Nearctic species of *Orgilus* Haliday (Hymenoptera: Braconidae). Smithsonian Contribution to Zoology, 30: 1-104.

Müller OF. 1776. Zoologiae Danicae prodromus, seu animalium Daniae et Norvegiae indigenarum characteres, nomina et synomyma imprimis popularium. Havniae: Typis Hallageriis.

Nagaraja H. 1988. Life and fertility of some Trichogrammatoidea spp. (Hymenoptera: Trichogrammatidae) under laboratory conditions. (*In*: Voegelé J, Waage J, Lenteren J C. vanLes Trichogrammes: Second International Symposium, Guangzhou, China, November 10-15, 1986.) Colloques de l'INRA, 43: 221-222.

Nagarkatti S, Nagaraja H. 1968. Biosystematic studies on *Trichogramma* species. 1. Experimental hybridization between *Trichogramma australicum* Girault, *T. evanescens* Westwood and *T. minutum* Riley. Technical Bulletin. Commonwealth Institute of Biological Control, 10: 81-96.

Nagarkatti S, Nagaraja H. 1971. Redescriptions of some known species of *Trichogramma* (Hym., Trichogrammatidae), showing the importance of the male genitalia as a diagnostic character. Bulletin of Entomological Research, 61(1): 13-31.

Nagarkatti S, Nagaraja H. 1979. The status of *Trichogramma chilonis* Ishii (Hym.: Trichogrammatidae). Oriental Insects, 13(1/2): 115-117.

Narayanan ES, Subba Rao BR, Ramachandra Rao M. 1960. Some new species of chalcids from India. Proceedings of the National Institute of Sciences of India, 26(B): 168-175.

Narendran TC. 1989. Oriental Chalcididae (Hymenoptera: Chalcidoidea). Zoological Monograph. Kerala: Department of Zoology, University of Calicut.

Narendran TC. 1994. Torymidae and Eurytomidae of Indian subcontinent (Hymenoptera: Chalcidoidea). Zoological Monograph, Calicut. Kerala: Department of Zoology, University of Calicut.

Narendran TC. 2009. A review of the species of *Anastatus* Motschulsky (Hymenoptera: Chalcidoidea: Eupelmidae) of the Indian subcontinent. Journal of Threatened Taxa, 1(2): 72-96.

Nees von Esenbeck CG. 1811. Ichneumonides Adsciti, in Genera et Familias Divisi. Magazin Gesellschaft Naturforschender Freunde zu Berlin, 5(1811): 1-37.

Nees von Esenbeck CG. 1834. Hymenopterorum *Ichneumonibus affinium*, monographiae, genera Europaea et species illustrata. 2. Stuttgart: J. G. Cotta.

Nikam PK. 1980. Studies on Indian species of *Enicospilus* Stephens (Hymenoptera: Ichneumonidae). Oriental Insects, 14(2): 131-219.

Nikol'skaya M. 1952. Chalcids of the fauna of the USSR (Chalcidoidea). Opredeliteli po Faune SSSR. Moscow and Leningrad: Zoologicheskim Institutom Akademii Nauk SSSR.

Nixon GEJ. 1965. A reclassification of the tribe Microgasterini (Hymenoptera: Braconidae). Bulletin of the British Museum (Natural History), Entomology series, Supplement 2: 1-284.

Nixon GEJ. 1967. The Indo-Australian species of the *ultor*-group of *Apanteles* Forster (Hymenoptera: Braconidae). Bulletin of the British Museum (Natural History), Entomology series, 21(1): 1-34.

Nixon GEJ. 1970. A revision of the n.w. European species of *Microplitis* Forster (Hymenoptera: Braconidae). Bulletin of the British Museum (Natural History), Entomology series, 25(1): 1-30.

Nixon GEJ. 1973. A revision of the north-western European species of the *vitripennis*, *pallipes*, *octonarius*, *triangulator*, *fraternus*, *formosus*, *parasitellae*, *metacarpalis* and *circumscriptus*-groups of *Apanteles* Forster (Hymenoptera: Braconidae). Bulletin of Entomological Research, 63: 169-228.

Nixon GEJ. 1974. A revision of the north-western European species of the *glomeratus*-group of *Apanteles* Foerster (Hymenoptera, Braconidae). Bulletin of Entomological Research, 64: 453-524.

Nixon GEJ. 1976. A revision of the north-western European species of the *merula*, *lacteus*, *vipio*, *ultor*, *ater*, *butalidis*, *popularis*, *carbonarius* and *validus*-groups of *Apanteles* Forster (Hym.: Braconidae). Bulletin of Entomological Research, 65: 687-732.

Pang HF, Chen TL. 1974. *Trichogramma* of China. Acta Entomologica Sinica, 17: 441-454.

Panzer G W F. 1806. Kritische Revision der Insektenfaune Deutschlands nach dem System bearbeitet II. Nürnberg: Felßecker.

Panzer GWF. 1799. Faunae Insectorum Germanicae. Heft, 70-72.

Panzer GWF. 1804. Faunae Insectorum Germanicae. Heft, 92: 5-8. 94:13-15. 95: 13.

Papp J. 1959. The *Microgaster* Latr., *Microplitis* Foerst., and *Hygroplitis* Thoms. species of the Carpathian Basin (Hymenoptera, Braconidae). Annales Historico-Naturales Musei Nationalis Hungarici, 51: 397-413.

Papp J. 1967. Ergebnisse der zoologischen Forschungen von Dr. Z. Kaszab in der Mongolei Braconidae (Hymenoptera). Acta Zoologica Academiae Scientiarum Hungaricae, 13: 191-226.

Papp J. 1976. Key to the European *Microgaster* Latr. species, with a new species and taxonomical remarks. Acta Zoologica Academiae Scientiarum Hungaricae, 22: 97-117.

Papp J. 1980. A survey of the European species of *Apanteles* Foerster. (Hymenoptera, Braconidae: Microgasterinae), IV. The lineipes-, obscurus- and ater-group. Annales Historico-Naturales Musei Nationalis Hungarici, 72: 241-272.

Papp J. 1983. A survey of the European species of *Apanteles* Forst. (Hymenoptera, Braconidae: Microgastrinae), VII. The *carbonarius*-, *circumscriptus*-, *fraternus*-, *pallipes*-, *parasitellae*-, *vitripennis*-, *liparidis*-, *octonarius*- and *thompsoni*-group. Annales Historico-Naturales Musei Nationalis Hungarici, 75: 247-283.

Papp J. 1986. A survey of the European species of *Apanteles* Forst. (Hymenoptera, Braconidae: Microgastrinae). IX. The *glomeratus*-group, 1. Annales Historico-Naturales Musei Nationalis Hungarici, 78: 225-247.

Papp J. 1988. A survey of the European species of *Apanteles* Forst. (Hymenoptera, Braconidae: Microgastrinae). 11. "Homologization" of the species-groups of *Apanteles s.l.* with Mason's generic taxa. Checklist of genera. Parasitoid/host list 1. Annales Historico-Naturales Musei Nationalis Hungarici, 80: 145-175.

Papp J. 1990. Braconidae (Hymenoptera) from Korea. XII. Acta Zoologica Hungarica, 36(1-2): 87-119.

Peck O, Boucek Z, Hoffer A. 1964. Keys to the Chalcidoidea of Czechoslovakia (Insecta: Hymenoptera). Memoirs of the Entomological Society of Canada, 34: 1-120.

Peck O. 1951. Superfamily Chalcidoidea. *In*: Muesebeck CFW, Krombein KV, Townes HK. Hymenoptera of America north of Mexico-synoptic catalog.) Agriculture Monographs. Washington, D.C.: U.S. Department of Agriculture, 2: 410-594.

Perkins JF. 1962. On the type species of Forster's genera (Hymenoptera: Ichneumonidae). Bulletin of the British Museum (Natural History), 11: 385-483.

Perkins RCL. 1906. Leaf-hoppers and their natural enemies (Pt.viii. Encyrtidae, Eulophidae, Trichogrammidae). Bulletin of the Hawaiian Sugar Planters' Association Experiment Station (Entomology Series), 1(8): 237-267.

Pinto JD, Velten RK, Platner GR, *et al*. 1989. Phenotypic plasticity and taxonomic characters in *Trichogramma* (Hymenoptera: Trichogrammatidae). Annals of the Entomological Society of America, 82(4): 414-425.

Pintureau B, Keita FB. 1989. New estarases of the Trichogrammatidae (Hymenoptera, Trichogrammatidae). Biochemical Systematics and Ecology, 17(7/8): 603-608.

Qian Y, He JH, Li XL. 1987. Three new species of *Kriechbaumerella* from China (Hymenoptera: Chalcididae). Acta Agriculturae Universitatis Zhejiangensis, 13(3): 332-338.

Quicke DLJ. 1991. A revision of the Australian species of *Iphiaulax* Foerster and *Chaoilta* Cameron (Insecta: Hymenoptera: Braconidae). Records of the Australian Museum, 43(1): 63-84.

Rao SN. 1961. Key to the Oriental species of *Apanteles* Foerster (Hymenoptera). Proceedings of the National Academy of Sciences India, 31B: 32-46.

Ratzeburg J T C. 1852. Die Ichneumonen der Forstinsecten in Forstlicher und Entomologischer Beziehung. Berlin: Zweiter Band.

Ratzeburg JTC. 1844. Die Ichneumonen der Forstinsecten in Entomologischer und Forstlicher Beziehung. Berlin: Zweiter Band.

Ratzeburg JTC. 1848. Die Ichneumonen der Forstinsecten in Forstlicher und Entomologischer Beziehung. Berlin: Zweiter Band.

Reinhard H. 1857. Beiträge zur Geschichte und Synonymie der Pteromalinen. Berliner Entomologische Zeitschrift, 1: 70-80.

Reinhard H. 1863. Beiträge zur Kenntniss einiger Braconiden-Gattungen. Berliner Entomologische Zeitschrift, 7: 248-274.

Reinhard H. 1880. Beitroge zur Kenntniss einiger Braconiden-Gattungen. Fünftes Stück. XVI. Zur Gattung Microgaster, Latr. (*Microgaster*, *Microplitis*, *Apanteles*). Deutsche Entomologische Zeitschrift, 24: 353-370.

Retzius AJ. 1783. Caroli DeGeer Genera et Species Insectorum. Lipsiae: Cruse.

Rohwer SA. 1934. Descriptions of five parasitic Hymenoptera. Proceedings of the Entomological Society of Washington, 36(2): 43-48.

Roman A. 1910. Notizen zur Schlupfwespensammlung des schwedischen Reichsmuseums. Entomologisk Tidskrift, 31: 109-196.

Roman A. 1913. Philippinische Schlupfwespen aus dem schwedischen Reichsmuseum 1. Arkiv for Zoologi, 8(15): 1-51.

Roman A. 1932. The Linnean types of Ichneumon-flies. Entomologisk Tidskrift, 53: 1-16.

Roman A. 1936. Schwedish-chinesische wissenschaftliche Expedition nach den Nordwestlichen Provinzen Chinas. 58. Hymenoptera. II. Ichneumoniden. Arkiv faer Zoologi, 27A(40): 1-30.

Ruschka F. 1922. Chalcididenstudien. III. Die europaischen Arten der Gattung Chalcis Fabr. Konowia, 1: 221-233.

Ryu J, Hirashima Y. 1985. Taxonomic studies on the genus *Telenomus* Haliday of Japan and Korea (Hymenoptera, Scelionidae): II. Journal of the Faculty of Agriculture Kyushu University, 30(1): 31-51.

Ryvkin BV. 1952. Parasites of the pine lasiocampid in eastern Poles'e. Doklady Akademii Nauk Sovetskikh Sotsialisticehskikh Respublik (n.s.), 84(4): 853-856.

Saussure H de. 1892. Hymenopteres. *In*: Grandidier A. Histoire physique naturelle et politique de Madagascar. 20. Paris: Imprimerie Nationalc: 177-590.

Say T. 1836 (1835). Descriptions of new North American Hymenoptera, and observations on some already described. Boston Journal of Natural History, 1(3): 210-305.

Schrank F von Paula. 1776. Verzeichnis einiger Insekten, derer im linneeanischen Natursysteme nicht gedacht wird. Beytrage zur Naturgeschichte (Leipzig), 1776: 59-98.

Schrank F von Paula. 1802. Fauna Boica. 2(2). Ingolstadt: J. W. Krüll.

Schulz WA. 1906. Die trigonaloiden des Kőniglichen Zoologischen museums in Berlin. Mitteilungen aus dem Zoologischen Museum, Berlin, 3: 203-212.

Scopoli JA. 1763. Entomologia carniolica. Vindobonae: J. T. Trattner.

Sharkey MJ, Wahl DB. 1992. Cladistics of the Ichneumonoidea (Hymenoptera). Journal of Hymenoptera Research, 1(1): 15-24.

Shenefelt RD. 1969. Braconidae 1. Hybrizoninae, Euphorinae, Cosmophorinae, Neoneurinae, Macrocentrinae. Hymenopterorum Catalogus (nova editio). Part 4. Gravenhag: Dr. W. Junk N.V.'s.

Shenefelt RD. 1972. Braconidae 4. Microgasterinae: *Apanteles*. Hymenopterorum Catalogus (nova editio). Pars 7 Gravenhag: Dr. W. Junk N.V.'s.

Shenefelt RD. 1973. Braconidae 5. Microgasterinae & Ichneutinae. Hymenopterorum Catalogus (nova editio). Pars 9. Gravenhag: Dr. W. Junk N.V.'s.

Shenefelt RD. 1975. Braconidae 8. Exothecinae, Rogadinae. Hymenopterorum Catalogus (nova editio). Pars 12. Gravenhag: Dr. W. Junk N.V.'s.

Shenefelt RD. 1978. Braconidae 10. Braconinae, Gnathobraconinae, Mesestoinae, Pseudodicrogeniinae, Telengainae, Ypsistocerinae, plus Braconidae in general, major groups, unplaced genera and species. Hymenopterorum Catalogus (nova editio). Pars 15. Gravenhag: Dr. W. Junk N.V.'s.

Sheng JK. 1998. A new species of *Mesocomys* (Hymenoptera: Eupelmidae) from China. Entomologia Sinica, 5(1): 26-28.

Sheng JK, Yu YX. 1998. Two new species of *Anastatus* Motschulsky from China (Hymenoptera, Chalcidoidea, Eupelmidae). Wuyi Science Journal, 14: 5-8.

Shuckard WE. 1840. Ichneumonides. In: Swainson W, Shuckard WE. The Cabinet Cyclopedia: on the History and Natural Arrangement of Insects. London: Longman, Orme, Brown, Green and Longmans: 185-187.

Smith F. 1858. Catalogue of the Hymenopterous insects collected at Sarawak, Borneo; Mount Ophir, Malacca; and at Singapore, by A.R. Wallace. Journal and Proceedings of the Linnean Society of London (Zoology), 2: 42-130.

Smith F. 1874. Description of new species of Tenthredinidae, Ichneumonidae, Chrysididae, Formicidae etc. of Japan. Transactions of the Entomological Society of London, 1874: 373-409.

Sonan J. 1927. Studies on the insect pests of the tea plant, Part II. (In Japanese). Report of the Department of Agriculture Research Institute of Formosa, 29: 1-132.

Sonan J. 1929. A few host-known Ichneumonidae found in Formosa (Hym.). Transactions of the Natural History Society of Formosa. Taihoku, 19(104): 415-425.

Sonan J. 1930. A few host-known Ichneuinonidae found in Formosa (Hym.) (2). Transactions of the Natural History Society of Formosa, 20: 137-144.

Sonan J. 1932. Notes on some Braconidae and Ichneumonidae from Formosa, with descriptions of 18 new species. Transactions of the Natural History Society of Formosa. Taihoku, 22: 66-87.

Sonan J. 1936. Description of and notes on some Pimplinae in Formosa (Hym. Ichneumonidae). Transactions of the Natural History Society of Formosa. Taihoku, 26(153): 249-257.

Sonan J. 1944. A list of host known hymenopterous parasites of Formosa (In Japanese). Bulletin of the Taiwan Agricultural Research Institute, 222: 1-77.

Spinola M. 1811. Essai d'une nouvelle classification générale des Diplolépaires. Annales du Muséum National d'Histoire Naturelle. Paris, 17: 138-152.

Steffan JR. 1952. Note sur les especes europeennes et nord-africaines du genre *Monodontomerus* Westw. (Hym. Torymidae) et leurs hôtes. Bulletin du Muséum National d'Histoire Naturelle, Paris (2), 24(3): 288-293.

Stephens JF. 1829. The nomenclature of British insects. London: Baldwin & Cradock.

Stephens JF. 1835. Illustrations of British Entomology. Mandibulata Vol. 7. London: Baldwin & Cradock.

Strand E. 1913. H. Sauter's Formosa-Ausbeute. Fam. Trigonalidae (Hym.). Supplementa Entomologica, 2: 97-98.

Strobl G. 1902. Ichneumoniden Steiermarks (und der Nachbarländer). Mitteilungen Naturwissenschaftlichen Vereines für Steiermark, Graz, 38: 3-48.

Swederus NS. 1795. Beskrifning på et nytt genus *Pteromalus* ibland Insecterna, haerande til Hymenoptera, uti herr arch. och ridd. v. Linnés Systema Naturae. Kungliga Svenska Vetenskapsakademiens Handlingar, 16: 201-205, 216-222.

Szépligeti G. 1901. Tropischen Cenocoeliden und Braconiden aus der Sammlung des Ungarischen National Museums. Természetrajzi Füzetek, 24: 353-402.

Szépligeti G. 1905. Hymenoptera. Ichneumonidae (Gruppe Ophionoidea), subfam. Pharsaliinae-Porizontinae. Genera Insectorum, 34: 1-68.

Tabata S, Tamanuki K. 1939(1940). On the hymenopterous parasites of the pine caterpiller, *Dendrolimus sibiricus albolineatus* Matsumura, in southern Saghalien. Bulletin of the Saghalien Central Experiment Station (Series II), 33(2): 1-50. (In Japanese)

Taeger A. 1989. Die Orgilus-Arten der Paloarktis (Hymenoptera, Braconidae). Berlin: Arbeit aus dem Institut für Pflanzenschutzforschung Kleinmachnow, Bereich Eberswalde.

Telenga NA. 1941. Family Braconidae, subfamily Braconinae (continuation) and Sigalphinae. Fauna USSR. Hymenoptera, 5(3): 1-466.

Telenga NA. 1955. Braconidae, subfamily Microgasterinae, subfamily Agathinae. Fauna USSR, Hymenoptera, 5(4): 1-311.

Teranishi C. 1929. Trigonaloidea from Japan and Korea (Hym.). Insecta Matsumurana, 3(4): 143-151.

Thompson WR. 1944. A catalogue of the parasites and predators of insect pests. Section I. Parasite host catalogue. Parts III, IV, V & VI. Ontario: Belleville.

Thompson WR. 1953. A Catalogue of the Parasites and Predators of Insect Pests. Section 2, Host Parasite Catalogue. Part 2, Hosts of Hymenoptera (Agaonidae to Braconidae). Ottawa: Commonwealth Institute of Biological Control.

Thompson WR. 1957. A Catalogue of Parasites and Predators of Insect Pests. Section 2, Host Parasite Catalogue. Part 4, Hosts of the Hymenoptera (Ichneumonidae). Ottawa: Commonwealth Institute of Biological Control.

Thomson CG. 1860. Sverges Proctotruper. Tribus IX. Telenomini. Tribus X. Dryinini. Ofversigt af Kongl. Vetenskaps-Akademiens Förhandlingar, 17: 169-181.
Thomson CG. 1876. Skandinaviens Hymenoptera, 4. Lund: typis expressit H. Ohlsson.
Thomson CG. 1877. XXVII. Bidrag till konnedom om Sveriges Pimpler. Opuscula Entomologica. Lund, VIII: 732-777.
Thomson CG. 1878. Hymenoptera Scandinaviae 5. Pteromalus (Svederus) cocontinuation. Lund: typis expressit H. Ohlsson.
Thomson CG. 1887-1897. Opuscula Entomologica XII-XXI. Lund: typis expressit H. Ohlsson.
Thunberg CP. 1822. Ichneumonidea, Insecta Hymenoptera illustrata. Mémoires de l'Académie Imperiale des Sciences de Saint Petersbourg, 8: 249-281.
Thunberg CP. 1824. Ichneumonidea, Insecta Hymenoptera illustrata. Mémoires de l'Académie Imperiale des Sciences de Saint Petersbourg, 9: 285-368.
Thunberg CP. 1827. Gelis insecti genus descriptum. Nova Acta Regias Societatis Scientiarum Upsaliensis, 9: 199-204.
Timberlake PH. 1919. Revision of the parasitic chalcidoid flies of the genera *Homalotylus* Mayr and *Isodromus* Howard, with descriptions of two closely related genera. Proceedings of the United States National Museum, 56: 133-194.
Tobias VI. 1971. Review of the Braconidae (Hymenoptera) of the USSR. Proceedings of the All-Union Entomological Society, 54: 156-269. (In Russian)
Tobias VI. 1986. Microgastrinae. *In*: Medvedev GS. Keys to the insects of the European part of USSR, 3(4) (Hymenoptera: Braconidae). Lebanon: Science Publishers: 605-883.
Tobias VI. 2000. Cheloninae. *In*: Ler PA. Key to the Insects of Russian Far East. Vol. IV. Neuropteroidea, Mecoptera, Hymenoptera. Pt 4. Vladivosto: Dalnauka: 426-571.
Townes H, Momoi S, Townes M. 1965. A catalogue and reclassification of the Eastern Palearctic Ichneumonidae. Memoirs of the American Entomological Institute, 5: 1-611.
Townes H, Townes M, Gupta VK. 1961. A catalogue and reclassification of the Indo-Australian Ichneumonidae. Memoirs of the American Entomological Institute, 1: 1-522.
Townes HK, Chiu SC. 1970. The Indo-Australian species of *Xanthopimpla* (Ichneumonidae). Memoirs of the American Entomological Institute, 14: 1-372.
Townes HK, Townes M, Walley GS, *et al*. 1960. Ichneumon-flies of America North of Mexico: 2 Subfamilies Ephialtinae, Xoridinae, and Acaenitinae. Bulletin of United States National Museum, 216(2): 1-676.
Townes HK. 1961. Some Ichneumonid types in European museums that were described from no locality or from incorrect localities (Hymenoptera). Proceedings of the Entomological Society of Washington, 63: 165-178.
Townes HK. 1969. The genera of Ichneumonidae, Part 1. Memoirs of the American Entomological Institute, 11: 1-300.
Townes HK. 1971. The genera of Ichneumonidae, Part 4. Memoirs of the American Entomological Institute, 17: 1-372.
Trjapitzin VA. 1978. Hymenoptera, part 2. Keys to Insects of the European USSSR, 3. Leningrad: Nauka.
Tsuneki K. 1991. Revision of the Trigonalidae of Japan and her adjacent territories (Hymenoptera). Special Publications Japan Hymenopterists Association, 37: 1-68.
Uchida T. 1924. Some Japanese Ichneumonidae the hosts of which are known. (In Japanese with German descriptions.) Journal of the Sapporo Agricultural College, Sapporo, Japan, 16: 195-256.
Uchida T. 1928a. Dritter Beitrag zur Ichneumoniden-Fauna Japans. Journal of the Faculty of Agriculture, Hokkaido University, 25: 1-115.
Uchida T. 1928b. Zweiter Beitrag zur Ichneumoniden-Fauna Japans. Journal of the Faculty of Agriculture, Hokkaido University, 21: 177-297.
Uchida T. 1930. Fuenfter Beitrag zur Ichneumoniden-Fauna Japans. Journal of the Faculty of Agriculture, Hokkaido University, 25: 299-347.
Uchida T. 1931. Eine neue Art und eine neue Form der Ichneumoniden aus China. Insecta Matsumurana, 5: 157-158.
Uchida T. 1932a. Neue und wenig bekannte japanische Ophioninen-Arten. Transactions of the Sapporo Natural History Society, 12: 73-78.
Uchida T. 1932b. Beitraege zur Kenntnis der japanischen Ichneumoniden. Insecta Matsumurana, 6: 145-168.
Uchida T. 1935a. Einige Ichneumonidenarten aus China (III). Insecta Matsumurana, 9: 140-143.
Uchida T. 1935b. Einige Ichneumonidenarten aus China (II). Insecta Matsumurana, 9: 81-84.
Uchida T. 1935c. Zur Ichneumonidenfauna von Tosa (I). Subfam. Ichneumoninae. Insecta Matsumurana, 10: 6-33.
Uchida T. 1937. Ein neuer Schmarotzer von *Dendrolimus* spectabilis aus China. Insecta Matsumurana, 11: 131.
Uchida T. 1942. Ichneumoniden Mandschukuos aus dem entomologischen Museum der kaiserlichen Hokkaido Universitaet. Insecta Matsumurana, 16: 107-146.
Uchida T. 1952. Ichneumonologische Ergebnisse der japanischen wissenschaftlichen Shansi-Provinz, China-Expedition im Jahre 1952. Mushi, 24: 39-58.
van Achterberg C. 1979. A revision of the subfamily Zelinae auct. (Hymenoptera, Braconidae). Tijdschrift voor Entomologie, 122: 241-479.
van Achterberg C. 1984. Essay on the phylogeny of the Braconidae (Hymenoptera: Ichneumonoidea). Entomologisk Tidskrift, 105:

41-58.

van Achterberg C. 1987. Revisionary notes on the subfamily Orgilinae (Hymenoptera: Braconidae). Zoologische Verhandelingen,No. 242. 111 pp.

van Achterberg C. 1990. Revision of the western Palaearctic Phanerotomini (Hymenoptera: Braconidae). Zoologische Verhandelingen, 255: 1-106.

van Achterberg C. 1991. Revision of the genera of the Afrotropical and w. Palaearctical Rogadinae Foerster (Hymenoptera: Braconidae). Zoologische Verhandelingen, No. 273. 102 pp.

van Achterberg C. 1993. Illustrated key to the subfamilies of the Braconidae (Hymenoptera: Ichneumonoidea). Zoologische Verhandelingen, No. 283. 189 pp.

van Dalla Torre KW. 1897. Zur Nomenclatur der Chalcididen-Genera. Wiener Entomologische Zeitung, 16: 83-88.

Vassiliev IV. 1913. *Dendrolimus pini* L. and *Dendrolimus segregatus* Bult., their life-history, injurious activities and methods of fighting them. Trudy Byuro po Entomologii Uchenogo Komiteta Glavnogo Upravlenia Zemleustrjstva i Zemledelia, Petrograd, 5(7): 1-99.

Viereck HL. 1911a. Descriptions of one new genus and eight new species of ichneumon flies. Proceedings of the United States National Museum, 40(1832): 475-480.

Viereck HL. 1911b. Descriptions of six new genera and thirty-one new species of ichneumon flies. Proceedings of the United States National Museum, 40(1812): 173-196.

Viereck HL. 1912. Descriptions of one new family, eight new genera, and thirty-three new species of Ichneumonidae. Proceedings of the United States National Museum, 43: 575-593.

Viereck HL. 1914. Type species of the genera of Ichneumon flies. Bulletin of United States National Museum, No. 83: 1-186.

Viggiani G. 1976. Ricerche sugli Hymenoptera Chalcidoidea. XLIX. *Trichogramma confusum* n.sp. per T. australicum Nagarkatti e Nagaraja (1968), nec Girault (1912), con note su Trichogrammatoidea Girault e descrizione di *Paratrichogramma heliothidis* n.sp. Bollettino del Laboratorio di Entomologia Agraria 'Filippo Silvestri', Portici, 33: 182-187.

Vollenhoven SC Snellen van. 1879. Einige neue Arten von Pimplarien aus Ost-Indien. Stettiner Entomologische Zeitung, 40(4-6): 133-150.

Walker F. 1833. Monographia Chalciditum. (Continued.) Entomological Magazine, 1(4): 367-384.

Walker F. 1834. Monographia Chalciditum. (Continued.) Entomological Magazine, 2(1): 13-39.

Walker F. 1835a. Monographia Chalciditum. (Continued.) Entomological Magazine, 3(2): 182-206.

Walker F. 1835b. Monographia Chalciditum. (Continued.) Entomological Magazine, 2(5): 476-502.

Walker F. 1838. Descriptions of British Chalcidites. Annals and Magazine of Natural History, 1(5): 381-387.

Walker F. 1841. Description of Chalcidites. Entomologist, 1(14): 217-220.

Walker F. 1843. Description des Chalcidites trouvöes au Bluff de Saint-jean, dans la Floride orientale, par MM. E. Doubleday et R. Föster. Annales de la Société Entomologique de France, (2)1: 145-162.

Walker F. 1846. Characters of some undescribed species of Chalcidites. Annals and Magazine of Natural History, 17: 108-115, 177-185.

Walker F. 1847. Notes on some Chalcidites and Cynipites in the collection of the Rev. F.W. Hope. Annals and Magazine of Natural History, 19: 227-231.

Walker F. 1863. Postscript [to Parasites and Hyperparasites, by E. Newman]. Pteromalus boarmiae, Walker. Tetrastichus decisus, Walker. Zoologist, 21(cclvii, cclviii): 8609-8610.

Walker F. 1871. Part III.-Torymidae and Chalcididae. Notes on Chalcidiae. London: E.W. Janson.

Watanabe C. 1932. Notes on the Braconidae. III. *Apanteles*. Insecta Matsumurana, 7: 74-102.

Watanabe C. 1934a. Notes on Braconidae of Japan. IV. *Apanteles* (First Supplement). Insecta Matsumurana, 8(3): 132-143.

Watanabe C. 1934b. H. Sauter's Formosa-Collection: Braconidae. Insecta Matsumurana, 8(4): 182-205.

Watanabe C. 1935. On some species of Braconidae from North China and Korea. Insecta Matsumurana, 10: 43-51.

Watanabe C. 1937. A contribution to the knowledge of the Braconid fauna of the Empire of Japan. Journal of the Faculty of Agriculture, Hokkaido (Imp.) University, 42: 1-188.

Watanabe C. 1950. Braconidae of Shansi, China (Hymenoptera). Mushi, 21(2): 19-27.

Watanabe C. 1957. A revision of *Rogas pallidinervis* Cameron (Hymenoptera, Braconidae). Insecta Matsumurana, 21(1-2): 46-47.

Wesmael C. 1835. Monographie des Braconides de Belgique. Nouveaux Mémoires de l'Academie Royale des Sciences et Belles-Lettres de Bruxelles, 9: 1-252.

Wesmael C. 1837. Monographie des Braconides de Belgique. (Suite.) Nouveaux Mémoires de l'Academie Royale des Sciences et Belles-Lettres de Bruxelles, 10: 1-68.

Wesmael C. 1838. Monographie des Braconides de Belgique. 4. Nouveaux Mémoires de l'Academie Royale des Sciences et Belles-Lettres de Bruxelles, 11: 1-166.

Wesmael C. 1845. Tentamen dispositionis methodicae. Ichneumonum Belgii. Nouveaux Mémoires de l'Académie Royale des Sciences, des Lettres et Beaux-Arts de Belgique, 18(1944): 1-239.

Wesmael C. 1849. Revue des Anomalons de Belgique. Bulletin de l'Académie Royale des Sciences, des Lettres et des Beaux-Arts de

Belgique, 16(2): 115-139.

Westwood JO. 1832. Descriptions of several new British forms amongst the parasitic hymenopterous insects. Philosophical Magazine, 1(3): 127-129.

Westwood JO. 1833a. On the probable number of insect species in the creation; together with descriptions of several minute Hymenoptera. Magazine of Natural History, 6(32): 116-123.

Westwood JO. 1833b. Descriptions of several new British forms amongst the parasitic hymenopterous insects. Philosophical Magazine, (3)3: 342-344.

Westwood JO. 1833c. Descriptions of several new British forms amongst the parasitic hymenopterous insects. Philosophical Magazine, (3)2: 443-445.

Westwood JO. 1839. Hymenoptera. Introduction to the modern classification of insects founded on the natural habits and corresponding organization; with observations on the economy and transformations of the different families, 2(XI): 129-192.

Wilkinson DS. 1928. A revision of the Indo-Australian species of the genus *Apanteles* (Hym. Bracon.). Part II. Bulletin of Entomological Research, 19: 109-146.

Wilkinson DS. 1929. Seven new species of Braconidae. Bulletin of Entomological Research, 20: 443-455.

Wilkinson DS. 1945. Description of Palaerctic species of *Apanteles* (Hymen., Braconidae). Transactions of the Entomological Society of London, 95: 35-226.

Wu CF. 1941. Catalogus Insectorum Sinensium. Peiping: Yenching University, 6: 1-333.

Xiao H, Jiao TY, Zhao YX. 2012. *Mondontomerus* Westwood (Hymenoptera: Torymidae) from China with description of a new species. Oriental Insects, 46(1): 69-84.

Xu ZH, He JH. 1999. A new species of *Coelopencyrtus* Timberlake (Hymenoptera: Encyrtidae) from China. Entomotaxonomia, 21(1): 61-63.

Yang ZQ. 1992. Discovery of the genus *Agiommatus* (Hymenoptera: Chalcidoidea, Pteromalidae) from South China with a description of a new species. Entomotaxonomia, 14(1): 72-76.

Yen DF. 1973. A Natural Enemy List of Insects of Taiwan. Department of Plant Pathology and Entomology. Taipei: Taiwan University.

You LS, Chen LC, Yang HQ, *et al*. 2000. Annotated list of Braconidae (Hymeneptera) in Hunan Province. (In Chinese with English summary) Journal of Hunan Agricultural University (Natural Sciences), 26(5): 394-400.

You LS, Xiong SL, Wang ZD. 1988. Annotated list of *Apanteles* Foerster (Hym.: Braconidae) from China. Entomologica Scandinavica, 19: 35-42.

Yu DS, Horstmann K. 1997. A catalogue of world Ichneumonidae (Hymenoptera). Memoirs of the American Entomological Institute, 58: 1-1558.

Yu DS, van Achterberg C, Horstmann K. 2005. World Ichneumonoidea 2004. Taxonomy, Biology, Morphology and Distribution.(CD-ROM). Taxapad.

Yu DS, van Achterberg C, Horstmann K. 2012. Taxapad 2012. World Ichneumonoidea 2011. Taxonomy, Biology, Morphology and Distribution. On USB Flash drive. Ottawa, Ontario.

Zhang YZ, Li W, Huang DW. 2005. A taxonomic study of Chinese species of *Ooencyrtus* (Insecta: Hymenoptera: Encyrtidae). Zoological Studies, 44(3): 347-360.

Zhu CD, LaSalle J, Huang DW. 2002. A study of Chinese *Cirrospilus* Westwood (Hymenoptera: Eulophidae). Zoological Studies, 41(1): 23-46.

本志新种英文简述

***Pimpla chui* He, sp. nov. (Fig. 31)**

Material examined: Holotype, ♀, Jinhua, Zhejiang, 1934.V.12, by Zhu Ruzuo.

Distribution: China (Zhejiang).

Host: *Dendrolimus punctatus* Walker.

Diagnosis: This species belongs to *rufipes* Group and resembles *P. carinifrons* Cameron.

However, it differs from the latter in the following respects: posterior part of upper margin of pronotum whitish-yellow; scutellum black; stigma testaceous; fore coxa and trochanter black; fore tibia without swelling medially; hind femur reddish-brown, with apex black; hind tibia black, with subbasal reddish annulus, but without clear demarcation; propodeum with distinct median longitudinal carina.

***Mesocomys cheni* He *et* Tang, sp. nov. (Fig. 233)**

Holotype: ♀, China, Yunnan, Anning, 1998.VII.13, Chen Xuexin, No. 886892 (ZJUH).

Paratypes: 18♀3♂, the same data as holotype (ZJUH).

Diagnosis: The new species is similar to *M. hubeiensis* sp. nov., but differs by having antennae blackish brown, scape with green metallic luster; length of pedicel twice as long as its width; propodeum blackish blue with V-shaped carinae; length of marginal vein 1.6 times as long as length of postmarginal vein.

***Mesocomys hubeiensis* He *et* Tang, sp. nov. (Fig. 234)**

Holotype: ♀, China, Hubei, 1964, No. 64007.3 (ZJUH).

Diagnosis: The new species is similar to *M. cheni* sp. nov., but differs by having antennae blackish blue, scape yellowish brown apex; length of pedicel 2.4 times as long as its width; propodeum brown medially without V-shaped carinae; length of marginal vein 1.2 times as long as length of postmarginal vein.

***Mesocomys petiolaris* He *et* Tang, sp. nov. (Fig. 236)**

Holotype: ♀, China, Zhejiang, Yunhe, 1955.V.4, Huang Ronghua, No. 5516.1 (ZJUH).

Paratypes: 3♀3♂, the same data as holotype (ZJUH).

Diagnosis: This main characters of this new species (♀) are metasoma black, first tergite white in basal 0.24-0.60; first tergite parallel laterally in basal 0.60 and slightly concave longitudinally.

***Mesocomys suichangensis* He *et* Tang, sp. nov. (Fig. 238)**

Holotype: ♀, China, Zhejiang, Suichang, V.1989, Liang Xidi, No. 893610 (ZJUH).

Paratypes: 3♂, the same data as holotype (ZJUH).

Diagnosis: The new species is similar to *M. breviscapis* Yao *et* Yang, but differs by having head and mesosoma blackish blue, with with strong green metallic luster; the new species is also similar to *M. petiolaris* sp. nov., but differs by having metasoma gradually widen from base to apex.

中名索引

A

阿苏山沟姬蜂　105
阿宗长颊茧蜂　133
埃姬蜂属　34
暗滑茧蜂　125
暗瘤姬蜂　50
凹头小蜂属　171
凹眼姬蜂恩特姬小蜂　197
凹眼姬蜂啮小蜂　219
凹眼姬蜂属　69
凹缘腹柄姬小蜂　386

B

巴县金小蜂　312
白翅扁股小蜂　182
白跗柄腹姬小蜂　198
白跗短角平腹小蜂　269
白眶姬蜂属　351
斑翅恶姬蜂显斑亚种　33
北方凤蝶卵跳小蜂　191
扁股小蜂科　181
扁股小蜂属　182
柄腹姬小蜂属　197
柄卵姬蜂亚科　63
波脉细颚姬蜂　358
搏腹脊姬蜂　364

C

灿姬小蜂亚科　196
灿金小蜂　304
灿金小蜂属　303
侧沟茧蜂属　380
长柄姬小蜂属　201
长盾凸腿小蜂　180
长颊茧蜂属　133
长角脊柄小蜂　170
长角金小蜂　299
长角金小蜂属　298
长距齿腿长尾小蜂　322
长沙啮小蜂　216

长体茧蜂属　126
长体茧蜂亚科　126
长尾姬蜂族　19
长尾啮小蜂属　203
长尾小蜂科　315，390
长尾小蜂属　327，328
长兴金小蜂　314
长兴绒茧蜂　131
常山大腿小蜂　166
巢姬蜂属　96
陈氏短角平腹小蜂，新种　273
尺蠖长颊茧蜂　134
齿腿姬蜂属　74
齿腿长尾小蜂属　315，390
赤腹深沟茧蜂　116
赤眼蜂科　328
赤眼蜂属　328
重庆平腹小蜂　258
樗蚕黑点瘤姬蜂　58
川滇平腹小蜂　252
锤角突唇跳小蜂　186
次生大腿小蜂　164
粗角姬蜂族　101
粗腿绒茧蜂　130

D

大蛾卵跳小蜂　190
大铗姬蜂属　110
大角啮小蜂属　209
大腿小蜂属　151，382
大纹钩腹蜂　12
单色悬茧蜂　367
淡脉脊茧蜂　147
德姬蜂属　349
德兴平腹小蜂　232
地蚕大铗姬蜂　110
灯蛾原绒茧蜂　139
迪萨窄茧蜂　117
点缘跳小蜂　187

点缘跳小蜂属　187
蝶蛹金小蜂　303
顶姬蜂　20
顶姬蜂属　19，352
东安大腿小蜂　152
东安平腹小蜂　261
东方短角平腹小蜂　275
东方拟瘦姬蜂　65，355
毒蛾原绒茧蜂　140
短柄短角平腹小蜂　272
短翅平腹小蜂　231
短梗长尾啮小蜂　204
短角平腹小蜂属　266
短瘤姬蜂属　102
钝姬蜂属　362
钝领金小蜂　290
钝领金小蜂属　289

E

恶姬蜂属　32
颚德姬蜂　349
恩底弥翁卵跳小蜂　189
恩特姬小蜂属　196
茧蜂科　365
二尾舟蛾拟瘦姬蜂　356

F

费氏大腿小蜂　154
分盾细蜂　347
分盾细蜂科　346
分盾细蜂属　346
分盾细蜂总科　346
分距姬蜂亚科　74
芬纳大腿小蜂　155
粉蝶盘绒茧蜂　372
丰宁黑卵蜂　343
封开平腹小蜂　262
缝姬蜂亚科　68
福州平腹小蜂　248
负泥虫沟姬蜂　101
腹柄短角平腹小蜂，新种　276
腹柄姬小蜂属　386
腹脊姬蜂属　363

G

甘蓝夜蛾拟瘦姬蜂　64

高氏细颚姬蜂　83
格姬蜂亚科　88
沟姬蜂属　103
钩腹蜂科　11
钩腹蜂总科　11
钩尾姬蜂属　28，353
寡埃姬蜂　37
光侧平腹小蜂　250
广齿腿姬蜂　75
广赤眼蜂　334
广大腿小蜂　156
广腹细蜂总科　337
广沟姬蜂　104
广黑点瘤姬蜂　61
广肩小蜂科　281
广肩小蜂属　281
广州平腹小蜂　249

H

韩城平腹小蜂　257
黑暗大腿小蜂　159
黑斑嵌翅姬蜂　78
黑点瘤姬蜂属　57
黑胫大腿小蜂　166
黑卵蜂属　338
黑青小蜂属　291
黑纹囊爪姬蜂黄瘤亚种　55
黑足凹眼姬蜂　69
黑足平腹小蜂　247
横带驼姬蜂　97
红腹金小蜂属　296
红角大腿小蜂　167
红铃虫黑青小蜂　293
红腿大腿小蜂　163
红足瘤姬蜂　51
红足盘绒茧蜂　373
虹彩悬茧蜂　368
湖北短角平腹小蜂，新种　274
糊瘦姬蜂　360
花胸姬蜂　99
滑茧蜂属　124
滑茧蜂亚科　124
黄斑丽姬蜂　111
黄柄齿腿长尾小蜂　318

中 名 索 引

黄赤愈腹茧蜂　122
黄褐平腹小蜂　232
黄胫大腿小蜂　168
黄脸长尾啮小蜂　205
黄面长距姬小蜂　195
黄内索姬小蜂　208
黄氏平腹小蜂　234
黄条钩尾姬蜂　354
黄纹卵平腹小蜂　241
黄胸平腹小蜂　245
黄愈腹茧蜂　121
霍克小蜂属　175

J

姬蜂科　16，349
姬蜂亚科　108
姬蜂总科　13
姬小蜂科　193，385
姬小蜂亚科　200
棘钝姬蜂　362
棘领姬蜂属　92
脊柄小蜂属　170
脊柄小蜂亚科　170
脊额姬蜂属　99
脊额瘤姬蜂　42
脊茧蜂属　143
脊腿囊爪姬蜂腹斑亚种　53
寄蝇姬小蜂　210
寄蝇啮小蜂　215
甲腹茧蜂属　119
甲腹茧蜂亚科　119
假盘绒茧蜂　374
茧蜂科　113
茧蜂亚科　115
胶虫旋小蜂　264
角头小蜂　169
角头小蜂属　168
角头小蜂亚科　168
角缘跳小蜂属　384
截胫小蜂亚科　171
金刚钻大腿小蜂　161
金小蜂　303
金小蜂科　285，389
金小蜂属　302

胫大腿小蜂　382
巨颅金小蜂　291
巨颅金小蜂属　290
聚瘤姬蜂属　20

K

卡姬蜂属　361
开普细颚姬蜂　82
枯叶蛾平腹小蜂　233
宽缘金小蜂属　299

L

拉马平腹小蜂　239
棱角肿腿蜂　348
棱角肿腿蜂属　348
离缘姬蜂属　76
丽姬蜂属　111
栗瘿蜂旋小蜂　388
恋腹脊姬蜂　363
辽宁平腹小蜂　260
林氏平腹小蜂　254
菱室姬蜂属　87，360
菱室姬蜂亚科　86
瘤侧沟茧蜂　380
瘤姬蜂属　38
瘤姬蜂亚科　18
瘤姬蜂族　28
隆钩尾姬蜂东方亚种　29
隆钩尾姬蜂指名亚种　353
卵跳小蜂属　188
落叶松毛虫短角平腹小蜂　280
落叶松毛虫黑卵蜂　345

M

麻蝇大腿小蜂　160
马尾松毛虫暗褐啮小蜂　213
迈金小蜂属　297
满点瘤姬蜂　40
梅岭平腹小蜂　238
秘姬蜂亚科　93
秘姬蜂族　96
螟黑点瘤姬蜂　62
螟黄赤眼蜂　330
莫克金小蜂属　389

N

南京平腹小蜂　242

南京兔唇姬小蜂　200
南宁平腹小蜂　253
囊爪姬蜂属　52
内茧蜂亚科　142
内索姬小蜂属　207
泥甲姬蜂属　101
拟瘦姬蜂属　63，355
粘虫白星姬蜂　112
粘虫广肩小蜂　283
粘虫棘领姬蜂　92
啮小蜂属　210
啮小蜂亚科（无后缘姬小蜂亚科）　203
柠黄瑟姬小蜂　385
弄蝶偏眼金小蜂　287
怒茧蜂属　381

O

欧姬蜂属　66

P

盘背菱室姬蜂　87
盘绒茧蜂属　135，371
盘绒茧蜂族　135
泡旋小蜂　388
偏眼金小蜂属　287
平腹小蜂属　224，387
苹毒蛾细颚姬蜂　85
苹果毒蛾角缘跳小蜂　384
苹褐卷蛾长尾小蜂　317

Q

嵌翅姬蜂属　78
青岛啮小蜂　222
青蜂总科　347
清源金小蜂　308
球小腹茧蜂　378
曲姬蜂属　26
衢州柄腹姬小蜂　199
衢州金小蜂　307
趣白眶姬蜂　351
全北群瘤姬蜂指名亚种　25
缺脊囊爪姬蜂指名亚种　54
群瘤姬蜂属　25

R

日本凹头小蜂　173
日本齿腿长尾小蜂　321

绒茧蜂大腿小蜂　165
绒茧蜂啮小蜂　221
绒茧蜂属　129，369
绒茧蜂族　129
软姬蜂属　89

S

桑螟聚瘤姬蜂　23
桑山菱室姬蜂　360
瑟姬小蜂属　385
陕西啮小蜂　218
舌突赤眼蜂　335
深沟茧蜂属　116
石井凹头小蜂　171
石井霍克小蜂　176
食心虫愈腹茧蜂　123
瘦姬蜂属　358
瘦姬蜂亚科　77
双斑顶姬蜂　352
双带平腹小蜂　229
双条卡姬蜂　362
四齿钩尾姬蜂　30
四川平腹小蜂　243
松村离缘姬蜂　76
松毛虫埃姬蜂　35
松毛虫赤眼蜂　332
松毛虫大角啮小蜂　209
松毛虫广肩小蜂　283
松毛虫黑点瘤姬蜂　59
松毛虫黑卵蜂　341
松毛虫黑青小蜂　294
松毛虫红腹金小蜂　296
松毛虫脊茧蜂　145
松毛虫宽缘金小蜂　300
松毛虫卵跳小蜂　192
松毛虫迈金小蜂　297
松毛虫啮小蜂　216
松毛虫盘绒茧蜂　137
松毛虫平腹小蜂　387
松毛虫软姬蜂　89
松毛虫凸腿小蜂　177
松毛虫凸胸啮小蜂　212
松毛虫镶颚姬蜂　72
松毛虫异足姬蜂　91

松毛虫羽角姬小蜂 203
松毛虫窄柄姬蜂 102
松毛虫长柄姬小蜂 202
松毛虫长尾啮小蜂 206
松莫克金小蜂 390
松茸毒蛾黑卵蜂 340
松小卷蛾长体茧蜂 127
俗姬蜂属 112
遂昌短角平腹小蜂，新种 279

T

台湾钩尾姬蜂 31
汤溪金小蜂 309
天蛾瘤姬蜂 47
天蛾卵平腹小蜂 227
天幕毛虫盘绒茧蜂 371
天平山金小蜂 310
天台啮小蜂 220
跳小蜂科 185，384
铜色齿腿长尾小蜂 390
透翅短角平腹小蜂 268
凸脊茧蜂 144
凸腿小蜂属 177
突唇跳小蜂属 186
兔唇姬小蜂 201
兔唇姬小蜂属 200
驼蛾扁股小蜂 183
驼姬蜂属 97

W

微黄悬茧蜂 366
菱翅型平腹小蜂 241
文登金小蜂 313
文山松毛虫啮小蜂 221
纹钩腹蜂属 12
尤脊大腿小蜂 153
吴氏平腹小蜂 259
舞毒蛾齿腿长尾小蜂 324
舞毒蛾瘤姬蜂 44
舞毒蛾卵平腹小蜂 235
舞毒蛾原绒茧蜂 141

X

稀网姬小蜂 196
稀网姬小蜂属 195
喜马拉雅埃姬蜂 36

喜马拉雅聚瘤姬蜂 21
细颚姬蜂属 80，357
细线细颚姬蜂 83
狭面姬小蜂亚科 195
咸阳黑青小蜂 291
显棒赤眼蜂 336
镶颚姬蜂属 72
小齿腿长尾小蜂 324
小蜂科 150，382
小蜂亚科 151
小蜂总科 148
小腹茧蜂属 378
小腹茧蜂亚科 128
小头怒茧蜂 381
小折唇姬蜂 107
小枝细颚姬蜂 357
新馆细颚姬蜂 86
新疆金小蜂 305
熊本沟姬蜂 106
悬茧蜂属 365
旋小蜂科 222，387
旋小蜂属 263，388

Y

杨扇舟蛾黑卵蜂 340
野蚕瘤姬蜂 48
夜蛾瘦姬蜂 359
衣蛾绒茧蜂 369
异足姬蜂属 90
银翅欧姬蜂端宽亚种 67
银翅欧姬蜂指名亚种 67
印度曲姬蜂 27
蝇姬小蜂属 209
蝇宽缘金小蜂 300
瘿蚊姬小蜂 207
瘿蚊姬小蜂属 207
永川金小蜂 311
永川旋小蜂 265
幽原绒茧蜂 377
油茶枯叶蛾黑卵蜂 344
油松毛虫广肩小蜂 282
油松毛虫卵跳小蜂 189
游走巢姬蜂指名亚种 96
余杭金小蜂 306

羽角姬小蜂属　203
玉米螟赤眼蜂　336
愈腹茧蜂属　120
原绒茧蜂属　138，377
缘腹细蜂科　337
缘腹细蜂总科　337
云南平腹小蜂　246，260
云南松毛虫啮小蜂　214

Z

杂姬蜂族　110
窄茧蜂属　117
窄痣姬蜂属　79
张氏甲腹茧蜂　120
折唇姬蜂属　107
褶皱细颚姬蜂　84

浙江扁股小蜂　184
栉足姬蜂亚科　66
中华短角平腹小蜂　278
肿跗姬蜂亚科　88
肿腿蜂科　347
舟蛾赤眼蜂　331
皱基盘绒茧蜂　376
祝氏瘤姬蜂，新种　43
祝氏啮小蜂　217
祝氏平腹小蜂　244
梓潼平腹小蜂　255
紫窄痣姬蜂　80
棕角凸腿小蜂　179
佐藤凹头小蜂　174

拉丁学名索引

A

Acropimpla 19，20，352
Acropimpla didyma 352
Acroricnus 96
Acroricnus ambulator ambulator 96
Agiommatus 287
Agiommatus erionotus 287
Aleiodes 143
Aleiodes convexus 144
Aleiodes esenbeckii 145
Aleiodes pallidinervis 147
Amblyharma 289
Amblyharma anfracta 290
Amblyteles 362
Amblyteles armatorius 362
Anasatus dexinensis 232
Anastatus 224，241~250，252~255，257，262，387
Anastatus acherontiae 227
Anastatus bifasciatus 229
Anastatus brevipennis 231
Anastatus dendrolimus 387
Anastatus flavipes 232
Anastatus gastropachae 233
Anastatus huangi 234
Anastatus japonicus 235
Anastatus meilingensis 238
Anastatus ramakrishnai 239
Anastatus siderus 241
Anomaloninae 88
Antrocephalus 171
Antrocephalus ishiii 171
Antrocephalus japonicus 173
Antrocephalus satoi 174
Apanteles 129，130，369
Apanteles carpatus 369
Apanteles changhingensis 131
Apantelini 129
Apechthis 28，353

Apechthis compunctor compunctor 353
Apechthis compunctor orientalis 29
Apechthis quadridentata 30
Apechthis rufata 354
Apechthis taiwana 31
Aprostocetus 203
Aprostocetus brevipedicellus 204
Aprostocetus crino 205
Aprostocetus dendrolimi 206

B

Bathythrix 101
Bathythrix kuwanae 101
Bethylidae 347
Brachymeria 151
Brachymeria 165，166~168，382
Brachymeria donganensis 152
Brachymeria excarinata 153
Brachymeria fiskei 154
Brachymeria funesta 155
Brachymeria lasus 156
Brachymeria lugubris 159
Brachymeria minuta 160
Brachymeria nosatoi 161
Brachymeria podagrica 163
Brachymeria secundaria 164
Brachymeria tibialis 382
Brachypimpla 102
Brachypimpla latipetiolator 102
Braconidae 113，365
Braconinae 115

C

Callajoppa 361
Callajoppa cirrogaster bilineata 362
Campopleginae 68
Casinaria 69
Casinaria nigripes 69
Catolaccus 290
Ceraphron 346

Ceraphronidae 346
Ceraphronoidea 346
Chalcididae 150，382
Chalcidinae 151
Chalcidoidea 148
Cheloninae 119
Chelonus (*Microchelonus*) *jungi* 120
Chelonus 119
Chrysidoidea 347
Cirrospilus 385
Cirrospilus pictus 385
Coelopencyrtus 186
Coelopencyrtus claviger 186
Copidosoma 187
Cotesia 135，371
Cotesia gastropachae 371
Cotesia glomerata 372
Cotesia ordinarius 137
Cotesia rubripes 373
Cotesia spuria 374
Cotesia tibialis 376
Cotesiini 135
Cremastinae 74
Cryptinae 93
Cryptini 96
Ctenopelmatinae 66

D

Delomerista 349
Delomerista mandibularis 349
Dibrachys 291
Dibrachys boarmiae 291
Dibrachys cavus 293
Dibrachys kojimae 294
Dicamptus 78
Dicamptus nigropictus 78
Dictyonotus 79
Dictyonotus purpurascens 80
Dimmokia 200，201
Diphyus 363
Diphyus amatorius 363
Diphyus luctatoria 364
Dirhininae 168
Dirhinus 168，169
Dolichogenidea 133

Dolichogenidea hyposidrae 134

E

Echthromorpha 32
Echthromorpha agrestoria notulatoria 33
Elachertinae 195
Elasmidae 181
Elasmus 182，184
Elasmus albipennis 182
Elasmus hyblaeae 183
Encyrtidae 185，384
Enicospilus 80，357
Enicospilus capensis 82
Enicospilus gauldi 83
Enicospilus lineolatus 83
Enicospilus plicatus 84
Enicospilus pudibundae 85
Enicospilus ramidulus 357
Enicospilus shinkanus 86
Enicospilus undulatus 358
Entedon 196，197
Entedontinae 196
Ephialtini Hellén 19
Epitraninae 170
Epitranus 170
Erythromalus Graham, 1956 296
Erythromalus rufiventris 296
Eulophidae 193，385
Eulophinae 200
Eupelmella vesicularis 388
Eupelmidae 222，387
Eupelmus 263，265，388
Eupelmus tachardiae 264
Eupelmus urozonus 388
Euplectrus 195，196
Euplectrus flavipes 195
Eurytoma 281，283
Eurytoma afra 282
Eurytoma verticillata 283
Eurytomidae 281
Eutanyacra 110
Eutanyacra picta 110

G

Gelis 103
Gelis areator 104

Gelis asozanus 105
Gelis kumamotensis 106
Goniozus 348
Goryphus 97
Goryphus basilaris 97
Gotra 99
Gotra octocinctus 99
Gravenhorstinae 88
Gregopimpla 20
Gregopimpla himalayensis 21
Gregopimpla kuwanae 23

H

Habronyx 89
Habronyx heros 89
Haltichellinae 171
Hemiptarsenus 201
Hemiptarsenus tabulaeformisi 202
Heteropelma 90
Heteropelma amictum 91
Hockeria 175
Hockeria ishiii 176
Homolobinae 124
Homolobus (*Chartolobus*) *infumator* 125
Homolobus 124
Hyperteles 207
Hyposoter 72
Hyposoter takagii 72

I

Ichneumonidae 16,349
Ichneumoninae 108
Ichneumonoidea 13
Iphiaulax 116
Iphiaulax impostor 116
Iseropus 25
Iseropus stercorator stercorator 25
Itoplectis 34
Itoplectis alternans epinotiae 35
Itoplectis himalayensis 36
Itoplectis viduata 37

J

Joppini 110

K

Kriechbaumerella 177

Kriechbaumerella dendrolimi 177
Kriechbaumerella fuscicornis 179
Kriechbaumerella longiscutellaris 180

L

Lissosculpta 111
Lissosculpta javanica 111
Lysibia 107
Lysibia nanus 107

M

Macrocentrinae 126
Macrocentrus 126
Macrocentrus resinellae 127
Mesochorinae 86
Mesochorus 87,360
Mesochorus discitergus 87
Mesochorus kuwayamae 360
Mesocomys 266
Mesocomys aegeriae 268
Mesocomys albitarsis 269
Mesocomys breviscapis 272
Mesocomys cheni 273
Mesocomys hubeiensis 274
Mesocomys orientalis 275
Mesocomys petiolaris 276
Mesocomys sinensis 278
Mesocomys suichangensis 279
Mesocomys superansi 280
Mesopolobus 297
Mesopolobus superansi 297
Meteorus 365
Meteorus ictericus 366
Meteorus unicolor 367
Meteorus versicolor 368
Microgaster 378
Microgaster globate 378
Microgastrinae 128
Microplitis 380
Microplitis tuberculifer 380
Mokrzeckia 389
Mokrzeckia pini 390
Monodontomerus 315,390
Monodontomerus aeneus 390
Monodontomerus dentipes 318

Monodontomerus japonicus 321
Monodontomerus laricis 322
Monodontomerus lymantriae 324
Monodontomerus minor 324
Monodontomerus obsoletus 317

N

Nesolynx 207，208
Netelia (*Netelia*) *ocellaris* 64
Netelia (*Netelia*) *orientalis* 65，355
Netelia (*Netelia*) *vinulae* 356
Netelia 63，355
Norbanus 298，299

O

Ooencyrtus 188
Ooencyrtus endymion 189
Ooencyrtus icarus 189
Ooencyrtus kuvanae 190
Ooencyrtus philopapilionis 191
Ooencyrtus pinicolus 192
Ootetrastichus 209
Opheltes 66
Opheltes glaucopterus apicalis 67
Opheltes glaucopterus glaucopterus 67
Ophion 358
Ophion luteus 359
Ophion obscuratus 360
Ophioninae 77
Orgilus 381
Orgilus leptocephalus 381

P

Pachyneuron 299
Pachyneuron muscarum 300
Pachyneuron solitarium 300
Pediobius 197~199，386
Pediobius crassicornis 386
Perithous 351
Perithous scurra 351
Phanerotoma (*Bracotritoma*) *grapholithae* 123
Phanerotoma (*Phanerotoma*) *flava* 121
Phanerotoma (*Phanerotoma*) *flavida* 122
Phanerotoma 120
Phyadeuentini 101
Pimpla 38

Pimpla aethiops 40
Pimpla carinifrons 42
Pimpla chu 43
Pimpla disparis 44
Pimpla laotho 47
Pimpla luctuosa 48
Pimpla pluto 50
Pimpla rufipes 51
Pimplinae 18
Pimplini 28
Platygastroidea 337
Pristomerus 74
Pristomerus vulnerator 75
Protapanteles (*Protapanteles*) *eucosmae* 139
Protapanteles (*Protapanteles*) *inclusus* 377
Protapanteles (*Protapanteles*) *liparidis* 140
Protapanteles (*Protapanteles*) *porthetriae* 141
Protapanteles 138，377
Pteromalidae 285，389
Pteromalus 302，303
Pteromalus puparum 303

R

Rogadinae 142

S

Scambus 26
Scambus indicus 27
Scelionidae 337
Scelionoidea 337
Stenobracon (*Stenobracon*) *deesae* 117
Stenobracon 117
Sympiesis 203
Syntomosphyrum 209，210

T

Taeniogonalos 12
Taeniogonalos fasciata 12
Telenomus (*Aholcus*) *closterae* 340
Telenomus (*Aholcus*) *dendrolimusi* 341
Telenomus (*Aholcus*) *lebedae* 344
Telenomus 338
Telenomus dasychiri 340
Telenomus fengningensis 343
Telenomus tetratomus 345
Tetrasachus convexi 212

Tetrastichinae 203
Tetrastichus 210, 215～222
Tetrastichus fuscous 213
Tetrastichus telon 214
Therion 92
Therion circumflexum 92
Theronia 52
Theronia atalantae gestator 53
Theronia pseudozebra pseudozebra 54
Theronia zebra diluta 55
Torymidae 315, 390
Torymus 327, 328
Trathala 76
Trathala matsumuraenus 76
Trichogramma 328
Trichogramma chilonis 330
Trichogramma closterae 331
Trichogramma dendrolimi 332
Trichogramma evanescens 334

Trichogramma lingulatum 335
Trichogramma ostriniae 336
Trichogramma semblidis 336
Trichogrammatidae 328
Trichomalopsis 303, 304
Trigonalyidae 11
Trigonalyoidea 11
Tryphoninae 63
Tyndarichus 384
Tyndarichus navae 384

V

Vulgichneumon 112
Vulgichneumon leucaniae 112

X

Xanthopimpla 57
Xanthopimpla konowi 58
Xanthopimpla pedator 59
Xanthopimpla punctata 61
Xanthopimpla stemmator 62